现代植保新技术图解丛书 1

农作物病虫诊断与防治彩色图解

鲁传涛 等 主编

中国农业科学技术出版社

图书在版编目（CIP）数据

农作物病虫诊断与防治彩色图解/鲁传涛等主编.-北京：中国农业科学技术出版社，2021.5
ISBN 978-7-5116-4980-5

Ⅰ.①农 …Ⅱ.①鲁 …Ⅲ.①农作物-病虫害防治-中国-图解 Ⅳ.①S435-64

中国版本图书馆CIP数据核字(2020)第166232号

责任编辑 姚 欢 褚 怡
责任校对 贾海霞
责任印制 姜义伟 王思文

出 版 者 中国农业科学技术出版社
北京市中关村南大街12号 邮编100081
电 话 (010)82109704(发行部)(010)82106631(编辑室)
传 真 (010)82106636
网 址 http://www.castp.cn
经 销 者 各地新华书店
印 刷 者 河南省诚和印制有限公司
开 本 889mm×1 194mm 1/16
印 张 63
字 数 1 475千字
版 次 2021年5月第1版 2021年5月第1次印刷
定 价 498.00元

《现代植保新技术图解》

总编委会

《农作物病虫诊断与防治彩色图解》编委会

主　　编　鲁传涛　任应党　李国平　王振宇　任春玲　杨丽荣　孙　静　苗　进　练　云　张玉聚

副 主 编　杨共强　潘春英　郝俊杰　杜桂芝　张　煜　丁胜利　汪醒平　徐　飞　赵　辉　李绍建　姚　欢　周　朋　张　勇　张青显　张志刚　张玉秀　刘　娜　王爱敏　李登奎　马红平　郭歌梅　田彩红　蒋月丽　王玉辉　张清军　冯　威　郭长永　侯海霞　王瑞华　王向杰　王艳民　王宏臣　任　尚　张芙蓉　赵利敏　邢艳萍　王　伟　赵玲丽　卜　勇　刘俊美　王艳艳　马　蕾　王　倩　石珊珊　赵俊坤　赵寒梅　张丽英

编写人员　丁胜利　卜　勇　马　蕾　马红平　王　伟　王　倩　王玉辉　王向杰　王宏臣　王艳民　王艳艳　王爱敏　王振宇　王瑞华　石珊珊　田彩红　冯　威　朱荷琴　乔彩霞　任　尚　任应党　刘　娜　刘俊美　孙　静　任春玲　邢艳萍　杜桂芝　李国平　李绍建　李登奎　杨共强　杨丽荣　汪醒平　练　云　周　朋　张　勇　张　煜　张玉秀　张玉聚　张芙蓉　张志刚　张青显　张丽英　张清军　苗　进　赵　辉　赵利敏　赵玲丽　赵俊坤　赵寒梅　郝俊杰　郭歌梅　侯海霞　姚　欢　徐　飞　郭长永　蒋月丽　鲁传涛　潘春英

前 言

我国农作物病虫害种类多，发生为害严重，是影响安全生产的主要制约因素。据报道，水稻、小麦和玉米等主要作物病虫害在我国常年发生面积是作物播种面积的2~3倍，可造成15%~20%的产量损失。农作物病虫害不仅造成严重的产量损失，对农产品品质亦有严重影响。谷物受病虫为害后，往往形成虫蚀粒、病粒和霉粒等，严重影响外观、色泽、口感和营养等品质。有些病原菌还可产生生物毒素，含量超标可致人畜中毒。因此，做好农作物病虫害的预防与控制，对于增加农民收入，保障国家粮食安全具有重大意义。

正确的诊断识别与监测预警是农作物病虫草害精准防控的基础。近年来，我国虽然在农作物病虫草害的监测预警与防控技术研究方面取得了丰硕成果，但是由于病虫草害发生为害的复杂性，在生产实践中，还时常存在对病虫草害诊断识别不准，农药误用滥用，病虫草害得不到有效控制等突出问题，不仅造成严重的产量损失，还给农业生态环境安全带来威胁。因此，生产上迫切需要农作物病虫害诊断识别类的工具书籍和病虫草害防控技术的最新成果。为了更好地推广普及病虫草害诊断识别与防控技术有关知识，我们组织国内权威专家，在查阅有关中外文献基础上，结合自身多年的科研工作实践，在2010年出版的《农业病虫草害防治新技术精解（第一卷）》的基础上进行了修订和补充，编著出版了《农作物病虫诊断与防治彩色图解》。

全书收录了19种农作物700多种重要病虫害，对每种重要病虫害发生的各个阶段形态特征进行了描述，并详细介绍了不同阶段的化学防治方法，包括药剂种类和推荐剂量。该书通俗易懂、图文并茂、方便实用。

该书在编纂过程中，得到了中国农业科学院、南京农业大学、西北农林科技大学、华中农业大学、山东农业大学、河南农业大学，以及河南、山东、河北、黑龙江、江苏、湖北、广东等地农科院及植保站专家的支持和帮助，有关专家提供了很多形态诊断识别照片和自己多年的研究成果；同时，本书的出版得到了国家自然基金-河南联合基金重点项目“小麦与水稻/玉米轮作栽培制度下灰飞虱暴发成灾的机制”（U1704234）、国家重点研发计划“黄淮海冬小麦化肥农药减施技术集成研究与示范”（2017YFD0201700）、国家重点研发计划“河南稻区农药减施增效技术集成与示范”（2018YFD0200209）、粮食丰产增效科技创新重点专项“河南多热少雨区小麦-玉米周年集约化丰产增效技术集成与示范”（2018YFD0300700）、国家重点研发计划“大豆及花生化肥农药减施技术集成研究与示范”（2018YFD0201008）、国家重点研发计划“黄河流域棉区棉花化肥农药减施增效技术集成与示范”（2017YFD0201906）、国家重点研发计划“黄淮海夏玉米农药减施增效共性关键技术研究”（2018YFD0200602）、国家重点研发计划“大豆及花生化肥农药减施技术集成研究与示范”（2018YFD0201008）、国家重点研发计划“黄淮海夏玉米草地贪夜蛾综合防控技术研究与示范”（2019YFD0300105）、现代农业产业技术体系建设专项资金资助（CARS-14-1-19）、现代农业产业技术体系建设专项资金资助（CARS-21）和国家自然基金面上项目“基于DNA宏条形码技术的稻田生态系统主要捕食性天敌食物网解析和生态调控功能研究”（31772161）等项目的支持，在此谨致衷心感谢。

我国地域辽阔，环境条件复杂，农作物病虫草害区域分化明显，因此书中提供的化学防治方法的实际防治效果和对作物的安全性会因特定的使用条件而有较大差异。书中内容仅供读者参考，建议在先行先试的基础上再大面积推广应用，避免出现药效或药害问题。由于作者水平有限，书中内容不当之处，敬请读者批评指正。

作 者
2021年3月20日

目 录

第一章 小麦病虫害防治新技术

第二章 水稻病虫害防治新技术

第三章 玉米病虫害防治新技术

第四章 高粱病虫害防治新技术

第七章 棉花病虫害防治新技术

第八章 大豆病虫害防治新技术

第十一章 芝麻病虫害防治新技术

第十二章 向日葵病虫害防治新技术

第十三章 绿豆病虫害防治新技术

第十四章　蚕豆病虫害防治新技术

第十五章　豌豆病虫害防治新技术

第十六章　烟草病虫害防治新技术

第十七章　甘蔗病虫害防治新技术

第一章 小麦病虫害防治新技术

我国是世界最大的小麦生产国和消费国，小麦是中国第三大粮食作物，对保障国家粮食安全具有重要意义。近十年我国小麦生产连续丰收，种植面积稳定在2 390万hm^2，总产量逐年提高。过去40年间，小麦单产从1978年的1 840kg/hm^2提高到2017年的5 410kg/hm^2，在全球范围内已处在较高水平。近十几年来，春麦区、西南冬麦区和北部冬麦区面积不断下降，小麦主产区集中到黄淮麦区（约占总产70%）和长江中下游麦区。对我国小麦生产贡献最大的省份依次是河南、山东、河北、安徽和江苏等，这5个省份小麦产量占全国小麦总产量的75%。小麦在我国分布很广，但各地病虫草害种类却有所不同。小麦病虫害发生为害严重，全世界记载的小麦病害有200多种，我国发生较重的有小麦条锈病、小麦纹枯病、小麦赤霉病、小麦白粉病、小麦叶锈病等20多种；小麦虫害有100多种，发生较重的有麦蚜、麦叶螨、小麦吸浆虫等10多种；麦田杂草种类有200多种，严重发生的有猪殃殃、播娘蒿、荠菜、婆婆纳、佛座、牛繁缕、看麦娘、野燕麦等10多种。20世纪80年代以前，小麦病虫害主要以条锈病、赤霉病、麦蚜、麦叶螨为主；目前，白粉病、纹枯病也发展成为小麦的重要病害，发生面积和为害程度明显上升；小麦茎基腐病、小麦全蚀病、小麦吸浆虫为害也日益严重。病虫草害的为害不仅造成严重的产量损失，而且影响着小麦的品质。

随着栽培制度的改进和肥水条件的提高，20世纪90年代以来，小麦白粉病发生程度明显加重，成灾频率有所增加。近年来，小麦白粉病每年在四川、贵州、云南等西南大部，以及湖北北部、河南中北部、江苏和安徽的淮北地区、陕西关中灌区偏重发生；在长江流域、黄淮、西北及华北麦区中等发生，发生面积达700万hm^2以上。锈病是小麦上的主要病害，历史上曾经几度大流行，损失惨重。1950年小麦条锈病大流行，损失小麦60亿kg；之后的十几年间，小麦叶锈病在华北，小麦秆锈病在东北、华南都曾有过流行，给小麦生产造成了严重损失；2000年以来，小麦条锈病在四川西北部和中部及攀西地区、云南中部、贵州西部、陕西南部、甘肃陇南和天水及中部晚熟麦区一直保持偏重发生态势；重庆、湖北北部和西部、河南南部、陕西关中西部、甘肃陇东、宁夏南部、青海东部、新疆北部等麦区常年中度以上流行，全国每年发生面积在300万hm^2以上。小麦纹枯病在河北、山东、河南、安徽、湖北、江苏麦区发生较重,其他麦区中等或偏轻发生，发生面积达800万hm^2；近年来，该病和小麦叶枯病发生日趋严重，已经成为许多麦区的重要病害，由于目前缺乏抗病品种，为害还在加剧。小麦赤霉病一直是长江流域麦区的主要病害，1985年全国大暴发，仅河南省就损失小麦8.5亿kg，近年来，该病害不断向北扩展，已发展到河北的中部麦区，该病不仅造成产量损失，更为重要的是其赤霉菌所产生的毒素对人畜具有毒性，目前世界各国都将检测面粉中的毒素含量作为主要研究内容之一。小麦全蚀病和小麦根腐病等根部病害，以前主要发生在黄河以北地区，近年来正向长江流域麦区蔓延，应引起高度重视。麦类黑穗病和小麦孢囊线虫病等种传、土传病害，自2000年以来在黄淮麦区有加重发生的趋势。此外，小麦病毒病等病害也有加重趋势。

麦蚜、麦叶螨一直是为害小麦的重要害虫，冬麦区干旱、气温持续偏高，对麦蚜和麦叶螨越冬及发展比较有利，发生早，基数高，常在全国大部分麦区大发生，为害程度重；小麦穗期蚜虫在黄淮海流域及北方大部分的麦区每年偏重以上程度发生为害，西南、西北、长江中游麦区中等发生，全国发生为害面积1 700万hm^2左右；麦叶螨在河南西北部、河北中南部、湖北北部、陕西渭北地区偏重发生，其余麦区中等或以下程度发生，年发生面积约600万hm^2。小麦吸浆虫是小麦上的重要害虫，据不完全统计，全国已有15个省市区的350余个县发生小麦吸浆虫为害，严重威胁小麦的正常生长，一般造成减产10%～15%，大发生年份减产30%以上，严重地块甚至绝收；河南、河北、山西、天津等麦区发生较重，全国年发生面积约270万hm^2。麦茎蜂、黏虫等在局部地区也有一定的发生为害。由于近年气温较高，小麦地下害虫活动增强，金针虫、蛴螬、蝼蛄等地下害虫均喜食刚发芽的麦种，常咬断幼苗的茎，对麦苗造成一定为害，一般田块麦苗被害率1%～3%，严重的达5%以上，局部造成缺苗断垄。

一、小麦病害

1. 小麦白粉病

【分布为害】小麦白粉病是一种世界性病害，在各地小麦产区均有分布为害。被害麦田一般减产10%左右，严重地块损失高达20%～30%，个别地块甚至达到50%以上(图1-1至图1-3)。

图1-1 小麦白粉病苗期发生为害情况

图1-2 小麦白粉病孕穗期发生为害情况

图1-3 小麦白粉病灌浆期发生为害情况

【症　　状】白粉病在苗期至成株期均可为害。主要为害叶片，严重时也可为害叶鞘、茎秆和穗部。病部初产生黄色小点，而后逐渐扩大为圆形或椭圆形的病斑，表面生一层白粉状霉层(分生孢子)，霉层以后逐渐变为灰白色，最后变为浅褐色，其上生有许多黑色小点(闭囊壳)(图1-4至图1-7)。病斑多时可愈合成片，并导致叶片发黄枯死。茎和叶鞘受害后，植株易倒伏。重病株通常矮缩不抽穗。抗病品种可看到枯斑反应，霉层很小、很少，或只有枯斑、枯点而无霉层。发病严重时植株矮小细弱，穗小粒少，千粒重明显下降，严重影响产量。

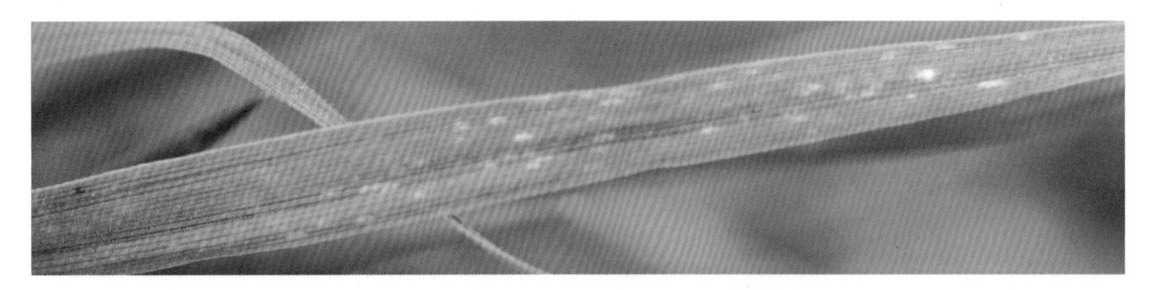

图1-4　小麦白粉病为害叶片初期症状

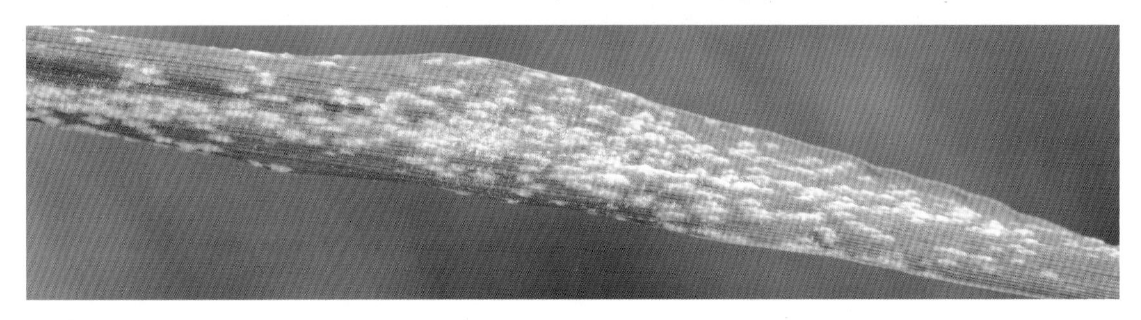

图1-5　小麦白粉病为害叶片后期症状

图1-6　小麦白粉病为害茎秆症状

图1-7　小麦白粉病为害穗部症状

【病　原】*Blumeria graminis* f.sp. *tritici* 称禾本科布氏白粉菌，属子囊菌亚门真菌(图1–8)。菌丝生于寄主体表，无色，以吸器伸入寄主表皮细胞。菌丝上垂直生成分生孢子梗，基部膨大成球形，梗上生有成串的分生孢子，一般可有6、7个乃至10多个。分生孢子卵圆形、单胞、无色，病斑霉层内的黑色小颗粒为病菌的闭囊壳。闭囊壳为球形，黑色，外有发育不全的丝状附属丝。子囊为长椭圆形，内含子囊孢子8个或4个。子囊孢子椭圆形、单胞、无色。

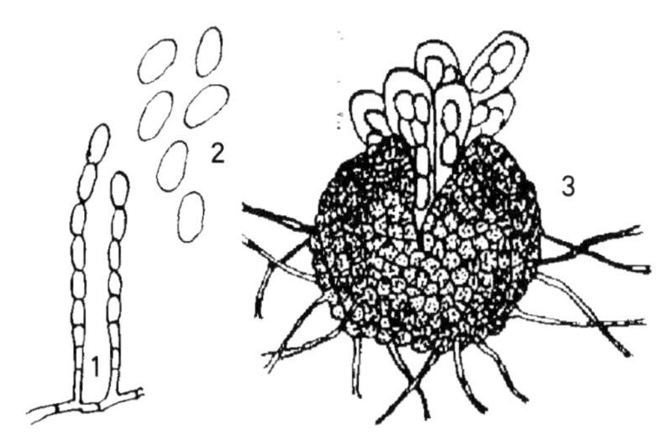

图1–8　小麦白粉病病菌

1.分生孢子梗　2.分生孢子　3.闭囊壳和子囊

【发生规律】小麦白粉病菌的越夏方式有两种：一是以分生孢子在夏季气温较低地区的自生麦苗或夏播小麦上继续侵染繁殖或以潜伏态度过夏季；另一种是以病残体上的闭囊壳在低温、干燥的条件下越夏。在以分生孢子越夏的地区，秋苗发病较早、较重，在无越夏菌源的地区则发病较晚，较轻或不发病，秋苗发病以后一般均能越冬。病菌越冬的方式有两种：一是以分生孢子的形态越冬；另一种是以菌丝状潜伏在病叶组织内越冬。影响病菌越冬率高低的主要因素是冬季的气温，其次是湿度。越冬的病菌先在植株底部叶片上呈水平方向扩展，以后依次向中部和上部叶片发展(图1–9)。发病适温15～20℃，相对湿度大于70%时，有可能造成病害流行。冬季温暖、雨雪较多，或土壤湿度较大，有利于病原菌越冬。雨日、雨量过多，可冲刷掉表面分生孢子，从而减缓病害发生。偏施氮肥，造成植株贪青，发病重。植株生长衰弱、抗病力低易发病。

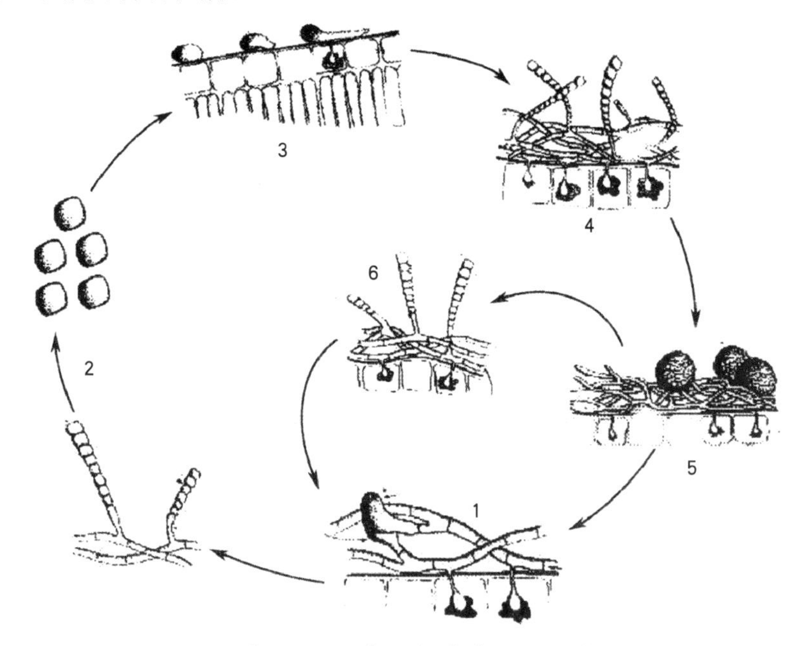

图1–9　小麦白粉病病害循环过程

1.菌丝体越冬　2.分生孢子　3.早春侵染小麦　4.分生孢子经气流传播再侵染

5.闭囊壳或菌丝在自生麦苗上越夏　6.分生孢子

影响春季流行因素有：①菌源，主要是当地菌源多少；②温度，温度高则始病期就早，潜育期短病情发展快；③降水量，春季降水量较多且分布均匀，病害发生较重；④日照，在春季发病期间日照少，阴天多，病害发生较重；⑤肥料，氮肥过多，发病重；⑥土壤水分，水浇地比旱地发病重，但在极干旱条件下，发病重；⑦种植密度，种植过密田块发病严重。

【防治方法】在白粉病菌越夏区或秋苗发病重的地区可适当晚播以减少秋苗发病率；避免播量过高，造成田间群体密度过大；控制氮肥用量，增加磷钾肥特别是磷肥用量，可以减轻病害的发生。

小麦播种期，可以通过拌种控制麦田病源基数，可选用下列杀菌剂：

15%三唑酮可湿性粉剂，按种子重的0.02%～0.03%(有效成分)拌种，兼治条锈病、纹枯病等；

11%三唑酮·福美双悬浮种衣剂145～600g/100kg种子进行种子包衣；

33%多菌灵·三唑酮可湿性粉剂66～90g/100kg种子拌种；

1.5%三唑醇悬浮种衣剂30～45g/100kg种子拌种；

2%戊唑醇湿拌种剂150～200g/100kg种子拌种。

用药剂对适量水，加入种子均匀搅拌，拌种后应及时播种，堆闷时间过长影响发芽和出苗。

春季防治采用叶面喷雾控制小麦白粉病，一般在孕穗–抽穗–扬花期，当病叶率在5%以上时(图1–10)，可选用下列药剂。

20%三唑酮乳油40～50ml/亩；

25%丙环唑乳油30～35ml/亩；

12.5%烯唑醇可湿性粉剂40～60g/亩；

40%腈菌唑可湿性粉剂10～15g/亩，对水40～50kg均匀喷雾。

图1–10　小麦苗期白粉病发生为害症状

小麦孕穗末期至抽穗期，白粉病发生为害较多时(图1–11)，同时兼治小麦纹枯病等，应及时喷药防治，可选用下列杀菌剂。

32%烯唑醇·多菌灵可湿性粉剂70～90g/亩；

20%甲基硫菌灵·三唑酮可湿性粉剂60～100g/亩，对水50～60kg，均匀喷雾。

在小麦的抽穗扬花期，白粉病发生较普遍时(图1–12)，应及时施药防治。可选用下列杀菌剂。

12.5%烯唑醇可湿性粉剂32～64g/亩；

5%烯肟菌胺乳油50 ~ 100g/亩；
250g/L戊唑醇水乳剂24 ~ 30ml/亩；
25%三唑酮可湿性粉剂28 ~ 37g/亩；
40%腈菌唑可湿性粉剂10 ~ 15g/亩；
12.5%粉唑醇悬浮剂30 ~ 60ml/亩；

图1-11　小麦白粉病发生初期田间为害症状

图1-12　小麦白粉病田间普遍为害症状

30%醚菌酯悬浮剂30～40ml/亩；

25%丙环唑乳油25～35ml/亩，对水30～40kg，均匀喷施，间隔7天再喷1次。

在小麦灌浆期，白粉病大面积发生为害时(图1-13)，应及时采取有效的防治措施，防治不好将严重地影响小麦产量。可以用下列杀菌剂防治：

图1-13 小麦灌浆期白粉病为害严重时田间症状

12%腈菌·酮(腈菌唑·三唑酮)乳油25～30ml/亩；

15%烯唑·三唑酮(烯唑醇·三唑酮)乳油40～50ml/亩；

30%苯醚甲环唑·丙环唑乳油15～20ml/亩，对水30～40kg，均匀喷雾，可有效控制为害。

如小麦白粉病与蚜虫混合发生时，应用杀虫剂和杀菌剂混用，可以用下列药剂：

37.5%抗蚜威·三唑酮·多菌灵可湿性粉剂100～125g/亩；

15%吡虫啉·三唑酮可湿性粉剂60～80g/亩；

30%吡虫啉·多菌灵·三唑酮可湿性粉剂60～70g/亩；

20%氰戊菊酯·三唑酮乳油70～80ml/亩；

35%马拉硫磷·三唑酮乳油100～125ml/亩，对水30～40kg，均匀喷雾。

2. 小麦纹枯病

【分布为害】小麦纹枯病发生普遍而严重。在长江中下游和黄淮平原麦区逐年加重，对产量影响极大。一般使小麦减产10%～20%，严重地块减产50%左右，个别地块甚至绝收(图1-14至图1-16)。

图1-14 小麦纹枯病苗期发生为害情况

图1-15 小麦纹枯病孕穗期发生为害情况

图1-16　小麦纹枯病灌浆期发生为害情况

【症　　状】小麦各生育期均可受害，造成烂芽、病苗、死苗、花秆烂茎、倒伏、枯孕穗等多种症状(图1-17至图1-22)。①病苗死苗：主要发生在小麦3～4叶期，在第一叶鞘上呈现中央灰白、边缘褐色的病斑，严重时因抽不出新叶而造成死苗。②花秆烂茎：返青拔节后，下部叶鞘产生中部灰白色、边缘浅褐色的云纹状病斑，多个病斑相连接，形成云纹状的花秆。田间湿度大时，病叶鞘内侧及茎秆上可见蛛丝状白色的菌丝体，以及由菌丝纠缠形成的黄褐色的菌核。③倒伏：由于茎部腐烂，后期极易造成倒伏。④枯孕穗：发病严重的主茎和大分蘖常抽不出穗，形成“枯孕穗”，有的虽能够抽穗，但结实减少，籽粒秕瘦，形成“枯白穗”。

图1-17　小麦纹枯病为害苗期症状

图1-18 小麦纹枯病茎部云纹斑

图1-19 小麦纹枯病花秆状

图1-20 小麦纹枯病茎基部的白色菌丝体

图1-21　小麦纹枯病茎秆上的菌核

【病　　原】无性世代 *Rhizoctonia cerealis* 称禾谷丝核菌，*Rhizoctonia solani* 称立枯丝核菌，均属半知菌亚门真菌，以前者为主。两个种均有各自的菌丝融合群。禾谷丝核菌菌丝双核，初无色，渐变黄白色，后成褐色，菌核小，菌丝较细，不产生无性孢子。立枯丝核菌菌丝细胞多核，菌核色泽较深，菌丝较粗(图1-23)。

【发生规律】以菌核和菌丝体在田间病残体中越夏越冬，作为翌年的初侵染源，其中菌核的作用更为重要。小麦纹枯病是典型的土传病害，带菌土壤可以传播病害，混有病残体和病土而未腐熟的有机肥也可以传病。此外，农事操作也可传播。土壤中的菌核和病残体长出的菌丝接触寄主后，形成附着胞或侵染垫产生侵入丝直接侵入寄主，或从根部伤口侵入。冬麦区小麦纹枯病在田间的发生过程可分为以下5个阶段(图1-24)。①冬前发病期：土壤中越夏后的病菌侵染麦苗，在3叶期前后始见病斑，整个冬前分蘖期，病株率一般在10%以下，早播田块有些可达10%～20%。侵染以接触土壤的叶鞘为主，冬前这部分病株是后期形成白穗的主要来源。②越冬静止期：麦苗进入越冬阶段，病情停止发展，冬前发病病株可以带菌越冬，并成为春季早期发病的重要侵染来源之一。③病情回升期：本期

图1-22　小麦纹枯病为害后期形成的白穗症状

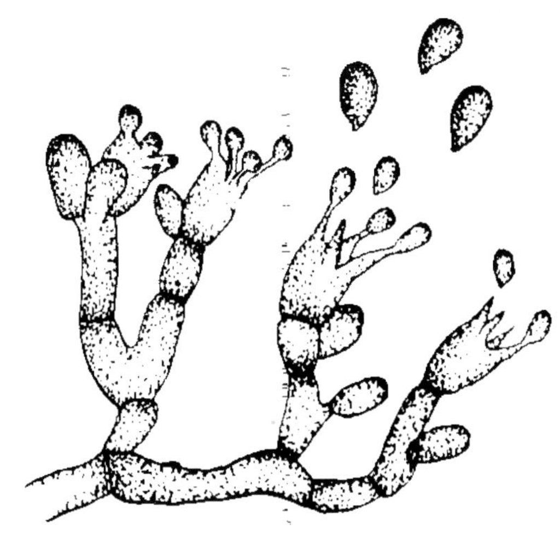

图1-23 小麦纹枯病担子梗、担子、担孢子

以病株率的增加为主要特点，时间一般在2月下旬至4月上旬。随着气温逐渐回升，病菌开始大量侵染麦株，病株率明显增加，激增期在分蘖末期至拔节期，此时病情严重度不高，多为1～2级。④发病高峰期：一般发生在4月上中旬至5月上旬。随着植株拔节与病菌的蔓延发展，病菌向上发展，严重度增加。高峰期在拔节后期至孕穗期。⑤病情稳定期：抽穗以后，茎秆变硬，气温也升高，阻止了病菌继续扩展。一般在5月上中旬，病斑高度与侵染茎数都基本稳定，病株上产生菌核而后落入土壤，重病株因失水枯死，田间出现枯孕穗和枯白穗。小麦纹枯病靠病部产生的菌丝向周围蔓延扩展引起再侵染。田间发病有两个侵染高峰：第一个是在冬前秋苗期；第二个则是在春季小麦的返青拔节期。

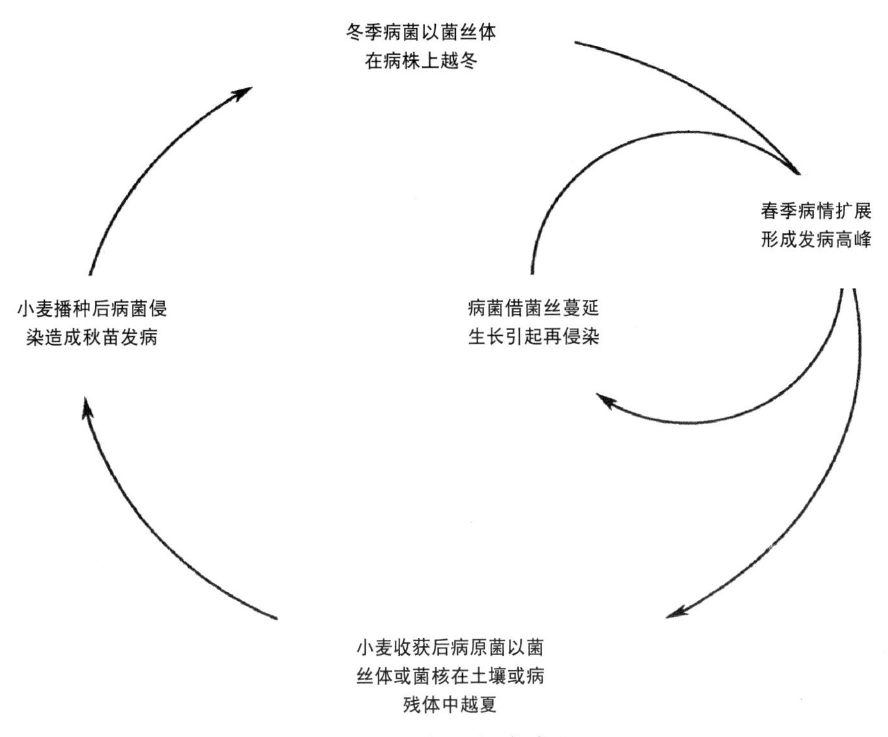

图1-24 小麦纹枯病病害循环

影响小麦纹枯病发生流行的因素包括品种抗性、气候因素、耕作制度及栽培技术等。①品种抗病性：20世纪60年代以前我国北方麦区小麦品种以当地的农家品种为主，品种遗传上存在异质性。20世纪70年代以来，各地在品种推广上趋于单一化，大量推广矮秆品种。目前，生产上推广的品种绝大多数为感病品种，只有极少数表现耐病或中抗，缺乏免疫和高抗品种。感病品种的大面积推广，是当前小麦纹枯病严重发生的原因之一。②耕作与栽培措施：小麦地连作年限长，土壤中菌核数量多，有利于菌源积累，发病重。另外小麦早播气温较高，纹枯病发病重，适期迟播纹枯病发生轻。③灌溉条件的改善，播种密度的增高，化肥特别是速效氮肥施用量的增加有利于纹枯病发生流行。高产田块纹枯病重于一般田块。④气候条件：不同发病阶段对气象因子的反应有显著差异。一般冬前高温多降水有利于发病，春季气温已基本满足纹枯病发生的要求，湿度成为发病的主导因子。3月至5月上旬的降水量与发病程度密切

相关。⑤土壤条件：小麦纹枯病发生与土壤类型也有一定关系。沙壤土地区纹枯病重于黏土地区，黏土地区纹枯病重于盐碱土地区。中性偏酸性土壤发病较重。

【防治方法】小麦纹枯病的发生与农田生态状况关系密切，在病害控制上应以改善农田生态条件为基础，结合药剂防治的策略。

农业防治：种植抗(耐)病品种；加强栽培管理，促进小麦生长健壮。适期播种，避免过早播种，以减少冬前病菌侵染麦苗的机会。合理掌握播种量，创造不利于病菌生长发育的条件。避免过量施用氮肥，平衡施用磷、钾肥，特别是重病田要增施钾肥，以增强麦株的抗病能力。带病残体的粪肥要经高温腐熟后再施用。根据当地麦田杂草群落结构与分布以及土壤、环境等条件，选择适应本地区麦田的化学除草剂，做好杂草化学防除工作，或配合人工除草。麦田管理关键是提高整地质量，培育壮苗和加强麦田排灌系统的建设，做到沟渠配套、排灌畅通，以降低田间湿度。提倡早春中耕，促进麦苗健壮。春季有寒潮时，要看天灌水，尽量减轻低温、寒害的影响。

种子处理，可用如下药剂：

2.5%咯菌腈悬浮种衣剂100～200ml/100kg种子；

6%戊唑醇悬浮种衣剂50～60g/100kg种子；

16%多·克(多菌灵·克百威)悬浮种衣剂1：30(药种比)；

16%戊唑醇·福美双悬浮种衣剂320～533g/100kg种子；

1亿活孢子/g木霉菌水分散粒剂2 500～5 000g /100kg种子；

20%多菌灵·福美双·三唑醇悬浮种衣剂1：（50～60）(药种比)；

3%苯醚甲环唑悬浮种衣剂200～300g/100kg种子。

对适量水，加入种子均匀搅拌，拌种后及时播种，堆闷时间过长影响发芽和出苗。个别严重地块，特别是上年度田间发生过小麦全蚀病、黑穗病等地块，最好选用咯菌腈、硅噻菌胺、苯醚甲环唑等药剂拌种。

春季是病害的发生高峰期，重发年份仅靠种子处理很难控制春季病害流行，在小麦返青拔节期应根据病情发展及时进行喷雾防治。

在小麦拔节初期纹枯病零星发生(病株率达10%)时(图1–25)，应及时施药防治：

70%甲基硫菌灵可湿性粉剂50～75g/亩；

5%井冈霉素水剂100～150ml/亩；

3%多抗霉素可湿性粉剂60～120g/亩+2%嘧啶核苷类抗生素水剂150～200ml/亩；

对水60～75kg喷雾，或对水7.5～10kg低容量喷雾。

在小麦孕穗期，纹枯病发生较普遍时(图1–26)，应适当加大药量及时防治。可选用下列药剂：

5%井冈霉素水剂150～170ml/亩；

70%甲基硫菌灵可湿性粉剂50～100g/亩+15%三唑酮可湿性粉剂50～100g/亩；

10%井冈·蜡芽菌(井冈霉素·蜡质芽孢杆菌)悬浮剂200～ 260ml/亩；

30%多·酮(多菌灵·三唑酮)悬浮剂70～100ml/亩；

28%井·酮(井冈霉素·三唑酮)可湿性粉剂66～100g/亩；

11%井冈霉素·已唑醇可湿性粉剂60～90g/亩，对水30～40kg，均匀喷施；

防治时应抓好前期预防工作，田间发现病害为害时及时施药防治，加强田间肥水管理，避免过量施用氮肥。

图1–25 小麦拔节期纹枯病为害初期症状

图1–26 小麦孕穗期纹枯病为害症状

3. 小麦锈病

【分布为害】在我国发生的小麦锈病有3种，即叶锈、条锈、和秆锈(图1–27至图1–28)。小麦条锈病主要发生于西北、西南、黄淮等冬麦区和西北春麦区，在流行年份可减产20%～30%，严重地块甚至绝收；小麦叶锈病以西南和长江流域发生较重，华北和东北部分麦区也较重；小麦秆锈病在华东沿海、长江流域和福建、广东、广西的冬麦区及东北、内蒙古等春麦区发生流行。

图1-27　小麦叶锈病为害情况

图1-28 小麦条锈病为害情况

【症　　状】叶锈病主要为害叶片(图1-29至图1-31)，产生疱疹状病斑，很少发生在叶鞘及茎秆上。夏孢子堆圆形至长椭圆形，橘红色，比秆锈病小，较条锈病大，呈不规则散生，在初生夏孢子堆周围有时产生数个次生的夏孢子堆，一般多发生在叶片的正面，少数可穿透叶片，成熟后表皮开裂一圈，散出橘黄色的夏孢子。冬孢子堆主要发生在叶片背面和叶鞘上，圆形或长椭圆形，黑色，扁平，排列散乱，但成熟时不破裂，区别于秆锈病和条锈病。

图1-29 小麦叶锈病为害叶片初期症状

图1-30 小麦叶锈病为害叶片中期症状

图1-31 小麦叶锈病为害叶片后期症状

条锈病主要发生在叶片上，其次是叶鞘和茎秆，穗部、颖壳及芒上也有发生。苗期染病，幼苗叶片上产生多层轮状排列的鲜黄色夏孢子堆。成株叶片初发病时夏孢子堆鲜黄色，与叶脉平行，且排列成行，像缝纫机轧过的针脚一样，呈虚线状，后期表皮破裂，出现铁锈色粉状物(图1-32和图1-33)。小麦近成熟时，叶鞘上出现圆形至卵圆形黑褐色夏孢子堆，散出鲜黄色粉末，即夏孢子。后期病部产生黑色冬孢子堆。冬孢子堆短线状，扁平，常数个融合，埋生在表皮内，成熟时不开裂，区别于小麦秆锈病。

图1-32 小麦条锈病为害叶片初期症状

图1-33 小麦条锈病为害叶片后期症状

秆锈病主要为害茎秆和叶鞘，夏孢子堆最大，隆起高，褐黄色，不规则散生，常连接成大斑，成熟后表皮易破裂，表皮大片开裂且向外翻成唇状，散出大量锈褐色夏孢子粉末(图1-34)。秆锈菌孢子堆穿透叶片的能力较强，导致同一侵染点叶片正反面均出现孢子堆，且背面孢子堆比正面大。后期产生黑色冬孢子堆，孢子堆破裂散出黑色冬孢子粉。

图1-34 小麦秆锈病为害茎秆症状

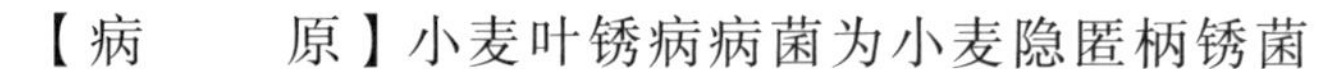

【病 原】小麦叶锈病病菌为小麦隐匿柄锈菌 *Puccinia triticina*，属担子菌亚门真菌。夏孢子单胞，球形或近球形，黄褐色，表面有微刺（图1-35）。冬孢子双胞，棍棒状，上宽下窄，顶部平截或稍倾斜，暗褐色(图1-36)。性子器橙黄色，球形或扁球形。性孢子产生于性子器，椭圆形。锈子器生于性子器相对应的叶背病斑上，杯形或短圆筒状。锈孢子链生于锈子器内，球形或椭圆形。

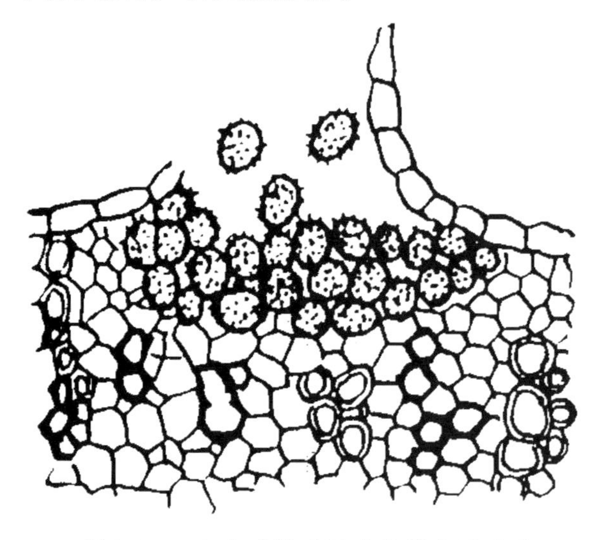

图1-35 小麦叶锈病夏孢子堆和夏孢子

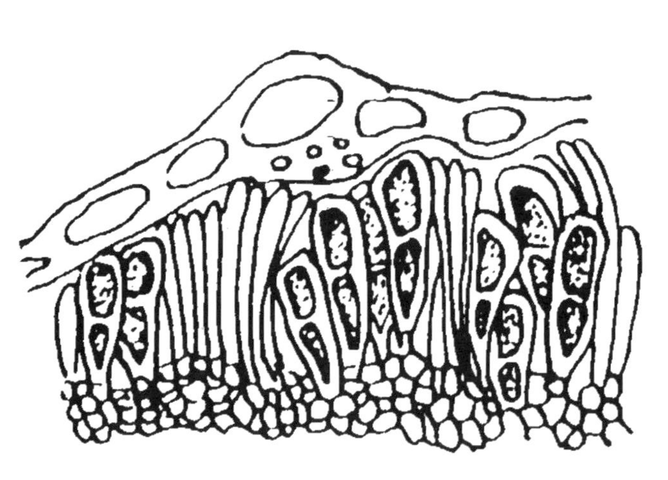

图1-36 小麦叶锈病冬孢子堆和冬孢子

小麦条锈病病菌为条形柄锈菌 *Puccinia striiformis* f. sp. *tritici*，属担子菌亚门真菌。夏孢子堆长椭圆形，裸露后呈粉状，橙黄色。夏孢子单胞、球形，表面有细刺，鲜黄色（图1-37）。冬孢子堆多生于叶背，长期埋生于寄主表皮下，灰黑色。冬孢子双胞，棍棒形，顶部扁平或斜切；分隔处稍缢缩(图1-38)。

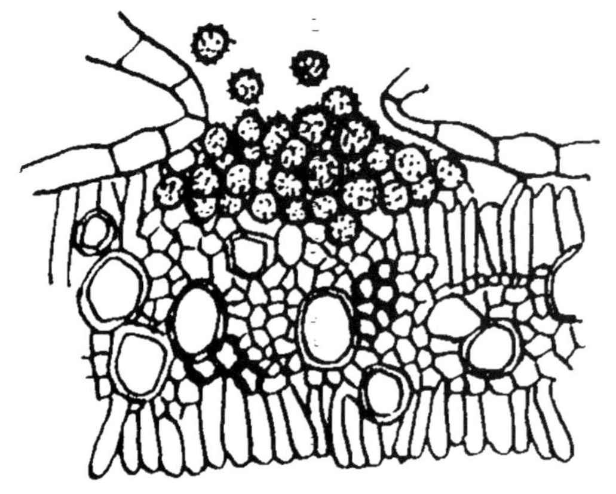

图1-37 小麦条锈病夏孢子堆和夏孢子

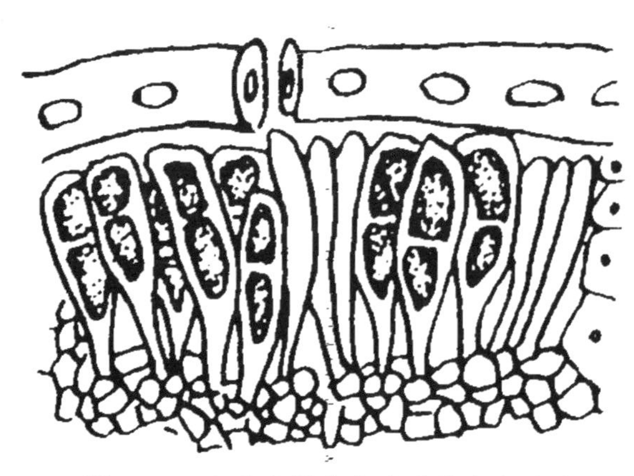

图1-38 小麦条锈病冬孢子堆和冬孢子

小麦秆锈病菌为禾柄锈菌 *Puccinia graminis* f. sp. *tritici*，属担子菌亚门真菌。夏孢子堆椭圆形至狭长形。夏孢子单胞，暗黄色，长圆形(图1–39)。冬孢子有柄，双胞，椭圆形或长棒形，浓褐色，表面光滑，横隔处稍缢缩(和图1–40)。

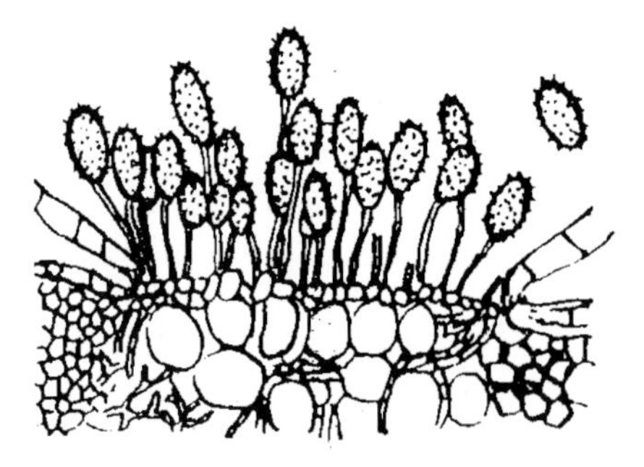

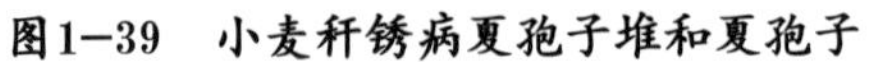

图1–39 小麦秆锈病夏孢子堆和夏孢子

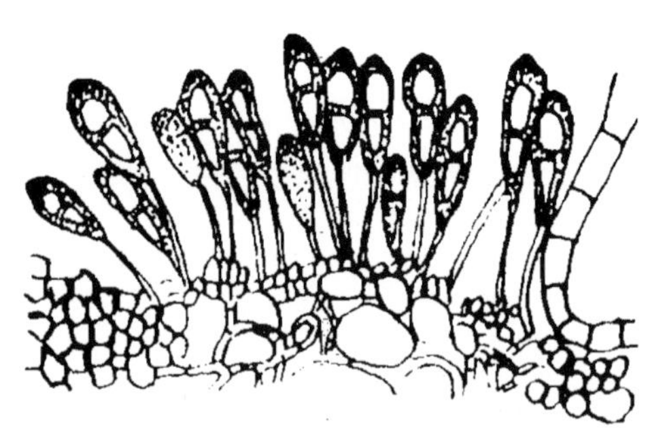

图1–40 小麦秆锈病冬孢子堆和冬孢子

【发生规律】叶锈病菌是一种多孢型转主寄生的病菌。在小麦上形成夏孢子和冬孢子，冬孢子萌发产生担孢子，在唐松草和小乌头上形成锈孢子和性孢子。以夏孢子世代完成其生活史。夏孢子萌发后产生芽管从叶片气孔侵入，在叶面上产生夏孢子堆和夏孢子，进行多次重复侵染。秋苗发病后，病菌以菌丝体潜伏在叶片内或少量以夏孢子越冬，冬季温暖地区病菌不断传播蔓延。北方春麦区，由于病菌不能在当地越冬，病菌则从外地传来，引起发病。冬小麦播种早，出苗早发病重。一般9月上中旬播种的易发病，冬季气温高，雪层厚，覆雪时间长，土壤湿度大，发病重。

小麦条锈病菌主要以夏孢子在小麦上完成周年的侵染循环(图1–41)，是典型的远程气传病害。其侵染

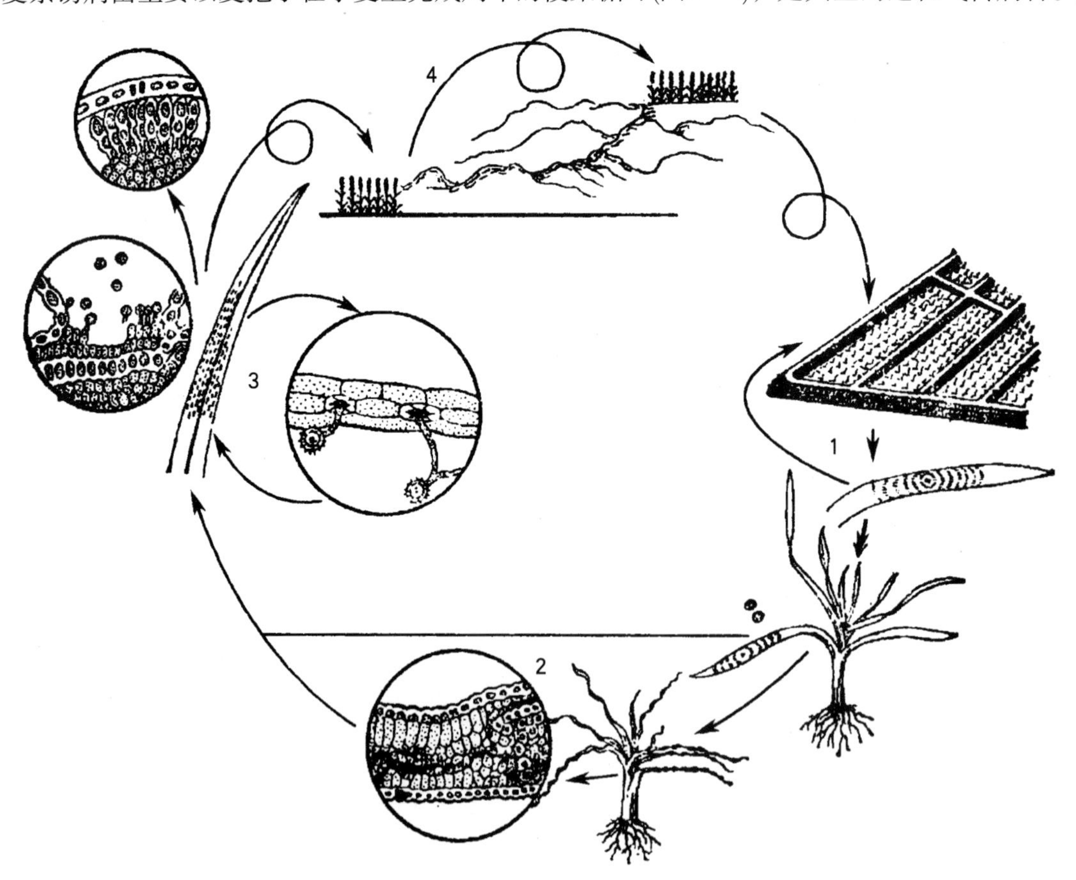

图1–41 小麦条锈病病害循环
1.秋苗发病 2.越冬 3.春季流行 4.越夏

循环可分为越夏、侵染秋苗、越冬及春季流行4个环节。秋季越夏的菌源随气流传播到冬麦区后，遇有适宜的温湿度条件即可侵染冬麦秋苗，秋苗的发病开始多在冬小麦播后1个月左右。秋苗发病迟早及多少，与菌源距离和播期早晚有关，距越夏菌源近、播种早则发病重。翌年小麦返青后，越冬病叶中的菌丝体复苏扩展，当旬均温上升至5℃时显症产孢，如遇春雨或结露，病害扩展蔓延迅速，引致春季流行，成为该病主要为害时期。在具有大面积感病品种前提下，越冬菌量和春季降雨成为流行的两大重要条件。品种抗病性差异明显，但大面积种植具同一抗原的品种，由于病菌小种的改变，往往造成抗病性丧失。

秆锈菌只以夏孢子世代在小麦上完成侵染循环(图1-42)。研究表明，我国小麦秆锈菌是以夏孢子世代在南方为害秋苗并越冬，在北方春麦区引起春夏流行，通过菌源的远距离传播，构成周年侵染循环。翌年春、夏季，越冬区菌源自南向北、向西逐步传播，造成全国大范围的春、夏季流行。由于大多数地区无或极少有本地菌源，春、夏季广大麦区秆锈病的流行几乎都是外来菌源所致，所以田间发病都是以大面积同时发病为特征，无真正的发病中心。但在外来菌源数量较少、时期较短的情况下，在本地繁殖1～2代后，田间可能会出现一些“次生发病中心”。小麦品种间抗病性差异明显，该菌小种变异不快，品种抗病性较稳定，近20年来没有大的流行。一般来说，小麦抽穗期的气温可满足秆锈菌夏孢子萌发和侵染的要求，决定病害是否流行的主要因素是湿度。对东北和内蒙古春麦区来说，如华北地区发病重，夏孢子数量大，而本地5—6月气温偏低，小麦发育迟缓，同时6—7月降雨日数较多，就有可能大流行。北部麦区播种过晚，秆锈病发生重；麦田管理不善，追施氮肥过多过晚，则加重秆锈病发生。

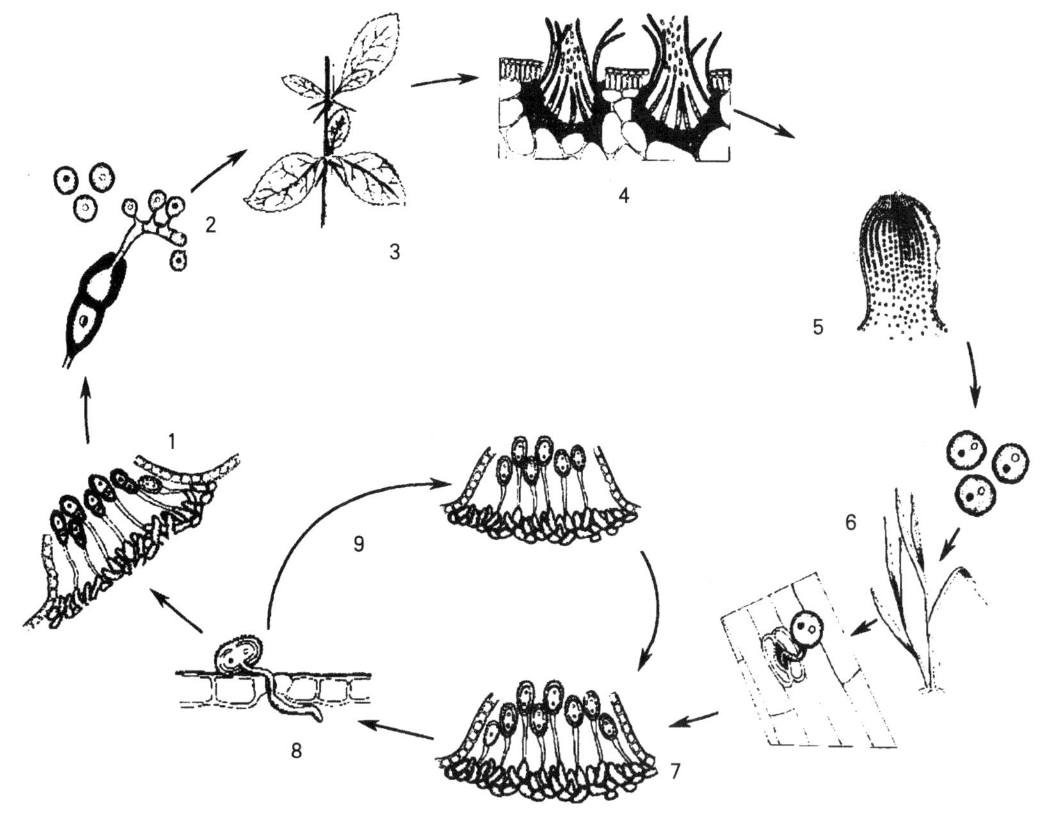

图1-42 小麦秆锈病病害循环
1.冬孢子 2.担孢子 3.小檗 4.性孢子 5.锈孢子
6.锈孢子侵染小麦 7.夏孢子 8.夏孢子侵染 9.再侵染

【防治方法】小麦叶锈病应采取以种植抗病品种为主，栽培管理和药剂防治为辅的综合防治措施。

选育推广抗(耐)病良种，精耕细作，消灭杂草和自生麦苗，控制越夏菌源；在秋苗易发生锈病的地区，避免过早播种，可显著减轻秋苗发病，减少越冬菌源；合理密植和适量适时追肥，避免过多过迟施用氮肥。锈病发生时，南方多雨麦区要开沟排水；北方干旱麦区要及时灌水，可补充因锈菌破坏叶面而蒸腾掉的大量水分，减轻产量损失。

药剂拌种是控制菌量的重要手段。可用下列杀菌剂：

15%三唑酮可湿性粉剂60～100g/50kg种子；

25%三唑醇可湿性粉剂140g/100kg种子；

11%三唑酮·福美双悬浮种衣剂145～200g/100kg种子；

24%三唑醇·福美双悬浮种衣剂160～200g/100kg种子。

拌种时将药液稀释，然后将药液喷洒到种子上，边喷边拌，拌后闷种4～6小时播种。

小麦苗期有零星发病，小麦返青拔节期后，小麦田发现中心病株(图1-43)，应及时进行预防和防治，可用下列杀菌剂和配方：

15%三唑酮可湿性粉剂50～100g/亩+75% 百菌清可湿性粉剂50～60g/亩；

25%丙环唑乳油35～50ml/亩+70%代森锰锌可湿性粉剂50～60g/亩；

12.5%烯唑醇可湿性粉剂45～60g/亩+75%百菌清可湿性粉剂50～60g/亩；

33%三唑酮·多菌灵可湿性粉剂50g/亩，对水30～40kg，均匀喷雾，兼治小麦纹枯病；

1.5%多抗霉素可湿性粉剂100～200倍液；

2%嘧啶核苷类抗生素水剂200倍液；

25%三唑酮可湿性粉剂20～40g/亩；

用对好的药液40～50kg/亩，均匀喷雾。

图1-43 小麦叶锈病拔节期为害田间症状

孕穗期前后发生中心病团，且发病较多时，可用下列杀菌剂：

25%三唑酮可湿性粉剂60～80g/亩；

25%戊唑醇水乳剂60～70ml/亩；

25%腈菌唑乳油45～55ml/亩；

12.5%烯唑醇可湿性粉剂30～50g/亩；

12.5%氟环唑悬浮剂48～60ml/亩；

15%福美双·三唑酮可湿性粉剂60～80g/亩；

25%三唑酮可湿性粉剂60～80g/亩+50%多菌灵可湿性粉剂100g/亩；

40%氟硅唑乳油10～20mL/亩等杀菌剂，对水40～50kg，均匀喷雾，间隔8～10天，连喷2次。

小麦扬花期前后，田间发病比较严重(图1-44和图1-45)，可用以下药剂：

图1-44 小麦扬花期条锈病为害症状

图1-45 小麦扬花期叶锈病为害症状

25%丙环唑乳油35～40ml/亩；

12.5%烯唑醇可湿性粉剂40～60g/亩；

25%戊唑醇可湿性粉剂60～70g/亩；

5%己唑醇悬浮剂30～40ml/亩；

30%醚菌酯悬浮剂50～70ml/亩；

20%烯肟菌胺·戊唑醇悬浮剂13～20ml/亩；

12.5%粉唑醇悬浮剂30～50ml/亩，对水40～50kg，均匀喷雾。

4．小麦全蚀病

【分布为害】小麦全蚀病是一种毁灭性的典型的根部病害，广泛分布于世界各地，已扩展到我国西北、华北、华东等地。

【症　　状】只侵染根部和茎基部。幼苗感病，初生根部根茎变为黑褐色，严重时病斑连在一起，使整个根系变黑死亡。分蘖期地上部分无明显症状，重病植株表现稍矮，基部黄叶多。拔出麦苗，用水冲洗麦根，可见种子根与地下茎都变成了黑褐色。在潮湿情况下，根茎变色，部分形成基腐性的“黑脚”症状(图1–46)。最后造成植株枯死，形成“白穗”(图1–47和图1–48)。近收获时，在潮湿条件下，根茎处可看到黑色点状凸起的子囊壳。但在干旱条件下，病株基部“黑脚”症状不明显，也不产生子囊壳。严重时全田植株枯死。

图1–46　小麦全蚀病为害呈“黑脚”状

图1–47　小麦全蚀病为害病健株比较情况

图1-48　小麦全蚀病后期田间受害症状

【病　　原】*Gaeumannomyces graminis* var. *tritici*称禾顶囊壳小麦变种，属子囊菌亚门真菌(图1-49)。匍匐菌丝粗壮，栗褐色，有隔。分枝菌丝淡褐色，形成两类附着枝：一类裂瓣状，褐色，顶生于侧枝上；另一类简单，圆筒状，淡褐色，顶生或间生。

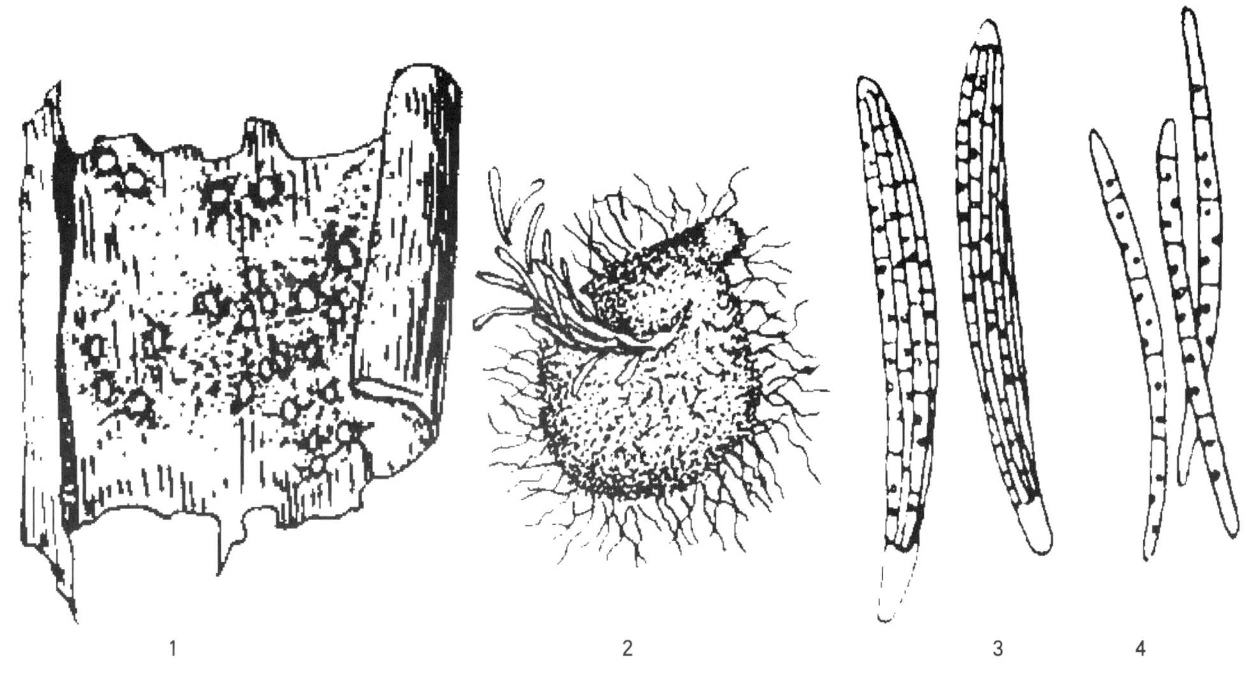

图1-49　小麦全蚀病病菌
1.叶鞘内的子囊壳　2.子囊壳放大　3.子囊　4.子囊孢子

【发生规律】小麦全蚀病菌是土壤寄居菌，以潜伏菌丝在土壤中的病残体上腐生或休眠，是主要的初侵染菌源。除土壤中的病菌外，混有病菌的病残体和种子亦能传病，小麦整个生育期均可感染，但以苗期侵染为主。病菌可由幼苗的种子根、胚芽以及根颈下的节间侵入根组织内，也可通过胚芽鞘和外胚叶进入寄主组织内。12～18℃的土温有利于侵染。因受温度影响，冬麦区有年前、年后两个侵染高峰，冬小麦播种越早，侵染期越早，发病越重。全蚀病以初侵染为主，再侵染不重要。小麦、大麦等寄主作物连作，发病严重，一年两熟地区小麦和玉米复种，有利于病菌的传递和积累，土质疏松、碱性、有机质少、氮磷缺乏的土壤发病均重。不利于小麦生长和成熟的气候条件，如冬春低温和成熟期的干热风，都可使小麦受害加重。小麦全蚀病有明显的自然衰退现象，一般表现为上升期、高峰期、下降期和控制期4个阶段，达到病害高峰期后，继续种植小麦和玉米，全蚀病衰退，一般经1～2年即可控制为害。

【防治方法】小麦全蚀病的防治应以农业措施为基础，充分利用生物、化学的防治手段，达到保护无病区，控制初发病区，治理老病区的目的。药剂防治以种子处理为主。

小麦播种前进行种子处理，也可在播种前进行土壤处理，处理药剂为：70%甲基硫菌灵可湿性粉剂2～3kg/亩、50%多菌灵可湿性粉剂2～3kg/亩，加细土20kg，混匀后施入播种沟。

种子处理可用下列杀菌剂：

2.5%咯菌腈悬浮剂100～200ml/100kg种子；

12.5%硅噻菌胺悬浮剂160～320ml/100kg种子；

2.5%咯菌腈悬浮种衣剂+3%苯醚甲环唑悬浮种衣剂200g/100ml种子；

3%苯醚甲环唑悬浮种衣剂500～600ml/100kg种子。

上一年发病的田块，在拌种的基础上，在返青拔节期进行药剂防治，可以用下列药剂：

30%苯醚甲环唑·丙环唑乳油20～30ml/亩；

1.5%多抗霉素可湿性粉剂80～160g/亩+25%腈菌唑乳油45～55ml/亩；

40%氟硅唑乳油20～30ml/亩；

12.5%硅噻菌铵悬浮剂20～30ml/亩；

2.5%咯菌腈悬浮种衣剂20～40ml/亩，对水80～100kg，顺麦垄淋浇于小麦基部。

5．小麦黑穗病

【分布为害】小麦黑穗病包括散黑穗病、腥黑穗病，是小麦生产上的重要病害。在世界各国麦区均有发生，我国主要分布在华北、西北、东北、华中和西南各省。

【症　　状】散黑穗病主要发生在穗部。病穗比健穗抽穗早，初抽出时病穗外包有一层浅灰色的薄膜，后薄膜破裂消失，露出黑色粉末(图1-50和图1-51)。

图1-50　小麦散黑穗病穗部受害症状

图1−51 小麦散黑穗病为害田间症状

腥黑穗病发生于穗部，抽穗前症状不明显，抽穗后至成熟期症状明显。病株全部籽粒变成菌瘿，菌瘿较健粒短胖。初为暗绿色，后变为灰白色，内部充满黑色粉末，最后菌瘿破裂，散出黑粉，并有鱼腥味(图1−52和图1−53)。

图1-52　小麦腥黑穗病穗部受害症状

图1-53　小麦腥黑穗病麦粒受害对比症状

【病　　原】小麦散黑穗病菌，有性世代为散黑粉菌 *Ustilago tritici*，属担子菌门真菌。麦穗上黑粉为冬孢子。冬孢子略呈球形或近球形，浅黄色至茶褐色，半边颜色较淡，表面生有微细突起(图1-54)。

小麦腥黑穗病菌：病原主要有2种，即网腥黑粉菌 *Tilletia tritici*、光腥黑粉菌 *Tilletia laevis*，均属担子菌门真菌。小麦网腥黑粉菌孢子堆生在子房内，外包果皮，与种子同大，内部充满黑紫色粉状孢子，具腥味，孢子球形至近球形，浅灰褐色至深红褐色(图1–55)。小麦光腥黑粉菌孢子堆同上，孢子球形或椭圆形，有的长圆形至多角形，浅灰色至暗褐色，表面平滑，也具腥味。

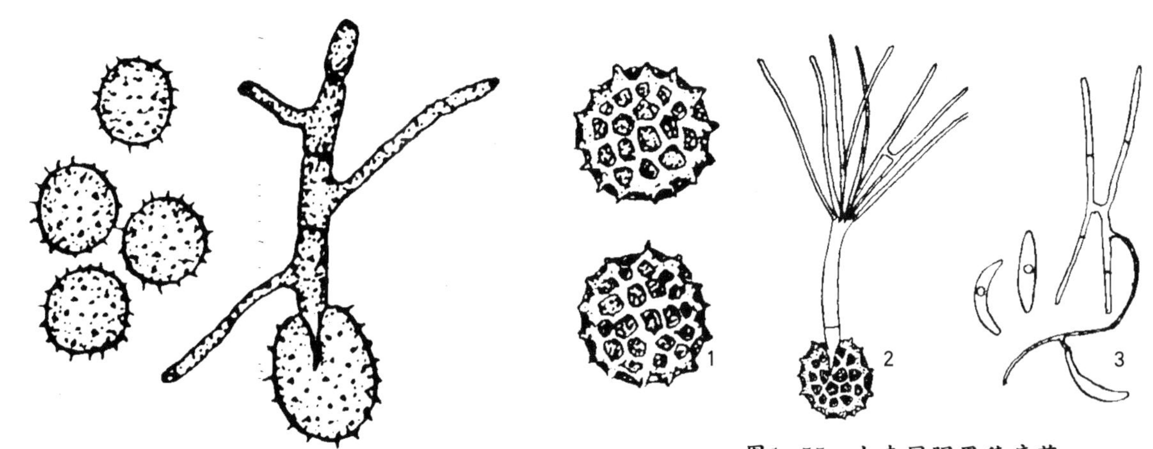

图1–54 小麦散黑穗病菌冬孢子及其萌发

图1–55 小麦网腥黑穗病菌
1.冬孢子 2.冬孢子萌发产生担孢子、担孢子结合
3.接合孢子产生小孢子

【发生规律】小麦散黑穗病菌属花器侵染类型，一年只侵染一次(图1–56)。病穗散出冬孢子时期，恰值小麦开花期，冬孢子借风力传送到健花柱头上。当柱头刚刚开裂并有湿润分泌物时，孢子发芽产生菌

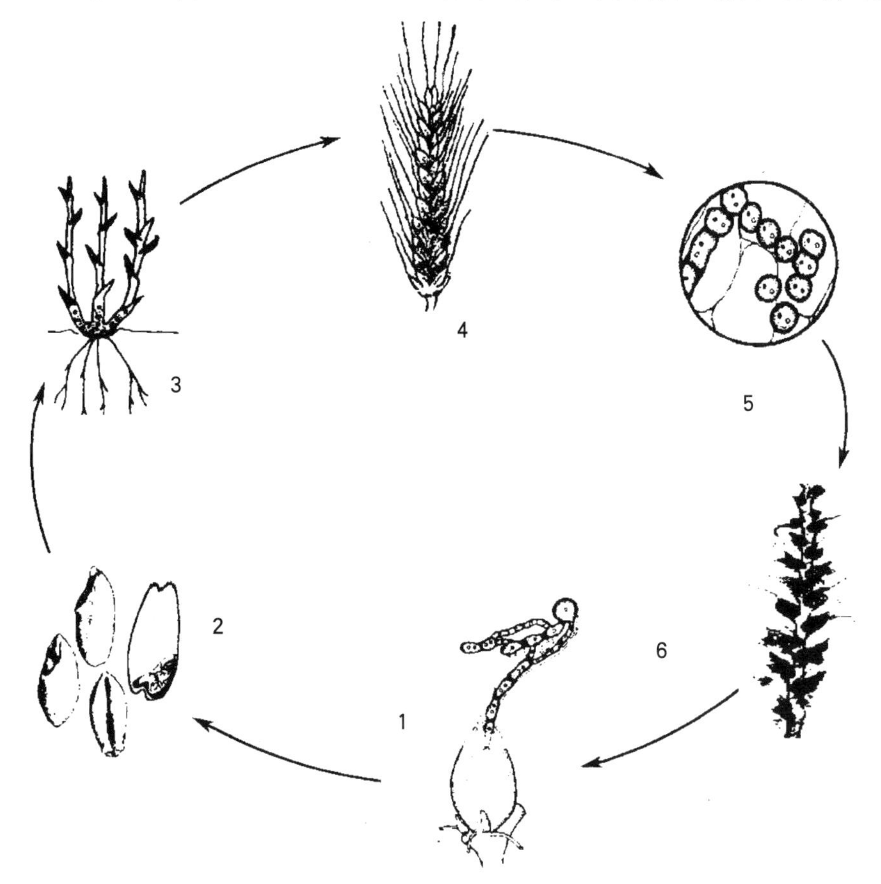

图1–56 小麦散黑穗病病害循环
1.冬孢子萌发侵入小麦子房 2.菌丝在种胚中越冬 3.侵染幼苗
4.侵染麦穗 5.麦粒内形成冬孢子 6.病穗后期

丝和单核分枝菌丝，亲和性单核菌丝结合后产生双核侵染菌丝，多在子房下部或籽粒的顶端冠基部穿透子房壁表皮直接侵入，并穿透果皮和珠被，进入珠心，潜伏于胚部细胞间隙。当籽粒成熟时，菌丝体变为厚壁休眠菌丝，以菌丝状态潜伏于种子胚里。这种内部带病种子播种后，胚里的菌丝随着麦苗生长，直到生长点，以后随着植株生长而伸展，形成系统侵染。在孕穗期到达穗部，在小穗内继续生长发育，到一定时期，菌丝变成冬孢子，成熟后散出，被风传到健穗的花器上萌发侵入，以菌丝状态潜伏于种子胚内越冬，造成下一年发病。

小麦腥黑穗病病菌以厚垣孢子附在种子外表或混入粪肥、土壤中越冬或越夏。腥黑穗病是一种单循环系统侵染的病害(图1-57)，其侵染来源有3个方面。①种子带菌。小麦在脱粒时，碾碎了病粒，使冬孢子附着在种子表面，或菌瘿及菌瘿的碎片混入种子间，均可成为种子传病的来源。②粪肥带菌。打麦场上的麦糠、碎麦秸及尘土混入肥料，或用带菌麦草饲喂牲畜及带菌种子饲喂家禽，通过消化道后，冬孢子未死亡，而使粪肥成为侵染来源。③土壤带菌。病粒落入田间，或靠近打麦场的麦田，在打场时，由风吹入冬孢子，而造成土壤传染。一般以种子带菌为主。种子带菌亦是病害远距离传播的主要途径。粪肥和土壤传病是次要的，但在某些局部地区也可能起主要作用。在麦收后寒冷而干燥的地区，如内蒙古春麦区，病菌冬孢子在土壤中存活的时间较长，土壤传病的作用较大。播种带菌的小麦种子，当种子发芽时，冬孢子也随即萌发，由芽鞘侵入幼苗，并到达生长点，菌丝随小麦生长而发展，到小麦孕穗期，病菌侵入幼穗的子房，破坏花器，形成黑粉，使整个花器变成菌瘿。

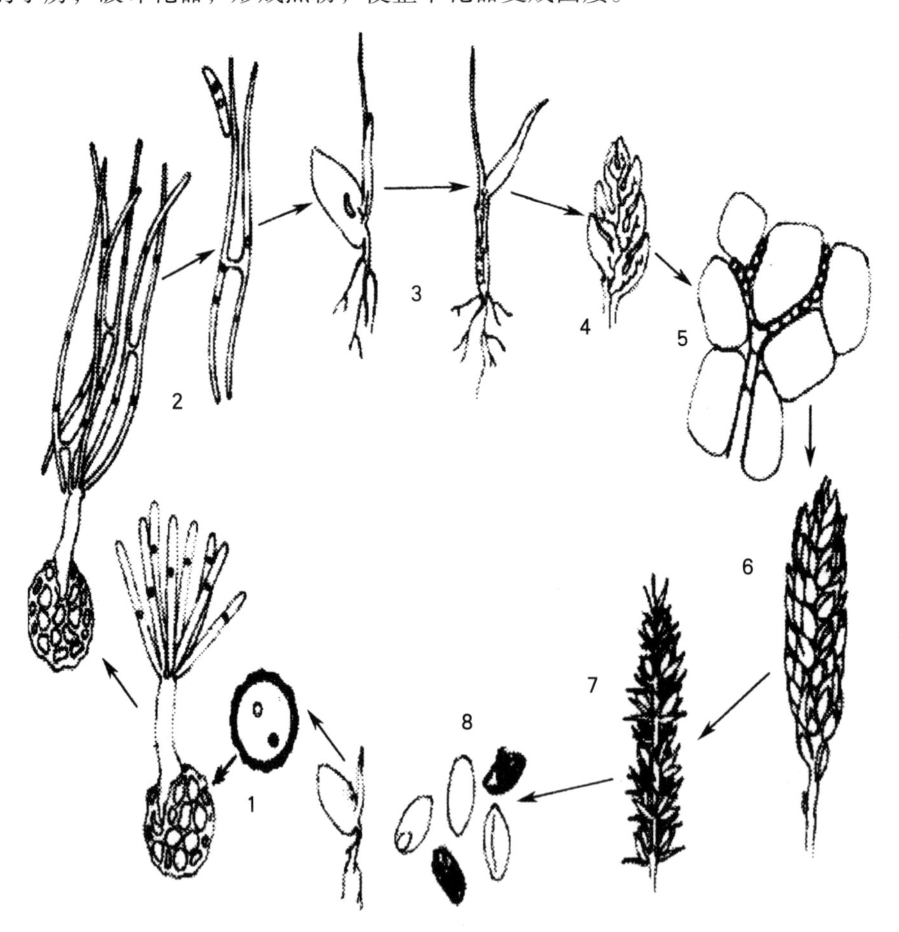

图1-57　小麦腥黑穗病病害循环

1.冬孢子及其萌发　2.“H”形双核菌丝　3.小麦苗期　4.小麦孕穗期
5.冬孢子　6.健穗　7.病穗　8.冬孢子在种子内休眠

【防治方法】小麦黑穗病的防治应采用以加强检疫和种子处理为主、农业防治和抗病品种为辅的综合防治措施。加强检疫工作，防止病害随种子或商品粮传入。播种的种子要在精选后严格进行消毒，田间管理时应注意施用无病肥，及时拔除病株等。适期播种，播种不宜过深。施用腐熟的有机肥。以土壤和粪肥传播为主的病区，可采用与非寄主作物实行1～2年轮作，或水旱轮作，并要施充分腐熟有机肥。

药剂拌种是防治小麦黑穗病最经济有效的措施。可选用下列杀菌剂：

2%戊唑醇湿拌剂100～150g/150kg种子；

15%三唑酮乳油60～100ml/100kg种子；

50%多菌灵可湿性粉剂150g+70%敌磺钠可溶性粉剂400g/100kg种子；

5.5%二硫氰基甲烷乳油20ml+20%萎锈灵乳油500ml/100kg种子；

3%苯醚甲环唑悬浮种衣剂按1：100(药种比)；

70%敌磺钠可溶性粉剂300g/100kg种子；

40%拌种双可湿性粉剂100～200g/100kg种子；

40%拌种灵可湿性粉剂100～200g/100kg种子；

40%福美双·拌种灵可湿性粉剂100～200g/100kg种子；

40%五氯硝基苯粉剂150～200g/100kg种子；

4.8%苯醚甲环唑·咯菌腈悬浮种衣剂100～200g/100kg种子；

7.5%甲基异柳磷·三唑醇悬浮种衣剂1：（80～100）(药种比)；

25g/L咯菌腈悬浮种衣剂100～200g/100kg种子；

6%戊唑醇·福美双可湿性粉剂100～130g/100kg种子；

40%拌·福(拌种双·福美双)可湿性粉剂100～200g/100kg种子；

17%多·福(多菌灵·福美双)悬浮种衣剂240～280ml/100kg种子；

50%唑酮·福美双(三唑酮·福美双)种衣剂100～125ml/100kg种子；

75%萎锈·福美双可湿性粉剂185～210g/100kg种子；

2.5%灭菌唑悬浮种衣剂100～200ml/100kg种子；

17%多·克(多菌灵·克百威)悬浮种衣剂1：（40～50）(药种比)。

6．小麦秆黑粉病

【分布为害】小麦秆黑粉病是小麦上的重要病害。在世界各国麦区均有发生，我国主要分布在华北、西北、东北、华中和西南各麦区。

【症　　状】主要为害茎秆、叶片、穗。茎秆上产生条纹状黑褐色冬孢子堆，病株分蘖多，有时无效分蘖可达百余个。叶片上产生条纹状黑褐色冬孢子堆，易扭曲、干枯。为害严重时多不抽穗而卷曲在叶鞘内，或穗小畸形，粒少、粒秕(图1–58至图1–60)。

【病　　原】*Urocystis tritici* 称小麦条黑粉菌，属担子菌亚门真菌(图1–61)。病菌冬孢子圆形或椭圆形，褐色，以1～4个冬孢子为核心，外围以若干不孕细胞组成孢子团。孢子椭圆形或长椭圆形。冬孢子萌发产生圆柱状先菌丝，经由不孕细胞伸出孢子团外。先菌丝无色透明，顶端轮生出担孢子3～4个。担孢子长棒状，顶端尖削，微弯。

图1-58　小麦秆黑粉病为害叶片症状

图1-59　小麦秆黑粉病分蘖期为害田间症状

图1-60 小麦秆黑粉病抽穗扬花期为害田间症状

【发生规律】以冬孢子团散落在土壤中或以冬孢子黏附在种子表面及肥料中越冬或越夏，成为该病初侵染源。以土壤传播为主，土壤中越冬的冬孢子，萌发后从幼苗芽鞘侵入，并进入生长点，为系统侵染病害，一年只能侵染一次。发芽期土壤温度对小麦秆黑粉病的发生有较大影响，土壤温度9～26℃病菌都可以发生侵染，以14～21℃最为适宜。土壤干旱，小麦出苗慢，有利于病菌侵染。病田连作，施用带菌肥料都有利于病害发生。

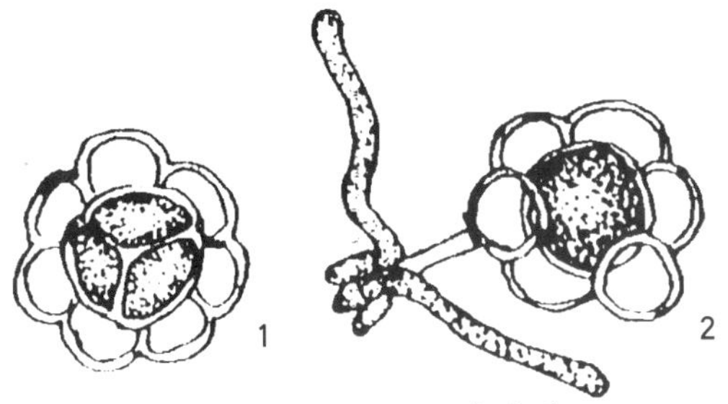

图1-61 小麦秆黑粉病病菌
1.冬孢子 2.冬孢子萌发

【防治方法】小麦秆黑粉病的防治应采用以加强检疫和种子处理为主、农业防治和选用抗病品种为辅的综合防治措施。适期播种，播种不宜过深。施用腐熟的有机肥。

药剂拌种是防治小麦秆黑粉病最经济有效的措施。药剂可参考小麦黑穗病。

7. 小麦赤霉病

【分布为害】小麦赤霉病别名麦穗枯、烂麦头、红麦头，是小麦的主要病害之一。小麦赤霉病在全世界普遍发生，主要分布于潮湿和半潮湿区域，尤其在气候湿润多雨的温带地区为害严重(图1-62)。

【症　　状】从幼苗到抽穗都可受害，主要引起苗枯、茎基腐、秆腐和穗腐，其中为害最严重的是穗腐。苗腐：是由种子带菌或土壤中病残体侵染所致。先是芽变褐，然后根冠随之腐烂，轻者病苗黄瘦，重者死亡。穗腐：小麦扬花时，初在颖片上产生水浸状浅褐色斑，后扩大至整个小穗，小穗枯黄。湿度大时，病斑处产生粉红色胶状霉层，后期其上产生密集的黑色小颗粒。用手触摸，有突起感觉，籽粒干瘪并伴有白色至粉红色霉层(图1-63至图1-65)。

图1-62　小麦赤霉病田间发生为害情况

图1-63　小麦赤霉病为害穗病初期症状

图1-64　小麦赤霉病穗部受害后期症状

图1–65 小麦赤霉病病粒和健粒比较

【病　　原】该病由多种镰刀菌引起。有 *Fusarium graminearum* 称禾谷镰孢，*F. avenaceum* 称燕麦镰孢，*F. culmorum* 称黄色镰孢，*F. moniliforme* 称串珠镰孢，*F. acuminatum* 称锐顶镰孢等，均属子囊菌门赤霉属。优势种为禾谷镰孢(*F. graminearum*)，其大型分生孢子镰刀形，有隔膜3～7个，顶端钝圆，基部足细胞明显，单个孢子无色，聚集在一起呈粉红色黏稠状。小型孢子很少产生(图1–66)。

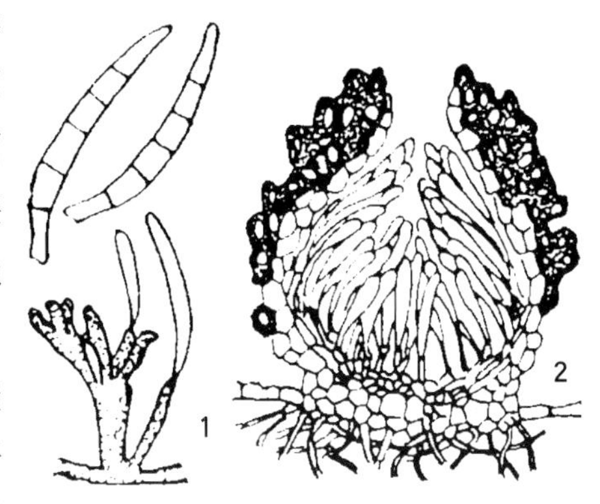

图1–66 小麦赤霉病病菌
1.分生孢子梗和分生孢子
2.子囊壳和子囊

【发生规律】小麦赤霉病菌腐生能力强，北方地区麦收后可继续在麦秸、玉米秆、豆秸、稻桩、稗草等植物残体上存活，并以子囊壳、菌丝体和分生孢子在各种寄主植物的残体上越冬。土壤和带病种子也是重要的越冬场所。病残体上的子囊壳和分生孢子以及带病种子是下一个生长季节的主要初侵染源。种子带菌是造成苗枯的主要原因，土壤中如有较多的病菌有利于产生茎基腐症状。小麦抽穗后至扬花末期最易受病菌侵染(此时正遇病残体上子囊孢子产生的高峰期)，乳熟期以后，除非遇上特别适宜的阴雨天气，一般很少侵染。子囊孢子借气流和风雨传播，孢子落在麦穗上萌发产生菌丝，先在颖壳外侧蔓延，后经颖片缝隙进入小穗内并侵入花药。侵入小穗内的菌丝往往以花药残骸或花粉粒为营养不断生长繁殖，进而侵害颖片两侧薄壁细胞以至胚和胚乳，引起小穗凋萎(图1–67)。小穗被侵染后，条件适宜，3～5天即可表现症状。而后菌丝逐渐向水平方向的相邻小穗扩展，也向垂直方向穿透小穗轴进而侵害穗轴输导组织，导致侵染点以上的病穗出现枯萎。潮湿条件下病部可产生分生孢子，借气流和雨水传播，进行再侵染。小麦赤霉病虽然是一种多循环病害，但因病菌侵染寄主的方式和侵染时期比较严格，穗期靠产生分生孢子再侵染次数有限，作用也不大。穗枯的发生程度主要取决于花期的初侵染量和子囊孢子的连续侵染。对于成熟参差不齐的麦区，早熟品种的病穗有可能为中晚熟品种和迟播小麦的花期侵染提供一定数量的菌源。迟熟、颖壳较厚、不耐肥品种发病较重；田间病残体菌量大发病重；地势低洼、排水不良、黏重土壤，偏施氮肥、密度大、田间郁闭发病重。

【防治方法】防治小麦赤霉病应采取以农业防治和减少初侵染源为基础，充分利用抗病品种，及时

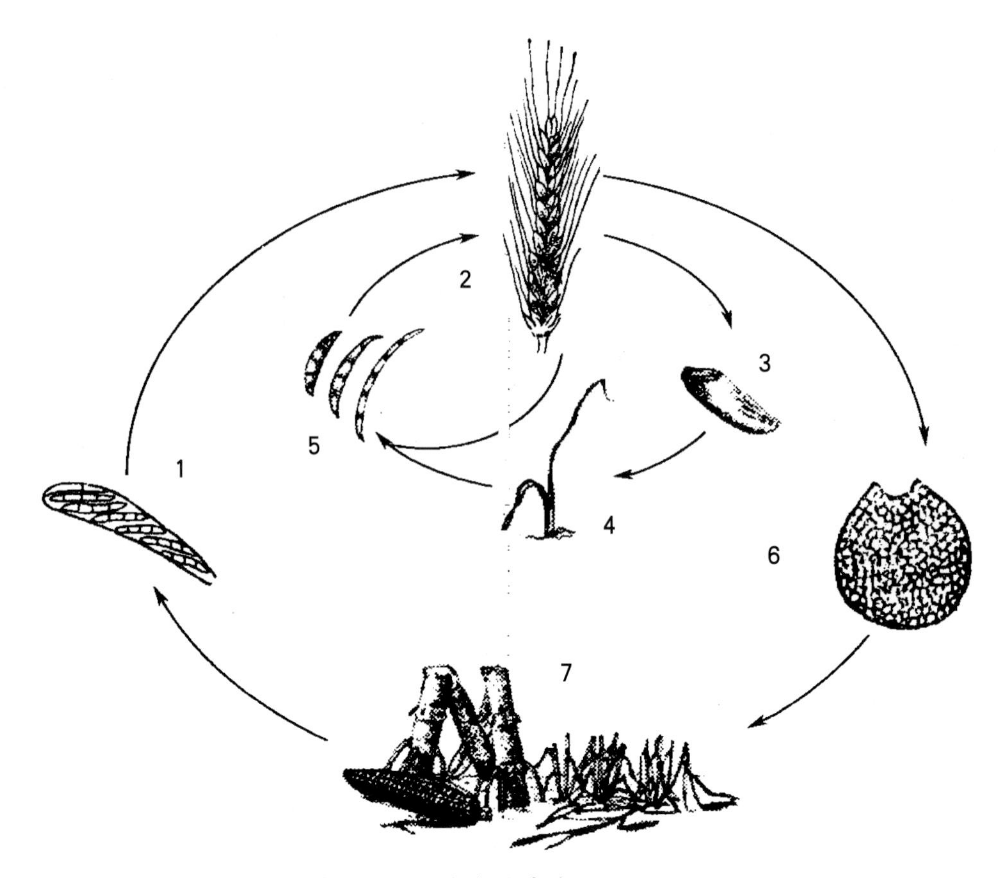

图1-67　小麦赤霉病病害循环

1.子囊孢子　2.病穗　3.病粒　4.枯苗　5.分生孢子再侵染　6.子囊壳　7.病残体

喷洒杀菌剂相结合的综合防治措施。播种时要清选种子，播种量不宜过大，合理施肥。

小麦扬花初期，当小麦赤霉病预测预报的大发生的年份，特别是遇降雨或湿度较大时，或田间有零星发病时(图1-68)为小麦赤霉病的防治适期。可选用以下药剂进行药剂：

70%甲基硫菌灵可湿性粉剂70～100g/亩；

50%多菌灵可湿性粉剂100～150g/亩；

3%丙硫菌唑悬浮液430ml/亩;

25%氰烯菌酯悬浮液150g/亩;

40%丙硫菌唑·戊唑醇30～40ml/亩;

48%氰烯菌酯·戊唑醇悬浮液40～60ml/亩，对水50～60kg均匀喷雾。

在小麦抽穗后，麦穗部有少量小麦赤霉病发病时(图1-68和图1-69)，结合其他病害的防治，可选用下列杀菌剂进行防治：

70%甲基硫菌灵可湿性粉剂100g/亩；

50%多菌灵可湿性粉剂150g/亩；

25%氰烯菌酯悬浮液150g/亩;

48%氰烯菌酯·戊唑醇悬浮液60ml/亩，对水50～60kg均匀喷雾。

在小麦赤霉病常年流行的区域且预测预报发生较重的年份，大面积感病品种的条件下，可在扬花初期喷雾后间隔5～7天再喷一次，以期降低病情和籽粒中的毒素含量。由于近10年来，多菌灵的长期使用，抗药性菌株比例在江苏等地上升，因此其中多菌灵药剂的使用，要根据当地植保部门的推荐。

图1-68 小麦赤霉病扬花期田间为害症状

图1-69 小麦赤霉病灌浆期田间为害症状

8．小麦叶枯病

【分布为害】小麦叶枯病是引起小麦叶斑和叶枯类病害的总称。世界上报道的叶枯病的病原菌达20多种。我国目前以黄斑叶枯病、雪霉叶枯病、链格孢叶枯病、壳针孢叶枯病等在各产麦区为害较大，已成为我国小麦生产上的一类重要病害，多雨年份和潮湿地区发生尤其严重。

【症　　状】黄斑叶枯病：主要为害叶片，可单独形成黄斑。叶片染病初期产生黄褐色斑点，后扩展为椭圆形至纺锤形大斑，病斑中央色深，有不太明显的轮纹，边缘有边界不明显，外围生黄色晕圈，后期病斑融合，导致叶片变黄干枯(图1–70和图1–71)。

图1–70　小麦黄斑叶枯病为害叶片初期症状

图1–71　小麦黄斑叶枯病为害叶片后期症状

雪霉叶枯病：主要为害叶片、叶鞘。病斑初为水渍状，后扩大为近圆形或椭圆形大斑，边缘灰绿色，中央污褐色。病斑表面常形成砖红色霉层，潮湿时病斑边缘有白色菌丝薄层，有时产生黑色小粒点(图1–72)。

图1–72 小麦雪霉叶枯病为害叶片症状

链格孢叶枯病：主要为害叶片和穗部。初期在叶片上形成较小的黄色褪绿斑，后扩展为中央呈灰褐色，边缘黄褐色长圆形病斑，潮湿时病斑上可产生灰黑色霉层(图1–73)。

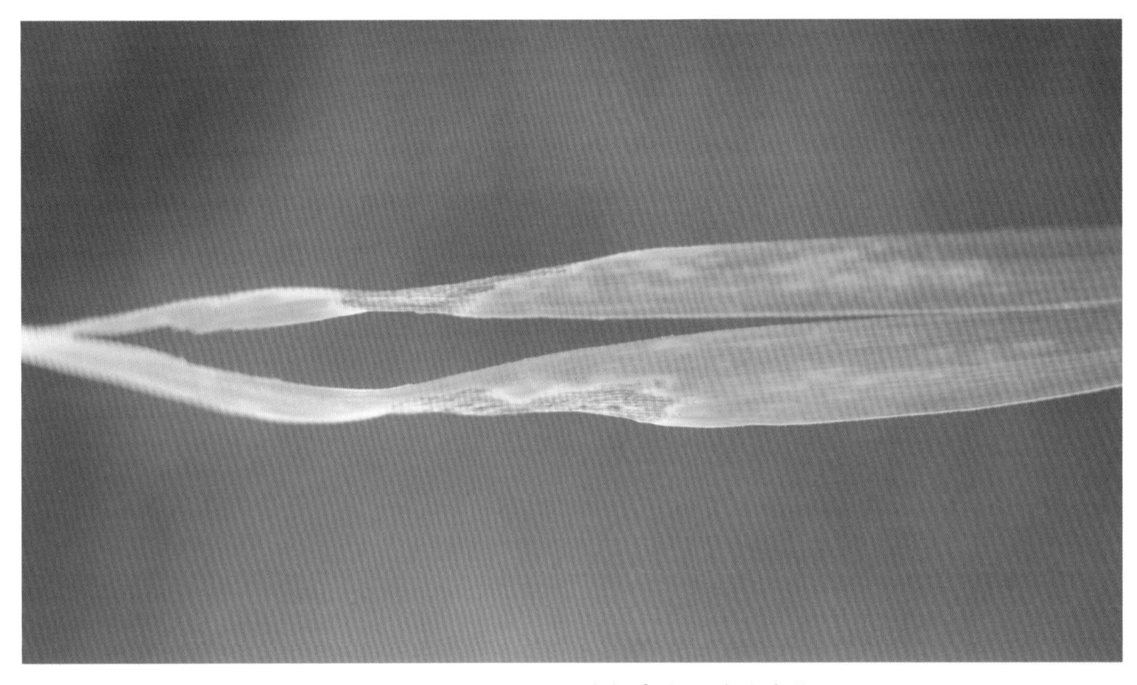

图1–73 小麦链格孢叶枯病为害叶片症状

壳针孢叶枯病：主要为害叶片和穗部，造成叶枯和穗腐。初形成淡褐色卵圆形小斑，扩大后形成浅褐色近圆形或长条形病斑，亦可互相连接成不规则形较大病斑(图1-74)。一般下部叶片先发病，逐渐向上发展，重病叶常早枯，病斑上密生小黑点，为病菌的分生孢子器。

图1-74　小麦壳针孢叶枯病为害叶片症状

【病　　原】黄斑叶枯病菌：*Drechslera triticirepentis* 称小麦德氏霉，属无性型真菌。分生孢子浅色至枯草色，圆柱形，直或稍弯，顶端钝圆，下端呈蛇头状尖削，脐孔腔型凹陷(图1-75)。子囊孢子无色至黄褐色，长椭圆形。

雪霉叶枯病：*Gerlachia nivalis* 称雪腐格氏霉，属无性型真菌(图1-76)。分生孢子无色，镰刀形，两端尖细，无脚胞。分生孢子梗短而直，棍棒状，无隔，产孢细胞瓶状或倒梨形，有环痕。子囊壳埋生，球形或卵形，顶端乳头状。子囊棍棒状或圆柱状。子囊孢子纺锤形至椭圆形，无色。

链格孢叶枯病菌：*Alternaria tenuis* 称细链格孢，属无性型真菌。分生孢子梗直，分枝或不分枝，橄榄色或黑褐色。分生孢子卵形至倒棍棒形，褐色，有喙。

壳针孢叶枯病菌：*Septoria tritici* 称小麦壳针孢，属无性型真菌(图1-77)。分生孢子器生于寄主表皮下，黑褐色，球形，端有孔口。孔口小，微凸出。大型分生孢子无色，细长，微弯曲，两端圆，有3～5个隔膜，数量多；小型分生孢子单胞，微弯，细短，无色。

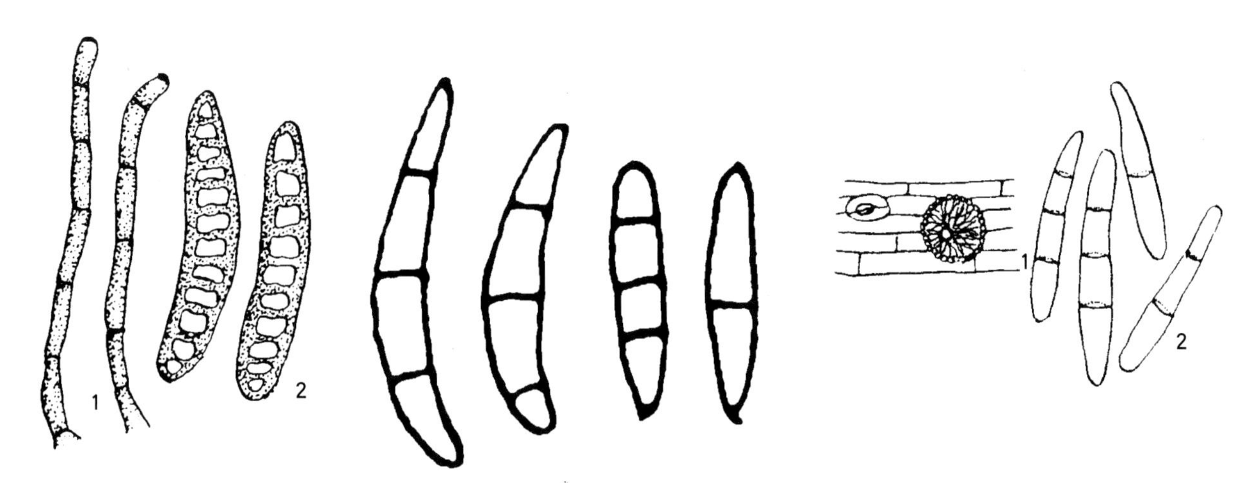

图1–75 小麦黄斑叶枯病菌 1.分生孢子梗 2.分生孢子　图1–76 小麦雪霉叶枯病菌分生孢子　图1–77 小麦壳针孢叶枯病病菌 1.分生孢子器 2.分生孢子

【发生规律】几种叶枯病菌多以菌丝体潜伏于种子内或以孢子附着于种子上，成为初侵染。一般感病较重的种子，常常不能出土就腐烂而死。病轻者可出苗，但生长衰弱。病组织及残体所产生的分生孢子或子囊孢子借风雨传播，直接侵入或由伤口和气孔侵入寄主。如温度和湿度条件适宜，发病后不久病斑上便又产生分生孢子或子囊孢子，进行多次再侵染，致使叶片上产生大量病斑，干枯死亡。尽管多数叶枯病菌在整个生育期均可为害，但以抽穗后灌浆期发生较重，是主要为害时期。

发病条件：小麦叶枯病的发病程度与气象因素、栽培条件、菌源数量、品种抗病性等因素有关。

气候因素：潮湿多雨和比较冷凉的气候条件有利于小麦雪霉叶枯病的发生。14～18℃适宜于菌丝生长、分生孢子和子囊孢子的产生，18～22℃则有利于病菌侵染和发病。4月下旬至5月上旬降水量对病害发展影响很大，如此期降水量超过70mm发病严重，40mm以下则发病较轻。苗期受冻，幼苗抗逆力弱，叶枯病往往发生较重。小麦扬花期至乳熟期潮湿(相对湿度>80%)并配合有较高的温度(18～25℃)有利于各种叶枯病的发展和流行。

栽培条件：氮肥施用过多，冬麦播种偏早或播量偏大，造成植株群体过大，田间郁闭，发病重。东北地区报道，春小麦过迟播种，幼苗根腐叶枯病也重。麦田灌水过多，或生长后期大水漫灌，或地势低洼排水不良，有利于病害发生。

菌源数量：种子感病程度重，带菌率高，播种后幼苗感病率和病情指数也高。东北地区研究报道，种子感病程度与根腐叶枯病病苗率和病情指数之间呈高度正相关。

【防治方法】使用健康无病种子，适期适量播种。施足基肥，氮磷钾配合使用，以控制田间群体密度，改善通风透光条件。控制灌水，雨后还要及时排水。小麦扬花期至灌浆期是防治叶枯病的关键时期。

种子处理：用种子重量0.2%～0.3%的50%福美双可湿性粉剂拌种，或33%三唑酮·多菌灵可湿性粉剂按种子重量0.2%拌种。

在小麦扬花至灌浆期，田间开始发病时(图1–78)，可选用下列杀菌剂进行预防和防治：

75%百菌清可湿性粉剂75～95g/亩+12.5%烯唑醇可湿性粉剂20～30g/亩；

20%三唑酮乳油100ml/亩；

50%甲基硫菌灵可湿性粉剂1 000倍液；

40%氟硅唑乳油6 000～8 000倍液；

50%异菌脲可湿性粉剂1 500倍液，每亩用对好的药液40～50kg，均匀喷施。

图1-78 小麦叶枯病灌浆期为害症状

9．小麦颖枯病

【分布为害】20世纪70年代以来，该病在中国局部地区零星发生，且往往与根腐叶斑病、叶斑病等叶枯性病害混合发生，未引起注意。近几年来，小麦颖枯病的发生和为害日益严重。目前，该病害在国内冬、春麦区均有发生。一般叶片受害率50%～98%，颖壳受害率10%～80%，一般减产1%～7%，严重者达30%以上，严重影响了小麦的产量和质量(图1-79)。

图1-79 小麦颖枯病田间为害症状

【症　　状】多在穗的顶端或上部小穗上先发生(图1–80)。初在颖壳上产生深褐色斑点，后变枯白色，扩展到整个颖壳，并在其上长满菌丝和小黑点(分生孢子器)，病重的不能结实(图1–81)。病斑也可在叶的正、背面发生，但以正面为多。有的叶片受侵染后无明显病斑，全叶或叶的大部分变黄。剑叶被害多卷曲枯死。叶鞘发病后变黄，上生小黑点，常使叶片早枯。茎节受害呈褐色病斑，其上也生细小黑点。

图1–80　小麦颖枯病为害麦穗症状

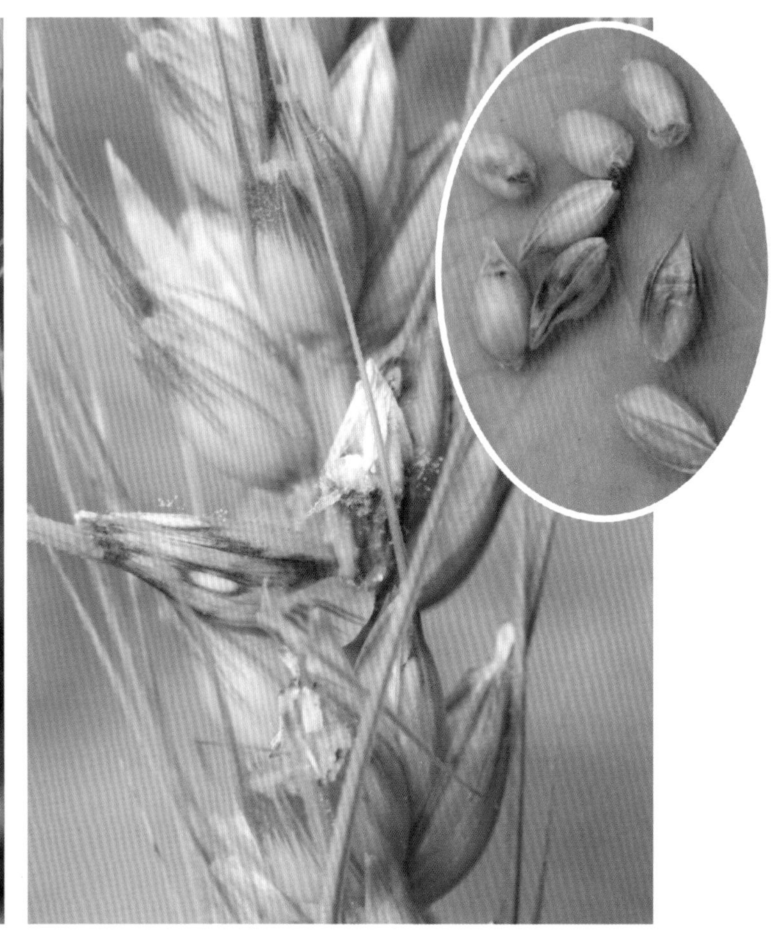

图1–81　小麦颖枯病为害麦粒症状

【病　　原】*Septoria nodorum* 称颖枯壳针孢，属半知菌亚门真菌。分生孢子器埋生寄主皮层下，散生或成行排列，扁球形，暗褐色，顶端孔口微露。分生孢子为圆柱形，直或微弯曲，无色透明，两端钝圆，初为单胞，成熟时有1～3个隔膜，隔膜处稍收缩，每个细胞有1个核。菌丝分枝、分隔，前期透明，后期变黑。

【发生规律】冬麦区病菌在病残体或附在种子上越夏，秋季侵入麦苗，以菌丝体在病株上越冬。春麦区以分生孢子器和菌丝体在病残体上越冬，翌年条件适宜，释放出分生孢子侵染春小麦，借风、雨传播。高温多雨条件有利于颖枯病发生和蔓延。连作田发病重。春麦播种晚，偏施氮肥，生育期延迟加重病害发生。

【防治方法】选用无病种子，清除病残体，麦收后深耕灭茬。消灭自生麦苗，降低越夏、越冬菌源，实行2年以上轮作。春麦适时早播，施用充分腐熟有机肥，增施磷、钾肥，加强田间管理，开沟排水，降低地下水位，控制颖枯病的为害。

种子处理可选用以下药剂：

50%多·福混合粉(多菌灵：福美双为1：1)500倍液浸种48小时；

25%三唑酮可湿性粉剂75g拌麦种100kg；

50%多菌灵可湿性粉剂、70%甲基硫菌灵可湿性粉剂、40%拌种双可湿性粉剂，按种子重量 0.2% 拌种。

在小麦抽穗期，田间开始发病时，及时喷施药剂，可选用下列杀菌剂：

70%代森锰锌可湿性粉剂600倍液+70%甲基硫菌灵可湿性粉剂800～1 000倍液；

25%丙环唑乳油2 000倍液+65%代森锌可湿性粉剂500倍液。间隔15～20天喷1次，连喷2～3次。

10．小麦黑颖病

【分布为害】小麦黑颖病是一种细菌性病害，在我国东北、西北、华北、西南麦区均有发生。在孕穗开花期为害较重，造成植株提早枯死，穗变小，籽粒干秕，减产10%～30%。

【症　　状】主要为害小麦叶片、叶鞘、穗部、颖片及麦芒。穗部染病，穗上病部为褐色至黑色的条斑，多个病斑融合在一起后颖片变黑发亮。颖片染病后引起种子感染。致病种子皱缩或不饱满。发病轻的种子颜色变深。叶片染病，初呈水渍状小点，逐渐沿叶脉向上、下扩展为黄褐色条状斑。穗轴、茎秆染病，产生黑褐色长条状斑。湿度大时，以上病部均产生黄色细菌脓液(图1-82至图1-85)。

图1-82　小麦黑颖病为害叶片症状

图1-83　小麦黑颖病为害叶鞘症状

图1-84 小麦黑颖病为害颖片症状

图1-85 小麦黑颖病为害后期症状

【病　　原】*Xanthomonas campestris* pv. *translucenes* 称油菜单胞菌小麦致病变种，属细菌。菌体杆状，极生单鞭毛，革兰氏染色阴性，有荚膜，无芽孢，好气性(图1–86)。

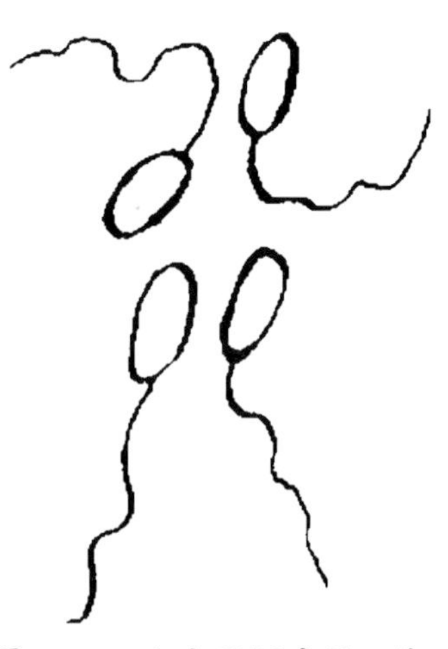

图1–86　小麦黑颖病原细菌

【发生规律】种子带菌是该病主要初侵染源，其次病残体和其他寄主也可带菌。病菌也能在田间病残组织内存活并传病，但病残组织腐解后，病菌即难生存。在小麦生长季节，病菌从种子进入导管，后到达穗部，产生病斑。病部溢出菌脓具大量病原细菌，借风雨、昆虫及接触传播，从气孔或伤口侵入，进行多次再侵染。高温高湿利于该病扩展，因此小麦孕穗期至灌浆期降雨频繁，温度高发病重。

【防治方法】建立无病留种田，选用抗病品种。合理轮作倒茬，清除病残物和杂质。

种子处理：可采用变温浸种法，28～32℃浸4小时，再在53℃水中浸7分钟。或用1%石灰水，在30℃下浸种24小时，晾干后播种。用种子重量0.2%的40%拌种双可湿性粉剂拌种，防效较好。也可用14%络氨铜水剂200mL/100kg拌种，晾干后播种。

小麦孕穗期即发病初期，喷洒20%叶枯唑可湿性粉剂100～150g/亩、72%农用硫酸链霉素可溶性粉剂12.5～20g/亩，或90%新植霉素可溶性粉剂4 000倍液效果很好，每间隔7～10天喷1次，连续喷2～3次，防病增产效果显著。

11．小麦黄矮病

【分布为害】目前主要分布在西北、华北、东北、华中、西南及华东等冬麦区、春麦区及冬春麦混种区(图1–87)。

图1–87　小麦黄矮病为害情况

【症　　状】主要表现叶片黄化，植株矮化。叶片典型症状是新叶发病从叶尖渐向叶基扩展变黄，黄化部分占全叶的1/3～1/2，叶基仍为绿色，且保持较长时间，有时出现与叶脉平行但不受叶脉限制的黄绿相间条纹(图1–88)。

图1–88　小麦黄矮病叶片受害症状

【病　　原】由黄症病毒属(*Luteovirus*)中的大麦黄矮病毒(Barley yellow dwarf virus，BYDV)引起。BYDV不能由土壤、病株种子、汁液等传播，只能由蚜虫传播。

【发生规律】此病的侵染循环在冬麦区和冬春麦混种区有一定差异。冬麦区5月中、下旬，各地小麦渐进入黄熟期，麦蚜因植株老化，营养不良，产生大量有翅蚜向越夏寄主(次生麦苗、野燕麦、虎尾草等)迁移，在越夏寄主上取食、繁殖和传播病毒。秋季小麦出苗后，麦蚜又迁回麦地，在田边的小麦上取食、繁殖和传播病毒，并以有翅成蚜、无翅成蚜、若蚜在麦苗基部越冬，有些地区也产卵越冬。冬前感病的小麦是第二年早春的发病中心。冬、春麦混种区如甘肃河西走廊一带，5月上旬，麦蚜逐渐产生有翅蚜，向春小麦、大麦、玉米、高粱及禾本科杂草上迁移。晚熟春麦、糜子和自生麦苗是麦蚜和大麦黄矮病毒的主要越夏场所。9月下旬，冬小麦出苗后，麦蚜又迁回麦田，在冬小麦上产卵越冬，大麦黄矮病毒也随之传到冬小麦麦苗上，并在小麦根部和分蘖节里越冬。在干旱半干旱地区，秋季天旱，温度高，降温迟，接着春季温度回升快，春旱的年份，就是重病流行年；秋季多雨而春季旱，一般为轻病流行年；如秋春两季都多雨，则发病较轻；秋季旱而春季多雨，则可能中度发生，小麦品种间对黄矮病的抗病性有差异。大流行年的气候特点是冬春雨雪少，7月气温低，10月气温高；冬季温暖，早春气温回升快，麦二叉蚜的生长有利，病毒传播快。此外，土地肥沃的麦田比瘠薄的麦田发病轻，冬灌的比不冬灌的发病轻，迟播的比早播的发病轻。阳坡重、阴坡轻，旱地重、水浇地轻；粗放管理重、精耕细作轻，瘠薄地重。

【防治方法】选用抗病丰产品种。加强栽培管理，重病区应着重改造麦田蚜虫的适生环境，清除田间杂草，减少毒源寄主。增施有机肥，扩大水浇面积，创造不利于蚜虫繁殖，而有利于小麦生长发育的生态环境，以减轻为害，因地制宜地合理调整作物布局，春麦区适当早播，合理密植，当麦蚜开始在冬小麦根际附近越冬时，进行冬灌，有显著的治蚜效果。田间如发现植株有明显矮化、丛生、花叶等症状时，应立即拔除，及早改种其他作物，以免贻误农时。

药剂拌种，用50%辛硫磷乳油按种子重量的0.3%进行拌种，堆闷3～5小时播种，也可用种子重量0.3%的48%毒死蜱乳油拌种，并可兼治地下害虫和麦叶螨。

根据各地虫情，在10月下旬至11月中旬喷1次药，以防止麦蚜在田间蔓延、扩散，减少麦蚜越冬基数。冬麦返青后到拔节期防治1～2次，就能控制麦蚜与小麦黄矮病的流行。春麦区根据虫情，在5月上、中旬喷药效果较好。秋苗期重点防治未拌种的早播麦田，春季重点防治发病中心麦田及蚜虫早发麦田(图1–89)，可喷施下列药剂：

图1–89 小麦抽穗期点片发生的黄矮症状

70%吡虫啉水分散粒剂2～4g/亩；

20%呋虫胺可溶粒剂15～20g/亩；

50%灭蚜松乳油1 000～1 500倍液；

2.5%溴氰菊酯乳油1 000～2 000倍液；

50%辛硫磷乳油2 000～3 000倍液；

30%乙酰甲胺磷乳油2 000倍液。

12．小麦黄花叶病

【分布为害】主要分布于我国四川、陕西、江苏、浙江、湖北、河南等省。近年来，该病在河南、陕西等地不断扩大蔓延，成为不少麦区的新问题。

【症　　状】该病在冬小麦上发生严重。染病后冬前不表现症状，到春季小麦返青期才出现症状，染病株在小麦4～6叶后的新叶上产生褪绿条纹，少数心叶扭曲畸形，以后褪绿条纹增加并扩散。病斑连合成长短不等、宽窄不一的不规则条斑，形似梭状，老病叶渐变黄、枯死。病株分蘖少，萎缩，根系发育不良，重病株明显矮化(图1–90和图1–91)。

【病　　原】Wheat yellow mosaic virus (WYMV)称小麦黄花叶病毒。病毒粒体为线状。

【发生规律】小麦黄花叶病毒的自然传播介体为禾谷多黏菌(*Polymyxa graminis*)。另据报道，病株汁液摩擦也可传病，但是对发病影响不大。禾谷多黏菌是禾谷类植物根部表皮细胞内的一种寄生菌，病毒在其休眠孢子囊内越夏，秋播后随孢子囊萌发传至游

图1–90　小麦黄花叶病为害植株症状

图1–91　小麦黄花叶病田间为害症状及不同品种抗性比较

动孢子，当游动孢子侵入小麦根部表皮细胞时，病毒即进入小麦体内。多黏菌在小麦根部细胞内可发育成变形体并产生游动孢子进行再侵染。土壤中的休眠孢子囊可随耕作、流水等方式扩大为害范围。春季多雨低温、地势低洼、重茬连作、土质沙壤、播种偏早等条件均会使病情加重。

【防治方法】选用抗病品种。轮作倒茬。与非禾本科作物轮作3～5年，适当迟播。避开病毒侵染的最适时期，减轻病情。发病初期及时追施速效氮肥和磷肥，促进植株生长，减少为害和损失。施用农家肥要充分腐熟。麦收后应尽可能清除病残体，避免通过病残体和耕作措施传播蔓延。

13．小麦孢囊线虫病

【分布为害】该病是世界禾谷类作物上重要病害，目前已发现该病在河南、河北、山东、湖北、安徽、北京、山西、甘肃、青海等10多个省区市均有分布。

【症　　状】受害小麦幼苗矮黄，根系短分叉，后期根系被寄生呈瘤状，露出白亮至暗褐色粉粒状孢囊，孢囊老熟易脱落，仅在成虫期出现。线虫为害后，病根常受次生性土壤真菌如立枯丝核菌等为害，致使根系腐烂(图1–92至图1–94)。

图1–92　小麦孢囊线虫病为害麦苗田间症状

【病　　原】*Heterodera avenae* 称禾谷孢囊线虫，属于线形动物门异皮线虫属(图1–95)，在温带禾谷作物种植区广泛分布，为害最重。该线虫2龄幼虫线状，口针粗壮，基部膨大，前端稍凹；中食道球卵圆形；尾部尖，透明尾较长。雌成虫梨形或柠檬形，老熟成孢囊时脱掉一层浅白色的亚晶膜，外角质层变厚成褐色孢囊。孢囊柠檬形，深褐色。雄成虫线形，体环清晰，口针基部圆球形，交合刺成对。

【发生规律】病原线虫主要以孢囊在土壤中越冬、越夏。以2龄幼虫从根尖紧靠生长点的延长区侵入、在根内移行至维管束中柱，用口针刺吸维管束细胞吸取营养。此后，定居于薄壁组织中。雌成虫孕卵后，体躯急剧膨大，撑破寄主根表皮露于根表。线虫主要经土壤传播，农具、农事操作、人、畜黏带的土壤以及水流等也可进行传播(图1–96)。在幼虫孵化期恰逢天气凉爽而土壤湿润，沙质土壤、缺肥地

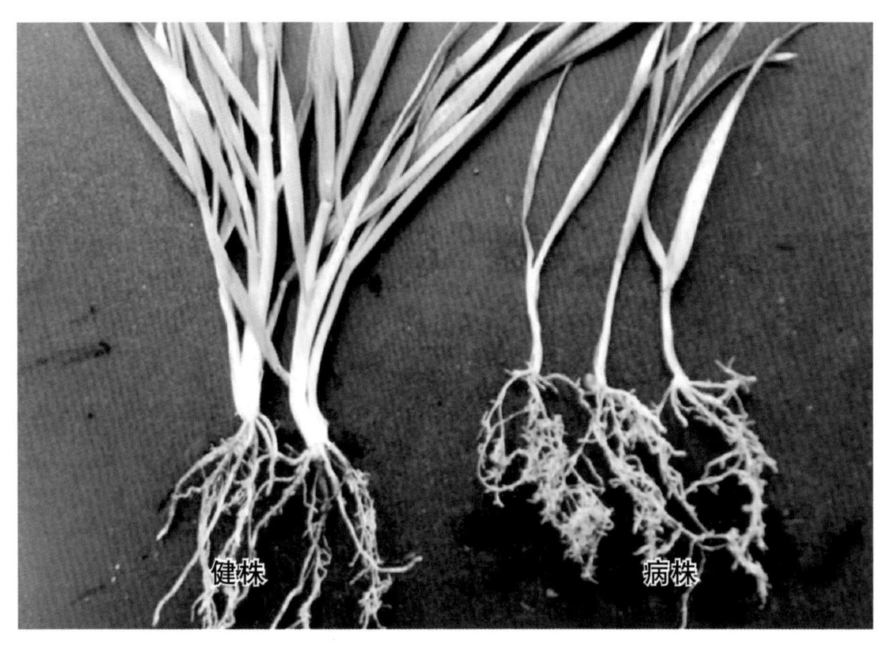

图1-93 小麦孢囊线虫病为害根部症状

图1-94 小麦孢囊线虫病为害后期田间症状

块、灌溉条件差的地块受害重。

【防治方法】选用抗(耐)病品种。与麦类及非禾本科作物隔年或3年轮作。春麦区适当晚播，要增施氮肥和磷肥，加强灌水，防止干旱。提高植株抵抗力。施用土壤添加剂，控制根际微生态环境，使其不利于线虫生长和寄生。

在小麦整地时可选用下列药剂：

0.5%阿维菌素颗粒剂2.5～3kg/亩；

3%克百威颗粒剂2～5kg/亩；

10%克线磷颗粒剂2kg/亩处理土壤，也可用杀线虫内吸型颗粒剂沟施或种衣剂拌种、闷种，控制早期侵染。

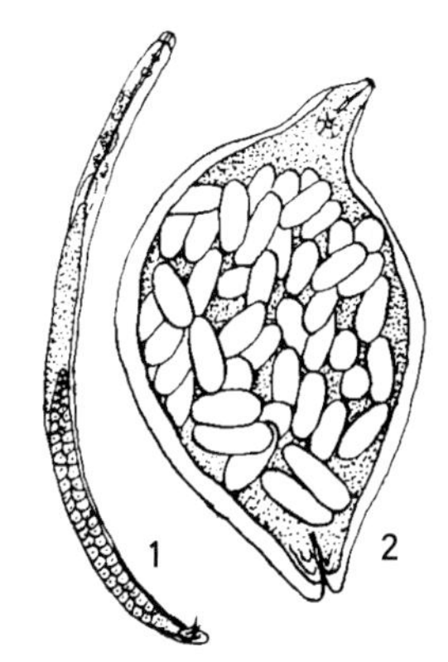

图1-95 小麦胞囊线虫
1.雄虫 2.雌虫

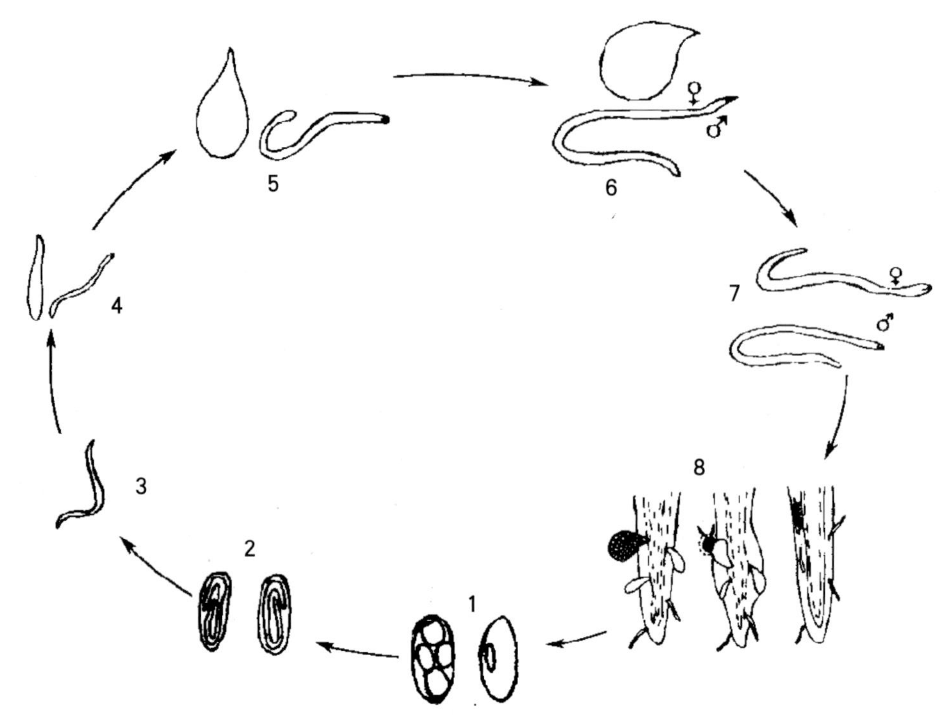

图1-96　小麦孢囊线虫生活史
1.卵　2.1龄幼虫　3.2龄幼虫　4.3龄幼虫　5.4龄幼虫
6.成虫　7.经4次蜕皮后的成虫　8.受害根

14．小麦根腐病

【分布为害】小麦根腐病分布在全国各地，东北、西北春麦区发生重。

【症　　状】全生育期均可引起发病，苗期引起根腐，成株期引起叶斑、穗腐或黑胚。种子带菌严重的不能发芽，轻者能发芽，但幼芽脱离种皮后即死在土中，有的虽能发芽出苗，但生长细弱。幼苗染病后在芽鞘上产生黄褐色至褐黑色梭形斑，边缘清晰，中间稍褪色，扩展后引起种根基部、根间、分蘖节和茎基部褐变(图1-97)，病组织逐渐坏死，上生黑色霉状物，最后根系朽腐，麦苗平铺在地上，下部叶片变黄，逐渐黄枯而亡。成株期染病叶片上出现梭形小褐斑，后扩展为长椭圆形或不规则形浅褐色斑，病斑两面均生灰黑色霉，病斑融合成大斑后枯死，严重的整叶枯死。叶鞘染病产生边缘不明显的云状斑块，与其连接叶片黄枯而死。小穗发病出现褐斑和白穗(图1-98)。

【病　　原】*Bipolaris sorokiniana* 称根腐平脐蠕孢，均属半知菌亚门真菌。

【发生规律】病菌以菌丝体和厚垣孢子在病残体和土壤中越冬，成为翌年的初侵染源。该菌在土壤中

图1-97　小麦根腐病为害茎基部症状

图1-98 小麦根腐病为害后期白穗症状

存活2年。生产上播种带菌种子可引致苗期发病。幼苗受害程度随种子带菌量增加而加重，如侵染源多则发病重；在种子带菌为主的条件下，种子被害程度较其带菌率对发病影响更大；生产上土壤温度低、土壤湿度过低或过高均易发病，土质瘠薄或肥水不足抗病力下降，播种过早或过深发病重。

【防治方法】选用抗根腐病的品种。种植不带黑胚的种子。施用腐熟的有机肥，麦收后及时耕翻灭茬，使病残组织当年腐烂，以减少下年初侵染源。进行轮作换茬，适时早播、浅播。土壤过湿的要散墒后播种，土壤过干则应采取镇压保墒等农业措施减轻受害。

种子处理。可选用下列药剂：

15%多菌灵·福美双悬浮种衣剂214～300g/100kg种子；

25g/L咯菌腈悬浮种衣剂140～200g/100kg种子；

23%戊唑醇·福美双悬浮种衣剂1∶（400～500）(药种重量比)；

50%三唑酮·福美双悬浮种衣剂100～125g/100kg种子。

在发病初期及时喷药进行防治。效果较好的药剂有：

50%异菌脲可湿性粉剂60～100g/亩；

15%三唑酮可湿性粉剂40～60L/亩+50%多菌灵可湿性粉剂50～60g/亩；

25%丙环唑乳油25～40ml/亩，对水75kg喷雾。

成株开花期，可用25%丙环唑乳油4 000倍液+50%福美双可湿性粉剂100g/亩，对水75kg均匀喷洒。

成株抽穗期，可用25%丙环唑乳油40ml/亩+25%三唑酮可湿性粉剂100g/亩，对水75kg喷洒1～2次。

15．小麦细菌性条斑病

【分布为害】小麦细菌性条斑病是小麦上的主要病害之一。分布在北京、山东、新疆、西藏等地部分地块，小麦发病株率达85%～100%，减产20%～30%，并且造成品质和等级下降。

【症　　状】主要为害叶片，严重时也可为害叶鞘、茎秆、颖片和籽粒。被害叶片初期呈水渍状半透明斑点或条斑，再沿叶脉向上下扩展，变成长条状，呈现油渍发亮褐色斑(图1–99和图1–100)，常出现小颗粒状菌脓。以抽穗和扬花期最重，使被害株提前枯死，穗变小，籽粒干秕，造成减产。

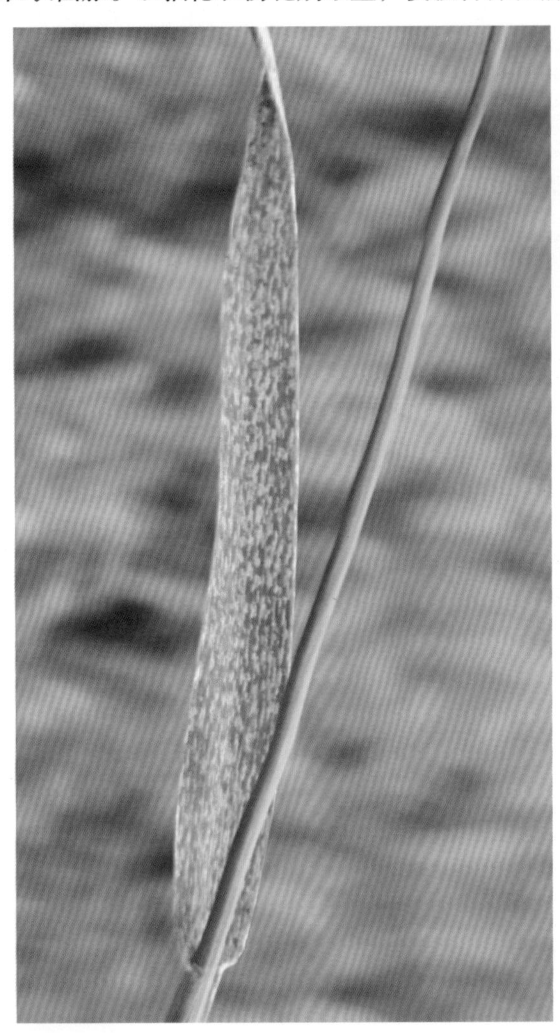

图1–99　小麦细菌性条斑病为害初期症状

图1–100　小麦细菌性条斑病为害后期症状

【病　　原】*Xanthomonas campestris* pv. *undulose* 称野油菜黄单胞菌波形致病变种，属细菌。菌体短杆状，两端钝圆，极生单鞭毛。菌体大多数单生或双生，个别链状。革兰氏染色阴性，好气性。

【发生规律】病菌随病残体在土中或在种子上越冬，翌春从寄主的自然孔口或伤口侵入，经3～4天潜育即发病，在田间经暴风雨传播蔓延，进行多次再侵染。在生长期，遇大的暴风雨次数多，造成叶片产生大量伤口，导致细菌多次侵染，易流行成灾。生产上冬麦较春麦易发病，一般土壤肥沃，播种量大，施肥多且集中，尤其是施氮肥较多，致植株密集，枝叶繁茂，通风透光不良则发病重。

【防治方法】选用抗病品种，建立无病留种田。适时播种，冬麦不宜过早。春麦要种植生长期适中或偏长的品种，采用配方施肥技术。收获后及时耕翻灭茬，增加土壤有机质，提高土壤的熟化过程。增施有机肥，不偏施氮肥，合理密植，防止倒伏。提高灌水质量，切忌大水漫灌。

种子处理：用45℃水恒温浸种3小时，晾干后播种；也可用1%生石灰水在30℃下浸种24小时，晾干后再用种子重量0.25%的40%拌种双粉剂拌种；或用种子重量0.2%的70%敌磺钠可溶性粉剂拌种或用72%农用硫酸链霉素可溶性粉剂1 000倍液浸种8小时。

发病前或发病初期可用72%农用硫酸链霉素可溶性粉剂15～30g/亩对水75kg、90%敌磺钠可溶性粉剂15～25g/亩对水50kg进行叶面喷雾，间隔7～10天喷1次，共喷2～3次。

16．小麦雪腐病

【症　　状】主要为害小麦幼苗的根、叶鞘和叶片，一般易发生在有雪覆盖或雪刚刚融化的麦田。病株上初生浅绿色水渍状病斑，布满灰白色松软霉层，后产生大量黑褐色的菌核。病部组织腐烂，病叶极易破碎(图1-101至图1-103)。

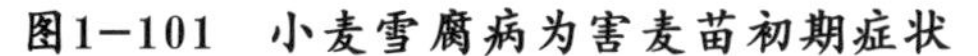

图1-101　小麦雪腐病为害麦苗初期症状

图1-102　小麦雪腐病为害麦苗后期症状

【病　　原】*Typhula incarnata* 称淡红或肉孢核瑚菌，属担子菌亚门真菌。菌核球形至扁球形，初红褐色，后变为黑褐色。子实体柄细长，有毛，基部膨大。担子棍棒状，顶生担子梗4个，上生担孢子。担孢子顶端圆，基部尖，稍弯，无色。

图1-103　小麦雪腐病为害麦苗田间症状

【发生规律】病菌腐生能力差，只能以寄生状态和休眠状态存活，小麦在秋冬之交(10月中下旬至11月上旬，土壤高湿度、土壤温度2～10℃时)为主要感染期，菌核萌发产生的担孢子放射至空中可随气流传播侵染幼苗，由菌核产生的菌丝也可直接侵染麦苗，并蔓延为害，直至雪层下温度降到零度以下，才暂时停止蔓延。早春从积雪融化起病菌继续为害，小麦返青后，症状最为典型和明显，此时病部产生明显的菌丝层和菌核。当温度上升到15℃以上时，病菌便停止为害，并以菌核在土壤中越夏。冬季积雪时间长，土壤不解冻，土温0℃左右易发病，连作地发病重。

【防治方法】各地应根据具体情况，与玉米、棉花、大豆等作物轮作。进行伏耕灭茬，施足基肥，氮磷钾肥合理搭配，适当提早追肥，促使早化雪，注意排除田间多余雪水，适期播种，都可减轻发病。冬灌时间不宜过迟，以防积雪后致土壤湿度过大。积雪融化后要及时做好开沟排水和春耙工作。

种子处理：用种子重量0.3%的40%多菌灵超微可湿性粉剂拌种，防效较好。

降雪前10天左右，可选用下列药剂：

5%五氯硝基苯粉剂2.5kg/亩；

40%菌核净粉剂0.75kg/亩；

25%多菌灵可湿性粉剂150～200g/亩，对水20kg均匀喷洒。

17．小麦秆枯病

【分布为害】小麦秆枯病在我国华北、西北、华中、华东均有发生，部分地区发病较严重。发病率一般在10%左右，个别重病田块发病率可达50%以上。

【症　　状】自苗期到抽穗结实期均可发病，主要发生在茎秆和叶鞘上。麦苗出土后1个月便可出现症状，在叶片、叶鞘及叶鞘内，出现黑色粪状物，四周有梭形的褐色白斑(图1-104)。病株拔节后，在叶鞘上形成有明显边缘的褐色云斑，病斑中间有黑色或灰黑色的虫粪状物，叶鞘内有一层白色菌丝。有的茎秆内也充满菌丝。叶片下垂卷曲。抽穗后茎秆与叶鞘间的菌丝层变为灰黑色，形成许多针尖大小的小黑点突破叶鞘。此时茎基部被病斑包围而干缩，甚至倒折，形成枯白穗和秕粒。

图1-104　小麦秆枯病为害茎秆症状

【病　　原】*Gibellina cerealis* 称禾谷绒座壳，属子囊菌亚门真菌(图1-105)。子座初埋生在寄主表皮下，成熟后外露。子囊壳椭圆形，埋生在子座内，常外露。子囊棒状，有短柄，内有子囊孢子8个。子囊孢子梭形，双胞，黄褐色，两端钝圆。

【发生规律】病菌随病残体在土壤中越夏，成为初侵染源。小麦播种后，病菌萌发侵染小麦幼苗的芽鞘和叶鞘。到春天，病菌自下而上，由外层到深层发展。以土壤带菌为主，未腐熟粪肥也可传播。病原菌在土壤中可存活3年以上。小麦在出苗后即可被侵染，植株间一般互不侵染。田间湿度大，地温10～15℃适宜秆枯病发生。小麦3叶期前容易染病，叶龄越大，抗病力越强。一般早播麦田发生轻，当土壤湿度大、施肥不足、土壤瘠薄、栽培不良、植株生长衰弱时，发病较重。

【防治方法】选用抗(耐)病品种，各地可因地制宜选用。及时清除田间病残体，集中沤肥或烧毁；深翻土地。轮作倒茬；避免苗期土壤过湿；合理施肥，使小麦增强抗病能力；重病田实行3年以上轮作。混有麦秸的粪肥要充分腐熟才能施用。适期早播，土温降至侵染适温时小麦已超过3叶期，抗病力增强。

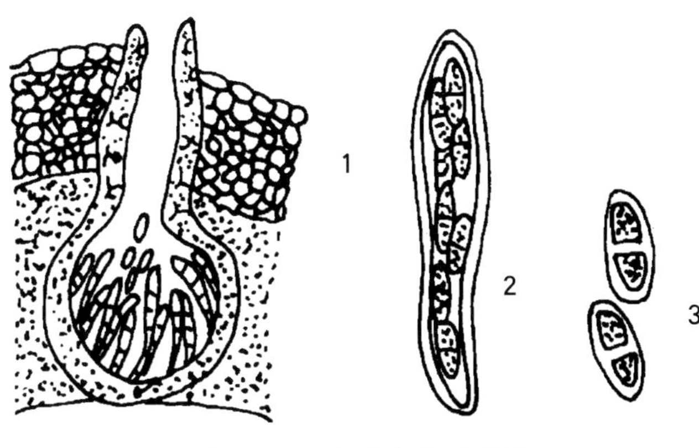

图1-105 小麦秆枯病病菌
1.叶鞘内的子囊壳剖面 2.子囊 3.子囊孢子

药剂拌种，可选用下列药剂：

50%福美双可湿性粉剂500g拌麦种100kg；

50%拌种双可湿性粉剂400g拌麦种100kg；

40%多菌灵可湿性粉剂100g加水3kg拌麦种50kg；

50%甲基硫菌灵可湿性粉剂按种子重量0.2%拌种，可以减轻病害。

18. 小麦霜霉病

【分布为害】小麦霜霉病主要分布在我国山东、河南、四川、安徽、浙江、陕西、甘肃、西藏等麦区。由于病株多不能抽穗或穗而不实，所以造成部分发病地块严重减产。

【症　　状】通常在田间低洼处或水渠旁零星发生。该病在不同生育期出现的症状不同。苗期染病病苗矮缩，分蘖稍增多，叶片淡绿或有轻微条纹状花叶。返青拔节后染病叶色变浅，并出现黄白条形花纹，叶片变厚，皱缩扭曲，病株矮化，不能正常抽穗或穗从旗叶叶鞘旁拱出，弯曲成畸形龙头穗(图1-106)。病株茎秆粗壮，表面覆一层白霜状霉层。

图1-106 小麦霜霉病为害叶片症状

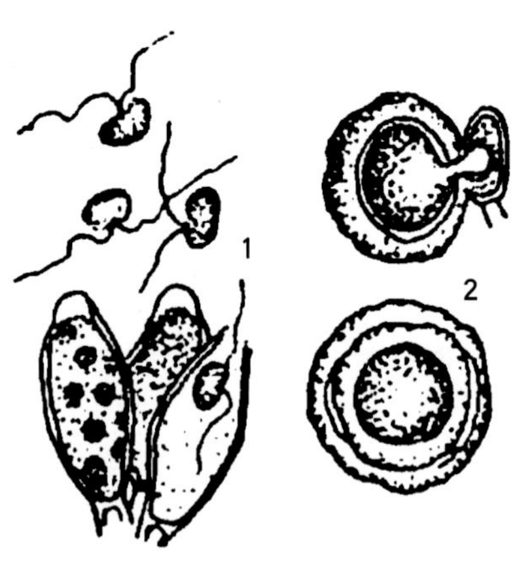

图1－107　小麦霜霉病病菌
1.孢子囊和游动孢子　2.卵孢子

【病　　原】*Sclerophthora macrospora* 称大孢指疫霉，属卵菌门指疫霉属(图1–107)。孢囊梗从寄主表皮气孔中伸出，常成对，个别3根，粗短，不分枝或少数分枝，顶生3～4根小枝，上单生孢子囊。孢子柠檬形或卵形，顶端有1乳头状凸起，无色，顶部壁厚。菌丝体蔓生，后细胞组织中细胞变形，形成浅黄色的卵孢子。初期结构模糊，后清晰可见成熟卵孢子球形至椭圆形或多角形，卵孢子壁与藏卵器结合紧密。

【发生规律】病菌以卵孢子在土壤内的病残体上越冬或越夏。卵孢子在水中经5年仍具发芽能力。一般休眠5～6个月后发芽，产生游动孢子，在有水或湿度大时，萌芽后从幼芽侵入，成为系统性侵染。卵孢子发芽适温19～20℃，孢子囊萌发适温16～23℃，游动孢子发芽侵入适宜水温为18～23℃。小麦播后芽前麦田被水淹超过24小时，翌年3月又遇有春寒，气温偏低利于该病发生，地势低洼、稻麦轮作田易发病。

【防治方法】种植抗病品种；实行轮作，发病重的地区或田块，应与非禾谷类作物进行1年以上轮作；健全排灌系统，严禁大水漫灌，雨后及时排水防止湿气滞留，发现病株及时拔除以减少菌源积累。

药剂拌种，播前每50kg小麦种子用25%甲霜灵可湿性粉剂100～150g对水3kg拌种，晾干后播种。或用70%敌磺钠可溶性粉剂，按种子重量的0.7%拌种。

必要时在播种出苗后，可选择喷洒下列药剂：

0.1%硫酸铜溶液或58%甲霜灵·锰锌可湿性粉剂800～1 000倍液；

72%霜脲氰·代森锰锌可湿性粉剂600～700倍液；

69%烯酰吗啉·代森锰锌可湿性粉剂900～1 000倍液；

50%硫磺·三唑酮悬浮剂500～600倍液；

72.2%霜霉威水剂800倍液。

19．小麦白秆病

【分布为害】小麦白秆病是西藏冬小麦的主要病害之一，在我国四川北部、青海、甘肃及西藏高寒麦区也有发生。平均发病率为37.3%，染病植株的千粒重降低34.8%，种子发芽率轻者降低10%～20%，重者无发芽力。

【症　　状】主要为害叶片和茎秆。小麦各生育阶段均可发病。常见有系统性条斑和局部斑点两种症状。条斑型：叶片染病从叶片基部产生与叶脉平行向叶尖扩展的水渍状条斑，初为暗褐色，后变草黄色。边缘色深，黄褐色至褐色，每个叶片上常生2～3个条斑。条斑连合，叶片即干枯。叶鞘染病病斑与叶斑相似，常产生不规则的条斑，条斑从茎节起扩展至叶片基部，轻时出现1～2个条斑，灰褐色至黄褐色，严重时叶鞘枯黄(图1–108)。茎秆上的条斑多发生在穗颈节，少数发生在穗颈节以下1～2节，症状与叶鞘相似。斑点型：叶片上产生圆形至椭圆形草黄色病斑，四周褐色，后期叶鞘上产生长方形角斑，中间灰白色，四周褐色，茎秆上也可产生褐色短条斑。

【病　　原】*Selenophoma tritici* 称小麦壳月孢，属半知菌亚门真菌。分生孢子器埋生在寄主表皮下的气孔腔内，球形至扁球形，浅褐色或褐色，孔口凸出在气孔处；分生孢子梗缺，产孢细胞内壁芽殖式产孢，瓶型，外壁平滑无色。分生孢子无隔无色，镰刀形或新月形，弯曲，顶端渐尖细，基部钝圆。

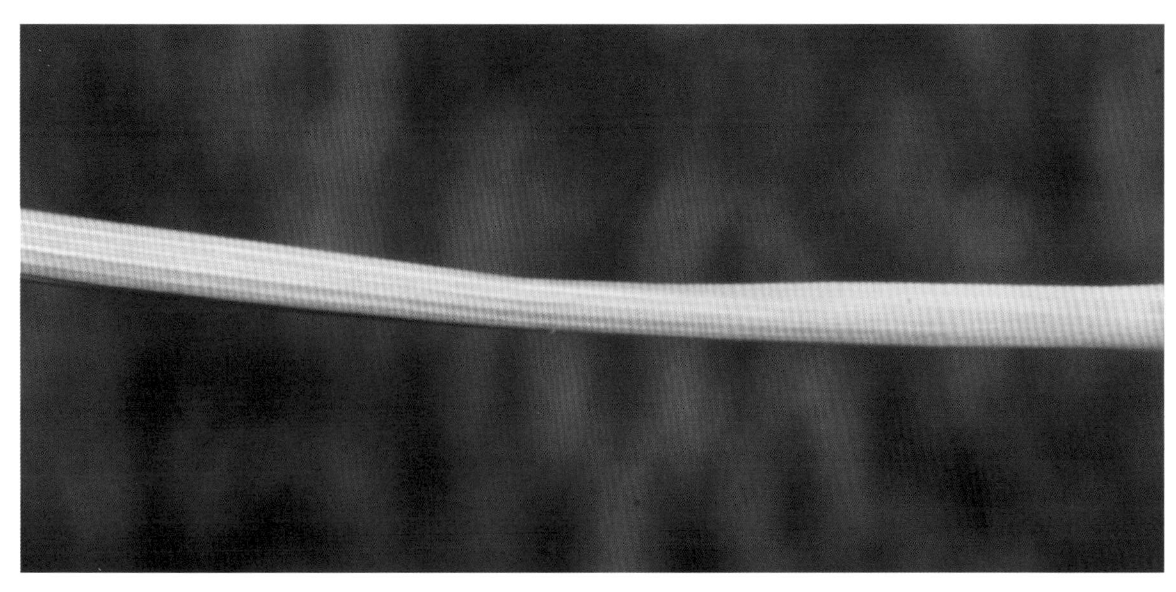

图1-108 小麦白秆病为害茎秆症状

【发生规律】病菌以菌丝体或分生孢子器在种子和病残体上越冬或越夏。在青藏高原低温干燥的条件下，种子种皮内的病菌可存活4年，其存活率随贮藏时间下降。土壤带菌也可传病，但病残体一旦翻入土中，其上携带的病菌只能存活2个月。在田间早期病害出现后，病部可产生分生孢子器，释放出大量分生孢子，侵入寄主的组织，使病害扩展。该病害流行程度与当地种子带菌率高低，小麦品种的抗病程度及小麦拔节后期开花至灌浆阶段温湿度高低及田间小气候有关。在青藏高原7—8月多雨、气温偏低有利于该病流行。向阳的山坡地，气温较高，湿度低，通风良好则发病轻；背阴的麦田，温度偏低，湿度偏大则发病重。

【防治方法】对小麦实行检疫，防止该病进入无病区。建立无病留种田，选育抗病品种。对病残体多的麦田，要实行轮作，以减少菌源。

种子处理：用25%三唑酮可湿性粉剂20g拌10kg麦种、40%拌种双粉剂5~10g拌10kg种子、25%多菌灵可湿性粉剂20g拌10kg种子，拌后闷种2天或用28~32℃冷水预浸4小时后，置入52~53℃温水中浸7~10分钟，也可用54℃温水浸5分钟。浸种时要不断搅拌种子，浸后迅速移入冷水中降温，晾干后播种。

田间出现病株后，可喷洒50%甲基硫菌灵可湿性粉剂800倍液、50%苯菌灵可湿性粉剂1 500倍液。

20．小麦炭疽病

【症　　状】主要为害叶鞘和叶片。叶鞘染病，麦株基部叶鞘先发病，初生褐色病变，产生1~2cm长的椭圆形病斑，边缘暗褐色，中间灰褐色，后沿叶脉纵向扩展成长条形褐斑，导致病部以上叶片发黄枯死；叶片染病，形成近圆形至椭圆形病斑。后期病部连成一片，致叶片早枯。以上病部均有小黑粒点，即病原菌的分生孢子盘。茎秆染病，生出梭形褐色病斑(图1-109)。

【病　　原】*Colletotrichum graminicola* 称禾生炭疽菌，属半知菌亚门真菌。分生孢子盘长形，黑褐色，初埋生在叶鞘的表皮下，后黑色小粒点突破表皮外露。具深褐色刚毛，刚毛具隔膜，正直或微弯。分生孢子梗短小，无色至褐色，具分隔，不分枝，分生孢子单胞无色，新月形至纺锤形。有性态 *Glomerella graminicola* 称禾生小丛壳，属子囊菌亚门真菌。

【发生规律】病菌以分生孢子盘和菌丝体在寄主病残体上越冬或越夏，也可附着在种子上传播。播种带菌的种子或幼苗根及颈或基部的茎接触带菌的土壤，即可染病。侵染后10天病部即可出现分生孢子

图1-109　小麦炭疽病为害茎秆症状

盘。在田间气温25℃左右，湿度大，有水膜的条件下有利于病菌侵染和孢子形成。杂草多的连作地，肥料不足、土壤碱性地块利于发病。小麦品种间抗病性差异明显。

【防治方法】选用抗病的小麦品种。与非禾本科作物进行3年以上轮作。收获后及时清除病残体或深翻。

发病重的地区或地块，可喷洒50%苯菌灵可湿性粉剂1 500倍液、25%多菌灵乳油800倍液，病害为害严重时，可间隔10～15天再喷1次，连喷2～3次。

21．小麦黑胚病

【症　　状】主要为害种子，严重降低种子的发芽率和发芽势。幼苗的株高、鲜重、干重等都有降低。含有黑胚粒的小麦，商品价值降低。罹病种子胚部变褐色或黑褐色，严重的种胚皱缩(图1-110)。除胚端外，种子的腹沟、种背等部位也有黑褐色斑块，变色面积甚至可超过种子表面积的1/2以上(图1-111)。

【病　　原】*Bipolaris sorokiniana* 称根腐离蠕孢，*Alternaria alternata* 称链格孢，均属半知菌亚门真菌。

【发生规律】病原菌的分生孢子在小麦乳熟后期开始侵染籽粒和种胚，随着种子成熟，黑胚率增高。在乳熟期至蜡熟期降水多，常诱发黑胚病大发生。田间空气相对湿度高达90%以上、易结露时发病也重。偏施氮肥的高水肥地块发病重于旱地，雨后收获的种子重于雨前收获的。春性强的品种发生较重，颖壳口松的品种易发病。

【防治方法】栽培抗病的品种，加强田间管理，实施健身栽培，种子药剂拌种，在灌浆至成熟期田间喷药保护。

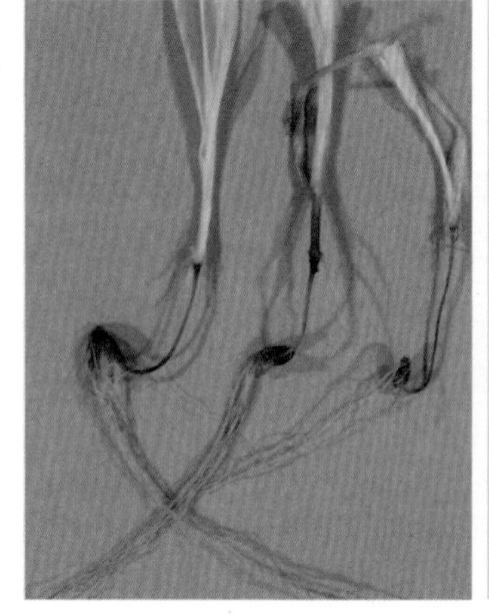

图1-110　小麦黑胚病为害种胚症状

图1-111　小麦黑胚病为害种子症状

22. 小麦褐斑病

【症　　状】主要为害下部叶片。初生圆形至椭圆形褪绿病斑，后变紫褐色，无轮纹，后期病部产生黑色小粒点(图1-112)，即病原菌的分生孢子器。该病在西北麦区发生较多。

图1-112　小麦褐斑病为害叶片症状

【病　　原】*Ascochyta graminicola* 称禾生壳二孢，属半知菌亚门真菌。分生孢子器球形，埋生至半埋生，壁膜质。分生孢子圆筒形至椭圆形，双胞无色，隔膜处稍缢缩。

【发生规律】病菌以菌丝体和分生孢子器在病残体上越冬或越夏，翌年产生分生孢子，借风雨传播进行初侵染和再侵染。植株生长茂密，天气潮湿或田间湿度大易发病，基部接近地面叶片发病重。

【防治方法】发病重的地区避免在低洼处种植小麦。合理密植。雨后及时排水，防止湿气滞留，可减轻发病。

23. 小麦眼斑病

【症　状】又称茎裂病。主要为害距地面15～20cm植株基部的叶鞘和茎秆，病部产生典型的眼状病斑，病斑初浅黄色，具褐色边缘，后中间变为黑色，长约4cm，上生黑色虫屎状物(图1-113)。病情严重时病斑常穿透叶鞘，扩展到茎秆上，严重时形成白穗或茎秆折断。

图1-113　小麦眼斑病为害茎基部症状

【病　　原】*Pseudocercosporella herpotrichoides* 称匍毛假尾孢，属半知菌亚门真菌。菌丝黄褐色，

线状，具分枝；还有一种菌丝暗色，壁厚，似子座。分生孢子梗不分枝，无色，全壁芽生产孢，合轴式延伸。分生孢子圆柱状，端部略尖，稍弯，4～6个隔膜，无色。

【发生规律】病菌以菌丝在病残体中越冬或越夏，成为主要初侵染源。分生孢子靠雨水飞溅传播，传播半径1～2m，孢子萌发后从胚芽鞘或植株近地面叶鞘直接穿透表皮或从气孔侵入，气温6～15℃，湿度饱和有利其侵入。冬小麦发病重于春小麦。

【防治方法】与非禾本科作物进行轮作。收获后及时清除病残体和耕翻土地，促进病残体迅速分解。适当密植，避免早播，雨后及时排水，防止湿气滞留。

必要时在发病初期喷洒36%甲基硫菌灵悬浮剂500倍液、50%苯菌灵可湿性粉剂1 500倍液。

24. 小麦麦角病

【症　　状】主要为害穗部，产生菌核，造成小穗不实而减产。被侵染的小花在开花期分泌黄色蜜露状黏液(含有大量分生孢子)，子房逐渐膨大，但不结麦粒，而是形成病原菌的菌核露出颖壳外(图1-114)。菌核紫黑色，麦粒状、刺状或角状，依寄主种类而不同。

图1-114　小麦麦角病为害麦穗症状

【病　　原】*Claviceps purpurea* 称麦角菌，属子囊菌亚门真菌。子座有柄，顶部扁球形，内生多数子囊壳，成熟后释放出大量子囊孢子。

【发生规律】病菌主要以菌核落于土壤中或混杂在种子间越冬。菌核在土壤中可存活1年。在干燥条件下，混杂在种子间的菌核寿命可长达15年。菌核在土壤中经一段时间的休眠后，在春季或初夏萌发，产生许多肉眼可见的红褐色子座。随春播麦种进入土壤的菌核，当年春季不萌发，至翌年春季才萌发。病原菌子囊孢子发生期大致与扬花期相吻合。子囊孢子随气流或雨水飞溅而传播，着落在寄主植物花器上，萌发后产生侵染菌丝，从胚珠基部侵入，然后在子房壁细胞间隙和胚珠细胞内扩展。几天后在子房表面长出菌丝体、子实层和含有大量分生孢子的蜜露状黏液。天气较冷凉，高湿，花期延长，麦角病发生较重。开颖授粉的品种和雄性不育系发病率较高。

【防治方法】精选种子，汰除菌核。与玉米、豆类、高粱等非寄主作物轮作一年。病田深耕，将菌核翻埋于下层土壤，距地表至少4cm以上。早期清除田间、地边的禾本科杂草，减少潜在菌源。

二、小麦生理性病害

1. 小麦干热风害

【症　　状】干热风害是小麦生育后期经常遇到的气象生理病害。小麦受干热风为害，各部位失水变干，茎秆青干发白，叶片卷缩凋萎，颜色由青变黄，逐渐变为灰白色，颖壳呈白色或灰绿色，麦芒紊乱不齐，因灌浆不足而籽粒干秕，千粒重下降(图1-115)。

图1-115 小麦干热风为害症状

【病　　因】在小麦灌浆至成熟阶段，遇有高温、干旱和强风力是发生干热风害的主要原因。在此阶段，遇有2～5天的气温高于32℃，相对湿度低于30%，风速大于2～3m/秒的天气时，小麦蒸发量大，体内水分失衡，籽粒灌浆受抑或不能灌浆，造成小麦提早枯熟。由于地上部水分大量蒸发，根系老化，水分供应跟不上，叶片生活力衰退，养分转移受阻，造成叶片昼卷夜开或昼夜卷缩不展开，直至青枯而死，收获期提早7～10天。小麦干热风害无论是南方还是北方，无论是春麦区还是冬麦区均常发生。如淮北冬麦区于4月底至5月底，从小麦开花至灌浆结束，连续出现6～7级干热风袭击19天，即出现开花高峰期转移、花期缩短、小花败育率增加或灌浆期缩短、灌浆量减少、植株失水严重，造成茎叶青枯逼熟等现象。内蒙古春麦区6月中下旬至7月下旬小麦进入抽穗至成熟期，此间32℃以上天气持续5天，则发生干热风害。

【防治方法】选用早熟高产品种和采用适时早播等科学的栽培管理技术，促使小麦提早成熟，躲过或减轻干热风的为害。选用抗旱、抗病、抗干热风等抗逆能力较强的品种。提倡施用充分沤制的堆肥，增施有机肥和磷肥，适当控制氮肥用量。加深耕作层，熟化土壤，使根系深扎，增强抗干热风能力。适时早播，培育壮苗，促小麦早抽穗。适时浇好灌浆水、麦黄水，补充蒸腾掉的水分，使小麦早成熟。在中后期适时浇水可减轻受害。做到以水调肥改善麦田小气候，延长灌浆时间，减轻干热风为害。

在小麦抽穗扬花期，喷洒0.01%芸苔素内酯乳油4 000～8 000倍液，孕穗至灌浆期喷洒磷酸二氢钾150～220g/亩，对水50～60kg。

于小麦苗期、返青拔节期、灌浆期各喷1次小麦丰产王500倍液，提高抗干热风能力。在小麦扬花期至灌浆期喷洒0.05%阿司匹林水溶液(加少许黏着剂)1～2次，可有效地防止干热风引起的早衰。

2．小麦冻害

【症　　状】冻害较轻麦田：主要表现为叶色暗绿，叶片像被开水烫过一样，以后逐渐枯黄。受冻麦苗，一般先从生长锥表现症状。受冻的生长锥初期表现为不透明状，以后细胞解体萎缩变形。麦株主茎及大分蘖的幼穗受冻后，仍能正常抽穗和结实；但穗粒数明显减少。冻害较重时：主茎、大分蘖幼穗及心叶冻死，其余部分仍能生长。冻害严重的麦田：小麦叶片、叶尖呈水烫一样地硬脆，后青枯或青枯成蓝绿色，茎秆、幼穗皱缩死亡(图1-116)。

图1-116　小麦麦苗冻害症状

【病　　因】11月中旬突然出现强烈降温天气，冬小麦在没有经过抗寒锻炼的情况下较正常年份提早10多天进入越冬阶段，从生理上看未经过糖分的积累和细胞脱水过程，对小麦抗寒力影响很大。

小麦春季冻害分早春冻害和晚霜冻害两种类型。生产上后者发生较多，且受害重。晚霜冻害是晚霜引致突然降温，对小麦形成低温伤害。尤其是暖冬年份，播种偏早、播量偏大的春性品种受害重。北方的小麦冻害，主要发生在3月下旬至4月上、中旬，其为害程度与降温幅度、持续时间、降温陡度有关。降温幅度和陡度大，低温持续时间长，受害重。

【防治方法】注意选用适合当地的抗寒小麦品种。提高播种质量，播种深度掌握在3～5cm。

适时浇好小麦冻水。一要看温度：日均温3～10℃时开始浇。过早因气温高蒸发量大，待冬小麦越冬时失墒过多，失去浇冻水的作用；过晚或气温低于3℃以下时，会造成地温下降，田间积水或结冰，引起冻害死苗。二要看墒情：当沙土地土壤相对湿度低于60%，壤土地低于70%，黏土地低于80%，要进行浇水。三要看苗情：麦苗不浇，防止群体过旺、过大。四要适量：浇水量不宜过大。一般当天浇完，地面无积水即可。使土壤持水量达到80%。长势好、底墒足或稍旺的田块，可适当晚浇或不浇，防止群体过旺、过大。

早春补水：当早春干土层厚度大于3cm时，要及时补水，改善土壤墒情，解除干土层威胁，减轻冻害降低死苗率。①培育冬前壮苗，冬春镇压。在返青期亩用200mg/kg浓度的多效唑喷施；在拔节至孕穗期，晚霜来临前浇水或叶面喷水，可提高近地面叶片温度。②小麦受冻后采取补救措施，及时加强水肥管理。对叶片受冻、幼穗没有受冻的麦田，应抢早浇水，防止幼穗脱水死亡。幼穗已受冻麦田，应追速效氮肥，亩追硝酸铵10～13kg或碳酸氢铵20～30kg，并结合浇水、中耕松土，促使受冻麦苗尽快恢复生长。

3．小麦倒伏

【症　　状】在小麦生育中后期，发生局部或大部分倒伏，严重影响小麦成熟，降低千粒重，造成减产。据调查，因倒伏亩平均减产35kg左右，直接影响小麦大面积高产、稳产(图1–117)。

图1–117　小麦倒伏症状

【病　　因】一是气候因素，在小麦灌浆末期，由于先后阴雨，伴随阵风或大风，可使小麦大面积发生倒伏。二是栽培措施不当，如播量过大，返青起身期进行追肥浇水致基部节间拉长，特别是第一节间茎秆中糖分积累减少，茎壁变薄，减弱了抗倒能力。生产上凡是在5月下旬小麦穗部重量增加，浇了麦黄水的高产田，土壤松软，遇风后均会发生不同程度倒伏。三是品种间对倒伏能力有一定差异。

【防治方法】高产麦区以选用抗逆性强，综合性状好抗倒的品种为主。各高产品种搭配比例协调，做到布局合理，达到灾害年份不减产，风调雨顺年份更高产。高产麦田一定要及时浇好冬水、拔节水、灌浆水，一般不浇返青水和麦黄水。春季返青起身期以控为主，控制肥水，到小麦倒二叶露尖，拔节后再浇水，酌情追肥。

播种前种子用矮壮素1.5～3g/kg均匀拌种100kg，晾干后播种。也可用多效唑100～300mg/kg喷洒在麦种上，晾干后播种。

防病治虫，推广化控：对小麦纹枯病、白粉病、蚜虫等采取预防为主、综合防治的措施。一旦达到防治指标，及时喷药，增加小麦抗逆力和抗倒伏能力。必要时在小麦起身期拔节前喷洒15%多效唑粉剂50～60g/亩，对水40～50kg，可有效控制旺长，缩短基部节间。也可在冬小麦返青起身期使用20%壮丰安乳剂小麦专用型30～40mL/亩，对水25～30kg均匀喷施。春小麦于3～4叶期，用壮丰安30～40mL/亩，对水25～30kg叶面喷施。可定向控制基部1～3节间伸长，但不影响穗下节间，使小麦秆强壁厚，有效抗倒。此外也可于小麦分蘖后期、拔节前期喷洒3‰矮壮素药液80～100kg/亩，对小麦生长发育有明显的抑制作用，第一、二节节间变短，麦株矮化，茎秆变粗，根系发育粗壮，能有效地防止小麦倒伏。

4．小麦湿害

【症　　状】受湿害的小麦根系长期处在缺氧的环境中，根的吸收功能减弱，造成植株体内水分亏缺，严重时造成脱水凋萎或死亡。从苗期至扬花灌浆期都可受害，苗期受害造成种苗霉烂，成苗率低，分蘖延迟，根系不发达，苗小叶黄(图1–118)；拔节抽穗期受害，上部的三片功能叶分别较健株短20%、30%、36%，有效穗减少40%；扬花灌浆期受害，功能叶早衰，穗粒数少，千粒重降低，出现高温高湿早熟，严重的青枯死亡。生产上中后期发生的湿害较前期重，其中拔节孕穗期发生湿害损失最重，此间受害，有效穗少，每穗粒数减少，粒重下降，产量降低。

图1–118　小麦湿害症状

【病　　因】一是冬春阴雨连绵，日照时数不足，田间湿度大，地温低，土壤含水量长期处于饱和状态。二是地下水位高，特别是距河流湖泊较近的麦田或低洼地，地下水位都高，对麦苗的根系下扎造成为害。三是排灌设施差，明水排不出去，暗水不能滤，沟厢不畅通，造成湿害发生。四是布局不合理，尤其是水浇麦或称水田麦，没能实行连片种植，有的在冬灌田中插花种植，造成麦田明水排不出去，积水久之成灾，出现严重青枯死苗。

【防治方法】对长期失修的深沟大渠要进行淤泥的疏通，防止冬春雨水频繁或暴雨过多，利于排渍，做到田水进沟畅通无阻。旱地麦或水田麦都必须开好厢沟、围沟、腰沟，做到沟沟相连，条条贯通，雨停田干，明不受渍，暗不受害，提倡水浇麦大面积连片种植。

增施肥料：对湿害较重的麦田，做到早施巧施接力肥，重施拔节孕穗肥，以肥促苗。冬季多增施热性有机肥，如渣草肥、猪粪、牛粪、草木灰、沟杂肥、人粪尿等。化肥多施磷钾肥，利于根系发育、壮秆，减少受害。

增强土壤通透性：促进根系发育，增加分蘖，培育壮苗。搂锄能促进麦苗生长，加快苗情转化，使小麦增穗、增粒而增产。

护叶防病：锈病、赤霉病、白粉病发生后及时喷药防治，此外可喷施叶面肥、植物抗逆增产剂、迦姆丰收液肥、惠满丰、促丰宝、万家宝等。也可喷洒“植物动力2003”10ml对清水10L，隔7～10天喷药1次，连续喷2次。

5．小麦缺素症

【症　状】

缺氮型黄苗：主要表现植株矮小细弱，分蘖少，叶片窄小直立，叶色淡黄绿，老叶叶尖干枯，然后由叶尖开始向下干枯，并逐渐向上部叶片发展。基部叶片枯黄，茎有时呈淡紫色，植株矮小，分蘖少，根数少，根量小，穗数少，穗子小，成熟早，产量低(图1–119)。

图1–119　小麦缺氮症状

缺磷型红苗：叶片暗绿，带紫红色，无光泽，植株细小，分蘖少，次生根极少，茎基部呈紫色。前期生长停滞，出现缩苗。冬前返青期叶尖紫红色，抽穗成熟延迟。穗小粒少，籽粒不饱满，千粒重低。分蘖期缺磷幼苗在三叶期后，开始显出缺磷症状。一般植株长相瘦弱，叶片上现紫红色，叶鞘上呈条状紫红色，长势慢，分蘖弱且少。当土壤中不缺氮而严重缺磷时，叶色暗绿，植株不分蘖，根系生长不良。小麦返青后，叶片和叶鞘仍表现紫红色，多无春季分蘖，新生根生长慢而少，烂根现象不断扩展。拔节期缺磷，除苗期主要的缺磷症状更为明显外，下层叶片逐渐变成浅黄色，从叶尖和叶边渐渐枯萎。

植株内的幼穗分化发育不良，新生根少，尤其是根毛坏死、烂根现象开始严重。抽穗开花期缺磷，表现为植株矮小，随着穗部生长发育，叶片从下层开始，从叶尖和边缘渐次枯萎引起花粉不育与胚珠不孕，增加退化小花数，小穗数和粒数减少，籽实不饱满，千粒重明显下降。严重时，有些不能抽穗或出现假早熟现象和瘦秕的死穗。

缺钾：植株生长延迟，叶缘枯焦，初期下部老叶的尖端和边缘变黄，叶片呈绿色或蓝绿色，随后变褐，叶脉与叶中部仍保持绿色，严重时老叶枯死。苗期可能表现叶片细长，叶色黄绿，叶尖发黄，拔节后茎细，与缺氮有几分相似，但其分蘖呈横向伸展，抽穗成熟延迟，熟色不良，不实率高，极易倒伏。根系生长不良，易腐烂，造成植株萎蔫，灌浆不好，品质变劣。

缺锌型黄苗：主要表现在叶的全部颜色减褪，叶尖停止生长，叶片失绿，节间缩短，植株矮化丛生(图1-120)。

图1-120　小麦缺锌症状

缺锰型黄苗：主要表现为叶片柔软下披，新叶脉间条纹状失绿，由黄绿到黄色，叶脉仍为绿色。有时叶片呈浅绿色，黄色的条纹扩大成褐色的斑点，叶尖出现焦枯。在三叶期出现，四、五叶期最重，有时称之为花叶缩苗病。根系不发达，须根少而发黑。生长缓慢，分蘖少或不分蘖，严重的死亡。

缺钼型黄苗：主要表现为叶片失绿黄化，先从老叶的叶尖开始向叶边缘发展，再由叶缘向内扩散，先是斑点，然后连成线，心叶正常，心叶下二、三叶叶片下垂，略呈螺旋状。叶脉间产生黄绿色斑点，继而从叶尖开始枯萎，以致坏死。

缺硼：分蘖不正常，严重的不能抽穗。即使抽出麦穗，也不开花结实。

缺钙：植株生长点及叶尖端易死亡，幼叶不易展开，幼苗死亡率高，叶片呈灰色，已长出叶子也常出现失绿现象。

缺铜：顶叶呈浅绿色，老叶多弯曲，叶片失绿变灰，严重时叶片死亡。

缺镁：植株生长缓慢，叶呈灰绿色，叶缘部分有时叶脉间部分发黄，老叶则发生显著的黄绿色斑块，边缘枯腐。

缺铁：出现在顶部幼叶，一般开始时幼叶失绿，叶脉保持绿色，叶肉黄化或白化，但无褐色坏死斑。老叶则常早枯。一般小麦不会发生缺铁。

缺硫：小麦缺硫植株常常变黄，叶脉之间尤甚，但老叶往往保持绿色。植株矮小，成熟延迟。

【病　因】

缺氮：一般播种过早、沙性土壤，肥力瘠薄的土地或生荒地。前茬作物耗肥量大，产量高。氮肥一次性施用，降雨多，易被淋失，特别是硝态氮肥，如硝铵。

缺磷 有机质含量少，基肥不足的土壤易缺磷。低温是作物缺磷的诱发因素。在水旱轮作条件下，土壤由水变旱转入氧化状态，土壤中的磷也随之由还原态(易溶态)变为氧化态(难溶态)，降低其有效性。石灰性土壤，磷肥施用虽多但易被固定，利用率低。

缺钾：一般红壤土、黄壤土很易缺钾，氮钾比例失调，高氮施用是诱发缺钾的重要因素。施用基肥、有机肥少。前作作物耗钾量多。渍水过湿阻碍根系呼吸，抑制对钾的吸收。

缺锌：一般中性、微碱性土壤易缺锌。

缺锰：一般石灰性土壤，尤其是质地轻、有机质含量少、通透性良好的土壤易缺锰。水旱轮作田，加剧了锰的淋失，若水变旱，锰由还原态变为氧化态，有效性降低。春季干旱诱发缺锰。

缺钼：一般中性和石灰性土壤，尤其是质地较轻的沙性土有效钼含量低。酸性土壤易缺。缺磷土壤易缺。土壤锰过量，抑制钼的吸收。

缺硼：碱性较大的石灰性土壤上易缺硼。

缺锌：在腐殖质多的土壤上常常表现缺锌。

缺镁：在富钾土壤中，钾和镁之间存在拮抗作用，随大量钾肥的施入，土壤中Mg／K比值的变化将引起或加剧镁的缺乏。

缺铁：一般通气良好的石灰性土壤上容易出现缺铁。土壤中高量磷的存在会诱发缺铁。

【解决方法】

防止缺氮：施用充分腐熟的有机肥、堆肥，各地根据土壤普查，采用配方施肥技术，施配制的小麦专用肥。应急时，每亩追施人粪尿700～1 000kg或硫铵15～20kg，也可喷施1.5%～2%的尿素水溶液2～3次，每次间隔7～10天。播种时，每亩用尿素1.5～2kg或硫酸铵4～5kg拌10kg麦种，随拌随种，要求干拌，不要用碳铵或氯化铵。施足基氮肥，一般平均适宜施氮量应为6～9kg/亩；苗期缺氮，可开沟追施含氮化肥，施3～5kg/亩纯氮为宜，后期缺氮，每亩用量也不宜超过3kg纯氮，也可采用根外追氮的方法补救，用1%～2%的尿素溶液40～50kg/亩，叶面喷施即可；播前施足有机肥。

防止缺磷：基施磷肥。中性偏碱土壤，适宜施过磷酸钙；酸性土壤适宜施钙镁磷肥，每亩施磷酸二氢铵复合肥15kg。苗期缺磷可开沟补施过磷酸钙30kg/亩。后期缺磷，可用5%的过磷酸钙溶液或用0.2%～0.3%的磷酸二氢钾溶液40kg，叶面喷施。基施有机肥，同时与磷肥混合施用减少磷的固定。

防止缺钾：在基肥中施足钾肥，每亩追施硫酸钾或氯化钾10～15kg或草木灰200kg，苗期缺钾，用12.5kg的草木灰加水50kg，过滤后，用滤液喷洒，也可喷施2～3次1%的硫酸钾或氯化钾或0.3%的磷酸二氢钾水溶液40kg/亩，叶面喷洒。雨后田间渍水必须及时排水。节制氮肥，调节氮钾比例。

防止缺锌：每亩追施硫酸锌1kg或0.2%的硫酸锌喷施2～3次。也可用硫酸锌40～60g拌种。

防止缺锰：施用锰肥，如硫酸锰、氧化锰等，每亩用硫酸锰1kg作基施、沟施。拌种每亩用0.05～0.1kg即可。根外追施用0.1%～0.2%的锰肥溶液，连喷两次。多增施有机肥，促进锰的还原，增加其有效性。

防止缺钼：施用钼肥，如钼酸铵、钼酸钠，常用方法为拌种，一般每亩用钼酸铵约10g，也可把钼肥混入磷肥中施用。作追肥叶面喷施，用浓度为0.02%～0.05%钼酸铵溶液。酸性土壤，施用石灰提高土壤pH值，可增加钼有效性。

防止缺硼：补救措施用0.1%～0.2%硼砂溶液进行叶面喷肥，每7～10天1次，连喷2～3次。

防止缺铁：用硫酸亚铁0.1%～0.5%水溶液或柠檬酸铁100μg/g水溶液喷洒叶面。

6．小麦干旱

【症　　状】由于土壤干旱或天气干旱，小麦根系从土壤中吸收到的水分难以补偿蒸腾的消耗，植株体内水分收支平衡失调，使小麦正常生长发育受到严重影响乃至死亡，并且最终导致减产和品质降低(图1-121)。

图1-121　小麦干旱症状

【病　　因】主要有4个方面。一是不利的气候条件，主要指低温和干旱，即年总降水量、夏季降水量、冬季降水多少对死苗都有明显的影响。干旱常常是许多地区小麦越冬死苗的主导因素。二是品种的抗寒能力，凡是经过抗寒锻炼的冬小麦，一般能忍受-23℃的低温，地温低于-23℃，死苗严重。三是土质情况，土壤偏沙性、保水能力差死苗严重。四是栽培措施不当，会加重越冬死苗。如土壤干旱年份播种过浅、播种过早、苗子过旺的麦田死苗都重。播种早的冬前发育过旺，耗水量大，导致出现生理性干旱，减弱了麦苗本身抗寒力，且分蘖节埋土浅，使分蘖节处在干土层上，加重死苗。此外，发生基础干旱年份，墒情不好的死苗重。

【防治方法】干旱是冬小麦越冬死苗的主导因子。在基础干旱年份，应采取相应的栽培和保墒措施，减少小麦死苗率。首先要注意选用抗旱的品种。

培育冬前壮苗，抓好越冬管理。①及时浇好封冻水：浇小麦封冻水，能使麦田土壤增蓄水分、稳定地温、减轻冻害。封冻水浇得过早过晚都不好。浇得过早，气温较高，蒸发量大，地表容易板结龟裂，对麦苗越冬不利；过晚浇水地已封冻，水不易下渗，地面积水结冰，会闷死麦苗。②搞好盖土、盖肥：盖土、盖肥是保证麦苗安全越冬的一条有效措施。具体做法：一是盖土，对一些播种质量差或播种过浅的麦田可以采取盖土的办法，选择晴朗天气把地表浮土用铁耙等覆在沟内，避免根茎裸露，减少小麦死苗，另外可在麦田内撒一些坑土或老房土，也同样起到防冻效果；二是盖肥，在没施粗肥或施得少的麦田内，冬季撒上一层粗肥，以提高地表温度，减轻冻害，保护麦苗。③抓紧冬季碾麦：麦田镇压可以破碎土坷垃，压实土壤、弥补裂缝，防止冬季因地表板结龟裂所造成的麦苗死亡。尤其是秋旱严重时，整地不细，对小麦越冬不利，所以冬季一定要抓紧碾麦，并视为重要措施去落实。④严禁猪羊啃麦苗：猪羊啃食麦苗会造成大量死苗，严重时，能使小麦大量减产，一定要严禁。⑤播种前用天威叶面肥500倍液浸种2～4小时，晾干后播种。返青拔节期喷600～800倍液、扬花后期至灌浆初期喷700倍液，必要时于小麦孕穗至灌浆期叶面喷施磷酸二氢钾500～600倍液，隔15天喷1次，连喷2次。对防止小麦死苗、增加产量有明显效果。

7．小麦混杂退化

【症　状】小麦优良品种在使用过程中，常会出现混杂退化的现象。混杂退化后的种子纯度明显下降，性状变劣，品质变差，抗逆性下降，产量明显降低(图1–122)。

图1–122　小麦混杂退化症状

【病　　因】品种混杂退化原因主要有5种。一是机械混杂，在小麦播种、收藏、脱粒、晒种、运输及贮藏过程中，都有可能出现人为的混杂，即机械混杂，这是目前小麦品种混杂的重要原因之一。二是生物学混杂：在田间不同品种间出现天然杂交，导致后代分离，而出现不良个体，破坏品种的一致性。当机械混杂严重时，更会加重生物学混杂，加快品种退化速度。三是突变：小麦新品种在推广时，由于各种自然因素的作用，可导致小麦产生某些突变，出现突变个体，生产上突变个体的性状多是变差。四是小麦品种本身继续分离：有些杂交育成的小麦新品种性状不太稳定，基因型纯合度不高，这些新品种在种植过程中就会继续分离，产生变异个体，造成品种变杂退化。五是选留种质量不高：生产过程中未按本品种典型性状选留种，这样越选偏离度越大。此外留种地间苗时，把长势好的杂苗当成壮苗留下，也会造成品种混杂退化。

【防治方法】严防机械混杂：收获小麦种子时必须做到单收、单运、单打、单晒和单独贮藏。种子贮藏过程中要防虫、防鼠、防止发生错位，并防止霉变。种子进行晾晒或处理及播种时，工具要清扫干净。

防止生物学混杂：在小麦良种繁育过程中，注意采取必要的隔离措施，严防生物学混杂。如进行必要的空间隔离，即种植不同的小麦品种要间隔一定距离；采用错开播种期播种，使不同小麦品种的开花期错开；也可采用屏障隔离法通过高秆作物、树林等屏障，使不同品种的花粉不能传到小麦制种田。

选留种时，严格去杂去劣：特别注意去掉不符合本品种典型性状的植株或麦穗、麦粒，即去杂；去劣是指去掉被病虫害污染的穗粒和生长不良的植株。这是一项长期而必要的工作，要年年进行，就可防止小麦混杂退化。

8．小麦旺长

【症　　状】小麦生长过快，但长势较弱，抽穗孕穗少或不抽穗，造成严重减产(图1-123)。

图1-123　小麦旺长情况

【病　　因】播种早或播种后气温持续偏高，从播种至11月积温较常年高出100～120℃，再加上一部分小麦播种密度大，有些麦田播种过早易出现旺长，10月中旬冬麦区普遍降雨会加剧旺长的发展。

【防治方法】对小麦旺长出现频率高的地区，可以改种春小麦，只要品种选对了，产量不比冬小麦低。确定适宜的播种期，不宜过早播种，播种量要严格控制不可过密。加强冬季管理。采用滚石镇压、深中耕等。镇压时要求不损伤麦苗，掌握好深中耕时机，适时适当浇水追肥。

采用化控技术，各地可因地制宜推广。必要时在小麦起身期拔节前喷洒15%多效唑粉剂50～60g/亩，对水40～50kg，可有效地控制旺长，缩短基部节间。也可在冬小麦返青起身期使用20%壮丰安乳剂小麦专用型30～40ml/亩，对水25～30kg均匀喷施。此外也可于小麦分蘖后期、拔节前期喷洒矮壮素，喷药液80～100kg/亩，对小麦生长发育有明显的抑制作用，第一、二节节间变短，麦株矮化，茎秆变粗，根系发育粗壮，能有效地防止小麦旺长。

9．小麦穗发芽

【症　　状】春小麦、冬小麦收获期，若遇有阴雨或潮湿的环境，经常出现穗发芽。不仅影响籽粒品质，同时影响小麦贮存及下季或翌年播种质量，对小麦生产造成较大经济损失(图1–124)。

图1–124　小麦穗发芽症状

【病　　因】在长江中下游地区，乃至全国其他各冬、春小麦栽培区，进入麦熟期与雨季吻合，经常遇有连阴雨或潮湿天气，造成穗发芽。其原因一是小麦成熟时的环境条件影响；二是受穗部形态如颖壳形态、穗的大小、疏密程度、芒的长短等遗传因素影响。

【防治方法】选用、培育抗穗发芽或早熟、适应当地种植的小麦品种。适期播种，使小麦成熟期尽量躲过当地的雨季，必要时在雨季到来之前喷洒“穗得安”，可有效地防止穗发芽。

小麦成熟后马上组织收割机抢收、抢打，尽快晾干入库。

三、小麦虫害

1．麦蚜

【分　　布】麦蚜是我国小麦的重要害虫之一，主要包括麦长管蚜(*Macrosiphum avenae*)、麦二叉蚜(*Schizaphis graminam*)、禾谷缢管蚜(*Rhopalosphum padi*)3种，均属同翅目蚜科。

【为害特点】麦蚜前期集中在叶正面或背面(图1–125)，后期集中在穗上刺吸汁液，致受害株生长缓慢，分蘖减少，千粒重下降；分泌的蜜露还可诱发煤污病的发生；还可传播多种病毒病(图1–126至图1–128)。

图1-125　麦蚜为害叶片症状

图1-126　麦蚜为害茎秆症状

图1-127　麦蚜为害麦穗症状

图1-128 麦蚜为害小麦田间症状

【形态特征】麦长管蚜：无翅孤雌蚜体长卵形，草绿色至橙红色，头部略显灰色，腹侧具灰绿色斑。有翅孤雌蚜体椭圆形，绿色，触角黑色，腹管长圆筒形，黑色，尾片长圆锥状(图1-129和图1-130)。

图1-129 麦长管蚜无翅孤雌蚜

图1-130 麦长管蚜有翅孤雌蚜

麦二叉蚜：无翅孤雌蚜体卵圆形，淡绿色，背中线深绿色，腹管浅绿色，顶端黑色，中胸腹部具短柄，触角6节，尾片长圆锥形。有翅孤雌蚜体长卵形，体绿色，背中线深绿色，头、胸黑色，腹部色浅，触角黑色共6节，前翅中脉二叉状(图1–131和图1–132)。

图1–131 麦二叉蚜无翅蚜

图1–132 麦二叉蚜有翅蚜

禾谷缢管蚜：无翅孤雌蚜体宽卵形，体表绿色至橙红色，常被薄粉，头部光滑，胸腹部背面有清楚网纹，腹管黑色，长圆角形，端部略凹缢，有瓦纹，触角6节。有翅孤雌蚜体长卵形，头胸黑色，腹部绿色至深绿色，触角黑色6节，短于体长(图1–133)。

图1–133 禾谷缢管蚜

【发生规律】一年发生20～30代，多数地区以无翅孤雌成蚜和若蚜在麦株根际或四周土块缝隙中越冬。该虫在我国中部和南部属不完全周期型，即全年进行孤雌生殖不产生性蚜世代，夏季高温季节在山区或高海拔的阴凉地区麦类自生苗或禾本科杂草上生活。在麦田春季和秋季出现两个高峰，夏季和冬季蚜量少。秋季冬麦出苗后从夏寄主上迁入麦田进行短暂的繁殖，出现小高峰，为害不重。11月中下旬后，随气温下降开始越冬。春季返青后，气温高于6℃开始繁殖，低于15℃繁殖率不高，气温高于16℃，麦苗抽穗时转移至穗部，虫口数量迅速上升，直到灌浆和乳熟期蚜量达高峰，气温高于22℃，产生大量有翅蚜，迁飞到阴凉地带越夏。5月中旬，小麦抽穗扬花，麦蚜繁殖极为迅速，至乳熟期达到高峰，对小麦为害最严重。麦长管蚜喜光照，较耐潮湿，特嗜穗部，主要分布在寄主上部叶片，是黄矮病的主要传病媒介昆虫，9月上旬均温14～16℃进入发生盛期，9月底出现性蚜，10月中旬开始产卵，11月中旬均温4℃进入产卵盛期，以卵越冬。翌年3月中旬进入越冬卵孵化盛期，历时1个月，4月中旬开始迁移，6月中旬又产生有翅蚜，迁飞到冷凉地区越夏。

【防治方法】适时集中播种。冬小麦适当晚播，春小麦要适时早播。合理施肥浇水。主要抓好苗期蚜虫防治和蚜虫发生初期的防治。

防治苗期蚜虫，压低田间蚜虫基数，并兼治其他地下害虫，可以用下列杀虫剂进行种子处理：

30%噻虫嗪种子处理悬浮剂400～500ml/100kg种子;

12%苯咯·噻虫种子处理悬浮剂1 325～1 650ml/100kg种子;

600g/L吡虫啉悬浮种衣剂400～600g/100kg种子;

15%吡虫·毒·苯甲悬浮种衣剂1 250~1 500g/100kg种子兼治地下害虫和全蚀病。

32%戊唑·吡虫啉悬浮种衣剂300～700ml/100kg 种子，或用0.5%噻虫嗪颗粒剂9～12kg/亩；或0.1%赛虫胺颗粒剂40～50kg/亩拌土撒施。

小麦苗期，田间蚜虫发生初期，华北地区可于4月上中旬，发现中心株时(图1–134)，及时施药防治，应选用内吸性较好、持效期较长的杀虫剂品种，一次施药能较长时间控制田间麦蚜不能大量发生，可选

图1–134 小麦蚜虫点片发生期为害症状

用下列杀虫剂：

10%吡虫啉可湿性粉剂30～40g/亩；

10%烯啶虫胺水剂10～20ml/亩；

1.8%阿维菌素乳油10～15ml/亩；

50%抗蚜威可湿性粉剂20～30g/亩；

20%丁硫克百威乳油60～80ml/亩；

15%阿维菌素·毒死蜱乳油20～30ml/亩；

3.15%阿维菌素·吡虫啉乳油25～40ml/亩；

48%毒死蜱乳油10～20ml/亩；

25%吡蚜酮可湿性粉剂16～20g/亩；

30%抗蚜威·敌敌畏乳油30～50ml/亩；

5%噻虫胺可湿性粉剂60～80g/ 亩;

25%吡蚜酮悬浮剂16~20ml/亩;

25%噻虫嗪水分散粒剂8~10g/亩;

25g/L联苯菊酯悬浮剂50～60ml/ 亩;

25g/L高效氯氟氰菊酯微乳剂12～20ml/亩;

24%抗蚜威·吡虫啉可湿性粉剂13～20g/亩，对水40～50kg均匀喷雾，间隔7～10天，视虫情连喷1～3次。

防治穗期麦蚜，在扬花灌浆初期(图1-135)，百株蚜量超过500头，应及时进行田间喷药，可用速效性与持效期长的药剂配合施用，如发生严重时(图1-136)，间隔7～10天，再喷1次，可选用下列杀虫剂：

图1-135　小麦蚜虫穗期为害症状

25%吡虫啉·噻嗪酮可湿性粉剂16～20g/亩；

3%啶虫脒乳油40～50ml/亩；

45%马拉硫磷乳油55～110ml/亩；

22%噻虫·高氯氟微囊悬浮-悬浮剂4～6ml/亩;

图1-136 小麦蚜虫为害后期症状

25%氯氰菊酯·辛硫磷乳油30～40ml/亩；

20%高效氯氰菊酯·辛硫磷乳油40～60ml/亩；

20%高效氯氰菊酯·马乳油30～50ml/亩；

12%甲氰菊酯·吡虫啉乳油40～60ml/亩；

25%氰戊菊酯·辛硫磷乳油30～40ml/亩；

2%氰戊菊酯·吡虫啉乳油30～50ml/亩；

10%三唑磷·氟氯氰乳油25～50ml/亩；

20%啶虫脒·辛硫磷乳油25～35ml/亩；

5%高效氯氰菊酯·吡虫啉乳油20～50ml/亩；

20%吡虫啉·仲丁威乳油60～80ml/亩；

7.5%氯氟氰菊酯·吡虫啉悬浮剂30～35ml/亩，对水40～50kg，均匀喷雾。

2．麦叶螨

【分　　布】麦叶螨主要有两种：麦圆叶爪螨(*Penthaleus major*)和麦岩螨(*Petrobia latens*)。麦圆叶爪螨分布在我国北纬29°～37°地区；麦岩螨分布在北纬34°～43°地区。有些地区两者混合发生、为害。

【为害特点】以成螨、若螨吸食麦叶汁液，受害叶上出现细小白点，后麦叶变黄，麦株发育不良，植株矮小，严重的全株干枯(图1-137至图1-140)。

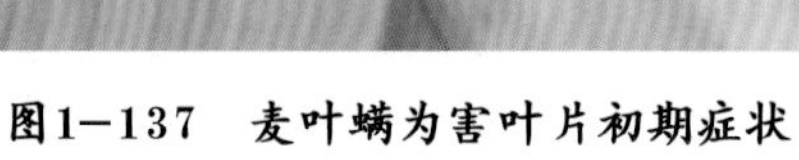

图1-137　麦叶螨为害叶片初期症状

图1-138　麦叶螨为害叶片后期症状

图1-139　麦叶螨为害田间症状

图1-140　麦叶螨为害盛期症状

【形态特征】麦圆叶爪螨(图1-141)：成螨体卵圆形，黑褐色，足、肛门周围红色。卵椭圆形，初暗褐色，后变浅红色。若螨共4龄，1龄幼螨，3对足，初浅红色，后变草绿色至黑褐色；2龄、3龄、4龄若螨4对足，体似成螨。

麦岩螨(图1-142)：成螨体纺锤形，两端较尖，紫红色至褐绿色；4对足，其中第1、第4对特别长。卵有2型：越夏卵圆柱形，卵壳表面有白色蜡质；非越夏卵球形，粉红色，表面生数十条隆起条纹。若螨共3龄。

图1-141　麦圆叶爪螨成虫

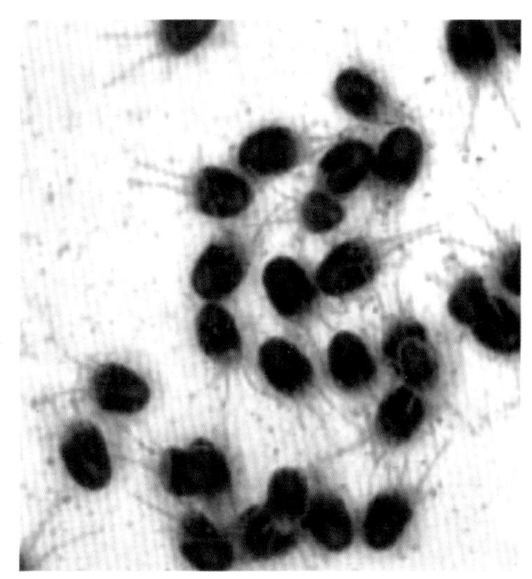

图1-142　麦岩螨

【发生规律】麦圆叶爪螨一年发生2~3代，即春季繁殖1代，秋季1~2代，完成1个世代46~80天，以成螨、若螨和卵在麦株及杂草上越冬，冬季几乎不休眠，耐寒力强，翌春2—3月越冬螨陆续孵化为害。3月中下旬至4月上旬虫口数量大，4月下旬大部分死亡，成螨把卵产在麦茬或土块上。10月越夏卵孵化，为害秋播麦苗。喜潮湿，多在8:00—9:00以前和16:00—17:00以后活动。多行孤雌生殖，每雌产卵20多粒；春季多把卵产在小麦分蘖丛或土块上，秋季多产在须根或土块上，多聚集成堆，每堆数十粒，卵期20~90天，越夏卵期4~5个月。生长发育适温8~15℃，相对湿度高于70%，水浇地易发生。

麦岩螨一年发生3~4代，以成虫和卵越冬，翌春2—3月成虫开始繁殖，越冬卵开始孵化，4—5月田间虫量多，5月中下旬后成虫产卵越夏，10月上中旬越夏卵孵化，为害秋苗，喜干旱，一般在白天活动，以15:00—16:00最盛，遇雨或露水大时，即潜伏麦丛或土缝中不动 。完成一个世代需24~46天，多为孤雌生殖。把卵产在麦田中硬土块或小石块及秸秆或粪块上，成螨、若螨亦群集，有假死性。

【防治方法】麦收后及时浅耕灭茬；冬春进行灌溉，及时清理田边杂草。主要抓好发生初期的防治，可以有效地控制叶螨的为害。

在小麦苗期，田间麦叶螨发生初期(图1-143)，可选用下列杀虫（螨）剂：

4%联苯菊酯微乳剂30~50ml/亩;

20%哒螨灵乳油20~40ml/亩；

40%三唑磷乳油30~40ml/亩；

1.8%阿维菌素乳油10~20ml/亩，对水40~50kg均匀喷雾。

图1-143　麦叶螨为害初期症状

小麦拔节后气温开始回升，田间麦叶螨大量发生期(图1-144)，可以用下列杀螨剂或杀虫剂：

20%哒螨灵可湿性粉剂10~20g/亩；

20%联苯·三唑磷微乳剂20~30ml/亩;

73%炔螨特乳油30~50ml/亩；

图1-144 小麦拔节后叶螨为害盛期情况

1.8%阿维菌素乳油10～20ml/亩；

1.5%噻螨酮乳油50～66ml/亩；

40%三唑磷乳油40～50ml/亩；

20%马拉硫磷・辛硫磷乳油45～60ml/亩；

50%马拉硫磷乳油10～15mL/亩，对水40～50kg，均匀喷雾，可有效地防治麦叶螨。

3．麦叶蜂

【分　　布】麦叶蜂(*Dolerus tritici*)属膜翅目叶蜂科。主要分布在华东、华北、东北、甘肃、安徽、江苏等地。

【为害特点】以幼虫为害麦叶，从叶边缘向内咬食成缺刻，重者可将麦叶全部吃光(图1-145和图1-146)。

【形态特征】成虫体大部黑色略带蓝光，前胸背板、中胸前盾片、翅基片锈红色，翅膜质透明略带黄色，头壳具网状刻纹。小盾片黑色近三角形，有细稀刻点。触角线状9节(图1-147)。卵肾脏形，表面光滑，浅黄色。幼虫共5龄，末龄幼虫体圆筒状，胸部稍粗，腹末稍细，各节具横皱纹(图1-148)。蛹淡黄到棕黑色。

【发生规律】一年发生1代，以蛹在土中20cm左右处结茧越冬。翌年3—4月成虫羽化，交尾后用产卵器沿叶背主脉处锯一裂缝，边锯边产卵，卵粒成串，卵期10天左右，4月中旬至6月中旬进入幼虫为害

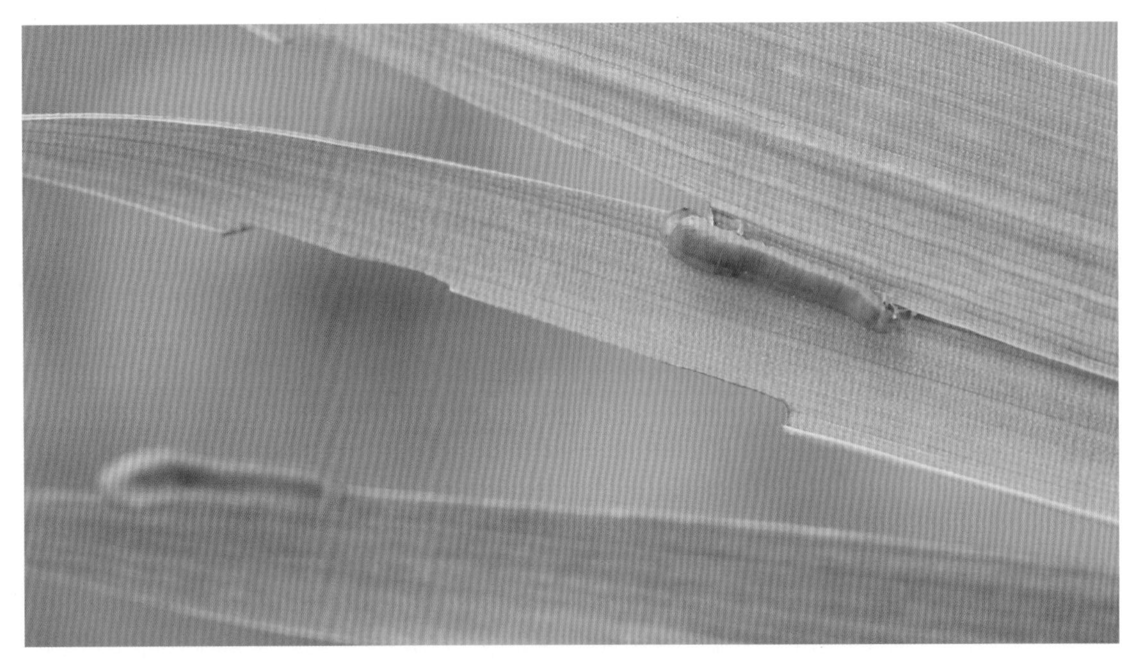

图1-145 麦叶蜂为害麦叶症状

图1-146 麦叶蜂为害穗部症状

期，4月中旬是幼虫为害最盛期。幼虫老熟后入土做土茧越夏，10月化蛹越冬。成虫喜在9:00—15:00活动，飞翔力不强，夜晚或阴天隐蔽在小麦、大麦根际处，成虫寿命2～7天。幼虫共5龄，1～2龄幼虫日夜在麦叶上取食；3龄后畏强光，白天隐蔽在麦株下部或土块下，夜晚出来为害；进入4龄后，食量剧增，幼虫有假死性，遇振动即落地。喜湿冷，忌干热。冬季气温高，土壤水分充足，翌春湿度大温度低，3月雨量少，有利于该虫发生，沙质土壤麦田比黏性土壤麦田受害重。

图1-147 麦叶蜂成虫

图1-148 麦叶蜂幼虫

【防治方法】老熟幼虫在土中时间长，可将尚未化蛹的休眠幼虫翻到地面，破坏其化蛹越冬场所，杀死幼虫。如能采取水旱轮作，可得到彻底根治。掌握幼龄幼虫期做好防治，可有效控制其为害。

在小麦孕穗期，幼虫1～3龄幼虫期(图1-149)，可以选用下列杀虫剂：

图1-149 麦叶蜂为害田间症状

80%敌敌畏乳油50ml/亩；

40%辛硫磷乳油50ml/亩；

40%氧乐果乳油30～40ml/亩；

5%氯氰菊酯乳油37ml/亩；

1.8%阿维菌素乳油15ml/亩；

1%甲氨基阿维菌素苯甲酸盐乳油5～10ml/亩；

也可用2.5%敌百虫粉剂或4.5%甲敌粉剂1.5～2.5kg/亩喷粉，或加细干土20～25kg顺麦垄撒施。宜选择在傍晚或上午10：00前，可提高防治效果。

4．蝼蛄

【分　　布】分布在全国各地，为害农作物常见种有华北蝼蛄(*Gryllotalpa nispina*)和东方蝼蛄(*Gryllotalpa orientalis*)均属直翅目蝼蛄科。

【为害特点】蝼蛄为多食性害虫，蝼蛄成虫和若虫在土中咬食刚播下的种子和幼芽，或将幼苗根、茎部咬断，使幼苗枯死，受害根部呈乱麻状。蝼蛄在地下活动，将表土穿成许多隧道，使幼苗根部透风和土壤分离，造成幼苗因失水干枯致死，缺苗断垄，严重的甚至毁种(图1-150)。

图1-150　蝼蛄为害小麦幼苗症状

【形态特征】华北蝼蛄：成虫身体比较肥大(图1-151)，体黄褐色，全身密布黄褐色细毛；前胸背板中央有一凹陷不明显的暗红色心脏形斑；前翅黄褐色，覆盖腹部不到一半，后翅纵卷成筒形附于前翅之下；腹部圆筒形、背面黑褐色，有7条褐色横线；足黄褐色，前足发达，中后足细小，后足胫节背侧内缘有棘1～2个或消失。卵椭圆形，初产时黄白色，较小。若虫共13个龄期，初龄若虫头小，腹部肥大，行动迟缓，全身乳白色，渐变土黄色，以后每蜕1次皮，颜色随之加深，5龄以后，与成虫体色、体形相似。

图1－151 华北蝼蛄成虫

东方蝼蛄：成虫灰褐色，全身密被细毛，头圆锥形，触角丝状，前胸背板卵圆形，中间具一明显的暗红色长心脏形凹陷斑；前足为开掘足，后足胫节背侧内缘具3～4个棘，腹末具1对尾须(图1–152)。卵椭圆形，初乳白色，孵化前为暗紫色。若虫与成虫相似。

图1－152 东方蝼蛄成虫

【发生规律】华北蝼蛄：3年左右完成1代。以成虫和8龄以上若虫越冬。翌春4月下旬、5月上旬越冬成虫开始活动，6月开始产卵，6月中下旬孵化为若虫，10—11月以8～9龄若虫越冬。翌年4月上中旬越冬若虫开始活动为害，秋季以大龄若虫越冬。第3年春季，大龄若虫越冬后开始活动为害，8月上中旬若虫老熟，羽化为成虫，经过补充营养成虫进入越冬期。成虫昼伏土中，夜间活动，有趋光性。4—11月为蝼蛄的活动为害期，以春、秋两季为害最严重。

东方蝼蛄：在江西、四川、江苏、陕南、山东等地，1年发生1代。在陕北、山西、辽宁等地2年发生1代。以成虫或若虫在地下越冬。翌春，随着地温上升而逐渐上移，到4月上中旬即进入表土层活动。5月中旬至6月中旬温度适中，作物正处于苗期，此期是蝼蛄为害的高峰期。6月下旬至8月下旬天气炎热，开始转入地下活动，东方蝼蛄已接近产卵末期。9月上旬以后，天气凉爽，大批若虫和新羽化的成虫又上升到地面为害，形成第2次为害高峰。10月中旬以后，随着天气变冷，蝼蛄陆续入土越冬。

【防治方法】夏收后，及时翻地，破坏蝼蛄的产卵场所；秋收后，进行大水灌地，使向深层迁移的蝼蛄，被迫向上迁移，在结冻前深翻，把翻上地表的害虫冻死。

种子处理可以有效防治蝼蛄等地下害虫，保苗效果好，可选用下列杀虫剂：

40%辛硫磷乳油72～96ml/100kg种子；

15%五硝·辛硫磷悬浮种衣剂1：（40～60）(药种比)；

4%丁硫·戊唑醇悬浮种衣剂60～90ml/100kg种子；

50%二嗪磷乳油100～200ml/100kg种子；

20%多·拌·锌(多菌灵·甲拌磷·硫酸锌)悬浮种衣剂333～400g/100kg种子；

15%甲拌·多菌灵(甲拌磷·多菌灵)悬浮种衣剂333～400g/100kg种子；

10%三唑酮·甲拌磷拌种剂80～100g/100kg种子；

17%克·酮·多菌灵悬浮种衣剂1：（50～60）(药种比)；

17%多·福·甲拌磷(多菌灵·福美双·甲拌磷)悬浮种衣剂1：（40～50）(药种比)；

17%多·克(多菌灵·克百威)悬浮种衣剂1：（40～50）(药种比)；

14%甲·戊·福美双(甲拌磷·戊唑醇·福美双)悬浮种衣剂1：50(药种比)；

7.3%戊唑醇·克百威悬浮种衣剂1：（80～100)(药种比)。

在蝼蛄为害严重的地块，也可将药剂撒于播种沟内，然后进行耙地，可选用下列杀虫剂：

20%毒死蜱微囊悬浮剂550～650ml/亩；

3%辛硫磷颗粒剂3～4kg/亩；

1%二嗪磷颗粒剂4～5kg/亩；

1.1%苦参碱粉剂2～2.5kg/亩。

小麦生长期被害，也可选用50%辛硫磷乳油、35%甲基硫环磷乳油500～1 000倍液浇灌。

5．蛴螬

【分布为害】蛴螬是鞘翅目金龟甲总科幼虫的总称。其成虫通称金龟子。蛴螬在我国分布很广，各地均有发生，但以我国北方发生较普遍。据资料记载，我国蛴螬的种类有1 000多种，其中，华北大黑鳃金龟、暗黑鳃金龟、铜绿丽金龟、黑绒金龟为优势虫种。蛴螬的食性很杂，是多食性害虫，为害作物幼苗、种子及幼根、嫩茎。蛴螬主要在地下为害，咬断幼苗根茎，切口整齐，造成幼苗枯死(图1–153)，或蛀食块根、块茎，造成孔洞，使作物生长衰弱，影响产量和品质。同时，被蛴螬造成的伤口有利于病菌的侵入，诱发其他病害。成虫金龟子主要取食植物地上部的叶片，有的还为害花和果实(图1–154)。

【形态特征】华北大黑鳃金龟(*Holotrichia diomphalia*)：成虫长椭圆形，黑色或黑褐色(图1–155)，有

图1-153 蛴螬为害麦苗症状

图1-154 金龟子为害麦叶症状

光泽；鞘翅上散生小刻点。卵初产时长椭圆形，乳白色，表面光滑，孵化前呈球形，壳透明。老熟幼虫身体弯曲近“C”形(图1–156)，体壁较柔软，多皱纹；头部前顶毛每侧3根呈1纵列，其中2根紧挨于冠缝旁；肛门孔3裂缝状；肛腹片后部覆毛区中间无刺毛列只有钩毛群。蛹为裸蛹，初为白色，最后变为黄褐色至红褐色。

图1–155　华北大黑鳃金龟成虫

图1–156　华北大黑鳃金龟幼虫

暗黑鳃金龟(*Holotrichia parallela*)：成虫初羽化时鞘翅乳白色，质软，后变红褐色(图1–157)，之后鞘翅硬化变为黑褐色或黑色，无光泽。初产卵乳白色，长椭圆形，半透明。老熟幼虫头部前顶毛每侧1根，位于冠缝两侧；肛门孔3裂缝状(图1–158)；肛腹片后部覆毛区中间无刺毛列，只有钩毛群，其上端有2个单排或双排的钩毛，呈“V”字形排列，中间具裸区(图1–159)。蛹为离蛹，初化蛹乳白色，后变黄白色。

图1-157 暗黑鳃金龟成虫

图1-158 暗黑鳃金龟幼虫

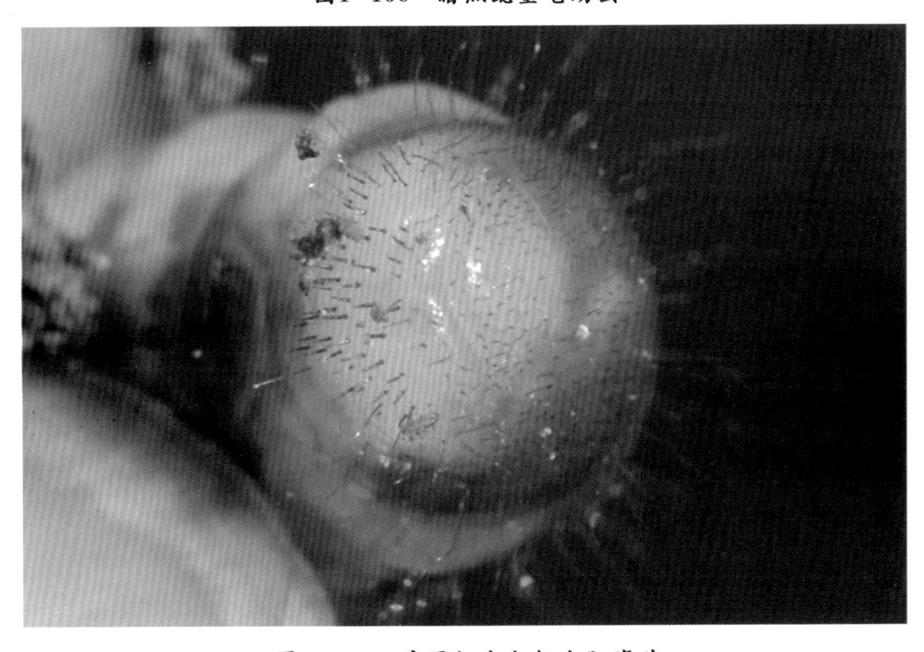

图1-159 暗黑鳃金龟幼虫肛腹片

铜绿丽金龟(*Anomala carpulenta*)：成虫略小，头、前胸背板、小盾片和鞘翅铜绿色(图1–160)，具金属光泽。雄虫腹面黄褐色，雌虫腹面黄白色。初产卵乳白色，长椭圆形。老熟幼虫(图1–161)肛腹片后部覆毛区中间的刺毛列由长针状刺毛组成，每列多为15～18根，两刺毛列尖大部彼此分相遇和交叉，两刺毛列平行，后端稍岔开些，刺毛列前边远没有达到钩毛群的前缘(图1–162)。初化蛹乳白色，后变淡黄色。

图1–160　铜绿丽金龟成虫

图1–161　铜绿丽金龟幼虫

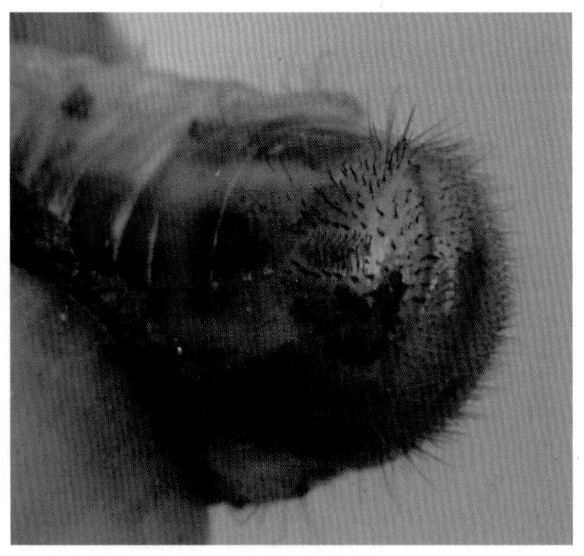

图1–162　铜绿丽金龟幼虫肛腹片

黑绒金龟(*Maladera orientalis*)：成虫体卵圆形，前狭后宽，黑色或黑褐色，有丝绒般闪光；唇基黑色，光泽强，前缘与后缘微翘起，中间纵隆；前胸背板横宽，两侧中段外扩，密部细刻点，侧缘列生褐色刺毛；鞘翅侧缘微弧形，边缘具稀短细毛，纵肋明显(图1–163)。卵椭圆形，乳白色，光滑。老熟幼虫两侧颊区触角基部上方具一圆形暗斑(伪单眼)(图1–164)，肛腹片后部覆毛区布满顶端尖弯的刺毛，前缘双峰状，中间裸区楔状，楔尖朝向尾部，将覆毛区一分为二，刺毛列位于覆毛区后缘，由16～22根锥刺毛组成，呈横弧形排列，中间明显中断。蛹为离蛹。

图1－163 黑绒金龟成虫

图1－164 黑绒金龟幼虫

【发生规律】华北大黑鳃金龟：在辽宁2年完成1代，黑龙江2～3年完成1代，以成虫和幼虫交替越冬。东北南部越冬成虫5月中下旬出土为害，随之产卵，幼虫盛发期在7月中旬，8月上中旬化蛹，10月中下旬以3龄幼虫越冬。

暗黑鳃金龟：在黄淮地区1年发生1代，以老熟幼虫在地下20～40cm处越冬，少数成虫也可越冬。越冬幼虫春季不为害，5月中旬化蛹，成虫期在6月上旬至8月上旬，盛发期在7月中旬前后，幼虫为害盛期在8月中下旬。

铜绿丽金龟：每年发生1代，以幼虫越冬。在辽宁5月上中旬越冬幼虫出土为害，6月中下旬化蛹，成虫产卵盛期7月上中旬，8—9月幼虫盛发，取食花生、甘薯等，至10月中旬以老熟幼虫越冬。黄淮流域越冬幼虫3月下旬至4月上旬开始活动为害，5—6月化蛹，成虫发生在5月下旬至8月上旬，6月中旬成虫盛发。7—9月为幼虫为害期，10月上旬3龄幼虫入土越冬。

黑绒金龟：我国长江以北地区一年发生1代，以成虫越冬。4—6月为成虫活动期，5月平均气温10℃以上开始大量出土。6—8月为幼虫生长发育期。

【防治方法】多施腐熟的有机肥料，及时灌溉，促使蛴螬向土层深处转移，避开幼苗最易受害时期。播种前拌种，或在播种或移栽前进行土壤处理，可以有效地减少虫量；或者在发生为害期药剂灌根，也可有效防治地下害虫的为害。

播种前拌种，可以选用下列杀虫剂：

10%苯甲·吡虫啉悬乳种衣剂429～600ml/100kg种子;

8%苯甲·毒死蜱悬浮种衣剂1.11～1.25kg/100kg种子;

4%丁硫克百威·戊唑醇悬浮种衣剂630～880g/100kg种子;

15%五硝·辛硫磷悬浮种衣剂1 700～2 500g/100kg种子。

或选用下列药剂：

0.3%辛硫磷颗粒剂40～50kg/亩，喷于25～30kg 细土上拌匀成毒土;

1.1%噻虫胺颗粒剂15～20kg/亩，拌毒土撒施;

0.1%二嗪磷颗粒剂40～50kg/亩处理土壤，顺垄条施，随即浅锄，或以同样用量的毒土撒于种沟或地面，随即耕翻，或结合灌水施入。

在小麦苗期，如果蛴螬已发生为害，且虫量较大时，可以用下列杀虫剂：

480g/L毒死蜱乳油200ml/亩；

40%辛硫磷乳油500ml/亩；

30%毒死蜱·辛硫磷乳油400～600ml/亩，对水40～50kg沿麦垄进行灌根。

6．金针虫

【分　　布】我国金针虫有60多种，为害小麦的有20多种，其中为害较重的有沟金针虫、细胸金针虫。沟金针虫(*Pleonomus canaliculatu*)分布区极广，北至内蒙古、辽宁，南至长江沿岸的扬州、南京，西至陕西、甘肃等地均有分布，主要发生在旱地平原地段。细胸金针虫(*Agriotes fuscicollis*)分布在包括从黑龙江沿岸至淮河流域，西至陕西、甘肃等地区，主要发生在水湿地和低洼地。

【为害特点】金针虫以幼虫终年在土中生活为害。为多食性地下害虫，主要为害作物的种子、幼苗和幼芽，能咬断刚出土的幼苗，也可钻入幼苗根茎部取食为害(图1–165至图1–167)，造成缺苗断垄。

图1–165　金针虫为害幼苗症状

图1–166　金针虫为害小麦茎基部症状

图1-167 金针虫为害小麦田间症状

【形态特征】沟金针虫：成虫深栗褐色，扁平，密生金黄色细毛，体中部最宽，前后两端较狭(图1-168)。卵乳白色，近似椭圆形。幼虫黄褐色，体形扁平，较宽，胴部背面中央有一明显的纵沟，尾节粗短，深褐色无斑纹(图1-169)，尾端分叉，并略向上弯曲，每叉内侧各有1小齿。蛹体细长，乳白色，近似长纺锤形。

细胸金针虫：成虫黄褐色，体中部与前后部宽度相似，体形细长，密生灰色短毛，有光泽(图1-170)。卵乳白色，近似椭圆形。幼虫淡黄褐色，细长，圆筒形，胴部背面中央无纵沟，尾节圆锥形，背面基部两侧各有褐色圆斑1个，并有4条深褐色纵沟(图1-171)。蛹乳白色，近似长纺锤形。

图1-168 沟金针虫成虫

图1-169 沟金针虫幼虫

图1-170 细胸金针虫成虫

图1-171 细胸金针虫幼虫

【发生规律】沟金针虫：3年完成1代，以成虫和幼虫在土壤中深20～80cm处越冬。翌年3月开始活动，4月份为活动盛期。4月中旬至6月上旬为产卵期，幼虫期很长，直到第三年8—9月份在土中化蛹。在一年中，它有2个主要为害时期，即春季为害期(3月中旬至5月上旬，以4—5月最重)和秋季为害期(9月下旬至10月上旬)。

细胸金针虫：多2年完成1代，也有1年或3～4年完成1代的。仅以幼虫在土层深处越冬。翌年3月上中旬开始出土，为害返青麦苗或早播作物，4—5月为害最盛，成虫期较长，有世代重叠现象。较耐低温，故秋季为害期也较长。

【防治方法】换茬时进行精耕细耙，有机肥要充分腐熟后再施用。播种期的土壤处理可减轻为害，也可在金针虫发生期药剂灌根防治。

播种或定植时，可选用下列杀虫剂拌种：

27%苯醚·咯·噻种子处理悬浮剂400 ~ 600ml/100kg种子；

27.2%氟环菌·咯菌腈噻虫嗪种子处理悬浮剂200 ~ 400ml/100kg种子；

35%噻虫嗪种子处理悬浮剂300 ~ 440ml/10kg种子；

300g/L氯氰菊酯悬浮种衣剂150 ~ 200ml/100kg种子。

在播种时，也可用5%辛硫磷颗粒剂1.5 ~ 2.0kg/亩拌细干土100kg撒施在播种(定植)沟(穴)中，然后播种或定植。

在小麦生长期，田间金针虫已发生为害，且虫量较大时(图1-172)，可选用下列杀虫剂喷根防治：

20%毒死蜱微囊悬浮剂550 ~ 650g/ 亩灌根；

1.8%阿维菌素乳油3 000倍液；

5%氟啶脲乳油1 500倍液；

5%氟虫脲乳油4 000倍液；

图1-172 金针虫发生为害症状

7．黏虫

【分　　布】黏虫(*Mythimna separata*)属鳞翅目，夜蛾科。是世界性的害虫，我国20多个省区市有发生。

【为害特点】幼虫食叶，大发生时可将作物叶片全部食光(图1–173)，造成严重损失。

图1–173　黏虫为害小麦叶片症状

【形态特征】成虫：体长15～17mm，翅展36～40mm，头部及胸部灰褐色，触角丝状；腹部暗褐色，前翅灰黄褐色、黄色或橙色，变化较多；内线不显，只有几个黑点，环纹、肾纹褐黄色，界线不显著，肾纹后端有一小白点，两侧各有一个小黑点；后翅暗褐色，向基部渐浅(图1–174)。卵：扁圆形，有光泽，表面有网状纹，卵块状排列成行。幼虫：初孵体长2mm，老熟幼虫体长30mm左右，头部淡黄褐色，有暗褐色网状花纹，咀嚼式口器，上唇略呈长方形(前缘中部凹陷)。幼虫蜕皮5次共6龄，1～3龄幼虫取食嫩叶，体灰褐稍带绿色，4龄后虫体黑绒色(图1–175)，或淡黄绿色。胸、腹部圆筒形，5条明显纵带，背中线白色，边缘有黑线，亚背线蓝褐色。趾钩单序，排列成半环状。蛹：初化蛹时乳白色，后变红褐至黑褐色，胸背有多列横皱纹，腹背5～7节上沿各脊一列线状尖如若锯齿，腹末有3对尾刺，中间2根较粗直，两侧的小而弯。

【发生规律】1年发生世代数全国各地不一，从北至南世代数为：东北、内蒙古年发生2～3代，华北中南部3～4代，江苏淮河流域大量成虫系由南方迁飞所至。成虫产卵于叶尖或嫩叶、心叶皱缝间，常使叶片成纵卷。幼虫共6龄。初龄幼虫仅能啃食叶肉，使叶片呈现白色斑点；3龄后可蚕食叶片成缺刻；5～6龄幼虫进入暴食期。老熟幼虫在根际表土1～3cm做土室化蛹。成虫昼伏夜出，傍晚开始活动。黄昏时觅食，半夜交尾产卵，黎明时寻找隐蔽场所。成虫对糖醋液趋性强。

图1-174 黏虫成虫

图1-175 黏虫老龄幼虫

黏虫发生的数量与为害程度，受气候条件、食料营养及天敌的影响很大，如环境适合，发生就严重，反之，为害较轻。①气候条件：温湿度对黏虫的发生影响很大，雨水多的年份黏虫往往大发生。成虫产卵适温为15～30℃，最适温为19～25℃，相对湿度为75%以上。②食物营养的关系：成虫卵巢发育需要大量的碳水化合物，主要是糖类。早春蜜源植物多的地区，第1代幼虫就多。幼虫喜食禾本科植物，取食后发育较快，而且蛹重较大，成虫也较健壮。

【防治方法】防治黏虫的关键措施是做好预测预报，防治幼虫于3龄以前，最好消灭黏虫于虫卵阶段。

在卵孵化盛期至幼虫3龄前，及时选用下列药剂：

37%氟啶·毒死蜱悬浮液20～25ml/亩；

25g/L高效氯氟氰菊酯12～20ml/亩；

40%乙酰甲胺磷乳油180～240ml/亩倍液；

虫害发生严重时，间隔7～10天，连喷2～3次。

8．吸浆虫

【分　　布】在我国小麦上发生的吸浆虫主要有两种，即麦红吸浆虫(*Sitodiplosis mosellana*)和麦黄吸浆虫(*Comtarinia tritci*)均属双翅目蚊科。麦红吸浆虫主要分布在黑龙江、内蒙古、吉林、辽宁、宁夏、甘肃、青海、河北、山西、陕西、河南、山东、安徽、江苏、浙江、湖北及湖南等平原麦区；麦黄吸浆虫主要分布在山西、内蒙古、河南、湖北、陕西、四川、甘肃、青海、宁夏等高纬度地区。

【为害特点】该虫主要以幼虫为害小麦花器和乳熟籽粒，吸食浆液，造成瘪粒而减产。一般被害麦地减产30%～40%，严重者减产70%～80%，甚至造成绝收，是小麦产区毁灭性的一种害虫(图1-176)。

【形态特征】麦红吸浆虫：雌成虫体橘红色，复眼大，黑色，前翅透明，有4条发达翅脉，后翅退化为平衡棒，触角细长，念珠状(图1-177)。卵长卵形，浅红色。幼虫体椭圆形，橙黄色(图1-178)。裸蛹，橙褐色。

图1-176 吸浆虫为害小麦穗部症状

图1-177 麦红吸浆虫成虫

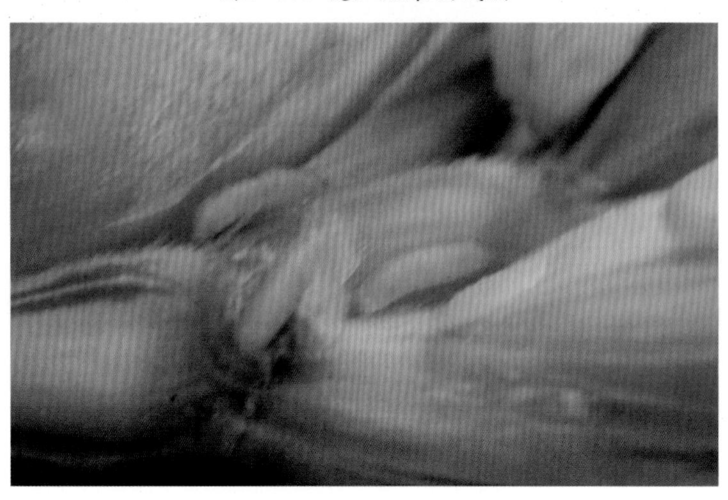

图1-178 麦红吸浆虫幼虫

麦黄吸浆虫：雌体鲜黄色，产卵器伸出时与体等长。雄虫体腹部末端的把握器基节内缘无齿。卵呈香蕉形，末端有透明带状附属物。幼虫体黄绿色，体表光滑，前胸腹面有剑骨片。蛹鲜黄色。

【发生规律】两种吸浆虫1年发生1代，以末龄幼虫在土壤中结圆茧越夏和越冬。翌年小麦进入拔节期，越冬幼虫破茧上升到表土层；小麦孕穗时，结茧化蛹；小麦开始抽穗时，开始羽化出土，当天交配后把卵产在未扬花的麦穗上，各地成虫羽化期与小麦进入抽穗期一致。小麦抽穗扬花期为害较重。如雨水充沛、气温适宜常会引起吸浆虫的大发生。

【防治方法】施足基肥，春季少施化肥，使小麦生长发育整齐健壮。小麦孕穗期是防治该虫的关键时期。

在小麦播种前撒毒土防治土中幼虫，于播前进行土壤处理。用2.5%甲基异柳磷颗粒剂1.5～2kg/亩或5%毒死蜱颗粒剂加20kg干细土，拌匀制成毒土撒施在地表。

小麦孕穗期，可用40%甲基异柳磷乳油或50%辛硫磷乳油150ml/亩、48%毒死蜱乳油100～125ml/亩、50%倍硫磷乳油75ml/亩、2.5%甲基异柳磷颗粒剂1.5～2kg/亩加20kg细土制成毒土，均匀撒在地表，然后进行锄地，把毒土混入表土层中，如施药后灌一次水，效果更好。

成虫卵化始盛期10%阿维·吡虫啉悬乳剂12～15ml/亩，30%氯氟·吡虫啉悬乳剂4～5ml/亩，也可结合防治麦蚜，喷施4.5%氯氰菊酯乳油40ml/亩、2.5%溴氰菊酯乳油或20%氰戊菊酯乳油2 000倍液防治成虫等。该虫卵期较长，发生严重时可连续防治2次。

9．麦茎蜂

【分布为害】麦茎蜂(*Cephus pygmaeus*)属膜翅目茎蜂科。分布全国各地。幼虫钻蛀茎秆，严重时整个茎秆被食空，老熟幼虫钻入根茎部，从根茎部将茎秆咬断或仅留少量表皮连接，断面整齐，受害小麦很易折倒。

【形态特征】成虫：全体黑色发亮(图1–179)，头部黑色，复眼发达，触角丝状共19节，端部数节稍肥大。口器咀嚼式，上唇黑褐色，上腭端部黑褐，中部米黄，基部黑色。翅痣色深明显。卵：初产卵白色透亮，长椭圆形，将孵化时变成水渍状透明圆形。幼虫：体乳白色，前进时呈“S”状，白色或淡黄褐色，头部淡棕色，胸足退化呈圆形肉疣状凸起，体多皱褶。蛹：裸蛹，外被薄茧。

图1–179 麦茎蜂成虫

【发生规律】1年发生1代，以老熟幼虫在茎基部或根茬中结薄茧越冬。翌年4月化蛹，5月中旬羽化，5月下旬进入羽化期持续20多天，羽化后雌蜂把卵产在茎壁较薄的麦秆里，产卵时用产卵器把麦茎锯1个小孔，把卵散产在茎的内壁上。幼虫孵化后取食茎壁内部，3龄后进入暴食期，常把茎节咬穿或整个茎秆被食空，逐渐向下蛀食到茎基部，麦穗变白，幼虫老熟后在根茬中结透明薄茧越冬。

【防治方法】麦茎蜂以卵、幼虫隐蔽在麦茎内为害，越冬幼虫在根茬潜伏，故麦收后碾压根茬，机耕深翻，重害区大面积集中连片倒茬，在成虫羽化盛期前撒施毒沙。麦茎蜂为单食性害虫，各地应有计划地实行大面积连片轮作倒茬。

土壤处理：初冬麦二水前、春麦头水前撒施毒土，如40%甲基异柳磷乳油250～300ml/亩对细沙土30kg。或用5%辛硫磷颗粒剂2.5～4kg对细沙土20～30kg，于小麦抽穗前孕穗初期(成虫出土盛期)在灌水或雨前均匀撒施于麦田。

在小麦抽穗前孕穗期成虫出土盛期，可用90%晶体敌百虫35～50g/亩、48%毒死蜱乳油25ml/亩对水50kg，或80%敌敌畏乳油1 000～1 200倍液，间隔7～10天喷1次，连喷2次。也可喷撒1.5%乐果粉剂或2.5%敌百虫粉剂1.5～2.5kg/亩。

10．麦种蝇

【分布为害】麦种蝇(*Hylemyia coarctata*)属双翅目花蝇科。在我国的新疆、甘肃、宁夏、青海、陕西、内蒙古、山西、黑龙江等省(区)均有分布。以幼虫侵入茎基部蛀食，引起心叶枯死，重者缺苗断垄，甚至翻耕改种，从而造成减产(图1-180)。

【形态特征】雄成虫体暗灰色(图1-181)；头银灰色，额窄，额条黑色；复眼暗褐色，在单眼三角区的前方，间距窄，几乎相接；触角黑色；胸部灰色；腹部上下扁平，狭长细瘦，较胸部色深；翅浅黄色，具细黄褐色脉纹，平衡棒黄色；足黑色。雌虫体灰黄色。卵长椭圆形，腹面略凹，背面凸起，一端尖削，另一端较平，初乳白色，后变浅黄白色，具细小纵纹。幼虫体蛆状(图1-182)，乳白色，老熟时略带黄色。围蛹纺锤形(图1-183)，初为淡黄色，后变黄褐色，两端稍带黑色，羽化前黑褐色，稍扁平，后端圆形有凸起。

图1-180　麦种蝇为害麦株症状

图1-181　麦种蝇成虫

图1-182　麦种蝇幼虫

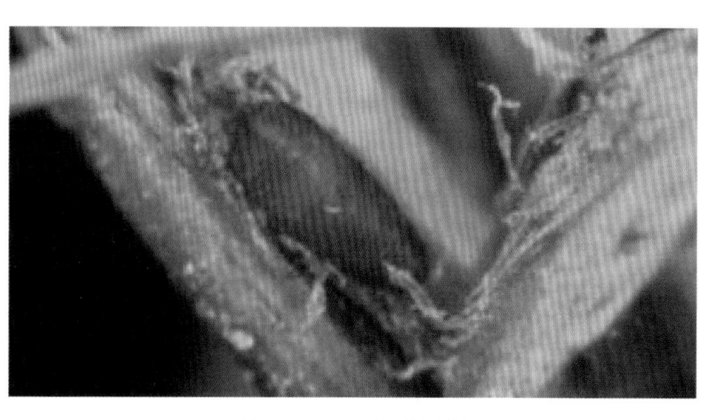

图1-183 麦种蝇蛹

【发生规律】1年发生1代，以卵在土内越冬。翌年3月越冬卵孵化为幼虫，初孵幼虫栖息在植株茎秆、叶及地面上，先在小麦茎基部钻一小孔，钻入茎内，头部向上，蛀食心叶组织成锯末状。幼虫耐饥力强，每头幼虫只为害一株小麦，无转株为害习性。幼虫活动为害盛期在3月下旬至4月上旬。4月中旬幼虫爬出茎外，钻入6～9cm深土中化蛹，4月下旬至5月上旬为化蛹盛期。6月初蛹开始羽化，6月中旬为成虫羽化盛期，7—8月为成虫活动盛期。雌虫9月中旬开始产卵，每雌虫产卵9～48粒，产卵后即死亡，10月雌虫全部死亡。

【防治方法】提倡与其他作物轮作2～3年，可有效控制麦种蝇的为害。

药剂拌种：冬小麦用40%甲基异柳磷乳剂按种子量的0.2%拌种，春小麦用40%甲基异柳磷乳剂按种子量的0.1%进行拌种均能收到一定的防治效果。

土壤处理：小麦播种前耕最后一次地时，用40%甲基异柳磷乳油或50%辛硫磷乳油250ml/亩，加水5kg，拌细土20kg撒施，边撒边耕，可防成虫在麦地产卵。

春季幼虫开始为害时，用80%敌敌畏乳油50ml/亩，加水50kg喷地面，然后翻入土内。4月中下旬，幼虫爬出茎外将钻入土内化蛹时，可选用90%晶体敌百虫50g/亩、40%辛硫磷乳油200～500ml/亩加水50kg喷雾，或喷施50%敌敌畏乳油1 000倍液，以防幼虫钻入土内化蛹。

11．麦黑斑潜叶蝇

【分布为害】麦黑斑潜叶蝇(*Cerodonta denticornis*)属双翅目潜蝇科。分布于甘肃、台湾等地。以幼虫潜食叶肉，潜痕弯曲窄细(图1-184)。

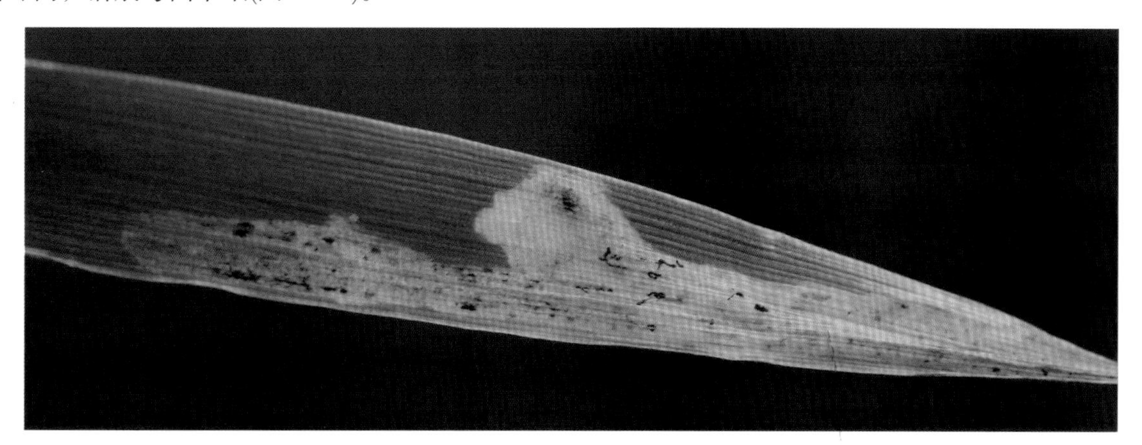

图1-184 麦黑斑潜叶蝇为害叶片症状

【形态特征】成虫体黄褐色(图1-185)；头部黄色，间额褐色，单眼三角区黑色，复眼黑褐色，具蓝色荧光；触角黄色，触角芒不具毛；胸部黄色，背面具一“凸”字形黑斑块，前方与颈部相连，后方至中胸后盾片中部，黑斑中央具“V”字形浅洼；小盾片黄色，后盾片黑褐色；翅透明浅黑褐色；平衡棍浅黄色。幼虫体乳白色，蛆状(图1-186)；腹部端节下方具1对肉质凸起，腹部各节间散布细密的微刺。蛹浅褐色，体扁，前后气门可见。

图1-185　麦黑斑潜叶蝇成虫

图1-186　麦黑斑潜叶蝇幼虫

【发生规律】发生代数不详，可能以蛹越冬。4月上中旬成虫开始在麦田活动，把卵产在麦叶上，幼虫孵化后潜入叶肉为害，造成麦叶部分干枯。幼虫老熟后，由虫道爬出，附着在叶表化蛹和羽化。4月下旬在春麦苗上发生普遍，9月间发生在自生麦苗上。

【防治方法】以消灭成虫为主，于冬麦返青时，成虫发生期，在田间喷撒2.5%敌百虫粉剂消灭成虫，防其产卵。

12．管蓟马

【分布为害】管蓟马(*Haplothrips tritici*)属缨翅目蓟马科。成虫、若虫以锉吸式口器锉破植物表皮，吮吸叶汁。小麦孕穗期，成虫即从开缝处钻入花器内为害，影响小麦扬花，严重时造成小麦白穗。为害麦粒，麦粒灌浆乳熟期，成虫和若虫先后或同时躲藏在护颖与外颖内吸取麦粒的浆液，致使结实不饱满，麦粒空瘪(图1-187)。同时还由于蓟马刮食破坏细胞组织，麦粒上出现褐色斑块，降低了面粉质量，减少出粉率。

图1-187　管蓟马为害麦穗症状

【形态特征】成虫全体黑色(图1-188)，头部略呈长方形与前胸相连；复眼分离，触角8节；前翅仅有一条不明显的纵脉，并不延至顶端；腹部末端成管状，端部有6根细长的尾毛，尾毛间各生短毛一根。卵乳黄色，长椭圆形。若虫初孵化时淡黄色，后逐渐转变为橙色、鲜红色(图1-189)，触角及尾管黑色，无翅。前蛹及伪蛹，体色淡红，四周着生白色绒毛。

【发生规律】一年发生1代，以若虫在麦根或场面地下10cm处越冬，1～5cm处密度最大。翌年日均温8℃时开始活动，约5月中旬进入化蛹盛期，5月中下旬羽化，6月上旬进入羽化盛期，羽化后进入麦田，在麦株上部叶片内侧叶耳、叶舌处吸食汁液，后从小麦旗叶叶鞘顶部或叶鞘缝隙处侵入尚未抽出的麦穗上，为害花器，有时一个旗叶内群集数十头

图1-188 管蓟马成虫

图1-189 管蓟马若虫

至数百头成虫。6月上中旬冬麦全部抽穗，成虫大量向春麦上迁飞，6月中旬达高峰，高峰期比冬麦晚半个月，但发生密度春麦往往大于冬麦。小麦灌浆期是其为害最严重的阶段。

【防治方法】实行合理的轮作倒茬。适时早播。秋季或麦收后及时进行深耕，清除麦场四周杂草，破坏其越冬场所，可降低越冬虫口基数。

小麦孕穗期，大量蓟马迁飞到麦穗上为害产卵，是防治成虫的有利时期，及时喷洒20%丁硫克百威乳油、10%吡虫啉可湿性粉剂、1.8%阿维菌素乳油、10%虫螨腈乳油2 000倍液。

小麦扬花期是防治初孵若虫的有利时期。可选用下列药剂：

75%乙酰甲胺磷可溶性粉剂60g/亩；

90%晶体敌百虫50～70g/亩；

80%敌敌畏乳油50mL/亩，对水30kg喷雾，防治初孵若虫。

13. 麦穗夜蛾

【分布为害】麦穗夜蛾(*Apamea sordens*)属鳞翅目夜蛾科。分布在内蒙古、甘肃、青海等省区。初孵幼虫先取食穗部花器和子房，个别取食颖壳内壁幼嫩表面，食尽后转移为害，2～3龄后在籽粒里取食潜伏，4龄后幼虫转移至旗叶上吐丝缀连叶缘成筒状，日落后寻找麦穗取食，仅残留种胚，致使小麦不能正常生长和结实(图1-190)。

【形态特征】成虫全体灰褐色(图1-191)，前翅有明显黑色基剑纹，在中脉下方呈燕飞形，环状纹、肾状纹银灰色，边黑色；基线淡灰色双线，亚基线、端线浅灰色双线，锯齿状；亚端线波浪形浅灰色；前翅外缘具7个黑点，缘毛密生；后翅浅黄褐色。卵圆球形，卵面有花纹。末龄幼虫头部具浅褐黄色“八”字纹。虫体灰黄色，腹面灰白色。蛹黄褐色或棕褐色。

【发生规律】一年发生1代，以老熟幼虫在田间或地埂表土越冬。翌年4月越冬幼虫出蛰活动，4月底至5月中旬幼虫化蛹，6—7月成虫羽化，6月中旬至7月上旬进入羽化盛期，白天隐蔽在麦株或草丛下，黄昏时飞出活动，取食小麦花粉或油菜。初孵幼虫先取食穗部的花器和子房，吃光后转移，4龄进入暴食期，吐丝将小麦旗叶缀连成筒状，9月中旬幼虫开始在麦茬根际松土内越冬。

【防治方法】麦收时要注意杀灭麦株底下的幼虫，以减少越冬虫口基数。

诱杀成虫，利用成虫趋光性，在6月上旬至7月下旬安装黑光灯诱杀成虫。

掌握在4龄前及时喷洒下列药剂：

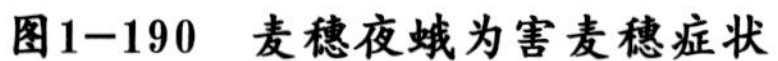
图1-190 麦穗夜蛾为害麦穗症状

图1-191 麦穗夜蛾成虫

80%敌敌畏乳油1 000～1 500倍液；

90%晶体敌百虫900～1 000倍液；

50%辛硫磷乳油1 000倍液。4龄后白天潜伏，应在日落后喷洒上述杀虫剂防治。

14．秀夜蛾

【分布为害】秀夜蛾(*Amphipoea fucosa*)属鳞翅目夜蛾科。分布在东北、华北、西北、青藏高原、长江中下游及华东麦区。一般造成减产10%～20%，严重减产40%～50%。幼虫喜在水浇地、下湿滩地及黏壤土地块为害，3龄前钻茎为害，4龄后从麦秆的地下部咬烂入土，栖息在薄茧内继续为害附近麦株，致小麦呈现枯心或全株死亡，造成缺苗断垄。

【形态特征】成虫头部、胸部黄褐色(图1-192)，腹背灰黄色，腹面黄褐色，前翅锈黄至灰黑色，环纹、肾纹白色至锈黄色，上生褐色细纹，边缘暗褐色，亚端线色浅，外缘褐色，缘毛黄褐色；后翅灰褐色，缘毛、翅反面灰黄色。卵半圆形，初白色，3～4天后变为褐色。末龄幼虫体灰白色，头黄色，四周具黑褐色边，从中间至后缘生黑褐色斑4个，从前胸后缘至腹部第9节的背中线两侧各具红褐色宽带1条。蛹棕褐色，2根尾刺，末端呈弯钩状。

图1-192 秀夜蛾成虫

【发生规律】北方春麦区一年发生1代，以卵越冬。翌年5月上中旬开始孵化，3龄前幼虫蛀茎为害，4龄后从麦秆地下部咬烂入土，继续为害，5月下旬至6月下旬进入为害盛期，老熟幼虫为害后于6月下旬至7月上中旬化蛹，化蛹处多在被害株附近地下1～3cm土表。7月下旬至8月中旬进入羽化盛期，成虫盛发后随即进入产卵盛期。

【防治方法】合理轮作，深翻土地除茬灭卵，集中烧毁可减少虫源。翻地深度超过15cm，翌年初孵幼虫大部分不能出土。在小麦3叶期浇水，这时正值初孵幼虫为害盛期，浇水后可减轻为害。除掉根茬，将麦根除掉集中烧毁，减少越冬卵量。

灯光诱杀，在成虫盛发期，大面积设置20瓦黑光灯诱杀成虫在产卵之前。

发生严重地区或田块，随播种施4%辛硫磷颗粒剂或0.5%硫环磷颗粒剂2～3kg/亩，对初孵幼虫防效80%以上。

幼虫期可用80%晶体敌百虫1 000倍液灌根。

15．麦秆蝇

【分　　布】麦秆蝇(*Meromyza saltatrix*)属双翅目秆蝇科。主要分布在新疆、内蒙古、宁夏以及河北、山西、陕西、甘肃部分地区。

【为害特点】以幼虫钻入小麦等寄主茎内蛀食为害，初孵幼虫从叶鞘或茎节间钻入麦茎，或在幼嫩心叶及穗节基部1/5～1/4处呈螺旋状向下蛀食，形成枯心、白穗、烂穗，不能结实。

【形态特征】雄成虫体长3～3.5mm，雌虫3.7～4.5mm，体为浅黄绿色，复眼黑色，有青绿色光泽；单眼区褐斑较大，边缘越出单眼之外；胸部背面具3条黑色或深褐色纵纹，中间一条纵纹前宽后窄，直连后缘棱状部的末端，两侧的纵纹仅为中纵纹的一半或一多半，末端具分叉；触角黄色，小腮须黑色，基部黄色；足黄绿色；后足腿节膨大(图1-193)。卵长1mm，纺锤形，白色，表面具纵纹10条。末龄幼虫体黄绿色或淡黄绿色，头端有一黑色口钩，呈蛆形。蛹属围蛹，蛹壳透明，体色初期较淡、后期黄绿。

图1-193　麦秆蝇成虫

【发生规律】内蒙古等春麦区一年发生二代，冬麦区一年发生3～4代，以幼虫在寄主根茎部或土缝中或杂草上越冬。春麦区翌年5月上中旬始见越冬代成虫，5月底、6月初进入发生盛期，6月中下旬为产卵高峰期，6月下旬是幼虫为害盛期，为害20天左右。第一代幼虫于7月中下旬麦收前大部分羽化并离开麦田，把卵产在多年生禾本科杂草上。麦秆蝇在内蒙古仅1代幼虫为害小麦，成虫羽化后把卵产在叶面基部。冬麦区1代、2代幼虫于4—5月为害小麦，3代转移到自生麦苗上，第4代转移到秋苗上为害。河南一年有两个为害高峰期。幼虫老熟后在为害处或野生寄主上越冬。该虫产卵和幼虫孵化需较高湿度，小麦茎秆柔软、叶片较宽或毛少的品种，产卵率高，为害重。

【防治方法】选用抗虫品种是防治麦秆蝇最经济有效的途径，各地应加强对当地品种的鉴定并引进、培育适应当地的抗虫良种。春麦适当早播，冬麦适当晚播以避开成虫产卵为害、加强栽培管理，因地制宜、深翻土地、增施肥料、适时早播、适当浅播、合理密植及时灌排、精耕细作，都对麦秆蝇繁殖为害不利。精细收获，铲除杂草，可减少其越夏场所。

掌握越冬代成虫发生情况，是药剂防治的关键。可选用下列药剂：

1.8%阿维菌素乳油2 500倍液；

10%吡虫啉可湿性粉剂2 500倍液；

40%乙酰甲胺磷乳油2 000倍液；

80%敌敌畏乳油1 000倍液；

25%速灭威可湿性粉剂600倍液；

50%敌敌畏乳油与40%乐果乳油1：1混合后1 000倍液喷雾，间隔6～7天后喷第2次药。每亩喷对好的药液50～75kg，把卵控制在孵化之前。

四、小麦各生育期病虫害防治技术

1．小麦病虫害综合防治历的制订

小麦栽培管理过程中，病虫害的防治是小麦丰产与丰收的关键，应总结本地小麦病虫草害的发生特点和防治经验，制订病虫草害防治计划，适时进行田间调查，及时采取防治措施，有效控制病虫杂草的为害，保证丰产、丰收。小麦生产管理过程中，应抓好地下害虫的防治；在小麦灌浆初期蚜虫均可达防治指标，一般年份百穗蚜量高峰都可达2 000头以上，因此，应将蚜虫作为小麦虫害防治重点，做到全面监测与防治；小麦白粉病、纹枯病、锈病、赤霉病等几种主要病害，不同年度、品种、田块间有较大差异，白粉病、赤霉病与品种关系较大，其次与小麦长势、播期也有较大差异，赤霉病是气候型病害，准确预报还有一定难度，因此生产上仍应坚持“主动出击，预防为主”的防治策略，一般情况下仍以药剂防治为主，在品种感病时白粉病易大发生，可提前用药；纹枯病发生田块间差异较大，在防治上一般年份应以查治为主，重点以早播田、高密度田为主，冬季气温偏高、春季雨水偏多的典型年份可以进行普治。麦田杂草是影响小麦生产的重要因素，应做全面防治工作。

麦田病虫的综合防治工作历见表1-1，各地应根据自己的情况采取具体的防治措施。

表1-1　麦田病虫害的综合防治工作历

生育期	时期	主要防治对象	次要防治对象	防治措施
播种期	10月上中旬	地下害虫、散黑穗病、腥黑穗病、全蚀病、纹枯病	白粉病、锈病、病毒病、根腐病、雪霉叶枯病、蚜虫、红蜘蛛、吸浆虫	土壤处理、药剂拌种
冬前苗期、分蘖期	10月中旬至11月下旬	杂草、纹枯病	白粉病、锈病、红蜘蛛、蚜虫	喷施除草剂、杀菌剂、杀虫剂

续表1-1

生育期	时期	主要防治对象	次要防治对象	防治措施
返青、分蘖末期	2月中下旬	杂草	纹枯病、锈病	喷施除草剂、杀菌剂
拔节至孕穗期	3月上旬至4月上旬	纹枯病、病毒病、锈病、红蜘蛛、吸浆虫、麦茎蜂	白粉病、纹枯病、叶枯病、根腐病、麦秆蝇、控制其旺长	喷施除草剂、杀菌剂、杀虫剂、杀螨剂及植物激素
抽穗至灌浆期	4月中旬至5月上旬	赤霉病、白粉病、颖枯病、叶枯病、吸浆虫、蚜虫	根腐病、黏虫、麦叶蜂	喷施杀菌剂、杀虫剂
成熟期	5月中下旬	蚜虫、白粉病	黏虫、赤霉病、病毒病、干热风	施用杀虫剂、杀菌剂、微肥

2. 小麦播种期病虫害防治技术

“播种是基础，管理是关键”，播种期是小麦病虫害全程综合防治的基础，种子药剂处理或选用适宜的包衣种子是保证齐苗壮苗的重要技术措施(图1-194)。

图1-194　小麦机器播种情景

播种期可以有效防治的虫害，主要有蛴螬、蝼蛄、金针虫、地老虎等地下害虫以及小麦吸浆虫越冬幼虫；药剂拌种还可以有效防治其他苗期害虫的为害。小麦病害如黑穗病、赤霉病、根腐病主要是靠种子或土壤带菌进行传播的，而且从幼苗期就开始侵染，所以对于这些病害，进行种子处理是最有效的防治措施；另外，通过适当的药剂拌种，可以减轻苗期纹枯病、白粉病、锈病、叶枯病、病毒病等多种病害的为害。

还可以通过施用激素和微肥，培育壮苗，增强植株的抗病力。

药剂拌种的常用方法：

可以用含有噻虫嗪、吡虫啉等新烟碱类药剂成分的复配剂进行拌种处理可有效防治，长时间闷种会影响发芽出苗。防治小麦蚜虫、蝼蛄、蛴螬、金针虫等地下害虫。

可以用15%三唑酮可湿性粉剂60～100g；或用2%戊唑醇按种子重量的0.1%～0.15%拌种，边喷边拌，拌后播种，长时间闷种会影响发芽出苗，不宜随意加大药量，否则会影响种子发芽和幼苗生长，可以防治小麦黑穗病、赤霉病等病害。也可选择2%戊唑醇干拌剂或湿拌剂、60g/L悬浮种衣剂或3% 恶醚唑悬浮种衣剂、2.5% 咯菌腈悬浮种衣剂等杀菌剂品种，拌种时要按推荐剂量和方法操作。

也可选用12.5%硅噻菌胺悬浮剂200mL、2.5%咯菌腈悬浮剂100ml，加水1.5～2kg，拌麦种50～100kg，对小麦全蚀病有较好的防效。

土壤处理，在地下害虫或小麦吸浆虫发生严重的地区，用3%甲基异柳磷颗粒剂或3%辛硫磷颗粒剂3～4kg/亩，在犁地前均匀撒施于地面，随犁地翻入土中，对一些害虫的卵也有一定的防治效果。

为了提高小麦出苗率，培育壮苗，拌种时可以适量加入植物生长调节剂，以芸苔素内酯0.05～0.5mg/L浸种，可以促进小麦根系发育，增进小麦的抗逆能力，促进出苗壮苗。

3．小麦冬前苗期病虫害防治技术

小麦冬前苗期的病虫为害相对较轻，但在有些年份因气温相对偏高，蚜虫、红蜘蛛、白粉病、锈病也有发生，可根据情况具体防治。杂草一般在小麦播种后2～3周开始发生，墒情好时杂草发生量大；个别干旱年份发生较晚，发生量较小，多数于10月中下旬至11月下旬基本出苗，幼苗期易于防治，是防治上的关键时期。

小麦冬前苗期(图1-195)的病虫相对较轻，但在有些年份因气温相对偏高，蚜虫、叶螨、白粉病、锈病也有发生，可根据情况具体防治。

图1-195　小麦冬前苗期生长与病虫为害情况

可以喷洒10%吡虫啉可湿性粉剂2 000～3 000倍液、48%毒死蜱乳油1 000倍液、50%辛硫磷乳油1 500倍液，每亩喷药液40～50kg，防治麦田蚜虫、叶螨等。

用15%三唑酮可湿性粉剂60～70g/亩、12.5%烯唑醇可湿性粉剂32～48g/亩，对水40～50kg喷雾，兼治小麦白粉病、锈病等病害。

这时期的小麦生长较弱，用药时要严格控制用量，注意避免产生药害。11月中旬土壤干旱时，应浇越冬水，以增加土壤水分，稳定地温，对小麦安全越冬有利，使小麦免受冻害。

对于秋后持续高温，易于出现小麦旺长，入冬易于出现冻害。应在小麦苗期适当喷施生长抑制剂，可以用5%烯效唑可湿性粉剂50～75g/亩、15%多效唑可湿性粉剂40～60g/亩，对水喷施，可以有效控制小麦旺长，增强越冬抗寒能力。对于生长较弱或过旺的小麦，在小麦入冬前喷施0.01%芸苔素内酯乳油4 000～6 000倍液，可以显著提高小麦的抗旱、抗寒能力，保证小麦健康越冬。

4. 小麦返青期至孕穗期病虫害防治技术

在小麦返青后，杂草和小麦均开始快速生长，杂草逐渐难于防治，常对小麦造成严重的为害，对于前期未能及时防治杂草的田块，应在小麦返青期及时采取防治措施；同时，该期还是小麦全蚀病、纹枯病、根腐病等根部病害和丛矮病、黄矮病等病毒病的侵染、蔓延高峰期，也是为害盛期，此期还是麦蜘蛛、地下害虫和杂草的盛发期，是春季小麦病虫害综合防治的第一个关键时期。加强栽培管理、提早预防病虫草害，要把栽培措施与化学控制病虫害有机地结合起来，提高小麦对多种病害的抗御能力。2月下旬至3月中旬小麦返青后是防治适期，及时进行化学除草。近年来，以纹枯病为主的小麦病害发生严重，对小麦的产量影响较大，特别是高产地块影响更大。小麦纹枯病防治上宜早不宜迟，一般在3月上旬喷第1次药剂，间隔 10～15天喷1次，可兼治小麦白粉病、锈病等(图1–196和图1–197)。

图1–196 小麦分蘖期病害为害情况

纹枯病初发时，可用5%井冈霉素水剂50～75g/亩、50%多菌灵可湿性粉剂50g/亩+20%三唑酮乳油40～60ml/亩、12.5%烯唑醇可湿性粉剂12.5g/亩，对水60～100kg均匀喷雾。

图1-197　小麦拔节至孕穗期生长与病虫害发生情况

小麦纹枯病病株率达5%，可用5%井冈霉素水剂200g/亩、30%苯醚甲环唑·丙环唑乳油15ml/亩、12.5%烯唑醇可湿性粉剂20～35g/亩、25%丙环唑乳油25～30ml/亩、2%嘧啶核苷类抗生素水剂150～200ml/亩、40%多菌灵悬浮剂50～100ml/亩、70%甲基硫菌灵可湿性粉剂50～75g/亩，对水40～50kg均匀喷雾。

锈病为害时，用15%三唑酮可湿性粉剂50g/亩、12.5%烯唑醇可湿性粉剂15～30g/亩，对水 50～70kg喷雾，或对水10～15kg进行低容量喷雾。可兼治白粉病等其他病害。

小麦锈病、叶枯病、纹枯病混发时，于发病初期，用12.5%烯唑醇可湿性粉剂20～35g/亩，对水50～80kg喷施效果优异，既防治锈病，又可兼治叶枯病和纹枯病。

此期如有全蚀病的为害，可以用12.5%硅噻菌胺悬浮剂20～30ml/亩、30%苯醚甲环唑·丙环唑乳油20～30ml/亩，对水80～100kg淋浇于小麦基部。

该期部分地区麦田红蜘蛛开始发生为害，麦田红蜘蛛虫口数量大时，喷洒15%哒螨灵乳油2 000～3 000倍液、1.8%阿维菌素乳油2 000～4 000倍液、10%甲氰菊酯乳油1 000～1 500倍液、50%马拉硫磷乳油2 000倍液，视虫情间隔10～15天再喷1次。

小麦吸浆虫虽是穗期为害的害虫，但防治适期在4 月中下旬的蛹期，应在蛹期适时开展防治，提高防治效果。每亩用 40%甲基异柳磷乳油或40%毒死蜱乳油150～200ml加细沙土30～40kg撒施地面并划锄，施后浇水防治效果更佳；若蛹期未能防治，吸浆虫成虫期防治可在田间小麦 70%左右抽穗时，每亩用50%辛硫磷乳油 50～75ml对水叶面喷雾防治。

结合小麦病害的防治，喷洒15%多效唑可湿性粉剂50～60g/亩，对水40～50kg，可有效控制旺长，缩短基部节间，防治小麦倒伏。

5. 小麦抽穗至成熟期病虫害防治技术

小麦抽穗至灌浆期是多种病害发生高峰期，也是防治病虫为害、夺取小麦高产、优质的最后一个关键环节。小麦抽穗至灌浆期是蚜虫、红蜘蛛、白粉病、锈病、赤霉病的重要发生期(图1-198)，应注意田

图1-198 小麦抽穗至成熟期病虫害发生情况

间调查，及时防治，控制病虫为害，减少损失。

麦蚜发生期，可用3%啶虫脒乳油1 500～3 000倍液、1.8%阿维菌素乳油2 000～4 000倍液、50%抗蚜威可湿性粉剂1 500～3 000倍液、10%联苯菊酯乳油1 500倍液、50%马拉硫磷乳油1 000倍液、2.5%溴氰菊酯乳油3 000倍液均匀喷施。

麦田红蜘蛛发生较重时，用10%甲氰菊酯乳油10ml/亩、20%哒螨灵可湿性粉剂10～20g/亩、73%炔螨特乳油30～50ml/亩、5%噻螨酮乳油50～66ml/亩，对水40～50kg均匀喷雾，可有效防治麦蜘蛛。

防治麦叶蜂，并且有少量蚜虫发生时，可用10%联苯菊酯乳油1 500～2 000倍液、50%辛硫磷乳油1 500倍液、2.5%高效氯氰菊酯乳油800倍液、10%虫螨腈乳油800～1 000倍液均匀喷雾。

小麦白粉病发生较重时，用12.5%烯唑醇可湿性粉剂32～48g/亩、25%吡唑醚菌酯悬浮剂1 000～1 500倍液、20%三唑酮乳油1 000倍液均匀喷施。

小麦纹枯病发生较重时，可用5%井冈霉素水剂200g/亩、30%苯醚甲环唑·丙环唑乳油15ml/亩、12.5%烯唑醇可湿性粉剂20～35g/亩、25%丙环唑乳油25～30ml/亩、20%三唑酮乳油50ml/亩、2%嘧啶核苷类抗生素水剂150～200ml/亩，对水40～50kg均匀喷雾。

小麦锈病发生较重时，可用15%三唑酮可湿性粉剂30～40g/亩、25%戊唑醇水乳剂25～33ml/亩、25%粉唑醇悬浮剂16～20ml/亩、12.5%烯唑醇可湿性粉剂25～30g/亩、25%丙环唑乳油40ml/亩、12.5%氟环唑悬浮剂45～60ml/亩、25%腈菌唑乳油45～54ml/亩、40%氟硅唑乳油6～8ml/亩，对水40～50kg均匀喷雾。

田间小麦赤霉病等病害开始发生期，用80%多菌灵可湿性粉剂70～90g/亩、50%多·福·硫(多菌灵·福美双·硫磺)可湿性粉剂100～150g/亩、25%咪鲜胺乳油50～75ml/亩、40%氯溴异氰尿酸可溶性粉剂40g/亩、42%甲·醚(甲基硫菌灵·苯醚甲环唑)可湿性粉剂40～60g/亩、36%多菌灵·咪鲜胺可湿性粉剂40～60g/亩，对水40～50kg喷雾。

麦蚜、白粉病混发时(图1-199)，喷洒10%联苯菊酯乳油1 500～2 000倍液+25%戊唑醇水乳剂25～33ml/亩、50%抗蚜威可湿性粉剂10～15g/亩+15%三唑酮可湿性粉剂30～50g/亩，对水50kg喷雾，用量应根据病虫发生的程度具体调整。

5月以后，冬小麦进入成熟期，是小麦丰产丰收关键时期。该期应加强预测预报，及时防治病虫害，在防治策略上以治疗为主，具有针对性，确保丰收。

小麦生育后期，可视具体情况浇麦黄水，既能满足需水要求，又能防御轻干热风为害。小麦进入黄熟后，应抓住晴朗天气，及时采收(图1-200)，以防灾害天气影响采收。

图1-199　麦田蚜虫与白粉病混发情况

图1-200　小麦丰收景象

第二章 水稻病虫害防治新技术

我国地域广阔，水稻种植历史悠久，是世界稻米主产国之一。2017年全国水稻种植面积达3 000万hm^2，约占粮食作物播种面积的29%，总产稻谷约1.9亿t，占粮食总产量的42%，种植面积和产量在我国粮食作物中均居首位。水稻病虫害是影响水稻高产、稳产、优质的重要因素。近年来，受气候、种植制度、栽培方式、生态环境和品种布局等因素的综合影响，水稻病虫害暴发频繁，为害严重。

我国水稻病虫害以迁飞性、钻蛀性害虫和流行性病害为主，每年病虫害发生面积约 8 000万hm^2次，其中虫害6 500万hm^2次，病害2 000万hm^2次。近年来，稻飞虱、稻纵卷叶螟、二化螟等主要害虫一直呈严重发生态势。

水稻病害对水稻生产影响严重，我国水稻病害有100多种，其中能造成严重为害的就有70多种，包括真菌病害50多种、细菌病害6种、病毒及类菌原体病害11种、线虫病害4种，对产量和品质影响较大的有20多种。目前，从全国来看，稻瘟病、稻曲病、纹枯病是水稻的三大病害，发生面积大，流行性强，为害严重。稻瘟病在西南、江南中西部和北方部分稻区中等发生，发生面积约550万～600万hm^2次。纹枯病在华南、江南、长江流域及江淮稻区偏重发生，发生面积 1 800万～1 900万hm^2。稻曲病在江南、长江中下游和江淮稻区中、晚稻局部偏重发生，发生面积约300万hm^2。条纹叶枯病在长江下游粳稻区继续重发，华北和东北稻区发生区域在继续扩大，发生面积700～800万hm^2。

稻田虫害种类较多，已发现有50多种，严重地影响着水稻的丰产丰收。为害较重的害虫有三化螟、二化螟、稻纵卷叶螟、稻飞虱、稻苞虫、稻瘿蚊等。近年来，稻飞虱在淮河流域及其以南大部稻区连年重发，年发生面积2 600万～2 800万hm^2次。稻纵卷叶螟在长江中下游、江南大部、华南北部、西南中东部稻区大发生，频率在不断增加，发生面积约2 100万～2 200万hm^2次。二化螟、三化螟在全国大部分稻区每年均为中度以上发生。专家预测，随着优质高产水稻新品种的推广种植，轻型栽培技术的大面积应用，稻田生态环境的变化，水稻病虫害种群结构也将发生相应的变化，总体呈加重为害趋势。因此，加强防控工作，对提高水稻产量和品质至关重要。

一、水稻病害

1．稻瘟病

【分布为害】稻瘟病又称火烧瘟、稻热瘟，是水稻的重要病害之一，一般年份导致水稻减产10%~20%，流行年份减产40%~50%，甚至颗粒无收。世界各稻区均有分布，我国各水稻产区均有发生。其中以叶部、节部发生为多，发生后可造成不同程度减产，尤其穗颈瘟或节瘟发生早时，使灌浆受阻，造成白穗甚至绝产（图2-1和图2-2）。

图2-1　稻瘟病田间为害症状

图2-2　穗茎部发病使灌浆受阻

【症　　状】水稻整个生育期均可发病，主要为害叶片、茎秆、穗部。根据为害时期、部位不同分为苗瘟、叶瘟、节瘟、穗颈瘟、枝梗瘟、谷粒瘟等，其中以穗颈瘟对产量影响最大。

苗瘟：发生于3叶期前后（图2–3），由种子带菌所致。病苗基部灰黑，上部变褐，卷缩而死，湿度较大时，病部产生大量灰黑色霉层(图2–4）。

图2–3　水稻苗期苗瘟为害情况

图2–4　稻瘟病苗期受害症状

叶瘟：从3叶期至穗期均可发生（图2–5和图2–12），分蘖至拔节期为害较重。由于气候条件和品种抗病性不同，叶瘟病斑又分以下4种类型。慢性型病斑：开始在叶上产生暗绿色小斑，逐渐扩大为梭形斑，常有延伸的褐色坏死线。病斑中央灰白色，边缘褐色，外有淡黄色晕圈，潮湿时叶背有灰色霉层，病斑较多时连片形成不规则大斑（图2–7）。急性型病斑：在叶片上形成暗绿色近圆形或椭圆形病斑，叶片两面都产生褐色霉层（图2–8）。白点型病斑：嫩叶发病后，产生白色近圆形小斑，不产生孢子，气候条件利其扩展时，可转为急性型病斑（图2–9和图2–10）。褐点型病斑：多在高抗品种或老叶上产生针尖大小的褐点，只产生于叶脉间，产生少量孢子（图2–11和图2–12）。

图2–5 水稻分蘖期叶瘟为害情况

图2–6 水稻抽穗扬花期叶瘟为害状

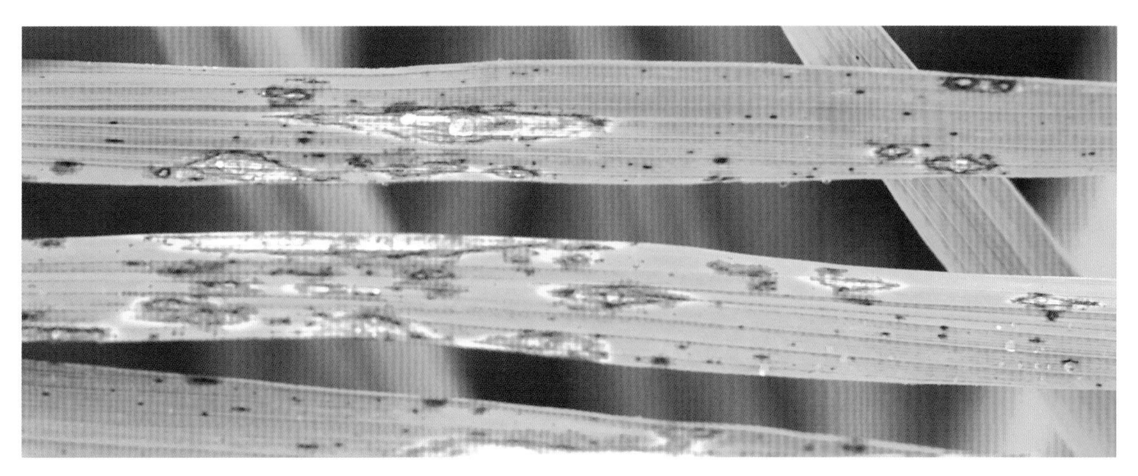

图2-7 稻瘟病叶瘟慢性型病斑

图2-8 稻瘟病叶瘟急性型病斑

图2-9 稻瘟病叶瘟白点型病斑初期

图2-10 稻瘟病叶瘟白点型病斑后期

图2-11　稻瘟病叶瘟褐点型初期病斑

图2-12　稻瘟病叶瘟褐点型中期病斑

节瘟：常在抽穗后发生，初在稻节上产生褐色小点，后逐渐绕节扩展一周，使病部变褐变黑（图2-13），易折断，发生早时形成枯白穗。

图2-13 稻瘟病节瘟症状

穗颈瘟：发生在主穗至第一枝梗的穗颈上，初形成水渍状褐色小点，发展后使穗颈部变褐，发病早时也造成枯白穗。

枝梗瘟：与穗颈瘟症状相同，发生在穗主轴或枝梗部位，枝梗发病后容易枯死，谷粒不能正常灌浆，严重的形成半白穗。

谷粒瘟：发生在谷壳和护颖上，发病早的病斑大而呈椭圆形(图2–14)，中部灰白色，以后可延及整个谷粒，造成暗灰色或灰白色的瘪谷(图2–15)。发病迟的则为椭圆形或不规则的褐色斑点。严重时，谷粒不饱满，米粒变黑。

图2–14　稻瘟病谷粒瘟初期症状

图2-15　稻瘟病谷粒瘟后期症状

【病　　原】*Piricularia oryzae* 称稻梨孢，属无性型真菌（图2-16）。分生孢子梗3～5根丛生，具2～4个隔膜，基部稍膨大，淡褐色，向上色淡，顶端曲状，上生分生孢子。分生孢子无色，洋梨形或棍棒形，常有1～3个隔膜；基部钝圆，并有脚胞，无色或淡褐色，具2个隔膜；基部有脚胞，萌发时两端细胞立生芽管；芽管顶端产生附着胞，近球形，深褐色，紧贴附于寄主，产生侵入丝侵入寄主组织内。

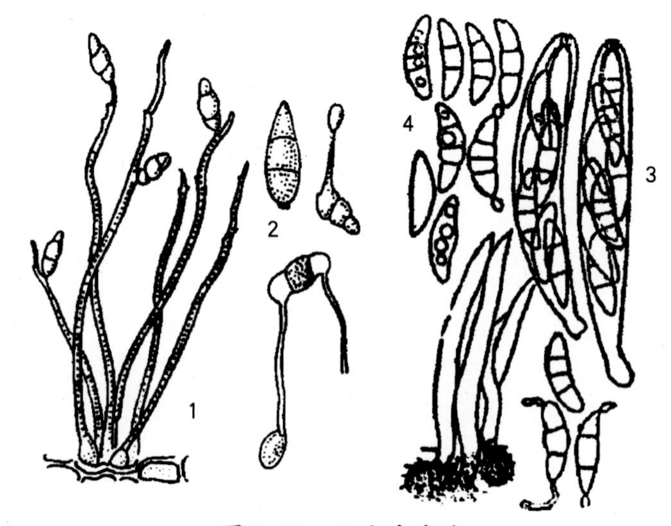

图2-16　稻瘟病病菌
1.分生孢子梗　2.分生孢子及其萌发　3.子囊　4.子囊孢子

【发生规律】病菌主要以分生孢子和菌丝体在稻草和稻谷上越冬。翌年产生分生孢子借风雨传播到稻株上，萌发侵入寄主向邻近细胞扩展发病，形成中心病株。病部形成的分生孢子，借风雨传播，进行再侵染。播种带菌种子可引起苗瘟。菌丝生长温限8～37℃，最适温度26～28℃。孢子形成温限10～35℃，以25～28℃最适，相对湿度90%以上。孢子萌发需有水存在并持续6～8小时。适温高湿，有雨、雾、露存在条件下有利于发病。适宜温度才能形成附着胞并产生侵入丝，穿透稻株表皮，在细胞间蔓延摄取养分。阴雨连绵，日照不足或时晴时雨，或早晚有云雾或结露条件，病情扩展迅速(图2-17)。同一品种在不同生育期抗性表现也不同，秧苗4叶期、分蘖期和抽穗期易感病，圆秆期发病轻，同一器官或组织在组织幼嫩期发病重。穗期以始穗时抗病性弱。放水早或长期深灌根系发育差，抗病力弱发病重。光照不足，田间湿度大，有利分生孢子的形成、萌发和侵入。山区雾大露重，光照不足，稻瘟病的发生为害比平原严重。偏施迟施氮肥，不合理的稻田灌溉，均降低水稻抗病能力。

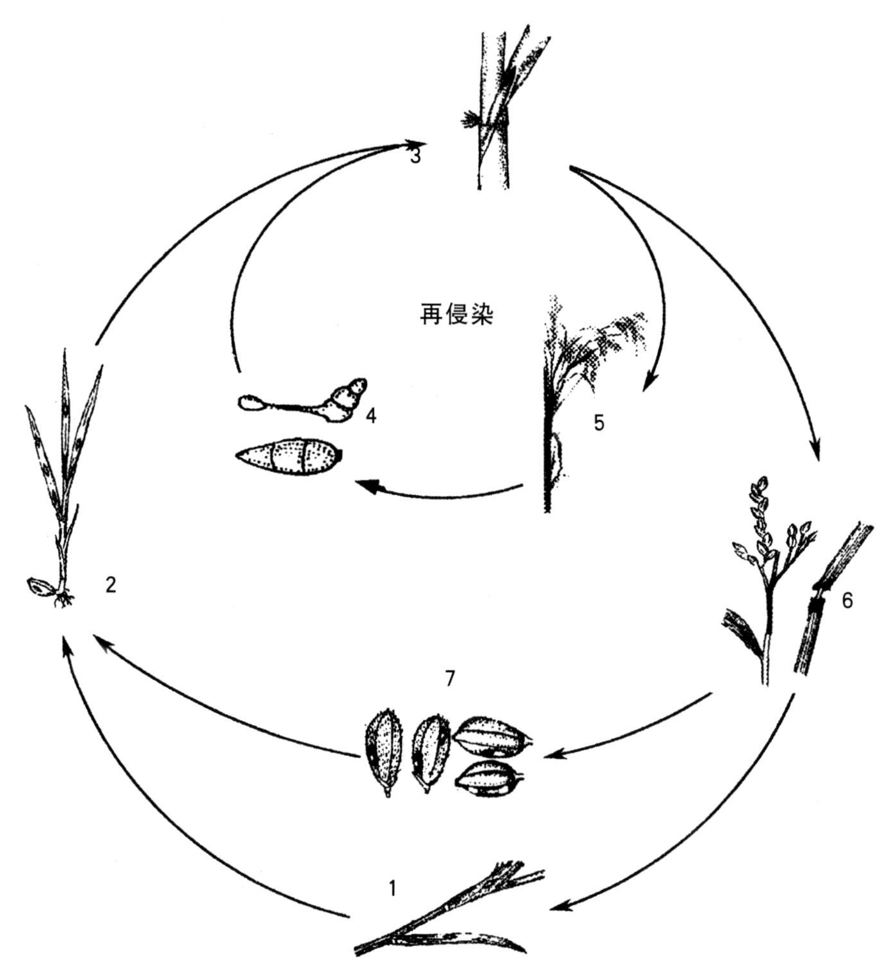

图2-17　稻瘟病病害循环

1.病菌在病残体上越冬　2.苗瘟　3.叶瘟　4.分生孢子

5.穗颈瘟　6.节瘟　7.谷粒瘟

【防治方法】因地制宜选用抗病品种，加强栽培管理，提高稻株抗病力。适量播种，培育粗壮无病或病轻秧苗，特别是双季晚稻秧苗的培育要以前期、中期控，后期促为宜。3～4叶期通过搁田，控苗炼苗，防止徒长，减轻发病。插秧前5～7天分别施用速效肥(起身肥)，以利移栽后加速返青成活。基肥要足，追肥要速，注意氮、磷、钾的配合，插秧后灌护苗水(浅灌)促进早分蘖，分蘖盛期前及时开沟排水，促使稻株生长平衡。病害常发地区和易发病田块应不施或慎施穗肥，以免加重发病，造成减产。

对于南方稻区等苗期稻瘟病多发地区，可以用药剂进行种子处理，30%苯噻硫氰乳油1 000倍药液浸种6小时或20%稻瘟酯可湿性粉剂5g+50%福美双可湿性粉剂4～10g，对水0.5kg拌100g种子。

育苗田、水直播田，苗瘟发生较多，生产上应注意调查，在发病前期及时防治(图2-18)，可以用下列杀菌剂：

10%环丙酰菌胺可湿性粉剂50～100g/亩；

20%三环唑可湿性粉剂100～120g/亩；

20%三环唑·多菌灵可湿性粉剂125～150g/亩

20%咪鲜胺·三环唑可湿性粉剂50～70g/亩；

35%三唑酮·乙蒜素乳油75～100ml/亩；

30%异稻瘟净·稻瘟灵乳油150～200ml/亩；

18%三环唑·烯唑醇悬浮剂40～50ml/亩；

21.2%春雷霉素·氯苯酞可湿性粉剂75～120g/亩；

30%苯噻硫氰乳油50ml/亩，对水40～50kg全田喷雾，或选用20%噻森铜悬浮剂100～125ml/亩、8%烯丙苯噻唑颗粒剂1.5～3kg/亩拌适量细土撒施，视病情加大药量，隔5～7天再施药1次。

图2-18 稻瘟病苗期为害症状

在水稻分蘖期和抽穗期易感病，应加强预防(图2-19)。田间发现病情时及时施药防治，发病前可选用下列杀菌剂喷施：

45%代森铵水剂77～100ml/亩；

70%甲基硫菌灵可湿性粉剂100～140g/亩；

50%多菌灵可湿性粉剂100～120g/亩；

75%百菌清可湿性粉剂100～120g/亩；

42%硫黄·多菌灵悬浮剂280～340ml/亩；

2%春雷霉素可湿性粉剂80～120g/亩；

50%四氯苯酞可湿性粉剂65～100g/亩，对水40～50kg全田喷雾，可以有效提高水稻抗稻瘟病的能力，视病情间隔5～7天施药1次。

生长前期防治叶瘟，在田间见病斑时(图2-20)，可用治疗剂与保护剂混配施用：

图2-19 水稻分蘖期稻瘟病为害症状

图2-20 生长期叶片上出现病斑症状

15%乙蒜素可湿性粉剂130～160g/亩；

40%三乙膦酸铝可湿性粉剂235～270g/亩；

36%三氯异氰尿酸可湿性粉剂50～60g/亩；

25%咪鲜胺乳油60～100ml/亩；

20%井冈霉素·三环唑·多菌灵可湿性粉剂100～150g/亩；

30%咪鲜胺·多菌灵可湿性粉剂35～50g/亩；

45%硫磺·三环唑可湿性粉剂120～160g/亩；

42%咪鲜胺·甲基硫菌灵可湿性粉剂60～80g/亩；

13%春雷霉素·三环唑可湿性粉剂80～120g/亩，对水50～60kg均匀喷施。

病害发生初期及时施药防治，可喷施下列药剂：

40%异稻瘟净乳油150～200ml/亩；

20%异稻瘟净·三环唑乳油100～150ml/亩；

6%戊唑醇微乳剂75～100ml/亩；

0.15%四霉素水剂48～60ml/亩；

40%咪鲜胺·稻瘟灵乳油70～100ml/亩；

20%井冈霉素·三环唑可湿性粉剂100～150g/亩；

30%敌瘟磷乳油100～130ml/亩；

40%稻瘟灵乳油75～120ml/亩。

对水40～50kg喷雾，视病情间隔5～7天施药一次。

防治穗瘟（图2-21），于孕穗末期至抽穗期进行施药，可喷施下列药剂：

图2-21　水稻穗瘟田间症状

20%三唑酮·三环唑可湿性粉剂100～150g/亩；

20%烯肟菌胺·戊唑醇悬浮剂50～65ml/亩；

75%肟菌酯·戊唑醇水分散粒剂15～20g/亩；

20%三环唑·异稻瘟净可湿性粉剂100～150g/亩；

50%氯溴异氰尿酸可溶性粉剂50～60g/亩；

20%井冈霉素·三环唑·烯唑醇可湿性粉剂75～90g/亩；

20%稻瘟酰胺悬浮剂50～60ml/亩；

35%稻瘟灵·异稻瘟净乳油100～120ml/亩，对水50～60kg喷雾，注意喷匀、喷足。

2．水稻纹枯病

【分布为害】水稻纹枯病为我国水稻三大病害之一。在我国各水稻产区均有发生，长江流域和南方稻区发生较重，尤其以密植矮秆杂交稻的高产田发生最为普遍而严重，一般造成损失10%～20%，重者可达50%以上(图2-22和图2-23)。

【症　　状】苗期至穗期都可发病。叶鞘染病：在近水面处产生暗绿色水浸状边缘模糊小斑，后渐扩大呈椭圆形或云纹形，中部呈灰绿或灰褐色，湿度低时中部呈淡黄或灰白色，中部组织破坏呈半透明状，边缘暗褐。发病严重时数个病斑融合形成大病斑，呈不规则状云纹斑(图2-24和图2-25)。叶片染病：病斑也呈云纹状，边缘褪黄，发病快时病斑呈污绿色，叶片很快腐烂(图2-26至图2-29)。茎秆受害：症状似叶片，后期呈黄褐色，易折(图2-30和图2-31)。穗颈部受害：初为污绿色，后变灰褐，常不能抽穗，抽穗的秕谷较多，千粒重下降。湿度大时，病部长出白色网状菌丝(图2-32)，后汇聚成白色菌丝团，形成菌核，菌核深褐色，易脱落。高温条件下病斑上产生一层白色粉霉层即病菌的担子和担孢子(图2-33)。为害后期，田间稻株不能抽穗，能抽穗的秕谷较多，千粒重下降(图2-34)。

图2-22　水稻分蘖期纹枯病为害情况

图2-23　水稻拔节期纹枯病为害情况

图2-24　水稻纹枯病为害叶鞘症状

图2-25　水稻纹枯病为害叶鞘后期症状

图2-26 水稻纹枯病为害叶片初期症状

图2-27 水稻纹枯病为害叶片后期正面症状

图2-28 水稻纹枯病为害叶片后期叶背症状

图2-29　水稻纹枯病为害叶片潮湿条件下症状

图2-30　水稻纹枯病为害茎秆初期症状

图2-31　水稻纹枯病为害茎秆后期症状

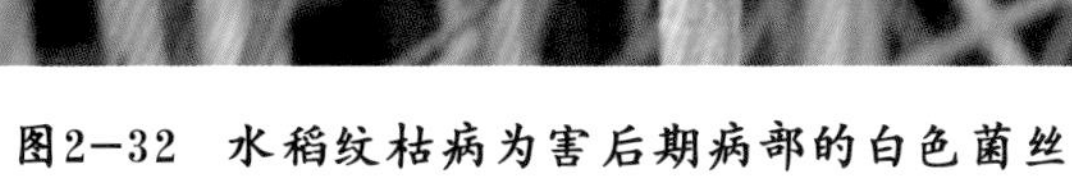

图2-32 水稻纹枯病为害后期病部的白色菌丝

图2-33 水稻纹枯病菌为害后期产生的菌核

图2-34 水稻纹枯病田间为害症状

【病　　原】*Thanatephorus cucumeris*称瓜亡革菌，属担子菌亚门真菌。无性态*Rhizoctonia solani*称立枯丝核菌，属半知菌亚门真菌（图2-35）。产生菌丝和菌核，菌丝初期无色，后变淡褐色，有分枝，分枝处明显缢缩，离分枝不远处有分隔，菌核深褐色圆形或不规则形，附在病部的一面略凹陷，表面粗糙多孔如海绵状。

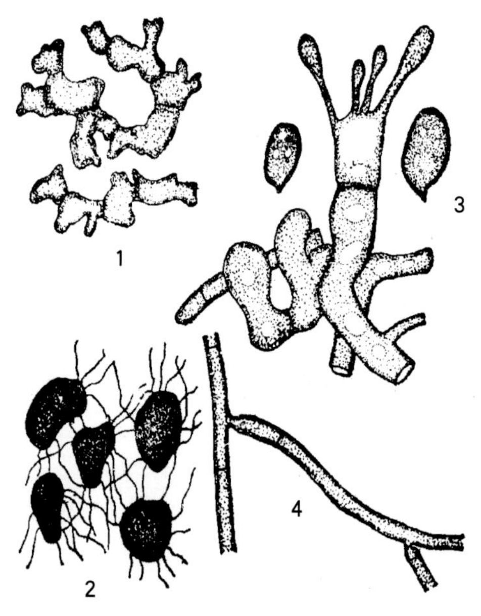

图2-35　水稻纹枯病病菌
1.老熟菌丝　2.菌核
3.担子和担孢子　4.幼嫩菌丝

【发生规律】病菌主要以菌核在土壤中越冬，也能以菌丝体在病残体上或在田间杂草等其他寄主上越冬。翌春春灌时菌核漂浮于水面与其他杂物混在一起，插秧后菌核黏附于稻株近水面的叶鞘上，条件适宜生出菌丝侵入叶鞘组织为害，气生菌丝又侵染邻近植株(图2-36)。水稻拔节期病情开始激增，病害向横向、纵向扩展，抽穗前以叶鞘为害为主，抽穗后向叶片、穗颈部扩展。早期落入水中菌核也可引发稻株再侵染。早稻菌核是晚稻纹枯病的主要侵染源。菌核数量是引起发病的主要原因。水稻纹枯病适宜在高温、高湿条件下发生和流行。生长前期雨水多、湿度大、气温偏低，病情扩展缓慢，中后期湿度大、气温高，病情迅速扩展，后期高温干燥可抑制病情发展。气温20℃以上，相对湿度大于90%，纹枯病开始发生，气温在28～32℃，遇连续降雨，病害发展迅速。气温降至20℃以下，田间相对湿度小于85%，发病迟缓或停止发病。长期深灌，偏施、迟施氮肥，水稻郁闭，徒长促进纹枯病发生和蔓延。

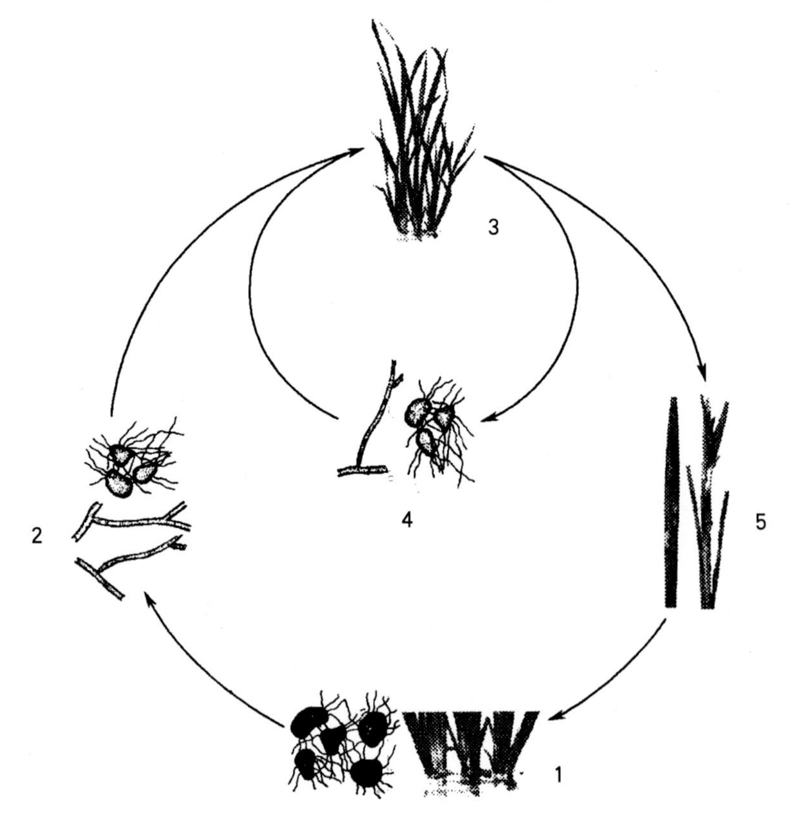

图2-36　水稻纹枯病病害循环
1.菌核在病残体上越冬　2.菌核及菌丝　3.病株　4.菌丝及菌核再侵染　5.病叶、病株

【防治方法】选用抗病品种，打捞菌核，减少菌源。每季大面积打捞并带出田外深埋。科学管水。按照水稻不同生育期对水分的不同要求，严格水位管理，贯彻“前浅、中晒、后湿润”的用水原则，避免长期深灌或晒田过度，做到“浅水分蘖，够苗晒田促根，肥田重晒，瘦田轻晒，浅水养胎，湿润保穗，不过早断水，防止早衰”。配方施肥，巧施追肥，贯彻“施足基肥，早施追肥，灵活追肥”的原则。使禾苗前期攻得起，中期控得住，禾根深扎，叶直骨硬，叶色褪淡不发黄；后期不贪青，收获时青叶蜡秆。合理密植，改善群体通透性。

发病初期，结合其他病害的防治，可选用下列药剂：

70%甲基硫菌灵可湿性粉剂130～160g/亩；

25%多菌灵可湿性粉剂200g/亩；

75%百菌清可湿性粉剂100～126g/亩；

4%嘧啶核苷类抗生素水剂250～300ml/亩；

90%三乙膦酸铝可溶性粉剂110～120g/亩；

25%络氨铜水剂124～184ml/亩。

对水40～50kg喷雾，视病情间隔7～14天施药一次。

在分蘖盛期(图2-37)，从发病率达3%～5%时，可以喷施下列药剂：

5%己唑醇悬浮剂80～100ml/亩；

12.5%烯唑醇可湿性粉剂37～50g/亩；

图2-37 水稻纹枯病分蘖期受害症状

8%三唑酮悬浮剂60～80ml/亩；

36%三氯异氰尿酸可湿性粉剂60～90g/亩；

240g/L噻呋酰胺悬浮剂12.5～22.6ml/亩；

30%硫磺·三唑酮悬浮剂150～200ml/亩；

10亿个/g枯草芽孢杆菌可湿性粉剂75～100g/亩；

40%菌核净可湿性粉剂200～250g/亩；

20%井冈霉素水溶性粉剂50～63g/亩；

2.75%井冈霉素·菇类蛋白多糖水剂25～50ml/亩；

16%井冈霉素·羟烯腺嘌呤可溶性粉剂25～50g/亩；

3%井冈霉素·嘧啶核苷类抗生素水剂200～250ml/亩；

15%井冈霉素·蜡质芽孢杆菌可溶性粉剂40～60g/亩；

50%氯溴异氰尿酸可溶性粉剂50～60g/亩；

430g/L戊唑醇水分散粒剂17～26g/亩；

40%多菌灵·三唑酮可湿性粉剂75～100g/亩；

250g/L丙环唑乳油30～60ml/亩；

20%氟酰胺可湿性粉剂100～125g/亩。

对水40～50kg喷雾，视病情间隔7～10天施药一次。

拔节到孕穗期(图2-38)，丛发病率达10%时，病情仍有发展，需间隔7～10天再喷药1次。可喷施下列药剂：

20%烯肟菌胺·戊唑醇悬浮剂33～50ml/亩；

12%井冈霉素·烯唑醇可湿性粉剂50～60g/亩；

图2-38　水稻孕穗期纹枯病为害症状

15.5%井冈霉素·三唑酮可湿性粉剂100～120g/亩；

20%井冈霉素·三环唑可湿性粉剂100～150g/亩；

20%井冈霉素·咪鲜胺可湿性粉剂40～55g/亩；

3.5%井冈霉素·己唑醇微乳剂60～70ml/亩；

15%井冈霉素·丙环唑可湿性粉剂40～50g/亩；

20%井冈霉素·三环唑·多菌灵可湿性粉剂100～150g/亩；

20%井冈霉素·烯唑醇·三环唑可湿性粉剂75～90g/亩；

16%井冈霉素·三唑酮·三环唑可湿性粉剂125～175g/亩；

30%己唑醇·稻瘟灵乳油60～80ml/亩；

490g/L丙环唑·咪鲜胺乳油30～40ml/亩；

30%苯醚甲环唑·丙环唑乳油13～26ml/亩；

对水50～60kg均匀喷雾，也可对水400kg进行泼浇。

3．水稻胡麻斑病

【分布为害】水稻胡麻斑病在全国各稻区均有发生，多发生在因缺水肥而引起水稻生长不良的稻田。该病在过去发生普遍而严重，成为国内水稻三大病害之一。随着水稻生产管理和施肥水平的不断提高，其为害日益减轻，已很少酿成毁灭性灾害。但近年来，在一些生产水平较低的地方，该病还经常发生，而且是引起晚稻后期穗枯的主要病害之一(图2-39至图2-41)。

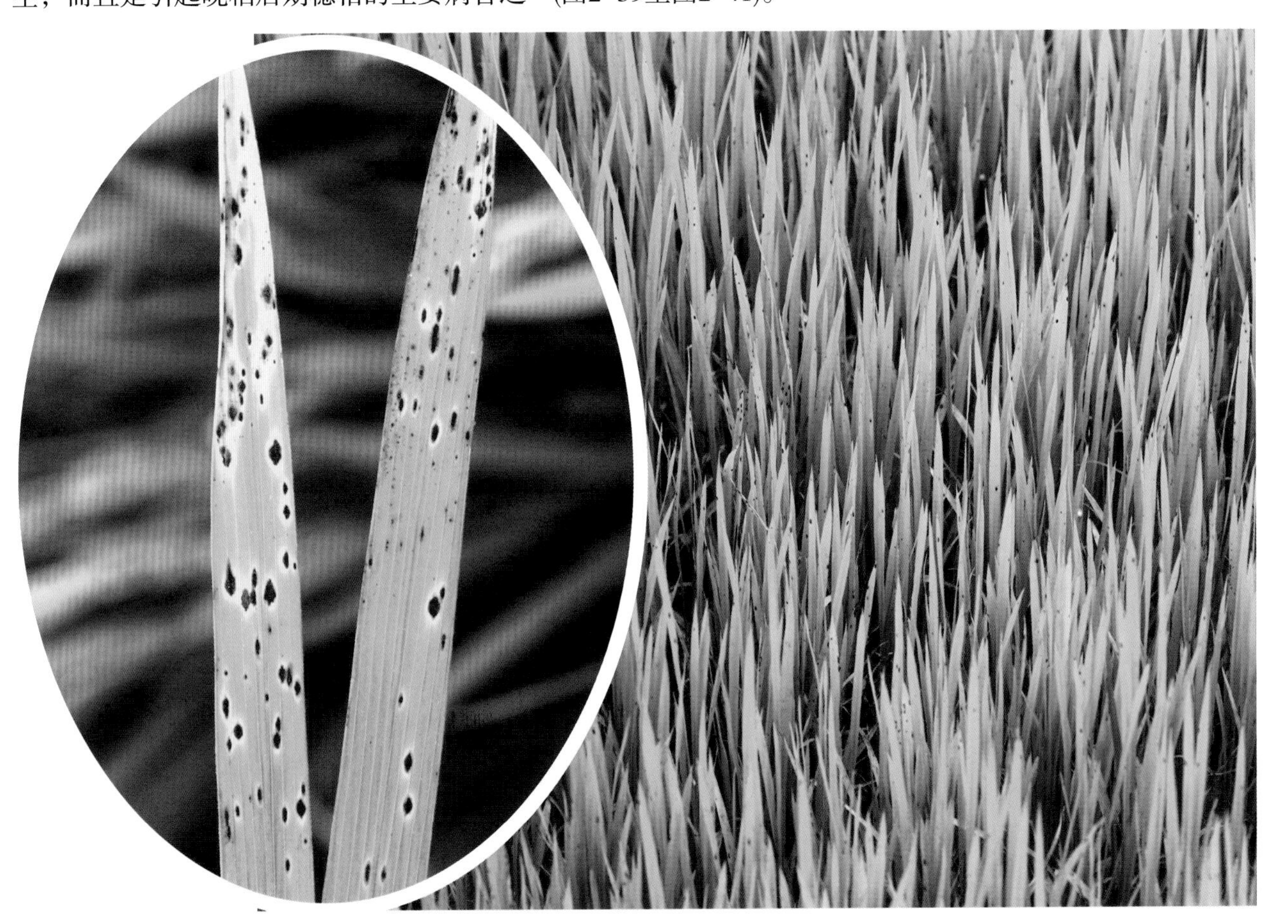

图2-39　水稻苗期胡麻斑病为害情况

图2-40　水稻抽穗期胡麻斑病为害情况

图2-41　水稻近成熟期胡麻斑病为害情况

【症　　状】从秧苗期至收获期均可发病，稻株地上部均可受害，主要为害叶片。种子芽期受害，芽鞘变褐，芽未抽出，子叶枯死。叶片染病：初为褐色小点，渐扩大为椭圆斑，如芝麻粒大小，病斑中央褐色至灰白，边缘褐色，周围有深浅不同的黄色晕圈，严重时连成不规则大斑。病叶由叶尖向内干枯，死苗上产生黑色霉状物(图2-42至图2-45)。叶鞘染病：病斑初椭圆形，暗褐色，边缘淡褐色，水渍状，后变为中心灰褐色的不规则大斑(图2-46)。穗颈和枝梗发病：受害部位暗褐色，造成穗枯。谷粒染病：早期受害的谷粒灰黑色扩至全粒造成秕谷(图2-47)。后期受害病斑小，边缘不明显。病重谷粒质脆易碎。气候湿润时，上述病部长出黑色绒状霉层，即病原菌分生孢子梗和分生孢子(图2-48和图2-49)。

图2-42　水稻胡麻斑病为害幼苗叶片初期症状

图2-43　水稻胡麻斑病为害幼苗叶片后期田间症状

图2-44　水稻胡麻斑病为害叶片中期症状

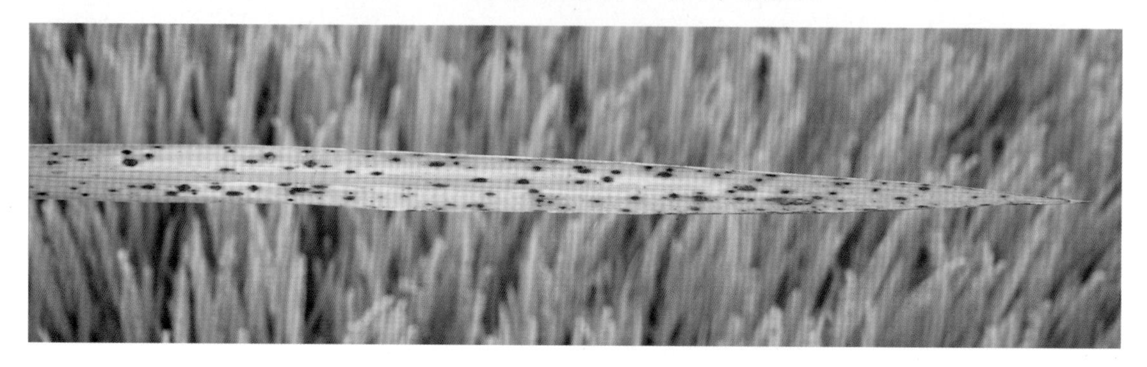

图2-45　水稻胡麻斑病为害叶片后期症状

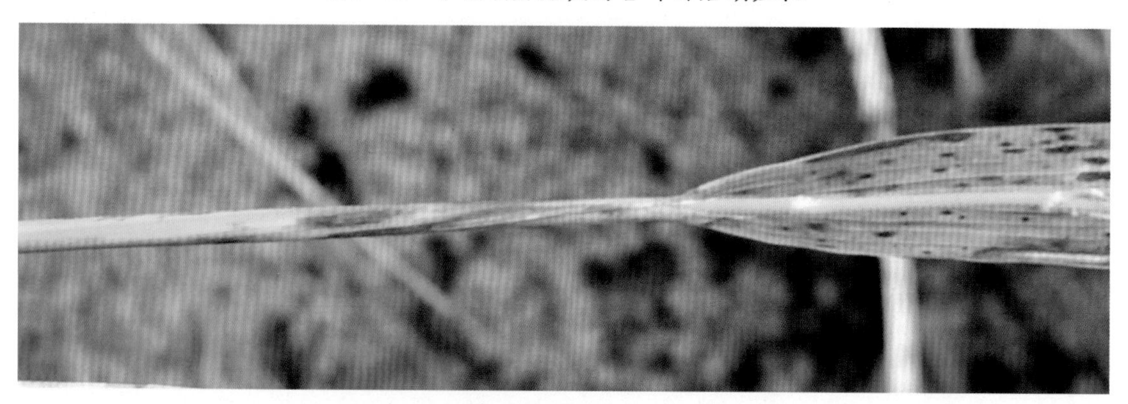

图2-46　水稻胡麻斑病为害叶鞘症状

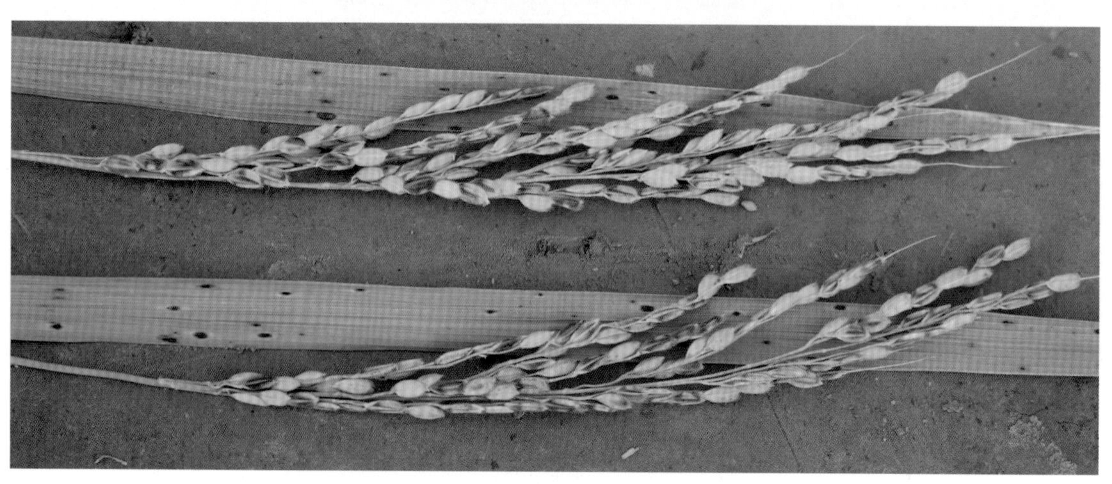

图2-47　水稻胡麻斑病为害穗部症状

图2-48　水稻胡麻斑病为害田间初期症状

图2-49　水稻胡麻斑病为害田间后期症状

【病　　原】*Bipolaris oryzae* 称稻平脐蠕孢，属半知菌亚门真菌(图2–50)。分生孢子梗2～5个束状，灰褐色，曲状，不分枝，稍弯曲，有隔膜。分生孢子顶生，倒棍棒形或长圆筒形，微弯，褐色，有3～11个隔膜。

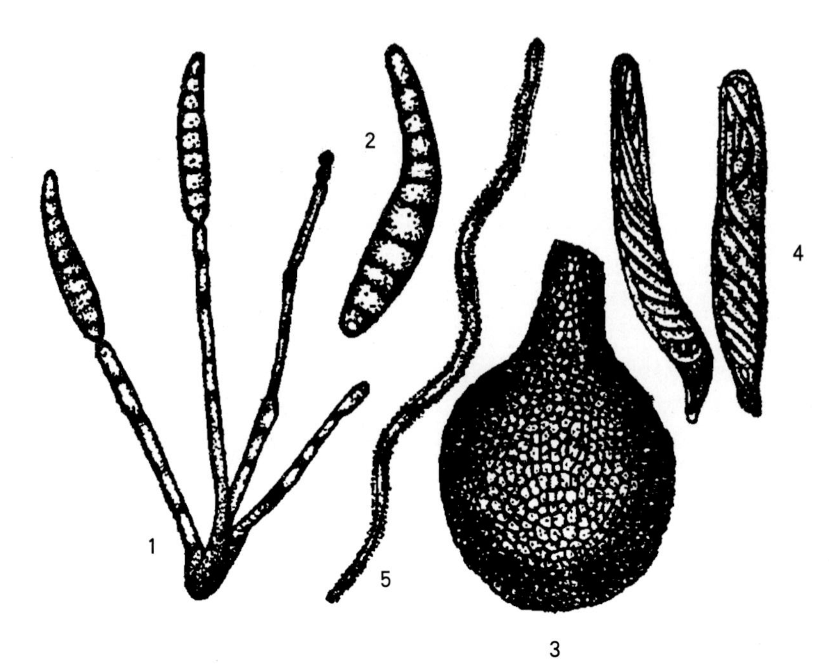

图2–50　水稻胡麻斑病病菌

1.分生孢子梗及分生孢子　2.分生孢子　3.子囊壳　4.子囊及子囊孢子　5.子囊孢子

【发生规律】病菌以菌丝体在病残体或附在种子上越冬，成为翌年初侵染源。病斑上的分生孢子在干燥条件下可存活2～3年，潜伏菌丝体能存活3～4年，菌丝翻入土中经一个冬季后失去活力。带病种子播种后，潜伏菌丝体可直接侵害幼苗，分生孢子可借风吹到秧田或本田，萌发菌丝直接穿透侵入或从气孔侵入，条件适宜时很快出现病症，并形成分生孢子，借风雨传播进行再侵染。旱秧田发病重。粳稻、糯稻比籼稻易感病，迟熟品种比早熟品种发病重；在水稻不同生育期中，其抗性差异也很大，苗期和孕穗至抽穗期最易感病，而谷粒则以灌浆期最易受感染。高温高湿环境下最易诱发胡麻斑病；暴风雨之后或长期干旱后下雨也易诱发病害发生。土地贫瘠、有机质少，漏肥沙性田、嫌气缺氧田以及偏施化肥田都易感病。同时肥料施用不当，全期氮素缺乏、营养不良或前期施氮过量但后期短缺，导致早衰稻田；具有适量的氮素，但钾或硅缺乏的稻田，氮肥施用过量时都易诱发病害。

【防治方法】此病应以农业防治为主，特别是深耕改土、科学管理肥水，辅以药剂防治。

科学管理肥水要施足基肥，注意氮、磷、钾肥的配合施用。无论秧田或本田，当稻株因缺氮发黄而开始发病时，应及时施用硫酸铵、人粪尿等速效性肥料；如缺钾而发病，应及时排水增施钾肥。在管水方面以实行浅水勤灌为好，既要避免长期淹灌所造成的土壤通气不良，又要防止缺水受旱。改土深耕能促使根系发育良好，增强稻株吸水吸肥能力，提高抗病性。沙质土应增施有机肥，用腐熟堆肥作基肥；对酸性土壤要注意排水，并施用适量石灰，以促进有机肥物质的正常分解，改变土壤酸度。

种子消毒，可选用下列药剂：

80%乙蒜素乳油2 000倍液浸种48小时；

50%多菌灵可湿性粉剂500倍液浸种48小时；

50%甲基硫菌灵可湿性粉剂500倍液浸种48小时；

50%福美双可湿性粉剂500倍液浸种48小时；

25%咪鲜胺乳油2 000～3 000倍液浸种72小时，捞出直接催芽、播种；

30%苯噻硫氰乳油1 000倍液浸种6小时，浸种时常搅拌，捞出再用清水浸种，然后催芽、播种。

喷药可以抑制病害的扩展蔓延，重点应放在抽穗至乳熟阶段(图2–51和图2–52)，以保护剑叶、穗颈和谷粒不受侵染。在水稻破口前4～7天和齐穗期各喷1次，防效较好。可用下列药剂：

图2–51 水稻分蘖期胡麻斑病为害症状

图2–52 水稻抽穗期胡麻斑病为害症状

30%苯醚甲环唑·丙环唑乳油15ml/亩；

25%嘧菌酯悬浮剂40ml/亩；

25%咪鲜胺乳油40～60ml/亩；

30%苯噻硫氰乳油50ml/亩；

40%敌瘟磷乳剂75～100ml/亩；

50%多菌灵可湿性粉剂100g/亩；

60%多菌灵盐酸盐可湿性粉剂60g/亩；

40%稻瘟灵乳油100ml/亩；

40%异稻瘟净乳油150～200ml/亩；

50%异菌脲可湿性粉剂66～100g/亩。

对水50～60kg喷雾，间隔5～7天再喷1次，能有效地控制胡麻斑病的扩展。

4. 水稻恶苗病

【分布为害】广泛分布于世界各水稻产区，在我国稻区发生较多(图2-53和图2-54)。

【症　　状】秧苗期到抽穗期均可发病。苗期发病，感病重的稻种多不发芽或发芽后不久即死亡；感病轻的种子发芽后，植株细高，叶狭窄，根少，全株淡黄绿色，一般高出健苗1/3左右，部分病苗移栽前后死亡(图2-55)。枯死苗上有淡红色或白色霉状物。本田内病株表现为拔节早，节间长，茎秆细高，少分蘖，节部弯曲变褐，有不定根。剖开病茎，内有白色菌丝（图2-56和图2-57）。

图2-53　水稻苗期恶苗病为害情况

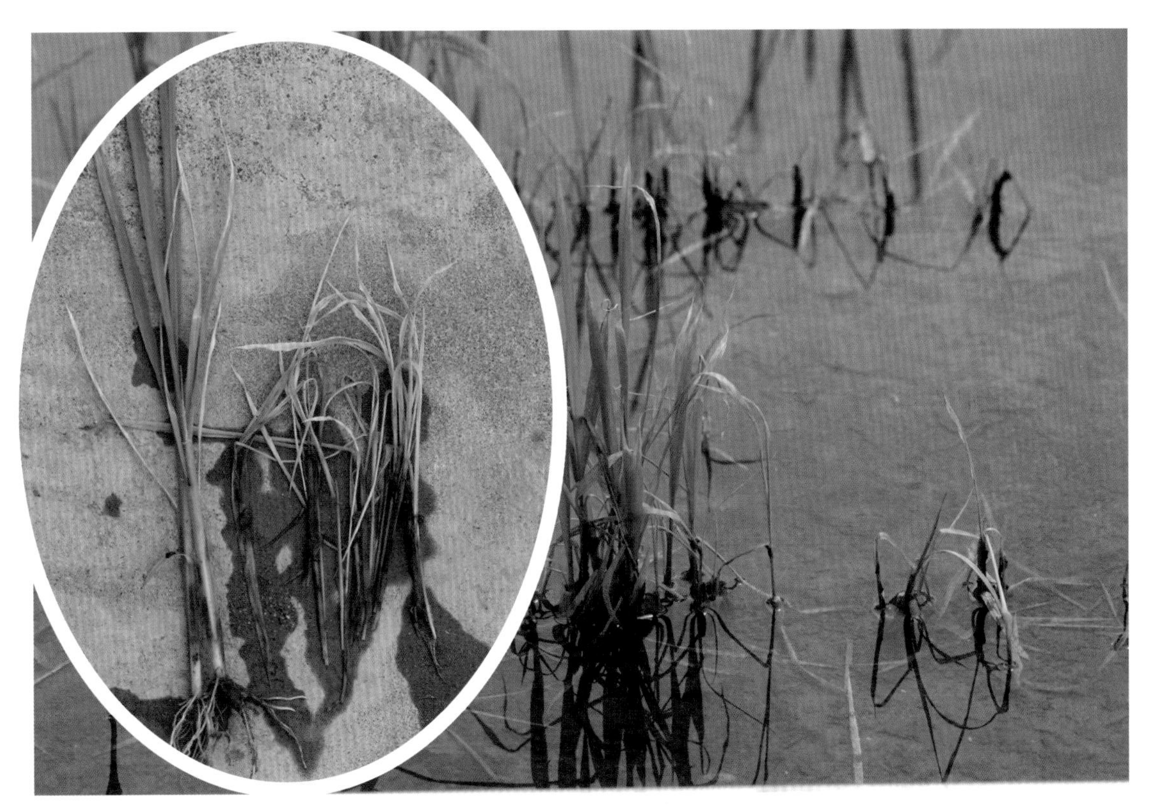

图2-54 水稻大田恶苗病为害情况

图2-55 水稻恶苗病徒长苗

图2-56 水稻恶苗病茎部不定根

图2-57　水稻恶苗病后期枯死症状

【病　　原】*Fusarium moniliforme* 称串珠镰孢菌，属半知菌亚门真菌(图2-58)。子囊壳蓝色，球形；子囊孢子双胞，无色，椭圆形。小分生孢子卵形或扁椭圆形，无色，单胞，呈链状着生。大分生孢子纺锤形或镰刀形，顶端较钝或粗细均匀，有足胞，具3～5个隔膜。

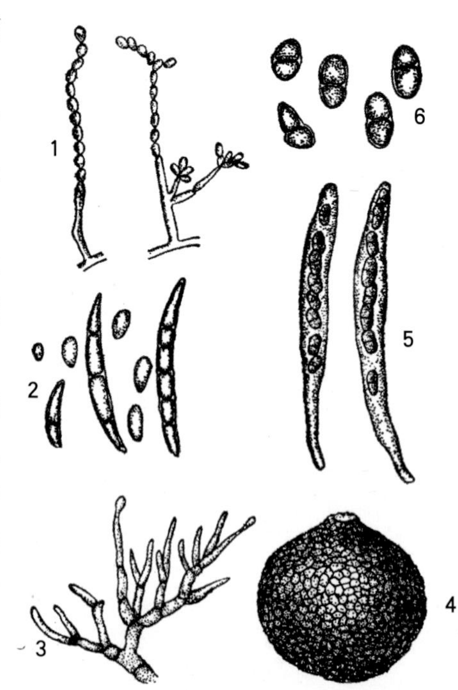

图2-58　水稻恶苗病病菌
1.小型分生孢子梗及分生孢子
2.大、小型分生孢子　3.大型分生孢子
4.子囊壳　5.子囊　6.子囊孢子

【发生规律】主要以菌丝和分生孢子在种子内外越冬，其次是带菌稻草。病菌在干燥条件下可存活2～3年，而在潮湿的土面或土中存活的极少。病谷所长出的幼苗均为感病株，重者枯死，轻者病菌在植株体内半系统扩展(不扩展到花器)，刺激植株徒长。在田间，病株产生分生孢子，经风雨传播，从健株伤口侵入引起再侵染。抽穗扬花期，分生孢子传播至花器上，导致种子带菌(图2-59)。移栽时，高温或中午阳光强烈，发病多。伤口是病菌侵染的重要途径，种子受机械损伤或秧苗根部受伤，多易发病。旱秧比水秧发病重，一般籼稻较粳稻发病重，糯稻发病轻，晚播发病重于早稻。

【防治方法】选栽抗病品种，清除病残体，及时拔除病株并销毁，病稻草收获后作燃料或沤制堆肥。不要用病稻草作为种子消毒或催芽时或捆秧把。无论在秧田或本田中发现病株，应结

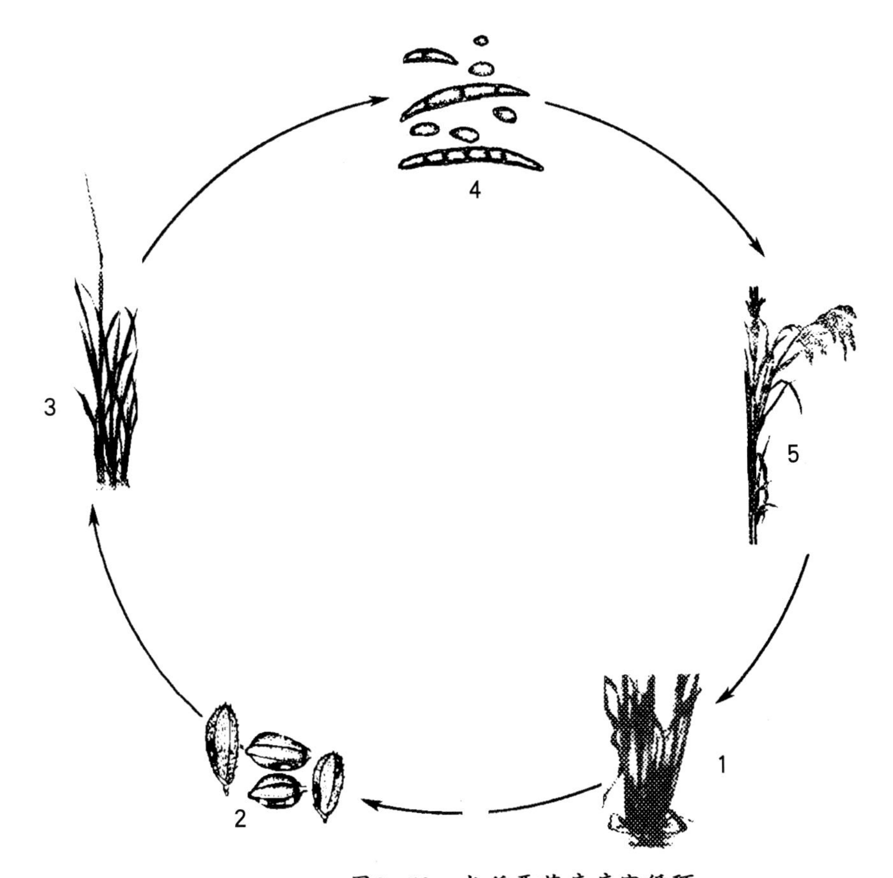

图2-59 水稻恶苗病病害循环

1.病菌在病残体上越冬 2.带菌种子 3.侵入幼苗 4.分生孢子 5.病株

合田间管理及时拔除，并集中晒干烧毁。

由于此病的最主要初侵染源是带菌种子，因此，建立无病留种田和进行种子处理是防治此病的关键。稻种在消毒处理前，最好先晒1～3天，之后选种，然后消毒。种子处理可以选用下列杀菌剂拌种：

0.25%戊唑醇悬浮种衣剂2 000～2 500g/100kg种子；

400g/L萎锈灵·福美双悬浮剂120～160ml/100kg种子；

75%萎锈灵·福美双可湿性粉剂150～190g/100kg种子；

25g/L咯菌腈悬浮种衣剂400～600g/100kg种子；

62.5%精甲霜灵·咯菌腈悬浮种衣160～200g/100kg种子；

16%福美双·甲霜灵·咪鲜胺种子处理悬浮剂267～400g/100kg种子；

70%恶霉灵种子处理干粉剂70～140g/100kg种子；

20%多菌灵·咪鲜胺·福美双悬浮种衣剂167～250g/100kg种子；

15%多菌灵·福美双悬浮种衣剂225～300g/100kg种子；

0.78%多菌灵·多效唑拌种剂233～312g/100kg种子；

3.5%咪鲜胺·甲霜灵粉剂1：（80～100）(药种比)；

1.3%咪鲜胺·吡虫啉悬浮种衣剂1：（40～50）(药种比)；

15%甲霜灵·福美双悬浮种衣剂1：（40～50）(药种比)。

或用下列药剂：

45%三唑酮·福美双可湿性粉剂300～600倍液；

50%咪鲜胺锰盐可湿性粉剂4 000～6 000倍液；

25%咪鲜胺乳油2 000～4 000倍液；

50%咪鲜胺·多菌灵可湿性粉剂2 000～3 000倍液；

25%丙环唑乳油1 000倍液;

50%福美双可湿性粉剂500倍液，浸种2小时；或用30%氟菌唑可湿性粉剂20～30倍液浸种10分钟；捞出用清水冲洗净后，催芽、播种。

在田间苗期发病后，可以用45%代森铵水剂78～100ml/亩+50%咪鲜胺锰盐可湿性粉剂35～46g/亩，对水40～50kg喷雾；或用20%溴硝醇可湿性粉剂200～250倍液、15%恶霉灵可湿性粉剂1 000～1 600倍液均匀喷雾。

5．水稻白叶枯病

【分布为害】水稻白叶枯病除新疆外，我国其他稻区均有发生，在华东、华中和华南稻区发生较普遍(图2-60和图2-61)。

图2-60　水稻苗期白叶枯病为害情况

图2-61　水稻抽穗期白叶枯病为害情况

【症　　状】整个生育期均可受害，苗期、分蘖期受害最重，叶片最易染病。叶枯型：主要为害叶片，严重时也为害叶鞘，先从叶尖或叶缘开始，出现暗绿色水浸状线状斑，很快沿线状斑形成黄白色病斑，然后沿叶缘两侧或中脉扩展，变成黄褐色，最后呈枯白色，病斑边缘界限明显（图2–62）。在抗病品种上病斑边缘呈不规则波纹状。感病品种上病叶灰绿色，失水快，内卷呈青枯状，多表现在叶片上部。急性凋萎型：苗期至分蘖期，病菌从根系或茎基部伤口侵入维管束，主茎或2个以上分蘖同时发病，心叶失水青枯，凋萎死亡，其余叶片也先后青枯卷曲，然后全株枯死，个别植株仅心叶枯死（图2–63）。病株茎内腔有大量菌脓，有的叶鞘基部发病呈黄褐或褐色，折断用手挤压溢出大量黄色菌脓。褐斑或褐变型：病菌通过伤口侵入，在气温低或不利发病条件下，病斑外围出现褐色坏死反应带。为害严重时，田间一片枯黄。黄化型症状不多见，早期心叶不枯死，上有不规则褪绿斑，后发展为枯黄斑，病叶基部偶有水浸状断续小条斑。天气潮湿或晨露未干时上述各类病叶上均可见乳白色小点，干后结成黄色小胶粒，很易脱

图2–62　水稻白叶枯病为害叶片症状

图2–63　水稻白叶枯病为害植株症状

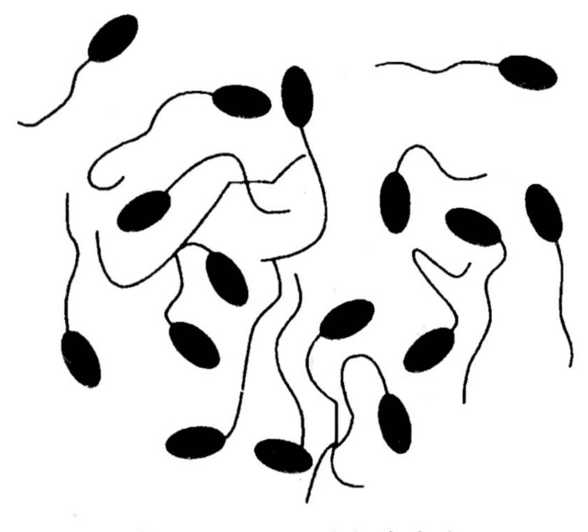
图2-64 水稻白叶枯病病菌

【病　　原】*Xanthomonas oryzae* pv.*oryzae* 称水稻黄单胞菌稻致病变种，属细菌(图2-64)。菌体短杆状，单鞭毛，极生或亚极生，革兰氏染色阴性，无芽孢和荚膜，菌体外具黏质的胞外多糖包围。

【发生规律】病菌主要在稻种、稻草和稻桩上越冬，重病田稻桩附近土壤中的细菌也可越年传病。播种病谷，病菌可通过幼苗的根和芽鞘侵入。病稻草和稻桩上的病菌，遇到雨水就渗入水流中，秧苗接触带菌水，病菌从水孔、伤口侵入稻体。用病稻草催芽，覆盖秧苗、扎秧把等有利病害传播。早、中稻秧田期由于温度低，菌量较少，一般看不到症状，直到孕穗前后才暴发出来(图2-65)。病斑上的溢脓，可借风、雨、露水和叶片接触等进行再侵染。本病最适宜流行的温度为26～30℃，20℃以下或33℃以上病害停止发生发展。雨水多、湿度大，特别是台风暴雨造成稻叶大量伤口给病菌扩散提供极为有利的条件；秧苗淹水；本田深水灌溉，串灌、漫灌，施用过量氮肥等均有利于发病；品种抗性有显著差异，大面积种植感病品种，有利病害流行。

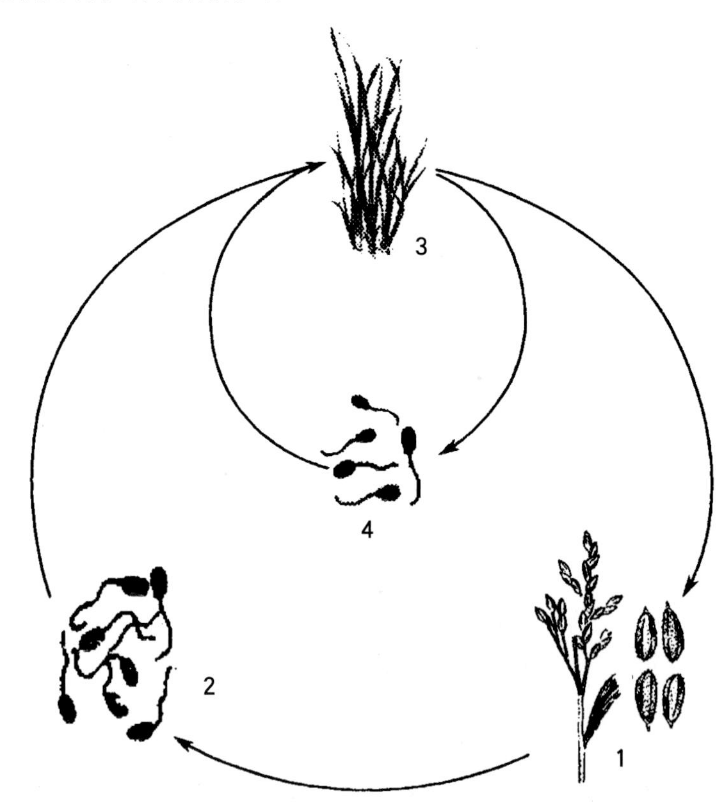

图2-65　水稻白叶枯病病害循环
1.带菌种子和病残体 2.细菌　3.病株　4.病菌再侵染

【防治方法】种植抗病品种；提倡施用充分腐熟的堆肥；加强水肥管理，浅水勤灌，雨后及时排水，分蘖期排水晒田，秧田严防水淹。妥善处理病稻草，不让病菌与种、芽、苗接触，清除田边再生稻株或杂草。健全排灌系统，实行排灌分家，不准串灌、漫灌，严防涝害；按叶色变化科学用肥，配方施肥，使禾苗稳生稳长，壮而不过旺、绿而不贪青。

加强植物检疫，不从病区引种，必须引种时，用1%石灰水或80%乙蒜素乳油2 000倍液浸种2天或50倍液的福尔马林浸种3小时闷种12小时，洗净后再催芽。也可选用浸种灵乳油2ml，对水10～12L，充分搅匀后浸稻种6～8kg，浸种36小时后催芽播种。还可用3%中生菌素水剂100倍液，升温至55℃，浸种36～48小时后催芽播种。

发现中心病株后(图2-66)，及时喷药防治，可用下列药剂：

50%氯溴异氰尿酸可溶性粉剂40～60g/亩；

3%中生菌素可湿性粉剂60g/亩；

20%噻森铜悬浮剂100～125ml/亩；

10%叶枯酞可湿性粉剂20～27g/亩；

72%硫酸链霉素可溶性粉剂14～28g/亩；

36%三氯异氰尿酸可湿性粉剂60～90g/亩；

30%金核霉素可湿性粉剂1 500～1 600倍液；

77%氢氧化铜悬浮剂600～800倍液；

20%喹菌酮可湿性粉剂1 000～1 500倍液均匀喷雾，视病情间隔7～10天喷1次，连续3～4次。

图2-66 水稻白叶枯病幼苗期中心病株

6．水稻条纹叶枯病

【分布为害】我国南方稻区以及河南、河北、北京、辽宁等地都曾有发生，但在南方，除个别田块外，多零星分布。近年来在山东南部、云南中部、江苏、安徽和河南等地仍大面积发生，受害较重，严重影响水稻生产。植株发病早的多不能抽穗，发病迟的穗小、畸形，一般减产3%～5%，严重时减产20%以上(图2–67)。

图2–67　水稻条纹叶枯病为害情况

【症　　状】苗期发病，心叶基部出现褪绿黄白斑，后扩展成与叶脉平行的黄色条纹，条纹间仍保持绿色(图2–68)。不同品种表现不一，糯、粳稻和高秆籼稻心叶黄白、柔软、卷曲下垂，呈枯心状。矮秆籼稻不呈枯心状，出现黄绿相间条纹，分蘖减少，病株提早枯死。分蘖期发病，先在心叶下一叶基部出现褪绿黄斑，后扩展形成不规则黄白色条斑，老叶不显病。籼稻品种不枯心，糯稻品种半数表现枯心。病株常枯孕穗或穗小畸形不实。拔节后发病在剑叶下部出现黄绿色条纹，各类型稻均不枯心，但抽穗畸形，结实很少(图2–69)。

图2-68 水稻条纹叶枯病为害叶片初期症状

【病　　原】Rice stipe virus(RSV)，称水稻条纹叶枯病毒，属水稻条纹病毒组(或称柔线病毒组)病毒。病毒粒子丝状，分散于细胞质、液泡和核内，或形成颗粒状、沙状等不定形集块，即内含体。

图2-69 水稻条纹叶枯病为害后期田间症状

【发生规律】该病毒仅靠灰飞虱传染，病毒在带毒灰飞虱体内越冬，成为主要初侵染源，一旦获毒可终身并经卵传毒。在大、小麦田越冬的灰飞虱若虫，羽化后在原麦田繁殖，然后迁飞至早稻秧田或本田传毒为害并繁殖，早稻收获后，再迁飞至晚稻上为害，晚稻收获后，迁回冬麦上越冬(图2-70)。水稻在苗期到分蘖期易感病。叶龄长潜育期也较长，随植株生长抗性逐渐增强。条纹叶枯病目前在长江中下游稻区和淮河流域稻区发生较重。发病有两个明显高峰期。第一高峰期在7月中旬；第二高峰期为7月底或8月初。春季气温偏高，降雨少，虫口多发病重。直播田重于移栽田；早栽田重于迟栽田；人工移栽田重于机插秧田；土质差的田重于土质好的田；米质好、糯性强、植株较软的品种重于米质差、植株较硬的品种。

【防治方法】调整稻田耕作制度和作物布局。种植抗(耐)病品种。成片种植，防止灰飞虱在不同季节、不同熟期和早、晚季作物间迁移传病。忌种插花田，秧田不要与麦田相间。调整播期，移栽期避开灰飞虱迁飞期。加强管理促进分蘖。

灰飞虱对水稻直接为害不重，主要以传播水稻条纹叶枯病病毒造成为害。在病害流行区以治虫防病

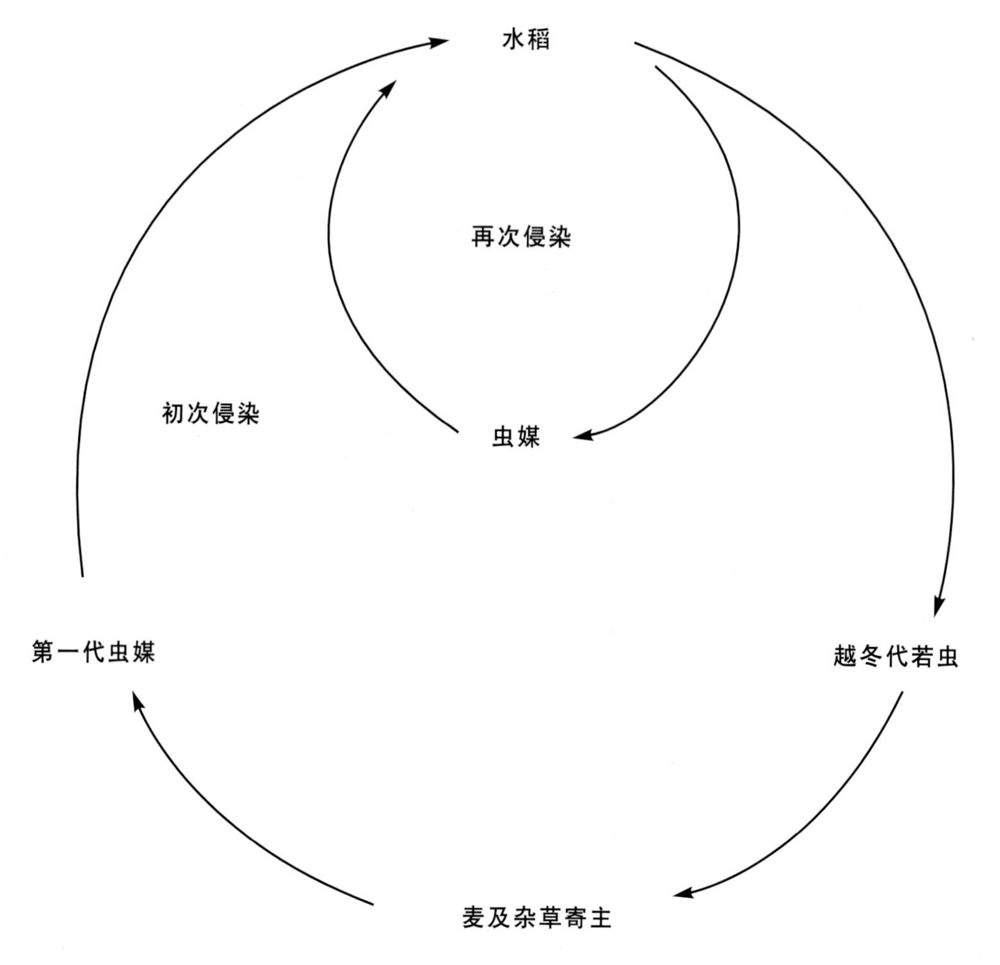

图2-70　水稻条纹叶枯病病害循环

为目标。早稻秧田平均有成虫18头/m²，晚稻秧田有成虫5头/m²，本田前期平均每丛有成虫1头以上，就应施药防治。可选用下列药剂防治飞虱：

10%吡虫啉可湿性粉剂20g/亩＋2%宁南霉素水剂300ml/亩；

48%毒死蜱乳油80ml/亩；

35%吡虫啉·异稻瘟净可湿性粉剂70～90g/亩；

25%噻虫嗪可湿性粉剂10g/亩；

10%吡虫啉可湿性粉剂20～30g/亩，对水40～50kg,均匀喷施。

病害发生初期，可用下列药剂预防：

3.95%三氮唑核苷可湿性粉剂45～75g/亩；

50%氯溴异氰尿酸可湿性粉剂50～50g/亩；

1.5%植病灵(十二烷基硫酸钠·硫酸铜·三十烷醇)乳剂 50ml/亩；

5%盐酸吗啉胍可溶性粉剂80～100g/亩；

0.5%香菇多糖水剂50～75ml/亩；

2%宁南霉素水剂200～300ml/亩；

20%盐酸吗啉胍·乙酸铜可湿性粉剂120～150g/亩；

7.5%辛菌胺·盐酸吗啉胍水剂175～200ml/亩；

31%三氮核苷酸·盐酸吗啉胍可溶性粉剂37.5～50g/亩，对水50～60kg均匀喷雾。

7．稻曲病

【分布为害】稻曲病又称伪黑穗病，多发生在水稻收成好的年份，农民误认为是丰年征兆，故有“丰收果”俗称。此病在世界大多数稻区都有发生，我国亦早有记载。在华南双季稻区虽有发生，但20世纪60年代前发生零星，为害轻微，不为人们所注意。70年代以来，随着新品种的引进，杂交稻的发展和施肥水平提高，此病发生有逐年上升之势，不少地方造成较大损失。另外，由于其病粒有毒，若用作饲料，含量达0.5%以上时，会引起禽畜慢性中毒，内脏发生病变甚至死亡(图2–71)。

图2–71 水稻稻曲病为害情况

【症　　状】只为害谷粒。轻则一穗中出现1～5个病粒，重则多达数十粒，病穗率可高达10%以上。病粒比正常谷粒大3～4倍，整个病粒被菌丝块包围，颜色初呈橙黄，后转墨绿；表面初呈平滑，后显粗糙龟裂，其上布满黑粉状物，即为病菌厚垣孢子(图2–72和图2–73)。

图2–72 稻曲病为害谷粒初期症状

图2-73　稻曲病为害谷粒后期症状

【病　　原】无性态为 *Ustilaginoidea virens* 称稻绿核菌，属半知菌亚门真菌(图2-74)。子座表面墨绿色，内层橙黄色，中心白色。分生孢子单胞厚壁，表面有瘤突，近球形，灰绿色。菌核从分生孢子座生出，长椭圆形，黑色，在土表萌发产生子座，有长柄。厚垣孢子墨绿色，球形，表面有瘤状突起。有性态为 *Claviceps virens* 称稻麦角，属子囊菌亚门真菌。子囊壳瓶形，子囊无色，圆筒形，子囊孢子无色，单胞，线形。

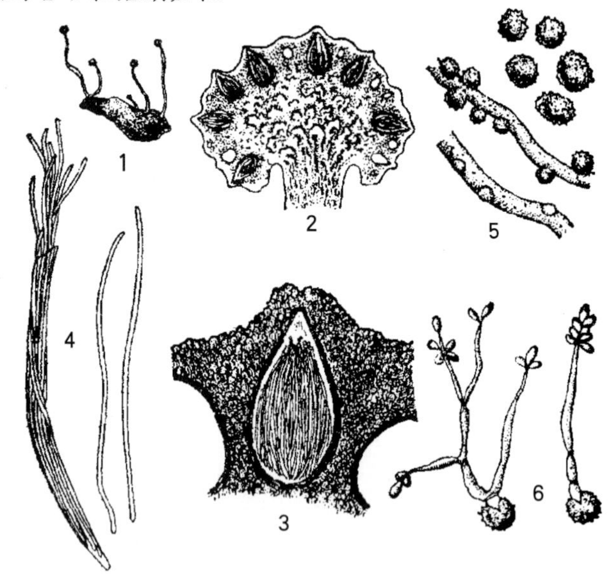

图2-74　稻曲病病菌

1.菌核萌发产生子座　2.子座纵切面　3.子囊壳纵切面　4.子囊及子囊孢子　5.厚垣孢子　6.厚垣孢子萌发产生次生分生孢子

【发生规律】病菌以菌核在地面或以厚垣孢子在稻粒上越冬。翌年菌核萌发产生厚垣孢子，由厚垣孢子再生小孢子及子囊孢子进行初侵染。侵染时期以水稻孕穗至开花期侵染为主(图2-75)。抽穗扬花期遇雨及低温则发病重。抽穗早的品种发病较轻，施氮过量或穗肥过重加重病害发生，连作地块发病重。

【防治方法】选用抗病品种，加强栽培管理。发病时摘除病粒烧毁；改进施肥技术，施足基肥，增施农家肥，少施氮肥，配施磷、钾肥，慎用穗肥；浅水勤灌，后期干干湿湿，适时适度搁田；避免病田留种，深耕翻埋菌核。

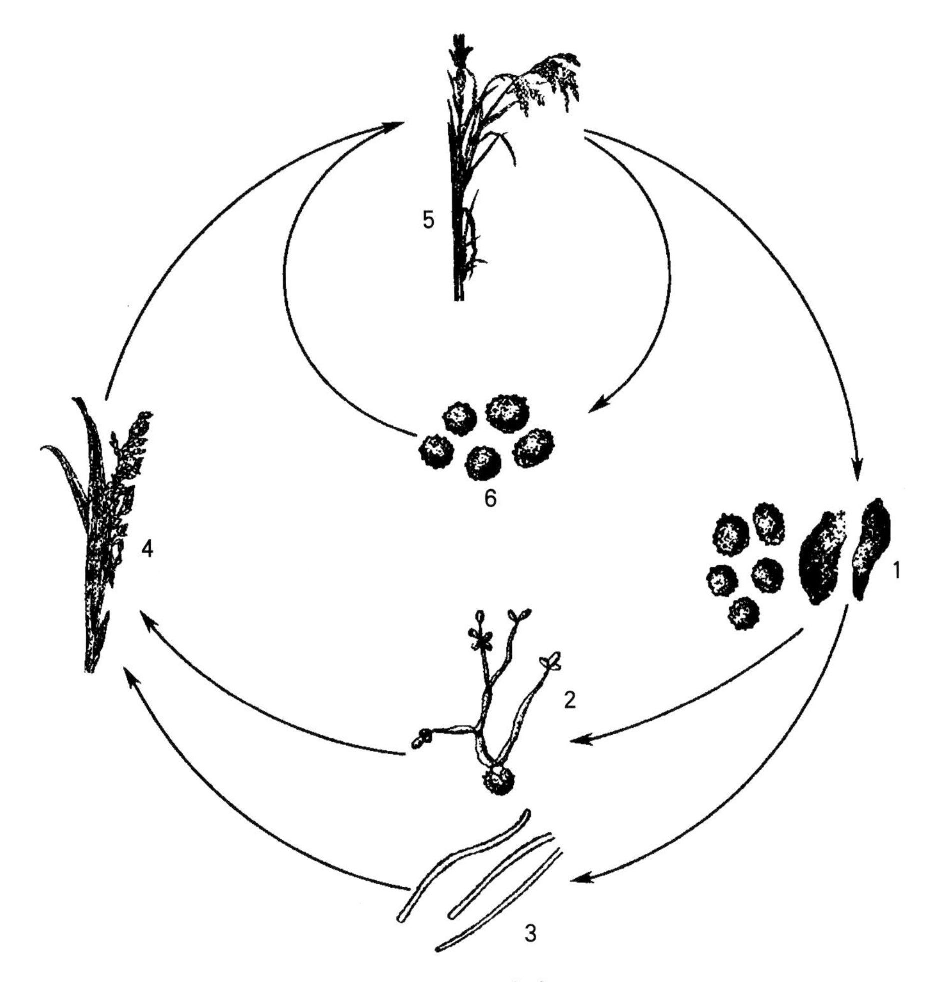

图2-75 稻曲病病害循环

1.越冬菌核及厚垣孢子 2. 厚垣孢子萌发产生分生孢子 3.子囊孢子

4.健株 5.病株 6.厚垣孢子再侵染

种子处理，用2%福尔马林或0.5%硫酸铜浸种3～5小时，然后闷种12小时，用清水冲洗后催芽。

在水稻破口前5～8天和齐穗期各喷药1次，对稻曲病的防效最为理想，这个时段是稻曲病防治的最佳时期。可选用下列药剂：

25%多菌灵·三唑酮可湿性粉剂80～100g/亩；

15%络氨铜水剂250～330ml/亩；

30%琥胶肥酸铜可湿性粉剂100～125g/亩；

43%戊唑醇悬浮剂10～15ml/亩；

3%井冈霉素·嘧苷素水剂200～250ml/亩；

25%咪鲜胺乳油50～100ml/亩；

20%三苯基醋酸锡可湿性粉剂100g/亩；

2%蛇床子素乳油50～100ml/亩；

15%井冈霉素·蜡质芽孢杆菌可溶性粉剂50～70g/亩；

15%三唑醇可湿性粉剂60～70g/亩；

28%氧化亚铜·三唑酮可湿性粉剂50g/亩；

86.2%氧化亚铜可湿性粉剂30g/亩；

42%井冈霉素·氧化亚铜可湿性粉剂50g/亩；

12.5%井冈霉素·蜡状芽孢菌水剂200～250ml/亩；

对水50～60kg均匀喷雾，可以有效控制病害的扩展。

水稻齐穗期，病害发生后(图2–76)，可用下列药剂：

12%井冈霉素·烯唑醇可湿性粉剂45～75g/亩；

35%三苯基醋酸锡·三唑酮可湿性粉剂60g/亩；

30%苯醚甲环唑·丙环唑乳油20ml/亩；

20%井冈霉素·三环唑可湿性粉剂100～150g/亩；

24%腈苯唑悬浮剂10～15ml/亩；

75%烯肟菌胺·戊唑醇水分散粒剂10～15g/亩；

15%井冈霉素·丙环唑可湿性粉剂100～120g/亩；

20%井冈霉素·烯唑醇·三环唑可湿性粉剂75～90g/亩；

16%井冈霉素·三唑酮·三环唑可湿性粉剂150～200g/亩；

15.5%井冈霉素·三唑酮可湿性粉剂100～120g/亩；

30%己唑醇·稻瘟灵乳油60～80ml/亩；

5%己唑醇悬浮剂20～30ml/亩，对水50～60kg均匀喷雾。

图2–76 水稻齐穗期稻曲病为害症状

8．水稻烂秧病

【分布为害】水稻烂秧病为苗期病害，是水稻育苗期间多种生理性病害和侵染性病害的总称。可直接造成死苗，严重者死苗率高达70%以上。南方早稻、北方稻区育苗期间常受低温和寒流天气袭击，烂秧病害每年平均发病率在10%～23%。

【症　　状】可引起烂种、烂芽和死苗。烂种：播种后不能萌发或播后腐烂不发芽。绵腐型烂芽：低温高湿条件下易发病，发病初在根、芽基部的颖壳破口外产生白色胶状物，渐长出绵毛状菌丝体，后变为土褐或绿褐色，幼芽黄褐枯死，俗称“水杨梅”。立枯型烂芽：开始零星发生，后成簇、成片死亡，初在根芽基部有水浸状淡褐斑，随后长出绵毛状白色菌丝，也有的长出白色或淡粉红色霉状物，幼芽基部缢缩，易拔断，幼根变褐腐烂。青枯型死苗：多发生于2～3叶期叶尖不吐水，心叶萎蔫呈筒状，下部叶片随后萎蔫筒卷，幼苗污绿色，枯死，俗称“卷心死”，病根色暗，根毛稀少。黄枯型死苗：从下部叶开始，叶尖向叶基逐渐变黄，再由下向上部叶片扩展，最后茎基部软化变褐，幼苗黄褐色枯死，俗称“剥皮死”(图2–77和图2–78)。

图2–77　水稻烂秧病黄枯型死苗

图2–78　水稻烂秧病为害田间症状

【病　　原】病原比较复杂。其中 *Fusarium graminearum* 称禾谷镰刀菌，*Fusarium oxyspora* 称尖孢镰刀菌，*Rhizoctonia solani* 称立枯丝核菌，*Drechslera oryzae* 称稻德氏霉，均属半知菌亚门真菌，导致水稻立枯病。*Achlya prolifera* 称层出绵霉和*Pythium oryzae* 称稻腐霉，导致水稻绵腐病。

【发生规律】几种病原菌均能在土壤中长期营腐生生活。镰刀菌多以菌丝和厚垣孢子在多种寄主的残体上或土壤中越冬，条件适宜时产生分生孢子，借气流传播。丝核菌以菌丝和菌核在寄主病残体或土壤中越冬，靠菌丝在幼苗间蔓延传播。腐霉菌以菌丝或卵孢子在土壤中越冬，条件适宜时产生游动孢子囊，游动孢子借水流传播。水稻绵腐病、腐霉菌寄生性弱，只在稻种有伤口，如种子破损、催芽热伤及冻害情况下，病菌才能侵入种子或幼苗，后孢子随水流扩散传播，遇有寒潮可造成毁灭性损失。低温烂秧与绵腐病的症状有明显的区别。生产上低温缺氧易招致发病，寒流、低温阴雨、秧田水深、有机肥未腐熟等条件有利于发病。烂种多由贮藏期受潮、浸种不透、换水不勤、催芽温度过高或长时间过低所致。烂芽多因秧田水深缺氧或暴热、高温烫芽等引发。青、黄苗枯一般是由于在3叶期左右缺水而造成的，如遇低温袭击，或冷后暴晴则加快秧苗死亡。

【防治方法】改进育秧方式，秧田应选在背风向阳、肥力中等、排灌方便、地势较高的平整田块，秧畦要干耕、干做，提倡施用充分腐熟有机肥，改善土壤中微生物结构。芽期以扎根立苗为主，保持畦面湿润，不能过早上水，遇霜冻短时灌水护芽。1叶展开后可适当灌浅水，2～3叶期灌水可以减小温差，保温防冻。寒潮来临要灌“拦腰水”护苗，冷空气过后转为正常管理。施肥要掌握基肥稳、追肥少而多次，先量少后量大，提高磷钾比例。秧苗生长慢，叶色黄，遇连阴雨天，更要注意施肥。

精选种子，选成熟度好、纯度高且干净的种子，浸种前晒种。

种子处理，一般要先晒种和选种，然后消毒。苗期刚发病时即应施药防治。秧田一看到发病株或发病中心即应喷药防治。可选用的药剂有：

18%多菌灵·咪鲜胺·福美双悬浮种衣剂450～600g/100kg种子；

0.25%戊唑醇悬浮种衣剂200～300g/100kg种子；

350g/L精甲霜灵种子处理乳剂40～70ml/100kg种子；

400g/L萎锈·福美双悬浮种衣剂160～200g/100kg种子。

苗床处理，可用下列药剂喷施：

20%咪锰·甲霜灵可湿性粉剂0.8～1.2g/m^{2}苗床；

3%甲霜·恶霉灵水剂0.42～0.54ml/m^{2}苗床；

20%恶霉灵·稻瘟灵微乳剂0.4～0.6ml/m^{2}苗床；

25%嘧菌酯悬浮剂60～90ml/亩；

20%唑菌胺酯水分散粒剂80g/亩；

10%苯醚甲环唑水分散粒剂10～20g/亩；

25%丙环唑乳油30～40ml/亩，对水80～100kg均匀喷施。

对绵腐烂秧，可用95%敌磺钠可溶性粉剂1 000倍液、25%甲霜灵可湿性粉剂800～1 000倍液，在秧苗1叶1心至2叶期喷雾。对立枯菌、绵腐菌混合侵染引起的烂秧，可喷洒30%恶霉灵可湿性粉剂500～800倍液，喷药时应保持薄水层。

9．水稻细菌性条斑病

【分布为害】20世纪60年代初，此病仅在华南局部地区发生流行，但80年代以来，此病不仅在华南稻区死灰复燃，而且迅速向华中、西南、华东稻区蔓延，目前病区已超过11个省。

【症　　状】主要为害叶片。病斑初为暗绿色水浸状小斑，很快在叶脉间扩展为暗绿至黄褐色的细条斑，病斑两端呈浸润型绿色。病斑上常溢出大量串珠状黄色菌脓，干后呈胶状小粒。发病严重时条斑融合成不规则黄褐至枯白大斑，与白叶枯类似，但对光看可见许多半透明条斑(图2–79和图2–80)。

图2–79　水稻细菌性条斑病为害叶片症状

图2–80 水稻细菌性条斑病为害植株症状

【病　　原】*Xanthomonas oryzae* pv. *oryzae* 称稻生黄单胞菌条斑致病变种，属黄单胞杆菌属细菌。菌体单生，短杆状，极生鞭毛一根，革兰氏染色阴性，不形成芽孢荚膜。

【发生规律】病菌主要在病种子和病草上越冬，借雨水、流水等传播，从气孔和微伤口侵入，在薄壁组织的细胞间繁殖扩展。高温多湿、特别是台风暴雨频繁的年份易诱发本病；杂交稻比常规稻易发病；糯稻比籼稻和粳稻明显抗病；偏施氮肥会加重发病。

【防治方法】水稻细菌性条斑病传染快，一旦发生，单纯依靠药剂防治往往很难控制，故应采取以预防为主的综合措施。

严格实行植物检疫。无病区不宜从病区调种，病区应建立无病留种田，严格控制带菌种子外调，防止病种传播。选用抗(耐)病杂交稻。带病稻草可用作燃料或用作工业原料，田间病残体应清除烧毁或沤制腐熟作肥。不宜用带病稻草作浸种催芽覆盖物或扎秧把等。对零星发病的病田，早期摘除病叶并烧毁，减少菌源。加强本田管理应用“浅、薄、湿、晒”的科学排灌技术，避免深水灌溉和串灌、漫灌，防止涝害。暴风雨后迅速排除稻田积水。严控发病稻田田水串流，以免病菌蔓延。施肥要适时适量，氮、磷、钾搭配，多施腐熟有机肥，以增强稻株抗病力。切忌中期过量施用氮肥。

药剂浸种：先将种子用清水预浸12～24小时，再用85%三氯异氰尿酸可湿性粉剂300～500倍液浸种12～24小时，捞起洗净后催芽播种；或用50%代森铵水剂500倍液浸种12～24小时，洗净药液后催芽。

在暴风雨过后及时排水施药，发现中心病株后，可选用下列药剂：

50%氯溴异氰尿酸水溶性粉剂50～60g/亩；

36%三氯异氰尿酸可湿性粉剂60～80g/亩；

20%噻唑锌悬浮剂100～150ml/亩；

20%噻森铜悬浮剂125～160ml/亩；

5%辛菌胺水剂130～160ml/亩；

12%松脂酸铜悬浮剂100ml/亩；

70%叶枯净胶悬剂100～150ml/亩，对水50～60kg喷洒；

3%中生菌素可湿性粉剂800～900倍液；

80%乙蒜素乳油800～1 000倍液；

72%农用链霉素可溶性粉剂4 000倍液；

15%络氨铜水剂200倍液；

77%氢氧化铜可湿性粉剂1 000倍液。

病情蔓延较快或天气对病害流行有利时，应间隔6～7天喷1次，连续喷药2～3次。

10．水稻谷枯病

【症　　状】主要为害颖壳、谷粒，初在颖壳顶端或侧面出现小斑，渐发展为边缘不清晰的椭圆斑，后病斑融合为不规则大斑，扩展到谷粒大部或全部，后变为枯白色，其上散生许多小黑点，形成秕谷(图2-81至图2-85)。

图2-81　水稻谷枯病为害颖壳初期症状

图2-82 水稻谷枯病为害颖壳中期症状

图2-83 水稻谷枯病为害颖壳后期症状

图2-84 水稻谷枯病后期形成秕谷

图2-85　水稻谷枯病为害田间症状

【病　　原】*Phyllosticta glumarum* 称谷枯叶点霉，属无性型真菌。分生孢子器初埋生在病部表皮下，散生或群生，球形至扁球形，黑褐色，基部黄褐色，顶端突起为孔口。分生孢子小，无色或色浅，单胞，卵形至椭圆形。

【发生规律】以分生孢子器在稻谷上越冬，次年释放出分生孢子借风雨传播，水稻抽穗后，侵害花器和幼颖。花期遇暴风雨，稻穗相互摩擦，造成伤口有利病菌侵入。生产上氮肥施用过量或迟施氮肥或冷水灌田，利于病害发生。

【防治方法】选用无病种子，对种子进行消毒，合理施肥，采用配方施肥技术，改造冷水田。抽穗期结合防治穗瘟喷药保护。

种子消毒，用56℃温汤浸种5分钟。用80%乙蒜素乳油2 000倍液、70%甲基硫菌灵可湿性粉剂1 000倍液浸种2天。

抽穗期结合防治穗瘟喷药保护，在孕穗期（破肚期）和齐穗期，喷施下列药剂：

20%三环唑悬浮剂400～600倍液；

13%三环唑·春雷霉素可湿性粉剂350～400倍液；

40%敌瘟磷乳油600倍液。

茎叶喷施，视病情5～10天1次，注意喷匀、喷足。

11．水稻叶鞘腐败病

【症　　状】幼苗染病，叶鞘上产生褐色病斑，边缘不明显。分蘖期染病，叶鞘上或叶片中脉上初生针头大小的深褐色小点，向上、下扩展后形成菱形深褐色斑，边缘浅褐色。孕穗至抽穗期染病，剑叶叶鞘先发病且受害严重，叶鞘上产生褐色至暗褐色不规则病斑，中间色浅，边缘黑褐色较清晰。湿度大时病斑内外出现白色至粉红色霉状物(图2–86和图2–87)。

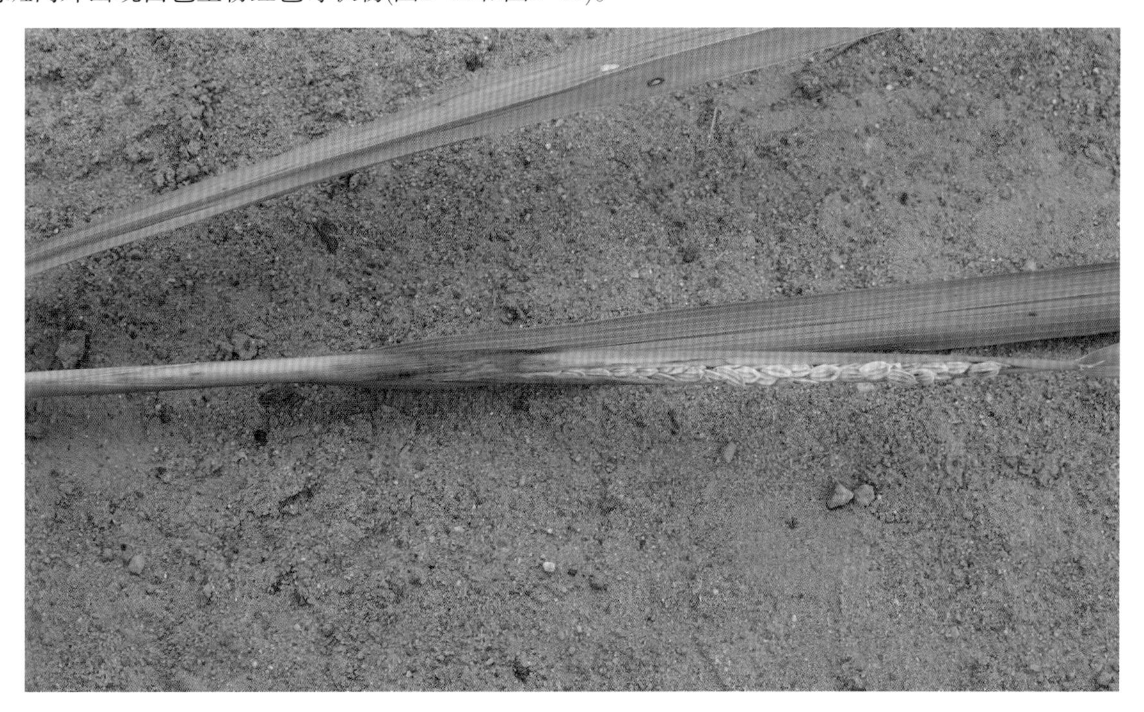

图2–86 水稻叶鞘腐败病为害叶鞘初期症状

图2–87 水稻叶鞘腐败病为害叶鞘后期症状

【病 原】*Sarocladium oryzae*称稻帚枝霉，属半知菌亚门真菌。分生孢子梗圆柱状，有1～2回分枝，每次分枝3～4根，在分枝顶端着生分生孢子。分生孢子单胞无色，圆柱形至椭圆形。

【发生规律】该病主要种子带菌，侵染方式分3种：一是种子带菌，种子发芽后病菌从生长点侵入，随稻苗生长而扩展；二是从伤口侵入；三是从气孔、水孔等自然孔口侵入。发病后病部产生分生孢子借气流传播，进行再侵染。病菌侵入和在体内扩展最适温度为30℃，低温条件下水稻抽穗慢，病菌侵入机会多；高温时病菌侵染率低，但病菌在植株体内扩展快，发病重。

【防治方法】合理施肥，防止积水，一般田块要浅水勤灌，使水稻生育健壮，提高抗病能力。

及时治虫控病。播种前用药剂处理稻种。病害常发区应掌握幼穗分化至孕穗期，根据病情、苗情、天气情况喷药保护1～2次。

种子处理：用40%多菌灵胶悬剂500倍液浸种48小时，捞出洗净，催芽、播种。

田间发病时，及时进行施药防治，可喷洒下列药剂：

50%苯菌灵可湿性粉剂1 500倍液；

3%多抗霉素水剂400～600倍液；

25%丙环唑乳油500～1 000倍液，每亩喷药液50～60kg；

25%多菌灵可湿性粉剂200g/亩+25%三唑酮可湿性粉剂50～75g/亩；

50%咪鲜胺锰盐可湿性粉剂60～80g/亩；

50%甲基硫菌灵可湿性粉剂100g/亩。

对水50～60kg均匀喷施，发生严重时，间隔15天再喷1次。

12. 水稻细菌性谷枯病

【症　　状】主要为害谷穗、谷粒，水稻齐穗后至乳熟期的绿色穗直立，染病谷粒初现苍白色似缺水状萎凋，渐变为灰白色至浅黄褐色，内外颖的先端或基部变成紫褐色，护颖也呈紫褐色。每个受害穗染病谷粒10～20粒，发病重的一半以上谷粒枯死，受害严重的稻穗呈直立状而不弯曲，若能结实多萎缩畸形，谷粒一部分或全部变为灰白色或黄褐色至浓褐色，病部与健部界线明显（图2-88至图2-90）。

图2-88　水稻细菌性谷枯病为害谷粒初期症状

图2-89　水稻细菌性谷枯病为害谷粒中期症状

图2-90 水稻细菌性谷枯病为害谷穗后期症状

【病　　原】*Pseudomonas glumae* 称颖壳假单胞菌，属假单胞杆菌属细菌。革兰氏染色阴性，极生2～4根鞭毛，菌体短杆状，有荚膜，无芽孢。

【发生规律】谷粒带菌，播种带病谷粒，遇有适宜的发病条件，即抽穗期高温多日照，降雨量少易发病，品种不同抗病性差异明显。

【防治方法】加强检疫，防止病区扩大。选用抗病品种。

在5%抽穗时喷洒下列药剂：

2%宁南霉素水剂250倍液；

12%松脂酸铜悬浮剂500倍液；

47%春雷霉素·氧氯化铜可湿性粉剂600～700倍液；

53.8%氢氧化铜水分散粒剂1 200倍液。

13．水稻细菌性褐条病

【症　　状】苗期和成株期均可受害，苗期染病在叶片或叶鞘上出现褐色小斑，后扩展呈紫褐色长条斑，有时与叶片等长，边缘清晰。病苗枯萎或病叶脱落，植株矮小。成株期染病先在叶片基部中脉发病，初呈水浸状黄白色，后沿叶脉扩展上达叶尖，下至叶鞘基部形成黄褐至深褐色的长条斑，病组织质脆易折，后全叶卷曲枯死（图2-91）。叶鞘染病呈不规则斑块，后变黄褐，最后全部腐烂。心叶发病，不能抽出，死于叶苞内，拔出有腐臭味，用手挤压有乳白至淡黄色菌液溢出。

图2-91 水稻细菌性褐条病为害叶片症状

【病　　原】*Pseudomonas syringae* pv. *panici*称燕麦(晕疫)假单胞菌，属细菌。菌体单细胞短杆状，两端钝圆，极生鞭毛1～5根，多为1～2根，无芽孢，无荚膜，革兰氏染色阴性。

【发生规律】病菌在病残体或种子上越冬，翌年借水流、暴风雨传播蔓延，从稻苗伤口或自然孔口侵入，特别是秧苗受伤或受淹后发病重。高温、高湿、阴雨有利于发病。偏施氮肥，发病重。

【防治方法】建立合理排灌系统，防止大水淹没稻田，及时排水。增施有机肥，氮、磷、钾肥合理配合施用，增强植株抗病能力。

药剂防治方法参见水稻细菌性条斑病。

14．水稻矮缩病

【症　　状】在苗期至分蘖期感病后，植株矮缩，分蘖增多，叶片浓绿，僵直，生长后期病稻不能抽穗结实。病叶症状表现为两种类型。白点型：在叶片上或叶鞘上出现与叶脉平行的虚线状黄白色点条斑，以基部最明显。扭曲型：在光照不足情况下，心叶抽出呈扭曲状，随心叶伸展，叶片边缘出现波状缺刻，色泽淡黄(图2-92)。

图2-92　水稻矮缩病为害幼苗症状

【病　　原】Rice dwarf virus简称RDV，称水稻矮缩病毒，属植物呼肠孤病毒组病毒。病毒粒体为球状多面体，等径对称，粒体内含有双链核糖核酸。

【发生规律】该病毒可由黑尾叶蝉、二条黑尾叶蝉和电光叶蝉传播。病毒在黑尾叶蝉体内越冬，黑尾叶蝉在看麦娘上以若虫形态越冬，翌春羽化迁回稻田为害，早稻收割后，迁至晚稻上为害，晚稻收获后，迁至看麦娘、冬稻等禾本科植物上越冬。水稻在分蘖期前较易感病。冬春暖、伏秋旱利于发病。

【防治方法】选育和选种抗(耐)病品种。在早期发现病情后及时治虫，并加强肥水管理，促进健苗早发，可减少病害。

以治虫防病为主，重点做好黑尾叶蝉的两个迁飞高峰期的防治，特别注意做好黑尾叶蝉集中取食而水稻又处于易感期的早、晚稻秧田和返青分蘖期的防治。在病毒流行区，早稻秧田有叶蝉成虫9头/m²以上，双季晚稻秧田露青后有成虫18头/m²以上，一般每隔4 ~ 5天喷1次药，连续2 ~ 3次。

可用下列药剂防治：

20%异丙威乳剂175 ~ 200ml/亩；

25%速灭威可湿性粉剂150g ~ 200g/亩；

50%杀螟磷磷乳油+40%稻瘟净乳油各50ml/亩；

25%甲萘威可湿性粉剂250 ~ 260g/亩；

25%噻嗪酮可湿性粉剂30 ~ 50g/亩，对水50kg均匀喷雾。

15．水稻菌核秆腐病

【症　　状】主要为害下部叶鞘和茎秆，初在近水面叶鞘上产生褐色小斑，后扩展为黑色纵向坏死线及黑色大斑，上生稀薄浅灰色霉层，病鞘内常有菌丝块。小黑菌核病不形成菌丝块，黑线也较浅，病斑继续扩展使茎基成段变黑软腐，病部呈灰白色或红褐色而腐烂(图2–93和图2–94)。剥检茎秆，腔内充满灰白色菌丝和黑褐色小菌核。

图2–93　水稻菌核秆腐病为害茎基部症状

图2–94　水稻菌核秆腐病为害茎部菌核症状

【病　　原】*Helminthosporium sigmoideum*称稻卷芒双曲孢霉，属半知菌亚门真菌，是小球菌核病菌的变种。分生孢子梗在病组织或浮于水面菌核上形成，单生或数枝簇生，分生孢子纺锤形，弯或呈“S”形，顶细胞上生卷须状长丝。后期病部可形成深橄榄色菌核。

【发生规律】以菌核在稻桩、稻草中越冬，稻桩内数量最多。在适宜的温、湿度条件下，菌核萌发产生菌丝，直接从叶鞘表面或伤口侵入，在叶鞘组织内蔓延扩展，引发病害。在分蘖期开始发生，孕穗以后病情逐渐加重，抽穗至乳熟期发展最快，受害也最严重。

【防治方法】种植抗病品种，冬季结合治螟挖毁稻桩，带出田外销毁可以减少田间越冬菌核。春耕插秧前结合防治纹枯病捞除菌核，加强肥水管理。

在水稻圆秆拔节期和孕穗期菌核秆腐病初发期，可选用下列药剂防治：

50%多菌灵可湿性粉剂75g/亩；

5%井冈霉素水剂100ml/亩；

50%异稻瘟净乳油100ml/亩；

40%稻瘟灵乳油1 000倍液；

70%甲基硫菌灵可湿性粉剂1 000倍液；

50%腐霉利可湿性粉剂1 500倍液；

50%乙烯菌核利可湿性粉剂1 000 ~ 1 500倍液；

50%异菌脲或40%菌核净可湿性粉剂1 000倍液；

20%甲基立枯磷乳油1 200倍液，每亩用稀释后的药液50 ~ 60kg全田茎叶喷施。

16．水稻稻粒黑粉病

【分布为害】我国主要稻区均有发生，以浙江、江苏、安徽、江西、湖南、四川、河南等稻区发生较多。

【症　　状】在水稻近黄熟时症状才较明显。主要为害穗部，一般仅个别小穗受害。病菌先在病粒内部生长，破坏籽粒结构，颖壳仅出现颜色变暗。病谷的米粒全部或部分被破坏，成熟时内、外颖间开裂，露出圆锥形黑色角状物，破裂后散出黑色粉末，黏附于开裂部位(图2–95)。

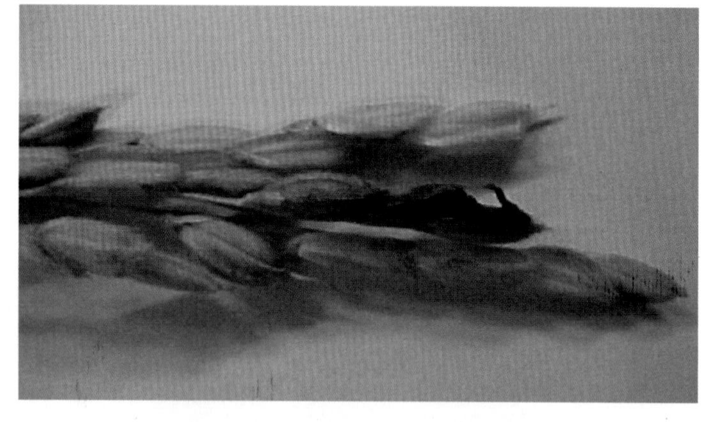

图2–95　水稻稻粒黑粉病病穗

【病　　原】*Tilletia barclayana* 称狼尾草腥黑粉菌，属担子菌亚门真菌。孢子堆生在寄主子房里，被颖壳包被，部分小穗被破坏，产生黑粉。厚垣孢子球形至卵形或椭圆形，黑色，表面密布齿状凸起，无色至近无色，顶端尖，基部多角形稍弯曲；担孢子线状，无色无隔膜；次生小孢子腊肠状。

【发生规律】病菌以厚垣孢子在种子内和土壤中越冬。种子带菌和土壤带菌是主要菌源。该菌厚垣孢子抗逆力强，在自然条件下能存活1年，在贮存的种子上能存活3年，在55℃恒温水中浸10分钟仍能存活，该菌需经过5个月以上休眠，气温高于20℃，湿度大，通风透光，厚垣孢子即萌发，产生担孢子及次生小孢子。借气流传播到抽穗扬花的稻穗，侵入花器或幼嫩的种子，在谷粒内繁殖产生厚垣孢子。水稻孕穗至抽穗开花期及杂交稻制种田父母本花期相遇差的，发病率高，发病重。此外雨水多或湿度大，施用氮肥过多也会加重该病发生。

【防治方法】实行检疫，严防带菌稻种传入无病区。选用抗病品种。实行2年以上轮作，病区家禽、家畜粪便沤制腐熟后再施用，防止土壤、粪肥传播。加强栽培管理，避免偏施、过施氮肥，制种田通过栽插苗数、苗龄、调节出秧整齐度，做到花期相遇。孕穗后期喷洒赤霉素等均可减轻发病。

种子消毒：先将稻种用清水预浸24～48小时(以吸饱水而未露白冒芽为度)，取出后稍晾干，若气温在15～20℃，将预浸稻种放入50%多菌灵可湿性粉剂800倍液、70%甲基硫菌灵可湿性粉剂500倍液中浸48小时，再捞出用清水冲洗净后，催芽、播种。

于水稻始穗期和齐穗期各喷1次药，用下列药剂：

25%三唑酮可湿性粉剂75g/亩＋5%井冈霉素水剂200ml/亩；

20%三唑酮乳油100ml/亩；

50%多菌灵可湿性粉剂80～120g/亩；

18.7%烯唑醇·多菌灵可湿性粉剂30～40g/亩；

70%甲基硫菌灵可湿性粉剂80～120g/亩；

65%代森锌可湿性粉剂100g/亩；

30%苯醚甲环唑·丙环唑乳油15～20ml/亩；

40%戊唑醇可湿性粉剂15g/亩；

25%联苯三唑醇可湿性粉剂75g/亩，对水50～60kg均匀喷雾。

17．水稻叶黑粉病

【症　　状】我国各稻区均有发生，是水稻生长后期的常见病。主要为害叶片，偶尔也为害叶鞘及茎秆。在叶片上沿叶脉出现黑色短条状病斑，稍隆起，病斑周围组织变黄(图2-96)。重病时叶片病斑密布，有的互相连合为小斑块，致叶片提早枯黄，甚至叶尖破裂成丝状。发病多自植株下部开始，渐向上部叶片扩展。

图2-96　水稻叶黑粉病为害叶片症状

【病　　原】稻叶黑粉菌*Entyloma oryzae*，属担子菌亚门真菌。黑色稍隆起的短条线斑即为病菌的冬孢子(厚垣孢子)堆，埋生于寄主表皮下。冬孢子近球形或多角形，厚壁，表面光滑，暗褐色。冬孢子萌发产生担子和担孢子，担子短棒状，无色，其上着生3～8个担孢子。担孢子纺锤形或倒棍棒状，单胞，淡橄榄色，其上又可长叉状排列的次生担孢子。冬孢子萌发温度为21～34℃，以28～30℃为最适温度。

【发生规律】病原以冬孢子在病残体或病草上越冬。条件适宜时产生担孢子和次生担孢子，借风雨传播侵入叶片。土壤贫瘠，尤其是缺磷、缺钾的田块发病重。早熟品种较晚熟品种发病重。

【防治方法】重病区注意选育和换种抗病良种。加强肥水管理，促进植株稳生稳长，避免植株出现早衰现象，应注意适当增施磷钾肥，提高植株抗病力。

抓好喷药预防控病。对杂交稻预防应提早在分蘖盛期进行喷药防治；常规稻于幼穗形成至抽穗前进行。做好对稻瘟病、叶尖干枯病等病害的喷药预防，可兼治本病，一般情况下不必单独喷药防治。或结合穗期病害防治，喷施三唑酮、多菌灵等即可兼治。

18. 水稻霜霉病

【症　　状】秧田后期开始显症，分蘖盛期症状明显。叶片上发病初生黄白小斑点，后形成表面不规则条纹，斑驳花叶(图2-97)。病株心叶淡黄，卷曲，不易抽出，下部老叶逐渐枯死，根系发育不良，植株矮缩。受害叶鞘略松软，表面有不规则波纹或产生皱褶、扭曲，分蘖减少。重病株不能孕穗，轻病株能孕穗但不能抽出，包裹于剑叶叶鞘中，或从其侧拱出成拳状，穗小不实、扭曲畸形。

图2-97　水稻霜霉病为害叶片症状

【病　　原】*Sclerophthora macrospora* 称大孢指疫霉，属鞭毛菌亚门真菌。藏卵器球形，淡黄褐色。雄器1～4个，侧生。卵孢子初无色后变黄褐，卵圆形。孢子囊柠檬形，无色，单生于孢囊梗顶端，孢囊梗单根从气孔伸出，其上具分枝，孢子囊内含多个游动孢子，游动孢子椭圆形，双鞭毛，静止后呈球形。

【发生规律】病菌以卵孢子随病残体在土壤中越冬。翌年卵孢子萌发侵染杂草或稻苗。卵孢子借水流传播，水淹条件下卵孢子产生孢子囊和游动孢子，游动孢子活动停止后很快产生菌丝侵害水稻。秧苗期是水稻主要感病期，大田病株多从秧田传入。秧田水淹、暴雨或连阴雨发病严重，低温有利于发病。

【防治方法】选地势较高地块做秧田，建好排水沟。清除病源，拔除杂草、病苗。

病害发生初期，可用下列药剂：

25%甲霜灵可湿性粉剂800～1 000倍液；

25%烯酰吗啉可湿性粉剂800～1 000倍液；

90%霜脲氰可湿性粉剂400倍液；

72%霜脲氰·代森锰锌可湿性粉剂700倍液；

64%恶霜灵·代森锰锌可湿性粉剂600倍液；

58%甲霜灵·锰锌或70%乙膦·锰锌可湿性粉剂600倍液；

72.2%霜霉威水剂800倍液，在秧田和本田病害初发期喷雾防治。

19．水稻黄萎病

【症　　状】病株叶色均褪绿成为浅黄色，叶片变薄，质地较柔软，植株分蘖猛增，呈矮缩丛生状，根系发育不良。苗期染病的植株矮缩不能抽穗；后期染病的发病轻，主要表现为分蘖增多，簇生，个别病株出现高节位分枝，叶片似竹叶状(图2–98)。

图2–98　水稻黄萎病为害植株症状

【病　　原】Mycoplasma–like organism，简称 MLO，称类菌原体。病叶超薄切片可见到筛管细胞中有椭圆形或卵圆形类菌原体，无细胞壁，单位膜有3层，两层为蛋白质膜，中间为类脂膜。通过寄主细胞壁时其形状可变为不定形，大小也不固定。主要靠黑尾叶蝉、二点黑尾叶蝉、二条黑尾叶蝉3种叶蝉传毒。

【发生规律】病原主要在黑尾叶蝉体内和杂草上越冬，成为翌年初侵染源。长江中下游稻区早稻染病后于7月中旬后显症。7月后孵化的叶蝉从早稻田病株上获毒，迁飞到双季晚稻上传毒，引致晚稻发病。越冬代若虫从晚稻病株上获取毒源后越冬。生长后期染病的，产量较少。但染病稻茬长出的再生稻苗或自生稻仍可发病，成为侵染源。

【防治方法】选用抗病、抗虫品种。注意结合传毒介体昆虫3种叶蝉生活史预测调整播种和插秧时间，把易染病的苗期与叶蝉活动高峰期调整开。

可在育秧期、返青分蘖期喷洒杀虫剂，可选用下列药剂：

10%吡虫啉可湿性粉剂2 500倍液；

2.5%高效氯氟氰菊酯乳油2 000倍液；

20%异丙威乳油500倍液；

50%杀螟硫磷乳油1 000倍液，每亩用药液70kg。

20．水稻黄叶病

【症　　状】苗期发病以顶叶及下一叶为主，先在叶尖出现淡黄色褪绿斑，渐向基部发展，形成叶肉黄化、叶脉深绿的斑驳花叶或条纹状花叶，以后全叶变黄，向上纵卷，枯萎下垂。植株矮缩，不分蘖，根系短小(图2-99和图2-100)。分蘖后发病的不能正常抽穗结实。拔节后发病抽穗迟，穗小，结实差。品种间症状大致相似，仅色泽有差异。矮秆籼稻上多为金黄色，粳稻上色泽淡黄花叶不明显，糯稻上色泽灰黄或淡黄，有的品种呈紫色(图2-101)。

图2-99　水稻黄叶病为害叶片初期症状

图2-100　水稻黄叶病为害叶片后期症状

【病　　原】Rice transitory yellowing virus 简称RTYV，为水稻黄叶病毒或暂黄病毒，属病毒。病毒粒体呈子弹状或杆菌状，多聚集于细胞核的内外膜间，也有散布于细胞核和细胞质中的。

【发生规律】水稻黄叶病由黑尾叶蝉、二点黑尾叶蝉、二条黑尾叶蝉传播病毒，且能终生传毒，不经卵传递。病毒在介体昆虫体内、再生稻、看麦娘等植物上越冬，翌年传至早稻，成为初侵染源。收获后叶蝉迁飞至二季稻上传毒，二季稻收获后，病毒又随介体在冬季寄主上越冬。介体昆虫数量多，带毒率高发病重。一般籼稻较粳稻、糯稻发病轻，并以杂交稻耐病性最好。夏季少雨、干旱，促进叶蝉繁殖，有利于活动取食，还缩短了循回期和潜育期，有利于病害流行。

【防治方法】加强农业防治，尽量减少单、双季稻混栽面积，切断介体昆虫辗转为害。深翻地，减少越冬寄主和越冬虫源。合理布局，连片种植，尽可能种植熟期相近的品种，减少介体迁移传病。早播要种植抗病品种。

图2-101 水稻黄叶病为害田间症状

治虫防病。把介体昆虫消灭在传毒之前，早稻在越冬代叶蝉迁飞前移栽。在越冬代叶蝉迁移期和稻田一代若虫盛孵期进行防治。双季稻区在早稻大量收割期至叶蝉迁飞高峰前后防治。晚稻秧田，从真叶开始注意防治，结合网捕。晚稻连作田初期加强防治，间隔3～5天防治1次。单双季稻混栽对早稻要加强防治。晚稻早栽早期也要加强防虫。药剂可选用25%噻嗪酮可湿性粉剂25g/亩、25%速灭威可湿性粉剂100g/亩，对水50kg喷洒，隔3～5天1次，连防2～3次。

21．水稻细菌性褐斑病

【症　　状】为害叶片、叶鞘、茎、节、穗、枝梗和谷粒。叶片染病初为褐色水浸状小斑，后扩大为纺锤形或不规则形赤褐色条斑，边缘出现黄晕，病斑中心灰褐色，病斑常融合成大条斑，使叶片局部坏死，不见菌脓。叶鞘受害多发生在幼穗抽出前的穗苞上，病斑赤褐，短条状，后融合成水渍状不规则大斑，后期中央灰褐色，组织坏死(图2-102)。剥开叶鞘，茎上有黑褐色条斑，剑叶发病严重的抽不出穗。穗轴、颖壳等部受害产生近圆形褐色小斑，严重时整个颖壳变褐，并深入谷粒。

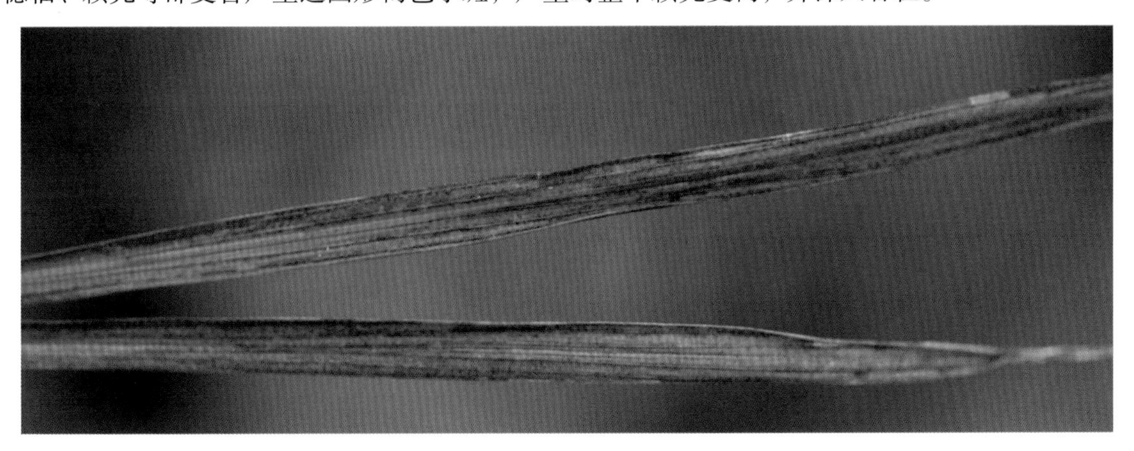

图2-102 水稻细菌性褐斑病为害叶片症状

【病　　原】*Pseudomonas syringae* pv. *syringae* 称丁香假单胞丁香致病变种，属细菌。菌体杆状，单生，极生鞭毛2～4根。

【发生规律】病菌在种子和病组织中越冬。从伤口侵入寄主，也可从水孔、气孔侵入。细菌在水中可存活20～30天，随水流传播。暴雨、台风可加重病害发生。偏施氮肥，灌水过多或串灌水，易发病。偏酸性土壤发病重。

【防治方法】加强检疫，防止病种子的调入和调出。浅水灌溉，防止田水串流。采用配方施肥，忌偏施氮肥。及时清除田边杂草，处理带菌稻草。

发现中心病株后，开始喷洒20%叶枯宁可湿性粉剂100g/亩，对水50kg，也可在施用叶枯宁同时混入硫酸链霉素或农用链霉素4 000倍液或强氯精2 500倍液，防效明显提高。

22. 水稻细菌性基腐病

【症　　状】主要为害水稻根节部和茎基部。水稻分蘖期发病常在近土表茎基部叶鞘上产生水浸状椭圆形斑，渐扩展为边缘褐色、中间枯白的不规则形大斑，剥去叶鞘可见根节部变黑褐，有时可见深褐色纵条，根节腐烂，伴有恶臭，植株心叶青枯变黄。拔节期发病叶片自下而上变黄，近水面叶鞘边缘褐色，中间灰色长条形状斑，根节变色伴有恶臭。穗期发病病株先失水青枯，后形成枯孕穗、白穗或半白穗，根节变色有短而少的侧生根，有恶臭味(图2–103)。该病的独特症状是病株根节部变为褐色或深褐色腐烂，有别于细菌性褐条病心腐型、白叶枯病青枯型及螟害枯心苗等。

【病　　原】*Erwinia chrysanthemi* pv. *zeae* 称菊欧文氏菌玉米致病变种，属细菌。细菌单生，短杆状，两端钝圆，鞭毛周生，无芽孢和荚膜，革兰氏染色阴性。

【发生规律】病原细菌可在病稻草、病稻桩和杂草上越冬。病菌从叶片上水孔、伤口及叶鞘、根系伤口侵入，以根部或茎基部伤口侵入为主。侵入后在根基的气孔中系统感染，在整个生育期重复侵染。早稻在移栽后开始出现症状，抽穗期进入发病高峰。晚稻秧田即可发病，孕穗期进入发病高峰。轮作、直播或小苗移栽稻发病轻，偏施或迟施氮肥，稻苗幼嫩发病重。分蘖末期不脱水或烤田过度易发病。地势低，黏重土壤通气性差发病重。一般晚稻发病重于早稻。

图2–103　水稻细菌性基腐病为害植株症状

【防治方法】选用抗病良种。培育壮苗，推广工厂化育苗，采用湿润育秧。适当增施磷、钾肥确保壮苗。要小苗直栽浅栽，避免伤口。提倡水旱轮作，增施有机肥，采用配方施肥技术。

发病初期喷药防治，可用下列药剂：

72%农用链霉素可溶性粉剂14～28g/亩；

20%乙蒜素高渗乳油75～100ml/亩；

20%叶枯唑可湿性粉剂100～120g/亩；

36%三氯异氰尿酸可湿性粉剂60～80g/亩；

20%噻唑锌悬浮剂100～125ml/亩；

20%噻森铜悬浮剂120～200ml/亩，对水50～60kg均匀喷施，间隔5～7天喷1次，连喷3～4次。

23．水稻窄条斑病

【症　　状】叶片染病初为褐色小点，后沿叶脉向两边扩展，呈四周红褐色或紫褐色、中央灰褐的短细线条状斑，抗病品种的病斑线条短，病斑窄，色深。发病严重时，病斑连成长条斑，引致叶片早枯。叶鞘染病多从基部出现细条斑，后发展为紫褐色斑块，严重时可致全部叶鞘变紫，基上部叶片枯死。穗颈和枝梗染病初为暗色至褐色小点，略显紫色，发病严重使穗颈枯死，注意与穗瘟区别。谷粒受害多发生于护颖或谷粒表面，呈褐色小条斑(图2–104)。

图2–104 水稻窄条斑病为害叶片症状

【病　　原】*Cercospora oxyzae* 称稻尾孢，属无性型真菌。分生孢子梗单生，或3～5根成簇，有数个分隔，顶生分生孢子，分生孢子淡橄榄色或无色，短鞭状，多有分隔3～4个。

【发生规律】病种子或病残体带菌为主要初侵染源，病菌在稻种上可存活至翌年7月。稻草上病菌因存放场所不同，存活力有较大差异，深埋于草塘或沤粪时仅存活5天。翌年在适宜条件下产生分生孢子，随风雨传播至稻田，引起发病。病株产生分生孢子进行再侵染。该病主要在抽穗期发病较重。缺磷，长势不良，发病重；长期深灌发病重；阴雨高温气候有利于窄条斑病发生。单季晚稻一般受害较重。

【防治方法】选用抗病品种，病稻草集中处理，减少菌源。加强肥水管理，推广水稻模式化栽培和配方施肥技术。浅水勤灌，及时晒田，促进扎根，及时增施磷钾肥，提高植株抗病力。

选用无病种子或进行种子处理，可选用50%多菌灵可湿性粉剂1 000倍液、70%甲基硫菌灵可湿性粉剂1 000倍液浸种2天，或2%福尔马林浸种20～30分钟，再堆闷3小时。

抽穗前后喷2～3次，可选用下列药剂：

5%菌毒清水剂500倍液；

50%多菌灵可湿性粉剂800倍液；

80%多菌灵盐酸盐或70%甲基硫菌灵可湿性粉剂1 000～1 500倍液。

24．水稻干尖线虫病

【症　　状】苗期症状不明显，偶在4～5片真叶时出现叶尖灰白色干枯，扭曲干尖(图2-105)。病株孕穗后干尖更严重，剑叶叶尖端渐枯黄，半透明，扭曲干尖，变为灰白或淡褐色，病健部界限明显。湿度大有雾露存在时，干尖叶片展平呈半透明水渍状，随风飘动，露干后又复卷曲。

图2-105　水稻干尖线虫为害叶片症状

【病　　原】*Aphelenchoides besseyi* 称贝西滑刃线虫（稻干尖线虫），属线形动物门。雌虫蠕虫形，直线或稍弯，尾部自阴门后变细，阴门角皮不突出。雄虫上部直线形，尾侧有3个乳状突起，交接新月形，刺状。

【发生规律】以成虫和幼虫潜伏在稻谷的颖壳及米粒之间越冬。此病主要靠种子传播。种子内线虫在浸种催芽时开始活动，播种后线虫游离水中，由芽鞘、叶鞘缝隙侵入稻株体内，附着在生长点、叶芽、新生嫩叶的细胞外部，吸取细胞汁液。播种后半个月内低温多雨有利发病。孕穗期，就大量集中在幼穗颖壳内外为害穗粒。

【防治方法】建立无病留种田，防止带线虫的水灌入。收获前进行种子检验，确保无病，然后单收、单打、单藏，留作种子用。种子处理和土壤处理可有效防治干尖线虫病。

种子处理：温汤浸种，先将稻种预浸于冷水中24小时，然后放在45～47℃温水中5分钟，再放入52～54℃温水中浸10分钟，取出立即冷却，催芽后播种；

或用下列药剂浸种处理：

40%醋酸乙酯乳油500倍液浸种50kg种子，浸泡24小时，再用清水冲洗；

10%浸种灵乳油5 000倍液浸种12小时，捞出催芽、播种；

80%敌敌畏乳油或50%杀螟硫磷乳油1 000倍液；

6%杀螟丹水剂1 000～2 000倍液；

17%杀螟丹·乙蒜素可湿性粉剂200～400倍液；

16%咪鲜胺·杀螟丹可湿性粉剂400～700倍液，浸种24～48小时，捞出催芽、播种。

土壤处理：用10%克线磷颗粒剂250g，拌细土10kg，在秧苗2～3叶期撒施1次。

25. 水稻叶尖枯病

【分布为害】水稻叶尖枯病在长江中下游及华南地区均有发生。上部功能叶提早衰枯，秕谷率增加，一般减产10%左右，严重时减产20%。

【症　　状】主要为害叶片，病害开始发生在叶尖和叶缘，然后沿叶缘或中部向下扩展，形成条斑(图2-106)。病斑初为墨绿色，逐渐变成灰褐色，最后枯白，病斑交界处有褐色条纹，病部容易破裂，严重时可致叶片枯死(图2-107)。其次是为害稻谷，稻谷壳上形成边缘深褐色斑点后，中央呈灰褐色病斑，成为秕谷。

图2-106　水稻叶尖枯病为害幼苗症状

【病　　原】稻生茎点霉*Phoma oryzicola*，属半知菌亚门真菌。有性世代为稻小陷壳*Tromatosphaella oryzae*，属子囊菌亚门真菌。分生孢子器埋生，黑褐色，后稍外露。分生孢子单细胞，无色，卵圆形，有1～2个油球。

【发生规律】病原以分生孢子器在病叶和病颖壳内越冬。病菌寄主有禾本科杂草多种，因此带菌杂草也可传播。老病区以病残体为最重要的初侵染菌源，稻种带菌率虽低，但对新病区传播病害起着重要作用。越冬分生孢子器遇适宜条件释放出分生孢子，借风雨传播至水稻叶片上，经叶片、叶缘或叶部中央伤口侵入。在水稻苗期至孕穗期形成明显发病中心，灌浆初期出现第二个发病高峰。这期间若低温、多雨、多风则有利于病害发生；暴风雨后，稻叶造成大量伤口，病害容易发生；施氮肥过多、过迟则发

图2-107 水稻叶尖枯病为害幼苗后期症状

病重。田间密度大，发病重。发病适温25～28℃，菌丝生长温度为10～35℃，最适宜温度为22～25℃。

【防治方法】选用抗病品种，药剂浸种；施足有机肥，增施磷、钾肥和硅肥；分蘖后期要适时、适度晒田，生长后期干湿适度。栽培不可过密，降低田间湿度。

种子处理：可用40%多菌灵悬浮剂250倍液、50%甲基硫菌灵可湿性粉剂 500倍液，浸种24～48小时，可杀灭种子上的病菌。

药剂防治：发现中心病株初期，选用40%多菌灵胶悬浮剂40ml/亩、25%三唑酮可湿性粉剂50g/亩，对水60kg喷雾。

26. 水稻一柱香病

【症　　状】主要为害穗部。受害水稻抽穗前，病菌在颖壳内长成米粒状子实体，将花蕊包埋在内，壳内子实体从内外颖的合缝延至壳外，形状不一，外壳渐变黑，同时还有菌丝将小穗缠绕，使小穗不能散开，抽出的病穗直立圆柱状，故称“一柱香”（图2-108）。有时部分小穗受害后虽仍能散开，但穗粒基本不实。病穗初淡蓝色，后变白色，上生黑色粒状物，即病菌的子座。

【病　　原】稻柱香菌*Ephelis oryzae*，属无性型真菌。分生孢子座黑色，散生，浅杯状或凸出，圆形，表面生分生孢子层；分生孢子梗分枝，无色，密生于分生孢子座上；分生孢子棒状，无色，单胞，直或稍弯。

【发生规律】病原以分生孢子座混杂在种子中存活越冬。带菌种子为翌年病害的主要初侵染源。带菌种子播种后病菌从幼芽侵入，造成当年发病。病菌在稻株体内随着植株的生长发育而扩展，在稻株抽穗之前，病菌已进入幼穗为害。育旱秧有利病菌侵染。

图2-108 水稻一柱香病为害稻穗症状

【防治方法】加强检疫，严禁病区种子调入无病区，防止带菌种子进入无病区，从无病区引种。

种子处理：用80%乙蒜素液剂2 000倍液、50%多菌灵可湿性粉剂500倍液浸种48小时，捞出洗净药液，催芽、播种；或种子先在冷水中预浸种4小时，然后用52～54℃温水浸种10分钟，催芽播种。

大田药剂防治：用80%多菌灵可湿性粉剂60g/亩、50%多菌灵可湿性粉剂75g/亩，对水55～65kg喷雾，根据病情，隔7天再喷1次，效果良好。

27. 水稻紫鞘病

【症 状】水稻抽穗后，剑叶叶鞘上产生密集的针尖大小的紫色小点，后逐渐扩展到叶鞘的大部分或全叶鞘变为紫褐色（图2-109），叶鞘外壁尤其明显，有时侵染到内壁或深达茎部，发病重的剑叶提早7～10天枯死。有时扩展到第二至第三叶鞘，但叶片不枯死，湿度大时，病部现白色粉状物，即病原菌的分生孢子梗和分生孢子。谷粒染病产生褐色病变或形成褐斑，千粒重下降。有认为此症状是水稻叶鞘腐败病抽穗后发生的紫鞘型。

图2-109 水稻紫鞘病为害叶鞘症状

【病　　原】*Sarocladium sinense* 称中华帚枝杆孢，属无性型真菌。分生孢子梗的分枝轮生，3个枝梗1轮。有时其中1个或 2个枝梗上再分枝成3枝梗的轮枝丛。枝梗不长，并近似等长。分生孢子单生于分枝梗顶端，单胞，长圆形或椭圆形。分生孢子梗和分生孢子均无色透明。

【发生规律】侵染病残体和带病种子是主要的初侵染源。侵入途径除了伤口外，主要从水孔进入维管束组织，繁殖蔓延较快；其次通过气孔侵染薄壁组织，形成坏死斑点，蔓延较慢。初期具有明显的发病中心，先田边，后田中。南方6月下旬至7月中旬是此病的盛发时期。高温多雨有利于病害发生。偏施氮肥，发病重。低洼田，以及水稻纹枯病发生重的田块，发病也重。

【防治方法】选用抗病品种。避免偏施或迟施氮肥，增施磷、钾肥。冬季铲除田边、沟边杂草，及时翻埋再生稻和落粒自生稻，处理带病稻草、病谷。

种子处理：播种前用1%石灰水浸种，也可用3%强氯精500倍液浸种。

防治紫鞘病，应在水稻刚抽穗时，喷洒下列药剂：

50%苯菌灵可湿性粉剂40～60g/亩；

50%多菌灵可湿性粉剂60～80g/亩；

5%井冈霉素水剂80～100ml/亩，对水60～70kg均匀喷施。

二、水稻生理性病害

1．水稻赤枯病

水稻赤枯病是一种常见的水稻生理性病害，在水稻分蘖期容易发生。此病一旦发生，会造成稻苗出叶慢、分蘖迟缓或不分蘖、株型簇立、根系发育不良等，引起僵苗不发，严重阻碍水稻的正常生长发育。

【症　　状】一般水稻分蘖后开始发生，分蘖盛期达到高峰。受害水稻矮化，老叶黄化，心叶变窄、直，茎秆细小，分蘖少而小。初期上部叶片为深绿色或暗绿色，进而基部老叶尖端出现边缘不清的褐色小点或短条斑，后发展成为大小不等的不规则铁锈状斑点(图2-110)。以后病斑逐渐增多、扩大，叶片多

图2-110　水稻赤枯病为害症状

由叶尖向基部逐渐变为赤褐色枯死，并由下叶向上叶蔓延，严重的全株只剩下少数新叶保持绿色，远望似火烧状。叶鞘与叶片症状相似，产生赤褐色至污褐色小斑点，以后枯死。拔起病株，可见根部老化，整个根系呈黄褐色至暗褐色，新根和须根没有或很少，有的稻株根部发黑甚至腐烂，发出硫化氢臭味。有的病株叶片还可并发胡麻叶斑病。

【病　　因】水稻赤枯病是一类生理性病害，其原因大体包括下述两个方面：①稻田钾、磷、锌等营养元素缺乏或不能被吸收利用。②稻田中有毒物质的产生与累积，包括硫化氢、亚铁、有机酸、二氧化碳和沼气等，不仅直接伤害稻株根部，阻碍呼吸和养分的吸收，而且其陆续散发出的气泡，使稻田土壤表层浮而不实，致稻株扎根不稳，也影响发根分蘖，终致根系发黑、朽腐，稻株生长不良。

钾、磷、锌等营养元素的缺乏或不能被吸收利用，多见于山区秧地稻田、靠雨水的“望天田”、轻沙质田、过酸的红壤和黄壤稻田。这些稻田或者有机质缺乏，上述营养元素含量低；或者其营养元素溶解度低，成为不可被吸收利用状态。还有氮、磷、钾、钙等营养元素不平衡，也会影响稻株对磷、钾、锌等的吸收利用，从而造成植株矮小、分蘖减少、叶片窄短、直立、卷曲、皱折和红褐斑点等缺素症状。

稻株根系变黑、朽腐，多见于土壤通透不良的“烂泥田”、地下水位高的“湖洋田”、长期积水的“深灌田”、酸性过强的“铁锈田”、山坑串灌的“冷底田”等田类；或因施用未充分腐熟的厩肥、堆肥、饼肥，或绿肥施用过量，在温度较低时有机质分解缓慢，温度升高时又急剧分解，形成土壤缺氧，在嫌气状态下有机质分解形成硫化氢等多种有毒物质，毒害稻株根部，生长受阻，叶片也由下而上表现赤枯症状。

【防治方法】防治水稻赤枯病必须采取综合性措施，以预防为主。并根据不同发生类型进行针对性防治。

改良土壤结构与增施钾肥、锌肥是根本措施。改良稻田土壤结构：通过选地与加深土壤耕作层，并增施腐熟的有机粪肥与绿肥来改良土壤团粒结构，尽量不用沙土、黏土做稻田。增施钾肥或锌肥，对缺钾的稻田，应以基肥形式，施氯化钾或硫酸钾8～12kg/亩或草木灰60～80kg/亩。沙土稻田因钾素易流失，基肥应改分几次追肥应用。对缺锌的稻田，可施硫酸锌1～2.5kg/亩作基肥，也可用0.5%的硫酸锌液于插秧前蘸稻根。

加强稻田水肥管理，应在基肥中施用腐熟的粪肥、绿肥等。水稻插秧后应进行浅水勤灌，适时排水晒田，并结合追施速效肥料，促进稻株早发，使根系发育健壮，减轻发病。发现症状及时控制病情，对已发病的稻田，应根据缺素的种类，及时追肥，控制病情。对缺钾性赤枯病，应立即排水，追施氯化钾4～6kg/亩，以后浅水勤灌，促进新根形成，也可喷1%氯化钾或硫酸钾液40～50kg/亩进行叶面追肥。

2. 水稻倒伏

【症　　状】在水稻栽培过程中，经常发生不同程度的倒伏，常见的有两种：一是基部倒伏；二是折秆倒伏。前者是水稻倒伏的主要现象。基部节间过长，茎壁充实度差，植株抗倒性减弱。单位面积有效穗多，植株抗倒性差。施氮量多的田块，倒伏的概率高。倒伏后光合功能下降，谷粒灌浆不足，致使稻米心腹白比例大，碎米率增加。加之稻穗长期处于高湿环境中，部分稻粒发生霉变和发芽，精米的光泽度也较差，品质严重下降(图2-111)。

【病　　因】有多种因素可以造成水稻倒伏。除了水稻本身品种特性外，栽植密度、施肥、气象条件、有害生物为害等因子，倒伏是它们综合作用的结果。水稻品种抗倒伏性差异明显，穗大粒重、茎秆细软易倒伏。过密种植、直播、抛秧等种植模式易倒伏。施肥尤其是氮肥过迟、过多施用容易造成倒伏。水稻生育中后期遇到台风、暴雨也会造成大面积倒伏，并且会使一些较耐(抗)倒伏的品种发生倒伏。水稻中后期受病虫为害较重的田块容易倒伏。如遭受稻飞虱、纹枯病严重为害的稻田，稻株下部茎秆软化也是造成倒伏的主要因素。

图2-111 水稻倒伏症状

【防治方法】直播稻品种，除具备优质、高产、多抗外，还应具备耐肥、矮秆、分蘖中等的特性。早稻宜选用中熟品种，避免选用早熟品种直播而进一步缩短生育期，造成产量不高。

控氮配磷增钾：直播稻施肥原则是“控氮配磷增钾”，“前促、中控、后补”，施肥方法宜“一基三追”。基肥占施肥量的40%，追肥占60%。氮肥要基肥、追肥各一半，磷肥基施，特别要强调的是钾肥应在第二次追肥时施入，抗倒伏效果更为显著。

超前搁田：直播稻分蘖多，群体大，应早搁田，降低无效分蘖，提高成穗率，促进根系下扎，以防倒伏。当田间茎蘖苗达到预期穗数的80%时即开始搁田。由于直播稻根系分布浅，宜采用多次轻搁，使根系逐步深扎。

化学调控：在直播稻分蘖末期和破口初期各用一次多效唑调控，可以用15%多效唑可湿性粉剂30～50g/亩，对水30～40kg均匀喷施，可显著地控长防倒、增粒重。在水稻拔节期搁田，结合施用烯效唑与钾肥，防倒伏效果也很明显。

必要时喷洒惠满丰（高美施），每亩用210～240ml，对水稀释300～500倍，喷叶1～2次或促丰宝Ⅱ型活性液肥600～800倍液。对有倒伏趋势的直播水稻在拔节初期喷洒5%烯效唑乳油100mg/kg，也可选用壮丰安水稻专用型，防倒伏效果优异。水稻中后期加强对稻飞虱和纹枯病的防治。

3．水稻青枯病

水稻青枯病是水稻生理性病害，多发生于晚稻灌浆期，该生育阶段如出现青枯将严重影响水稻灌浆，造成千粒重、结实率等下降，从而影响产量和米质。

【症　　状】叶片内卷萎蔫，呈失水状，青灰色，茎秆干瘪收缩，或齐泥倒伏，谷壳青灰色，成为秕谷。此病常在1～2天内突然大面积成片发生(图2-112和图2-113)。

【病　　因】系由水稻生理性失水所致。多发生于晚稻灌浆期，断水过早，遇干热风，失水严重导致大面积青枯；长期深灌，未适度搁田，根系较浅容易发生青枯；土层浅，肥力不足，或施氮肥过迟也易发生青枯等。病虫为害。第四、五代稻飞虱大暴发，给部分防治不好的田块造成了一定的为害，稻飞虱主要集聚在稻株叶鞘上为害，而叶鞘是贮运营养的主要器官。经稻飞虱为害，损伤了输导组织，造成稻株营养不良、输送不畅，抗逆能力下降；水稻后期断水过早引发的小球菌核病、基腐病等病害也会引起早衰，加重青枯病的发生。管理不当。齐穗后稻株不再发生新根，仅靠老根来维持吸肥吸水能力，必须

图2-112 水稻青枯病为害稻株症状

图2-113 水稻青枯病为害田间症状

创造一个有肥、有气、有水的土壤环境来保持根系的活力。特别是直播稻根系分布浅，容易早衰，更应注重后期培育管理。单季晚稻播种量偏高，群体偏大，田间通透性差，部分农户施肥偏重氮肥和偏施苗肥，缺少有机肥和钾肥，缺少穗肥和粒肥，齐穗后为防稻飞虱又漫水长灌，没有做到湿润灌溉，造成根系活力下降，诱发早衰。播种量过大。因播种量加大造成基本苗偏多，群体过大，个体较弱，根群偏小，根系不能深扎，最终导致根系活力不强提早枯死。土壤黏重、地势较低、排灌不易的田块易发生。

【防治方法】青枯病一旦发生、表现出症状即无法挽回。针对目前单季晚稻出现青枯现象，对未发病的田块应加强田间水肥管理，采取适当的补救措施，延缓早衰，提高产量，改善米质。

湿润灌溉养老稻。坚持间歇灌溉，要根据天气变化灌水，做到降温、大风、猛晴时灌满水护稻，灌水2～3天后自然落干露田2～3天，干湿交替养老稻，在收割前5～7天断水，防止断水过早。

已开始发病地块，应立即浇跑马水，以缓解症状，同时喷施稻丰收、多菌灵、咪鲜胺+磷酸二氢钾、美洲星及绿风95等，防止小球菌核病菌的侵染、为害，增强植株的抵抗能力和补偿能力，加速籽粒的灌浆速度，提早成熟，减轻损失。

做好适时抢收工作。在发生青枯病的地区，应适当提前收割，避免发病后倒伏、难以收割而造成更大损失。

4．水稻干热风害

【症　　状】干热风害是水稻秧苗期经常遇到的气象生理病害。水稻秧苗受干热风为害，各部位失水变干，叶片卷缩凋萎，颜色由青变黄，逐渐变为灰白色(图2-114和图2-115)。

图2-114　水稻移栽后干热风为害症状

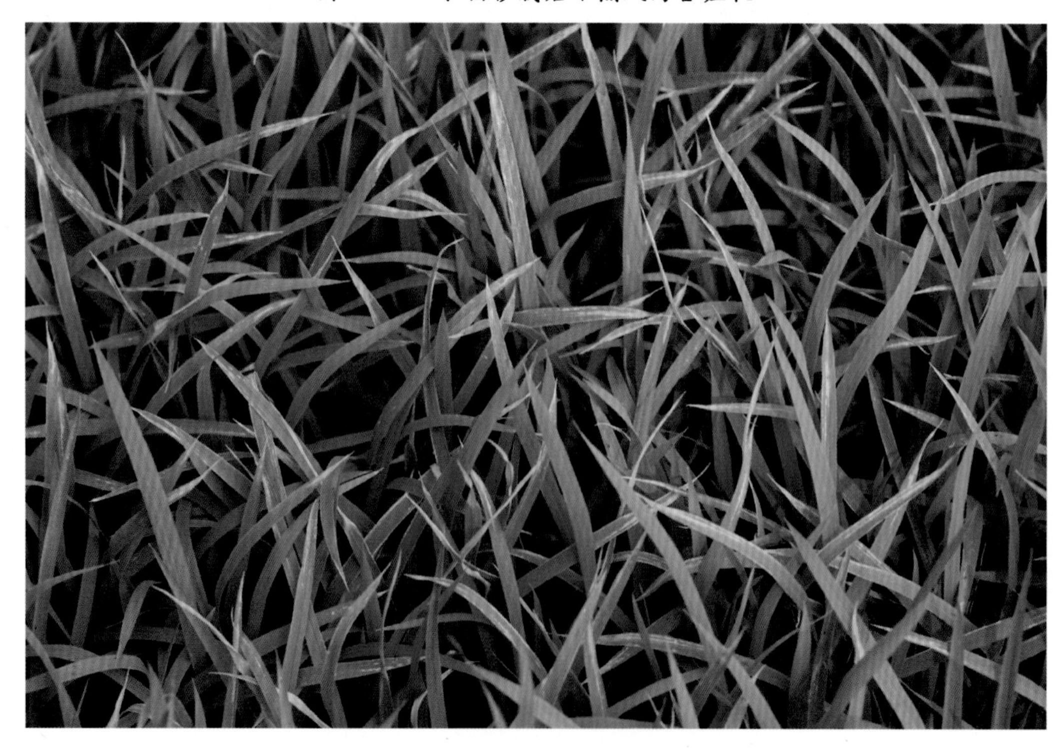

图2-115　干热风为害水稻秧苗症状

【病　　因】在水稻育苗期，遇有高温、干旱和强风力是发生干热风害的主要原因。在此阶段，遇2～5天的气温高于30℃，相对湿度低于30%，风速每秒大于2～3m的天气时，蒸发量大，体内水分失衡，造成水稻秧苗叶片枯黄。

【防治方法】选用早熟高产品种和采用适时早播等科学的栽培管理技术，促使水稻躲过或减轻干热风的为害。选用抗旱、抗病、抗干热风等抗逆能力较强的品种。增施有机肥和磷肥，适当控制氮肥用量，合理施肥不仅能保证供给植株所需养分，而且可以改良土壤结构，蓄水保墒。加深耕作层，熟化土壤，使根系深扎，增强抗干热风能力。

抗旱剂拌种。亩用抗旱剂1号50g溶于1～1.5kg水中拌种12.5kg。也可用万家宝30g，加水3kg拌种20kg，拌匀后晾干播种。

5．水稻低温冷害

【症　　状】延迟型冷害的主要特征：一是穗顶端的颖花可勉强受精结实，而下部颖花开花、受精、结实都受到障碍；二是穗部轻微下垂，但是接近收获期，水分少，穗部竖起来；三是生育不正常，茎秆、叶穗呈青色，最后变成青枯(图2-116)。

图2-116　水稻低温冷害症状

障碍型冷害的特征：一是穗顶端的不孕粒多，而穗基部结实多，穗上部的小花易受低温的影响，穗基部颖花由于剑叶包裹，而受到直接或间接的保护，不受低温影响，下部枝梗发育旺盛；二是不育而言（不包括秕粒）不孕粒和结实粒的差异明显；三是由于结实少故受害穗的结实籽粒比不受害穗的结实籽粒千粒重还重。

【病　因】延迟型冷害：水稻抽穗期遇18～19℃低温可造成延迟型冷害。分三种情况：一种是抽穗期导致出穗延迟或出不来穗；另一种是开花期处于低温，导致不能正常开花受精或灌浆受到障碍，影响水稻的产量和品质；再一种是成熟期遇到冷害，延迟成熟，产生大量的青米，降低成熟度和千粒重，影响出米率。是否造成上述三种冷害，取决于6月份和8月份的月平均气温，若6月份平均气温低于18℃，8月份日平均气温低于19℃，是发生延迟型冷害的临界气温。

障碍型冷害：抽穗期遇17℃以下低温冷害则造成障碍型冷害。主要指从幼穗形成期到抽穗开花期，特别是减数分裂期，遇到短时间的异常低温，使花器的分化受到破坏，花粉败育，造成空壳；在抽穗开花期遇到低温，颖花不开，花药不开裂，花粉不发芽，造成不结实，产量大大下降。低温年常常发生这种冷害，因此在此期间日平均气温17℃，是发生障碍型冷害的临界气温。

【防治方法】防御水稻低温冷害必须采取综合防御措施。

适期播种，避开冷害：各地都必须根据当地的气候规律，并须有80%以上的保证率，来确定水稻的安全播种期、安全齐穗期和安全成熟期，以避开低温冷害。用日平均气温稳定通过10℃和12℃的80%保证日期，作为粳、籼稻的无保温设施的安全播种期，长江流域为3月底至4月中旬。若采用旱育秧加薄膜覆盖保温措施，则双季早稻播种期可提早到3月下旬至4月上旬；若早稻大田直播的则要在4月中下旬。中稻品种的播种期则应安排在4月下旬至5月上旬，这样既有利于避开4月上旬播种的低温冷害，又可有效地避开7月下旬至8月上旬开花期的高温热害。双季晚稻播种期的确定要以保证在9月10—15日前能安全齐穗，以避开“寒露风”为害为依据，再根据早稻让茬时间、品种特性和秧龄综合确定，尽可能早播早栽，下限掌握在籼稻播种期为6月中旬、晚粳为6月25日前。

选用抗冷品种：不同的品种抗冷性有明显差异，早稻选籼稻品种，重点是苗期的抗冷性要强，尤其是直播方式的品种更要注意筛选；晚稻以粳稻品种为主，重点是开花灌浆期抗冷性强。

旱育稀播，培育壮秧：在同期播种的情况下，不同的育秧方式和播种量培育出的秧苗素质和抗冷性差异很大。旱育壮秧在插秧后具有较强的抗冷能力，能早生快发，提早齐穗。旱育的壮秧不仅能防御秧苗期冷害，而且也能有效地防御出穗后的延迟型冷害。在秧田的施肥上采用适氮高磷钾的方法，即适当控制氮肥用量，少施速效氮肥，施足磷、钾肥。这种磷、钾含量高的壮秧，不仅抗寒力强，而且栽插到冷浸田中也不致因磷、钾吸收不良而发病。

合理施肥，保早发：施肥制度明显地影响水稻的生育进程。为防晚稻后期低温冷害，在施肥上采取促早发施肥，即施肥水平较高的稻田，基肥：分蘖肥：孕穗肥的比例为40：30：30，分蘖肥还可提早作叶面肥施；施肥水平较低的稻田，肥料的施用以全部作基肥或留少量作分蘖肥，均能促进早期的营养生长，提早齐穗和成熟。反之，施肥过迟，最容易出现因抽穗延迟而发生冷害。若将磷肥与有机肥腐熟后施用，能促进秧苗早生快发，有防御冷害的效果。另外，晚稻在孕穗后期，在预报低温来临前，喷施20mg/kg的赤霉素溶液，也有促使提早抽穗的效果。

以水调温，减缓冷害：水的比热大，汽化热高和热传导性低，在遇低温冷害时，故可以以水调温，改善田间小气候。据试验，在气温低于17℃的自然条件下，采用夜灌河水的办法，使夜间稻株中部（幼穗处）的气温比不灌水的高0.6～1.9℃，对减数分裂期和抽穗期冷害都有一定的防御效果，结实率提高5.4%～15.4%，秧苗一叶一心时，经0℃处理2～3小时或经0～5℃处理5～7天，凡有水层保护的处理在恢复常温后都没有发生冷害症状。秧苗期遇到10～12℃低温时，只要灌薄水就可以防御冷害。当气温为5℃时，灌水深度以叶尖露出水面为宜。在连续低温为害时，每隔2～3天更换田水一次，以补充水中氧气，天气转暖后逐渐排除田水。双季晚稻抽穗期间遇低温，应及时采取灌深水护根，效果较好。据试验观察，9月下旬在气温16℃的情况下，田间灌水4～10cm，比不灌水的土温提高3～5℃，可促进晚稻提早抽穗。

冷害来临，应急补救：据研究，在水稻开花期发生冷害时喷施各种化学药物和肥料，如赤霉素、硼砂、萘乙酸、2,4–D、尿素等，都有一定的防治效果。喷施叶面保温剂在秧苗期、减数分裂期及开花灌浆期防御冷害上都具有良好的效果。水稻开花期遇17.5℃低温5天时，喷洒保温剂的空粒率比未喷洒者减少5%～13%。

6．水稻高温热害

【症　　状】我国长江流域，双季早稻的开花灌浆期正值盛夏高温季节，经常出现水稻高温热害，造成水稻结实率下降及稻米品质变劣、影响早稻生产(图2–117)。

图2–117　水稻高温热害症状

【病　　因】

气候原因：水稻开花期，持续35℃以上的高温天气，正好和早栽中稻的扬花期相遇，长时间的高温天气，使得花器发育不全，花粉发育不良，活力下降，散粉不畅，受精不良。这是造成高温热害最本质的原因。

品种固有的特性：由于水稻各品种自身存在着对温度的耐受范围不同，对持续高温的耐受差异性是品种固有的遗传特性决定的。调查发现，含有粳稻基因的亲本组合，和含有不耐高温的亲本组合，含有早熟基因的亲本组合均表现为不耐高温热害，而含有协优组合，含扬稻基因的组合，以及常规稻，中等穗型的水稻，其高温热害明显轻发，主要原因是粳稻基因不耐高温，早熟基因不耐高温，大穗型对营养要求高，对环境要求严，也不耐高温。

【防治方法】

实施深水灌溉，降低田间温度：水稻若孕穗抽穗期遇35℃以上高温天气，要采取灌深水，保持水层5～7cm，可使穗层温度降低3～5℃，湿度提高8%～10%，这是防御高温热害最为有效、最直接的措施，有条件的还可采取早晚喷洒清水。

采取叶面喷肥，增强作物抗性：采取叶面喷肥，即用1%尿素加0.2%磷酸二氢钾进行叶面喷施，可有效增强作物对热害的抗逆性。

及时追施肥料：要区别不同作物、不同生育阶段，依据作物营养需求特点，及时进行追肥，增加磷、钾肥的用量。水稻穗肥要重施、巧施，增施磷、钾肥，水肥协调，以确保作物生长对养分的需要，增强作物抗逆性。

7．水稻营养障碍

【症　　状】①缺氮发黄症：水稻缺氮植株矮小，分蘖少，叶片小，呈黄绿色，成熟提早。一般先从老叶尖端开始向下均匀发黄，逐渐由基叶延及至心叶，最后全株叶色褪淡，变为黄绿色，下部老叶枯黄。发根慢，细根和根毛发育差，黄根较多。黄泥板田或耕层浅瘦、基肥不足的稻田常发生(图2–118)。

图2–118　水稻缺氮症状

②缺磷发红症：秧苗移栽后发红不返青，很少分蘖，或返青后出现僵苗现象；叶片细瘦且直立不披，有时叶片沿中脉稍呈卷曲折合状；叶色暗绿无光泽，严重时叶尖带紫色，远看稻苗暗绿中带灰紫色；稻株间不散开，稻丛成簇状，矮小细弱；根系短而细，新根很少；若有硫化氢中毒的并发症，则根系灰白，黑根多，白根少。③缺钾赤枯症：水稻缺钾，移栽后2～3周开始显症。缺钾植株矮小，呈暗绿色，虽能发根返青，但叶片发黄呈褐色斑点，老叶尖端和叶缘发生红褐色小斑点，最后叶片自尖端向下逐渐变赤褐色枯死。以后每长出一片新叶，就增加一片老叶的病变，严重时全株只留下少数新叶保持绿色，远看似火烧状。病株的主根和分枝根均短而细弱，整个根系呈黄褐色至暗褐色，新根很少。缺钾赤枯病主要

发生在冷浸田、烂泥田和锈水田(图2–119)。④缺锌丛生症：缺锌的稻苗，先在下叶中脉区出现褪绿黄化状，并产生红褐色斑点和不规则斑块，后逐渐扩大呈红褐色条状，自叶尖向下变红褐色干枯，一般自下叶向上叶依次出现。病株出叶速度缓慢，新叶短而窄，叶色褪淡，尤其是基部中脉附近褪成黄白色。重病株叶枕距离缩短或错位，明显矮化丛生，很少分蘖，田间生长参差不齐。根系老朽，呈褐色，迟熟，造成严重减产。⑤缺硫症状与缺氮相似，田间难于区分。⑥缺钙叶尖变白，严重的生长点死亡，叶片仍保持绿色，根系伸长延迟，根尖变褐色。⑦缺镁下部叶片脉间褪色。⑧缺铁整个叶片失绿或发白(图2–120)。⑨缺锰嫩叶脉间失绿，老叶保持近黄绿色，褪绿条纹从叶尖向下扩展，后叶上出现暗褐色坏死斑点，新出叶窄而短，且严重失绿(图2–121)。⑩缺硼植株矮化，抽出叶有白尖，严重时枯死。

图2–119 水稻缺钾症状

图2–120 水稻缺铁症状

图2-121 水稻缺锰症状

【病　因】缺氮，未施基肥或施入量不足或施入过量新鲜未发酵好的有机肥。缺磷，红黄壤性水田、酸性红紫泥田、白浆土、新垦沙质滩涂土等稻田易缺磷，尤其是红黄壤性水田固磷能力强，易缺磷。有效磷与有机质含量正相关，有机质贫乏土壤易缺磷。生产上遇倒春寒或高寒山区冷浸田易发生缺磷症。缺钾，质量偏轻的河流冲积物及石灰岩、红沙岩风化物形成的土壤或土壤还原性强、或氮肥水平高且单施化肥易缺钾。此外，早稻前期持续低温阴雨后骤然转为晴热高温，造成土壤中有机肥或绿肥迅速分解，土壤养分迅速还原，常造成大面积缺钾。缺锌，石灰性pH值高的土壤或江河冲积或湖滨、海滨沉积性石灰质土壤及石灰性紫色土、玄武岩风化发育的近中性富铁泥土、地势低洼常渍水还原性强或施用了含高量磷肥或施用了大量新鲜有机肥引起强烈还原或低温影响均易出现缺锌症。缺硫易发生在沙质淋溶型土壤或远离城镇工矿区，大气含硫少，近3~5年内未施含硫的肥料。缺钙，土壤缺钙的情况较少，但南方某些花岗岩或千枚岩发育的土壤，其全钙含量甚微，华中红壤地区全钙含量0.02%~0.25%，每百克土中含交换性钙5~100mg，某些红壤仅5.6mg，这时会出现典型缺钙症状。缺镁，质地松的酸性土如丘陵河谷地区或雨水多的热带地区高度风化的土壤中水溶性和交换性镁含量少，易形成缺镁症。缺铁，主要发生在近乎纯净的沙砾质土壤含泥极少，近于干沙培和特清的溪水流动灌溉条件下，造成缺铁。缺锰，水稻叶片含锰量低于20mg/kg时，易出现缺锰症。水稻对锰虽不敏感，但我国华中丘陵区红砂岩发育的红壤及花岗岩发育的赤红壤含锰量都很低，北方的石灰性土壤，尤其是质地轻、有机质少、通透性良好的土壤，如黄淮海平原都属于缺锰的土壤。缺硼，我国华南和华中地区有效态硼含量从痕迹至0.58mg/kg，平均为0.14mg/kg。花岗岩发育的土壤有效硼常在0.1mg/kg以下。此外潜育性草甸土有效硼也很低。

【防治方法】①防止缺氮，及时追施速效氮肥，配施适量磷钾肥，施后中耕田，使肥料融入泥土中。②防止缺磷，浅水追肥，亩用过磷酸钙30kg混合碳酸氢铵25~30kg，随拌随施，施后中耕田；浅灌勤灌，反复露田，以提高地温，增强稻根对磷素的吸收代谢能力。待新根发出后，亩追尿素3~4kg，促进恢复生长。③防止缺钾，补救时立即排水，亩施草木灰150kg，施后立即中耕，或亩追氯化钾7.5kg，同时配施适量氮肥，并进行间隙灌溉，促进根系生长，提高吸肥力。④防止缺锌，秧田期于插秧前2~3天，每亩用1.5%硫酸锌溶液30kg，进行叶面喷施，可促进缓苗，提早分蘖，预防缩苗。始穗期、齐穗期，每亩每次用硫酸锌100g，对水50kg喷施，可促进抽穗整齐，加速养分运转，有利灌浆结实，结实率和千粒重提高。⑤防止缺硫，注意施用含硫肥料。如硫铵、硫酸钾、硫磺及石膏等，除硫磺需与肥土堆积转化为硫酸盐后施用外，其他几种，每亩施5～10kg即可。⑥防止缺钙，每亩施石灰50～100kg。⑦防止缺镁，基施钙镁磷肥15～20kg，应急时喷1%硫酸镁。⑧防止缺铁，增施有机肥或培土。⑨防止缺锰，用1%～2%硫酸锰溶液浸种24～48小时，或基施硫酸锰1.2kg，与有机肥混用。⑩防止缺硼，在水稻生长中后期，喷施0.1%～0.5%硼酸溶液或0.1%～0.2%的硼砂溶液2～3次，每亩用药量40～50kg。

三、水稻虫害

1．三化螟

【分　　布】三化螟（*Scirpophaga incertulas*）属鳞翅目螟蛾科。主要分布在黄河流域以南各稻区，是我国南方稻区主要害虫之一。

【为害特点】幼虫钻入稻茎蛀食为害，造成枯心苗。苗期、分蘖期幼虫啃食心叶，心叶受害或失水纵卷，稍褪绿或呈青白色，外形似葱管，称作假枯心，把卷缩的心叶抽出，可见断面整齐，多可见到幼虫，生长点遭破坏后，假枯心变黄死去成为枯心苗，这时其他叶片仍为青绿色。受害稻株蛀入孔小，孔外无虫粪，茎内有白色细粒虫粪(图2–122和图2–123)。

【形态特征】雌成虫体长10～13mm，前翅黄白色，中央有一小黑点；雄成虫体长8～9mm，前翅淡灰褐色，中央小黑点较小，自翅尖指向后缘近中部有1条暗褐色斜纹，外缘有小黑点7～9个(图2–124)。卵常由3层叠成长椭圆形卵块，表面覆盖有黄褐色绒毛(图2–125)。幼虫多4龄，3龄开始体黄绿色，前胸背板后缘中线两侧各有一扇形斑或新月形斑；体表看起来较干燥(图2–126)，而不像二化螟和大螟那样的湿滑。蛹灰白色至黄绿色或黄褐色，被白色薄茧，前有羽化孔。雄蛹较细瘦，腹部末端较尖，后足伸达第七、八腹节，接近腹末；雌蛹较粗大，腹部末端圆钝，后足仅达第六节。

图2–122　三化螟为害水稻茎秆症状

图2-123　三化螟为害田间白穗症状

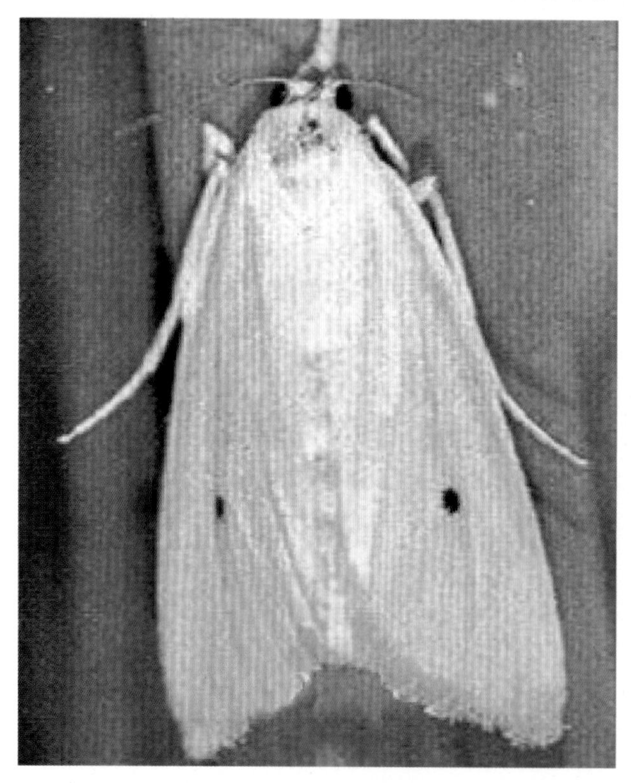

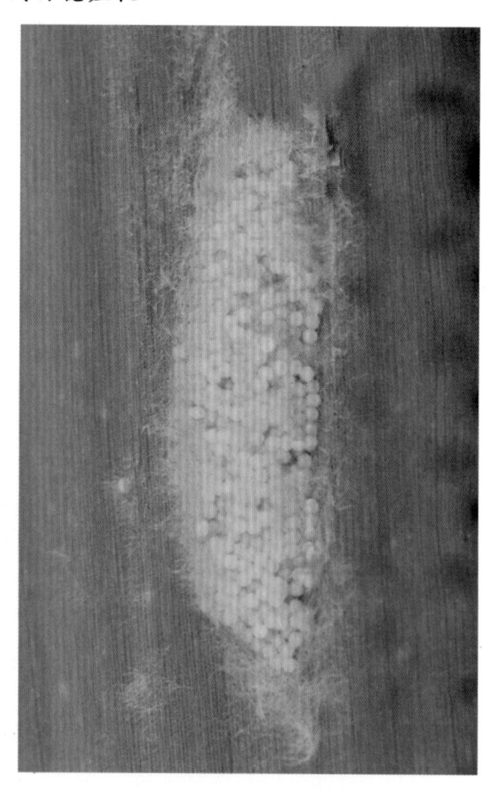

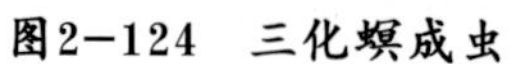

图2-124　三化螟成虫

图2-125　三化螟卵

【发生规律】河南一年发生2～3代，安徽、浙江、江苏、云南3代，高温年份可发生4代，广东5代，台湾6～7代，南亚热带10～12代。以老熟幼虫在稻茬内越冬。翌春气温高于16℃，越冬幼虫陆续化蛹、羽化。成虫白天潜伏在稻株下部，黄昏后飞出活动，有趋光性。羽化后1～2天即交尾，把卵产在生长旺

图2-126 三化螟幼虫

盛的稻叶叶面或叶背，分蘖盛期和孕穗末期产卵较多，拔节期、齐穗期、灌浆期较少。初孵幼虫称作“蚁螟”，蚁螟在分蘖期爬至叶尖后吐丝下垂，随风飘荡到邻近的稻株上，在距水面2cm左右的稻茎下部咬孔钻入叶鞘，后蛀食稻茎形成枯心苗。在孕穗期或即将抽穗的稻田，蚁螟在包裹稻穗的叶鞘上咬孔或从叶鞘破口处侵入蛀害稻花，经4～5天，幼虫达到2龄，稻穗已抽出，开始转移到穗颈处咬孔向下蛀入，再经3～5天把茎节蛀穿或把稻穗咬断，形成白穗。老熟幼虫转移到健株上在茎内或茎壁咬一羽化孔，仅留一层表皮，后化蛹。羽化后破膜钻出。在热带可终年繁殖。生产上单、双季稻混栽或中稻与一季稻混栽三化螟为害重。栽培上基肥充足，追肥及时，稻株生长健壮，抽穗迅速整齐的稻田受害轻。寄生性天敌主要有卵期的稻螟赤眼蜂、黑卵蜂类、螟卵啮小蜂，幼虫期的多种茧蜂、多种姬蜂及线虫，捕食性天敌有青蛙、隐翅虫、蜘蛛和鸟类等。

【防治方法】适当调整水稻布局，避免混栽，减少桥梁田。及时春耕沤田，处理好稻茬，减少越冬虫口。对冬作田、绿肥田灌跑马水，不仅利于作物生长，还能杀死大部分越冬螟虫。及时春耕灌水，淹没稻茬7～10天，可淹死越冬幼虫和蛹。

科学使用农药，提高防治效果。防治适期、选择适宜的农药品种和采取合理的施药方法才能获得好的防治效果。狠抓秧田期、分蘖期、大胎破口至抽穗始期的防治，最好是掌握在蚁螟盛孵期用药。在圆秆拔节和齐穗灌浆后施药效果不好。

在秧田和分蘖期防治枯心苗，宜采用药肥混合施用，或将药剂稀释后泼浇；在大胎破口期防治白穗则采用喷雾或泼浇的施药方法。当虫口密度较大时，在水稻易于受害的生育期间(大胎破口至抽穗始期)，应连续喷药2～3次，第2次喷药距第一次的间隔为5～7天。

在幼虫孵化始盛期，可选用下列杀虫药剂：

50%吡虫啉·乙酰甲可湿性粉剂80～100g/亩；

80%吡虫啉·杀虫单可湿性粉剂40～65g/亩；

20%阿维菌素·三唑磷乳油60～90ml/亩；

15%杀虫单·三唑磷乳油200～250ml/亩；

25%吡虫啉·三唑磷乳油100～150ml/亩；

70%噻嗪酮·杀虫单可湿性粉剂55～70g/亩；

1%甲氨基阿维菌素苯甲酸盐乳油20～30ml/亩；

18%杀虫双水剂250～300ml/亩；

90%杀虫单可溶性粉剂50～60g/亩；

50%杀虫环可溶性粉剂50～100g/亩，对水50kg均匀喷雾。

在水稻破口期，2～3龄幼虫期，可用下列药剂：

55%杀虫单·苏云金杆菌可湿性粉剂80～100g/亩；

200g/L氯虫苯甲酰胺悬浮剂5～10ml/亩；

20%甲维盐·杀虫单微乳剂15～20ml/亩；

40%稻丰散·三唑磷乳油100～125ml/亩；

30%毒死蜱·三唑磷乳油40～60ml/亩；

30%辛硫磷·三唑磷乳油70～90ml/亩；

40%丙溴磷·辛硫磷乳油100～120ml/亩；

20%毒死蜱·辛硫磷乳油120～150ml/亩；

15%甲基毒死蜱·三唑磷乳油150～200ml/亩；

35%喹硫磷·敌百虫乳油100～120ml/亩；

50%三唑磷·敌百虫乳油100～120ml/亩；

16%二嗪磷·辛硫磷乳油225～250ml/亩；

20%三唑磷乳油100～150ml/亩；

50%乐果乳油80～100ml/亩；

50%二嗪磷乳油60～120ml/亩；

48g/L毒死蜱乳油60～80ml/亩；

50%杀螟硫磷乳油50～100ml/亩；

20%丁硫克百威乳油200～250ml/亩；

50%杀螟丹可溶粉剂80～100g/亩，对水50kg均匀喷雾。

当虫口密度较大时，应连续喷药2次，间隔5～7天。

2．二化螟

【分　　布】二化螟（*Chilo suppressalis*）属鳞翅目螟蛾科。是我国水稻上为害最为严重的常发性害虫之一。国内各稻区均有分布，比三化螟和大螟分布广，主要在长江流域及以南稻区发生较重，北方稻区也有严重发生。

【为害特点】以幼虫钻蛀稻株，取食叶鞘、稻苞、茎秆等。分蘖期受害，出现枯心苗和枯鞘；孕穗期、抽穗期受害，出现枯孕穗和白穗；灌浆期、乳熟期受害，出现半枯穗和虫伤株，秕粒增多，易倒折。幼虫蛀入稻茎后剑叶尖端变黄，严重的心叶枯黄而死，受害茎上有蛀孔，孔外虫粪很少，茎内虫粪多，黄色，稻秆易折断(图2-127至图2-129)。

【形态特征】成虫：雄蛾体长10～13mm，翅展20～24mm，头、胸部背面淡褐色；前翅近长方形，黄褐色或灰褐色，翅面密布不规则褐色小点，外缘有7个小黑点，中室顶角有紫黑色斑点1个，其下方有斜行排列的同色斑点3个；后翅白色，近外缘渐带淡黄褐色。雌蛾体长10～14mm，翅展22～36mm；头、胸部黄褐色(图2-130)，前翅黄褐或淡黄褐色，翅面褐色小点不多，外缘亦有小黑点7个，后翅白色，有绢丝

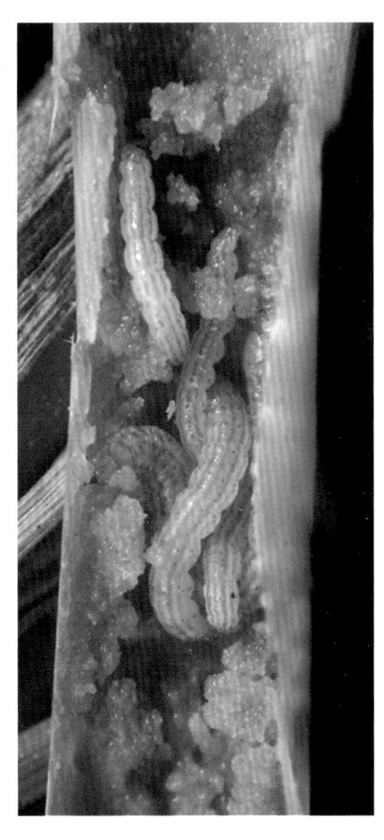

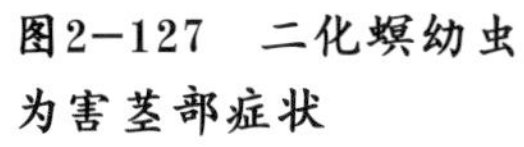

图2-127 二化螟幼虫为害茎部症状

图2-128 二化螟为害水稻症状

图2-129 二化螟为害后期白穗症状

状光泽。卵椭圆形，扁平，初产时乳白色，渐变为茶褐色，近孵化时变为灰黑色。卵块略呈长椭圆形，卵粒排列呈鱼鳞状(图2-131)。老龄幼虫长18～30mm，头部淡红褐色或淡褐色(图2-132)；胸、腹部淡褐色，前胸盾板黄褐色，背线，亚背线和气门线暗褐色；腹足趾钩为异序全环，亦有缺环。蛹体圆筒形。棕色至棕红色，后足不达翅芽端部(图2-133)。

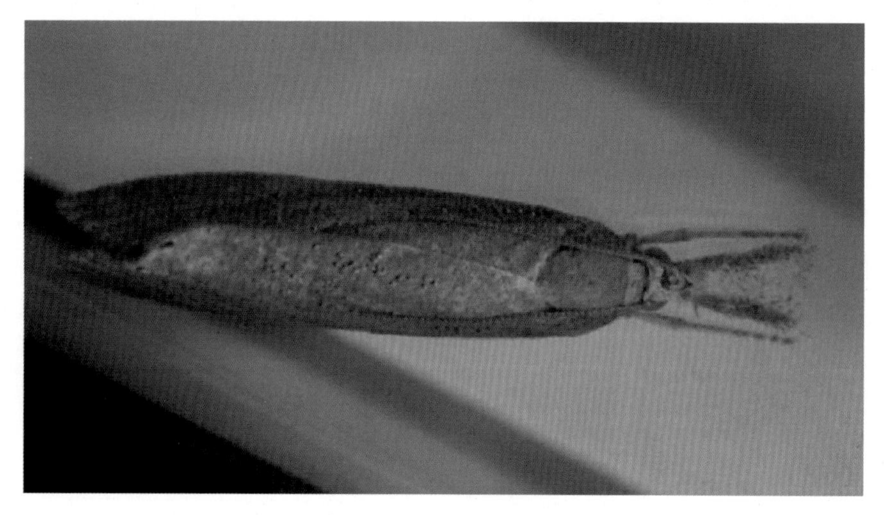

图2-130　二化螟成虫

图2-131　二化螟卵

图2-132　二化螟幼虫

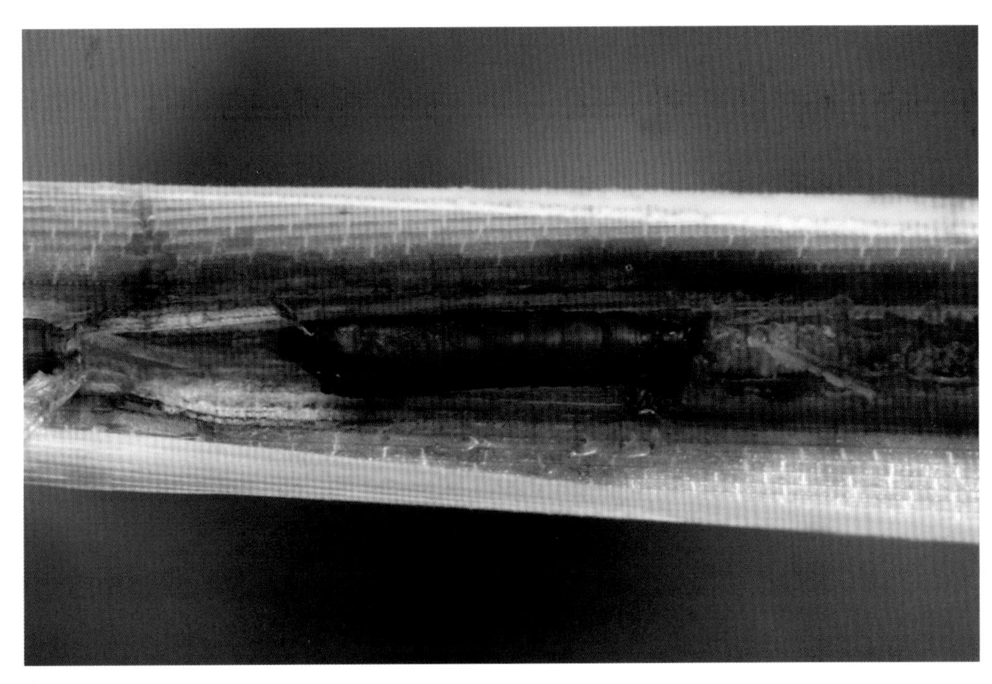

图2-133 二化螟蛹

【发生规律】一年发生1～5代，由北往南递增，东北1～2代，黄淮流域2代，长江流域和两广地区发生2～4代，海南岛5代。多以4～6龄幼虫于稻桩、稻草及田边杂草中滞育越冬，未成熟的幼虫春季还可以取食田间及周边绿肥、油菜、麦类等作物。越冬幼虫抗逆性强，冬季低温对其影响不大。气温在15～16℃开始活动、羽化，长江中下游一般在4月中下旬至5月上旬开始发生。但由于越冬环境复杂，所以越冬幼虫化蛹、羽化时间极不整齐，常持续约2个月。越冬代及随后的各个世代发生期拉得较长，可有多次发生高峰，造成世代重叠现象，防治适期难以掌握。成虫趋光性强，多在夜间羽化。喜选择植株较高、剑叶长而宽、茎秆粗壮、叶色浓绿的稻株产卵。卵产于叶片表面。初孵幼虫多在上午孵化，之后大部分沿稻叶向下爬或吐丝下垂，从心叶、叶鞘缝隙或叶鞘外蛀入，先群集叶鞘内取食内壁组织，2龄后开始蛀入稻茎为害。幼虫有转株为害的习性，在食料不足或水稻生长受阻时，幼虫分散为害，转株频繁，为害加重。幼虫老熟后多在受害茎秆内(部分在叶鞘内侧)结薄茧化蛹。蛹期耗氧量大，灌水淹没会引起大量死亡。春季低温多湿会延迟二化螟的发生期。夏季温度过高亦对二化螟的发生不利。35℃高温致蛾子羽化多畸形，卵孵化率降低，幼虫死亡率升高。稻田水温高于35℃时，分蘖期因幼虫多集中于茎秆下部，死亡率可高达80%～90%，但穗期幼虫可逃至稻株上部，水温的影响相对较小。寄生性天敌主要有卵期的稻螟赤眼蜂、松毛虫赤眼蜂，幼虫期有多种姬蜂、多种茧蜂及线虫、寄生蝇，其中卵寄生蜂最重要。捕食类天敌有蜘蛛、蛙类、隐翅虫、猎蝽、鸟类等。

【防治方法】采取防、避、治相结合的防治策略，以农业防治为基础，在掌握害虫发生期、发生量和为害程度的基础上合理施用化学农药。

合理安排冬作物，晚熟小麦、大麦、油菜、留种绿肥要注意安排在虫源少的晚稻田中，可减少越冬的基数。对稻草中含虫多的要及早处理，也可把基部10～15cm先切除烧毁。灌水杀蛹，即在二化螟初蛹期采用烤、搁田或灌浅水，以降低化蛹的部位，进入化蛹高峰期时，突然灌深水10cm以上，经3～4天，大部分老熟幼虫和蛹会被淹死。掌握幼虫孵化盛期至低龄幼虫期的防治关键时期。在二化螟1代多发生地区，要做到狠治1代；在1～3代为害重地区，采取狠治1代，挑治2代，巧治3代。第1代以打枯鞘团为主，第2代挑治迟熟早稻、单季杂交稻、中稻。第3代主防杂交双季稻和早栽连作晚稻田的螟虫。生产上在早、晚稻分蘖期或晚稻孕穗、抽穗期螟卵孵化高峰后5～7天，枯鞘丛率5%～8%或早稻每亩有中心为害株100株或丛害率1%～1.5%或晚稻为害团高于100个时，可用下列药剂：

20%阿维·三唑磷乳油60～90ml/亩；

40%吡虫啉·杀虫单可湿性粉剂75～125g/亩；

25%三唑磷·毒死蜱乳油80～100ml/亩；

40%辛硫磷·三唑磷乳油60～80ml/亩；

12%马拉硫磷·杀螟硫磷乳油100～200ml/亩；

46%杀虫单·苏云菌可湿性粉剂60～75g/亩；

30%敌百虫·辛硫磷乳油100～120ml/亩；

30%敌百虫·毒死蜱乳油100～150ml/亩；

36%三唑磷·敌百虫乳油150～180ml/亩；

40%杀螟硫磷·敌百虫乳油100～120ml/亩；

20%马拉硫磷·三唑磷乳油120～180ml/亩；

25%阿维菌素·毒死蜱乳油80～100ml/亩；

42.9%杀虫单·辛硫磷可湿性粉剂100～120g/亩；

40%柴油·三唑磷乳油100～140ml/亩；

35%三唑磷·敌敌畏乳油100～120ml/亩；

20%阿维菌素·杀螟硫磷乳油70～90ml/亩；

20.1%甲维·杀虫双微乳剂100～180ml/亩；

24%杀虫双·毒死蜱水乳剂80～100ml/亩；

20%杀螟硫磷·三唑磷乳油70～100ml/亩；

30%三唑磷·仲丁威乳油150～200ml/亩；

8 000IU/ml苏云金杆菌悬浮剂200～400ml/亩；

45%杀螟硫磷乳油45～55ml/亩；

98%杀螟丹可溶性粉剂40～60g/亩；

200g/L氯虫苯甲酰胺悬浮剂5～10ml/亩；

240g/L甲氧虫酰肼悬浮剂20～30ml/亩；

18%杀虫双水剂250～300ml/亩；

90%杀虫单可溶粉剂50～60g/亩；

78%杀虫单可溶性粉剂40～50g/亩；

50%杀虫环可溶性粉剂80～100g/亩；

13.5%三唑磷乳油100～150ml/亩；

20%乙酰甲胺磷乳油80～120ml/亩；

30%二嗪磷乳油150～175ml/亩；

48%毒死蜱乳油60～80ml/亩；

25%喹硫磷乳油110～140ml/亩；

1%甲氨基阿维菌素苯甲酸盐乳油20～30ml/亩；

20%哒嗪硫磷乳油75～100ml/亩，对水50～75kg，均匀喷雾。

在水稻分蘖盛期，低龄幼虫期，可用下列药剂：

15%三唑磷・杀单微乳剂150～250ml/亩；

12%阿维菌素・仲丁威乳油50～60ml/亩；

15%杀虫单・三唑磷微乳剂150～200ml/亩；

30%阿维菌素・杀虫单微乳剂100～120ml/亩；

30%哒嗪硫磷・辛硫磷乳油100～150ml/亩；

20%丙溴磷・辛硫磷乳油100～125ml/亩；

35%喹硫磷・敌百虫乳油100～120ml/亩；

40%三唑磷・矿物油乳油100～120ml/亩；

2%苏云金杆菌・吡虫啉可湿性粉剂50～100g/亩；

50%杀虫单・毒死蜱可湿性粉剂70～100g/亩；

42%噻嗪酮・杀虫单可湿性粉剂80～100g/亩；

30%噻嗪酮・三唑磷乳油80～120ml/亩；

30%甲维盐・毒死蜱乳油60～85ml/亩；

40%稻丰散・三唑磷乳油100～125ml/亩；

10%阿维菌素・氟酰胺乳油20～30ml/亩；

30%哒嗪硫磷・丁硫乳油150～200ml/亩；

16%氟虫脲・毒死蜱乳油80～100ml/亩；

16%阿维菌素・哒嗪乳油75～90ml/亩；

20%阿维菌素・二嗪磷乳油100～150ml/亩；

37%阿维菌素・丙溴磷乳油30～50ml/亩；

50%噻嗪酮・杀虫单可湿性粉剂60～70g/亩；

21%氟虫脲・三唑磷乳油80～100ml/亩，对水50～75kg，均匀喷雾，也可对水400kg进行大水量泼浇；保持3～5cm浅水层持续3～5天可提高防效。

3. 稻纵卷叶螟

【分　　布】稻纵卷叶螟（*Cnaphalocrocis medinalis*）属鳞翅目螟蛾科。在我国东北至海南岛，各稻区均有分布，尤以华南、长江中下游稻区受害最为严重。

【为害特点】以幼虫缀丝纵卷水稻叶片成虫苞，形成白色条斑，造成白叶，致水稻千粒重下降，秕粒增加，造成减产（图2–134和图2–135）。

【形态特征】雌成虫体长8～9mm，翅展17mm，体、翅黄绿色，前翅前缘暗褐色，外缘具暗褐色宽带，内横线、外横线斜贯翅面，中横线短，后翅也有2条横线，内横线短，不达后缘(图2–136)。雄蛾体稍小，色泽较鲜艳，前、后翅斑纹与雌蛾相近，但前翅前缘中央具1黑色眼状纹。卵长1mm，近椭圆形，扁平，中部稍隆起，表面具细网纹，初白色，后渐变浅黄色。幼虫5～7龄，多数5龄。末龄幼虫体长14～19mm，头褐色，体黄绿色至绿色(图2–137)，老熟时为橘红色，中、后胸背面具小黑圈8个，前排6个，后排2个。蛹长7～10mm，圆筒形，末端尖削，具钩刺8个，初浅黄色，后变红棕色至褐色(图2–138)。

图2-134 稻纵卷叶螟为害水稻初期症状

图2-135 稻纵卷叶螟为害水稻后期症状

图2-136 稻纵卷叶螟成虫

图2-137 稻纵卷叶螟幼虫

图2-138 稻纵卷叶螟蛹

【发生规律】东北一年发生1～2代，长江中下游至南岭以北5～6代，海南南部10～11代，南岭以南以蛹和幼虫越冬，南岭以北有零星蛹越冬。越冬场所为再生稻、稻桩及湿润地段的李氏禾、双穗雀稗等禾本科杂草。该虫有远距离迁飞习性，在我国北纬30度以北地区，任何虫态都不能越冬。每年春季，成虫随季风由南向北而来，随气流下沉和雨水拖带降落下来，成为非越冬地区的初始虫源。秋季，成虫随季风回迁到南方进行繁殖，以幼虫和蛹越冬。如在安徽该虫也不能越冬，每年5—7月成虫从南方大量迁来成为初始虫源，在稻田内发生4～5代。各代幼虫为害盛期：一代6月上中旬；二代7月上中旬；三代8月上中旬；四代在9月上中旬；五代在10月中旬。生产上1、5代虫量少，一般以2、3代发生为害重。成虫白天在稻田里栖息，遇惊扰即飞起，但飞不远，夜晚活动、交配，把卵产在稻叶的正面或背面，单粒居多，少数2～3粒串生在一起，成虫有趋光性和趋向嫩绿稻田产卵的习性，喜欢吸食蚜虫分泌的蜜露和花蜜。1龄幼虫不结苞；2龄时爬至叶尖处，吐丝缀卷叶尖或近叶尖的叶缘，即“卷尖期”；3龄幼虫纵卷叶片，形成明显的束腰状虫苞，即“束叶期”；3龄后食量增加，虫苞膨大，进入4～5龄频繁转苞为害，被害虫苞呈枯白色，整个稻田白叶累累。老熟幼虫多爬至稻丛基部，在无效分蘖的小叶或枯黄叶片上吐丝结成紧密的小苞，在苞内化蛹，蛹多在叶鞘处或位于株间或地表枯叶薄茧中。6—9月雨日多，湿度大有利其发生，田间灌水过深，施氮肥偏晚或过多，引起水稻徒长，为害重。稻纵卷叶螟天敌很多，特别是寄生性天敌，卵期稻螟赤眼蜂、拟澳洲赤眼蜂。幼虫和蛹期寄生性天敌有卷叶螟绒茧蜂、螟蛉绒茧蜂、扁股小蜂、多种瘤姬蜂等。

【防治方法】以农业防治为基础，充分利用生物防治措施，合理使用化学药剂，充分保护和利用自然天敌。

注意合理施肥，特别要防止偏施氮肥或施肥过迟，防止前期稻苗猛发徒长、后期贪青迟熟，促进水稻生长健壮、适期成熟，提高稻苗耐虫力或缩短受害期。尽量采用抗虫水稻品种。

生物防治：人工释放赤眼蜂。在稻纵卷叶螟产卵始盛期至高峰期，分期分批放蜂，每亩每次放3万～4万头，隔3天1次，连续放蜂3次。喷洒杀螟杆菌、青虫菌，每亩喷每克菌粉含活孢子量100亿的菌粉150～200g，对水60～75kg喷雾。为了提高生物防治效果，可加入药液量0.1%的洗衣粉作展着剂。

一般在采用的防治指标为穗期虫量20头/100丛，分蘖期40头/100丛；同时防治适期以幼虫盛孵期或3龄、4龄幼虫高峰期为宜。可用下列药剂：

200g/L氟虫苯甲酰胺悬浮剂7～10ml/亩；

3%阿维菌素·氟铃脲可湿性粉剂50～60g/亩；

10%甲维·三唑磷乳油100～140ml/亩；

25%杀虫单·毒死蜱可湿性粉剂150～200g/亩；

20%杀虫单·丙溴磷微乳剂130～150ml/亩；

10.2%阿维菌素·杀虫单微乳剂100～150ml/亩；

14.5%吡虫啉·杀虫双微乳剂150～200ml/亩；

50%吡虫啉·杀虫单可湿性粉剂60～100g/亩；

75%杀虫单·氟啶脲可湿性粉剂60～70g/亩；

20%甲维·毒死蜱可湿性粉剂60～70g/亩；

15%阿维菌素·毒死蜱乳油60～70ml/亩；

15%阿维菌素·马拉乳油100～120ml/亩；

16%阿维菌素·杀螟乳油50～60ml/亩；

20%阿维菌素·三唑磷乳油50～100ml/亩；

50%杀螟丹可溶粉剂80～100g/亩；

15%茚虫威乳油12～16ml/亩；

30%马拉硫磷·灭多威乳油120～150ml/亩；

200g/L氯虫苯甲酰胺悬浮剂5～10ml/亩；

50%噻嗪酮·杀虫单可湿性粉剂50～60g/亩；
30%抑食肼·毒死蜱可湿性粉剂80～100g/亩；
24%杀虫双·毒死蜱水乳剂75～100ml/亩；
46%杀虫单·苏云金杆菌可湿性粉剂35～50g/亩；
25%甲维盐·仲丁威乳油60～70ml/亩；
12%阿维菌素·仲丁威乳油50～60ml/亩；
8 000IU/mg苏云金杆菌可湿性粉剂100～400g/亩；
2%阿维菌素乳油20～30ml/亩；
0.5%甲氨基阿维菌素苯甲酸盐乳油10～20ml/亩；
18%甲维·茚虫威可湿性粉剂10～14g/亩；
20%抑食肼可湿性粉剂50～100g/亩；
20%杀虫双水剂180～225ml/亩；
50%杀虫环可溶性粉剂50～100g/亩；
80%杀虫单可溶性粉剂40～50g/亩；
78%杀虫安可溶性粉剂40～50g/亩，对水60kg均匀喷雾。
在水稻穗期，幼虫1～2龄高峰期，可用下列药剂：
20%毒死蜱·辛硫磷乳油150～160ml/亩；
20%虫酰肼·辛硫磷乳油80～100ml/亩；
25%马拉硫磷·辛硫磷乳油80～100ml/亩；
25%敌敌畏·辛硫磷乳油80～120ml/亩；
35%敌敌畏·毒死蜱乳油100～120g/亩；
25%三唑磷·仲丁威乳油150～200ml/亩；
25%三唑磷·毒死蜱乳油80～100ml/亩；
20%辛硫磷·三唑磷乳油120～160ml/亩；
25%丙溴磷·辛硫磷乳油50～70ml/亩；
40%乐果·敌百虫乳油100～120ml/亩；
40%敌百虫·毒死蜱乳油75～100ml/亩；
20%三唑磷·敌百虫乳油125～150ml/亩；
30%喹硫磷·辛硫磷乳油80～100ml/亩；
35%三唑磷·杀虫单可湿性粉剂80～100g/亩；
15%杀虫单·三唑磷微乳剂200～250ml/亩；
30%噻嗪酮·三唑磷乳油 80～120ml/亩；
40%氯虫苯甲酰胺·噻虫嗪水分散粒剂6～8g/亩；
18%喹硫磷·毒死蜱微乳剂90～120ml/亩；
40%毒死蜱乳油50～100ml/亩；
40%辛硫磷乳油100～150ml/亩；
40%氧乐果乳油60～100ml/亩；
30%氯胺磷乳油160～200ml/亩；

10%喹硫磷乳油100～120ml/亩；

50%杀螟硫磷乳油48～100ml/亩，对水60kg均匀喷雾，为害严重时，间隔5～7天再喷1次，连喷2～3次。

4．稻飞虱

【分　　布】水稻飞虱有褐飞虱(*Nilaparvata lugens*)、灰飞虱(*Sogatella furcifera*)、白背粉虱(*Aleurocybotus indicus*)等均属同翅目飞虱科。主要分布在吉林、辽宁、河北、河南、山西、陕西、宁夏、甘肃、四川、云南、西藏，尤以黄河流域、长江流域及以南的各地发生量大。

【为害特点】成虫、若虫群集于稻丛下部刺吸汁液；雌虫产卵时，用产卵器刺破叶鞘和叶片，易使稻株失水或感染菌核病。排泄物常有霉菌滋生，影响水稻光合作用和呼吸作用，严重的稻株干枯。严重时颗粒无收(图2-139至图2-141)。

图2-139 稻飞虱为害幼苗症状

图2–140 稻飞虱为害水稻后期田间症状

图2–141 稻飞虱为害稻株症状

【形态特征】褐飞虱：成虫有长、短两种翅型。长翅型体长3.6～4.8mm，前翅端部超过腹末(图2–142)；短翅型雌虫体长4mm，雄虫约2.5mm，前翅端部不超过腹末(图2–143)；体色分为深色型和浅色型；前者头与前胸背板、中胸背板均为褐色或黑褐色；后者全体黄褐色，仅胸部腹面和腹部背面较暗。卵呈香蕉状，产于叶鞘或叶片中脉组织中，卵粒前端“卵帽”排列成整齐的一行；卵初产时乳白色，半透明，后前端出现红色眼点，近孵化时淡黄色。若虫共5龄，腹背斑纹和翅芽也是区分各龄若虫的主要特征；1～2龄若虫腹部背面有淡色“T”形斑，均无翅芽；1龄若虫后胸后缘平直，2龄若虫后胸两侧略向后伸；3～5龄若虫腹部第四、五节各有一对较大的淡色斑，第七至九节淡色斑呈“山”字形；3龄若虫中后胸开始有明显翅芽，呈“八”字形，但前翅芽末端不达后胸后缘；4龄若虫翅芽更明显，前翅芽末端伸达后胸后缘；5龄若虫前翅芽末端伸达腹部第三至四节，前后翅芽末端彼此相接或前翅芽伸过后翅芽；低龄若虫体色淡，呈灰白色或淡黄

图2-142 褐飞虱长翅型

图2-143 褐飞虱短翅型

灰飞虱：长翅型雌虫体长3.3～3.8mm（图2-144），短翅型体长2.4～2.6mm，浅黄褐色至灰褐色，头顶稍凸出，长度略大于或等于两复眼之间的距离，额区具黑色纵沟2条，额侧脊呈弧形；前胸背板、触角浅黄色；小盾片中间黄白色至黄褐色，两侧各具半月形褐色条斑纹，中胸背板黑褐色，前翅较透明，中间生一褐翅斑。卵初产时乳白色略透明，后期变浅黄色，香蕉形，双行排成块。末龄若虫体长2.7mm，前翅芽较后翅芽长，若虫共5龄。

图2-144 灰飞虱成虫

白背粉虱：长翅型雄虫体长3.2～3.8mm，浅黄色，有黑褐斑（图2-145）；头顶前突，前胸、中胸背板侧脊外方复眼后具一新月形暗褐色斑，中胸背板侧区黑褐色，中间具黄纵带，前翅半透明，端部有褐色晕斑；翅柄、颜面、胸部、腹部腹面黑褐色。长翅型雌虫体多黄白色，具浅褐斑。卵新月形。若虫共5龄，末龄若虫灰白色，长约2.9mm。

图2-145 白背粉虱成虫

【发生规律】褐飞虱：海南一年发生12～13代，世代重叠常年繁殖，无越冬现象。广东、广西、福建南部1年发生8～9代，3—5月迁入；贵州南部6～7代，4—6月迁入；赣江中下游、贵州、福建中北部、浙江南部5～6代，5—6月迁入；江西北部、湖北、湖南、浙江、四川东南部、江苏、安徽南部4～5代，6—7月上中旬迁入；苏北、皖北、鲁南2～3代，7—8月迁入；我国广大稻区主要虫源随每年春、夏暖湿气流由南向北迁入和推进，每年约有5次大的迁飞，秋季则由北向南回迁。短翅型成虫属居留型，长翅型为迁移型。羽化后不久飞翔力强，能随高空水平气流迁移，春、夏两季向北迁飞时，空气湿度高有利其迁飞。成虫对嫩绿水稻趋性明显，雄虫可行多次交配。成、若虫喜阴湿环境，喜欢栖息在距水面10cm以内的稻株上，田间虫口每丛高于0.4头时，出现不均匀分布，后期田间出现塌圈枯死现象。水稻生长后期，大量产生长翅型成虫并迁出，1～3龄是翅型分化的关键时期。近年我国各稻区由于耕作制度的改变，水稻品种相当复杂，生育期交错，利于该虫种群数量增加，造成严重为害。该虫生长发育适温为20～30℃，26℃最适，长江流域夏季不热，晚秋气温偏高利其发生，褐飞虱迁入的季节遇有雨日多、雨量大利其降落，迁入时易大发生，田间阴湿，生产上偏施、过施氮肥，稻苗浓绿，密度大及长期灌深水，有利其繁殖，受害重。

灰飞虱：北方稻区一年发生4～5代，江苏、浙江、湖北、四川等长江流域稻区发生5～6代，福建7～8代，田间世代重叠。以3～4龄虫在麦田、紫云英或沟边杂草上越冬。在稻田出现远比褐飞虱、白背飞虱早。华北稻区越冬若虫4月中旬至5月中旬羽化，在幼嫩麦田繁殖1代后迁入水稻秧田和直播本田、早栽本田或玉米地，6—7月大量迁入本田为害，至9月初水稻抽穗期至乳熟期第四代若虫数量最大，为害最重；南方稻区越冬若虫3月中旬至4月中旬羽化，以5—6月早稻中期发生较多。灰飞虱有较强的耐寒能力，但对高温适应性差，卵产于植株组织中，喜在生长嫩绿、高大茂密的植株上产卵。在田间喜通透性良好的环境，栖息于植株较高的部位，并常向田边聚集。成虫翅型变化稳定，越冬代多为短翅型，其余各代以长翅型居多；雄虫除越冬代外，几乎全为长翅型。

白背飞虱：新疆、宁夏一年发生1～2代，东北2～3代，淮河以南3～4代，长江流域4～7代，岭南7～10代，海南南部11代，属迁飞性害虫。最初虫源是从南方迁来。迁入期从南向北推迟，有世代重叠。该虫长翅型成虫飞翔力强，当田间每代种群增长约2～4倍，田间虫口密度高时即迁飞转移。

【防治方法】充分利用农业增产措施和自然因子的控害作用，创造不利于害虫而有利于天敌繁殖和水稻增产的生态条件，在此基础上根据具体虫情，合理使用高效低毒的化学农药。

实施连片种植，合理布局，防止褐飞虱迂回转移为害。科学管理肥水，做到排灌自如，防止田间长期积水，浅水勤灌，适时搁田；合理用肥，防止田间封行过早、稻苗徒长荫蔽，增加田间通风透光度，降低湿度，创造促进水稻生长而不利于褐飞虱孳生的田间小气候，是控制褐飞虱为害的重要环节。

在水稻孕穗期或抽穗期，2~3龄若虫高峰期，可用下列药剂：

30%三唑磷·毒死蜱乳油150~200ml/亩；

25%噻嗪酮可湿性粉剂20~30g/亩；

40%噻嗪酮·毒死蜱乳油75~90ml/亩；

20%噻嗪酮·吡虫啉可湿性粉剂40~50g/亩；

40%氯噻啉水分散粒剂4~5g/亩；

20%甲维盐·毒死蜱乳油100~200ml/亩；

50%二嗪磷乳油75~100ml/亩；

40%毒死蜱乳油84~100ml/亩；

10%醚菊酯悬浮剂50~70ml/亩；

45%稻丰散·噻嗪酮乳油100~120ml/亩；

25%丙溴磷·噻嗪酮可湿性粉剂90~100g/亩；

50%吡蚜酮水分散粒剂15~20g/亩；

50%吡蚜酮·噻嗪酮水分散粒剂13~20g/亩；

10%吡虫啉可湿性粉剂10~20g/亩；

22%吡虫啉·毒死蜱乳油40~60ml/亩；

15%阿维菌素·噻嗪酮可湿性粉剂30~40g/亩；

15%阿维菌素·毒死蜱乳油50~60ml/亩；

2%苏云金杆菌·吡虫啉可湿性粉剂50~100g/亩；

30%噻嗪酮·三唑磷可湿性粉剂80~120g/亩；

1.45%阿维菌素·吡虫啉可湿性粉剂60~80g/亩，对水50kg均匀喷雾。

在水稻孕穗末期或圆秆期，孕穗期或抽穗期，或灌浆乳熟期，可用下列药剂：

20%异丙威乳油200~250ml/亩；

100g/L乙虫腈悬浮剂30~40ml/亩；

20%速灭威乳油200~250ml/亩；

10%哌虫啶悬浮剂25~35ml/亩；

85%甲萘威可湿性粉剂60~100g/亩；

50%混灭威乳油75~100ml/亩；

20%仲丁威乳油150~200ml/亩；

25%噻嗪酮·杀虫单可湿性粉剂80~100g/亩；

30%三唑磷·仲丁威乳油150~200ml/亩；

25%仲丁威·毒死蜱乳油80~120ml/亩；

25%噻嗪酮·仲丁威乳油60～72ml/亩；

25%噻嗪酮·异丙威乳油96～120ml/亩；

25%噻嗪酮·速灭威乳油60～80ml/亩；

30%混灭威·噻嗪酮乳油83～90ml/亩；

20%吡虫啉·仲丁威乳油60～80ml/亩；

25%异丙威·吡虫啉可湿性粉剂30～40g/亩；

50%吡虫啉·杀虫单可湿性粉剂60～80g/亩；

60%吡虫啉·杀虫安可湿性粉剂50～70g/亩，对水50kg均匀喷雾，兼治二化螟、三化螟、稻纵卷叶螟等。

5．稻弄蝶

【分　　布】稻弄蝶主要有直纹稻弄蝶（*Parnara guttata*）、隐纹谷弄蝶（*Pelopidas mathias*）等，均属鳞翅目弄蝶科。除新疆、宁夏未见报道外，广泛分布各稻区。常局部成灾，以新垦稻区、水旱混作区、山区、半山区及滨湖地区稻田发生较多，山区盆地边沿稻田受害最重。

【为害特点】幼虫孵化后，爬至叶片边缘或叶尖处吐丝缀合叶片，做成圆筒状纵卷虫苞，潜伏在其中为害。1～2龄幼虫在叶片边缘或叶尖结2～4cm长小苞；3龄幼虫结苞长10cm，亦常单叶横折成苞；4龄幼虫开始缀合多片叶成苞，虫龄越大缀合的叶片越多，虫苞越大。食后叶片残缺不全，严重时仅剩中脉(图2-146)。

图2-146 稻弄蝶为害稻叶状

【形态特征】直纹稻弄蝶成虫体长17～19mm，翅展28～40mm，体和翅黑褐色，头胸部比腹部宽，略带绿色；前翅具7～8个半透明白斑排成半环状，下边一个大；后翅中间具4个白色透明斑，呈直线或近直线排列(图2-147)；翅反面色浅，斑纹与正面相同。卵褐色，半球形，初灰绿色，后具玫瑰红斑，顶花冠具8～12瓣。末龄幼虫体长27～28mm，头浅棕黄色，头部正面中央有“山”形褐纹，体黄绿色，背线深绿色，臀板褐色(图2–148)。蛹淡黄色，近圆筒形，头平尾尖(图2–149)。

图2–147　直纹稻弄蝶成虫

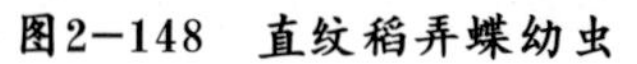

图2–148　直纹稻弄蝶幼虫

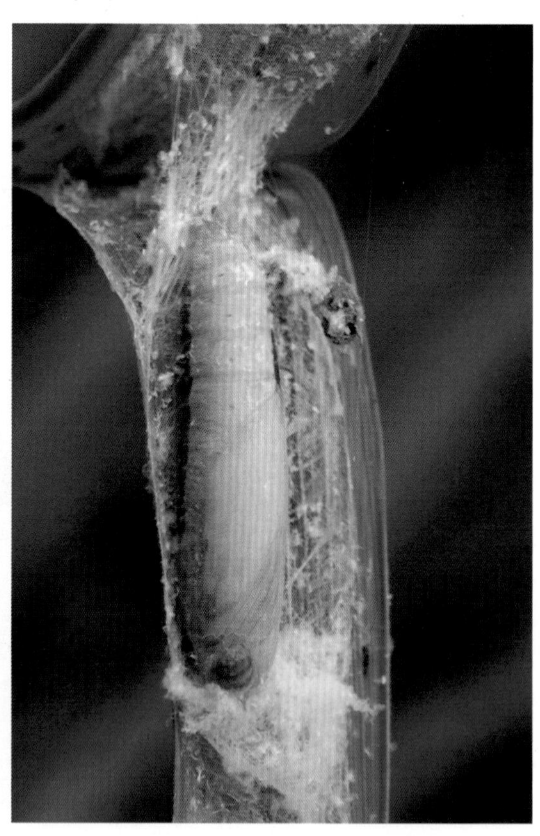

图2–149　直纹稻弄蝶蛹

隐纹谷弄蝶：成虫体长17 ~ 19mm，形似直纹稻弄蝶(图2–150)，但前翅白斑较小，后翅无正面斑纹，反面有不明显的白斑4 ~ 6个，排列成弧形。卵扁球形，直径1mm，顶端略平，表面光滑。幼虫体长33 ~ 37mm，嫩绿色(图2–151)，头部正面有红褐色“八”字纹，背线淡黄色。蛹长24 ~ 33mm，淡绿色，头部突出而尖(图2–152)。

图2-150 隐纹谷弄蝶成虫

图2-151 隐纹谷弄蝶幼虫

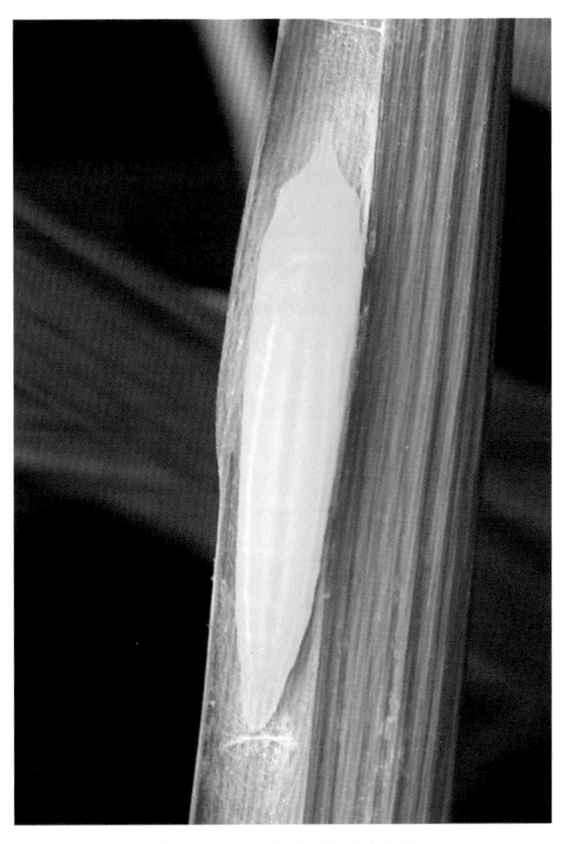

图2-152 隐纹谷弄蝶蛹

【发生规律】我国每年发生2～8代，南方稻区以老熟幼虫在背风向阳的游草等杂草中结苞越冬，北方稻区难以发现越冬虫态，可能由南方迁入。华南一年发生6～7代，以8—9月发生的第4、5代虫量较大，为害晚稻；浙江一年发生4～5代，江苏和安徽发生4代，主要为害连晚、单晚稻和中稻。一般时晴时雨，尤其是白天下雨夜间晴的天气易发生，高温干旱则少发生。成虫喜食花蜜，趋向分蘖期生长旺盛的稻株产卵。幼虫共5龄，各龄幼虫均有吐丝结苞习性，白天潜伏稻苞内取食，傍晚或阴雨天爬出苞外取食。5龄为暴食期，食量超过幼虫总食量的80%。直纹稻弄蝶的发生有年份间间歇发生和同一地区局部为害严重的现象，与气候（特别是降水量和降水日）、天敌、周边植被、水稻栽培管理均有密切关系。一般冬春季温度偏低有利于该虫的大发生，主害代发生前1个月降水量和降水日多，特别是时晴时雨的天气，非常有利于其猖獗为害。主要原因在于此类气候条件下有利于该虫的卵、幼虫和蛹的发育和存活，但不利于多数天敌的生存与活动。天敌主要有多种赤眼蜂、姬蜂、绒茧蜂、黑卵蜂、寄生蝇、蜘蛛、猎蝽、步甲、蜻蜓、鸟类。在合理使用农药保护天敌且气候条件适合天敌的情况下，天敌往往成为抑制该虫发生的重要因素。一般周边蜜源植物多，能为稻弄蝶成虫期提供充足蜜源，同时水稻处于分蘖、圆秆期，且生长茂密、叶色浓绿，又与稻弄蝶发生期相遇，则水稻常受害严重。

【防治方法】冬春及时铲除田边、沟边、塘边杂草的残株。利用幼虫结苞不活泼的特点，进行人工采苞灭幼虫。种植蜜源植物集中诱杀，保护利用寄生蜂、猎蝽等天敌昆虫。

检查每百丛稻株有虫10头左右的田块，应掌握2龄幼虫占50%左右时喷药防治。常用的药剂如下：

50%杀螟硫磷乳油1 000～1 500倍液；

1.8%阿维菌素乳油2 000～4 000倍液；

40%辛硫磷乳油1 000～1 500倍液；

25%喹硫磷乳油1 500倍液；

2.5%溴氰菊酯乳油2 000倍液，每亩用对好的药液50～60kg喷洒。或用：

8 000IU/ml苏云金杆菌可湿性粉剂100～400g/亩；

25%亚胺硫磷乳油150ml/亩，对水50～60kg均匀喷雾，发生量大时，可间隔7～10天再喷1次。

6．福寿螺

【分布为害】福寿螺（*Ampullaria gigas*）属软体动物门腹足纲柄眼目。分布在广东、广西、福建、海南、台湾等地。孵化后稍长即开始啮食水稻等水生植物，尤喜幼嫩部分。咬断水稻主蘖及有效分蘖，致有效穗减少而造成减产（图2–153）。

图2–153　福寿螺为害水稻幼苗症状

【形态特征】贝壳外观与田螺相似，具一螺旋状的螺壳，颜色随环境及螺龄不同而异，有光泽和若干细纵纹，头部具触角2对，螺体左边具1条粗大的肺吸管。成贝壳厚(图2-154)，壳高7cm，幼贝壳薄，贝雌雄同体，异体交配。卵圆形，初产卵粉红色至鲜红色，卵的表面有一层不明显的白色粉状物，5天后变为灰白色至褐色，这时卵内已孵化成幼螺。卵块椭圆形，卵于夜间产在水面以上干燥物体或植株的表面，初孵幼螺落入水中，吞食浮游生物等(图2-155)。

图2-154 福寿螺成螺

图2-155 福寿螺卵块

【发生规律】广州一年发生3代，各代螺重叠发生。

【防治方法】当稻田每平方米平均有螺2～3头以上时，应马上防治。在水稻移植后24小时内于雨后或傍晚每亩施用：

6%四聚乙醛颗粒剂400～600g/亩；

50%杀螺胺乙醇胺盐可湿性粉剂60～70g/亩；

70%杀螺胺可湿性粉剂30～40g/亩；

20%三苯基乙酸锡可湿性粉剂100～140g/亩；

6%四聚乙醛·甲萘威可湿性粉剂650～750g/亩，施药后保持3～4cm水层3～5天。

7．稻水象甲

【分布为害】稻水象甲(*Lissorhoptrus oxyzophilus*)属鞘翅目象甲科。分布在河北、广西、广东、台湾等省。幼虫钻食新根，造成水稻插秧后缓秧慢，甚至造成漂秧。

【形态特征】雌成虫体表被覆浅绿色至灰褐色鳞片；从前胸背板端部至基部有一大口瓶状暗斑由黑鳞片组成(图2–156)。卵圆柱形，乳白色。幼虫体白色，共4龄。蛹白色。

图2−156 稻水象甲成虫

【发生规律】一年发生1代，并存在一个不完全世代的第2代。以成虫在山坡、荒地、田埂等有覆盖场所越冬。越冬成虫于4月中旬开始活动，4月下旬开始取食，至5月下旬可见大量成虫。5月下旬稻田可见成虫。6月上旬开始见卵，连续发生至8月上旬，到8月中旬才查不到幼虫，7月中旬即有土茧，8月下旬起，越冬场所有成虫活动至10月末、11月初，成虫进入越冬状态。

【防治方法】水稻收获后，还有很多成虫残留在稻茬或稻田土层内越冬，为此应及时翻耕土地，可降低其越冬存活率。稻水象甲的防治指标为30头/m^2。第1代成虫羽化盛期在7月末到8月上旬，是防治成虫的关键时期。可用下列药剂: 5%丁硫克百威颗粒剂2～3kg/ 亩或0.4%氯虫苯甲酰胺颗粒剂700～1 000g/ 亩拌20～25kg细土均匀撒施。

或用下列药剂：

40%氯虫·噻虫嗪水分散粒剂6～8g/ 亩;

20%辛硫磷·三唑磷乳油50～70ml/亩；

40%三唑磷乳油60～80ml/亩；

10%醚菊酯悬浮剂80～100ml/亩；

22%马拉硫磷·辛硫磷乳油70～100ml/亩；

35%敌敌畏·马拉硫磷乳油40～50ml/亩；

30%吡虫啉微乳剂10～15ml/亩，对水50～60kg，均匀喷施。

8. 黑尾叶蝉

【分布为害】黑尾叶蝉(*Nephotettix bipunctatus*)属同翅目叶蝉科。分布于我国各稻区，尤以长江流域发生较多。成虫、若虫均以针状口器刺吸稻株汁液，被害处呈现许多褐色斑点，严重时植株发黄或枯死，甚至倒伏；但通常情况下黑尾叶蝉吸食为害往往不及其传播水稻病毒病的为害严重。

【形态特征】成虫体长4.5～6mm，黄绿色(图2–157)；头与前胸背板等宽，向前成钝圆角突出，头顶复眼间接近前缘处有1条黑色横凹沟，内有1条黑色亚缘横带；复眼黑褐色，单眼黄绿色；雄虫额唇基区黑色，前唇基及颊区为淡黄绿色；雌虫体为淡黄褐色，额唇基的基部两侧区各有数条淡褐色横纹，颊区淡黄绿色；前胸背板两侧均为黄绿色；小盾片黄绿色；前翅淡蓝绿色，前缘区淡黄绿色，雄虫翅端1/3处黑色，雌虫为淡褐色；雄虫胸、腹部腹面及背面黑色，雌虫腹面淡黄色，腹背黑色；各足黄色。卵长茄形；末龄若虫体长3.5～4mm，若虫共4龄。

图2–157 黑尾叶蝉成虫

【发生规律】一年发生代数随地理纬度而异。河南信阳、安徽阜阳一年发生4代；江苏南部、上海、浙江北部以5代为主；江西南昌、湖南长沙以6代为主；福建福州、广东曲江以7代为主；广东广州以8代为主；田间世代重叠。主要以若虫和少量成虫在冬闲田、绿肥田、田边等处的杂草上越冬，主要食料是看麦娘。长江流域以7月中旬至8月下旬发生量较大，主要在早稻生长后期、中稻灌浆期、单晚稻分蘖期和连晚秧田及分蘖期为害；华南稻区则在6月上旬至9月下旬均有较大发生量，为害于早稻穗期和晚稻各生育期。成、若虫均较稻飞虱活泼，受惊即横行或斜走逃避，惊动剧烈则跳跃或飞去。成虫白天多栖于稻丛中、下部，晨间和夜晚在叶片上部为害，趋光性强。卵产于水稻或稗草上，多从叶鞘内侧下表皮产入组织中。若虫多群集于稻丛基部，少数可取食叶片和穗，具体部位随水稻生育期不同而有所变化，一般较褐飞虱位置稍高。冬季温暖，降水少，越冬虫死亡率低，带毒个体体内病毒增殖速度较快，传毒力较强，翌年较易大发生。该虫喜高温干旱，6月份气温稳定回升后，虫量显著增多，至7—8月份高温季节达发生高峰。单、双季稻混栽区食料连续、丰富，该虫发生量大，为害重；连作稻区早、晚季稻换茬期食料连续性稍差，发生量次之。早栽、密植以及肥水管理不当而造成稻株生长嫩绿、繁茂郁闭，田间湿度增大，有利于该虫发生。

【防治方法】种植抗性品种；因地制宜改革耕作制度，尽量避免混栽，减少桥梁田；加强肥水管理，提高稻苗健壮度，防止稻苗贪青徒长。注意保护利用天敌昆虫和捕食性蜘蛛。

早稻孕穗抽穗期(6月中下旬)，每百丛虫口达300～500只；早插连作晚稻田边数行每百丛虫口达300～

500只，而田中央每百丛虫口达100～200只时，即须开展防治。病毒病流行地区，早插连作晚稻本田初期，虽未达上述防治指标，也要考虑及时防治。及时喷洒下列药剂：

25%仲丁威乳油100～150ml/亩；

20%异丙威·矿物油乳油150～200ml/亩；

20%异丙威乳油150～200ml/亩；

25%速灭威可湿性粉剂100～200g/亩；

45%杀螟硫磷乳油55～83ml/亩；

45%马拉硫磷乳油83～111ml/亩；

30%马拉硫磷·异丙威乳油100～133ml/亩；

40%乐果乳油75～100ml/亩；

25%甲萘威可湿性粉剂200～260g/亩；

50%混灭威乳油50～100ml/亩，对水50～60kg均匀喷施。施药时田间要有水层3～5cm，保持3～4天。田中无水而喷雾时，每亩药液量要在100kg以上。农药要混合使用或更换使用，以免产生抗药性。

9．中华稻蝗

【分布为害】中华稻蝗(*Oxya chinensis*)属直翅目蝗科。国内各稻区均有分布。在我国中部和北部稻区迅速回升，不少稻区(如东北稻区)暴发成灾。成虫、若虫食叶成缺刻，严重时全叶被吃光，仅留叶脉。

【形态特征】成虫雄体长15～33mm，雌虫19～40mm，黄绿、褐绿、绿色，前翅前缘绿色，余淡褐色，头宽大，卵圆形，头顶向前伸，颜面隆起宽，两侧缘近平行，具纵沟(图2-158)；复眼卵圆形，触角丝状，前胸背板后横沟位于中部之后，前胸腹板突圆锥形，略向后倾斜，翅长超过后足腿节末端。雄虫尾端近圆锥形，肛上板短三角形，平滑无侧沟，顶端呈锐角。雌虫腹部第2～3节背板侧面的后下角呈刺状，有的第3节不明显；产卵瓣长，上下瓣大，外缘具细齿。卵长圆筒形，中间略弯，深黄色，胶质卵囊褐色。若虫5～6龄，少数7龄。

图2-158 中华稻蝗成虫

【发生规律】北方每年发生1代，南方每年发生2代。各地均以卵块在田埂、荒滩、堤坝等土中1.5cm深处或杂草根际、稻茬株间越冬。越冬卵于5月中下旬陆续孵化，6月初至8月中旬田间各龄若虫重叠发生。7月中旬至8月中旬羽化为成虫，9月中下旬为成虫产卵盛期，9月下旬至11月初成虫陆续死亡。成虫多在早晨羽化，在性成熟前活动频繁，飞翔力强，以8：00—10：00和16：00—19：00活动最盛。对白光和紫光有明显趋性。低龄若虫在孵化后有群集生活习性，就近取食田埂、沟渠、田间道边的禾本科杂草，3龄以后开始分散，迁入田边稻苗，4、5龄若虫可扩散到全田为害。一般沿湖、沿渠、低洼地区发生重于高地稻田，早稻田重于晚稻，晚稻秧田重于本田，田埂边重于田中间。单双季稻混栽区，随着早稻收获，单季稻和双晚秧田常集中受害。天敌有蜻蜓、螳螂、青蛙、蜘蛛、鸟类。

【防治方法】消灭越冬虫源，减少向本田迁移的基数。秋冬季修整渠沟、铲除草皮，春季平整田埂、除草，可大量减少越冬虫源。在稻蝗1、2龄期，重点对田间地头、沟渠及周围荒地杂草及时进行防治，以压低虫口密度，减少稻蝗迁移本田基数。放鸭啄食或保护青蛙、蟾蜍，可有效抑制该虫的发生。

抓住蝗蝻未扩散前集中在田埂、地头、沟渠边等杂草上以及蝗蝻扩散前期大田田边5m范围内稻苗上的有利时机，及时用药。稻田防治指标为平均每丛有蝗蝻1头。应注意在若虫3龄前进行，药剂可选用：

2.5%溴氰菊酯乳油4 000倍液；

2.5%高效氯氟氰菊酯乳油4 000倍液。

如果蝗蝻已达3龄，并且虫口密度已到30头/m^{2}以上时，可采用5%氟虫脲乳油与蝗虫微孢子虫协调喷施，以喷施面积3：1的比例进行防治(即以稻田两渠埂间稻田为1个条带)，3个条带稻田喷施氟虫脲，每亩施用量为70ml，1个条带稻田喷施蝗虫微孢子虫，用量为20亿个孢子/亩，以此重复间隔喷施。

10．稻棘缘蝽

【分布为害】稻棘缘蝽(*Cletus punctiger*)属半翅目缘蝽科。国内分布北起辽宁，南至台湾、海南及广东、广西、云南，东面临海，西至陕西、甘肃、四川、云南、西藏。长江以南部地方，密度较大。成虫、若虫喜在水稻灌浆至乳熟期的稻穗及穗茎上群集为害，造成秕粒。

【形态特征】成虫体黄褐色，狭长，刻点密布(图2-159)。头顶中央具短纵沟，头顶及前胸背板前缘具黑色小粒点；复眼褐红色，单眼红色；前胸背板多为一色，侧角细长，稍向上翘，末端黑。卵似杏核，全体具光泽，表面生有细密的六角形网纹，卵底中央具一圆形浅凹。若虫共5龄，3龄前长椭圆形，4龄后长梭形，5龄体黄褐色带绿色，腹部具红色毛点。

【发生规律】每年发生2~3代，以成虫在杂草根际处越冬，越冬成虫3月下旬出现，4月下旬至6月中下旬产卵，若虫5月上旬至6月底孵化，6月上旬至7月下旬羽化，6月中下旬开始产卵。第2代若虫于6月下旬至7月上旬始孵化，8月初羽化，8月中旬产卵。第3代若虫8月下旬孵化，9月底至12月上旬羽化，11月中旬至12月中旬逐渐蛰伏越冬。广东、云南、广西南部无越冬现象。早熟或晚熟生长茂盛稻田易受害，近塘边、山边及与其他禾本科、豆科作物附近的稻田受害重。

【防治方法】冬春季节结合积肥清除田边附近杂草，减少虫源数量；适当调节播种期或选用适宜生育期品种，尽量使水稻穗期避开稻棘缘蝽发生高峰期；在水稻抽穗前放鸭食虫。

在低龄若虫期，可喷洒下列药剂：

90%晶体敌百虫600~800倍液；

80%敌敌畏乳油1 500~2 000倍液；

50%马拉硫磷乳油1 000倍液；

图2–159 稻棘缘蝽成虫

50%马拉硫磷乳油1 000倍液；

2.5%氯氟氰菊酯乳油2 000～5 000倍液；

2.5%溴氰菊酯乳油2 000倍液；

10%吡虫啉可湿性粉剂1 500倍液，每亩用药液50kg均匀喷施。

11．稻眼蝶

【为害特点】稻眼蝶(*Mycalesis gotama*)属鳞翅目眼蝶科。主要发生在河南、陕西以南，四川、云南以东各稻区。幼虫食稻叶，多沿叶缘蚕食成缺刻，行动迟缓。

【形态特征】成虫体褐色，翅面暗褐色，前翅有1大1小的椭圆形白心黑斑(图2–160)，黑斑四周并有橘红色晕圈；后翅有2组近圆形白心黑斑。卵球形，淡黄色，表面有微细网纹。末龄幼虫体草绿色，近纺锤形，头部有一对长角状突起，形似龙头，腹部末端有一对后伸的尾角。蛹初绿色，后渐变灰绿至褐色，腹部背面弓起，似驼背。

图2–160 稻眼蝶成虫

【发生规律】一年发生4～6代，以蛹和幼虫在稻田、河边杂草上越冬。成虫于上午羽化，不很活泼，畏强光，白天多隐蔽在稻丛、竹林、树阴等荫蔽处，早晨、傍晚外出活动，交尾也多在此时进行。卵散产，多产于稻叶上。老熟后即吐丝将尾部固定于叶上，然后卷曲体躯，倒悬蜕皮化蛹。一般山林、竹园、房屋边的稻田受害较重。

【防治方法】结合冬春积肥，及时铲除田边、沟边、塘边杂草，能有效地压低越冬幼虫或蛹的数量。利用幼虫假死性，振落后捕杀或放鸭啄食。

在2龄幼虫为害高峰期喷药防治，药剂可选用：

75%杀虫单·氟啶脲乳油45～55ml/亩；

31%三唑磷·氟啶脲乳油60～70ml/亩；

10.2%阿维菌素·杀虫单微乳剂100～150ml/亩；

3%阿维菌素·氟铃脲可湿性粉剂50～60g/亩；

10%甲维·三唑磷乳油100～140ml/亩；

25%杀虫单·毒死蜱可湿性粉剂150～200g/亩；

2%阿维菌素乳油20～30ml/亩；

25%三唑磷·仲丁威乳油150～200ml/亩；

40%毒死蜱乳油50～100ml/亩；

30%乙酰甲胺磷乳油150～200ml/亩，对水50～60kg；

25%喹硫磷乳油1 500倍液；

2.5%溴氰菊酯乳油2 500倍液；

50%杀螟硫磷乳油600倍液；

90%晶体敌百虫600倍液；

10%吡虫啉可湿性粉剂2 500倍液，每亩用药液50kg均匀喷雾。

12．稻瘿蚊

【分布为害】稻瘿蚊(*Orseoia oryzae*)属双翅目瘿蚊科。分布于广东、广西、云南、海南以及福建、江西、湖南、贵州等地。初孵幼虫先从水稻叶鞘间隙或叶舌边缘侵入，然后再慢慢沿叶鞘内壁向下为害水稻生长点，吸取其汁液。水稻生长点遭破坏，心叶停止生长，幼茎也随之出现萎缩、弯曲；叶鞘部分愈合、伸长，最后形成淡绿色而中空的葱管。受害重者，整个分蘖皆可变成葱管而不能抽穗，致使颗粒无收，轻者虽能抽穗，但穗短、扭曲而不结实。水稻从秧苗至抽穗前都可被害(图2–161)。

【形态特征】成虫体长3.5～4.8mm，形状似蚊，浅红色，触角15节，黄色，雌虫近圆筒形，中央略凹；雄蚊似葫芦状，中间收缩，好像2节；中胸小盾板发达，腹部纺锤形隆起似驼峰；前翅透明具4条翅脉。卵长椭圆形，初白色，后变橙红色或紫红色。末龄幼虫体纺锤形；蛆状。幼虫共3龄，1龄蛆形；3龄体形与2龄虫相似。蛹椭圆形，浅红色至红褐色。

【发生规律】每年发生6～13代，以幼虫在田边、沟边等处的杂草上越冬。越冬代成虫于3月下旬至4月上旬出现，越冬代羽化后成虫飞到附近的早稻上为害。从第二代起世代重叠，很难分清代数，但各代成虫盛发期较明显。7—10月，中稻、单季晚稻、双季晚稻的秧田和本田很易遭到严重为害。该虫喜潮湿不耐干旱，气温25～29℃，相对湿度高于80%，多雨利其发生。稻瘿蚊的发生区越冬期间的温度条件与稻瘿蚊关系最为密切。凡11月至翌年1月温度高，低温时间较短的年份稻瘿蚊的发生较严重。如果12月至第

2年1月的月均温或2月份的旬均温不低于10℃，则来年稻瘿蚊将大发生。生产上栽培制度复杂，单、双季稻混栽区，稻瘿蚊发生严重。

图2-161 稻瘿蚊为害稻株症状

【防治方法】防治稻瘿蚊的策略是“抓秧田，保本田，控为害，把三关，重点防住主害代”。

冬春期间结合积肥彻底铲除销毁田边、沟边、埂边的越冬寄主，冬翻田、冷烂锈水田都要及早冬耕翻犁，并在第2年惊蛰前进行灌水溶田，最大限度地压低虫源基数。调节水稻播插期以错开稻瘿蚊的盛发期，可以减低其为害。施足基肥，早施追肥，使禾苗早生快发，减少无效分蘖，及时排水晒田，加强栽培管理，加速幼穗分化形成，可以抑制稻瘿蚊的入侵。

种子处理：可用5%丁烯氟虫腈悬浮剂25～50ml/100kg种子或35%丁硫克百威粉剂600～800g/100kg种子拌种。

药剂防治主要是中稻和双晚稻秧田防治，以压低晚稻大田的虫源。以卵孵始盛期至高峰期内施药效果最佳。以混合农药毒土法较为有效，使用时分别拌匀泥粉或细沙撒施或做成药团塞于水稻根部。施药前稻田必须灌好水，药后保持3mm水层3～5天，以提高药效。可用下列药剂：

8%噻嗪酮·毒死蜱颗粒剂1.25～1.5kg/亩；

10%灭线磷颗粒剂1～1.5kg/亩；

3%克百威颗粒剂2～3kg/亩；

1.8%阿维菌素乳油200～300ml/亩，拌土10～15kg均匀撒施。

在成虫盛发至卵孵化高峰期，可用下列药剂：

48%毒死蜱乳油100～200ml/亩；

40%三唑磷乳油60～80ml/亩；

10%吡虫啉可湿性粉剂20～30g/亩，对水50～60kg，均匀喷雾。

13．水稻大螟

【分　　布】大螟(*Sesamia inferens*)属鳞翅目螟蛾科。国内分布于北纬34°以南，即陕西—河南信阳—安徽合肥—江苏淮阴一线以南。该虫开始仅在稻田周边零星发生，随着耕作制度的变化，特别是双季稻区推广杂交稻以后，发生数量上升，成为水稻常发性主要害虫，年发生面积超过167万 hm^2。在长江流域部分稻区，其在几种螟虫中的比例可高达到30%～40%。

【为害特点】幼虫蛀入稻茎为害，可造成枯梢、枯心苗、枯孕穗、白穗及虫伤株。大螟为害造成的枯心苗，蛀孔大、虫粪多，多夹在叶鞘和茎秆之间，受害稻茎的叶片、叶鞘部都变为黄色。大螟造成的枯心苗田边较多，田中间较少，区别于二化螟、三化螟为害造成的枯心苗(图2–162)。

图2–162 水稻大螟为害白穗症状

【形态特征】成虫雌蛾体长15mm，翅展约30mm，头部、胸部浅黄褐色，腹部浅黄色至灰白色；触角丝状，前翅近长方形，浅灰褐色，中间具小黑点4个排成四角形(图2-163)。雄蛾体长约12mm，翅展27mm，触角栉齿状(图2-164)。卵扁圆形，初白色后变灰黄色，表面具细纵纹和横线，聚生或散生，常排成2～3行。末龄幼虫体长约30mm，粗4头红褐色至暗褐色，共5～7龄(图2-165)。蛹长13～18mm，粗壮，红褐色，腹部具灰白色粉状物，臀棘有3根钩棘。

图2-163 水稻大螟雌成虫

图2-164 水稻大螟雄成虫

图2-165 水稻大螟幼虫

【发生规律】云贵高原一年发生2～3代，江苏、浙江3～4代，江西、湖南、湖北、四川发生4代，福建、广西及云南发生4～5代，广东南部、台湾6～8代。在温带以幼虫在茭白、水稻等作物茎秆或根茬内越冬，翌春老熟幼虫在气温高于10℃时开始化蛹，15℃时羽化，越冬代成虫把卵产在春玉米或田边看麦娘、李氏禾等杂草叶鞘内侧，幼虫孵化后再转移到邻近边行水稻上蛀入叶鞘内取食，蛀入处可见红褐色锈斑块。3龄前常十几头群集在一起，把叶鞘内层吃光，后钻进心部造成枯心。3龄后分散，为害田边2～3墩稻苗，蛀孔距水面10～30cm，老熟时化蛹在叶鞘处。苏南越冬代发生在4月中旬至6月上旬，第1代6月下旬至7月下旬，二代7月下旬至10月中旬；宁波一带越冬代在4月上旬至5月下旬发生，第二代6月中旬至7月下旬，二代8月上旬至下旬，三代9月中旬至10月中旬；长沙、武汉越冬代发生在4月上旬至5月中旬；江浙一带第一代幼虫于5月中下旬盛发，主要为害茭白，7月中下旬第二代幼虫期和8月下旬第三代幼虫主要为害水稻，对茭白为害轻。茭白与水稻插花种植地区，该虫在两寄主间转移为害重。浙北、苏南单季稻茭白区，越冬代羽化后尚未栽植水稻，则集中为害茭白，尤其是田边受害重。

【防治方法】冬春期间铲除田边杂草，消灭其中越冬幼虫和蛹。卵盛孵前，清除稗草和田边杂草。早稻收割后及时翻耕沤田。早玉米收获后及时清除遗株，消灭其中幼虫和蛹。有茭白的地区，茭白是主要越冬虫源，应在早春前齐泥割去残株。

根据大螟趋性，早栽早发的早稻、杂交稻以及大螟产卵期正处在孕穗至抽穗或植株高大的稻田是化防之重点。防治策略狠治一代，重点防治稻田边行。生产上当枯鞘率达5%或始见枯心苗为害状时，大部分幼虫处在1～2龄阶段，及时喷洒下列药剂：

30%乙酰甲胺磷乳油100～125ml/亩；

8 000IU/mg苏云金杆菌悬浮剂200～400ml/亩；

50%杀螟丹可溶性粉剂40～80g/亩；

90%杀虫单可溶性粉剂50～60g/亩；

50%三环唑·杀虫单可湿性粉剂100～120g/亩；

50%噻嗪酮·杀虫单可湿性粉剂100～120g/亩；

70%吡虫啉·杀虫单可湿性粉剂42～70g/亩；

50%倍硫磷乳油75～150ml/亩，对水50～60kg均匀喷施。间隔5～7天喷1次，一般防治2～3次即可。

14．稻秆潜蝇

【分　　布】稻秆潜蝇(*Chlorops oryzae*)属双翅目黄潜叶蝇科。国内分布于西南、华南、长江中下游地区。过去为次要害虫，但近年来四川、重庆、贵州、浙江、江苏等地稻区呈迅猛上升的趋势，特别是山区、丘陵等气候较凉的地区更是暴发成灾，局部地区受害严重程度甚至超过螟虫和稻纵卷叶螟。

【为害特点】以幼虫蛀入茎内为害心叶、生长点、幼穗。苗期受害长出的心叶上有椭圆形或长条形小孔洞，后发展为纵裂长条状，致叶片破碎，抽出的新叶扭曲或枯萎。受害株分蘖增多，植株矮化，抽穗延迟，穗小，秕谷增加。幼穗形成期受害出现扭曲的短小白穗，穗形残缺不全或出现花白穗(图2–166)。

【形态特征】成虫体鲜黄色；头部、胸部等宽，头部背面有1钻石形黑色大斑；复眼大，暗褐色；触角3节，基节黄褐色，第2节暗褐色，第3节黑色膨大呈圆板形，与触角近等长；胸部背面具3条黑色大纵斑；腹部纺锤形，各节背面前缘具黑褐色横带，第1节背面两侧各生1黑色小点；体腹面浅黄色；翅透明，翅脉褐色。卵白色，长椭圆形。末龄幼虫体近纺锤形，浅黄白色，表皮强韧具光泽(图2–167)，尾端分两叉。蛹浅黄褐色至黄褐色，上具黑斑，尾端也分两叉。

图2-166　稻秆潜蝇为害穗部症状

图2-167　稻秆潜蝇幼虫

【发生规律】西南地区与长江中下游地区一年发生3代，以幼虫在看麦娘、游草、棒头草、麦等寄主上越冬。越冬代成虫于翌年早春4月份出现，后飞到秧田和本田产卵，第一代幼虫5月下旬至6月上旬是为害的高峰期，6月中下旬为化蛹高峰期，6月下旬至7月上旬为羽化盛期和产卵高峰期。7月上旬至8月中旬是第二代幼虫为害的盛期，9月下旬至10月中旬为羽化盛期。羽化后的成虫大多数集中在越冬寄主上产卵，幼虫随即钻入心叶内为害，并进入越冬状态。稻秆潜蝇卵的孵化及幼虫的侵入均与降水和湿度有关，阴雨天多的年份卵孵化率、幼虫侵入田块率均高，发生与为害较重。气温凉爽的山区、丘陵地带发生重。种植密度大的田块重于种植密度过稀的。氮肥施用量多、水稻长势嫩绿的田块，产卵率高，受害也严重。

【防治方法】单季稻、双季稻混栽山区尽量不种单季稻，可抑制发生量。越冬幼虫化蛹羽化前，及时清除田边及周边杂草，恶化该虫的越冬环境，可压低当年虫口基数；适当调整水稻播种期或选择生育期适当的品种，可避开成虫产卵高峰期；选用抗虫品种；合理密植，不偏施、迟施氮肥，进行配方施肥，使水稻生长健壮。

对带卵块的秧田，可用40%毒死蜱乳油250倍液浸秧根1分钟，也可用50%杀螟硫磷乳油300倍液浸秧根。浸秧时间需根据当时温度、秧苗品种及素质先试验后再确定，以防产生药害。

采用狠治一代，挑治二代，巧治秧田的策略。一代为害重且发生整齐，盛期也明显，对防治有利。成虫盛发期、卵盛孵期是防治适期，当秧田每平方米有虫3.5～4.5头或本田每100丛有虫1～2头或产卵盛期末，秧田平均每株秧苗有卵0.1粒，本田平均每丛有卵2粒时开始，防治成虫喷洒80%敌敌畏乳油或50%杀螟硫磷乳油50ml/亩对水50kg。

防治幼虫可选用下列药剂：

40%毒死蜱乳油150～200ml/亩；

50%杀螟松乳油100ml/亩；

48%毒死蜱乳油75ml/亩；

1%阿维菌素乳油12.5ml/亩；

20%丁硫克百威乳油50ml/亩对水50kg，均匀喷雾。

15．稻管蓟马

【分　　布】稻管蓟马(*Haplothrips aculeatus*)属缨翅目蓟马科。分布在全国各地。

【为害特点】成虫、若虫为害水稻、茭白等禾本科作物的幼嫩部位，吸食汁液，叶片上出现无数白色斑点或产生水渍状黄斑，严重的内叶不能展开，嫩梢干缩，籽粒干瘪，影响产量和品质(图2-168)。

图2-168 稻管蓟马为害稻株症状

【形态特征】雌成虫体黑褐色至黑色，略具光泽；前足胫节和跗节黄色(图2–169)；触角第1、2节黑褐色，第3节黄色；翅透明，鬃黄灰色；头长大于宽，口锥宽平截；前胸横向，前节内侧具齿；翅发达，中部收缩，呈鞋底形，无脉，有5～7根间插缨；腹部2～7节背板两侧各有一对向内弯曲的粗鬃。雄成虫较雌虫小而窄，前足腿节扩大，前跗节具三角形大齿。卵肾形，初产白色，稍透明，后变黄色。

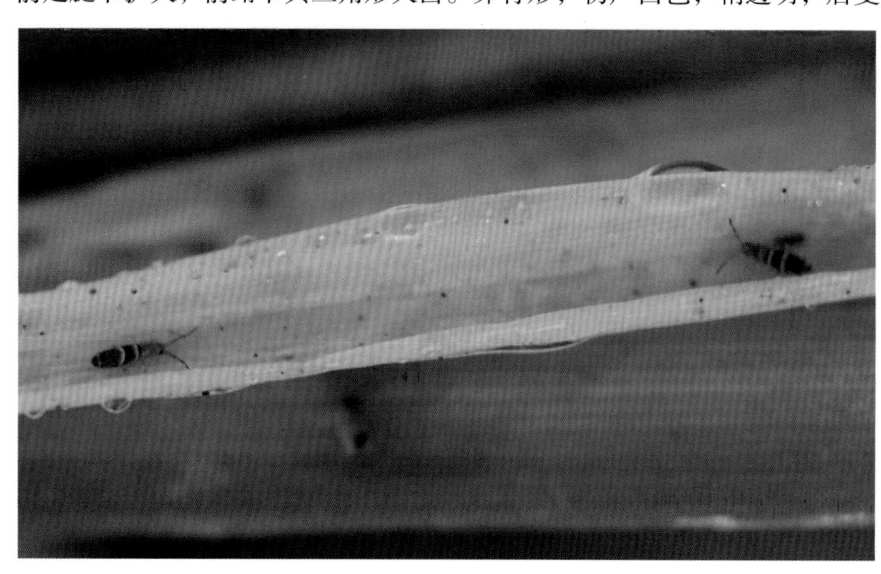

图2–169 稻管蓟马成虫

【发生规律】山西一年发生7～9代，贵州8代，世代重叠，稻管蓟马在广东无明显的越冬现象，早稻秧田和本田偶见发生，但数量很少。在江苏以成虫在稻桩、树皮下、落叶或杂草中越冬，第二年春暖后开始活动，4月初为害麦苗，造成麦叶卷缩发黄，5月中旬，小麦孕穗及开花期为害最烈，水稻播种后转移为害水稻。稻管蓟马在稻田的发生数量，以穗部多于叶部，早稻穗期又重于晚稻穗期。在早稻穗期侵入为害的蓟马，一般以稻管蓟马为主，约占80%。稻管蓟马常成对或3、5只成虫栖息于叶片基部叶耳处，卵多产于叶片卷尖内。若虫和蛹多潜伏于卷叶内，以在叶尖附近居多。成虫活泼，稍受惊即飞散。阳光盛时，多隐藏在稻株茎部叶鞘内或卷叶内，黄昏或阴天多外出。

【防治方法】冬春季清除杂草，特别是秧田附近的游草及其他禾本科杂草等越冬寄主，降低虫源基数；同一品种、同一类型田应集中种植，改变插花种植现象；受害水稻生长势弱，适当地增施肥料可使水稻迅速恢复生长，减少损失。

药剂防治：一般在秧田卷叶率达10%～15%或百株虫量达100～200头，本田卷叶率达20%～30%或百株虫量达200～300头，即进行化学防治。重点防治秧田期，播种前用下列药剂进行种子处理：

1.3%咪鲜胺·吡虫啉悬浮种衣剂1：(40～50)(药种比)；

35%丁硫克百威种子处理干粉剂210～400g/100kg种子。

重发地区，一般在秧苗移栽前用药1次，防止将秧苗蓟马带入大田。药剂可选用：

5%丁硫克百威·杀虫单颗粒剂1.8～2.5kg/亩；

3%杀虫单·克百威颗粒剂200～300g/亩，拌20～30kg细土均匀撒施。

蓟马为害高峰初期，喷洒下列药剂：

80%杀虫单可溶性粉剂37.5～50g/亩；

45%马拉硫磷乳油83～111ml/亩；

40%水胺硫磷乳油75～150ml/亩对水50～60kg；

90%敌百虫晶体1 500倍液；

50%辛硫磷乳油1 500倍液；

10%吡虫啉可湿性粉剂1 500 ~ 2 000倍液；

2.5%高效氟氯氰菊酯乳油2 000 ~ 2 500倍液等药剂。

16．菲岛毛眼水蝇

【分布为害】菲岛毛眼水蝇(*Hydrellia philippina*)属双翅目水蝇科。分布全国各稻区。幼虫蛀食叶鞘和叶肉，叶鞘虫道内堆积黄褐色虫粪碎屑，后腐烂植株折倒(图2–170)。

图2–170 菲岛毛眼水蝇为害稻叶症状

【形态特征】成虫体灰褐色至黑灰色，头部铅灰色；复眼密布黑短毛；腹部黑色，但密布细毛而呈绿灰色，唯腹部背面暗灰色，每一环节后缘具灰色环带(图2–171)。雄虫腹末有1侧扁凸起，着生在侧尾叶基部的正中。卵长梭形，初乳白色，后变灰白。末龄幼虫初乳白色，后变浅黄色至黄绿色，长圆筒形，体表光滑，有刚毛；口针黑褐色，后端分叉(图2–172)；前胸气门突起，腹部末端具1对气门。蛹圆筒形，初黄褐色，后变黄棕色或棕褐色，头部前端具2丛黑鬃；尾部有黑色气门突1对。

图2–171 菲岛毛眼水蝇成虫

图2-172 菲岛毛眼水蝇幼虫

【发生规律】一年发生8代，以幼虫在水沟稻李氏禾、晚稻再生苗及茭白上越冬，越冬幼虫于翌年3月中旬开始活动，向根茎上转移，2、3代发生盛期是4月中旬至6月上旬和5月下旬至7月中旬，第4、5、6代发生在7月上旬至8月中旬、8月上旬至9月中旬及9月上旬至10月中旬。为害水稻主要在5月上旬至10月中旬，7月下旬至10月上旬是为害高峰期，全年三、四代发生量大。

【防治方法】通过定期剥查化蛹进度，预测成虫羽化高峰期和卵孵化盛期，隔5~10天剥查1次。每年3月以前彻底消除水稻遗留残株，集中深埋或烧毁。实行检疫，有水蝇的稻苗禁止外运。

主防一、二代，控制三、四代，杀灭初孵幼虫，兼治成虫。喷洒下列药剂：

25%喹硫磷乳油1 500倍液；

2.5%溴氰菊酯乳油2 500倍液；

10%吡虫啉可湿性粉剂2 500倍液，亩用药液50~60kg，均匀喷雾。

17．稻绿蝽

【分布为害】稻绿蝽(*Nezara viridula*)属半翅目蝽科。分布在我国东部吉林以南地区。成虫和若虫吸食稻株汁液，影响作物生长发育，造成减产。

【形态特征】成虫全绿型，体长12~16mm，宽6.0~8.5mm，长椭圆形，青绿色(越冬成虫暗赤褐)；头近三角形，触角5节，复眼黑，单眼红；喙4节，伸达后足基部，末端黑色；前胸背板边缘黄白色，侧角圆，稍突出，小盾片长三角形，前翅稍长于腹末；足绿色，跗节3节。腹下黄绿或淡绿色，密布黄色斑点(图2-173)。卵杯形，初产黄白色，后转红褐，顶端有盖，周缘白色。若虫共5龄，1龄若虫腹背中央有3块排成三角形的黑斑，后期黄褐，胸部有一橙黄色圆斑。2龄若虫体黑色(图2-174)。3龄若虫体黑色，第1、2腹节背面有4个对称的白斑。4龄若虫头部有“T”形黑斑。5龄若虫体绿色，触角4节(图2-175)。

【发生规律】北方稻区一年发生1代，四川、江西一年发生3代，广东一年发生4代，少数5代。以成虫在杂草、土缝、灌木丛中越冬。卵成块产于寄主叶片上，规则地排成3~9行。1~2龄若虫有群集性，若虫和成虫有假死性，成虫有趋光性和趋绿性。

【防治方法】冬季清除田园杂草地被，消灭部分成虫。同一作物集中连片种植，避免混栽套种。灯光诱杀成虫。

药剂防治适期在2、3龄若虫盛期，对达到防治指标(水稻百蔸虫量8.7~12.5头)，且水稻离收获期1个

图2-173 稻绿蝽成虫

图2-174 稻绿蝽2龄若虫

图2-175 稻绿蝽5龄若虫

月以上、虫口密度较大的田块，可用下列药剂：

2.5%溴氰菊酯乳油2 000倍液；

20%氰戊菊酯乳油2 000倍液；

2.5%高效氟氯氰菊酯乳油2 000倍液；

10%吡虫啉可湿性粉剂1 500倍液；

90%晶体敌百虫600～800倍液，亩用药液50～60kg均匀喷雾，15天后再防治1次。

18．稻螟蛉

【分布为害】稻螟蛉（*Naranga aenescens*）属鳞翅目夜蛾科。分布于我国东半部稻区。幼虫啃食叶片，吃成缺刻，严重时可把秧苗吃成刀割状，本田稻株吃成“扫帚把”。

【形态特征】成虫体长6～10mm，翅展16～24mm。雄蛾体黄褐色，前翅深黄色，上生两条近平行的紫红色斜带，后翅暗褐色(图2-176)。越冬成虫体、翅颜色及斜带色较深。卵半球形，紫红色或暗紫色，表面具方格形刻纹。末龄幼虫体绿色，气门线浅黄色，第1对腹足乳突状，行走时拱起来(图2-177)。蛹褐色，近羽化时呈现金黄色光泽。

【发生规律】一年发生3～6代，以蛹在稻丛或杂草苞叶中或叶鞘间越冬。成虫多于清晨羽化，白天潜伏在稻丛、杂草间，夜晚交配产卵，卵多产在叶片或叶鞘上，聚生。幼虫喜于清晨孵化，白天在叶上静止不动，夜晚或阴雨天取食为害。幼虫老熟后常把叶尖折成三角形虫苞后于虫苞下部咬断，使其落在田面上，结薄茧化蛹在其中。常见天敌有稻螟赤眼蜂、拟澳洲赤眼蜂、螟黑纹茧蜂等。

图2-176 稻螟蛉雄成虫

图2-177 稻螟蛉幼虫

【防治方法】合理施肥，加强田间管理促进水稻生长健壮，以减轻受害。生物防治，人工释放赤眼蜂。

幼虫孵化初期，可用下列药剂：

80%杀虫单粉剂35～40g/亩；

90%晶体敌百虫600倍液；

10%吡虫啉可湿性粉剂10～30g/亩，对水50～60kg 均匀喷雾；

也可用50%杀螟硫磷乳油100ml/亩，对水400kg泼浇。

19．稻潜叶蝇

【分布为害】稻潜叶蝇(*Hydrellia griseola*)属双翅目潜叶蝇科。分布在东北、华北、浙江等地。幼虫潜食叶肉，致稻叶变黄干枯或腐烂，严重时全株枯死(图2-178)。

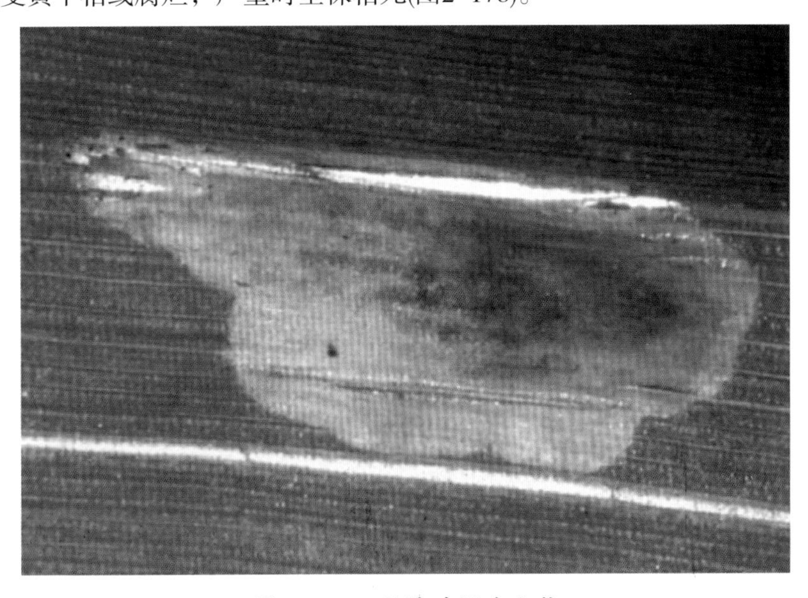

图2-178 稻潜叶蝇为害状

【形态特征】成虫体长2～3mm，青灰色；触角黑色，第3节扁平，近椭圆形，具粗长的触角芒1根，芒的一侧具小短毛5根(图2-179)；足灰黑色，中、后足第1跗节基部黄褐色。卵长椭圆形，乳白色，上生细纵纹。末龄幼虫圆筒形略扁平，乳白色至乳黄色，尾端具黑褐色气门突起2个。蛹黄褐色，尾端具黑色气门突起2个。

图2-179 稻潜叶蝇成虫

【发生规律】东北稻区一年发生4～5代，以成虫在水沟边杂草上越冬，翌春多先在田边杂草中繁殖1代。秧田揭膜后1代成虫可在秧田稻叶上产卵，在田水深灌条件下，卵散产在下垂或平伏水面的叶尖上，生产上深灌或秧苗生长瘦弱时为害较重，从水稻秧田揭膜开始至插秧缓苗期是为害的主要时期。水稻缓苗后植株已发育健壮，不再受害，又飞到杂草上繁殖。

【防治方法】及时清除稻田杂草。

主防2代，杀灭初孵幼虫、兼治成虫。药剂可选用：

25%喹硫磷乳油1 500倍液；

2.5%溴氰菊酯乳油2 500倍液；

10%吡虫啉可湿性粉剂2 500倍液，每亩用药液50～60kg 均匀喷雾。

20．稻巢螟

【分布为害】稻巢螟(*Ancylolomia japonica*)属鳞翅目螟蛾科。分布在我国各稻区。幼虫先在叶片中、上部吐丝缀连叶屑及粪粒成筒状巢，然后在巢内取食叶肉，受害处出现枯白斑。后携巢移至丛基部，咬断四周叶片或嫩茎拖入巢内，食后剩余物推出巢外，致使稻株出现枯黄茎叶，分蘖和抽穗明显减少。

【形态特征】成虫体长11～14mm，翅展25～35mm，灰黄白色。雌蛾色略浅，下唇须平伸，浅褐色；触角细锯齿状，褐色(图2-180)；前翅灰黄褐色，外缘具银灰褐色波状横向纹，翅面具不明显的灰褐色短

图2-180 稻巢螟成虫

纵纹5～6条，纹上生有分散小黑点，沿中室下侧的1条呈浅黄色。后翅白色至褐色；雄蛾触角栉齿扁阔，各栉片一侧生锯齿。卵栗形，浅褐色，表面具纵隆纹。末龄幼虫体灰黄白色，头、前胸背板黑褐色，胸、腹部背面具棕色纵线5条，每节各生1对短刺。蛹黄褐色。

【发生规律】南方稻区一年发生3代，以末龄幼虫在稻桩或杂草丛巢里越冬。翌年4月下旬至6月上中旬成虫发生，第1代在6月下旬至8月上中旬发生，第2代在8月下旬至10月中下旬发生。成虫白天潜伏在稻丛或杂草中，夜间飞出活动，交配后把卵产在稻株根际或茎叶上，数十粒聚在一起，上覆疏绒毛。

【防治方法】利用幼虫结苞不活泼的特点，进行人工采苞灭幼虫。保护利用寄生蜂、猎蝽等天敌昆虫。

发生严重时喷洒下列药剂：

50%辛硫磷乳油1 500倍液；

25%喹硫磷乳油1 500倍液；

2.5%溴氰菊酯乳油2 000倍液；

10%吡虫啉可湿性粉剂1 500倍液，每亩用药液50～60kg，均匀喷雾，隔10天左右1次，防治2～3次。

21．稻赤斑沫蝉

【分布为害】稻赤斑沫蝉(*Callitettix versicolor*)属同翅目沫蝉科。分布广泛。主要为害水稻剑叶，成虫刺吸叶部汁液，初出现黄色斑点，叶尖先变红，后叶片上呈现不规则红褐色或中脉与叶缘间变红，后全叶干枯。孕穗前受害，常不易抽穗，孕穗后受害致穗形短小秕粒多。

【形态特征】成虫体长11～13.5mm，黑色狭长，有光泽，前翅合拢时两侧近平行；头冠稍凸，复眼黑褐色，单眼黄红色(图2–181)；颜面凸出，密被黑色细毛，中脊明显。触角基部2节粗短，黑色；前翅黑色，近基部具大白斑2个，雄性近端部具肾状大红斑1个，雌性具2个一大一小的红斑。卵长椭圆形，乳白色。若虫共5龄，形状似成虫，初乳白色，后变浅黑色，体表四周具泡沫状液(图2–182)。

图2–181 稻赤斑沫蝉成虫

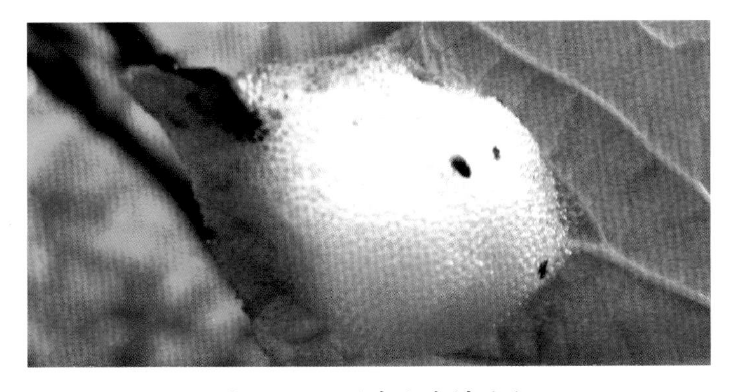

图2–182 稻赤斑沫蝉若虫

【发生规律】河南、四川、江西、贵州、云南等省一年发生1代，以卵在田埂杂草根际或裂缝的3～10cm处越冬。翌年5月中旬至下旬孵化为若虫，在土中吸食草根汁液，2龄后渐向上移，若虫常从肛门处排出体液，放出或排出的空气吹成泡沫，遮住身体进行自我保护，羽化前爬至土表。6月中旬羽化为成虫，羽化后3～4小时即可为害水稻、高粱或玉米，7月受害重，8月以后成虫数量减少，11月下旬终见。一般分散活动，早、晚多在稻田取食，遇有高温强光则藏在杂草丛中，大发生时傍晚在田间成群飞翔。一般田边受害较田中心重。

【防治方法】结合冬耕将田块四周杂草铲除干净，并在冬前和春后分别深挖田埂1次。为害重的地区，冬春结合铲草积肥或春耕沤田时，用泥封田埂，能杀灭部分越冬卵，同时可阻止若虫孵化。

卵孵化盛期即泡沫大量出现时，用干石灰粉适量，撒施于泡沫上(盖住、吸干泡沫为度)，也可用细炭灰、草木灰加25%杀虫双颗粒剂，按60：1充分拌匀撒施。

在6～7月成虫发生盛期，喷洒下列药剂：

40%异丙威乳油150～200ml/亩对水75～100kg；

45%马拉硫磷乳油1 000倍液；

40%氧化乐果乳油1 500倍液；

50%辛硫磷乳油500倍液；

2.5%溴氰菊酯乳油3 000倍液，均匀喷雾，施药时田间保持浅水层2～3天，能兼治稻蓟马等。

22．稻负泥甲

【分布为害】稻负泥甲(*Oulema oryzae*)属鞘翅目负泥甲科。主要分布在东北及中南部稻区。成虫、幼虫食害叶肉，残留叶脉或一层透明表皮，受害叶上出现白色条斑或全叶发白枯焦，严重时整株枯死。

【形态特征】成虫体长3.7～4.6mm，头、触角、小盾片黑色，前胸背板、足大部分黄褐色至红褐色；鞘翅青蓝色，具金属光泽(图2-183)，体腹面黑色，头具刻点，触角长达身体之半，前胸背板长大于宽；小盾片倒梯形，鞘翅上生有纵行刻点10条，两侧近平行。卵长椭圆形，初产时浅黄色，后变暗绿至灰褐色。幼虫共4龄，头小，黑褐色，腹背隆起很明显(图2-184)。蛹外包有白色棉絮状茧。

图2-183 稻负泥甲成虫

图2-184 稻负泥甲幼虫

【发生规律】每年发生1～2代。在江苏仪征、浙江嘉兴、贵州、四川等地，每年发生1代。江西南昌等地区每年发生2代。一年发生1代区均以成虫越冬；一年发生2代区除多以成虫越冬外，尚有若虫越冬。越冬场所多在背风向阳的山坡、田埂杂草的根际、土缝、石下、落叶间、树皮下、禾蔸丛等处。一年发生1代区越冬代成虫于5—7月先后迁入稻田，7月中下旬为产卵盛期，7月下旬至8月上旬进入盛孵期，9月上旬进入羽化盛期，羽化后10天左右开始寻找越冬场所越冬。一年发生2代区，越冬代成虫于5月中下旬迁入稻田，6月上旬至7月中旬进入产卵期，1代若虫于6月中旬至7月中旬末孵出，7月中旬至8月中旬羽化，8月初至9月中旬产卵；2代若虫于8月上旬至9月中旬末孵出，8月末至9月下旬羽化，10月中下旬开始越冬。上年暖冬且当年夏季干旱少雨的年份，稻负泥甲的越冬死亡率低、发生量大，其为害也较重。播种早、插秧早、生长旺盛、沿堤埂、沿山丘及抽穗早的稻田发生量较大，受害也较重。田畔杂草丛生的稻田，发生量一般较重。

【防治方法】冬春结合积肥，铲除田边、沟边、埂边、堤坡、山坡等处杂草，用作燃料，或作沤肥使用。清洁田园，冬耕春耙消灭越冬虫源。恶化越冬场所。对山冈、坡地的果树和林木，冬前应用石灰水涂白，以恶化稻负泥甲等害虫越冬场所的生存场所。幼虫始发后把田水放干，撒石灰粉，然后把叶上幼虫扫落田中，也可在早晨露水未干时用笤帚扫除幼虫，结合耕田，把幼虫糊到泥里。在稻负泥甲产卵盛期，每隔4天灌深水1次，共灌2～3次，以达到闷死稻负泥甲卵之目的。人工捕杀。趁清晨、傍晚和阴天在稻田四周人工捕杀稻负泥甲成虫、高龄若虫及其他害虫。

当百株有卵1～2块或百株有卵10～20粒，或百株有低龄若虫5～10头的田块，均应列为防治对象田。药剂防治适期应在1～3龄若虫期。每隔7～10天用药1次，并应交替选用农药种类。可喷洒下列药剂：

90%晶体敌百虫1 000倍液；

10%吡虫啉可湿性粉剂 1 500倍液；

50%杀螟硫磷乳油1 000倍液；

25%喹硫磷乳油1 000倍液；

50%辛硫磷乳油1 500倍液。

23．稻黑蝽

【分布为害】稻黑蝽(*Scotinophara lurida*)属半翅目蝽科。分布在河北南部、山东和江苏北部、长江以南各省区。一般损失产量达20%～30%，严重的损失产量达50%～60%。近几年随农田生态环境变化和作物布局的改变，该虫为害逐年加重。成虫、若虫刺吸稻茎、叶和穗部汁液，受害处产生黄斑，严重的分蘖和发育受抑，造成全株枯死。

【形态特征】成虫体长椭圆形，黑褐色至黑色，头中叶与侧叶长相等，复眼突出，喙长达后足基节间；前胸背板前角刺向侧方平伸；小盾片舌形，末端稍内凹或平截，长达腹部末端，两侧缘在中部稍前处内弯(图2-185)。卵近短桶形，红褐色，假卵块圆突；卵壳网状纹上具小刻点，被有白粉。1龄若虫头胸褐色，腹部黄褐色或紫红色，节缝红色，腹背具红褐斑；3龄若虫暗褐至灰褐色，腹部散生红褐小点，前翅芽稍露；5龄若虫头部、胸部浅黑色，腹部稍带绿色，后翅芽明显。

图2-185　稻黑蝽成虫

【发生规律】江苏、浙江一年发生1代，江西2代，广东2～3代。以成虫及少数高龄若虫在石块下、土缝内5～10cm处或杂草根际、稻桩间、树皮缝等处越冬。翌年初夏出蛰，群集在水稻上为害。成虫、若虫喜在晴朗的白天潜伏在稻丛基部近水面处，傍晚或阴天上到叶片或穗部吸食，把卵聚产在稻株距水面6～9cm处的叶鞘上。生长旺盛、叶色浓绿的早播田，丘陵、山区垄田发生较重。天敌主要有稻蝽黑卵蜂、猎蝽、蜘蛛、青蛙等。

【防治方法】利用成虫把卵产在近水面稻茎上和卵在水中浸泡24小时即不能孵化的特点，在产卵期先适当排水，降低产卵位置，然后灌水至10～13cm，浸泡24小时，隔3～4天再排灌1次，连续进行4～5次可杀死大量卵块。

在低龄若虫期喷洒下列药剂：

10%吡虫啉可湿性粉剂2 000倍液；

2.5%高效氟氯氰菊酯乳油1 500倍液；

20%氰戊菊酯乳油2 000倍液；

90%晶体敌百虫800倍液，每亩用药液50～60kg，均匀喷雾，15天后再防治1次。

24. 大绿蝽

【分布为害】大绿蝽(*Rhynchocoris humeralis*)属半翅目蝽科。分布在江苏、浙江、湖北、江西、湖南、福建、台湾、广东、广西、贵州、四川等地。成、若虫吸食稻株汁液，秧苗受害，有如火烧焦萎；分蘖期受害，造成枯心死苗；抽穗期受害，造成秕谷或白穗。

【形态特征】成虫体长22mm左右，绿色，长盾形。触角丝状5节；前胸背板前缘两侧成角状突出，肩的边缘黑色，其上具许多黑色粗大刻点；小盾片长，大舌形(图2–186)。卵淡绿色，球形。若虫5龄，1～3龄淡黄至赤黄色，具黑斑，4龄胸部绿色，腹部黄色，翅芽显著，5龄全体绿色(图2–187)。

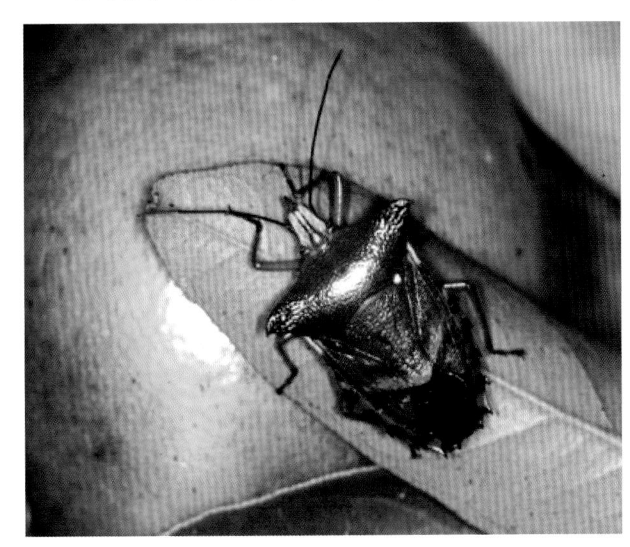

图2–186 大绿蝽成虫

图2–187 大绿蝽若虫

【发生规律】南方稻区一年发生1代，以成虫在果树枝叶茂密处及建筑物等各种缝隙隐蔽处越冬。翌年4月开始出蛰活动，5—10月产卵，7月产卵最多，多产于叶面，常14粒聚成块，排列整齐。8月为若虫盛发期，1龄群集不取食，2龄开始取食，2、3龄常3～5头群集，4、5龄分散活动取食。11月大部分羽化为成虫，为害至12月上旬开始陆续越冬。

【防治方法】摘除卵块和初孵若虫，早晚捕杀成虫和若虫。保护利用天敌。

药剂防治：越冬成虫出蛰后产卵前、若虫孵化至3龄期为防治的关键时期。喷洒下列药剂：

50%敌敌畏乳油800～1 000倍液；

50%辛硫磷乳油1 500～2 000倍液；

2.5%溴氰菊酯乳油3 000倍液；

20%氰戊菊酯乳油3 000倍液；

50%马拉硫磷乳油1 000～1 500倍液，每亩用药液50～60kg，均匀喷雾。

25. 电光叶蝉

【分布为害】电光叶蝉(*Inazuma dorsalis*)属同翅目叶蝉科。分布在黄河以南各稻区。以成、若虫在水稻叶片和叶鞘上刺吸汁液，致受害株生长发育受抑，造成叶片变黄或整株枯萎。传播稻矮缩病、瘤矮病等。

【形态特征】成虫体浅黄色，具淡褐斑纹；头冠中前部具浅黄色斑点2个小盾片浅灰色，基角处各具

1个浅黄褐色斑点；前翅浅灰黄色，其上具闪电状黄褐色宽纹，色带四周色浓；胸部及腹部的腹面黄白色，散布有暗褐色斑点(图2-188)。卵椭圆形，略弯曲，初白色，后变黄色。若虫共5龄，末龄若虫体黄白色，头部、胸部背面、足和腹部最后3节的侧面褐色，腹部1～6节背面各具褐色斑纹1对，翅芽达腹部第4节。

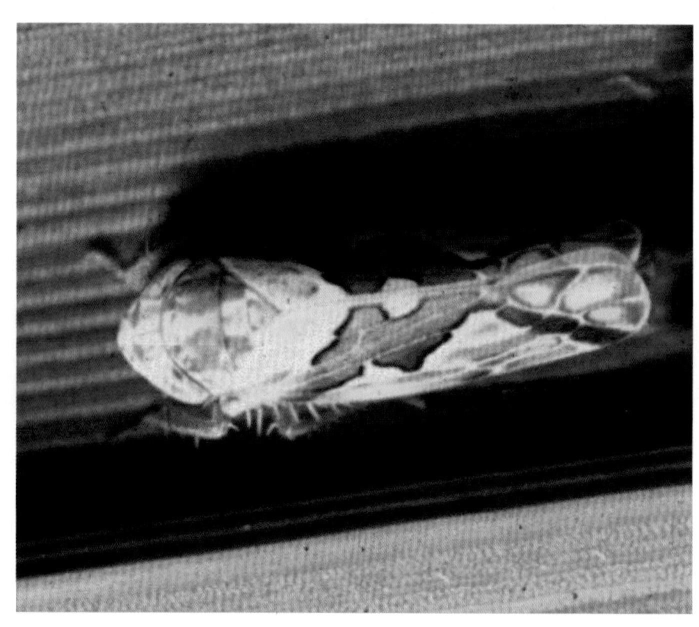

图2-188 电光叶蝉成虫

【发生规律】浙江一年发生5代，四川5～6代，以卵在寄主叶背中脉组织里越冬。台湾地区一年发生10代以上，各虫期周年可见，世代重叠。长江中下游稻区9—11月为害最重，四川东部在8月下旬至10月上旬，台湾6—7月和10—11月受害重。

【防治方法】选用抗虫品种。保护利用天敌昆虫和捕食性蜘蛛。

调查成虫迁飞和若虫发生情况，因地制宜确定当地防治适期，及时喷洒下列药剂：

2%异丙威粉剂2kg/亩；

10%吡虫啉可湿性粉剂2 500倍液；

2.5%高效氟氯氰菊酯乳油2 000倍液；

90%杀虫单原粉50～60g/亩，对水50～60kg喷雾。

四、水稻各生育期病虫害防治技术

1．水稻病虫害综合防治历的制订

水稻南北各地均有种植，栽培模式差异较大，在水稻栽培管理过程中，应总结本地水稻病虫害的发生特点和防治经验，制订病虫草害防治计划，适时进行田间调查，及时采取防治措施，有效控制病虫杂草的为害，保证丰产、丰收。

稻田病虫害的综合防治工作历见表2-1，各地应根据自己的情况采取具体的防治措施。

表2-1 稻田病虫害的综合防治工作历

生育期	主要防治对象	次要防治对象	防治措施
苗期	恶苗病、干尖线虫病、稻飞虱、稻瘿蚊、苗瘟、地下害虫	烂秧病、条纹叶枯病、黑条矮缩病、细菌性条斑病	种子处理、苗床处理
移栽至返青期	杂草、纹枯病、稻瘟病	稻蓟马、三化螟	施用杀菌剂、杀虫剂
分蘖拔节期	纹枯病、稻纵卷叶螟、叶瘟病、胡麻斑病	稻瘿蚊、稻秆潜蝇、稻飞虱、稻苞虫、稻螟蛉、白叶枯病	施用杀虫剂、杀菌剂、植物生长调节剂
孕穗抽穗期	三化螟、二化螟	胡麻斑病	施用杀虫剂、杀菌剂
灌浆成熟期	二化螟、稻纵卷叶螟、穗颈瘟、稻曲病	三化螟、稻飞虱、大螟、稻粒黑粉病、胡麻斑病	施用杀虫剂、杀菌剂

2．水稻苗期病虫害防治技术

水稻栽培方式多种多样，有水育秧田、旱育秧田、湿润育秧田、水直播田、旱直播田，应针对各地特点，加强苗期病虫害的防治。育秧期或水稻直播田的播种期，是病虫害防治的一个重要时期，是培育壮苗、夺取高产的一个重要环节(图2-189)。

图2-189 水稻育秧期病害为害情况

水分管理，旱育秧在揭膜时要及时浇一次透水，防止死苗；3叶期前保持秧苗湿润，促进根系和叶片快速生长；3叶期以后以控水旱管为主，做到不卷叶不浇水，雨天做到雨停田干。水育秧不要长时间保持深水层。

肥料运筹，旱育秧秧苗期需肥量相对较少，在苗床充分培肥的情况下，秧苗期一般不需要再施追肥，但培肥不好、底肥不足、出现落黄的秧田，要及时撒施速效氮肥，每亩施10～20kg尿素，并及时浇水，以防肥害。水育秧秧苗期需肥量相对较大，追肥量较多，要求少量多次均匀撒施，防止烧苗。

水稻苗期主要病害有烂秧病、恶苗病，同时苗瘟、纹枯病等病虫害开始侵染为害。在生产上应结合农业措施，同时进行种子处理和适时药剂防治。

精选种子，选成熟度好、纯度高且干净的种子，浸种前晒种。秧田一看到发病株或发病中心立即喷药防治。

种子处理，用35%恶霉灵400倍液浸种48小时；25%溴硝醇1 000倍液浸种72小时；10%浸种灵乳油5 000倍液浸种24小时；25%咪鲜胺乳油，水秧3 000倍液，旱秧2 000倍液，浸种72小时；25%丙环唑乳油1 000倍药液浸种2～3天，防治水稻恶苗病。

用50%代森铵溶液500倍浸种12～24小时，防治水稻细菌性条斑病。

为了促进秧苗健壮生长，培育壮苗，可以用0.01%芸苔素内酯乳油4 000～8 000倍液、0.002%烯腺·羟烯腺可湿性粉剂1 000～1 500倍液、0.02% S-诱抗素水剂2 000～3 000倍液浸种，防止苗旺长可以用5%烯效唑可湿性粉剂500～1 000倍液浸种。

对于南方稻区苗期稻瘟病多发地区，可以用药剂进行种子处理，30%苯噻硫氰乳油1 000倍药液浸种6小时、20%稻瘟酯可湿性粉剂1g+50%福美双可湿性粉剂2～5g对水0.5kg拌种。

苗床有烂秧病发生时，可用喷施下列杀菌剂：20%咪鲜胺铵盐·甲霜灵可湿性粉剂0.8～1.2 g/m^2、25%嘧菌酯悬浮剂60～90ml/亩、0.75%甲霜·福美双微粒剂0.7～0.9 g/m2、20%唑菌胺酯水分散粒剂83.2g/亩、10%苯醚甲环唑水分散粒剂35～50g/亩、25%丙环唑乳油30～40ml/亩、3%甲霜·恶霉灵水剂0.42～0.54g/m^2、20%恶霉灵·稻瘟灵微乳剂0.4～0.6 g/m^2。

对立枯菌、绵腐菌混合侵染引起的烂秧，可喷洒30%恶霉灵可湿性粉剂500～800倍液，喷药时应保持薄水层。

当秧田里发现绵腐病时，及时喷洒硫酸铜1 000倍液、50%福美双可湿性粉剂800～1 000倍液；发生立枯病时，可以喷施20%甲基立枯磷乳油500～1 000倍液、20%多菌灵·代森铵悬浮剂300～500倍液等。

这一时期为害严重的害虫有稻瘿蚊、蝼蛄等。在生产上应结合农业措施，同时进行种子处理和适时药剂防治。

用90%敌百虫晶体800倍液、40%氧乐果乳油800倍液、2.5%溴氰菊酯乳油1 000～1 500倍液浸秧根后用塑料膜覆盖5小时后移栽，防治稻瘿蚊。

蝼蛄是水稻旱育苗苗床主要虫害，因其在土壤中窜行，造成幼苗根系松动，水分抽干而导致死亡。主要用溴氰菊酯进行防治，具体用法如下：2.5%溴氰菊酯乳油1 000倍液，在发现蝼蛄后用喷壶均匀浇到苗床上。

苗期易旺长，可以喷施15%多效唑可湿性粉剂500～800倍液、30%矮壮素·烯效唑微乳剂60～80ml/亩、8%多效唑·烯效唑可湿性粉剂400～500倍液；为了提高苗期健壮生长，提高抗病抗逆能力，可以喷施0.01%芸苔素内酯乳油4 000～8 000倍液、0.02% S-诱抗素水剂2 000～3 000倍液。移栽前一天叶面喷施50%吲丁·萘乙酸·可溶粉剂1 000～2 000倍液，可以促进水稻新根生长、增加分蘖。

3．水稻移栽至返青期病虫害防治技术

这一时期(图2-190)管理的目标是为了促早发，要确保稻田整地质量和移栽质量，不仅是实施水稻群体质量栽培的前提，而且是实现前期稳发稳长的基础。

图2-190 水稻移栽期

病虫害防治：这一时期主要加强纹枯病、稻瘟病的预防及稻蓟马、二代三化螟的防治(图2-191)。

图2-191 水稻返青期生长情况及病虫害发生情况

预防纹枯病，可用75%百菌清可湿性粉剂100～125g/亩+5%有效霉素水剂100～150ml/亩、45%代森铵水剂50ml/亩+5%井冈霉素水剂100～150ml/亩、5%己唑醇悬浮剂20～30ml/亩+50%福美双可湿性粉剂90～

125g/亩、240g/L噻呋酰胺可湿性粉剂18～22ml/亩+45%代森铵水剂78～100ml/亩，对水40～50kg喷雾，视病情间隔7～14天施药一次。

预防稻瘟病，可用20%三环·多菌灵可湿性粉剂100～140g/亩、20%咪鲜·三环唑可湿性粉剂45～65g/亩、30%异稻·稻瘟灵乳油120～150ml/亩、18%三环·烯唑醇悬浮剂40～50ml/亩、30%苯噻硫氰乳油50ml/亩，对水40～50kg全田喷雾，或用20%噻森铜悬浮剂100～125ml/亩、8%烯丙苯噻唑颗粒剂1 666～3 333g/亩，拌适量细土撒施，视病情加大药量，隔5～7天再施药1次。

防治三化螟，可用50%吡虫·乙酰甲可湿性粉剂80～100g/亩、35%吡虫·杀虫单可湿性粉剂85.7～142.8g/亩、70%噻嗪·杀虫单可湿性粉剂55～70g/亩、1%甲氨基阿维菌素苯甲酸盐乳油20～30g/亩、18%杀虫双水剂250～300ml/亩、90%杀虫单可溶性粉剂50～60g/亩、50%杀虫环可溶性粉剂50～100g/亩，对水50kg均匀喷雾。可兼治稻蓟马。

4．水稻分蘖至抽穗期病虫害防治技术

水稻这一时期的生长特点，是营养生长与生殖生长并进；除茎秆急剧增长外，分蘖向两极转化，有效蘖继续生长发育，无效蘖逐渐枯死，稻田防止过早封行，保证幼穗分化良好(图2–192)。

图2–192　水稻分蘖拔节期病虫害发生情况

水稻分蘖至拔节期气温较高，有利于各种病害的发生与发展。该期叶瘟病、水稻纹枯病是防治的重点，其他病害的为害也不能忽视。

发病初期用40%稻瘟灵乳油1 000倍液、40%噻呋酰胺悬浮剂粉剂1 000倍液、40%苯醚甲环唑悬乳剂1 000倍液、50%甲基硫菌灵悬浮剂500～800倍液、50%克菌丹可湿性粉剂400～500倍液、5%菌毒清水剂500倍液、20%三环唑可湿性粉剂1 000倍液、80%代森锰锌可湿性粉剂400倍液、2.0%灭瘟素可湿性粉剂500～1 000倍液、25%咪鲜胺乳油1 000～1 500倍液喷雾，防治叶瘟，间隔期为7～10天，连喷2～3次。可兼治胡麻斑病。

井冈霉素是防治水稻纹枯病的特效药。在发病初期用5%井冈霉素水剂100ml/亩对水50kg喷雾或对水

400kg泼浇。也可用20%三唑酮乳油50～76ml/亩、50%多菌灵可湿性粉剂100g/亩、30%菌核净可湿性粉剂50～75g/亩、23%噻氟菌胺悬浮剂14～25ml/亩，对水40～60kg、10%多抗霉素可湿性粉剂800～1 500倍液喷雾。

在叶瘟和纹枯病混发时，可在发病初期用50%甲基硫菌灵可湿性粉剂1 000倍液、50%灭菌丹可湿性粉剂400～500倍液喷雾。

该期二化螟、三化螟、稻纵卷叶螟、稻飞虱是防治的重点，其他病虫的为害也不能忽视。在水稻分蘖盛期，害虫正值低龄幼虫期，用40%三唑磷乳油60～100ml/亩、20%哒嗪硫磷乳油75～100ml/亩、90%杀虫单可溶性粉剂50～75g/亩、18%杀虫双水剂250～300g/亩，对水50～75kg均匀喷雾，也可对水400kg进行大水量泼浇；保持3～5cm浅水层持续3～5天可提高防效。对二化螟、三化螟、稻纵卷叶螟有较好的防效，可兼治稻瘿蚊等。

在分蘖期到圆秆拔节期，稻飞虱平均每丛稻有虫1头，或孕穗、抽穗期，每丛有虫10头左右时，可用25%噻嗪酮可湿性粉剂50～60g/亩、20%异丙威乳油200～250ml/亩、25%速灭威可湿性粉剂75～100g/亩、10%吡虫啉可湿性粉剂10～20g/亩、80%敌敌畏乳油100ml/亩，对水75kg喷雾或加水300～400kg泼浇。

为了控制旺长、防止倒伏，可以喷施15%多效唑可湿性粉剂500～800倍液、30%矮・烯效唑微乳剂60～80ml/亩、8%多效・烯效可湿性粉剂400～500倍液；为了提高苗期健壮生长，提高抗病抗逆生长，可以喷施0.01%芸苔素内酯乳油4 000～8 000倍液、0.02% S-诱抗素水剂2 000～3 000倍液。

5．水稻灌浆成熟期病虫害防治技术

水稻灌浆结实期是决定产量的关键时期，田间管理应以养根保叶，防止早衰，提高光合效率，促进灌浆，提高结实率和粒重为目标。

水稻灌浆期的病害为害也较重(图2-193)，其中为害较重的病害主要为穗瘟，有时水稻白叶枯病、稻曲病、水稻胡麻斑病发生也很严重。生产上应注意田间调查，及时采取防治措施。防治时可参考上述药剂。

图2-193 水稻灌浆成熟期病害发生情况

水稻生长中后期(孕穗灌浆)的主要虫害防治，是夺取水稻高产、优质的关键措施之一。如何根据水稻穗期虫害发生特点，巧妙地实施总体防治技术，有效地控制虫害的发生与为害，成为水稻生产上的重要环节。这一时期的主要害虫有二化螟、稻纵卷叶螟、稻飞虱、稻苞虫(图2-194)。

图2-194 水稻灌浆成熟期虫害发生情况

在水稻穗期，幼虫1～2龄高峰期，用18%三唑磷·毒死蜱乳油80～100ml/亩、2%阿维菌素乳油10～20ml/亩、20%抑食肼可湿性粉剂50～100g/亩、20%虫酰肼悬浮剂40ml/亩、50%杀螟丹可溶性粉剂100～150g/亩、50%丙溴磷乳油100～120ml/亩、25%喹硫磷乳油100～132ml/亩，对水60kg均匀喷雾。为害严重时，间隔5～7天再喷1次，连喷2～3次。可有效防治二化螟、稻纵卷叶螟的为害。

可用48g/L毒死蜱乳油70～90ml/亩、25%噻虫嗪水分散粒剂2～4g/亩，对水75kg喷雾，另外，也可以加水300～400kg进行泼浇，防治稻飞虱。防治稻弄蝶，可用25%喹硫磷乳油1 500倍液、50%杀螟硫磷乳油1 000倍液、50%辛硫磷乳油1 500倍液、2.5%溴氰菊酯乳油2 000倍液喷雾。

第三章 玉米病虫害防治新技术

玉米是我国第一大粮食作物，占粮食种植面积的42%，我国种植面积较大的有黑龙江、吉林、山东、河南、河北、内蒙古、辽宁等地。全国年种植面积达4 497万hm^2，玉米产量2.57亿t，消费量为2.75亿t。玉米除食用外，还是畜牧业的优良饲料及轻工、医药学工业的重要原料。病、虫、草是影响玉米生产的主要有害生物，常年致损失10%以上。近年来，由于全球气候的变化、耕作制度的改变、品种的更换，生产上玉米的有害生物为害规律也发生了许多变化，而且又有一些原来很轻或未发生的病虫害逐年加重，防治玉米病虫草害已成为玉米可持续发展的关键环节。

据报道，全世界玉米病害80多种，我国30多种，其中叶部病害10多种、根茎部病害6种、穗部病害3种、系统性侵染病害9种。目前发生普遍而又严重的病害有弯孢叶斑病、灰斑病、病毒病、茎腐病、纹枯病、大斑病、小斑病、丝黑穗病等，以上病害常常造成严重的经济损失。

虫害是影响玉米生产的主要灾害，常年致损失5%以上。为害较严重的害虫有亚洲玉米螟、玉米蚜、草地贪夜蛾、二点委夜蛾、劳氏黏虫、小地老虎等。玉米田杂草为害严重。全国玉米田杂草有22科、100多种，马唐、牛筋草、狗尾草、稗草、藜、反枝苋、苘麻、打碗花、苣荬菜、小蓟、苍耳、铁苋、鸭跖草等杂草发生为害严重。

一、玉米病害

1．玉米大斑病

【分布为害】玉米大斑病又称条斑病、煤纹病、枯叶病、叶斑病等，是世界各玉米产区分布较广、为害较重的玉米病害。我国主要发生在东北、华北春玉米区和西南地区海拔较高、气温较低的山区(图3-1)。

【症　　状】主要为害叶片，严重时也为害叶鞘和苞叶。下部叶片先发病，在叶片上先出现水渍状青灰色斑点，然后沿叶脉向两端扩展，形成较大的梭型病斑，一般长5～10cm，宽1.0～1.5cm，潮湿时病斑上可形成明显的黑褐色霉层，为病菌的分生孢子梗和分生孢子。大斑病的病斑在不同抗性品种上表现为不同的类型，在抗病品种上，病斑扩展较慢，大型病斑一般具有黄褐色边缘，后期病斑中央坏死；在感病品种上，病斑扩展较快，大型病斑边缘无明显变色，后期病斑常纵裂，严重时病斑融合，叶片变褐枯死(图3-2和图3-3)。

【病　　原】*Exserohilum turcicum* (Pass.) Leonard et Suggs 称玉米大斑凸脐蠕孢（图3-4），有性态 *Setosphaeria turcica* (Luttrell) Leonard et Suggs 称大斑病毛球腔菌（自然条件下少见）。分生孢子梗自寄主

图3-1　玉米苗期大斑病发生为害初期症状

图3-2　玉米大斑病为害叶片症状

图3-3 玉米大斑病田间严重发生症状

表皮的气孔伸出，青褐色，单生或2～6根丛生，无分枝，直立或膝状弯曲，基细胞较大，顶端色淡。分生孢子梭形或长梭形，浅褐色，2～7个假隔膜，顶端细胞色淡。分生孢子呈梭形或长梭形，顶端细胞椭圆形，基细胞尖锥形，脐明显，突出于基细胞外部。分生孢子萌发时两端产生芽管，芽管接触到寄主表面后可在顶端形成附着胞。

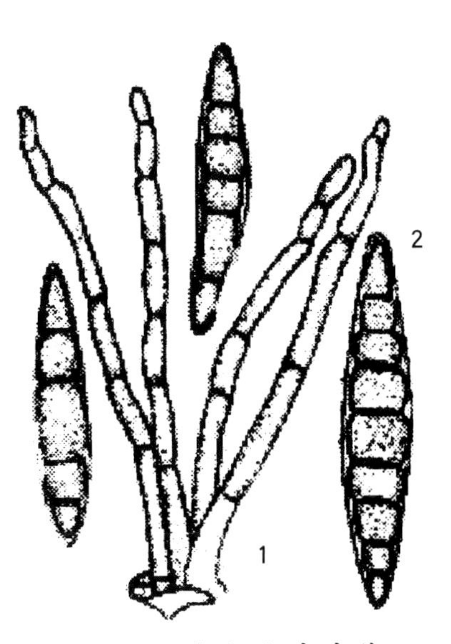

图3-4 玉米大斑病病菌
1.分生孢子梗 2.分生孢子

【发生规律】病原以休眠菌丝体或厚垣孢子在病株残体（叶片为主）内越冬，成为翌年的主要初侵染来源。玉米生长季节，在适宜的温、湿度下，越冬菌源开始生长并产生新的分生孢子，分生孢子随雨水飞溅或气流传播到玉米叶片上，侵染玉米叶片，引发病害。感病品种上，病原侵入后迅速扩展，约经14天，即可引起局部萎蔫，组织坏死，进而形成枯死病斑。潮湿的气候条件下，病斑上可产生大量分生孢子，随气流传播，进行多次再侵染，造成病害流行。温度20～25℃、相对湿度90%以上利于病害发展。从拔节到出穗期间，若降水集中，田间湿度大，再加上气温适宜，可造成病害流行。在北方玉米产区，6—7月降水量大，雨日较多，加之8月份雨量适中，病情发展严重。玉米孕穗、出穗期间氮肥不足发病较重。连作地、排水不良的低洼地以及田间密度高、郁闭、通风不良的田块，发病重。

【防治方法】选用抗（耐）病品种，是实现有效预防的基础。另外提倡玉米秸秆不要堆放田头，提倡高温堆肥，并进行深翻冬灌，减少初侵染源。轮作倒茬，避免重茬，减少病原在田间积累。培育壮苗，注意肥水管理，施足基肥，增施磷钾肥，增强植株抗病能力。玉米收获以后，彻底清除田内外病残组织，消灭侵染来源。实行轮作，秋季深翻土壤，深翻病残株，消灭菌源；作燃料用的玉米秸秆，开春后及早处理完，并可兼治玉米螟；病残体做堆肥要充分腐熟，秸秆肥最好不要在玉米地施用。

在玉米大喇叭口期及时喷施杀菌剂可预防或减轻病害的发生。在大斑病多发、重发区及感病品种种植区可选用下列药剂进行防治：

18.7%丙环·嘧菌酯悬乳剂 50～70ml/亩；

35%唑醚·氟环唑悬浮剂 30～40ml/亩；

30%肟菌·戊唑醇悬浮剂 36～45ml/亩；

25%吡唑醚菌酯悬浮剂 30～50g/亩；

45%代森铵水剂 78～100ml/亩。

病害发生前期，结合其他病害的防治，建议选用的药剂还有：

80%代森锰锌可湿性粉剂150～200g/亩；

50%福美双可湿性粉剂 200～250g/亩；

50%多菌灵可湿性粉剂 100～150g/亩+80%代森锰锌可湿性粉剂150～200g/亩；

70%甲基硫菌灵可湿性粉剂 70～90g/亩+50%福美双可湿性粉剂 200～250g/亩；

药剂按推荐用量，每亩对水40～50kg，混匀后均匀喷施。

在玉米心叶末期到抽雄期是防治的关键时期(图3-5)。注意田间调查，在抽雄前后，当田间病株率达30%以上，病叶率达20%时，开始喷药防治。也可用下列药剂：

50%腐霉利可湿性粉剂40～80g/亩；

25%异菌脲悬浮剂120～200ml/亩；

25%咪鲜胺乳油60～100ml/亩；

6%氯苯嘧啶醇可湿性粉剂30～50g/亩，对水40～50kg喷施，间隔10天喷1次，连喷2～3次。

图3-5 玉米心叶末期大斑病发生为害情况

2．玉米小斑病

【分布为害】玉米小斑病又称玉米斑点病、玉米南方叶枯病，是国内外普遍发生的病害。在温暖潮湿的玉米产区发病较重。

【症　　状】玉米整个生育期均可发病，但以抽雄、灌浆期发生较多。主要为害叶片，有时也可为害叶鞘、苞叶、果穗乃至籽粒。在苗期，病菌侵染初期一般在叶面上产生小病斑，周围或两端具褐色水浸状区域，病斑较多时会相互融合在一起，叶片迅速死亡。叶部病斑的类型较多，不同生理小种的病菌侵染抗病性不同的品种会形成不同类型的病斑。第一种类型的病斑为椭圆形或近长方形，多在叶脉间产生，扩展受叶脉限制，病斑黄褐色，边缘有紫色或深褐色晕纹圈。第二种类型的病斑为椭圆形或纺锤形，较大，扩展不受叶脉限制，灰色至黄褐色，病斑边缘褐色或边缘不明显，有时会出现轮纹。以上两种类型的病斑在高温高湿条件下可产生灰色至灰黑色霉层，即病菌的分生孢子梗和分生孢子；高温高湿条件下病斑周围或两端亦可形成暗绿色的浸润区，病叶萎蔫死亡较快，故称为“萎蔫型病斑”。第三种类型为黄褐色的小点状或细线状坏死斑，有黄绿色晕圈，基本不扩大，也不产生暗绿色浸润区。这类病斑在有利于发病的条件下数量会增多而连成片，可使病叶变黄枯死，但不表现萎蔫状，称为“坏死型病斑”（图3-6、图3-7、图3-8）。叶鞘和苞叶染病，病斑较大，纺锤形或不规则形，黄褐色，边缘紫色或不明显，病部长有灰黑色霉层。果穗染病时，病部可产生不规则的灰黑色霉区，严重的可造成果穗腐烂或下垂掉落，籽粒发黑霉变。

图3-6　玉米小斑病为害叶片初期症状

图3-7　玉米小斑病为害叶片后期症状

图3-8　玉米小斑病田间为害后期症状

【病　　原】无性态为*Bipolaris maydis* (Nisikado et Miyake) Shoemaker 玉蜀黍平脐蠕孢（图3-9），有性态为*Cochliobolus heterostrophus* (Drechsler) Drechsler 异旋孢腔菌（自然界中少见）。病原菌无性态的分生孢子梗单生或2～3根束生，散生在病叶斑块两面，从病斑处表皮组织的气孔或细胞间隙中伸出，褐色，伸直或呈膝状弯曲，基部细胞大，顶端略细，色较浅，下部色深较粗，孢痕明显。分生孢子为长椭圆形或近梭形，多弯向一方，中间最粗，向两端渐细，褐色或深褐色，1～15个隔膜，多数6～8个隔膜，自然条件下，有时可见到有性阶段的子囊座。子囊座黑色，近球形，子囊顶端钝圆，基部具短柄，子囊内有2～4个子囊孢子。子囊孢子线形，彼此缠绕成螺旋状，有5～9个隔膜，萌发时每个细胞均可长出芽管。该菌菌丝发育的最适温度为28～30℃，形成分生孢子的最适温度为20～30℃，分生孢子的形成和萌发都需要高温高湿，但分生孢子抗干燥的能力很强，在干的玉米种子上可存活1年左右。

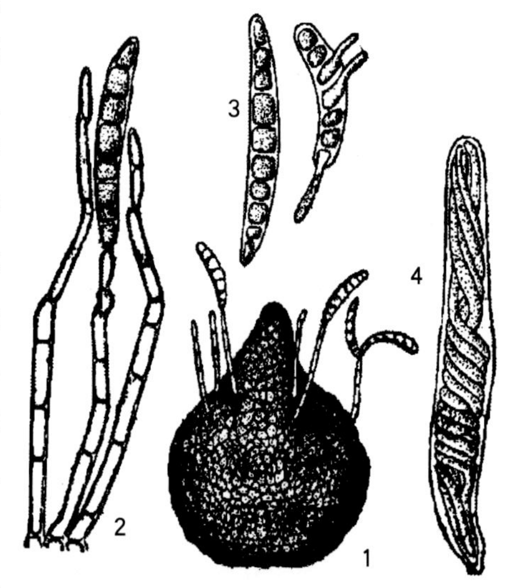

图3-9　玉米小斑病病菌
1.子囊壳　2.分生孢子梗
3.分生孢子　4.子囊和子囊孢子

【发生规律】玉米小斑病的病原菌主要以休眠菌丝体或分生孢子在病株残体内越冬，病菌在地面病残体上能存活1～2年。遗留在田间的病叶、苞叶、秸秆和堆放的玉米秸秆垛等，都是第2年小斑病发生的主要初侵染源。病菌越冬后随着翌年春季气温回升、降水增多而在未腐烂的病残体中生长，产生大量分生孢子，借气流或雨水传播到田间玉米叶片上。如遇田间湿度较大或重雾，叶面上有水膜或游离水滴存在时，分生孢子4～8小时即可萌发产生芽管侵入叶表皮细胞，3～7天即可形成病斑，病斑上又可产生大量分生孢子，借气流传播进行再侵染。玉米收获后，病原又随病株残体进入越冬阶段，反复循环（图3-10）。小斑病的发病适宜温度为26～29℃，高温高湿条件下病害扩展迅速。7—8月如遇温度偏高、多雨高湿条件，则病害发生重。玉米孕穗、抽穗期降水多、湿度高也易造成小斑病的流行。低洼地、排水不良、土壤潮湿、过于密植荫蔽地、连作田发病较重。

【防治方法】可因地制宜地选用抗（耐）病品种，注意合理布局和轮换，避免长期种植单一品种。适时播种，使抽穗期避开多雨天气。施足底肥，适期、适量合理追肥，促进植株生长健壮，特别是必须

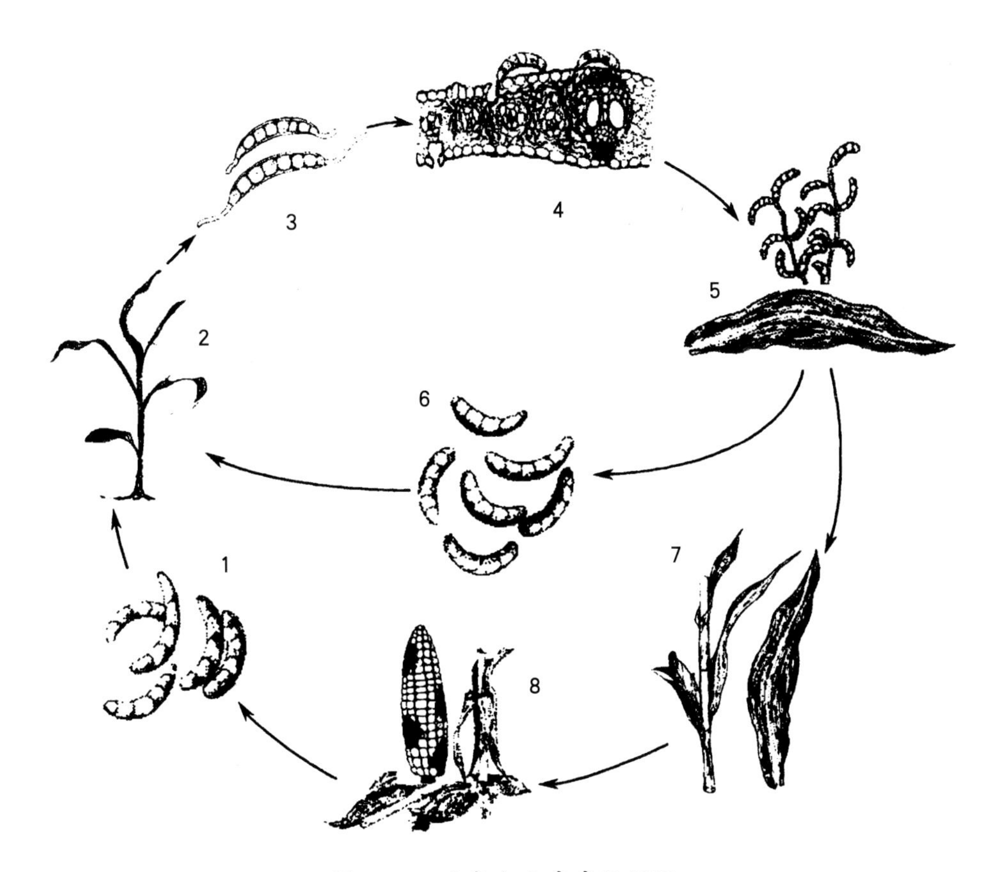

图3-10 玉米小斑病病害循环
1.分生孢子 2.被侵染植株 3.分生孢子在寄主组织上萌发产生芽管
4.侵染叶片 5.产生分生孢子梗和分生孢子 6.分生孢子释放再侵染
7.病叶 8.病菌在病残体上越冬

保证拔节至开花期的营养供应。制种基地实行大面积轮作，把病原基数压到最低限度，减少初侵染来源。集中清理底部病叶，带出田外处理，可以压低田间菌量，改变田间小气候，从而减轻病害程度。收获后，清除地面病株残体，把带菌残体充分腐熟，用作非玉米田基肥。要及时淘汰高感品种。病田应实行秋翻，使病株残体埋入地下10cm以下。

玉米心叶末期（图3-11）到抽雄期是小斑病防治的关键时期。在病害常发区，可选用下列药剂在玉米大喇叭口期进行喷施防治。

18.7%丙环·嘧菌酯悬乳剂 50～70ml/亩；

30%肟菌·戊唑醇悬浮剂 36～45ml/亩；

27%氟唑·福美双可湿性粉剂 60～80g/亩；

45%代森铵水剂 78～100ml/亩。

其他建议选用的药剂还有：

2%嘧啶核苷类抗菌素水剂 300～400ml/亩；

50%腐霉利可湿性粉剂 40～80g/亩；

25%异菌脲悬浮剂 80～100ml/亩；

12.5%烯唑醇可湿性粉剂 16～32g/亩；

25%丙环唑乳油 30～40ml/亩；

25%联苯三唑醇可湿性粉剂 50～80g/亩；

图3-11　玉米心叶期小斑病发生初期症状

25%咪鲜胺乳油 60～100ml/亩；

6%氯苯嘧啶醇可湿性粉剂30～50g/亩，对水40～50kg均匀喷施。

3．玉米南方锈病

【分布为害】玉米南方锈病在我国东北、华北、华东、华中、华南、西南等地区均有发生，通常发生于在玉米生育期的中后期。20世纪90年代以来，南方锈病在我国不同地区间歇性暴发，发生区域逐渐向北扩展，对玉米生产造成的为害明显增大，已经上升为我国玉米主产地的主要病害之一。该病害近年来会在部分夏播玉米主产区流行暴发，直接导致籽粒灌浆不足而造成严重损失(图3-12)。

【症　　状】玉米南方锈病主要为害叶片，也侵染玉米苞叶、叶鞘、茎秆、雄穗等地上部分组织。发病初期叶片上出现一些小而分散的褪绿斑或淡黄斑点（图3-13），很快隆起突破表皮组织露出圆形的橘黄色夏孢子堆，并散发出大量橘黄色夏孢子（图3-14）。不同玉米品种对南方锈病的抗性水平差异较大，抗病品种叶片上无明显症状，或仅形成少量褪绿斑、褐色坏死斑或极少数孢子堆，叶片的光合作用可正常进行，而感病品种的叶片被侵染后产生大量的夏孢子堆，甚至可布满整个叶片，严重消耗叶片营养，很短时间内即可引起叶片干枯，造成玉米中上部大量叶片干枯，植株早衰，籽粒灌浆不足，产量受损（图3-15至图3-18）。我国大多数地区见不到南方锈病的冬孢子堆。

【病　　原】*Puccinia polysora* Underw. 称多堆柄锈菌，为典型的专性寄生菌。夏孢子为淡黄至金黄色，单细胞，椭圆形至亚球形，胞壁表面有细小突起，腰部具有发芽孔4～6个。夏孢子堆圆形或卵圆形，橘黄色。夏孢子发芽的最适温度为23～28℃。冬孢子近椭圆形，不规则，栗褐色，双胞，中间有隔膜，分隔处稍缢缩，柄浅褐色。冬孢子堆黑褐色至黑色。

图3-12 玉米南方锈病田间为害情况

图3-13 玉米南方锈病为害叶片初期症状

图3-14 玉米南方锈病为害叶片中期症状

图3-15 玉米南方锈病为害叶片后期症状

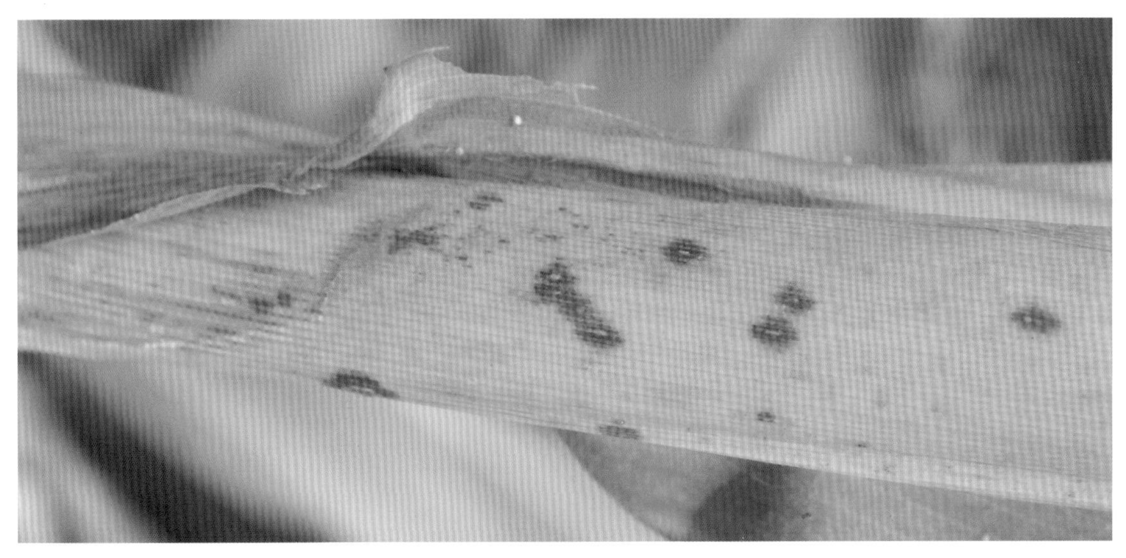

图3-16 玉米南方锈病为害茎秆初期症状

图3-17 玉米南方锈病为害茎秆后期症状

【发生规律】玉米南方锈病在我国多以夏孢子形式辗转传播、蔓延，侵染玉米。夏孢子无法在亚热带和温带越冬，而能够越冬的冬孢子在我国极少产生。我国大多南方锈病发病地区的病原菌是由台风从热带地区的病害常发区带来后传播开的。南方锈病的发生需要高温高湿的环境，适宜条件下病原菌完成一个侵染循环仅需短短数天，故在田间可以迅速积累菌源，快速传播病害。

【防治方法】玉米南方锈病是一种气流传播的大区域发生流行病害，突发性强，且主要发生在玉米灌浆阶段，所以防治上应以种植抗病品种为首选措施，辅以农业防治及药剂防治。

在玉米南方锈病常发区，可在玉米大喇叭口期喷施兼具保护与治疗作用的杀菌剂进行防治。建议使用下列药剂进行防治：

18.7%丙环·嘧菌酯悬乳剂 50～70ml/亩；

17%唑醚·氟环唑悬乳剂 40～60ml/亩；

25%丙环唑乳油 30～40ml/亩；

图3-18　玉米锈病为害田间后期症状

图3-19　玉米抽雄期锈病发生为害初期症状

250g/L吡唑醚菌酯乳油 40～50ml/亩；

50%多菌灵可湿性粉剂60～80g/亩；

75%百菌清可湿性粉剂50～60g/亩；

70%代森锰锌可湿性粉剂80～100g/亩，对水40～50kg均匀喷施。

7月中旬，病害发生初期，田间病株率达6%时开始喷药防治(图3-19)。可用下列药剂：

12%萎锈灵可湿性粉剂187～375ml/亩；

25%邻酰胺悬浮剂200~320ml/亩；

30%醚菌酯悬浮剂30~50ml/亩；

25%啶氧菌酯悬浮剂65~70ml/亩；

20%唑菌胺酯水分散粒剂80~85g/亩；

25%肟菌酯悬浮剂25~50ml/亩；

20%三唑酮乳油75~100ml/亩；

12.5%烯唑醇可湿性粉剂16~32g/亩；

12.5%氟环唑悬浮剂48~60ml/亩；

40%氟硅唑乳油7~10ml/亩；

50%粉唑醇可湿性粉剂8~12g/亩；

5%己唑醇悬浮剂20~30ml/亩；

25%丙环唑乳油30~40ml/亩；

25%戊唑醇可湿性粉剂60~70g/亩；

25%联苯三唑醇可湿性粉剂50~80g/亩；

药剂按推荐用量，混匀后均匀喷施。间隔10天左右喷1次，连防2~3次。

4. 玉米普通锈病

【分布为害】玉米普通锈病多发于我国春玉米种植区内，东北、华北北部等常有发生，西南部地区的高海拔山地玉米种植区也有发生。局部地区发生较重，病害重发区可减产10%~20%，重病田甚至减产50%以上。

【症　　状】玉米普通锈病主要侵染玉米叶片，发病后玉米叶片因病斑较多而早枯，影响灌浆，造成减产。普通锈病病原菌也可以侵染叶鞘和苞叶，产生不规则病斑。侵染叶片时多从叶片基部开始，初期在主叶脉两侧形成针尖大小的散生或聚生病斑，病斑白色至淡黄色，逐渐扩展为圆形或长圆形的黄褐色凸起，凸起部位的表皮破裂后可见红褐色或铁锈色的夏孢子堆，并可释放出夏孢子。后期病斑形成黑色疱斑。在不同抗病性品种上病斑形态也有不同，抗性品种的叶片上仅形成褪绿斑，极少产生夏孢子堆，而感病品种在发病较重时叶片上布满孢子堆，造成叶片干枯、植株早衰。

【病　　原】*Puccinia sorghi* Schw. 称高粱柄锈菌，夏孢子堆黄褐色，夏孢子浅褐色，椭圆形至亚球状，具细刺，腰部有4个芽孔。冬孢子裸露时黑褐色，椭圆形至棍棒形，分隔处稍缢缩，柄浅褐色。性子器生在叶两面。锈孢子器生在叶背，杯形。锈孢子椭圆形至亚球形，具细瘤，寄生在酢浆草上。

【发生规律】玉米普通锈病的菌源来自病残体或转主寄主酢浆草。在田间病株上，病菌可产生冬孢子越冬，春季冬孢子萌发，产生担孢子传播至玉米田，侵染叶片后在病部产生夏孢子，夏孢子借气流传播进行再侵染，在田间蔓延扩展。普通锈病的最适发病条件为低温（16~23℃）高湿，另外，地势低洼，种植密度大，通风透气差，偏施氮肥都可导致发病偏重。

【防治方法】种植抗病品种。适当早播，合理密植，浇适量水，创造有利于作物生长发育的环境，提高植株的抗病能力，减少病害的发生。合理施肥。增施磷钾肥，避免偏施、过施氮肥，提高植株抗病力。加强田间管理，清除酢浆草和病残体，以减少侵染源。

在普通锈病常发区，建议选用下列药剂，在玉米喇叭口期田间施药以进行病害防治。

18.7%丙环·嘧菌酯悬乳剂 50~70ml/亩；

17%唑醚·氟环唑悬乳剂 40~60ml/亩；

25%丙环唑乳油30～40ml/亩；
250g/L吡唑醚菌酯乳油40～50ml/亩；
30%醚菌酯悬浮剂30～50ml/亩；
25%肟菌酯悬浮剂25～50ml/亩；
20%三唑酮乳油75～100ml/亩；
12.5%烯唑醇可湿性粉剂16～32g/亩；
12.5%氟环唑悬浮剂48～60ml/亩；
40%氟硅唑乳油7～10ml/亩；
5%己唑醇悬浮剂20～30ml/亩；
25%戊唑醇可湿性粉剂60～70g/亩；
25%联苯三唑醇可湿性粉剂50～80g/亩。
药剂按推荐用量，每亩对水40～50kg，混匀后均匀喷施。

5．玉米瘤黑粉病

【分布为害】玉米瘤黑粉病分布极广，在我国南、北方玉米产区均有发生。该病是我国玉米的重要病害之一，发生普遍，但一般年份发生很轻，对玉米产量影响不大。一般生产田因瘤黑粉病可引起1%～10%的产量损失，病害暴发年份能造成50%以上的减产，甚至绝收。

【症　　状】瘤黑粉病是局部侵染病害，瘤黑粉病从幼苗到成株各个器官都能感病，凡具有分生能力的任何地上部幼嫩组织，如气生根、叶片、茎秆、雄穗、雌穗等都可以被侵染发病，形成大小形状不同的瘤状物。苗期发病，常在幼苗茎基部生瘤，病苗茎叶扭曲畸形，明显矮化，可造成植株死亡。成株期发病，叶和叶鞘上的病瘤常为黄、红、紫、灰杂色疮痂病斑，成串密生或呈粗糙的皱折状，在叶基近中脉两侧最多，一般形成冬孢子前就干枯(图3–20和图3–21)。雌穗受害多在上半部或个别籽粒生瘤，病瘤一般较大，常突破苞叶外露(图3–22)。雄穗抽出后，部分小穗感染常长出长囊状或角状的小瘤，多几个聚集成堆，一个雄穗可长出几个至十几个病瘤。雌穗受害多在上半部或个别籽粒生瘤，病瘤一般较大，常突破苞叶外露(图3–23)。

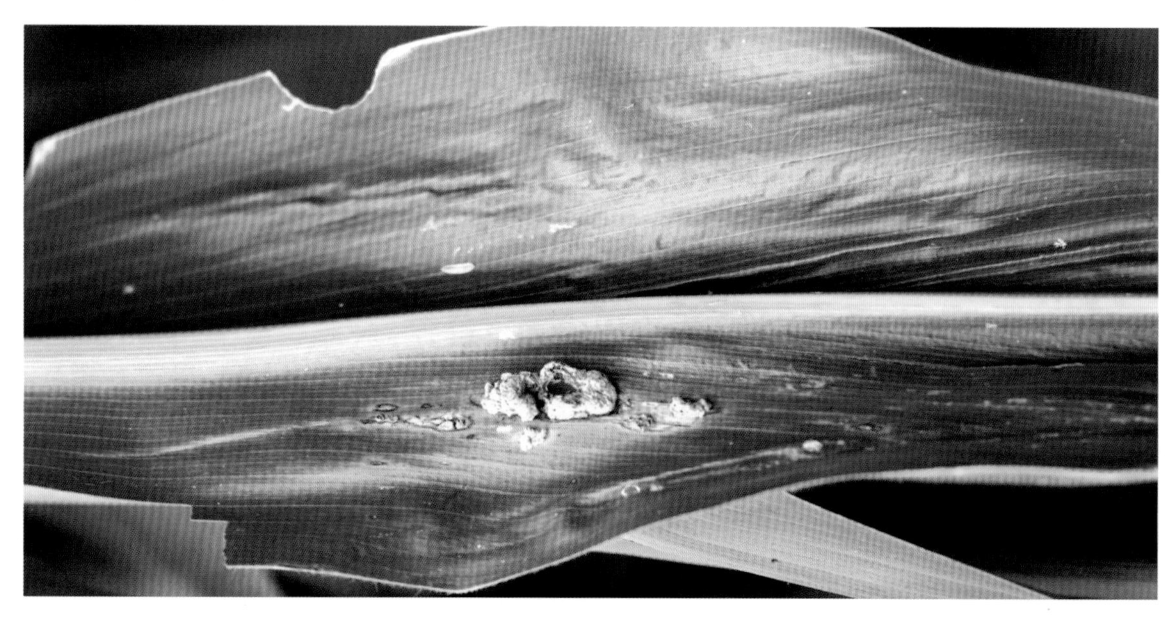

图3–20　玉米瘤黑粉病为害叶片症状

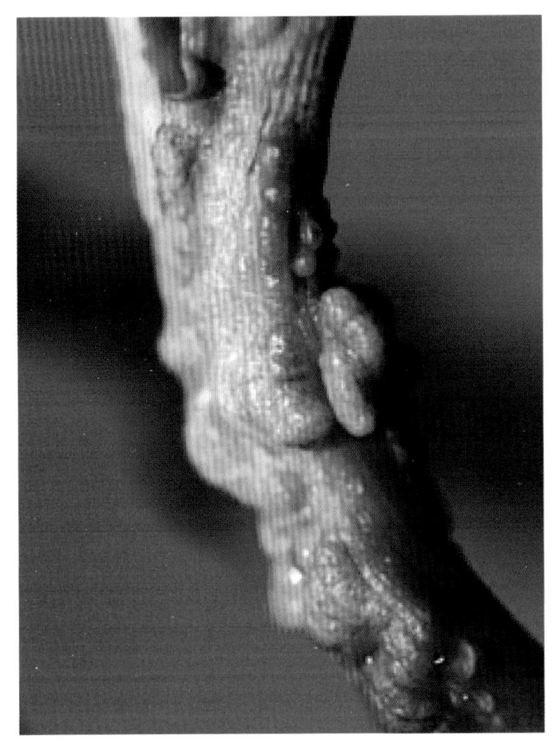

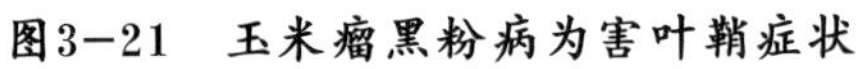

图3-21 玉米瘤黑粉病为害叶鞘症状

图3-22 玉米瘤黑粉病为害雌穗症状

图3-23 玉米瘤黑粉病为害雄穗症状

【病　　原】*Mycosarcoma maydis* (DC.) Corda 称玉蜀黍瘿黑粉菌[异名 *Ustilago maydis* (Link.) *Unger* 玉蜀黍黑粉菌](图3-24)。冬孢子球形或椭圆形，表面具细刺，黄褐色至深褐色。担子顶端和分隔处侧生4个无色、单胞、梭形或略弯曲的担孢子。发育成熟的冬孢子不需休眠就可萌发。冬孢子萌发最适温度为26～34℃，最高为36～38℃，最低为8～10℃，在35℃以上担孢子形成较少。担孢子萌发的适宜温度为20～26℃，最高为40℃。侵入的适温为26.7～35℃。担孢子的抗逆性很强，在干燥情况下经30～35天才死亡。但在玉米生长期，只要有数小时的雨、露和雾，担孢子即可萌发侵入。

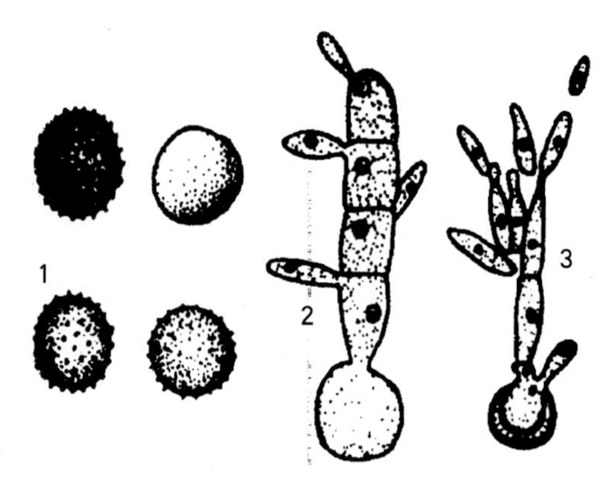

图3-24 玉米瘤黑粉病病菌
1.冬孢子 2.担子 3.担孢子

【发生规律】病原菌以冬孢子形态在土壤中及病株残体上越冬。春季气温上升以后，一旦湿度合适，在土表、浅土层、秸秆上或堆肥中越冬的病原厚垣孢子便萌发产生担孢子，随气流传播，陆续引起苗期和成株期发病形成肿瘤，肿瘤破裂后冬孢子还可进行再侵染，蔓延发病。一般耐旱的和果穗苞叶长而包得紧的较抗病。早熟品种较晚熟品种发病略轻。该病在玉米抽穗开花期发病最快，直至玉米老熟后才停止侵害。高温高湿利于孢子萌发，发病适温26～35℃。遇微雨或多雾、多露，发病重。前期干旱，后期多雨或干湿交替易发病。连作地或高肥密植地发病重。寄主组织柔嫩或有机械伤口处病原菌易侵入。

【防治方法】选用抗病品种。不要过多偏施氮肥，防止徒长。及时防治棉铃虫、玉米螟等害虫，减少耕作机械损伤。在玉米苗期结合田间管理，拔除病株带出田外集中处理。加强水肥管理，玉米抽雄前拔节至成熟期，将发病瘤在成熟破裂前切除深埋。秸秆就地还田最好在无病区进行，轻病田应结合玉米收获剔除病株及病残体后再进行秸秆还田。玉米秸秆不要堆放在田间地头，在下年玉米播种前要全部处理掉。重病区应实行2～3年的轮作，减少菌源。

种子处理，可用下列药剂：

44%氟唑环菌胺悬浮种衣剂 30～90ml/100kg种子；

20%福美双·克百威悬浮种衣剂 1:(40～50)（药种比）。

建议可选用的种子处理药剂还有：

15%三唑酮可湿性粉剂60～90g/100kg种子拌种；

3%苯醚甲环唑悬浮种衣剂200～300g/100kg种子，进行种子包衣；

12.5%粉唑醇悬浮剂200～300ml/100kg种子拌种；

2%戊唑醇湿拌种剂100～150g/100kg种子拌种；

25%三唑醇干拌剂120～180g/100kg种子拌种；

70%敌磺钠可溶粉剂300g/100kg种子拌种。

在病害常发区和制种基地，也可以在玉米6～8叶期和去雄操作结束后，喷施下列药剂及时地进行病害的防治：

40%苯醚甲环唑悬浮剂 12.5～15ml/亩。

其他建议使用的药剂还有：

25%丙环唑乳油 30～40ml/亩；

43%戊唑醇悬浮剂 10～15ml/亩；

15%三唑酮可湿性粉剂750～1 000倍液；

12.5%烯唑醇可湿性粉剂750～1 000倍液；

10%苯醚甲环唑水分散粒剂2 000～2 500倍液；

25%丙环唑乳油500～1 000倍液；

25%咪鲜胺乳油500～1 000倍液；

30%氟菌唑可湿性粉剂2 000～3 000倍液，间隔7～10天，连喷2～3次，可有效减轻病害。

6．玉米纹枯病

【分布为害】玉米纹枯病是一种世界性的土传病害，为我国玉米生产中常见的重要病害之一，分布广泛，在全国各玉米产区普遍发生，尤以安徽南方夏玉米区发病较为严重。一般田块发病率为10%～30%，重病田达50%以上，甚至100%。随着玉米种植面积的迅速扩大和高产栽培技术的推广，纹枯病发展蔓延迅速，已成为制约玉米持续增产的主要障碍。

【症　状】玉米纹枯病从苗期至成株期均可发病。主要为害叶鞘，也可为害茎秆和苞叶，严重时引起果穗受害。发病初期多在基部1～2茎节叶鞘上产生暗绿色水渍状病斑，后扩展融合成不规则形或云纹状大病斑。病斑中部灰褐色，边缘深褐色，由下向上蔓延扩展。严重时根茎基部组织变为灰白色，次生根黄褐色或腐烂(图3–25)。多雨、高湿持续时间长时，病部长出稠密的白色菌丝体(图3–26)，菌丝进一步聚集成多个菌丝团，形成小菌核(图3–27)。为害苞叶，症状同茎秆(图3–28和图3–29)。

图3–25　玉米纹枯病为害茎秆症状

【病　原】*Rhizoctonia solani* Kuhn 称立枯丝核菌，有性态为 *Thanatephorus cucumeris* (Frank) Donk (瓜亡革菌)；*Rhizoctonia cerealis* Van der Hoeven 称禾谷丝核菌，有性态为 *Ceratobasidium cereale* Murray et Burpee (禾谷角担菌)；*Rhizoctonia zeae* Voorhees 称玉蜀黍丝核菌，有性态为 *Waitea circinata* Warcup et Talbot。这3种丝核菌均能够引起玉米纹枯病，在我国，立枯丝核菌 *Rhizoctonia solani* Kuhn 为玉米纹枯病主要病原。该菌具3个或3个以上细胞核，菌核初为白色，后变褐色，不规则形，较密集，表面粗糙。菌丝初无色，较细，逐渐变粗短，棕紫色至褐色。分枝处缢缩且有一横隔。纹枯病菌生长温度7～39℃，适温为26～30℃，菌核形成温度11～37℃，适温22℃。

图3-26　玉米纹枯病茎部白色菌丝团

图3-27　玉米纹枯病茎部黑色菌核

【发生规律】病原菌主要以菌丝体和菌核的形式遗留在土壤中或植株病残体上越冬。条件适宜时，菌核萌发产生的新菌丝或存活的越冬菌丝扩展接触到寄主与土壤相接的叶鞘表面，侵染寄主引起发病。发病后，菌丝又从病斑处伸出，很快向上和左右邻株蔓延，形成第2次和多次病斑。形成病斑后，病原气生菌丝伸长，向上部叶鞘发展，病原常透过叶鞘为害茎秆，形成下陷的黑色斑块。湿度大时，病斑上也可长出担孢子，担孢子可借风力传播侵染。纹枯病一般在玉米拔节期开始发生，抽雄期发展快，吐丝灌浆期受害最重。一般而言，生育期长的中晚熟品种发生时间长，病情较重。温度20～30℃，雨日多、雨量大、湿度高，病情发展快。玉米连作、播种过密、施氮过多，发病重。玉米单作比间作发病重。地势低洼、排水不良、土壤湿度大的田块发病重。

【防治方法】玉米收获后，及时清除田间的病残体，带出田间集中处理。秋季深翻土地，使遗落在土表的菌核埋入土中，加速腐烂，使其丧失活力，减少田间有效菌源基数。同时，在玉米心叶期或发病初期，结合田间农事操作，摘除病株下部的叶片和叶鞘，可减少病菌再侵染的机会。

选用抗病品种。在纹枯病发生区，可根据本地玉米品种和病害发生情况，开展品种抗性鉴定和加强抗病育种工作，培育和选用适合当地种植的抗病优良品种，是控制玉米纹枯病发生为害的一项经济有效的防病措施。

合理密植，宽窄行栽培，有利于田间通风透光，对减轻纹枯病的发生具有一定的作用。在施肥方面，避免偏施氮肥，注意增施磷钾肥，提高植株的抗病性。对地势低洼的田块，搞好清沟排水工作，降低田间湿度。同时，对历年纹枯病发生较重的田块，要进行合理轮作。

图3-28 玉米纹枯病为害苞叶初期症状

图3-29 玉米纹枯病为害苞叶后期症状

种子处理，建议使用40%福美·拌种灵可湿性粉剂 按药种比1：200拌种，或15%多·福悬浮种衣剂按药种比1：（30～40）拌种，或15%三唑酮可湿性粉剂 按药种比1：（167～250）拌种，或6%戊唑醇悬浮种衣剂 按150～200ml/100kg种子拌种，或25g/L咯菌腈悬浮种衣剂168～200ml/100kg种子拌种。

病害常发区可在拔节期喷雾防治纹枯病，重点喷施玉米基部。建议使用的药剂如下：

10%井冈霉素水剂 50～75ml/亩；

20%氟酰胺可湿性粉剂 100～125g/亩；

40%苯醚甲环唑悬浮剂 12.5～15ml/亩；

40%多菌灵悬浮剂80～150ml/亩；

70%甲基硫菌灵可湿性粉剂70～90g/亩；

23%噻氟菌胺悬浮剂14～25ml/亩；

24%噻酰菌胺悬浮剂12～20ml/亩；

20%氟酰胺可湿性粉剂100～125g/亩；

40%菌核净可湿性粉剂100～150g/亩；

10%多抗霉素可湿性粉剂100～150g/亩，对水40～50kg均匀喷施，间隔7～10天喷1次，连喷2～3次，重点喷施玉米基部。

7．玉米弯孢叶斑病

【分布为害】玉米弯孢叶斑病是近年来我国玉米生产上新发生的一种病害。20世纪80年代在河南新乡地区种植的玉米上发生了该病害，此后迅速发展蔓延，在许多北方玉米产区严重发生。1996年玉米弯孢叶斑病在辽宁大面积暴发流行，造成了约25万t的产量损失；2013年该病在安徽北部和河南东南部发生也较重。目前，玉米弯孢叶斑病在我国东北、华北、西北及华东部分地区均有发生，发病田一般减产20%～30%，严重地块减产50%以上，甚至绝收(图3-30)。

图3-30　玉米弯孢叶斑病为害情况

【症　　状】在不同抗性玉米品种上，弯孢叶斑病的症状也有明显不同。该病主要为害叶片，偶尔为害叶鞘和苞叶。叶部病斑初为水浸状褪绿半透明小点，后扩大为圆形、椭圆形、梭形或长条形，病斑大小为（2～5）mm×（1～2）mm，最大的可达7mm×3mm，病斑中心灰白色，边缘黄褐或红褐色，外围有淡黄色晕圈，并具有黄褐相间的断续环纹。潮湿条件下，病斑正反两面均可产生灰黑色霉状物(图3-31和图3-32)，即病原菌的分生孢子。发病严重时，感病品种叶片密布病斑，病斑聚合导致叶片枯死。抗病品种上病斑少而小，病斑边缘黄褐色环纹较细或无，外围多具有半透明或褪绿晕圈。

图3-31 玉米弯孢叶斑病为害叶片初期症状

图3-32 玉米弯孢叶斑病为害叶片中后期症状

【病　　原】多个种的弯孢属真菌均可引起玉米弯孢叶斑病，其中新月弯孢*Curvularia lunata* (Wakker) Boedijn为我国的主要致病种，病原菌的有性态为新月旋孢腔菌(*Cochliobolus lunatus* Nelson et Haasis)。其他能导致弯孢叶斑病的弯孢属真菌还有苍白弯孢菌*C. pallescens*、不等弯孢菌*C. inaeguais*、画眉草弯孢*C. eragrostidis*、中隔弯孢*C. intermedia*和棒状弯孢菌*C. clavata*等。

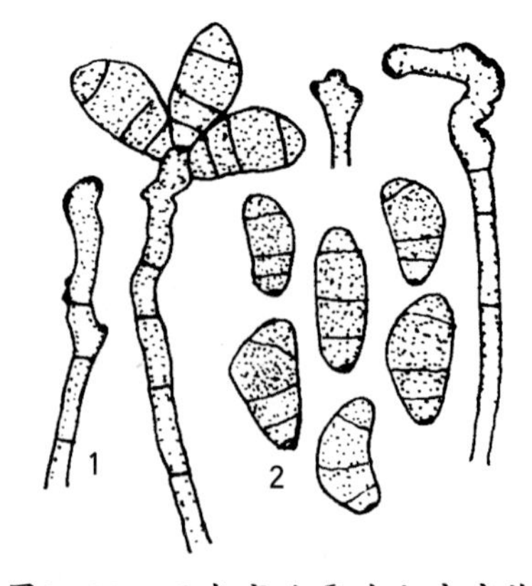

图3-33　玉米弯孢霉叶斑病病菌
1.分生孢子梗　2.分生孢子

新月弯孢的菌落多为墨绿色，呈放射状扩展，老熟后呈黑色，表面平伏。气生菌丝为绒絮状，灰白色。分生孢子梗从玉米叶片病斑表面伸出，褐色至深褐色，单生或簇生，直或弯曲。分生孢子花瓣状聚生在孢子梗端，呈暗褐色，弯曲或呈新月形，多为4胞，具3个隔膜，中间2细胞膨大，其中第3个细胞最明显，两端细胞稍小，颜色也浅。病原菌分生孢子萌发的最适温度为25～35℃，最适pH值为6～8，最适的湿度为超饱和湿度，相对湿度低于90%则很少萌发或不萌发。

【发生规律】病菌以菌丝潜伏于病残体组织中越冬，也能以分生孢子状态越冬，遗落于田间的病叶和秸秆是主要的初侵染源。品种抗病性随植株生长而递减，苗期抗性较强，后期很感病，此病属于成株期病害。在华北地区，该病的发病高峰期是8月中旬到9月上旬，即玉米抽雄后。该病发生轻重与品种、气候和栽培管理等均有密切关系。该病在高温高湿条件下易于流行，一般以7—8月为发生盛期。密度过大，地势低洼，四周屏障等，会使田间通风透光性差，造成田间高湿小气候而有利于病菌滋生，病害发生严重。

【防治方法】选择种植抗病品种，合理密植，配方施肥，适时追肥。早播种，可使玉米苗期得到锻炼，根多、根深苗壮。配方施肥，增施磷钾肥，能使玉米发育健壮、快速，增强植株抗病能力，明显提高抗性，适时追肥可防止玉米生长后期因脱肥而降低抗病性。清洁田园，玉米收获后及时清理病株和落叶，集中处理或深耕深埋，减少初侵染来源。

在弯孢叶斑病常发区，可在玉米大喇叭口期（图3-34）喷施杀菌剂进行防治。建议使用以下药剂：

图3-34　玉米抽雄期弯孢霉叶斑病为害情况

18.7%丙环·嘧菌酯悬乳剂 50 ~ 70ml/亩；

40%苯醚甲环唑悬浮剂 12.5 ~ 15ml/亩；

40%丙环唑悬浮剂 15 ~ 20ml/亩；

27%氟唑·福美双可湿性粉剂 60 ~ 80g/亩；

41%甲硫·戊唑醇悬浮剂 50 ~ 100ml/亩；

40%多菌灵悬浮剂 500 ~ 600倍液；

75%百菌清可湿性粉剂 500 ~ 600倍液。

10%苯醚甲环唑水分散粒剂 25 ~ 30g/亩；

30%氟菌唑可湿性粉剂 20 ~ 30g/亩；

0.5%氨基寡糖素水剂 100ml/亩；

40%双胍三辛烷基苯磺酸盐可湿性粉剂 60g/亩；

70%甲基硫菌灵可湿性粉剂 600倍液；

40%氟硅唑乳油 8 000 ~ 10 000倍液；

50%异菌脲可湿性粉剂 1 000 ~ 1 500倍液；

40%双胍三辛烷基苯磺酸盐可湿性粉剂60g/亩，对水40 ~ 50kg；

70%甲基硫菌灵可湿性粉剂600倍液；

40%氟硅唑乳油8 000 ~ 10 000倍液；

50%异菌脲可湿性粉剂1 000 ~ 1 500倍液均匀喷雾，间隔10天喷1次，连喷2 ~ 3次。

8．玉米褐斑病

【分布为害】玉米褐斑病在我国普遍发生，北起黑龙江，南至云南的大部分玉米种植区均发现有该病害，尤其在夏播玉米区发生较重，苗期降雨较多时易流行。褐斑病有时会暴发流行，对生产为害较大，重者可引起毁种(图3–35)。

【症　　状】主要为害叶片、叶鞘和茎秆，叶片与叶鞘相连处易染病。叶片、叶鞘染病后病斑圆形至椭圆形，褐色或红褐色，病斑易密集成行，小病斑融合成大病斑，病斑四周的叶肉常呈粉红色，后期病斑表皮易破裂，散出褐色粉末(图3–36和图3–37)。受害严重时，叶鞘受害的茎节，常常在感染中心折断(图3–38和图3–39)。

图3–35　玉米褐斑病为害田间情况

图3-36　玉米褐斑病为害叶片症状

图3-37　玉米褐斑病为害茎秆症状

图3-38　玉米褐斑病为害叶鞘症状

图3-39　玉米褐斑病为害植株症状

【病　　原】*Physoderma maydis* (Miyabe) Miyabe 称玉蜀黍节壶菌，可在寄主组织表皮细胞下形成大量的休眠孢子囊堆。休眠孢子椭圆形，一端扁平有盖，内生具乳头状突起无盖的排孢，释放出具单尾鞭毛的游动孢子；外生菌体为长椭圆形至长卵圆形的薄壁孢子囊，产生具单尾鞭毛的小型游动孢子。

【发生规律】病菌以休眠孢子囊在病残体上或土壤中越冬。翌年玉米生长期产生分生孢子借风雨传播到叶片上侵入为害。游动孢子在叶片表面水滴中游动，并形成侵染丝，在喇叭口期侵染幼嫩组织。玉米多年连作或收获后不能及时处理秸秆，发病重。7—9月气温高、湿度大，长时间降雨易诱发此病。密度大的田块、低洼潮湿的田块发病较重。

【防治方法】收获后彻底清除病残体，及时深翻。选用抗病品种。重病田地与其他作物实行2～3年轮作。适时追肥，促进植株健壮生长，提高抗病力。栽植密度适当，提高田间通透性。

在玉米褐斑病常发和重发区，建议在苗期（3～5叶期）喷施下列药剂进行防治：

10%苯醚甲环唑水分散粒剂 1 500～2 000倍液，30～60g/亩；

25%丙环唑乳油 1 500倍液，20～40g/亩；

15%三唑酮可湿性粉剂 1500倍液，60～80g/亩。

在玉米10～13叶期，发病期建议喷施下列药剂：

18.7%丙环·嘧菌酯悬乳剂 50～70ml/亩；

30%吡唑醚菌酯悬浮剂 30～50ml/亩；

50%异菌脲可湿性粉剂 500 ~ 1 000倍液；
40%腈菌唑水分散粒剂 6 000 ~ 7 000倍液；
50%苯菌灵可湿性粉剂 1 000 ~ 1 500倍液；
25%咪鲜胺水乳剂 500 ~ 1 000倍液；
30%氟菌唑可湿性粉剂 2 000 ~ 3 000倍液。

9．玉米灰斑病

【分布为害】玉米灰斑病又称尾孢菌叶斑病，在我国的发病历史较短，主要分布在我国的东北、华北北部地区，但2002年以来西南地区开始发生灰斑病，现已扩展到全国各个玉米产区。灰斑病为害较重，一般年份可减产5% ~ 20%，严重时损失高达80%。

【症　　状】玉米灰斑病主要为害叶片，也可侵染叶鞘和苞叶。侵染初期在叶面上形成无明显边缘的椭圆形至矩圆形灰色至浅褐色病斑，后期变为褐色。扩展的病斑初期呈褐色，当病菌在叶背开始产孢时，病斑变成灰色长条病斑，与叶脉平行。苞叶上的病斑为紫褐色斑点，叶鞘上则为不定形的紫褐色斑块。该病最典型的特征是成熟病斑具有明显的平行边缘，病斑不透明。感病品种上病斑多、扩展快，严重时病斑汇合连片，叶片枯死，叶片两面产生灰白色霉层(分生孢子梗和分生孢子)，以叶背产生得多。湿度大时，病斑背面生出灰色霉状物，即病菌分生孢子梗和分生孢子(图3-40和图3-41)。抗病品种上病斑小而少，多为点状或有褐色边缘，无明显霉层。

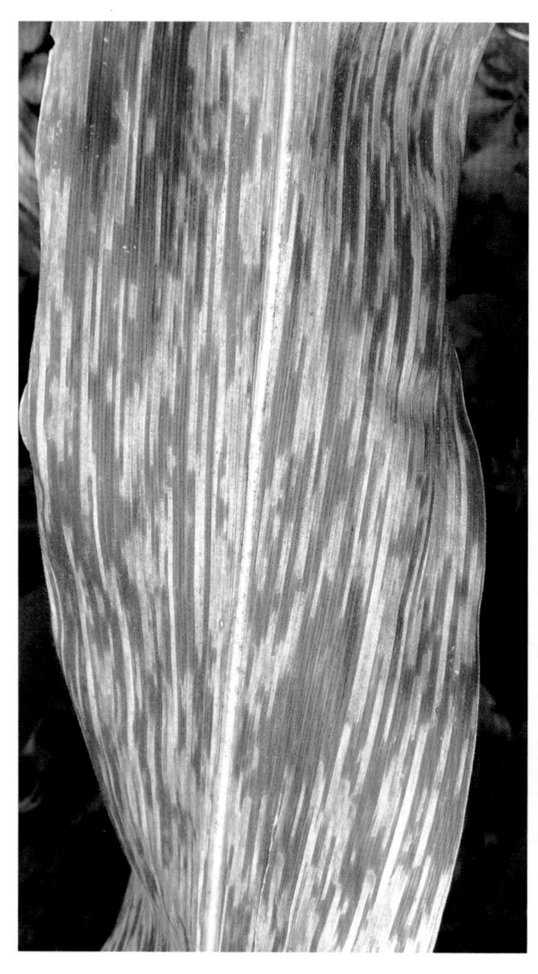

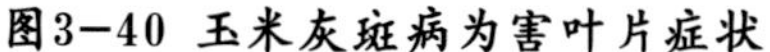

图3-40 玉米灰斑病为害叶片症状

图3-41 玉米灰斑病为害后期田间症状

【病　　原】*Cercospora zeae-maydis* Tehon & Daniels 称玉蜀黍尾孢菌(图3–42)。菌落灰黑色，铺散状，菌丝体多埋生，常生小型子座。分生孢子梗3～10丛生，暗褐色，1～4个隔膜，直或稍弯，着生分生孢子处孢痕明显；分生孢子倒棍棒形，细长，直或稍弯，无色，具1～8个隔膜，基部倒圆锥形，脐点明显，顶端渐细，稍钝。玉蜀黍尾孢菌多产生紫红色尾孢菌素。

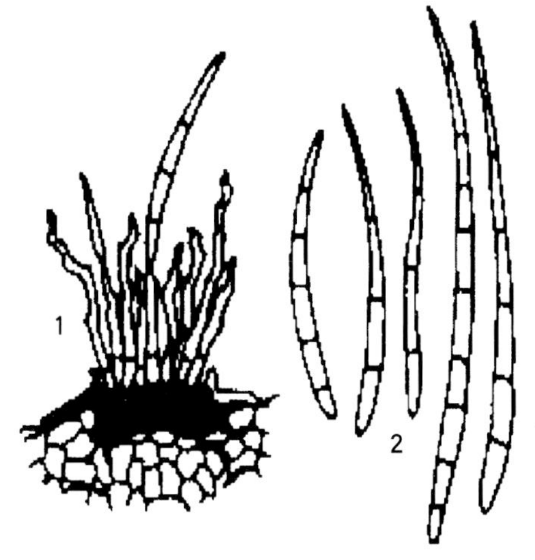

图3–42　玉米灰斑病病菌
1.分生孢子梗　2.分生孢子

近年来的研究发现，玉米尾孢 *Cercospora zeina* Crous & Braun、高粱尾孢玉米变种 *Cercospora sorghi* var. *maydis* Ellis & Everh. 均可引起玉米灰斑病。我国引起玉米灰斑病的病原主要为玉蜀黍尾孢和玉米尾孢。玉米尾孢的分生孢子为宽纺锤形，无色，3～5个隔膜，培养是菌落为灰黑色，生长速度较玉蜀黍尾孢慢，不产生紫红色尾孢菌素。

【发生规律】病菌以菌丝体、子座在病株残体上越冬，成为翌年田间的初侵染源。该菌在地表病残体上可存活7个月，但埋在土壤中的病残体上的病菌则很快丧失生命力。翌年春季，在适宜的温湿度条件下，越冬病菌从菌丝体或子座组织上产生分生孢子，分生孢子借风雨传播，着落在叶表后萌发产生芽管，芽管在气孔表面形成附着胞，通过气孔侵入叶片组织。一般下部叶片先发病，逐渐向上扩展。7—8月多雨的年份易发病。

【防治方法】选用抗病品种，农业防治玉米收获后，及时深翻或轮作，减少越冬菌源数量。播种时施足底肥，及时追肥，防止后期脱肥。搞好轮作倒茬，实行间作套种，改善田间小气候。加强田间管理，雨后及时排水，防止湿气滞留。

在玉米大喇叭口期可选用下列药剂喷施，进行灰斑病的防治：

30%肟菌·戊唑醇悬浮剂 36～45ml/亩；

75%百菌清可湿性粉剂 500～600倍液；

50%多菌灵可湿性粉剂 600～800倍液；

50%异菌脲可湿性粉剂 1000～1500倍液；

20%三唑酮乳油 1000～1500倍液。

间隔7～10天喷1次，连续2～3次，有较好的防治效果。在山区等缺水地区，也可使用药土灌心法将药剂施入玉米喇叭口内。

10．玉米茎腐病

【分布为害】玉米茎腐病也称玉米青枯病、玉米茎基腐病，该病害分布广泛，在我国各玉米产区都有发生。一般年份发病在5%～20%，个别地区的个别年份可达60%以上。严重为害时可导致绝产。

【症　　状】玉米茎腐病一般在玉米灌浆期开始发病，乳熟末期至蜡熟期进入显症高峰。根和茎基部受害严重的植株从茎基部发病处折断，根茎内部组织腐烂坏死，叶片表现出青枯、黄枯或青黄枯，病株的果穗往往下垂，籽粒松瘪，造成玉米提前枯死、倒伏，千粒重、穗粒重、穗长和行粒数降低。叶片受害症状有青枯、黄枯和青黄枯3种。如在发病期遇到雨后高温，蒸腾作用较大，因根系及茎基受病害，水分吸收和运输功能减弱，从而导致植株叶片迅速枯死，全株呈青枯症状。如发病期没有明显雨后高温，蒸腾作用缓慢，在水分供应不足情况下叶片由下而上缓慢失水，逐步枯死，呈现为黄萎状。如病程发展速度突然由慢转快则表现青黄枯(图3-43)。

图3-43 玉米茎腐病为害植株症状

【病　原】病原包括腐霉菌和镰孢菌两大类。

腐霉菌：多种腐霉可引起茎腐病，主要有肿囊腐霉（*Pythium inflatum* Matthews），禾生腐霉（*Pythium graminicola* Subramaniam），瓜果腐霉[*Pythium aphanidermatum*（Edson）Fitzpatrick]（图3-44）。腐霉属于卵菌，菌丝发达，无分隔，无色，无性阶段产生球状、指状、棒状等形态多样的游动孢子囊，游动孢子无色，具双尾鞭。有性阶段形成同丝或异丝的藏卵器和雄器，一个藏卵器有一个或多个雄器，产生球形光滑的卵孢子。腐霉人工培养时菌落圆形，气生菌丝白色至灰色，生长迅速。

镰孢菌：多种镰孢菌能引起玉米茎腐病，我国的主要致病菌为禾谷镰孢菌(*Fusarium graminearum* Schwabe)(图3-45)，有性态为玉蜀黍赤霉[*Gibberella zeae* (Schw.) Patch]。镰孢菌菌丝体白色至紫红色，大型分生孢子3～5个隔膜，不产生小型分生孢子和厚垣孢子，有性阶段可产生黑色球形子囊壳，内有子囊和子囊孢子。

【发生规律】该病是土传病害，镰孢菌以菌丝和厚垣孢子，腐霉菌以卵孢子在病残体组织内外、土壤中存活越冬。带病种子和病残体产生子囊壳，翌年3月中旬释放的子囊孢子是主要初侵染源，从根部伤口

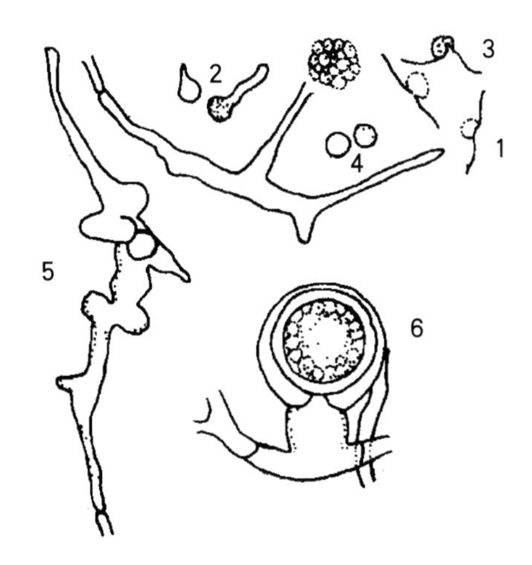

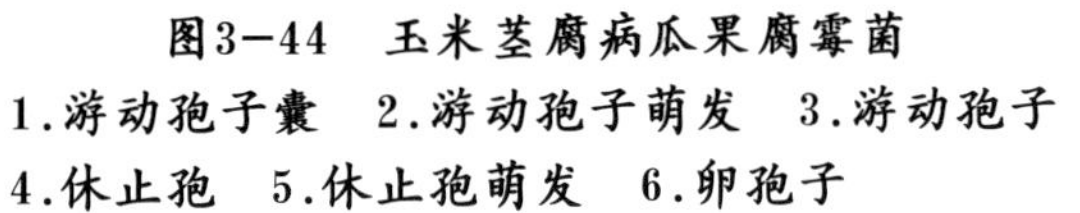
图3-44 玉米茎腐病瓜果腐霉菌
1.游动孢子囊 2.游动孢子萌发 3.游动孢子
4.休止孢 5.休止孢萌发 6.卵孢子

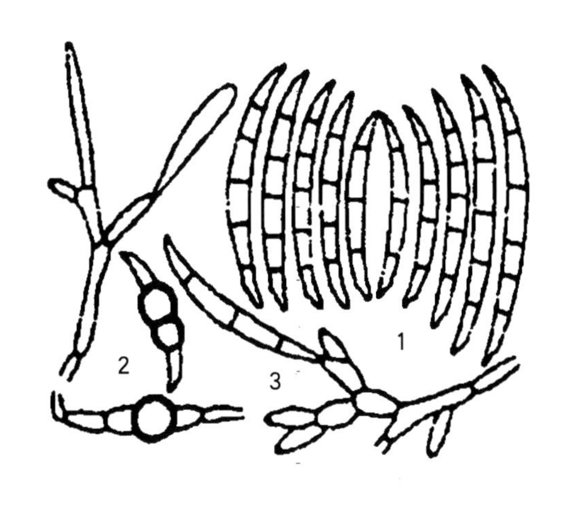

图3-45 玉米茎腐病禾谷镰孢菌
1.大型分生孢子 2.厚垣孢子
3.产孢细胞

侵入。玉米抽雄期至成熟期高温、高湿是茎腐病发生流行的重要条件，尤其是雨后骤晴，土壤湿度大，气温剧升，往往导致该病暴发成灾。镰孢菌在高湿时不发病，而腐霉菌只在高湿条件下才发病。土壤质地黏重，地势低洼、透水性差，地下水位高的地块发病重。栽植过密及连作地发病重。底肥不足，氮肥偏多致使植株的机械性能降低，对病菌的侵染及扩展也有利。

【防治方法】选育和使用抗病品种。加强栽培管理，增施底肥农家肥及钾肥、硅肥。平整土地，及时排除积水，合理密植，及时防治黏虫、玉米螟和地下害虫。扩大玉米、小麦、马铃薯等间作面积；与大豆、花生等作物轮作。

种子处理，可使用20%福·克按药种比1：（40～50）包衣。

其它建议使用的种子处理药剂有：

50%多菌灵可湿性粉剂500倍液浸种2小时，清水洗净后播种；

2.5%咯菌腈悬浮种衣剂1：300包衣。

11．玉米细菌性茎腐病

【分布为害】陕西、甘肃、河南、河北、吉林、山东、四川、江苏、浙江、福建、海南、广西等地均有发生。近年四川受害较重。

【症　　状】主要为害中部茎秆和叶鞘。叶鞘上初现水渍状腐烂，病组织开始软化，散发出臭味。叶鞘上病斑不规则形，中央灰白色，边缘黑褐色，病健组织交界处水渍状尤为明显(图3–46和图3–47)。湿度大时，病斑向上下迅速扩展，严重时植株常在发病后3～4天病部以上倒折，溢出黄褐色腐臭菌液(图3–48)。干燥条件下扩展缓慢，但病部也易折断，造成不能抽穗或结实。

【病　　原】*Dickeya zeae Samson* 称玉米迪基氏菌，属细菌。菌体杆状，两端钝圆，单生，偶成双链，革兰氏染色阴性，周生鞭毛6～8根，无芽孢，无荚膜。菌落圆形，低度突起，乳白色，稍透明。

【发生规律】病菌在土壤中病残体上越冬，翌年从植株的气孔或伤口侵入。玉米60cm高时组织柔嫩易发病，害虫为害造成的伤口利于病菌侵入。此外害虫携带病菌同时起到传播和接种的作用，如玉米螟、棉铃虫等虫口数量大则发病重。高温高湿利于病害发生；均温30℃左右，相对湿度高于70%即可发病；地势低洼或排水不良，密度过大，通风不良，施用氮肥过多，伤口多发病重。

图3-46　玉米细菌性茎腐病为害茎部早期症状

图3-47　玉米细菌性茎腐病为害叶鞘症状

图3-48 玉米细菌性茎腐病为害后期症状

【防治方法】实行轮作，尽可能避免连作。雨后及时排水，防止湿气滞留。田间发现病株后，及时拔除，携出田外沤肥或集中烧毁。

及时治虫防病，苗期开始注意防治玉米螟、棉铃虫等害虫，及时喷洒50%辛硫磷乳油1 500倍液。

在玉米喇叭口期，田间发病初期建议喷洒下列药剂：

25%叶枯唑可湿性粉剂600～1 000倍液；

2%宁南霉素水剂300～400倍液；

3%中生菌素乳油300～400倍液；

47%春雷霉素・氧氯化铜可湿性粉剂700～1 000倍液；

50%氯溴异氰尿酸可溶性粉剂1 000～1 200倍液有一定的预防效果。

12．玉米粗缩病

【分布为害】近年来我国北方地区暴发成灾，严重威胁玉米生产的发展。发病株率一般在16%～25%，发病严重田块达35%，严重影响了玉米的产量及质量(图3–49)。

图3–49　玉米粗缩病田间为害情况

【症　　状】玉米整个生育期都可侵染发病，以苗期受害最重。幼苗在5～6叶期可表现症状，初在心叶中脉及两侧的叶片上出现长短不等的白色蜡状突起。病株严重矮化，仅为健株高的1/2～1/3，叶色深绿，宽短质硬，呈对生状，叶背面侧脉上出现蜡白色突起物，粗糙明显。有时叶鞘、果穗苞叶上具蜡白色条斑。病株根系不发达易拔出。雄穗败育或发育不良，花丝不发达，结实少，重病株多提早枯死或无收(图3–50和图3–51)。

图3-50　玉米粗缩病为害植株症状

图3-51　玉米粗缩病为害叶片症状

【病　　原】多种病毒可引起玉米粗缩病，在我国主要为水稻黑条矮缩病毒（Rice black-streaked dwarf virus）和南方水稻黑条矮缩病毒（Southern rice black-streaked dwarf virus）。水稻黑条矮缩病毒为等轴二十面体，球形，钝化温度50～60℃，体外存活期5～6天。

【发生规律】玉米粗缩病毒主要在小麦及杂草上越冬，也可在传毒昆虫体内越冬，主要靠灰飞虱传毒。灰飞虱成虫和若虫在田埂地边杂草丛中越冬，翌春迁入玉米田。玉米5叶期前易感病，10叶期后抗性增强。套种田、早播田及杂草多的玉米田发病重。玉米苗期是玉米粗缩病的敏感期。

【防治方法】选用抗病品种。在病害重发地区，调整播期，使玉米对病害最为敏感的生育时期避开灰飞虱成虫盛发期，降低发病率。清除田间、地边杂草，减少毒源，提倡化学除草。

合理施肥、灌水，加强田间管理，缩短玉米苗期时间。灰飞虱为害期，玉米5叶期前是防治的关键时期。

播种前用70%噻虫嗪种子处理可分散粉剂按200～300g/100kg种子进行拌种处理，能有效地防治苗期灰飞虱，减轻病毒病的传播。

玉米苗期，可喷洒下列药剂进行防治：

20%吗啉胍·乙酸铜可湿性粉剂500倍液；

20%盐酸吗啉胍可湿性粉剂400～600倍液；

1.5%植病灵乳剂1 000倍液；

10%混合脂肪酸水乳剂100～200倍液；

0.5%香菇多糖水剂250～300倍液；

4%嘧肽霉素水剂200～250倍液；

2%宁南霉素水剂200～300ml/亩，对水40～50kg；

2%氨基寡糖素水剂200～250ml/亩，对水40～50kg，喷洒叶面，每7～10天喷1次，连续喷施2～3次。

在灰飞虱传毒为害期，尤其是玉米7叶期前，可喷洒下列药剂：

2%宁南霉素水剂300ml＋10%吡虫啉可湿性粉剂35g/亩；

80%敌敌畏乳油200～250ml/亩；

20%异丙威乳油150～200ml/亩；

48%毒死蜱乳油100～120ml/亩；

25%噻虫嗪可湿性粉剂50～60g/亩；

10%吡虫啉可湿性粉剂20～30g/亩，对水40～50kg均匀喷雾，间隔6～7天喷1次，连喷2～3次。

13．玉米矮花叶病毒病

【分布为害】我国河南、陕西、甘肃、河北、山东、山西、辽宁、北京、内蒙古均有发生。玉米重要栽培区都有此病发生，一般损失3%～10%。

【症　　状】玉米整个生育期均可发病，以苗期受害最重，抽穗后发病的较轻。最初在幼苗心叶基部细脉间出现许多椭圆形褪绿小点，呈虚线状排列，以后发展成实线。病部继续呈不规则状扩大，不受叶脉限制，在粗脉间形成许多黄色的条纹，与健部相间形成花叶症状(图3-52和图3-53)。病部可包围健部，形成许多大、小不同略呈圆形的绿斑，叶片变黄、棕、紫或干枯。重病株的苞叶、叶鞘、雄花穗有时出现褪绿斑，植株矮小，其高度有时只为健株的1/2～1/3，不能抽穗或迟抽穗而不结实。病株茎细，根部不发达或萎缩。

【病　　原】多种病毒均可引起玉米矮花叶病，我国主要病原为甘蔗花叶病毒（Sugarcane mosaic virus）。甘蔗花叶病毒为单链RNA病毒，病毒粒体线状，钝化温度53～57℃，稀释限点1 000～100 000倍。

【发生规律】该病毒主要在雀麦、牛鞭草等寄主上越冬，是该病重要初侵染源，带毒种子发芽出苗后也可成为发病中心。传毒主要靠蚜虫的扩散而传播。生产上有大面积种植的感病玉米品种和对蚜虫活动有利的气候条件，即5—7月凉爽、降雨不多，蚜虫迁飞到玉米田吸食传毒，大量繁殖后辗转为害，易造成该病流行。冬暖春旱，有利于蚜虫越冬和繁殖，发病重。蚜虫发生为害高峰期正与春玉米易感病的

图3-52 玉米矮花叶病毒病为害植株症状

苗期相吻合，发病重。田间管理粗放，草荒重，易发病。偏施氮肥，少施微肥，可加重病情。

【防治方法】选用无病区种子及抗病品种。调整玉米播期，避免蚜虫高峰期与玉米易感病生育期相吻合。加强苗期管理，培育壮苗。增施有机肥，增施锌、铁等微肥。在田间尽早拔除病株，是防治该病关键措施之一。及时中耕锄草，可减少传毒寄主。冬前或春季及时清除地头、田边以及田间的杂草，尤其多年生杂草，压低蚜虫虫口基数。及时防治蚜虫，减少初侵染源。

病害发生初期，可喷施20%吗胍·乙酸铜可湿性粉剂500倍液病毒威等药剂。

在传毒蚜虫迁入玉米田的始期和盛期，及时喷洒下列药剂：

50%抗蚜威可湿性粉剂2 000～3 000倍液；

10%吡虫啉可湿性粉剂1 500～2 000倍液。

图3-53 玉米矮花叶病毒病为害叶片症状

14．玉米丝黑穗病

【分布为害】玉米丝黑穗病在华北、东北、华中、西南、华南和西北地区普遍发生。以北方春播玉米区，西南丘陵山地玉米和西北玉米区受害较重，一般年份发病率为5%～10%，严重时可达60%，甚至90%以上，严重影响着玉米的产量与品质。

【症　　状】是幼苗侵染的系统性病害，其症状有时在生长前期就有表现，但典型症状一般到穗期出现。生长前期5叶期后症状表现为病苗节间缩短，株形较矮，茎秆基部膨大，下粗上细，叶片簇生，叶色暗绿挺直。雌穗被害后，大多数变为一个基部膨大、端部较尖、短小、不能抽丝的圆锥形菌瘤。苞叶一般不破，黑粉也不外露。玉米乳熟后，有些苞叶变黄破裂散出黑粉，可看到内部有乱丝状的寄主维管束组织，故名丝黑穗病。雄穗受害后，多数情况下是局部小穗变为黑粉苞，穗形不变(图3–54和图3–55)。

图3–54　玉米丝黑穗病为害雄穗症状

图3–55　玉米丝黑穗病为害雌穗症状

【病　　原】*Sporisorium reilianum* (Kuhn) Langdon et Full. f. sp. *zeae* 称丝孢堆黑粉菌玉米专化型(图3–56)。冬孢子在没有成熟前集合成孢子球，成熟后分散。冬孢子球形或近球形，黄褐色至赤褐色。具厚壁，表面有细刺。冬孢子产4个细胞的担子，侧生担孢子。担孢子无色、单胞、椭圆形。

【发生规律】在北方自然条件下，病原厚垣孢子可在土壤中存活3年左右。病田土壤和混有病残组织的粪肥是其主要侵染来源。附在种子表面的厚垣孢子虽可传病，但侵染率极低，它是远距离传播的侵染源。在玉米播种后发芽时，越冬的厚垣孢子也开始萌发，从玉米幼芽的芽鞘、胚轴或幼根侵入，并到达生长点，其菌丝随玉米植株生育扩展，至玉米花芽分化时，进入花芽和原始穗，破坏穗部，形成大量黑粉，成为丝黑穗。病原的侵染高峰在玉米三叶期以前。玉米连作年限越长，发病越严重。套种或夏播的玉米一般很少发病。土温25℃、土壤含水量12%～29%，最适宜发病。高寒冷凉地块易发病，水浇地发病轻，坡地、山地或较干旱的田块发病重。施用带菌粪肥、田间管理粗放，均可加重发病。

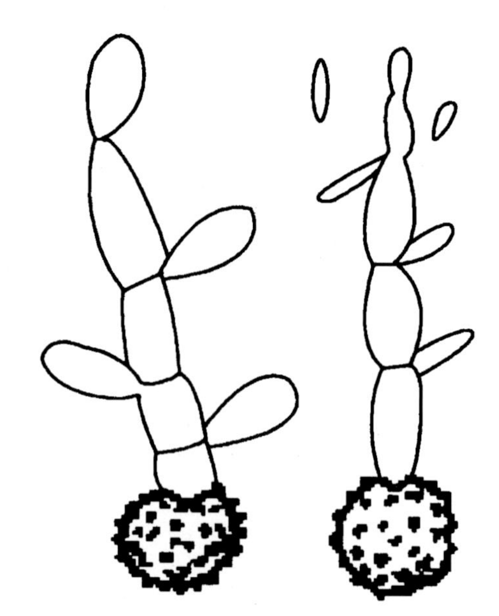
图3－56　玉米丝黑穗病病菌冬孢子及其萌发

【防治方法】选用抗病品种。春旱地区雨后抢墒播种，或坐水浅播，播前灌溉，保证土壤水分良好，都可以显著减轻发病。间苗定苗时选留大苗壮苗，剔除病弱苗和畸形苗。有机粪肥要充分腐熟后才可施用。结合种植结构调整，实行倒茬轮作。消灭初侵染源清洁田间，拔除病株，处理病残组织。发病重的田块，在玉米开花期后，一旦发现病株，一定要割除并进行深埋处理，以防止病原扩散。

可用以下药剂进行拌种或包衣：

15%三唑酮可湿性粉剂按药种比1：(167～250)(药种比)拌种；

6%戊唑醇悬浮种衣剂按150～200ml/100kg种子包衣处理；

15%烯唑·福美双悬浮种衣剂按2 500～3 333ml/100kg种子包衣处理；

16%福美双·克百威·三唑醇悬浮种衣剂按药种比1：(30～50)(药种比)包衣；

建议可用于拌种或包衣的药剂还有：

62.5g/L精甲·咯菌腈悬浮种衣剂按300～400ml/100kg种子；

400g/L萎锈·福美双悬浮剂按1：(200～220)(药种比)；

12.5%烯唑醇可湿性粉剂60～80g/100kg种子，效果均佳。

15．玉米干腐病

【分布为害】该病是世界玉米重要病害之一，我国东北发生重，江苏、安徽、四川、广东、云南、贵州、湖南、湖北、浙江等省都有发生。玉米受害以后，除导致穗腐以外，病株多折断倒伏，引起减产。

【症　　状】在玉米生育后期发生较重。症状以茎秆和果穗最为明显。茎秆被害，多在植株近基部4～5节或病穗附近的茎秆节间产生褐色、紫红色或黑褐色的斑块，叶鞘和茎秆之间常有白色菌丝相连。严重时病节髓部碎裂，组织腐败，极易倒折。果穗被害，病穗一般成熟早，僵化变轻，病果穗和苞叶之间充满白色菌丝体，以致苞叶和果穗粘连，不易剥离。剥去苞叶，可见果穗下部或全穗籽粒皱缩，呈暗褐色或污浊状，失去光泽，粒间常有紧密的灰白色菌丝体，穗轴松软变轻，易于折断破裂。严重时，籽粒基部甚至全粒均有少量白色菌丝体，散生许多小黑点。穗轴和护颖上也常生许多小黑点，这些症状是识别该病的重要特征(图3–57)。病穗与苞叶之间也长满白色菌丝体，以致苞叶与果穗粘连，不易剥离。

图3-57　玉米干腐病为害穗部症状

【病　　原】 多种病原菌引起干腐病，*Diplodia zeae* (Schw.) Lev 称玉米色二孢，*D. macrospora* Earle称大色二孢，*D. frumenti* Ell. et Ev. 称干腐色二孢，*Stenocarpella maydis* (Berk) Sutton 称玉米狭壳柱孢，*S. macrospora* (Earle) Sutton 称大孢狭壳柱孢。

【发生规律】以菌丝体和分生孢子器在种子和病株残体上越冬。在病株残体上越冬的分生孢子器，条件适宜产生大量的分生孢子，借气流和雨水传播发病。玉米开花时其叶鞘变松，孢子即随同花粉落入叶鞘内，萌发后从叶鞘侵入，也可从茎秆基部、不定芽或花丝、穗梗及果穗的苞叶间直接侵入。种子带菌，可以进行远距离传播。在田间条件下，侵染和发病高峰期出现在果穗成熟期及以后阶段，延迟收获会加重发病。玉米成熟期连续降雨，特别是早期干旱，吐丝后 2 ~ 3 周又遇高温多湿天气，病害更易流行。玉米生长前期遇有高温干旱，气温28 ~ 30℃，雌穗吐丝后半个月内遇有多雨天气有利其发病。

【防治方法】病区的玉米种子、穗轴、茎秆和苞叶等严禁外运。无病区要加强检疫，防止该病传入。要建立无病留种田，选留无病种子。重病区实行2 ~ 3年的大面积轮作。收获后及时清洁田园，及时烧毁，以减少菌源。发病秸秆在第2年雨季以前作燃料烧掉，秋季深翻土壤，以控制发病。注意合理密植，及时防治病虫害等均可减轻发病。

对玉米干腐病建议采取如下防治措施：

用50%多菌灵可湿性粉剂或70%甲基硫菌灵可湿性粉剂100倍液浸种24小时后，用清水冲洗晾干后进行播种。

抽穗期发病初，喷洒下列药剂：

50%多菌灵可湿性粉剂800倍液；

70%甲基硫菌灵可湿性粉剂1 000倍液；

25%苯菌灵乳油800倍液；

25%丙环唑乳油2 000倍液，重点喷果穗和下部茎叶，间隔7 ~ 10天1次，防治2 ~ 3次。

16．玉米圆斑病

【分布为害】玉米圆斑病是一种重要的种传病害，也可通过气流传播，目前在我国吉林、辽宁、河北、内蒙古、陕西、山东、浙江、四川、重庆、贵州、云南等地都有发生。

【症　　状】主要为害果穗、苞叶、叶片和叶鞘。在玉米果穗冒尖期开始侵染穗顶部和穗基部的苞叶，以后病害由外层苞叶逐步向里扩展蔓延，侵害玉米籽粒和穗轴，病部变黑凹陷，导致果穗变形弯曲，籽粒和穗轴变黑，籽粒完全失去发芽能力，后期籽粒表面和苞叶上长满黑色霉层，即病原菌的分生孢子梗及分生孢子。苞叶病斑初为褐色斑点，以后扩展为圆形大斑，有同心轮纹，后期表面长满黑色霉层。叶片受害，形成圆形、卵圆形病斑。病斑散生，初为水渍状淡绿至淡黄色小点，以后扩大为圆形或卵圆形斑点，有同心轮纹，中央淡褐色，边缘褐色，具黄绿色晕圈(图3-58和图3-59)。有时数个病斑汇合，变成长条斑，导致叶片局部或全部枯死，表面亦生黑色霉层。叶鞘发病后症状与苞叶相似，但形状不甚规则，表面也生黑色霉层。

图3-58　玉米圆斑病为害叶片初期症状

图3-59　玉米圆斑病为害叶片中期症状

【病　　原】*Bipolaris zeicola* (Stout) Shoemaker 称玉米生平脐蠕孢，有性态 *Cochliobolus carbonum* Nelson 称炭色旋孢腔菌。分生孢子梗暗褐色，顶端色浅，单生或2～6根丛生，正直或有膝状弯曲，两端钝圆，基部细胞膨大，有隔膜3～5个。分生孢子深橄榄色，长椭圆形，中央宽，两端渐窄，孢壁较厚，顶细胞和基细胞钝圆形，多数正直，脐点小，不明显，具隔膜4～10个。

【发生规律】病原以休眠菌丝体在病叶、叶鞘、苞叶、病穗和病种子上越冬。播种带菌种子可引起烂芽或幼苗枯死。此外遗落在田间或秸秆垛上残留的病株残体，也可成为翌年的初侵染源。条件适宜时，越冬病原孢子传播到玉米植株上，经1～2天潜育萌发侵入。病斑上产生的病原借风雨传播，引起叶斑或穗腐，进行多次再侵染。玉米吐丝至灌浆期，是该病侵染的关键时期。

【防治方法】选用抗病品种，目前生产上抗圆斑病的杂交种有：铁丹8号、英55、辽1311、吉69、武105、武206、吉单107、春单34等。严禁从病区调种，加强田间管理，清除病残体，烧毁或深埋，增施有机肥，合理密植，注意排灌排涝，降低田间温度，提高植株抗病能力。使用含有杀菌剂（如咯菌腈等）的种衣剂进行种子包衣可有效减少初侵染源。

药剂防治，建议在玉米吐丝盛期，即50%～80%果穗已吐丝时，喷洒下列药剂：

25%三唑酮可湿性粉剂800～1 000倍液；

50%多菌灵可湿性粉剂600～800倍液；

70%代森锰锌可湿性粉剂400～500倍液；

70%甲基硫菌灵可湿性粉剂500～600倍液；

40%腈菌唑悬浮剂6 000～8 000倍液喷雾防治，间隔7～10天1次，连续防治2～3次。

17．玉米疯顶

【分布为害】玉米疯顶为偶发性病害，曾在我国宁夏、甘肃、新疆、四川、河北、北京、江苏、山西、山东、台湾等局部地区发生。轻病田病株率为3%～10%，重病田达60%以上。

【症　　状】发病初期出现过度分蘖，每株3～5个或6～10个，上部的叶片旋转扭曲。典型症状是雄穗局部或完全增生，致穗上形成一堆叶状结构(图3-60)。这些变态的叶状花序称为丛顶或疯顶。有时叶扭曲也可能发生在雌穗上(图3-61)。发病严重的叶片变狭窄，呈带状，坚韧。有的仅表现植株矮化或叶片上有褪绿条斑。

图3-60　玉米疯顶病为害雄穗症状

图3-61 玉米疯顶病为害雌穗症状

【病 原】*Sclerophthora macrospora* (Sacc.) Thirumalachar, Shaw et Narasimhan var. *maydis* 称大孢指梗霉玉蜀黍变种，疫霉菌。菌丝体生在寄主组织细胞间，孢囊梗很短，单生，偶有2次分枝，由气孔伸出，其上着生孢子囊。孢子囊椭圆形或倒卵形至洋梨状，具带紫褐色或浅黄色的乳突。孢子囊萌发产生30～90个游动孢子。游动孢子椭圆形。藏卵器球形至椭圆形，浅黄褐色至茶褐色。卵孢子球形，浅黄色，位于寄主维管束及叶肉组织中不易散出，萌发产生孢子囊。1～3个雄器侧生，浅黄色。

【发生规律】以卵孢子在土壤中或玉米植株病残体上越冬。翌春卵孢子在潮湿的土壤中萌发，产生孢子囊和游动孢子，侵入寄主的组织。田间植株在4～5片叶以前若土壤湿度饱和，苗期就可发病，土壤湿度饱和状态持续24～48小时，就能完成侵染。在叶面上形成孢子适温为24～28℃，孢子发芽适温12～16℃。该病多发生在温带或暖温带。

【防治方法】选用中单2号、沈单7号、掖单19号、掖单4号等抗病品种。实行大面积轮作。病区在玉米3叶期以后浇水，有利于控制病害。地势低洼地防止大水漫灌，及时排除田间积水，能减轻发病。玉米收获后及时清除田间病残体并集中销毁。

药剂防治：建议在发病初期及时喷洒下列药剂：

90%三乙膦酸铝可溶粉剂400～500倍液；

64%恶霜·锰锌可湿性粉剂500～600倍液；

12%松脂酸铜悬浮剂600～800倍液；

69%烯酰吗啉·代森锰锌水分散粒剂1 000～1 500倍液；

72%霜脲·锰锌可湿性粉剂700～1 000倍液。

18．玉米链格孢菌叶枯病

【分布为害】玉米链格孢叶病在生产中偶有发生，但近年河南新乡发病率14%～53%，为害有上升之势。

【症 状】玉米链格孢叶病可在玉米各生育阶段发生，主要在玉米生长后期为害叶片、叶鞘及苞叶。初期病部出现水渍状小圆斑点，逐渐扩展成椭圆形至近圆形的病斑，中央灰白色至枯白色，边缘红褐色，病健部交界明显。病斑扩展不受叶脉限制，大小为（6～13）mm×（4～8）mm。后期病部可见黑色霉层，一些病斑中间破裂穿孔，严重的整株叶片病斑满布，呈撕裂状干枯坏死(图3-62)。

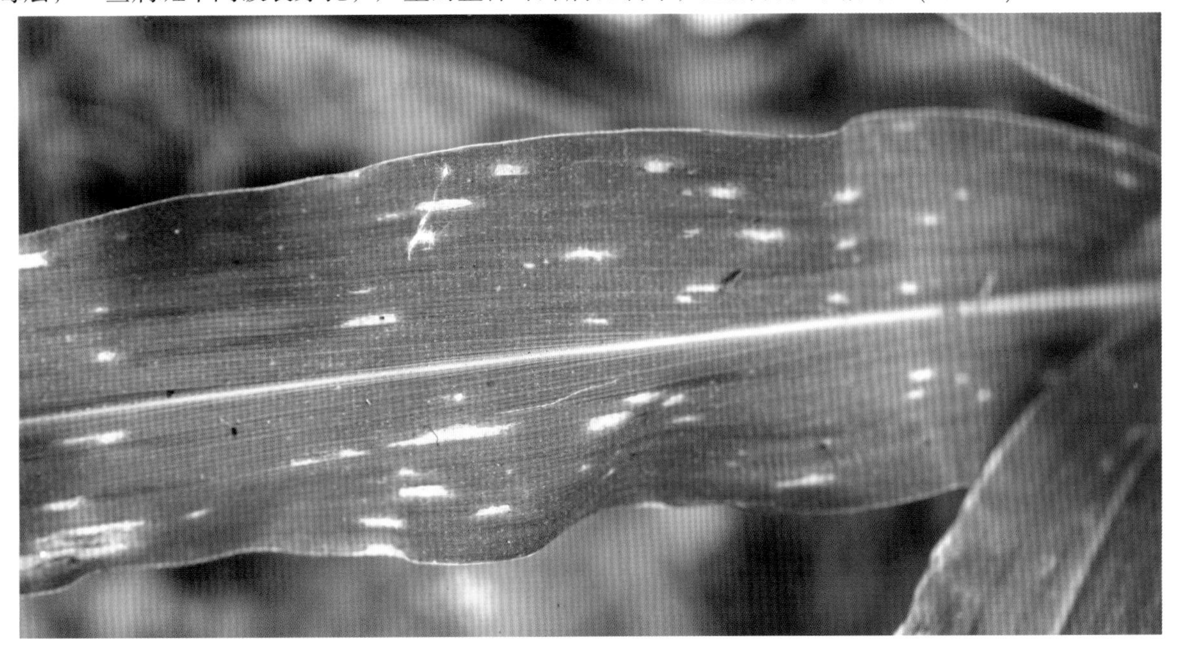

图3-62 玉米链格孢叶枯病为害叶片症状

【病 原】*Alternaria tenuissima* (Kunze Fr.) Wiltshire称细极链格孢(图3-63)。分生孢子梗淡褐色，直或稍弯曲。分生孢子3～6个串生，梭形、椭圆形、卵形、倒棒状，形状不一致，褐色至淡褐色，无喙或喙短，喙长不超过孢子的1/3，分生孢子光滑或具瘤，孢痕明显，具横隔膜1～7个，多为4～5个，隔膜处缢缩，纵隔膜0～3个。在病组织上分生孢子梗单生或3～4根丛生，淡褐色至褐色，顶端细胞色淡或上下色泽均匀，多屈曲状，少数直，不分枝或少有不规则分枝，孢痕明显，基细胞膨大，具2～8个分隔。

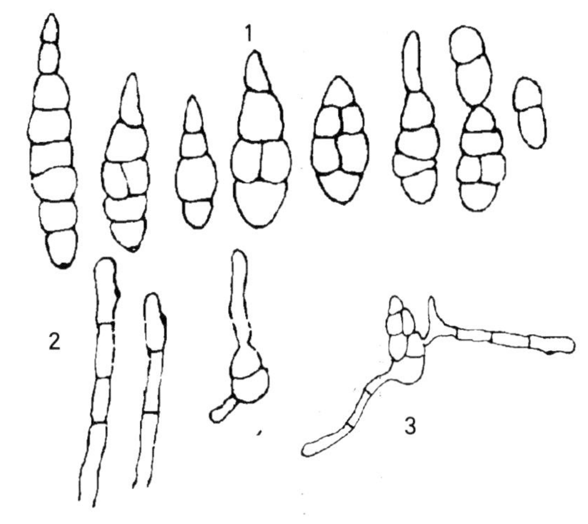

图3-63 玉米链格孢叶枯病病菌
1.分生孢子 2.分生孢子梗 3.分生孢子萌发

【发生规律】病菌以菌丝体和分生孢子在病残体上或随病残体遗落土中越冬，翌年产生分生孢子进行初侵染和再侵染。该菌寄生性虽不强，但寄主种类多，分布广泛，在其他寄主上形成的分生孢子，也是玉米生长期中该病的初侵染和再侵染源。一般成熟老叶易染病，雨季或管理粗放、植株长势差，利于该病扩展。

【防治方法】选用抗病品种。充分施足基肥，适时追肥，提高植株抗病力。收获后，清除田间病残体，并深翻土壤。

做好田间病害调查，发现病害及时施药防治，发病初期建议喷洒下列药剂：

50%异菌脲可湿性粉剂1 000～1 500倍液+75%百菌清可湿性粉剂600～800倍液；

70%甲基硫菌灵可湿性粉剂600～800倍液+50%福美双可湿性粉剂500～600倍液；

10%苯醚甲环唑水分散粒剂1 000～1 500倍液；

10%氟硅唑水乳剂1500～2500倍液；

50%咪鲜胺锰盐可湿性粉剂1 000～1 500倍液；

50%腐霉利可湿性粉剂1 500～2 000倍液+70%代森锰锌可湿性粉剂500～600倍液，均匀喷施，间隔7～15天1次，防治2～3次。

19．玉米北方炭疽病

【分布为害】玉米北方炭疽病又名玉米眼斑病，主要分布在黑龙江、吉林、辽宁、北京，以及云南、贵州高海拔地区等气候冷凉地。近年来该病在北方有上升趋势。

【症　　状】主要为害叶片，多在接近成熟的上部叶片上发生。发病初期叶片上出现水渍状小斑点。病斑圆形至卵形，半透明，中央乳白色至茶褐色，四周具褐色至紫色的环，并有具黄色晕圈的狭窄带，从外表看像一种“眼斑”，故称眼斑病(图3-64)。条件适宜时，病斑可融合为大的坏死斑，发病早的，病斑扩展成带状或片状。叶鞘、苞叶也可产生类似的症状。

图3-64　玉米北方炭疽病为害叶片症状

【病　　原】*Kabatiella zeae* Narita et Hiratsuka 称玉蜀黍球梗孢菌。

【发生规律】病菌在种子和病残组织上越冬，也可在幼嫩玉米的病组织上越夏。传播到幼苗上后，分生孢子萌发侵入叶片，经7～10天潜育即出现病症。病斑上形成的新的分生孢子借风力传播，进行多次再侵染，致该病扩展蔓延。冷湿的气候条件或冷凉、湿度大的山区或7—9月气温不高、降雨多的年份有利于病害流行。

【防治方法】实行3年以上轮作。深翻土壤，及时中耕，提高地温。雨后及时排水，降低土壤湿度。

用种子重量0.5%的50%苯菌灵可湿性粉剂拌种。

发病初期喷施50%苯菌灵可湿性粉剂1 500倍液、50%甲基硫菌灵可湿性粉剂800倍液。

20．玉米条纹矮缩病

【分　　布】玉米条纹矮缩病又称玉米条矮病，是西北局部地区玉米的重要病害之一。

【症　　状】病株节间缩短，植株矮缩，沿叶脉产生褪绿条纹，后条纹上产生坏死褐斑。植株早期受害，生长停滞，提早枯死。中期染病植株矮化，顶叶丛生，雄花不易抽出，植株多向一侧倾斜。后期染病矮缩不明显。根据叶片上条纹的宽度分为密纹型和疏纹型两种。叶片受害，最初上部叶片稍硬、直立，沿叶脉出现淡黄色条纹，自叶基部向叶尖发展。后期叶脉向上产生灰黄色或土红色坏死斑，病叶提前枯死。叶鞘、茎秆、髓、穗轴、雄花花序的小梗、苞叶及苞叶上的小叶均可受害，产生淡黄色条纹及褐色坏死斑，而苞叶及其顶端的小叶特别敏感，发病后易显症(图3-65)。

图3-65 玉米条纹矮缩病为害叶片症状

【病 原】Maize streak dwarf virus 简称 MSDV；称玉米条纹矮缩病毒，属病毒。病毒粒体炮弹状，每粒病毒有横纹50条，纹间距4nm。

【发生规律】该病毒由灰飞虱传播。灰飞虱最短获毒时间为8小时，体内循回期最短5天。病毒不经卵传播。气温20～30℃时，潜育期7～20天，一般9天。该病发生与灰飞虱若虫的发生有直接关系。3～4龄若虫在田埂的杂草和土块下越冬。翌年春转入麦田，羽化后成虫有一部分迁飞到刚出苗玉米田为害。7—8月虫口最大，为害也重。玉米收割后又转移到田埂杂草上，潜入根际或土块下越冬。带毒若虫是翌年的主要初侵染源。灌溉次数多或多雨，地边杂草繁茂有利于灰飞虱繁殖。玉米第一水适时浇灌发病轻，过早或过迟发病重。田间湿度大易招来灰飞虱栖息。

【防治方法】选种抗病品种。高抗品种有武单早、武顶1号、陕单5号、庆单7号等。加强田间管理，适时播种。把好玉米第一次浇灌时间，争取在玉米出苗后40～45天浇头水。精细整地，增施磷钾肥，提高植株抗病力。

加强对灰飞虱的防治：要抓好4个时期的工作，即越冬防治、麦田防治、药剂拌种和一代成虫迁入玉米初期的防治。使用药剂参见玉米粗缩病防治法。

21．玉米假黑粉病

【分布为害】各玉米种植区均有发生，以湖南、四川受害最重。

【症 状】玉米雄花序上产生菌瘿或称菌核，代替雄花。一般仅少数花受侵染。在雄花上形成一个近椭圆形的墨绿色的菌瘤，外表类似玉米黑粉病的椭圆形菌瘤，因此称为假黑粉病(图3-66)。

图3-66 玉米假黑粉病为害雄穗症状

【病　　原】*Ustilaginoidea oryzae* (Patou.) Bref. 称稻绿核菌，别名稻曲菌。菌核圆形，内部为白色绒毛状。分生孢子圆形具小刺，绿色。菌丝黄绿色，有分隔。

【发生规律】病菌以菌核混杂在种子里或地表越冬，第2年春天菌核萌发，产生孢子形成初侵染和再侵染。潮湿的气候条件有利于该病的发生和流行。

【防治方法】防治玉米瘤黑粉病时可兼治假黑粉病。

22. 玉米穗腐病

【分布为害】玉米穗腐病是玉米生长后期的重要病害之一，又称玉米穗粒腐病，属世界性病害。一般品种发病率5%～10%，感病品种发病率可高达50%左右，造成严重损失。玉米穗腐病不仅因果穗腐烂而导致直接减产，而且带菌的种子发芽率和幼苗成活率均降低，造成进一步的损失。

【症　　状】果穗及籽粒均可受害，被害果穗顶部或中部变色，并出现粉红色、蓝绿色、黑灰色或暗褐色、黄褐色霉层，即病原的菌丝体、分生孢子梗和分生孢子。病粒无光泽，不饱满，质脆，内部空虚，常为交织的菌丝所充塞(图3-67和图3-68)。果穗病部苞叶常被密集的菌丝贯穿，黏结在一起贴于果穗上不易剥离。仓贮玉米受害后，粮堆内外则长出疏密不等、各种颜色的菌丝和分生孢子，并散出发霉的气味。

【病　　原】多种病原真菌可引起玉米穗腐病。*Fusarium verticillioides* (Sacc.) Nirenberg 称拟轮枝镰孢，*Fusarium graminearum* Clade 称禾谷镰孢复合种，*Trichoderma viride* Pers. Ex Fries 称绿色木霉，*Trichoderma harzianum* Rifai 称哈茨木霉，*Aspergillus flavus* Link:Fr. 称黄曲霉，*Aspergillus niger* Tiegh 称黑曲霉，*Nigrospora oryzae (Berkeley et Broome) Petch* 称稻黑孢，*Cladosporium cladosporioides* (Freson.) de Vries 称枝状枝孢，*Bipolaris zeicola* (Stout) Shoemaker 称玉米生平脐蠕孢，*Cladosporium herbarum* (Pers.) Link 称多主枝孢；*Penicillium oxalicum* Currie et Thom 称草酸青霉，*Trichothecium roseum* (Bull.) Link 称粉红聚端孢，均可引起玉米穗腐病。

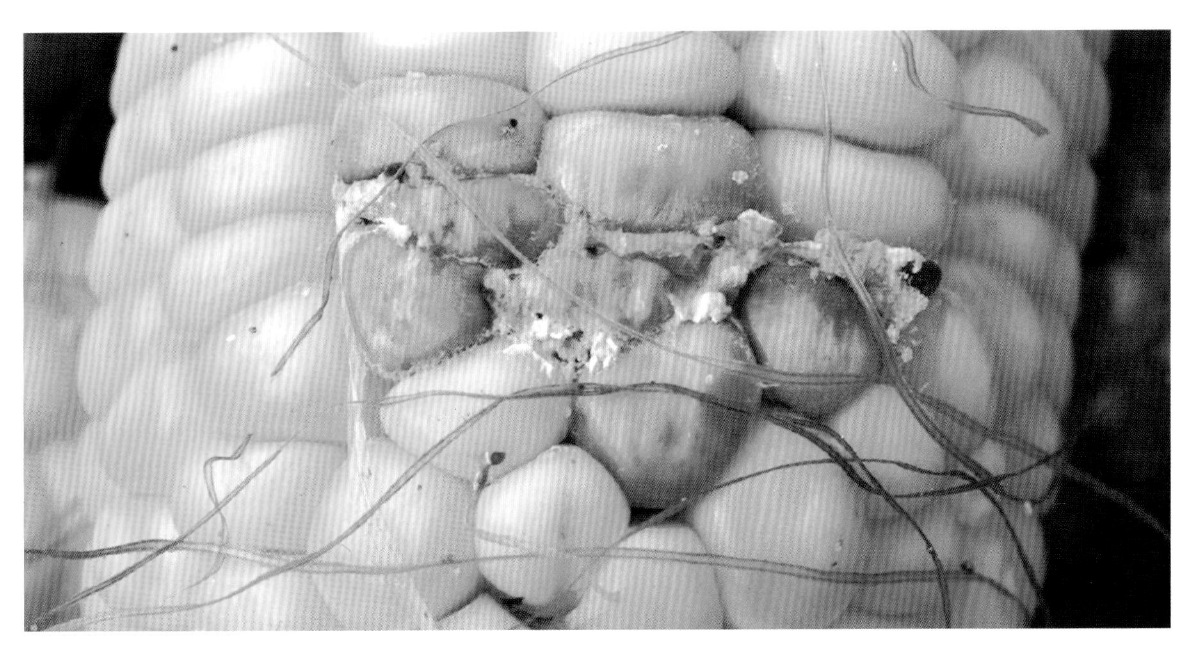

图3-67 玉米穗腐病为害穗部初期症状

图3-68 玉米穗腐病为害穗部后期症状

【发生规律】病菌多以菌丝体在种子、病残体上或土壤中越冬，为初侵染病原。病原主要从伤口或花丝侵入，分生孢子借风雨传播。温度在15～28℃，相对湿度在75%以上，有利于病原的侵染和流行。高温多雨以及玉米虫害发生偏重的年份，穗腐和粒腐病也较重发生。玉米粒没有晒干，入库时含水量偏高，以及贮藏期仓库密封不严，库内湿度升高，也利于各种霉菌腐生蔓延，引起玉米粒腐烂或发霉。

【防治方法】选用抗病品种；适当调节播种期，尽可能使玉米孕穗至抽穗期，不要与雨季相遇；发病后注意开沟排水，防止湿气滞留，可减轻受害程度。尽量避免造成伤口，注意防止鸟害和虫害。玉米生长后期(7—8月份)正值雨季，高湿的田间小气候有利于穗粒腐病的发展，在玉米大喇叭口期可结合药剂灌心拔除病株、可疑株。玉米吐丝授粉期至玉米乳熟期继续拔除病株，彻底扫残。并将病株深埋、烧毁，不要在田间随意丢放。适度密植，不用病株喂牛，防止粪肥带菌；清洁田园，处理田间病株残体等。同时秋季深翻土地，减少病原来源。实行轮作，与高粱、谷子、大豆、甘薯、旱稻等作物实行3年以上轮作；施用不带菌有机肥料，减少土壤病原。

药剂拌种可以减少病原的初侵染，生长期注意防治玉米螟、棉铃虫和其他虫害，减少伤口侵染的机会。

23.玉米霜霉病

【症　　状】在玉米上均引起系统症状。病叶淡绿至淡黄色或苍白色(图3–69)，紫色条纹和条斑，湿度高时在叶背面形成灰白色霉状物，即病菌的无性繁殖体游动孢子囊梗和游动孢子囊。以后条纹和条斑颜色逐渐加深变褐，组织坏死。幼苗染病后生长缓慢，节间缩短，植株矮化。重病株不能正常抽穗。果穗雄花畸形。

图3–69　玉米霜霉病为害叶片症状

【病　　原】*Peronosclerospora* spp.称指霜霉，有4种：*P. eronosclerospora maydis* 称玉米指霜霉，*P. philipinesis* 称菲律宾指霜霉，*P. sachari* 称甘蔗指霜霉，*P. Sorghi* 称高粱指霜霉，属鞭毛菌亚门真菌。分生孢子梗无色，基部细，具一隔膜，上部肥大而分枝，分枝为双分叉，小梗近圆锥形，弯曲，每小梗顶生1个孢子。分生孢子无色，长椭圆形或长卵形，顶端稍圆，基部较尖。

【发生规律】以病株残体内和落入土中的卵孢子、种子内潜伏的菌丝体及杂草寄主上的游动孢子囊越冬。卵孢子经过两个生长季仍具致病力，在干燥条件下能保持发芽力长达14年之久，随玉米材料包装物传入无病区引起发病。带病种子是远距离传播的主要载体。病菌常以游动孢子囊萌发形成的芽管或以菌丝从气孔侵入玉米叶片，在叶肉细胞间扩展，经过叶鞘进入茎秆，在茎端寄生，再发展到嫩叶上。生长季病株上产生的游动孢子囊，借气流和雨水反溅进行再侵染。高湿，特别是降雨和结露是影响发病的决定性因素。相对湿度85%以上，夜间结露或有降雨有利于游动孢子囊的形成、萌发和侵染。游动孢子囊的形成和萌发对温度的要求不严格。玉米种植密度过大，通风透光不良，株间湿度高发病重。重茬连作，造成病菌积累发病重。发病与品种也有一定关系，通常马齿种比硬粒种抗病。

【防治方法】玉米霜霉病是我国重要的进境植物检疫对象。要严格控制疫区种子外流。生长季注意田间调查，以便及时发现，采取根绝措施。在霜霉病发生区，应加速选育和利用抗病品种，注意采取轮作倒茬、深耕灭茬。适期播种、合理密植、科学施肥、及时除草等栽培措施减轻为害。

用35%甲霜灵种子处理干粉剂，按种子重量的0.3%拌种有较好防病作用。

在田间于发病初期，用25%甲霜灵可湿性粉剂1 000倍液喷雾防治，每7天喷1次，连喷2次，也可获得较好防效。

二、玉米生理性病害

玉米生理性病害是由多种因素造成的，但归纳起来可分为两类，第一类是内部因素，即遗传因素的影响，如品种抗逆性不强，种子生活力弱，种子发育不健全。第二类是外界环境条件，如土壤、肥料、水分、空气与光照等条件不良，都可阻碍玉米的正常发育，形成生理病害。这就要求我们在玉米育种和生产实践中，培育良种，并利用与良种配套的栽培管理方法，良种配良法，有效防止玉米生理病害的发生，保证玉米的优质高产。

1．玉米弱苗

【症　　状】玉米发芽受阻，幼苗不能正常生长，植株矮小，叶片衰弱黄瘦，生长停止，形成弱苗，甚至死苗(图3-70)。

图3-70　玉米弱苗症状

【病　　因】种子播种过深或过浅，由于整地粗放或在田间土壤湿度过大时播种过深，种子由于缺氧而引起闷种死芽，即使长出幼苗也因地中茎的伸长，胚乳养分消耗过多而生长瘦弱，不易成活。在土壤干旱、土温较高、光照充足的情况下，播种过浅，种子也因吸收不到充足的水分而导致发芽受阻，出苗迟缓或出土即干死。有时，种子虽能在地表发芽，也终因根系不能深扎，形成弱苗，造成缺苗断垄，直接影响产量。

土壤结构不良，耕作不当，玉米苗期对土壤结构特别敏感，土壤的部分地段漏耕和板结影响土壤的通透性和升温，致使玉米的芽鞘不能穿破土层。这种硬土块透水性差，其土壤微粒结构紧凑，种子因吸水困难而发芽受阻，造成种子发芽障碍或不出苗。

播种过早，播量不当，因抢墒而过早播种，常遇春寒低温造成发芽缓慢，引起种子发霉或烂芽，结果导致缺苗或出苗不整齐。播量不当，再加上种子质量差、发芽率低，造成出苗不齐不全。若播量过多或间苗太迟，导致幼苗拥挤，光照不足，有机营养减少，形成弱苗。

地下害虫，播种后种子被地下害虫啮食，这种情况在墒情不足的土壤和绿肥茬田种植玉米更为严重。

【防治方法】提高耕田质量。要掌握宜耕期，土壤太湿翻耕后，因机械碾压形成不易打碎的硬土块；土壤太干则不易耕碎原有土块。此外，要掌握耕翻深度。耕层过深对瘠薄地来说会形成耕作层肥土下翻，降低土壤肥力；耕层过浅，对一般土壤来说，又达不到熟化土壤、消灭病虫害的目的。

做好种子处理。首先要精选种子，做好发芽试验，一般要求发芽率不低于90%。此外，有条件的地方，应在播前晒种，这样可以促进种子的后熟和酶的活力，增强种子的吸水能力，提高种子的发芽率和发芽势。

提高播种质量。首先是播种深度要一致，应根据当地的土壤条件和播种方式灵活掌握。一般情况下，播深以4～7cm为宜，干旱时可适当加深。其次是要掌握播量，及时间苗，保证苗全苗壮。

2．玉米空秆

【症　　状】玉米空秆又叫“空身”，是指植株不结果穗或有果穗而无籽粒。一般空秆株在苗期基部为圆形，叶片发紫，顶端浓绿发紫，叶脉相间有白色透明的斑点或条痕，拔节期植株细弱矮小，叶片淡绿、窄长，与茎的夹角小。

【病　　因】玉米空秆受多种因素影响，一是遗传原因；二是因果穗发育时期体内缺乏碳、糖等有机营养或营养失调。

过度密植，不考虑茬口、地力、施肥水平和品种特性，留苗过多，密度过高，田间布局不合理，造成玉米个体发育不良，使空秆率增加。

植株之间生长不平衡，播种过早、种子大小不整齐、播种深浅不一、盖土厚薄不匀、施肥不均，都会造成幼苗参差不齐，长势强弱不一，这样势必造成大苗欺小苗；苗大的根深叶茂，生长旺盛，争光夺肥；苗小的则缺乏营养，生长细弱，发育不良，果穗的分化与发育受到抑制，自然正常发育果穗少。

肥水供应不能满足玉米生育的需求，玉米雌穗分化一般在出苗后60天，此时土壤中如果缺乏足够的、全面的营养以及充足的水分供给，会导致玉米发育不良，植株瘦小叶黄，光合面积小，叶片制造有机物就少，不能满足果穗分化期对养分的需求，空秆增加。

气候条件的影响，不良气候条件(干旱、雨水过多)会增加空秆率，玉米在拔节后，正处在穗分化阶段，此时干旱，根系瘦弱，植株矮小，光合作用受阻，雌穗发育受影响；雨水过多，土壤缺氧，根系呼吸困难，吸收力减弱，都会造成不同程度的空秆。

【防治方法】确定合理密度。合理密植要坚持因地制宜，要使玉米密度与品种、土质、茬口、施肥水平等环境条件相适宜。第一，针对不同品种确定田间密度，矮秆早熟品种密度应适当高些，高秆晚熟品种要适当稀植。第二，要依茬口、土壤肥力和施肥水平调节密度。茬口好，肥水条件好，如绿肥茬田或土质好的田块可适当密植，茬口差或土质差的旱田如麦茬田等应稀植。

合理用好肥水，拔节到开花是果穗分化形成和授粉受精的关键时期，肥水必须及时满足，以促进果穗的正常结实，这对防治空秆有积极作用。

人工去雄，据测定，每株玉米雄穗有1万～1.5万个花药，每个花药大约有250个花粉粒，而每株玉米雌穗最多只要1 000粒左右的花粉粒就可满足需要，因此可拔除部分雄穗。部分植株去雄后，植株变矮，改善了中部叶层的通风透光条件，有利于提高光合作用效率，增加有机物质积累，减少空秆。此外，拔除部分雄穗，可将原来用于开花、花粉发育及后期生长所需的养分和水分运输转向雌穗，使本来无效的果穗变为有效，从而降低空秆率。

3．玉米秃顶与缺粒

【症　　状】玉米果穗上部光秃，不结籽粒，称为秃顶。另外，也有许多果穗头部或基部甚至全穗着粒无几，称为缺粒(图3-71)。

图3-71　玉米秃顶症状

【病　　因】秃顶与缺粒除与遗传特性有关外，主要受不良气候环境和不当栽培管理的影响。气候条件，以温度的影响最显著，气温过高，超过38℃，雄穗就不能开放，气温在32～35℃，遇上干旱，空气干燥，可使花粉寿命变短或失去生活力，同时，花丝也易枯萎，因而受精不良，产生秃顶缺粒。大风大雨对开花受精也不利，花粉在大气湿度过大的条件下，会吸水结团引起死亡，影响授粉结实。

栽培管理不当，首先，如果密度过高，玉米群体内光照条件差，植株生长细弱窜高，体内养分无法满足果穗形成的需要，果穗发育迟缓，吐丝时雄穗大量散粉的时期已过，特别是果穗顶部抽丝较迟，不易得到花粉而造成秃顶。其次，土壤贫瘠，肥水管理失调，影响果穗的分化形成，而雄穗的发育则较少受到影响，导致果穗吐丝和雄穗开花不遇，受精结实受阻。最后，土壤缺磷，导致玉米孕穗开花时糖代谢紊乱，影响果穗发育，缺粒明显增多。

【防治方法】合理密植。根据地力、施肥水平和品种特性，确定合理的植株密度，使群体发展合适，个体生长健壮。实践证明，玉米较合理的密度是矮秆品种6万～7.5万株/hm^2、中秆品种5.25万～6万株/hm^2、高秆品种3.75万～4.5万株/hm^2。

合理施用穗肥：在拔节至开花期，果穗的分化与形成对肥水反应敏感，需要量大。此时充足的肥水可保证植株的正常生长，能够收到穗大粒多的效果。穗肥以氮肥为主，在抽穗前10～15天施入。此外，在栽培管理上，要注意中耕蹲苗，培土拥根，防止玉米倒伏，减少秃顶和缺粒。

必要时，在雌穗小花分化期喷洒惠满丰活性液肥或促丰宝、喷施宝、农一清液肥、高效氨基酸液肥等。此外，喷洒磷酸二氢钾500～600倍液或玉米壮丰灵1 000倍液也有较好的效果。

4．玉米倒伏

【症　　状】玉米倒伏有茎倒、根倒和茎折3种类型。茎倒主要是因为茎秆节间细长，植株过高，基部机械组织强度差，地上部重量和基部节间所承担的力量不相适应，引起茎秆倾斜或弯折。根倒是由于根系发育不良，雨水过多或灌溉后遇大风而倒(图3-72)。茎折主要出现在抽雄前，多因抽雄前生长较快，茎秆组织脆嫩或遭虫害，降低抗风能力引起的。

图3-72　玉米倒伏症状

【病　　因】品种特性，有些品种自身抗倒性弱，多数杂交种茎秆粗壮，根系发达，抗倒能力强，而农家品种茎秆细弱，根系发育差，易倒伏；高秆品种易倒，而矮秆、株型好的品种抗倒能力强。

密度不合理，玉米田间布局不当，株行距过小密度过高或稀密不匀，使田间通风透光不良，光合作用受到抑制，茎秆发育不良，导致植株高而不壮，抗倒力下降。

肥水管理不当，田间管理不及时，如拔节期肥水过多，特别是氮肥过量，使茎叶疯长，拔节过猛，节间机械组织发育不良，果穗以下节间伸长过度，果穗位置相应升高，易倒伏；播种过浅，中耕培土不及时，使根系发育不良，扎根浅，易遭灾倒伏。

【防治方法】选用抗倒品种：选用适合当地自然条件和栽培条件的杂交种和优良品种，这是最关键的措施之一。

调整播期，合理密植。据当地常年的气候特点，适当提前或推迟播期，避开或减轻不良天气的影响。此外，要因地因品种采取合理密度，株行距配置得当，保证使叶片在最大程度上都能得到阳光的照射，促进植株个体的良好发育。

合理施用肥水，中耕蹲苗。施肥以基肥为主，追肥不宜过多，注意氮、磷、钾三要素合理搭配。玉米6～10叶期，喷施30%胺鲜酯·乙烯利水剂20～30ml/亩、30%乙烯·芸水剂25ml/亩，对水喷雾。这些措施都可使玉米有稳固的基部，避免或减轻因倒伏而造成的损失。

5．玉米缺素症

玉米进行正常生长发育所必需的营养元素有：氮、磷、钾、钙、镁、硫、铁、铜、锰、锌、钼等。一旦营养元素供应失调，玉米就会出现异常症状，现将基本表现介绍如下，以供在玉米生产上准确识别。

【症　　状】

缺氮：幼苗矮化、瘦弱、叶丛黄绿；叶片从叶尖开始变黄(图3–73)，沿叶片中脉发展，致全株黄化，后下部叶尖枯死且边缘黄绿色；缺氮严重时，果穗小，顶部籽粒不充实，蛋白质含量低。

图3–73　玉米缺氮症状

缺磷：磷素稍缺时，植株表现矮化。在严重缺磷时，叶片早期发紫或变红(图3–74)，叶片尖端枯死并变暗褐色。缺磷现象在幼嫩植株上表现最明显，后期玉米的果穗弯曲，粒行不整齐，秃顶严重。

缺钾：初期下部叶片从叶尖开始沿叶片边缘变黄色，而且焦枯。有时植株在后期往往倒伏，果穗小，顶端特别尖细，秃顶严重(图3–75)。

缺镁：幼苗上部叶片发黄，甚至在叶脉间出现黄白相间条纹，老叶片尖端和边缘呈紫红色。

缺锌：一般在幼苗出土后2周内显症，新叶基部的颜色变淡，呈黄白色。5～6叶期时，心叶下1～3叶出现淡黄和淡绿色相间的条纹，叶脉仍绿，基部出现紫色条纹。10～15天后，紫红色条纹渐变为黄白

图3-74　玉米缺磷症状

图3-75　玉米缺钾症状

色，叶肉变薄，似“白苗”。严重时，远看全田一片白。缺锌的玉米植株矮化，节间缩短，叶枕重叠，顶端似平顶。严重者白色叶片逐渐干枯，甚至整株死亡。拔节后叶色渐转淡绿，喇叭口期，中下部叶片出现黄绿相间的条纹，叫“花叶”，基部叶片重新变白，呈半透明。抽雄后，自下而上呈“花叶”状。植株发育受阻，抽雄和吐丝都比正常植株迟2～3天，空秆多，果穗缺粒秃尖。

缺硫：植株矮化，成熟延迟及叶丛发黄，如缺氮。

缺铁：叶片脉间失绿，呈条纹花叶，心叶症状重；严重时心叶不出，植株生长不良生育延迟，甚至不能抽穗(图3–76)。

缺硼：幼叶展开困难，叶脉间呈现宽的白色条纹，茎基部变粗，变脆。严重时雄穗生长缓慢或很难抽出；困穗的穗轴短小，不能正常授粉；果穗畸形，籽粒行列不齐，着粒稀疏，籽粒基部常有带状褐疤。

缺钙：当土壤缺钙时，幼苗叶片不能抽出或不展开，叶缘白色斑纹并有锯齿状不规则横向开裂，顶叶卷呈“弓”状，叶片粘连，不能正常伸展。

缺锰：幼叶脉间组织慢慢变黄，形成黄绿相间条纹，叶片弯曲下披，有别于缺镁。

【病　　因】①缺氮：是因有机质含量少，低温或淹水，特别是中期干旱或大雨易出现缺氮症。②缺磷：低温、土壤湿度小利于发病，酸性土、红壤、黄壤易缺有效磷。③缺钾：一般沙土含钾低，如前作为需钾量高的作物，易出现缺钾，沙土、肥土、潮湿土或板结土易发病。④缺镁：土壤酸度高或受到大雨淋洗后的沙土易缺镁，含钾量高或因施用石灰致含镁量减少土壤易发病。⑤缺锌：系土壤或肥料

图3-76 玉米缺铁症状

中含磷过多，酸碱度高、低温、湿度大或有机肥少的土壤易发生缺锌症。⑥缺硫：酸性沙质土、有机质含量少或严寒潮湿的土壤易发病。⑦缺铁：碱性土壤中易缺铁。⑧缺硼：干旱、土壤酸度高或沙土易出现缺硼症。⑨缺钙：是因为土壤酸度过低或矿质土壤，pH值5.5以下，土壤有机质在48mg/kg以下或钾、镁含量过高易发生缺钙。⑩缺锰：pH值大于7的石灰性土壤或靠近河边的田块，锰易被淋失。生产上施用石灰过量也易引发缺锰。

【防治方法】应根据植株分析和土壤化验结果及缺素症表现进行正确诊断。提倡施用充分沤制的堆肥或腐熟有机肥。采用配方施肥技术，对玉米按量补施所缺肥素。

也可在缺素症发生初期，在叶面上对症喷施叶面肥。用惠满丰多元素复合有机活性液肥200～240ml，对水稀释300～400倍或促丰宝活性液肥E型600～800倍液、多功能高效液肥万家宝500～600倍液。

6．玉米白化苗和黄绿苗

玉米白化苗和黄绿苗是玉米上常见的两种苗期病害，另外，还有紫苗、黄叶苗、僵叶苗等。

【症　　状】苗期最明显，植株矮小，叶片上出现不规则黄绿条斑或叶片全部失绿白化或黄化，称为白化苗和黄绿苗，易倒伏(图3–77)。

【病　　因】

白化苗：玉米苗期有一种小苗一出土就表现白苗，这是一种遗传现象叫致死基因白化苗。它因缺乏叶绿素不能自营生活，不久就死去。另一种白化苗是小苗长到5片叶时逐渐失去绿色，在主叶脉两侧呈现黄白色，在叶尖及叶缘仍显绿色。这种小苗是缺锌引起的生理性病害，说明土壤中缺乏锌元素。

黄绿苗：是由于玉米中后期缺钾造成的。

【防治方法】该病发生受遗传基因控制，对玉米经济价值影响不大。但在选育玉米新品种时，必须注重选择。

图3-77 玉米黄绿苗症状

防治白化苗：

用1kg硫酸锌与10～15kg细土混合均匀，播种时撒在种子旁边。

白化苗发生时，每亩用0.2～0.3kg硫酸锌对水100kg喷雾。每隔7天喷1次，连喷2～3次即可使苗恢复正常。

防治黄绿苗：

增施钾肥，亩施10～20kg，雨季可分次施用。如果没钾肥可施草木灰。

黄绿苗出现时，可用磷酸二氢钾、氧化钾、钾宝、草木灰溶液叶面喷雾。

7．玉米空气污染

随着工业的发展，城乡工业区或四周空气污染经常出现，使玉米生产受到较大损失。在工业生产中由于排出对作物有害的气体，如二氧化硫、氟化氢，此外在日常照射下，由氧化氨、碳化氢之间进行光合化学反应产生的臭氧、过氧乙酰硝酸盐也可对玉米产生毒害。

【症　　状】①臭氧：在甜玉米上的症状表现为暗色、灰绿色水浸状病斑，在叶片两面变为褐色至白色坏死斑。有些品种在叶片的一面或两面的横带上产生小的银灰色至褐色坏死斑。最老叶片在基部受毒害，次老叶片是中部受害，而幼嫩叶片则顶端受害。叶片的边缘受害最重，但中脉保持正常。由臭氧引起的毒害，与昆虫或蜗类的伤害、氯或氟的毒害以及自然衰老等症状不易区别。②氯气：玉米受氯气毒害后，在叶脉间出现黄褐色坏死条纹。中等叶龄或较老的叶片，常比幼嫩叶片轻易受害。③二氧化硫：二氧化硫在玉米植株的各个阶段都能毒害。剧烈毒害时，叶脉间出现白色坏死斑。剧烈毒害或慢性毒害都能使顶端死亡和叶片早衰。④过氧乙酰硝酸盐：玉米对PAN的毒害往往具有忍耐性。叶片上有明显的白色与褪绿带。幼嫩叶片可能发生叶尖枯死。叶片假如严重受害在条带内叶细胞可能全部崩解并由此向下蔓延。迅速生长的幼株较老株更易受此毒害。⑤氟化物污染：玉米受氟化物毒害后，沿着叶片边缘和叶尖呈现褪绿的斑驳或斑点，叶脉间出现小的不规则褪绿斑并能形成连续的褪绿条带。受害严重时，叶脉间和叶边缘有坏死斑。缺锌或缺钾、蜗牛类为害、遗传变异和自然衰老的症状，与氟化物毒害的症状相似。

【病　　因】明确当地的污染源，观察症状出现时间，生产上甜玉米比普通玉米更加敏感。有的污染，如臭氧、氟化物毒害玉米后的症状常与缺钾或自然衰老相似，有的与药害类似。大气污染与环境因素有关，多数的严重污染，经常发生在大气以暖和、晴朗、无风、潮湿或高气压等为特点的停滞时期。其敏感性常与下列因素有关。一般规律是在毒害前低温一至数天，可降低敏感性。植株生长在干旱条件下，对空气污染的敏感性较低。植株生长在较低肥料水平的条件下，表现的叶片受害类似空气污染的毒害。叶上有病原物存在，能影响敏感性。敏感性受植株组织成熟度的影响，幼叶常免于受害。玉米品种不同对臭氧和其他污染物的敏感程度也不相同。

【防治方法】清除污染源。

8．玉米低温障碍

【症　　状】玉米原产于热带，是一种喜温作物，对温度要求较高。一些年份由于气温低，常使玉米产生低温冷害。低温主要是指玉米在生育过程中因热量不足，造成生育期延迟，后期易遇低温、霜冻而造成减产。低温分为两种情况：一是夏季低温(凉夏)持续时间长，抽穗期推迟，在持续低温影响下玉米灌浆期缩短，在早霜到来时籽粒不能正常成熟。如果早霜提前到来，则遭受低温减产更为严重。二是秋季降温早，籽粒灌浆期缩短。玉米生育前期温度不低，但秋季降温过早，降温强度强、速度快。初霜到来早灌浆期气温低，灌浆速度缓慢，且灌浆期明显缩短，籽粒不能正常成熟而减产。

冷害分为两种类型：一种是障碍型冷害；另一种是延迟型冷害。障碍型冷害是指玉米在生殖器官发育期间遇到低温，使花器不能正常发育，导致受精不良，不能结实，这种冷害在黑龙江省几乎不存在。延迟型冷害是指作物在整个生育期或某一个阶段遇到低温，造成生育时期后延，抽穗延迟，灌浆速度慢，不能及时成熟，植株遭受霜冻而死。我国玉米生产上主要是延迟型冷害。

【病　　因】从玉米整个生育期来看，芽期、苗期、灌浆期对低温敏感性很大。苗期低温降低了光合作用强度，影响植株生长。即使温度恢复后仍有一定的低温作用，然后逐渐恢复。同时，低温下植株功能叶片的生长受到抑制，影响了植株总的有效叶面积，导致光合生产率下降。播种至出苗的天数随温度增高而缩短。平均气温15℃，需15～20天。平均气温12.8～16.8℃产量高，高于或低于这个温度都会减产。均温低于10℃，光合生产率明显下降。生产上播种至出苗平均气温升高或降低1℃，每亩产量就会增加或减少10kg。出苗至吐丝期，进入了玉米生长发育的旺盛阶段，尤其进入拔节以后，温度升高生长发育快，有利于株高、茎粗、叶面积和单位干物质重量的增加。平均气温低于23.9℃，就会受到影响，低于23℃就会减产。吐丝至成熟是产量形成的重要时期，仍需较高温度。从开始吐丝至吐丝后13天是籽粒缓慢增重时期，吐丝后14～45天是籽粒快速增重阶段，灌浆速度直线上升，46天后至成熟又转到籽粒缓慢增重阶段。此间平均气温提高或降低1℃，则每亩生产量可增加或减少76.6kg。

【防治方法】玉米品种间耐低温差异很大，故应因地制宜选用适合当地的耐低温高产优质玉米良种。严格依据气候区划科学地确定播种期，适期早播，使各生育阶段温度指标得到满足。如播种至出苗气温最好为12.8～16.8℃，不要低于10℃；出苗至吐丝平均气温高于24℃为宜，不要低于23℃；吐丝至成熟需要较高温度，以利光合作用进行，尤其淤灌后期气温偏高昼夜温差大有利于干物质积累；籽粒形成至灌浆期处于7月份，气温高于23℃，约需积温300℃，一般能满足。吐丝后13～45天进入快速增长阶段，需积温1 000℃，气温20℃能顺利完成。必要时选用育苗移栽。

苗期施用磷肥能改善玉米生长环境，对缓减低温冷害有一定效果。也可用禾欣液肥50ml，对水500ml拌种，可提高抗寒力。还可用生物钾肥500g对水250ml拌种，稍加阴干后播种，增强抗逆力。提倡施用微肥拌玉米种子，使根系发达提高抗病力。在玉米大喇叭口期用抗旱剂喷洒，可使叶片气孔关闭，减少水分蒸腾，提高抗旱能力。

9．玉米涝害

【症　　状】地势低洼或大量降雨，致土壤含水量过多，是为害玉米生长发育和降低产量的一种自然灾害。北方玉米栽培区常发生在7—8月份。玉米受害后，表现为叶色褪绿，植株基部呈紫红色并出现枯黄叶，造成生长缓慢或停滞，严重的全株枯死(图3–78)。

图3–78　玉米涝害症状

【病　　因】一次大量降雨，农田受淹积水或长期阴雨导致土壤含水量饱和，过多的水分排挤掉土壤空隙内的空气，造成土壤缺氧而产生一系列不良后果：①根系得不到生命活动必需的氧气，因此不能进行正常代谢；②好气性微生物活动受抑制，造成土壤中有机质不能正常分解为速效养分，使土壤中原有的硝态氮一部分被淋溶掉，同时经反硝化作用还原为游离氮逸入大气，因而降低了土壤中速效氮的含量；③在土壤缺氧时，利于嫌气性微生物的活动，产生的甲烷、氨气、硫化氢、硫化亚铁等对根系有毒害作用。涝害对玉米的影响因品种、生育期、环境条件及水淹持续时间不同而异。一般杂交种优于品种，品种又优于自交系。玉米一生中，种子吸水膨胀和主胚根开始萌动时最不耐涝，这时淹水4天，绝大部分种子不再发芽。出苗至拔节是第二个敏感期，此间受淹的幼苗生长迟缓，叶色变黄，生育期明显延迟。拔节后耐淹能力增强，进入乳熟期又不耐涝。温度明显影响涝害程度，高温使氧气在水中溶解度降低，且可加速根系的呼吸作用，从而加剧了需氧和缺氧的矛盾。

【防治方法】选用地势较高排水性能好的地块种植玉米。在多雨易涝地区，搞好田间排水系统，在低洼地区提倡修筑台田或采用起垄栽培方法。增施基肥可提高玉米抗涝能力。

已发生涝害，要组织人力、物力，千方百计排水，有条件的马上中耕松土并追施速效氮肥，促玉米尽快恢复生长。在易发生涝害的地区，要注意选用耐涝的玉米品种。

10．玉米高温干旱

【症　　状】玉米幼株的上部叶片卷起，并呈暗色。成株在氮肥充足情况下也表现为矮化、细弱，叶丛变为黄绿色，严重时叶片边缘或叶尖变黄，随后下部叶片的叶尖端或叶缘干枯(图3-79)。在疏松沙土上幼苗干枯而死，当播种在湿土层，但第一节在干土上时，幼胚易腐烂，发生苗枯，干旱严重时，植株矮化并形成不规则褐色至黄色斑点。

图3-79　玉米高温干旱症状

【病　　因】玉米苗期、生长期遇有较长时间缺雨，造成大气和土壤干旱或灌溉设施跟不上，不能在干旱或土壤缺水时满足玉米生长发育的需要而造成旱灾。

【防治方法】培育选用抗旱品种。兴修水利。

有条件的提倡用生物钾肥拌种，每亩用500g，对水100kg化开后与玉米种子拌匀，稍加阴干后播种，能明显增强抗旱、抗倒伏能力。也可用禾欣液肥拌种，播前每亩用禾欣液肥50ml，对水500ml稀释后拌种，提高抗旱、抗寒、抗病能力。此外用SA1吸水剂拌种。方法是先把玉米种子浸湿，再拌上种子重量1.5%～2%的吸水剂，晾干后播种。防止干旱效果突出。

灌水降温。适时灌水可改善田间小气候，降低株间温度1～2℃，增加相对湿度，有效地削弱高温对作物的直接伤害。

进行辅助授粉。在高温干旱期间，花粉自然散粉传粉能力下降，尤其是异花授粉的玉米，可采用竹竿赶粉或采粉涂抹等人工辅助授粉法，使落在柱头上的花粉量增加，增加选择授粉受精的机会，减少高温对结实率的影响，一般可增加结实率5%～8%。

根外喷肥。用尿素、磷酸二氢钾水溶液及过磷酸钙、草木灰过滤浸出液于玉米破口期、抽穗期、灌浆期连续进行多次喷雾，增加植株穗部水分，能够降温增湿，同时可给叶片提供必需的水分及养分，提高籽粒饱满度。

提倡施用奥普尔有机活性液肥(高美施)600～800倍液或垦易微生物有机肥500倍液、农一清液肥每亩用量500g，对水150倍液喷洒；也可喷洒农家宝、促丰宝、迦姆丰收植物增产调节剂等。

三、玉米虫害

虫害是影响玉米生产的主要灾害，常年损失6%～10%。为害较严重的害虫有亚洲玉米螟、玉米蚜虫、黏虫、小地老虎等，近年来暴发性害虫有二点委夜蛾、草地贪夜蛾等。其中玉米螟在我国各玉米产区均有发生；玉米蚜虫主要分布在华北、东北、西南、华南、华东等地；在黄淮海平原、华北平原及东南、西北、西南的河谷洼地等潮湿土壤地都是小地老虎的重发区。

1．玉米螟

【分　　布】亚洲玉米螟(*Ostrinia furnacalis*)属鳞翅目螟蛾科。在我国各玉米产区均有发生，它是一种世界性的蛀食性大害虫。一般发生年春玉米受害后减产10%左右，夏玉米减产20%～30%，大发生年减产达30%以上；此外，玉米螟在穗期为害还诱发或加重玉米穗腐病的发生，不仅直接影响产量，而且降低玉米品质。以北方春玉米区和黄淮平原春、夏玉米区为害最重。

【为害特点】幼虫孵化后，一部分潜藏在雌穗着生节以上各叶片的叶腋间，取食积存的花粉和叶腋组织，三龄以上幼虫蛀食叶片形成“排孔”，至4龄后蛀茎为害；绝大部分初孵幼虫集中到雌穗顶端的花丝基部取食为害，在卵量大的年份，一个穗顶上常有数条、甚至数十条幼虫。生活在雌穗顶端的幼虫取食花丝及未成熟的嫩粒，使籽粒残缺不全，并引起霉烂，降低玉米籽粒的品质。4～5龄时，这些幼虫有的自雌穗顶端蛀入穗轴，有的自雌穗基部蛀入雌穗柄，也有的蛀入雌穗着生节上下的茎秆。但此时玉米已进入灌浆中、后期，雌穗的大小已经定型，所以这一代幼虫主要影响千粒重和籽粒的品质(图3-80至图3-83)。

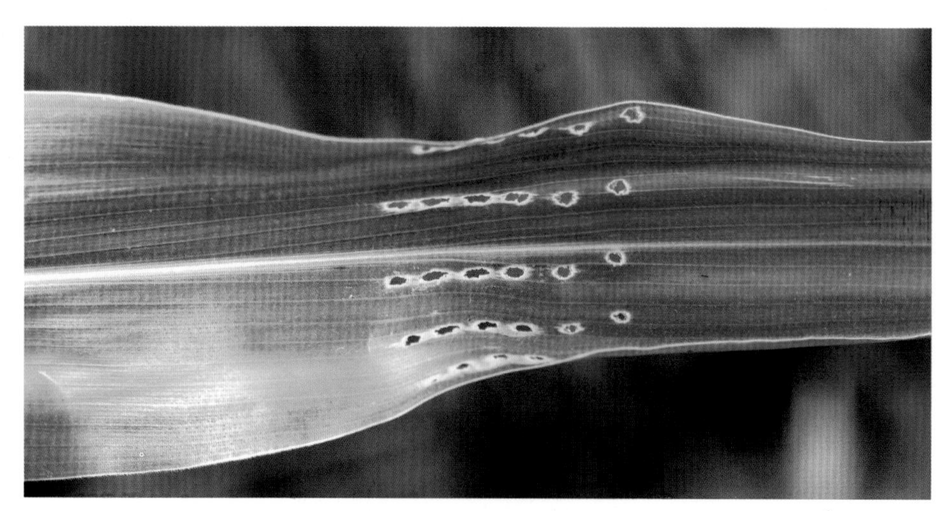

图3-80 玉米螟为害叶片症状

图3-81 玉米螟为害茎秆症状

图3-82 玉米螟为害整株症状

图3-83 玉米螟为害穗部症状

【形态特征】成虫体黄褐色，雄蛾体长10～14mm，翅展20～26mm；触角丝状，灰褐色，复眼黑色；前翅内横线为暗褐色波状纹，内侧黄褐色，基部褐色；外横线为暗褐色锯齿状纹，外侧黄褐色，外横线与外缘线之间，有1褐色带。内横线与外横线之间淡褐色，有2个褐色斑；缘毛内侧褐色，外侧白色，后翅灰黄色，中央和近外缘处各有1褐色带；雌蛾比雄蛾体型大，体色浅，前翅淡黄色，线纹与斑纹均淡褐色，外横线与外缘线之间的阔带极淡，不易察觉；后翅灰白或淡灰褐色；后翅基部有翅缰，雄蛾1根，较粗壮；雌蛾2根，稍细(图3-84)。卵长约1mm，短椭圆形，扁平，略有光泽；初产时呈乳白色，后转黄白色，半透明；临孵化前卵粒中央呈现黑点，为幼虫头壳，边缘仍为乳白色。幼虫初孵化时长约1.5mm，头壳黑色，体乳白色，半透明。末龄幼虫体长20～30mm，宽3～3.5mm，头壳深棕色，体淡灰褐或淡红褐色，有纵线3条，以背线较明显；胸部第2、3节背面各有4个圆形毛瘤，腹部第1～8节背面各有2列横排毛瘤，前列4个，后列2个，前大后小；第9腹节具毛瘤3个，中央一个较大；胸足黄色，腹足趾钩为三序缺环(图3-85)。蛹纺锤形，黄褐色至红褐色，体长15～18mm，体背密布细小波状横皱纹(图3-86)。雄蛹腹部较瘦削，尾端较尖。雌蛹腹部较雄蛹肥大，尾端较钝圆。

【发生规律】东北及西北地区一年发生1～2代，黄淮及华北平原发生2～4代，江汉平原发生4～5代，广东、广西及台湾发生5～7代，西南地区发生2～4代。均以老熟幼虫在寄主被害部位及根茬内越冬。在北方越冬幼虫5月中下旬进入化蛹盛期，5月下旬至6月上旬越冬代成虫盛发，在春玉米上产卵。1代幼虫6月中下旬盛发为害，此时春玉米正处于心叶期，为害很重。2代幼虫7月中下旬为害夏玉米(心叶期)和春玉米(穗期)。3代幼虫8月中下旬进入盛发，为害夏玉米穗及茎部。在春、夏玉米混种区发生重。成虫常在晚上羽化，且有雄虫比雌虫早1～2天羽化的习性。白天多躲藏在杂草丛或麦田、稻田、豆地茂密的作物间，夜晚飞出活动，飞行能力强。成虫有趋光性和较强的性诱反应。幼虫孵出后有取食卵壳的现

图3-84 玉米螟成虫

图3-85 玉米螟幼虫

图3-86　玉米螟蛹

象。初孵幼虫行动敏捷，能迅速爬行，遇风吹或被触动，即吐丝下垂，转移到其他部位或扩散到邻近植株。幼虫具有趋糖、趋湿多种特性。播期早、生长茂盛、叶色浓绿的植株着卵量往往超过一般玉米。不同生育期、品种和播期的玉米上，由于幼虫成活率高低不同，受害轻重也就不同。开花期最易吸引螟蛾产卵；在小花和嫩粒上，幼虫成活率显著高于心叶期。在相同的卵量或虫口密度下，感虫品种(系)受害重，玉米螟幼虫的存活率高。

【防治方法】越冬幼虫羽化以前，处理玉米、高粱、棉花等越冬寄主的茎秆是消灭越冬幼虫、压低越冬虫源基数的有效措施。3代发生区，尽量扩大夏玉米播种面积，压缩玉米、高粱、谷子等寄主作物的春播面积，减少第1代玉米螟的食料来源和繁殖场所，以控制第2、3代发生量和减轻对夏玉米的为害。利用雌蛾喜在高大茂密、生长旺盛的寄主植株上产卵的习性，在春玉米正常播种前1个月左右选择邻近越冬场所的地块种植小面积的诱集带、诱集田，或对少数早播春玉米田块加强肥水管理，促其早发，诱集成虫产卵。种植抗螟品种是一种经济、有效、安全的治螟措施。与一些作物的田间管理措施结合实施，尤其是间苗、定苗以及棉花整枝、打杈、去顶心等措施可以直接除虫除卵，与玉米螟的防治关系更为密切。如第1代玉米螟在棉花苗期为害，可结合间苗、定苗去掉有虫株；第2代玉米螟低龄幼虫先在棉花嫩头、叶柄为害，然后才蛀茎，可结合整枝、打顶去掉有虫叶柄、嫩尖和枝杈，并带出田外集中处理，均可明显减轻玉米螟对棉花的为害。

物理防治，使用高压汞灯诱虫，具体方法是：在越冬代成虫羽化期，将200W或400W的高压汞灯安装在村庄内较开阔的地方，灯距150m(用400W的灯泡则为200m)。灯泡应装在防水灯头上，用铁丝固定好，灯下面修一直径为1m的圆形水池、砖结构和水泥结构均可；亦可在灯下挖一同样大小的土坑，坑内铺塑料布，但均以不漏水为准。池内放水6cm深，并加入100g左右的洗衣粉，拌匀。一般每3天换水1次，并另加洗衣粉。如换水时间未到而池中水不足时，可随时添加。灯泡挂在水池中央距水面15cm处为宜。从越冬代成虫的羽化初期至末期，每天20:30时开灯，翌日4:00时闭灯。由于诱蛾量通常很大，每天早晨将池中的蛾子捞出深埋。

生物防治，每年4月中旬至5月初越冬幼虫化蛹前，用白僵菌孢子粉对烧剩的寄主作物秸秆、根茬进行喷粉封垛，菌粉用量为100g/m^3，垛面每平方米喷1个点，至垛面可见菌粉即可。或心叶中期将含菌量为100亿～500亿/g的白僵菌孢子粉0.5kg与5kg过筛的煤渣拌匀，制成1∶10白僵菌颗粒剂，按每株2g施入玉米心叶内。

用8 000IU/mg苏云金杆菌可湿性粉剂3kg/亩，同10kg细沙拌匀制成颗粒剂，在玉米心叶中期施用，防治效果较好。

采用夏玉米间作绿豆，增加自然界赤眼蜂等螟卵寄生蜂的种群数量，控制螟害的发生。或大量饲养繁殖释放寄生蜂治螟。此外，还可利用玉米螟的性信息素诱杀雄虫或投放大量性信息素，使雄虫难以找到雌虫，无法交尾。

玉米螟防治的最佳适期为心叶末期，也就是大喇叭口期，即防治玉米螟的关键时期。

在2～3龄幼虫期，可用下列药剂：

5%氯虫苯甲酰胺悬浮剂30~40mL/亩；

40%氯虫噻虫嗪水分散乳剂8～12g/亩；

14%氯虫高氯氟微囊悬浮剂10～20mL/亩；

20%辛硫磷乳油200～250ml/亩；

30%乙酰甲胺磷乳油125～230ml/亩；

48%毒死蜱乳油70～90ml/亩；

20%亚胺硫磷乳油250～300ml/亩；

25%甲萘威可湿性粉剂200～300g/亩；

1%甲氨基阿维菌素苯甲酸盐乳油5～10ml/亩；

8 000IU/ml苏云金杆菌可湿性粉剂100～200g/亩，对水40～50kg，均匀喷雾。

玉米心叶末期，可用下列药剂：

5%辛硫·三唑磷颗粒剂150～250g/亩；

10%二嗪磷颗粒剂0.4～0.6kg/亩；

1.5%辛硫磷颗粒剂0.5～0.75kg/亩；

3%克百威颗粒剂2～3kg/亩；

5%丙硫克百威颗粒剂2～3kg/亩，拌细土15～20kg灌心。

2. 玉米蚜虫

【分　　布】玉米蚜虫(*Rhopalosiphum maidis*)属同翅目蚜科。又称玉米缢管蚜，俗称麦蚰、腻虫、蚁虫等。主要分布在华北、东北、西南、华南、华东等地。为害玉米、高粱、小麦、大麦、水稻等作物，另外还为害马唐、狗尾草、牛筋草、稗草、雀稗等禾本科杂草。

【为害特点】成蚜、若蚜刺吸植株汁液。幼苗期蚜虫群集于心叶为害，植株生长停滞，发育不良，严重受害时，甚至死苗。玉米抽穗后，移向新生的心叶中繁殖，在展开的叶面可见到一层密布的灰白色脱皮壳，这是玉米蚜虫为害的主要特征。穗期除刺吸汁液外，蚜虫则密布于叶背、叶鞘和穗部的穗苞或花丝上取食，还因蚜虫排泄的“蜜露”，黏附叶片，引起煤污病，常在叶面形成一层黑色的霉状物，响光合作用，千粒重下降，引起减产(图3–87至图3–92)。同时蚜虫大量吸取汁液，使玉米植株水分、养分供应失调，影响正常灌浆，导致秕粒增多，粒重下降，甚至造成无棒“空株”。

图3-87　玉米蚜虫为害幼苗心叶症状

图3-88　玉米蚜虫为害穗部症状

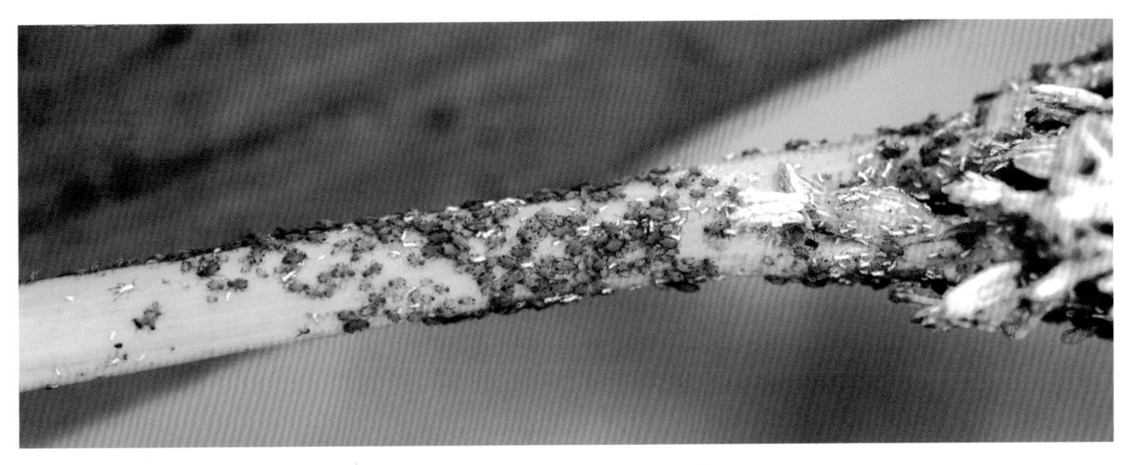

图3-89 玉米蚜为害茎秆症状

图3-90 玉米蚜为害叶片症状

图3-91 玉米蚜为害雄穗症状

图3-92　玉米蚜为害严重时症状

【形态特征】无翅孤雌蚜体长卵形(图3-93)，若蚜深绿色，成蚜为暗绿色，被薄白粉，附肢黑色，复眼红褐色，触角6节，体表有网纹。腹管长圆筒形，端部收缩，腹管覆瓦状纹，基部周围有黑色的晕纹；尾片圆锥状，具毛4～5根。有翅孤雌蚜长卵形，体深绿色，头、胸黑色发亮，复眼为暗红褐色，腹部黄红色至深绿色(图3-94)；触角6节比身体短；腹部2～4节各具1对大型缘斑；翅透明，前翅中脉分为二叉，足为黑色；腹管为圆筒形，端部呈瓶口状，暗绿色且较短；尾片两侧各着生刚毛2根。卵椭圆形。

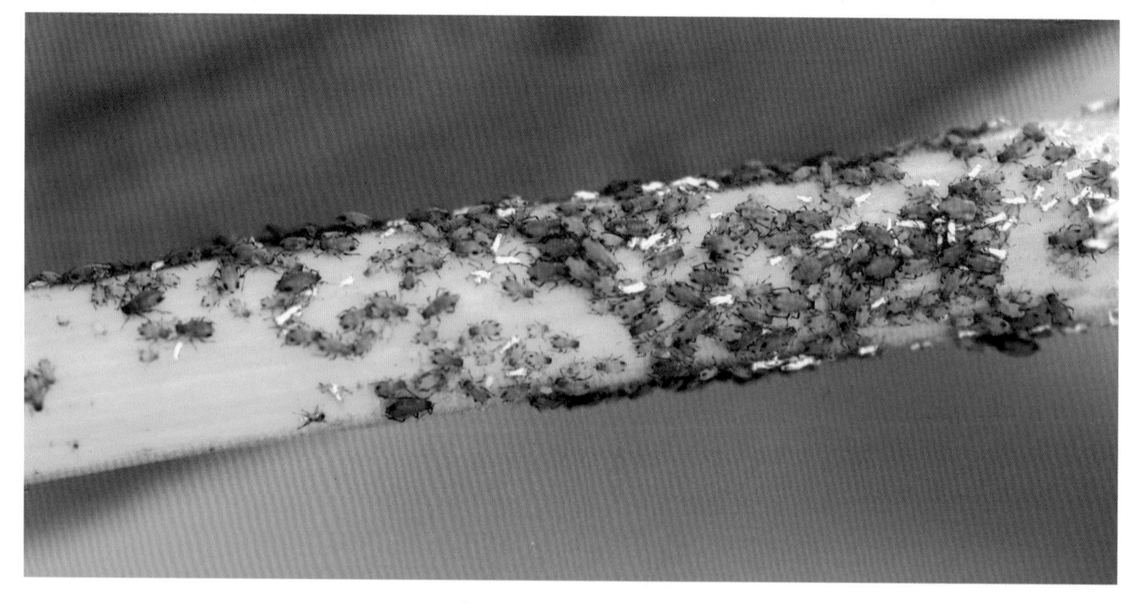

图3-93　无翅孤雌蚜

图3-94 有翅孤雌蚜

【发生规律】我国从北到南发生8～20代，以成、若蚜在麦类及早熟禾、看麦娘等禾本科杂草的心叶里、叶鞘内或根际处越冬。翌年4—5月间随着气温上升，开始在越冬寄主上活动、繁殖为害。6月下旬7月初蚜虫由其他寄主迁往夏玉米，7月下旬玉米蚜大量迁入，抽雄前蚜虫在心叶为害，7月底至8月上旬玉米进入抽雄期，玉米蚜虫迅速增殖。8月上旬至中旬进入盛期，百株蚜量达万头以上。8月下旬末天敌大量出现，气候干燥凉爽，蚜量急剧下降，集中在雌穗苞叶或下部叶片，玉米收获前产生有翅蚜迁飞至越冬寄主上繁殖越冬。

【防治方法】及时清除田间地头杂草，消灭玉米蚜虫的寄主，防治好麦田蚜虫，压低向夏玉米田转移的虫源基数。采用麦垄套种玉米栽培法比麦后播种的玉米提早10～15天，能避开蚜虫繁殖的盛期，可减轻为害。合理施肥，加强田间管理，促进植株健壮生长，增强抗虫能力。

药剂拌种，玉米播种前，可用70%吡虫啉湿拌种剂420～490g/100kg种子、5.4%戊唑·吡虫啉悬浮种衣剂108～180g/100kg种子或29%噻虫·咯·霜灵悬浮种衣剂450～550ml/100kg拌种，减少蚜虫的为害。

在玉米拔节期，发现中心蚜株喷药防治，可有效地控制蚜虫的为害。可喷施下列药剂：

30%乙酰甲胺磷乳油150～200ml/亩；

480g/L毒死蜱乳油15～25ml/亩；

45%马拉硫磷乳油55～110ml/亩；

50%抗蚜威可湿性粉剂20～40g/亩；

20%丁硫克百威乳油60～80ml/亩；

3% 啶虫脒微乳剂80ml/ 亩；

25g/L溴氰菊酯乳油10～15ml/ 亩；

10%吡虫啉可湿性粉剂10～20g/亩，对水40～50kg，均匀喷雾。

在玉米心叶期，蚜虫盛发前，使用以下颗粒剂撒施。

30 % 辛硫磷颗粒剂1.5～2.0kg / 亩，心叶撒施；

15 % 毒死蜱颗粒剂300～500g / 亩，1：35 拌细土，心叶撒施。

当有蚜株率达30%～40%，出现“起油株”时应进行全田普治，可以用下列药剂：

4.5%高效氯氰菊酯乳油40～60ml/亩；

25g/L溴氰菊酯乳油10～15ml/亩；

5.7%氟氯氰菊酯乳油20～30ml/亩；
10%氯噻啉可湿性粉剂10～20g/亩；
25%噻虫嗪水分散粒剂8～10g/亩；
25%吡蚜酮可湿性粉剂16～20g/亩；
10%烯啶虫胺水剂10～20ml/亩；
48%噻虫啉悬浮剂7～14ml/亩，对水40～50kg均匀喷雾，为害严重时，可间隔7～10天再喷1次。

3．大螟

【分　　布】大螟(*Sesamia inferens*)俗称旋心虫、钻心虫，属鳞翅目夜蛾科，是玉米的主要虫害之一。在我国主要发生在黄河以南，是长江以南稻区常发性害虫之一。分布区南抵台湾、海南及广东、广西、云南南部，东至江苏滨海，西达四川、云南西部，以深丘区和山区为害较重，春播玉米发生为害要重于夏播玉米。

【为害症状】初孵幼虫取食叶鞘，二龄后取食茎秆造成枯心苗，植株矮化，甚至枯死，玉米叶鞘被害后常干枯。大螟为杂食性害虫，除为害玉米外，还为害水稻、甘蔗、高粱等禾本科作物(图3-95和图3-96)。

图3-95　大螟为害玉米症状

图3-96　大螟为害植株症状

【形态特征】成虫体长12～15mm，翅展27～30mm，头胸部灰黄色，腹部浅褐色；前翅近长方形，淡灰褐色，近外缘色较深，从翅基到外缘有一条褐色条纹，后翅白色，近外缘稍带淡褐色；雄虫体较小，触角栉齿状；雌虫体较大，触角丝状(图3–97)。卵扁球形，顶部稍凹，表面有放射状细隆线；初产时乳白色，后变淡黄色、淡红色，孵化前变灰褐色；卵在玉米植株叶鞘内侧排成2～3行，或者散产。老熟幼虫体为21～27mm，体较粗壮，头红褐色或暗褐色，腹部背面带紫红色(图3–98)；腹足发达，趾钩17～21个，在内侧纵排成眉状半环，体节上着生疣状突起，其上着生短毛。幼虫5～7龄，3龄前前胸背面鲜黄，3龄后为鲜红色。雄蛹长13～15mm，雌蛹长15～18mm。左右翅芽近端部有一段互相接合；初化蛹时淡黄色，后变成黄褐色，背面色较深；头胸有白粉状分泌物，第2～7腹节除后缘附近外，其他均有黑褐色圆形小刻点；臂刺明显，黑色，其背面和腹面各有两个小形角质突起。

图3–97　大螟成虫

图3–98　大螟幼虫

【发生规律】一年发生2～8代，随海拔的升高而减少，随温度的升高而增加。以老熟幼虫在寄主残体或近地面的土壤中越冬，次年3月中旬化蛹，4月上旬交尾产卵，3～5天达高峰期，4月下旬为孵化高峰期。成虫白天潜伏，傍晚开始活动，趋光性较弱，寿命5天左右。雌蛾交尾后2～3天开始产卵，3～5天达高峰期，喜在玉米苗上和地边产卵，多集中在玉米茎秆较细、叶鞘抱合不紧的植株靠近地面的第2节和第3节叶鞘的内侧，可占产卵量的80%以上。雌蛾飞翔力弱，产卵较集中，靠近虫源的地方，虫口密度大，为害重。刚孵化出的幼虫，不分散，群集叶鞘内侧，蛀食叶鞘和幼茎，一天后，被害叶鞘的叶尖开始萎蔫，3～5天后发展成枯心、断心、烂心等症状，植株停止生长，矮化，甚至造成死苗。一开始被害株(即产卵株)，常有幼虫10～30条。幼虫3龄以后，分散迁害邻株，可转害5～6株不等。此时，是大螟的严重为害期。早春10℃以上的温度来得早，则大螟发生早。靠近村庄的低洼地及麦套玉米地发生重。春玉米发生偏轻，夏玉米发生较重。

【防治方法】在冬季或早春成虫羽化前，处理寄主秸秆，压低虫口基数。人工摘除卵块，拔除枯心苗(原始被害株)，降低虫口密度，防止转株为害。与豆科作物轮作，对玉米田大螟防效可达85%以上。

掌握初见枯心苗和田间孵化始盛期，及时喷洒下列药剂：

30%乙酰甲胺磷乳油125～230ml/亩；

480g/L毒死蜱乳油70～90ml/亩；

2.5%高效氯氟氰菊酯乳油25～50ml/亩；

2.5%溴氰菊酯乳油20～30ml/亩；

5.7%氟氯氰菊酯乳油30～40ml/亩；

1%甲氨基阿维菌素苯甲酸盐乳油10～17ml/亩，对水40～50kg，间隔5～7天喷药1次，一般需要进行防治2～3次。

玉米心叶期，可用5% 杀单·毒死蜱颗粒剂4～5kg/亩，1.5%辛硫磷颗粒剂0.5～0.75kg/亩拌土施于心叶或叶鞘内。

4. 黏虫

【分　　布】黏虫(*Mythimna separata*)属鳞翅目夜蛾科。又称剃枝虫、行军虫，是一种以为害粮食作物和牧草的多食性、迁移性、暴发性、间歇性发生的暴食性大害虫。除西北局部地区外，其他各地均有分布。

【为害症状】孵化后3龄前的幼虫多集中在叶片上取食，可将幼苗叶片吃光，只剩下叶脉。大发生时可把作物叶片食光，在暴发年份，幼虫成群结队迁移时，几乎所有绿色作物被掠食一空，也可危害果穗，将果穗上部花丝和穗尖咬食掉，并取食籽粒，造成大面积减产或绝收(图3–99)。

图3–99　黏虫为害玉米叶片症状

【形态特征】成虫体长15～20mm，翅展35～45mm，淡黄褐至淡灰褐色，触角丝状；前翅环形纹圆形，中室下角处有一小白点，后翅正面暗褐，反面淡褐，缘毛白色(图3-100)，由翅尖向斜后方有1条暗色条纹。雄蛾较小，体色较深，其尾端经挤压后，可伸出1对鳃盖形的抱握器，抱握器顶端具1长刺，这一特征是别于其他近似种的可靠特征。雌蛾腹部末端有1尖形的产卵器。卵半球形，初产时乳白色，表面有网状脊纹，孵化前呈黄褐色至黑褐色。幼虫6龄，体长35mm左右，体色变化很大，密度小时，4龄以上幼虫多呈淡黄褐至黄绿色不等，密度大时，多为灰黑至黑色；头黄褐至红褐色(图3-101)；有暗色网纹，沿蜕裂线有黑褐色纵纹，似"八"字形，幼虫体表有许多纵行条纹，背中线白色，边缘有细黑线，背中线两侧有2条红褐色纵条纹，近背面较宽，两纵线间均有灰白色纵行细纹；腹面污黄色，腹足外侧具有黑褐色斑。蛹红褐色，长20mm，第5～7腹节背面近前缘处有横脊状隆起，上具小点刻，横列成行，腹末有尾刺3对，中间一对粗直，侧面两对细而且弯曲(图3-102)。

图3-100　黏虫成虫

图3-101　黏虫幼虫

图3-102　黏虫蛹

【发生规律】每年发生世代数全国各地不一，东北、内蒙古每年发生2～3代，华北中南部3～4代，江苏淮河流域4～5代，长江流域5～6代，华南6～8代。黏虫属迁飞性害虫，在北纬33°以北地区任何虫态均不能越冬。在江西、浙江一带，以幼虫和蛹在稻桩、田埂杂草、绿肥田、麦田表土下等处越冬。在广东、福建南部终年繁殖，无越冬现象。北方春季出现的在大量成虫系由南方迁飞所致。3—4月由长江以南向北迁飞至黄淮地区繁殖，4—5月为害麦类作物，5—6月先后化蛹羽化为成虫后又迁往东北、西北和西南等地繁殖为害，6—7月为害小麦、玉米、水稻和牧草，7月中下旬至8月上旬化蛹羽化成虫向南迁往山东、河北、河南、江苏和安徽等地繁殖，为害玉米、水稻。成虫飞翔力强，有迁飞的习性，对黑光灯和糖、醋、酒液有很强的趋性。成虫产卵部位趋向于黄枯叶片。产卵时分泌黏液，使叶片卷成条状，常将卵黏裹住，以致不易看见。黏虫是一种喜好潮湿而怕高温和干旱的害虫，高温低湿不利于成虫产卵、发育。但雨水多，湿度过大，也可控制黏虫发生。密植、多雨、灌溉条件好、生长茂盛的水稻、小麦、谷子，或荒草多、大的玉米、高粱地，黏虫发生量就多。小麦、玉米套种，有利于黏虫的转移为害，发生较重。

【防治方法】冬季和早春结合积肥，彻底铲除田埂、田边、沟边、塘边、地边的杂草，消灭部分在杂草中越冬的黏虫，减少虫源。合理布局，实行同品种、同生产期的水稻连片栽种，避免不同品种的“插花”栽培。合理用肥，施足基肥，及时追肥，避免偏施氮肥，防止贪青迟熟。科学管水，浅水勤灌，避免深水漫灌，长期积水，适时晒田，可起到抑制黏虫为害、增加产量的作用。

从黏虫成虫羽化初期开始，用糖醋液或黑光灯或枯草把可大面积诱杀成虫或诱卵灭卵。采用毒液诱杀成虫，其药液配比为糖：酒：醋：水=1：1：3：10，加总量10%的杀虫丹，可以作盆诱或把毒液喷在草把上诱集成虫。

免耕直播麦茬地黏虫重发时，在玉米出苗前喷施1次。在玉米苗期百株有幼虫20～30头，或玉米生长中后期百株有幼虫50～100头时，就应施药防治。可用下列药剂：

200 g/L氯虫苯甲酰胺悬浮剂10 ～15ml / 亩；

25%灭幼脲悬浮剂10～20ml/亩；

5%S-氰戊菊酯乳油15～20ml/亩；

2.5%氯氟氰菊酯乳油12～20ml/亩；

2.5%溴氰菊酯乳油10～15ml/亩，对水40～50kg；

100亿孢子/g球孢白僵菌可分散油悬浮剂600～800ml/亩；

50%辛硫磷乳油 1 000～1 500倍液；

20%氰戊菊酯乳油1 000～1 500倍液；

20%抑食肼可湿性粉剂 1 000～1 500倍液；

40%乙酰甲胺磷乳油1 000～1 500倍液，对水均匀喷雾，发生严重时，间隔7～10天，连喷2～3次。

5．玉米叶夜蛾

【分　　布】玉米叶夜蛾(*Spodoptera exigua*) 属鳞翅目夜蛾科，又称甜菜夜蛾、玉米小夜蛾、贪夜蛾、白菜褐夜蛾。世界性害虫，国内各省、区均有分布，以江淮、黄淮流域危害最为严重，受害面积较大。亚洲、美洲、欧洲及非洲均有为害。

【为害症状】初孵幼虫取食玉米苗心叶，留下白色表皮，4龄幼虫食叶成缺刻或孔洞，严重的把叶片吃光，仅剩下叶柄、叶脉，对产量影响很大(图3-103)。

图3-103　玉米叶夜蛾为害叶片症状

【形态特征】成虫体长8～10mm，翅展19～25mm。灰褐色，头、胸有黑点。前翅灰褐色，基线仅前端可见双黑纹；内横线双线黑色，波浪形外斜；剑纹为一黑条；环纹粉黄色，黑边；肾纹粉黄色，中央褐色，黑边；中横线黑色，波浪形；外横线双线黑色，锯齿形，前、后端的线间白色；亚缘线白色，锯齿形，两侧有黑点，外侧有一个较大的黑点；缘线为一列黑点，各点内侧均衬白色。后翅白色，翅脉及缘线黑褐色。卵白色，圆球状，上有放射状纹，单层或多层重叠排列成块，卵块上覆盖有雌蛾脱落的白色或淡黄色茸毛。幼虫5龄，1～3龄虫体色由淡绿到浅绿，头黑色渐呈浅褐色；2龄时前胸背板有一个倒梯形斑纹；3龄时气门后出现白点。4龄虫体色开始多变，有绿、暗绿、黄褐、黑褐等色；前胸背板斑纹呈口字形，背线有不同颜色或不明显，气门线下为黄白色或绿色纵带，有时带粉红色的纵带出现并直达腹末。老熟幼虫体色变化很大，由绿色、暗绿色、黄褐色、褐色至黑褐色；背线有或无，颜色亦各异(图3-104)；较明显的特征为：腹部气门下线为明显的黄白色纵带，有时带粉红色，此带直达腹部末端，不弯到臀足上，是区别于甘蓝夜蛾的重要特征。

图3-104　玉米叶夜蛾幼虫

【发生规律】每年发生的代数由北向南逐渐增加。陕西4～5代，北京5代，山东5代，湖北5～6代，江西6～7代，福建8～10代，广东10～11代，世代重叠。江苏、陕西以北地区，以蛹在土中越冬；也可以成虫在北方地区在杂草上及土缝中越冬；华南地区无越冬现象，可终年繁殖为害。蛹在-12℃以下经数日即死亡。成虫具有趋光性和趋化性，对糖醋酒液有较强趋性。成虫昼伏夜出，白天潜伏于植株叶间、枯叶杂草或土缝等隐蔽场所，受惊时可作短距离飞行，夜间进行取食、交配产卵。初孵幼虫先取食卵壳，2～5小时后陆续从茸毛内爬出，群集叶背。3龄前群集为害，但食量小，4龄后食量大增，占幼虫一生食量的88%～92%。老熟幼虫有强的负趋光性，白天隐匿在叶背、植株中下部，有时隐藏于松表土中及枯枝落叶中，阴雨天全天为害。初冬和越冬期死亡是影响春季成虫大发生的重要因素。

【防治方法】合理轮作避免与寄主植物轮作套种，清理田园、去除杂草落叶均可降低虫口密度。秋季深翻、冬季浇冻水可杀灭大量越冬蛹。早春铲除田间地边杂草，消灭杂草上的初龄幼虫。在虫卵盛期结合田间管理，提倡早晨、傍晚人工捕捉大龄幼虫，摘除卵块，这样能有效地降低虫口密度。在夏季干旱时灌水，增大土壤的湿度，恶化玉米叶夜蛾的发生环境，也可减轻其发生。

物理防治：成虫始盛期，在大田设置黑光灯、高压汞灯及频振式杀虫灯诱杀成虫。各代成虫盛发期用杨柳枝把诱蛾，消灭成虫，减少落卵量。利用性诱剂诱杀成虫。

低龄幼虫在网内为害，很难接触药液，3龄以后抗药性增强，因此药剂防治难度大，应掌握其卵孵盛期至2龄幼虫盛期开始喷药。药剂可选用：

52.25%毒死蜱·氯氰菊酯乳油750～1 000倍液；

200g/L氯虫苯甲酰胺悬浮剂3～5gL/亩

10%虫螨腈悬浮剂1 000～1 500倍液；

5%氟啶脲乳油3 000～4 000倍液；

25%灭幼脲悬浮剂1 000～1 500倍液；

1.8%阿维菌素乳油2 000～3 000倍液；

20%甲氰菊酯乳油2 000～3 000倍液；

25%辛硫磷·氰戊菊酯乳油1 500～2 000倍液；

50%辛硫磷乳油1 000～1 500倍液；

连续施用2～3次，隔5～7天1次。宜在清晨或傍晚幼虫外出取食活动时施药。注意不同作用机理的药剂轮换使用，以延缓抗药性的产生和发展。

6．桃蛀螟

【分　　布】桃蛀螟(*Dichocrocis punetiferalis*)属鳞翅目螟蛾科，国内分布区北起黑龙江、内蒙古，南至台湾、海南及广东、广西、云南，东接俄罗斯东境、朝鲜北境并临海边，西面自山西、陕西、宁夏、甘肃后，折入四川、云南。黄河以南局部地方，密度颇高。

【为害症状】以幼虫为害玉米穗，也蛀嫩茎，遇风易倒折，初孵幼虫蛀入幼嫩籽粒内，在其内为害至3龄前。3龄后吐丝结网缀合小穗，严重时将籽粒食空(图3-105和图3-106)。蛀孔口堆积粪粒，被害果穗极易引起穗腐病。也可蛀茎为害，遇风易倒折。

图3-105　桃蛀螟为害茎基部症状

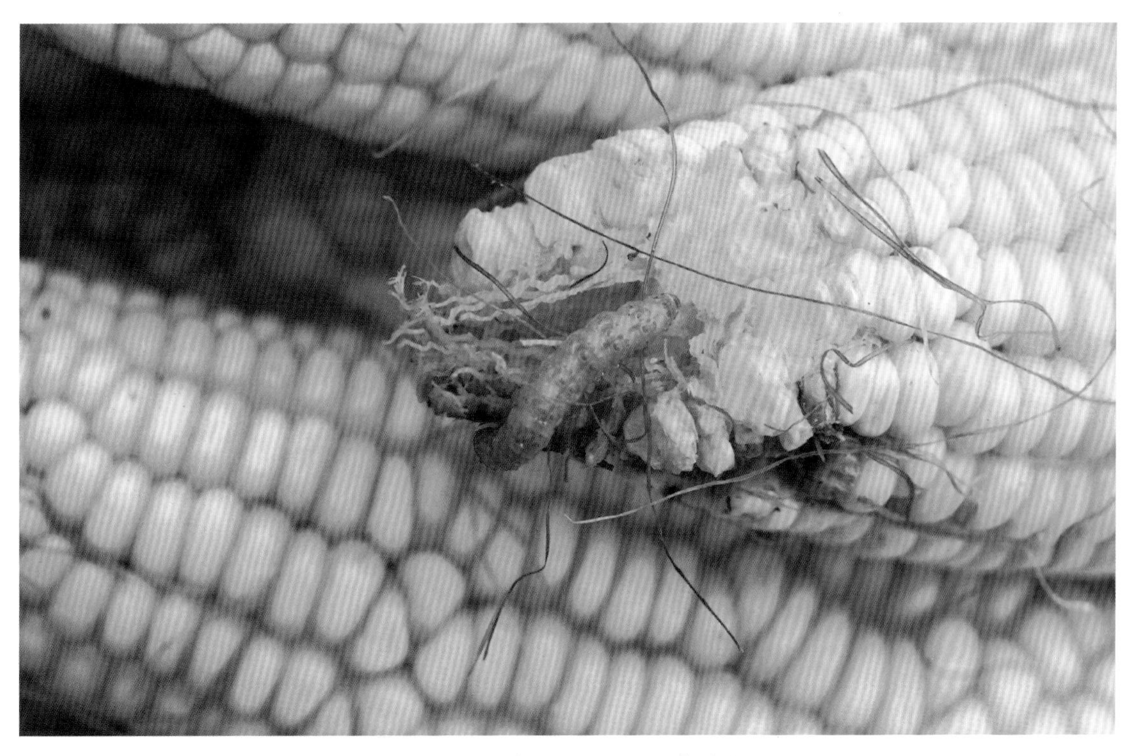

图3-106 桃蛀螟为害穗部症状

【形态特征】成虫体长11～13mm，翅展22～28mm，鲜草黄色；下唇须两侧黑色；前胸两侧有各带1黑点的披毛，腹部背面与侧面有成排的黑斑(图3-107)；前后翅草黄色，前翅有25～28个黑斑，后翅有15～16个黑斑；雌蛾腹部末端呈圆锥形，雄蛾腹部末端较钝，且有黑色毛丛；卵椭圆形，稍扁平；初产时乳白色，后变米黄色，孵化前呈暗红色。末龄幼虫体长18～25mm，体背淡红色，头部暗褐色，前胸背板深褐色，体各节有粗大的灰褐色瘤点(图3-108)。腹足趾钩双序缺环。蛹褐色到深褐色，腹部第5、6、7各节背面前缘各生1列小齿，臀棘细长，上生钩刺1丛(图3-109)。

图3-107 桃蛀螟成虫

图3－108　桃蛀螟幼虫

图3－109　桃蛀螟蛹

【发生规律】在华北地区一年发生2～3代，长江流域4～5代。以末代老熟幼虫在病残株和仓储库缝隙中越冬。高粱、玉米、向日葵的秸秆里也有一少部分越冬幼虫。华北地区越冬代幼虫4月开始化蛹，

5月上中旬羽化。第1代成虫及产卵盛期在7月上旬，7月中旬发生第2代幼虫，8月中下旬是第3代幼虫发生期，9—10月出现第4代幼虫，10月中下旬以老熟幼虫越冬。成虫对黑光灯有强烈的趋性，对糖醋味也有趋性，白天停歇在叶背面，傍晚以后活动。多雨高湿年份，发生严重。晚播重于早播，夏播重于春播。

【防治方法】冬前高粱、玉米要脱空粒，并及时处理高粱、玉米、向日葵等寄主的秸秆、穗轴及向日葵盘。

产卵盛期喷洒下列药剂：

50%杀螟硫磷乳油1 000倍液；

50%辛硫磷乳油1 000倍液；

2.5%高效氯氟氰菊酯乳油2 500倍液；

2.5%溴氰菊酯乳油1 000～2 000倍液；

2.5%阿维・氟铃脲悬浮剂60 ～ 90ml/亩；

40%毒死蜱乳油1 000倍液；

25%灭幼脲悬浮剂500倍液，间隔7～10天，连喷2次。

7．叶螨

【分　　布】二斑叶螨(*Tetranychus urticae*)、朱砂叶螨(*Tetranychus cinnabarinus*)属于蛛形纲，各地均有分布为害。

【为害症状】若螨和成螨群聚叶背吸取汁液，使叶片呈灰白色或枯黄色细斑，严重时，整个叶片发黄、皱缩，直至干枯脱落，玉米籽粒秕瘦，造成减产、绝收(图3–110和图3–111)。叶螨种群数量大时，会在玉米叶片的叶尖聚集成小球状虫团，叶螨通过吐丝串联下垂，借风吹扩散。

图3–110　叶螨为害叶片症状

图3-111 叶螨为害田间症状

【形态特征】二斑叶螨：雌成螨色多变有浓绿、褐绿、黑褐、橙红等色；体背两侧各具1块暗红色长斑，有时斑中部色淡分成前后两块。雌体椭圆形，多为深红色，也有黄棕色的；越冬者橙黄色，较夏型肥大。雄成螨体近卵圆形，前端近圆形，腹末较尖，多呈鲜红色。圆球形，光滑，初无色透明，渐变橙红色，将孵化时现出红色眼点。幼螨初孵时近圆形，无色透明，取食后变暗绿色，眼红色，足3对。若螨前期若螨体近卵圆形，足4对，色变深，体背出现色斑(图3-112)；后期若螨体黄褐色，与成虫相似。

朱砂叶螨：雌成螨体椭圆形；体背两侧具有一块三裂长条形深褐色大斑。雄成螨体菱形，一般为红色或锈红色，也有浓绿黄色的，足4对。卵近球形，初期无色透明，逐渐变淡黄色或橙黄色，孵化前呈微红色。幼螨和若螨(图3-113)：卵孵化后为1龄，仅具3对足，称幼螨。幼螨蜕皮后变为2龄，又叫前期若螨，前期若螨再蜕皮，为3龄，称后期若螨，若螨均有4对足。雄螨一生只蜕1次皮，只有前期若螨。幼螨黄色，近圆形，透明，具3对足。若螨体似成螨，具4对足。前期体色淡，后期体色变红。

图3-112 二斑叶螨雌若螨

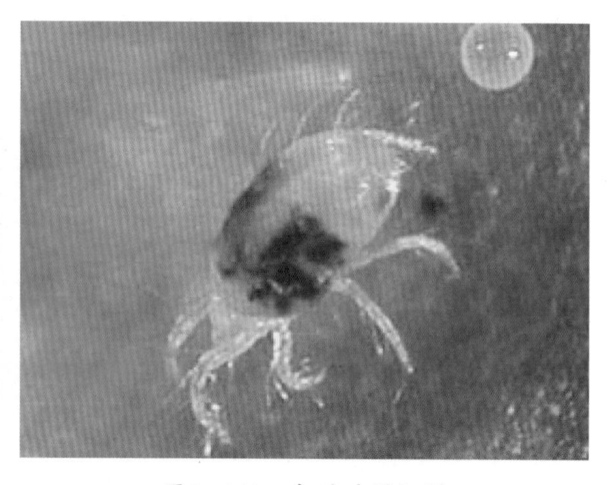

图3-113 朱砂叶螨幼螨

【发生规律】二斑叶螨：南方一年生15～20代，北方10～15代。越冬场所随地区不同，在华北以雌成虫在杂草、枯枝落叶及土缝中吐丝结网潜伏越冬；在华中以各种虫态在杂草及树皮缝中越冬；在四川以雌成虫在杂草或豌豆、蚕豆作物上越冬。2月均温达5～6℃时，越冬雌虫开始活动，3—4月先在杂草或其他为害对象上取食，4月下旬至5月上中旬迁入瓜田，先是点片发生，而后扩散全田。6月中旬至7月中旬为猖獗为害期。靠近村庄、果园、温室和长满杂草的向阳沟渠边的玉米田发生早且重，其次是常年旱作田。

朱砂叶螨：在北方一年发生12～15代，长江流域18～20代，华南地区每年发生20代以上。以雌成螨在草根、枯叶及土缝或树皮裂缝内吐丝结网群集越冬，最多可达上千头聚在一起。7月中旬雨季到来，叶螨发生量迅速减少，8月份若天气干旱可再次大发生。干旱少雨时发生严重；暴雨对朱砂叶螨的发生有明显的抑制作用；轮作田发生轻，邻作或间作瓜类和果树的田块发生较重。

【防治方法】合理安排轮作的作物和间作、套种的作物，避免叶螨在寄主间相互转移为害。以水旱轮作效果最好。加强田间管理，保持田园清洁，及时铲除田边杂草及枯枝老叶并烧毁，减少虫源。干旱时应注意灌水，增加田间湿度，不利于其繁殖和发育。结合田间管理，发现叶螨时，顺手抹掉；若螨量多时，将叶片摘下处理。收获后，及时清除田间残枝、落叶和杂草，集中烧毁。有条件的地方可进行深翻、冬灌。

玉米拔节期以后单株虫量达200头以上时，喷洒药剂防治。可选用下列药剂：

15%哒螨灵乳油2 000～2 500倍液；

20%双甲脒乳油1 000～1 500倍液；

2.5%联苯菊酯乳油800～1 250倍液；

5%噻螨酮乳油1 250～2 500倍液；

1.8%阿维菌素乳油3 000～4 000倍液；

药剂应轮换使用，以免产生抗药性。喷药要均匀，一定要喷到叶背面；另外，对田边的杂草等寄主植物也要喷药，防止其扩散。

8．棉铃虫

【分　　布】棉铃虫(*Heliocoverpa armigera*)属鳞翅目夜蛾科，俗名棉铃实夜蛾。各地均有发生，以河南、长江流域地区为害较重，受害重时被害率45%，减产30%。

【为害症状】以幼虫蛀食穗部籽粒。幼穗常被吃空或引起腐烂，雨水、病原易侵入引起腐烂、脱落(图3-114至图3-116)。

【形态特征】可参考棉花虫害——棉铃虫。

【发生规律】可参考棉花虫害——棉铃虫。

【防治方法】可参考棉花虫害——棉铃虫。

图3-114　棉铃虫为害幼苗症状

图3-115　棉铃虫为害花丝症状

图3-116　棉铃虫为害穗部症状

9．小地老虎

【分布为害】小地老虎(*Agrotis ypsilon*)俗称土蚕、地蚕，属鳞翅目夜蛾科。常见的地老虎有小地老虎、大地老虎、黄地老虎和八字地老虎，其中，以小地老虎为害玉米最为普遍而严重。在全国各地均有分布，是一种典型的杂食性害虫，寄主植物十分广泛，除水稻等少数水生植物外，几乎对所有植物的幼苗均能取食为害，特别是玉米、棉花、豆类、芝麻、烟草及蔬菜受害严重，作物受害后造成缺苗断垄，甚至毁种重播。玉米幼苗被害，形成缺苗、缺窝，往往需要多次补苗，严重的甚至改种，费工费时，还要减产(图3-117)。

【形态特征】成虫体暗褐色，体长17～23mm，翅展(两翅伸展开的长度)40～45mm；前翅黑褐色，中部有一条圆形的环状纹和一个肾状纹，肾状纹外方，有一个三角形的楔状纹，后翅灰白色，边缘褐色，翅脉黄褐色，明显,雄蛾触角为羽毛状，雌蛾触角为丝状(图3-118)。卵，半球形，表面有许多纵横的隆起线，初产时乳白色，后变为黄褐色。幼虫体长37～47㎜，体暗褐色，表皮粗糙，密生大小不同的颗粒，腹部第一节至第八节背面，每节有4个毛瘤，前两个显著小于后两个，身体末端有比较坚硬的臂板，为黄褐色，上有黑褐色纵带两条(图3-119)。蛹，纺锤形，红褐色，腹部末端有一对毛刺。

【发生规律】一年发生2～5代(高寒地区2～3代)，以幼虫和蛹越冬，在黄淮流域不能越冬，越冬代成虫从南方迁入，以第一代幼虫为害最重。成虫，夜间活动，喜糖蜜，有趋光性，迁飞能力很强，多趋向在杂草上产卵，一头雌蛾产卵千粒左右，卵粒分散或数粒集成一小块排成一条线。卵经过5～7天孵化。幼虫，一般6龄，幼龄时，昼夜均在叶片上取食叶肉，残留表皮，形成针孔状花叶，或将幼嫩组织吃成缺

图3-117 小地老虎为害幼苗症状

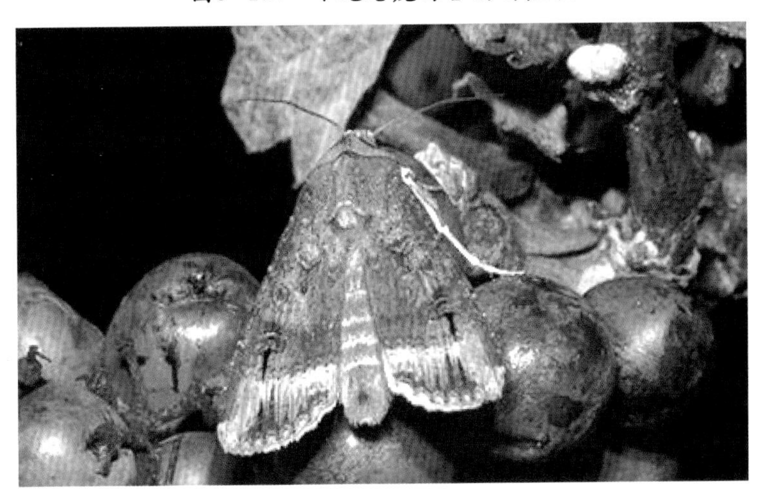

图3-118 小地老虎成虫

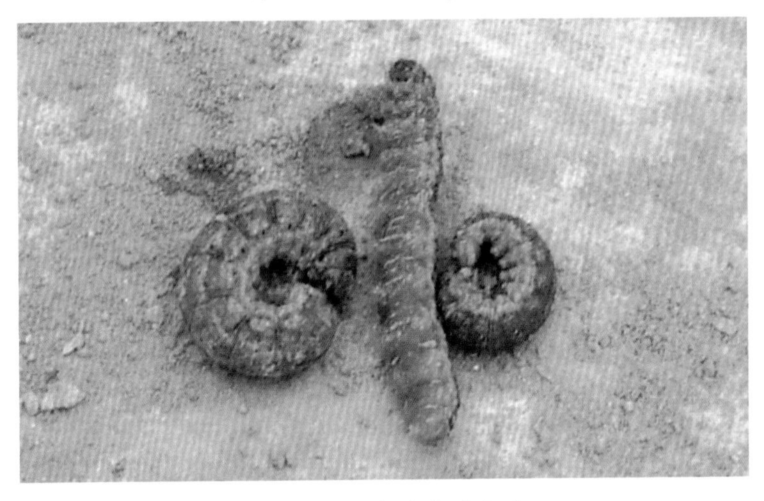

图3-119 小地老虎幼虫

刻；3龄以后，昼伏土中，夜出活动，或大块咬食叶片，或咬食幼茎基部，或从根茎处蛀入嫩茎中取食；5~6龄，进入暴食阶段，食量大，为害猖獗。幼虫有转株为害习性，故能造成大量缺苗。幼虫老熟入土化蛹。高温不利于发生，在阴凉潮湿、田间覆盖度大、杂草丛生、土壤湿度大的环境下，虫量就多，为害加重，沙壤土、黏壤土发生重，沙质土发生为害轻。

【防治方法】清除田间和地边杂草，可以消灭部分虫卵和害虫。移栽适龄壮苗，防止幼龄幼虫为害。诱杀防治，在成虫始发期用糖醋液和黑光灯诱杀成虫。

播前种子处理：35%吡虫·硫双威悬浮种衣剂（1 400~1 800ml/100kg种子）包衣；60%福·克种子处理干粉剂（80g/10kg种子），先按1：3药水稀释，1：50药种包衣；50%氯虫苯甲酰胺种子处理悬浮剂（380~530g/100kg种子）拌种；10%辛硫·甲拌磷粉粒剂[药种比为1：（13~17）]拌种；350g/L克百威悬浮种衣剂[药比为1：（30~50）]包衣；35%吡虫·硫双威悬浮种衣剂（1 400~1 800ml/100kg种子）包衣。播前沟施或穴施：10%毒死蜱颗粒剂（500~1 000g/亩），施药深度为土层下15~20cm处，施药时可拌土或细沙；3%辛硫磷颗粒剂（3 000~4 000g/亩），此药剂光照下易分解失效，与细沙拌匀开沟撒施，施药后及时覆土。掌握幼虫3龄前，幼苗开始出现受害症状时，可用下列药剂：30%辛硫磷乳油400~500ml/亩，对水少量，拌细沙土250~350kg，每亩用毒土15~20kg，顺垄撒施在玉米幼苗幼苗基部。

幼虫4龄后，宜采用毒饵诱杀，可用下列配方：

90%晶体敌百虫1kg/亩，加水5~10kg，混拌已铡碎的鲜草、嫩叶60~70kg，每亩用15~20kg毒草；

20%氰戊菊酯乳油3.6~5ml/亩,均匀喷雾；

20%甲柳·福美双悬浮种衣剂，1：（40~50）（药种比），种子包衣；

40%乙酰甲胺磷或50%敌敌畏1份，加适量水后拌细沙土100份，每亩用毒土20~25kg，顺垄撒施在玉米幼苗根附近。

还可用90%晶体敌百虫500g，拌棉籽饼5kg；2.5%敌百虫粉剂500g，拌鲜菜50kg，每亩用毒饵5kg，或用毒草15~20kg，傍晚撒在玉米行间。

10．黄呆蓟马

【分　布】黄呆蓟马(*Anaphothrips obscurus*)属缨翅目蓟马科，又称玉米蓟马、玉米黄蓟马、草蓟马。国内分布区北起北京、甘肃、新疆，南抵台湾、海南及广东、云南南境，东面滨海，西达新疆西陲，并由甘肃折入四川、云南，再向西发展。在新疆及四川，均有严重为害报道。

【为害特点】主要是成虫对植物造成严重为害，为害叶背致叶背面呈现断续的银白色条斑，伴随有小污点，叶正面与银白色相对的部分呈现黄色条斑。受害严重者叶背如涂一层银粉，端半部变黄枯干，甚至毁种。

【形态特征】雌虫长翅型体长1~1.2mm，体暗黄色，胸部有暗灰斑，腹部背片较暗；前翅灰黄色；足黄色，胫节和胫节外缘略暗，腹端鬃较暗；头和前胸背面无长鬃(图3-120)；触角8节；后胸盾片中部有模糊网纹，两侧为纵纹；前中鬃距前缘较远。卵壳白色，肾形，乳白至乳黄色。若虫初孵若虫小如针尖；头、胸占体的比例较大，触角较短粗；2龄后体色为乳青或乳黄色，有灰色斑纹；触角末数节灰色。蛹，前“蛹”(第3龄)，头、胸、腹淡黄色，触角、翅芽及足淡白色，复眼红色。“蛹”(第4龄)与前“蛹”不同的是触角鞘背于头上，向后至前胸，翅芽较长，

图3-120　黄呆蓟马成虫

接近羽化时带褐色。

【发生规律】每年发生代数不详。成虫在禾本科杂草根基部和枯叶内越冬。春季5月中下旬从禾本科植物上迁向玉米，在玉米上繁殖2代，第一代若虫于5月下旬至6月初发生在春玉米或麦类作物上，6月中旬进入成虫盛发期，6月20日为卵高峰期，6月下旬是若虫盛发期，7月上旬成虫发生在夏玉米上，该虫为孤雌生殖。玉米黄呆蓟马行动迟缓，阴雨天活动减少，有时被触动后也不迁飞爬行。主要在叶背反面为害，呈现断续的银白色条斑，并伴随有小污点，叶正面与银白色条斑相对应的部分呈现黄色条斑。成虫在取食处产卵，产卵于玉米叶肉中，微鼓而发亮，对光可见针尖大小的白点，即卵和卵壳。窝风而干旱环境的玉米上发生多，为害重；干旱年份发生多，为害重；小麦植株矮小而稀疏地块中的套种玉米上发生多，为害重；沟、路、梁边的玉米上发生多，为害重；缺水缺肥的玉米受害最重。

【防治方法】合理密植，适时灌水施肥，加强管理，及时清除田间地头杂草，促进玉米早发快长，可显著减轻蓟马的发生为害。

大发生情况下可用下列药剂：

10%联苯・虫螨腈悬浮剂60~80ml/亩；

2.5%联苯菊酯乳油 3 000倍液；

2% 阿维菌素微乳剂9~12ml/亩；

10%吡虫啉可湿性粉剂4~6g/亩,每隔10天左右1次，连续防治2 ~ 3次。

11．金针虫

【分　　布】金针虫属鞘翅目，是叩头甲科幼虫的统称。幼虫是金针虫，俗名叫铁丝虫、黄蚰蜒等。成虫是叩头虫。沟金针虫(*Pleonomus canaliculatus*)属鞘翅目叩甲科。分布区极广，自内蒙古、辽宁，直至长江沿岸的扬州、南京，西至陕西、甘肃等地均有分布。主要发生在旱地平原地段。细胸金针虫(*Agriotes fuscicollis*)分布在黑龙江沿岸至淮河流域，西至陕西、甘肃等。主要发生在水湿地和低洼地。

【为害症状】金针虫以幼虫终年在土中生活为害。为多食性地下害虫，主要为害玉米、多种作物的种子、幼苗和幼芽，能咬断刚出土的幼苗，也可钻入较大的玉米苗根茎部取食为害，造成缺苗断垄(图3–121)。

【形态特征】可参考小麦虫害——金针虫。

【发生规律】可参考小麦虫害——金针虫。

【防治方法】可参考小麦虫害——金针虫。

图3–121　金针虫为害

12．斜纹夜蛾

【分　　布】斜纹夜蛾(*Sprodenia litura*)属鳞翅目夜蛾科。为间歇性大暴发的杂食性食叶害虫，几乎遍及各省区，可为害109科389余种植物，最喜食植物90余种。主要为害玉米、棉花、烟草、水稻、高粱、豆类和蔬菜等。

【为害症状】幼虫以食叶为主，也食害花、果嫩枝、玉米花丝和籽粒。虫口密度高时全田吃成光秆，成群迁移，造成大面积毁产。

【形态特征】成虫体长14~20mm，翅展35~40mm，头、胸、腹均深褐色；胸部背面有白色丛毛，腹部前数节背面中央具暗褐色丛毛；前翅灰褐色，斑纹复杂，内横线及外横线灰白色，波浪形，中间有白色条纹，在环状纹与肾状纹间，自前缘向后缘外方有3条白色斜线；后翅白色，无斑纹(图3-122)；前后翅常有水红色至紫红色闪光。卵扁半球形，初产黄白色，后转淡绿，孵化前紫黑色。卵粒集结成3~4层的卵块，外覆灰黄色疏松的绒毛。老熟幼虫体长35~47mm，头部黑褐色，腹部体色因寄主和虫口密度不同而异：土黄色、青黄色、灰褐色或暗绿色，背线、亚背线及气门下线均为灰黄色及橙黄色；从中胸至第9腹节在亚背线内侧有三角形黑斑1对，其中以第1、7、8腹节的最大；胸足近黑色，腹足暗褐色(图3-123)。蛹赭红色，腹部背面第4至第7节近前缘处各有一个小刻点(图3-124)，臀刺较短，有1对大而弯曲的刺，刺基部分开。

【发生规律】在我国华北地区每年发生4~5代，长江流域5~6代，福建6~9代。幼虫由于取食不同食料，发育参差不齐，造成世代重叠现象严重。华北大部分地区以蛹越冬，少数以老熟幼虫入土作室越

图3-122　斜纹夜蛾成虫

图3-123　斜纹夜蛾幼虫

图3-124 斜纹夜蛾蛹

冬；在华南地区无滞育现象，终年繁殖；有时在长江以北地区不能越冬，属单性迁飞害虫。在黄淮地区，2~4代幼虫发生在6—8月下旬，7—9月为害严重。斜纹夜蛾成虫终日均能羽化，以18:00—21:00为最多。羽化后白天潜伏于作物下部、枯叶或土壤间隙内，夜晚外出活动，取食花蜜作为补充营养，然后才能交尾产卵，未取食者只能产数粒。初孵虫群集为害，啃食叶肉留下表皮，呈窗纱透明状，也有吐丝下垂随风飘散的习性；3龄以上幼虫有明显的假死性；4龄幼虫食量剧增，占全幼虫期总食量的90%以上，当食料不足时有成群迁移的习性。末龄幼虫入土筑一椭圆形土室化蛹。斜纹夜蛾是一种喜温性害虫，其生长发育最适宜温、湿度条件为温度28~30℃，相对湿度75%~85%。38℃以上高温和冬季低温，对卵、幼虫和蛹的发育都不利。当土壤湿度过低，含水量在20%以下时，不利于幼虫化蛹和成虫羽化。1~2龄幼虫如遇暴风雨则大量死亡。蛹期大雨，田间积水也不利于羽化。田间水肥好，作物生长茂盛的田块，虫口密度往往较大。

【防治方法】农业防治：及时翻犁空闲田，铲除田边杂草。在幼虫入土化蛹高峰期，结合农事操作进行中耕灭蛹，降低田间虫口基数。在斜纹夜蛾化蛹期，结合抗旱进行灌溉，可以淹死大部分虫蛹，降低基数。在产卵高峰期至初孵期，采取人工摘除卵块和初孵幼虫为害叶片，带出田外集中销毁。合理安排种植茬口，避免斜纹夜蛾寄主作物连作。有条件的地方可与水稻轮作。

物理防治：成虫发生期在田间设置黑光灯，杨树枝把或糖醋液诱杀成虫。

药剂防治：掌握在卵块孵化到3龄幼虫前喷洒药剂防治，此期幼虫正群集叶背面为害，尚未分散且抗药性低，药剂防效高。由于斜纹夜蛾白天不活动，所以喷药应在午后和傍晚进行。常用的药剂有：

40%辛硫磷乳油1 000倍液；

2.5%高效氯氟氰菊酯乳油1 000~2 000倍液；

2.5%溴氰菊酯乳油1 000~2 500倍液；

1.8%阿维菌素乳油2 000~3 000倍液，每亩50~75kg进行喷雾防治。

4龄后夜出活动，因此施药应在傍晚前后进行。药剂可选用：

20%氰戊菊酯乳油1 000~2 000倍液；

25g/L氟氯氰菊酯乳油1 500~2 000倍液；

2.2%甲维·氟啶脲乳油60~80ml/亩；

2%高氯·甲维盐乳油40~60g/亩；

4.5%高效顺反氯氰菊酯乳油3 000倍液；

52.25%毒死蜱·氯氰菊酯乳油950~1 500倍液；

10%虫螨腈悬浮剂1 500倍液等，间隔7～10天1次，连用2～3次。

13．东亚飞蝗

【分　　布】东亚飞蝗(*Locusta migratoria mauilensis*)属直翅目蝗科。除西藏和新疆外，各地均有分布，在长江以北、黄淮海地区经常发生。

【为害症状】成虫、若虫咬食植物的叶片和茎，大发生时成群迁飞，把成片的农作物吃成光秆。

【形态特征】成虫有群居型、散居型、中间型3种类型。群居型体色为黑褐色，前胸背板中隆线较平直或微凹，翅长超过后足股节2倍以上；散居型体色为绿色至黄褐色；前胸背板中隆线呈弧形隆起，翅长不到后足股节的2倍；中间型体色为灰色(图3–125)；触角丝状，多呈浅黄色，有复眼1对单眼3个；前胸背板马鞍状，隆线发达；前翅发达，常超过后足胫节中部，具暗色斑纹和光泽。后翅无色透明；后足腿节内侧基半部黑色，近端部有黑色环，后足胫节红色。卵粒浅黄色，一端略尖，另一端稍圆微弯曲。卵块黄褐色或淡褐色，长筒形，中间略弯曲，上端略细处为海绵状胶状物，下部为卵粒，卵呈4行斜排在下部。幼虫共5龄，末龄蝗蝻体长26～40mm，翅节长达第4、5腹节，群居型体长红褐色，散居型体色较浅，在绿色植物多的地方为绿色。

图3–125　东亚飞蝗成虫

【发生规律】北京以北每年发生1代，渤海湾、黄河下游、长江流域每年发生2代，广西、广东、台湾每年发生3代，海南可发生4代。各地均以卵在土中越冬。遇有干旱年份，荒地随天气干旱水面缩小而增大时，利于蝗虫生育，宜蝗面积增加，容易酿成蝗灾。飞蝗密度小时为散居型，密度大了以后，个体间相互接触，可逐渐聚集成群居型，群居型飞蝗有远距离迁飞的习性。地形低洼、沿海盐碱荒地、泛区、内涝区都易成为飞蝗的繁殖基地。成虫产卵时对地形、土壤性状、土面坚实度、植被等有明显的选择性。地势低洼积水，排水不良；土质黏重、土壤偏酸的田块。多年连作地，土壤得不到深耕，耕作层浅缺少有机肥；栽培过密、氮肥使用过多，株行间通风透光差；苗期低温多雨，成株期高温高湿或长期连阴雨的年份，有机肥未充分腐熟时发生为害较重。

【防治方法】农业防治：注意兴修水利，疏通河道，排灌配套，做到旱涝保丰收；提倡垦荒种植，大搞植树造林，创造不利于蝗虫发生的生态条件，使蝗虫失去产卵的适生场所。因地制宜种植飞蝗不喜食的作物，如甘薯、马铃薯、麻类等。合理施肥，增施磷钾肥；合理密植，增加田间通风透光度。

药剂防治：要根据发生的面积和密度，做好飞机防治与地面机械防治相结合，全面扫残与重点挑治相结合，夏蝗重治与秋蝗扫残相结合。于蝗蝻3龄以前，喷洒下列药剂：

4.5%高效氯氰菊酯乳油30~40ml/亩；

5%氯氰菊酯乳油25~30ml/亩；

25g/L溴氰菊酯乳油28~32ml/亩；

2.5%溴氰菊酯乳油4 000倍液；

45%马拉硫磷乳油65~90ml/亩。

大面积发生时，用25%辛・氰乳油1 200倍液、25%除虫脲可湿性粉剂1 500倍液，采取飞机喷雾。

14．红缘灯蛾

【分　　布】红缘灯蛾(*Amsacta lactinea*)又称红袖灯蛾、红边灯蛾，属鳞翅目灯蛾科。国内发生面广，除新疆、青海未见外，其他各省、区均有，部分地区发生严重。

【为害症状】幼虫取食叶片、咬食雌穗花丝，严重的花丝被咬断或被吃掉穗顶嫩粒。

【形态特征】雌成蛾体长18～20mm，翅展46～64mm；头红色，领片后缘深红色，两翅基片中前方各有一黑点(图3-126)；前后翅粉白色，前翅前缘鲜红色呈一条红边，前后翅中室端各有一黑点。雄蛾后翅外缘有2个黑点；雌蛾有3个或1个，或1个也没有；腹部背面第1节为白色，其余为黄色。卵粒扁圆形，卵壳表面自顶部向周缘有放射状纵纹；初产黄白色，有光泽，后渐变为灰黄色至暗灰色；卵孔微红，后变为黑色(图3-127)。幼龄幼虫体色灰黄色，老熟幼虫体长45～55mm，头黄褐色，胴部深赭色或黑色，全身密披红褐色或黑色长毛，每节有12～26个毛瘤，胸足黑色，腹足红色(图3-128)。蛹体黑棕色，形似橄榄。胸腹部交界处略缩成颈状。各节间紧密相接，平滑，有光泽，腹部几乎不能扭动(图3-129)，雄蛹末端有臀刺10根，雌蛹第8腹节腹面中央有生殖孔。茧椭圆形，灰黄色，外围有幼虫的黑色体毛(图3-130)。

图3-126　红缘灯蛾成虫

图3-127 红缘灯蛾卵

图3-128 红缘灯蛾老熟幼虫

图3-129 红缘灯蛾蛹

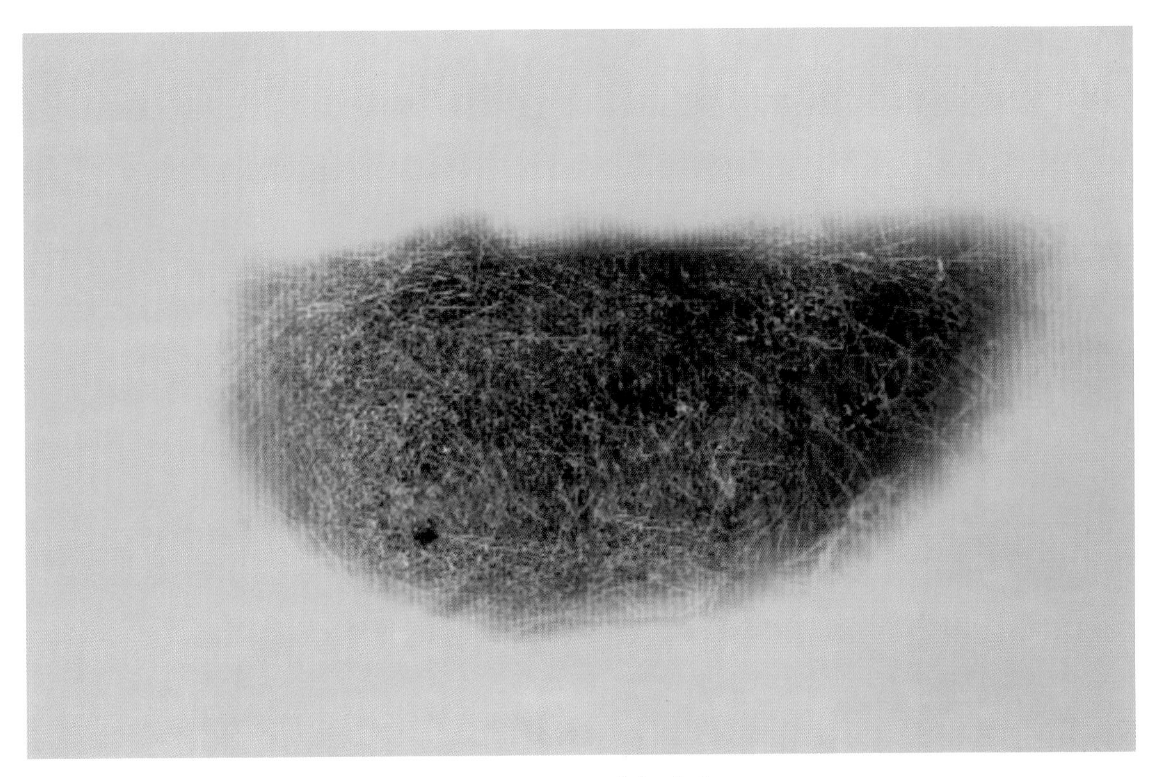

图3-130 红缘灯蛾茧

【发生规律】河北一年发生1代，南京3代。以蛹越冬。5—6月开始羽化。成虫白天在作物叶背、茅棚等处所隐藏，夜间活动、交尾。雄蛾活跃，善飞翔，趋光性较强。雌蛾飞翔力较差，多在晚上产卵，喜产于作物中上部叶背，卵粒排成多行、长条形。幼虫孵化后群集为害，先取食叶片下表皮和叶肉，仅留上表皮和叶脉，受害叶面出现斑驳的枯斑。低龄幼虫行动敏捷，遇振动即吐丝下垂，扩散为害。3龄后分散为害，爬行迅速，可蚕食叶片，咬成缺刻。幼虫每天10：00前和16：00后取食较盛，有转株为害习性。整个幼虫期约为31～45天，老熟后即爬至附近的旱沟、路边、泥墙等处的缝隙中吐丝作茧化蛹。地势低洼积水，排水不良；土质黏重、土壤偏酸的田块。多年连作地，土壤得不到深耕，耕作层浅缺少有机肥；栽培过密、氮肥使用过多，株行间通风透光差；苗期低温多雨，成株期高温高湿或长期连阴雨的年份发生为害重。

【防治方法】上茬收获后，清除田间及四周杂草，集中烧毁或沤肥；深翻地灭茬，促使病残体分解。育苗移栽，播种后用药土覆盖，移栽前喷施一次除虫灭菌剂，这是防虫的关键。适时早播，早移栽、早间苗、早培土、早施肥，及时中耕培土，培育壮苗。合理施肥，增施磷钾肥；合理密植，增加田间通风透光度。清除老叶、拔除病株，集中烧毁，病穴施药。

低龄幼虫发生期，喷洒下列药剂：

20%氰戊菊酯乳油2 000倍液；

2.5%溴氰菊酯乳油30~40ml/亩；

90%晶体敌百虫90~100g/亩；

20%氟铃·辛硫磷乳油50~60ml/亩；

22%氯氰·毒死蜱乳油400~600倍液；

25%除虫脲可湿性粉剂1 500~2 000倍液。

1.8%阿维菌素乳油1 500~2 000倍液。

15．稀点雪灯蛾

【分　　布】稀点雪灯蛾(*Spilosoma urticae*)属鳞翅目灯蛾科。北起黑龙江、内蒙古、新疆，其北缘靠近北部边境线，南抵浙江、贵州，东面临海，西向新疆西陲，并自甘肃折入四川，止于盆地西缘。河北曾有大发生记录。

【为害症状】幼虫为害玉米、小麦、谷子、花生、棉花叶片，尤其为害套种的玉米苗，初孵幼虫取食叶肉，残留表皮和叶脉，3龄后蚕食叶片，5龄进入暴食期，可把玉米叶片吃光。幼虫食叶成缺刻或孔洞，严重的仅留叶脉。

【形态特征】成虫体白色；雌成虫体长为14～18mm，翅展39～44mm，雄蛾略小；触角端部黑色；前翅白色；中室肩角及内、外横线及亚端线处有黑点；后翅白色(图3-131)；腹面白色，腹背黄色，腹背中央有黑点纹7个，侧面有黑点5个，个体之间黑点纹数差异较大；胸足有黑带，腿节上方黄色。卵圆球形，初乳白色后变淡黄色至黄褐色。幼虫黄褐色，4龄后变为暗褐色(图3-132)，末龄幼虫全身披有暗灰色长毛，头部黑色。蛹椭圆形，黑褐色，节间黄色；表面粗糙，密生小刻点，化蛹时结一薄茧。

图3-131　稀点雪灯蛾成虫

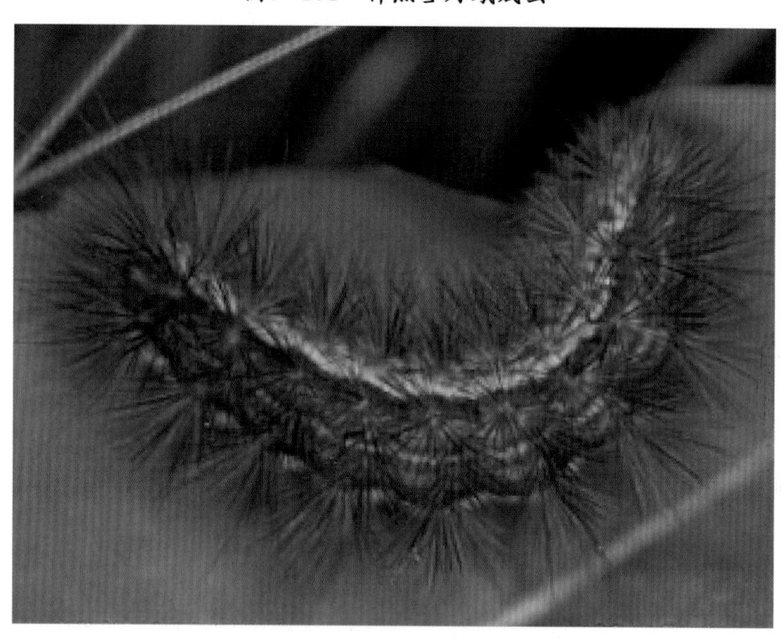

图3-132　稀点雪灯蛾幼虫

【发生规律】河北、山东一带每年发生3代。末龄幼虫爬至地头、路旁石块或枯枝杂草丛中吐丝结薄茧化蛹越冬。成虫趋光性强，白天喜欢栖息在植物丛中叶背面，晚上飞出活动。初孵幼虫只啃食叶肉，3龄后把叶片吃成缺刻或孔洞，4～6龄进入暴食阶段，食料缺乏时互相残杀；幼虫白天上午也栖息在叶背面或土块及枯枝落叶下，下午开始取食，傍晚最盛。地势低洼积水，排水不良；土质黏重、土壤偏酸的田块发生重；多年连作地，土壤得不到深耕，耕作层浅缺少有机肥；栽培过密、氮肥使用过多，株行间通风透光差发生重。

【防治方法】农业防治：适当密植，注意通风透光，可减少着卵，降低幼虫密度。套种玉米的地区要适当晚播，尽量避开该虫发生及为害盛期。

药剂防治：当百株玉米苗有虫5头或叶面积受害超过50%，被害株达4%时，即应马上防治。用50%辛硫磷乳油100ml/亩，对水拌细干土15kg，于傍晚撒施毒土，也可用杀虫剂于傍晚喷洒，效果也很好。

必要时可喷洒下列药剂：

48%毒死蜱乳油1 000倍液；

90%晶体敌百虫1 000～2 000倍液；

50%辛硫磷乳油1 000倍液；

40%乙酰甲胺磷乳剂1 000倍液；

2.5%氯氟氰菊酯乳油1 500～2 000倍液。

16．白脉黏虫

【分　　布】白脉黏虫(*Leucania venalba*)属鳞翅目夜蛾科。常与黏虫混合发生混合为害。国内分布北起黑龙江佳木斯，南至南部国境线，东面滨海，西达四川、云南。

【为害症状】孵化后3龄前的幼虫多集中在叶片上取食，可将玉米、高粱、谷子的幼苗叶片吃光，只剩下叶脉。

【形态特征】成虫体长11～13mm，翅展27～29mm，前翅黄褐色，中脉总干白色直达翅基部，白色线条四周具黑暗纹(图3–133)。卵椭圆形至馒头形，表面具细网纹。幼虫浅青色至污黄绿色，头部黄褐色，上生褐色八字纹。颅侧区具网状细纹，靠近单眼外侧部分的颜色较深，呈黑褐色，余为浅黄褐色，气门筛浅黄褐色，四周黑色。蛹与黏虫近似，但尾端外侧的1对钩刺基部膨大明显。

【发生规律】广东每年发生5～6代，福建每年发生6代，华北发生代数不详。以幼虫及蛹越冬。常与黏虫、劳氏黏虫等混合为害，但发生量不大。

【防治方法】可参考黏虫。

图3–133　白脉黏虫成虫

17．草地贪夜蛾

【分　布】草地贪夜蛾(*Spodoptera frugiperda*)也称秋黏虫，属鳞翅目夜蛾科，是原产于美洲热带和亚热带地区的多食性害虫，该虫适生区域广、迁飞能力强、繁殖能力高、为害程度重，防控难度大，成为联合国粮农组织全球预警的重大跨境迁飞性害虫。草地贪夜蛾自2019年1月由东南亚侵入我国云南省，自南向北迅速蔓延，截至2019年10月8日，草地贪夜蛾已入侵全国26个省（区）。该种已分化成两个品系，即玉米品系和水稻品系，其中玉米型以玉米、高粱、甘蔗为食，水稻型以水稻、谷子、杂草为食，入侵品系主要为玉米品系，自入侵我国以来陆续发现其为害玉米、花生、马铃薯、小麦、大麦等作物，严重威胁我国农业及粮食生产安全。

【为害特点】草地贪夜蛾寄主范围广，其幼虫可为害玉米、水稻、小麦和大豆等76科353种植物。草地贪夜蛾更喜幼嫩玉米植株，低龄幼虫通常隐藏在叶、叶鞘等取食玉米叶片形成半透明薄膜“窗孔”，高龄幼虫对玉米为害更为严重，取食形成不规则的长形孔洞，幼虫也会取食玉米雄穗和果穗，严重时可造成玉米生长点死亡，影响叶片和果穗的正常发育（图3-134和图3-135）。虫口密度高时，草地贪夜蛾为害可造成玉米减产45%，在热带一些地区甚至可造成绝产。

图3-134 草地贪夜蛾为害玉米苗状

图3-135 草地贪夜蛾为害玉米雌穗

【形态特征】草地贪夜蛾的卵粒呈圆顶形，直径0.4 mm，高0.3 mm，顶部中央有明显的圆形点，底部扁平，通常由100～300粒卵单层或多层堆积成块状。卵初产时为浅绿或白色，孵化前逐渐变为棕色。卵上通常覆盖浅灰色的绒毛（图3–136）。草地贪夜蛾幼虫共6龄。低龄虫体（1～3龄）淡黄色或浅绿色，背线、亚背线与气门线明显，均为白色，各腹节都有4个长有刚毛的黑色或黑褐色斑点。头壳褐色或黑色，快蜕皮时头壳和黑色前胸背板分离。高龄幼虫（4～6龄）体色棕褐色或黑色，背线、亚背线和气门线为淡黄色，各腹节背面都有 4个长有刚毛的黑色或黑褐色斑点；头壳褐色或黑色，3龄后头部白色或浅黄色倒 "Y"形纹明显。幼虫具假死性，受惊动后蜷缩成"C"形（图3–137和图3–138）。蛹为长椭圆形，蛹长14～18mm，胸径4.5mm宽，蛹腹部末端有一对短而粗壮的臀棘，两根棘的基部分开；气门黑褐色，椭圆形并显著外凸。蛹腹部背面第 5～7 节各节上端有一圈圆形刻点，刻点中央凹陷（图3–139）。成虫体色多变，从暗灰色、深灰色到淡黄褐色均有。翅展32～40mm，前翅深棕色，后翅灰白色，边缘有窄褐色带。前翅中部各一黄色不规则环状纹，其后为肾状纹；雄蛾体长16～18mm，雄蛾前翅灰棕色，翅顶角向内各一大白斑，环状纹黄褐色，后侧各一浅色带自翅外缘至中室，肾状纹内侧各一白色楔形纹（图3–140）。雌蛾个体稍大，体长18～20mm，前翅呈灰褐色或灰色棕色杂色；环形纹和肾形纹灰褐色，轮廓线黄褐色（图3–141）。

图3–136 草地贪夜蛾卵块

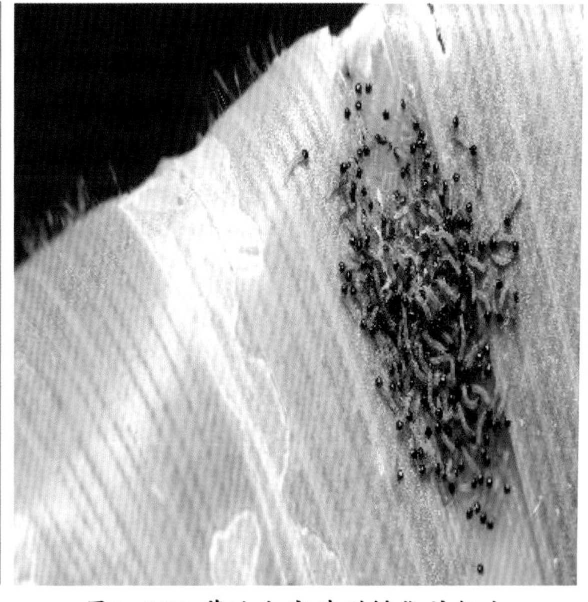

图3–137 草地贪夜蛾刚孵化的幼虫

图3–138 草地贪夜蛾高龄幼虫

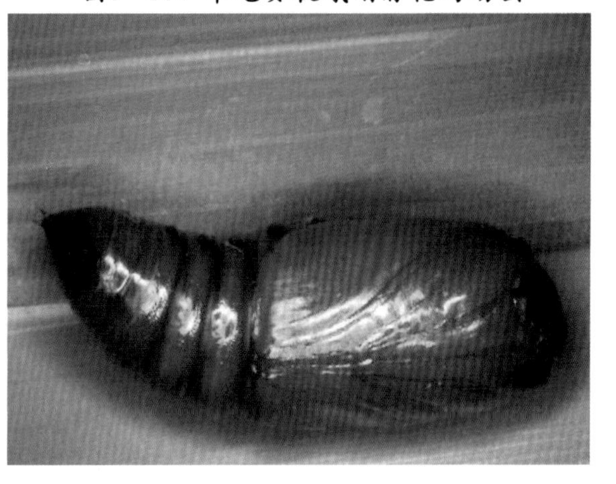

图3–139 草地贪夜蛾蛹

图3-140 草地贪夜蛾雄蛾

图3-141 草地贪夜蛾雌蛾

【发生规律】草地贪夜蛾无滞育现象，老熟幼虫常在浅层土壤中化蛹。成虫一般产卵在玉米叶背面，一头雌蛾可产10个左右的卵块，产卵量可达1 500粒左右；在合适的温度下，卵块2～3天可孵化。

【防治方法】在成虫发生高峰期，采取高空诱虫灯、性诱捕器以及食物诱杀等理化诱控措施，诱杀成虫、干扰交配，减少田间落卵量，压低发生基数，减轻危害损失。最佳防治时期为三龄幼虫前。施药时间应选择在清晨或傍晚，要将药液喷洒在玉米心叶、雄穗和雌穗等草地贪夜蛾为害的关键部位。

目前无针对草地贪夜蛾的药剂，生产上可以用：

30%乙酰甲胺磷乳油或48%毒死蜱乳油 300～400 ml，加适量水喷拌在3～3.5kg麦麸上，于傍晚顺玉米垄撒施。

1%甲氨基阿维菌素苯甲酸盐水乳剂 330～500 ml/亩；

5%甲氨基阿维菌素苯甲酸盐可溶粒剂 10～15 g/亩；

200 g/L氯虫苯甲酰胺悬浮剂 7～10 ml/亩；

对水均匀喷雾。

18．二点委夜蛾

【分　　布】二点委夜蛾(*Athetis lepigone*)属鳞翅目夜蛾科。主要分布于北京、天津、河北、河南、山东、山西、安徽、江苏和辽宁等地，是我国夏玉米苗期的重要害虫。

【为害特点】一是具有隐蔽性和昼伏夜出的特性，幼虫隐藏在玉米下部叶背或土缝间，特别是麦秸下难以发现；二是为害部位集中，二点委夜蛾集中于茎基部，主要是幼虫啃食、钻蛀玉米茎基部，形成3～4mm圆形或椭圆形孔洞，造成植株心叶萎蔫枯死(图3-142)。幼虫也可咬食玉米主根和次生根，造成倒伏，严重者枯死。三是为害时间集中，二点委夜蛾在玉米2~10叶期均有为害。四是成虫具有迁飞习性，幼虫具有迁徙发生的特点，防治难度较大。

【形态特征】卵半球形，且卵上有纵脊，逐渐变褐色，孵化前，上半部变褐色或黑色(图3-143)。幼虫一般为6个龄期，少数7龄期。老熟幼虫体长14~20mm，灰褐色或深褐色，体表有黑色微刺，头部有褐色斑块或“八”字纹，体背中央、腹部各节前缘中央有时有褐色小点，亚背线为灰白色细线，气门黑色，

图3-142 二点委夜蛾为害玉米苗状

气门上线为黑褐色宽带，气门下线为灰白色或灰褐色阔带。每体节有一个倒三角形的深褐色斑纹，重要特征是腹部上有2条褐色亚背线至胸节消失（图3-144）。幼虫有假死性，受惊扰缩成“C”字形。蛹纺锤形，长约10mm，初期淡黄褐色，逐渐变为红褐色和黑褐色，腹部末端有2根臀刺（图3-145）。成虫体暗褐色，雄蛾体长8～11mm，翅展(两翅伸展开的长度) 20.5～23.5mm；雌蛾体长7.8～10mm，翅展18～20mm。头、胸、腹灰褐色，复眼褐色，半球状，前翅灰褐色，有暗褐色的细点，内线、外线暗褐色，环纹为1黑点；中部有一条圆形的环状纹和一个肾状纹，肾状纹外方，有一个三角形的楔状纹，肾纹小，边缘有黑点，外侧中凹有1白点；外线波浪形，翅外缘有1列黑点。后翅灰白色，边缘褐色，翅脉黄褐色明显。雄蛾外生殖器的抱器瓣端半部宽，背缘凹，中部有钩状凸起；阳茎内有刺状阳茎针（图3-146）。

【发生规律】一年发生4～5代(高寒地区2～3代)，以幼虫和蛹越冬，在黄淮流域不能越冬，越冬

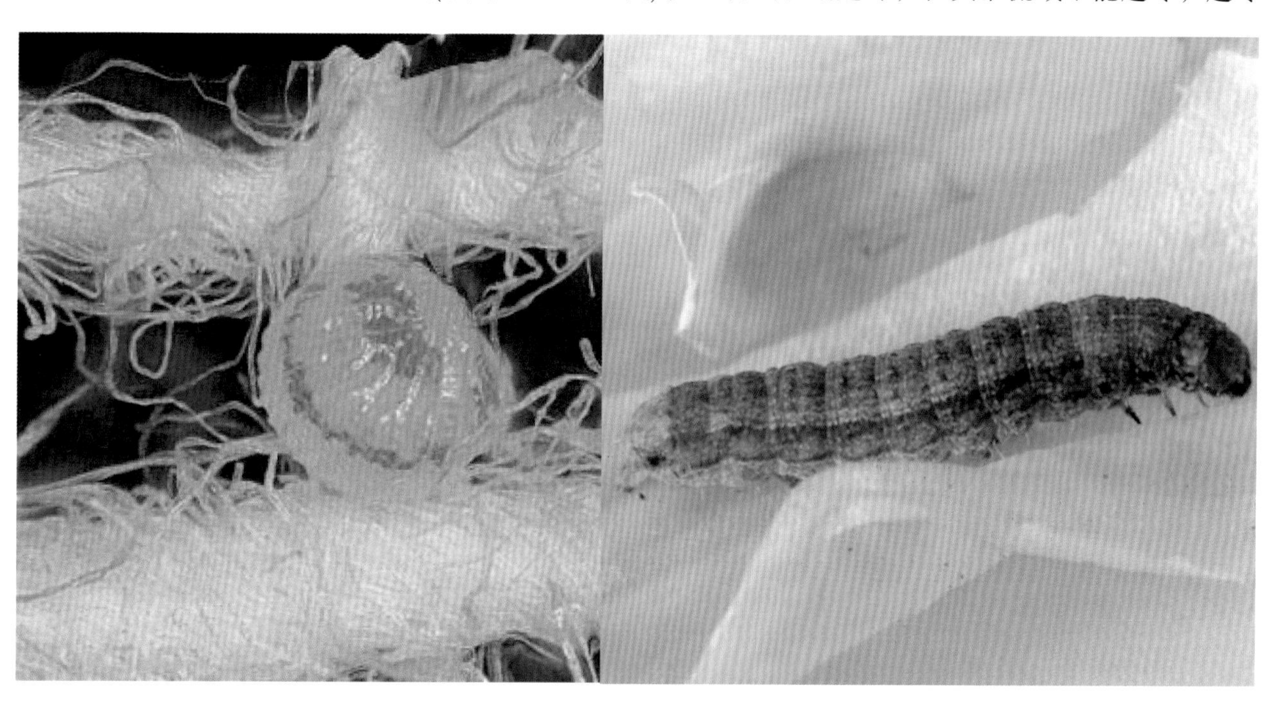

图3-143 二点委夜蛾卵

图3-144 二点委夜蛾幼虫

图3-145 二点委夜蛾蛹

图3-146 二点委夜蛾成虫

代成虫从南方迁入，4—5月为越冬代，一代幼虫多在麦田小麦茎基部取食枯黄落叶，6—7月上旬为一代幼虫高峰期，6月中下旬为一代成虫发生高峰期，成虫将卵散产于由麦秸覆盖的夏玉米苗基部和附近土壤表面，孵化后的幼虫在玉米根际还田的碎麦秸下为害玉米苗，以第一代幼虫为害最重。7月中旬至8月上旬为二代成虫发生期，8月中旬至9月下旬为三代成虫发生期间，第三代老熟幼虫在10月下旬开始以休眠态在多种作物的落叶和杂草下，尤其是棉田、豆田、花生田及林木下越冬。成虫喜糖蜜，有趋光性，夜间活动，飞翔高度1m左右，每次飞翔距离3～5m。成虫喜于麦套玉米田活动。二点委夜蛾喜阴暗潮湿，畏惧强光，一般在玉米根部或者湿润的土缝中生存，遇到声音或药液喷淋后呈“C”形假死。田间幼虫虫龄不整齐，1～5龄幼虫同时存在，老熟幼虫在土中吐丝，将体旁土粒粘结成土室，并在其中化蛹。该虫在田间分布不均，喜聚集藏匿于麦秸和麦糠下，麦秸覆盖密度大地块发生较重。

【防治方法】二点委夜蛾成虫栖息在麦秸内，并产卵于麦秆上或麦秸下湿润的土表，孵化后危害玉米幼苗，因此，清除田间的麦秸就可以破坏二点委夜蛾的适宜生态环境；另外，一旦发生幼虫危害，清洁田间麦秸后用药，可以大幅度提高用药效果。

灭杀成虫：向麦糠、麦秸较多，二点委夜蛾栖息、聚集的夏玉米田喷洒触杀类农药，2.5%高效氯氟氰菊酯、4.5%高效氯氰菊酯、30%乙酰甲胺磷乳油或480g/L的毒死蜱乳油1 000～1 500倍液喷雾防治。每亩喷药液要保证在50kg以上，隔3～4天喷一次，连续防治3～4次。

毒饵诱杀：用90%晶体敌百虫、30%乙酰甲胺磷乳油或48%毒死蜱乳油300～400 ml，加适量水喷拌在3～3.5kg麦麸上，于傍晚顺玉米垄撒施。或用80%敌敌畏300ml，加水2kg，喷在25 kg细土或细沙上，于早晨顺玉米垄撒施。

三龄幼虫前，在清晨或傍晚，可以喷施下列药剂：

1%甲氨基阿维菌素苯甲酸盐水乳剂330～500ml/亩；

5%甲氨基阿维菌素苯甲酸盐可溶粒剂10～15g/亩；

200 g/L氯虫苯甲酰胺悬浮剂7～10 ml/亩；

48%毒死蜱乳油200～300ml/亩；

对水30kg/亩，均匀喷施。

19．劳氏黏虫

【分布为害】劳氏黏虫 [*Leucania loreyi*（Duponchel）]属鳞翅目夜蛾科，主要分布在广东、福建、四川、江西、湖南、湖北、浙江、江苏、山东、河南等地。幼虫食性很杂，可取食多种植物，尤其喜食禾本科植物，主要为害玉米，小麦、水稻等作物。在玉米苗期，幼虫取食心叶，在心叶留下孔洞，后取食其他叶片，造成叶片缺刻，危害严重时将叶片吃光，使植株形成光秆。幼虫取食花丝、籽粒，污染果穗，影响授粉，造成玉米减产，降低玉米品质（图3–147）。

图3–147 劳氏黏虫玉米为害状

【形态特征】卵呈半球形，淡白色，表面有不规则网状，幼虫一般6龄，体表粗糙多褶皱。低龄幼虫灰褐色，高龄幼虫黄褐色至灰褐色，有5条白色纵线；气门上线与亚背线之间呈褐色，气门线和气门上线之间区域土褐色；气门椭圆形，围气门片黑色，气门筛黄褐色;头部暗褐色，有明显褐色网状细纹，黑褐色“八字纹”，唇基有一褐色斑；前胸背板浅褐色，中胸与后胸节背线明显，黑色斑点极小，不明显。蛹，初为乳白色，逐渐变为灰褐色至红褐色，腹部末端中央长着一对弯向腹面的尾刺，两根刺基部间较大呈“八”字形（图3–148至图3–151）。

图3–148 劳氏黏虫卵

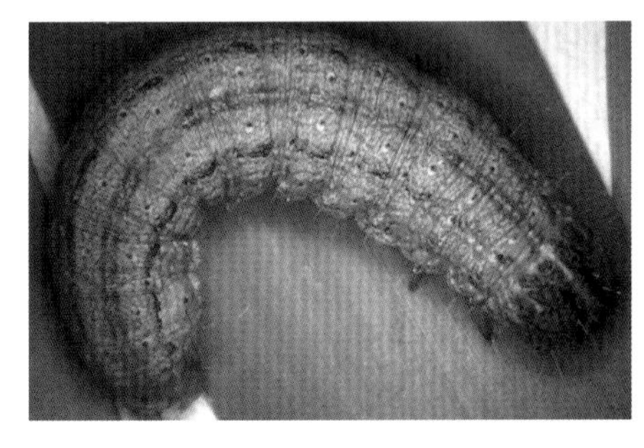

图3–149 劳氏黏虫高龄幼虫

图3–150 劳氏黏虫成虫

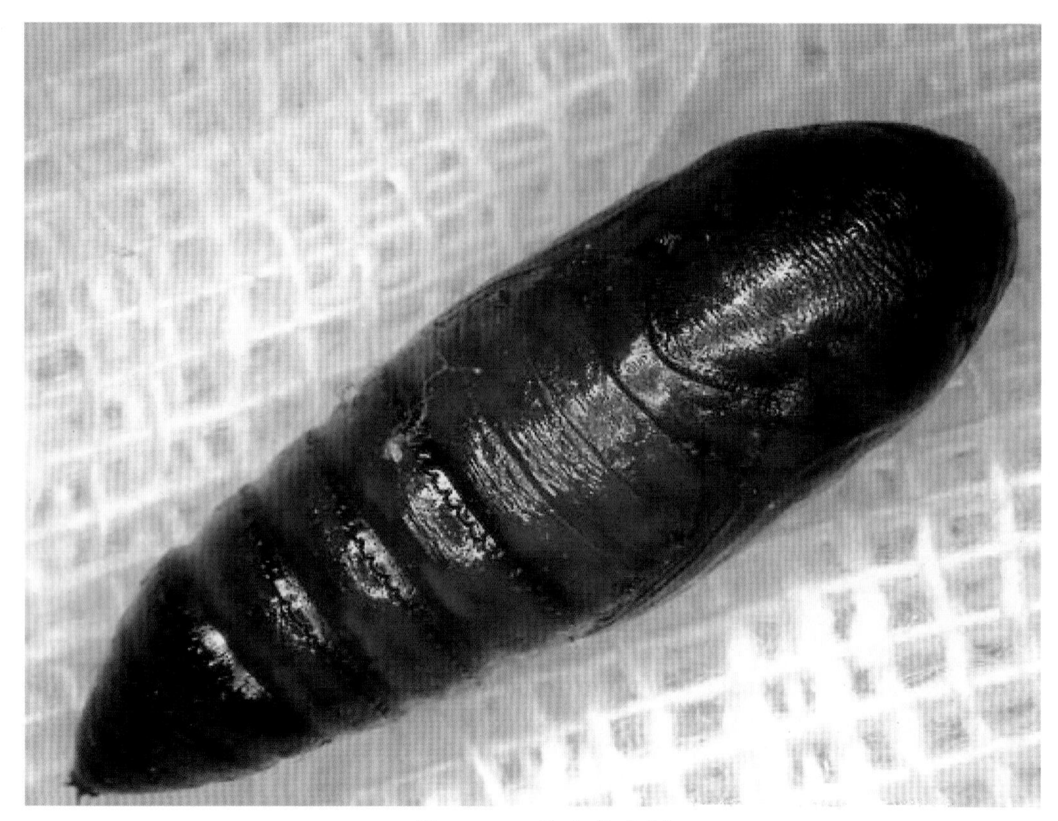

图3-151 劳氏黏虫蛹

【发生规律】劳氏黏虫在河南一年发生3～4代，在福建、江西等省一年发生4～5代，在广东一年发生6～7代。老熟幼虫常在草丛中、土块下等处化蛹。在河南第一代幼虫发生在5月下旬至6月上旬，玉米6～8叶期，春玉米种植面积小，苗龄较小，幼虫集中取食玉米叶片，对玉米为害严重；第二代幼虫在6月底至7月，为害夏玉米，取食叶片；第三代幼虫发生在8月，取食花丝、籽粒。成虫对酸甜物质的趋性很强，羽化后的成虫必须在取得补充营养和适宜的温湿度条件下，才能进行正常的交配、产卵。喜在叶鞘内面、叶面上产卵，并分泌黏液，将叶片与卵粒粘卷。雌蛾产卵量受环境条件影响很大，一般可产几十粒至几百粒，多者可产千粒左右。劳氏黏虫主要习性与东方黏虫非常相似，具有明显的假死性。幼虫白天潜伏在草丛中，晚上活动为害。成虫昼伏夜出，晚上活动取食、交配产卵，有强烈的趋光性。

【防治方法】麦收后灭茬，可减少虫卵，在黄淮海地区，5月下旬至6月上旬结合玉米的田间管理，及时进行中耕，可杀死第一代蛹，减少第二代发生数量。劳氏黏虫具有很强的趋光性，可设立灭虫灯诱杀成虫，从成虫数量上升时起，用糖醋酒液或其他发酵有酸甜味的食物配成诱杀剂，盛于盆、碗等容器内进行诱杀。

可以施用下列药剂进行防治：

25g/L高效氯氟氰菊酯乳油 12～20ml/亩；

100亿孢子/g球孢白僵菌可分散油悬浮剂600～800ml/亩；

37%氟啶·毒死蜱悬乳剂20～25ml/亩；

8 000IU/μL苏云金杆菌悬浮剂90～110ml/亩；

30%乙酰甲胺磷乳油 180～240ml/亩；

200g/L氯虫苯甲酰胺悬浮剂10～15ml/亩。

四、玉米各生育期病虫害防治技术

1. 玉米病虫害综合防治工作历的制订

玉米栽培管理过程中，应总结本地玉米病虫害的发生特点和防治经验，制定病虫害防治计划，适时进行田间调查，及时采取防治措施，有效控制病虫杂的为害，保证丰产、丰收。

玉米田病虫害的综合防治工作历见表3-1，各地应根据自己的情况采取具体的防治措施

表3-1 玉米田病虫害综合防治工作历

生育期	时期	主要防治对象	次要防治对象	防治措施
播种期	4月下旬至6月中旬	杂草、地下害虫、茎基腐病、瘤黑粉病、丝黑穗病	纹枯病、全蚀病、褐斑病、病毒病	喷施除草剂、药剂拌种
苗期	5月下旬至6月下旬	杂草、病毒病、棉铃虫、草地贪夜蛾、耕葵粉蚧、叶螨	丝黑穗病、蛀茎夜蛾	喷施除草剂、杀虫剂、杀菌剂
心叶期至抽雄期	6月中旬至8月上旬	叶斑病、茎基腐病、瘤黑粉病、纹枯病、玉米螟、草地贪夜蛾、玉米蚜、黏虫	杂草、弯孢霉叶斑病、褐斑病、禾蓟马、棉铃虫	喷施杀虫剂、杀菌剂
穗期至成熟期	7月中旬至9月下旬	桃蛀螟、棉铃虫、锈病、圆斑病	玉米螟、灰斑病	喷施杀虫剂、杀菌剂

2. 玉米播种期病虫害防治技术

播种期是防治病虫害、铲除杂草的关键时期(图3-152)。这一时期防治的主要虫害有蛴螬、蝼蛄、金针虫等地下害虫，药剂拌种可以减少地下害虫及其他苗期病害及害虫的为害。玉米茎基腐病是典型的土传病害，玉米瘤黑粉病、玉米丝黑穗病、玉米纹枯病、玉米褐斑病主要是靠种子或土壤带菌进行传播的，而且从幼苗期就开始侵染。所以对于这些病害，进行种子处理是最有效的防治措施。还可以通过施用激素和微肥，培育壮苗，增强植株的抗病力。

药剂拌种，防治玉米茎基腐病，可以用20%精甲霜灵悬浮种衣剂53~76g/100kg种子，将药浆与种子充分搅拌，晾干后24小时内使用；或用11% 精甲·咯·嘧菌悬浮种衣剂200~400ml/ 100kg种子包衣。

用种子量0.4%的15%三唑酮可湿性粉剂拌种、50%多菌灵可湿性粉剂按种子重量0.5%~0.7%拌种、2%戊唑醇湿拌剂400~600g拌100kg种子、2.5%咯菌腈悬浮种衣剂1：500、40%萎锈灵可湿性粉剂1：400进行种子包衣，可防治玉米丝黑穗病、瘤黑粉病、纹枯病、褐斑病。咯菌腈种子包衣防治玉米全蚀病、丝黑穗病、瘤黑粉病效果突出。

这一时期防治的害虫主要有蛴螬、蝼蛄、金针虫等地下害虫，药剂拌种可以减少地下害虫为害。可用9%克百威悬浮种衣剂180~200ml/100kg种子包衣；0.6%丁·戊·福美双悬浮种衣剂2 250 ml/100kg种子包衣；或用40%甲基异柳磷乳油0.5kg加水15~20kg，拌种200kg。在种子拌种或包衣时，加入适量植物生长调节剂，可以促进种子发芽、促进幼苗生长。还可用0.01%芸苔素内酯乳油5~10ml/L进行浸种或拌种，

图3-152 玉米播种期

0.004%烯腺·羟烯腺可湿性粉剂100～150倍液浸种，明显改善玉米苗期生长情况，提高玉米的抗病、抗逆能力。

3. 玉米苗期病虫害防治技术

玉米苗期(图3-153)易受到病虫为害，玉米苗期主要以防治黏虫、玉米螟、草地贪夜蛾、二点委夜蛾、棉铃虫、玉米旋心虫、蛀茎夜蛾等害虫为主，兼防蛴螬、金针虫、地老虎、蝼蛄等地下害虫；同时，也是防治蚜虫、灰飞虱等传播病毒害虫，控制病毒病发生为害的有利时期。

田间发生黏虫、玉米螟、棉铃虫等害虫，应掌握在2～3龄幼虫期及时施药防治，可以用下列杀虫剂进行防治：25%氰戊·辛硫磷乳油80～100ml/亩、2.5%氯氟氰菊酯乳油25～50ml/亩、2.5%溴氰菊酯乳油20～30ml/亩、5.7%氟氯氰菊酯乳油30～40ml/亩、1%甲氨基阿维菌素苯甲酸盐乳油5～10ml/亩、1.8%阿维菌素乳油20～40ml/亩、20%辛硫磷乳油200～250ml/亩、30%乙酰甲胺磷乳油125～230ml/亩、48%毒死蜱乳油70～90ml/亩、20%丁硫克百威乳油200～250ml/亩、75%硫双威可湿性粉剂60～70g/亩、8 000IU/ml苏云金杆菌可湿性粉剂100～200g/亩、20% 亚胺硫磷乳油200～400 倍液，18%杀虫双水剂200～250ml/ 亩，对水40～50kg均匀喷雾。

玉米旋心虫、蛀茎夜蛾的田块，用1.8%阿维菌素乳油2 500倍液、48%毒死蜱乳油800倍液、50%敌敌畏乳油400倍液、90%晶体敌百虫300倍液喷淋根部防治。

图3—153　玉米苗期害虫为害情况

发生蚜虫、灰飞虱时，应及时进行防治，可用下列杀虫剂：10%吡虫啉可湿性粉剂2 000～4 000倍液、3%啶虫脒乳油2 000～2 500倍液、10%烯啶虫胺可溶性粉剂4 000～5 000倍液、40%辛硫磷乳油800～1 000倍液、48%毒死蜱乳油1 000～2 000倍液、40%氧化乐果乳油800～1 500倍液、20%灭多威乳油1 000～2 500倍液、20%丁硫克百威乳油1 000～2 000倍液、2.5%氯氟氰菊酯乳油1 000～2 000倍液、2.5%高效氯氟氰菊酯乳油1 000～2 000倍液、4.5%高效氯氰菊酯水乳剂1 000～2 000倍液、2.5%溴氰菊酯乳油1 500～2 500倍液、5.7%氟氯氰菊酯乳油1 000～2 000倍液均匀喷雾防治。

发现有地下害虫为害时，可以用1.8%阿维菌素乳油40～60ml/亩、48%毒死蜱乳油70～90ml/亩、50%辛硫磷乳油200～250g/亩，加细土25～30kg拌匀后顺垄条施，或用3%克百威颗粒剂2～3kg/亩、5%丙硫克百威颗粒剂2～3kg/亩、3%辛硫磷颗粒剂4kg/亩，加细沙混合条施，防治地下害虫。

对于部分玉米粗缩病、玉米矮花叶病毒病发病较重的地区，在发病前或发病初期及早施药预防，可以喷施5%菌毒清水剂500倍液、15%三氮唑核苷可湿性粉剂500～700倍液、0.5%香菇多糖水剂300倍液、4%嘧肽霉素水剂200～250倍液每亩40～50kg喷雾；或用2%宁南霉素水剂200～300ml/亩、2%氨基寡糖素水剂200～250ml/亩，对水40～50kg均匀喷施，抑制病害的发生。

该期多处于高温干旱季节、春玉米处于低温干旱季节，为了提高玉米的抗逆性，保证玉米健壮生长，可以用0.01%芸苔素内酯乳油5 000～8 000倍液、0.004%烯腺·羟烯腺可湿性粉剂2 000～5 000倍液喷施，隔7～10天连续喷施2～3次，可以明显改善玉米苗期生长情况，提高玉米的抗病、抗逆能力，还能提高抗倒伏的能力。

玉米苗期多处于高温多雨季节，易于旺长，可以视生长情况喷施25%甲哌·水剂100～200ml/亩、30%芸苔·乙烯利水剂30～40ml/亩、30%胺鲜·乙烯利水剂20～25ml/亩、40%羟烯·乙烯利水剂25～30ml/亩，可以有效调节生长，促进玉米健壮生长，防止倒伏。施用剂量应视玉米生长情况酌情处理，高温多雨季节玉米生长过旺，要适当加大剂量。

4．玉米喇叭口期至抽雄期病虫害防治技术

玉米心叶期至抽雄期，即玉米大喇叭口期前后，该期是玉米螟、玉米蚜、纹枯病、玉米大、小斑病、玉米褐斑病、锈病、茎基腐病、瘤黑粉病、棉铃虫、黏虫的重要发生期，应注意田间调查，及时防治，控制病虫为害，减少损失(图3-154和图3-155)。对于前期未能有效防治杂草的地块，应及时采取化学除草。

图3-154　玉米喇叭口期至抽雄期病害发生情况

图3-155　玉米喇叭口期至抽雄期害虫为害情况

心叶末期，也就是大喇叭口期，是防治玉米螟、棉铃虫的关键时期，可以用颗粒剂撒施心叶，防效较好，可以施用：5%辛硫·三唑磷颗粒剂150～250g/亩、10%二嗪磷颗粒剂0.4～0.6kg/亩、1.5%辛硫磷颗粒剂0.5～0.75kg/亩、5%丙硫克百威颗粒剂2～3kg/亩，拌细土15～20kg灌芯。研究表明，40%氯虫苯甲酰

胺·噻虫嗪水分散粒剂8g/亩+ 18.7%丙环唑·嘧菌酯悬乳剂70ml/亩配合施用，在玉米心叶期（12～13片叶）进行间喷雾施药，能有效防治玉米田鳞翅目害虫和叶斑病，有显著增产效果，是理想的杀虫剂和杀菌剂施药组合。

玉米心叶期至抽雄期，在玉米螟、劳氏黏虫、草地贪夜蛾、棉铃虫2～3龄幼虫期，也可以喷施药剂，可选用下列药剂：1.8%阿维菌素乳油20～40ml/亩、1%甲氨基阿维菌素苯甲酸盐乳油5～10ml/亩、20%辛硫磷乳油200～250ml/亩、30%乙酰甲胺磷乳油125～227ml/亩、48%毒死蜱乳油70～90ml/亩、18%杀虫双水剂200～225ml/亩、5%氟虫脲可分散性液剂60ml/亩、20%抑食肼可湿性粉剂25～30ml/亩、8 000IU/ml苏云金杆菌可湿性粉剂100～200g/亩，对水40～50kg均匀喷雾防治。

该期是防治玉米纹枯病的关键时期，田间发现病情及时施药，结合其他病害的防治可喷施下列药剂：40%多菌灵悬浮剂80～100ml/亩、70%甲基硫菌灵可湿性粉剂70～90g/亩、5%井冈霉素水剂100～150ml/亩、23%噻氟菌胺悬浮剂14～25ml/亩、24%噻酰菌胺悬浮剂12～30ml/亩、20%氟酰胺可湿性粉剂100～125g/亩、25%邻酰胺悬浮剂200～320ml/亩、40%菌核净可湿性粉剂100～150g/亩、30%苯醚甲环唑乳油15～30ml/亩，对水50kg均匀喷雾，间隔7～10天喷1次，连喷2～3次。

该期玉米大斑病、小斑病、褐斑病、锈病、茎基腐病、瘤黑粉病等开始有不同程度的发病，应抓好预防和防治，可以选用下列杀菌剂：50%甲基硫菌灵可湿性粉剂500～800倍液、50%多菌灵可湿性粉剂500～600倍液、25%苯菌灵乳油800倍液、12.5%烯唑醇可湿性粉剂1 000～1 500倍液、50%乙烯菌核利可湿性粉剂800～1 000倍液，50%腐霉利可湿性粉剂1 000～2 000倍液，重点喷玉米基部。可兼治茎基腐病。

为了促进玉米生长，可以用0.01%芸苔素内酯乳油5 000～8 000倍液、0.004%烯腺·羟烯腺可湿性粉剂2 000～5 000倍液喷施，可以明显提高玉米的抗病、抗逆能力。

5．玉米穗期至成熟期病虫害防治技术

玉米进入穗期及灌浆期(图3-156)，是玉米丰产丰收关键时期。该期应加强预测预报，及时防治病虫

图3-156 玉米穗期至成熟期病虫害发生情况

害，在防治策略上以治疗为主，针对发生严重的病虫害及时防治，确保玉米丰产丰收(图3-157)。

该期为锈病高发期，应注意及时防治，在田间玉米锈病病株率达6%时开始喷药防治。可选用25%三唑酮可湿性粉剂100g/亩、12.5%烯唑醇可湿性粉剂40g/亩、20%萎锈灵乳油4 000倍液、30%氟菌唑可湿性粉剂2 000倍液、40%氟硅唑乳油9 000倍液，对水40～50kg均匀喷雾，间隔10天左右喷1次，连防2～3次。

防治玉米圆斑病，可选用喷施25%三唑酮可湿性粉剂500～600倍液、70%代森锰锌可湿性粉剂400～500倍液、70%甲基硫菌灵可湿性粉剂500倍液，间隔7～10天喷1次，连喷2次。

玉米穗期，玉米螟、桃蛀螟、草地贪夜蛾、棉铃虫等害虫钻食穗部为害，可以用下列药泥涂抹穗缨：40%辛硫磷乳油1 000～2 000倍液、45%马拉硫磷乳油1 000～1 800倍液、90%敌百虫可溶性粉剂1 200～1 500倍液、2.5%高效氯氟氰菊酯乳油1 000～1 800倍液、4.5%高效氯氰菊酯乳油1 000～2 000倍液、1%甲氨基阿维菌素苯甲酸盐乳油2 000～3 000倍液，喷到细土上，配成药泥，涂抹于穗尖红缨部位，可以达到较好的防治效果。

图3-157 玉米成熟期

第四章 高粱病虫害防治新技术

高粱属禾本科，一年生草本植物，性喜温暖，抗旱、耐涝。

中国高粱栽培具有悠久的历史。20世纪初，高粱在中国已是普遍种植的作物。据朱道夫(1980)报道的资料，1914年全国高粱种植面积740万hm^2。高粱在中国的分布极广，几乎全国各地均有种植，但主产区集中在秦岭、黄河以北，栽培面积最大的省份是辽宁和山东，均在200万hm^2以上。

我国的高粱病害大约有30种，其中为害较重的有丝黑穗病、炭疽病、紫斑病等。高粱虫害有20多种，其中为害较严重的有高粱条螟、高粱蚜、高粱穗隐斑螟等。

一、高粱病害

1. 高粱炭疽病

【分布为害】高粱炭疽病在各产区均有分布(图4-1)。

图4-1 高粱炭疽病为害田间情况

【症　　状】从苗期到成株期均可染病。苗期染病为害叶片，导致叶枯，植株细弱、矮小，造成高粱死苗。叶片病斑梭形，中间红褐色，边缘紫红色，病斑上密集小黑点，严重的造成叶片局部或大部枯死(图4-2至图4-4)。叶鞘染病病斑较大，椭圆形，后期也密生小黑点。还可为害穗轴、枝梗或茎秆，造成腐败(图4-5)。

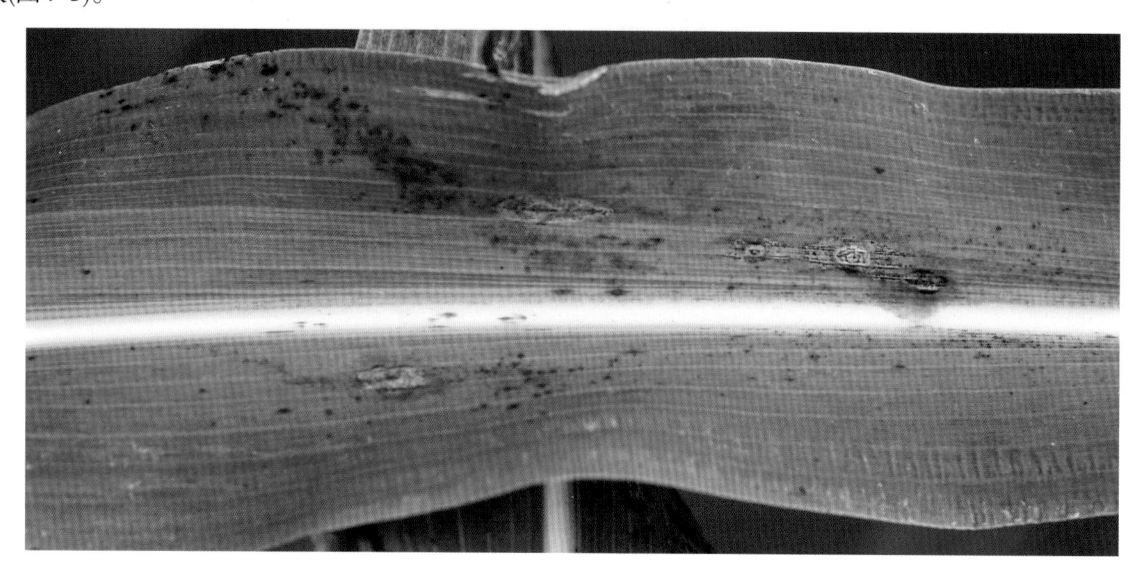

图4-2　高粱炭疽病为害叶片早期症状

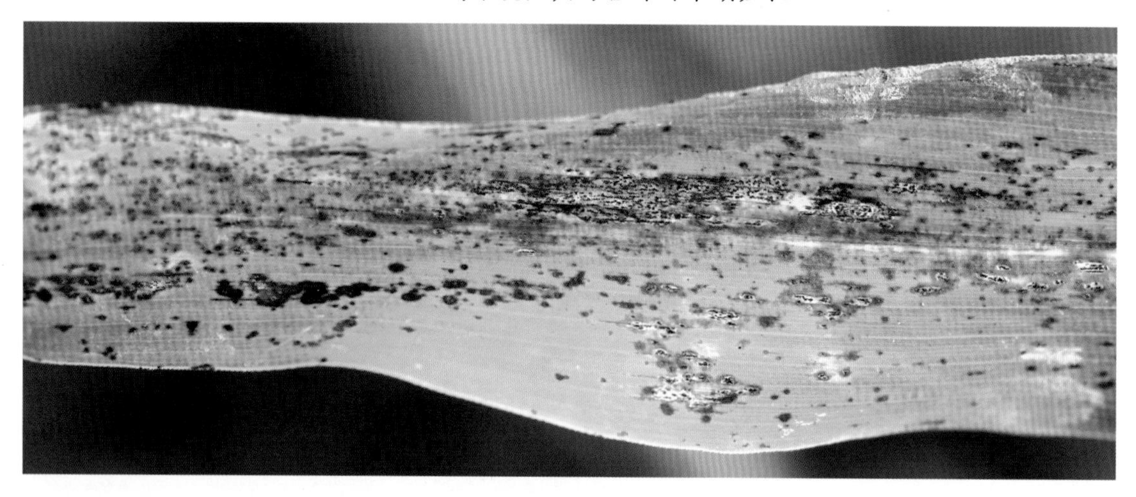

图4-3　高粱炭疽病为害叶片中期症状

图4-4　高粱炭疽病为害叶片后期症状

图4-5 高粱炭疽病为害叶鞘症状

【病 原】*Colletotrichum graminicola* 称禾生炭疽菌，属半知菌亚门真菌(图4-6)。分生孢子盘黑色，刚毛直或略弯混生，褐色或黑色，顶端较尖，具3～7个隔膜。分生孢子梗单胞无色，圆柱形。分生孢子镰刀形或纺锤形，略弯，单胞，无色。

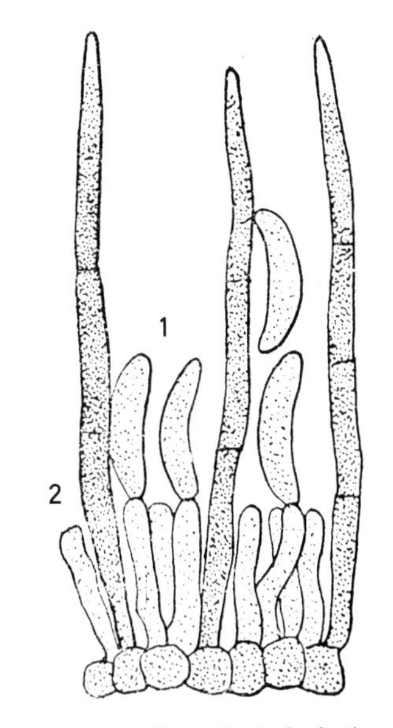

图4-6 高粱炭疽病病菌
1.分生孢子 2.分生孢子梗

【发生规律】病菌随种子或病残体越冬。翌年田间发病后，苗期发病可造成死苗。借气流传播，进行多次再侵染，不断蔓延扩展或引起流行。多雨的年份或低洼高湿田块普遍发生，致叶片提早干枯死亡。北方高粱产区炭疽病发生早的，7—8月份气温偏低、雨量偏多可流行为害，导致大片高粱早期枯死。

【防治方法】实行配方施肥，合理密植，及时处理病残体，收获后及时翻耕，实行大面积轮作，施足充分腐熟的有机肥。种子处理是防治炭疽病的有效措施，孕穗期是防治的关键时期。

种子处理，用50%福美双粉剂或50%多菌灵可湿性粉剂按种子重量0.5%拌种，可防治苗期种子传染。

高粱孕穗期(图4-7)，可选用下列药剂：

70%甲基硫菌灵可湿性粉剂800～1 000倍液+80%代森锰锌可湿性粉剂600倍液；

50%多菌灵可湿性粉剂800～1 000倍液；

50%苯菌灵可湿性粉剂1 000～1 500倍液；

图4-7　高粱孕穗期炭疽病为害症状

25%溴菌腈可湿性粉剂500～800倍液等进行喷雾防治。

2．高粱紫斑病

【症　　状】主要为害叶片和叶鞘。叶片染病初生椭圆形至长圆形紫红色病斑，边缘不明显，有时产生淡紫色晕圈(图4-8至图4-10)。湿度大时病斑背面产生灰色霉层。叶鞘染病病斑较大，椭圆形，紫红色，边缘不明显(图4-11)。

图4-8　高粱紫斑病为害叶片初期症状

图4-9 高粱紫斑病为害叶片中期症状

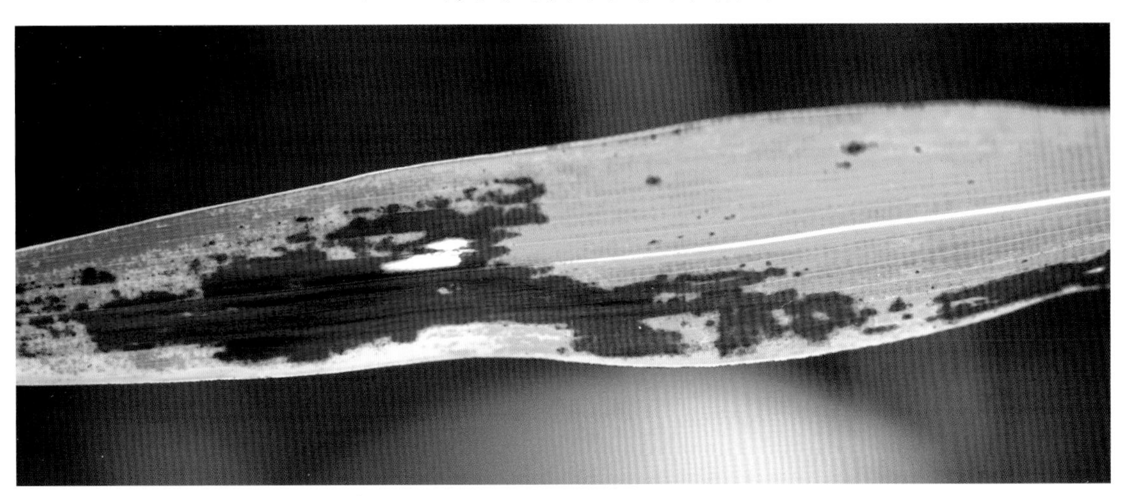

图4-10 高粱紫斑病为害叶片后期症状

图4-11 高粱紫斑病为害叶鞘症状

【病　　原】*Cercospora sorghi* 称高粱尾孢菌，属半知菌亚门真菌(图4-12)。分生孢子梗5～12根，棕褐色，顶端色稍浅，丛生无分枝，孢痕明显。分生孢子倒棒形或圆柱形，无色，直或稍弯，顶端较尖，基部截形。

【发生规律】以菌丝块或分生孢子随病残体越冬，成为翌年初侵染源。苗期即可发病，病斑上产生分生孢子通过气流传播，进行重复侵染，使病菌不断扩散，严重时高粱叶片从下向上提前枯死。

【防治方法】选用和推广适合当地的抗病品种，收获后及时处理病残体，进行深翻，把病残体翻入土壤深层，实行大面积轮作，施足充分腐熟的有机肥，尽早打去植株下部的1～2片老叶，既有利于通风透光，又可减少病菌的传染。

药剂处理种子，用种子重量0.5%的50%福美双可湿性粉剂或40%拌种双可湿性粉剂加上0.3%～0.5%的50%多菌灵可湿性粉剂拌种。

高粱孕穗期，病害发生初期，可选用下列药剂：

50%多菌灵可湿性粉剂800倍液；

50%苯菌灵可湿性粉剂1 500倍液；

50%噻菌灵可湿性粉剂800倍液+80%代森锰锌可湿性粉剂600倍液；

50%苯菌灵可湿性粉剂1 500倍液+65%代森锌可湿性粉剂600倍液；

70%甲基硫菌灵可湿性粉剂1 000倍液；喷雾防治。

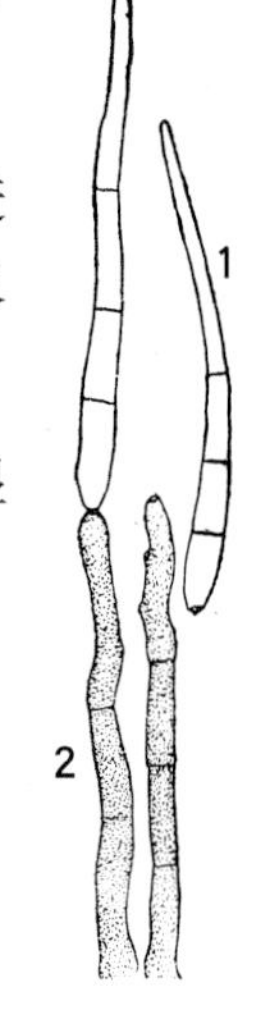

图4-12 高粱紫斑病病菌
1.分生孢子
2.分生孢子梗

3．高粱黑穗病

【分布为害】高粱黑穗病包括丝黑穗病、散黑穗病、坚黑穗病。丝黑穗病为高粱生产中主要病害。此病自中国推广杂交高粱后曾一度发病率大为下降。20世纪80年代，在辽宁、吉林、山西等省又严重发生(图4-13)。

图4-13 高粱丝黑穗病为害田间情况

【症　状】丝黑穗病：发病初期病穗穗苞很紧，下部膨大，旗叶直挺，剥开可见内生白色棒状物，即乌米。苞叶里的乌米初期小，指状，逐渐长大，后中部膨大为圆柱状，较坚硬。乌米在发育进程中，内部组织由白变黑，后开裂，乌米从苞叶内外伸，表面被覆的白膜也破裂开来，露出黑色丝状物及黑粉(图4-14和图4-15)。

图4-14 高粱丝黑穗病病穗中期症状

图4-15 高粱丝黑穗病病穗症状

散黑穗病：主要为害穗部。病株稍有矮化，茎较细，叶片略窄，分蘖稍增加，抽穗较健穗略早。病株花器多被破坏，子房内充满黑粉。病粒破裂以前有一层白色至灰白色薄膜包裹着，孢子成熟以后膜破裂，黑粉散出，黑色的中柱露出来(图4-16)。病穗多数全部发病，偶有个别小穗能正常结实。

坚黑穗病：主要为害穗部，穗期显症，病株不矮化，为害穗部，只侵染子房，形成一个坚实的冬孢子堆。一般全穗的籽粒都变成卵形的灰包，外膜较坚硬，不破裂或仅顶端稍裂开，内部充满黑粉。病粒受压后散出黑色粉状物，中间留有一短且直的中轴。

【病　　原】丝黑穗病：*Sphacelotheca reiliana* 称高粱丝轴黑粉菌，属担子菌亚门真菌(图4-17)，冬孢子球形至卵圆形，暗褐色，壁表具小刺。散黑穗病：*Sphacelotheca cruenta* 称高粱轴黑粉菌，属担子菌亚门真菌(图4-18)，冬孢子堆上具有菌丝体组成的灰白色被膜，冬孢子暗褐色，球形至卵球

图4-16 高粱散黑穗病病穗

形，表面具隐约可见的花纹。坚黑穗病：*Sphacelotheca sorghi* 称高粱坚轴黑粉菌，属担子菌亚门真菌(图4–19)，孢子堆生在子房里，圆筒形或圆锥形，先包有坚实褐色或薄而灰色的一层被膜，后破裂暴露，孢子块深红褐色，中心具短中轴，孢子球形至卵形，浅褐色至红褐色。

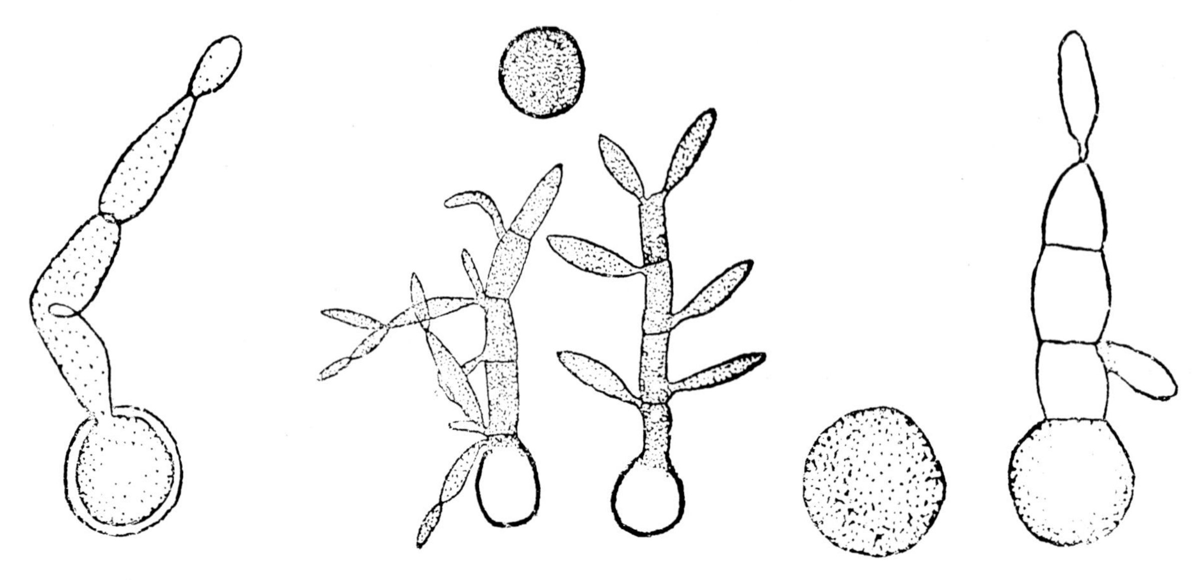

图4–17 高粱丝黑穗病菌厚垣孢子萌发

图4–18 高粱散黑穗病菌孢子和孢子萌发

图4–19 高粱坚黑穗病菌厚垣孢子及其萌发

【发生规律】病原以冬孢子形式在土壤、粪肥和黏附在种子表面越冬，以土壤带菌为初侵染的主要来源。此病为一种幼苗系统侵染病害，从种子发芽到幼芽1.5cm长为最适宜的侵染时期。高粱品种间抗病性差异很大。土壤温度及含水量与发病密切相关。5cm深的土壤温度在15℃左右，土壤含水量为18%～20%时，最利于侵染发病。土温低、播种过早、覆土过厚，引起高粱发芽出苗慢，使侵染期延长，发病重。连作田、翻地整地粗放、墒情不好的地块发病重。

【防治方法】选用抗病品种，与其他作物实行3年以上轮作，秋季深翻灭菌，适时播种，播种不宜过深，覆土不宜过厚，提高播种质量，使幼苗尽快出土，拔除病穗，集中深埋或烧毁。

温水浸种。用45～55℃温水浸种5分钟后接着闷种，待种子萌发后播种，既可保苗又可降低发病率。

种子处理，可用下列药剂：

2%戊唑醇拌种剂按种子重量的0.3%；

50%多菌灵可湿性粉剂按种子重量的0.3%～0.5%；

40%拌种双可湿性粉剂按种子重量的0.2%～0.5%；

40%拌种灵・福美双可湿性粉剂120～200g/100kg种子；

60g/L戊唑醇悬浮种衣剂100～150g/100kg种子；

20%萎锈灵乳油按种子重量的0.2%～0.3%拌种，闷种4小时，晾干后播种。

4．高粱大斑病

【分布为害】北方高粱产区。大斑病发生早，引起高粱早期大面积枯死。

【症　　状】主要为害叶片。叶片染病先出现水渍状青灰色斑点，然后沿叶脉向两端扩展，形成边缘紫红色、中央淡褐色的大斑(图4–20)。严重时病斑融合，叶片变黄枯死。潮湿时病斑上有大量灰黑色霉层。

【病　　原】有性世代为 *Setosphaeria turcica* 称玉米毛球腔菌，属子囊菌亚门真菌。无性世代为

图4-20 高粱大斑病为害叶片症状

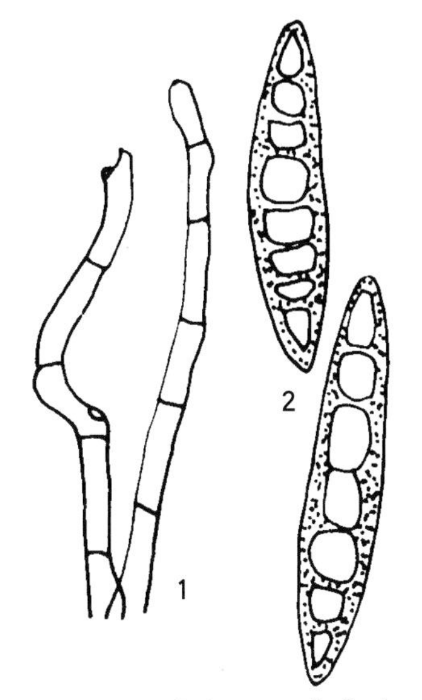

图4-21 高粱大斑病病菌
1.分生孢子梗 2.分生孢子

Exserohilum turcicum 称大斑凸脐蠕孢，属半知菌亚门真菌(图4-21)。分生孢子梗自气孔伸出，青褐色，单生或2～6根束生，褐色不分枝，直立或膝状弯曲，基细胞较大，顶端色淡，2～8个隔膜。分生孢子呈梭形或长梭形，顶端细胞椭圆形，基细胞尖锥形，脐明显，突出于基细胞外部，有2～7个隔膜。子囊壳为果黑色，呈椭圆形或圆形，外层由黑褐色拟薄壁组织组成。子囊圆柱形或棍棒形，有短柄。子囊孢子无色透明，成熟呈褐色，近梭形，直或略弯曲，多为3个隔膜，隔膜处缢缩。

【发生规律】病菌以菌丝体在田间地表和病残体中越冬，成为第二年发病的初侵染来源。生长季节，越冬菌源产生孢子，随雨水飞溅或气流传播到玉米叶片上，适宜温、湿度条件下萌发入侵。7月中旬为发病盛期。连茬地及离村庄近的地块，由于越冬菌源量多，初侵染发生的早而多，再侵染频繁，易造成流行。

【防治方法】选用抗病品种，适期早播避开病害发生高峰。施足基肥，增施磷钾肥。做好中耕除草培土工作，摘除底部2～3片叶，降低田间相对湿度，使植株健壮，提高抗病力。收获后，清洁田园，将秸秆集中处理，经高温发酵用作堆肥。实行轮作倒茬制度，避免与玉米连作，秋季深翻土壤，深翻病残株，消灭菌源。

在发病初期喷洒下列药剂：

50%多菌灵可湿性粉剂500倍液；

70%甲基硫菌灵可湿性粉剂800倍液+65%代森锌可湿性粉剂400～500倍液；

75%百菌清可湿性粉剂800倍液+25%苯菌灵乳油800倍液；

2%嘧啶核苷类抗生素水剂200倍液，间隔10天防1次，连防2～3次。

5. 高粱豹纹病

【症　状】主要为害叶片和叶鞘。初生紫红色近圆形或椭圆形病斑，大小不定，有明显的轮纹。通常易在叶缘发生，病斑成半椭圆形(图4-22)。天气潮湿时，病斑背面生纤细的橙红色黏质物，即病菌的分生孢子梗和分生孢子。严重时病斑汇合，很像“豹纹”，引起叶片枯死。

图4-22 高粱豹纹病为害叶片症状

【病　　原】*Gloeocercospora sorghi* 称高粱胶尾孢菌，属半知菌亚门真菌。分生孢子梗单生，无色，有0～2个隔膜。分生孢子线形，无色，顶端略尖，有4～8个不明显的隔膜。分生孢子生于一团黏质基物中，聚成橙红色。

【发生规律】病菌随种子或病残体越冬，苗期发病可造成死苗。成株期发病病斑上产生大量分生孢子，借气流传播，进行多次再侵染，不断蔓延扩展引起流行。高粱品种间抗病性差异显著，多雨年份发病重，低洼高湿田块易发病。

【防治方法】实行大面积轮作，施足充分腐熟的有机肥，适当追肥，做到后期不脱肥，增强植株抗病力。收获后及时处理病残体，进行深翻，把病残体翻入土壤深层。

药剂防治：用种子重量0.5%的50%福美双可湿性粉剂拌种加0.5%的50%多菌灵可湿性粉剂拌种。

发病初期，选用下列药剂：

50%多菌灵可湿性粉剂800倍液；

70%甲基硫菌灵可湿性粉剂 1 000倍液；

50%苯菌灵可湿性粉剂 1 500倍液；

25%溴菌清可湿性粉剂500倍液。

6．高粱镰刀菌穗腐病

【症　　状】主要为害穗部，也可为害叶片、茎秆。穗部受害，花序发病时谷粒上生出白色至粉红色菌丝，产生粉状物(图4–23)。叶片上的病斑为褐色至紫红色，发病严重时叶片萎蔫，长出粉红色霉层。茎秆发病部位多在基部第1～3节，可以引起植株萎蔫。

【病　　原】*Fusarium moniliforme* 称串珠镰孢，属半知菌亚门真菌。有性态为 *Gibberella fujikuroi* 称藤仓赤霉，属子囊菌亚门真菌。分生孢子有分为大型和小型。大分生孢子多为纺锤形或镰刀形，顶端较钝或粗细均匀，具3～5个隔膜，多数孢子聚集时呈淡红色，干燥时呈粉红或白色。小分生孢子卵形或扁椭圆形，无色单胞，呈链状着生。病菌发育最适温度为25℃，致死温度为54℃ 6分钟，对阳光抵抗力强。

图4-23 高粱穗腐病为害穗部症状

【发生规律】病原以菌丝体在病组织或遗落土中的病残体上越冬，也可附着在种子上越冬。翌年产生分生孢子，借风雨传播引起发病，后病部产生新的分生孢子进行再侵染。低温高湿是该病发生较为有利的因素，昼暖夜凉的天气有利于发病。多发生在高粱开花后籽实成长期。

【防治方法】施用的有机肥要充分腐熟，增施有机肥，氮、磷、钾肥合理搭配。

药剂防治，初花期喷施下列药剂：

70%甲基硫菌灵可湿性粉剂800～1 000倍液；

50%多菌灵可湿性粉剂800倍液；

50%苯菌灵可湿性粉剂1 500倍液；

65%甲·霉灵(甲基硫菌灵·乙霉威)可湿性粉剂1 000倍液；

50%多·霉威(多菌灵·乙霉威)可湿性粉剂800倍液。

7. 高粱锈病

【分布为害】在我国华南、西南、华北、东北、华东以及西北地区均有发生。

【症　　状】主要为害叶片，初期在叶上出现红色或紫色小斑点，后斑点逐渐扩大且在叶片表面形成椭圆形隆起，即夏孢子堆(图4-24和图4-25)。夏孢子堆破裂后散出锈褐色粉末，即夏孢子。发病后期，在夏孢子堆上形成长圆形黑色的凸起，即冬孢子堆，其外形较夏孢子堆大。

图4-24 高粱锈病为害叶片前期症状

图4-25　高粱锈病为害叶片后期症状

【病　　原】*Puccinia sorghi* 称玉米柄锈菌，*Puccinia purpurea* 称紫柄锈菌，均属担子菌亚门真菌。玉米柄锈菌夏孢子近球形或椭圆形，淡黄褐色，表面具微刺。冬孢子长椭圆形或椭圆形，栗褐色顶端圆，少数扁平，表面光滑，具1个隔膜，隔膜处稍缢缩，柄淡黄色至淡褐色。

【发生规律】病原以冬孢子在病残体上、土壤中或其他寄主上越冬。第2年条件适宜时，冬孢子萌发产生担孢子侵入幼叶，病斑上形成的夏孢子可以借气流传播，进行多次再侵染。5月下旬见冬孢子，7月达到高峰，9月中旬又一高峰出现；6月底见夏孢子，8月中旬达高峰，6月中旬至7月中旬为侵染期，从7月中旬开始发病，夏孢子靠气流传播，重复侵染，8月底为发病盛期。高温有利于孢子的存活、萌发、传播、侵染，发病重。地势低洼，种植密度大，通风透气差，发病严重。

【防治方法】种植抗病品种。适当早播，合理密植，中耕松土，浇适量水，创造有利于作物生长发育的环境，提高植株的抗病能力，减少病害的发生。增施磷钾肥，避免偏施、过施氮肥，提高植株抗病力。

田间病株率达6%时开始喷药防治，可选用以下药剂：

50%福美双可湿性粉剂600～800倍液；

70%代森锰锌可湿性粉剂600～800倍液；

25%三唑酮可湿性粉剂1 000～1 500倍液；

10%苯醚甲环唑水分散粒剂2 000～3 000倍液；

12.5%烯唑醇可湿性粉剂1 000～2 000倍液；

20%萎锈灵乳油2 000～3 000倍液；

30%氟菌唑可湿性粉剂2 000～4 000倍液；

40%氟硅唑乳剂8 000～9 000倍液喷雾，间隔10天左右喷1次，连防2～3次。

8．高粱紫轮病

【症　　状】主要为害叶片和叶鞘，病斑椭圆形，淡紫色，边缘紫红色，多数限于叶脉之间(图4-26至图4-28)。病斑背面生灰色霉层，后期霉层消失，并产生黑色的小粒点，即病原的菌核，菌核易用手抹掉。严重时病斑连成云形，布满叶片，导致叶片早枯。

图4-26 高粱紫轮病为害叶片初期症状

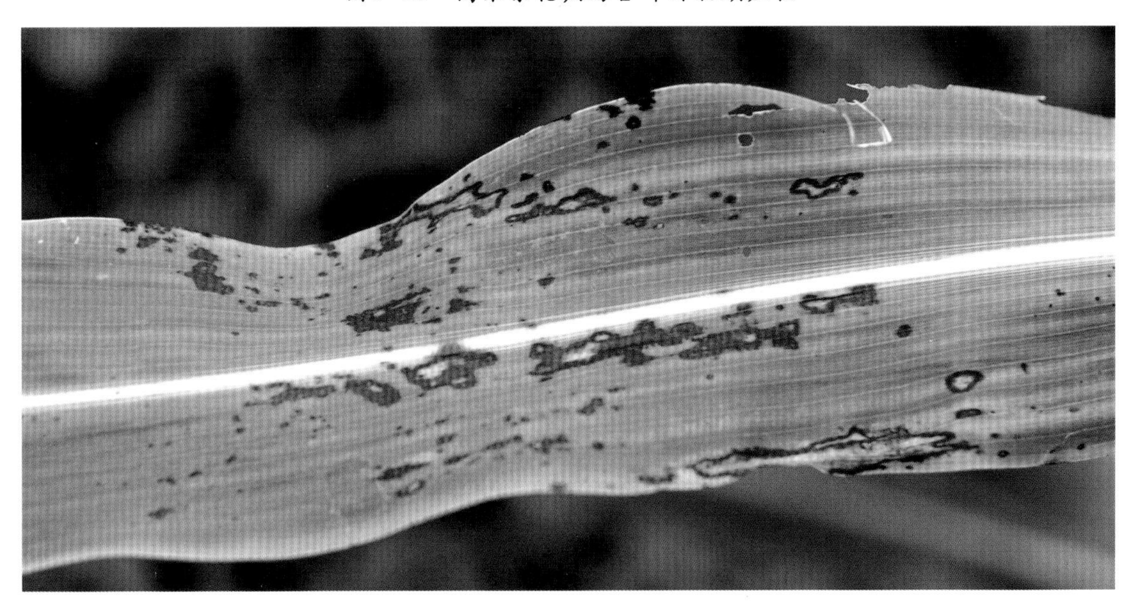

图4-27 高粱紫轮病为害叶片后期症状

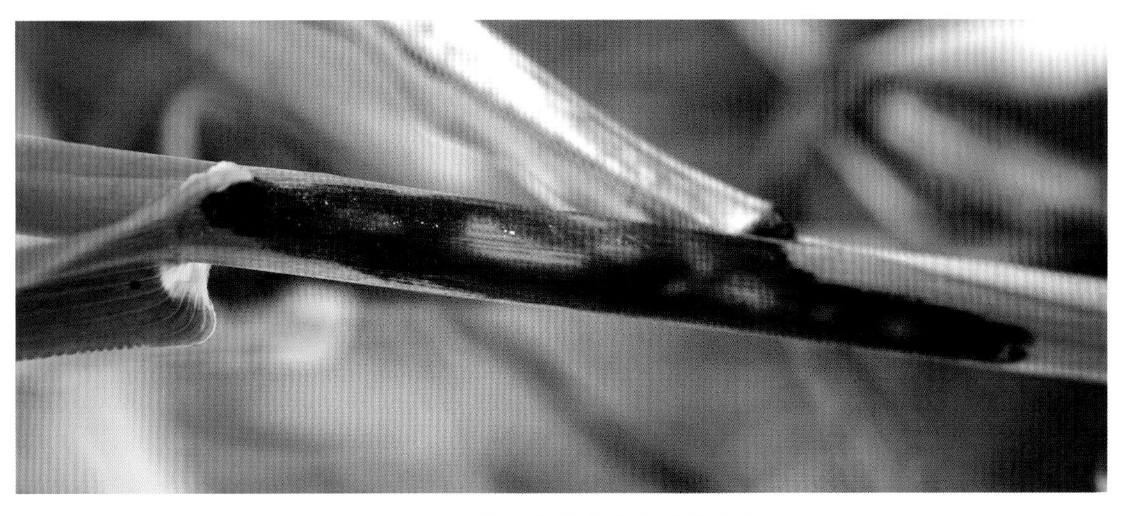

图4-28 高粱紫轮病为害叶鞘症状

【病　　原】*Ramulispora sorghicola* 称蜀黍生座枝孢，属半知菌亚门真菌。

【发生规律】病原以菌丝、分生孢子或菌核在病叶或病叶鞘上越冬。翌年产生分生孢子，借风、雨传播蔓延。夏季降雨次数多，雨量偏大，气温较低的条件下发病重。

【防治方法】科学水肥管理，提高植株抗病力。收获后，清除田间病残体，深耕翻土。重病田实行轮作，可有效减轻病害的发生。

药剂防治：播种前用种子重量0.5%的50%拌种双或50%多菌灵可湿性粉剂拌种。

发病初期，及时喷施下列药剂：

50%多菌灵可湿性粉剂1 000倍液；

50%苯菌灵可湿性粉剂1 500倍液，间隔5～7天防治1次，视病情防治1～2次。

9．高粱煤纹病

【症　　状】叶片受害，病斑梭形或长椭圆形，中央淡褐色，边缘紫红色，有时周围有黄色晕圈。病斑两面初期生大量灰色霉层，即病菌分生孢子梗和分生孢子，后期霉层消失，形成黑色小粒，即病菌的菌核。严重时病斑连成不规则形，或急剧扩展成长条斑，引起高粱叶片早枯(图4–29)。

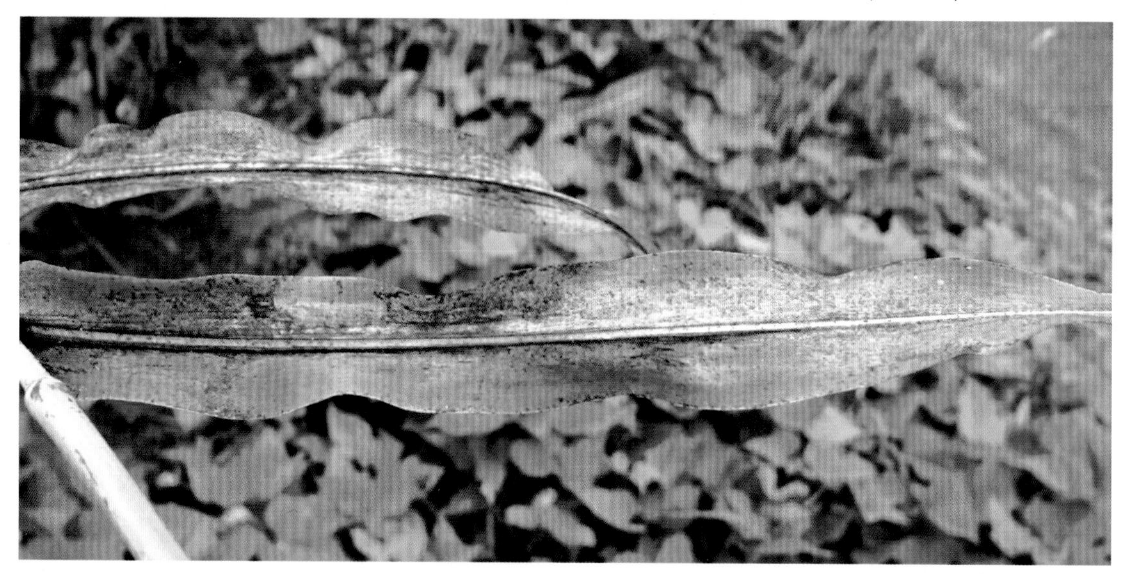

图4–29　高粱煤纹病为害叶片症状

【病　　原】*Ramulispora sorghi* 称高粱座枝孢，属半知菌亚门真菌。分生孢子梗圆柱形，无色，有0～1个隔膜。分生孢子线形至鞭形，无色，多数有1～3个分枝，微弯，顶端略尖，有3～9个隔膜。菌核黑色，近球形或半球形，表面粗糙或光滑，表生于叶片。

【发生规律】病原以菌丝、分生孢子或菌核在病叶或病叶鞘上越冬。第2年产生分生孢子，借风、雨传播蔓延。下部叶片先发病，病部产生分生孢子，进行多次再侵染。7～8月份降雨次数多，雨量偏大，气温较低条件下发病重。

【防治方法】选用抗病品种。重病田实行轮作，可有效减轻病害的发生。施足充分腐熟的有机肥，采用配方施肥技术，做到后期不脱肥，提高寄主抗病力。收获后清除田间病残体，深耕翻土，把病残体埋入深土层，可减少初侵染源。

用种子重量0.5%的40%拌种双可湿性粉剂，或0.5%的50%多菌灵可湿性粉剂拌种。

发病初期喷施下列药剂：

50%多菌灵可湿性粉剂1 000倍液；

50%苯菌灵可湿性粉剂1 500倍液；

65%甲基硫菌灵·乙霉威可湿性粉剂 1 000倍液；

60%多菌灵·乙霉威可湿性粉剂 800倍液，隔5～7天喷1次，连续1～2次。

10．高粱叶点病

【分布为害】主要分布在东北、华北、西南等地，近年来该病为害有上升趋势，严重的可引起绝收。

【症　　状】主要为害叶片，多从叶缘或叶端开始发病，也有的发生在叶面上或穗的上部。病斑黄褐色至灰褐色，边缘红紫色，形状不规则，大小约1cm以上(图4-30和图4-31)。发生严重时病斑可以相互融合成大斑，后期在干枯的病斑上散生或成行的小黑点。

图4-30　高粱叶点病为害叶片初期症状

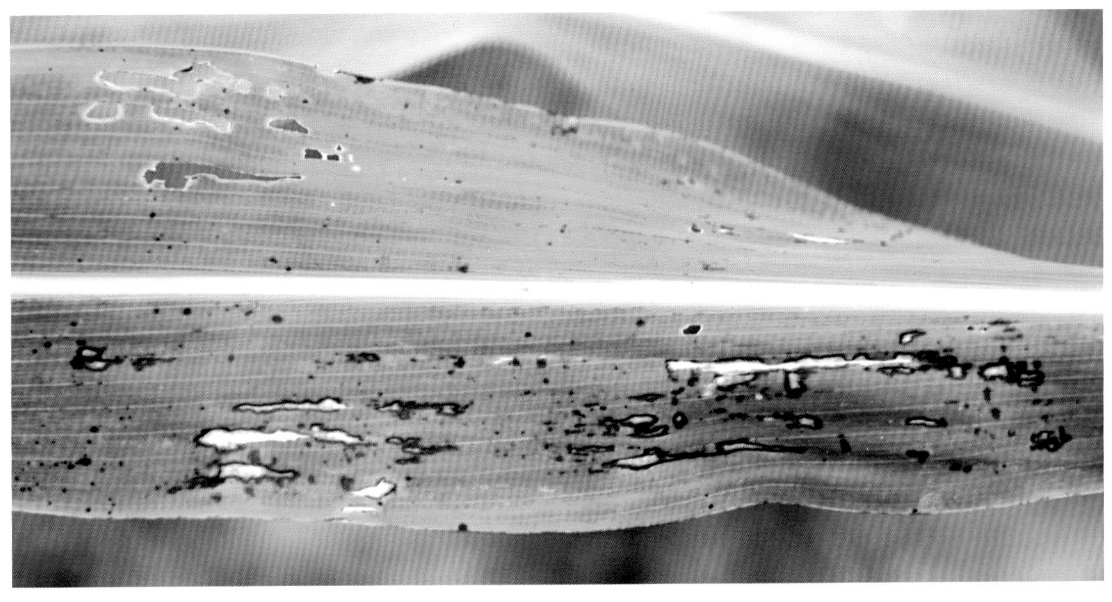

图4-31　高粱叶点病为害叶片后期症状

【病　　原】*Phyllosticta sorghina* 称高粱叶点霉，属半知菌亚门真菌。分生孢子器黑色，亚球形，散生在叶面上，突出表皮。分生孢子椭圆形，单胞，无色。

【发生规律】病原以分生孢子器在病残体上越冬。第2年条件适宜时侵染叶片，后病部产生新的分生孢子，随风雨传播进行多次再侵染。北京、吉林等地于6月份开始发病，7—8月份症状明显或流行。高温高湿有利于病害流行。

【防治方法】因地制宜，选用适合当地栽培的抗病品种。发病重的田块进行轮作换茬。

药剂防治，发病初期喷药防治，药剂可选用：

70%甲基硫菌灵可湿性粉剂1 000倍液；

60%多菌灵盐酸盐超微可湿性粉剂800倍液；

50%苯菌灵可湿性粉剂1 500倍液；

80%代森锰锌可湿性粉剂600倍液。每隔10天左右喷药防治1次，连续喷药防治2～3次。

11．高粱瘤黑粉病

【分布为害】高粱瘤黑粉病分布极广，在我国南、北方产区均有发生。发生普遍，但一般年份发生很轻，对产量影响不大，暴发年份能造成50%以上的减产，甚至绝收。

【症　　状】黑粉病从幼苗到成株各个器官都能感病，凡具有分生能力的任何地上部幼嫩组织，如气生根、叶片、茎秆、穗部等都可以被侵染发病，形成大小形状不同的瘤状物。穗部受害多在上半部或个别籽粒生瘤，病瘤一般较大，常突破苞叶外露(图4–32)。

图4–32　高粱瘤黑粉病为害穗部症状

【病　　原】*Ustilago maydis* 称玉米黑粉菌，属担子菌门真菌。冬孢子球形或椭圆形，表面具细刺，黄褐色至深褐色。担子顶端和分隔处侧生4个无色、单胞、梭形或略弯曲的担孢子。发育成熟的冬孢子不需休眠就可萌发。冬孢子萌发最适温度为26～34℃，最高为36～38℃，最低为8～10℃，在35℃以上担孢子形成较少。

【发生规律】病原以厚垣孢子在土壤中及病株残体上越冬。春季气温上升以后，一旦湿度合适，在土表、浅土层、秸秆上或堆肥中越冬的病原厚垣孢子便萌发产生担孢子，随气流传播，陆续引起苗期和成株期发病形成肿瘤，肿瘤破裂后冬孢子还可进行再侵染，蔓延发病。一般耐旱的和果穗苞叶长而包得紧的较抗病。早熟种较晚熟种发病略轻。该病在抽穗开花期发病最快，直至老熟后才停止侵害。高温高湿利于孢子萌发，发病适温26～35℃。抗病力弱，遇微雨或多雾、多露，发病重。前期干旱，后期多雨或干湿交替易发病。连作地或高肥密植地发病重。寄主组织柔嫩，有机械伤口病菌易侵入。

【防治方法】选用抗黑粉病品种。不要过多偏施氮肥，防止徒长。不施用含有病原或未经充分腐熟的农家粪肥。及时防治害虫，减少耕作机械损伤。在苗期结合田间管理，拔除病株带出田外集中处理。加强水肥管理，抽穗前后防止旱害。拔节至成熟期，将发病瘤在成熟破裂前切除深埋。实施秸秆就地还田最好在无病区进行。

种子处理，可用下列药剂：

20%萎锈灵乳油500ml拌100kg种子；

3%苯醚甲环唑悬浮种衣剂200～300g/100kg种子；

2%烯唑醇可湿性粉剂200～250g/100kg种子；

12.5%粉唑醇乳油200～300ml/100kg种子；

2%戊唑醇湿拌种剂100～150g/100kg种子；

25%三唑醇干拌剂120～180g/100kg种子；

30%苯噻硫氰乳油1 000倍药液浸种6小时；

2.5%咯菌腈悬浮种衣剂200～250g/100kg种子浸种；

70%敌磺钠可溶性粉剂300g/100kg种子拌种；

25%双胍辛胺水剂200～300ml/100kg种子拌种；

33.5%喹啉酮悬浮剂80～100ml/100kg种子拌种；

20%五氯硝基苯粉剂150～200g/100kg种子拌种。

12．高粱细菌性条纹病

【症　　状】主要为害叶片。叶片发病，沿叶脉形成浅红色至浅紫红色条纹，以后合并，逐渐扩大，两端钝形或延长成锯齿状。病斑多时可相互愈合形成红色大斑，致病叶变红干枯(图4–33)。条纹上可见浅黄色细菌黏液或分泌物，表面光亮。黏液干后形成薄薄的菌膜。病株生长很慢，细弱，严重时全株枯萎死亡。

图4–33　高粱细菌性条纹病为害叶片症状

【病　　原】*Pseudomonas andropogonis* 称高粱假单胞菌，属细菌。菌体杆状，有1根或很少有2根极生鞭毛，不产生荧光色素，无荚膜，无芽孢，革兰氏染色阴性，好气性。

【发生规律】病原细菌在病组织中越冬。春天经风雨、昆虫或流水传播，从伤口或气孔、皮孔侵入，引起发病。夏播高粱的发病率高于春播，4～5叶时出现病株。病原菌在种子和病株上越冬。病菌借助于昆虫进行传播，通过叶片的气孔侵染植株。

【防治方法】轮作倒茬，烧毁病株。多施充分腐熟的有机肥。加强田间管理，地势低洼多湿的田块雨后及时排水。

用25%多菌灵可湿性粉剂500g，对水5kg，均匀喷洒在100kg的种子上，堆闷6小时后播种。

在发病初期用65%代森锌可湿性粉剂600倍液，喷洒叶片。

13.高粱花叶病

【症　　状】植株染病，在叶片上出现卵圆形至长圆形病斑，浅绿色，与中脉平行，但不受叶脉限制。新展开的幼叶症状明显(图4–34)。有些品种可形成坏死斑，韧皮部坏死，叶片扭曲；有的植株矮化。

图4–34　高粱花叶病为害叶片症状

【病　　原】甘蔗花叶病毒Sugarcane mosaic virus，简称ScMV，属马铃薯Y病毒组。

【发生规律】传毒介体主要是蚜虫，汁液摩擦也能传染。品种间抗病性差异明显。早春传毒蚜虫数量多，春播高粱易发病。田间管理粗放，草荒重，易发病。偏施氮肥，少施微肥，可加重病情。

【防治方法】选用无病区种子及抗病品种。加强苗期管理，培育壮苗。增施有机肥，增施锌、铁等微肥。在田间尽早拔除病株，是防治该病关键措施之一。及时中耕锄草，防治蚜虫，减少初侵染源。

病害发生初期，可喷施下列药剂预防其扩展：

20%盐酸吗啉胍·乙酸铜可湿性粉剂500倍液；
10%混合脂肪酸乳油100倍液；
0.5%菇类蛋白多糖水剂250～300倍液；
5%菌毒清水剂300倍液喷洒叶面。
在传毒蚜虫迁入始期和盛期，及时喷洒下列药剂：
10%吡虫啉可湿性粉剂1 500～2 000倍液；
40%氧化乐果乳油800～1 000倍液；
50%抗蚜威可湿性粉剂2 000～3 000倍液。

二、高粱生理性病害

1．高粱缺素症

【症　　状】

缺氮：植株生长缓慢，茎秆细弱，叶片变窄，叶色发黄，早期缺氮不易发现，根少且根系瘦弱，生育延迟，穗粒较小，米质变差，产量降低。

缺磷：植株叶片变窄，呈暗绿色，着花数减少，开花结实偏晚或延后，根系发育不好，很少且短，植株生长变慢，造成贪青晚熟。

缺钾：高粱叶中心部暗绿色，叶尖、叶缘出现部分黄化或坏死，黄化及坏死部分与健康部分之间具明显界限，叶片呈弯曲状。

缺锰：植株生长缓慢，出现明显的失绿症，叶脉间具红褐色的色素带。

缺硫：叶脉间变黄，晚秋茎基部变红，多沿叶缘逐渐扩至整叶。

缺铁：下位叶变为棕色，茎秆、叶鞘变为红紫色(图4–35)，新长出的嫩叶出现缺绿症。

图4–35　高粱缺铁症

【病　因】有机质含量少，低温或淹水，凡是中期干旱或大雨易出现缺氮症。低温、土壤湿度小利于发病，酸性土、红壤、黄壤易缺有效磷。沙土含钾低，如前作为需钾量高的作物，易出现缺钾，沙土、肥土、潮湿土或板结土易发病。酸性沙质土、有机质含量少或严寒潮湿的土壤易发病。碱性土壤中易缺铁。pH值大于7的石灰性土壤或靠近河边的田块，锰易被淋失。生产上施用石灰过量也易引发缺锰。

【防治方法】高粱一生需钾量高于氮、磷。高粱施肥方式包括基肥、种肥和追肥。基肥常占施肥总量的80%。近年提倡施用酵素菌沤制的堆肥、生物有机肥。基肥应以有机肥和磷肥为主，适当配施氮肥，施用量每亩用猪粪尿1 000kg，过磷酸钙25kg，磷铵10kg，采用条施或穴施。地块贫瘠或苗弱，可施用尿素3～4kg，猪粪尿1 500kg。追肥主要分穗肥和粒肥两次施用。第一次在播种后1个月6～8叶期时，亩施尿素10kg；第二次则在抽穗前7～14天，施尿素5～8kg/亩。此外提倡施用惠满丰、促丰宝、双效微肥、“垦易”微生物有机肥、农一清液肥、川丰牌高效氨基酸液肥、农用活性有机肥等。

2．高粱药害

【症　状】在高粱上直接喷洒敌百虫、敌敌畏等有机磷农药后，12小时即现药害症状，72小时后叶片全部焦枯。邻田或四周施用上述杀虫剂或除草剂时，随风飘移至高粱上以后，初在叶片上产生红褐色斑点，后斑点迅速扩大相互融合成大斑块，致全叶焦枯，全田似火烧状。

【病　因】高粱对敌敌畏、敌百虫、辛硫磷、杀螟硫磷、杀螟丹、混灭威等都比较敏感，高粱田直接施用或500m以内邻田施用不当后都可能使高粱产生药害。

【防治方法】高粱田不要施用上述有机磷杀虫剂和敏感的除草剂。邻田用药时应选择风向，做到在下风位置施用。发生药害后应迅速冲洗或灌水，以减轻药害。

3．高粱低温冷害

【症　状】高粱低温冷害是高粱生育期间，遇到低温，造成生理活性下降，生长发育延迟或性细胞生长发育受阻，从而使产量降低。高粱低温冷害分延迟型、障碍型。延迟型：即在营养生长期或生殖生长期较长时间遭受低温，生理活性明显减弱，生长、发育明显滞缓，抽穗成熟延迟，霜前不能充分灌浆，不仅产量锐减，且品质变劣，籽粒不饱满，带壳籽粒增多，蛋白质含量低。障碍型：生殖器官分化期至抽穗开花期，遭受短时间异常低温，妨碍生殖细胞的正常发育和受精结实，造成不育或部分不育。

【病　因】高粱播种至拔节期，高粱种子发芽最低温度为7～8℃，出苗温度12～14℃。此间遇持续低温，常造成毁种或苗弱。至于高粱出苗的天数，常随播种时温度增高而减少。苗期低温会延迟成熟。拔节至抽穗期，一般不会出现低温冷害。高粱开花后，营养生长停止，进入生殖生长期，此间仍要求较高温度和充足的光照条件。多年生产实践证明千粒重高低与温度高低及持续时间长短呈正相关。生产上温度对生育前期和后期影响较大，尤其是生育后期影响最大。

【防治方法】选用早熟高产良种。适时播种，促使高粱幼苗及时出土。

提倡施用酵素菌沤制的堆肥，增施有机肥。高粱对肥料要求很高，增施有机肥及速效磷肥，不仅高产，而且能促进早熟，尤其是磷肥效果更为明显。

加强田间管理，出苗后及时疏苗、定苗，铲除杂草，深耕松土。特别是低洼易涝地，地温低，可采用垄作台田，提高地温。雨后及时排除田间积水，促进生长发育。

喷施0.001%芸苔素内酯水剂2 000～4 000倍液，以提高作物的抗病抗逆能力，促进生长。

三、高粱虫害

1．高粱条螟

【分　　布】高粱条螟(*Chilo saccharipbagus*)属鳞翅目螟蛾科。分布在东北、华北、华东、华南等地区。

【为害特点】以幼虫蛀害高粱茎秆，初孵幼虫群集于心叶内啃食叶肉，留下表皮，待心叶伸出时可见网状小斑或很多不规则小孔，后从节的中间叶鞘蛀入茎秆，遇风时受害处呈刀割般折断(图4-36)。以群集为主，一株茎秆内常见到几条到十几条幼虫，并可见到几头幼虫在同一孔道内为害。

图4-36　高粱条螟为害症状

【形态特征】成虫雄蛾浅灰黄色；头、胸背面浅黄色，下唇须向前方突出；复眼暗黑色；前翅灰黄色，中央具1小黑点；后翅色浅(图4-37)。雌蛾近白色；腹部和足均为黄白色。卵扁平椭圆形，表面具龟甲状纹，常排列成“人”字形双行重叠状卵块，初乳白色，后变深黄色。冬型末龄幼虫体初乳白色，产生淡红褐色斑连成条纹(图4-38)，后变为淡黄色。蛹红褐至黑褐色(图4-39)。腹部末端有突起2个，每个突起上有刺2个。

【发生规律】每年发生2～5代，在辽宁南部、河北、山东、河南及江苏北部一年发生2代，江西发生4代，广东、台湾4～5代。以末龄幼虫在高粱、玉米或甘蔗秸秆中越冬。北方于5月中下旬开始化蛹，5月下旬至6月上旬羽化。第1代幼虫于6月中、下旬出现并为害心叶。第1代成虫7月下旬至8月上旬盛发，8月中旬进入第2代卵盛期，第2代幼虫于8月中下旬为害夏玉米和夏高粱的穗部，有的留在茎秆内越冬。成虫喜在夜间活动，白天多栖居在寄主植物近地面部分的叶下。初孵幼虫灵敏活泼，爬行迅速。

【防治方法】及时处理秸秆，以减少虫源。注意及时铲除地边杂草，定苗前捕杀幼虫。

图4-37　高粱条螟成虫

图4-38　高粱条螟幼虫

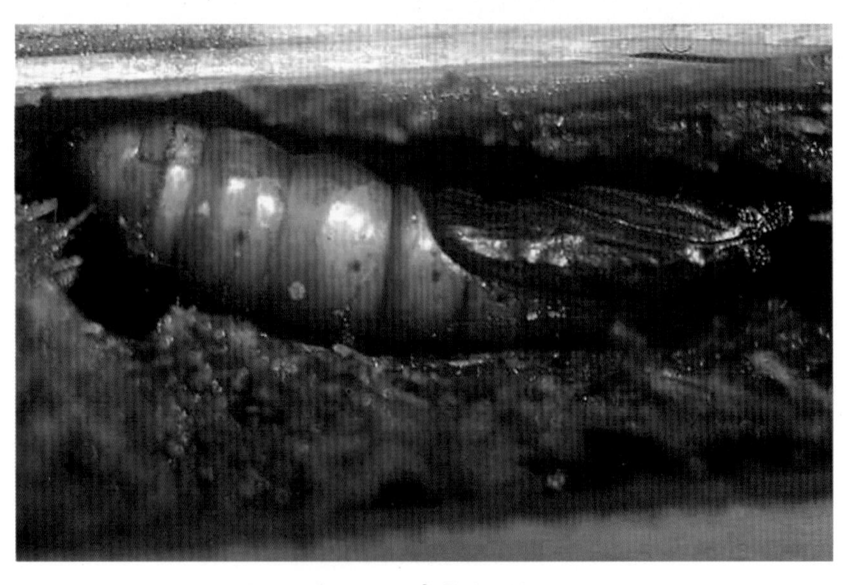

图4-39　高粱条螟蛹

2.5%溴氰菊酯乳油10～20ml/亩，撒施拌匀的毒土或毒沙20～25kg/亩，顺垄低撒在幼苗根际处，使其形成6cm宽的药带，杀虫效果好。

成虫产卵盛期，可用下列药剂防治：

50%辛硫磷乳油50ml加入20～50kg水，每株10ml灌心；

1%甲萘威颗粒剂 7.5kg/亩撒入喇叭口；

50%杀螟硫磷乳油1 000倍液，叶面喷雾；

10%氯氰菊酯乳油2 000倍液喷施于穗部，亩喷50～70L。

2. 高粱蚜

【分布为害】高粱蚜(*Melanaphis sacchari*)属同翅目蚜科。分布在东北、华北。多以成蚜、若蚜聚集在高粱叶背刺吸汁液，并排出大量蜜露，滴落在茎叶上，油亮发光，致寄主养分大量消耗，受害植株轻则营养失调，叶片变红。重则叶片枯黄，茎秆组织疏松、倒伏，穗莠不实，或不能抽穗，造成减产以至绝收，影响光合作用和产品质量(图4–40)。

【形态特征】分为两性世代和孤雌胎生世代。体黄色或淡紫色，节间斑灰黑色，两性蚜雌蚜无翅，较大；雄蚜有翅，较小，触角上感觉孔较多。卵长卵圆形，初黄色，后变绿至黑色，有光泽。无翅孤雌胎生母蚜长卵形，米黄色至浅赤色，复眼大，棕红色；腹管褐色，圆筒形；尾片圆锥形，中部稍粗(图4–41)。有翅孤雌胎生母蚜，体长卵形，米黄色，具暗灰紫色骨化斑；腹管圆筒形，端部稍收缩；尾片圆锥形，有长曲毛5～9根。

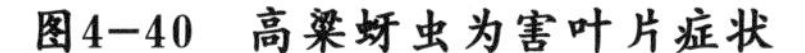

图4–40 高粱蚜虫为害叶片症状

图4–41 高粱蚜无翅孤雌蚜

【发生规律】一年发生16～20代。以卵在杂草的叶鞘或叶背上越冬。翌年4月中下旬，越冬卵陆续孵化为干母，为害杂草嫩芽，于5月下旬至6月上旬高粱出苗后，产生有翅胎生雌蚜，迁飞到高粱上为害，逐渐蔓至全田。7月中下旬为害严重。进入9月上旬后，随气温下降和寄主衰老，有翅蚜迁回到杂草上，产生无翅产卵雌蚜，与此同时在夏寄主上产生有翅雄蚜，飞到杂草上与无翅产卵雌蚜交配后产卵越冬。在东北地区，高粱蚜是高温干旱条件下发生严重的害虫。东北地区自6月中旬至7月中旬，平均气温在22～29℃，相对湿度在55%～75%，是大发生的主要条件。

【防治方法】冬麦区可在冬小麦中套种高粱，利用麦田中蚜虫天敌，控制高粱蚜，效果显著。

当田间蚜虫株率为30%～40%，出现起油株时，用40%乐果乳油50ml/亩，对适量水稀释，喷拌细干土10kg，撒施在植株叶片上；也可用50%异丙·磷乳油50ml/亩拌潮湿细土10kg，隔5～6垄撒施1垄，效果显著；也可用3%甲拌磷颗粒剂200～300g/亩，条施或垄施。

必要时也可喷洒下列药剂：

40%氧乐果乳油1 500倍液；

2.5%溴氰菊酯乳油、20%氰戊菊酯乳油3 000倍液；

50%抗蚜威可湿性粉剂1 500倍液。

3．高粱穗隐斑螟

【分　　布】高粱穗隐斑螟(*Cryptoblabes gnidiella*)属鳞翅目螟蛾科，分布在华东、华南、中南，是黄淮平原春、夏高粱穗期主要害虫。

【为害特点】自高粱抽穗至成熟甚至收获的堆垛上，幼虫均可食害，使籽粒破碎、干瘪(图4–42)。每穗一般有虫3～5头，多的达数10头，个别穗甚至有幼虫百余头。被害严重的穗，籽粒几乎被食一空，里面全是虫粪。

图4–42 高粱穗隐斑螟为害穗部症状

【形态特征】成虫体长8～9mm，前翅狭长，紫褐色，满布暗褐色小点(图4–43)；翅基前缘近基部的一半和内缘及中室朝外的各翅脉带深红色，前翅中央具2条下凹的宽黑纵纹及几条较细黑纹；外横线白色，横贯细黑纹间，翅外缘有小黑点6个。后翅灰白色，略透明。卵椭圆形，初产白色，后渐变褐色。扁薄，中间稍隆，表面具皱纹；低龄幼虫黄白色，两端尖削，似纺锤形；末龄幼虫体纺锤形，细长。长大后变为土黄色至草绿色或灰黑色(图4–44)。蛹黄褐色至红棕色，背面具刻点。

图4-43 高粱穗隐斑螟成虫

图4-44 高粱穗隐斑螟幼虫

【发生规律】江苏、山东一年发生3代，以老熟幼虫在高粱穗内或穗茎叶鞘处结茧越冬。翌年6月下旬至7月上旬羽化为成虫。7月中旬进入第1代幼虫为害盛期，7月下旬幼虫老熟在穗内结茧化蛹，7月底8月初成虫羽化，第2代幼虫为害盛期在8月中下旬。第3代幼虫发生在9月上旬至10月。幼虫极活泼，受振动即向穗内躲藏或吐丝下垂。3龄以后的幼虫常吐丝结网。末龄幼虫在穗上结薄丝茧，将高粱穗粒黏在一起，躲在筒内食害籽粒，并化蛹于丝筒内。发生为害程度与高粱品种、播种期、生育期长短及气候等因素有关。一般紧穗型品种发生重。生育期早的高粱品种，多在6月下旬至7月初抽穗扬花，此时正是小穗螟羽化产卵盛期，因而受害严重；而抽穗期在7月上旬，扬花盛期在7月中旬的高粱品种，与小穗螟产卵期不吻合，受害轻。

【防治方法】收获后及时处理秸秆，以减少虫源。在清明节前后，以烧、沤、作饲料等方法处理完高粱穗、茎，以压低越冬基数。适当早播，适时移栽，使其在6月底前扬花，可避过或减少越冬代成虫的产卵，从而有效地减轻其发生为害程度。

药剂防治应掌握在高粱扬花盛期至扬花末期约10天时间内，抓住穗螟2、3龄幼虫盛期，百穗有虫150～200头左右时进行喷雾，防治效果较好。常用的药剂有：

50%杀螟硫磷乳油或50%马拉硫磷乳油1 000倍液；

2.5%溴氰菊酯乳油4 000～5 000倍液；

20%氰戊菊酯乳油和5%顺式氰戊菊酯乳油1 500～2 000倍液；

25%杀虫双水剂300～400倍液，喷施穗部1次或2次，间隔7～10天。

4．桃蛀螟

【分　　布】桃蛀螟(*Dichocrocis punctiferalis*)属鳞翅目螟蛾科。分布北起黑龙江、内蒙古，南至台湾、海南、广东、广西、云南南缘，东接俄罗斯东境、朝鲜北境，西面自山西、陕西西斜至宁夏、甘肃后，折入四川、云南、西藏。

【为害特点】为害高粱时成虫把卵单产在吐穗扬花的高粱穗上，一穗产卵3～5粒，初孵幼虫蛀入高粱幼嫩籽粒内，用粪便或食物残渣把口封住，在其内蛀害，吃空一粒又转一粒，直至3龄前。3龄后吐丝结网缀合小穗中间留有隧道，在里面穿行啃食籽粒，严重的把高粱粒蛀食一空(图4−45)。

图4−45　桃蛀螟为害穗部症状

【形态特征】可参考玉米虫害——桃蛀螟。

【发生规律】可参考玉米虫害——桃蛀螟。

【防治方法】可参考玉米虫害——桃蛀螟。

5. 高粱长蝽

【分布为害】高粱长蝽(*Dimorphopterus spinolae*)属半翅目长蝽科。北起黑龙江、内蒙古，南至福建、广东，东临俄罗斯东境、朝鲜北境及沿海，西达四川，黄河以北，有时密度较高，能造成一定为害。成、若虫刺吸汁液，严重时造成叶片枯黄，植株生长缓慢。

【形态特征】雌成虫体长为3.5～6.0mm，雄成虫略小，体黑色，长方形，末端钝圆；头黑色，近菱形，具粗大刻点；触角、喙具4节，复眼红褐色，半圆形突出(图4–46)；单眼漆黑色，前胸背板近方形，肩角钝圆；小盾片三角形；腹部腹面黑褐色。前翅革质部具一大一小近三角形斑纹，膜质部具3～4条简单纵脉；后翅透明，膜质。卵香蕉状，初乳白色，后变橙黄色，孵化前变为深红色。初孵若虫头、前胸和中胸背板、翅芽基部均为黑色，胸部和1、2腹节乳黄色，余腹节橘红色。若虫腹部较头胸部宽，各腹节具横排小黑点4～6个，末端黑色，随龄期长大，腹部变成灰褐色。

图4–46 高粱长蝽成虫

【发生规律】湖南一年发生2代，以成虫在地下茎残秆、叶鞘处或2～3m深土表越冬。每年4月下旬至5月上旬进入产卵盛期，5月上旬开始孵化，第1代若虫出现，6月中旬可见一代成虫。成虫交配后于6月下旬产卵，7月中下旬出现二代若虫，9月中旬二代成虫开始越冬。

【防治方法】在成、若虫发生期，喷洒下列药剂：

40%氧乐果乳油1 000～2 000倍液；

20%氰戊菊酯乳油2 000～3 000倍液，喷对好的药液75kg/亩。

6. 高粱舟蛾

【分布为害】高粱舟蛾(*Dinara combusta*)属鳞翅目舟蛾科。国内分布区北起辽宁、内蒙古，南至台湾及广东、广西、云南南境，东面滨海，西向由甘肃折入四川、云南，止于盆地西缘及横断山系峡谷间。幼虫咬食叶片呈缺刻状，重者成光秆，造成减产。

【形态特征】成虫雄蛾翅展49～61mm，雌蛾略大；头、胸背面淡黄色，翅基片和后胸深褐色，前者和后者各有1条红棕色横线，腹部背面褐黄色，每节两侧各有1黑色斑纹，雄蛾腹末第2、3节后缘各有1条黑色横线，雌蛾腹末第2节黑色；前翅黄色，中脉至前缘有数条断续的细纵线，中脉至肘脉之间红棕色，外缘至亚外缘间黑褐色，外缘线波状，黄褐色；后翅黄色，中部向外缘部分黑褐色渐深(图4–47)。卵半球形，初产时深绿色，后变白色，近孵化时变为黑色。末龄幼虫体长约70mm，头黑褐色，胴部蓝绿色，两

图4-47　高粱舟蛾成虫

侧各有1条白线，亚腹线由各节的1个黑斑组成，体被淡黄色长毛。蛹纺锤形，黑褐色，末端具臀棘1对。

【发生规律】在河北省一年发生1代。以蛹在土下6.5～10cm处越冬。成虫昼伏夜出，有趋光性。幼虫散栖，8月为害盛期。8月中下旬幼虫开始老熟，陆续入土作室化蛹越冬。该虫喜湿怕干，若7月份湿度大，气温偏低，易大发生。黏土和壤土田的虫量显著少于砂土田。

【防治方法】高粱舟蛾越冬蛹期长达300余天，并在浅土层，这是其生活史中最薄弱的环节，抓住这一时期，在高粱收后的翻耕整地或原高粱茬麦田进行冬灌，可消灭大量越冬蛹。高粱舟蛾卵粒较大，暴露于高粱叶背，幼虫个体大，行动缓慢，适于人工捕杀防治。在田间调查的基础上，抓住卵盛期和幼虫低龄盛期，顺垄逐棵采卵捉杀幼虫1～2遍，可有效地压低虫口密度。

7. 高粱芒蝇

【分布为害】高粱芒蝇(*Atherigona soccata*)属双翅目蝇科。主要发生在华南、西南和华东等地区。被害率重者达30%，个别地块达90%以上。初孵幼虫潜入心叶内第1或第2片叶基部，环状取食，咬断心叶，致使输导组织被破坏，造成枯心苗。

【形态特征】成虫雄虫体长3～4mm，雌虫3.5～4.5mm；间额暗棕色，触角除第2节末端稍红外，全呈黑褐色；翅透明，仅亚前缘室末端带棕色；腹部第3背板有一对长梯形黑斑。雌虫下颚须黑色，末端微淡；前足部大部黑色；前腹部中间两节背板各有一对形状相似的黑斑(图4-48)。卵白色，外形似小舟；有卵壳雕刻小格13行，向两端渐狭，背面观两端几乎立方形。幼虫1龄体白色，无前气门，属后气门型幼虫；2龄体白色，紧位于常规的口钩之上，有1对副口钩，在后者的后方，额的表面正中有一骨化条；3龄体色黄白至绿黄色，然而在尾部，整个后表面为一大型的带棕色至暗棕色斑，此斑随着成长而日趋明

图4-48　高粱芒蝇成虫

显。蛹壳是一个由成熟3龄幼虫体壁收缩硬化而成的筒状体，仍保持3龄幼虫的主要特征。

【发生规律】广东台山一年发生11～12代，四川武胜5～6代，贵州都匀7代。世代重叠。越冬虫态因地而异。四川武胜以蛹在土中越冬，贵州都匀和广西柳州以幼虫在高粱后期的分蘖苗内越冬。广东台山终年可持续繁殖，无越冬期。第1代发生期在4—5月，正值春播(4月)高粱苗期，幼虫为害严重；第2代发生在5月中旬至6月，幼虫主要为害夏播(5月)高粱幼苗，以及前期播种的高粱分蘖苗及分枝苗；第3代至第6代分别发生在6月中旬至7月、7月中旬至8月、8月中旬至9月、9月下旬至11月上旬；第7代(即越冬代)始于11月上旬，为不完全世代。成虫多在8：00—10：00时羽化，需补充营养。对蚜虫的分泌物和腥臭味的动物尸体具趋性。飞翔力强，尤以晴天最为活跃。卵散产，多产在心叶及其附近的两片叶上，一般1叶多为1粒。幼虫多在清晨孵化。孵化率在80%以上，侵入率在70%左右。一株高粱一般只有1头幼虫，极个别植株有2头。幼虫活泼，具假死性。高粱从幼苗期，直到抽穗前，均可受害，以3～6叶期受害最重。高湿有利于卵的孵化和幼虫侵入；高粱春播较夏播受害重。

【防治方法】调整播期错开高粱芒蝇产卵盛期与高粱易受害的苗期吻合期，可有效地防治虫害。及时拔除枯心苗、分蘖苗和高粱根。早匀苗、晚定苗，消灭田间虫源；冬季结合积肥，除去高粱根，使成虫冬季不能产卵繁殖，或幼虫死亡，从而减少次年早春虫源。

物理防治：广东台山和广西、贵州等地，用糖醋液、腐臭动物或鱼粉，分别加1%敌百虫液，配制成毒饵，诱杀成虫，效果很好。

药剂防治：在幼虫侵入寄主前，最好是在成虫产卵盛期，用5%阿维菌素乳油2 000～4 000液喷雾，不仅可毒杀幼虫，而且有杀卵作用。

四、高粱各生育期病虫害防治技术

高粱从播种到成熟要经过苗期(播种至拔节)、拔节抽穗期和结实期(抽穗至成熟)3个阶段。由于各阶段的生育特点和生长中心不同，因此，应采取相应的技术措施，保证高粱的生长，以达到根系发达，叶片宽厚，叶色深绿，植株健壮。

1. 高粱苗期病虫害防治技术

高粱从出苗至拔节前为幼苗期或苗期。苗期地下根系生长较快，根增长迅速，到拔节时根数可达20余条，入土深度可达1m左右。地上部生长缓慢，株高平均日增量仅约1cm，茎叶干重不到最大干重的10%～15%。所以，苗期是以根系生长为中心的生长发育阶段。因此，这一阶段的主攻方向是促进根系的生长。应采取有效措施，积极促进根系深扎横向伸展，增大根系的吸水吸肥范围，使地上部生长苗壮，达到苗齐苗壮，这一阶段管理的主要目的是，为中后期生长发育打好基础。

高粱苗期主要有炭疽病、紫斑病、黑穗病、地老虎等病虫害发生为害(图4–49)。

种子处理，用50%福美双可湿性粉剂+50%多菌灵可湿性粉剂按种子重量0.5%拌种，可防治苗期炭疽病、紫斑病等；用12.5%烯唑醇可湿性粉剂或2%戊唑醇悬浮种衣剂按种子重量的0.3%、40%拌种双可湿性粉剂按种子重量的0.2%～0.5%、20%萎锈灵乳油按种子重量的0.8%拌种，闷种4小时，晾干后播种，可预防黑穗病。

药剂拌种是防治地下害虫的常用方法，可用50%辛硫磷乳油0.5kg加水20～25kg，拌种子250～300kg，

图4-49　高粱苗期生长情况

或用40%甲基异柳磷乳油0.5kg加水15～20kg，拌种200kg，防治小地老虎、蛴螬、金针虫等地下害虫。

在种子拌种或包衣时，加入适量植物生长调节剂，可以促进种子发芽、促进幼苗生长。可以用0.01%芸苔素内酯乳油5～10ml/L浸种或拌种、0.004%烯腺·羟烯腺可湿性粉剂100～150倍液浸种，明显改善高粱苗期生长情况，提高高粱的抗病、抗逆能力。

2. 高粱拔节期至抽穗期病虫害防治技术

高粱拔节以后，逐渐进入挑旗、孕穗、抽穗时期，这一阶段的生长中心是逐渐由根、茎、叶转向穗部，即由营养生长转入生殖生长。拔节以后植株的根、茎、叶营养器官旺盛生长，幼穗也急剧分化形成，以后进入营养生长与生殖生长同时并进的阶段，是高粱一生中生长最旺盛的时期(图4-50)。

图4-50　高粱拔节期生长情况

该时期发生病虫害主要有炭疽病、紫斑病、大斑病、蚜虫、玉米螟、条螟等。

可喷洒70%甲基硫菌灵可湿性粉剂600～800倍液+80%代森锰锌可湿性粉剂600倍液、50%多菌灵可湿性粉剂500～600倍液、50%苯菌灵可湿性粉剂800～1 500倍液、25%溴菌腈可湿性粉剂500倍液等药剂，防治炭疽病、紫斑病、大斑病等。

可喷洒40%氧乐果乳油1 000倍液、2.5%溴氰菊酯乳油1 000～2 000倍液、20%氰戊菊酯乳油2 000～3 000倍液、50%抗蚜威可湿性粉剂1 500倍液防治蚜虫。

用50%马拉硫磷乳油50ml加入20～50kg水，每株10ml灌心；1.3%乙酰甲胺磷颗粒剂或1%甲萘威颗粒剂 7.5kg/亩撒入喇叭口；或用50%杀螟硫磷乳油1 000倍液、40%乐果乳油2 000倍液喷施于穗部，亩喷50～70L，可防治穗螟、玉米螟等害虫。

3．高粱结实期病虫害防治技术

高粱的结实期是指从抽穗到成熟的阶段，包括抽穗、开花、灌浆、成熟等生育期(图4–51)。

图4–51 高粱结实期生长情况

蚜虫是高粱生育后期的主要害虫，防治蚜虫要根据虫情及时打药。穗螟是后期为害穗部的主要害虫，防治要注意及早、灭净。黑穗病在高粱生育后期已无防治的办法，但为了减少病原，抽穗前后应将未散黑粉的病株拔除，带到田外深埋。

在该时期桃柱螟、穗螟为害较重。可喷施20%氰戊菊酯乳油1 500～2 000倍液、5%高效氯氰菊酯乳油2 000～2 500倍液、2.5%溴氰菊酯乳油1 500～3 000倍液防治。

第五章 谷子病虫害防治新技术

谷子是我国栽培历史悠久的粮食谷类作物，在粮食作物中占有一定地位，种植面积及产量均居世界第一位，主要分布在黑龙江、内蒙古、山西、河北、吉林、河南、陕西、山东、辽宁等9省区。谷子具有抗旱，耐瘠薄，生长期较短，适应性广，籽实营养丰富，用途广，经济价值高，耐贮藏的特点。每500g谷子含维生素A_1 600个国际单位，而且维生素B_1、维生素B_2含量较多，蛋白质含量约为9.2%～14.3%，略低于面粉，而高于大米和玉米。特别是人体不可缺少的色氨酸和甲硫氨酸等氨基酸含量都很高，每百克小米中含色氨酸192mg、甲硫氨酸297mg、赖氨酸15.7%～22.4%，淀粉含量69.4%。

我国谷子病害有十几种，病害种类随生态区、耕作形式、品种类型等而变化，其中曾普遍发生的有白发病、谷瘟病、病毒病、线虫病、黑穗病、锈病、纹枯病等。20世纪70年代以前，谷瘟病、病毒病发生严重，随着抗病品种的推广和一年两熟区谷子春播逐渐改为夏播，有效控制了该病的为害。谷子黑穗病是春谷区的主要病害，而谷子线虫病是夏谷区的主要病害，二者采用种衣剂拌种均可得到有效控制。

目前已发现为害谷子的害虫有30余种，播种期害虫主要有蝼蛄、金针虫、谷步甲、根蟒象等；苗期害虫主要有鳞斑叶甲、拟地甲、黑绒金龟子、谷子负泥虫、粟凹胫跳甲、粟灰螟、玉米螟等；成株期害虫主要有黏虫、东亚飞蝗、稻苞虫、稻纵卷叶螟、粟穗螟、棉铃虫、粟缘蝽象、斑须蝽等。目前发生较普遍的有粟灰螟、粟凹胫跳甲、粟芒蝇和粟穗螟4种害虫。

一、谷子病害

1．谷子白发病

【分布为害】谷子白发病是一种分布十分广泛的病害，在我国华北、西北、东北等地发生严重。为害程度逐渐加重，已成为谷子生产上的主要病害。据调查，2007年田间病株率为5%～10%，严重地块达到50%，对谷子的产量和品质影响很大。

【症　　状】从发芽到出穗都可发病，并且在不同生育阶段和不同部位的症状也不一样。未出土的幼芽严重发病的，出土后的幼苗及其叶子变色、扭曲或腐烂。“灰背”，幼苗3～4叶时，病叶正面出现白色条斑，叶背长出灰白色霉层，此后叶片变黄、枯死。“白尖”，当叶片出现灰背后，叶片干枯，但心叶仍能继续抽出，只是心叶抽出后不能正常展开，而是呈卷筒状直立，呈黄白色，以后逐渐变褐色呈枪杆状。“刺猬头”部分病株发展迟缓，能抽穗，或抽半穗，但穗变形，小穗受刺激呈小叶状，不结籽粒，内有大量黄褐色粉末(图5-1至图5-2)。病穗上的小花内外颖受病菌刺激而伸长呈小叶状，全穗像个鸡毛帚。“白发或乱发状”，变褐色的心叶受病菌为害，叶肉部分被破坏成黄褐色粉末，仅留维管束组织呈丝状，植株死亡(图5-3)。

图5-1 谷子白发病穗部受害初期症状

图5-2 谷子白发病穗部受害后期症状

图5-3 谷子白发病“白发”症状

【病　　原】*Sclerospora graminicola* 称禾生指梗霜霉，属鞭毛菌门真菌(图5-4)。孢囊梗由气孔伸出，短而肥，无色，无隔膜，顶端分枝数十个，每个分枝上有2～5个小梗。孢子囊无色，具乳突，椭圆形，产生于小梗顶端。卵孢子圆形至长圆形，内部黄色，外壁红褐色，光滑。

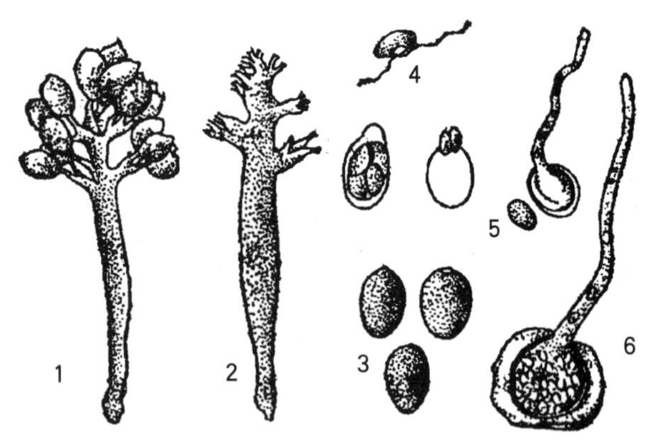

图5-4 谷子白发病病菌
1.分生孢子梗及分生孢子 2.孢子梗 3.孢子囊 4.游动孢子 5.休眠孢子 6.卵孢子萌发

【发生规律】以卵孢子在土壤中、未腐熟粪肥上或附在种子表面越冬，是主要初侵染源(图5-5)。卵孢子系统性侵染病株后产生分生孢子，但在华北地区，分生孢子须在特殊的气候条件下，才能引起系统性的再侵染并产生大量卵孢子。病菌的侵染主要发生在谷子的幼苗时期。种子上沾染的和土壤、肥料中的卵孢子萌发产生芽管，用芽管侵入谷子幼芽芽鞘，随着生长点的分化和发育，菌丝达到叶部和穗部。孢子囊和游动孢子借气流传播，进行再侵染。低温潮湿土壤中种子萌发和幼苗出土速度慢，容易发病。该病发病的土壤适温为20℃，土壤相对湿度为50%，即半干土。发病温度范围为19～32℃，相对湿度为20%～80%。发病条件范围比较广泛，而且温湿度互相影响。当温度自20℃逐渐降低时，湿土较适于发病；温度自20℃逐渐升高时，干土较适于发病。苗期多雨时，白发病较严重；连作田菌源数量大或肥料中带菌数量多，病害发生严重；土壤墒情差，出苗慢，播种深或土壤温度低时，病害发生亦严重。不同品种的抗病性表现有差异。

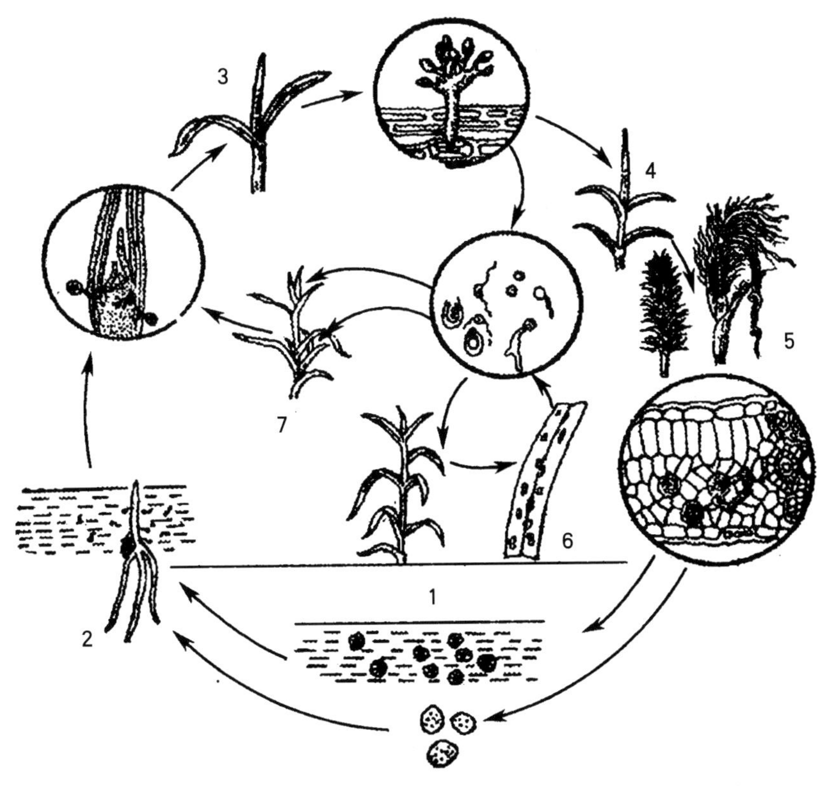

图5-5 谷子白发病病害循环

1.卵孢子越冬 2.卵孢子萌发从幼芽鞘侵入 3.灰背 4.白尖

5.白发（看老谷） 6.再侵染引致局部病斑 7.再侵染引起系统发病

【防治方法】谷子白发病主要由初侵染引起，所以，在防治上应抓住选用抗病良种、实行轮作、种子处理、拔除病株等减少初侵染源的措施。

选用抗病品种，建立无病留种地获得无病种子。重病田块，实行2～3年轮作倒茬。田间及时拔除病株，减少菌源。忌用带病谷草沤肥，避免粪肥传染。

种子拌种和土壤处理可以有效防治病害发生。

种子处理，可用35%甲霜灵拌种剂按种子重量的0.2%拌种，或用50%甲霜・酮(甲霜灵・三唑酮)可湿性粉剂按种子重量的0.3%～0.4%拌种；或用50%多菌灵可湿性粉剂、50%苯菌灵可湿性粉剂0.3%拌种；或用种子重量0.4%～0.5%的64%恶霜灵・代森锰锌可湿性粉剂拌种。

土壤处理，可用75%敌磺钠可溶性粉剂500g/亩对细土15～20kg混匀，播种后覆土。

发病初期，及时喷洒下列药剂：

45%代森铵水剂180～360倍液；

58%甲霜灵・代森锰锌可湿性粉剂600倍液；

64%恶霜・锰锌可湿性粉剂500倍液；

72%霜脲・锰锌可湿性粉剂600～800倍液；

69%烯酰吗啉・代森锰锌可湿性粉剂1 000倍液。

2．谷子黑穗病

【分布为害】我国各谷子产区均有发生，东北、华北地区发生较重。

【症　　状】主要为害穗部，通常一穗上只有少数籽粒受害，抽穗后表现症状。病穗刚抽出时，因孢子堆外有子房壁及颖片掩盖不易发现。病穗短，直立，大部分或全部子房被冬孢子取代。当孢子堆成熟后全部变黑才显症，初为灰绿色，后变为灰色。病粒较健粒略大，颖片破裂、子房壁膜破裂散出黑粉，即病原菌冬孢子(图5-6和图5-7)。

图5-6　谷子黑穗病为害穗部初期症状

图5-7　谷子黑穗病为害穗部后期症状

【病　　原】*Ustilago crameri* 称谷子黑粉菌，属担子菌门真菌(图5-8)。孢子堆球形至卵圆形。冬孢子红褐色至榄褐色，球形或近球形至多角形，冬孢子表面平滑。

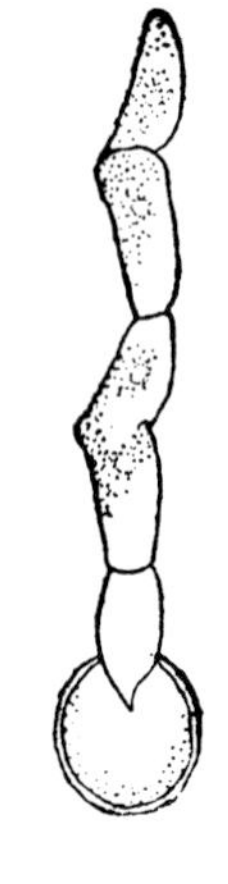

图5-8　谷子黑穗病病菌厚垣孢子萌发

【发生规律】该病属芽期侵染的系统性病害。以冬孢子附着在种子表面越冬，成为翌年初侵染源。带菌种子萌发时，病菌从幼苗的胚芽鞘侵入，并扩展到生长点区域的细胞内和细胞间隙，随植株生长而系统侵染，直至进入子房，破坏子房，最后侵入穗部，致病穗上籽粒变成黑粉粒。粒黑穗病菌的冬孢子能长期存活，没有休眠现象，只要条件适宜就可萌发。在温暖湿润地区，散落于土壤的冬孢子，多于当年萌发而失效，不能成为翌年的初侵染菌源。在低温干燥地区，可能有部分散落田间的冬孢子，当年不萌发，成为下一季谷子发病的初侵染菌源。谷子播种后的土壤温湿状况对侵染发病影响很大。病原菌侵染幼苗的适宜土壤温度为12～25℃，超过25℃则侵染受到抑制。在较低的温度下，谷子萌发与出苗缓慢，拉长了病原菌侵染的时间，发病就较重。土壤含水量在30%～50%适于病菌侵染，土壤干旱或水分饱和都不利于病原菌侵染。种子带菌率高，土壤温度低，墒情差，覆土厚，幼芽滞留土壤中的时间延长，则发病加重。谷子品种间抗病性有明显差异。

【防治方法】选用抗病品种。搞好种子繁育田的防治，由无病地留种。不使用来源于发病地区和发病田块的种子。严格选种，剔除病穗并销毁。

种子处理，可用下列药剂：

6%戊唑醇悬浮种衣剂按种子重量的0.1%～0.15% 拌种;

50%多菌灵可湿性粉剂或50%甲基硫菌灵可湿性粉剂按种子量0.2%拌种；

50%克菌丹可湿性粉剂按种子重量0.3%拌种；

25%三唑酮可湿性粉剂、3%苯醚甲环唑悬浮种衣剂、50%福美双可湿性粉剂等，皆以种子重量0.2%～0.3%的药量拌种；

0.25%公主岭霉素可湿性粉剂50倍浸泡12小时。

3．谷子瘟病

【分布为害】谷子瘟病分布广泛，在各谷子产区均有分布。

【症　　状】在谷子的整个生育期均可发生，侵染叶片、叶鞘、茎节、穗颈、小穗和穗梗等部。叶片上病斑为梭形，中央灰白色，边缘紫褐色并有黄色晕环，湿度大时叶背密生灰色霉层(图5–9)。茎节染病初呈黄褐或黑褐色小斑，后渐绕全节一周，造成节上部枯死，易折断。叶鞘病斑长椭圆形，较大。穗颈染病初为褐色小点，后扩展为灰黑色梭形斑，严重时，绕颈一周造成全穗枯死。小穗染病穗梗变褐枯死，籽粒干瘪(图5–10)。

图5–9　谷子瘟病为害叶片症状

图5–10　谷子瘟病为害穗部症状

【病　　原】*Pyricularia setariae* 称谷梨孢，属无性型真菌(图5–11)。分生孢子梗单生或丛生，不分枝，具隔膜2～3个，无色或基部淡褐色，顶端尖，孢痕明显。分生孢子梨形或梭形，无色，有2个隔膜，基部圆形或钝圆，分生孢子顶端稍尖。

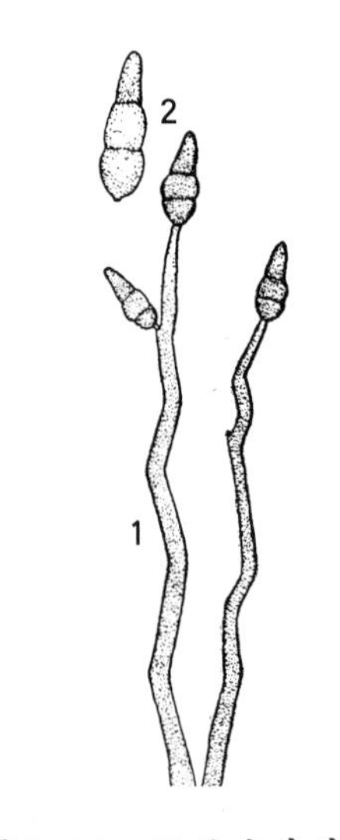

图5–11　谷子瘟病病菌
1.分子孢子梗　2.分生孢子

【发生规律】以分生孢子在病草、病残体和种子上越冬，成为翌年初侵染源。田间发病后，在叶片病斑上形成分生孢子借气流传播进行再侵染。温度25℃，相对湿度大于80%，有利于该病发生和蔓延。播种过密，田间湿度大，降水多发病重，黏土、低洼地发病重；偏施氮肥易发病。

【防治方法】病草要处理干净，忌偏施氮肥，密度不宜过大，保证通风透光。忌大水漫灌，宜浅水快过；严格采种，进行单打单收。收获后深翻土地。

叶瘟发生初期、抽穗期、齐穗期各喷药1次，可有效地防治谷子瘟病的为害。

可用下列药剂：

2%春雷霉素可湿性粉剂750～1 000倍液；

40%敌瘟磷乳油500～800倍液+65%代森锰锌可湿性粉剂500倍液；

80%代森锰锌可湿性粉剂600倍液+50%四氯苯酞可湿性粉剂800倍液；

45%代森铵水剂1 000倍液+40%稻瘟净乳油600～800倍液；

70%甲基硫菌灵可湿性粉剂600～800倍液喷雾防治。

4．谷子锈病

【分布为害】各谷子产区都有发生。辽宁、吉林、内蒙古、河北等部分地区较重。

【症　　状】主要发生在谷子生长的中后期，主要为害叶片，叶鞘上也可发生。初期在叶背面出现深红褐色小点，稍隆起，后表皮破裂，散出黄褐色粉末(图5–12和图5–13)。严重时叶面布满病斑，致使叶片早枯，穗子干瘪。后期叶背和叶鞘上产生黑色、椭圆形不很明显的冬孢子堆，散生或聚生于寄主表皮下，表皮不易破裂。

图5–12　谷子锈病为害叶片初期症状

图5-13 谷子锈病为害叶片后期症状

【病　　原】*Uromyces setariaeitalicae* 称谷子单胞锈菌，属担子菌门真菌(图5-14)。夏孢子单细胞，椭圆形，黄褐色，表面有刺，柄无色，具3～4个芽孔。冬孢子单细胞，球形、长球形或多角形，有柄，黄褐色，顶端有芽孔。

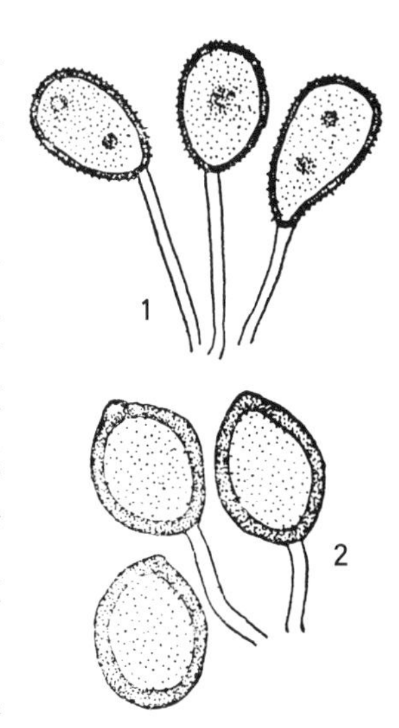

图5-14 谷子锈病病菌
1.夏孢子 2.冬孢子

【发生规律】以夏孢子和冬孢子越冬、越夏，成为初侵染源，第二年进行侵染。常年在7月下旬，夏孢子遇雨水上溅到叶片，萌发后通过气孔侵入，在表皮下或细胞间隙中生长，约10天后产生夏孢子堆，并开始散发夏孢子，通过空气传播，落在叶片上，若湿度合适形成再侵染，夏孢子堆可连续产生夏孢子，引起该病的暴发流行。流行过程一般可分为发病中心形成期，发病始期病叶率在逐渐增加，严重度没有发展；普遍率扩展期，发病中心消失转为全田发病，病株率、病叶率急剧增加，为田间流行提供了充足菌源；严重度增长期，病株率、病叶率达到顶峰，发病程度急剧增加，引起植株倒伏，严重影响产量。高温多雨有利于病害发生。7—8月降雨多，发病重。氮肥过多，密度过大发病重。田边寄主杂草多都有利于发病。

【防治方法】种植抗病品种。处理带病谷草，清除田间杂草，以消灭越冬菌源。合理密植，避免过多施用氮肥，增施磷钾肥。雨后及时排水，多中耕。

在田间发病的中心形成期，即病叶率1%～5%时，进行第一次喷药，可选用下列药剂：

20%三唑酮乳油800～1 000倍液；

15%三唑醇可湿性粉剂1 000～1 500倍液；

12.5%烯唑醇可湿性粉剂1 500～2 000倍液；

12%萎锈灵可湿性粉剂500倍液；

40%氟硅唑乳油 9 000倍液，发生严重时，间隔7～10天再喷1次，可达到良好防治效果。

5．谷子黑粉病

【症　　状】主要为害穗部，一般部分或全穗籽粒染病，病穗短小，常直立。通常半穗发病，也有全穗发病的(图5-15和图5-16)。

图5-15 谷子黑粉病为害穗部初期症状

图5-16 谷子黑粉病为害穗部后期症状

【病　　原】*Ustilago neglecta* 称狗尾草黑粉菌，属担子菌亚门真菌。孢子堆生在子房内，一般全穗受害。孢子壁黄褐色，密生细瘤。

【发生规律】病菌以冬孢子附着在种子表面越冬，成为翌年的初侵染源。冬孢子萌发产生菌丝，土温12～25℃适于病菌侵入幼苗。土壤过干或过湿不利其发病。

【防治方法】选用抗病品种，建立无病留种田。

6. 谷子纹枯病

【分布为害】该病在谷子各种植区均有不同程度的为害，一般10%～50%，重病区发病株率高达70%。

【症　　状】谷子自拔节期开始发病，首先在叶鞘上产生暗绿色、形状不规则的病斑，其后，病斑迅速扩大，形成长椭圆形云纹状的大块斑，病斑中央部分逐渐枯死并呈现苍白色，而边缘呈现灰褐色或深褐色(图5-17)，时常有几个病斑互相融合形成更大的斑块，有时达到叶鞘的整个宽度，使叶鞘和其上的叶片干枯。在多雨潮湿气候下，若植株栽培过密，发病较早的病株也可整株干枯。病菌常自叶鞘侵染其下面相接触的茎秆，在灌浆期病株自侵染茎秆处折倒。当环境潮湿时，在叶鞘病痕表面，特别是在叶鞘与茎秆的间隙生长大量菌丝，并生成大量褐色菌核。病菌也可侵染叶片，形成像叶鞘上的病斑症状，使整个叶片变成褐色，卷曲并干枯。发病严重的地块影响灌浆，病株枯死。

图5-17 谷子纹枯病为害叶鞘症状

【病 原】*Rhizoctonia solani* 称立枯丝核菌，属无性型真菌。

【发生规律】以菌丝和菌核在病残体或在土壤中越冬。当旬平均气温在24.3℃，降雨量在80mm以上，相对湿度在80%以上时，为全生育期侵染高峰期。谷子播种期与发病关系密切，早播病重迟播病轻。

【防治方法】选用抗纹枯病的品种。清除田间病残体，减少侵染源，包括根茬的清除和深翻土地；适期晚播以缩短侵染和发病时间；合理密植，铲除杂草，改善田间通风透光条件，降低田间湿度；科学施肥，施用有机肥为主，增施磷钾肥料，改善土壤的结构，增强植株的抵抗能力。

种子处理，用种子量0.03%有效成分的三唑醇、三唑酮进行拌种，可有效控制苗期侵染，减轻为害程度。

于7月下旬或8月上旬，病株率在5%～10%时，在谷子茎基部彻底喷雾防治1次，一周后防治第2次，效果良好。可用下列药剂：

5%井冈霉素水剂100ml/亩；

20%三环唑·多菌灵·井冈霉素可湿性粉剂100～120g/亩；

12.5%烯唑醇可湿性粉剂35～50g/亩；

4.5%井冈霉素·硫酸铜水剂90ml/亩；

50%氯溴异氰脲酸可溶性粉剂40g/亩，对水40～50kg，用粗喷雾器喷施。

7．谷子灰斑病

【症　状】主要为害叶片。病斑椭圆形至梭形，中部灰白色，边缘褐色至深红褐色(图5-18和图5-19)。病斑背面生灰色霉层，即病菌的子实体。

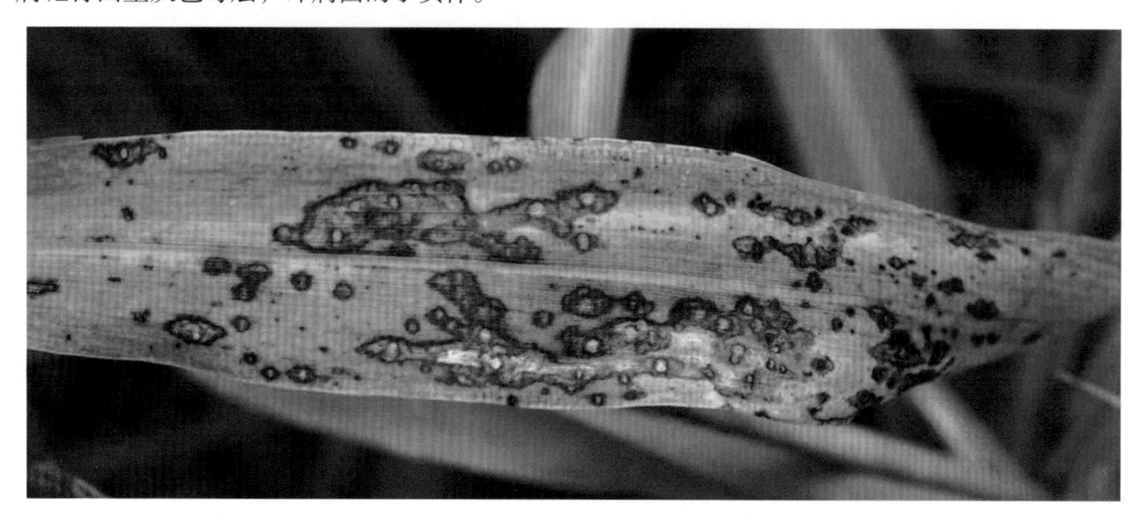

图5-18　谷子灰斑病为害叶片中期症状

图5-19　谷子灰斑病为害叶片后期症状

【病　原】*Cercospora setariae* 称粟尾孢，属无性型真菌。子座褐色，充塞在气孔下。分生孢子梗2～15根成束，浅黄至橄榄褐色或稍深，不分枝。分生孢子圆筒形至倒棍棒状，无色，直或稍弯，隔膜多且不明显。

【发生规律】以子座或菌丝块在病叶上越冬，翌年条件适宜，产生分生孢子，借气流传播蔓延。南方冬春温暖，雾大露重，本病易发生。

【防治方法】实行轮作，加强田间管理。

发病初期，开始选用下列药剂喷雾：

40%多·硫悬浮剂500倍液；

50%苯菌灵可湿性粉剂1 000～1 500倍液；

70%甲基硫菌灵可湿性粉剂600～800倍液，间隔7～10天喷1次，防治2～3次。

8．谷子黑鞘病

【症　　状】主要为害叶鞘。叶鞘上生青灰色至暗褐色无明显边缘的病斑，湿度大时上生黑色霉状物，即病原菌的子实体(图5-20)。

【病　　原】*Bipolaris sorokiniana* 称麦根腐平脐蠕孢，属无性型真菌。分生孢子梗单生或2～3根丛生，深褐色，不分枝，直立或呈膝状弯曲，基部细胞膨大，顶端色稍浅，具3～7个隔。分生孢子长椭圆形至圆筒形，橄榄色至深橄榄色，直或弯，近中央宽，两端渐窄，呈钝圆形，具隔2～13个，大小差异很大，脐点明显。

图5-20　谷子黑鞘病为害叶鞘症状

【发生规律】病菌随病残体在土壤中或在种子上越冬或越夏，分生孢子经胚芽鞘或幼根侵入，引起地下茎或次生根或基部叶鞘等部位发病。带菌种子是苗期叶斑病的重要初侵染源。在土壤中寄主病残体彻底分解腐烂之后，病原菌也就失去了侵染能力，地面上的病残体和植株病部不断产生大量病菌分生孢子，借风雨传播，进行再侵染。气温18～25℃，相对湿度100%，病害流行成灾。种植过密发病重。在田间管理上凡能减少病残体落入田间的机会或促进土壤中病残体尽快腐烂(如深翻、中耕、施肥、浇水等)的措施均利于土壤中病原菌减少，则发病轻。北方谷子栽培区9月发生，田间常见。

【防治方法】选用抗病耐病品种。提倡轮作以减少土壤中菌量，秋翻灭茬，加强夏秋两季田间管理，加快土壤中病残体分解；选用无病种子，适时适量播种，提高播种质量，减轻苗期发病。

种子处理。用种子重量0.2%～0.3%的50%福美双可湿性粉剂拌种，或33%多菌灵·三唑酮可湿性粉剂按种子重量0.2%拌种。

成株期发病，且多雨时，喷洒下列药剂：

70%代森锰锌可湿性粉剂500倍液；

20%三唑酮乳油或15%三唑醇可湿性粉剂2 000倍液；

25%丙环唑乳油2 000～4 000倍液，能有效地控制整个生育期该病的扩展。

9．谷子胡麻斑病

【症　　状】谷子整个生育期均可发病，主要为害叶片、叶鞘和颖果。叶片染病初生许多黄色至黄褐色斑点，斑点椭圆形或纺锤形，边缘不明显，色较暗后变为褐色至黑褐色。病斑两端钝圆，区别于谷瘟病。后期病斑表面生黑色丝绒状霉层，即病原菌分生孢子梗和分生孢子。病情严重时，病斑融合，叶片枯死(图5–21)。

图5–21　谷子胡麻斑病为害叶鞘症状

【病　　原】*Bipolaris setariae* 称狗尾草平脐蠕孢，属半知菌亚门真菌，有性态为 *Cochliobotus setariae* 称狗尾草旋孢腔菌，属子囊菌门真菌。子囊座烧瓶状，喙长60～125μm。子囊梭形，内含子囊孢子1～8个。子囊孢子线形，具5～9个隔膜。分生孢子梗多数单生，少数2～5根丛生，直立或稍弯曲，有膝状曲折，2～5个隔膜，褐绿色。分生孢子深橄榄色，梭状至倒棍棒形，略弯，具5～8个隔膜。

【发生规律】病菌以菌丝体在病残体或附在种子上越冬，成为翌年初侵染源。病斑上的分生孢子在干燥条件下可存活2～3年，潜伏菌丝体能存活3～4年，菌丝翻入土中经一个冬季后失去活力。带病种子播后，潜伏菌丝体可直接侵害幼苗，分生孢子可借风传播，萌发菌丝直接穿透侵入或从气孔侵入，条件适宜时很快出现病症，并形成分生孢子，借风雨传播进行再侵染。苗期和孕穗至抽穗期最易感病，而谷粒则以灌浆期最易受感染。高温高湿环境下最易诱发胡麻斑病；暴风雨之后或长期干旱后下雨也易诱发病害发生。

【防治方法】此病应以农业防治特别是深耕改土、科学管理肥水为主，辅以药剂防治。

科学管理肥水要施足基肥，注意氮、磷、钾肥的配合施用。及时施用硫酸铵、人粪尿等速效性肥料；避免长期淹灌所造成的土壤通气不良，又要防止缺水受旱。深耕改土深耕能促使根系发育良好，增强吸水吸肥能力，提高抗病性。

种子消毒，用50%多菌灵可湿性粉剂500倍液浸种48小时；

50%甲基硫菌灵可湿性粉剂500倍液浸种48小时；

50%福美双可湿性粉剂500倍液浸种48小时，捞出再用清水浸种，然后催芽、播种。

喷药可以防止此病的扩展蔓延，在发病初期。可用下列药剂：

50%多菌灵可湿性粉剂100g/亩；

30%苯醚甲环唑·丙环唑乳油15ml/亩；

25%嘧菌酯悬浮剂40ml/亩；

25%咪鲜胺乳油40～60ml/亩；

50%异菌脲可湿性粉剂66～100g/亩，对水50～60kg喷雾，间隔5～7天再喷1次，能有效地控制胡麻斑病的扩展。

10．谷子条点病

【症　　状】主要为害叶片。叶两面病斑狭条状，中央浅褐色，边缘红褐色，不规则。后期病部长出黑色小粒点，即病菌分生孢子器。引致叶片局部枯死(图5-22)。

图5-22　谷子条点病为害叶片症状

【病　　原】*Phyllosticta setariae*称狗尾草叶点霉，属无型真菌。分生孢子器扁球形，淡褐色，生于叶两面，后突出表皮，器壁浅褐色，膜质。分生孢子椭圆形，两端较圆，正直，无色透明，上下各有1个油球。

【发生规律】病菌以分生孢子器在病株残体上越冬。翌春条件适宜时产生分生孢子借风、雨传播进行初侵染和再侵染。天气温暖多雨、田间湿度大或偏施过施氮肥发病重。

【防治方法】收获后及时清除病残体，集中烧毁或深埋。合理密植，适量灌水，雨后及时排水。

发病初期开始喷洒36%甲基硫菌灵悬浮剂或25%吡唑醚菌酯悬浮剂1 000～2 000倍液、40%多·硫悬浮剂600倍液。

11．谷子细菌性条斑病

【症　　状】主要为害叶片，叶片上产生与叶脉平行的深褐色短条状有光泽的病斑，周围有黄色晕

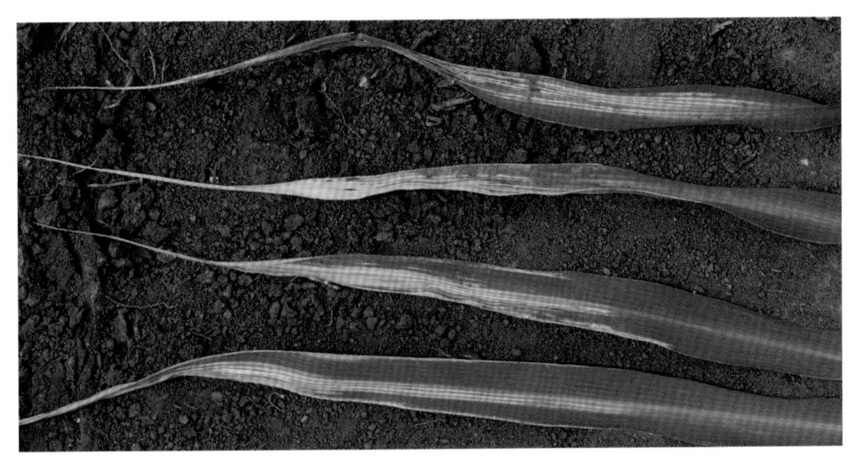

图5-23　谷子细菌性条斑病为害叶片症状

圈，病斑边缘轮廓不明显，把谷子叶横切面置于水滴中有很多细菌从叶脉处流出(图5-23)。

【病　　原】*Xanthomonas campestris* pv. *translucens* 称甘蓝黑腐黄单胞菌半透明致病变种，属细菌。菌体杆状，单生或双生，极生单鞭毛，无荚膜，无芽孢，革兰氏染色阴性，好气性。生长适温25～28℃，最高36℃。

【发生规律】病原细菌在病残体上越冬，从气孔侵入叶片。谷子生长前期如遇多雨多风的天气，病害发生严重。

【防治方法】选用抗病品种，加强田间管理，防止传染。

12．谷子红叶病

【症　　状】主要发生在中国北部谷子产区。是全株性病害。紫秆品种染病叶片、叶鞘及穗均变红，因此称其为红叶病(图5-24)。青秆品种染病不变红却发生黄化。在灌浆至乳熟期十分明显。病株一般先从叶尖开始变红或变黄，后逐渐向下扩展，致全叶红化干枯。有的仅叶片中央或边缘变红或变黄。病穗短小，重量轻，种子发芽率不高，严重的不能抽穗，病株矮化，叶面皱缩，叶缘呈波状。

图5-24　谷子红叶病为害叶片症状

【病　　原】Barley yellow dwarf virus 简称BYDV，为大麦黄矮病毒的一个株系，属病毒。

【发生规律】谷子红叶病病毒在野生杂草上越冬。翌年主要靠玉米蚜(*Rhopalosiphum maidis*)等8种蚜虫传毒，种子、土壤均不传病。在自然条件下，该病毒除侵染谷子外，还可侵染多种禾本科作物和杂草。谷子田及附近田块的大量带毒越冬杂草是诱发红叶病的重要因素。生产上，春季气候干燥、气温升高较快的年份，病害发生普遍且严重。品种间抗病性差异明显。

【防治方法】选用抗红叶病的粟品种是防治该病经济有效的措施。加强田间管理，基肥要充足，在谷子出穗前追施氮、磷复配的混合肥，以增强抗病力。

在玉米蚜等迁入谷田之前及时喷撒5%阿维菌素乳油2 000～4 000倍液，也可喷洒5%高效氯氰菊酯乳油1 500倍液，每亩喷对好药液75～100L。

必要时可试喷洒下列药剂：

0.5%香菇多糖水剂300倍液；

20%盐酸吗啉胍·乙酸铜可湿性粉剂500倍液；

10%混合脂肪酸可湿性粉剂600倍液。

二、谷子虫害

谷子是我国古老的栽培作物之一，主要种植在华北、东北和西北地区，南方种植面积较小。我国已发现虫害近40种，其中为害严重的有粟灰螟、粟穗螟等。

1．粟灰螟

【分　　布】粟灰螟(*Chilo infuscatellus*)属鳞翅目螟蛾科。主要分布在东北、华北、甘肃、陕西、宁夏、河南、山东、安徽、台湾、福建、广东、广西等地。

【为害特点】以幼虫蛀食谷子茎秆基部，苗期受害形成枯心苗，穗期受害遇风易折倒，常常形成穗而不实，并使谷粒空秕形成白穗(图5-25)。或遇风雨，大量折株造成减产，成为北方谷区的主要蛀茎害虫。

图5-25　粟灰螟为害茎秆症状

【形态特征】雄成虫淡黄褐色(图5-26)，额圆形不突向前方，无单眼，下唇须浅褐色，胸部暗黄色；前翅浅黄褐色杂有黑褐色鳞片，中室顶端及中室里各具小黑斑1个，有时只见1个，外缘生7个小黑点成一列；后翅灰白色，外缘浅褐色。雌蛾色较浅，前翅无小黑点。卵扁椭圆形，表面生网状纹，初白色，后变灰黑色。每个卵块有卵20～30粒，呈鱼鳞状，但排列较松散。末龄幼虫头红褐色或黑褐色，胸部黄白色(图5-27)。初蛹乳白色，羽化前变成深褐色。

【发生规律】一年发生2～3代，以老熟幼虫在谷茬内或谷草、玉米茬及玉米秆里越冬，一般以2、3代发生区为害较重。幼虫于5月下旬化蛹，6月初羽化，6月中为成虫盛发期，随后进入产卵盛期，第1代幼虫6月中下旬为害；第2代幼虫8月中旬至9月上旬为害。在2代区，第1代幼虫集中为害春谷苗期，造成枯心，第2代主要为害春谷穗期和夏谷苗期；在3代区，第1、2代为害情况基本与2代区相同，第3代幼虫主

图5-26 粟灰螟成虫

图5-27 粟灰螟幼虫

要为害夏谷穗期和晚播夏谷苗期。成虫多于日落前后羽化，白天潜栖于谷株或其他植物的叶背、土缝等阴暗处，夜晚活动，有趋光性。第1代成虫卵多产于春谷苗中及下部叶背的中部至叶尖近部中脉处，少数可产于叶面。第2代成虫卵在夏谷上的分布情况与第1代卵相似，而在已抽穗的春谷上多产于基部小叶或中部叶背，少数产于谷茎上。初孵幼虫行动活泼，爬行迅速。大部分幼虫于卵株上沿茎爬至下部叶鞘或靠近地面新生根处取食为害；部分吐丝下垂，随风飘至邻株或落地面爬于他株。降雨量和湿度对粟灰螟影响较大，春季如雨多，湿度大，有利于化蛹、羽化和产卵。播种越早，植株越高，受害越重。品种间的差异也较大，一般株色深，基部粗软，叶鞘茸毛稀疏，分蘖力弱的品种受害重。春谷区和春夏谷混播区发生重，夏谷区为害轻。

【防治方法】选种抗虫品种，种植早播诱集田，集中防治。秋耕时，拾净谷茬、黍茬等，集中深埋，播种期可因地制宜调节，设法使苗期避开成虫羽化产卵盛期，可减轻受害。

在卵孵化盛期至幼虫蛀茎前施药，用40%水胺硫磷乳油100ml、5%甲萘威粉剂1.5～2kg加少量水与20kg细土拌匀，顺垄撒在谷株心叶或根际。也可选用1.5%乐果粉剂2kg，拌细土20kg制成毒土，撒在谷苗根际，形成药带，效果也好。

2．粟缘蝽

【分布为害】粟缘蝽(*Liorhyssus hyalinus*)属半翅目缘蝽科。分布在全国各地。以成、若虫刺吸谷子穗部未成熟籽粒的汁液，影响产量、质量。

【形态特征】成虫体草黄色，有浅色细毛(图5-28)。头略呈三角形，头顶、前胸背板前部横沟及后部两侧、小盾片基部均有黑色斑纹，触角、足有黑色小点。腹部背面黑色，第5背板中央生1卵形黄斑，两侧各具较小黄斑1块，第6背板中央具黄色带纹1条，后缘两侧黄色。卵椭圆形，初产时血红色，近孵化时变为紫黑色。若虫初孵血红色，卵圆形，头部尖细，触角4节较长，胸部较小，腹部圆大，至5～6龄时腹部肥大，灰绿色，腹部背面后端带紫红色。

图5-28 粟缘蝽成虫

【发生规律】华北一年发生2～3代，以成虫潜伏在杂草丛中、树皮缝、墙缝等处越冬。翌春恢复活动，先为害杂草或蔬菜，7月间春谷抽穗后转移到谷穗上产卵。2～3代则产在夏谷和高粱穗上，成虫活动遇惊扰时迅速起飞，无风的天气喜在穗外向阳处活动。夏谷较春谷受害重。

【防治方法】因地制宜种植抗虫品种。尽量机耕后再播种，如为重茬播种，必须事先清洁田园。秋收后也要注意拔除田间及四周杂草，减少成虫越冬场所。根据成虫的越冬场所，在翌春恢复活动前，人工进行捕捉，效果很好。出苗后及时浇水，可消灭大量若虫。

成虫发生期喷撒2.5%敌百虫粉剂1.5kg/亩，或喷洒下列药剂：

40%乐果乳油1 500倍液；

50%马拉硫磷乳油1 000倍液；

40%氧乐果乳油1 500倍液；

50%杀螟丹可湿性粉剂1 500倍液；

20%甲氰菊酯乳油3 000～4 000倍液；

2.5%溴氰菊酯乳油2 000倍液等药剂。

3．粟凹胫跳甲

【分　　布】粟凹胫跳甲(*Chaetocnema ingenua*)属鞘翅目叶甲科。分布在东北、华北、西北各地及内蒙古、新疆、河南、湖北、江苏、福建等地。

【为害特点】以幼虫和成虫为害刚出土的幼苗。幼虫为害，由茎基部咬孔钻入，枯心致死。当幼苗较高，表皮组织变硬时，便爬到顶心内部，取食嫩叶。顶心被吃掉，不能正常生长，形成丛生，华北群众叫做“芦蹲”或“坐坡”。成虫为害，则取食幼苗叶子的表皮组织，吃成条纹，白色透明，甚至干枯死掉。

【形态特征】成虫体椭圆形，蓝绿至青铜色，具金属光泽(图5-29)。头部密布刻点，漆黑色。前胸背板拱凸，其上密布刻点。鞘翅上有由刻点整齐排列而成的纵线。各足基部及后足腿节黑褐色，其余各节黄褐色。后足腿节粗大。腹部腹面金褐色，具有粗刻点。卵长椭圆形，米黄色。末龄幼虫体圆筒形；头、前胸背板黑色；胸部、腹部白色，体面具椭圆形褐色斑点。裸蛹椭圆形，乳白色。

图5-29　粟凹胫跳甲成虫

【发生规律】吉林南部一年发生1代，少数2代，以成虫在表土层中或杂草根际1.5cm处越冬。翌年5月上旬气温高于15℃时越冬成虫在麦田出现，5月下旬、6月中旬迁至谷子田产卵，6月中旬至7月上旬进入第一代幼虫盛发期，一代成虫于6月下旬开始羽化，7月中旬产第二代卵，第二代幼虫为害盛期在7月下旬至8月上旬，第二代成虫于8月下旬出现，10月入土越冬。成虫能飞善跳，白天活动，中午日烈或阴雨时，多潜于叶背、叶鞘或土块下静伏。喜食谷子叶面的叶肉，残留表皮常成白色纵纹，严重时可使叶片纵裂或枯萎。成虫一生多次交尾，并有间断产卵习性。卵大多产于谷子根际表土中，少数产于谷茎或叶鞘或土块下。幼虫孵化后沿地爬行到谷茎基部蛀入为害，被害谷苗心萎蔫枯死形成枯心苗。幼虫共3龄，老熟幼虫在谷苗近地表处咬孔脱出，在谷株附近土中作土室化蛹。在气候干旱少雨的年份发生为害重。在干旱年份，黏土地受害重于旱坡地，而在雨涝年份，则旱坡地发生重于黏土地。早播春谷较迟播谷子受害重，重茬谷地重于轮作谷地。

【防治方法】因地制宜选育和种植抗虫品种。改善耕作制度。合理轮作，避免重茬；适期晚播，躲过成虫盛发期可减轻受害。加强田间管理。间苗、定苗时注意拔除枯心苗，集中深埋或烧毁；清除田间及周边杂草，收获后深翻土地，减少越冬菌源。

播种前用种子重量0.2%的50%辛硫磷乳油拌种。

土壤处理，播种时，用3%氯唑磷颗粒剂2kg/亩处理土壤。

在谷子出苗后4～5叶期或谷子定苗期喷洒5%高效氯氰菊酯乳油2 500倍液、5%顺式氰戊菊酯乳油2 500倍液、2.5%溴氰菊酯乳油3 000倍液。

4．谷子负泥甲

【分　　布】谷子负泥甲(*Oulema tristis*)属鞘翅目负泥甲科。别名粟叶甲、谷子负泥虫、粟负泥虫。分布在黑龙江、吉林、辽宁、内蒙古、宁夏、陕西、山西、山东、河北、北京。

【为害特点】成虫沿叶脉啃食叶肉，成白条状，不食下表皮。幼虫钻入心叶内舐食叶肉，叶面出现宽白条状食痕，造成叶面枯焦，出现枯心苗。

【形态特征】成虫体长3.5～4.5mm，宽约1.6～2mm，体黑蓝色具金属光泽；胸部细长，略似古钟状；小盾片、前胸背板及腹面钢蓝色，触角基半部较端半部细，黑褐色(图5-30)；足黄色，基节钢蓝色，前跗节黑褐色，前胸背板长于宽，基部横凹显著，中央处有1个短纵凹，刻点密集在两侧和基凹里。鞘翅平坦，上有10列纵行排列刻点，青蓝色，基部刻点稍大，每1行刻点在纵沟处。卵椭圆形，黄色。末龄幼虫体圆筒形，腹部稍膨大，背板隆起；头部黄褐色，胸、腹部黄白色；前胸背板具1排不规则的黑褐色小点，中、后胸和腹部各节生有褐色短刺。裸蛹黄白色。

图5-30 谷子负泥甲成虫

【发生规律】北方一年发生1代，以成虫潜伏在谷茬、田埂裂缝、枯草叶下或杂草根际及土内越冬。翌年5～6月成虫飞出活动、食害谷叶或交尾，中午尤为活跃，有假死性和趋光性。6月上旬进入产卵盛期，把卵散产在1～6片谷叶的背面，2～3片叶最多，卵期7～10天，初孵幼虫常聚集在一起啃食叶肉，有的身负粪便，幼虫共4龄，历期20多天，老熟后爬至土中1～2cm处作茧化蛹，茧外黏有细土，似土茧，蛹期16～21天。羽化出来的成虫于9月上中旬陆续进入越冬状态。该虫在干旱少雨的年份或干旱年份的黏土地或雨涝年份的旱坡地易受害，早播春谷较迟播谷、重茬地较轮作地受害重。

【防治方法】合理轮作，避免重茬，秋耕整地，清除田间地边杂草，适时播种。

播种前用50%水胺硫磷乳油或50%辛硫磷乳油按种子重量0.2%药量拌种。

也可在播种时每亩用3%克百威颗粒剂2kg处理土壤。或喷撒2.5%敌百虫粉剂或1.5%乐果粉剂或3%速灭威粉剂，亩用1.5～2kg。

谷子出苗后4～5叶或定苗时，喷洒下列药剂：

5%高氯氰菊酯乳油3 000倍液；

5%顺式氯氰菊酯乳油2 000倍液；

25%氰戊菊酯·乐果乳油1 500倍液；

2.5%溴氰菊酯乳油2 500倍液，每亩喷对好的药液75kg。

三、谷子各生育期病虫害防治技术

1. 谷子播种至出苗期病虫害防治技术

与马铃薯、豆类、玉米、小麦等作物轮作倒茬2年以上。彻底清除谷茬、谷草和杂草。因为谷茬、谷草和地边杂草是这些病虫害的主要过冬场所，所以要结合秋耕地，在来年4月底前，将这些杂草彻底清除干净，这样可大大减轻病虫害的发生。其中白发病、谷子瘟病、谷子胡麻斑病、粟灰螟、粟秆蝇为害较重。

种子处理，可用35%甲霜灵拌种剂按种子重量的0.2%、50%甲霜灵·三唑酮可湿性粉剂按种子重量的

0.3%～0.4%拌种；或用50%多菌灵可湿性粉剂、50%苯菌灵可湿性粉剂150g拌谷种50kg；或用种子重量0.4%～0.5%的64%恶霜灵·代森锰锌可湿性粉剂。可预防白发病、谷瘟病、纹枯病等。

播种前用种子重量0.2%的35%克百威胶悬剂或50%辛硫磷乳油拌种可防治粟凹胫跳甲。

用50%辛硫磷乳油100ml、5%甲萘威粉剂1.5～2kg加少量水与20kg细土拌匀，顺垄撒在谷株心叶或根际防治粟灰螟。

2．谷子拔节期病虫害防治技术

该时期(图5-31)，一旦发现枯心苗，要立即拔掉，并带出地外烧毁或深埋，以防止粟灰螟在这些枯心苗中长大后，再钻出来为害其他谷子植株。

图5-31　谷子拔节期生长情况

及时喷洒58%甲霜灵·代森锰锌可湿性粉剂600倍液、64%恶霜·锰锌可湿性粉剂500倍液、72%霜脲·锰锌可湿性粉剂600～800倍液、69%烯酰吗啉·代森锰锌可湿性粉剂1 000倍液，防治白发病、谷瘟病。

喷施5%井冈霉素水剂100ml/亩、20%三环唑·多菌灵·井冈霉素可湿性粉剂100～120g/亩、50%氯溴异氰脲酸可溶性粉剂40g/亩，对水40～50kg，防治纹枯病。

喷洒40%乐果乳油1 500倍液、50%马拉硫磷乳油1 000倍液、40%氧乐果乳油1 500倍液、50%杀螟丹可湿性粉剂1 500倍液、20%甲氰菊酯乳油3 000～4 000倍液、2.5%溴氰菊酯乳油2 000倍液等药剂，防治粟缘蝽等害虫。

3．谷子孕穗至抽穗期病虫害防治技术

这一时期(图5-32)发生严重的病害有白发病、锈病、黑粉病、灰斑病等，为害较重的害虫有粟缘蝽等。及时拔掉看谷老、黑穗等谷株。一旦发现谷子植株已成为看谷老或黑穗，要及时将其拔掉，并带出地外烧毁或深埋，以防止这些病菌扩散为害。

可喷洒20%三唑酮乳油800～1 000倍液、15%三唑醇可湿性粉剂1 000～1 500倍液、12.5%烯唑醇可湿性粉剂1 500～2 000倍液、12%萎锈灵可湿性粉剂500倍液、40%氟硅唑乳油 9 000倍液等药剂，防治锈病，发生严重时，间隔7～10天再喷1次，可达到良好的防治效果。

图5-32 谷子孕穗至抽穗期生长情况

喷洒50%苯菌灵可湿性粉剂1 000～1 500倍液、70%甲基硫菌灵可湿性粉剂500倍液，防治灰斑病、胡麻斑病等。

防治粟穗螟，可喷施25%杀虫双水剂500倍液、50%杀螟丹可湿性粉剂2 000倍液、2.5%溴氰菊酯乳油3 000～4 000倍液等药剂。

4．谷子灌浆期和成熟期病虫害防治技术

谷子已进入生长后期，病虫草的为害已不太严重，但谷子灰斑病、谷子锈病、粟穗螟等还有少部分发生为害，可根据当地的条件选择合适的防治措施，以保证谷子的丰产与丰收(图5-33)。

图5-33 谷子灌浆期生长情况

第六章 甘薯病虫害防治新技术

甘薯为旋花科一年生或多年生蔓生草本，又名山芋、红芋、番薯、红薯、白薯、地瓜、红苕等，因地区不同而有不同的名称。块根可作粮食、饲料和工业原料。

我国是世界上最大的甘薯种植国家，面积和产量居世界首位，种植面积533万～667万hm^2，占世界甘薯种植面积的75%左右，年总产量占世界总产量的85%左右，总产为1.5亿t，平均鲜薯单产19t/hm^2。

甘薯在中国分布很广，以淮海平原、长江流域和东南沿海各省最多。全国分为5个产区：①北方春薯区。包括辽宁、吉林、河北、陕西北部等地，该区无霜期短，低温来临早，多栽种春薯。②黄淮流域春夏薯区。属季风暖温带气候，栽种春夏薯均较适宜，种植面积约占全国总面积的40%。③长江流域夏薯区。除青海和川西北高原以外的整个长江流域。④南方夏秋薯区。北回归线以北，长江流域以南，除种植夏薯外，部分地区还种植秋薯。⑤南方秋冬薯区。北回归线以南的沿海陆地和台湾等岛屿属热带湿润气候，夏季高温，日夜温差小，主要种植秋、冬薯。

甘薯的主要病害虫有30多种，主要病害有甘薯黑斑病、甘薯茎线虫病、甘薯软腐病、甘薯瘟病、甘薯疮痂病、甘薯蔓割病、甘薯根结线虫病、甘薯根腐病、甘薯病毒病和甘薯紫纹羽病等；主要害虫有象鼻虫、蝼蛄、蛴螬、地老虎、甘薯天蛾、甘薯麦蛾等。北方、南方薯区病虫种类完全不同，北方病害以根腐病、茎线虫病、黑斑病为主，新近有黑痣病和紫纹羽病发生，而虫害以蛴螬和金针虫为主；南方病害以蔓割病、薯瘟病、疮痂病为主。

一、甘薯病害

1. 甘薯黑斑病

【分布为害】甘薯黑斑病是甘薯上的一种严重病害。分布广泛，在华北、黄淮海流域、长江流域、南方夏、秋薯区发生较重。此外，病薯含有毒素，牲畜误食较多则可引起中毒，得气喘病，严重的可致死(图6-1)。

【症　　状】生育期或贮藏期均可发生，主要侵害薯苗、薯块，不为害绿色部位。用带病种薯育苗或在带有病土、病肥的苗床上育苗，都能引起种薯及幼苗发病。染病幼苗茎基白色部位产生黑色近圆形稍凹陷斑，初期有灰色霉层，以后逐渐产生黑色刺状物或黑色粉状物，病斑逐渐扩大，严重时病斑包围苗基部形成黑根，后茎腐烂，植株枯死(图6-2)。一般病苗叶色变黄且矮小。苗床受害降低出苗量，引起烂床。薯块染病初呈黑色小圆斑，扩大后呈不规则形轮廓明显略凹陷的黑绿色病疤，病部组织坚硬，病薯黑绿色，具苦味(图6-3和图6-4)。贮藏期若高温多湿，由于薯块堆积接触，加上大量伤口存在，病害迅速蔓延，常使全窖发病腐烂。薯块上新生的症状与大田症状相似，病斑可深入薯内2～3mm，色泽反而较初期略浅。

图6-1 甘薯黑斑病为害情况

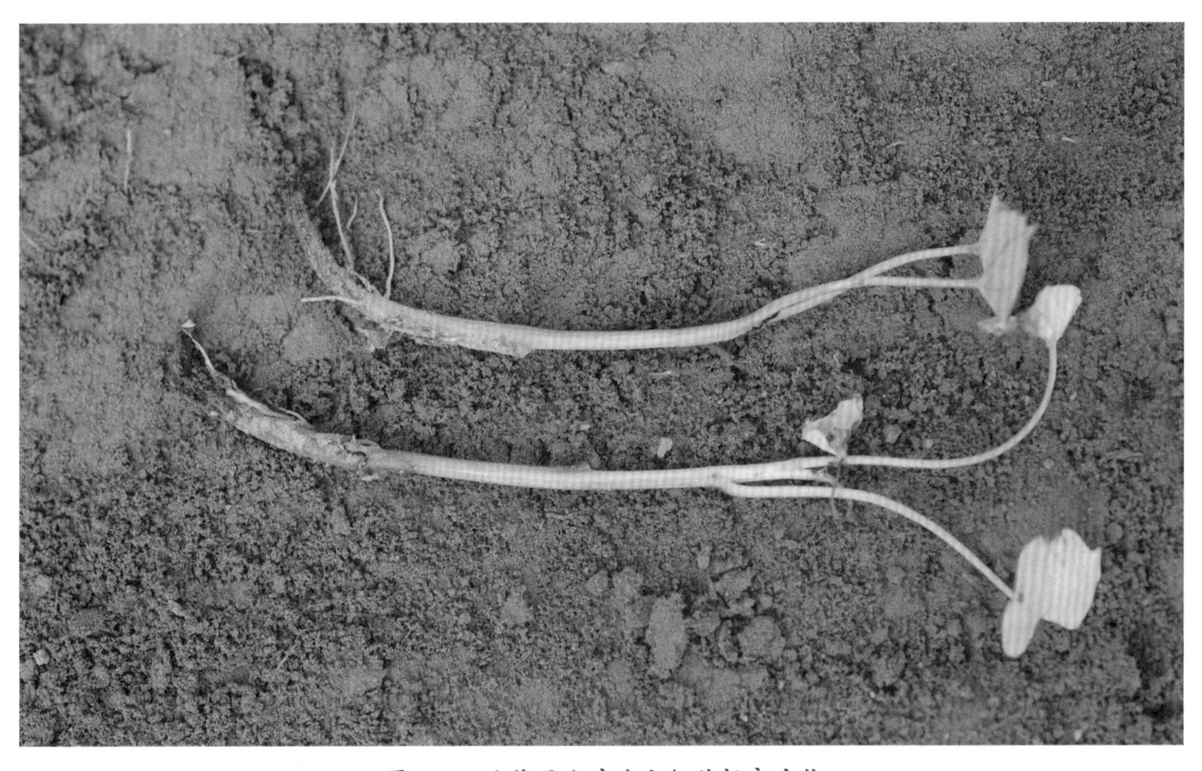

图6-2 甘薯黑斑病为害幼苗根部症状

图6-3　甘薯黑斑病为害薯块症状

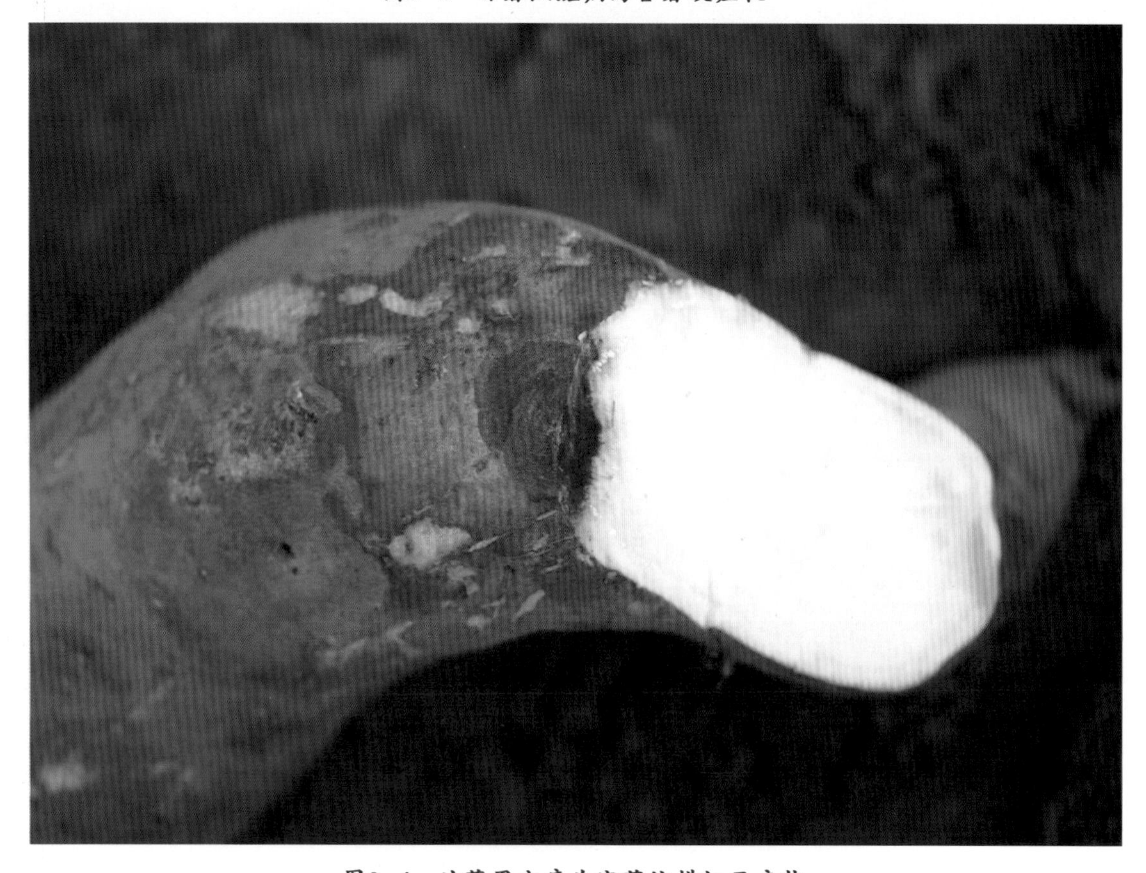

图6-4　甘薯黑斑病为害薯块横切面症状

【病　　原】*Ceratocystis fimbriata* 称甘薯长喙壳菌，属子囊菌门真菌(图6–5)。菌丝初期无色透明，老熟后变为深褐色，寄生于寄主细胞内或细胞间，病菌无性阶段产生分生孢子和厚壁孢子，有性阶段产生子囊壳和子囊孢子。分生孢子产生于菌丝或侧生的分生孢子梗内，成熟时从其内推出，分生孢子单胞圆筒形、棍棒形或哑铃形，无色，两端较平截。厚壁孢子暗褐色，近圆形、椭圆形或卵圆形。子囊壳内有多个子囊，子囊内有8个子囊孢子。子囊壁薄，成熟后自溶，子囊孢子散生于子囊壳内。子囊孢子无色，单胞。病菌生长适温23～29℃，最适酸碱度pH值6.6。分生孢子寿命较短；厚垣孢子和子囊孢子寿命较长。

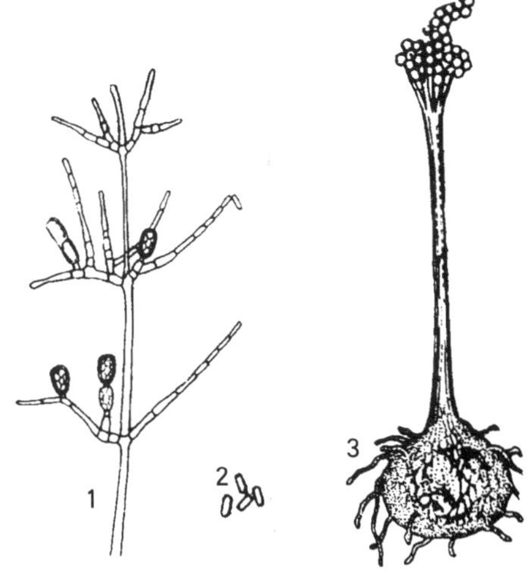

图6–5　甘薯黑斑病病菌
1.分生孢子梗和厚垣孢子
2.分生孢子　3.子囊壳及子囊孢子

【发生规律】病原以厚垣孢子和子囊孢子在贮藏窖、苗床及大田土壤中越冬，也可以菌丝体在种苗或种薯内潜伏越冬。带病或带菌的种苗、种薯、病土和病肥为初侵染源。病菌能直接侵入幼苗根和茎基，也可从薯块上伤口、皮孔、根眼侵入，发病后再频繁侵染。病害传播的主要途径是种薯及幼苗，其次是土壤、肥料、水流等。病部产生的孢子也能由气流传播和农事操作时人为传播。病害再侵染频繁，病势一般发展很快。病菌喜温、湿条件，土壤温度25℃左右，土壤湿度在60%时，最适于发病。结薯后期多雨，生理开裂多，病情加重。地势低洼、土壤黏重的重茬地或多雨年份易发病，窖温高，湿度大，通风不好时发病重。大田期地下害虫多，病情重。贮藏期薯块伤口多时，易引起烂窖。

【防治方法】选用抗病品种。建立无病留种田，对入窖种薯认真精选，严防病薯混入传播蔓延。重病地应与其他作物进行3年以上轮作，尤以水旱轮作更好。施足腐熟粪肥，及时追肥。适时灌水，防止土壤干旱或过湿。做好地下害虫、田鼠的防治。

适时收获，安全贮藏。应在霜降前选晴天收获。收获运输时尽量避免碰伤。新窖贮藏。沿用旧窖时，要先铲除一层窖内壁旧土，然后铺撒生石灰粉或用硫磺熏蒸消毒。严禁伤、病薯入窖。做好贮藏窖温、湿度管理。经常检查，随时清除病烂薯，以免传染。

苗床管理，在前3天将床温提高到35～38℃，以后床温不低于28～30℃，以促进伤口愈合。

高剪苗，离炕面3cm左右剪苗，可除去容易感病的地下白色部分。

药剂浸种：建议利用下述试剂浸种3～5分钟，可有效防治甘薯黑斑病。

50%多菌灵可湿性粉剂500倍液；

70%甲基硫菌灵可湿性粉剂1 000倍液；

80%乙蒜素乳油2 000倍液；

药剂浸苗：将薯苗捆成小把，用70%甲基硫菌灵可湿性粉剂800～1 000倍液或50%多菌灵可湿性粉剂500倍液浸苗基部3～5分钟。

2. 甘薯软腐病

【分布为害】甘薯软腐病为甘薯贮藏期的主要病害之一。分布广泛，全国各甘薯生产区均有发生。

【症　　状】多发生在甘薯贮藏期，主要为害薯块。薯块染病，病部变为淡褐色水浸状，病组织软腐，破皮后流出黄褐色汁液。受害薯肉淡黄白色，并散发出芳香酒味。后在病部表面长出大量灰白色霉层，上生黑色小粒点，黑色霉毛污染周围病薯，形成一大片霉毛，病情扩展迅速，2～3天整个块根即呈软腐状，发出恶臭味。若表皮未破，水分蒸发，薯块干缩并僵化(图6-6和图6-7)。

图6-6　甘薯软腐病为害薯块症状

图6-7　甘薯软腐病为害薯块横切面

【病 原】优势病原菌为黑根霉菌（*Rhizopus nigricans* Ehr.），属于接合菌门接合菌纲毛霉目毛霉科根霉属(图6–8)。菌丝初始无色，然后变暗褐色，形成匍匐根。孢子囊黑褐色，球形，囊内产生很多深褐色孢子，单胞、球形、卵形或多角形，表面有条纹。成熟时孢子囊膜破裂，散出大量孢囊孢子。病原菌菌丝生长最适宜温度为23～26℃；产生孢囊孢子最适宜的温度为23～28℃；孢子萌发的最适温度为26～28℃。

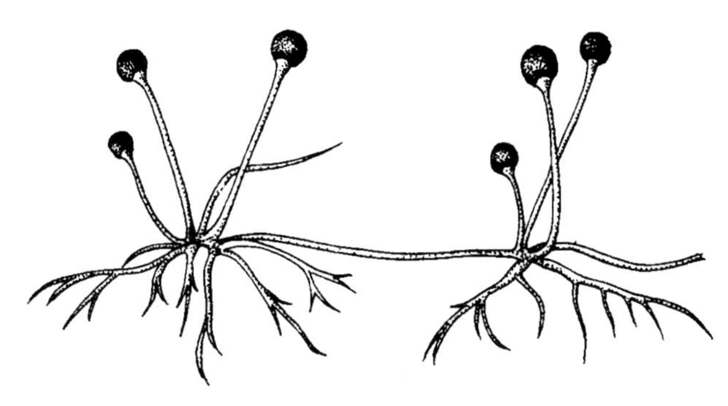

图6–8 甘薯软腐病病菌

【发生规律】该菌存在于空气中或附着在被害薯块上或在贮藏窖越冬，由伤口侵入。病部产生孢子囊和孢囊孢子，借气流传播进行再侵染，薯块有伤口或受冻时易发病。温度15～23℃，相对湿度78%～84%，有利于病害发生。一般春薯和受冷冻的薯块容易染病，主要原因在于春薯生长日期长，接近成熟，生活力减退，受冷冻薯块有部分组织因冷冻而坏死，丧失抵抗力。甘薯愈伤作用以高温(33℃最好)、高湿(相对湿度95%～100%)时最强，而适温(26～28℃)、适湿(75%～84%)则有利于孢子萌发侵染致病。

【防治方法】适时收获，适时入窖，避免霜害。夏薯应在霜降前后收完，秋薯应在立冬前收完。收薯宜选晴天。防止薯块受冻和破皮，控制好窖内温度和湿度。入窖前精选健薯，必要时用硫磺熏蒸。

对窖贮甘薯应根据甘薯生理反应及气温和窖温变化进行3个阶段管理。一是贮藏初期，即甘薯发干期，甘薯入窖10～28天应打开窖门换气，待窖内薯堆温度降至12～14℃时可把窖门关上。二是贮藏中期，即12月至翌年2月低温期，应注意保温防冻，窖温保持在10～14℃，不要低于10℃。三是贮藏后期，即变温期，从3月份起要经常检查窖温，及时放风或关门，使窖温保持在10～14℃。

甘薯软腐病是贮藏期的病害，因此薯块收获后要晾晒2～3天，使薯块失去一部分水分，使薯面和伤口干燥，并可抑制薯块表面一部分病菌，有利于贮藏。

3．甘薯茎线虫病

【分布为害】甘薯茎线虫病是一种毁灭性病害，山东、河北、河南、北京、天津、安徽、江苏、山西、辽宁等地发病较重。该病可为害地下薯块和地上茎蔓，造成烂种死苗，一般可减产10%～50%，严重的可造成绝产，为甘薯的三大病害之一。

【症 状】主要为害薯块和茎蔓。线虫侵害苗床幼苗，苗基部呈现淡褐色干腐状病斑，严重受害时，植株叶片发黄、株形矮小，结薯少，生长不良。甘薯茎基部染病，首先表现为外表皮粗糙，苗茎内疏松，随着病情的发展，茎变黑褐色，茎中间发黑变空，表皮坏裂(图6–9)。块根染病因侵染源不同，可表现糠心型、裂皮型和混合型。糠心型：由秧苗带线虫引起，病原线虫在植株内繁殖，并向薯块内发展，形成条点状断续的白色粉状间隙，白浆较少，后期内部褐白色相间糠腐，外表与健薯无明显差别，但薯块显著减轻，在水池内上浮，群众称为“糠心甘薯”(图6–10)。裂皮型：由残留在土壤中的病原线虫从薯块表皮侵入造成。病薯表面可见龟纹状裂口，皮肉变褐或褐白相间干腐(图6–11)。混合型：糠心和裂皮两种类型混合发生。

【病 原】*Ditylenchus destructor* 称马铃薯腐烂线虫，线虫纲茎线虫属(图6–12)。成熟的雌虫和雄虫都是细长蠕虫形，雌虫较雄虫略大，吻针尖细，基部球大，食道细而直，中部有一食道球。雄体交合刺膨大处有突起，交合伞长度占尾部的1/4～3/4。雌成虫体肥大，生殖孔(阴门)位于体长的4/5。卵椭圆形，无色，宽约为卵长的一半。幼虫与成虫相似，体形较成虫小。

【发生规律】甘薯茎线虫可以卵、幼虫、成虫在病薯中随贮藏和在田间越冬，以幼虫、成虫在土

图6-9 甘薯茎线虫病为害茎基部症状

图6-10 甘薯茎线虫病为害薯块糠心症状

图6-11 甘薯茎线虫病为害薯块裂皮型

壤、粪肥中越冬，因此，田间病残体、病土及病薯、病肥是线虫病的主要侵染来源。远距离主要通过病薯、病苗调运传播。线虫随着病薯越冬后可传到苗床侵染幼苗，幼苗携带线虫进入大田直接侵染块根发病，同时田间土壤中病残体和土壤中的线虫又可直接或从伤口侵染块根，收获后病薯进入贮藏窖越冬，完成周年循环过程。其生长的最适宜温度是25～30℃，零下25℃时经7小时死亡，51℃干热处理24小时或49℃温水浸泡10分钟则全部死亡。春薯重于夏薯，连作重于轮作，旱薄地重于肥水地，阴坡重于阳坡，丘陵旱地和砂质壤土发病最严重。品种间抗病性差异较大。

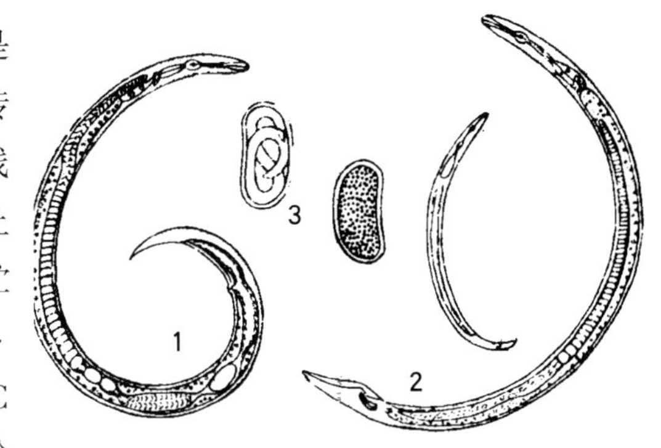

图6-12 甘薯茎线虫

1.雌虫 2.雄虫 3.虫卵及正在分化的虫卵

【防治方法】加强检疫、保护无病区。严禁从病区调运种薯、种苗。对引进的可疑薯苗，进行消毒处理。建立无病留种地，培育无病壮苗。收获后及时清除病残体，以减少虫源。实行轮作或改制。重病地实行5年以上的轮作，改种小麦、玉米、棉花、芝麻等作物。

种薯上床前，进行精选，用51～54℃温水浸种10分钟，取出后剔除变色薯块，上床后，加强管理，培育无病壮苗，高剪苗，以及种薯处理和土壤处理是防治茎线虫病的关键措施。

苗床用净土，以培育无病壮苗。

栽插时土壤处理，建议用下列药剂：

5%涕灭威颗粒剂2～3kg/亩；

40%甲基异柳磷乳油250～500毫升/亩（拌土后施用）；

10%灭线磷颗粒剂1～1.5kg/亩；

10%丙溴磷颗粒剂3kg/亩；

薯苗处理，严格挑选，汰除病苗、弱苗，然后用50%辛硫磷乳油100～150倍液、40%甲基异柳磷乳油500倍液浸泡基部10分钟，效果较好。

4．甘薯病毒病

【分布为害】甘薯病毒病为国内甘薯生产中逐渐发展为害较重的一大类病害(图6–13)。甘薯病毒病广泛存在于世界各甘薯产区。甘薯病毒病根据危害程度可分为普通甘薯病毒病和甘薯复合病毒病（SPVD）。普通病毒病在我国各甘薯产区普遍存在，一般减产20%～30%。甘薯复合病毒病（SPVD）在我国局部爆发成灾且扩散蔓延较快，导致减产50%～90%，严重时绝收，严重威胁我国甘薯安全生产。

图6–13 甘薯病毒病为害情况

【症　　状】普通病毒病症状可分为5种类型。①羽状斑驳型：苗床期和大田生长期均可发生。最初先在新叶(嫩叶)出现叶脉透明(明脉)现象，有的表现为褪绿半透明斑点，然后在明脉周围变紫褐色，形成紫色环状病斑(图6–14和图6–15)，典型的发展成羽状紫色斑纹；有的仅表现为紫色斑驳(图6–16)，有的则表现为与中脉平行的褪绿脉带(图6–17)，后期在老叶上出现沿叶脉组织坏死(图6–18)。②花叶型：苗期染病初期叶脉呈网状透明，后沿叶脉形成黄绿相间的不规则花叶斑纹(图6–19)。③叶片皱缩型：病苗叶片少，叶缘不整齐或扭曲，有与中脉平行的褪绿半透明斑(图6–20)。④卷叶型：苗期或大田早期叶缘上卷，一般温度升高后症状减轻或消失（图6–21）。⑤薯块龟裂型：薯块上产生黑褐色或黄褐色龟裂纹，排列成横带状或贮藏后内部薯肉木栓化，剖开病薯可见肉质部具黄褐色斑块,SPVD复合病毒病症状包括叶片扭曲、皱缩、花叶、畸形以及植株严重矮化等症状（图6–22和图6–23）。

图6－14 甘薯病毒病羽状斑驳型紫色环斑初期症状

图6－15 甘薯病毒病羽状斑驳型紫色环斑后期症状

图6-16 甘薯病毒病羽状斑驳型紫色斑驳状

图6-17 甘薯病毒病羽状斑驳型叶脉褪绿症状

图6−18 甘薯病毒病羽状斑驳型沿叶脉坏死状

图6−19 甘薯病毒病花叶型

图6-20　甘薯病毒病皱缩型

图6-21　甘薯病毒病为害叶片卷叶型症状

图6－22 甘薯病毒病薯块龟裂型叶片症状

图6－23 甘薯病毒病薯块龟裂型叶片症状

【病　　原】已报道侵染甘薯的病毒有30余种，普通甘薯病毒病的病原主要有甘薯羽状斑驳病毒Sweet potato feathery mottle virus，简称SPFMV；甘薯潜隐病毒Sweet potato latent virus，简称SPLV；甘薯G病毒Sweet potato virus G，简称SPVG；甘薯病毒C Sweet potato virus C，简称SPVC；甘薯病毒2 Sweet potato virus 2，简称SPV2；甘薯褪绿斑病毒 Sweet potato chlorotic fleck virus，简称SPCFV、甘薯曲叶病毒 Sweet potato leaf curl virus，简称SPLCV等。SPVD复合病毒病的病原有两种病毒，即甘薯褪绿矮化病毒 Sweet potato chlorotic stunt virus（简称SPCSV）和SPFMV，两种病毒协生共侵染甘薯可形成SPVD。

【发生规律】薯苗、薯块均可带毒，种薯带毒使苗床薯苗发病，因此种薯种苗是田间发病的主要侵染来源。远距离传播主要通过带病种薯、种苗随调运而传播，田间主要通过机械或蚜虫、烟粉虱及嫁接等途径传播。其发生和流行程度取决于种薯、种苗带毒率和各种传毒介体种群数量、活力、其传毒效能及甘薯品种的抗性。凡上年病毒病发生严重，甘薯带毒率高，种苗带毒也高，田间发病率也高。移栽后短期内气候干旱，返苗慢，生长势弱，发病重，干旱对蚜虫取食活动有利，传毒机率高，发病重。

【防治方法】选用抗病毒病品种及其脱毒苗。用组织培养法进行茎尖脱毒，培养无病种薯、种苗。苗床和大田发现病株及时拔除。增施有机肥，促进甘薯植株生长，增加抗病力，减轻为害，结合生长季节拔除病株，及时治蚜防病，减少田间病毒的再侵染。此外，在烟粉虱较少的冷凉地区繁种可有效减轻SPVD发生。

5. 甘薯紫纹羽病

【分布为害】主要分布在浙江、福建、江苏、山东、河北、河南等地。

【症　　状】主要发生在大田期，为害块根或其他地下部位。病株表现萎黄，块根、茎基的外表生有病原菌的菌丝，白色或紫褐色，似蛛网状，病症明显。块根由下向上，从外向内腐烂，后仅残留外壳，须根染病的皮层易脱落(图6-24)。病薯肉自下而上、自外向内逐渐腐烂，发出酒糟气味，薯皮因包有菌膜而质地坚韧，病薯块最后成空心僵壳。

图6-24　甘薯紫纹羽病为害薯块症状

【病　　原】*Helicobasidium mompa* 称桑卷担菌，属担子菌亚门真菌(图6-25)。子实层淡紫红色。担子圆筒形，无色，其上产生担孢子。担孢子长卵形，无色单胞。

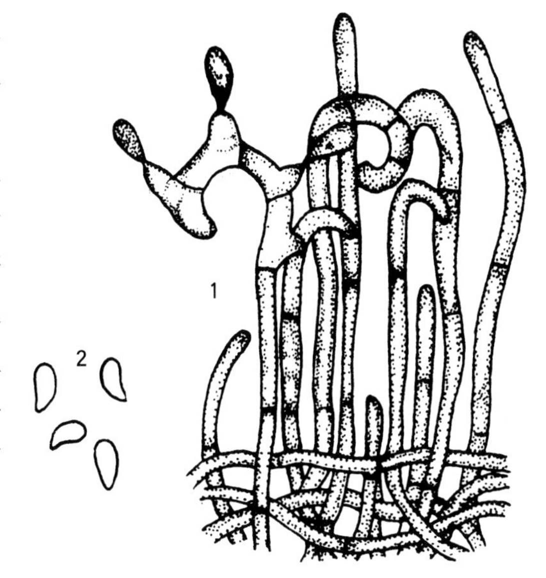

图6-25 甘薯紫纹羽病病菌
1.担子 2.担孢子

【发生规律】以菌丝体、根状菌索和菌核在病根上或土壤中越冬，成为初侵染源。条件适宜时，根状菌索和菌核产生菌丝体，菌丝体集结形成的菌丝束，在土里延伸，接触寄主根后即可侵入为害，一般先侵染新根的柔软组织，后蔓延到主根。病根与健根接触可引起健根发病，此外，也可靠土壤、雨水、灌溉水流、带菌肥料和病残体等传播。秋季多雨、潮湿年份发病重。连作地、沙土地、低洼潮湿、积水的地区发病重。

【防治方法】不宜在发生过紫纹羽病的地块栽植甘薯，重病田与禾本科作物实行3年以上轮作，水旱轮作最好。提倡施用酵素菌调制的堆肥，发现病株及时挖除烧毁，收获时病株残体集中烧毁或深埋。提高土壤肥力和改良土壤结构，以提高土壤保水保肥能力。

发病初期，在病株四周开沟阻隔，建议及时喷淋或浇灌下列药剂：

50%多菌灵可湿性粉剂600倍液；

70%甲基硫菌灵可湿性粉剂800倍液；

50%苯菌灵可湿性粉剂1 500倍液。

6．甘薯蔓割病

【分布为害】分布广泛，全国各甘薯生产区均有发生。以浙江、福建、山东、河北、辽宁、江苏、四川等省发生较重。大田发病越早，产量损失越大。

【症　　状】主要为害茎蔓和薯块。苗期染病，主茎基部叶片先变黄(图6-26)，茎基部膨大纵向开裂，露出髓部，横剖可见维管束变为黑褐色，裂开处呈纤维状。薯块染病，薯蒂部呈腐烂状，横切病薯上部，维管束呈褐色斑点，病株叶片从下向上逐渐变黄后脱落，最后全蔓干枯而死(图6-27)。临近收获期病薯表面产生圆形或近圆形稍凹陷浅褐色斑，比黑斑病更浅，贮藏期病部四周水分丧失，呈干瘪状。

【病　　原】*Fusarium oxysporum* var. *batatas* 称尖镰孢菌甘薯专化型，属无性型真菌。大型分生孢子圆筒形，纤细，有1～3个分隔；小型分生孢子单孢，卵圆形至椭圆形；厚垣孢子褐色，球形。

【发生规律】以菌丝和厚垣孢子在病薯内或附着在土中病残体上越冬，成为翌年初侵染源。多从伤口侵入，沿导管蔓延。病薯、病苗能进行远距离传播，近距离传播主要靠流水和农具。降雨次数多，降雨量大利于该病流行。连作地、沙地或沙壤土发病重。

【防治方法】选用抗病品种，严禁从病区调运种子、种苗。重病区或田块与水稻、大豆、玉米等实行3年以上轮作，有条件的地区最好实行水旱轮作。有机肥要充分腐熟后才可施用。发现病株及时拔除，集中深埋或烧毁。

结合防治黑斑病进行温汤浸种，培养无病苗，建议用70%甲基硫菌灵可湿性粉剂700倍液浸种或浸苗基部。必要时在农技人员指导下建议喷洒下列药剂：

30%碱式硫酸铜悬浮剂800倍液；

图6-26 甘薯蔓割病为害叶片症状

图6-27 甘薯蔓割病为害茎蔓症状

15%络氨铜水剂700～800倍液；

50%苯菌灵可湿性粉剂1 500倍液。

7．甘薯斑点病

【分布为害】甘薯斑点病在我国南北甘薯种植地区都有发生，是甘薯叶部常见的一种病害。该病由甘薯叶点霉菌侵染引起，发生严重时甘薯叶片局部或全部枯死。

【症　　状】主要为害叶片，叶斑圆形至不规则形，初呈红褐色，后转灰白色至灰色，边缘稍隆起，斑面上散生小黑点。严重时叶斑密布或连合，致叶片局部或全部干枯(图6-28)。

图6-28 甘薯斑点病为害叶片症状

【病　　原】*Phyllosticta batatas* 称甘薯叶点霉，属无性型真菌。分生孢子器近球形，具孔口；分生孢子梗短，卵圆形或椭圆形，单胞，无色。

【发生规律】北方以菌丝体和分生孢子器随病残体遗落土中越冬，翌年散出分生孢子传播蔓延。在我国南方，周年种植甘薯的温暖地区，病菌辗转传播为害，无明显越冬期。分生孢子借雨水溅射进行初侵染和再侵染。病菌喜温、湿条件，发病适温24～26℃，要求85%以上相对湿度，分生孢子溢出。生长期遇雨水频繁，空气和田间湿度大或种植地低洼积水，易发病。

【防治方法】选择地势较高地块种植。地势低、多水地块应高垄栽培。施足腐熟粪肥，避免后期脱肥。适时灌水，雨后及时挖沟排渍，降低田间湿度。重病地与其他作物进行2年以上轮作。收获后彻底清除田间病残体烧毁。

于病害始期，建议及时喷洒下列药剂：

70%甲基硫菌灵可湿性粉剂1 000倍液；

75%百菌清可湿性粉剂 1 000倍液；

80%代森锰锌可湿性粉剂600倍液；

50%苯菌灵可湿性粉剂1 500倍液；

65%代森锌可湿性粉剂400～600倍液；

50%多菌灵可湿性粉剂600倍液；

40%多·硫悬浮剂500倍液，间隔10天左右1次，连续防治2～3次，注意喷匀喷足。

8. 甘薯根腐病

【分布为害】主要分布于山东、河北、河南、江苏、安徽、湖南、湖北、陕西等省。发病地块轻者减产10%～20%，重者减产40%～50%，甚至成片死亡，造成绝收。

【症　　状】主要发生在大田期。为害幼苗，先从须根尖端或中部开始，局部变黑坏死，以后扩展至全根变黑腐烂，并蔓延至地下茎，形成褐色凹陷纵裂的病斑，皮下组织疏松。地上秧蔓节间缩短、矮化，叶片发黄(图6–29)。发病轻的，入秋后秧蔓上大量现蕾开花；发病重的，地下根茎全部变黑腐烂，主茎由下而上干枯，引起全株枯死。病薯块表面粗糙，布满大小不等的黑褐色病斑，中后期龟裂，皮下组织变黑。

图6–29　甘薯根腐病为害幼苗地上部症状

【病　　原】甘薯根腐病病原菌为*Fusarium solani* f. sp. *batatas* 称茄病镰孢甘薯专化型，属半知菌亚门真菌。有性态为 *Nectria haematococca*称血红丛赤壳菌，属子囊菌门真菌。菌丝灰白色，密绒状至絮状。菌核扁球形，灰褐色。

【发生规律】病菌分布以耕作层的密度最高，发病也重。田间病害扩展主要靠流水和耕作活动。遗留在田间的病残株也是初侵染来源，用病株喂猪，病菌通过消化道仍能致病，带病种薯也能传病。高温、干旱条件下发病重。温度27℃左右，土壤含水量在10%以下时易诱发此病。沙土地比黏土地发病重；瘠薄地比肥沃地发病重；连作地比轮作地发病重；夏薯比春薯发病重。

【防治方法】选用抗病品种。建立无病留种田，培育无病种薯。重病田实行3年以上轮作，可与花生、芝麻、棉花、玉米、谷子等作物轮作。适当早栽，培育无病壮苗，深翻改土、增施有机肥、适时浇水等措施，均可减轻发病。田间病株就地收集深埋或烧毁。

9．甘薯黑痣病

【分布为害】甘薯产区均有发生。病薯易失水，逐渐干缩，影响质量和食用价值。

【症　　状】主要为害薯块的表皮。初生浅褐色小斑点，后扩展成黑褐色近圆形至不规则形大斑，湿度大时，病部生有灰黑色霉层，发病重的病部硬化，产生微细龟裂。病斑仅限于皮层，不深入组织内部(图6–30)。

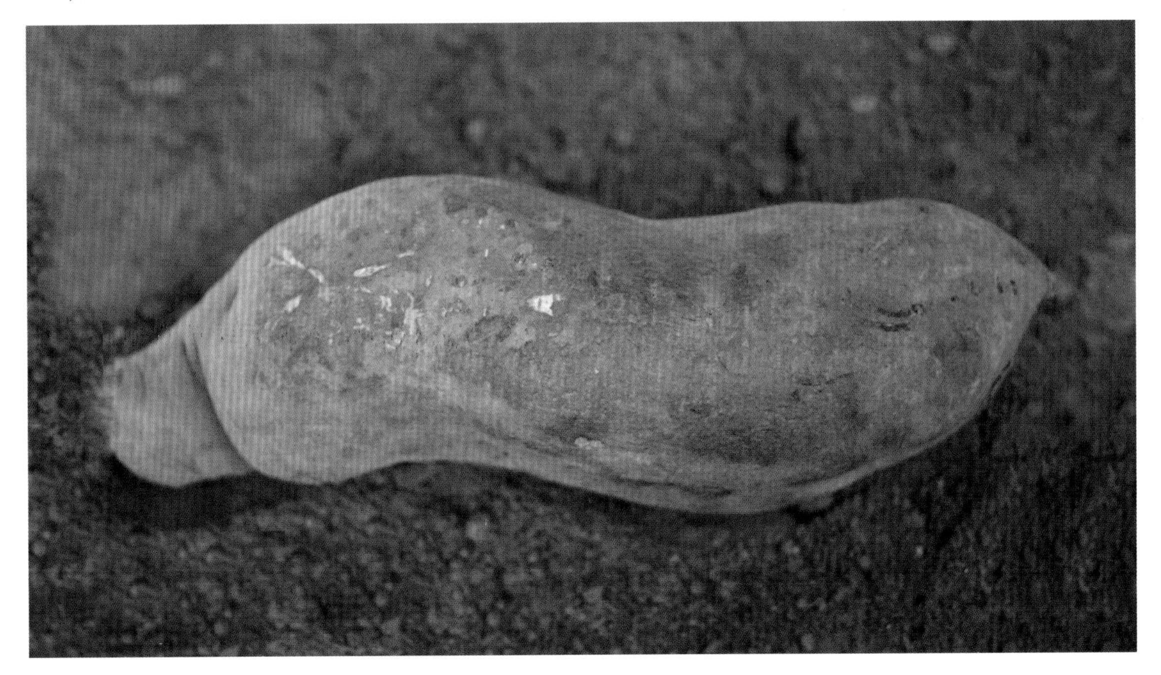

图6–30 甘薯黑痣病为害薯块症状

【病　　原】*Monilochaetes infuscans* 称薯毛链孢，属无性型真菌。菌丝初无色，后变成黑色。分生孢子梗不分枝，基部略膨大，具隔膜。分生孢子单胞，近无色，圆形至长圆形。

【发生规律】病菌主要在病薯块上及薯藤上或土壤中越冬。春天育苗时，引起幼苗发病，以后产生分生孢子，通过病薯、病苗、带菌粪肥、雨水等传播。病菌可直接侵入薯块表皮。发病温限6～32℃，温度较高有利其发病。夏秋两季多雨易发病。土质黏重、地势低洼或排水不良及盐碱地发病重。

【防治方法】建立无病留种田，选用无病种薯，培育无病壮苗。实行3年以上轮作，避免连作。必要时采用高畦或起垄种植。雨后及时排水，减少土壤湿度。

移栽时建议用50%多菌灵可湿性粉剂1 000倍液或50%甲基硫菌灵可湿性粉剂1 000倍液浸苗10分钟。

10．甘薯瘟病

【分布为害】甘薯瘟病为毁灭性的细菌性病害，为国内植物检疫对象。主要分布在华南、中南、华东。发病田产量损失20%～30%，重病田达70%～80%，个别严重田块甚至绝收。

【症　　状】因甘薯生育期和发病时期不同，在苗期、成株期与薯块上的症状表现也不完全相同。苗期：用病薯育苗，当苗高15cm左右时，1～3片叶开始凋萎，苗基部呈水渍状，以后逐渐变成黄褐色乃至黑褐色，严重的青枯死亡。病苗维管束变黄，后变褐色，同时地下细根变黑，脱皮而腐烂，继续蔓延发展到茎基部皮层和髓部，变黑腐烂脱皮，只残留丝状维管束组织，茎变中空。成株期：病苗栽后不发根，几天后死掉。茎蔓长30cm左右时，病菌从伤口侵入，叶片暗淡无光，中午萎蔫，茎基和入土部分，特别在有伤口的地方，呈黄褐色或黑褐色水渍状，最后全部腐烂，有臭味，茎内有时有乳白色的浆液。生长后期，茎蔓各节已长出不定根，叶片不萎蔫，提起蔓扯断不定根后，植株很快青枯死亡。多数须根出现水渍状，用手拉易掉皮，仅留下线状纤维(图6–31)。薯块：薯块初期不表现症状，外表不易识别。如剖视薯块纵切面，可以看到维管束变淡黄色或褐色到黑色，并呈条纹状，病菌可以从薯块的一端开始侵入，也可以从薯块的须根处侵入，后期整个薯块软腐，或一端腐烂，有脓液状白色或淡黄色菌液，带有刺鼻臭味。

图6-31　甘薯瘟病为害根部症状

【病　　原】*Pseudomonas solanacearum* pv. *batatae* 称青枯假单胞杆菌甘薯致病型，属细菌。菌体短杆状，单胞，具极生鞭毛1或多根。病菌生长适温为27～30℃，高于40℃或低于20℃均不利于生长。致死温度为58～60℃，菌株间致病力存在分化，生化特性也有差异。病菌存活力较强，在旱地可存活两年以上，病地经水淹半年病菌才完全死亡。

【发生规律】病薯和病苗是甘薯瘟病的主要初次侵染来源，带菌土壤和有病的其他寄主植物也是侵染的重要来源。病菌田间近距离传播主要靠灌溉水，其次为带病薯种、病苗、带菌肥料、中耕等农事活动；远距离传播则借种薯、种苗的调运。此外，甘薯小象甲也可携带病菌传播。病菌经由伤口和侧根侵入，进入维管束组织繁殖，沿维管束组织向上扩展。从发病的地下茎部蔓延到藤头而侵入薯块，引起薯块发病。病菌适宜在高温高湿条件下繁殖为害，适温范围是20～40℃，病菌在温度为27～35℃、湿度在80%以上，雨水频繁的条件下繁殖得最快。山坡旱地发病轻，平地洼地发病重，黏重地水稻土，比疏松砂壤土发病重，微酸性的土壤，发病较重。轻病地在灌水后病情扩展迅速。连作地、与茄科作物轮作的地块，发病重。秋薯比冬薯发病重。

【防治方法】加强检疫，严格控制病区种苗、种薯外调。因地制宜选用抗病品种，如广薯87、福薯90、金山57等品种。建立无病留种田，繁育无病种苗。实行水旱轮作或旱地轮作2年以上，避免与马铃薯、番茄、辣椒、茄子等茄科作物轮作。配方施肥，增施磷钾肥。不用病藤、病薯作牲畜饲料或堆沤土杂肥。合理灌溉，切勿漫灌和串灌，以防止水流传病。及时拔除初发中心病株，带出田外烧毁，病穴撒施石灰。发病重时开隔离沟封锁病中心。注意防除甘薯小象甲等害虫，减少虫媒传病。收获后彻底收集病残体，集中烧毁，并及时翻耕晒土。

发病初期喷洒或淋施下列药剂：

高锰酸钾600倍液；

77%氢氧化铜可湿性粉剂 600 ~ 800倍液。

11.甘薯疮痂病

【症　　状】主要为害嫩叶片、叶柄、嫩梢和幼茎。叶片受害，病斑多见于叶背叶脉上，呈木栓化疣斑，表面粗糙，病叶卷缩畸形。叶柄上现“牛痘”状圆形至椭圆形疮痂斑，表面亦粗糙，致叶柄弯曲(图6–32)。嫩梢受害呈畸形，发育受阻，新梢和幼叶难长大。薯块受害，表面产生暗褐色至灰褐色小点或干斑，干燥时疮痂易脱落，残留疹状斑或疤痕。发病重的植株结薯少而小。

图6–32　甘薯疮痂病为害叶柄症状

【病　　原】甘薯痂囊腔菌[*Elsinoe batatas* (Sawada)Viegas et Jenkins]，属子囊菌门腔菌纲多腔菌科。无性型为甘薯痂圆孢 (*Sphaceloma batatas* Sawada)，属无性型真菌。分生孢子梗单胞，圆柱形，无色；分生孢子单胞，椭圆形，两端各含一个油点，大小为（2.4 ~ 4.0）μm×（5.3 ~ 7.5）μm。偶见菌丝体在干枯的病残体上形成子座及其单排、球形的子囊，大小为（10 ~ 12）μm×（15 ~ 16）μm，内生4 ~ 6个透明、有隔、弯曲的子囊孢子，大小为（3 ~ 4）μm×（7 ~ 8）μm。

【发生规律】病菌主要以菌丝体潜伏在病组织中越冬。以带菌的种苗或带病的薯蔓为田间病害的主要初侵染源。病部产生分生孢子借气流和雨水溅射而传播，从寄主伤口或皮孔侵入致病，块茎表面形成木栓化组织后则难于侵入。病菌远距离传播则靠薯苗的调运。病害的发生流行受温湿度、地势土质、农事操作和品种抗性影响很大。品种间抗病性差异显著。田间发病适温为25 ~ 28℃，连续降雨和台风暴雨有利发病。低湿地和土质黏重的田块发病重。雨天翻蔓，病害蔓延扩展快。

【防治方法】严禁从病区调运种苗，提倡种苗自留自育。选用抗病品种等。重病田实行4 ~ 6年轮作。加强肥水管理，配方施肥，增施磷钾肥，适时喷叶面营养剂，增强抗性。适时适度灌水，雨后清沟排渍降湿。雨天不要翻蔓。收获后清除田间病残体，翻耕土壤。

病害发生初期，用下列药剂：

70%甲基硫菌灵可湿性粉剂1 000倍液；

50%多菌灵可湿性粉剂 600倍液；

50%苯菌灵可湿性粉剂1 500倍液；

80%代森锰锌可湿性粉剂600倍液；

40%氟硅唑乳油6 000 ~ 8 000倍液均匀喷雾。间隔10天喷1次，连续2 ~ 3次。

二、甘薯生理性病害

甘薯缺素症

甘薯的根系深而广，茎蔓又能着地生根，吸肥力很强，所以耐旱耐瘠。实践证明，甘薯对氮、磷、钾三要素的需求量，以钾最多、氮次之、磷又次之，生长过程中所需氮、磷、钾三要素的比例一般为1：1：2.5。但三要素的功能各不相同，不可相互代替。

【症　　状】缺氮时老叶首先呈现失绿，叶片数、分枝数减少，叶片缩小，节间缩短，叶片容易发黄早衰，进一步发展为老叶脱落，光合效能降低，严重影响产量(图6–33)。

图6–33　甘薯缺氮症状

缺磷会造成叶片变小，呈暗绿色，失去光泽，茎蔓伸长受阻，以后老叶出现大片黄斑，变紫色，不久即会脱落(图6–34)。

缺钾表现为叶小，节间和叶柄变短，叶色暗绿，后期叶的背面出现褐色斑点，致叶片干枯或死亡(图6–35)。

缺镁表现为老叶叶脉间由边缘向内变黄，叶脉仍保持绿色(图6–36)。缺镁严重时，老叶变成棕色且干枯，新长出来的茎则呈蓝绿色。

【病　　因】有机质含量低，沙质土壤中易缺氮。重质土壤中易缺磷。沙质土、泥炭土易缺钾。

图6-34 甘薯缺磷症状

图6-35 甘薯缺钾症状

图6-36　甘薯缺镁症状

【防治方法】根据当地土壤条件、气候状况和不同品种甘薯生长的特点，合理施用肥料，掌握“前促、中控、后期防早衰”的原则，达到最佳增产效果。

增施基肥。以有机肥为主，无机肥为辅。基肥施用量占总施肥量的80%以上，按每亩甘薯产量2 500～3 500kg，应施基肥3 000～4 000kg，三元素复合肥50kg。

合理追肥。早施提苗肥、壮苗肥，一般在栽后3～4天至30天内，浇施稀薄人粪尿2次，每次根据苗情每亩加尿素1～3kg。重施催薯肥、长薯肥，一般占总施肥量的20%，还可在甘薯垄背裂缝时及时施入裂缝肥，一般浇施人畜粪加适量碳酸氢铵。

根外追肥。在甘薯生长后期，叶面喷施0.2%的磷酸二氢钾溶液、0.5%尿素溶液和2%～3%的过磷酸钙溶液，喷施时间宜在傍晚，每隔7～10天喷1次，共喷2～3次。

三、甘薯虫害

1. 甘薯天蛾

【分　　布】甘薯天蛾(*Herse convolvuli*)属鳞翅目天蛾科。该虫近年在华北、华东等地区为害日趋严重。该虫为偶发性害虫。1991年在山东等省局部地区曾大发生，造成甘薯严重减产。

【为害特点】以幼虫咬食叶片，能将叶片吃光，只剩下薯蔓，还可为害嫩茎，影响产量甚大(图6-37)。

【形态特征】成虫体翅暗灰色(图6-38)；肩板有黑色纵线，中胸有钟状的灰白色斑块；腹部背面灰色，顶角有黑色斜纹；前翅灰褐色，内、中、外各横线为锯齿状的黑色细线，后翅淡灰色，有4条暗褐色横带。卵球形，初产时蓝绿色，孵化前黄白色。初孵幼虫淡黄白色，头乳白色，1～3龄体黄绿至绿色；4～5龄体色多变，主要有2种色型。①体绿、头黄绿色，两侧各具2条棕色斜纹，气门杏黄色，中央及外围棕色(图6-39）。②体暗褐色，密布黑点，头黄褐色，两侧各有2条黑纹，腹部斜纹黑褐色，气门黄色，尾角杏黄色，末端黑色。末龄幼虫中、后胸及1～8腹节背面有许多横皱，形成若干小环。蛹朱红色至暗红色(图6-40)。

图6-37 甘薯天蛾为害叶片症状

图6-38 甘薯天蛾成虫

图6-39　甘薯天蛾幼虫

图6-40　甘薯天蛾蛹

【发生规律】东北及华北地区每年发生2代，江淮流域发生3～4代，福建发生4～5代，田间世代重叠。以老熟幼虫在土中5～10cm深处作室化蛹越冬。成虫于5月出现，以8—9月发生数量较多，为害最重。夏季雨量多少是影响该虫种群数量的主导因素。6—9月雨水偏少，有轻微旱情，尤其是8月较干旱，此虫在虫源基数较高的情况下，即可能发生大为害。若夏季高温持续时间长，可以加速各虫态的发育，增加世代数，加重为害。秋末冬初耕翻土地，可破坏蛹的越冬环境，使其遭受机械创伤或裸露地面而被天敌啄食，越冬基数减少。赤眼蜂和黑卵蜂是甘薯天蛾卵的寄生性天敌。

【防治方法】冬、春季多耕耙甘薯田，破坏其越冬环境；早期结合田间管理，捕杀幼虫。

建议用下列药剂：

90%晶体敌百虫800～1 000倍液；

80%敌敌畏乳油2 000倍液；

8 000IU/mg苏云金杆菌乳剂500倍液；

40%辛硫磷乳油1 000倍液；

2.5%溴氰菊酯乳油2 000倍液喷雾。

2．甘薯麦蛾

【分　　布】甘薯麦蛾(*Brachmia macroscopa*)属鳞翅目麦蛾科。近年来在我国有为害加重的趋势，主要分布在华北、华东、华中、华南、西南等地区。

【为害特点】以幼虫吐丝啃食新叶、幼芽成网状，幼虫钻入芽中，虫体长大后啃食叶肉，仅剩下表皮，致被害部变白，后变褐枯萎(图6–41)。发生严重时，叶片大量卷缀，呈现“火烧现象”，严重影响甘薯产量。

图6–41　甘薯麦蛾为害叶片症状

【形态特征】成虫为黑褐色(图6–42)，头顶与颜面紧贴深褐色鳞片，前翅狭长，具暗褐色混有灰黄色的鳞粉，翅和翅脉绿色，近中央有白色条纹，后翅菜刀状，暗灰白色。卵椭圆形，初产乳白色，后变淡褐色，表面有细网纹。幼虫纺锤形，头部浅黄色，躯体淡黄绿色(图6–43)，中胸至第2腹节背面黑色，第3腹节以后各节底色为乳白色，亚背线黑色；在第3～6腹节，每节有1条黑色斜纹与亚背线相连；腹足细长，白色；全体生稀疏的长刚毛，着生在漆黑色的圆形小毛片上。蛹纺锤形，初蛹期，体淡黄褐色，后渐呈黄褐色；体散布细长毛。

图6–42　甘薯麦蛾成虫

图6-43 甘薯麦蛾幼虫

【发生规律】华北、浙江一年发生3～4代，江西、湖南5～7代，福建、广东8～9代。东北及北京等地以蛹在残株落叶下越冬；而福建、江西、湖南以成虫在甘薯枯落叶下、杂草丛中以及屋内阴暗处越冬；广东以老熟幼虫在冬薯或田边杂草丛中越冬。越冬蛹于6月上旬开始羽化，6月下旬在田间即见幼虫卷叶为害，第1代幼虫发生于7月，8月中旬第2代幼虫出现，9月发生第3代幼虫，10月份后老熟幼虫化蛹越冬。7—9月为发生高峰期。成虫日间栖息在薯田荫蔽处，每受惊动，即作短距离飞翔。成虫羽化后的当晚或第2天交尾，次日晚产卵。卵大多产于叶脉之间。幼虫共6龄，1龄有吐丝下坠习性，剥食叶肉，但不卷叶；2龄开始吐丝做小部分卷叶，并生活其中；3龄后食量增大，卷叶亦扩大，一叶食尽后又转移他叶，并排泄粪便于卷叶之内。2龄后的幼虫特别活泼，善跳跃，叶片遇扰动，即滑落而下掉。老熟幼虫在卷叶或土缝里化蛹。高温中湿有利于甘薯麦蛾的发生。7—9月份是为害猖獗时期，为害损失程度与甘薯的生育阶段关系十分密切。如在甘薯生长前期，甘薯需要充分营养供应而又遭受严重为害时，则影响产量较大。捕食幼虫的双斑青步甲在薯田中数量较多，适应性强，捕食量大，对甘薯麦蛾早期发生有明显的控制作用。

【防治方法】秋后要及时清洁田园，处理残株落叶，清除杂草，田园内初见幼虫卷叶为害时，要及时捏杀新卷叶中的幼虫或摘除新卷叶。

应掌握在幼虫发生初期施药，喷药时间以16:00—17:00为宜，此时防治效果较好。建议用下列药剂：

480g/L毒死蜱乳油1 000～1 500倍液；

90%晶体敌百虫800～1 000倍液；

25%亚胺硫磷乳油500～800倍液；

50%倍硫磷乳油1 000倍液；

25%杀虫双水剂500倍液；

40%辛硫磷乳油1 500倍液，每亩喷对好的药液75kg。

3．甘薯茎螟

【分　　布】甘薯茎螟(*Omphisa anastomosalis*)属鳞翅目螟蛾科。主要分布在福建、台湾、海南、广东、广西等地。

【为害特点】幼虫在薯茎内部钻蛀为害，被害薯茎因连续受到刺激，逐渐膨大，形成木质化中空、纵形隆起的虫瘿，虫瘿上部容易折断，造成缺株(图6–44)。部分幼虫也会在外露的薯块或从薯蒂侵入薯块，蛀食成隧道，影响薯块生长。

【形态特征】成虫头、胸、腹部灰白色(图6–45)；下唇须伸向头部前方，复眼大且黑；前翅浅黄色，翅基褐色，中央具网状斑纹，多不规则，近外缘处生有波状横纹2条，中室中央及末端有白色透明的1大2小斑纹，二者之间有1红褐色斑点，近外缘处有2条黄褐色波状横线，缘毛白色；后翅基部、臀角与顶角有不规则的红褐色斑，中室端脉斑不规则，褐色，有黑边与内缘连接，翅外缘有2条不规则的弯曲褐色条纹，臀角及顶角和缘线有深褐色波状线条，缘毛白色。雄虫体色常较雌虫深。卵扁椭圆形，浅绿色，后变为黄褐色，表生小红点。初孵幼虫头部黑色，2龄后变为黄褐色，老熟时呈红褐色(图6–46)。蛹初化蛹时为淡黄色，后呈红褐色(图6–47)；头部凸出，胸背中央纵隆起，腹部末端钝圆，有细钩状毛8根。

图6–44　甘薯茎螟为害状

图6–45　甘薯茎螟成虫

图6-46　甘薯茎螟幼虫

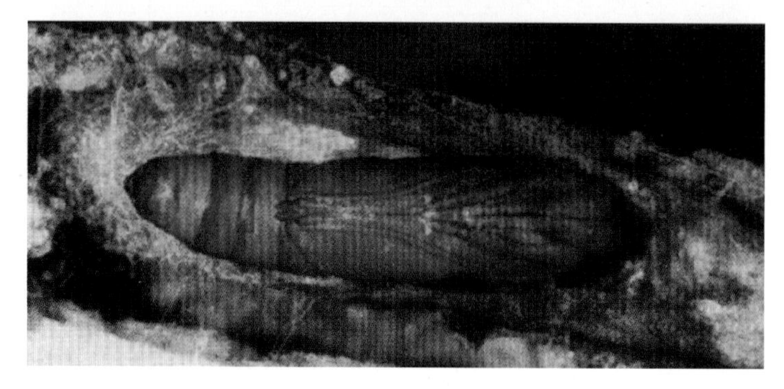

图6-47　甘薯茎螟蛹

【发生规律】一年发生4～5代。以老熟幼虫在冬薯茎内或残留在田间的薯块、遗藤内越冬。翌春3月上旬化蛹，3月下旬出现成虫。4月上旬至5月中旬出现第1代幼虫，5月下旬至7月上旬出现第2代幼虫，7月中旬至8月中旬出现第3代幼虫，9月中旬至10月下旬出现第4代幼虫，11月上旬出现第5代幼虫，老熟后越冬。成虫白天静伏在田间茎叶或杂草荫蔽处，受惊动即作短距离飞行。夜出活动，趋光性弱。当晚交配，第2天开始产卵，卵多散产在叶芽、叶柄或幼嫩的茎蔓上。幼虫孵化后在茎叶上爬行或吐丝下坠随风飘移。多从叶腋处蛀入茎内为害，后转入主茎或较粗茎蔓内取食。薯蔓受刺激后，形成中空膨大的虫瘿。一条茎蔓大多只有1个虫瘿，少数钻入薯块中为害。老熟幼虫先在虫瘿上咬一羽化孔，孔口由半透明的薄丝膜封住而后结一薄丝茧匿居其中化蛹。7月中旬前栽插的秋薯比7月下旬栽插的受害重。一般旱地薯比水田薯受害重，黏土田又比沙质田的甘薯受害重。

【防治方法】选用抗虫品种，用基部分枝性强的高产抗螟品种。茎螟食性较专一，大面积轮作，对该虫有抑制作用。收薯后，及时彻底地把薯田及其周围的薯藤、坏薯集中烧毁，可减少虫源。

生物防治：于幼虫发生期，在薯田释放红蚂蚁，对此虫有很好的防治效果。

薯苗药剂处理。剪苗栽插前1～2天，用40%乐果乳油1 000倍液、90%晶体敌百虫800～1 000倍液、80%敌敌畏乳油800～900倍液进行苗床喷雾或用乐果药液浸苗1～2分钟后扦插。在成虫羽化高峰后5～7天，喷洒上述杀虫剂。

4．甘薯叶甲

【分　　布】甘薯叶甲(*Colasposoma dauricum*)属鞘翅目叶甲科。分布于东北、华北、西北、华中、西南等地区。

【为害特点】成虫为害薯苗，取食薯苗顶端嫩叶、嫩茎，被害茎上有条状伤痕，被害幼苗生长停滞，甚至整株枯死，造成缺苗断垄，以致翻耕重插。幼虫在地下啃食薯根或薯块，薯块表层有弯曲隧道，影响薯块膨大。

【形态特征】成虫体长4～7mm，短卵圆形，蓝黑、蓝绿、紫铜或红黑色而具有光泽(图6–48)。卵长圆形，初产时淡黄色，后微呈黄绿色，透过卵壳可以见到胚胎。老熟幼虫体短圆筒形，头部淡黄褐色，体粗短，胸腹部黄白色，全身密被细毛，胸足3对。蛹为裸蛹，初蛹时为乳白色，短椭圆形，复眼始为乳白色，后渐变暗黄色、灰色至黑色。

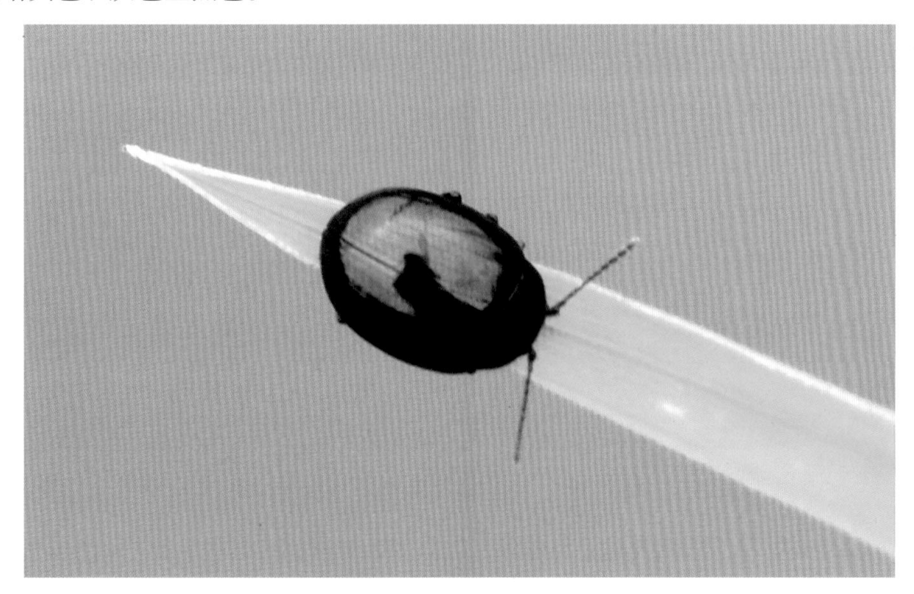

图6–48 甘薯叶甲成虫

【发生规律】一年发生1代，以幼虫在寄主田内地下15～25cm处作土室越冬。翌年春在土室化蛹、羽化。6月中旬出现幼虫，下旬为成虫为害盛期。成虫羽化后，在土室内潜伏一段时期，然后出土为害。一天中以清晨露水未干时活动较差，大多在薯块附近的土室内栖息，露水干后10：00及16：00—18：00为害最烈。成虫羽化出土后很快交尾产卵，成虫有假死习性，遇扰便落地或潜入土缝里不食不动。耐饥力很强。成虫飞翔力很差，寿命颇长。初孵幼虫较为活泼，孵出后即潜入土中啃食薯块表皮。在相对湿度50%以下时，幼虫即不能活动。一般山麓、山谷、沿溪薯田，地势低湿度大的地段，往往发生早而严重。

【防治方法】根据当地种植习惯合理轮作，可有效地控制虫源。秋季翻耕，消灭越冬幼虫。利用该虫假死性，于早、晚在叶上栖息不大活动时，震落塑料袋内，集中消灭。

在成虫羽化盛期遇到大雨时，往往田间虫口突增，是喷药灭虫的最好时机。建议喷洒下列药剂：

50%辛硫磷乳油1 500倍液；

90%晶体敌百虫1 000倍液；

40%氧乐果乳油2 000倍液；

30%氰戊・氧乐果乳油3 000倍液；

5%氯氰菊酯乳油2 000倍液；

0.6%苦参烟碱1 000倍液，采收前5天停止用药。

5．甘薯蜡龟甲

【分布为害】甘薯蜡龟甲(*Laccoptera quadrimaculata*)属鞘翅目铁甲科，主要分布于福建、台湾、广东、广西、贵州、四川、湖北、浙江、江苏。成虫、幼虫食叶成缺刻或孔洞，边食边排粪便，虫口多时满田薯叶穿孔累累，影响生长(图6–49)。

图6-49　甘薯蜡龟甲为害叶片症状

【形态特征】成虫体长7.5～10mm，宽6.4～8.6mm，体近三角形；前胸背板和两鞘翅向外延伸部分为黄褐色半透明，有网状纹(图6-50)；其余部分暗褐色；在两鞘翅背面暗褐色，有呈“干”字纹的黑色或黑褐色斑；触角11节，黄褐色，雌虫末端3节为黑色，雄虫末端5节为黑色。卵椭圆形，两端细小，褐色。覆于黄褐色胶膜中，单生，也有2粒并列一起的。末龄幼虫椭圆形，黑褐色。体周缘有16对黄褐色棘刺、尾须1对；前胸背板前方有1对凹陷不规则的半圆形眼斑。蛹淡黄褐色，前胸背板扁平，周缘生有硬刺，腹节两侧扩展成板状刺，蜕皮壳成串翻卷于蛹体背面。

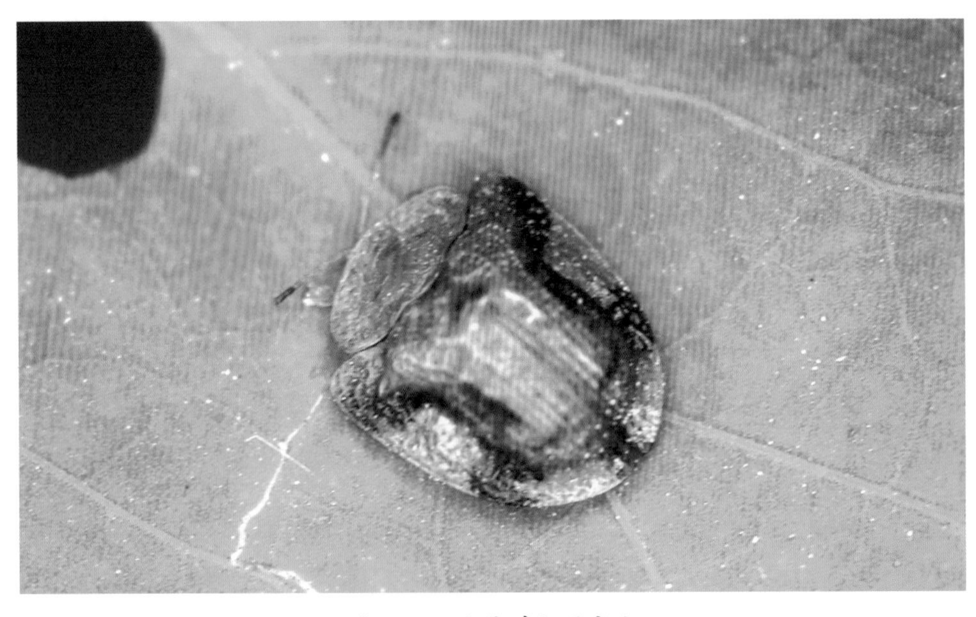

图6-50　甘薯蜡龟甲成虫

【发生规律】在广东一年发生6代，在福建一年发生4～6代，世代重叠。以成虫在杂草、土缝或越冬薯的茎蔓隐蔽处越冬。在广东每年3月中旬、在福建5月上中旬田间成虫陆续出现，9月上中旬成虫盛发。高温干旱季节此虫发生为害猖獗。

【防治方法】甘薯收获后及时清洁田园和田边杂草，可消灭部分越冬虫源。

成虫盛发时，喷洒下列药剂：

90%晶体敌百虫1 200倍液；

50%倍硫磷乳油1 000倍液；

25%亚胺硫磷乳油800倍液；

50%杀螟硫磷乳油900倍液。

6．甘薯蚁象甲

【分　　布】甘薯蚁象甲(*Cylas formicarius*)属鞘翅目锥象科。主要分布在浙江、江西、湖南、贵州、台湾、海南、广东、广西、云南、福建等我国南部地区。

【为害特点】成虫啃食甘薯的嫩芽梢、茎蔓与叶柄的皮层，并咬食块根成许多小孔，严重地影响甘薯的生长发育和薯块的质量与产量。幼虫钻蛀匿居于块根或薯蔓内，不但能抑制块薯的发育膨大，且其排泄物充塞于潜道中，助长病菌侵染腐烂霉坏，变黑发臭(图6–51)。

图6–51　甘薯蚁象甲为害薯块症状

【形态特征】成虫体小狭长，略呈左右扁的甲虫，形似蚂蚁。雄虫初羽化时呈乳白色，后变淡紫色，最后为蓝黑色(图6–52)，全体除触角末节、前胸和足呈橘红色或红褐色外，其余均为蓝黑色，具金属光泽；头部向前延伸如象鼻，复眼稍突出，半球形；触角发达，由10节组成，末节特长大。雌虫触角末节长卵形，短于其他各节的总和，呈鼓槌状。雄虫触角末节长圆筒形，长于其他各节的总和，呈棍棒状；前胸狭长，于近后端约1/3处凹缩如颈状；鞘翅重合，表面有不明显的纵行点刻约22条，背面隆起，较前胸为宽，呈长卵形；后翅薄而宽。卵椭圆形，初产时为乳白色，后变为淡黄色，表面散布许多小凹点。幼虫近长筒形，两端小，背面隆起稍向腹侧弯曲。头部淡褐色，胴部乳白色，体表疏生白色细毛(图6–53)。蛹长卵形，乳白色。复眼淡褐色。翅芽从体背两侧伸至腹面。

图6–52 甘薯蚁象甲成虫

图6–53 甘薯蚁象甲幼虫

【发生规律】甘薯蚁象甲一年发生世代因地而异。在浙江一年发生3～5代；福建、广西4～6代；广东5～7代；台湾、海南6～8代，世代发生重叠。以成虫、幼虫及蛹在薯块中越冬，在福建、海南、广东和广西等地，冬季仍见成虫能产卵繁殖，无越冬现象。成虫羽化后仍匿居薯块内，经3～4天后才钻出活动。成虫善爬行，在夏天的闷热夜晚，有少数作低空短距离飞行。成虫怕烈日，多于清晨或黄昏活动，白天栖息于茎叶茂密处或土缝和残叶下。雨天活动力较强，具假死性，耐饥力强。羽化7天后开始交配，交配后2～10天产卵。卵主要产于块根和主茎基部。成虫可钻到土下7cm深处的块根上产卵，但多产在外露的薯块上。气候干旱炎热是其大发生的主导因素。因干旱造成畦面龟裂薯块外露，而有利于此虫产卵。夏秋季节，甘薯正处于薯块形成膨大期，可提供丰富食料，气温又高，可促其繁殖加快。连作地发生重。地势较低或向阳山坡的薯地受害重。

【防治方法】加强植物检疫，防止传播蔓延。在甘薯收获季节，要全面及时拾净臭薯、坏藤头，集中碾压至扁裂为止。也可采用磨渣洗粉或刨丝切片晒干作为制酒精原料或燃料。做到边收、边拾、边处理。对残留的坏藤蔓、遗株要及时沤肥。实行轮作，有条件地区尽量实行水旱轮作。及时培土，防止薯块裸露，注意选用受害轻的品种和地块。

初冬或早春把小鲜薯(拇指头大)或鲜薯片在40%乐果乳剂或90%敌百虫晶体或50%倍硫磷乳剂或25%亚胺硫磷乳剂500倍液中，浸12小时，捞出晾干即成毒饵。于收获后的薯地及其后茬地上，每亩挖50～60个小浅穴，将毒饵放入穴内并加盖小草团诱杀成虫，防治效果很好。

生物防治：白僵菌粉(50亿/g)0.5～1.5kg拌细沙制成菌土，施药前先灌透水，然后均匀撒施于畦面上，可极大减轻甘薯蚁象甲为害。

薯苗于栽插前，浸在40%乐果乳油或90%晶体敌百虫400～600倍液，经1～5分钟后，取出晾干栽插；或在剪苗前1天，用40%乐果乳油75ml/亩加水15kg进行快速喷雾。

夏秋之间，喷施40%甲基异柳磷乳油250ml或25%杀虫双水剂200ml灭虫；或将药液用去掉喷头的喷雾器浇灌在藤头周围的畦面上，同样可有效地毒杀迁入为害的甘薯蚁象甲。

7．蛴螬

【分　　布】蛴螬是鞘翅目金龟甲科幼虫的总称。其成虫通称金龟子。蛴螬在我国分布很广，各地均有发生，而以我国北方发生较普遍。据资料记载，我国蛴螬的种类有1 000多种，为害甘薯的有40多种。其中，华北大黑鳃金龟、暗黑鳃金龟、铜绿丽金龟为优势种。

【为害特点】蛴螬的食性很杂，主要在地下为害，蛀食块根，造成孔洞(图6-54)，使作物生长衰弱，影响产量和品质。同时，被蛴螬造成的伤口有利于病菌的侵入，诱发其他病害。成虫金龟子主要取食植物地上部的叶片，有的还为害花和果实。

图6-54　蛴螬为害甘薯块茎症状

【形态特征】可参考小麦虫害——蛴螬。

【发生规律】可参考小麦虫害——蛴螬。

【防治方法】可参考小麦虫害——蛴螬。

8．甘薯绮夜蛾

【分布为害】甘薯绮夜蛾(*Emmelia trabealis*)属鳞翅目夜蛾科。发生于全国各地。以低龄幼虫啃食叶肉成小孔洞，3龄后沿叶缘食成缺刻(图6–55)。

图6–55　甘薯绮夜蛾为害叶片症状

【形态特征】成虫头、胸暗赭色，下唇须黄色，额、颈板基部黄白色，翅基片及胸背有淡黄纹；腹部黄白色，背面略带褐色；前翅黄色，中室后及臀脉各有1个黑纵条伸至外横线，外横线黑灰色，粗；环纹、肾纹为黑色小圆斑，前缘脉有4个小黑斑，顶角一黑斜条为亚端线前段，在中脉外有1个小黑点，臀角处有1条曲纹，缘毛白色，有一列黑斑；后翅烟褐色，中室有一小黑斑(图6–56)。卵馒头形，污黄色。幼虫体细长似尺蠖，淡红褐色，第8腹节略隆起，体色变化较大，分为头部褐绿色型，头部黑色型，头部红色型等。头部褐色型具灰褐色不规则网纹，额区浅绿色，体青绿色，背面及亚腹线至气门线之间具不明显黑色花纹，背线、亚背线系不大明显的褐绿色，气门线黄绿色较宽，中间有深色细线(图6–57和图6–58)。蛹黄绿色(图6–59)。

【发生规律】一年发生2代。以蛹在土室中越冬。7月中旬越冬蛹羽化为成虫。成虫产卵于寄主嫩梢的叶背面，单产。初孵幼虫黑色，3龄后花纹逐渐明显，幼虫十分活跃。

【防治方法】收获后清除田间残枝落叶和杂草，消灭越冬蛹。

成虫产卵盛期和低龄幼虫期，可用下列药剂防治：

图6-56 甘薯绮夜蛾成虫

图6-57 甘薯绮夜蛾幼虫

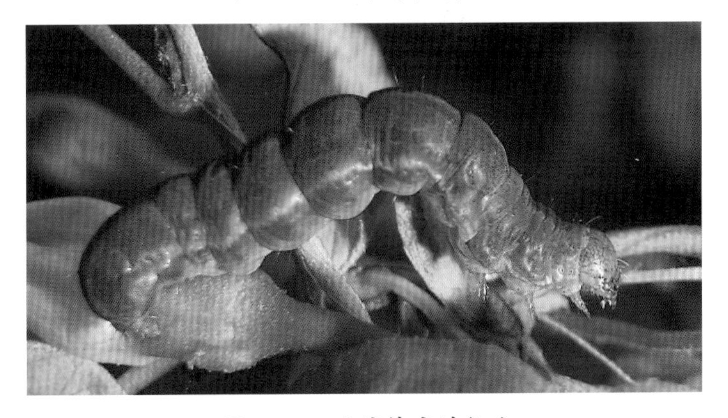

图6-58 甘薯绮夜蛾幼虫

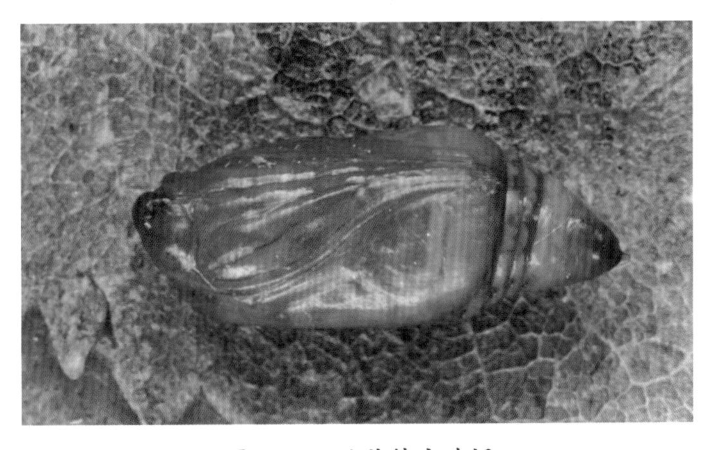

图6-59 甘薯绮夜蛾蛹

40%乐果乳油1 000～1 500倍液；

0.5%楝素杀虫乳油800～1 000倍液；

50%辛硫磷乳油1 000～1 500倍液；

30%氧乐·氰戊菊酯乳油2 000～3 000倍液；

5%氯氰菊酯乳油2 000～2 500倍液；

0.6%苦参烟碱800～1 000倍液；

48%毒死蜱乳油1 000～2 000倍液，视虫情10天1次，防治2～3次。

9．叶螨

【分　　布】主要有朱砂叶螨(*Tetranychus cinnabarinus*)、二斑叶螨(*T. urticae*)、截形叶螨(*T. truncatus*)均属真螨目叶螨科，在国内各甘薯产区均有分布。

【为害特点】成螨、若螨聚集在甘薯叶背面刺吸汁液，叶正面出现黄白色斑，后来叶面出现小红点，为害严重的，红色区域扩大，致甘薯叶焦枯脱落，状似火烧。常与其他叶螨混合发生，混合为害(图6–60和图6–61)。

图6–60　叶螨为害甘薯叶片正面症状

图6–61　叶螨为害甘薯叶片背面症状

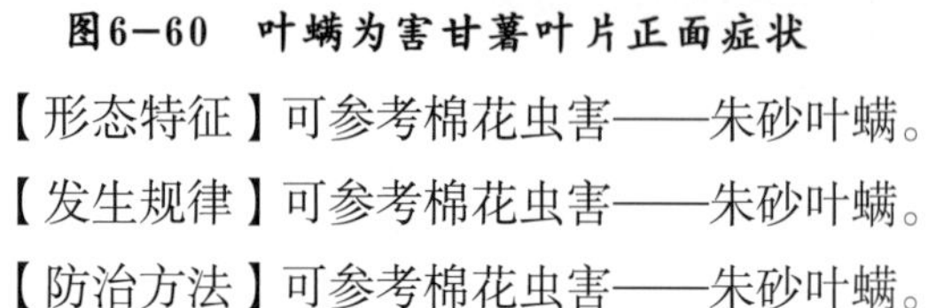

【形态特征】可参考棉花虫害——朱砂叶螨。

【发生规律】可参考棉花虫害——朱砂叶螨。

【防治方法】可参考棉花虫害——朱砂叶螨。

四、甘薯各生育期病虫害防治技术

1. 甘薯病虫害综合防治历的制订

甘薯栽培管理过程中，应总结本地甘薯病虫害的发生特点和防治经验，制订病虫害防治计划，适时进行田间调查，及时采取防治措施，有效控制病虫的为害，保证丰产、丰收。

甘薯从栽插至收获可分为发根缓苗期、分枝结薯期、薯蔓同长期、薯块盛长期、薯块收获贮藏期。甘薯田病虫害的综合防治工作历见表6-1，各地应根据自己的情况采取具体的防治措施。

表6-1 甘薯田病虫害的综合防治工作历

生育期	主要防治对象	防治措施
发根缓苗期	黑斑病、茎线虫病、枯萎病、蛴螬	土壤处理、药剂浸种
分枝结薯期	茎线虫病、紫纹羽病、斑点病、甘薯天蛾、甘薯茎螟、甘薯蚁象甲	喷施杀菌剂、杀虫剂
薯蔓同长期	紫纹羽病、甘薯天蛾、甘薯麦蛾、甘薯蚁象甲	喷施杀菌剂、杀虫剂及植物激素
薯块盛长期	甘薯麦蛾、蛴螬	喷施杀虫剂
薯块收获贮藏期	软腐病、黑斑病	用杀菌剂浸薯块

2. 甘薯发根缓苗期病虫害防治技术

发根缓苗期指甘薯苗栽插后，入土各节发根成活(图6-62)，地上苗开始长出新叶，幼苗能够独立生

图6-62 甘薯发根缓苗期生长情况

长，大部分秧苗从叶腋处长出腋芽的阶段。一般采用垄作，能加深土层，改善通气，加快吸热和散热，温差大，还有利于排涝抗旱。基肥重施农家肥，追施提苗肥，并配合适量含氮化肥，使生长前期以氮素代谢为主，后期以碳代谢为主。一般栽后2～3天，随时查看是否有死苗，做到随查随补，最好在田边栽一些太平苗(备用苗)，补苗时带土台补栽，保证成活率，补苗最好在下午或傍晚进行，以便避开烈日曝晒。

该时期的主要病虫害有病毒病、黑斑病、茎线虫病、枯萎病、蛴螬等。

移栽时用50%多菌灵可湿性粉剂1 000倍液、50%甲基硫菌灵可湿性粉剂1 000倍液浸苗，可有效地预防上述病害。

土壤处理，用下列药剂：40%甲基异柳磷颗粒剂4～5kg/亩、10%灭线磷颗粒剂2.5～3kg/亩、10%丙溴磷颗粒剂3kg/亩，加细土25～30kg拌匀穴施，先插秧浇水，后施药土再覆土防治地下害虫。

3．甘薯分枝结薯期病虫害防治技术

甘薯根系继续发展，腋芽和主蔓延长，叶数明显增多，主蔓生长最快，茎叶开始覆盖地面并封垄。此时，地下部的不定根分化形成小薯块，后期则成薯数基本稳定，不再增多(图6–63)。

结薯早的品种在发根后10天左右开始形成块根，到20～30天时已看到少数略具雏形的块根。

图6–63　甘薯分枝结薯期生长情况

该时期的病虫害主要有茎线虫病、病毒病、紫纹羽病、斑点病、甘薯天蛾、甘薯茎螟、甘薯蚁象甲等。

及时喷淋或浇灌50%多菌灵可湿性粉剂600倍液、70%甲基硫菌灵可湿性粉剂800倍液、50%苯菌灵可湿性粉剂1 500倍液防治紫纹羽病等病害。

防治该时期的害虫，可用下列药剂：90%晶体敌百虫800～1 000倍液、20%苏云金杆菌乳剂500倍液、2.5%溴氰菊酯乳油2 000～3 000倍液喷雾。

4．甘薯薯蔓同长期病虫害防治技术

甘薯茎叶覆盖地面开始到叶面积生长最高峰(图6–64)。茎叶迅速生长，茎叶生长量约占整个生长期重量的60%～70%。地下薯块随茎叶的增长、光合产物不断地输送到块根而明显膨大增重，块根总重量的30%～50%是在这个阶段形成的。

该时期的病虫害主要有茎线虫病、紫纹羽病、甘薯天蛾、甘薯麦蛾、甘薯蚁象甲等。可喷施下列药剂：90%晶体敌百虫800～1 000倍液、20%苏云金杆菌乳剂500倍液、50%辛硫磷乳油1 000倍液、2.5%溴氰菊酯乳油2 000倍液，防治虫害。

图6–64 甘薯薯块茎蔓同长期生长情况

5．甘薯薯块盛长期病虫害防治技术

薯块盛长期指茎叶生长由盛转衰直至收获期(图6–65)。茎叶开始停止生长，叶色由浓转淡，下部叶片枯黄脱落。地上部同化物质加快向薯块输送，薯块膨大增重速度加快，增重量相当于总薯重的40%～50%，高的可达70%，薯块里干物质的积蓄量明显增多，品质显著提高。

生长的中后期气温由高转低，昼夜温差大，有利于块根积累养分和加速膨大。

该时期病虫害防治重点有甘薯麦蛾、蛴螬等。可喷施下列药剂防治：48%毒死蜱乳油1 000～1 500倍液、40%氧乐果乳油1 000～1 500倍液、40%乐果乳油1 200倍液、50%亚胺硫磷乳油500～800倍液、50%倍硫磷乳油1 000倍液、50%辛硫磷乳油1 500倍液等药剂。

图6-65　甘薯薯块盛长期生长情况

6．甘薯收获贮藏期病虫害防治技术

甘薯块根是无性营养体，没有明显的成熟期，一般在当地平均气温降到12～15℃，在晴天土壤湿度较低时，进行收获(图6-66)。

图6-66　甘薯收获期

薯块应随时入窖，有的地区应及时切晒加工。不论用机械还是人工刨挖，都要尽量减少漏收。同时要避免破伤薯块，否则易在贮存期间感染病害，而导致腐烂。薯窖要彻底清扫、消毒、灭鼠。严格选薯，剔除破皮、断伤、带病、经霜和水渍的薯块，贮藏量只可占贮藏窖容量的80%。

该时期主要以防治软腐病、黑斑病为主。可用下列药剂：50%多菌灵可湿性粉剂1 000倍液、70%甲基硫菌灵可湿性粉剂1 000倍液、80%乙蒜素乳油1 500倍液浸种10分钟；或用50%硫菌灵可湿性粉剂500倍液浸种5分钟，捞出晾干后入窖，可有效地防治黑斑病、软腐病。

第七章 棉花病虫害防治新技术

棉花是我国重要的经济作物，20世纪80—90年代，每年最大的栽培面积曾达600万hm^2以上，产量约700万t。近年来，随着种植业结构的调整，种植面积有所减少，2019年全国棉花种植面积为339.2万hm^2、产量588.9万t。我国植棉区分布广泛，按积温多寡、纬度高低、降水量多少等自然生态条件，可将我国植棉区划由南而北、从东向西依次划分为华南棉区、长江流域棉区、黄河流域棉区、北部特早熟棉区和西北内陆棉区，但近年来我国棉花主要在新疆棉区，种植面积为全国的75%。各区之间在适宜品种生态型、耕作栽培特点、主要病虫的发生与为害程度方面，都呈现出规律性的变化。

在棉花的整个生长过程中，常常发生多种病虫害。据记载，我国发生的棉花病害约有40种，其中，棉花枯萎病和黄萎病在局部地区常常造成很大损失，棉花苗期和铃期的多种病害在各棉区均普遍发生；为害棉花的虫害有30多种，其中，为害严重的有棉铃虫、绿盲蝽、棉蚜、棉叶螨、地老虎等。

一、棉花病害

1. 棉花枯萎病

【分布为害】棉花枯萎病是棉花重要病害之一。该病于1892年在美国阿拉巴马州首次发现，以后随棉种调运而扩散传播。目前世界各棉花主产国家和地区均有分布，以美国东南部、埃及、坦桑尼亚和中国发生严重。我国于1934年在江苏省南通市首次发现该病，现已扩展到东北、西北、黄河流域和长江流域的20个省、直辖市、自治区，其中，以陕西、四川、江苏、云南、山西、山东、河南等省为害严重。除江西、浙江等少数地区为纯枯萎病区，多数地区为枯萎病和黄萎病混发区。该病具毁灭性，一旦发生很难根治。重病株于苗期或蕾铃期枯死，轻病株发育迟缓，结铃少，吐絮不畅，纤维品质和产量均下降(图7–1)。

【症　　状】枯萎病在子叶期即可表现症状(图7–2)，现蕾期达到发病高峰，重病株大量死亡。现蕾期过后，未死的病株逐渐恢复生长，症状趋向不明显或隐蔽。到结铃后期，温度下降，病株可再次表现症状，叶片、蕾铃大量脱落，重者枯死。常表现出不同的症状：①黄色网纹型：病叶叶脉褪绿变黄，叶肉仍为绿色，呈现黄色网纹状，最后叶片变褐枯死或脱落(图7–3)；②紫红型或黄化型：子叶或真叶呈紫红色或黄色，多在叶缘发生，无明显网纹，严重时全株枯死(图7–4)；③皱缩型：病株节间缩短，明显矮化，叶片深绿色，稍增厚，皱缩不平(图7–5)；④青枯型：多发生在暴雨后，全株叶片萎蔫下垂，青干枯死(图7–6)；⑤顶枯型：多发生在棉花生长后期，病株自上而下逐渐枯死，叶片、蕾铃大量脱落。病株维管束变为深褐色(图7–7)。在潮湿条件下，枯死的病株茎秆表面能产生大量的粉红色霉层。

【病　　原】*Fusarium oxysporum* f.sp. *vasinfectum* 称尖孢镰刀菌萎蔫专化型，属无性型真菌(图7–8)。

图7-1 棉花枯萎病为害情况

图7-2 棉花枯萎病苗期黄化型症状

图7-3 棉花枯萎病黄色网纹型症状

图7-4 棉花枯萎病紫红叶型症状

图7-5　棉花枯萎病皱缩型症状

图7-6　棉花枯萎病青枯型症状

图7-7 棉花枯萎病维管束褐变症状

菌丝透明，具分隔，在侧生的孢子梗上生出分生孢子。大型分生孢子镰刀型，略弯，两端稍尖，具2~5个隔膜。小型分生孢子卵圆形，无色，多为单细胞。厚垣孢子顶生或间生，黄色，单生或2~3个连生，球形至卵圆形。厚壁孢子淡黄色，近圆形，单胞，光滑，单生或串生于菌丝中段或顶端，也可由大型分生孢子中的细胞形成。棉花枯萎病菌生长的温度范围为10~38℃，适温为27~30℃，致死温度为77℃10分钟。pH值2.5~9.0，最适pH值为3.5~5.3。

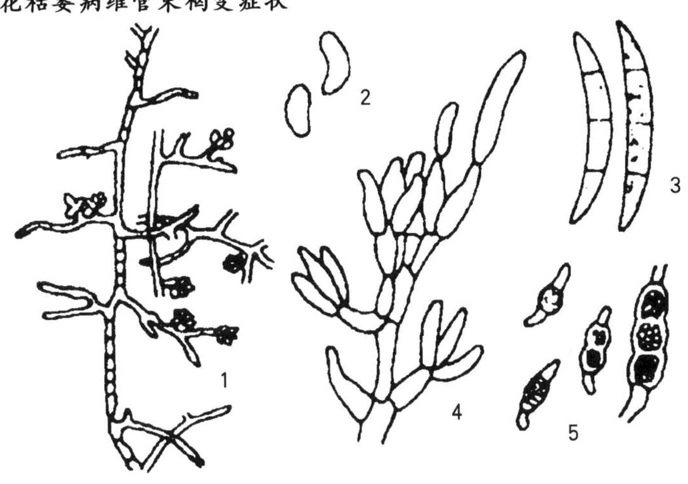

图7-8 棉花枯萎病病菌
1.小型分生孢子梗和分生孢子 2.小型分生孢子
3.大型分生孢子梗 4.大型分生孢子 5.厚垣孢子

【发生规律】病菌主要在种子、病残体或土壤及粪肥中越冬。带菌种子的调运成为新病区主要初侵染源，土壤带菌是病区最重要的初侵染源。春季播种后病菌开始萌发，产生菌丝，从棉株根部伤口或直接从根毛及根表皮侵入，在寄主维管束内繁殖扩展，进入枝叶、铃柄、种子等部位。病菌可通过中耕、浇水、农事操作等近距离传播，病残体遇高湿的条件也可长出孢子借气流或风雨传播，从而进行侵染。棉枯萎病菌的远距离传播，主要是借助于附着在棉花种子上的病菌和带菌的棉籽饼。定苗至现蕾期出现第1个发病高峰；夏季高温季节，病菌生长受到抑制，病害发展缓慢；至秋季多雨，气温下降，病菌生长旺盛，出现第2个发病高峰(图7-9)。夏季大雨或暴雨后，地温下降易发病。秋季多雨时，重病株从顶端向下方枯死，在枯死的茎秆节部会产生大量分生孢子，起再次侵染的作用。子叶期至结铃吐絮期均可发病，以5片真叶到蕾铃期发病较重，为害盛期多在现蕾期。土壤温度20℃时开始发病，25~30℃时发病最有利，达到33~35℃病情减轻，在9月份以后形成二次发病高峰。土壤湿度和该病的发生关系更密切，如果棉花出苗后，遇到几次大的降雨，土壤湿度大，地温降低，通气不良，不利于棉花根系发育，常引起棉花枯萎病爆发。

【防治方法】种植抗病品种。重病田实行水旱轮作2~3年，或与小麦、油菜等轮作3~4年。适期播种，合理密植，及时定苗，拔除病苗。晚定苗，拔除病株，带出田外集中烧毁；中耕松土，提高地温和

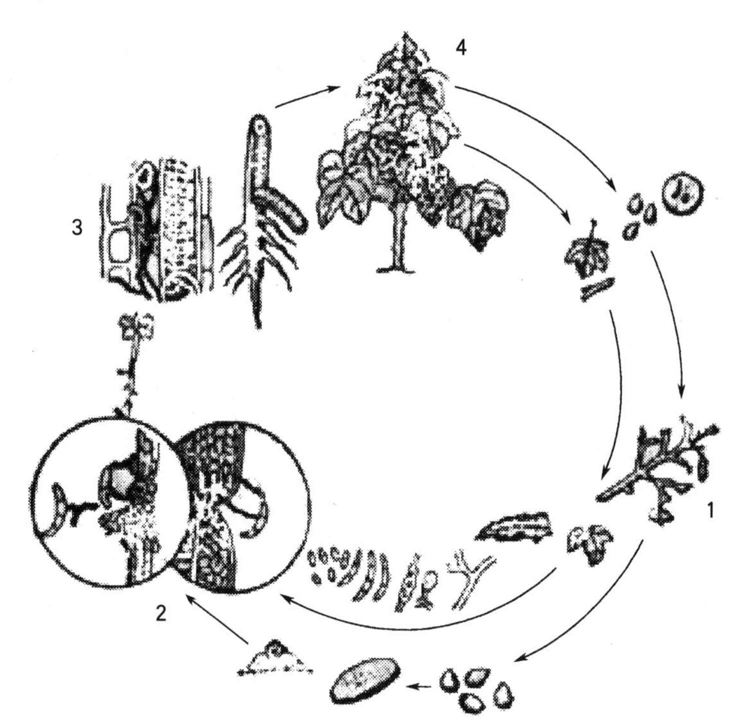

图7-9　棉花枯萎病病害循环

1.越冬病原菌　2.病菌侵入萌发　3.病菌进入维管束　4.发病

透气性，增强根系活力。增施底肥和磷钾肥；喷施生长调节剂，提高棉株抗病性。

种子处理和土壤处理是预防枯萎病的有效措施。

种子处理，可选用下列药剂：

40%敌磺钠可湿性粉剂400～500g/100kg种子；

25%多菌灵可湿性粉剂200～300g/100kg种子；

2%戊唑醇种子处理可分散粉剂1：（250～500）（药种比）拌种，防效较好。

棉种经硫酸脱绒后用种子量0.2%的80%乙蒜素乳油对适量水药液，加温至55～60℃温汤浸种30分钟，或用0.3%的50%多菌灵胶悬剂在常温下浸种4小时，晾干后播种。也可以选用下列药剂进行种子包衣：

20%多・福(多菌灵・福美双)悬浮种衣剂1 000～2 000g/100kg种子；

16%吡・萎・多菌灵(吡虫啉・萎锈灵・多菌灵)悬浮种衣剂2 000～4 000g/100kg种子；

20%克百・多菌灵(克百威・多菌灵)悬浮种衣剂3 000～5 000g/100kg 种子；

20%多・甲枯・克(多菌灵・甲基立枯磷・克百威)悬浮种衣剂3 000～5 000g/100kg种子进行种子包衣。

土壤处理，可以在整地时，撒施50%福美双可湿性粉剂4～5kg/亩+50%多菌灵可湿性粉剂2～3kg/亩、70%五氯硝基苯可湿性粉剂5～7kg/亩+50%多菌灵可湿性粉剂2～3kg/亩；也可以将病棉株周围土壤翻松，用99.5%氯化苦液剂125mg/m^{2}均匀施入土壤内，加水15～25kg助渗，然后用干细土严密封闭病点。

叶面喷施保得微生物叶面增效剂2 000～2 500倍液、0.01%芸苔素内酯乳油4 000～8 000倍液，提高棉株抗病性。

病害发生初期是防治的关键时期。可用下列药剂：

32%乙蒜素・三唑酮乳油40～50ml/亩；

25%咪鲜胺乳油800～1 500倍液；

50%多菌灵可湿性粉剂600～800倍液；

32%唑酮·乙蒜素乳油42 ~ 62.5mL/亩；

85%三氯异氰尿酸可溶性粉剂10 ~ 42g/亩；

30%乙蒜素乳油55 ~ 78ml/亩；

1.8%辛菌胺醋酯盐水剂416 ~ 694ml/亩；

80%恶霉·福美双可湿性粉剂400 ~ 800倍液；

20%甲基立枯磷乳油500倍液；

14%络氨铜水剂1 500倍液；

30%琥胶肥酸铜可湿性粉剂1 500倍液；

86.2%氧化亚铜可湿性粉剂800 ~ 1 000倍液；

70%甲基硫菌灵可湿性粉剂800 ~ 1 000倍液；

30%苯醚甲环唑·丙环唑乳油1 000 ~ 1 500倍液；

41%氯霉·乙蒜(氯霉素·乙蒜素)乳油34 ~ 68ml/亩，对水80 ~ 100kg均匀喷雾。

12.5%多菌灵·水杨酸悬浮剂250倍液灌根，每株100ml，20天后再灌1次，有较好的效果。

2. 棉花黄萎病

【分布为害】黄萎病在我国南北方棉区发展蔓延迅速，为害也在逐年加重，已成为棉花生长发育过程中发生最普遍、损失严重的重要病害。我国20世纪50—60年代以黄萎病为主，以后枯萎病为害严重，80年代末枯萎病得到控制后，黄萎病又复猖獗。1993年南北各棉区大发生，损失皮棉约1亿kg，1995年再次大发生，损失皮棉约7 500万kg。棉花发病后，叶片变黄、干枯，落蕾落铃多，果枝减少，铃重减轻，减产20% ~ 30%，纤维品质变劣(图7-10)。

图7-10 棉花黄萎病为害情况

【症　　状】整个生育期均可发病。一般在3～5片真叶期开始显症，生长中后期棉花现蕾开花后田间大量发病。初在植株下部叶片上的叶缘和叶脉间出现浅黄色斑块(图7–11)，后逐渐扩展，叶色失绿变黄褐色，主脉及其四周仍保持绿色，病叶出现掌状斑驳，叶肉变厚，叶缘向下卷曲，叶片由下而上逐渐脱落(图7–12至图7–14)，仅剩顶部少数小叶，发生严重时，整张叶片枯焦破碎，脱落成光秆，蕾铃稀少，棉铃提前开裂，后期病株基部生出细小新枝。纵剖病茎，木质部上产生浅褐色变色条纹。发病重的棉株茎秆、枝条、叶柄的维管束全都变色(图7–15)。秋季多雨时，病叶斑驳处产生白色粉状霉层，即菌丝体及分生孢子。

图7–11　棉花黄萎病为害幼苗症状

图7–12 棉花黄萎病为害叶片初期症状

图7-13 棉花黄萎病为害叶片后期症状

图7-14 棉花黄萎病田间发病症状

图7-15　棉花黄萎病维管束褐变症状

【病　　原】*Verticillium dahliae* 称大丽花轮枝孢，属半知菌亚门真菌(图7-16)。菌丝体无色，分生孢子梗直立，呈轮状分枝，轮枝顶端或顶枝着生分生孢子，分生孢子长卵圆形，单胞无色，孢壁增厚形成黑褐色的厚垣孢子，许多厚壁细胞结合成近球形微菌核，黑色。菌落生长适温为22.5℃，在30℃时也能正常生长，适宜pH为5.3～7.2。

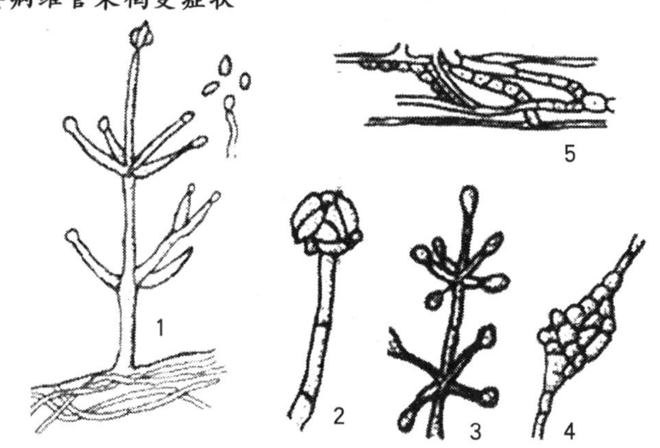

图7-16　棉花黄萎病病菌
1.分生孢子梗和分生孢子　2.干燥时分生孢子着生状　3.潮湿时分生孢子着生状　4.拟菌核　5.膨胀菌丝

【发生规律】病菌以菌核、菌丝体、厚垣孢子在土壤中越冬，也能在棉籽内外、病残体、带菌棉籽壳中越冬，成为第二年的初侵染源。条件适宜时，越冬病菌直接侵入或从伤口侵入根系，病菌穿过皮层细胞进入导管并在其中繁殖，产生的分生孢子及菌丝体堵塞导管，阻碍水分和养分的运输。土壤中的病菌也可依靠田间管理、灌溉等农事操作进行扩散。此外，在湿度适宜时，病斑上长出分生孢子梗及分生孢子亦可落入土壤，或随气流传播到周围。侵入期主要是在棉花2～6片真叶期，蕾期零星发生，花铃期(7—8月)进入发病高峰期。适宜发病温度为25～28℃，高于30℃、低于22℃发病缓慢，高于35℃出现隐症。在温度适宜范围内，湿度、雨日、雨量是决定该病消长的重要因素。地温高、日照时数多、雨日天数少发病轻，反之则发病重。在田间温度适宜，雨水多且均匀，月降雨量大于100mm，雨日12天左右，相对湿度80%以上发病重。多雨年份或适温高湿条件发病重。连作棉田、施用未腐熟的带菌有机肥及缺少磷、钾肥的棉田易发病，大水漫灌常造成病区扩大。

【防治方法】加强检疫，防止病害扩散，无病区的棉种不能从病区调运，防止枯萎病及黄萎病传入。种植抗病品种。实行大面积轮作倒茬。最好与禾本科作物轮作，防病效果明显。铲除零星病区、控制轻病区、改造重病区。坚持连年清除病田的枯枝落叶和病残体，就地烧毁，可减少菌源。不偏施氮肥，做好氮、磷、钾肥合理搭配，提高抗病力。改善棉田生态环境，及时中耕除草，防止棉田湿度过大，忌大水漫灌。

播种前药剂拌种是防治黄萎病的有效措施，苗期和蕾铃期是防治的关键时期。

播种前进行药剂拌种，对未包衣的种子，可用50%多菌灵可湿性粉剂或70%甲基硫菌灵可湿性粉剂按种子重量的0.8%拌种；或用20%三唑酮乳油或12.5%烯唑醇可湿性粉剂或10%苯醚甲环唑水分散粒剂按种子重量的0.2%拌种；或用50%敌磺钠可溶性粉剂按种子重量的0.4%拌种，每100kg种子对水2～3kg；也可用2%宁南霉素水剂100ml拌7kg棉种、1%武夷霉素水剂200倍液浸种24小时播种；或用0.5%氨基寡糖素水剂40倍液、0.2%的80%乙蒜素乳油药液在55～60℃下浸种30分钟后播种。

在棉花2～6片真叶期，田间开始发病，可用下列药剂及时施药防治：

70%甲基硫菌灵可湿性粉剂800倍液+70%恶霉灵可湿性粉剂1 000倍液；

50%多菌灵可湿性粉剂500～600倍液+50%敌磺钠可溶性粉剂800倍液；

2%宁南霉素水剂500～600倍液+0.5%氨基寡糖素水剂500倍液；

20%萎锈灵乳油800倍液+45%代森铵水剂300～500倍液；

80%乙蒜素乳油800～1 000倍液+0.05%核苷酸水剂300～500倍液；

20%甲基立枯磷乳油500倍液；

14%络氨铜水剂1 500倍液；

30%琥胶肥酸铜可湿性粉剂1 500倍液；

86.2%氧化亚铜可湿性粉剂800～1 000倍液，喷施或灌根，视病情7～15天后再灌1次。不但可较好地防治黄萎病，而且对棉花苗期其它病害也有很好的防治作用。

在棉花蕾铃期，即黄萎病发生初期(图7-17)，可选用下列药剂：

图7-17 棉花花蕾期黄萎病为害初期症状

30%苯醚甲环唑・丙环唑乳油1 000倍液；

70%甲基硫菌灵可湿性粉剂800～1 000倍液；

32%乙蒜素・三唑酮乳油13～17ml/亩；

36%三氯异氰脲酸可湿性粉剂80～100g/亩；

10亿活芽孢/g枯草芽孢杆菌可湿性粉剂75～100g/亩；

0.5%氨基寡糖素水剂400倍液；

25%咪鲜胺乳油800～1 500倍液；

50%多菌灵可湿性粉剂600～800倍液，对水40～60kg，全田喷施。

或用12.5%多菌灵，水杨酸悬浮剂250倍液、25%丙环唑乳油1 000倍液+45%代森铵水剂500倍液灌根，每株200～250ml，每隔7～10天1次，灌根2～3次，对黄萎病有较好的防治效果，也可兼治棉花叶部病害。

3．棉花炭疽病

【分布为害】棉花炭疽病是棉花苗期和铃期最主要病害之一，南、北棉区发病均较严重，重病年份造成缺苗断垄，甚至毁种，对棉花产量有直接影响。苗期发病，引起苗枯，苗期发病率26%～70%，严重时可达90%以上(图7-18)。成株期发病，是造成棉花烂铃的主要病害，严重年份病铃率达20%以上(图7-19)。

【症　　状】苗期、成株期均可发病，主要为害棉苗和棉铃。种子发芽后出苗前受害可造成烂种；出苗后茎基部发生红褐色绷裂条斑，扩展缢缩造成幼苗死亡(图7-20和图7-21)。子叶边缘出现圆形或半圆形黄褐斑，后干燥脱落使子叶边缘残缺不全(图7-22)。茎部病斑红褐至暗黑色，长圆形，中央凹陷，表皮破裂常露出木质部，遇风易折。真叶上的病斑圆形，中间灰褐色，外缘像紫褐色(图7-23)。棉铃染病初期呈暗红色小点，扩展后呈褐色病斑，病部凹陷(图7-24)。潮湿时，在病斑中央产生橘红色略带轮纹和黏结的分生孢子团。病斑可相互连接，扩大到全铃。铃内未成熟的纤维部分或全部腐烂，成为暗黄色的僵瓣。

图7-18　棉花炭疽病苗床子叶受害症状

图7-19 棉花炭疽病成株期为害情况

图7-20 棉花炭疽病为害茎部症状

图7-21　棉花炭疽病为害幼苗症状

图7-22　棉花炭疽病为害子叶症状

图7-23 棉花炭疽病为害叶片症状

图7-24 棉花炭疽病为害棉铃症状

【病　　原】*Colletotrichum gossypii* 称棉炭疽菌，属半知菌亚门真菌(图7–25)。有性世代为 *Glomerella gossypii* 称棉小丛壳，属子囊菌亚门真菌，少见。子囊壳暗褐色，球形至梨形。子囊孢子单胞，椭圆形，略弯曲。分生孢子着生在分生孢子梗上，排列成浅盆状，分生孢子盘有刚毛，刚毛暗褐色，有2～5个隔膜。分生孢子梗较短，其上可连续产生分生孢子。分生孢子无色，单胞，长椭圆或短棍棒形，多数聚生，呈粉红色。孢子发芽适温为25～30℃，35℃时发芽少，芽管伸展慢，10℃时不萌发。病菌的致死温度为51℃10分钟。但种子内部菌丝体在50～60℃温水中经过30分钟，也不会全部死亡。病菌在微碱性条件下发育较好，pH值在5.8以下则停止生长。

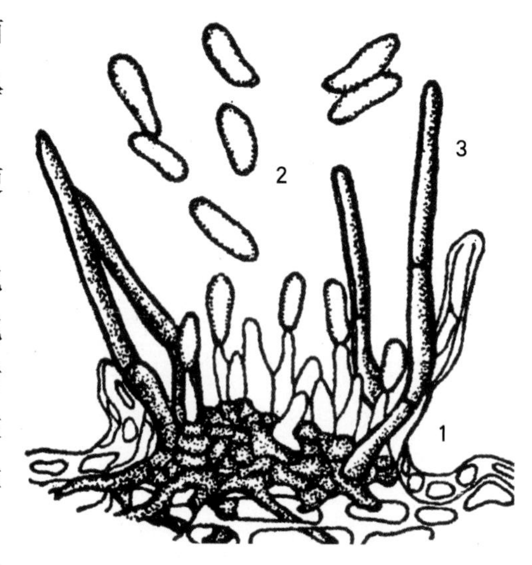

图7–25　棉花炭疽病病菌
1.分生孢子梗　2.分生孢子　3.刚毛

【发生规律】以分生孢子和菌丝体在种子或病残体上越冬，种子带菌是重要的初侵染源。第二年棉籽上病菌侵染幼苗，并产生分生孢子借风雨、昆虫及灌溉水等扩散传播(图7–26)。棉铃染病病菌侵入棉籽，带菌率30%～80%。发病的叶、茎及铃落入土中，造成土壤带菌，既可引起苗期发病，又可经雨水冲溅侵染棉铃，引起棉铃发病。温度和湿度是影响发病的重要原因。致病适温25～30℃，在温度适宜时，湿度是左右该病流行蔓延的决定因子，相对湿度在85%以上时，该病就会加剧为害，湿度低于70%时，则不利于发病。若苗期低温多雨、铃期高温多雨，炭疽病就容易流行。整地质量差、播种过早或过深、栽培管理粗放、田间通风透光差或连作多年等，都能加重炭疽病的发生。长江流域棉区苗期多雨、春寒炭疽病重于黄河流域棉区。

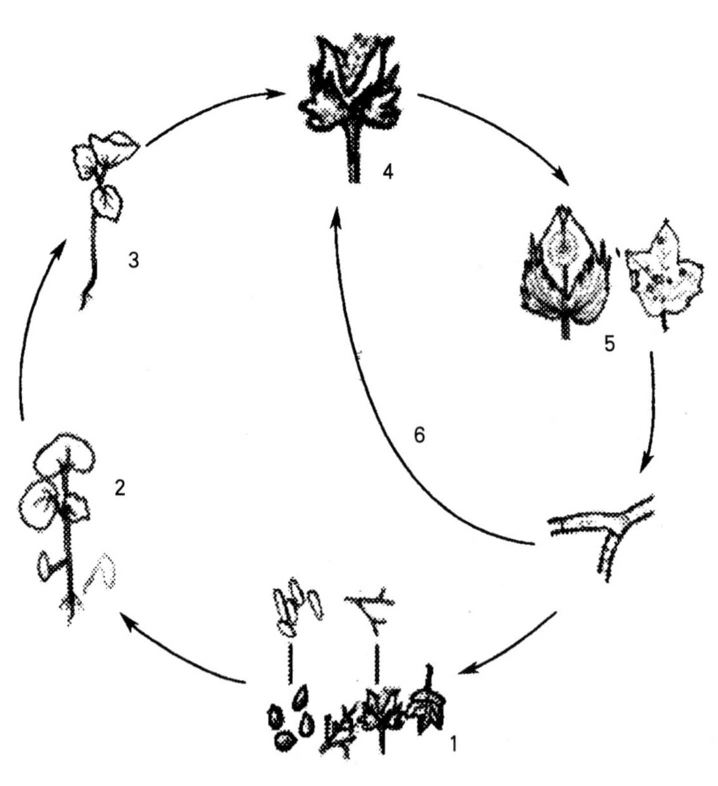

图7–26　棉花炭疽病病害循环
1.越冬病菌　2.病菌萌发侵染　3.幼苗萌发　4.病菌侵染棉铃　5.棉铃和叶片发病　6.再侵染

【防治方法】选用质量好的无病种子和种衣剂。实行水旱轮作也可有效减轻病害的发生。适期播种，培育壮苗，促进棉苗早发，提高抗病力。合理密植降低田间湿度，适当早间苗，勤中耕，尤其雨后及时中耕。防止棉苗生长过旺，并注意防止棉铃早衰。收获后清洁田园，深翻覆土。

播种前的种子处理是预防炭疽病的有效措施，棉花幼苗期和棉花蕾期是防治的关键时期。

播种前可用下列药剂进行种子处理：

45%溴菌腈·五氯硝基苯粉剂225～360g/100kg种子；

10%福美双·拌种灵悬浮种衣剂200～250g/100kg种子；

20%多菌灵·五氯硝基苯·克百威悬浮种衣剂700～1 000g/100kg种子；

15%甲基立枯磷·福美双悬浮种衣剂1：（40～60）(药种比)，均有较好的防效。

在幼苗期(图7-27)，喷洒下列药剂：

图7-27 棉花育苗期炭疽病为害症状

70%甲基硫菌灵可湿性粉剂800倍液+70%百菌清可湿性粉剂600～800倍液；

80%代森锰锌可湿性粉剂400～600倍液+50%苯菌灵可湿性粉剂1 500倍液；

50%多菌灵可湿性粉剂800倍液，发生严重时可在7天后再喷1次。

在棉花蕾期，棉铃炭疽病发生初期(图7-28)，可喷施下列药剂：

80%福美双·福美锌可湿性粉剂800～1 000倍液+24%腈苯唑悬浮剂800～1 200倍液；

25%氟喹唑可湿性粉剂5 000倍液；

36%三氯异氰尿酸可湿性粉剂500～600倍液；

25%络氨铜水剂600～800倍液；

25%溴菌清可湿性粉剂500倍液；

图7-28 棉花花蕾期炭疽病为害症状

40%氟硅唑乳油6 000～8 000倍液；

5%亚胺唑可湿性粉剂600～700倍液等药剂保护，间隔7～10天喷1次，连喷2～3次。

4．棉花红腐病

【分布为害】红腐病是棉花主要病害之一，全国各棉区均有发生，长江流域、黄河流域棉区受害重，辽河流域也有发生。严重发生年份，幼苗发病率最高可达80%～90%。

【症　　状】苗期染病，幼芽出土前受害可造成烂芽。幼茎染病导管变为暗褐色，近地面的幼茎基部出现黄色条斑，后变褐腐烂。幼茎发病，茎基部出现黄色条斑，后变褐腐烂，导管变成暗褐色，土面以下的幼茎、幼根肿胀(图7-29和图7-30)。子叶、真叶边缘产生灰红色不规则斑，湿度大时全叶变褐湿腐，表面产生粉红色霉层。棉铃染病后初生无定形病斑，初呈墨绿色，水渍状，遇潮湿天气或连阴雨时病情扩展迅速，遍及全铃，产生粉红色或浅红色霉层，病铃不能正常开裂，棉纤维腐烂成僵瓣状。种子发病后，发芽率降低。成株茎基部偶有发病，产生环状或局部褐色病斑，皮层腐烂，木质部呈黄褐色(图7-31和图7-32)。

【病　　原】*Fusarium moniliforme* 称串珠镰刀菌，属半知菌亚门真菌(图7-33)。有大小两种分生孢子。大型分生孢子镰刀形，直或略弯，无色，多数3～5个隔膜。小型分生孢子近卵圆形，无色，多数单胞，串生或假头生。病菌最适生长温度为20～25℃，分生孢子萌发最适温度为20～25℃，湿度86%以上。红腐病的发生与气象条件关系密切，病菌潜育期3～10天，其长短因环境条件而异。

【发生规律】病菌随病残体或在土壤中腐生越冬，翌年产生的分生孢子和菌丝体成为初侵染源。苗期初侵染源还可以是附着在种子短绒上的分生孢子和潜伏于种子内部的菌丝体，播种后即侵入为害幼芽

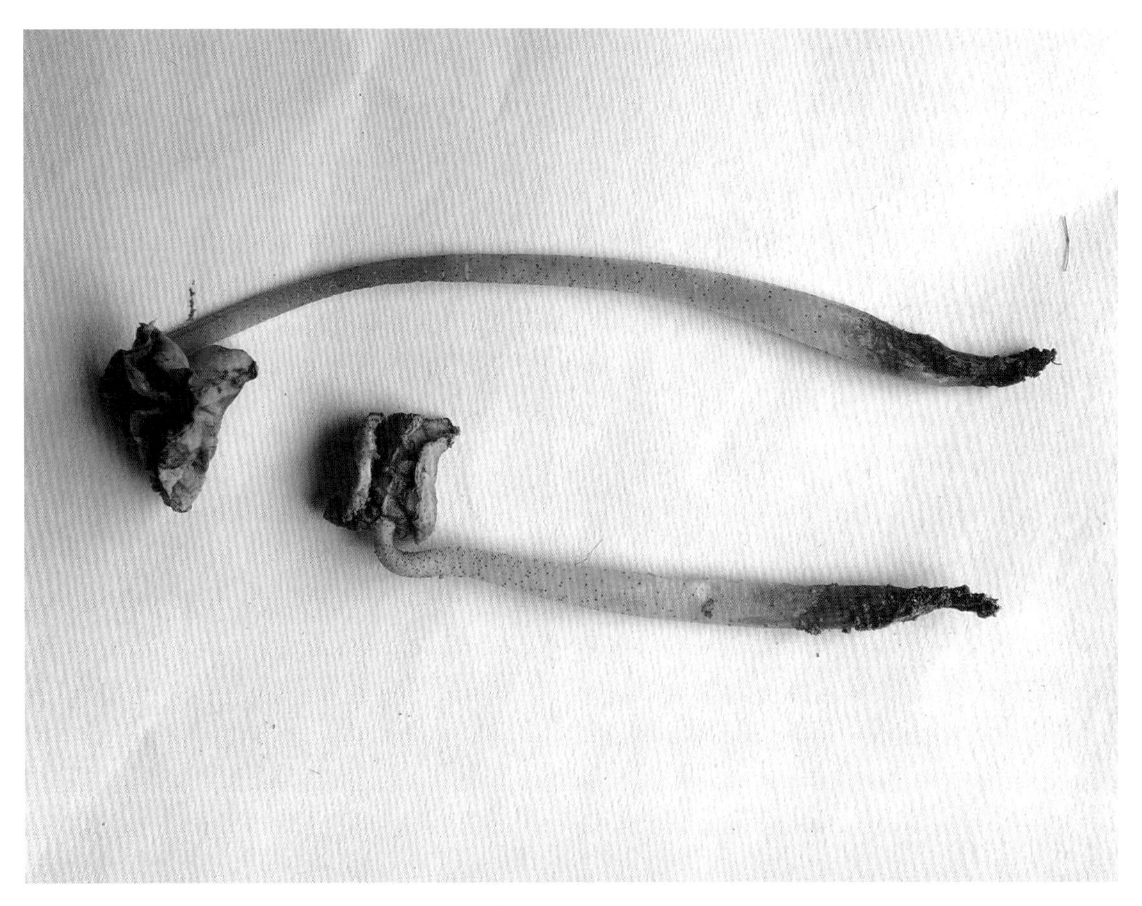

图7－29 棉花红腐病为害幼苗症状

图7－30 棉花红腐病为害严重时幼苗症状

图7-31　棉花红腐病为害棉铃初期症状

图7-32　棉花红腐病为害棉铃后期症状

或幼苗。棉铃期，分生孢子或菌丝体借风、雨、昆虫等媒介传播到棉铃上，从伤口侵入造成烂铃，病铃使种子内外部均带菌，形成新的侵染循环。红腐病菌在3～37℃温度范围内生长活动，最适20～24℃。高温对侵染有利。潜育期3～10天，其长短因环境条件而异。日照少、雨量大、雨日多可造成大流行。苗期低温、高湿发病较重。铃期多雨低温、湿度大也易发病。棉株贪青徒长或棉铃受病虫为害、机械伤口多，病菌容易侵入发病重。棉铃开裂期气候干燥，发病轻。

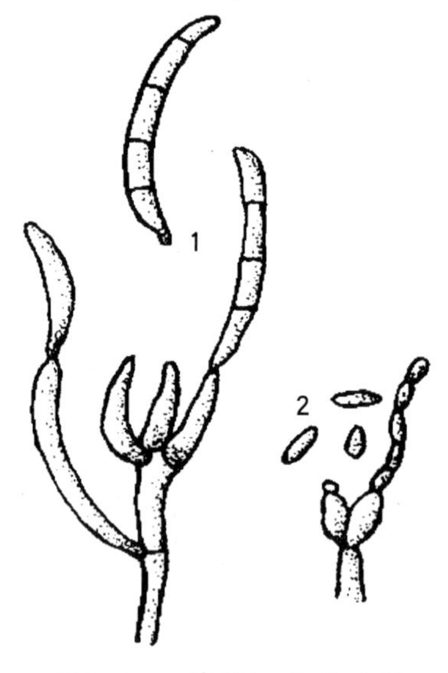

图7-33　棉花红腐病病菌
1.大型分生孢子
2.小型分生孢子

【防治方法】选种无病棉种或隔年棉种，清洁田园，及时清除田间的枯枝、落叶、烂铃等，集中烧毁，适期播种，加强苗期管理。及时防治铃期病虫害，避免造成伤口。

种子处理是预防苗期红腐病的有效措施，棉花苗期和铃期发病时喷药防治可有效地控制病害的发生。

种子处理，可用下列药剂进行拌种：

15%多菌灵·三唑酮·福美双悬浮种衣剂1：（50～60）（药种比）；

22.7%克百威·三唑酮·多菌灵悬浮种衣剂1：（50～60）（药种比）；

40%五氯硝基苯·福美双粉剂200～400g/100kg种子；

50%多菌灵可湿性粉剂按种子重量的0.5%拌种；

45%敌磺钠可湿性粉剂500g/100kg种子；

40%拌种双可湿性粉剂200g/100kg种子；

40%拌种灵·福美双可湿性粉剂200g/100kg种子。

苗期、铃期发病初期，及时喷洒下列药剂：

65%代森锌可湿性粉剂500～800倍液+50%甲基硫菌灵可湿性粉剂800倍液；

80%代森锰锌可湿性粉剂700～800倍液+50%多菌灵可湿性粉剂800～1 000倍液；

50%苯菌灵可湿性粉剂1 500倍液，每亩喷药液100～125kg，间隔7～10天1次，连续喷2～3次，防效较好。

5．棉花立枯病

【分布为害】棉花立枯病是苗期经常发生的、分布广泛而且为害严重的一种病害。各棉区均有发生，以黄河流域棉区发生较重。严重发生时，病苗率高达90%以上，死苗可达30%～40%，引起大面积毁种(图7–34)。

图7–34 棉花立枯病苗床受害情况

【症 状】主要为害棉苗，幼苗出土前可造成烂种。出土后，幼茎基部初现纵褐条纹，条件适宜时迅速扩展绕茎一周，缢缩变细，出现茎基腐或根腐。棉苗失水较快(图7–35和图7–36)。病死苗易从土中拔出，其基部或根系上可见到稀疏的细丝和黏附其上的小土粒。侵染子叶及幼嫩真叶形成不规则褐色坏死斑，后干枯穿孔。湿度大时病部可见稀疏白色菌丝体，并有褐色的小菌核黏附其上。

【病 原】*Rhizoctonia solani* 称立枯丝核菌，属半知菌亚门真菌(图7–37)。菌丝初无色，较细，粗细均匀；老熟后呈黄褐色，较粗壮，分枝基部明显缢缩。菌核初为白色，后变为褐色，形状各异，表面粗糙。菌丝生长温度7～40℃，适温26～32℃，低于7℃或高于40℃时停止生长。菌核形成的适温为11～37℃，最适温度22℃。在12～34℃范围内，温度越高，菌核形成越快。菌丝只有在相对湿度85%以上时，才能侵染致病。菌核在26～32℃和相对湿度达95%以上时，10～12小时就可萌发产生菌丝。

【发生规律】以菌丝体和菌核在土壤中或病残体上越冬，是初侵染的主要来源，带病种子也是初侵染来源。翌年可直接侵入幼茎为害幼苗。病死植株的皮层组织充满菌丝和菌核，不久散入土中，可借流

图7-35 棉花立枯病为害幼苗症状

图7-36 棉花立枯病为害幼苗大田症状

水、地下害虫、农事操作致菌丝蔓延传播，进行再侵染。棉苗子叶期最易感病(图7-38)。幼苗出土1个月内，如土温在15℃左右，阴湿多雨，立枯病会严重发生，造成大片死苗。地势低洼，土质黏重，幼苗生长缓慢，排水不良，易发病。

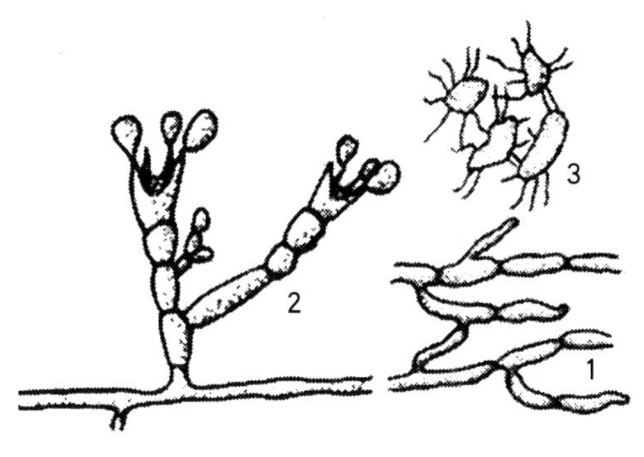

图7-37 棉花立枯病病菌
1.菌丝体 2.担子和担孢子 3.菌核

【防治方法】选择抗病、耐病品种种植，提倡采用脱绒包衣棉种。播种前精选种子，晒种、脱绒、淘汰不成熟的及有病虫的棉籽，可明显提高出苗质量，减轻发病。对棉田进行秋季深翻，可以将带病残枝败叶翻入土中，减少来年菌源；播前应精选种子并晒种，做到适期播种，提高播种质量。适当早间苗，适时早中耕。

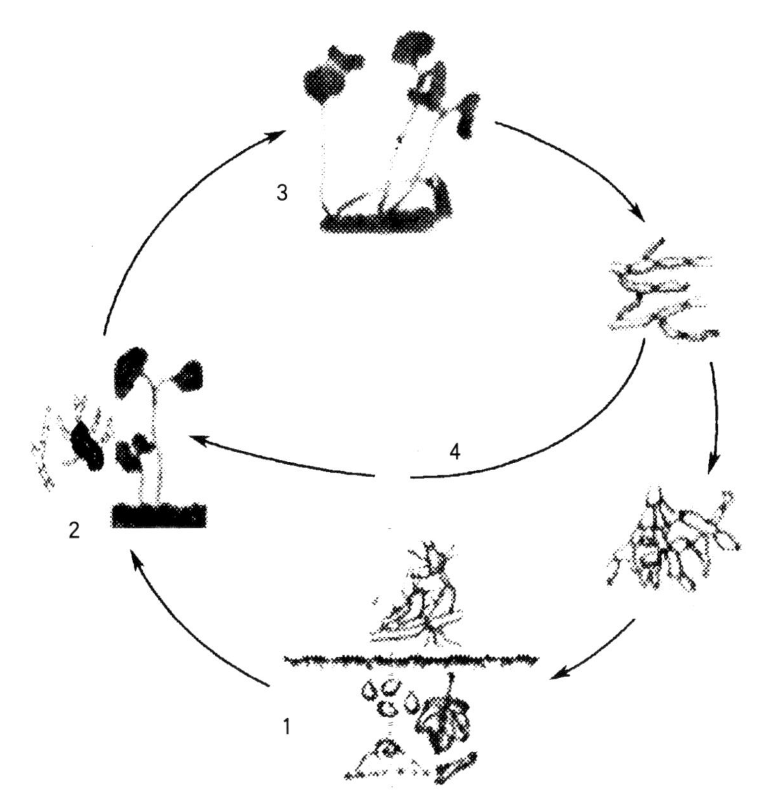

图7-38 棉花立枯病病害循环
1.越冬病菌 2.病菌萌发侵染幼苗 3.幼苗发病 4.再侵染

播种前药剂处理棉种，可以防止棉籽受病菌侵染。出苗后发病初期喷药防治，可有效地控制病害的蔓延。

种子处理，播前先用硫酸脱绒，再用下列药剂：

45%溴菌腈·五氯硝基苯粉剂225～360g/100kg种子；

40%五氯硝基苯可湿性粉剂400～600g/100kg种子；

40%五氯硝基苯·福美双粉剂200～400g/100kg种子；

20%甲基立枯磷乳油200～300ml/100kg种子；

15%福美双·拌种灵悬浮种衣剂200～250g/100kg种子；

26%多菌灵·福美双·甲基立枯磷悬浮种衣剂1：（40～50）（药种比）；

15%多菌灵·福美双悬浮种衣剂250～375g/100kg种子；

400g/L萎锈灵·福美双悬浮剂160～200ml/100kg种子；

11%精甲霜灵·咯菌腈·嘧菌酯悬浮种衣剂150～200g/100kg种子；

15%甲基立枯磷·福美双乳油1：（40～60）(药种比)；

20%甲基立枯磷乳油100～200ml/100kg种子；

70%恶霉灵种子处理干粉剂100～150g/100kg种子；

70%敌磺钠可溶性粉剂210g/100kg种子，进行拌种，可获得较好的防治效果。

出苗后病害发生初期，可用下列药剂：

50%福美双可湿性粉剂400～500倍液；

45%代森铵水剂500～600倍液，灌根。

或用下列药剂：

80%乙蒜素乳油800～1 000倍液；

36%三氯异氰尿酸可湿性粉剂600～1 000倍液；

25%络氨铜水剂600～800倍液；

3%多抗霉素可湿性粉剂100～200倍液均匀喷施，间隔7～8天，连喷2～3次。

6．棉花疫病

【分布为害】棉花疫病是棉花铃期最严重的病害，南北棉区每年均有不同程度的发病。棉花整个生育期均可发病，苗期和铃期尤为突出，可引起大量死苗和烂铃，严重影响棉花生产。

【症　　状】苗期发病，根部及茎基部初呈红褐色条纹状，后病斑绕茎一周，根及茎基部坏死，引起幼苗枯死(图7–39)。子叶及幼嫩真叶受害，病斑多从叶缘开始发生，初呈暗绿色水渍状小斑，后逐渐扩大成墨绿色不规则水渍状病斑。在低温高湿条件下迅速扩展，可蔓延至顶芽及幼嫩心叶，变黑枯死；在天晴干燥时，叶部病斑呈失水褪绿状，中央灰褐色，最后成不规则形枯斑。叶部发病，子叶易脱落。为害棉铃，多发生于中下部果枝的棉铃上。多从棉铃苞叶下的铃面、铃缝及铃尖等部位开始发生，初生淡褐、淡青至青黑色水浸状病斑，不软腐，后期整个棉铃变为有光亮的青绿至黑褐色病铃(图7–40和图7–41)，多雨潮湿时，棉铃表面可见一层稀薄白色霜霉状物(图7–42)。

图7–39 棉花疫病为害幼苗枯死症状

图7-40 棉花疫病为害棉铃症状

图7-41 棉花疫病为害棉铃心室症状

图7-42 棉花疫病为害棉铃后期症状

【病　原】*Phytophthora boehmeriae* 称苎麻疫霉，属鞭毛菌门真菌(图7-43)。孢囊梗无色，单生或假轴状分枝。孢子囊初无色，后变黄色卵圆形或柠檬形，顶端具一乳突。藏卵器球形，幼时淡黄色，成熟后为黄褐色；雄器基生，附于藏卵器底部；卵孢子球形，无色，单胞。

【发生规律】病菌在烂铃壳上越冬，是翌年该病的初侵染源。病菌在铃壳中可存活3年以上，且有较强耐水能力。当环境条件适合发病时，孢子囊释放出游动孢子，随雨水溅散或灌溉等传播。随着气温上升，以卵孢子在土壤中越夏，至结铃期又产生孢子囊释放出游动孢子，随风雨飞溅到棉铃上进行侵染。田间可进行多次再侵染。铃期多雨、生长旺盛、果枝密集，易发病。下部果枝上的棉铃，及铃龄在30～50天的棉铃最易发病。地势低洼，土质黏重，棉田潮湿郁闭，棉株伤口多，果枝节位低，后期偏施氮肥，发病重。

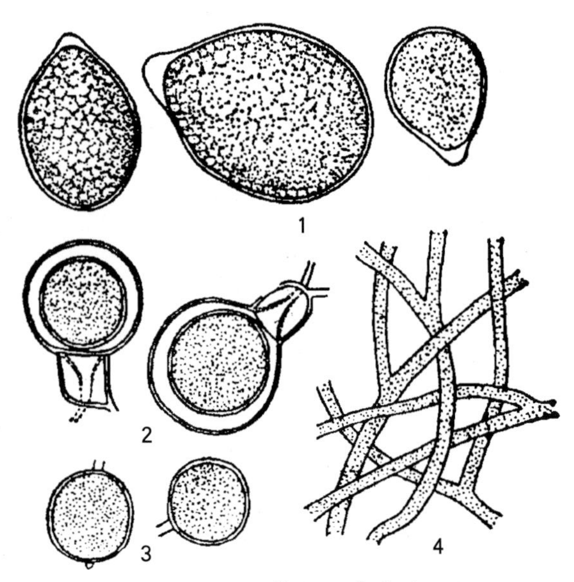

图7-43　棉花疫病病菌
1.孢子囊菌丝体　2.雄器、藏卵器及卵孢子　3.厚垣孢子　4.菌丝体

【防治方法】清洁田园，实行轮作，以减少初始菌源量。避免过多、过晚施用氮肥，防止贪青徒长。及时去掉空枝，抹赘芽，打老叶；雨后及时开沟排水，中耕松土，合理密植，摘除染病的烂铃。减少农事操作对棉苗、棉铃造成的损伤，及时治虫防病，减少病菌从伤口侵入的机会。

8月上中旬，棉花铃期即病害发生初期是防治棉花疫病的关键时期。

棉花幼铃期，注意施药预防，可喷施下列药剂：

75%百菌清可湿性粉剂600～800倍液；

50%克菌丹可湿粉400～500倍液；

70%代森锰锌可湿性粉剂600～800倍液；

50%福美双可湿性粉剂500～1 000倍液等药剂预防。

棉花铃期发病初期，及时喷洒下列药剂：

25%甲霜灵可湿性粉剂600倍液；

58%甲霜灵·代森锰锌可湿性粉剂700倍液；

64%恶霜灵·代森锰锌可湿性粉剂600倍液；

72%霜脲氰·代森锰锌可湿性粉剂700倍液；

69%烯酰吗啉·代森锰锌可湿性粉剂900～1 000倍液，间隔10天左右1次，视病情喷施2～3次。

7. 棉花黑斑病

【分布为害】棉花黑斑病又称轮纹病，是苗期叶部病害分布最广、为害面积最大、流行频率最高的病害，各棉区均有发生，北方棉区重于南方棉区。在阴湿多雨年份，往往猖獗流行，病叶率可达100%，给棉花生产造成毁灭性的灾害。

【症　　状】主要为害叶片。子叶染病，主要在未展开的黏结处或夹壳损伤处生出墨绿色霉层，子叶展平后染病，初生红褐色小圆斑，后扩展成不规则形至近圆形褐色斑，有的出现不明显的轮纹(图7-44)。湿度大时，病斑上长出墨绿色霉层，严重的每张叶片上病斑多至数十个，造成子叶枯焦脱落(图7-45)。真叶染病与子叶上症状相似，但病斑较大，四周有紫红色病变。空气干燥时，病斑干裂破碎，病叶

图7-44 棉花黑斑病为害子叶症状

图7-45 棉花黑斑病为害叶片症状

枯萎脱落。铃上病斑不规则，紫褐色或淡褐色。棉絮被害则变成灰色或暗灰色。

【病　原】*Alternaria macrospora* 称大孢链格孢，*A. tenuissima* 称细链格孢，*A. gossypina* 称棉链格孢，均属无性型真菌(图7-46)。大孢链格孢分生孢子梗多单生或4～9根成束，略弯曲，基部膨大，浅褐色至暗褐色。分生孢子倒棍棒状，黄褐色或深褐色，具6～10个横隔、3～30个纵隔。细链格孢分生孢子梗分枝较少，棕褐色，分生孢子棒状，串生，横隔1～9个，纵隔0～6个。病菌生长适温27～30℃，高于37℃、低于0℃均不能生长，分生孢子在2～35℃范围内均可萌发。大链格孢致病力强，能直接侵入，在子叶或真叶上产生较大轮纹斑。

【发生规律】以菌丝体和分生孢子在病叶、病茎上或棉籽的短绒上越冬，越冬病斑内菌丝体在气温

7℃以上即可产生分生孢子。播种带菌棉籽后病叶及棉籽上的分生孢子借气流或雨水溅射传播，从伤口或直接侵入。病菌主要是在棉苗受寒冷冻害或各种损伤，抗病力减弱时侵染，并可进行多次再侵染，引起田间的病害流行。早春气温低、湿度高易发病。阴湿多雨，低温，棉苗抗病性减弱，是病害流行的主导因素。棉花生长后期，植株衰弱，遇有秋雨连绵也会出现发病高峰。

【防治方法】精选种子，及时整枝摘叶，雨后及时排水，防止湿气滞留。提倡采用地膜覆盖，可提高苗期地温减少发病。清除病残体，播前深翻土地，将带病表土和病残体深翻到深层，减少病原传播。加强水肥管理，合理施用有机肥及氮、磷肥，培育壮苗，适时中耕。

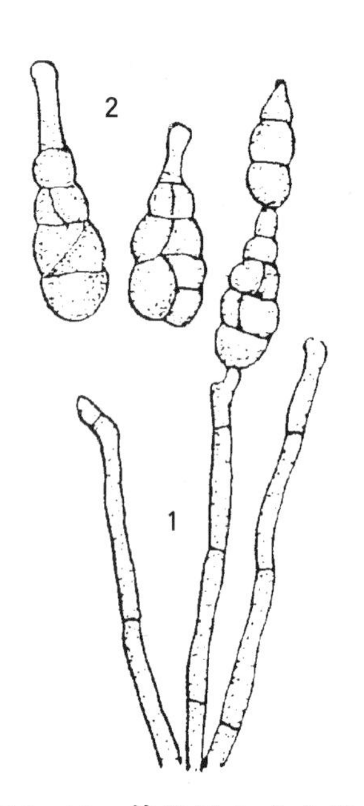

图7-46 棉花黑斑病病菌
1.分生孢子梗 2.分生孢子

药剂拌种。用种子重量0.5%的50%多菌灵可湿性粉剂或40%拌种双可湿性粉剂拌种；也可用50%多菌灵可湿性粉剂1 000倍液浸种。

7月中旬病害发生初期是防治的关键时期。发病初期，及时喷洒下列药剂：

70%代森锰锌可湿性粉剂500倍液+70%甲基硫菌灵可湿性粉剂800倍液；

75%百菌清可湿性粉剂500倍液+24%腈苯唑悬浮剂800～1 200倍液；

50%克菌丹可湿性粉剂300～350倍液+25%氟喹唑可湿性粉剂5 000倍液；

25%溴菌清可湿性粉剂500倍液；

40%氟硅唑乳油6 000～8 000倍液；

50%异菌脲可湿性粉剂1 000～1 500倍液，间隔10～15天喷1次，直到棉花现蕾。

8．棉花褐斑病

【分布为害】各棉产区均有发生，我国黄河流域和长江流域棉区发生较普遍。

【症 状】主要为害叶片。子叶发病，初生针尖大小紫红色斑点，后扩大成中间黄褐色，边缘紫褐色稍隆起的圆形至不规则形病斑，多个病斑融合在一起形成较大病斑，中间散生黑色小粒点(图7-47)。病斑中心易破碎脱落穿孔，严重的叶片脱落。真叶发病，初生针尖大小的紫色小点，后扩大成黄褐至灰褐色边缘紫红色的圆形病斑(图7-48)。

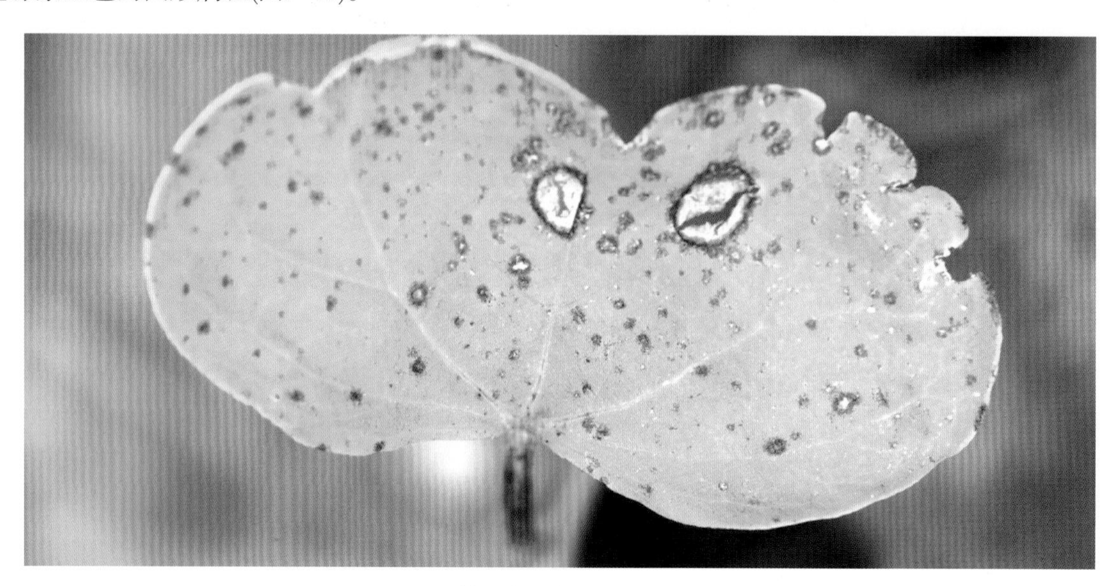
图7-47 棉花褐斑病为害子叶症状

图7-48　棉花褐斑病为害叶片症状

【病　　原】*Phyllosticta gossypina* 称棉小叶点霉，*P. malkoffii* 称马尔科夫叶点霉，均属无性型真菌。分生孢子器均埋生在叶片组织内。前者球形黄褐色，顶端孔口深褐色，分生孢子卵圆形至椭圆形，两端各生1油滴。后者分生孢子椭圆形至短圆柱形，也具2个油点。

【发生规律】均以菌丝体和分生孢子器在病残体上越冬。翌年从分生孢子器中释放出大量分生孢子，通过风雨传播，湿度大的条件下孢子萌发。后在叶片组织里产生分生孢子器，释放分生孢子进行再侵染。病菌在棉花的整个苗期均有致病性。生育后期发病，大多在棉株下部生长较衰的老叶上，对棉株的生长无显著影响。棉花第一真叶刚长出时，遇低温降雨，幼苗生长弱，易发病。套作棉田土温低、空气湿度高，棉苗生长较弱，有利于病菌在叶片上萌发侵染。

【防治方法】精选种子，精细整地，提高播种质量。实行轮作，尤其是稻、棉轮作，对降低菌源数量有较好的效果。及时整枝摘叶，雨后及时排水，防止湿气滞留，可减少发病。提倡采用地膜覆盖，可提高苗期地温减少发病。

苗期如遇低温多雨天气时，病害可能开始发生为害，应及时喷施下列药剂：

50%多菌灵可湿性粉剂600～800倍液+80%代森锌可湿性粉剂 600～800倍液；

70%甲基硫菌灵可湿性粉剂800～1 000倍液+50%福美双可湿性粉剂600倍液；

50%咪鲜胺锰盐可湿性粉剂1 000～2 000倍液；

25%戊唑醇可湿性粉剂2 000～2 500倍液；

25%丙环唑乳油2 000～3 000倍液；

40%腈菌唑水分散粒剂6 000～7 000倍液；

10%苯醚甲环唑水分散粒剂1 500～2 000倍液，视病情隔7～10天喷1次，连续1～2次。

9．棉花角斑病

【分布为害】棉花角斑病是一种常见的细菌性病害，各棉区均有发生。重病田发病率可高达80%～100%，造成幼苗死亡、叶片枯死、蕾铃脱落及烂铃，严重影响棉花的产量和品质。

【症　　状】该病不仅为害棉苗，同时也为害成株的茎叶及发育中的棉铃。子叶染病，叶背先产生深绿色小点，后扩展成油渍状，叶片正面病斑多角形，有时病斑沿脉扩展呈不规则条状，致叶片枯黄脱落。受害轻时，影响幼苗正常生长，受害重时，子叶干枯脱落，幼苗枯死。病菌能从子叶叶柄蔓延到幼茎，初呈油渍状斑点，后变黑褐色，病斑逐渐扩大，绕茎一周。后病斑部分腐烂，收缩变细，棉株向一边弯曲。湿度大时，病部分泌出黏稠状黄色菌脓，干燥条件下变成薄膜或碎裂成粉末状。成株期叶片发病叶背先产生深绿色小点，后迅速扩大呈油渍状斑点。此时在叶片正面也显现病斑，因病斑扩展受到周围叶脉的限制，故成多角形或不规则的病斑；有时病斑沿主脉发展，呈黑褐色条斑，病叶皱缩扭曲(图7-49)。叶片上病斑多时，棉叶萎垂和脱落。棉铃染病，初生油浸状深绿色小斑点，后扩展为近圆形或多个病斑融合成不规则形，褐色至红褐色，病部凹陷(图7-50)，幼铃脱落，成铃受害，成铃部分心室腐烂。部分心室腐烂，纤维略现黄色。病斑可蔓延到铃柄，引起蕾铃脱落。

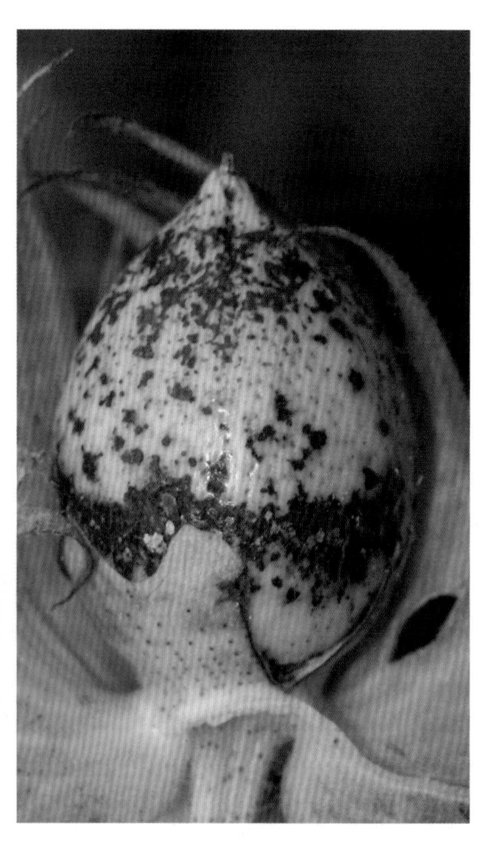

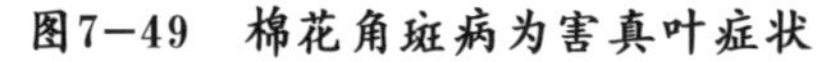

图7-49　棉花角斑病为害真叶症状

图7-50　棉花角斑病为害棉铃症状

【病　　原】*Xanthomonas campestris* pv. *malvacearum* 称野油菜黄单胞菌锦葵致病变种，属细菌(图7-51)。菌体杆状，端生1～3根鞭毛，能游动，有荚膜。革兰氏染色阴性。生长适温25～30℃，最高36～38℃，最低10℃，50～51℃下经10分钟致死。休眠期间抵抗不良环境能力强，干燥条件下能耐80℃高温和-21℃的低温。病菌在种子内部可存活1～2年。

【发生规律】病原细菌主要在种子及土壤中的病铃等病残体上越冬，翌春棉花播种后借雨水飞溅及昆虫携带进行传播和扩散(图7-52)。该病以种子传播为主，种子带菌率6%～24%，在种子内部存活1～2

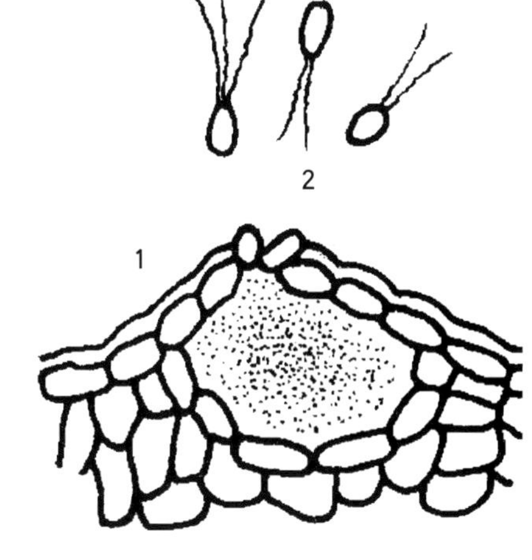

图7-51 棉花角斑病病菌
1.病组织内的病原细菌 2.病原细菌

年。病菌主要从气孔侵入，也可从伤口侵入，从胚芽及幼苗先发病。一般现蕾以后，降雨越多，尤其是暴风雨，病情发展越快。一般在7—8月病害易流行。角斑病的发生与温、湿度有极大的关系。土温在10～15℃时发病很少，27～28℃时发病最重，超过30℃时发病减少。土壤含水量达40%或空气湿度85%以上时，病害发生严重。连作越久，发病越重。轻壤土发病率高于重壤土。

【防治方法】选用抗病品种和无病种子。及时清除棉田病株残体，集中沤肥或烧毁。精选棉种，适期播种，合理密植，雨后及时排水，防止湿气滞留，结合间苗、定苗发现病株及时拔除。增施磷、钾肥，提高棉株抗病能力。实行轮作，稻棉轮作最好。提倡采用垄作或高畦，及时中耕，结合间苗、定苗发现病株及时拔除。

种子处理：硫酸脱绒可减轻病害发生。

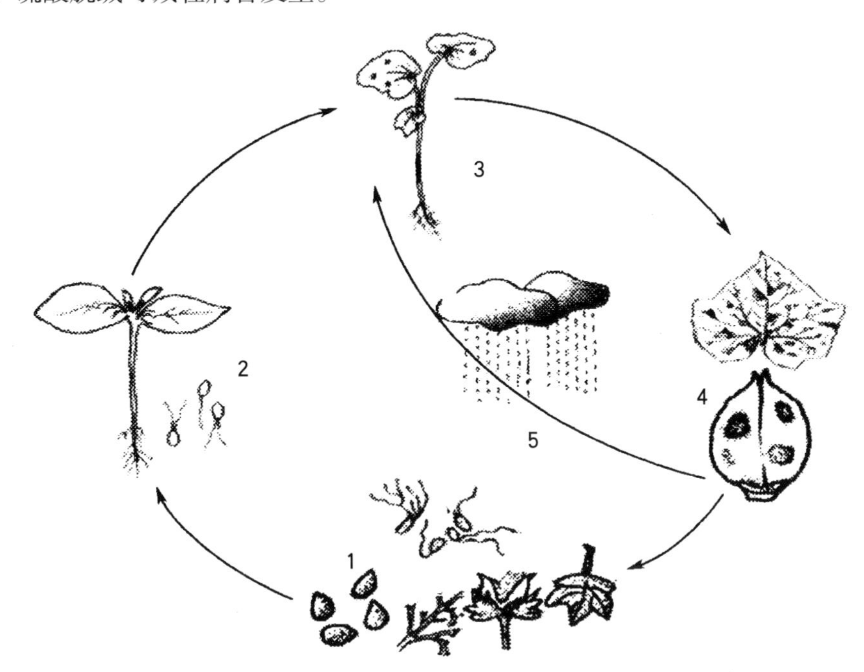

图7-52 棉花细菌性角斑病病害循环
1.病原细菌及萌发 2.病原细菌侵染幼苗
3.病苗 4.病叶、病铃 5.通过雨水再侵染

药剂拌种：用10%菱锈灵可湿性粉剂按种子量0.5%拌种，效果较好。

病害发生初期，可用下列药剂：

72%农用硫酸链霉素可溶性液剂3 000～4 000倍液；

30%琥胶肥酸铜可湿性粉剂500倍液；

77%氢氧化铜可湿性粉剂500～800倍液；

14%络氨铜水剂300倍液；

47%春雷霉素·王铜可湿性粉剂700倍液；

50%氯溴异氰尿酸可溶性粉剂1 200倍液；

27%碱式硫酸铜悬浮剂400倍液，每5～7天喷1次，连喷3～4次。

10．棉花茎枯病

【分布为害】棉花茎枯病是一种偶发性但严重时造成损失相当大的病害。曾在北方棉区各省大发生，东北棉区、黄河流域及长江流域、沿江、沿海棉区发生较重(图7-53)。

图7-53 棉花茎枯病育苗期为害情况

【症　　状】棉花整个生育期均可发病，苗期、蕾期受害重。子叶、真叶染病，初生边缘紫红色、中间灰白色小圆斑，后病斑扩展或融合成不规则形病斑(图7-54和图7-55)。病斑中央有的出现同心轮纹，其上散生黑色小粒点，即病原菌的分生孢子器。病部常破碎散落，湿度大时，幼嫩叶片出现水浸状病斑，后扩展迅速似开水烫过，萎蔫变黑，严重的干枯脱落，变为光秆而枯死。果柄、茎部染病，病斑中央浅褐色，四周紫红色，略凹陷，表面散生小黑点，严重的茎枝枯折或死亡(图7-56和图7-57)。

图7-54 棉花茎枯病为害子叶症状

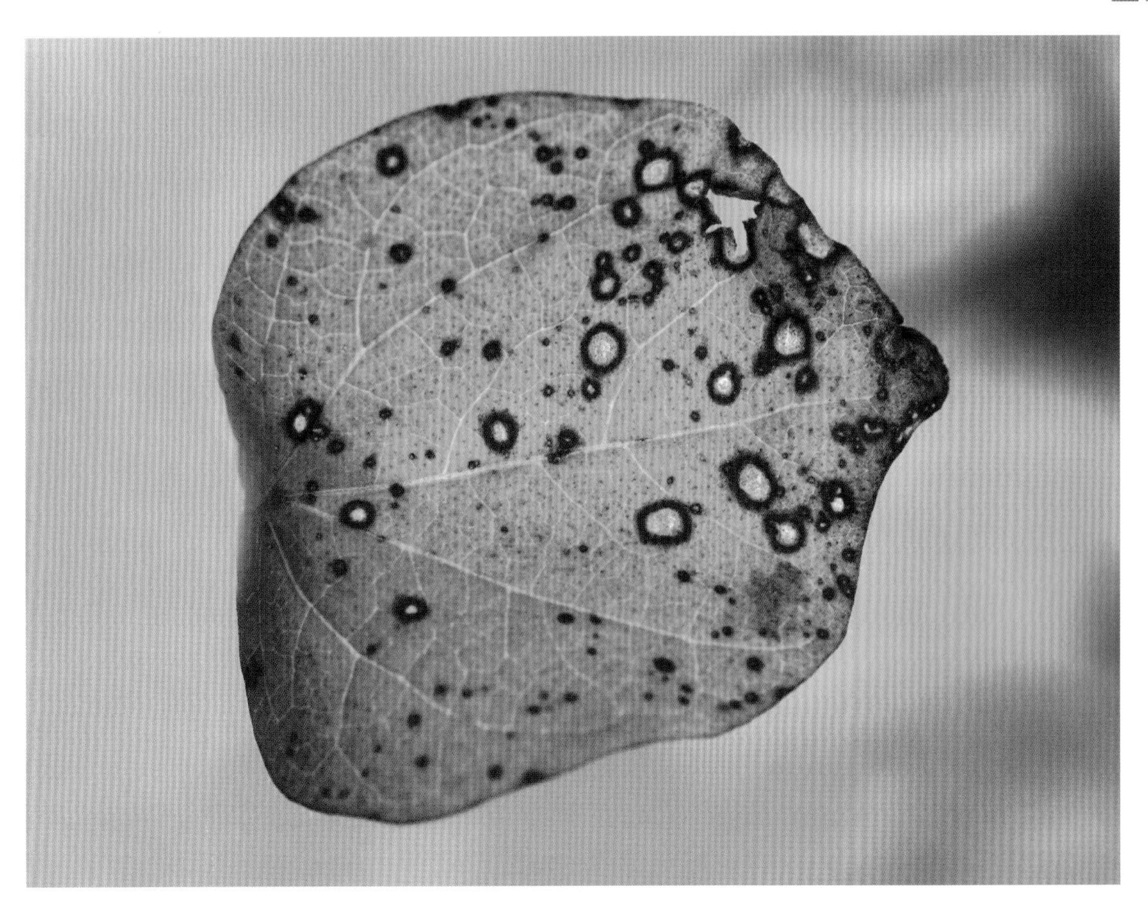

图7-55 棉花茎枯病为害叶片症状

图7-56 棉花茎枯病为害果柄症状

图7-57 棉花茎枯病为害茎部症状

【病　　原】*Ascochyta gossypii* 称棉壳二孢菌，属无性型真菌。分生孢子器初埋生在棉株表皮组织下，成熟后露出在表皮上。孢子器球形，黄褐色，顶部具略突的圆形孔口，壁较薄易碎。分生孢子卵圆形，单胞或双胞，无色。菌丝发育温度范围5～32℃，最适温度25℃。

【发生规律】病菌以菌丝体或分生孢子在棉花种子内外或随病残体在土壤或粪肥中越冬，翌春侵染棉苗，且在病部产生分生孢子器，释放出分生孢子借风雨、蚜虫传播，进行再侵染。出苗期、现蕾期气温稳定在20℃以上，连阴雨持续3～4天，在3～5天内该病可能发生或流行。生产上遇气温低、降雨多常引发该病大发生。棉蚜为害严重的棉田，连作、管理粗放的棉田发病也重。

【防治方法】加强栽培管理，实行合理轮作，最好与禾本科作物轮作，精耕细作，育苗移栽，施足基肥，增施有机肥，创造良好的棉株生长环境，提高抗病力。及时整枝打杈，改善田间通风透光条件，降低田间湿度。及时防治蚜虫，以减少病害侵入。

种子处理，用种子重量0.5%的50%多菌灵可湿性粉剂或40%拌种双可湿性粉剂或50%福美双可湿性粉剂拌种，可有效杀灭棉籽表面携带的病菌。

进入雨季后发病加重，应注意及时防治，可以喷洒下列药剂：

50%多菌灵可湿性粉剂600～800倍液+70%代森锰锌可湿性粉剂800倍液；

70%甲基硫菌灵可湿性粉剂800～1 000倍液+75%百菌清可湿性粉剂800倍液；

50%咪鲜胺锰盐可湿性粉剂1 000～2 000倍液；

40%腈菌唑水分散粒剂6 000～7 000倍液；

10%苯醚甲环唑水分散粒剂1 500～2 000倍液，视病情间隔7～10天喷1次，连续1～2次。

11．棉铃黑果病

【症　　状】主要为害棉铃。铃壳初淡褐色，全铃发软，后铃壳呈棕褐色，僵硬多不开裂，铃壳表面密生突起的小黑点即病菌分生孢子器。发病后期铃壳表面布满煤粉状物，棉絮腐烂成黑色僵瓣状(图7-58)。

【病　　原】*Diplodia gossypina* 称棉色二孢，属半知菌亚门真菌(图7-59)。分生孢子器黑色，埋生于

图7-58 棉铃黑果病为害棉铃症状

表皮下，顶端有孔口。分生孢子梗细，不分枝。分生孢子椭圆形，初无色，单胞，成熟时黑褐色，双胞。有性世代 *Physalospora gossypina* 称棉囊孢壳，属子囊菌门真菌。子囊座丛生，黑色。子囊孢子单胞，无色。

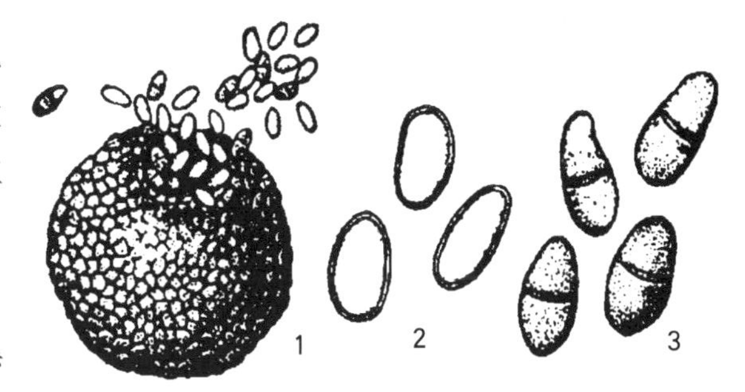

图7-59 棉铃黑果病病菌
1.分生孢子器 2.初期分生孢子
3.后期分生孢子

【发生规律】病菌以分生孢子器在病残体上越冬。翌年条件适宜，产生分生孢子进行初侵染和再侵染。黑果病菌是引起棉花烂铃的初侵染病原之一。雨量大发病重。棉铃伤口多，如虫伤、机械伤、灼伤等可诱发黑果病大发生。

【防治方法】减少棉铃损伤，从而减少病菌侵入的机会。避免农事操作损伤棉铃；及时防治铃期害虫，减少因虫伤而引起的烂铃。发现病铃，及时摘除、剥晒，减少损失。病残体要集中销毁。

发病初期，可以喷洒下列药剂：

50%异菌脲可湿性粉剂600～800倍液；

70%甲基硫菌灵可湿性粉剂800～1 000倍液+75%百菌清可湿性粉剂800倍液；

50%咪鲜胺锰络化合物可湿性粉剂1 000～2 000倍液；

24%腈苯唑悬浮剂2 000～3 000倍液；

40%氟硅唑乳油8 000～10 000倍液；

10%苯醚甲环唑水分散粒剂1 500～2 000倍液，视病情隔7～10天喷1次，连续1～2次。

12. 棉花白霉病

【症　　状】初在叶脉间出现直径3～4mm白斑，后变为不规则多角形，病斑在叶片正面为浅绿色至黄绿色，叶背对应处生出很多白霜状的分生孢子梗和分生孢子，严重时病叶干枯脱落(图7-60)。

图7-60 棉花白霉病为害叶片症状

【病　　原】*Ramularia areola*称白斑柱隔孢或棉柱隔孢，属无性型真菌。分生孢子梗无色，成束地从叶背气孔中伸出，多在基部分枝，顶端具齿状突起，具隔膜；分生孢子长圆形，两端突然尖削，有1～3个隔膜，无色。

【发生规律】病菌以菌丝体在病残体上越冬。翌春条件适宜时产生分生孢子，分生孢子随气流传播，引起初侵染。病部又产生分生孢子，不断地进行再侵染。气温25～30℃、多雨高湿利于该病扩展和蔓延。

【防治方法】采收后及时清除病残体，深埋或沤肥。种植抗病或耐病品种。

发病初期开始喷洒50%苯菌灵可湿性粉剂1 500倍液；

36%甲基硫菌灵悬浮剂600～700倍液，间隔7～10天1次，连喷2～3次。

13. 棉花叶烧病

【症　　状】主要为害叶片，多在棉花生长后期发病。初在叶片上产生许多暗红色小点，后扩展成近圆形病斑，边缘紫红色，中间褐色，略隆起。潮湿条件下，病斑上产生白色霉层，即病菌的分生孢子梗和分生孢子。受害叶片易破裂(图7-61和图7-62)。

【病　　原】*Mycosphaerella gossypina* 称棉球腔菌，属子囊菌门真菌。无性世代为棉尾孢 *Cercospora gossypina*，属无性型真菌。子囊壳黑色，球形。子囊孢子双胞，上部较宽，顶端尖细。分生孢子梗有隔膜1～5个，褐色。分生孢子无色，鞭状，有隔膜6～16个。

图7-61 棉花叶烧病为害叶片初期症状

图7-62 棉花叶烧病为害叶片后期症状

【发生规律】病原以菌丝体在棉花病残体上越冬。春天条件适合时产生分生孢子，靠风雨及昆虫传播。其发生与天气关系密切，多雨高湿或秋季冷凉条件下可进行多次再侵染。棉株受其他病害侵染或肥力不足等因素引起棉株长势弱时，易发病。

【防治方法】重病田实行与禾本科作物轮作3～5年。秋季深耕，将带菌残体翻入土壤下层，实行冬灌保墒。精细整地，精选种子，提高播种质量；采用地膜覆盖，提高苗期地温减少发病。适当早间苗，勤中耕，尤其雨后及时中耕。

种子处理：先用55～60℃热水浸泡种子30分钟后拌种，再用种子重量0.5%的50%多菌灵可湿性粉剂拌种。

发病初期，可以喷洒下列药剂：

50%多菌灵可湿性粉剂600～800倍液；

70%甲基硫菌灵可湿性粉剂800～1 000倍液；

50%咪鲜胺锰盐可湿性粉剂1 000～2 000倍液；

10%苯醚甲环唑水分散粒剂1 500～2 000倍液，视病情间隔7～10天喷1次，连续1～2次。

14．棉铃红粉病

【分布为害】棉花铃期的一种常见病害，各棉区都有发生，南部棉区较多，北部棉区在秋季多雨年份发生。发病率0.16%～8.75%。

【症　　状】棉铃受害，表面布满粉红色的绒状物，厚而紧密，空气潮湿时，绒状物变成白色，使棉铃不能开裂，纤维变褐黏结成僵瓣。与棉铃红腐病的区别是：红粉病在铃壳和棉瓤上的霉层较厚，为粉红色松散的绒状物。天气潮湿时，霉层变成粉白色绒状物(图7–63)。

图7–63　棉铃红粉病为害棉铃症状

【病　　原】*Trichothecium roseum*称粉红聚端孢，属无性型真菌。菌落初白色，后变粉红色。分生孢子梗无色，直立，顶端略弯曲，顶端一侧生一分生孢子。分生孢子梨状或卵圆形，一端有乳头状突起。

【发生规律】该菌是弱寄生菌，主要在土壤中及铃壳和病残体上越冬。条件适宜时，多从棉铃伤口或裂缝处侵染。病铃上的病菌借风、雨、水流和昆虫传播，进行再侵染，造成棉铃大量霉烂。红粉病发生所需温度偏低，发生期的旬平均温度为19.3～25.6℃，秋季多雨的气候更是引起红粉病加剧为害的适宜条件。土壤黏重，排水不良，种植密度大，整枝不及时，施用氮肥过多，发病重。

【防治方法】冬季清除烂铃及病残体，减少侵染来源；实行水旱轮作，减少菌量积累。合理施肥。施足基施，适施苗肥，重施蕾肥、花肥。增施磷钾肥，防止徒长，增强植株抗病力。合理密植，及时整枝打杈，雨后及时开沟排水，降低田间湿度。发现病铃及时摘除剥晒，既可减少田间病源，又可降低损失。及时防治铃期害虫，以减少棉铃伤口。

种子处理：用种子重量0.5%的40%拌种双可湿性粉剂；或0.5%的50%多菌灵可湿性粉剂；或0.5%的50%福美双·福美锌可湿性粉剂拌种。

发病初期，可以喷洒下列药剂：

50%多菌灵可湿性粉剂600～800倍液+50%福美双可湿性粉剂500倍液；

70%甲基硫菌灵可湿性粉剂800～1 000倍液+75%百菌清可湿性粉剂800倍液；

50%咪鲜胺锰盐可湿性粉剂1 000～2 000倍液；

10%苯醚甲环唑水分散粒剂1 500～2 000倍液，视病情隔7～10天喷1次，连续1～2次。

15．棉铃曲霉病

【分布为害】棉铃曲霉病分布很广，各棉区均有不同程度发生。病菌为害棉铃，可深入种子，在种子上的黄曲霉菌可产生黄曲霉素，是一种致癌物质。

【症　　状】主要为害棉铃。初在棉铃的裂缝、虫孔、伤口或裂口处产生水浸状黄褐色斑，接着产生黄绿色或黄褐色粉状物，填满棉铃缝处，造成棉铃不能正常开裂，连阴雨或湿度大时，长出黄褐色或黄绿色绒毛状霉(图7-64)，即病菌的分生孢子梗和分生孢子，棉絮质量受到不同程度污染或干腐变劣。

图7-64　棉铃曲霉病为害棉铃症状

【病　　原】*Aspergillus flavus*称黄曲霉，*Aspergillus fumigatus* 称烟曲霉，*Aspergillus niger* 称黑曲霉，均属无性型真菌(图7-65)。黄曲霉分生孢子穗亚球形，上生小梗1～2层，分生孢子梗顶囊球状，分生孢子粗糙，圆形黄色，菌落颜色初为黄色，后变黄绿色至褐绿色。烟曲霉分生孢子穗圆筒形，分生孢子梗光滑，带绿色；分生孢子球形，粗糙。黑曲霉分生孢子穗灰黑色至黑色，圆形，放射状；顶囊球形至近球形，表生两层小梗；分生孢子球形，初光滑，后变粗糙或生细刺，有色物质沉积成环状或瘤状，有时产生菌核。

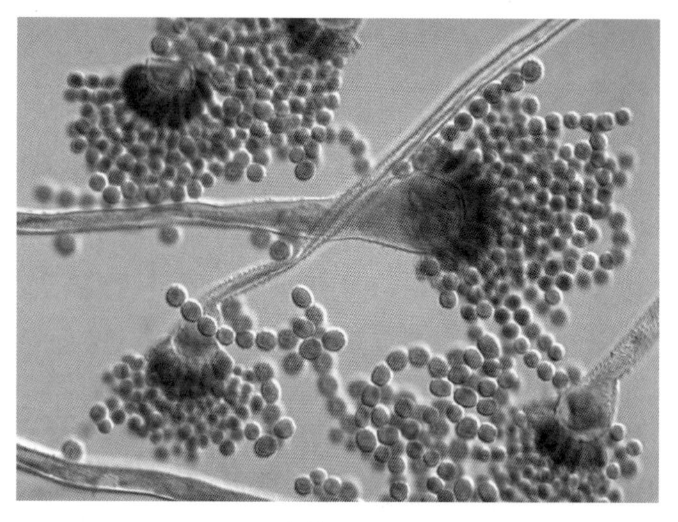

图7-65　棉铃曲霉病病原

【发生规律】病菌以菌丝体在土壤中的病残体上存活越冬。翌春产生分生孢子借气流传播，从伤口或穿透表皮直接侵入，曲霉菌为害棉铃能侵入种子，造成种子带菌，成为该病重要初侵染源。在棉铃上营腐生的病菌分生孢子借风、雨传播蔓延，继续侵染有伤口、裂口的棉铃，使病害不断扩大。该病属高温型病害，病菌生长适温为33℃，气温高有利于发病。铃期病虫害多，棉铃损伤就多，为病菌提供了侵染途径，也有利于发病。

【防治方法】加强棉田管理，注意合理密植，做到通风良好；采用配方施肥技术，合理施用有机肥，避免单施过施氮肥；合理灌溉，严禁大水漫灌，雨后及时排水，防止湿气滞留。整枝打杈要及时，清除棉田枯枝烂叶或烂铃，集中深埋或烧毁，减少菌源。发现病铃及时摘除，把病铃迅速烘干或晾晒干裂，增加皮棉产量。及时防治棉铃虫、金刚钻等后期害虫，减少伤口。

发病初期喷洒下列药剂：

50%苯菌灵可湿性粉剂1 500倍液；

50%异菌脲可湿性粉剂2 000倍液；

70%代森锰锌可湿性粉剂400～500倍液；

36%甲基硫菌灵悬浮剂600倍液。

16．棉铃软腐病

【分布为害】棉铃软腐病主要是在虫害蛀孔或在铃缝隙处腐生为害。在长江流域棉区发病较重，其他棉区发生较少。主要引起棉铃腐烂，降低棉花品质和产量。

【症　　状】主要为害棉铃。病铃初生深蓝色或褐色病斑，后扩大软腐，产生大量白色丝状菌丝，渐变为灰黑色，顶生黑色小粒点即病菌子实体(图7-66)。剖开棉铃，呈湿腐状，影响棉花质量和纤维强度(图7-67)。该病多发生在被害虫蛀食的棉铃上，病情扩展较快，造成全铃湿腐或干缩。

【病　　原】*Rhizopus stolonifer* 称匍枝根霉，属接合菌门真菌(图7-68)。菌丝匍匐在棉铃表面或内部，菌丝发达有分枝，孢囊梗2～3根丛生在假根上，顶端产生孢子囊。孢子囊暗褐色，球形，能产生大量孢囊孢子。孢囊孢子球形或多角形至梭形，单胞，灰色或褐色。孢子发芽温度1.5～33℃，26～29℃发育最好，35℃经10分钟死亡。接合孢子黑色球形，表面具突起。23～25℃发育最好，低于6.5℃、高于30.7℃不能发育，该菌腐生力强。

图7-66 棉铃软腐病为害棉铃症状

图7-67 棉铃软腐病为害棉铃纵切面症状

【发生规律】病原以孢囊孢子在病铃或其他寄主和附着物上腐生越冬。翌春条件适宜产生孢子囊，释放出孢囊孢子，靠风雨传播，病菌则从伤口或生活力衰弱或遭受冷害等部位侵入，该菌分泌果胶酶能力强，致病组织呈糨糊状，在破口处又产生大量孢子囊和孢囊孢子，进行再侵染。气温23～28℃，相对湿度高于80%易发病；雨水多或大水漫灌，田间湿度大，整枝不及时，株间郁闭，棉铃伤口多发病重。软腐病为棉花烂铃的腐生性病害，其发生与虫害关系密切，多因虫伤引起。

【防治方法】加强肥水管理，增施农家肥和磷、钾肥适当密植，及时整枝或去掉下部老叶，保持通风透光。雨后及时排水，严禁大水漫灌，防止湿气滞留。及时收摘烂铃，可减少损失。

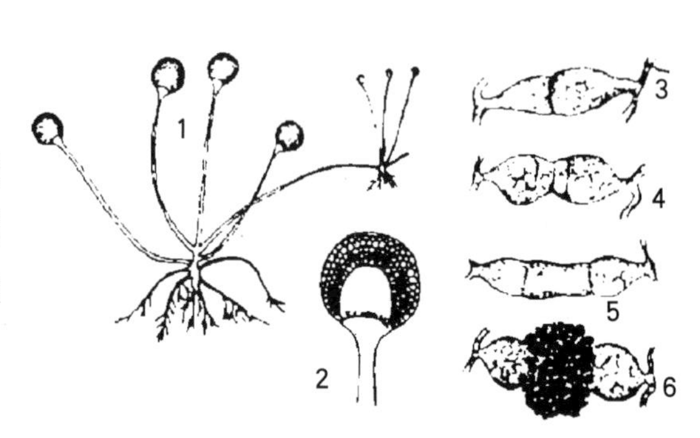

图7-68 棉铃软腐病病原
1.孢囊梗、孢子囊、假根和匍匐枝 2.放大的孢子囊 3.原配子囊 4.配子囊分化为配子囊和配囊柄 5.配子囊交配 6.交配后形成的接合孢子

发病初期喷洒下列药剂：

30%碱式硫酸铜悬浮剂400～500倍液；

77%氢氧化铜可湿性微粒粉剂500倍液；

30%琥胶肥酸铜可湿性粉剂500倍液；

14%络氨铜水剂300倍液；

36%甲基硫菌灵悬浮剂600倍液；

86.2%氧化亚铜水分散粒剂700～800倍液；

47%春雷霉素·王铜可湿性粉剂800～1 000倍液，每亩喷对好的药液60kg，隔10天左右1次，防治2～3次。

17.棉铃灰霉病

【分布为害】我国黄河流域、长江流域棉区后期棉铃上时有发生，主要发生在棉花疫病、炭疽病侵染过的棉铃上，病情严重的造成棉铃干腐。

【症　　状】棉铃灰霉病是棉铃后期病害，多发生在受炭疽病或疫病为害的棉铃上。棉铃表面产生灰绒状霉层(图7-69)，引起棉铃干腐。

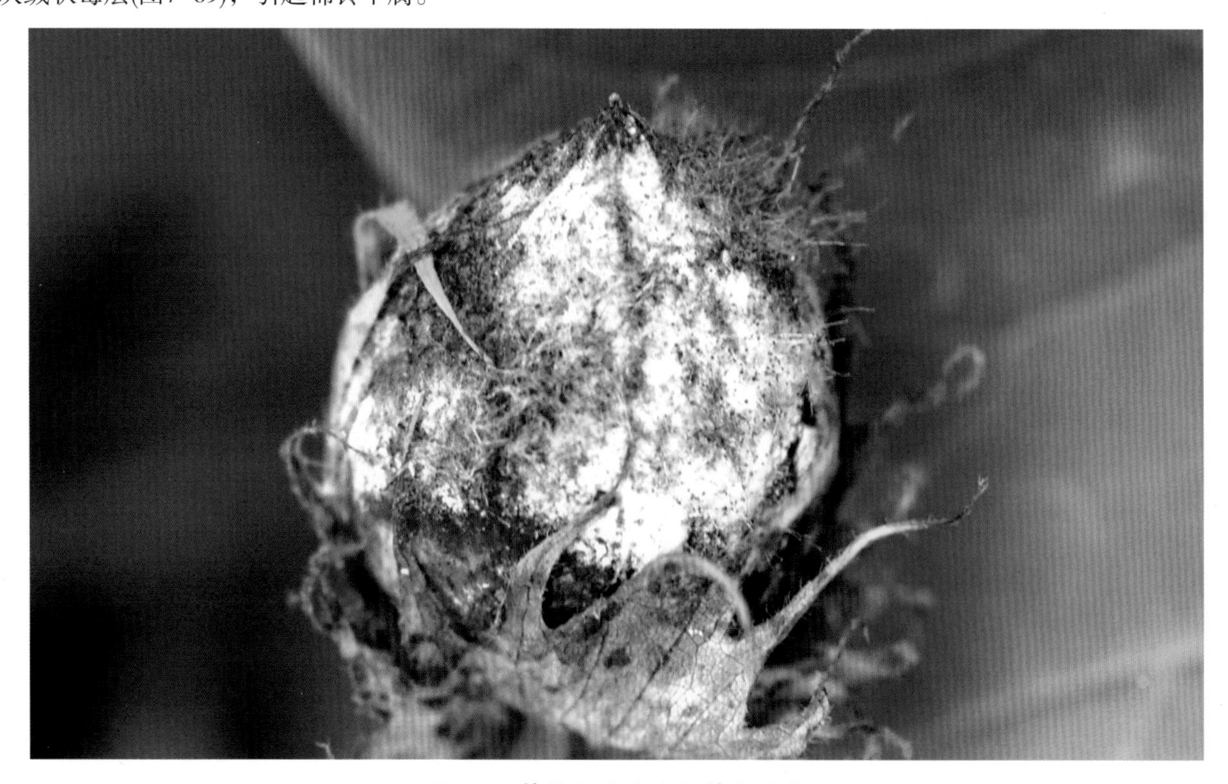

图7-69 棉铃灰霉病为害棉铃症状

【病　　原】*Botrytis cinerea* 称灰葡萄孢，属半知菌亚门真菌。分生孢子梗细长，数根丛生，有分枝，深褐色，顶端具1～2次分枝，分枝顶端簇生分生孢子成葡萄穗状；分生孢子单细胞无色，短椭圆形聚集成堆，灰色，病菌能形成菌核。

【发生规律】病菌主要以菌核在土壤中或以菌丝及分生孢子在病残体上越冬。翌年条件适宜，菌核萌发，产生菌丝体和分生孢子梗及分生孢子，分生孢子成熟后脱落，借气流、雨水或露珠及农事操作进行传播，发病后在病部又产生分生孢子进行再侵染。灰霉病一般发生在湿度较大，天气凉爽的9月。

【防治方法】主要是降低棉田湿度，改变有利于病菌侵染的高湿条件。合理密植，不宜过密。及时摘除病铃、虫害铃，减少次生侵染为害。

发病初期开始喷洒下列药剂：

70%代森锰锌可湿性粉剂400倍液；

50%多菌灵可湿性粉剂600倍液；

70%甲基硫菌灵可湿性粉剂500～600倍液；

50%腐霉利可湿性粉剂1 000～2 000倍液；

50%异菌脲可湿性粉剂1 500～2 000倍液，间隔7～10天1次，每次喷对好的药液60～70kg，连喷2～3次，防效较好。

二、棉花生理性病害

1．棉花红(黄)叶枯病

【分布为害】棉花红(黄)叶枯病是棉花生产上一种重要的生理性病害。近年来发生面积不断扩大，病情越来越重，一般年份发病率为10%，严重年份有的田块可达90%以上，甚至绝产，严重地影响了棉花的产量和质量。

【症　　状】多在初花期开始发病，盛花期至结铃期发生普遍而严重，吐絮期甚至一片片死亡。病叶自上而下，从里向外扩展。发病初期叶缘褪绿变黄，逐渐向内发展，使叶脉间产生黄色斑块，叶脉仍保持绿色，叶质增厚变脆，叶缘下垂，叶片上凸。有的全叶变为黄褐色很像黄萎病(图7–70)，但红(黄)叶枯病维管束不变色。结铃期，病叶先为黄色，然后产生红色斑点，最后全叶变红(图7–71)，严重的叶柄基部变软或失水干缩，形成茎枯，引起大量落叶，全株枯死。病叶脱落时，叶柄与茎秆连接处形成干缩的褐斑。自然条件下，不同田块表现不同症状类型，有黄叶型和红叶型，多数情况下两种兼有，同一棉株的叶片也会表现出不同颜色。病株根部发育不良，侧根少，发病早的棉株矮小。

【病　　因】棉花红(黄)叶枯病是一种生理病害，其发生与水肥、土壤、气候和栽培管理密切相关，直接原因是氮、磷、钾元素含量不平衡，特别是缺少钾肥。

施肥：过多地依赖化肥，尤其是氮肥，而很少或不施用农家肥，多年连作，引起土壤质地下降，有机质含量少，营养结构不合理，引起钾元素的严重缺乏，从而影响棉花的正常生长。地膜棉田若底肥不足，前期旺长，后期脱肥，发病重。

环境：如遇高温干旱，水分和养分不能满足棉花的生长，同时也造成土壤中钾元素的固定而难以吸收，干旱越久，发病越重；棉花生长前期雨水多，地上部生长快，但根系浅，吸收养分能力差，也有利

图7-70 棉花黄叶症状

图7-71 棉花红叶症状

于发病。久旱后如遇暴雨或连阴雨也可引起该病的暴发。

土壤：沙性土壤、黏性土壤，以及高岗地、坑头地等耕作层浅的土壤发病重。

栽培：棉田长期连作、管理粗放，营养结构不合理，引起水肥供应失调，发病重；干旱季节棉田不能及时灌溉，前期施肥后棉株水肥供应不上，发病重。

【防治方法】农业防治：精耕细作，干旱时及时浇水，中耕松土，增强土壤保墒能力，严禁大水漫灌。多雨季节及时开沟排水，保持土壤中适宜的含水量，促进根系发育。增施有机肥，轻施苗期肥，增施蕾肥，重施花铃肥，注意氮、磷、钾肥的合理搭配。采用与禾本科作物、苜蓿轮作，深耕、中耕等措施，改善土壤结构状况，减轻病害的发生。

药剂防治：发病初期喷92%的磷酸二氢钾600倍液或高效叶面肥进行叶面喷施，可缓解病害，减轻为害程度。

2. 棉花药害

棉花是施药次数较多，用量较大的作物。在棉田使用农药过程中，由于农药品种选择错误、使用浓度过大、使用方法不当等原因常造成棉花药害，导致棉花品质下降、减产甚至绝收。

【症　　状】凡药剂对作物生长发育产生不良的后果，均称为药害。如施用敌敌畏、乐果等不当，易引发触杀性类型的药害。

杀虫剂、杀菌剂使用浓度过高，高温下施药，花期施药等，易引发触杀性型药害。一般在几小时到几天就出现药害，表现为叶片烫伤，呈水渍状，或出现枯斑、条纹、变色、卷缩、焦枯等。

2，4–滴丁酯药害(图7–72)。棉花对2，4–滴丁酯最为敏感，受害后的典型症状是棉花叶变小变窄，呈“鸡爪”状。受害严重时，果枝不能正常伸出，花、蕾生长发育受到影响。根据《农药管理条例》规定，该药现为禁用农药。

图7–72　在棉花生长期，错误施药（喷施2,4–D丁酯后的药害症状）

氟乐灵药害。氟乐灵常用于处理土壤，防治禾本科杂草。使用过量时，主根发粗形成肿瘤，木质部变脆易折，次生根稀少，受害严重时在棉花苗期造成死苗。

百草枯药害(图7–73)。百草枯属于灭生性除草剂，棉花着药后当天就会出现受害症状，开始时叶片似烫伤，呈水渍状，以后出现白色枯斑，严重时茎叶全部焦枯。根据《农药管理条例》规定，该药现为禁用农药。

图7-73 在棉花生长期，错误施药(喷施百草枯水剂药液飘移到棉花上1天后的药害症状)

草甘膦药害。棉花遭受草甘膦药害后，初期棉花叶片自上至下轻度萎蔫，生长缓慢，植株变矮小，类似枯萎病症状。严重时根系逐渐腐烂，棉花整株死亡。

【病　　因】选用杀虫剂、杀菌剂、除草剂、植物生长调节剂等农药种类不当，或施用浓度过高、喷药时间不对、花期用药或使用了对棉花敏感的除草剂等均可产生药害。

【防治方法】选好农药，做到对症下药。施药次数要适当。确定适宜的浓度，合理混配农药，药液要随配随用。严格按操作规程使用，不要在花期施药。在高温下施药也容易产生药害，所以，尽量不要在夏天中午施药。

棉田施用除草剂时，注意土壤有机质含量，有机质含量少的沙土，用药量宜少，用药量增加易引起药害。

发生药害后追施速效化肥。施用除草剂产生药害后，可追施速效肥料或采用根外追肥来补救。对激素类除草剂如2甲4氯飘移至棉田后产生的药害，可打去畸形枝，必要时喷洒0.01%芸苔素内酯乳油6 000～8 000倍液等。

喷清水冲洗，如喷用除草剂或杀虫剂过量或邻近敏感作物遭受药害，可打开喷灌装置或用喷雾器，连续喷2～3次清水，可清除或减少叶片上农药残留量。

足量浇水，使根系大量吸水，降低棉株体内有害物质的相对浓度，有一定缓解作用。结合追肥中耕松土，增加土壤透气性和地温，促根系发育，加强植株恢复力。

摘除受害枝叶。叶片遭受药害后，褪绿变色的枝叶及时摘除，以遏制药剂在植株内的渗透传导。

追肥促苗。对于触杀型药剂产生的药害，且叶面已产生药斑、叶缘焦枯等症状，喷水灌水洗药根本无效，可追肥中耕，亩施尿素5～6kg，促进棉株恢复生长，减轻药害程度。

3．棉花缺素症

缺素症是棉花在生长发育过程中因缺少某种营养元素所引起的生理病害。

【症　　状】缺氮：棉株生长缓慢，茎秆矮小细弱，红茎比例增多，果枝伸展不出来，蕾铃瘦小脱落多；叶色褪绿呈黄绿色后变黄色，严重时变成黄棕色，枯死。

缺磷：棉株生长慢且矮小，茎秆细、脆，叶片小，叶色暗绿或灰绿无光泽，严重时从叶尖沿叶缘呈灰色干枯且带紫色(图7–74)，茎也变紫，现蕾、开花、吐絮推迟。

图7－74　棉花缺磷症状

缺钾：叶片上先是出现黄色斑块，随后在叶脉间出现黄色斑点并逐渐扩展为褐色斑，最后整片叶成红棕色(图7–75)，叶片皱缩，叶缘下垂，叶片枯死或提前脱落，茎秆矮小细弱，铃小且难吐絮，蕾铃脱落重，缺钾严重时，植株过早枯死，呈叶红茎枯状。

图7－75 棉花缺钾症状

缺铁：开始时幼叶叶脉间失绿、叶脉仍保持绿色，以后完全失绿，有时一开始整个叶片就呈黄白色。茎秆短而细弱，新叶失绿、老叶仍可保持绿色(图7–76)。

图7–76　棉花缺铁症状

缺硼：生长点坏死，停止生长，仅叶芽生长，植株成丛生状，植株矮小且分枝多，叶片反向卷曲，叶厚，色暗绿无光泽，凹凸不平，上部叶片萎缩，叶柄出现环带突起，最后导致“蕾而不花”或“花而不铃”，严重减产。

缺锌：植株矮小，节间显著变短，叶色失绿变淡黄，叶脉间明显失绿，变厚变脆易碎，蕾铃脱落严重，生育期明显推迟。

缺锰：首先在幼叶叶脉间出现浓绿与淡绿相间的条纹，叶片的中部比叶尖端更为明显。叶尖初呈淡绿色，在白色条纹中同时出现一些小块枯斑，以后连接成条状干枯组织，并使叶片纵裂。

缺钼：老叶失绿，植株矮小，叶缘卷曲、叶子变形，以至干枯而脱落。有时导致缺氮症状，蕾、花脱落，植株早衰。

缺铜：植株矮小，失绿，植株顶端有时呈簇状，严重时，顶端枯死，容易感染其他病害。

【病　　因】磷肥施用量大，以及施用氮肥过多，会导致土壤有效锌的不足。

有机质少的土壤，砂性土、保肥保水性差的土壤，及长期持续干旱和雨水过多的，易诱发缺硼。

pH>7、沙性大、有机质含量低的地块有效锰含量低，雨水过多易淋失。

大量施用磷肥、含硫肥料，以及施用锰肥过量易缺钼。

有机质含量低、土壤碱性，铜的有效性降低；氮肥施用的过多，也会引起缺铜。

土壤中磷、锌、锰、铜含量过高，钾含量过低，土壤黏性大、水饱和度高，使用硝态氮肥，均会加重缺铁症状。

【防治方法】缺氮时，应追施速效氮肥，或喷施1%～2%的尿素溶液。

缺磷时，应及时喷施磷酸二氢钾叶面肥。

缺钾时，应连续喷施磷酸二氢钾叶面肥2～3次。

缺硼时，应使用0.2%的硼砂溶液或0.1%的硼酸溶液分别在蕾期、初花期、盛铃期喷施。

缺锌时，应分别在棉花蕾期、花铃期施用0.1%～0.2%的硫酸锌溶液进行叶面喷施2～4次。

缺锰时，用0.2%的硫酸锰或800倍的高锰酸钾或600倍液的“绿叶素”等含锰叶面肥，在苗期、初花期、花铃期各喷一次。

缺钼时，用0.05%～0.1%的钼酸铵溶液喷施2～3次。

缺铜时，亩用硫酸铜0.2～1kg拌细干土10～15kg于耕前均匀撒施；叶面喷施，可用0.02%的硫酸铜，在苗期、开花前各喷施一次。

缺铁时，亩用硫酸亚铁5～10kg底施，叶面喷施可用600倍液的“绿叶素”等含铁叶面肥。

三、棉花虫害

1．棉铃虫

【分　　布】棉铃虫(*Helicoverpa armigera*)属鳞翅目夜蛾科。广泛分布在我国各地，是棉田重要害虫。黄河流域发生量大，长江流域棉区间歇成灾。90年代以来多次在棉花上大暴发。为害重的地块棉株嫩顶和幼蕾被害率高达90%，个别地块甚至将棉叶吃光，形成光秆。

【为害特点】幼虫食害嫩叶成缺刻或孔洞(图7-77)；幼虫在苞叶内蛀食棉蕾，蛀孔处有粪便，蕾苞叶张开变成黄褐色脱落。青铃受害时，铃的基部有蛀孔，孔径粗大，近圆形 (图7-78)，粪便堆积在蛀孔之外，赤褐色，铃内被食去一室或多室的棉籽和纤维，未吃的纤维和种子呈水渍状，成烂铃，被害棉铃遇雨易霉烂脱落。

图7-77　棉铃虫为害棉花叶片症状

图7-78 棉铃虫为害棉铃症状

【形态特征】成虫体长14～18mm，翅展30～38mm。头胸青灰或淡灰褐色(图7-79)；前翅青灰或淡灰褐色，基线为双线，不清晰，亚基线为双线，褐色，呈锯齿形，环纹圆形，有褐边，中央有一褐点；肾纹有褐边，中央有一深褐色肾形斑，肾纹前方的前缘脉上有2个褐色纹；后翅灰白色或褐色，翅脉深褐色，端区棕褐色，较宽，缘毛灰白色，基部有一褐线，后半部不明显；腹部背面青灰或淡灰褐色。卵(图7-80)半球形，长大于宽，纵棱达底部，初产时乳白，后黄白色，孵化前深紫色。幼虫多数6龄。1龄幼虫头纯黑色，前胸背板红褐色，体表线纹不明显，臀板淡黑色，三角形。2龄幼虫头黑褐色或褐色；前胸背板褐色，两侧缘各出现1淡色纵纹，臀板浅灰色。3龄幼虫头淡褐色，出现大片褐斑和相连斑，前胸背板两侧绿黑色，中间较淡，出现简单斑点，气门线乳白色，臀板淡黑褐色。4龄幼虫头淡褐带白色，有褐色纵斑，小片网纹出现，前胸背板出现白色梅花斑。5龄幼虫头较小，往往有小褐斑，前胸背板白色，斑纹复杂。6龄幼虫头淡黄色，白色网纹显著，前胸背板白色，体侧3条线条清晰，扭曲复杂，臀板上斑纹消失。老熟幼虫(图7-81至图7-83)体色因食物或环境不同变化很大，体色淡红、黄白、淡绿、绿色、黄绿色、暗紫色和黄白色相间。蛹纺锤形，初蛹为灰绿色、绿褐色或褐色(图7-84)，复眼淡红色，近羽化时，呈深褐色，有光泽，复眼褐红色。

【发生规律】在我国由北向南一年发生3～7代，在辽宁、河北北部、内蒙古、新疆等地一年发生3代，华北4代，长江以南5～6代，华南地区一年发生6～8代，世代重叠。以蛹在寄主植物根际附近的土中越冬。当气温上升至15℃以上时，越冬蛹开始羽化。各地主要发生期及主要为害世代有所不同。长江流域5—6月第1代、第2代是主要为害世代。华北地区6月下旬至7月第2代是主要为害世代。东北南部7月、8月上旬至9月上旬的第2代、第3代是主要为害世代。成虫多在19：00至次日凌晨2：00羽化，羽化后沿原道爬出土面后展翅。成虫昼伏夜出，白天躲藏在隐蔽处，黄昏开始活动，在开花植物间飞翔吸食花蜜，

图7-79 棉铃虫成虫

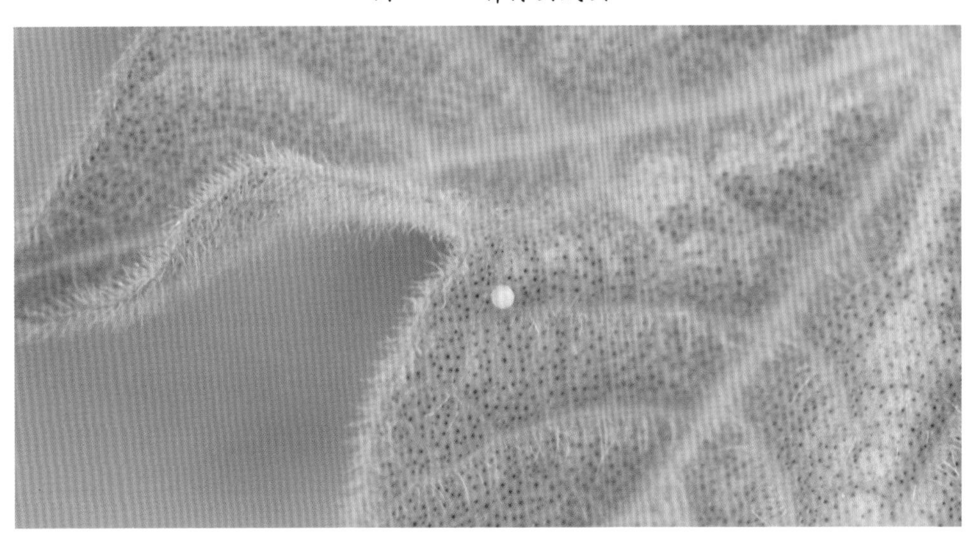

图7-80 棉铃虫卵

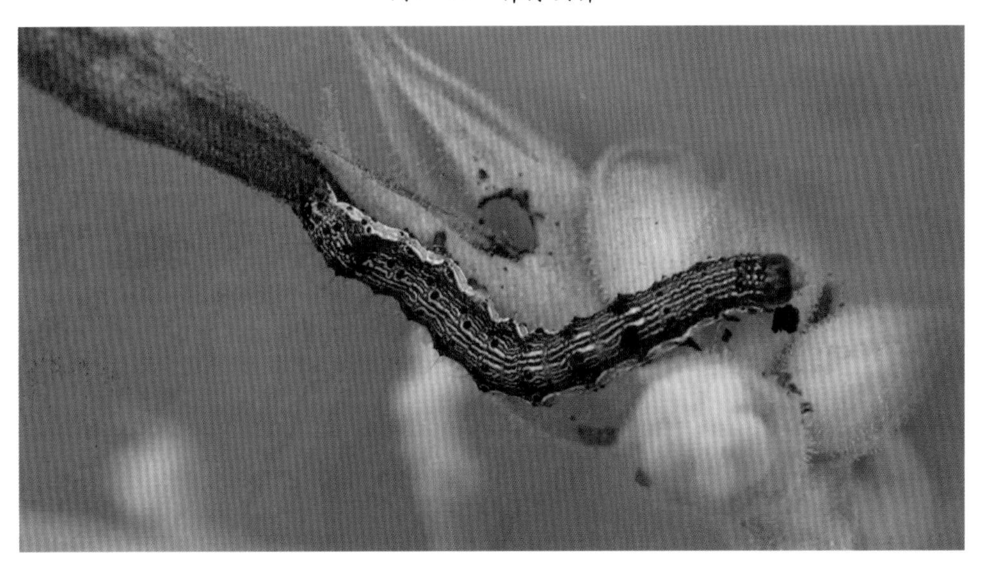

图7-81 棉铃虫幼虫(黑褐色)

图7-82　棉铃虫幼虫(褐色)

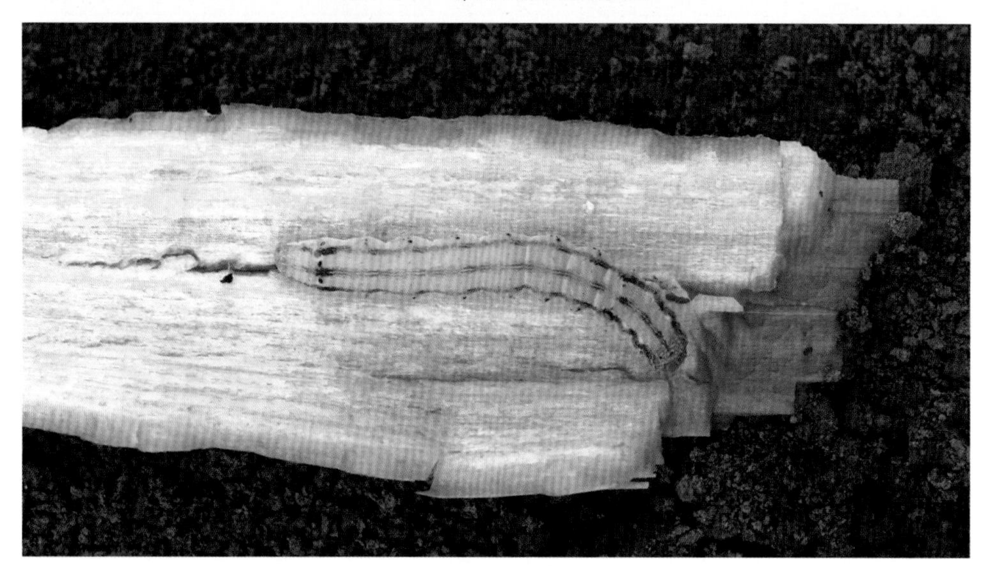

图7-83 棉铃虫幼虫(黄绿色)

图7-84　棉铃虫蛹

交尾产卵，成虫有趋光性和趋化性，对新枯萎的杨树枝叶等有很强的趋性。成虫羽化后当晚即可交配，2～3天后开始产卵，卵散产，喜产于生长茂密、花蕾多的棉花上，产卵部位一般选择嫩尖、嫩叶等幼嫩部分。初孵幼虫取食卵壳，第2天开始为害生长点和取食嫩叶。2龄后开始蛀食幼蕾。3～4龄幼虫主要为害蕾和花，引起落蕾。5～6龄进入暴食期，多为害青铃、大蕾或花朵。老熟幼虫在3～9cm处的表土层筑土室化蛹。高温多雨有利于棉铃虫的发生，干旱少雨对其发生不利。干旱地区灌水及时或水肥条件好、长势旺盛的棉田，前作是麦类或绿肥的棉田及玉米与棉花邻作的棉田，均有利于棉铃虫发生。

【防治方法】种植抗虫品种：栽培BT基因抗虫棉，深翻冬灌，减少虫源。麦收后及时中耕灭茬，消灭部分一代蛹，降低成虫羽化率。田间结合整枝及时打顶，摘除边心及无效花蕾，并携至田外集中处理。7—8月结合棉花根外追肥，往棉株上喷1%～2%过磷酸钙溶液，可减少着卵量。

物理防治：用黑光灯或高压汞灯诱杀成虫。安装300W高压汞灯1只/亩，灯下用大容器盛水，水面倒柴油，效果比黑光灯更好。

生物防治：释放赤眼蜂防治。第一次放蜂时间要掌握在成虫始盛期开始1～2天，每1代先后共放3～5次，蜂卵比要掌握在25∶1，放蜂适宜温度为25℃，空气相对湿度为60%～90%。如果温度、湿度过高或过低，要适当加大放蜂量。

药剂防治：掌握在卵孵盛期至2龄幼虫时期喷药防治，以卵孵盛期喷药效果最佳。每隔7～10天喷1次，共喷2～3次。喷药时，药液应主要喷洒在棉株上部嫩叶、顶尖以及幼蕾上，须做到四周喷透。并注意多种药剂交替使用或混合使用，以避免或延缓棉铃虫抗药性的产生。在棉花生长前期重点防治棉田2～3代棉铃虫，在卵孵盛期至2龄幼虫时期可用持效期较长、杀卵效果好的药剂：

20%毒死蜱·辛硫磷乳油100～150ml/亩；

15%阿维·三唑磷乳油60～70ml/亩；

40%柴油·辛硫磷乳油100～150ml/亩；

15.5%甲维·毒死蜱乳油75～100ml/亩；

1.8%阿维菌素乳油10～20ml/亩；

1%甲氨基阿维菌素苯甲酸盐乳油15～20ml/亩；

40%敌百虫·毒死蜱乳油60～80ml/亩；

20%三唑磷·辛硫磷乳油60～100ml/亩；

20%马拉硫磷·辛硫磷乳油75～90ml/亩；

50%敌百虫·辛硫磷乳油50～80ml/亩；

12%马拉硫磷·杀螟硫磷乳油75～100ml/亩；

40%丙溴磷乳油80～100ml/亩；

5%氟铃脲乳油120～160ml/亩；

8 000IU/ml苏云金杆菌可湿性粉剂200～300g/亩；

10亿PIB/g棉铃虫核型多角病毒可湿性粉剂80～100g/亩；

48%毒死蜱乳油90～125ml/亩；

40%甲基毒死蜱乳油100～175ml/亩；

35%伏杀硫磷乳油160～180ml/亩；

25%喹硫磷乳油60～100ml/亩；

50%倍硫磷乳油50～100ml/亩；

40%水胺硫磷乳油50～100ml/亩，对水50～60kg均匀喷雾。

防治棉田3～4代棉铃虫，该期世代重叠，田间各代棉铃虫均有发生，注意选择施用速效、高效杀虫药剂：

30%氯氰菊酯·辛硫磷乳油60～80ml/亩；

12%高效氯氰菊酯·毒死蜱乳油100～150ml/亩；

25%甲氰菊酯·辛硫磷乳油80～100ml/亩；

20%高效氯氰菊酯·马乳油70～100ml/亩；

20%氟铃脲·辛硫磷乳油50～75ml/亩；

25%丙溴磷·辛硫磷乳油60～80ml/亩；

25%氯氟氰菊酯·丙溴磷乳油40～80ml/亩；

15%高效氯氰菊酯·三唑磷乳油50～70ml/亩；

25%氰戊菊酯·辛硫磷乳油70～90ml/亩；

44%氯氰菊酯·丙溴磷乳油70～100ml/亩；

52.25%氯氰菊酯·毒死蜱乳油80～110ml/亩；

2.5%高效氯氟氰菊酯乳油40～60ml/亩；

20%辛硫磷乳油100～125ml/亩；

4.5%高效氯氰菊酯水乳剂60～80ml/亩；

20%乙酰甲胺磷乳油225～300ml/亩；

5% S-氰戊菊酯乳油40～50ml/亩；

2.5%溴氰菊酯乳油30～50ml/亩；

2.5%联苯菊酯乳油110～140ml/亩；

2.5%氯氰菊酯乳油15～20ml/亩；

10%顺式氯氰菊酯乳油15～20ml/亩；

5%氯氟氰菊酯乳油32～50ml/亩；

1.8% zeta-氯氰菊酯乳油16～22ml/亩；

20%甲氰菊酯乳油30～40ml/亩，对水50～60kg均匀喷雾。

2．棉红铃虫

【分　　布】棉红铃虫(*Pectinophora gossypiella*)属鳞翅目麦蛾科。分布广泛，国内除新疆、甘肃、青海、宁夏尚未发现外，其他各产棉区均有发生。

【为害特点】以幼虫为害棉花蕾、花、铃、棉籽，引起落花、落蕾、落铃或烂铃、僵瓣。为害蕾，蕾上部蛀孔很小，似针尖状黑褐色，蕾外无虫粪，蕾内有绿色细屑状粪便，小蕾花蕊吃光后不能开放而脱落。为害铃，在铃的下部或铃室联缝处或在铃的顶部有蛀孔，蛀孔似受害蕾，黑褐色。为害棉籽，雨水多时大铃常腐烂，雨水少时呈僵瓣花。

【形态特征】成虫体棕黑色，头顶、额面浅褐色(图7-85)；唇须浅褐色且具深褐色镰刀形斑；触角浅灰褐色，除基节外各节端部黑褐色；胸背淡灰褐色，侧缘、肩板褐色；前翅竹叶形，深灰褐色，翅面在亚缘线、外横线、中横线处均具黑色横斑纹，近翅基部具3个黑色斑点；后翅似菜刀状，外缘略凹入，灰褐色，缘毛较长；雄蛾具1根翅缰，雌蛾3根。卵椭圆形，表面具网状纹。幼虫共4龄；末龄幼虫头部浅红褐色，上颚黑色；前胸硬皮板小，从中间分成两块；体肉白色，毛片浅黑色且四周为红色斑块(图7-86)；腹足趾钩单序，外侧缺环。蛹浅红褐色，尾端尖，末端臀棘短，向上弯曲呈钩状。

图7-85 棉红铃虫成虫

图7-86 棉红铃虫幼虫

【发生规律】在我国一年发生2～7代，黄河流域2～3代，长江流域3～4代，华南棉区5～7代。幼虫随棉花贮藏、加工爬至屋顶等缝隙处结白茧滞育越冬，也可在棉籽、枯铃里越冬。安徽5月上旬越冬幼虫开始化蛹，羽化时间长达2个多月。长江流域各代卵发生历期为6月下旬、8月上旬、8月底，秋季气温高时可发生不完全的4代，幼虫在8月下旬开始陆续进入越冬期，到10月中旬绝大部分进入越冬期。成虫白天潜伏，夜间交配产卵，第1代多产在嫩头或嫩叶上，第2代多产在下部的青铃萼片内，第3代多产在中上部青铃萼片内。成虫对黑光灯有趋性，飞翔力不强。初孵幼虫经1～2小时蛀入蕾内，每头幼虫可为害2～3个铃室、2～7粒棉籽。温湿度高有利其繁殖，气温20～35℃，相对湿度80%以上适其生长发育，长江流域气候条件适宜则发生重。红铃虫天敌有60多种，如澳洲赤眼蜂、金小蜂、茧蜂、姬蜂、草蛉、小花蝽等。

【防治方法】调节播期，控制棉花生长发育进度，可以有效地控制红铃虫为害。一是促使棉花早熟，使棉花在第3代红铃虫发生时已处于老熟阶段，不利于红铃虫的取食；二是延迟播期，推迟棉花现蕾的时间，使棉株上无足够适合红铃虫的食物，从而大幅度地抑制第1代红铃虫的虫口密度。开花时上面覆盖物用麻袋，幼虫多爬至覆盖物下面，第2天晒花前扫杀。利用幼虫背光、怕热的习性，通过帘架晒花而使幼虫落地，并集中处理。连续几次效果更好。

药剂防治：在成虫产卵盛期，喷洒下列药剂：

2.5%溴氰菊酯乳油20～40ml/亩；

40%三唑磷乳油80～100ml/亩；

20%氰戊菊酯乳油25～50ml/亩；

30%氰戊菊酯·氧乐果乳油20～40ml/亩；

20%氯氰菊酯·水胺硫磷乳油40～50ml/亩；

20%氯氰菊酯·三唑磷乳油60～100ml/亩；

10%联苯菊酯乳油20～35ml/亩；

20%甲氰菊酯乳油30～40ml/亩；

25%甲萘威可湿性粉剂200～300g/亩；

4.5%高效氯氰菊酯乳油22～44ml/亩；

2.5%高效氯氟氰菊酯乳油20～60ml/亩；

5%氟氯氰菊酯乳油32～50ml/亩；

5%氟啶脲乳油60～140ml/亩；

5%S-氰戊菊酯乳油30～40ml/亩，对水50～60kg均匀喷雾。

棉花封垄后可用敌敌畏毒杀幼虫，用80%敌敌畏乳油150ml/亩，对水20kg拌细土20～25kg于傍晚撒在行间，2、3代卵孵化盛期隔3～4天撒1次。

3．棉蚜

【分　　布】棉蚜(*Aphis gossypii*)属同翅目蚜科。全国各地均有发生，为害严重，是棉花苗期重要害虫，以东半部密度较大。近年新疆所占比重也在升高。黄河流域、辽河流域、西北内陆棉区发生早，为害重。

【为害特点】以刺吸口器刺入棉叶背面或嫩头，吸食汁液。苗期受害，棉叶卷缩，开花结铃期推迟；成株期受害，上部叶片卷缩，中部叶片出现油光，下部叶片枯黄脱落，叶表有排泄的蜜露，易诱发霉菌(图7-87至图7-89)，影响光合作用。在吐絮期，“蜜露”还会污染棉絮，使棉纤维品质下降。

【形态特征】棉蚜的形态是多型性的，生活在不同时期不同寄主上的棉蚜在形态上有明显的差异。干母是从越冬卵孵化出来的成熟个体，茶褐色至暗绿色；复眼红色；触角5节，长约为体长的一半；营孤雌生殖。无翅胎生雌蚜体表常被白蜡粉(图7-90)；有黄、青、深绿或暗绿等体色，触角约为体长之半或稍长。复眼暗红色；前胸背板两侧各有1个锥形小乳突；腹管较短，黑色或青色，圆筒形，基部略宽，上有瓦砌纹；尾片青色或黑色，两侧各有刚毛3根。有翅胎生雌蚜体黄色、浅绿色或深绿色(图7-91)，头胸部黑色；触角略短于体长；翅透明，腹管黑色，圆筒形，表面有瓦砌纹；尾片乳头状，黑色，两侧各有刚毛3根。无翅产卵雌蚜触角5节，感觉圈着生于4、5节上；后足腿节粗大，上有排列不规则的感觉圈数十个。有翅雄蚜体色变异很大，有深绿色、灰黄色、暗红色或赤褐色；腹管灰黑色，较有翅胎生雌蚜短小。卵椭圆形，初产时橙黄色，后变成漆黑色，有光泽。无翅若蚜：共4龄；夏季体淡黄或黄绿色，春、秋季为蓝灰色；复眼红色。有翅若蚜：同无翅若蚜相似。第2龄出现翅芽，其翅芽后半部为灰黄色。

图7-87 棉蚜为害幼苗症状

图7-88 棉蚜为害心叶症状

图7-89 棉蚜为害叶片卷缩症状

图7-90 棉蚜无翅胎生雌蚜

图7-91 棉蚜有翅胎生雌蚜

【发生规律】辽河流域棉区一年发生10～20代，黄河流域、长江及华南棉区20～30代。除在华南部分地区棉蚜的全年生活史是不全生活史周期外(可终年繁殖，无越冬现象)，其余大部分棉区都是全生活史周期。有全生活史周期的棉蚜深秋产卵在越冬寄主上(木本植物多在芽内侧及其附近或树皮裂缝中，草本植物多在根部)越冬。春季越冬寄主发芽后，越冬卵孵化为干母，后干母开始胎生无翅雌蚜。无翅雌蚜孤雌生殖2～3代后，产生有翅胎生雌蚜，向刚出土的棉苗和其他侨居寄主迁移，为害刚出土的棉苗。棉蚜在棉田按季节可分为苗蚜和伏蚜。苗蚜发生在出苗到6月底，适应偏低的温度，气温高于27℃繁殖受抑制，虫口迅速降低。伏蚜发生在7月中下旬至8月，适应偏高的温度，27～28℃大量繁殖，当日均温高于30℃时，虫口数量才减退。棉蚜的扩散主要靠有翅蚜的迁飞，一年约有3次大迁飞。第一次大迁飞是由越冬寄主迁往棉田；第2次大迁飞是在棉田内扩散蔓延；第3次大迁飞是由棉田迁往越冬寄主。气温较高，雨量适中，对其繁殖有利，则越冬卵量大。秋末气温下降缓慢，冬季气温偏高，寒流频率少，则孵化率高。有翅蚜有趋向黄色、集中降落在黄色物体上的习性。大雨对棉蚜抑制作用明显。播种早的棉蚜迁入早，为害重，棉花与麦、油菜、蚕豆等套种时，棉蚜发生迟且轻。捕食性天敌有食蚜蝇、瓢虫、草蛉、寄生性蚜茧蜂以及蚜霉菌。

【防治方法】冬、春季铲除田边、地头杂草，集中处理，消灭越冬寄主上的蚜虫。实行棉麦套种，或棉田中、地边播种高粱、春玉米、油菜等诱集作物，引诱蚜虫为害。既可以招引各种天敌较早迁入棉田，又可用少量的农药集中防治棉蚜。诱集作物上的棉蚜应及时治理。

防治指标为卷叶率10%或单株倒3叶蚜量为284头。播种时种子处理可以预防苗蚜，或在蚜虫发生初期喷药防治。

播种时种子处理，可以用下列药剂：

4%噻虫嗪悬浮种衣剂515～765g/100kg 种子；

350g/L吡虫啉悬浮种衣剂910～1 250ml/100kg种子或用3%克百威颗粒剂1500～2 000g/亩拌上沟施。

在蚜虫发生期，棉苗3片真叶前，卷叶株率5%～10%；4片真叶后卷叶株率10%～20%各喷药1次，可用下列药剂：

26%敌敌畏·吡虫啉乳油60～80ml/亩；

26%辛硫磷·高氯氟乳油60～80ml/亩；

25%柴油·吡虫啉乳油30～50ml/亩；

20%氯氟氰菊酯·敌敌畏乳油40～60ml/亩；

44%氯氰菊酯·丙溴磷乳油50～60ml/亩；

20%吡虫啉·三唑磷乳油15～20ml/亩；

20%氯氰菊酯·辛硫磷乳油100～120ml/亩；

20%氯氰菊酯·三唑磷乳油60～80ml/亩；

2%阿维菌素乳油10～20ml/亩；

2.5%溴氰菊酯乳油20～40ml/亩；

10%氯氰菊酯乳油50～80ml/亩；

45%杀螟硫磷乳油55～83ml/亩；

45%马拉硫磷乳油55～83ml/亩；

25%噻虫嗪水分散粒剂4～8g/亩；

4.5%高效氯氰菊酯乳油22～44ml/亩；

40%乙酰甲胺磷乳油100～125ml/亩；

40%辛硫磷乳油50～100ml/亩；

10%吡虫啉可湿性粉剂20～30g/亩；

80%敌敌畏乳油50～100ml/亩；

50%倍硫磷乳油50～100ml/亩；

25%甲萘威可湿性粉剂100～260g/亩；

20%丁硫克百威乳油30～60ml/亩；

40%毒死蜱乳油80～100ml/亩；

20%氰戊菊酯乳油25～50ml/亩；

3%啶虫脒乳油20～40ml/亩；

2.5%高效氯氟氰菊酯乳油20～40ml/亩；

50%二嗪磷乳油100～120ml/亩，对水50～60kg均匀喷雾。

4．朱砂叶螨

【分　　布】朱砂叶螨(*Tetranychus cinnabarinus*)属真螨目，叶螨科。在国内各棉区均有分布。

【为害特点】成螨、若螨聚集在棉叶背面刺吸棉叶汁液，棉叶正面出现黄白色斑，后来叶面出现小红点，为害严重的，红色区域扩大，致棉叶、棉铃焦枯脱落，状似火烧。常与其他叶螨混合发生，混合为害(图7－92)。

图7－92　叶螨为害棉花叶片症状

【形态特征】雌成螨长0.42～0.5mm，宽约0.3mm，椭圆形；体背两侧具有一块三裂长条形深褐色大斑。雄成螨体长0.4mm，菱形，一般为红色或锈红色，也有浓绿黄色的，足4对(图7－93)。卵近球形，初期无色透明，逐渐变淡黄色或橙黄色，孵化前呈微红色。幼螨和若螨：卵孵化后为1龄，仅具3对足，称幼螨(图7－94)；幼螨蜕皮后变为2龄，又叫前期若螨，前期若螨再蜕皮，为3龄，又叫后期若螨，若螨均有4对足。雄螨一生只蜕一次皮，只有前期若螨。幼螨黄色，圆形，透明，具3对足。若螨体似成螨，具4对足。前期体色淡，雌性后期体色变红。

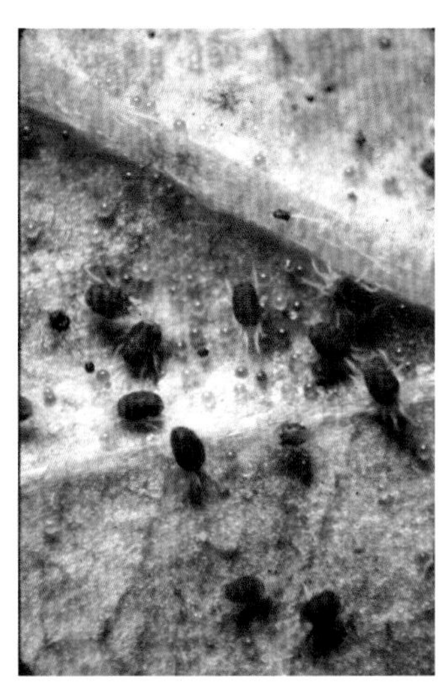

图7-93 朱砂叶螨成螨

图7-94 朱砂叶螨幼螨

【发生规律】北方棉区一年发生12～15代，长江流域棉区18～20代，华南棉区在20代以上。10月中下旬由棉田迁至干枯的棉叶、棉秆、土块、树皮缝隙等处，雌成螨吐丝结网，聚集成块越冬。每年4—5月份迁入菜田，6—9月份陆续发生为害，以6—7月份发生最重。春季气温达10℃以上，越冬雌螨即开始大量繁殖。先在杂草或其他寄主上取食，后随着作物的生长，陆续迁入到棉田为害，到6月上旬至8月中旬进入棉田盛发期。成螨羽化后即交配，第2天就可产卵，多产于叶背。可孤雌生殖，其后代多为雄性。其扩散和迁移主要靠爬行、吐丝下垂或借风力传播，也可随水流扩散。在繁殖数量过多、食料不足时常在叶端群集成团，滚落地面，被风刮走，向四周爬行扩散。幼螨和若螨共蜕皮2～3次，不食不动。蜕皮后即可活动和取食。后期若螨则活泼贪食，有向上爬的习性。棉叶螨喜高温干燥条件。在26～30℃时发育速度最快，繁殖力最强。发育上线温度为42℃。相对湿度75%以下，尤其是35%～55%的相对湿度更加有利。暴雨对棉叶螨的发生有明显的抑制作用。捕食性天敌有瓢虫、瘿蚊、草蛉等。

【防治方法】加强田间管理，越冬前，在根颈处覆草，并于次年3月上旬，将覆草或根颈周围20cm范围内的杂草收集，烧毁，可大大降低越冬基数；轮作倒茬，合理安排轮作的作物和间作、套种的作物，避免叶螨在寄主间相互转移为害。以水旱轮作效果最好。结合定苗，发现叶螨时，顺手抹掉；若螨量多时，将叶片摘下处理。若整株上多时，可将其拔除，带到田外处理。天气干旱时，注意灌溉，增加田间湿度，不利于其发育繁殖；控制氮肥施用量，增施磷钾肥，恶化叶螨的发生条件。

在加强田间害螨监测的基础上，在点片发生阶段即时进行挑治，以免暴发为害。在叶螨发生的早期，可使用杀卵效果好，残效期长的药剂，可使用下列药剂：

20%哒螨灵可湿性粉剂10～20g/亩；

73%炔螨特乳油25～35ml/亩；

5%噻螨酮乳油50～66ml/亩；

5%唑螨酯悬浮剂20～40ml/亩；

30%三磷锡乳油18～25ml/亩，对水50～60kg均匀喷雾。但通常这类药剂对成螨无效，对幼若螨有一定效果，因而在田间大发生时不要使用。

当田间种群密度较大，成螨、若螨混发期，并已经造成一定为害时，可使用速效杀螨剂。使用的药剂种类有：

20%双甲脒乳油40～50ml/亩；

5%噻螨酮乳油50～60ml/亩；

57%炔螨特乳油40～60ml/亩；

20%氯氰菊酯·水胺硫磷乳油30～40ml/亩；

13%联苯菊酯·丁醚脲乳油40～60ml/亩；

20%甲氰菊酯乳油30～50ml/亩；

30%甲氰菊酯·炔螨特乳油40～60ml/亩；

0.5%二甲基二硫醚乳油40～50ml/亩；

20%哒螨灵可湿性粉剂30～30g/亩；

2%阿维菌素乳油20～30ml/亩；

20%阿维菌素·杀螟硫磷乳油20～30ml/亩；

2.5%阿维菌素·甲氰菊酯乳油100～120ml/亩；

10%阿维菌素·哒螨灵乳油40～60ml/亩，对水50～60kg均匀喷施。间隔7～10天再喷1次，连喷2～3次。

这些药剂对成螨、若螨效果好，但对卵效果差。以上药剂应轮换使用，以免害螨产生抗药性。为了提高药效，可在上述药液中混加300倍液的洗衣粉或300倍液的碳酸氢铵，喷药时应采取淋洗式的方法，务求喷透喷全。

5．二斑叶螨

【分　　布】二斑叶螨(*T. urticae*)属真螨目叶螨科。各地均有发生。

【为害特点】同朱砂叶螨。

【形态特征】雌成螨色多变有浓绿、褐绿、黑褐、橙红等色，一般常带红或锈红色。体背两侧各具1块暗红色长斑，有时斑中部色淡分成前后两块(图7–95)。雌体椭圆形，多为深红色，也有黄棕色的；越冬型橙黄色，较夏型肥大。雄成螨体近卵圆形，前端近圆形，腹末较尖，多呈鲜红色。卵球形，光滑，初无色透明，渐变橙红色，将孵化时出现红色眼点。幼螨初孵时近圆形，无色透明，取食后变暗绿色，眼红色，足3对(图7–96)。前期若螨体近卵圆形，色变深，体背出现色斑。后期若螨体黄褐色，与成虫相似。

图7–95　二斑叶螨成螨

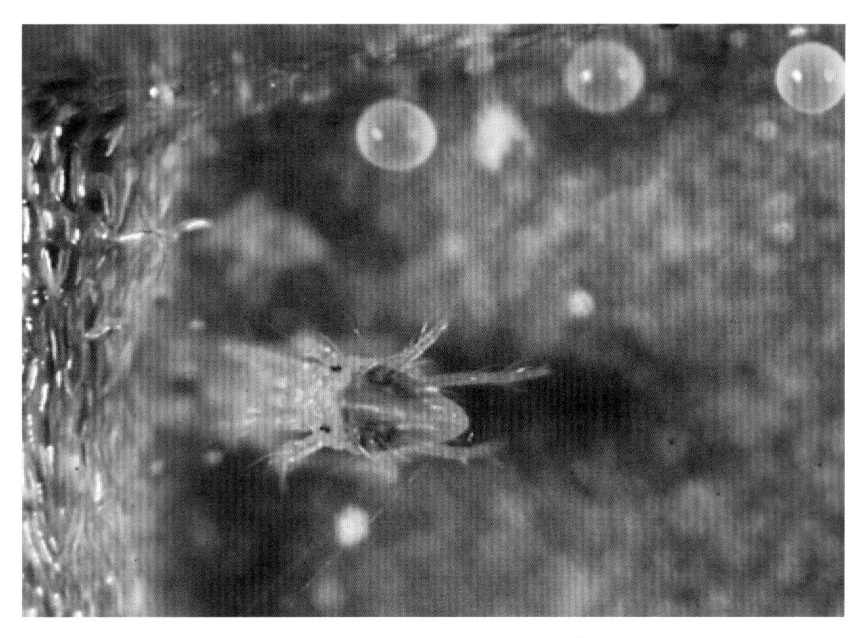

图7-96 二斑叶螨若螨及卵

【发生规律】南方一年发生20代以上，北方12～15代。越冬场所随地区不同，在华北以雌成虫在杂草、枯枝落叶及土缝中吐丝结网潜伏越冬；在华中以各种虫态在杂草及树皮缝中越冬；在四川以雌成虫在杂草或豌豆、蚕豆作物上越冬。2月均温达5～6℃时，越冬雌虫开始活动，3—4月先在杂草或其他为害对象上取食，4月下旬至5月上中旬迁入瓜田，先是点片发生，而后扩散全田。6月中旬至7月中旬为猖獗为害期。进入雨季虫口密度迅速下降，为害基本结束，如后期仍干旱可再度猖獗为害，至9月气温下降陆续向杂草上转移，10月陆续越冬。先羽化的雄螨有主动帮助雌螨蜕皮的行为。成螨羽化后即交配，第二天即可产卵，多产于叶背。可两性生殖，也可孤雌生殖，其后代多为雄性。幼虫和前期若虫不甚活动。后期若虫则活泼贪食，有向上爬的习性。繁殖数量过多时，常在叶端群集成团，有吐丝下垂借风力扩散传播的习性。冬春气温高，干旱少雨，越冬虫口基数大，发生严重。靠近村庄、果园、温室和长满杂草的向阳沟渠边的玉米田发生早且重，其次是常年旱作田。

【防治方法】同朱砂叶螨。

6．截形叶螨

【分　　布】截形叶螨(*T. truncatus*)属真螨目叶螨科。各地均有分布。

【为害特点】若螨和成螨群聚叶背吸取汁液，使叶片呈灰白色或枯黄色细斑，严重时叶片干枯脱落，影响生长，缩短结果期，造成减产。

【形态特征】雌成螨体椭圆形，深红色，足及颚体白色(图7-97)，体侧有白斑；须肢端感器柱形，长约为宽的2倍，背感器约与端感器等长；气门沟末端呈“U”形弯曲；足爪间突裂开为3对针状毛，无背刺毛。雄成螨须肢端感器长柱形，其长约为宽的2.5倍，背感器较短；阳具柄部宽阔，弯向背面形成1个小型端锤，其背缘呈平截状，末端有1个凹陷，近侧突起圆钝，远侧突起。

【发生规律】一年发生20代以上。华北地区以雌螨在土缝中或枯枝落叶上越冬；华中以各虫态在多种杂草上或树皮缝中越冬；华南地区由于冬季气温高继续繁殖为害。翌年3月下旬平均气温达8℃左右时，越冬螨开始出蛰。出蛰后7～8天即可产卵。4月底至5月初叶螨出蛰结束。越冬雌成螨出蛰后，一般先在杂草上为害。5月中下旬开始进入棉田，但6月上旬之前，数量较少，一般不造成为害。自6月中旬开

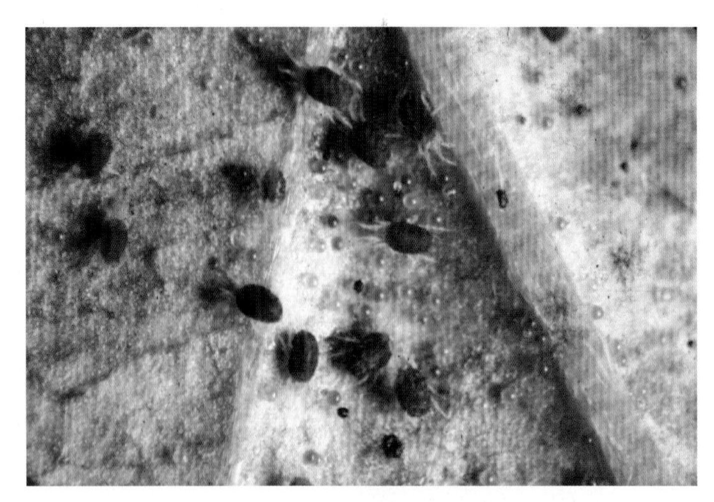

图7-97　截形叶螨成螨

始，数量逐渐增多。6月下旬、7月初便出现第1个高峰期。7月中、下旬又出现第2个高峰期，有时8月中、下旬至9月初还有1个小高峰，为害持续至10月底。每年发生10～20代。气温29～31℃，相对湿度35%～55%适其繁殖。

【防治方法】同朱砂叶螨。

7．小地老虎

【分　　布】小地老虎(*Agrotis ypsilom*)属鳞翅目夜蛾科，是棉花重要的地下害虫之一。在各产棉区均有分布。苗期造成缺苗，大田期造成缺株断垄，为害率一般为1%～5%，严重的可达10%～30%，甚至毁种。

【为害特点】幼虫多从地面上咬断幼苗，主茎已硬化可爬到上部为害生长点，是一种典型的杂食性害虫，几乎对所有旱地作物的幼苗均能取食为害，常使受害作物缺苗断垄，甚至毁种重播(图7-98)。

【形态特征】成虫体长16～23mm，翅展42～54mm，雌蛾触角为丝状，雄蛾为双栉齿状；栉齿逐节变短，至触角的后半端则呈丝状，每根栉齿上都有极长的感觉毛。前翅船桨形，暗褐色，前缘颜色较深，亚基线、内横线与外横线、亚外缘线为暗色，系由双线夹1条白线组成(图7-99)；前翅肾状形纹具黑边，在肾状形纹外方有1条明显黑色三角形楔形纹，尖端指向外缘。亚缘线白色，锯齿状，近前缘两个大黑色楔形纹与肾状纹外侧的楔形纹尖端相对；后翅扇状，灰白色，翅脉及边缘呈黑褐色。卵半球形。表面有许多纵横交错的隆起线纹。初产的卵为乳白色，近孵化时灰黑色。幼虫初孵为灰褐色，取食后至3龄前为黄绿色，入土后变为灰褐色。老熟幼虫体圆筒形，黑褐色，部分黄褐色；头部黄褐色至暗褐色，变化较大，颅侧区具有不规则的黑色网纹(图7-100)；后唇基等边三角形，颅中沟短，额区直达颅顶，顶呈单峰；体表粗糙，密布大小不一的黑色颗粒；腹部1～8节背面中部有4个毛瘤片，后2个较前方2个大；腹部末节的臀板黄褐色，其上有两条深褐色的对称纵带。蛹属被蛹，黄褐色或赤褐色，具光泽；腹部第四至七节背板基部各有一列粗圆点刻，腹末端有一对“∧”形臀刺。

【发生规律】该虫在我国一年的发生数代，因各地气候条件不同而有所差异。在我国从北到南一年发生1～7代。在辽河流域和西北内陆棉区每年发生2～3代，黄河流域棉区每年发生3～4代，长江流域棉区每年发生4～5代，华南和西南棉区每年发生6～7代。各代成虫发生期为：越冬代1月至3月中旬，第一代在4月中旬，第二代在5月下旬至6月上旬，第三代在6月下旬至7月中旬，第四代在8月，第五代在9月中下旬，第六代在11月上旬至下旬。成虫昼伏夜出，白天潜伏于土缝中、杂草间、屋檐下或其他隐蔽处，

图7-98 小地老虎为害棉花幼苗症状

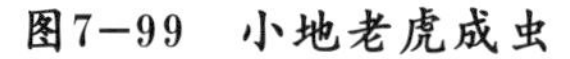

图7-99 小地老虎成虫

图7-100 小地老虎幼虫

傍晚19：00—20：00时开始活动，以19：00—23：00时活动最盛。成虫飞翔力强，具有较强趋光性，对黑光灯趋性强。成虫趋化性也较强，喜食甜酸味的液体、发酵物、花蜜及蚜虫排泄物等作为补充营养。雌蛾羽化后不久即有明显的趋食糖、蜜和发酵物的习性，长时间飞行之后取食尤其强烈，取食活动多在夜晚。成虫羽化后1～2天开始交尾，3～5天最多。交尾时间多集中在4：00—6：00时，6～7天后进入产卵盛期。卵散产或数粒散聚在一起，产卵多选择在幼嫩、低矮、生长茂密的植物叶背上。幼虫6龄。其取食活动因龄期而异，初孵幼虫有取食卵壳的习性。幼虫有假死性，一遇震惊，就蜷缩成环形。幼虫老熟后，大都迁移到田埂、地边、杂草根旁等较干燥的地方，潜入6～7cm深的土层作土室化蛹。适宜温度范围为18～26℃，温度过高或过低都不利于生长发育。22℃时，雌蛾产卵历期最长，产卵量最大。平均温度高于30℃时，成虫寿命缩短，不能产卵，并出现成虫羽化不健全和初孵幼虫死亡率增加的现象。在东部，凡地势低湿、易内涝或沿河、沿湖地区及雨量充沛的地方发生量就大。长江流域各省雨水量较多，常年土壤湿度高的为害也偏重。在北方地区则以沿江、河、湖等的河川滩地、内涝地区及常年灌溉区发生严重。土壤含水率在15%～20%的地区幼虫为害重，多雨、土壤湿度过大，有利于小地老虎寄生病菌的流行，虫口密度则减少。第一代卵盛孵期和1～2龄幼虫盛发期，雨日多雨量大，幼虫死亡就多，为害则轻；如此时遇干旱少雨，幼虫成活率就高，为害则重。

【防治方法】轮作倒茬，有条件的地方实行稻棉轮作，恶化地老虎生存环境。春播前进行春耕细耙等整地工作可消灭部分卵和早春的杂草寄主，同时在作物幼苗期结合中耕松土，清除田内外杂草并将其烧毁，均可消灭大量卵和幼虫。秋季翻耕田地，暴晒土壤，可杀死大量幼虫和蛹。在清晨刨开断苗附近的表土捕杀幼虫，连续捕捉几次，效果也较好。受害重的田块可结合灌水淹杀部分幼虫。

物理防治：黑光灯诱杀。成虫盛发期，设置黑光灯诱杀成虫。

糖醋酒液诱杀成虫：成虫盛发期，在田间设置糖醋酒盆诱杀成虫，糖醋液配制比例为红糖6份、醋3份、酒1份、水10份，再加适量敌百虫等农药即成。

泡桐叶诱杀幼虫：将刚从泡桐树上摘下的老桐叶，用水浸湿，于傍晚均匀地放于苗床上，每亩放置60～80张，清晨检查，捕杀叶上诱到的幼虫，连续3～5天，效果较好；也可将泡桐叶浸在90%晶体敌百虫200倍液中，10小时后取出使用。

毒饵诱杀：48%毒死蜱乳油25ml，用适量水将药剂稀释，然后拌入炒香的麦麸、豆饼、花生饼、玉米碎粒等饵料中，用量为每亩2.5kg，于傍晚均匀撒入田间，有较好的诱杀效果。也可用50%辛硫磷乳油100g加水2.5kg，喷在100kg切碎的鲜草上，于傍晚分成小堆放置在田间，用量为每亩15kg。次日清晨拣拾死虫，防止其复活。

药剂防治：地老虎1～3龄幼虫期抗药性差，且暴露在寄主植物或地面上，是药剂防治的适期。喷洒下列药剂：

48%毒死蜱乳油90～120ml/亩；

2.5%溴氰菊酯乳油2 500～3 000倍液；

20%菊·马(氰戊菊酯·马拉硫磷)乳油2 000～3 000倍液；

10%溴·马(溴氰菊酯·马拉硫磷)乳油2 000～2 500倍液；

90%晶体敌百虫800～1 000倍液；

21%增效氰·马拉硫磷乳油2 000～3 000倍液；

20%氰戊菊酯乳油2 500～3 000倍液；

50%杀螟硫磷乳油1 000～2 000倍液；

80%敌敌畏乳油1 000～1 500倍液；

25%杀虫双水剂500～600倍液；

5%定虫隆乳油2 500～3 000倍液；

10%氯氰菊酯乳油2 000～3 000倍液；

10%虫螨腈悬浮剂2 000～2 500倍液；

5%氟虫脲乳油2 000～2 500倍液；

20%甲氰菊酯乳油2 000～3 000倍液等，对水50～60kg喷雾。一般6～7天后，可酌情再喷1次。

3～4龄幼虫时喷洒或浇灌或配成毒土，顺垄撒施，可选用3%氯唑磷颗粒剂2～5kg/亩处理土壤，2.5%敌百虫粉剂1.5～2kg加10kg细土制成毒土，顺垄撒在幼苗根际附近，或用50%辛硫磷乳油0.5kg加适量水喷拌细土125～175kg制成毒土；或用40%甲基异柳磷乳油0.5kg，加适量水，喷拌细沙土50kg，顺垄撒施在幼苗根附近。

8．黄地老虎

【分　　布】黄地老虎(*Agrotis segetum*)属鳞翅目夜蛾科。在我国各地都有分布。主要为害区域是在年降雨量少的黄淮棉区和西南棉区，并常与小地老虎、大地老虎混合发生。

【为害特点】同小地老虎。

【形态特征】成虫头、胸淡褐色；触角雌蛾丝状，雄蛾双栉状。前翅黄褐色，翅面散布小黑点，内、中、外横线为双曲线，但多不明显；肾状纹、环状纹和楔状纹清晰，各斑中央暗褐色，边缘为黑褐色；后翅白色(图7-101)；前缘略带黄褐色。卵黄褐色，半球形，顶部较隆起，底部较平，卵壳表面有纵脊纹16～20条。末龄幼虫体圆筒形，多为淡黄褐色，头部褐色，具黑褐色不规则形纹；后唇基的底边略大于斜边，无颅中沟或仅具一段很短的颅中沟，额区直达颅顶，呈双峰；虫体背面有浅色条纹，但不明显；表皮多皱纹，无微小颗粒；腹部背面有毛片4个，后面2个毛片比前面2个毛片稍大；臀板中央有黄色纵纹，两侧各有1块黄褐色大斑(图7-102)。蛹黄褐色至暗褐色，腹部第四节背面前缘中央的小黑点稀少，不明显，第五腹节至第七腹节背面前缘中部深褐色，具6～7排刻点，色浅且较密集；腹面前缘小刻点圆形，5～6排，两侧较密，中部较稀疏，腹末有尾棘1对(图7-103)。

图7-101　黄地老虎成虫

图7-102 黄地老虎幼虫

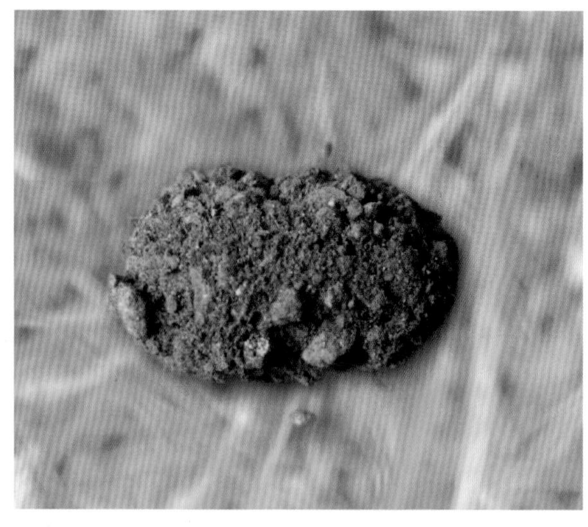

图7-103 黄地老虎蛹

【发生规律】每年发生3～4代，多以5～6龄幼虫于11月下旬至12月上旬在寄主附近土下3～7cm深处越冬。翌年3月中旬至4月下旬先后化蛹，4月中旬为化蛹盛期。4月中旬至5月中下旬为越冬代成虫发生、产卵期。5月下旬至6月是第一代幼虫发生为害盛期；第二代幼虫发生在6月下旬至8月上旬。第三代幼虫发生在8月中旬至9月间。10月至翌年3—4月间为第四代(越冬代)幼虫发生期。成虫白天潜伏在作物或杂草近地面处，有较强的趋光性，对糖、醋液有趋性。越冬代成虫喜趋向大葱和芹菜的花蜜取食，以补充营养。卵多产在土面作物根茬、草棒上及多种杂草的叶背上。以第一代幼虫为害最重，幼虫共有6龄，初孵幼虫取食棉苗心叶、嫩叶的叶肉，1龄、2龄幼虫为害叶片，被害处咬成小孔或缺刻，有时还咬穿心叶形成小排孔。3龄后的幼虫具有昼伏夜出习性，取食下部叶片。老龄幼虫在表土层3～5cm处作土室化蛹。11月下旬至12月上旬，气温接近0℃时，幼虫停止取食而进入冬眠。幼虫喜在疏松土壤中越冬，坚硬的土壤中虫量很少。土壤含水率以16.3%为最适宜，降至7.7%的越冬幼虫死亡率为37%～52.7%。高龄幼虫越冬的虫量多，来年春季成虫量就大，为害就重。越冬代成虫盛发期受3月、4月份平均气温的影响，高于10℃，成虫盛期在4月下旬至5月上旬；若低于10℃则延迟到5月中旬。

【防治方法】同小地老虎。

9. 大地老虎

【分　　布】大地老虎(*Agrotis tokionis*)属鳞翅目夜蛾科。俗称土蚕、地蚕、切根虫、夜盗虫、大黑蛆。我国普遍有分布，主要发生在长江下游沿岸地区、黄淮至西南的棉区，常与小地老虎混合发生。

【形态特征】成虫体暗褐色；下唇须第二节外侧有黑斑，颈板中部有1条黑横线；腹部灰褐色；雄蛾触角双栉状，栉齿较长，向端部逐渐短小，几乎达末端；前翅前缘黑褐色，环形纹、肾形纹、外横线明显，肾形纹外方有一黑色不规则形斑，但不过外线(图7-104)；雌蛾触角丝状；前翅暗黑色，斑、线多不明显。卵扁圆形，底部较平，顶部稍隆起；顶端花冠有两层，无肩棱。卵初产时浅黄色，后逐渐变为褐色，孵化前变为灰褐色。末龄幼虫扁圆筒形，黄褐色，头部黄褐色，颅侧区有不太明显的褐色网纹及1对黑褐色斑点。后唇基等腰三角形，底边大于斜边，颜色较浅；额区直达颅顶呈双峰；虫体表皮多皱纹，无小颗粒状突起；腹部1～8节背面各有4个毛瘤片，腹部末端臀板表面大部分为整块黑色斑；臀板除端部两根侧毛附近外，几乎全部为整块深色斑，全面布满皱纹似龟裂；近基部有小黑点一列，两侧向下伸。蛹黄褐至暗褐色，腹部第四节和第五节宽，第四节背面散生稀刻点，第五至七节背面前缘生有浅凹刻点，

图7-104　大地老虎成虫

腹部末端黑褐色，具臀棘1对，中间分开。

【发生规律】在全国各地一年发生1代。多以2～4龄幼虫在土内越冬，翌年3月初，当田间温度达8～10℃时，幼虫开始活动取食，5月上旬进入暴食阶段，5月中旬后多以老熟幼虫在土下筑土室进入定期性滞育越夏。8—9月为蛹期，9—11月为成虫期，10—11月为卵的出现期。成虫白天停息在作物、杂草等阴暗处，夜间活动，趋光性不强。卵散产在作物幼苗及幼嫩杂草靠近地面的叶片或土块上。初龄幼虫在植物叶片上为害，4龄以前不入土，昼夜为害叶片，4龄后白天潜伏于表土下，夜间出土为害。越冬幼虫抗低温能力较强，当1月份气温在-10～-5℃时，甚至个别年份在-14℃时，越冬的幼虫几乎无一死亡。越夏幼虫死亡率较高。温度25℃、相对湿度70%时，发育快，孵化率高，湿度过高或过低发育都受到抑制。幼虫生长的适温为15～25℃。大地老虎有滞育越夏习性，时间长达4个月，由于盛夏气候干热，体内水分消耗多，尤其是受到螨的寄生，加上其他因素，滞育期间的自然死亡率很高，这是该种群在长江下游难以蔓延的主要原因。

【防治方法】同小地老虎。

10．棉大卷叶螟

【分　　布】棉大卷叶螟(*Sylepta derogata*)属鳞翅目螟蛾科。分布除宁夏、青海、新疆未见报道外，其余省份均有。以淮河以南，特别是长江流域发生较多。

【为害特点】幼虫卷叶成圆筒状，藏身其中食叶成缺刻或孔洞。严重的吃光全部棉叶，继续为害棉铃内苞叶或嫩蕾(图7-105)，受害轻的棉铃过早吐絮，棉籽和纤维不能充分成熟，影响棉株生长发育。

【形态特征】成虫淡黄色(图7-106)，有闪光，头、胸部背面有12个棕黑色小点排列成4行；前翅中室前缘具“OR”形褐斑，在“R”斑下具一黑线，缘毛淡黄；后翅中室端有细长褐色环，外横线曲折，外缘线和亚外缘线波纹状，缘毛淡黄色。卵扁椭圆形，初产乳白色，后变浅绿色，孵化前呈灰白色。末龄幼虫体青绿色(图7-107)，头扁平灰色，并有不规则的深紫色斑点；胸足黑色，腹足半透明，尾足背面黑色；背线暗绿色，气门线稍淡；除前胸及腹部末节外，每体节两侧各有毛片5个；化蛹前变成桃红色。蛹红褐色；初化蛹时淡绿色，后渐转深。

图7-105　棉大卷叶螟为害叶片症状

图7-106 棉大卷叶螟成虫

图7-107 棉大卷叶螟幼虫

【发生规律】辽河流域一年发生3代，黄河流域4代，长江流域4～5代，华南5～6代，台湾6代。各地均以老熟幼虫在棉秆或地面枯卷叶、田间杂草根际处越冬，棉田附近老树皮裂缝中也有。在长江流域，越冬幼虫一般在4月下旬化蛹。第1代在其他寄主上为害，第2代有少量迁入棉田。长江流域8月中旬到9月初是为害盛期。成虫多在夜间羽化，尤以后半夜最盛，白天不大活动，受惊扰时才稍稍移动，多藏在叶背和杂草丛中，21：00—22：00活动最盛。成虫有强烈的趋光性，喜在荫蔽的棉田里活动。卵散产于叶背，以叶脉边缘最多，叶面极少。幼虫初孵化时褐色，取食以后变成绿色。1、2龄幼虫多聚集在叶背面取食叶片成孔，3龄以后开始吐丝卷叶成圆筒喇叭状，并分散在卷叶内取食。幼虫有转移习性，一片卷叶未吃完常又迁到其他叶片上继续卷叶为害。在全部棉叶吃光后，因食料缺乏，也能食害棉铃的苞叶或幼蕾。幼虫经过20多天，蜕皮5次后，以丝将尾端黏于叶上，化蛹于卷叶内。春夏干旱，秋季多雨年份发生最多。棉大卷叶螟多在荫蔽处活动，凡枝叶茂密或附近有房屋、高秆作物及荫蔽的棉田，发生较多。陆地棉叶片较宽大，被害较重。捕食性天敌有草蛉、蜘蛛、蛙类，寄生性天敌有茧蜂类。

【防治方法】冬天深耕灌溉，清除枯枝落叶及杂草，及时烧毁或沤肥，可消灭大部分越冬虫源。在棉田田间管理时，幼虫卷叶结包时捏包灭虫。

种子处理：用10%吡虫啉可湿性粉剂500～600g拌棉种100kg，播后2个月内对棉卷叶螟防效优异，且兼治棉蚜。

3龄以后的幼虫常隐藏于卷叶内，药剂防治困难。因此，药剂防治要掌握在2龄以前。可用下列药剂：

25%亚胺硫磷乳油800～1 000倍液；

50%甲萘威可湿性粉剂500倍液；

90%晶体敌百虫1 000倍液；

50%敌敌畏乳油1 500倍液；

20%灭幼脲悬浮剂2 000倍液；

1.8%阿维菌素乳油3 000～5 000倍液；

2.5%鱼藤酮乳油300～400倍液；

10%联苯菊酯乳油4 000～5 000倍液；

10%溴・马(溴氰菊酯・马拉硫磷)乳油2 000倍液；

2.5%溴氰菊酯乳油3 000～3 500倍液；

20%甲氰菊酯乳油2 000倍液，每亩用药液50～60kg均匀喷雾。

11．绿盲蝽

【分　　布】绿盲蝽(*Lygocoris lucorum*)属半翅目盲蝽科。遍及全国各棉区。以黄河流域棉区、长江流域棉区、辽河流域棉区为害较多。随着棉田普遍应用药剂防治棉铃虫、盲蝽得到兼治，为害程度显著减轻。20世纪70年代以来，由于耕作制度变化较大，间、套作复杂，绿肥蚕豆面积扩大，作物种类增多，冬耕面积减少，加之棉花育苗移栽、地膜覆盖，棉苗发育早，生长旺盛，局部地区盲蝽为害显著上升，江苏、浙江、上海、安徽的沿江、沿海棉区盲蝽成为一个主要害虫。

【为害特点】成、若虫刺吸棉株顶芽、嫩叶、花蕾及幼铃上汁液，幼芽受害形成仅剩两片肥厚子叶的“公”棉花(图7–108)。棉株受害达20%～40%，产量损失50%左右。

图7–108　绿盲蝽为害棉花症状

【形态特征】成虫体长为5～5.5mm，宽2.5mm，雌虫稍大；黄绿至浅绿色(图7–109)，全身被细毛；触角比身体短；前胸背板无斑纹，有微弱小刻点；小盾片、前翅革片、爪片绿色，膜质部暗灰色。卵长茄形，初产白色，后成淡黄色，上端有乳白色卵盖，中央凹陷两端较突起。初孵若虫短而粗，取食后呈绿色或黄绿色，触角第1节膨大。5龄若虫体色鲜绿色，触角淡黄色，末端稍深，翅尖达腹部第5节，足绿色，胫节着生黑色微毛，有刺。

图7–109　绿盲蝽成虫

【发生规律】黄河流域棉区一年发生4～5代，长江流域棉区发生5代。以卵在棉花、苜蓿、果树等寄主植物残茬、茎秆、断枝切口处越冬。棉田内修剪后顶端枯死的细枝条、疏松的茎髓部、枯铃壳的皮层下等处，越冬卵也多，也有部分产在老叶的主脉和叶边缘，常随叶片枯碎散落在土内越冬。越冬卵于4月上旬开始孵化，各代若虫发生期分别在4月上中旬、5月下旬至6月上旬、6月下旬至7月上旬、8月上旬和9月上旬。5月初羽化为成虫，6月上旬第2代成虫开始迁入棉田，8月下旬后，因棉株花蕾减少，又逐渐迁到正在开花的其他植物上为害，11月开始越冬。成虫寿命长，产卵期30～40天，世代重叠。成虫羽化后6～7天开始产卵，后随代数的增加而减少至数十粒。卵散产，非越冬代卵多散产在嫩叶、茎、叶柄、叶脉、嫩蕾等组织内，外露黄色卵盖。温度为20℃时，卵期11～12天，若虫期20天左右。绿盲蝽成虫飞行力强，喜食花蜜。绿盲蝽喜湿，6～8月降雨偏多有利于其发生为害。靠近苜蓿、玉米或树木的棉田受害早而重。

【防治方法】早春越冬卵孵化前，清除棉田及附近杂草。调整作物结构，尽量不在棉田四周种植油料、果树等越冬虫源寄主。科学施肥，合理灌水，及时打顶，避免棉花在蕾铃期旺长。

棉花苗期至蕾铃期百株有成虫、若虫10头或新被害株达3%时，进行药剂防治。可喷洒下列药剂：

10%吡虫啉可湿性粉剂1 500～2 000倍液；

10%虫螨腈乳油2 000倍液；

2.5%溴氰菊酯乳油2 000～3 000倍液；

5%顺式氯氰菊酯乳油3 000～4 000倍液；

45%马拉硫磷乳油1 000～1 500倍液；

26%氯氟氰菊酯·啶虫脒水分散粒剂2 000～4 000倍液；

30%敌百虫·啶虫脒乳油3 000～4 000倍液；

20%灭多威乳油1 000倍液；

5%氟啶脲乳油1 500倍液；

25%硫双灭多威乳油1 500倍液；

5.7%氟氯氰菊酯乳油2 000倍液；

43%辛硫磷·氟氯氰菊酯乳油1 500倍液。

12．赤须盲蝽

【分　　布】赤须盲蝽(*Trigonotylus coelestialium*)属半翅目盲蝽科。主要分布在北京、河北、内蒙古、黑龙江、吉林、辽宁、山东、河南、江苏、江西、安徽、陕西、甘肃、青海、宁夏、新疆等地。

【为害特点】成虫、若虫刺吸叶片汁液或嫩茎及穗部，受害叶初现黄点，渐成黄褐色大斑，叶片顶端向内卷曲，严重的整株干枯死亡。

【形态特征】成虫身体细长，鲜绿色或浅绿色(图7–110)。头略呈三角形，顶端向前突出，头顶中央具1纵沟，前伸不达头部中央；复眼银灰色，半球形。前翅略长于腹部末端，革片绿色，膜片白色透明。足浅绿或黄绿色，胫节末端及跗节暗色。卵口袋形，白色透明，卵盖上具突起。5龄若虫体长5mm左右，黄绿色，触角红色，略短于体长，翅芽超过腹部第3节。

图7–110 赤须盲蝽成虫

【发生规律】华北地区一年发生3代，以卵越冬。翌年第1代若虫于5月上旬进入孵化盛期，5月中下旬羽化。第2代若虫6月中旬盛发，6月下旬羽化。第3代若虫于7月中下旬盛发，8月下旬至9月上旬，雌虫在杂草茎叶组织内产卵越冬。初孵若虫在卵壳附近停留片刻后，便开始活动取食。成虫于上午9：00—17：00前活跃，夜间或阴雨天多潜伏在植株中下部叶背面。

【防治方法】可参考绿盲蝽。

13．中黑盲蝽

【分布为害】中黑盲蝽(*Adelphocoris suturalis*)属半翅目盲蝽科。以黄河流域、长江流域受害重。以成、若虫刺吸棉苗子叶时，棉苗顶芽焦枯变黑；幼叶被害展开的叶成为破烂叶；幼蕾受害由黄变黑；幼铃受害轻者受害部呈水浸状斑点，重者僵化脱落。

【形态特征】成虫体褐色(图7–111)。体表覆一层褐绒毛，头小，红褐色，三角形；触角比身体长；前胸背板中央具2个小圆黑点，小盾片、爪片大部为黑褐色。卵茄形，浅黄色，中央下陷而平坦，卵盖一侧有1指状突起。若虫全体绿色，5龄时为深绿色；具黑色刚毛，触角和头部赭褐色；眼紫色，腹部中央色深。

【发生规律】黄河流域棉区每年发生4代，长江流域5～6代，以卵在苜蓿及杂草茎秆或棉叶柄中越冬。翌年4月，越冬卵孵化，初孵若虫在苜蓿等杂草上活动。1代成虫于5月上旬出现、2代6月下旬、3代8月上旬、4代9月上旬。若虫行动迅速，且有趋向开花植物为害果实的习性，行动隐蔽、遇惊即跌落地上转移他处。成虫善飞，喜在正开花的植物上为害。中黑盲蝽在作物间转移能力强，但以棉花、大豆、苜蓿、胡萝卜、马铃薯、向日葵等为最嗜好植物。6月下旬到8月份是2～4代在棉田的发生高峰期。8月下旬

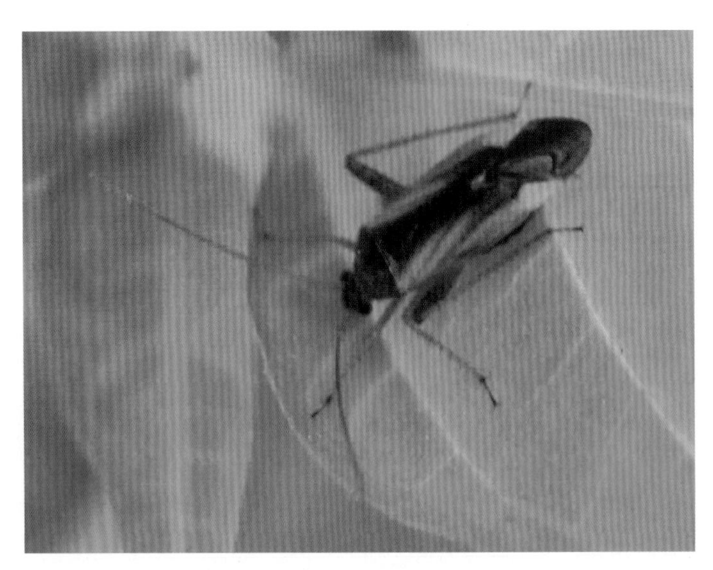

图7-111　中黑盲蝽成虫

棉株花蕾减少，又逐渐迁入正在开花的其他植物上为害，9月开始产卵越冬。卵多散产在植株嫩茎和下部叶柄组织里。随棉花叶片破碎或枝条松散而散落土表，因此淘土可以发现越冬卵。

【防治方法】可参考绿盲蝽。

14．苜蓿盲蝽

【分布为害】苜蓿盲蝽(*Adelphocoris lineolatus*)属半翅目盲蝽科。分布在河北、山西、陕西、山东、河南、江苏、湖北、四川、内蒙古等地。成虫、若虫刺吸寄主芽叶、花蕾、果实等的汁液，被害部位现黑点。

【形态特征】成虫体黄褐色，被细毛(图7-112)；头顶三角形，褐色，光滑，复眼扁圆，黑色，喙4节，端部黑，后伸达中足基节；前胸背板胝区隆突，黑褐色，其后有黑色圆斑2个或不清楚；小盾片突出，有黑色纵带2条；前翅黄褐色，前缘具黑边，膜片黑褐色。卵浅黄色，香蕉形，卵盖有1指状突起。若虫黄绿色具黑毛，眼紫色(图7-113)，翅芽超过腹部第3节，腺囊口八字形；足淡绿色，腿节上有黑斑，胫节上有黑刺。

图7-112　苜蓿盲蝽成虫

图7-113 苜蓿盲蝽若虫

【发生规律】在河南一年发生3～4代，湖北4代，以卵在枯死的苜蓿秆、杂草秆、棉叶柄内越冬，4月上中旬孵化，5月中旬第1代成虫出现。第2代若虫在6月中旬孵化，第3代若虫在7月中、下旬孵化，第4代若虫在8月下旬孵化。10月中旬成虫大部死亡。5月下旬开始迁到棉田为害，第2、3代为害棉花最重。9月中旬成虫大部分羽化，开始在越冬寄主上产卵，到10月中旬成虫大量死亡。成虫一般产卵在较光滑的叶柄和嫩茎上，密集成排。第1代成虫多在棉苗的茎和下部叶柄上产卵，第2代成虫多在棉株下部叶柄上产卵。雨水多的年份和灌溉棉区，苜蓿盲蝽发生严重。

【防治方法】可参考绿盲蝽。

15．牧草盲蝽

【分布为害】牧草盲蝽(*Lygus pratensis*)属半翅目盲蝽科。主要发生在西北棉区。

【形态特征】成虫体长5.5～6mm，宽2.2～2.5mm，雄虫稍大于雌虫；体色黄绿；头宽而短，眼长圆形褐色；触角丝状，比体短；前胸背板有橘皮状刻点，后缘有黑纹；小盾片中央黑褐色凹陷，呈“V”字形。足绿色，腿节端部具黑斑，胫节具黑刺(图7-114)。卵长圆形，卵盖中央稍凹而平坦，有1指状突起。若虫灰绿色，头宽短略突出，有1层稀疏黑短毛，触角色淡，末端红黄色(图7-115)；足绿色，后腿节稍膨大，胫节上密生短刚毛。

图7-114 牧草盲蝽成虫

图7-115　牧草盲蝽若虫

【发生规律】北方一年发生3～4代。以成虫潜伏在各种树皮裂缝或向阳石块、土缝中越冬。翌春寄主发芽后越冬成虫开始活动，取食一段时间后开始交尾、产卵。卵期约10天。若虫共5龄，经30多天羽化为成虫。成、若虫喜白天活动，早、晚取食最盛，活动迅速，善于隐蔽。发生期不整齐，6月中下旬大量迁入棉田，7—8月发生为害最盛，秋季又迁回到木本植物或秋菜上。

【防治方法】可参考绿盲蝽。

16. 棉小造桥虫

【分　　布】棉小造桥虫(*Anomis flava*)属鳞翅目尺蛾科。国内各省区均有分布，以华北、华东棉区发生较多。长江流域和黄河流域的部分棉区在一些年份都曾大量发生，造成严重危害。

【为害特点】幼虫食害棉株叶片，食成缺刻或孔洞，常将叶片吃光，仅剩叶脉。青铃受害不能充分成熟，对棉花产量、品质影响很大。

【形态特征】成虫体长10～13mm，头胸部橘黄色，腹部背面灰黄至黄褐色(图7-116)；雄蛾触角双栉状，黄褐色；前翅黄褐色，外缘中部向外突出呈角状，翅内半部淡黄色密布红褐色小点，外半部暗黄

图7-116　棉小造桥虫成虫

色；后翅淡灰黄色，翅基部色较浅。雌蛾触角丝状，前翅淡黄褐色，斑纹与雄蛾相似，后翅黄白色。卵扁圆形，青绿至褐绿色，顶部隆起，底部较平，卵壳顶部花冠明显，外壳有纵横脊交织成的方格纹，孵化前为紫褐色。末龄幼虫体黄绿色；背线、亚背线、气门上线灰褐色，中间有不连续的白斑，以气门上线较明显(图7-117)。爬行时虫体中部拱起，似尺蠖。蛹红褐色，头顶中央有一乳头状突起，后胸背面、腹部1～8节背面满布细小刻点，腹部末端较宽。

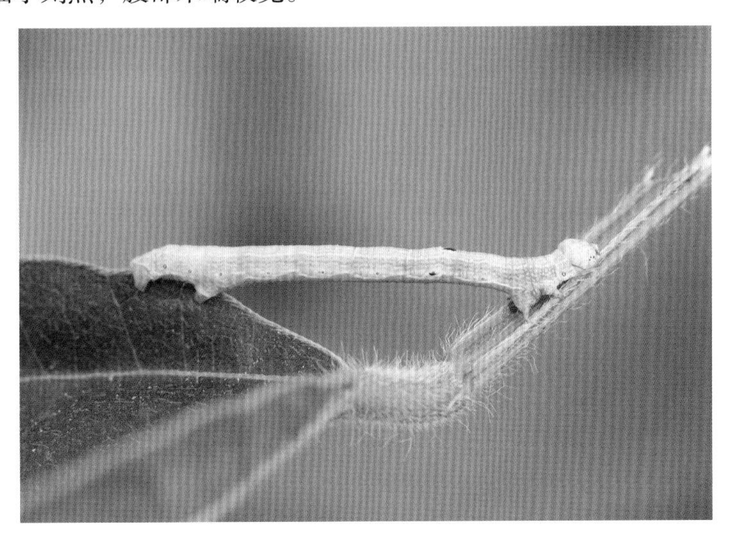

图7-117 棉小造桥虫幼虫

【发生规律】黄河流域一年发生3～4代，长江流域5～6代。在南方棉区，如浙江、四川以蛹在木槿、冬葵和棉花枯叶或棉铃苞叶间越冬。第2、3代幼虫为害棉花最重。2代在8月上中旬，3代在9月上中旬。成虫羽化、交配、产卵都在夜间，产卵以黄昏后1～2小时内最盛。卵多散产在棉株中部的成长棉叶和下部的老叶背面，少数产在上部大叶背面。成虫有趋光性，在黑光灯下以20:00—22:00和3:00—5:00诱蛾最多。白天大都隐藏在叶背及苞叶和杂草间匿藏。幼虫多在上午孵化，初孵幼虫极活跃，受惊滚动下落。幼虫多数在夜间和上午为害取食。1、2龄幼虫多数在棉株中下部取食叶片，稍大转移至上部为害，4龄后进入暴食期。1～4龄幼虫常吐丝下垂，随风传播到其他棉株上。老龄幼虫多在早晨吐丝折叠棉叶一角或粘连苞叶，在其内作茧化蛹。适宜于棉小造桥虫卵的孵化和幼虫成活的温度为25～29℃，相对湿度为75%～95%。特别是在7—9月，雨日多，湿度大有利于棉小造桥虫的发生。一般靠近树林、村庄、杂草多的棉田，发生早，虫口密度大，为害重。捕食性天敌有草蛉、小花蝽、瓢虫、蜘蛛，寄生性天敌有赤眼蜂、茧蜂。

【防治方法】清除田间枯枝落叶，棉田周围不种植木槿、冬葵等棉小造桥虫的越冬寄主，破坏其越冬场所，减少其虫口基数。在整枝打杈和摘除下部老叶时，将摘除的老叶和枝杈带出田外销毁，以防止被摘除的幼虫又继续在棉田为害。发生严重的棉田，在棉花拔秆后应清除枯枝、枯叶，集中烧毁，以杀灭越冬蛹。

物理防治：用黑光灯或高压汞灯诱杀成虫。在小造桥虫发生季节，用杨树枝或柳树、刺槐、紫穗槐、洋槐等带叶树枝8～10根捆在一起，松紧适当，倒插立在田间，使枝把稍高于棉株，10～15把/亩。每天早晨用塑料袋套住枝把拍打，使蛾子进入袋内进行捕杀。树枝把过于干枯后应及时更换。

一般在棉田中、后期用药剂防治棉铃虫时，小造桥虫也得到兼治。但在大发生的年份，也应抓准有利时机进行专治。7—8月份调查棉株上、中部的幼虫，当百株3龄前幼虫量达到100头时，喷药防治。可用下列药剂：

50%辛硫磷·氰戊菊酯乳油1 500～2 000倍液；
40%菊·马(氰戊菊酯·马拉硫磷)乳油1 000倍液；
20%哒嗪硫磷乳油75～100ml/亩；
50%杀螟腈乳油100～133ml/亩；
25%甲萘威可湿性粉剂200～260g/亩；
2.5%氟氯氰菊酯水乳剂10～20ml/亩；
2.5%高效氟氯氰菊酯水乳剂10～20ml/亩；
2.5%溴氰菊酯乳油20～40ml/亩；
20%甲氰菊酯乳油7.5～9.5ml/亩；
5%氟啶脲乳油75～120ml/亩；
8 000IU/ml苏云金杆菌可湿性粉剂 100～500g/亩；
0.38%苦参碱乳油75～100ml/亩；
0.7%印楝素乳油40～50ml/亩，对水40～50kg均匀喷雾。

17. 花蓟马

【分布为害】花蓟马(*Frankliniella intonsa*)属缨翅目蓟马科。分布在我国广东及河南等地。棉苗真叶生出前，顶尖受害变为黑色后枯萎脱落，子叶变得肥大成为无头棉，不久即死亡。真叶出现后顶尖受害，形成枝叶丛生的多头棉，花蕾大大减少。

【形态特征】雌成虫体淡褐色至褐色(图7-118)，头胸部黄褐色；触角较粗壮，第3节长为宽的2.5倍，前半部有一横脊；头短于前胸，颊两侧收缩明显；前胸背板前缘有长鬃4根，后缘有长鬃6根，均以中间两根稍短；前翅较宽短，淡灰色，有上下两根纵脉；头、前胸、翅脉及腹端鬃较粗壮且黑。雄虫与雌虫形态相似，全体黄色。卵侧面呈肾脏形，背面及正面呈鸡蛋形，初产时乳白色，略带绿色，头的一端有卵帽，近孵化时可见红色眼点。若虫共4龄。1龄若虫呈鼓槌形。2龄若虫体橘黄色，复眼红色。3龄若虫叫前蛹，翅芽伸达腹部第3节。4龄若虫叫伪蛹，单眼内缘有黄色晕圈。

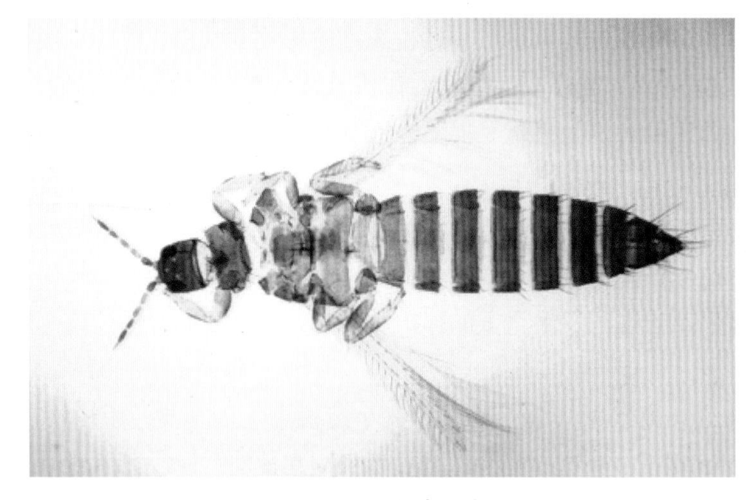

图7-118 花蓟马成虫

【发生规律】在我国南方一年发生11～14代，以成虫越冬。早春主要在蚕豆花中为害繁殖，棉苗出土后迁入棉田为害。5—6月是为害盛期。成虫有很强的趋花性，卵大部分产于花内植物组织中，一般产在花瓣上，但在棉苗上产于叶片背面表皮内。成虫和若虫都可为害棉苗，成虫喜在嫩叶背面边缘取食，棉苗受害主要在子叶期，第1、2片真叶开展后，叶片及嫩芽受害均不显著。成虫以清晨和傍晚取食最盛，白天多在叶背隐藏潜伏。在日平均气温20～27℃范围内，有利于花蓟马的发育、繁殖和为害。一般以棉—蚕豆、棉—绿肥套种田或靠近绿肥地的棉田受害最重，花蓟马喜郁闭、潮湿的环境，密度大的棉田受害重。

【防治方法】冬春及时铲除田边地头杂草，结合间苗、定苗排除无头棉和多头棉。定苗后如发现“多头苗”时，应及早去掉青嫩粗壮的分枝，留下较细的、带褐色的枝条，并适当施肥，使其最后结铃数可接近正常棉株。

播种前药剂拌种，用40%辛硫磷乳油1kg，对水25～50kg拌种100kg，可有效防治苗期蓟马，且兼治地下害虫。

定苗后百株有虫15～30头或3片真叶前百株有虫10头、4片真叶后百株有虫20～30头，喷洒下列药剂：

10%虫螨腈乳油2 000倍液；

25%吡蚜酮可湿性粉剂1 500倍液；

1.8%阿维菌素乳油2 000～4 000倍液；

25%噻虫嗪水分散粒剂11～15g/亩；

25g/L溴氰菊酯乳油20～40ml/亩；

35%硫丹乳油2 000倍液；

25%喹硫磷乳油1 000倍液；

2.5%高效氟氯氰菊酯乳油2 000～2 500倍液，间隔7～10天喷1次，连喷2～3次。

18．黄蓟马

【分布为害】黄蓟马(*Thrips flavus*)属缨翅目蓟马科。主要分布在南方各地，北线大致以淮河为界。成虫、若虫锉吸心叶、嫩梢、嫩叶、花及幼果的汁液，受害叶变硬或缩小，节间缩短，植株生长缓慢，棉花叶片发黄枯萎，叶片、花蕾、幼铃脱落。

【形态特征】成虫体浅黄色，头宽大于长，短于前胸；触角7节(图7–119)；前翅的端半部具上脉端鬃3条，中胸腹板内叉骨有长刺，后胸无刺。卵肾形。若虫黄色，初龄若虫黄色，无翅芽，3～4龄以后的若虫长出翅芽，触角往后折于头背上，鞘状翅芽伸达腹部近末端，行动迟钝。

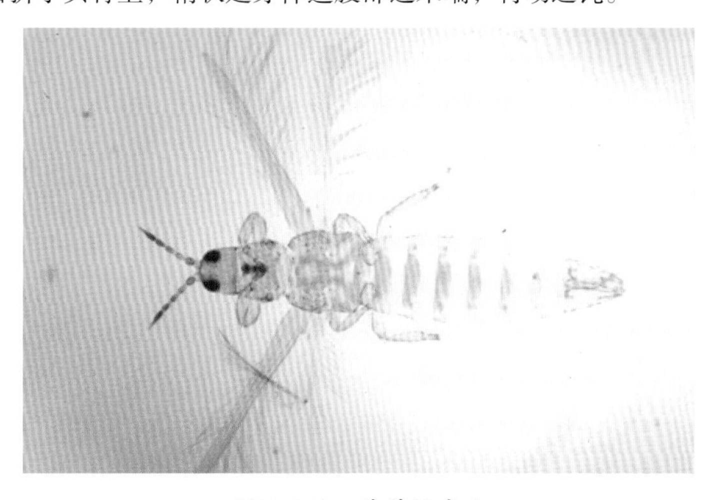

图7–119 黄蓟马成虫

【发生规律】广西一年发生17～18代，广州20～21代，世代重叠，无休眠期。河南发生代数不清，以成虫潜伏在土块、土缝下或枯枝落叶间越冬，少数以若虫越冬。翌年4月开始活动，5—9月进入发生为害高峰期，秋季受害最重。初羽化成虫十分活泼，具有向上和喜嫩绿的习性，能飞善跳，行动敏捷、怕光，晴天成虫喜隐蔽在作物生长点取食，少数在叶背为害。雌成虫能进行孤雌生殖，偶有两性生殖，卵常散产于叶肉组织内。若虫怕光，末期停止取食，落入表土“化蛹”。发育适温25～30℃，暖冬有利其安全越冬，易出现大发生。天敌有小花蝽、草蛉、蜘蛛等。

【防治方法】可参考花蓟马。

19．棉褐带卷蛾

【分　　布】棉褐带卷蛾(*Adoxophyes orana*)属鳞翅目卷蛾科。为间发性棉花害虫，黄河、长江流域一带，常年密度较大。大发生年份断头棉率为30%左右，损失严重。

【为害症状】幼虫为害棉苗时，吐丝把两片叶子粘连在一起，隐匿其中为害；或咬断嫩头形成断头苗。真叶受害，叶缘向正面卷一层，幼虫在里面取食叶片。蕾期受害，幼虫在苞叶内吐丝把苞叶缠住取食叶片，严重的致花蕾脱落。为害青铃，啃食青铃表皮成网斑状。

【形态特征】成虫体黄褐色，静止时呈钟罩形(图7–120)，前翅基斑褐色，中带上半部狭长，下半部向外侧突然增宽，似斜“h”形。卵扁平，椭圆形，淡黄色，数十粒排成鱼鳞状卵块。幼虫老熟时体黄绿色至翠绿色，臀栉6～8根(图7–121)。蛹黄褐色，腹部2～7节背面各有两行小刺，后行小而密。

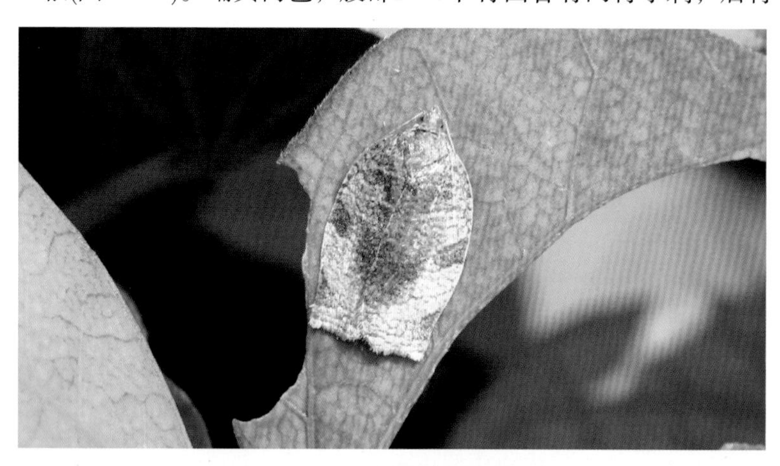

图7–120　棉褐带卷蛾成虫

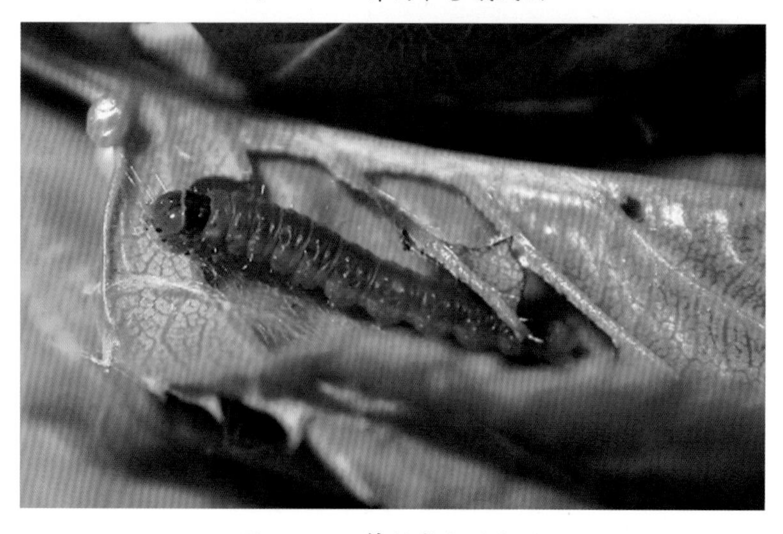

图7–121　棉褐带卷蛾幼虫

【发生规律】辽宁一年发生3代，江苏4~5代，湖北、安徽、江西5代，浙江5~6代。以老熟幼虫在枯枝落叶、枯铃烂桃内及蚕豆、油菜等寄主植物上越冬。也有少数以蛹越冬。成虫有趋光性，昼伏夜出，以19：00—24：00活动最盛。多在黎明前交配，对杨树枝把、糖浆也有很强的趋性。羽化1~2天的成虫即交配，交配后第2天即产卵。一般在夜间产卵，卵块大都产在叶正面。初孵幼虫能吐丝下垂，随风扩散，多分散在卵块附近的叶背和前代幼虫的卷叶内为害，稍大各自卷叶为害。幼虫活泼，稍受惊即跳动或逃避。幼虫吐丝黏卷棉叶、嫩头、铃苞等，在其内为害。幼虫老熟后，将棉叶的一角折叠粘连，在其中化蛹。多雨年份此虫发生量大，干旱年份发生轻微。生长茂盛的棉田比生长较差的棉田发生为害要严重。

【防治方法】棉花播种前清理棉秆、枯铃、烂桃，或集中沤肥，可大大压低越冬幼虫虫量。结合整枝打杈等田间管理摘除卵块。

物理防治：设置黑光灯或杨树枝把诱杀成虫，或设置糖醋液诱盆诱集成虫，按糖：酒：醋：水体积比1：1：4：16配制。

药剂防治：可于卵孵盛期喷洒下列药剂：

100亿孢子/g白僵菌粉剂100倍液；

20%灭幼脲悬浮剂2 000倍液；

1.8%阿维菌素乳油3 000~5 000倍液；

10%联苯菊酯乳油4 000~5 000倍液；

2.5%高效氯氟氰菊酯乳油3 000~3 500倍液；

2.5%溴氰菊酯乳油3 000倍液；

20%甲氰菊酯乳油2 000倍液；

20%氰戊菊酯乳油1 000倍液；

10%溴·马(溴氰菊酯·马拉硫磷)乳油2 000倍液；

20%菊·马(氰戊菊酯·马拉硫磷)乳油2 000倍液；

20%氯·马(氯氰菊酯·马拉硫磷)乳油2 000倍液；

48%毒死蜱乳油2 000倍液；

52.5%氯氰菊酯·毒死蜱乳油2 000倍液，大发生年份，只要在孵化始期、盛期各喷药1次，即可有效降低断头棉率。

20．棉红蝽

【分布为害】棉红蝽(*Dysdercus cingulatus*)属半翅目红蝽科。分布在湖北、福建、广东、广西、云南、四川、海南、台湾等地。以成虫、若虫为害青铃或刚开裂的棉铃，刺穿棉花铃壳吸食发育中的棉籽汁液，致棉籽和纤维不能充分成熟，纤维被污染，被害青铃出现褐斑，棉絮变成硬块，严重时棉铃干缩脱落。

【形态特征】成虫头、前胸背板和前翅几乎全为赭红色；触角4节，黑色，第1节基部朱红色；喙4节，红色(图7-122)；前胸前缘缝合线白色；小盾片黑色，革片中央具1个椭圆形大黑斑，膜片黑色。卵椭圆形，黄色，表面光滑。若虫共5龄，初孵幼虫淡黄色，12小时后变红(图7-123)；3龄后长出翅芽，背面生红褐斑3个，两侧有3个白斑；5龄颈白色。

【发生规律】云南一年发生2代。以卵在表土缝隙内常成堆越冬，若虫或成虫在土缝内、棉花枯枝落叶下越冬。5—7月和9—11月是2个世代的严重为害时期。成虫爬行迅速，不善飞翔。成虫羽化后的10天

图7-122　棉红蝽成虫

图7-123　棉红蝽若虫

雌虫开始交配，交配时不停止活动和取食，交配后10多天才产卵，产卵1～3次。卵成堆，多产在土缝、植株根际、土表下和枯枝落叶下，有时产在棉铃苞叶或棉絮上。若虫有群居习性。初孵幼虫先在棉株或杂草根际群集，后转移到青棉铃上，数十头聚于一铃。成虫最适温度为22～34℃，17℃以下不活动，0℃以下超过5小时即死亡，37℃经3～4小时死亡。最适相对湿度为40%～80%。若虫不耐低湿和高温。

【防治方法】实行轮作倒茬。收获后清除田间枯枝落叶，翻耕土地。

药剂防治：必要时喷洒90%晶体敌百虫1 000倍液。

四、棉花各生育期病虫害防治技术

棉花栽培管理过程中，应总结本地棉花病虫害的发生特点和防治经验，制订病虫害防治计划，适时进行田间调查，及时采取防治措施，有效控制病虫草害，保证丰产、丰收。

1. 棉花播种育苗期病虫害防治技术

播种育苗期(图7-124)是防治棉花病虫害的有利时机。

图7-124 棉花育苗期病害发生情况

这一时期的病害主要有立枯病、炭疽病、红腐病、猝倒病等；同时，棉花枯萎病、黄萎病是靠种子和土壤传播、苗期侵入的。这一时期主要进行种子处理，可以用2%戊唑醇种子处理可分散粉剂1∶（250～500）(药种比)拌种；用0.3%的50%多菌灵悬浮剂在常温下浸种14小时，晾干后播种；用50%敌磺钠可溶性粉剂按种子重量的0.4%拌种，可有效控制枯萎病和黄萎病，还可兼治立枯病。

对于炭疽病、红腐病发生严重的地区，可用40%拌种双可湿性粉剂或70%甲基硫菌灵可湿性粉剂0.5kg拌100kg棉籽；也可用10%多菌灵·福美双合剂1kg与50kg棉籽包衣，均有较好的防治效果。

这一时期的虫害主要有地下害虫，如蝼蛄、地老虎等，同时，以拌种防治苗蚜效果也较好。

棉花拌种防治虫害可以用以下几种配方：50%辛硫磷乳油400～800ml加适量水，拌100kg干棉种，先浸种再拌种，闷拌4～6小时播种，可防治多种地下害虫。

防治棉蚜，可用3%克百威颗粒剂20kg拌100kg棉籽，再堆闷4～5小时后播种。也可用10%吡虫啉可湿性粉剂20g拌棉种10kg。

2.棉花苗期病虫害防治技术

苗期(图7-125)主要防治的病害有炭疽病、红腐病、立枯病、黄萎病等。

在棉花2～6片真叶期，可施用下列药剂：70%恶霉灵可湿性粉剂2 000倍液、70%甲基硫菌灵可湿性粉剂800倍液、50%多菌灵可湿性粉剂500～600倍液、50%敌磺钠可溶性粉剂800倍液喷雾，不但可较好地防

图7-125 棉花苗期病虫为害情况

治黄萎病，而且对棉花苗期病害也有很好的作用。发生严重时可在7天后再喷1次。

出苗后如遇寒流阴雨，苗期立枯病有暴发的可能时用20%甲基立枯磷乳油1 000倍液灌根，或用65%代森锌可湿性粉剂500～800倍液喷棉苗2～3次。

苗期为害严重的害虫主要为蚜虫、红蜘蛛、盲蝽、蓟马、地老虎。防治指标如下。苗蚜：3片真叶前卷叶株率5%～10%，4片真叶后卷叶株率10%～20%。棉叶螨：棉叶出现黄、白斑株率20%。棉蓟马：3片真叶前，百株有虫10头；4片真叶后，百株有虫20～30头。棉盲蝽：新被害株率3%，或百株有成虫或若虫1～2头。地老虎：定苗前，新被害株10%；定苗后，新被害株5%。

防治蚜虫，可用50%抗蚜威可湿性粉剂50～70g/亩、20%灭多威乳油1 000倍液、44%丙溴磷乳油1 500倍液、10%吡虫啉可湿性粉剂3 000～4 000倍液、20%丁硫克百威乳油 1 000～2 000倍液；40%毒死蜱乳油1 500倍液。

还能兼治蓟马、棉盲蝽等害虫。

防治红蜘蛛可用10%浏阳霉素乳油1 000倍液、5%氟虫脲乳油1 500倍液、20%哒螨灵乳油3 000倍液均匀喷雾。

防治地老虎等地下害虫，可用2.5%敌百虫粉剂0.5kg，拌鲜草50kg，每亩用15～20kg；或用48%毒死蜱乳油300ml/亩，拌细沙土20kg混合均匀，于傍晚撒在棉苗旁边。

3．棉花现蕾花铃期病虫害防治技术

棉花现蕾以后，进入营养生长和生殖生长并进时期，而仍以营养生长为主。

及时去除叶枝。要及时去除果枝以下的叶枝，以节省养分，减轻病虫为害，促进棉花正常生长(图7-126)。

棉花蕾期发生的病虫害主要有枯萎病、褐斑病、黑斑病、棉铃病害等。应采取农业措施和药剂防治相结合的方法进行综合防治。

图7-126 棉花开花期病虫为害情况

防治枯萎病用50%多菌灵可湿性粉剂1 000倍液、70%甲基硫菌灵可湿性粉剂1 000～1 500倍液、14%络氨铜水剂500～600倍液、30%琥胶肥酸铜可湿性粉剂1 500倍液灌根，每株100ml，20天后再灌1次，有较好的效果。

防治叶斑病，及时喷洒70%代森锰锌可湿性粉剂500倍液、75%百菌清悬浮剂800倍液+50%福美双可湿性粉剂250～300倍液、50%克菌丹可湿性粉剂300～350倍液，间隔10～15天喷1次，直到棉花现蕾。

预防角斑病，可用30%琥胶肥酸铜可湿性粉剂500倍液、77%氢氧化铜可湿性粉剂500～800倍液、14%络氨铜水剂300倍液、27%碱式硫酸铜悬浮剂400倍液，每5～7天喷1次，连喷3～4次。

对于棉铃疫病发生严重的地区，及时喷洒65%代森锌可湿性粉剂300～350倍液、58%甲霜灵·代森锰锌可湿性粉剂700倍液、64%恶霜灵·代森锰锌可湿性粉剂600倍液、72%霜脲氰·代森锰锌可湿性粉剂700倍液，间隔10天左右1次，视病情喷施2～3次。

对于炭疽病、红腐病发生严重的地区，可喷施50%甲基硫菌灵可湿性粉剂800倍液、50%多菌灵可湿性粉剂800～1 000倍液、50%苯菌灵可湿性粉剂1 500倍液、80%代森锰锌可湿性粉剂700～800倍液，间隔7～10天1次，连续喷2～3次，防效较好。同时兼治棉铃的其他病害。

这一时期主要虫害为棉铃虫、盲蝽、棉叶螨、伏蚜等，注意田间调查，及时防治。

棉铃虫：百株累计卵量超过100粒或有幼虫10头时，可选用下列药剂：1.8%阿维菌素乳油3 000～5 000倍液、4.5%高效氯氰菊酯乳油60～100ml/亩对水50～60kg喷雾防治。喷药时应注意棉花顶尖、花蕾铃上着药均匀，才能保证药效。

伏蚜：当百株上、中、下三叶蚜量达到1万～1.5万头时要用药剂防治。可选用10%吡虫啉可湿性粉剂10～15g/亩、4.5%高效氯氰菊酯乳油30～60ml/亩，对水50kg喷雾。

棉盲蝽：当棉花被害株率达到10%时，可选用10%吡虫啉可湿性粉剂5～7g/亩、20%丁硫克百威乳油

15ml/亩对水40～50kg，于傍晚喷药，保蕾铃效果较好。

棉叶螨：棉花红叶率达3%时，可选用1.8%阿维菌素乳油3 000～5 000倍液、20%哒螨灵乳油3 000倍液、20%双甲脒乳油1 000～1 500倍液喷雾，可起到良好的防治效果。

这一时期，应及时施用植物激素，防止植物徒长，减少生理落蕾、落铃。可以用5%助壮素50～100ml/亩，或矮壮素浓度为（2～3）$\times 10^{-5}$。

4．棉花吐絮成熟期病虫害防治技术

进入9月份以后，棉花开始大量吐絮成熟，各种病虫为害减少，应抓紧采收(图7–127)。

在10月份，或田间有75%的棉铃结铃40天左右时，40%乙烯利水剂330～500倍液，对水50kg喷洒，可以加速植物营养物质向棉铃输送，提高铃重和衣分，加快棉铃成熟。

图7–127 棉花成熟期

第八章 大豆病虫害防治新技术

大豆通称黄豆，属于高蛋白植物，拥有榨油、食用、饲用、种用四种价值。2017年我国大豆种植面积达1 005.1万hm^2，产量1 841.6万t。我国是世界上大豆主要消费国，大豆消费量稳步上升，2017年我国大豆消费量超过1.1亿t，位居世界首位。2017年国内大豆消费中用作压榨用途的大豆占比达83%，食用消耗占比为14%,饲用消耗占比仅为2%。

大豆是植物蛋白食品及饲料的主要来源，也是榨油原料之一，大豆为豆科属一年生草本植物，原产于我国。近年来，受进口大豆的影响，我国大豆种植面积徘徊在600万～900万hm^2。大豆在全国普遍种植，在东北、华北、陕西、四川及长江下游地区均有生产，以长江流域及西南和东北地区栽培较多，以东北大豆质量最优。由于营养价值很高，大豆被称为“豆中之王”“田中之肉”“绿色的牛乳”等，是数百种天然食物中最受营养学家推崇的食物。

大豆病虫害严重地影响着大豆生产，目前我国已报道的病害有50多种，其中为害较重的有根腐病、立枯病、紫斑病、花叶病毒病、炭疽病、胞囊线虫病、灰斑病、菌核病等。大豆害虫已报道的有30多种，为害较重的有大豆心虫、豆蚜、大豆卷叶螟、豆荚螟、豆秆黑潜蝇等。

一、大豆病害

1. 大豆灰斑病

【分布为害】主要分布在黑龙江、吉林、辽宁、河北、山东、安徽、江苏、四川、广西、云南等地，尤以黑龙江最为严重。一般灰斑病粒率为10%～15%，严重地块高达30%以上。受害植株早期落叶，粒重下降，秕荚率与青豆率增加，降低蛋白质与油分含量，严重影响大豆质量(图8-1)。

【症　　状】苗期发病，主要由带菌种子引起。子叶上产生稍凹陷的圆形或半圆形病斑，深褐色。低温多雨条件下，病斑发展很快，可蔓延至生长点，使顶芽变褐枯死。成株期叶片染病，初生红褐色小圆斑，后逐渐扩展成圆形或不规则形，中间灰色至灰褐色，边缘红褐色，病健交界明显。这是区分灰斑病与其他叶部病害的主要特征。湿度大时，叶背面病斑中间生出密集的灰色霉层，即病原的分生孢子梗和分生孢子。发病严重时，数个病斑互相连合，使病叶干枯早落。产生深红色纺锤形病斑，中央部分淡灰色，边缘深褐色或黑色，密布微细黑点。病斑圆形至椭圆形，中央灰褐色，边缘红褐色。病斑圆形至不规则形，褐色，稍凸出，中央灰白，边缘褐色，病斑上霉层不明显(图8-2至图8-5)。

【病　　原】*Cercospora sojina* 称大豆尾孢菌，属无性型真菌(图8-6)。病菌分生孢子梗5～12根成束从气孔伸出，不分枝，褐色。分生孢子柱形至倒棒状，具隔膜1～11个，无色透明，孢子形状、大小因培

图8-1 大豆灰斑病为害情况

图8-2 大豆灰斑病为害叶片症状

图8-3 大豆灰斑病为害叶片背面症状

图8-4 大豆灰斑病为害茎部症状

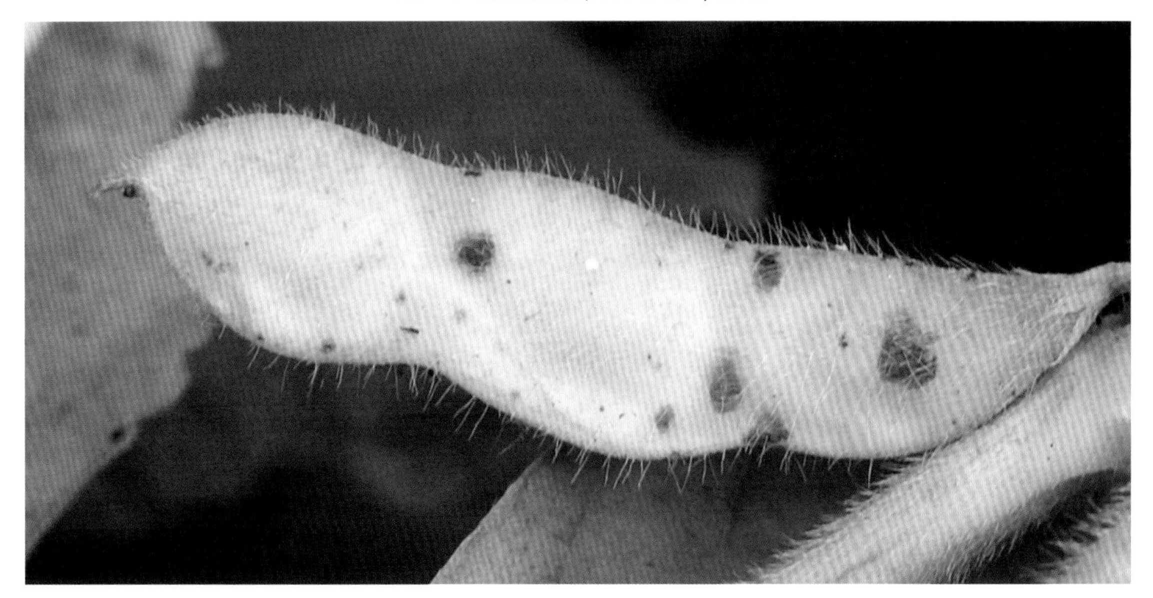

图8-5 大豆灰斑病为害豆荚症状

养条件不同略有差异。病菌生长发育适温25～28℃，高于35℃或低于15℃不能生长。

【发生规律】病菌以菌丝体或分生孢子在病残体或种子上越冬，成为翌年初侵染源。病残体上产生的分生孢子比种子上的数量大，是主要初侵染源。种子带菌后，长出幼苗的子叶即见病斑，温湿度条件适宜时病斑上产生大量分生孢子，病菌借风雨传播进行再侵染。通过气孔侵入叶片、茎部，结荚后病原又侵染豆荚和籽粒，但风雨传播距离较近，主要侵染四周邻近植株，形成发病中心，后通过发病中心再向全田扩展。气温15～30℃，有水滴或露水存在时适于病菌侵入，气温25～28℃有两小时结露时易流行。生产上病害的流行与品种抗病性关系密切，如品种抗性不高，又有大量初侵染菌源，重茬或邻作、前作为大豆，前一季大豆发病普遍，花后降雨多，湿气滞留或夜间结露持续时间长很易大发生。

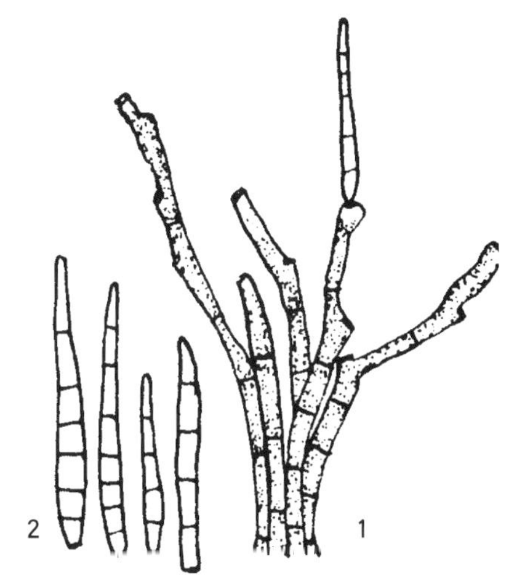

图8-6 大豆灰斑病病菌
1.分生孢子梗 2.分生孢子

图8-7 大豆结荚期灰斑病为害情况

75%百菌清可湿性粉剂700～800倍液+50%多菌灵可湿性粉剂100g/亩；

50%异菌脲可湿性粉剂100g/亩；

25%丙环唑乳油40ml/亩+50%代森铵水剂1 000倍液；

70%甲基硫菌灵可湿性粉剂100～150g/亩；

1%武夷霉素水剂100～150ml/亩；

50%苯菌灵可湿性粉剂1 500倍液；

50%多菌灵·乙霉威可湿性粉剂800倍液，间隔10天左右1次，防治2～3次。在荚和籽粒易感病期再喷药1次，以控制籽粒上的病斑。

2. 大豆褐斑病

【分布为害】褐斑病又称褐纹病、斑枯病。主要分布于东北及四川、河南、山东、江苏等省。一般发病较轻，病叶率为5%左右，个别年份病叶率可达90%以上，造成大豆严重减产(图8-8)。

【症 状】主要为害叶片。子叶发病出现不规则褐色大斑，病斑上有黑色小颗粒产生，即分生孢子器。真叶染病，病斑棕褐色，病健交界明显，叶正反两面均具轮纹，且散生小黑点，病斑因受叶脉限制而呈多角形或不规则形。严重时病斑愈合成大斑块，病斑干枯，可致叶片变黄脱落。一般从底部叶片开始发病，逐渐向上扩展。茎和叶柄染病，病斑暗褐色，短条状，边缘不清晰。豆荚染病，上生不规则棕褐色斑点，斑点上有不明显小黑点(图8-9和图8-10)。

【病 原】*Septoria glycines* 称大豆壳针孢，属无性型真菌(图8-11)。分生孢子器埋生于叶组织里，散生或聚生，球形，器壁褐色，膜质，直径64～112 μm。分生孢子无色，针形，直或弯曲，具横隔膜1～3个。病菌发育温限5～36℃，24～28℃最适。分生孢子萌发最适温度为24～30℃，高于30℃则不萌发。

图8-8 大豆褐斑病为害情况

图8-9 大豆褐斑病为害叶片初期症状

图8-10 大豆褐斑病为害叶片后期症状

【发生规律】病原以分生孢子器或菌丝体在病组织或种子上越冬，成为第2年初侵染源。种子带菌导致幼苗子叶发病。病残体上越冬的分生孢子器释放出的分生孢子借风雨传播，首先侵染大豆底部叶片，引起发病，然后向上蔓延。温暖多雨，夜间多雾，结露持续时间长发病重，高温干燥则抑制病情发展。适宜大豆褐纹病发生的温度为24～28℃，最高温度为36℃，最低温度为5℃，病害潜育期一般为10～12天，适宜的降水量有利于褐纹病发生。连作和重茬地块发病重。种植密度大、通风透光不好、排水不良，可加重病害。

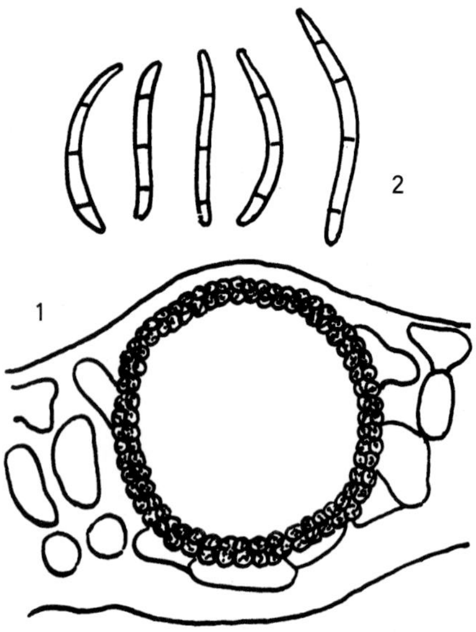

图8-11 大豆褐斑病病原
1.分生孢子器 2.分生孢子

【防治方法】选用抗病品种，如绥农14号。与玉米和其他禾本科作物实行3年以上轮作。合理施肥，尤其生育后期应喷施多元复合叶面肥，补足营养，增强抗病性。收割后清除田间病叶及其他病残体，并进行深翻，以减少菌源。

种子处理：播种前用种子重量0.3%的50%福美双可湿性粉剂或50%多菌灵可湿性粉剂拌种。

病害发生初期(图8-12)，可用下列药剂：

图8-12 大豆褐斑病为害初期症状

50%多菌灵可湿性粉剂100g/亩；

50%异菌脲可湿性粉剂100g/亩；

25%丙环唑乳油40ml/亩；

70%甲基硫菌灵可湿性粉剂100～150g/亩；1%武夷霉素水剂100～150ml/亩，对水40～50kg；

25%吡唑醚菌酯乳油1 000～2 000倍液；

50%代森铵水剂1 000倍液；

75%百菌清可湿性粉剂700～800倍液，间隔10天左右防治1次，连喷2～3次。

3．大豆紫斑病

【分布为害】大豆紫斑病在我国大豆产区普遍发生，常于大豆结荚前后发病，南方重于北方，温暖地区较严重。感病品种的紫斑粒率为15%～20%，严重时达50%以上，严重影响产量及品质，且感病种子发芽率下降，出苗率降低10%～50%(图8-13)。

图8-13　大豆紫斑病为害情况

【症　　状】苗期染病，子叶上产生不规则褐色斑点，云纹状(图8-14)，幼茎变细，幼株提前死亡。叶片染病，初生圆形紫红色小斑点，扩大后变成不规则形或多角形，褐色、暗褐色，主要沿中脉或侧脉的两侧发生，条件适宜时病斑汇合成不规则形大斑。叶上的病斑紫褐色，长条形，严重时叶片发黄，湿度大时叶正反两面均产生紫黑霉状物，即病原分生孢子梗和分生孢子。茎上病斑呈长条状或梭形，红褐色，后期呈灰褐色，具光泽，严重的整个茎秆变成黑紫色，上生稀疏的灰黑色霉层。豆荚上病斑近圆形至不规则形，无明显边缘，病斑灰黑色，荚干燥后变黑色，生紫黑色霉状物。豆粒染病，病斑不规则，仅限于种皮，不深入内部，症状因品种及发病时期不同而有较大差异，多呈紫色，有的呈青黑色，在脐部四周形成浅紫色斑块，严重的整个豆粒变为紫色，有的龟裂(图8-15至图8-18)。

图8-14 大豆紫斑病为害子叶症状

图8-15 大豆紫斑病为害豆荚初期症状

图8-16 大豆紫斑病为害豆荚后期症状

图8-17 大豆紫斑病为害豆粒症状

图8-18 大豆紫斑病为害叶片症状

【病　　原】*Cercospora kikuchii* 称菊池尾孢，属无性型真菌(图8-19)。子座小，分生孢子梗丛生，不分枝，暗褐色，有横隔，顶部近截形，孢痕明显。分生孢子无色，鞭状至圆筒形，顶端稍尖，具分隔，多的达20个以上。菌丝生长发育适温为24～28℃，孢子形成适温为16～24℃，最适20℃；分生孢子萌发温度为16～33℃，最适28℃。

【发生规律】病菌以菌丝体潜伏在种皮内或以菌丝体和分生孢子在病残体上越冬，成为翌年的初侵染源。如播种带菌种子，引起子叶发病，病苗或叶片上产生的分生孢子借风雨传播进行初侵染和再侵染。大豆开花期和结荚期多雨气温偏高，均温25.5～27℃，发病重；高于或低于这个温度范围发病轻或不发病。连作地发病重。大豆结荚期多雨，病害发生重，病株下部荚发病率比上部荚高、受害重。种植密度过大、通风透光不良，发病重。

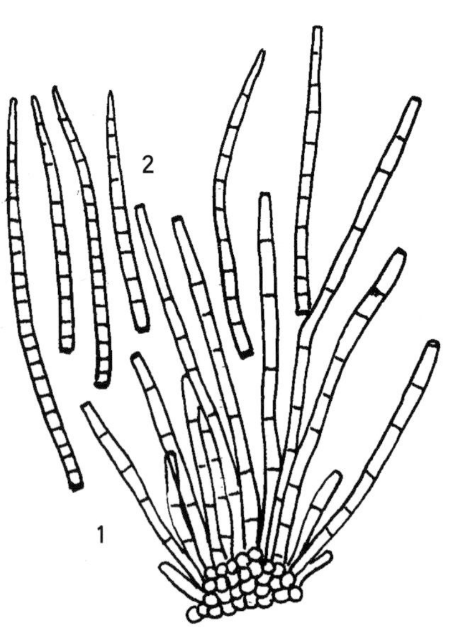

图8-19　大豆紫斑病病菌
1.分生孢子梗　2.分生孢子

【防治方法】选用抗病品种。选用早熟品种也有明显的避病作用。与禾本科或其他非寄主植物进行两年以上的轮作。剔除带病种子，适时播种，合理密植。加强田间管理，注意清沟排湿，防止田间湿度过大。大豆收获后及时清除田间病残体，深翻土地，减少病菌的初侵染源。

种子处理。播种前用种子重量0.3%的50%福美双+50%克菌丹可湿性粉剂拌种。

开花始期、蕾期、结荚期、嫩荚期是防治紫斑病的关键时期。可喷施下列药剂：

50%多菌灵可湿性粉剂800倍液+65%代森锌可湿性粉剂600倍液；

70%甲基硫菌灵可湿性粉剂800倍液+80%代森锰锌可湿性粉剂500～600倍液；

50%多菌灵·乙霉威可湿性粉剂1 000倍液；

50%苯菌灵可湿性粉剂2 000倍液+70%丙森锌可湿性粉剂800倍液等，每亩喷洒药液35～40kg，喷药时要做到喷匀喷透。

4．大豆病毒病

【分布为害】大豆病毒病在我国各大豆产区普遍发生。主要有大豆花叶病毒病、大豆矮化病毒病、花生条纹病毒病。大豆花叶病毒病主要分布于山东、河南、江苏、四川、湖北、云南、贵州等省，占发生病毒病的70%～96%以上，常年产量损失5%～10%，重病年份达10%～20%，个别年份或少数地区产量损失可达50%，并且影响大豆种子的品质。大豆矮化病毒病发生分布在吉林、辽宁、山东、安徽、湖北、江苏、云南、北京及上海等省(市)。在大豆上发生的花生条纹病毒病，多发生在邻近花生田的大豆田，主要分布于山东、河南、江苏、四川、湖北、云南、贵州等省。人工接种感染，病株比健株减产53%(图8-20)。

图8-20　大豆病毒病为害情况

【症　　状】该病是整株系统侵染性病害，病株症状变化较大。常见的花叶类型有轻花叶型、皱缩花叶型和皱缩矮化型。轻花叶型：病叶呈黄绿相间的轻微淡黄色斑驳(图8–21)，植株不矮化，可正常结荚，一般抗病品种或后期感病品种植株多表现此种症状。皱缩花叶型：病叶呈明显的黄绿相间的斑驳，皱缩严重(图8–22)，叶脉褐色弯曲，叶肉呈泡状突起，暗绿色(图8–23和图8–24)，整个叶缘向后卷，后期叶脉坏死，植株矮化。皱缩矮化型：植株叶片皱缩，输导组织变褐色，叶缘向下卷曲，叶片歪扭，植株节间缩短，明显矮化(图8–25)，结荚少或不结荚。籽粒症状：受感染的籽粒种皮上产生褐色或黑色的斑纹，斑纹的颜色与脐色一致或稍深，有时斑纹波及整个籽粒表面，但多数呈现放射状或带状。斑纹发生情况受品种和发病程度影响。

图8–21　大豆病毒病轻花叶型症状

图8–22　大豆病毒病皱缩花叶型症状

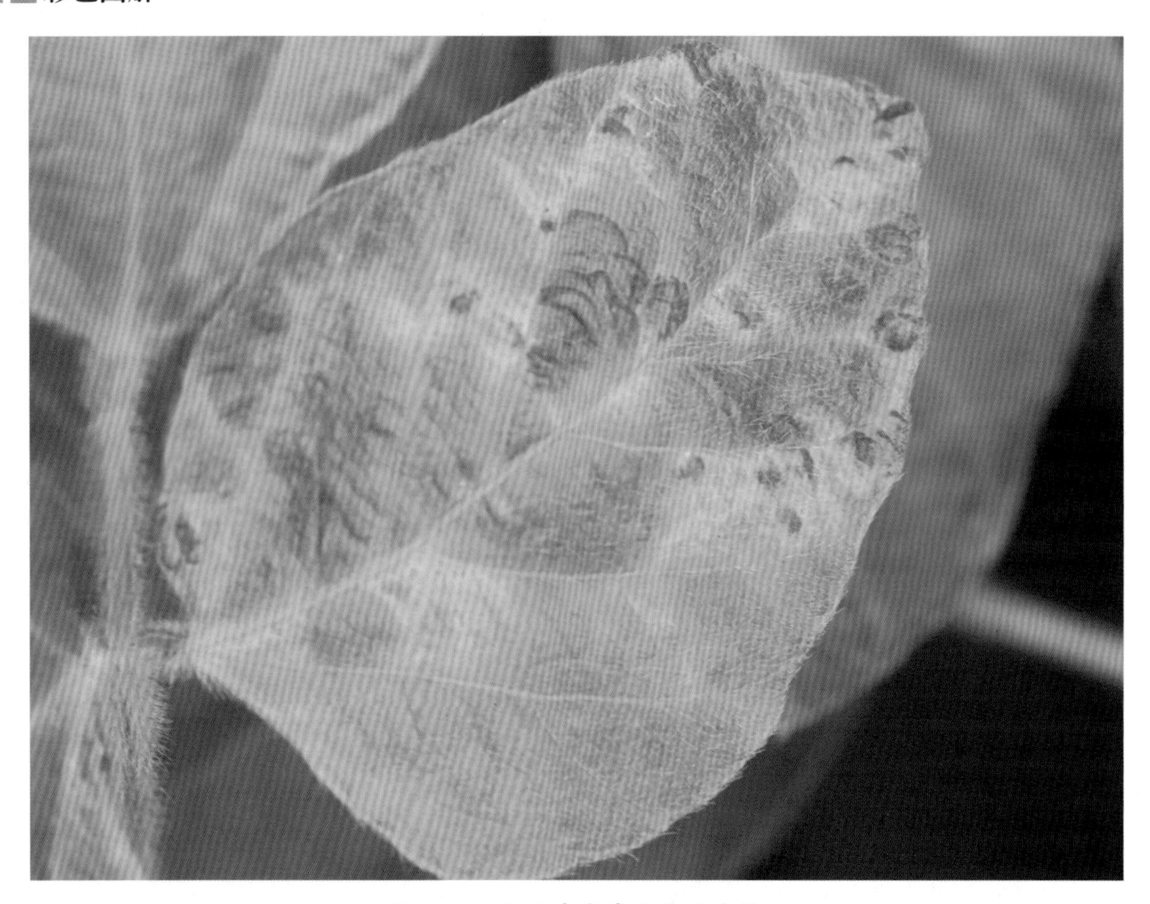

图8-23 大豆病毒病疱斑型症状

图8-24 大豆病毒病皱缩花叶型症状

图8-25 大豆病毒病皱缩矮化型症状

【病　　原】Soybean mosaic virus(SMV)，称大豆花叶病毒，属马铃薯Y病毒组。病毒粒体线状。

【发生规律】东北等一季作物地区及南方大豆栽培区，种子带毒在田间形成病苗是该病初侵染来源，长江流域该毒原可在蚕豆、豌豆、紫云英等冬季作物上越冬，也是初侵染源。该病的再侵染系由桃蚜、豆蚜、大豆蚜等30多种蚜虫传毒完成。东北主要靠大豆蚜和豆蚜传毒，大豆蚜占传毒蚜总数的74%，豆蚜占15.5%。山东以桃蚜、豆蚜、大豆蚜等为主，南京以大豆蚜为主。发病初期蚜虫一次传播范围在2m以内，5m以外很少，蚜虫进入发生高峰期传毒距离增加。生产上使用了带毒率高的豆种，且介体蚜虫发生早、数量大，植株被侵染早，品种抗病性不高、播种晚时，该病易流行。

【防治方法】播种无毒或低毒的种子，是防治该病关键。生产上种子带毒率控制在0.5%以下，可明显推迟发病盛期，减轻种子发病率。为此最好建立种子无毒繁育体系。良种繁殖田种子带毒率控制在0.2%以下，种子田与生产田隔离100m以上，早期清除病苗。一季作地区适当晚播。南方种子带毒率高，以采用耐病品种为主，适当注意调整播种期，使苗期避开蚜虫高峰。

播种前，用3%克百威颗粒剂5～6kg/亩与大豆分层播种。

蚜虫迁飞前，可用下列药剂：

10%吡虫啉可湿性粉剂20～30g/亩；

3%啶虫脒乳油30ml/亩；

2.5%氯氟氰菊酯乳油40ml/亩，对水40～50kg均匀喷施。

也可喷洒下列药剂：

2.5%溴氰菊酯乳油2 000～3 000倍液；

50%抗蚜威可湿性粉剂2 000倍液。

发病严重的地区，可在发病初期再喷洒1次，可用下列药剂：

2%宁南霉素水剂100～150ml/亩对水40～50kg；

0.5%香菇多糖水剂300倍液；

1.5%植病灵乳油1 000倍液，可控制病毒病的蔓延。

5．大豆炭疽病

【分布为害】该病普遍发生于东北、华北、华东、西北、华南各大豆产区，南方重于北方。严重时减产50%以上(图8–26)。

图8–26 大豆炭疽病为害情况

【症　　状】带病种子相当大部分于出苗前即死于土中，苗期至成熟期均可发病，病菌自子叶侵入幼茎，为害茎及荚，也为害叶片或叶柄。子叶受害：在出苗的子叶上有黑褐色病斑，边缘略浅，病斑扩展后常出现开裂或凹陷，气候潮湿时，子叶变水浸状，很快萎蔫、脱落。真叶受害：病斑不规则形，边缘深褐色，内部浅褐色，病斑上生粗糙刺毛状黑点，为病菌的分生孢子盘(图8-27)。茎受害：初生红褐色病斑，渐变褐色，最后变灰色，不规则形，上生浓密刺毛状黑点，常包围整个茎(图8-28)。荚受害：荚上病斑呈圆形或不规则形，黑色分生孢子盘有时呈轮纹状排列，病荚不能正常发育，种子发霉，暗褐色并皱缩或不能结实(图8-29至图8-32)。叶柄受害：病斑褐色，不规则形(图8-33)。

图8-27 大豆炭疽病为害叶片症状

图8-28 大豆炭疽病为害茎部症状

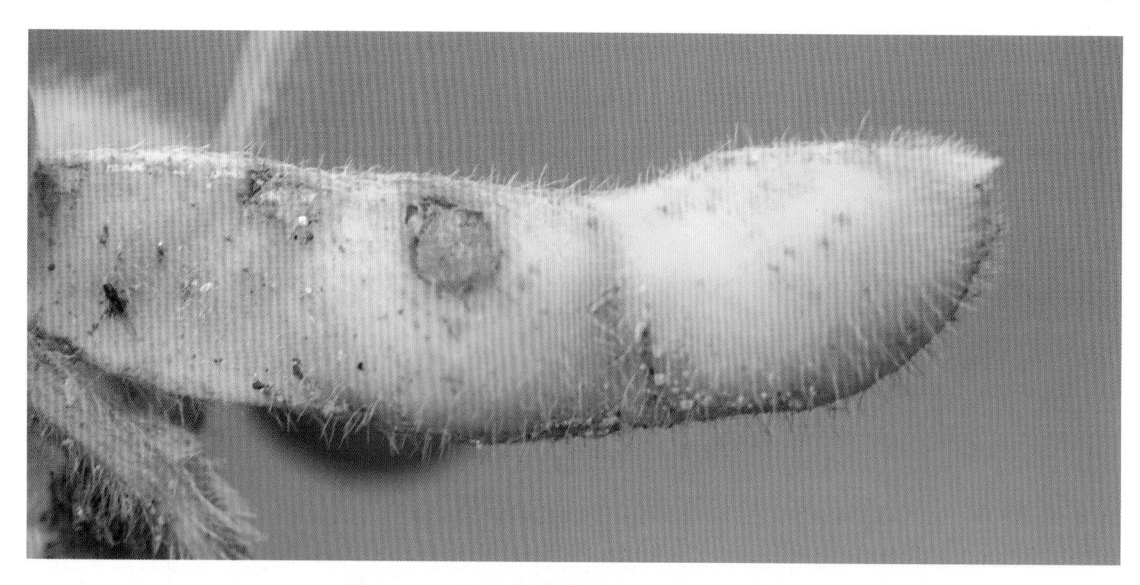

图8-29 大豆炭疽病为害豆荚初期症状

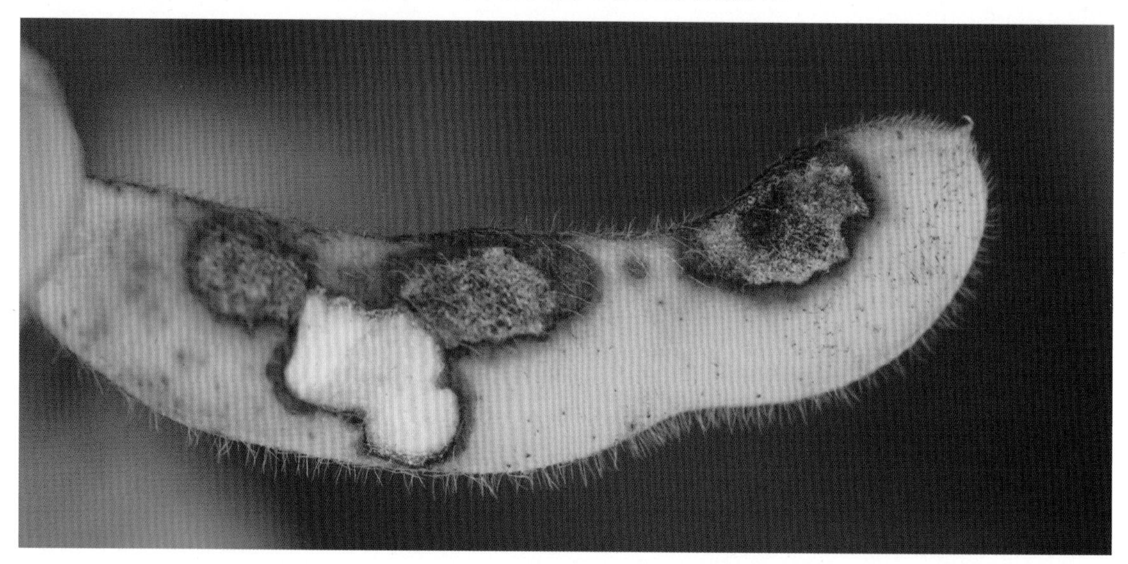

图8-30 大豆炭疽病为害豆荚后期症状

图8-31 大豆炭疽病为害大豆粒霉变症状

图8-32 大豆炭疽病为害严重时症状

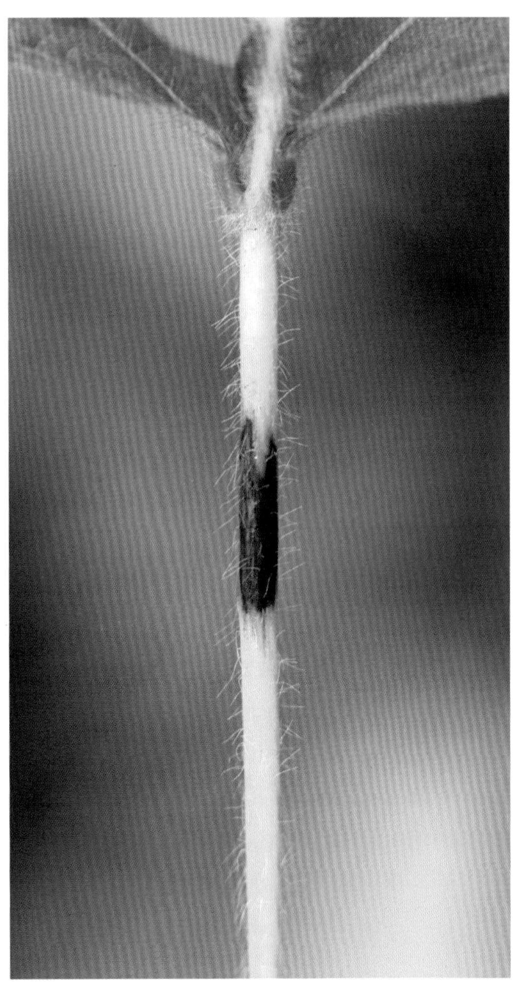

图8-33 大豆炭疽病为害叶柄症状

【病　原】*Glomerella glycines* 称大豆小丛壳，属子囊菌门真菌。子囊壳球形，多个聚生在皮层子座内。子囊长圆形至棍棒状。子囊孢子单胞无色，四周生许多黑色或深褐色刚毛。分生孢子梗无色，短。分生孢子单胞无色，镰刀形。

【发生规律】病菌以菌丝在带病种子上或落于田间病株组织内越冬。翌年播种后直接侵染子叶，在潮湿条件下产生大量分生孢子，借风雨进行侵染传播。发病适温25～28℃，病菌在12～14℃以下或34～35℃以上不能发育。生产上苗期低温或土壤过分干燥，容易造成幼苗发病。成株期温暖潮湿条件有利于该菌侵染。东北大豆产区7—9月份，河南7—8月份成株发病，若高温、多雨，炭疽病发生严重。苗期低温，生长后期高温多雨的年份发病重。大豆发芽出土慢，发病就重。

【防治方法】选用抗病品种并进行种子消毒，保证种子不带病菌，合理密植，采用科学施肥技术，提高抗病力。及时排水，降低豆田湿度，避免施氮肥过多，收获后及时清除病残体、深翻，实行3年以上轮作，减少越冬菌源。加强田间管理，及时深耕及中耕培土。雨后及时排除积水防止湿气滞留。

种子处理，播种前可用40%福美双·萎锈灵胶悬剂250ml拌100kg种子；

50%多菌灵可湿性粉剂或50%异菌脲可湿性粉剂按种子重量的0.5%拌种；

50%福美双可湿性粉剂按种子重量0.3%拌种；

70%丙森锌可湿性粉剂按种子重量的0.4%拌种，堆闷3～4小时后播种。

在开花后(图8-34)，喷施下列药剂：

图8-34　大豆结荚期炭疽病为害症状

25%多菌灵可湿性粉剂500～600倍液+75%百菌清可湿性粉剂800～1 000倍液；

25%溴菌腈可湿性粉剂2 000～2 500倍液+80%炭疽福美双·福美锌可湿性粉剂800～1 000倍液；

47%春雷霉素·王铜可湿性粉剂600～1 000倍液；

50%咪鲜胺可湿性粉剂1 000～1 500倍液；

10%苯醚甲环唑水分散粒剂2 000～3 000倍液；

70%甲基硫菌灵可湿性粉剂800倍液+70%丙森锌可湿性粉600～800倍液，对水50kg喷雾。

6．大豆孢囊线虫病

【分布为害】大豆孢囊线虫病在我国主要分布在黑龙江、吉林、辽宁、内蒙古、山东、河北、山西、安徽、河南、北京等省市，尤以黑龙江省的西部、内蒙古东部的风沙、干旱、盐碱地发生普遍严重。轻病田一般减产10%，重病田可减产30%～50%，甚至绝收，有的地区大面积毁种或5～6年内不能种植大豆。

【症　　状】大豆孢囊线虫寄生于根上，受害植株地上部和地下部均可表现症状。一般在开花前后植株地上部的症状最明显，表现为生长发育不良，植株明显矮小，节间短，叶片发黄早落，花芽少，花芽枯萎，不能结荚或很少结荚，似缺肥症状(图8-35)。被寄生主根一侧鼓包或破裂，露出白色亮晶微如面粉粒的孢囊，侧根发育不良，须根增多，甚至整个根系成为发状须根(图8-36)。被害根很少有固氮根瘤，即使有也为无效根瘤，严重时根系变褐腐朽。根表皮被线虫雌虫胀破后易感染其他微生物而发生腐烂，使植株提早枯死。病株地上部矮小，节间短，花芽少，枯萎，结荚少，叶片发黄。

【病　　原】*Heterodera glycines* 称大豆孢囊线虫，属线形动物门孢囊线虫属线虫(图8-37)。雌雄成虫异形。雌成虫柠檬形，先白后变黄褐，大小0.85～0.51mm，壁上有不规则横向排列的短齿花纹，具有

图8-35 大豆孢囊线虫病为害地上部症状

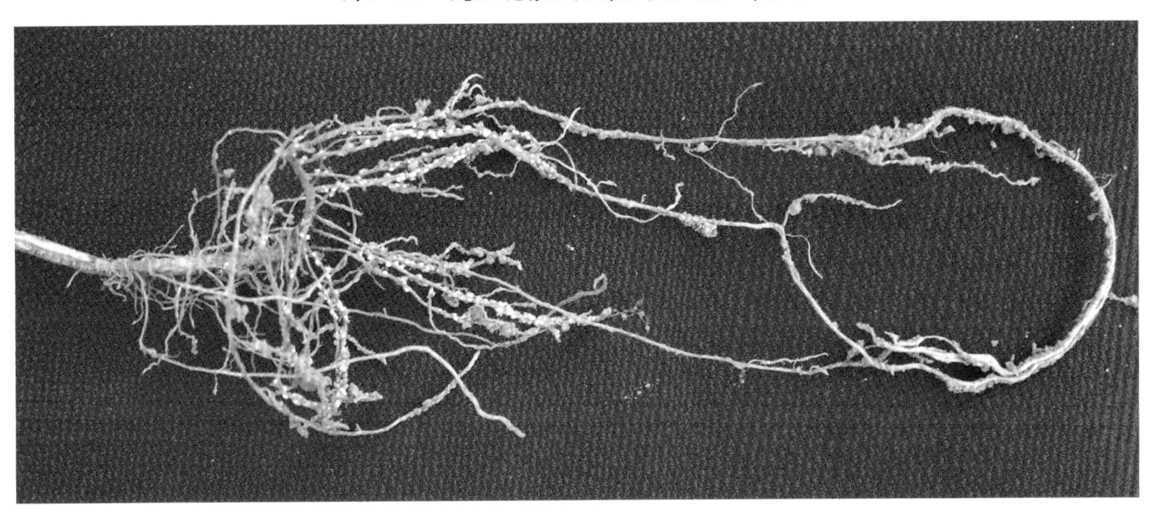

图8-36 大豆孢囊线虫为害根部症状

明显的阴门圆锥体，阴门小板为两侧半膜孔型，具有发达的泡状突。雄成虫线形，皮膜质透明，尾端略向腹侧弯曲。卵长椭圆形，一侧稍凹，皮透明。幼虫一龄在卵内发育，蜕皮成二龄幼虫，二龄幼虫卵针形，头钝尾细长，三龄幼虫腊肠状，生殖器开始发育，雌雄可辨。四龄幼虫在三龄幼虫旧皮中发育，不卸掉蜕皮的外壳。

【发生规律】大豆孢囊线虫主要以内藏卵及1龄幼虫的孢囊在土壤里和寄主根茬内越冬；带有土块的孢囊夹杂在种子中也可越冬。越冬孢囊对低温、干旱抵抗能力强，在土中可以保持10年的生活力。春季气温变暖，卵开始孵化，2龄幼虫冲破卵壳进入土壤里，以后钻入大豆根部，在其皮层内营寄生生活，经幼虫阶段后发育为成虫。雄成虫重新进入土壤中自由生活，并寻觅雌成虫，交配后死亡。雌成虫交配后，发育成老熟雌虫，其体壁加厚成为孢囊，其受精卵就保存在孢囊内。当条件适宜时，其内的卵又孵化出幼虫，进行再侵染(图8–38)。田间近距离传播扩散主要通过耕作时土壤的移动、农机具和人、畜黏附以及灌溉水和雨水传带含孢囊的土壤或混有孢囊的粪肥进行。大豆孢囊线虫病发生代数由南向北逐渐减少，和温度正相关。一般认为东北地区每年发生3～4代。土壤温湿度及土质都能影响线虫的繁殖速率和数量，其中土温影响最大。线虫的适宜发育温度为17～28℃，在此范围内，温度越高，线虫发育越快，每个世代所需时间越短。土壤温度偏高，湿度偏低，不利于其发生。栽培植物种类对大豆孢囊线虫数量的增减有明显的影响。病地中种植线虫的寄主作物(如大豆、绿豆和小豆)，线虫数量迅速增加，而经过一季种植非寄主作物(如禾本科作物)后，线虫数量就急剧下降，连续两年种植，线虫数量减少到极少的程度，但如再种植寄主作物，线虫数量又明显增加。大豆品种对线虫病的抗性差异显著。

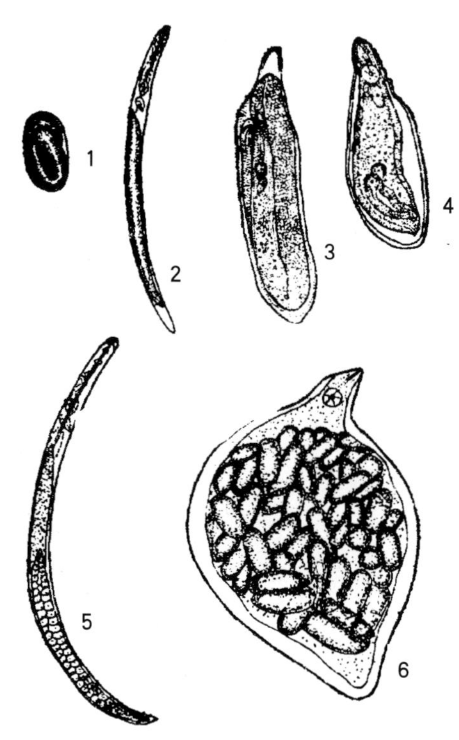

图8–37 大豆孢囊线虫
1.卵 2.二龄幼虫 3.四龄雄虫 4.四龄雌虫 5.雄成虫 6.雌成虫

【防治方法】加强检疫，禁止从病区引种，保护无病区。选用抗病品种，大豆与高粱、玉米等禾谷类作物实行3～5年轮作，能有效地控制孢囊线虫病的发生和为害。增施底肥和种肥，促进大豆健壮生长，增强植株抗病力，可相对减轻损失。苗期叶面喷施硼钼微肥或大豆黄萎叶喷剂，对增强植株抗病性也有明显效果。土壤干旱有利于大豆孢囊线虫的为害。适时灌水，增加土壤湿度，可减轻为害。播种前种子处理是防治该病的有

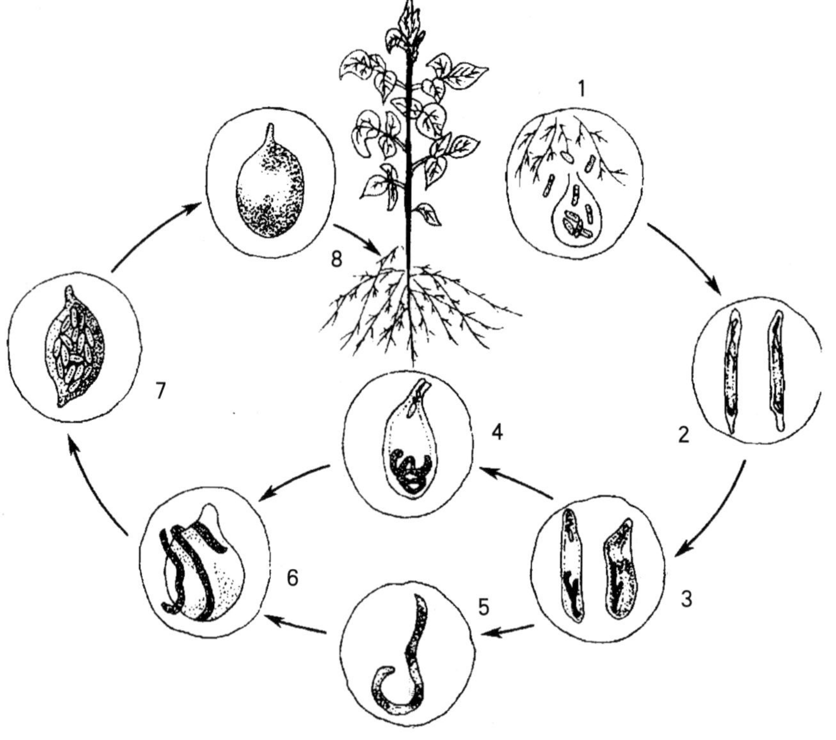

图8–38 大豆孢囊线虫病病害循环
1.二龄幼虫侵染大豆根部 2.三龄幼虫 3.四龄幼虫 4.雌成虫 5.雄成虫 6.繁殖 7.老熟雌成虫形成孢囊 8.以孢囊在土中越冬

效措施。

种子处理，用35%乙基硫环磷乳油或35%甲基硫环磷乳油按种子量的0.5%拌种；

35%多菌灵·福美双·克百威悬浮种衣剂580～700g/100kg种子；

20.5%多菌灵·福美双·甲维盐悬浮种衣剂1：（60～80）(药：种)；

土壤处理，可用下列药剂：

0.5%阿维菌素颗粒剂2～3kg/亩；

5%克线磷颗粒剂3～4kg/亩拌适量细干土混匀，在播种时撒入播种沟内，不仅可以防治线虫，还可防治地下害虫等。

土壤消毒：播前15～20天，用98%棉隆颗粒剂5～6kg/亩，深施在播种行的沟底，覆土压平密闭，半个月内不得翻动。

7．大豆菌核病

【分布为害】大豆菌核病又名白腐病，在全国均有发生，20世纪60年代在黑龙江省东部地区发生较重，70—80年代仅在局部地区个别豆田发生，进入90年代以后，由于向日葵、油菜、小杂豆、麻类等种植面积扩大，使菌核病在豆田发生逐年加重，尤其2002年黑龙江省夏、秋季低温多雨，使大豆菌核病发生特重，病株率高达50%以上(图8-39)。

图8-39　大豆菌核病田间为害情况

【症　　状】苗期至成熟期均可发病，花期受害重。为害地上部产生苗枯、叶腐、茎腐、荚腐等症。苗期染病：茎基部褐变，呈水渍状，湿度大时长出棉絮状白色菌丝，后病部干缩呈黄褐色枯死，表皮撕裂状，幼苗倒伏、死亡。叶片染病：始于植株下部，初叶面生暗绿色水浸状斑，后扩展为圆形至不规则形，病斑中心灰褐色，四周暗褐色，外有黄色晕圈，湿度大时亦生白色菌丝，叶片腐烂脱落(图8-40)。茎秆染病：多从主茎中下部分叉处开始，病部水浸状，后褪为浅褐色至近白色，病斑形状不规则，常环绕茎部向上下扩展，致病部以上枯死或倒折(图8-41)，湿度大时在菌丝处形成黑色菌核，病茎髓部变空，菌核充塞其中(图8-42)。干燥条件下茎皮纵向撕裂，维管束外露似乱麻，严重的全株枯死，颗粒不收。豆荚染病：出现水浸状不规则病斑，荚内、外均可形成较茎内菌核稍小的菌核，多不能结实。

图8-40　大豆菌核病为害叶片症状

图8-41　大豆菌核病为害植株症状

图8-42 大豆菌核病为害茎部症状

【病　　原】*Sclerotinia sclerotiorum* 称核盘菌，属子囊菌门真菌(图8-43)。菌丝结成粒状菌核，圆柱状或鼠粪状，内部浅白色，表面黑色。子囊盘盘状，浅褐色，肉质，上生栅栏状排列的子囊。子囊棒状，无色，内含8个子囊孢子。子囊孢子单胞，无色，椭圆形。菌丝在5~30℃均可生长，适温20~25℃。菌核萌发温限5~25℃，适温20℃。菌核萌发不需光照，但形成子囊盘柄需散射光才能膨大形成子囊盘。

【发生规律】病菌以菌核在土壤中、病残体内或混杂在种子中越冬，成为翌年初侵染源。越冬菌核在适宜条件下萌发，产生子囊盘，弹射出子囊孢子，子囊孢子借气流传播蔓延进行初侵染，再侵染则通过病健部接触菌丝传播蔓延。条件适宜时，特别是大气和田间湿度高，菌丝迅速增殖，2~3天后健株即发病。菌核在田间土壤深度3cm以上能正常萌发，3cm以下不能萌发，在1~3cm深度范围内，随着深度的增加菌核萌发的数量递减。子囊盘柄较细弱，形成的子囊盘也较小。菌核从萌发到弹射子囊孢子需要较高的土壤温度和大气相对湿度。要求适宜的土壤持水量为27%至饱和水，过饱和不利于菌核萌发，却会加快菌核腐烂。大气相对湿度85%以上，低于这个湿度子囊盘干萎，不能弹射子囊孢子。本病发生流行的适温为15～30℃、相对湿度85%以上。当旬降水量低于40mm，相对湿度小于80%，病害流行明显减缓；旬降水量低于20mm，相对湿度小于80%，子囊盘干萎，菌丝停止增殖，病斑干枯，流行终止。一般菌源数量大的连作地或栽植过密、通风透光不良的地块发病重。

【防治方法】与禾本科作物实行3年以上轮作。选用株型紧凑、尖叶或叶片上举、通风透光性能好的耐病品种。及时排水，降低豆田湿度，避免施氮肥过多，收获后清除病残体。病田收获后应深翻，将表土层的菌核翻入土中；及时清除或烧毁残茎以减少菌源。实行宽行双条播等措施推迟田间郁闭时期，也可减轻发病。大豆封垄前及时中耕培土，防止菌核萌芽出土或形成子囊盘。注意排淤治涝，平整土地，防止积水和水流传播。

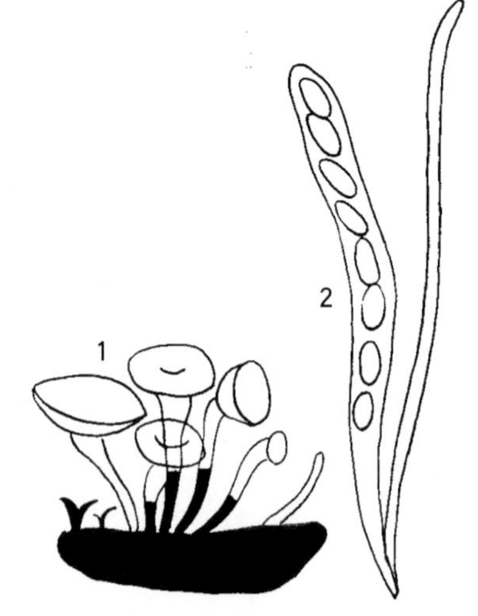

图8-43　大豆菌核病病菌
1.子囊盘　2.子囊

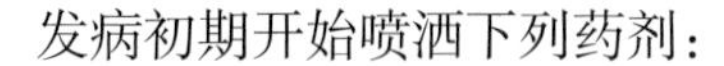

发病初期开始喷洒下列药剂：

70%甲基硫菌灵可湿性粉剂500～600倍液；

50%多菌灵可湿性粉剂600～700倍液。

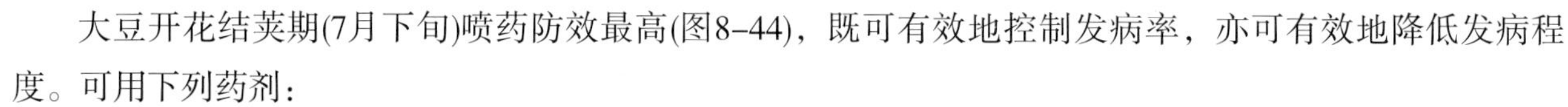

大豆开花结荚期(7月下旬)喷药防效最高(图8-44)，既可有效地控制发病率，亦可有效地降低发病程度。可用下列药剂：

图8-44　大豆结荚期菌核病为害症状

50%乙烯菌核利可湿性粉剂66g/亩；

50%腐霉利可湿性粉剂60～100g/亩；

40%菌核净可湿性粉剂50～60g/亩；

50%异菌脲可湿性粉剂66～100g/亩；

25%咪鲜胺锰盐乳油70ml/亩，对水40～50kg均匀喷雾。

也可喷洒40%多硫悬浮剂600～700倍液；

12.5%治萎灵水剂500倍液，发生严重时，间隔7天再喷1次。

菌核萌发出土后至子囊盘形成盛期，于土表喷洒50%腐霉利可湿性粉剂30～60g/亩；

50%多菌灵可湿性粉剂100g/亩，加水40～50kg。

8．大豆细菌性斑点病

【分布为害】该病广泛分布于我国的大豆产区，北方重于南方，在东北，尤其黑龙江西北部如北安、嫩江、绥化等地区发生普遍而且较重。引起早期落叶，可减产18%～22%(图8-45)。

图8-45 大豆细菌性斑点病为害情况

【症　状】幼苗染病，子叶上生半圆或近圆形病斑，褐色至黑色，病斑周围呈水渍状。叶片染病，初生半透明水渍状褪绿小点，后转变为黄色至深褐色多角形病斑，病斑周围有黄绿色晕圈(图8-46)。湿度大时病叶背后常溢出白色菌脓，干燥后形成有光泽的膜。严重时多个病斑汇合成不规则枯死大斑，病组织易脱落，病叶呈破碎状，造成下部叶片早期脱落(图8-47至图8-49)。茎部受害出现水渍状褐色至黑色长条形病斑。豆荚染病，初现红褐色小斑点，后逐渐变成黑褐色不规则形病斑，病斑多集中在豆荚的合缝处。籽粒染病，病斑不规则，褐色，常覆一层菌脓。

【病　原】*Pseudomonas syringae* pv. *glycinea* 称丁香假单胞菌大豆致病变种，属细菌(图8-50)。菌体杆状，有荚膜，芽孢，极生1～3根鞭毛，革兰氏染色阴性。在肉汁胨琼脂培养基上，菌落圆形白色，有光泽，稍隆起，表面光滑，边缘整齐。

图8-46 大豆细菌性斑点病为害叶片初期症状

图8-47 大豆细菌性斑点病为害期叶片中期症状

图8-48 大豆细菌性斑点病为害叶片背面中期症状

图8-49 大豆细菌性斑点病为害叶片后期症状

【发生规律】病菌在种子和病株残体上越冬，成为翌年发病初侵染源。播种病种子能引起幼苗发病，病叶上的病原菌借风雨传播，引起多次再侵染。病菌在未腐烂的病叶上可存活1年，在土壤中不能存活。越冬后病叶上的细菌也可侵染幼苗和成株期叶片，发病后可借风、雨传播，一般从底部叶向上部叶片扩展。结荚后病菌侵入种荚，直接侵害种子。一般种子带菌率高，幼苗发病重。夏、秋季气温低，多雨、多露、多雾天气发病重，暴风雨后可加速病情增长，由于伤口增多，有利于侵入，发病更重。此外，连作地比轮作地发病重。

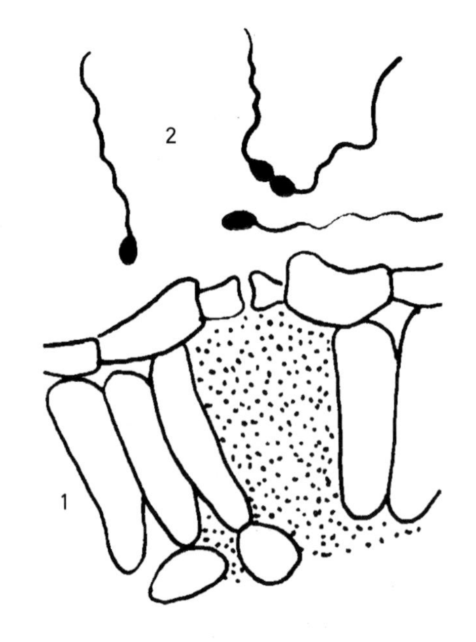

图8-50 大豆细菌性斑点病病原细菌
1.病原组织 2.病原细菌

【防治方法】与禾本科作物进行3年以上轮作。施用充分沤制的堆肥或腐熟的有机肥。调整播期，合理密植，收获后清除田间病残体，及时深翻，减少越冬病源数量。

播种前用种子重量0.3%的50%福美双可湿性粉剂拌种。

发病初期(图8-51)喷洒，可用下列药剂：

图8-51 大豆细菌性斑点病为害初期田间症状

72%农用硫酸链霉素可溶性液剂3 000～4 000倍液；

90%新植霉素可溶性粉剂3 000～4 000倍液；

30%碱式硫酸铜悬浮剂400倍液；

30%琥胶肥酸铜可湿性粉剂500～800倍液；

47%春雷霉素·王铜可湿性粉剂600～1 000g/亩；

12%松脂酸铜悬浮剂600倍液，均匀喷雾，每隔10～15天喷1次，连喷2～3次。

9. 大豆赤霉病

【分布为害】普遍发生于东北、华北、西南等地，为害豆荚和豆粒，使产量降低，品质变劣。

【症 状】主要为害豆荚、籽粒和幼苗子叶。豆荚染病，病斑近圆形至不整形块状，发生在边缘时呈半圆形略凹陷斑，湿度大时，病部生出粉红色或粉白色霉状物(图8–52)，即病菌分生孢子或分生孢子团，严重的豆荚裂开，豆粒被菌丝缠绕，表生粉红色霉状物(图8–53)。

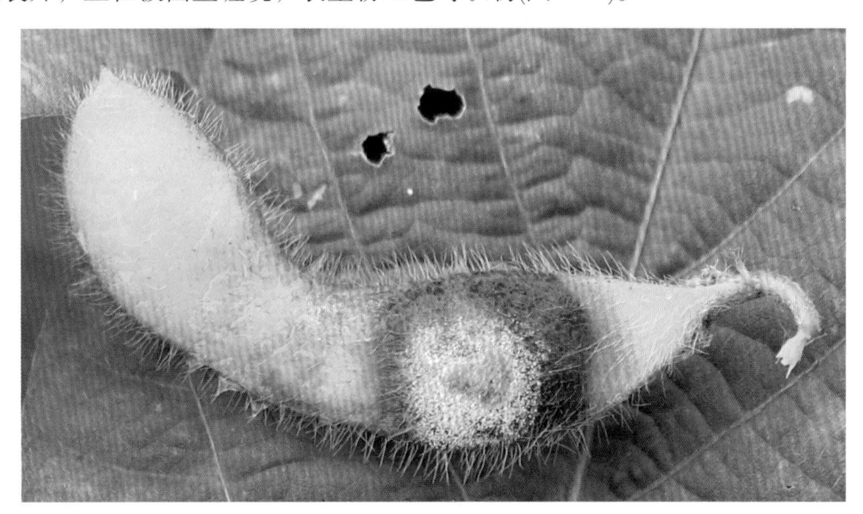

图8–52 大豆赤霉病为害豆荚症状

图8–53 大豆赤霉病为害豆粒症状

【病 原】*Fusarium roseum*称粉红镰孢，*Fusarium oxysporum* 称尖镰孢，均属无性型真菌。*F. roseum* 大型分生孢子镰刀形，两端细削，橙红色。*F. oxysporum* 大型分生孢子梭形或镰刀形，无色，两端渐尖，多具隔膜3个；小型分生孢子卵形，无色，具1个隔膜(图8–54)。

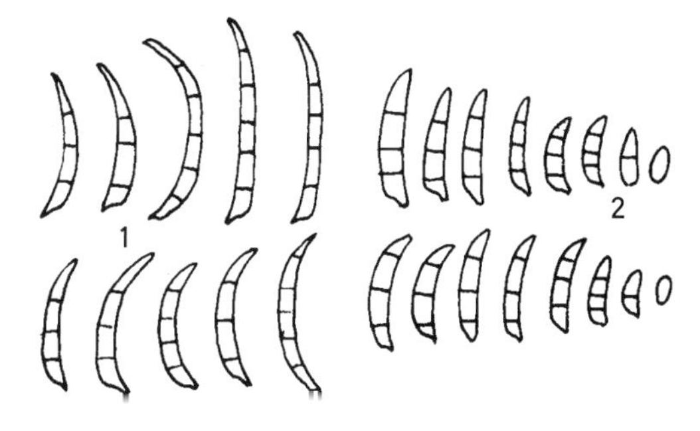

图8–54 大豆赤霉病病菌
1.大型分生孢子 2.小型分生孢子

【发生规律】病菌以菌丝体在病荚和种子上越冬，翌年产生分生孢子进行初侵染和再侵染。发病适温30℃，大豆结荚时遇高温多雨或湿度大发病重。

【防治方法】选无病种子播种。雨后及时排水，改变田间小气候，降低豆田湿度。种子收后及时晾晒，降低储藏库内湿度，及时清除发霉的豆子。

必要时喷洒80%多菌灵水分散粉剂1 500～2 000倍液；

50%苯菌灵可湿性粉剂1 500倍液，间隔10～15天喷洒1次，连喷2次。

10．大豆疫霉根腐病

【分布为害】该病为害极其严重，是较最具毁灭性的大豆病害，我国主要发生在黑龙江三江平原地区，一般发病率在3%～5%，感病品种一般减产25%～50%，高感品种可达90%以上，严重地块的大豆植株成片枯死，甚至绝产。被害种子的蛋白质含量明显降低。

【症　　状】大豆各生育期均可发病。苗期发病，在种子萌发前可引起种子腐烂；在种子萌发后，大豆种子萌发生根时即可被病原侵染，受害根及下胚轴呈棕褐色。出苗后由于近地表植株茎部出现水浸状病斑，根或茎基部腐烂而萎蔫或死亡，根变褐，软化，直达子叶。成株期症状表现为先下部叶片变黄，并向上扩展，随后上部叶片逐渐变黄并很快萎蔫，茎基有黑褐色凹陷条状病斑，并可向上扩展蔓延(图8-55)。发病轻时，症状常仅限于侧根腐烂，植株并不死亡，表现出矮化和轻度失绿，症状与缺氮相似，病株荚数明显减少，空荚、瘪荚较多，籽粒皱缩。发病重时整株枯萎死亡，但植株不倒伏，叶片不脱落，此时，剖开茎可见维管束变褐色。成株期感病植株的病茎节位也有病荚产生，豆荚基部初期出现水浸状斑，病斑逐渐变褐并从荚柄向上蔓延至荚尖，最后整个豆荚变枯呈黄褐色，种子失水干瘪。

图8-55 大豆疫霉根腐病为害植株及根部症状

【病　　原】*Phytophthora sojae*称大豆疫霉，属茸鞭生物界卵菌。有性世代产生卵孢子。卵孢子球形，壁厚，单生在藏卵器里。卵孢子发芽长出芽管，形成菌丝或孢子囊。孢子囊无乳状凸起，萌发后形成游动孢子或直接萌发生出芽管。形成游动孢子适温15℃，最低5℃，孢子囊直接萌发，适温25℃。

【发生规律】以卵孢子在土壤中存活越冬成为该病初侵染源。带有病菌的土粒被风雨吹散或溅到大豆上能引致初侵染，积水土中的游动孢子遇上大豆根以后，先形成休眠孢子，后萌发侵入，产生菌丝在寄主细胞间蔓延，形成球状或指状吸器汲取营养，同时还可形成大量卵孢子，可进行多次再侵染。大豆疫霉病原可通过病残体、土壤及种子表面黏附的卵孢子，甚至种皮内的卵孢子作远距离传播。湿度高或多雨天气、土壤黏重，易发病。土壤温度为15～20℃，遇大雨田间有积水时，发病重。土壤长时间积水是疫霉根腐病发生和流行的充分必要条件，地势低洼、土壤为黏土且排水不良的地块发病重。此外，重茬地、土壤中病原线虫多的田块，发病也重。

【防治方法】从疫区调拨种子到保护区时要严格进行检疫，以防病害向保护区扩展。因地制宜地种植抗病品种。及时深耕和中耕培土。雨后及时排除积水，降低土壤含水量。用非寄主作物与大豆轮作也可以减少该病害的发生。播种前用下列药剂进行种子处理：

25%多菌灵·福美双悬浮种衣剂1：（50～70）(药种比)；

50%甲霜灵·多菌灵种子处理可分散粉剂250～333g/100kg种子；

400g/L萎锈灵·福美双悬浮剂140～200ml/100kg种子；

25g/L咯菌腈悬浮种衣剂15～20g/100kg种子；

30%福美双·克百威悬浮剂1：（50～75）(药种比)；

30%多菌灵·福美双·克百威悬浮种衣剂1：（60～80）(药种比)；

20.5%多菌灵·福美双·甲维盐悬浮种衣剂1：（60～80）(药种比)；

38%多菌灵·福美双·毒死蜱浮种衣剂1：（60～80）(药种比)；

25%丁硫克百威·福美双悬浮种衣剂500～625g/100kg种子。

发病初期喷洒药剂防治，药剂应交替使用，以避免长期单一使用而产生抗药性。可以喷洒或浇灌下列药剂：

25%甲霜灵可湿性粉剂800倍液；

58%甲霜灵·代森锰锌可湿性粉剂600倍液；

2%宁南霉素水剂300～400倍液；

64%恶霜灵·代森锰锌可湿性粉剂500倍液；

72%霜脲氰·代森锰锌可湿性粉剂600倍液。

11．大豆枯萎（镰孢根腐）病

【分布为害】主要分布于东北、四川、云南、湖北等地，一般零星发生，但为害很大，常造成植株死亡。近年来，在局部地区有加重发展的趋势。

【症　　状】大豆镰孢根腐病是系统性侵染整株的病害，染病初期叶片由下向上逐渐变黄至黄褐色萎蔫。幼苗发病后先萎蔫，茎软化，叶片褪绿或卷缩，呈青枯状，不脱落，叶柄也不下垂。成株期病株叶片先从上往下萎蔫黄化枯死，一侧或侧枝先黄化萎蔫再累及全株，病根发育不健全，幼苗幼株根系腐烂坏死，呈褐色并扩展至地上3～5节。成株病根呈干枯状坏死，褐色至深褐色。剖开病部根系，可见维管束变褐。病茎明显细缩，有褐色坏死斑，病健部分明，在病健接合处髓腔中可见粉红色菌丝，病健接合处以上部水渍状变褐色。后期在病株茎的基部产生白色絮状菌丝和粉红色胶状物，即病原菌丝和分生孢子。病茎部维管束变为褐色，木质部及髓腔不变色(图8-56)。

图8-56 大豆枯萎病为害植株症状

【病　　原】*Fusarium oxysporum* f.sp. *tracheiphilum* 称尖镰孢菌豆类专化型，属无性型真菌(图8-57)。菌丝无色，分隔。有大小两型分生孢子。大型分生孢子镰刀形，平直或略弯，具隔膜3～6个，多3～4个，顶胞稍尖，有脚胞或无；小型分生孢子无色，具1个分隔或无，椭圆形或长椭圆形。此外，田间还有其他多种镰孢菌可引致该病，如*Fusarium solani* 称茄腐镰孢菌、*Fusarium equiseti*称木贼镰孢菌等。

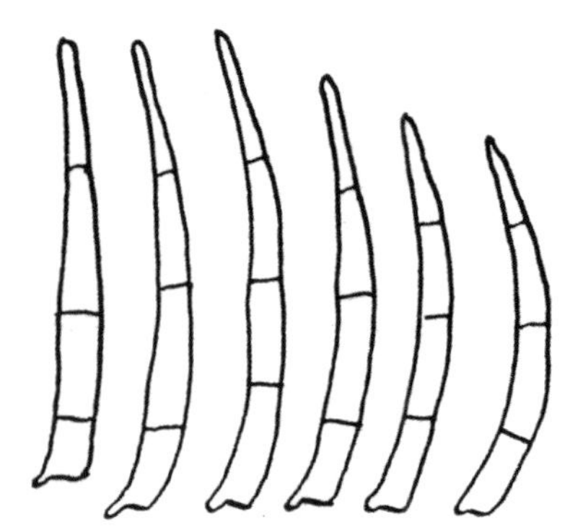

图8-57 大豆枯萎病病菌分生孢子

【发生规律】以菌丝体和厚垣孢子随病残体在土壤中越冬。病菌从伤口侵入，在田间借灌溉水、昆虫或雨水溅射传播蔓延。高温高湿条件易发病。连作地、土质黏重、根系发育不良发病重。品种间抗病性有一定差异。此外，大豆孢囊线虫密度高的地块和根际线虫发生重的地块，枯萎病发生也较重。

【防治方法】因地制宜选用抗枯萎病品种。重病地实行水旱轮作2～3年，不便轮作的可覆塑料膜进行热力消毒土壤，施用充分沤制的堆肥或腐熟的有机肥，减少化肥施用量。发现病株及时拔除，带出田间销毁。

处理种子是防治大豆枯萎病的主要措施。用种子重量的1.2%～1.5%的35%多·福·克悬浮剂拌种；

种子重量的0.2%～0.3%的2.5%咯菌腈悬浮剂拌种；

1.3%的2%宁南霉素水剂拌种。

发病初期，可选用下列药剂：

70%甲基硫菌灵可湿性粉剂800倍液；

50%多菌灵可湿性粉剂500倍液；

30%恶霉灵水剂600～800倍液；

50%琥胶肥酸铜可湿性粉剂500倍液淋穴，每穴喷淋对好的药液300～500ml，间隔7天喷淋1次，共防治2～3次。

12．大豆链格孢黑斑病

【症　　状】主要为害叶片、种荚。叶片染病，初生圆形至不规则形病斑，中央褐色，四周略隆起，暗褐色，后病斑扩展或破裂，叶片多反卷干枯，湿度大时表面生有密集黑色霉层(图8-58和图8-59)，即病原菌分生孢子梗和分生孢子。荚染病，生圆形或不规则形斑，密生黑霉层。

图8-58　大豆链格孢黑斑病为害叶片初期症状

图8-59　大豆链格孢黑斑病为害叶片后期症状

【病　　原】*Alternaria alternata*称链格孢，属无性型真菌(图8-60)。分生孢子梗单生或数根束生，暗褐色；分生孢子倒棒形，褐色或青褐色，3～6个串生，有纵隔膜1～2个，横隔3～4个，横隔处有缢缩现象。

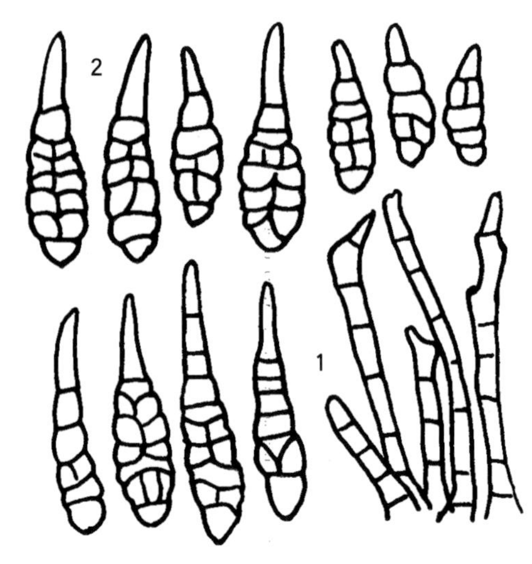

图8-60　大豆黑斑病病菌
1.分生孢子梗　2.分生孢子

【发生规律】病菌以菌丝体及分生孢子在病叶或病荚上越冬，成为翌年初侵染源，在田间借风雨传播进行再侵染。大豆生育后期易发病。

【防治方法】收获后及时清除病残体，集中深埋或烧毁。

发病初期及时施药防治，可选用下列杀菌剂：

70%甲基硫菌灵可湿性粉剂600～800倍液+70%代森锰锌可湿性粉剂500～600倍液；

50%腐霉利可湿性粉剂800倍液+75%百菌清可湿性粉剂800倍液；

50%异菌脲可湿性粉剂800倍液+50%福美双可湿性粉剂500倍液；

50%噻菌灵可湿性粉剂600～800倍液；

50%异菌脲可湿性粉剂600～800倍液；

25%丙环唑乳油2 000～3 000倍液；

25%咪鲜胺乳油1 000～2 000倍液；

50%咪鲜胺锰盐可湿性粉剂1 000～2 000倍液，均匀喷施，视病情间隔7～10天喷施1次，连续防治2～3次。

13．大豆靶点病

【分布为害】我国的吉林、山东、安徽、四川等省均有发生。感病品种发病严重时可减产18%～32%。

【症　　状】主要为害叶、叶柄、茎、荚及种子。叶片染病产生圆形至不规则形斑，浅红褐色，病斑四周多具浅黄绿色晕圈，大斑常有轮纹，造成叶片早落(图8-61和图8-62)。叶柄、茎染病生长条形暗褐色斑。荚染病，病斑圆形，稍凹陷，中间暗紫色，四周褐色，严重的豆荚上密生黑色霉层。

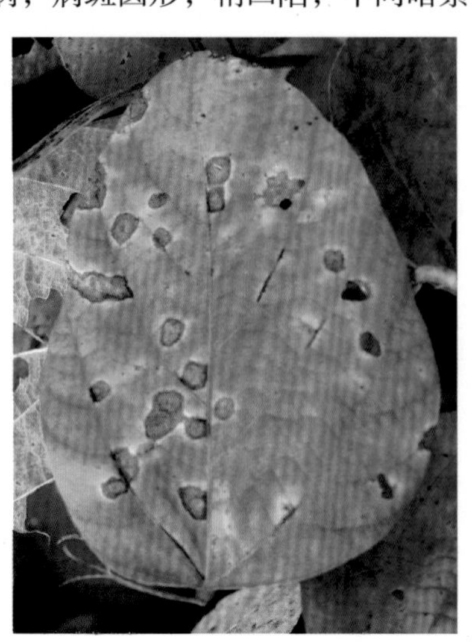
图8-61　大豆靶点病为害叶片症状

图8-62 大豆靶点病为害叶背症状

【病　　原】*Corynespora cassiicola*称山扁豆生棒孢，属无性型真菌(图8-63)。分生孢子梗单生或数根束生，直立或分枝，褐色，具1～20个隔膜，基部细胞膨大。分生孢子圆筒形至棍棒形，淡褐色，正直或微弯，脐部明显，平截形，有3～15个隔膜，孢壁较厚，单生或2～6个分生孢子串生。

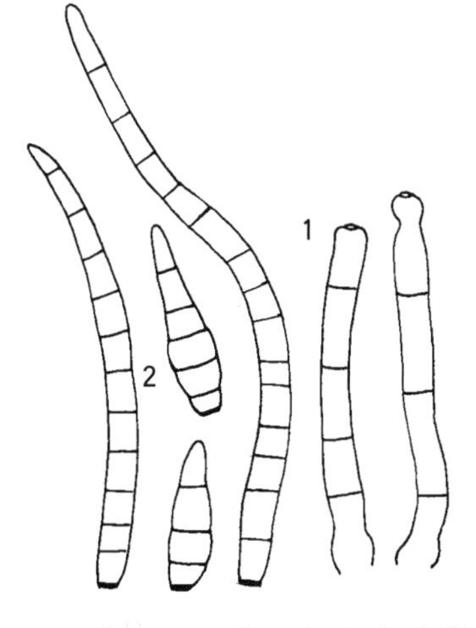

图8-63 大豆靶点病病菌
1.分生孢子梗 2.分生孢子

【发生规律】病菌以菌丝体或分生孢子在病株残体上越冬，成为翌年初侵染菌源，也可在休闲地的土壤里存活2年以上。多雨和相对湿度在80%以上时有利其发病。除为害大豆外尚可侵染蓖麻、棉花、豇豆、黄瓜、菜豆、小豆、辣椒、芝麻、番茄、西瓜等多种作物。

【防治方法】选种抗病品种，从无病株上留种并进行种子消毒。实行3年以上轮作，切忌与寄主植物轮作。秋收后及时清除田间的病残体，进行秋翻土地，减少菌源。

发病初期及时施药防治，可以用下列杀菌剂：

50%噻菌灵可湿性粉剂600～800倍液+75%百菌清可湿性粉剂800～1 000倍液；

66%敌磺·多菌灵可湿性粉剂600～800倍液；

70%甲基硫菌灵可湿性粉剂600～800倍液+70%代森锰锌可湿性粉剂500～600倍液；

50%腐霉利可湿性粉剂800倍液+75%百菌清可湿性粉剂800倍液；

50%异菌脲可湿性粉剂800倍液+50%福美双可湿性粉剂500倍液；

50%咪鲜胺锰络化合物可湿性粉剂1 000～2 000倍液。

用药液40kg/亩均匀喷施，视病情间隔7～10天1次，连续防治2～3次。

14．大豆荚枯病

【分布为害】主要分布于东北、华北、四川等地。

【症　　状】主要为害豆荚、也能为害叶片和茎。荚染病，病斑初呈暗褐色，后变苍白色，凹陷，上轮生小黑点(图8-64)，幼荚常脱落，老荚染病萎垂不落，病荚大部分不结实，发病轻的虽能结荚、但粒小，易干缩，味苦。茎染病产生灰褐色不规则形病斑，上生无数小黑粒点，病部以上干枯。

图8-64　大豆荚枯病为害豆荚症状

【病　　原】*Macrophoma mame*称豆荚大茎点菌，属无性型真菌(图8-65)。分生孢子器散生或聚生，埋生在病部表皮下，露有孔口，分生孢子器黑褐色，球形至扁球形；分生孢子长椭圆形至长卵形，单胞，无色，两端钝圆。

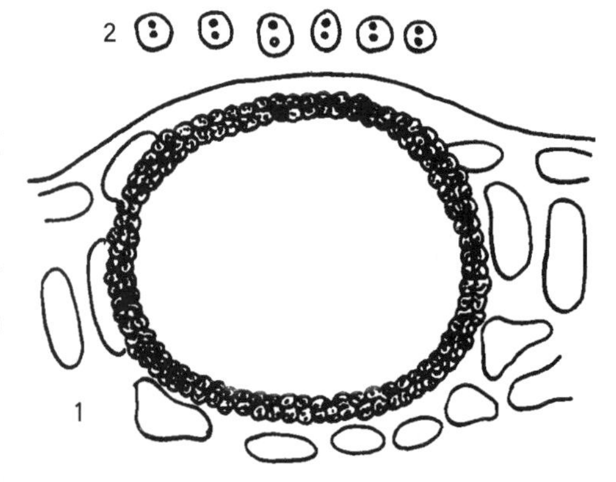

图8-65　大豆荚枯病病菌
1.分生孢子器　2.分生孢子

【发生规律】病菌以分生孢子器在病残体上或以菌丝体在病种子上越冬，成为翌年初侵染源。多年连作地，田间上年留存的病残体及周边的杂草上越冬菌量多，地势低洼积水，排水不良，早春气温回升早，夏秋连阴雨多，栽培过密，田间通风透光差，发病较重。

【防治方法】建立无病留种田，选用无病种子。发病重的地区实行3年以上轮作。收获后清除田间病残体及周边杂草，减少病源。深翻土壤，雨后排水，提倡轮作，合理密植，使用充分腐熟的有机肥。

种子处理，可用种子重量0.4%的50%多菌灵可湿性粉剂、50%福美双可湿性粉剂、50%拌种双可湿性粉剂拌种。发病初期及时施药防治，可以用下列杀菌剂：

25%嘧菌酯悬浮剂1 000～2 000倍液；

50%噻菌灵可湿性粉剂600～800倍液+75%百菌清可湿性粉剂800～1 000倍液；

66%敌磺钠·多菌灵可湿性粉剂600～800倍液；

70%甲基硫菌灵可湿性粉剂600～800倍液+70%代森锰锌可湿性粉剂500～600倍液；

50%腐霉利可湿性粉剂800倍液+75%百菌清可湿性粉剂800倍液；

50%异菌脲可湿性粉剂800倍液+50%福美双可湿性粉剂500倍液；

50%咪鲜胺锰盐可湿性粉剂1 000～2 000倍液。

用药液40kg/亩均匀喷施，视病情间隔7～10天喷施1次，连续防治2～3次。

15．大豆霜霉病

【分布为害】大豆霜霉病在我国各大豆产区均有发生，东北、华北及大豆生育期气候冷凉地区发生较多，尤以黑龙江、吉林最为严重。常引起种子霉烂、叶片早落或凋萎，导致大豆产量和品质下降，可减产8%～15.2%(图8-66)。

图8-66　大豆霜霉病为害情况

【症　　状】主要为害幼苗或成株叶片、荚及豆粒。带病种子直接引起幼苗发病，一般幼苗子叶不显病。当真叶展开后，从真叶叶片基部开始沿叶脉出现大片褪绿斑块，以后全叶变黄枯死。天气潮湿时，病斑背面密生很厚的灰白色霉层，即病菌的孢囊梗和孢子囊。受害重的幼苗生长矮小，叶皱缩以至枯死。成株期复叶上的病斑散生，圆形或不规则形的褪绿黄斑，后期形成黄褐色、不规则形或多角形枯斑，病、健部分界明显，发病重时很多病斑可汇合成更大的块状病斑，其病斑背面也布满灰白色霉层。病叶枯干后，可引起提早落叶(图8-67至图8-69)。豆荚病斑表面无明显症状，剥开豆荚，其内部可见不定形的块状斑，其上可见灰白色霉层。病粒表面全部或大部变白，无光泽，其上黏附一层黄灰色或白色霉层，即病菌的卵孢子和菌丝。

图8-67　大豆霜霉病为害叶片初期症状

图8-68 大豆霜霉病为害叶背初期症状

图8-69　大豆霜霉病为害叶片后期症状

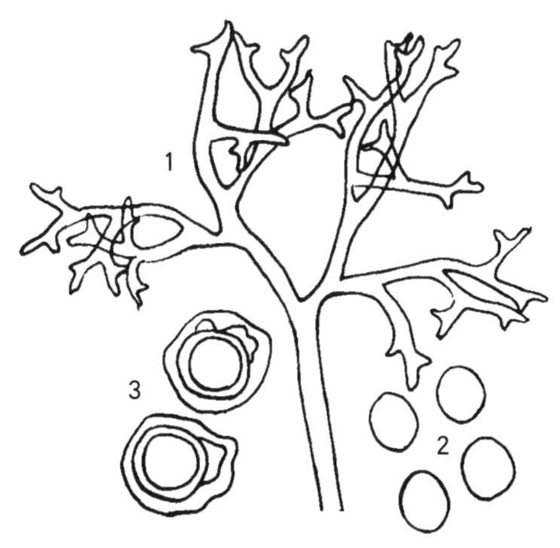

图8–70 大豆霜霉病病菌
1.分生孢子梗 2.分生孢子 3.卵孢子

【病　　原】*Peronospora manshurica*称东北霜霉，属茸鞭生物界卵菌(图8–70)。孢囊梗由气孔伸出，单生或数根丛生，无色，呈二叉状分枝，小枝顶生孢子囊。孢子囊淡黄褐色，单胞，椭圆形。卵孢子黄褐色，近球形，内具1卵球。发病适温20～22℃，高于30℃或低于10℃不发病。卵孢子形成适温15～20℃。

【发生规律】病菌以卵孢子在种子、病荚和病叶内越冬。翌年成为初次侵染源。卵孢子越冬后产生游动孢子侵染胚芽，进入生长点，后蔓延至真叶及腋芽形成系统感染。以后病苗、病叶上长出大量孢子囊，随风、雨传播再侵入寄主，在寄主细胞间蔓延，再形成孢囊梗和孢子囊，从而进行多次侵染。结荚后，病菌以菌丝侵入到荚内，种子上粘着卵孢子。种子带菌率的高低，田间菌源多少关系到病害能否发生。凡种子带菌率高，大豆连作田菌源多，则病害发生重。凡7—8月降雨少，干旱年份则发病轻。品种间抗病性有显著差异。大豆田连作，土温低、土壤湿度大，发病重。温度20～22℃和高湿最利病害发展。低温、多雨或阴天、露大发病多且重。种子带菌率高不仅苗期病重，也为成株期发病提供大量菌源，引起严重发病。

【防治方法】选用抗病品种，针对该菌卵孢子可在病茎、叶上残留在土壤中越冬，提倡与非豆科作物轮作。中耕除草，将病株残体清除田外销毁以减少菌源，排除积水，增施磷钾肥提高植株抗病力。加强田间管理。锄地时注意铲除系统侵染的病苗，减少田间侵染源。

种子处理，播种前用种子重量0.3%的90%三乙膦酸铝可湿性粉剂或3.5%甲霜灵粉剂拌种。

或用种子重量0.5%的50%福美双可湿性粉剂拌种；

或用72.2%霜霉威水剂或70%敌磺钠可湿性粉剂按种子重量的0.1%～0.3%拌种。

大豆开花期(图8–71)，喷施下列药剂：

图8–71 大豆初花期霜霉病为害田间症状

40%三乙膦酸铝可湿性粉剂300～400倍液；

25%甲霜灵可湿性粉剂600倍液+50%福美双可湿性粉剂500～800倍液；

20%苯霜灵乳油800～1 000倍液+65%代森锌可湿性粉剂500～1 000倍液；

72.2%霜霉威水剂800～1 000倍液+75%百菌清可湿性粉剂500～800倍液；

64%恶霜·锰锌可湿性粉剂500倍液；

58%甲霜灵·代森锰锌可湿性粉剂600倍液；

69%烯酰·锰锌可湿性粉剂900～1 000倍液；

72%霜脲氰·代森锰锌可湿性粉剂800～1 000倍液，用药液40kg/亩均匀喷施，视病情间隔7～10天喷洒1次，连喷2～3次。

16．大豆立枯病

【分布为害】各大豆产区均有分布，主要发生在苗期，常引起幼苗死亡，部分地区发病率达10%～40%，产量损失30%～40%，严重者甚至绝收。

【症　　状】幼苗和幼株主根及近地面茎基部出现红褐色稍凹陷的病斑，皮层开裂呈溃疡状，严重受害幼苗茎基部变褐缢缩折倒而枯死，或植株变黄、生长缓慢、植株矮小(图8-72和图8-73)。

【病　　原】*Rhizoctonia solani* 称立枯丝核菌AG-4和AG1-IB菌丝融合群，属无性型真菌。该菌不产生孢子，主要以菌丝体传播和繁殖。初生菌丝无色，后为黄褐色，具隔，分枝基部缢缩，老菌丝常呈一连串桶形细胞。菌核近球形或无定形，无色或浅褐至黑褐色。担孢子近圆形。有性态为 *Thanatephorus cucumeris* 称瓜亡革菌，属担子菌门真菌。

图8-72　大豆立枯病为害幼苗症状

图8-73 大豆立枯病为害后期症状

【发生规律】病菌以菌核或厚垣孢子在土壤中休眠越冬。翌年地温高于10℃开始萌发，进入腐生阶段，播种后遇有适宜发病条件，病菌从根部的气孔、伤口或表皮直接侵入，引起发病后，病部长出菌丝继续向四周扩展。也有的形成子实体，产生担孢子在夜间飞散，落到植株叶片上以后，产生病斑。此外该病还可通过雨水、灌溉水、肥料或种子传播蔓延。土温11～30℃、土壤湿度20%～60%均可侵染。高温、连阴雨天多、光照不足、幼苗抗性差，易染病。

【防治方法】选用抗病品种。与非寄主作物轮作3年以上。提倡施用充分沤制的堆肥和腐熟有机肥。采用垄作或高畦深沟种植，防止地表湿度过大。雨后及时排水。合理密植，勤中耕除草，改善田间通风透光性。收获后及时清除田间遗留的病株残体，并深翻土地，将散落于地表的菌核及病株残体深埋土里，可减少菌源，减轻下年发病。

用种子重量0.3%的50%福美双可湿性粉剂或40%拌种双可湿性粉剂拌种。

发病初期开始喷洒下列药剂：

40%三乙膦酸铝可湿性粉剂200倍液；

20%甲基立枯磷乳油1 200倍液；

50%多菌灵可湿性粉剂800～1 000倍液；

70%乙膦·锰锌可湿性粉剂500倍液；

58%甲霜灵·锰锌可湿性粉剂500倍液；

64%恶霜灵·锰锌可湿性粉剂500倍液；

69%烯酰·锰锌可湿性粉剂1 000倍液；

72.2%霜霉威水剂800倍液，间隔10天左右喷洒1次，连续防治2～3次，并做到喷匀喷足。

17. 大豆黑点病

【分布为害】主要分布于东北、华北、江苏、湖北、四川、云南等地的大豆产区。

【症　　状】主要为害茎秆，严重时也可为害豆荚。茎部受害：初在茎基及下部分枝上出现灰褐色病斑，边缘红褐色，渐变为略凹陷的红褐色条纹，后变为灰白色，长条形或椭圆形，严重时扩致至全茎，上生成行排列的小黑点，即分生孢子器。豆荚受害：初生近圆形褐色病斑，后变灰白色干枯而死，其上生小黑点。病荚中籽粒表面密生白色菌丝，豆粒呈苍白色萎缩僵化(图8-74和图8-75)。

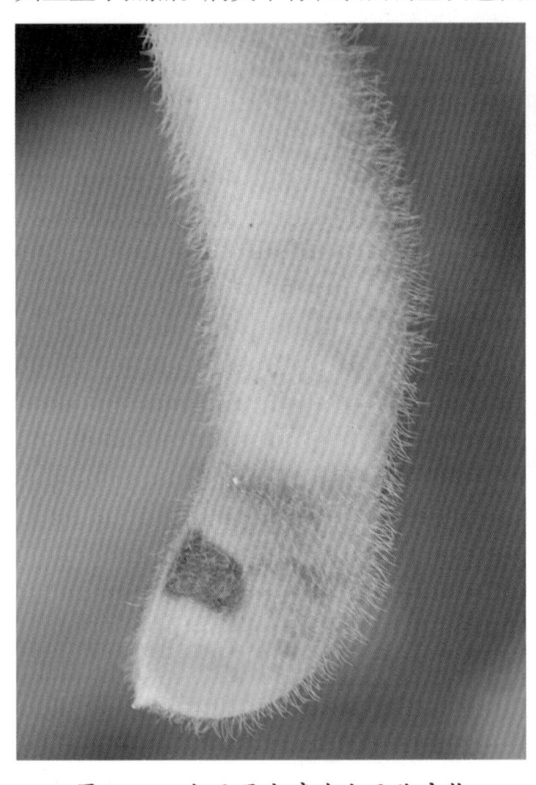

图8-74　大豆黑点病为害豆荚症状

图8-75　大豆黑点病为害豆荚后期症状

【病　　原】*Phomopsis phaseoli* 称大豆拟茎点霉，属半知菌亚门真菌。有性态 *Diaporthe soiae* 称大豆间座壳，属子囊菌门真菌。分生孢子器在单腔的子座里形成，分生孢子梗瓶状，较简单，无色。分生孢子有两种：α型分生孢子无色梭形，β型分生孢子无色丝状，发生较普遍。子囊壳球状，底略平，具长而末端尖细的喙。子囊长棒状，子囊孢子释放前子囊溶化成黏液。子囊孢子梭形，双细胞，无色。子囊壳在越冬后的病茎上形成。

【发生规律】病原以分生孢子器、菌丝体或子囊壳在病残体上越冬，也可以菌丝在种子内越冬。第2年在越冬残体或当年脱落的叶柄上产生分生孢子器，初夏在越冬的茎上产生子囊壳，释放子囊孢子侵入寄主。病原侵入寄主后，只在侵染点处直径2cm范围内生长，待寄主衰老时才逐渐扩展。多数染病的种子是在黄荚期受侵染引起的。大豆生长后期多雨、高温则发病重。干湿交替天气促使荚衰老、开裂，利于病原侵染，发病重。延迟收获可加重病情，感染病毒或缺钾可加速种子腐烂。

【防治方法】农业防治：选用无病种子。重病田实行与禾本科作物轮作。增施磷、钾肥，提高植株的抗病力。及时收割，收获后清除田间病残体，并进行深耕。

种子处理：用种子重量0.3%的50%拌种双或50%福美双可湿性粉剂拌种。

田间发现病情及时施药防治，生长后期温暖潮湿时，可以喷洒下列药剂：

50%苯菌灵可湿性粉剂800倍液+65%代森锌可湿性粉剂500倍液；

25%嘧菌酯悬浮剂1 000 ~ 2 000倍液；

66%敌磺·多菌灵可湿性粉剂600 ~ 800倍液；

70%甲基硫菌灵可湿性粉剂600 ~ 800倍液+70%代森锰锌可湿性粉剂500 ~ 600倍液；

50%腐霉利可湿性粉剂800倍液+75%百菌清可湿性粉剂800倍液；

50%异菌脲可湿性粉剂800倍液+50%福美双可湿性粉剂500倍液；

50%咪鲜胺锰盐可湿性粉剂1 000 ~ 2 000倍液。

用药液40kg/亩均匀喷施，视病情间隔7 ~ 10天1次，连续防治2 ~ 3次。

18．大豆白粉病

【分布为害】分布于东北、华北等各地，多发生于大豆植株生育的中后期。

【症　　状】此病主要为害叶片，叶上斑点圆形，具黑暗绿晕圈。逐渐长满白色粉状物，后期在白色粉状物上产生黑褐色球状颗粒物(图8–76)。

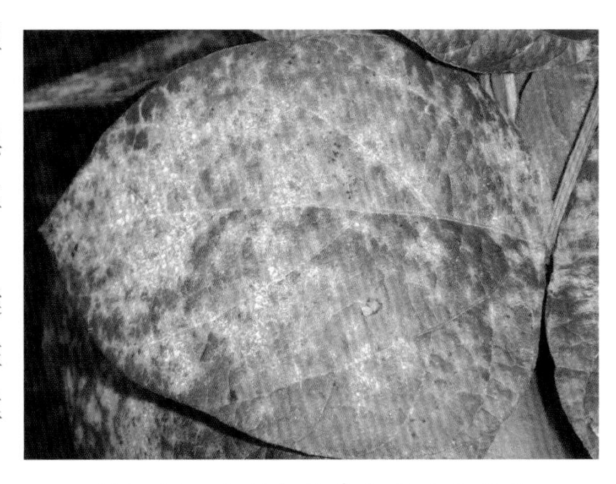

图8–76　大豆白粉病为害叶片症状

【病　　原】*Erysiphe diffusa* 称大豆白粉病菌，属子囊菌门真菌。菌丝体生于叶两面，少数生在叶背。分生孢子柱形，闭囊壳聚生或散生，褐色，球形，附属丝3 ~ 8根，丝状，弯曲。子囊卵形或近球形。子囊孢子椭圆形，淡黄色。

【发生规律】病菌主要以闭囊壳在土表病残体上越冬，翌年条件适宜散出子囊孢子，借风雨传播，进行初侵染。发病后，病部产生分生孢子，借风雨传播进行再侵染。温度15 ~ 20℃和相对湿度大于70%的天气条件有利于病害发生，雨水过大不利于病害发生。

【防治方法】选用抗病品种，收获后及时清除病残体，集中深埋或烧毁。

发病初期，可喷施下列药剂：

25%吡唑醚菌酯悬浮剂1 500~2 000倍液；

30%醚菌酯悬浮剂1 500 ~ 2 000倍液；

15%三唑酮可湿性粉剂600 ~ 1 000倍液；

12.5%烯唑醇可湿性粉剂1 000 ~ 1 500倍液；

6%氯苯嘧啶醇可湿性粉剂1 000 ~ 1 500倍液；

25%丙环唑乳油2 000 ~ 2 500倍液；

40%氟硅唑乳油6 000 ~ 8 000倍液，防效均好。

19．大豆轮纹病

【分布为害】主要分布于东北、华北、华东等地，常造成早期落叶和不结荚。

【症　　状】叶片染病，病斑圆形，褐色至红褐色，中央灰褐色，具不明显同心轮纹，其上密生小黑点(图8-77和图8-78)。多在茎秆分枝处发病，病斑近梭形，灰褐色，扩大干燥后变为灰白色，密生小黑点。豆荚染病，病斑圆形，初为褐色，干燥后变为灰白色，其上也密生黑色小点(图8-79)。

图8-77 大豆轮纹病为害叶片症状

图8-78 大豆轮纹病为害叶背症状

图8-79 大豆轮纹病为害豆荚症状

【病　　原】*Ascochyta glycines* 称大豆壳二孢，属半知菌亚门真菌。

【发生规律】病原以菌丝体和分生孢子器在病株残体上越冬。翌年条件适宜时，产生分生孢子，借风雨传播为害。

【防治方法】选用抗病品种或无病种子。合理密植，增施有机肥和磷肥。收获后及时清除病株残体，深翻土地，减少越冬菌源。

发病初期喷洒下列药剂：

50%多菌灵可湿性粉剂1 000倍液；

70%甲基硫菌灵可湿性粉剂1 000倍液；

50%苯菌灵可湿性粉剂1 500倍液；

50%异菌脲可湿性粉剂1 000倍液。

20. 大豆锈病

【分布为害】该病分布于广东、湖北、江西、云南、安徽、江苏、福建、台湾、海南、广西等地，重病区在北纬27° 以南，有从南向北蔓延的趋势。发病后一般损失10%～30%，部分田块达50%，早期发病甚至造成绝收。

【症　　状】整个生育期均可发病，主要侵染叶片，也可为害叶柄、茎秆。发病初期叶片上出现褐色小点，以后病斑逐渐扩大，呈黄褐色、红褐色、紫褐色或黑褐色小斑，病部渐隆起，形成夏孢子堆，病斑密集时，形成被叶脉限制的坏死斑，病斑表皮破裂，散出很多锈色夏孢子(图8-80和图8-81)。生育后期，在夏孢子堆四周形成黑褐色多角形稍隆起的冬孢子堆。孢子堆在叶片的背面或正面，表皮不破裂。植株一般先从下部叶片感病，向上蔓延，叶片迅速发黄，并提早脱落。密布孢子堆的叶片变黄干枯，引起早期落叶。发病早的植株矮小，豆荚数显著减少，籽粒不饱满。叶柄和茎发病，症状与叶片症状相似。

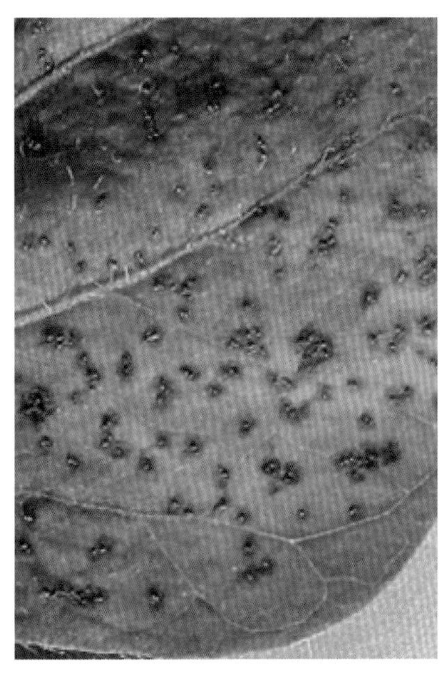

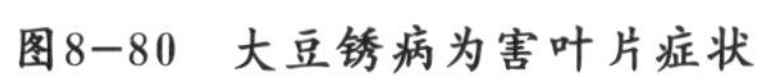

图8-80　大豆锈病为害叶片症状

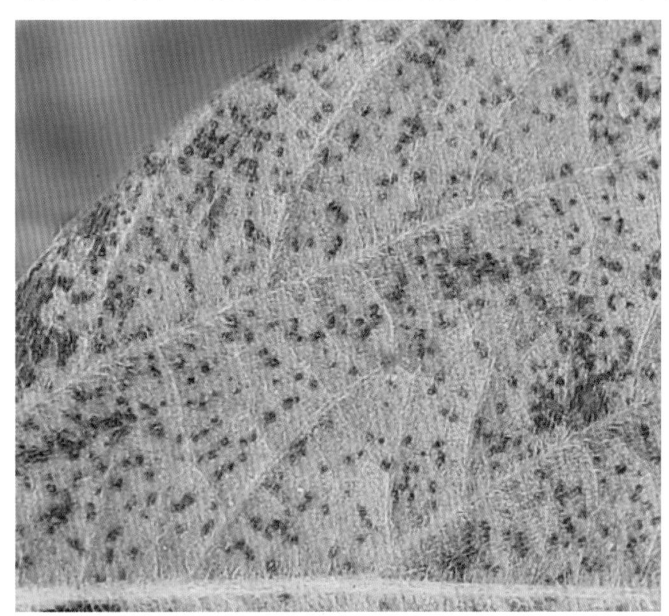

图8-81　大豆锈病为害叶片叶背症状

【病　　原】*Phakopsora pachyrhizi* 称豆薯层锈菌，属担子菌门真菌。夏孢子堆生在表皮下，稍隆起，浅红褐色。夏孢子近球形至卵形，单孢，黄褐色，表面密生细节刺。冬孢子黑褐色，长椭圆形。

【发生规律】夏孢子可在大豆上越冬、越夏，侵染大豆后，进行多次再侵染，并可通过气流传播至各地。温度、雨量和雨日数是造成病害流行的关键因素。降雨量大、降雨日数多、持续时间长发病重。一般播种早，发病严重，晚播发病轻，越接近成熟，发病越严重。

【防治方法】选用抗病或耐病品种。适当调整播种期，避开病害发生高峰时期。采用单种种植方式，避免间套种，以便增加通风透光，减轻为害。采用高畦或垄作，合理密植，开沟排渍，降低田间湿度，适当增施磷、钾肥。

发病初期喷洒药剂防治，每隔10天左右喷1次，连续喷2～3次。药剂可选用：

430%戊唑醇悬浮剂16～20ml/亩；

25%嘧菌酯悬浮剂40～60ml/亩；

30%苯醚甲环唑·丙环唑乳油20～30ml/亩；

15%三唑酮可湿性粉剂1 500倍液；

25%丙环唑乳油3 000倍液；

40%氟硅唑乳油8 000倍液；

70%代森锰锌可湿性粉剂500倍液；

70%甲基硫菌灵可湿性粉剂500倍液；

6%氯苯嘧啶醇可湿性粉剂1 000倍液，每亩用药液40～50kg。

21．大豆叶斑病

【分布为害】该病在我国四川、河南、山东、江苏等地都有发生，在秋大豆上发生较多，多发生在生育后期，导致早期落叶，个别年份发病重。

【症　　状】主要为害叶片，初生褐色至灰白色不规则形小斑，后中间变为浅褐色，四周深褐色，病、健部界限明显。最后病斑干枯，其上可见小黑点(图8-82)。

图8-82　大豆叶斑病为害叶片症状

【病　　原】*Mycosphaerella sojae*称大豆球腔菌，属子囊菌门真菌。子囊壳黑色，近球形至球形。子囊圆筒形，无侧丝。子囊孢子无色，梭形至纺锤形，具隔膜1个。

【发生规律】病原以子囊壳在病残组织里越冬。第2年释放子囊孢子借风雨传播，进行初次侵染和再侵染。

【防治方法】实行3年以上轮作，尤其是水旱轮作。收获后及时清除病残体，集中深埋或烧毁，并深翻土壤。

田间发现病情及时施药防治，发病初期可以喷洒下列药剂：

50%多菌灵可湿性粉剂800倍液+50%福美双可湿性粉剂500倍液；

66%敌磺·多菌灵可湿性粉剂600～800倍液；

70%甲基硫菌灵可湿性粉剂600～800倍液+70%代森锰锌可湿性粉剂500～600倍液；

50%腐霉利可湿性粉剂800倍液+75%百菌清可湿性粉剂800倍液；

50%咪鲜胺锰盐可湿性粉剂1 000～2 000倍液。

用药液40～50kg/亩均匀喷施，视病情间隔7～10天喷1次，连续防治2～3次。

22.大豆灰星病

【分布为害】东北、华北和广西、湖北、江苏、广东等省(区)均有发生，大豆灰星病是普遍发生的一种病害，严重时使叶片枯死，引起落叶，造成减产。

【症　　状】在叶上产生圆的或不规则形病斑，起初淡褐色，后期灰白色，周围有一较细的暗褐色边缘；病斑内有黑色小点(图8-83)，为病原菌的分生孢子器或子囊壳。有些病斑破裂成孔。病害亦常从边缘开始发病，病斑常连接并围有一共同的褐色圈。条件适合或在高感病品种上，病害发展极其迅速，自叶片边缘先呈青色水浸状，然后变褐，再变灰白色，内有一堆堆黑点；为病菌的分生孢子器，周围亦有一褐色圈，此种病斑可迅速扩展至半个或大半个叶片；严重感染的叶片提早脱落。茎、叶柄和荚亦受感染。茎和叶柄上病斑长条形，浅灰色至黄褐色，有一窄的褐色或紫褐色边。荚上病斑圆形，周围有红色边缘。

图8-83　大豆灰星病为害叶片症状

【病　　原】*Phyllosticta sojaecola*属无性型真菌。病菌的分生孢子器埋于叶组织中，以后突破表皮，散生或聚生，球形，器壁膜质，褐色，有孔口；分生孢子长椭圆形或卵圆形，单胞无色。

【发生规律】病菌在病残株及病种上越冬，来年产生分生孢子借风雨传播。

【防治方法】选用抗病品种。大豆收获后及时清除田间的病株残体。与禾本科作物实行3年以上的轮作。

种子处理：用种子重量0.3%的50%福美双可湿性粉剂或70%敌磺钠可溶性粉剂拌种。

23．大豆细菌性角斑病

【症 状】叶片上病斑初期为圆形或多角形小斑点，水渍状，以后逐渐扩大。病斑最后变为深褐色，稍凹陷，病斑周围有一狭窄的褪绿晕圈(图8-84)。发病严重时叶片枯死脱落。当病斑多时，病斑相互汇合成大块组织枯死，似火烧状。

图8-84 大豆细菌性角斑病为害叶片症状

【病 原】*Pseudomonas syringae* pv. *glycinea*，属细菌。病原细菌为杆状，两端圈钝，端生1～3根鞭毛。在琼脂培养基上菌落白色；病菌呈革兰氏染色阴性。

【发生规律】病原细菌在病粒和病残体内越冬，带菌种子和病残体是病害的初侵染来源。叶片受机械损伤创口多时，利于病菌侵染，发病重；多雨有利于细菌的侵染、传播，病害发生重；连作菌源量大，病害发生重；天气干燥抑制发病。

【防治方法】可参考大豆细菌性斑点病。

二、大豆生理性病害

1．大豆缺素症

大豆正常生育需要对氮、磷、钾养分要求较多，其次为钙、硫、镁和微量元素钼、硼、锰等。自分枝期起，对氮的吸收与积累随着植株的增长而逐步增加，鼓粒期达到最大。磷的吸收高峰在分枝期至结荚期，幼苗到开花期吸磷量不大，但对全生育期的影响很大。生育前期需钾较多，结荚后需钾达到高峰。

【症　　状】

缺氮：大豆需氮量比相同产量的禾谷类多4～5倍。先是真叶发黄，严重时从下向上黄化，直至顶部新叶。在复叶上沿叶脉有平行的连续或不连续铁色斑块，褪绿从叶尖向基部扩展，乃至全叶呈浅黄色，叶脉也失绿。叶小而薄，易脱落，茎细长。

缺磷：大豆缺磷，开花后叶片出现棕色斑点，种子小。根瘤少，茎细长，植株下部叶色深绿，叶厚，凹凸不平，狭长。缺磷严重时，叶脉黄褐，后全叶呈黄色，根瘤发育差。

缺钾：大豆容易缺钾，5～6片叶即出现症状。叶片黄化，症状从下部叶向上部叶发展。叶缘开始产生失绿斑点，扩大成块，斑块相连，向叶中心蔓延，后仅叶脉周围呈绿色(图8–85)。黄化叶难以恢复，叶薄，易脱落。缺钾严重的植株只能发育至荚期，结荚稀，瘪荚瘪粒多，根短、根瘤少，植株瘦弱。

图8–85　大豆缺钾症状

缺钙：大豆缺钙新叶不伸展，黄化并有棕色小点，易形成小洞(图8–86)。老叶先从叶中部和叶尖开始，叶缘、叶脉仍为绿色。叶缘下垂、扭曲，叶小、狭长，叶端呈尖钩状。根暗褐色脆弱，呈黏稠状，叶柄与叶片交接处呈暗褐色，严重时茎顶卷曲，呈钩状枯死。

缺镁：大豆缺镁症状第一对真叶即现，成株中下部叶先褪绿变淡，叶小，叶有灰条斑，斑块外围色深。有的病叶反张、上卷，有时皱叶部位同时出现橙、绿两色相嵌斑或网状叶脉分割的橘红斑；个别中部叶脉红褐，成熟时变黑(图8–87)。叶缘、叶脉平整光滑。

缺硫：大豆缺硫生长受阻，尤其是营养生长，症状类似缺氮。大豆生育前期新叶失绿，后期老叶黄化，出现棕色斑点，叶脉、叶肉均生米黄色大斑块，染病叶易脱落，迟熟。根细长，植株瘦弱，根瘤发育不良。

缺锌：大豆缺锌时生长缓慢，叶脉间变黄，叶片呈柠檬黄色，出现褐色斑点，逐渐扩大，并连成坏死斑块，继而坏死组织脱落。植株纤细，迟熟。

图8-86　大豆缺钙症状

图8-87　大豆缺镁症状

缺铁：大豆最易缺铁，缺铁使根瘤菌的固氮作用减弱，植株顶部功能叶片出现病症，分枝上的嫩叶也易发病(图8-88)。植株矮小，上部叶片脉间黄化，叶脉仍保持绿色，并有轻度卷曲，严重时全部新叶失绿，呈黄白色甚至坏死。

图8-88 大豆缺铁症

缺硼：大豆缺硼顶芽停止生长下卷，成株矮缩，新叶失绿，叶肉出现浓淡相间斑块，上位叶较下位叶色淡，中小、厚、脆。老叶粗糙增厚，主根尖端死亡，侧根多而短，僵直。根瘤发育不良，荚少，多畸形。缺硼严重时，顶部新叶皱缩或扭曲，个别呈筒状，有时叶背局部现红褐色。

缺锰：大豆是缺锰指示作物，大豆缺锰子叶组织变褐，新叶叶脉间绿色褪淡发黄，叶脉仍保持绿色，脉纹较清晰。后期，新叶叶脉两侧着生针孔大小的黑点，新叶卷成荷花状，全叶色黄，黑点消失，叶脱落。严重时顶芽枯死，迟熟。

缺铜：植株上部复叶的叶脉绿色，有时产生较大的白斑。新叶小、丛生。缺铜严重时，在叶两侧、叶尖等处有不成片或成片的黄斑，易卷曲呈筒状，植株矮小，严重时不能结实。

缺钼：钼缺乏使叶片厚而皱，叶色发淡转黄，叶片上出现许多细小的灰褐色斑点，叶片边缘向上卷曲，有的叶片凹凸不平且扭曲。有的主叶脉中央出现白色线状。根上的根瘤数量少，根瘤小。固氮作用减弱。

【病　　因】

缺氮：前作施入有机肥少或土壤含氮量低或降雨多，氮被雨水淋失。阴离子交换少的土壤(如沙土或沙壤土)易缺氮。

缺磷：当田间施用有机肥不足或地温低影响磷的吸收时会出现缺磷症状。

缺钾：如果土壤含钾量很低，对钾的反应也很敏感，对石灰及石膏中的钙较敏感，因此，它对钾的反应，会因缺钙而受到限制。当土壤中速效氧化钾低于90mg/kg时，就会出现缺钾。

缺钙：石灰性土壤或施用氮肥、钾肥过量会阻碍钙的吸收和利用。

缺镁：土壤中镁含量低或土壤中不缺镁但由于施钾过量影响了对镁的吸收。

缺硫：对硫较敏感。试验表明花生田经常施用的磷肥为过磷酸钙，其中含有一定的硫。如果施用不含硫的过磷酸钙或硝酸磷肥，土壤中可能缺硫。

缺铁：一般土壤中不缺铁，但土壤中影响有效铁因素很多，如石灰性土壤中含碳酸钠或碳酸氢钠较多，pH值高时，使铁呈难溶的氢氧化铁而沉淀或形成溶解度很小的碳酸盐，大大降低了铁的有效性。此外，雨季加据了铁离子的淋失，这时正值旺长期，对铁需要量大，易造成缺铁。

缺锰：石灰性土壤中，代换性锰的临界值为2～3mg/kg，还原性锰的临界值为100mg/kg，低于这些数值，就会出现缺锰。

【防治方法】

大豆所需大量和微量元素能否从土壤中得到满足决定于土壤中微量元素的丰缺和植株根部环境状态。土壤缺硼、钼和锌肥时有发生，而施用适量氮、磷、钾肥对提高大豆品质有重要作用，因此在种植大豆时应掌握以下几点。

施用底肥：底肥最好用农家肥，在播种前整地时施用，一般每亩施农家肥3～4m^3，或饼肥40～50kg。施肥原则以磷肥为主，氮肥为辅，每亩施15kg三元复合肥或大豆专用肥25kg，随整地播种时施用。

生育期追肥：应掌握生育前期施磷增花、后期施氮增粒的原则。大豆初花前5天左右重施一次追肥，每亩可施尿素5kg，磷酸氢二铵10～15kg，氯化钾10kg，追施方法以结合中耕开沟条施为宜。对于无法施用底肥的田地，应在苗期及早追肥。在大豆开花后依靠自身固氮能力已不能满足其快速生长发育的需求，且大豆对磷敏感，所以在作物生育后期要进行追肥和叶面喷肥，亩用尿素0.5kg，磷酸二氢钾150g加钼酸铵25g、硼砂75g加水50kg混合喷洒，提高大豆开花结荚率。

大豆花期保持土壤湿润。但田间灌水要防止大水串灌、漫灌，避免土壤养分流失。

在有机肥不足的大豆产区，补充化肥及微量元素，可防治大豆缺素症。①在花期亩追施尿素3～5kg或每亩用1%尿素50kg喷施，可预防或矫正大豆氮素缺乏症。②亩基施15～25kg过磷酸钙，可预防大豆缺磷、缺硫。③亩施5kg硫酸钾或80kg草木灰、窑灰钾肥，或出现缺钾症后喷0.5%硫酸钾液50kg，可防治大豆缺钾症。④亩施含镁丰富的石灰75kg，可防治大豆缺钙及缺镁症。⑤亩喷施0.3%～0.5%的硫酸亚铁50kg，可防治大豆缺铁症。⑥亩喷施0.5%的硫酸锰50kg、硫酸锌、钼酸铵，可防治大豆缺锰、锌、钼症。⑦亩喷施0.1%硫酸铜50kg，可防治大豆缺铜。⑧亩施0.3kg硼酸或用0.1%硼砂拌种，可防治大豆缺硼。

2．大豆肥害

【症　　状】大豆施用底肥过量，致使豆苗产生了反渗透现象，地上大豆叶片泛黄，地下根系由褐色变为黑色(图8-89)。

【病　　因】底肥施用过量。

【防治方法】大豆是豆科作物，有根瘤菌可以增加固氮能力，对肥料的需求应以有机肥为主，适量施用氮、磷、钾肥即可。据测定，生产100kg大豆，需纯氮5.3～7.3kg，五氧化二磷1.0～1.8kg，氧化钾1.3～4.0kg。为此，每亩底肥以农家肥3t左右为好，或施生物有机复合肥50kg，或施复合肥20～25kg。追肥，可在开花前或初花期追尿素3～5kg即可。另外，在结荚期每亩还应喷施0.2%～0.3%的磷酸二氢钾溶液50～60kg。

要及早消除肥害，一可喷施含有很强活性物质的惠满丰活性液肥500倍液；二可施用嘉斯顿土壤消毒肥每亩10kg；三可喷施10～40mg/kg的生长调节剂“920”；四可喷施植物生长促进剂“802”6 000倍液。除上述措施外，还应喷洒清水2～3次，并要开好“三沟”，速灌水速排水，降低肥料溶液浓度。

图8－89 大豆肥害症状

三、大豆虫害

1. 大豆食心虫

【分　　布】大豆食心虫(*Leguminivora glycinivorella*)属鳞翅目小卷蛾科。分布于北起黑龙江、内蒙古、新疆，南抵台湾、浙江、江西、贵州、云南，东接国境线，西达新疆、云南等区域。在东北、华北等地区为害较重。一般年份虫害率为10%～15%，重发年份虫害率可达25%～30%以上，严重影响大豆的品质和产量，造成大豆严重减产。

【为害特点】幼虫爬行于豆荚上，蛀入豆荚，咬食豆粒(图8－90)，造成大豆粒缺刻，重者可吃掉豆粒大半，被害粒变形，荚内充满粪便，品质变劣。

【形态特征】成虫体长5～6mm，翅展12～14mm，黄褐至暗褐色，前翅暗褐色，沿前缘有10条左右黑紫色短斜纹，其周围有明显的黄色区；外缘在顶角下略向内凹陷；外缘臀角上方有一银灰色椭圆斑，斑内有3个紫褐色小斑；后翅浅灰色，无斑纹(图8－91)。卵椭圆形，略有光泽，初产乳白色，孵化前变为黄褐色或橘红色，表面有光泽。老熟幼虫体长8.1～10.2mm。初孵幼虫黄白色，渐变橙黄色，老熟时变为红色，头及前胸背板黄褐色(图8－92)。蛹长纺锤形，赤褐色，翅黄褐色，眼黑褐色，腹部各节背面有一排并列的小刺，尾部有突出。由幼虫吐丝缀合土粒做成土茧，长椭圆形。

【发生规律】一年发生1代，以老熟幼虫在土中越冬。在华北地区，越冬幼虫于7月下旬至8月上旬咬破茧壳，上升到土表重新结茧化蛹，8月上中旬为化蛹盛期，8月中下旬成虫羽化出土，产卵盛期在8月下

图8-90 大豆食心虫为害豆粒症状

图8-91 大豆食心虫成虫

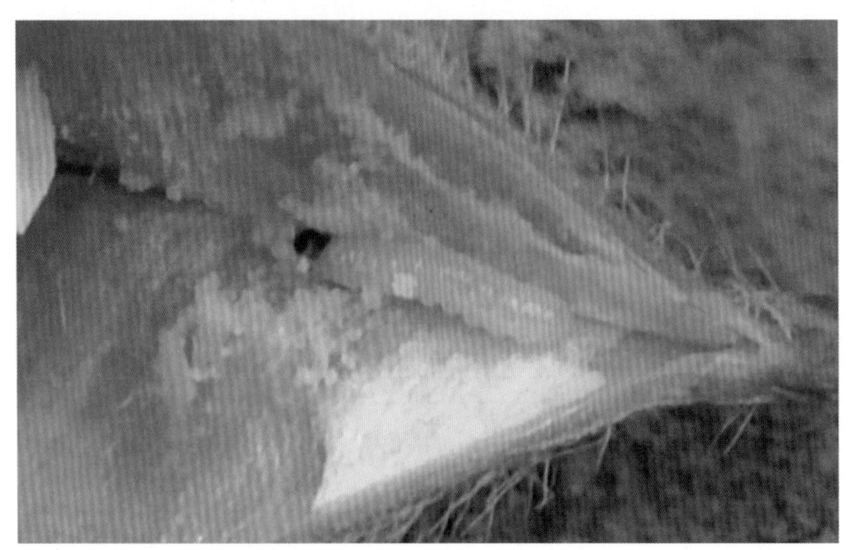

图8-92 大豆食心虫幼虫

旬，8月末至9月初为卵孵化高峰期。成虫有趋光性，对黑光灯的趋性最强。成虫上午潜伏不动，多在豆株下部的豆叶上栖息。下午开始在豆株上部飞翔并进行交尾。成虫交尾后，第2天即可产卵，多产于嫩绿的豆荚上，少数产在叶柄、侧枝或主茎上。孵化的幼虫在豆荚上爬行，多在豆荚侧面靠近边缘的合缝附近吐丝结网。幼虫咬食荚皮，蛀荚为害。幼虫在豆荚内为害20～30天后老熟，在9月中旬至10月上旬陆续脱荚入土越冬。土壤条件对虫口密度影响很大。幼虫生存的低温极限为-20℃左右，土壤温湿度影响幼虫在土壤中的垂直分布和位移。低温、干燥不利于大豆食心虫化蛹、羽化，若遇暴雨能使成虫数量、卵量急剧减少。重茬年限越长，受害越严重。

【防治方法】选种抗虫、耐虫优良品种；化蛹期在豆茬地增加中耕次数，豆茬麦地收割后立即深翻细耙，杀死幼虫和蛹。此虫食性单一，飞翔力弱，可采取远距离轮作，在距前一年大豆田1 000m以外的地块种植，可显著降低当年的蛀荚率。

在大豆开花结荚期，卵孵化盛期，可用下列药剂：

1.8%阿维菌素乳油20～30ml/亩；

40%毒死蜱乳油80～100ml/亩；

20%亚胺硫磷乳油100～150ml/亩；

2.5%溴氰菊酯乳油20～25ml/亩；

50%倍硫磷乳油120～160ml/亩；

45%马拉硫磷乳油80～110ml/亩；

50%氯氰菊酯·毒死蜱乳油60～80ml/亩；

10%氯氰菊酯乳油30～40ml/亩，对水40～50kg，均匀喷雾。

8月上中旬是大豆食心虫发生盛期，是喷药防治的关键时期。施药时间以上午为宜，重点喷洒植株的上部。可用下列药剂：

14%氯虫·高氯氟微囊悬浮-悬浮剂10～20ml/亩;

2.5%氯氟氰菊酯水乳剂16～20ml/亩；

20%氰戊菊酯乳油20～30ml/亩；

20%甲氰菊酯乳油20ml/亩；

5%顺式氰戊菊酯乳油10～20ml/亩；

10%溴氟菊酯乳油20～40ml/亩；

21%氰戊菊酯·马拉硫磷乳油30～40ml/亩；

20%氯氰菊酯·辛硫磷乳油30～40ml/亩；

30%甲氰菊酯·氧乐果乳油13～20ml/亩；

2.5%高效氯氟氰菊酯乳油15～20ml/亩；

12%吡·甲氰乳油20～40ml/亩，对水40～50kg，均匀喷施。

2．大豆蚜虫

【分　　布】大豆蚜虫(*Aphis glycines*)属同翅目蚜科。主要分布在东北、华北、华南、西南等地区。一般北部地区发生较重，是大豆的主要害虫。轻者减产20%～30%，重者减产达50%以上。

【为害特点】以成虫和若虫集中在豆株的顶叶、嫩叶、嫩茎上刺吸汁液，被害处形成枯黄斑，严重时叶片卷缩、脱落，分枝、结荚数减少，百粒重下降，更有甚者造成大豆光秆甚至死亡(图8-93至图8-95)。

图8-93　大豆蚜虫为害叶片症状

图8-94　大豆蚜虫为害茎症状

图8-95 大豆蚜虫为害顶叶症状

此外，大豆蚜还能传播病毒病。

【形态特征】有翅孤雌蚜长1.2～1.6mm，长椭圆形，头、胸黑色，额瘤不显著(图8-96)；触角长1.1mm，第3节有次生感觉圈3～8个，一般5～6个，排成一行；腹部黄绿色，腹管黑色，圆筒状，基部宽为端部宽的两倍，有瓦状纹，腹管内侧基部左右各有1个黑斑；尾片圆锥形，与腹同色，有7～10根长毛，臀板末端钝圆与体色相同，多毛。无翅孤雌蚜长1.3～1.6mm，长椭圆形，黄色或黄绿色(图8-97)，腹部第1和第7节有钝圆锥状突起；额瘤不显著，触角比躯体短，第4、5节末端和第6节黑色，第6节鞭部为基部长3～4倍，第5节末端及第6节各有一原生感觉圈；腹管基部灰色，端半部黑色，基部略宽，有瓦状纹；尾片圆锥形，有7～10根长毛，臀板有细毛。若虫形态与成虫基本相似，腹管短小。

图8-96 大豆蚜虫有翅孤雌蚜

图8-97 大豆蚜虫无翅孤雌蚜

【发生规律】东北每年发生10多代，山东20多代。以卵在鼠李的芽腋或枝条隙缝里越冬。次年春季4月间平均气温约达10℃时，鼠李芽鳞露绿，越冬卵开始孵化为干母。5月中下旬鼠李开花前后又值豆苗出土，产生的有翅胎生雌蚜向豆田迁飞，在豆田孤雌胎生繁殖10余代。6月末至7月初是豆田大豆蚜盛发前期，7月中下旬为盛发期，可使大豆受害成灾。7月末开始，气候和营养等条件逐渐对大豆蚜不利，豆株上出现淡黄色、体小的蚜虫，为蚜量消退标志。8月末至9月初为大豆蚜繁殖后期，一部分产生有翅型性母蚜飞回越冬寄主鼠李上，并胎生无翅型产卵成性雌蚜，另一部分在大豆上胎生有翅型雄蚜，飞回越冬寄主，雌雄性蚜交配产卵越冬。大豆蚜在一年中，一般有4次迁飞，相应地在大豆上有几个消长阶段。第1次迁飞出现在大豆幼苗出土期，蚜虫自越冬寄主迁到豆田，在田间成零星发生阶段。第2次迁飞是大豆蚜在本田扩散蔓延阶段，蚜虫分布已由点到面，但虫口密度尚不大，是豆蚜在田间盛发前期。第3次迁飞在大豆开花期，蚜虫迅速扩展到全田。单株蚜量猛增，是大豆蚜大发生阶段。第4次迁飞在9月份。由于在8月初气候和营养等条件逐渐转为对蚜虫不利，蚜量随之而下降。自9月初开始先后产生有翅雌蚜飞回越冬寄主。在越冬卵孵化、幼蚜成活和成蚜繁殖期，如雨水充沛，鼠李生长旺盛，则蚜虫成活率高，繁殖量大。大豆蚜盛发前期，如旬平均气温达20～24℃，旬平均相对湿度在78%以下，极有利于大豆蚜的繁殖，导致花期严重为害。

【防治方法】及时铲除田边、沟边、塘边杂草，减少虫源。利用银灰色膜避蚜和黄板诱杀。

加强预测预报，中、长期预报，根据越冬卵量的多少和4月下旬至5月中旬以及6月下旬至7月上旬的气候条件等因素综合分析，作出当年发生趋势预报。短期预报，6月上旬在田间调查蚜量，如6月25日前后寄生株率达5%，蚜量较多，结合短期天气预报和天敌数量分析，有大发生可能，应准确预报。如6月下旬仍无消退，气候适宜，天敌不多，为害有趋重可能，应作防治预报。如果在此期间内有蚜株率达50%，百株蚜量1 500头以上，旬平均气温在22℃以上，旬平均相对湿度在78%以下，应立即进行防治。

药剂拌种可以减少蚜虫的为害，也可在苗期、蚜虫盛发期喷药防治。

大豆种衣剂拌种，播种前用35%多·福·克悬浮种衣剂1:（80～100）(药种比)拌种，可防治苗期蚜虫，同时兼治苗期的某些其他害虫。

当田间点片发生蚜虫，有蚜株率达10%或平均每株有虫10头，天敌较少，温湿度适宜时，可以喷施下列药剂：

10%吡虫啉可湿性粉剂2 000～3 000倍液；

20%丁硫克百威乳油800倍液；

2.5%联苯菊酯乳油3 000倍液；

40%乐果乳油500倍液喷雾。

在成虫盛发期，可选用下列药剂：

22%噻虫·高氯氟微囊悬浮-悬浮剂4～6ml/亩:

15%唑蚜威乳油4～6ml/亩；

2.5%氟氯氰菊酯乳油20～30ml/亩；

30%甲氰菊酯·氧乐果乳油15～20ml/亩；

4%高效氯氰菊酯·吡虫啉乳油30～40ml/亩；

40%氧乐果乳油40～50ml/亩；

20%氰戊菊酯乳油10～20ml/亩；

5%顺式氰戊菊酯乳油10～20ml/亩；

20%哒嗪硫磷乳油20～30ml/亩；

25%抗蚜威水分散粒剂20～32g/亩，对水40～50kg，均匀喷雾。

3．大豆卷叶螟

【分　　布】大豆卷叶螟(*Sylepta ruralis*)属鳞翅目螟蛾科。是大豆的主要害虫，主要发生在华北和东北地区。

【为害特点】以幼虫蛀食大豆叶、花、蕾和豆荚。初孵幼虫蛀入花蕾和嫩荚，被害蕾易脱落，被害荚的豆粒被虫咬伤，蛀孔口常有绿色粪便，虫蛀荚常因雨水灌入而腐烂，影响品质和产量。幼虫为害叶片时，常吐丝把两叶粘在一起，躲在其中咬食叶肉、残留叶脉(图8-98和图8-99)。幼龄幼虫不卷叶，3龄开始卷叶，4龄卷成筒状。叶柄或嫩茎被害时，常在一侧被咬伤而萎蔫甚至凋萎。

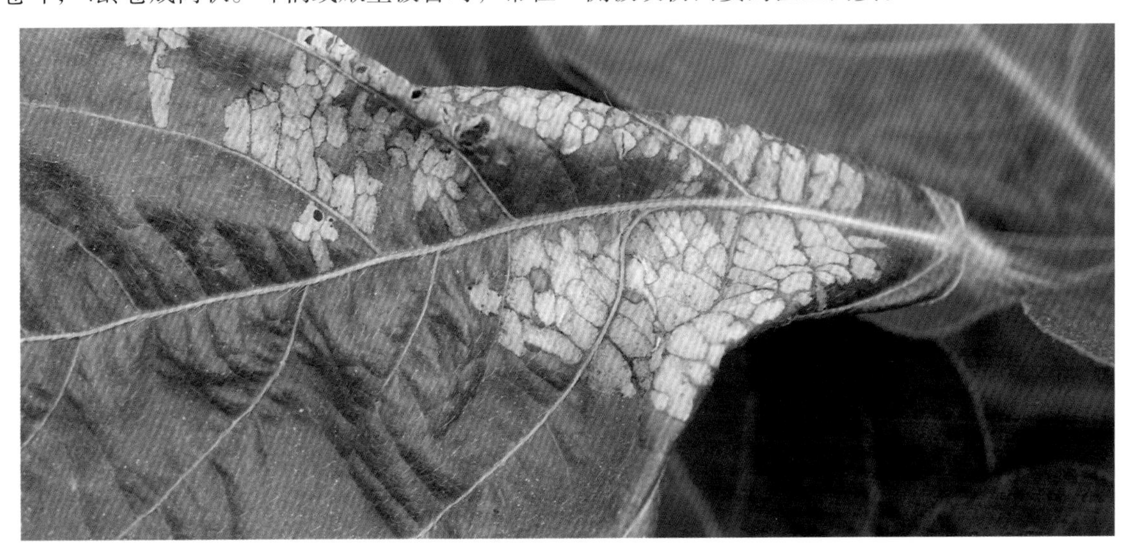

图8-98　大豆卷叶螟为害叶片症状

图8-99　大豆卷叶螟为害田间症状

【形态特征】成虫为黄白色小蛾，体长10～13mm，翅展25～26mm；头部黄白，稍带褐色，两侧有白色鳞片；体色黄褐，前翅黄褐色，中室的端部有一块白色半透明的近长方形斑，中室中间近前缘处有一个肾形白斑，稍后有一个圆形小白斑点，有紫色的折闪光，后翅白色、半透明(图8-100)。卵椭圆形，黄绿色，表面有近六角形的网纹。卵乳白色，椭圆形，多产于叶背，常两粒并生，亦有单粒或3粒以上的。幼龄幼虫黄白，取食后可以透过虫体看到体内内脏，呈绿色；头部绿色；前胸背板和臀板与体色相同，中后胸有4个毛片，呈一横行排列(图8-101)。在卷叶内化蛹，淡褐色，翅芽明显，伸至第4腹节，蛹外有两层白色的薄丝茧(图8-102)。

图8-100 大豆卷叶螟成虫

图8-101 大豆卷叶螟幼虫

图8-102 大豆卷叶螟蛹

【发生规律】在辽宁省一年发生2代，南方4～5代，以3、4龄幼虫在卷叶里吐丝结茧越冬。辽宁省6月上旬出现越冬代成虫，7月中下旬至8月末为产卵期。幼虫为害盛期7月下旬至8月上旬，田间卷叶株率增加，严重发生田块卷叶株率可达80%以上。8月中下旬进入化蛹盛期。8月下旬至9月上旬出现成虫，田间世代重叠，常同时存在各种虫态。江西省5月中旬第一代幼虫盛发，为害夏大豆，5月中旬化蛹，6月中旬进入羽化高峰，其后田间各种虫态都有，9月秋大豆常被为害。成虫有趋光性，喜在傍晚活动、取食花蜜及交配，喜在生长茂盛、成熟晚、叶宽圆的品种上产卵，卵多产在植株下部叶片，第2代产卵部位多在大豆上部叶片，卵期4～5天。幼虫有转移为害习性，性活泼，遇惊扰后常迅速倒退。3龄前喜食叶肉，不卷叶，1～3龄约10天。3龄后开始卷叶，4龄幼虫则将叶片全卷成筒状，潜伏其中取食为害，食量增大，有时把几个叶片卷缩一起。幼虫尚有转移为害习性，幼虫老熟后在卷叶内化蛹，有时也作一新茧化蛹，蛹期约10天。大豆卷叶螟喜多雨湿润气候，一般干旱年份发生较轻。生长茂密的豆田重于植株稀疏田，大叶、宽叶品种重于小叶、窄叶品种。

【防治方法】及时清理田园内的落花、落蕾和落荚，以免转移为害。在面积较大的地方，可安装黑光灯诱杀成虫。

在卵孵化盛期，可用下列药剂：

35%辛硫磷·三唑磷乳油50ml/亩；

1.8%阿维菌素乳油20ml/亩；

5%氟虫脲乳油25ml/亩；

2%苏云金杆菌·阿维菌素可湿性粉剂25g/亩；

2.5%高效氟氯氰菊酯乳油35ml/亩；

10%高效氯氰菊酯乳油13ml/亩；

25%杀虫双水剂100ml/亩；

50%杀螟硫磷乳油40ml/亩；

15%茚虫威悬浮剂10ml/亩；

3%顺式氯氰菊酯乳油20～30ml/亩；

20%氰戊菊酯乳油油20～25ml/亩；

2.5%溴氰菊酯乳油30～40ml/亩，对水40～50kg均匀喷雾，间隔10天左右喷施1次，连喷2～3次。

4．豆荚螟

【分　　布】豆荚螟(*Etiella zinckenella*)属鳞翅目螟蛾科。是大豆重要害虫之一。分布北起吉林、内蒙古，南至台湾、广东、广西、云南。在河南、山东为害最重。严重受害区，蛀荚率达70%以上。

【为害特点】以幼虫在豆荚内蛀食，被害籽粒轻则蛀成缺刻；重则蛀空。被害籽粒内充满虫粪，发褐以致霉烂(图8–103)。受害豆荚味苦，不堪食用。

【形态特征】成虫体长10～12mm，前翅展20～24mm；前翅狭长，灰褐色，近翅基1/3处有1条金黄色隆起横带，外围有淡黄褐色宽带，前缘有1条白色纵带；后翅黄白色(图8–104)。卵椭圆形，初产白色，渐变红色，表面有网纹。幼虫5龄；初孵黄白色，渐变绿色；4～5龄幼虫前胸盾片中央有“人”字形黑纹，两侧各有1个黑点，后方也有2个黑点，具背线、亚背线、气门线和气门下线；老熟时虫体体背紫红色，腹面灰绿色，腹足趾钩双序全环(图8–105)。蛹体黄褐色，翅芽及触角达第五腹节后缘，端部有钩刺6根。茧长椭圆形，白色丝质，外附有土粒。

图8-103　豆荚螟为害豆荚症状

图8-104 豆荚螟成虫

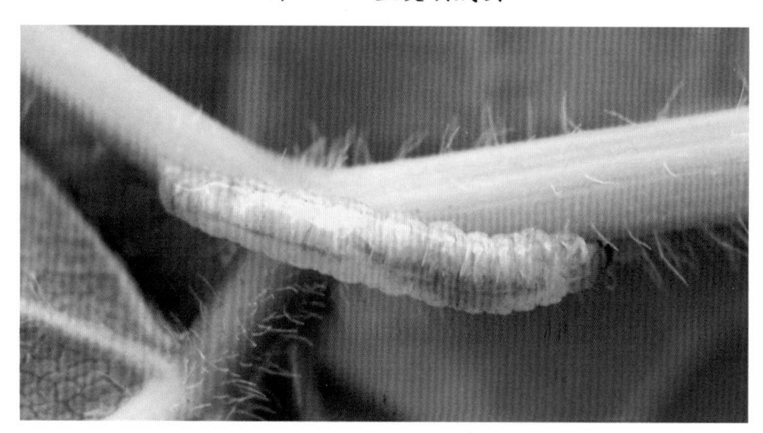

图8-105　豆荚螟幼虫

【发生规律】江苏、安徽每年发生4～5代，广东每年发生7～8代。各地主要以老熟幼虫在寄主植物附近土表下5～6cm深处结茧越冬，也有少数地区以蛹越冬，也可在晒场周围表土下结茧越冬。翌年5月底至6月初始见成虫。1代幼虫出现在6月上旬至下旬，2代幼虫出现在7月上旬至中旬，3代幼虫出现在7月下旬至8月上旬，4代幼虫出现在8月中下旬，5代幼虫出现在9月上旬，6代幼虫出现在9月下旬至10月上旬。10月中下旬以蛹越冬。从2代开始，世代重叠明显，其中，以2、3、4代为田间的主害代。越冬代成虫在豌豆、绿豆或冬季豆科绿肥上产卵发育为害；第2代幼虫为害春播大豆或绿豆等豆科植物；第3代为害晚播春大豆、早播夏大豆及夏播豆科绿肥；第4代为害夏播大豆和早播秋大豆和早播秋大豆；第5代为害晚播夏大豆和秋大豆。成虫昼伏夜出，白天多躲在豆株叶背、茎上或杂草上，傍晚开始活动，趋光性不强。成虫羽化后当日即能交尾，隔天就可产卵。其产卵部位大多在荚上的细毛间和萼片下面，少数可产在叶柄等处。在大豆上尤其喜产在有毛的豆荚上；在绿肥和豌豆上产卵时多产在花苞和残留的雄蕊内部而不产在荚面。豆荚螟喜干燥，在适温条件下，湿度对其发生的轻重有很大影响，雨量多湿度大则虫口少，雨量少湿度低则虫口大。地势高的豆田，土壤湿度低的地块比地势低，湿度大的地块为害重。结荚期长的品种较结荚期短的品种受害重，荚毛多的品种较荚毛少的品种受害重，豆科植物连作田受害重。

【防治方法】选育抗虫品种，选育早熟丰产、结荚期短、荚毛少或无毛品种，可减少成虫产卵。合理轮作，避免大豆与豆科植物连作或邻作。有条件的地区，实行水旱轮作。适当调整播种期，使寄主结荚期与成虫产卵盛期错开，可压低虫源，减轻为害。灌溉灭虫，水旱轮作和水源方便的地区可在秋、冬灌水数次，可促使越冬幼虫大量死亡。夏大豆开花结荚期，灌溉1～2次，可增加入土幼虫死亡率，又能增产。豆科绿肥结荚前翻耕沤肥，及时收割大豆，及早运出本田，减少本田越冬幼虫，同时，收获后豆田进行翻耕，可消灭部分潜伏土中的幼虫。

应采取“治花不治荚”的药剂防治策略，于作物始花期喷第1次药，盛花期喷第2次药，两次喷药间隔为7(夏播豆)～10天(春播豆)，以早上8：00前花瓣张开时喷药为宜，重点喷蕾、花、嫩荚及落地花，连喷2～3次。

在始花期，卵孵盛期，可用下列药剂：

20%氰戊菊酯乳油20～40ml/亩；

35%辛硫磷·三唑磷乳油50ml/亩；

1.8%阿维菌素乳油20ml/亩；

5%氟虫脲乳油25ml/亩；

2%苏云金杆菌·阿维菌素可湿性粉剂25g/亩；

2.5%高效氟氯氰菊酯乳油35ml/亩；

10%高效氯氰菊酯乳油13ml/亩；

25%杀虫双水剂100ml/亩，对水45kg，均匀喷雾。

在大豆盛花期，低龄幼虫期，可用下列药剂：

2.5%氯氟氰菊酯乳油2 000倍液；

10%氯氰菊酯乳油3 000倍液；

80%敌敌畏乳油1 000倍液；

20%三唑磷乳油1 000～1 500倍液；

50%杀螟硫磷乳油1 000倍液；

50%马拉硫磷乳油1 000倍液；

2.5%溴氰菊酯乳油3 000倍液，均匀喷雾，间隔7～10天，连喷2～3次。

5．豆天蛾

【分　　布】豆天蛾(*Clanis bilineata* Walker)属鳞翅目天蛾科。分布广泛，各省区均有发生，在山东、河南等省为害较重。

【为害特点】幼虫食叶，为害轻时将叶片吃成网状，严重时将全株叶片吃光，不能结荚(图8-106)。

图8-106 豆天蛾为害叶片症状

【形态特征】成虫体长40～45mm，翅展100～120mm，体、翅黄褐色，头及胸部有较细的暗褐色背线，腹部背面各节后缘有棕黑色横纹；前翅狭长，前缘近中央有较大的半圆形褐绿色斑，中室横脉处有一个淡白色小点，内横线及中横线不明显，外横线呈褐绿色波纹，近外缘呈扇形，顶角有一条暗褐色斜纹；后翅暗褐色，基部上方有色斑(图8-107)。卵椭圆形，初产黄白色，后转褐色。幼虫共5龄；1龄幼虫头部圆形；2～4龄幼虫头部三角形，有头角；老熟幼虫体黄绿色，体表密生黄色小突起(图8-108)；胸足橙褐色；腹部两侧各有7条向背后倾斜的黄白色条纹，臀背具尾角一个。蛹纺锤形，红褐色，腹部口器明显突出，呈钩状弯曲(图8-109)。

图8-107 豆天蛾成虫

图8-108 豆天蛾幼虫

图8-109 豆天蛾蛹

【发生规律】在河南、河北、山东、安徽、江苏等省每年发生1代，湖北每年发生2代，均以老熟幼虫在9～12cm土层越冬，多潜伏在豆田内或豆科植物附近的粪堆边、田埂等向阳处。1代发生区，一般在6月中旬化蛹，7月上旬为羽化盛期，7月中下旬至8月上旬为成虫产卵盛期，7月下旬至8月下旬为幼虫发生盛期，9月上旬幼虫老熟入土越冬。2代发生期，5月上中旬化蛹和羽化，第1代幼虫发生于5月下旬至7月上旬，第2代幼虫发生于7月下旬至9月上旬。全年以8月中下旬为害最重，9月中旬后老熟幼虫入土越冬。成虫昼伏夜出，白天隐藏在忍冬或生长茂密的农作物及杂草丛中，不活泼，易于捕捉，对黑光灯有较强趋性。傍晚开始活动，飞翔力强，迁移性大，能在几十米高空急飞。夜间交尾，交尾后3天即能产卵，卵大部分产在生长茂密的大豆叶子背面，一般1片叶上产1粒卵，卵期7天左右，每蛾产卵320～380粒。幼虫有背光性，白天多在叶背或枝茎上，夜间取食最烈，阴天可整日取食。1～2龄幼虫食量小，不迁移；4龄后有转移为害习性，白天多在豆秆枝茎上为害；5龄幼虫食量暴增，其食量约占总食量的90%以上。幼虫老熟后钻入土中越冬，翌年6月份上升土表做土室化蛹。如6—8月雨水协调，则发生较重。一般生长茂密、低洼肥沃的大豆田产卵量多，为害重。茎秆柔软，蛋白质含量高的品种受害重，早播豆田比晚播豆田重。

【防治方法】对土壤进行深耕，翻耕豆茬地时随犁拾虫，消灭土壤中的老熟幼虫。合理间作，高秆作物有碍成虫在大豆上产卵，大豆与玉米等高秆作物间作，与其他作物进行间作套种，可显著减轻受害程度。当幼虫达4龄以上时，可人工捕捉或用剪刀剪杀。

在成虫发生初期选代表性豆田1～2块，每块田随机取250～500m长，日落前调查点内成虫数量。当成虫进入高峰后，后推15天即为3龄幼虫盛发期，也是药剂防治适期。也可利用黑光灯诱集，推算防治适期。幼虫期调查，当百株有虫5～10头，即应列为防治田。

掌握在3龄前幼虫期，百株幼虫10头时喷药。喷药时应注意喷叶背面，并宜在下午进行。可用下列药剂：

8 000IU/ml苏云金杆菌可湿性粉剂300～500倍液；

4.5%高效氯氰菊酯乳油1 500倍液；

20%氰戊菊酯乳油1 000～2 000倍液；

80%敌敌畏乳油800倍液；

25%甲氰菊酯乳油2 000～3 000倍液；

45%马拉硫磷乳油1 000倍液；

50%辛硫磷乳油1 500倍液；

2.5%溴氰菊酯乳油3 000～4 000倍液；

15%茚虫威悬浮剂3 000倍液；

21%氰戊菊酯·马拉硫磷乳油3 000倍液；

25%灭幼脲悬浮剂1 000倍液，均匀喷洒。

6．豆秆黑潜蝇

【分　　布】豆秆黑潜蝇(*Melanagromyza sojae*)属双翅目潜蝇科。广泛分布于我国黄淮、南方等大豆产区。吉林、河南、江苏、安徽、浙江、江西、湖南、贵州、甘肃、广西、云南、福建、台湾等地均有发生。

【为害特点】以幼虫蛀食大豆叶柄和茎秆，造成茎秆中空，植株因水分和养分输送受阻而逐渐枯死。苗期受害，因水分和养分输送受阻，有机养料累积，刺激细胞增生，根茎部肿大，大多造成叶柄表面褐色，全株铁锈色，比健株显著矮化，重者茎中空、叶脱落，以致死亡(图8–110和图8–111)。后期受害，造成花、荚、叶过早脱落，千粒重降低而减产。成虫也可吸食植株汁液，形成白色小点。

图8–110　豆秆黑潜蝇为害主茎症状

图8-111 豆秆黑潜蝇为害主茎横切面症状

【形态特征】成虫为小型蝇，体色黑亮，腹部有蓝绿色光泽，复眼暗红色；触角3节，第3节钝圆，其背中央生有角芒1根，长度为触角的3倍，仅具毳毛；前翅膜质透明，具淡紫色光泽；无小盾前鬃，平衡棒全黑色。雄虫下生殖板甚宽，阳茎内突长，基阳体与端阳体复合体由膜质部分开较远；雌虫产卵器瓣浅褐色，齿端部稍钝圆。卵长椭圆形，乳白色，稍透明。三龄幼虫额突起或仅稍隆起；口钩每颚具1端齿，端齿尖锐，具侧骨，下口骨后方中部骨化较浅；前气门短小，指形，具8～9个开孔，排成2行；后气门棕黑色，烛台形，具6～8个开孔，沿边缘排列，中部有几个黑色骨化尖突，体乳白色(图8-112)。蛹长筒形，黄棕色。前、后气门明显突出，前气门短，向两侧伸出；后气门烛台状，中部有几个黑色尖突。

图8-112 豆秆黑潜蝇幼虫

【发生规律】在我国每年发生代数各地不同，且世代重叠。广西每年发生13代以上，福建7代，浙江6代，黄淮流域4～5代。一般以蛹和少量幼虫在寄主根茬和秸秆上越冬。华南部分地区全年均见为害。越冬蛹于4月上旬开始羽化，部分蛹可延迟到6月初羽化。越冬蛹成活率低，因此第1代幼虫基本不造成为害。第2代幼虫于6月上旬始盛，6月中旬末为高峰期，而蛹和成虫的高峰期仍不明显，只为害部分迟播的春大豆。第3代幼虫于7月初始盛，7月上旬为高峰期，发生趋重，主要为害夏大豆。第4代幼虫在8月初始发、8月中旬为高峰期，严重为害夏秋大豆。第5代幼虫于9月初始发，9月中旬盛发。第6代幼虫于10月上旬始发，10月中旬盛发。第5、6代为害秋大豆。豆秆黑潜蝇成虫早晚最活跃，多集中在豆株上部叶面活动；夜间、烈日下、风雨天则栖息于豆株下部叶片或草丛中。25～30℃是取食、交配和产卵的适温。除喜吮吸花蜜外，常以腹部末端刺破豆叶表皮，吮吸汁液，被害嫩叶的正面边缘常出现密集的小白点和伤孔，严重时可呈现枯黄凋萎。成虫产卵于植株中上部叶背近基部主脉附近的表皮下。幼虫有首尾相接弹跳的习性。初孵幼虫先在叶背表皮下潜食叶肉，形成小虫道，经主脉蛀入叶柄。少部分幼虫滞留叶柄蛀食直至老熟化蛹，大部分幼虫再往下蛀入分枝及主茎，蛀食髓部和木质部，严重损耗大豆植株机体，影响水分和养分的传输。开花后主茎木质化程度较高，豆秆黑潜蝇只能蛀食主茎的中上部和分枝、叶柄，豆株受害较轻。虫道蜿蜒曲折如蛇行状，1头幼虫蛀食的虫道可达1m。多雨多湿的季节发生严重。

【防治方法】大豆收获后，清除落在地上的茎、叶和叶柄，脱粒后的茎秆等，于冬季作燃料烧毁，有条件地区可进行沤制或高温发酵处理。豆茬深翻入土，压低越冬虫蛹基数。增施基肥、提早播种、适时间苗、轮作换茬等措施。

药剂防治时，应在成虫盛发期至幼虫蛀食之前进行。在当地主要为害世代成虫发生初期，每日清晨6：00—8：00在豆田捕捉成虫，用口径33cm、长57cm的捕虫网沿豆垄来回走动扫网，当平均50网次有虫10～15头时，即应进行防治。

在成虫盛发期至幼虫蛀食之前，可用下列药剂：

40%辛硫磷乳油1 000～1 500倍液；

75%灭蝇胺可湿性粉剂5 000倍液；

2.5%高效氟氯氰菊酯乳油3 000倍液；

10%吡虫啉可湿性粉剂1 500～2 000倍液；

1.8%阿维菌素乳油3 000倍液；

50%杀螟硫磷乳油1 000倍液。

在大豆盛花期，平均每株有1头幼虫时，可用下列药剂：

20%氰戊菊酯乳油2 000～3 000倍液；

2.5%溴氰菊酯乳油2 000～4 000倍液；

20%菊・马(氰戊菊酯・马拉硫磷)乳油1 500～2 000倍液；

18%杀虫双水剂600倍液；

50%马拉硫磷乳油1 000倍液，均匀喷雾，间隔7～10天再防治1次，连喷2次，效果更佳。

7. 豆芫菁

【分　　布】中国豆芫菁(*Epicauta chinensis*)、暗黑豆芫菁(*Epicauta gorhami*)均属鞘翅目芫菁科。广泛分布于黑龙江、内蒙古、新疆、台湾、海南、广东、广西等地。

【为害特点】以成虫为害寄主叶片，尤喜食幼嫩部位。将叶片咬成孔洞或缺刻，甚至吃光，只剩网状叶脉。也为害嫩茎及花瓣，有的还吃豆粒，使不能结实，对产量影响较大(图8-113)。

【形态特征】中国豆芫菁：成虫体和足黑色(图8-114)；头红色，被黑色短毛，有时近复眼的内侧亦为黑色；前胸背板中央和每个鞘翅中央各有一条由灰白毛组成的纵纹。卵椭圆形，黄白色，表面光滑。1龄幼虫似双尾虫，体深褐色；2龄、3龄、4龄和6龄幼虫似蛴螬；5龄幼虫呈伪蛹状。蛹黄白色，复眼黑色。

暗黑豆芫菁：成虫体和足黑色；前胸背板中央和每个鞘翅中央各有一条由灰白毛组成的宽纵纹(图8-115)，小盾片、翅侧缘、端缘和中缝、胸部腹面两侧和各足腿节、胫节均被白毛，以前足最密，各腹节后缘有一条由白毛组成的宽横纹；触角黑色，基部4节部分红色。雄虫前足腿节端半部腹面和胫节腹面密布金黄色

图8-113 豆芫菁为害大豆叶片症状

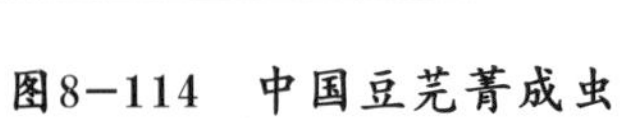

图8-114 中国豆芫菁成虫

图8-115 暗黑豆芫菁成虫

毛，第一跗节基部细棒状，端部腹面向下展宽呈斧状，雌虫的端部则不明显展宽。卵椭圆形，黄白色，表面光滑。幼虫复变态，各龄幼虫形态不同。1龄幼虫似双尾虫，体深褐色，胸足发达；2龄、3龄、4龄和6龄幼虫似蛴螬；5龄幼虫呈伪蛹状，全体被一层薄膜，光滑无毛，胸足呈乳突。蛹黄白色，复眼黑色。

【发生规律】在华北地区一年发生1代，湖北一年发生2代，均以5龄幼虫(伪蛹)在土中越冬，翌春蜕皮发育成6龄幼虫，再发育化蛹。1代区于6月中旬化蛹，6月下旬至8月中旬为成虫发生与为害期；二代区成虫于5—6月间出现，集中为害早播大豆，而后转害茄子、番茄等蔬菜，第一代成虫于8月中旬左右出现，为害大豆，9月下旬至10月上旬转移至蔬菜上为害，发生数量逐渐减少。成虫白天活动，尤以中午最盛，群聚为害，喜食嫩叶、心叶和花。成虫遇惊常迅速逃避或落地藏匿，并从腿节末端分泌含芫菁素的黄色液体，触及皮肤可导致红肿起泡。成虫羽化后4～5天开始交配，交配后的雌虫继续取食一段时间，而后在地面挖一深5cm、口窄内宽的土穴产卵，卵产于穴底，尖端向下有黏液相连，排成菊花状。然后用土封口离去。孵化的幼虫从土穴内爬出，行动敏捷，分散寻找蝗虫卵及土蜂巢内幼虫为食，如未遇食，10天内即死亡，以4龄幼虫食量最大，5～6龄不需取食。春季越冬幼虫蜕皮发育成6龄幼虫，再发育化蛹。

【防治方法】冬季深翻土地，能使越冬伪蛹暴露在土面，被冻死或被天敌吃掉，减少第2年虫源发生基数。成虫有群集为害习性，可于清晨用网捕成虫，集中消灭。

在成虫始盛期，用20%氰戊菊酯或2.5%溴氰菊酯乳油2 500倍液；

80%敌敌畏乳油或90%晶体敌百虫1 000～1 500倍液，均匀喷雾。

8．豆灰蝶

【分　　布】豆灰蝶(*Plebejus argus*)属鳞翅目灰蝶科。分布在黑龙江、吉林、辽宁、河北、山东、山西、河南、陕西、甘肃、青海、内蒙古、湖南、四川、新疆。

【为害特点】幼虫咬食叶片下表皮及叶肉，残留上表皮，个别啃食叶片正面，严重的把整个叶片吃光，只剩叶柄及主脉，有时也为害茎表皮及幼嫩荚角。

【形态特征】成虫体长9～11mm，翅展25～30mm。雌雄异形。雄虫翅正面青蓝色，具青色闪光，黑色缘带宽，缘毛白色且长；前翅前缘多白色鳞片，后翅具1列黑色圆点与外缘带混合(图8-116)。雌虫翅棕褐色，前、后翅亚外缘的黑色斑镶有橙色新月斑，反面灰白色。前、后翅具3列黑斑，外列圆形与中列新月形斑点平行，中间夹有橙红色带，内列斑点圆形，排列不整齐，第2室1个，圆形，显著内移，与中室端长形斑上下对应，后翅基部另具黑点4个，排成直线；黑色圆斑外围具白色环(图8-117)。卵扁圆形，初黄绿色，后变黄白色。幼虫头黑褐色，胴部绿色，背线色深，两侧具黄边，气门上线色深，气门线白色。老熟幼虫体背面具2列黑斑。蛹长椭圆形，淡黄绿色，羽化前灰黑色，无长毛及斑纹。

【发生规律】河南一年发生5代，以蛹在土壤耕作层内越冬。翌年3月下旬羽化为成虫，4月底至5月初进入羽化盛期，成虫把卵产在沙打旺等杂草叶片或叶柄上，在田间繁殖5代，9月下旬老熟幼虫钻入土壤中化蛹越冬。成虫喜白天羽化、交配。成虫可交配多次，多次产卵，卵多产在叶背面，散产，有的产

图8-116　豆灰蝶雄成虫

图8-117　豆灰蝶雌成虫

在叶柄或嫩茎上。幼虫5龄，3龄前只取食叶肉，3龄后食量增加，最后暴食2天进入土中预蛹期。幼虫有相互残杀习性，常与蚂蚁共生。幼虫老熟后爬到植株根附近，头向下进入预蛹期。

【防治方法】选用抗虫品种。秋冬季深翻灭蛹。

幼虫孵化初期，喷洒下列药剂：

25%灭幼脲悬浮剂80～100ml/亩；

20%毒死蜱·辛硫磷乳油100～150ml/亩；

15%阿维菌素·三唑磷乳油40～50ml/亩；

15.5%甲维·毒死蜱乳油20～40ml/亩；

1.8%阿维菌素乳油20～30ml/亩；

1%甲氨基阿维菌素苯甲酸盐乳油20～30ml/亩；

40%丙溴磷乳油80～100ml/亩；

5%氟铃脲乳油120～160ml/亩；

48%毒死蜱乳油80～100ml/亩；

25%喹硫磷乳油60～100ml/亩；

25%氰戊菊酯·辛硫磷乳油70～90ml/亩；

2.5%溴氰菊酯乳油30～50ml/亩。

对水40kg，均匀喷施，视虫情间隔7～10天喷1次，连续防治2～3次。

9．点蜂缘蝽

【分　　布】点蜂缘蝽(*Riptortus pedestris*)属半翅目缘蝽科。分布于北起黑龙江，南抵台湾、海南、广东、广西、云南，偏南密度较大。

【为害特点】成虫和若虫刺吸植株，影响植株生长。

【形态特征】成虫体长15～17mm；体形狭长，黄褐至黑褐色；头在复眼前部呈三角形，后部细缩如颈(图8–118)；头、胸部两侧的黄色光滑斑纹成点斑状或消失；前胸背板及前、中、后胸侧板具颗粒状黑色小突；前胸背板前叶向前倾斜，前缘具领片，后缘有2个弯曲，侧角成刺状；前翅稍长于腹末，膜片淡棕褐色；腹部侧接缘稍外露，黄黑相间，腹下散生许多不规则的小黑点；后足腿节粗大，有黄斑，腹面具4个较长的刺和几个小齿，基部内侧无突起，后足胫节向背面弯曲。卵橘黄色，半卵圆形。附着面弧状，上面平坦，中间有一条不太明显的横形带脊。幼虫共5龄，1～4龄体似蚂蚁。5龄若虫长12～14mm，形态与成虫相似，但翅较短(图8–119)。

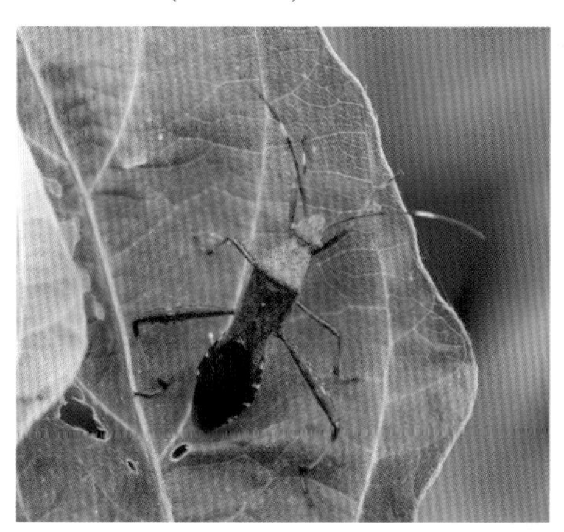

图8–118　点蜂缘蝽成虫

图8-119　点蜂缘蝽若虫

【发生规律】每年发生2～3代。以成虫在枯枝落叶和草丛中越冬。成虫善于飞翔，动作迅速，早、晚温度低时稍迟钝。卵多散产于叶背、嫩茎和叶柄上，少数2枚在一起，每雌产卵21～49枚。若虫极活跃，孵化后先群集，后分散为害。

【防治方法】冬季结合积肥，清除田间枯枝落叶，铲除杂草，及时堆沤或焚烧，消灭越冬成虫。

在成虫、若虫为害盛期喷施下列药剂：

2.5%溴氰菊酯乳油2 000～2 500倍液；

10%吡虫啉可湿性粉剂1 000～1 500倍液；

25%杀虫双水剂400倍液；

20%氰戊菊酯乳油2 000倍液；

2.5%高效氯氟氰菊酯乳油2 000～4 000倍液。

10．大造桥虫

【分　　布】大造桥虫(*Ascotis selenaria*)属鳞翅目尺蛾科。分布于我国各大豆主要产区，其中，以黄淮、长江流域受害较重。

【为害特点】低龄幼虫仅啃食叶肉，留下透明表皮。虫龄增大，食量也随之增加，将叶片边缘咬成缺刻和孔洞，甚至全部吃光，仅留少数叶脉，造成落花落荚，豆粒秕瘦(图8-120)。

图8-120　大造桥虫为害叶片症状

【形态特征】成虫体长15～20mm，翅展38～45mm，体色变异很大，有黄白、淡黄、淡褐、浅灰褐色，一般为浅灰褐色，翅上的横线和斑纹均为暗褐色，中室端具1斑纹，前翅亚基线和外横线锯齿状，其间为灰黄色，有的个体可见中横线及亚缘线，外缘中部附近具1斑块；后翅外横线锯齿状，其内侧灰黄色，有的个体可见中横线和亚缘线。雌成虫触角丝状，雄羽状，淡黄色(图8–121)。卵长椭圆形初产青绿色，渐变黄绿色，孵化前灰白色，表面有许多小粒状突起。幼虫体长38～49mm，黄绿色。头黄褐至褐绿色，头顶两侧各具1黑点。背线宽淡青至青绿色，亚背线灰绿至黑色，气门上线深绿色，气门线黄色杂有细黑纵线，气门下线至腹部末端，淡黄绿色；第3、4腹节上具黑褐色斑，气门黑色，围气门片淡黄色，胸足褐色，腹足2对生于第6、10腹节，黄绿色，端部黑色(图8–122)。蛹长14mm左右，深褐色有光泽，尾端尖，臀棘2根(图8–123)。

图8–121 大造桥虫成虫

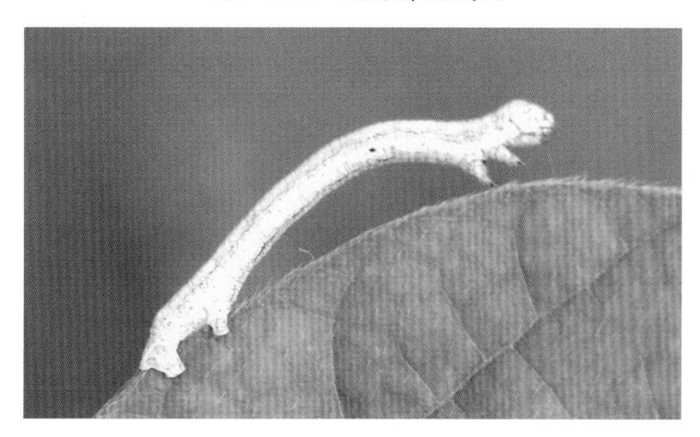

图8–122 大造桥虫幼虫

图8–123 大造桥虫蛹

【发生规律】长江流域一年发生4～5代，以蛹于土中越冬。4—5月间羽化为成虫，各代成虫盛发期：6月上中旬，7月上中旬，8月上中旬，9月中下旬，有的年份11月上中旬可出现少量第5代成虫。第

2～4代卵期5～8天，幼虫期18～20天，蛹期8～10天，完成1代需32～42天。成虫昼伏夜出，飞翔力弱，趋光性强，羽化后2～3天产卵，多产在地面、土缝及草秆上，大发生时枝干、叶上都可产，数十粒至百余粒成堆，每雌可产1 000～2 000粒，越冬代仅200余粒。初孵幼虫可吐丝随风飘移传播扩散。10—11月以末代幼虫入土化蛹越冬。此虫为间歇暴发性害虫，一般年份主要在棉花、豆类等农作物上发生。

【防治方法】冬耕，消灭土中越冬蛹。诱杀成虫，从成虫始发期开始，用黑光灯诱杀。

用青虫菌或杀螟杆菌(每克含100亿孢子)1 000～1 500倍液喷雾。

一定要在幼虫3龄以前低龄期，进入暴食期前进行防治，当100株大豆有虫5头以上即需防治。可用下列药剂：

80%敌敌畏乳油1 000倍液；

10%氯氰菊酯乳油1 000倍液；

5%高效氯氰菊酯乳油2 000倍液；

20%氰戊菊酯乳油2 000～2 500倍液；

2.5%溴氰菊酯乳油2 500倍液；

50%喹硫磷乳油1 000倍液，均匀喷雾；

也可用2%甲萘威粉剂2.5kg/亩喷施。

11．豆叶螨

【分　　布】豆叶螨(*Tetranychus phaselus*)属蜱螨目叶螨科。分布在北京、浙江、江苏、四川、云南、湖北、福建、台湾等地。

【为害特点】豆叶螨在寄主叶背或卷须上吸食汁液，初叶面上出现白色斑痕，严重时致叶片干枯或呈火烧状，造成严重减产(图8–124)。

图8–124　豆叶螨为害叶片症状

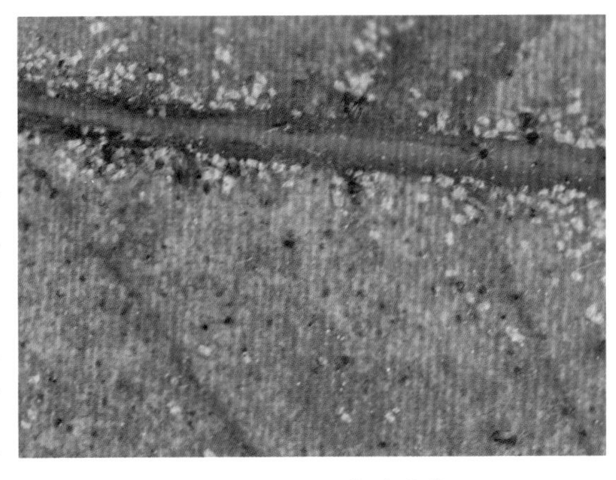

图8-125 豆叶螨雌体

【形态特征】雌螨体长0.46mm，宽0.26mm。体椭圆形，深红色，体侧具黑斑(图8-125)；须肢端感器柱形，长是宽的2倍，背感器梭形，较端感器短；气门沟末端弯曲成“V”形；26根背毛。雄螨体长0.32mm，宽0.16mm，体黄色，有黑斑，须肢端感器细长，长是宽的2.5倍，背感器短；阳具末端形成端锤。

【发生规律】北方一年发生10代左右，台湾一年发生21代，以雌成螨在缝隙或杂草丛中越冬。5月下旬绽花时开始发生，夏季是发生盛期，增殖速度很快，冬季在豆科植物、杂草、茶树近地面叶片上栖息，全年世代平均天数为41天，发育适温17～18℃，卵期5～10天，从幼螨发育到成螨约5～10天。降雨少、天气干旱的年份易发生。天敌有塔六点蓟马、钝绥螨、食螨瓢虫、中华草蛉、小花蝽等，对叶螨种群数量增长有一定的控制作用。

【防治方法】收获后及时清除残枝败叶，集中烧毁或深埋，进行翻耕。注意虫情监测，发现有少量受害，应及时摘除虫叶烧毁，遇有天气干旱要注意及时灌溉和施肥，促进植株生长，抑制叶螨增殖。

田间2%～5%的叶片出现叶螨，每片叶上有2～3头时，应进行挑治，把叶螨控制在点片发生阶段。喷洒下列药剂：

20%双甲脒乳油2 000倍液；

25%三唑锡乳油1 000～2 000倍液；

5%氟虫脲乳油1 000～2 000倍液；

5%噻螨酮乳油2 000倍液；

20%甲氰菊酯乳油1 000～2 000倍液；

73%炔螨特乳油1 000～1 500倍液；

50%苯丁锡可湿性粉剂1 500～2 000倍液；

20%哒螨・噻嗪酮可湿性粉剂1 500倍液。

注意轮换用药，提倡使用20%复方浏阳霉素乳油1 000～1 500倍液。采收前14天停止用药。

12．豆毒蛾

【分　　布】豆毒蛾(*Cifuna locuples*)属鳞翅目毒蛾科，又称肾毒蛾、大豆毒蛾、肾纹毒蛾。北起黑龙江、内蒙古，南至台湾、广东、广西、云南，东近国境线，西线自陕西、甘肃折入四川、云南，并再西延至西藏。

【为害特点】以幼虫取食叶片，吃成缺刻、孔洞，严重时将叶片吃光，仅剩叶脉。

【形态特征】成虫：雄虫翅展34～40mm，腹部较瘦。雌虫翅展45～50mm，腹部较肥大；头、胸部均深黄褐色，腹部黄褐色，雌蛾比雄蛾色暗；后胸和第2、3腹节背面各有1束黑色短毛。雄蛾触角羽毛状，雌蛾短栉齿状。前翅内区前半褐色，布白色鳞、后半褐黄色。后翅淡黄带褐色，横脉纹及缘线色暗。前、后翅反面黄褐色，横脉纹、外横线、亚缘线、缘毛黄褐色(图8-126)。卵半球形，初产淡青绿色，渐变暗(图8-127)。幼虫体长40mm左右，头部黑褐色、有光泽、上具褐色次生刚毛，体黑褐色，亚背线和气门下线为橙褐色间断的线；前胸背板黑色，有黑色毛；前胸背面两侧各有一黑色大瘤，上生向前伸的长毛束，其余各瘤褐色，上生灰褐色毛，除前胸及第1～4腹节外，II瘤上还有白色羽状毛。第1～4腹节背面有暗黄褐色短毛刷，第8腹节背面有黑褐色毛束；胸足黑褐色，每节上方白色，跗节有褐色长毛；腹足暗褐色(图8–128)。蛹体红褐色，背面有黄色长毛。

图8–126　豆毒蛾成虫

图8–127　豆毒蛾卵

图8–128　豆毒蛾幼虫

【发生规律】长江流域每年发生3代，以幼虫在枯枝落叶或树皮缝隙等处越冬。在长江流域，4月份开始为害，5月幼虫老熟化蛹，6月第1代成虫出现。成虫具有趋光性，常产卵于叶片背面，每个卵块有卵50～200粒。幼虫3龄前群聚叶背剥食叶肉，吃成网状或孔洞状。3龄以后分散为害，4龄幼虫食量大增，5～6龄幼虫进入暴食期，蚕食叶片。老熟幼虫在叶背吐丝结茧化蛹。

【防治方法】秋冬季节，清除田间枯枝落叶，减少越冬幼虫数量。掌握在各代幼虫分散为害之前，及时摘除群集为害虫叶，杀灭低龄幼虫。设置黑光灯或高压汞灯诱杀成虫。

豆毒蛾幼虫在3龄以前多群聚，不甚活动，抗药力弱，掌握这个时机选用下列药剂：

杀螟杆菌粉(每克含100亿孢子)700～800倍液；

20%除虫脲悬浮剂2 000～3 000倍液；

25%灭幼脲悬浮剂2 000倍液；

2%阿维菌素乳油3 000倍液；

10%氯氰菊酯乳油3 000倍液；

10%二氯苯醚菊酯乳油4 000倍液；

2.5%溴氰菊酯乳油3 000倍液；

10%联苯菊酯乳油2 000倍液；

20%氰戊菊酯乳油3 000倍液；

20%灭多威乳油2 000倍液；

50%辛硫磷乳油1 000～1 500倍液。

13．豆荚野螟

【分　布】豆荚野螟(*Marucatestulalis*)属鳞翅目螟蛾科。国内分布北起内蒙古，南至台湾、海南、广东、广西、云南，东至滨海，西线自陕西、宁夏、甘肃折入四川、云南、西藏。华中、华南诸省，密度较大。

【为害特点】以幼虫为害豆叶、花及豆荚，早期造成落荚，后期种子被食，蛀孔堆有腐烂状的绿色粪便。幼虫还能吐丝缀卷几张叶片并在内取食叶肉，以及蛀害花瓣和嫩茎，造成落花、枯梢，对产量和品质影响很大。

【形态特征】成虫体长10～16mm，翅展25～28mm；体灰褐色，前翅黄褐色，前缘色较淡，在中室部有1个白色透明带状斑，在室内及中室下面各有1个白色透明的小斑纹；后翅近外缘有1/3面积色泽同前翅，其余部分为白色半透明，有若干波纹斑；前后翅都有紫色闪光。雄虫尾部有灰黑色毛1丛，挤压后可见黄白色抱握器1对。雌虫腹部较肥大，末端圆筒形(图8-129)。卵椭圆形，初产时淡黄绿色，后逐渐变成淡黄色，近孵化时卵的顶部出现红色的小圆点。卵壳表面有近六角形网状纹。老熟幼虫体黄绿色，头部及前胸背板褐色；中、后胸背板有黑褐色毛片6个，排成两列，前列4个各生有2根细长的刚毛，后列2个无刚毛；腹部各节背面上的毛片位置同胸部，但各毛片上都着生1根刚毛；腹足趾钩为双序缺环(图8-130)。蛹初化蛹时黄绿色，后变黄褐色。头顶突出。复眼浅褐色，后变红褐色。蛹体外被白色有薄丝茧。

【发生规律】华北地区每年发生3～4代，华中地区每年发生4～5代，华南地区7代。以蛹在土中或茎秆中越冬。5月下旬至6月上旬气温的高低，决定第1代幼虫发生为害的迟早和轻重，这一段气温高，则发生早，反之发生就迟。播种早的花蕾受害重。成虫多在夜间羽化，白天停息在作物下部的叶背面等荫蔽处，天黑开始活动，以晚上22:00—23:00活动最盛；成虫羽化2～4天后即交尾；喜在黄昏交配，产卵前期

图8-129　豆荚野螟成虫

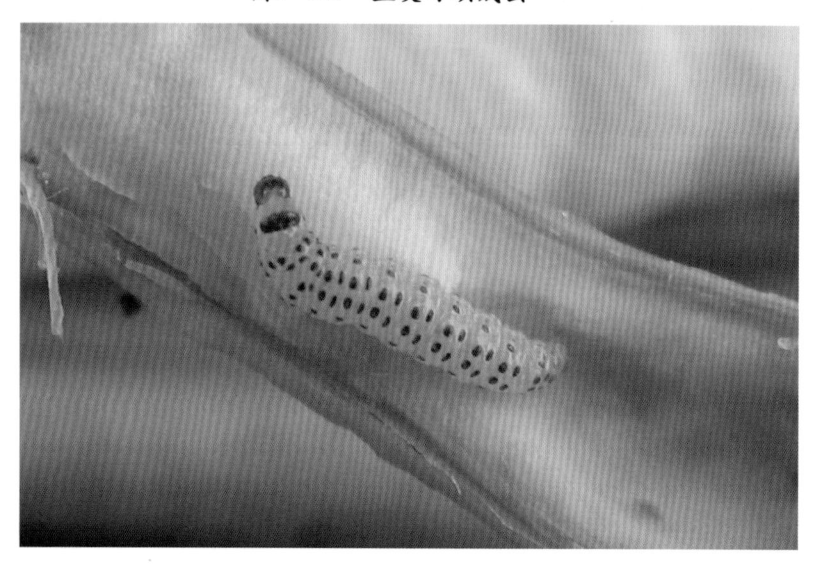

图8-130　豆荚野螟幼虫

3天左右。卵散产，也有2～4粒产于一处的；多将卵产在花瓣上或花萼凹陷处，也有将卵产在叶片上的。成虫有趋光性。初孵幼虫很快在花瓣上咬一小孔蛀入花中为害，在叶片上的卵孵化的幼虫取食叶片，并吐丝卷叶，躲在其中为害，1～2龄幼虫主要蛀食花蕾，极少数为害嫩叶，进入3龄后开始蛀食豆荚。幼虫外出活动时多在傍晚至次日清晨，阴雨天也有出来活动和转移为害的；幼虫老熟后吐丝下落土表和落叶中吐丝作茧，茧外包满小土粒和残叶，化蛹深度在表土3cm之内。

【防治方法】在化蛹高峰期，结合抗旱放水灭蛹能收到一定的效果。人工摘除虫蛀花蕾和虫蛀荚是减少田间虫口密度的重要方法，但摘除时须仔细，摘除的虫蛀花、蕾、荚要集中处理，避免幼虫爬出再行为害。及时清除田间落花、落荚，集中烧毁。在豆田设置黑光灯诱杀成虫。

可在豆类植株盛花期喷药，或孵卵盛期喷施第1次药，隔7天再喷1次，连续喷3～4次。一般宜在清晨豆类植物花瓣开放时喷药，喷洒重点部位是花蕾、已开的花和嫩荚，落地的花荚也要喷药。药剂可选用：

5%氟啶脲乳油2 000倍液；

8 000IU/mg苏云金杆菌乳剂(每克含100亿孢子)500倍液；

25%灭幼脲悬浮剂500倍液；

2.5%高效氟氯氰菊酯乳油2 000～4 000倍液；

20%氯氰菊酯乳油3 000倍液；

20%氰戊菊酯乳油3 000倍液；

2.5%高效氯氟氰菊酯乳油3 000倍液；

2.5%联苯菊酯乳油3 000倍液。

14．豆突眼长蝽

【分　　布】豆突眼长蝽(*Chauliops fallax*)属半翅目长蝽科。北起河北、山西，南至台湾、海南、广东、广西、云南，东面临海，西线自河北、山西、陕西折入四川、云南、西藏。长江以南，特别是江西、湖南、四川局部地区，密度颇大。豆突眼长蝽是大豆的主要害虫。受害田块减产10%左右，严重年份可高达30%以上。

【为害特点】成虫、若虫吸食叶片、嫩梢汁液，受害部位出现黄白小点，后扩大连成不规则形黄褐斑，豆株生长迟缓，造成叶片萎蔫或脱落，结荚减少、籽粒干瘪。

【形态特征】成虫体长2.8～3.2mm，宽约1.15mm，体红褐至黑褐色，密布大刻点，刻点内有鳞片状毛；头、前胸背板栗褐色至黑褐色。头垂直，眼着生在眼柄上，复眼黑色，眼柄长，向左右两侧上前方呈蟹眼状外突；触角4节，1、4节色深，2、3节浅黄褐色。喙4节黑色；前胸背板前倾，小盾片黑色，翅合拢时呈束腰状；爪片狭，黄白色，具刻点一列，结合缝短，革片黄白色，中部偏内具黑斑一块；腹部5～7节侧缘具上翘的叶状突，第7腹节叶状突后伸至腹部末端(图8-131)。卵圆柱形，初为淡褐色，后渐变成黑褐色；基部有一丝状物着生于叶背面。幼虫共5龄。初孵若虫紫红色，头部小，复眼黑色突出，触角4节，黄白色。高龄若虫体紫黑色。

图8-131　豆突眼长蝽成虫

【发生规律】贵州每年发生2代，湖南3代，江西4代。以成虫在土缝、石隙及落叶下越冬。凡冬季温暖以及翌年5月气温高、雨量少的年份，豆突眼长蝽发生量就大。夏大豆受害轻，春、秋大豆受害重。一般山区坡地重于平原。连作地发生重于轮作地。成虫早上喜于植株顶端叶面为害，日照强或大风雨时，伏于叶背基部。成虫飞翔力极弱，无趋光性，受惊后向下坠落，有假死性。虫口密度高时有扩散转株为害的习性。成虫有多次交尾现象，且交尾时间长，可达数小时，卵多产于叶背的主脉、支脉上，少量产于叶背上。卵多在上午孵化，初孵若虫多集中在嫩叶、嫩梢等避光处取食为害，活动灵敏。

【防治方法】合理施肥，增强植株抗逆力。收获后清除田间枯枝落叶及杂草，减少越冬虫源。冬前清除豆园四周杂草、翻土，破坏越冬场所，压低越冬虫源。改进种植制度，实行轮作，可减轻该虫的发生为害。

药剂防治。越冬代成虫始盛期和若虫始盛期，喷洒下列药剂：

20%氰戊菊酯乳油2 000倍液；

1.8%阿维菌素乳油2 000倍液；

18%杀虫双水剂250～500倍液；

40%乐果乳油800倍液。施药时间以早晚和阴天为宜，喷药时要注意喷湿叶背。

15．豆叶东潜蝇

【分　　布】豆叶东潜蝇(*Japanagromyza tristella*)属双翅目潜蝇科。分布在北京、河南、河北、山东、江苏、福建、四川、陕西、广东、云南。

【为害特点】幼虫在叶片内潜食叶肉，仅留叶表，在叶面上呈现直径1～2cm的白色膜状斑块，每叶可有2个以上斑块(图8-132)。

图8-132 豆叶东潜蝇为害叶片症状

【形态特征】成虫为小型蝇，翅长2.4～2.6mm，具小盾前鬃及两对背中鬃，体黑色；单眼三角尖端仅达第一上眶鬃，颊狭，约为眼高的1/10；小盾前鬃长度较第一背中鬃之半稍长；平衡棒棕黑色，但端部部分白色。雄蝇下生殖板两臂较细，其内突约与两臂等长，阳体具有长而卷曲的小管及叉状突起；雌蝇产卵器瓣具紧密锯齿列，锯齿瘦长，端部钝。幼虫体长约4mm，黄白色，口钩每颚具6齿；咽骨背角两臂细长，腹角具窗，骨化很弱；前气门短小，结节状，具3～5个开孔；后气门平覆在第8腹节后部背面大部分，具31～57个开孔，排成3个羽状分支(图8-133)。蛹体红褐色，卵形，节间明显缢缩，体下方略平凹。

【发生规律】每年发生3代以上，7—8月发生多，豆株上部嫩叶受害最重。幼虫老熟后入土化蛹，成虫多在上层叶片上活动，卵产在叶片上。多雨年份发生重。

【防治方法】上茬收获后，清除田间及四周杂草，集中烧毁或沤肥；深翻地灭茬，促使病残体分解，减少虫源和虫卵寄生地。合理施肥，增施磷钾肥；重施基肥、有机肥，有机肥要充分腐熟，合理密植，增加田间通风透光度。

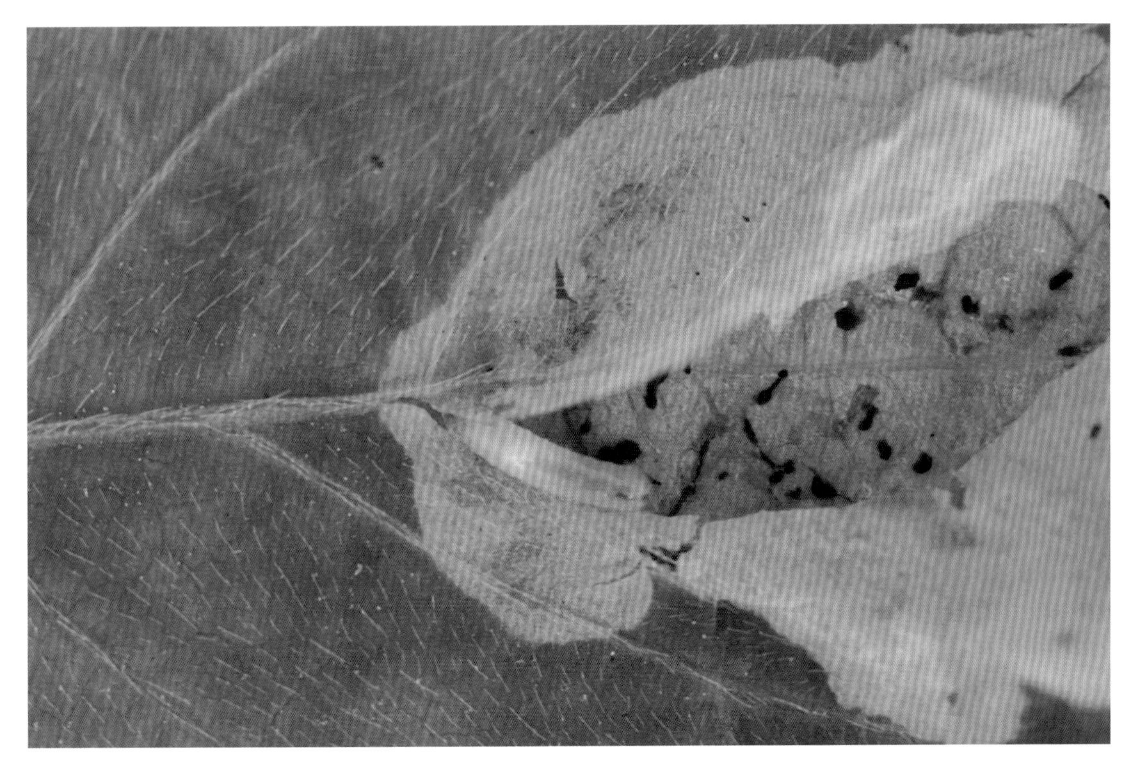

图8-133 豆叶东潜蝇幼虫

害虫发生初期，幼虫未潜叶之前，可用下列药剂：

2.5%高效氯氟氰菊酯乳油2 000～3 000倍液；

2.5%高效氟氯氰菊酯乳油1 500～2 000倍液；

25%噻虫嗪水分散颗粒剂6 000～8 000倍液；

480g/L毒死蜱乳油1 000～1 500倍液；

52.25%毒死蜱·氯氰菊酯乳油1 000～2 000倍液；

5%氟虫脲乳油2000～2500倍液；

15%茚虫威悬浮剂3 500～4 500倍液；

24%甲氧虫酰肼乳油2 500～3 000倍液。

16. 古毒蛾

【分　　布】古毒蛾(*Orgyia antiqua*)属鳞翅目毒蛾科，又称落叶松毒蛾、缨尾毛虫、褐纹毒蛾、桦纹毒蛾。主要分布在黑龙江、内蒙古、新疆、吉林、辽宁、河北、山东、山西、河南、湖南、福建、四川、青海等地。东北、华北各地比较常见。

【为害特点】幼虫为害大豆叶片，食叶片呈缺刻状，甚至吃光，造成落花、落荚。

【形态特征】雄成虫体长10～12mm，翅展26～34mm；雄蛾锈褐色或古铜色，前翅内、外线相隔较宽，暗色，两线前部一般呈锯齿单线状，后部双线弧状，外线后部外侧有一弯月形白斑，外缘暗色点刻不明显；后翅深橙褐色，上面无清晰花纹，缘毛较粗，暗褐色。雌成虫体长12～18mm，宽6～8mm，纺锤形，头、胸小，腹部肥大，体黑褐色，被有灰黄色绒毛；触角短，栉齿状，黄白色，足发达黄色，爪腹面有短齿，翅退化为翅芽，灰黄色；前翅尖叶形，后翅极短(图8-134)。幼虫共6龄，老熟幼虫头部黑色，体灰黄色(雄性)或青灰色(雌性)，腹面黄褐色，前胸两侧各有一向前伸的黑色长毛束，似角状，多数长毛的顶端分若干小枝杈呈锤状。腹部第1～4节背面中央各有一杏黄色或黄白色毛丛，毛长短基本一致，犹如毛刷。卵球形，灰白色，顶端有一圆形凹陷，凹陷的边缘为白色，表面光滑(图8-135)。初蛹期黄白色，渐变为黄褐色，羽化前为黑褐色，外被一层薄茧(图8-136)。茧黄白色，丝质，较薄，茧上有幼虫体毛。

图8-134 古毒蛾成虫

图8-135 古毒蛾幼虫

图8-136 古毒蛾蛹

【发生规律】东北北部每年发生1代，华北3代。以卵在茧内越冬。雌蛾将卵产在茧内，偶有产于茧上或附近的。幼虫孵化后2天开始取食，群集于芽、叶上，能吐丝下垂借风力传播，稍大后分散活动，昼夜均在危害处，但取食多在夜间，常将叶片吃光，白天在原处不动。老熟后多在树冠下部外围细枝、粗枝分杈处或皮缝中结茧化蛹。

【防治方法】大豆收获后，及时清除田间枯枝落叶，集中销毁，减少越冬卵量。

越冬卵孵化盛期是施药的关键时期。每隔10天喷施1次，连续防治1～2次。药剂可选用：

20%氰戊菊酯乳油3 000倍液；

10%联苯菊酯乳油2 000倍液；

2.5%高效氯氟氰菊酯乳油2 000倍液；

2.5%溴氰菊酯乳油2 000倍液；

10%吡虫啉可湿性粉剂1 500倍液喷雾。

17．人纹污灯蛾

【分　　布】人纹污灯蛾(*Spilarctia subcarnea*)属鳞翅目灯蛾科。除青海、新疆外，国内各省区均有分布。南北各地局部地方密度较高。

【为害特点】幼虫取食叶片成缺刻或孔洞。

图8-137 人纹污灯蛾成虫

【形态特征】成虫体长雌虫18～22mm，雄虫16～21mm；翅展雌虫42～54mm，雄虫40～48mm；头黄白色，触角锯齿形，黑褐色；下唇须红色，体、翅白色，腹部背面除基节与端节外皆红色，腹面黄白色，背面、侧面具一列黑点；前翅外缘至后缘有一斜列黑点，两翅合拢时呈人字形，后翅略染红色；胸足黄白色，前足基节侧面和腿节上方红色，胫节和跗节有黑斑(图8-137)。卵馒头形，顶部稍尖，底部较宽，卵表面有不明显菱状花纹，初产卵乳白色，渐渐变为浅黄色至深黄色，后期为黄褐色。幼虫一般7龄，不同龄期幼虫形态变化较大。4龄幼虫体黄褐色，(图8-138)头黑色，有光泽；体毛除尾部为黑褐色外，其余多为黄白色，且短而稀；背线和亚背线为断续黄白色线，足黑色，有光泽，较发达。5龄后随着龄期的增长，体长增长较快，体色加深，头、胸足均为黑褐色，体表已不见黑褐色毛瘤，体毛色加深为黄褐或黑褐色，呈毛簇状，长而密。老熟幼虫体灰褐色或黄褐色，腹面黑褐色；背线橙红色，亚背线褐色；体背毛瘤灰白色，其上密生棕褐色长毛(图8-139)。蛹椭圆形，棕褐色。茧长椭圆形，褐色，半透明，由丝和体毛织成。

图8-138 人纹污灯蛾幼龄幼虫

图8-139 人纹污灯蛾老熟幼虫

【发生规律】在吉林省一年发生2代，在福建一年发生4代。世代重叠。多以蛹在被害田及其附近的表土下7～20cm处越冬，少数个体在荒地或沟坡道旁杂草根际的表土下或缝隙中越冬。成虫白天静伏在杂草、灌木丛间，傍晚开始飞翔活动，飞翔力较强，具有较强的趋光性，尤其雄蛾趋光性较强。成虫羽化后第2天即可交尾，交尾后翌日或当日即可产卵，卵成块产于叶背。卵块上常有体毛。初孵幼虫群集于叶背卵块附近取食，仅食叶肉，残留膜状表皮。1～2龄幼虫不善于爬行，遇震动或惊扰时常吐丝下垂，扩散到附近枝叶上，3龄后幼虫开始分散取食，食叶成缺刻状。4龄幼虫食量开始增大，被害叶仅留叶脉。5、6龄幼虫食量猛增，不仅食尽全叶，还取食嫩枝幼芽，而且爬行迅速，常向附近寄主植物迁移扩散，有较强的耐饥能力。幼虫活泼，有明显的假死性，蜕皮前停止取食数小时至1～2天不等，静伏不动，有的吐少量丝固着身体。幼虫老熟后，多爬至土表下、地被物中、树干裂缝或树皮下结茧，有的将地表杂草和落叶缀合在一起，隐藏其中结茧。

【防治方法】收获后及时清除田间枯枝落叶，集中销毁，降低越冬虫源数量。勤中耕除草，及时秋翻，可消灭部分入土幼虫或蛹。结合田间管理，人工摘除有卵叶片或初龄幼虫群集的叶片以减少虫源。

物理防治：有条件时可结合其他害虫的防治和测报，设置黑光灯或高压汞灯，利用成虫的趋光性，诱杀成虫。

必要时喷洒下列药剂：

2.5%溴氰菊酯乳油3 000 ~ 4 000倍液；

20%氰戊菊酯乳油2 000 ~ 3 000倍液；

2.5%高效氯氟氰菊酯2 000 ~ 3 000倍液。

18．筛豆龟蝽

【分　　布】筛豆龟蝽(*Megacopta cribraria*)属半翅目龟蝽科，又称豆平腹蝽。国内分布北起北京、山西，南达台湾、海南、广东、广西、云南，东面临海，西由陕西折向四川、云南、西藏。山东及以南各省区局部地区，密度很高。

【分布为害】以成虫及若虫在茎秆、叶柄和果荚上群集吸食汁液，影响植株生长发育，叶片枯黄，茎秆瘦短，株势早衰，豆荚不实。

【形态特征】成虫体长4.3 ~ 5.4mm，近卵圆形，淡黄褐色或黄绿色，密布黑褐色小刻点；复眼红褐色；前胸背板有一列刻点组成的横线；小盾片发达(图8–140)。卵略呈圆桶状，具卵盖。若虫淡黄绿色，密被黑白混生的长毛。幼虫共5龄，3龄后体形如龟状，胸腹各节两侧向外前方扩展呈半透明的半圆薄板。

图8–140　筛豆龟蝽成虫

【发生规律】每年发生1 ~ 2代。以成虫在寄主附近的枯枝落叶下越冬。4月上旬开始活动，4月中旬开始交尾，4月下旬至7月中旬开始产卵。成虫、若虫均有群集性。卵产于叶片、叶柄、托叶、荚果和茎秆上呈2纵行，平铺斜置，共10 ~ 32枚，呈羽毛状排列。

【防治方法】上茬收获后，清除田间及四周杂草，集中烧毁或沤肥；合理施肥，增施磷钾肥；重施基肥、充分腐熟有机肥，合理密植。

若虫孵化初期，可用下列药剂：

40%辛硫磷乳油1 000倍液；

5%顺式氯氰菊酯乳油1 000倍液；

2.5%溴氰菊酯乳油1 000倍液；

2.5%鱼藤酮乳油1 000倍液；

2.5%高效氟氯氰菊酯乳油1 000倍液；

480g/L毒死蜱乳油1 000～1 500倍液。

19．甜菜夜蛾

【分　　布】甜菜夜蛾(*Spodoprera exigua*)属鳞翅目夜蛾科。国内各省区均有分布。

【为害特点】幼虫食叶成缺刻或孔洞，严重的把叶片吃光，仅剩下叶柄、叶脉，对产量影响很大(图8–141)。

图8–141 甜菜夜蛾为害叶片症状

【形态特征】成虫体长8～10mm，翅展19～25mm。灰褐色，头、胸有黑点；前翅灰褐色，基线仅前段可见双黑纹；内横线双线黑色，波浪形外斜；剑纹为一黑条；环纹粉黄色，黑边；肾纹粉黄色，中央褐色，黑边；中横线黑色，波浪形；外横线双线黑色，锯齿形，前、后端的线间白色；亚缘线白色，锯齿形，两侧有黑点，外侧有一个较大的黑点；缘线为一列黑点，各点内侧均为白色；后翅白色，翅脉及缘线黑褐色(图8–142)。卵白色，馒头形，上有放射状纹，单层或多层重叠排列成块，卵块上覆盖有雌蛾脱落的白色或淡黄色绒毛。幼虫共5龄，少数6～7龄。1～3龄虫体色由淡绿到浅绿，头黑色渐呈浅褐色；2龄时前胸背板有一个倒梯形斑纹；3龄时气门后出现白点。4龄虫体色开始多变，有绿、暗绿、黄褐、黑褐等色；前胸背板斑纹呈“口”字形，背线有不同颜色或不明显，气门线下为黄白色或绿色，有时带粉红色的纵带出现并直达腹末，气门后白点明显，后两项是该虫区别其他夜蛾的特征。老熟幼虫体色变化很大，由绿色、暗绿色、黄褐色、褐色至黑褐色；背线有或无，颜色亦各异(图8-143)。较明显的特征为：腹部气门下线为明显的黄白色纵带，有时带粉红色，此带直达腹部末端，不弯到臀足上，各节气门后上方具一明显白点，是该虫区别于甘蓝夜蛾的重要特征。

图8-142　甜菜夜蛾成虫

图8-143　甜菜夜蛾幼虫

【发生规律】甜菜夜蛾每年发生的代数由北向南逐渐增加。陕西4～5代，北京和山东5代，湖北5～6代，江西6～7代，福建8～10代，广东10～11代，世代重叠。江苏、陕西以北地区，以蛹在土室中越冬；也可以成虫在北方地区温室中越冬；华南地区无越冬现象，可终年繁殖为害。成虫羽化后还需补充营养，以花蜜为食。成虫具有趋光性和趋化性，对糖醋液有较强趋性。成虫昼伏夜出，白天潜伏于植株叶间、枯叶杂草或土缝等隐蔽场所，受惊时可作短距离飞行，夜间进行取食、交配产卵。初孵幼虫先取食卵壳，2～5小时后陆续从茸毛内爬出，群集叶背。3龄前群集为害，但食量小，4龄后食量大增，占幼虫一生食量的88%～92%。昼伏夜出，有假死性，受惊扰即落地。老熟幼虫有强的负趋光性，白天隐匿在叶背、植株中下部，有时隐藏于松表土中及枯枝落叶中，阴雨天全天为害。老熟幼虫一般入表土3cm处或在枯枝落叶中做土室化蛹。稀植大豆田比密植大豆田虫量大；长势老健的豆株比旺嫩豆株上虫量大。

【防治方法】合理轮作，避免与寄主植物轮作套种，清理田园、去除杂草落叶均可降低虫口密度。秋季深翻可杀灭大量越冬蛹。早春铲除田间地边杂草，消灭杂草上的初龄幼虫。在虫、卵盛期结合田间管理，提倡早晨、傍晚人工捕捉大龄幼虫，挤抹卵块，这样能有效地降低虫口密度。在夏季干旱时灌水，增大土壤的湿度，恶化甜菜夜蛾的发生环境，也可减轻其发生。

物理防治：成虫始盛期，在大田设置黑光灯、高压汞灯及频振式杀虫灯诱杀成虫。各代成虫盛发期用杨柳枝诱蛾，消灭成虫，减少卵量。利用性诱剂诱杀成虫。

甜菜夜蛾低龄幼虫在网内为害，很难接触药液，3龄以后抗药性增强，因此药剂防治难度大，应掌握其卵孵盛期至2龄幼虫盛期开始喷药。药剂可选用：

10%甲维·毒死蜱乳油55～60ml/亩；

20%高氯·辛硫磷乳油80～100ml/ 亩；

10%虫螨腈悬浮剂1 000～1 500倍液；

20%虫酰肼悬浮剂1 000～1 500倍液；

5%氟啶脲乳油3 000～4 000倍液；

25%灭幼脲悬浮剂1 000倍液；

1.8%阿维菌素乳油2 000～3 000倍液；

20%甲氰菊酯乳油3 000倍液；

2.5%高效氟氯氰菊酯乳油2 000倍液；

10%氯氰菊酯乳油1 500倍液；

25%辛硫磷·氰戊菊酯乳油1 500倍液，连续施用2～3次，间隔5～7天1次。

宜在清晨或傍晚幼虫外出取食活动时施药。注意不同作用机理的药剂轮换使用，以延缓抗药性的产生和发展。

20．斜纹夜蛾

【分　　布】斜纹夜蛾(*Prodenia litura*)属鳞翅目夜蛾科，是一种间歇暴发为害的杂食性害虫。分布于国内所有省区。长江流域及其以南地区密度较大，黄河、淮河流域可间歇成灾。

【为害特点】幼虫食叶为主，也咬食嫩茎、叶柄，大发生时，常把叶片和嫩茎吃光，造成严重损失(图8–144和图8–145)。

图8–144　斜纹夜蛾为害叶片症状

图8–145　斜纹夜蛾为害田间症状

【形态特征】可参考玉米虫害——斜纹夜蛾。

【发生规律】可参考玉米虫害——斜纹夜蛾。

【防治方法】可参考玉米虫害——斜纹夜蛾或甜菜夜蛾。

21．大灰象甲

【分　　布】大灰象甲(*Sympiezomias velatus*)属鞘翅目象甲科。分布于东北、黄河流域和长江流域。

【为害特点】以成虫取食植株的嫩尖和叶片，轻者把叶片食成缺刻或孔洞，重者把幼苗吃成光秆，造成缺苗断垄(图8-146)。

图8-146　大灰象甲为害叶片症状

【形态特征】成虫体长约10mm，灰黄色，有光泽，密被灰白色鳞片；头部和喙密被金黄色发光鳞片，喙粗且宽，具纵沟3条；触角柄节较长，末端3节膨大呈棍棒状；前胸背板宽大于长；鞘翅卵圆形，中间有一白色横带，每一鞘翅具10条刻点沟，中部有褐色云斑；后翅退化；足腿节膨大，前胫节内缘具一列齿突(图8-147)；后足为鞘翅覆盖，鞘翅尖端达于后足第3跗节基部；尾端向腹面弯曲，其末端两侧各具一刺。卵长椭圆形，初产时乳白色，近孵化时乳黄色。初孵幼虫体乳白色；头部米黄色。蛹长椭圆形，乳黄色。

图8-147　大灰象甲成虫

【发生规律】东北地区每两年发生1代，浙江每年发生1代。两年发生1代的地区，第一年以幼虫越冬，第二年以成虫越冬，越冬成虫大都在60mm深的土中越冬，幼虫在40cm左右的土中越冬，均在耕作层以下。成虫不能飞，主要靠爬行移动。成虫4月中下旬从土内钻出，群集于幼苗取食。成虫把叶片沿尖端从两侧向内折合，将叶黏成饺子形，卵产于折叶内。幼虫6月下旬卵陆续孵化，幼虫孵出后落地，钻入土中。幼虫期生活于土内，取食腐殖质和须根，对幼苗为害不大。随温度下降，幼虫下移，筑土室越冬。春天越冬幼虫上升表土层继续取食，春季中午前后活动最盛，夏季在早晨、傍晚活动，中午高温时潜伏。

【防治方法】有条件的地方实行水旱轮作，可有效降低越冬幼虫数量，减轻为害。成虫不能飞翔并有假死性，可于成虫发生期实行人工捕杀。

在成虫出土为害期浇灌或喷洒药剂防治。药剂可选用：

48%毒死蜱乳剂1 000倍液；

10%氯氰菊酯乳油1 500倍液；

2.5%高效氯氟氰菊酯乳油1 000倍液；

4.5%高效顺反氯氰菊酯乳油3 000倍液；

50%辛硫磷·氰戊菊酯乳油2 000 ~ 3 000倍液，用对好的药液40kg/亩，均匀喷雾。

22．大青叶蝉

【分　　布】大青叶蝉(*Tettigella viridis*)属同翅目叶蝉科，又称大叶蝉、青叶跳蝉、大绿浮尘子。分布遍及全国各地。

【为害特点】大青叶蝉以成虫和若虫刺吸大豆茎、叶上的汁液，使叶片萎缩枯黄，严重时全叶发黄，豆株矮小，产量下降。

【形态特征】成虫体长8 ~ 9mm，黄绿色，尖顶左右各1个黑斑，两单眼间有两个多边形黑斑；前翅绿色带青蓝光泽，前缘淡白色，端部透明，翅脉青绿色，具狭窄淡黑色边缘；后翅烟青色半透明；腹部两侧，腹面及胸足均为橙黄色(图8-148)。若虫共5龄，初孵时灰白色，微带黄绿色光泽，头大，腹小；2龄淡灰微带黄绿色；3龄后体黄绿色，胸、腹背面及两侧有褐色纵纹4条，出现翅芽；老熟若虫翅芽明显，形似成虫(图8-149)。卵长形，稍弯曲，乳白色，表面光亮，孵化前为黄白色，可见红黑色眼点。

图8-148　大青叶蝉成虫

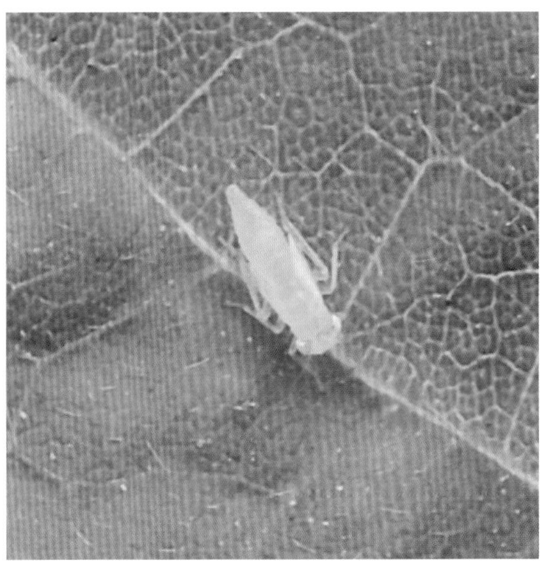

图8-149　大青叶蝉若虫

【发生规律】每年发生3代，以卵在2～3年生树干、枝条皮层内越冬。翌年3—4月孵化，若虫孵化后，到杂草、蔬菜等多种作物上群集为害。5—6月出现第一代成虫，7—8月出现第二代成虫，9月出现第三代成虫。成虫趋光性较强，喜栖息潮湿背风处。若虫受惊后，即斜行或横向向背阴处逃避，或四处跳动。前期主要为害农作物、蔬菜及杂草等。10月中旬第三代成虫陆续转移到果树、林木上为害并产卵于枝条内，10月下旬为产卵盛期，以卵越冬。

【防治方法】在大青叶蝉发生量大的地区，在成虫期，利用成虫趋光性，进行灯光诱杀。

掌握以下时期：①春季初孵若虫集中于草本植物上时或成虫、若虫集中在禾本科植物上时，及时喷撒2.5%敌百虫粉剂或1.5%辛硫磷粉剂或2%异丙威粉剂2kg/亩；②第 3 代成虫集中于大豆上为害时喷药。防治若虫可选用下列药剂：

50%异丙威乳油1 000～1 500倍液；

20%噻嗪酮乳油3 000倍液；

25%喹硫磷乳油800～1 000倍液；

25%噻虫嗪水分散粒剂3 000～4 000倍液；

2.5%高效氯氟氰菊酯乳油3 000倍液；

2.5%高效氟氯氰菊酯乳油2 000～3 000倍液；

10%吡虫啉可湿性粉剂3 000～4 000倍液，一般要喷2～3次，间隔7～10天喷1次，杀虫效果好。

四、大豆各生育期病虫害防治技术

1．大豆病虫害综合防治历的制订

大豆栽培管理过程中，病虫害严重地影响着大豆的产量和品质，应总结本地大豆病虫的发生特点和防治经验，制订防治计划，适时进行田间调查，及时采取防治措施，有效控制病虫害，保证丰产。

大豆田病虫害的综合防治历见表8-1，各地应根据自己的情况采取具体的防治措施。

表8-1 大豆田病虫害综合防治工作历

生育期	主要防治对象	防治措施
播种期	地下害虫、苗蚜、根腐病、大豆胞囊线虫病	喷施芽前除草剂、药剂拌种、土壤处理
苗期	杂草	喷施除草剂
开花结荚期	花叶病毒病、大豆卷叶螟、霜霉病、菌核病、大造桥虫	喷施杀虫剂、杀菌剂
鼓粒成熟期	豆天蛾、大豆食心虫、豆荚螟、紫斑病、霜霉病、炭疽病	喷施杀虫剂、杀菌剂

2．大豆播种期病虫害防治技术

播种前要进行土壤处理：播前整地，包括播前进行的土壤耕作及耙、压等。播前灌溉，对于墒情不好的地块，有灌溉条件的，可在播前1～2天灌水1次，浸湿土壤即可，以利播后种子发芽(图8-150)。

图8-150 大豆播种期

这一时期病害主要有根腐病、紫斑病、霜霉病、炭疽病等，播种期是其重要侵染阶段，有效控制侵染可以减轻其后期的为害。另外，在大豆孢囊线虫病发生地块或地区，在播种期进行种子处理或土壤处理是控制该病为害的最有效措施。

播种前病虫害预防：

种子处理，可用40%福美双·萎锈灵胶悬剂250ml拌100kg种子；或用50%多菌灵可湿性粉剂或50%异菌脲可湿性粉剂按种子重量的0.5%拌种，或50%福美双可湿性粉剂按种子重量0.3%拌种，堆闷3~4小时后播种。可防治紫斑病、霜霉病、炭疽病等。

防治大豆孢囊线虫病，可用35%甲基硫环磷按种子量的0.5%拌种；或用3%克百威颗粒剂4kg/亩、5%涕灭威颗粒剂3~4kg/亩、5%克线磷颗粒剂3~4kg/亩拌适量细干土混匀，在播种时撒入播种沟内。

这一时期害虫主要有地下害虫的为害，通过拌种可有效地控制地下害虫及苗蚜的为害。

用30%多·福·克悬浮种衣剂1:（80~100）(药种比)，可以将药剂与少量细土混匀，将大豆种子用水稍微湿润，而后与药土拌匀，马上播种。大豆孢囊线虫病重的地块，还要用3%克百威颗粒剂2~3kg/亩处理土壤。

为进一步促进出苗、多长根、增加耐旱能力，可以用ABT生根粉[浓度为$(5\times10)\times10^{-6}$]药液浸种2小时，捞出晾干播种。也可用一些微肥，如钼酸铵3.5g/亩，锰、铜肥0.1%溶液拌种，增产效果明显。如能用根瘤菌拌种，增产更为显著。

3．大豆苗期病虫害防治技术

根据大豆不同生育期对环境的不同要求以及大豆不同生育时期的特性，采取相应的管理措施才能获得高产(图8-151)。

图8-151 大豆苗期病虫害为害情况

病虫害防治：对于大豆花叶病严重的地区，应及时防治蚜虫，以防治病毒侵染，可喷洒下列药剂：10%吡虫啉可湿性粉剂20～30g/亩、3%啶虫脒乳油30ml/亩对水40～50kg均匀喷施；也可喷洒40%氧乐果乳油1 000～2 000倍液、50%抗蚜威可湿性粉剂2 000倍液、2.5%溴氰菊酯乳油2 000～4 000倍液，防治蚜虫。

在病毒病发生初期，也可喷施下列药剂：5%菌毒清水剂200～300倍液、20%盐酸吗啉胍・乙酸铜可湿性粉剂500倍液、0.5%香菇多糖水剂300倍液、1.5%植病灵乳剂1 000倍液等，每隔5～7天喷1次，连续喷2～3次。

对于一些生长过旺的豆田，可以喷施浓度为2×10^{-4}的多效唑溶液，并可以促分枝和花的形成。或喷洒叶面宝8 000～10 000倍液，或亚硫酸氢钠6g/亩，或0.2%硼砂溶液等叶面肥。

4．大豆开花结荚期病虫害防治技术

开花结荚期主要争取花多、花早、花齐，防止花荚脱落和增花、增荚。要看苗管理，保控结合，高产田以控为主，避免过早封垄郁闭，在开花末期达到最大叶面积为好(图8-152和图8-153)。

7月下旬以后大豆进入开花、结荚期，一般到9月份成熟，这一时期病虫害种类多、为害重，是防治病害保证产量与品质的关键阶段。病害主要有紫斑病、霜霉病、菌核病、细菌性斑点病等，一般在大豆结荚到鼓粒期，根据病情喷施药剂。虫害主要有大豆卷叶螟、大豆造桥虫等，正是由于这些病虫造成一般年份减产20%～30%，豆粒大量霉烂、残缺不整，应采取防治措施。

防治紫斑病、炭疽病、灰斑病等，可喷施：70%丙森锌可湿性粉剂100g/亩+70%甲基硫菌灵可湿性粉剂100～150g/亩、50%异菌脲可湿性粉剂100g/亩、25%丙环唑乳油40ml/亩，对水40～50kg。

防治菌核病，可用：50%乙烯菌核利可湿性粉剂66g/亩、50%腐霉利可湿性粉剂20～30g/亩、40%菌核净可湿性粉剂50～60g/亩、25%咪鲜胺锰盐乳油70ml/亩，对水40～50kg，均匀喷雾。

图8-152 大豆开花期病虫为害情况

图8-153 大豆结荚期病虫为害情况

防治霜霉病，可用下列药剂：40%三乙膦酸铝可湿性粉剂250～300倍液、25%甲霜灵可湿性粉剂800倍液、58%甲霜灵·代森锰锌可湿性粉剂600倍液、64%恶霜灵·代森锰锌可湿性粉剂800～1 000倍液均匀喷雾。

防治大豆细菌性斑点病，可喷施：72%农用链霉素可溶性液剂3 000～4 000倍液、90%新植霉素可溶性粉剂3 000～4 000倍液、30%碱式硫酸铜悬浮液400倍液、30%琥胶肥酸铜可湿性粉剂50～70g/亩、

47%春雷霉素·氧氯化铜可湿性粉剂50～70g/亩、12%松脂酸铜乳油600倍液等。

豆天蛾的防治一般在8月份注意田间观察，尽早施药防治。大豆食心虫、豆荚螟应在大豆结荚期，结合有关单位的虫情预报，调查田间蛾、虫量，及时施药防治。用下列药剂进行防治：50%辛硫磷乳剂1 000倍液、20%氰戊菊酯乳油2 000倍液、2.5%溴氰菊酯乳油2 000倍液、50%敌敌畏乳油800～1 000倍液、50%马拉硫磷乳油1 000倍液喷雾。

防治大豆卷叶螟、大造桥虫等害虫，可以用下列药剂：2%杀螟硫磷粉剂2.5kg/亩、10%醚菊酯悬浮剂65～130ml/亩、10%氯氰菊酯乳油35～45ml/亩，对水50kg喷雾。

也可以用：80%敌敌畏乳油1 000倍液、20%三唑磷乳油700倍液、2.5%氯氟氰菊酯乳油4 000倍液、5%丁烯氟虫腈胶悬剂2 500倍液、50%马拉硫磷乳油1 000倍液、2.5%溴氰菊酯乳油3 000倍液、20%氰戊菊酯乳油2 000～3 000倍液喷施。

5．大豆鼓粒成熟期病虫害防治技术

鼓粒成熟期是大豆积累干物质最多的时期，也是产量形成的重要时期(图8-154)。促进养分向籽粒中转移，促粒饱增粒重，适期早熟则是这个时期管理的重心。这个时期缺水会使秕荚、秕粒增多，百粒重下降。秋季遇旱无雨，应及时浇水，以水攻粒对提高产量和品质有明显影响。大豆黄熟末期为适收期。

图8-154　大豆鼓粒成熟期病虫为害情况

该时期豆天蛾、斜纹夜蛾、豆荚螟、赤霉病、荚枯病等发生为害较重，要重点喷药防治。

防治赤霉病、荚枯病等，可喷施：50%咪鲜胺锰盐可湿性粉剂1 500～2 500倍液、50%苯菌灵可湿性粉剂1 500倍液、25%咪鲜胺乳油1 500～2 000倍液、25%嘧菌酯悬浮剂1 000～2 000倍液等药剂。

防治大豆害虫，可喷施：2.5%氯氟氰菊酯水乳剂16～20ml/亩、20%氰戊菊酯乳油20～30ml/亩、20%甲氰菊酯乳油20ml/亩、12%吡虫啉·甲氰菊酯乳油20～40ml/亩，对水40～50kg均匀喷雾。

第九章 花生病虫害防治新技术

花生为豆科作物，是优质食用油主要的油料作物之一。花生起源于南美洲热带、亚热带地区。约于16世纪传入我国，19世纪末有所发展。世界上生产花生的国家有100多个，亚洲最为普遍，其次为非洲。但作商品生产的仅10多个国家，印度和中国栽培面积和生产量大。中国自1993年以来花生总产和消费量超过印度稳居世界之首，2017年，种植面积达460.7万hm^2，总产量达1 709.2万t。

我国花生分布很广，各地均有种植。主要分布于河南、山东、河北、安徽、广东、四川、湖北、辽宁等地。主产地区为河南、山东、河北、黄淮海地区以及东南沿海的海滨丘陵和沙土区。以农业自然区为基础可划分为7个花生产区：黄淮流域花生区；长江流域春、夏花生交作区；南方春、秋两熟花生区；东北早熟花生区；云贵高原花生区；黄土高原花生区；西北内陆花生区。

据报道，花生病虫草近100种，一般年份可造成花生损失10%～20%，严重年份可减产50%～70%。其中，病害有30多种，为害较重的有叶斑病、网斑病、锈病、茎腐病、根腐病、青枯病、白绢病等。虫害有50多种，为害较严重的有花生蚜、叶螨、蛴螬、棉铃虫、斜纹夜蛾、甜菜夜蛾等。

一、花生病害

1．花生褐斑病

【分布为害】我国各花生产区普遍发生，是分布最广、为害最重的病害之一。主要为害叶片，使叶片布满斑痕，造成茎叶枯死，特别是生育后期，症状表现比较明显，过去多被群众误认为是植株成熟的一般特征，往往未能引起足够的重视，实际上影响叶的光合效能，使荚果不饱满，降低产量和品质，一般可造成减产10%～20%，严重可达40%以上(图9-1)。

图9-1 花生褐斑病为害情况

【症　　状】主要为害叶片，发病初期，叶片上产生黄褐色或铁锈色、针头状小斑点，随着病害发展，逐渐扩大成圆形或不规则形病斑。叶正面病斑暗褐色，背面颜色较浅，呈淡褐色或褐色(图9-2)。病斑周围有黄色晕圈。在

图9-2 花生褐斑病为害叶片初期症状

潮湿条件下，大多在叶正面病斑上产生灰色霉状物，即病原分生孢子梗和分生孢子。发病严重时，叶片上产生大量病斑，几个病斑汇合在一起，常使叶片干枯脱落，仅留上部3～5个幼嫩叶片。严重时叶柄、茎秆也可受害，病斑为长椭圆形，暗褐色，中间稍凹陷(图9-3)。

图9-3 花生褐斑病为害茎秆症状

【病　　原】*Cercospora arachidicola* 称落花生尾孢，属无性型真菌(图9-4)。子座多散生于病斑正面，深褐色。分生孢子梗丛生或散生于子座上，黄褐色，具0～2个隔膜，不分枝，直或微弯，具5～7个隔膜，基部圆或平切。分生孢子无色或淡褐色，倒棒状、略弯曲，基部圆，顶端渐尖。有性态为 *Mycosphaerella arachidis* 称落花生球腔菌，属子囊菌亚门真菌。子囊壳近球形，子囊圆柱形或棒状，大小(27.0～37.8) μm × (7.0～8.4) μm，内生8个子囊孢子。子囊孢子双胞无色。

【发生规律】病菌以子座或菌丝团在病残体上越冬，也可以子囊腔在病组织中越冬。翌年遇适宜条件，产生分生孢子，借风雨传播，孢子落到花生叶片上，遇适宜温度和水滴，萌发产生芽管，直接穿透表皮进入组织内部，产生分枝型吸器汲取营养。在南方产区，春花生收获后，病残株上病原又成为秋花生的初次侵染源。春花生田有两个明显的发病高峰：第一发病高峰在开花下针期，为6月中下旬。第二发病高峰在花生的中后期，为8月中下旬。夏花生只有1个发病高峰，在8月下旬至9月上旬，发病程度轻于春花生。秋季多雨、气候潮湿，病害重；少雨干旱年份发病轻。土壤瘠薄、连作田易发病。老龄化器官发病重；底部叶片较上部叶片发病重。

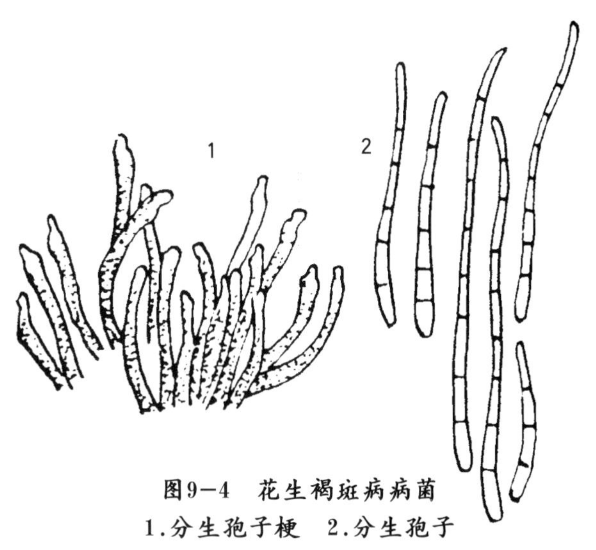

图9-4 花生褐斑病病菌
1.分生孢子梗 2.分生孢子

【防治方法】选用抗病品种，实行多个品种搭配与轮换种植，避免单一品种长期种植。重病田实行2年以上的轮作。避免偏施氮肥，增施磷钾肥，适时喷施叶面营养剂。雨后清沟排渍，降低田间湿度。花生收获后及时清洁田园，清除田间病残体，集中烧毁或沤肥，深耕土地，以减少病源。

花生发病初期，当田间病叶率达10%～15%时应及时施药防治，可用下列药剂：

80%代森锰锌可湿性粉剂600～800倍液+70%甲基硫菌灵可湿性粉剂800～1 000倍液；

75%百菌清可湿性粉剂600～800倍液+50%多菌灵可湿性粉剂600～800倍液；

50%福美双可湿性粉剂500～600倍液+25%联苯三唑醇可湿性粉剂600～800倍液；

50%硫磺·代森锰锌可湿性粉剂140～175g/亩；

50%硫磺·多菌灵可湿性粉剂160～240g/亩；

40%硫磺·百菌清可湿性粉剂150～200g/亩；

80%代森锌可湿性粉剂60～80g/亩；

80%代森锰锌可湿性粉剂60～75g/亩；

75%百菌清可湿性粉剂100～120g/亩。

对水40～50kg，均匀喷雾，视病情间隔7～15天施药1次，连续2～3次。

田间发病较多，多数叶片发现病斑时应加强防治，可喷施下列药剂：

12.5%烯唑醇可湿性粉剂25～33g/亩；

25%戊唑醇可湿性粉剂25～30g/亩；

25%代森锰锌·多菌灵可湿性粉剂100～200g/亩；

25%联苯三唑醇可湿性粉剂50～80g/亩；

36%甲基硫菌灵悬浮剂30～40ml/亩；

25%多菌灵·代森锰锌可湿性粉剂100～200g/亩；

70%多菌灵·硫磺·代森锰锌可湿性粉剂150～170g/亩；

10%苯醚甲环唑水分散粒剂20～40g/亩；

50%咪鲜胺锰络化合物可湿性粉剂50～60g/亩。

对水40～50kg，均匀喷雾，间隔5～7天施药1次，连续防治2～3次。

2．花生黑斑病

【分布为害】又称晚斑病，俗称“黑疸”或“黑涩”等，为国内外花生产区最常见的叶部真菌病害。在花生整个生长季节皆可发生，但其发病高峰多出现于花生的生长中后期，故有“晚斑”病之称。常造成植株大量落叶，致荚果发育受阻，产量锐减(图9-5)。

图9-5　花生黑斑病为害情况

【症　　状】黑斑病的症状与褐斑病大致相似，主要为害叶片、叶柄、茎和花柄。叶斑出现于叶正背两面，近圆形或圆形，暗褐色至黑褐色，叶片正反两面颜色相近。病斑周围通常没有黄色晕圈，或有较窄、不明显的淡黄色晕圈(图9-6)。在叶背面病斑上，通常产生许多黑色小点，即病原子座，呈同心轮纹状，并有一层灰褐色霉状物，即病原分生孢子梗和分生孢子。病害严重时，产生大量病斑，引起叶片干枯脱落(图9-7)。叶柄和茎秆发病，病斑椭圆形，黑褐色，病斑多时连成不规则大斑，严重的整个叶柄和茎秆变黑枯死(图9-8)。

图9-6　花生黑斑病为害叶片症状

图9-7　花生黑斑病为害叶片背面症状

图9-8 花生黑斑病为害茎部症状

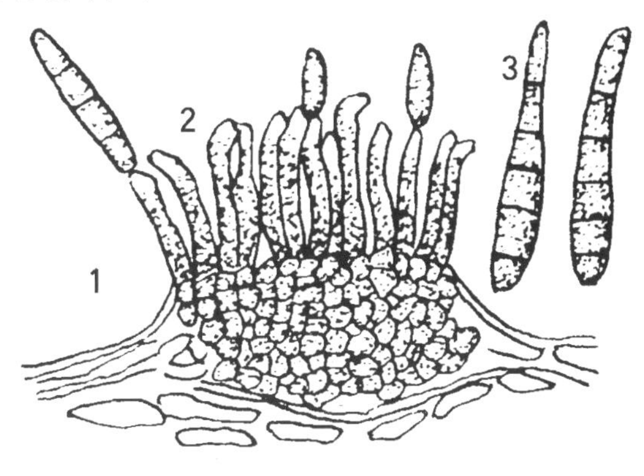

图9-9 花生黑斑病病菌
1.子座 2.分生孢子梗 3.分生孢子

【病 原】*Cercospora personata* 称球座尾菌，属无性型真菌(图9-9)。子实体生于叶两面，以叶背居多。梗座生于表皮下，近球形或长条形，褐色至黑色；子座生于表皮下，近球形或长条形，褐色至黑色。分生孢子梗直或稍弯曲，青褐色，色泽均匀，宽度较规则，具曲膝状折点1~3个，不分枝，平滑，孢痕疤明显，厚而突出，着生在折点处，具横隔膜0~1个。分生孢子暗青黄色，圆柱状，倒棍棒形，直立或略曲，顶部钝圆，基部倒圆锥平截，基脐明显，具1~8个横隔膜，多为5个，不缢缩。

【发生规律】病原以菌丝体或分生孢子座随病残体遗落土中越冬，或以分生孢子黏附在种荚、茎秆表面越冬。翌年遇合适条件时，越冬分生孢子或菌丝直接产生的分生孢子随风雨传播，为初侵染与再侵染接种体，从寄主表皮或气孔侵入致病。病斑首先出现在靠近土表的老叶上。病斑上产生的分生孢子成为田间病害再侵染源。在南方产区，春花生收获后，病残株上病原又成为秋花生的初次侵染源。叶片小而厚、叶色深绿、气孔较小的品种病情发展较缓慢。适温高湿的天气，尤其是植株生长中后期降雨频繁，田间湿度大或早晚雾大露重天气持续，最有利发病。连作地、沙质土或种植地土壤瘠薄，或施肥不足，植株长势差发病也较重。

【防治方法】因地制宜地选用抗病品种。适期播种，加强田间管理，合理密植，善管肥水，注意田间卫生等。花生收获后，及时清除田间病残体，集中烧毁或沤肥，以减少病原。

田间发现病情后及时防治，花生发病初期(图9-10)，可用下列药剂：

45%代森铵水剂400~500倍液+70%甲基硫菌灵可湿性粉剂800~1 000倍液；

75%百菌清可湿性粉剂600~800倍液+50%多菌灵可湿性粉剂600~800倍液；

65%代森锌可湿性粉剂400~600倍液+50%噻菌灵可湿性粉剂800~1 000倍液；

用对好的药液40~50kg/亩，均匀喷雾，视病情间隔7~15天施药1次。

田间发病较多(图9-11)，多数叶片出现病斑时应加强防治，可喷施下列药剂：

40%氟硅唑乳油6 000~8 000倍液；

图9-10　花生黑斑病为害初期症状

图9-11　花生黑斑病田间发生较多时症状

50%腐霉利可湿性粉剂800～1 000倍液；

70%甲基硫菌灵可湿性粉剂600～800倍液；

50%苯菌灵可湿性粉剂800～1 000倍液；

10%苯醚甲环唑水分散粒剂2 000～3 000倍液；

50%咪鲜胺锰络化合物可湿性粉剂800～1 000倍液；

用对好的药液40～50kg/亩，均匀喷雾，间隔5～7天施药1次，连续防治2～3次。

3．花生网斑病

【分布为害】花生网斑病在我国各花生产区均有发生。发病植株生长后期大量落叶，影响产量，一般可减产10%～20%，流行年份可造成减产20%～40%(图9-12)。

图9-12 花生网斑病为害情况

【症　　状】又称褐纹病、云纹斑病。主要发生在花生生长的中后期，以为害叶片为主，茎、叶柄也可受害。一般植株下部叶片先发病，在叶片正面产生褐色小点或星芒状网纹(图9-13)，病斑扩大后形成近圆形褐色至黑褐色大斑，边缘呈网状不清晰(图9-14)，直径可达1.5cm，表面粗糙，着色不均匀，病斑背面初期和中期不表现症状，只有当正面病斑充分扩展时，背面才出现褐色斑痕。网纹和斑点症状能在同一叶片上依次发展，或在个别叶片上独立发展。当外界条件不利时多出现网纹症状。叶柄和茎受害(图9-15)，初为一褐色小点，后扩展为长条形或椭圆形病斑，中央略凹陷，严重时引起茎叶枯死。后期病部有不明显的黑色小点(分生孢子器)。

【病　　原】*Phoma arachidicola* 称花生茎点霉，属无性型真菌(图9-16)。菌落呈白色至灰白色，厚垣孢子生于菌丝中，褐色球形。分生孢子器黑色，近球形，埋生或半埋生于病组织中，具孔口。分生孢

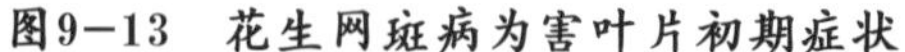

图9-13 花生网斑病为害叶片初期症状

图9-14 花生网斑病为害叶片后期症状

图9-15 花生网斑病为害茎部症状

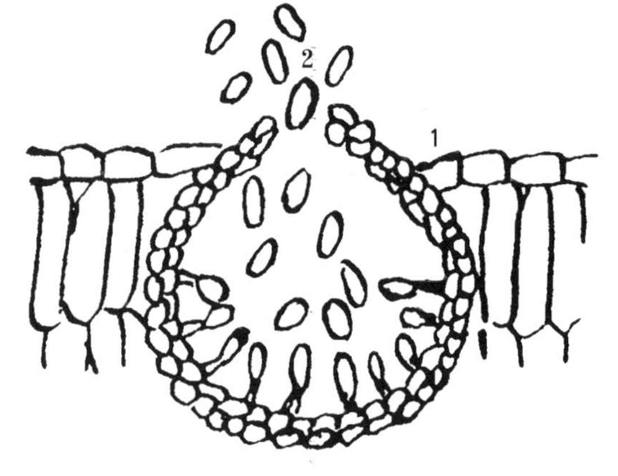

图9-16 花生网斑病病菌
1.分生孢子器 2.分生孢子

子无色，长椭圆形，多双胞，少数单胞、3胞或4胞，分隔处稍缢缩。

【发生规律】以菌丝和分生孢子器在病残体上越冬。翌年条件适宜时，从分生孢子器中释放分生孢子，借风雨传播进行初侵染。分生孢子产生芽管穿透表皮侵入，菌丝在表皮下呈网状蔓延，毒害邻近细胞，引起大量细胞死亡，形成网状坏死斑。病组织上产生分生孢子进行多次再侵染。在冷凉、潮湿条件下，病害发生严重，在适宜温度下，保持高湿时间越长发病越重。一般雨后10天左右便出现1次发病高峰。连作田比轮作田发病重，水浇地和涝洼地比旱地和干燥地发病重，覆膜田比露栽田发病重，平种比垄种发病重。不同品种感病程度存在很大差异。播后50日龄之前的植株很少发病，另外在感染褐斑病的叶片上不再发生网斑病。

【防治方法】控制花生网斑病应以农业防治为主，消灭初侵染源，注意选育种植抗病品种，必要时进行药剂防治。

冬前或早春深耕深翻，将越冬病原埋于地表20cm以下，可以明显减少越冬病原初侵染的机会。实行轮作能明显减轻病害，与小麦套种也可减轻病害的发生。适时播种，合理密植。施足底肥，不偏施氮肥，并适当增补钙肥。及时中耕松土，雨后及时排出田间积水，降低田间湿度。改平种为垄种也可减轻病害的发生。收获时彻底清除病株、病叶，集中烧毁或沤肥，以减少翌年病害初侵染源。

花生发病初期，当田间病叶率10%~15%时应及时施药防治，可用下列药剂：

50%福美双可湿性粉剂500倍液+12.5%烯唑醇可湿性粉剂600~1 000倍液；

75%百菌清可湿性粉剂600~800倍液+50%多菌灵可湿性粉剂600~800倍液；

80%代森锰锌可湿性粉剂600~800倍液+70%甲基硫菌灵可湿性粉剂800~1 000倍液，均匀喷雾，视病情隔7~15天施药1次，连续防治2~3次。

田间发病较重(图9-17)，多数叶片出现病斑时应加强防治，可喷施下列药剂：

图9-17 花生网斑病田间发病较多时症状

70%甲基硫菌灵可湿性粉剂600~800倍液；

50%苯菌灵可湿性粉剂800~1 000倍液；

12.5%腈菌唑乳油2 000~3 000倍液；

10%氟嘧菌酯乳油2 000~3 000倍液；

10%苯醚甲环唑水分散粒剂2 000~3 000倍液；

均匀喷雾，间隔5~7天施药1次，连续防治2~3次。

4. 花生茎腐病

【分布为害】花生茎腐病在各花生产区均有发生，以山东、江苏、河南、河北、陕西、辽宁、安徽、海南、广东等省发生较重。一般田块的发病率为10%~20%，严重时可达50%~60%，甚至颗粒无收。植株早期感病很快枯萎死亡，后期感病果荚常腐烂或种仁不满，严重影响花生的产量和品质(图9-18)。

图9-18　花生茎腐病为害情况

【症　　状】从苗期到成株期均可发生，期间有两个发病高峰，即苗期和结果期。为害子叶、根和茎等部位。种子萌发后即可感病，受害子叶黑褐色，呈干腐状，并可沿子叶柄扩展到茎基部，茎基受害初产生黄褐色、水渍状不规则形病斑，随后变为黑褐色腐烂，病株叶片变黄，萎蔫下垂，数天后即可枯死(图9-19)。潮湿条件下，病部密生黑色突起小点(分生孢子器)；干燥时病部皮层紧贴茎秆，髓中空。花生成株期多为害主茎和侧枝的基部，初期产生黄褐色水渍状病斑，以后病斑向上向下扩展，造成根、茎基变黑枯死，有时可扩展到茎秆中部，或直接侵染茎秆中部，使病部以上茎秆枯死，病部以下茎秆仍可生长。但最终仍向下扩展造成全枝和整株枯死。病部易折断，地下荚果不实或脱落腐烂(图9-20)。病部密生小黑点。

图9-19　花生茎腐病为害地上部症状

【病　　原】*Diplodia gossypina* 称棉壳色单隔孢或棉色二孢，属无性型真菌(图9-21)。有性态 *Physalospora rhodina* 称柑橘囊孢壳，属子囊菌门真菌。分生孢子器黑色，球形，生在寄主表皮下，有孔口突出寄主表皮外。分生孢子梗细长，不分枝，无色。分生孢子未成熟时，无色透明，单胞，椭圆形，成熟时变为暗褐色，双胞。菌落初白色，数天后变黑色。

图9-20 花生茎腐病为害茎基部症状

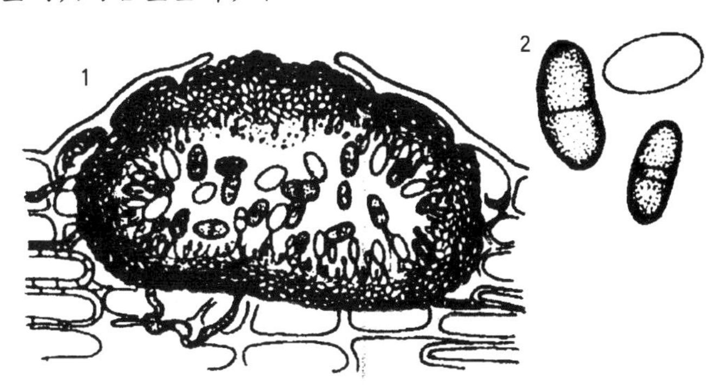

图9-21 花生茎腐病病菌
1.分生孢子器 2.分生孢子

【发生规律】病菌以菌丝和分生孢子器在花生种子或土壤中的病残体上越冬，成为翌年的初侵染源。花生茎腐病菌是一种弱寄生菌，主要从伤口侵入，尤其是从阳光直射和土表高温造成的灼伤侵入，也可直接侵入，但直接侵入潜育期长、发病率低。病菌在田间主要借流水、风雨传播，也可靠人、畜、农具在农事活动中传播，进行初侵染和再侵染。调运带菌的荚果、种子可使病害远距离传播。河南、山东6月中旬为发病高峰，7月底至8月初为发病的又一次高峰。苗期为最适侵染时期，其次为结果期。一般苗期雨水多，土壤湿度大，病害发生比较重。发病高峰常出现在降雨适中或大雨骤晴之后。种子带菌率高，发病重。花生生长后期分枝易被病菌侵染，造成枝条死亡。连作花生地发病重。春播花生病重，夏播花生病轻。低洼积水、沙性强、土壤贫瘠的土地发病重。使用花生病株茎蔓饲喂牲畜的粪肥，以及混有病残株未腐烂的土杂肥均会加重病害发生。

【防治方法】病田可与禾谷类作物和其他非寄主作物轮作，轻病田轮作1～2年，重病田轮作2～3年。不要与棉花、甘薯及豆类等寄主作物轮作。花生收获后及时清除田间病残体，并进行深翻。施足基肥，追施草木灰，根据土壤墒情，适时排灌。

播种前药剂浸种是预防花生茎腐病的有效措施，花生齐苗后和开花前是防治的关键时期。

药剂浸种，用25%多菌灵可湿性粉剂100倍液，倒入50kg种子浸种6～12小时，中间翻动2～3次，使种子把药液吸收。

也可用50%拌种双可湿性粉剂0.3%～0.5%种子量浸种，或以种子重量的0.2%～0.3%掺土拌种。

花生齐苗后和开花前，喷洒下列药剂：

70%甲基硫菌灵可湿性粉剂1 000倍液；

12.5%烯唑醇可湿性粉剂1 500倍液；

50%多菌灵可湿性粉剂600～800倍液；

50%苯菌灵可湿性粉剂1 500倍液，发病严重时，可间隔7～10天再喷1次。

或对发病集中的植株，用50%多菌灵可湿性粉剂500～600倍液或70%甲基硫菌灵可湿性粉剂800倍液灌根，从每穴花生主茎顶部灌200～250ml药液，顺茎蔓流到根部，防治效果很好。

5. 花生锈病

【分布为害】花生锈病主要分布在广东、广西、福建、海南等东南沿海地区和江苏、山东、河南、河北、湖北、辽宁等地区。东南沿海地区发病最重。发病后，一般减产15%，严重时减产50%。该病除对产量影响外，使出仁率和出油率也显著下降。

【症　　状】花生锈病在各个生育阶段都可发生，但以结荚期以后发生严重。叶片染病，叶背初生针尖大小的疹状白斑，叶面呈现黄色小点，以后叶背病斑变淡黄色，圆形，随着病斑扩大，病部突起呈黄褐色。表皮破裂后，露出铁锈色的粉末，即病原夏孢子堆和夏孢子。病斑周围有一狭窄的黄晕。叶上密生夏孢子堆后，很快变黄干枯，似火烧状(图9-22至图9-25)。其他部位染病，夏孢子堆与叶片上的相似。被害植株多先从底叶开始发病，逐渐向上蔓延，叶色变黄，最后干枯脱落，重病株较矮小，提早落叶枯死，收获时果柄易断、落荚。

【病　　原】*Puccinia arachidia* 称落花生柄锈菌，属担子菌门真菌(图9-26)。夏孢子圆形，黄褐色，表面有细小的刺，中央有2个对称排列的发芽孔。夏孢子发芽的温度范围为16～26℃，以20℃为最适，超过26℃不利于发芽。夏孢子萌发需要水滴和氧，在湿度饱和或缺氧的情况下不能萌发。夏孢子萌发的适宜pH值6～7。据观察，夏孢子在适温、有水滴的条件下1小时就可萌发，12小时后就形成压力胞，再过3小时就可侵入花生叶片。

【发生规律】南方花生产区，锈病可于春花生、夏花生和秋花生以夏孢子辗转侵染，也可在秋花生

图9-22　花生锈病为害叶片初期症状

图9-23　花生锈病为害叶片中期叶背症状

图9-24 花生锈病为害叶片后期正面症状

图9-25 花生锈病为害叶片后期叶背症状

落粒长出的自生苗上以及病残体、花生果上越冬，为来年的初侵染源。夏孢子可借气流、风雨传播，在叶片具有水膜的条件下进行再侵染。花生生长期的温度都能满足病菌孢子发芽需要。高湿，温差变化大，易引起病害的流行。氮肥过多，密度过大，通风透光不良能加重病害发生。春花生早播发病轻，迟播发病重；秋花生早播发病重，反之则轻。旱地花生和小畦种植的病害轻于水田和大畦花生。田间自生苗多，越冬菌源量大，翌年锈病发生就严重。

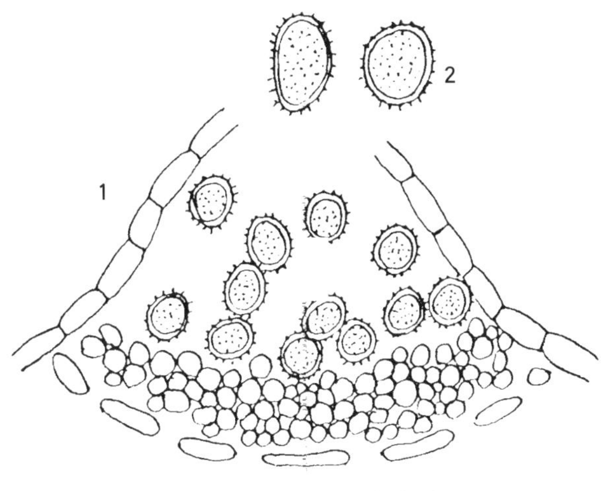

图9-26 花生锈病病菌
1.夏孢子堆 2.夏孢子

【防治方法】选种抗病、耐病品种。实行1～2年轮作。因地制宜调节播期，南方花生区春花生应在惊蛰前种植，改大畦为小畦，合理密植，及时中耕除草，做好排水沟、降低田间湿度。增施磷钾肥。清洁田园，及时清除病蔓及自生苗，秋花生于白露后播种。

花生开花期，可喷施75%百菌清可湿性粉剂500～600倍液；

70%代森锰锌可湿性粉剂800倍液+25%三唑酮可湿性粉剂800～1 000倍液等药剂预防。

适期检查早播、低湿的地，当发病株率达15%～30%或近地面1～2叶有2～3个病斑时，进行喷药防治。间隔7～10天喷药1次，连续防治3～4次。可喷施下列药剂：

40%福美双·拌种灵可湿性粉剂500倍液；
40%拌种双可湿性粉剂500倍液；
40%拌种灵·拌种双可湿性粉剂500倍液；
25%三唑酮可湿性粉剂1 000～1 500倍液；
10%苯醚甲环唑水分散粒剂2 000～2 500倍液；
12.5%烯唑醇可湿性粉剂1 000～2 000倍液；
25%丙环唑乳油1 000～2 000倍液；
25%咪鲜胺乳油800～1 000倍液；
15%三唑醇可湿性粉剂1 000～1 500倍液，喷药时加入0.2%展着剂(如洗衣粉等)有增效作用。

6．花生根腐病

【分布为害】各花生产区均有发生，一般为零星发生。病田发病率为10%左右，严重时可达20%～30%。

【症　状】花生出苗前，可侵染刚萌发的种子，造成烂种。幼苗发病，病原侵染花生幼苗地下部，主根变褐色，植株矮小枯萎。成株期受害，通常表现慢性症状，开始表现暂时萎蔫，随后叶片失水褪绿、变黄，叶柄下垂(图9–27)。主根根颈部出现稍凹陷的长条形褐色病斑，根端呈湿腐状，皮层变褐腐

图9－27　花生根腐病为害地上部症状

烂，易脱离脱落，无侧根或极少，形似鼠尾，植株逐渐枯死(图9–28)。土壤湿度大时，近土面根颈部可长出不定根，病株一时不易枯死(图9–29)。病株地上部矮小，生长不良，叶片变黄，开花结果少，且多为秕果。病原也可侵染进入土内的果针和幼嫩荚果。果针受害后使荚果易脱落在土内。病原和腐霉菌复合感染荚果，可使得荚果腐烂。

【病　原】为多种镰孢菌，包括 *Fusarium solani* 称茄类镰孢，*F. oxysporum* 称尖孢镰孢，*F. roseum* 称粉红镰孢，*F. tricinctum* 称三线镰孢，*F. moniliforme* 称串珠镰孢等，均属无性型真菌，都产生小分生孢子、大分生孢子和厚垣孢子。小分生孢子无色，圆筒形，多单胞。大分生孢子镰刀形或新月形，具3～5个分隔。厚垣孢子单生或串生，近球形。

【发生规律】病原在土壤、病残体和种子表面越冬。翌年条件适宜时，由植株根部伤口或表皮侵

图9-28 花生根腐病为害根部症状

图9-29 花生根腐病为害根部不定根症状

入。在田间，病原主要靠风雨和农事操作传播蔓延，在病株上产生分生孢子进行再侵染。病原腐生性强，厚垣孢子能在土壤中残存很长时间。苗期如遇低温阴雨，土壤湿度大的情况下，可造成病害大面积发生。种子带菌率高，发病重。连作田、黄黏土、土层浅薄的砂砾地发病重。过度密植，枝叶过于茂盛或杂草丛生，通风透气不良，利于发病。土壤肥力不足，花生生长缓慢，植株矮小，可加重病情。

【防治方法】选用抗病品种。播种前精选种子，淘汰病弱种子。可与小麦、玉米等禾本科作物轮作，轻病田隔年轮作，重病田3～5年轮作。花生长出2～3叶时应淋苗水，严禁在盛花期、雨前或久旱后猛灌水，午后不能小水浅灌，以免烫伤花生根部。大雨过后要及时做好田间排水工作。施足底肥，增施磷、钾肥，施用的厩肥要充分腐熟。田间发现病株应立即拔除，集中烧毁，花生收获后及时清除田间植株和病残体，集中烧毁或堆沤。

种子处理，播前翻晒种子，剔除变色、霉烂、破损的种子，并用种子重量0.3%的40%三唑酮·多菌灵可湿性粉剂拌种，密封24小时后播种。或用下列药剂进行种子处理：

25g/L咯菌腈悬浮种衣剂60～80g/100kg种子；

350g/L精甲霜灵种子处理乳剂35～70ml/100kg种子；

25%多菌灵·福美双·毒死蜱悬浮种衣剂400～500g/100kg种子。

及时施药预防控病，齐苗后加强检查，发现病株随即采用喷雾或淋灌施药封锁中心病株。可选用下列药剂：

15%络氨铜水剂300倍液；

77%氢氧化铜可湿性粉剂500～800倍液；

80%乙蒜素乳油800～1 000倍液；

50%福美双可湿性粉剂500倍液+50%多菌灵可湿性粉剂600～800倍液；

45%代森铵水剂400～600倍液+70%甲基硫菌灵可湿性粉剂800～1 000倍液；

70%甲基硫菌灵可湿性粉剂600～800倍液；

50%苯菌灵可湿性粉剂800～1 000倍液；

50%咪鲜胺锰盐可湿性粉剂800～1 000倍液。

均匀喷雾或喷淋根部，视病情间隔5～7天施药1次。

7．花生焦斑病

【分布为害】该病在我国各花生产区均有发生，严重时田间病株率可达100%。在急性流行情况下可在很短时间内，引起大量叶片枯死，造成严重损失(图9-30)。

图9-30　花生焦斑病为害情况

【症　　状】主要为害叶片，也可为害叶柄、茎和果针。先从叶尖或叶缘发病，病斑楔形或半圆形，由黄变褐，边缘深褐色，周围有黄色晕圈(图9-31)，后变灰褐、枯死破裂，如焦灼状，上生许多小黑点即病菌子囊壳。叶片中部病斑初与黑斑病、褐斑病相似，后扩大成近圆形褐斑。该病常与叶斑病混生，有明显胡麻状斑。在焦斑病病斑内有黑斑病、褐斑病或锈病斑点。收获前多雨情况下，该病出现急性症状。茎及叶柄染病，病斑呈不规则形(图9-32)，浅褐色，水渍状，上生病菌的子囊壳。叶片上产生圆形或不定形黑褐色小渍状大斑块，迅速蔓延造成全叶枯死(图9-33)，变黑褐色，并发展到叶柄、茎、果针上。

【病　　原】*Leptosphareulina crassiasca* 称落花生小光壳，属子囊菌门真菌。子囊壳散生在寄主表皮内，后露出，褐色，近球形，壁厚，孔口有短乳状突起。子囊初无色透明，近卵圆形，成熟时黄褐色，内生8个子囊孢子。子囊孢子椭圆形，浅褐色，具1～2个纵隔和3～4个横隔，隔膜处缢缩。

【发生规律】病菌以子囊壳和菌丝体在病残体上越冬或越夏，遇适宜条件释放子囊孢子，借风雨传播至花生叶片上，萌发芽管直接穿入花生叶片表皮细胞。病斑上产生新的子囊壳，放出子囊孢子进行再

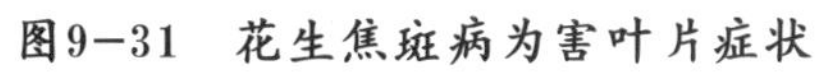
图9-31 花生焦斑病为害叶片症状

图9-32 花生焦斑病为害茎部症状

图9-33 花生焦斑病为害后期症状

侵染。高温高湿有利于孢子萌发和侵入。田间湿度大、土壤贫瘠、偏施氮肥发病重。黑斑病、锈病等发生重，焦斑病发生也重。

【防治方法】适当密植，播种密度不宜过大。施足基肥，增施磷钾肥，适当增施草木灰，增强植株抗病力。雨后及时排水降低田间湿度。收获后清除田间病残体，集中烧毁和沤肥。

花生开花初期，可用下列药剂：

80%代森锰锌可湿性粉剂600～800倍液+70%甲基硫菌灵可湿性粉剂1 000倍液；

75%百菌清可湿性粉剂600～800倍液+50%多菌灵可湿性粉剂1 000倍液，均匀喷雾。

花生焦斑病发病初期(图9-34)，可喷施下列药剂：

70%甲基硫菌灵可湿性粉剂1 000～1 500倍液；

6%戊唑醇悬浮种衣剂800～1 000倍液；

50%苯菌灵可湿性粉剂1 000～1 500倍液；

12.5%烯唑醇可湿性粉剂800～1 500倍液；

2%嘧啶核苷类抗生素水剂200～300倍液，间隔10～15天施药1次，连续防治2～3次。

图9-34 花生焦斑病为害初期症状

8．花生炭疽病

【分布为害】在我国各花生产区均有发生，尤以南方产区较为普遍，造成叶片干枯，影响植株结荚，降低荚果产量(图9-35)。

【症 状】主要为害叶片，植株下部叶片发生较多。先从叶缘或叶尖发病，从叶尖侵入的病斑沿主脉扩展呈楔形、长椭圆或不规则形；从叶缘侵入的病斑呈半圆形或长半圆形，病斑褐色或暗褐色，有不明显轮纹，边缘黄褐色(图9-36和图9-37)，病斑上着生许多不明显小黑点即病菌分生孢子盘。

【病 原】*Colletotrichum truncatum* 称平头刺盘孢，属无性型真菌。分生孢子盘浅盘状，埋生于寄

图9-35 花生炭疽病为害情况

图9-36 花生炭疽病为害叶片初期症状

图9-37 花生炭疽病为害叶片后期症状

主表皮下，成熟时突破表皮外露；盘上周生数量不等的刚毛，刚毛褐色至黑褐色，由下向上渐细，具1～2个隔膜。分生孢子短棒状或新月形，两端钝圆，单胞，无色，中具一个近透明的油点。

【发生规律】病菌以菌丝体和分生孢子盘随病残体遗落土中越冬，或以分生孢子黏附在荚果或种子上越冬。土壤病残体和带菌的荚果和种子就成为翌年病害的初侵染源。分生孢子为初侵与再侵接种体，借雨水溅射或小昆虫活动而传播，从寄主伤口或气孔侵入致病。温暖高湿的天气或植地环境有利发病；连作地或偏施过施氮肥、植株生势过旺的地块往往发病较重。

【防治方法】应采取以农业防治为基础，喷药预防为保证的综合防治措施。重病区注意寻找抗病品种。提倡轮作。清除病株残体，深翻土壤，加强栽培管理，合理密植，增施磷钾肥，整治植地排灌系统，雨后及时清沟排渍，降低田间湿度。

播前连壳晒种，精选种子，并用种子重量0.3%的70%甲基硫菌灵+70%百菌清(1：1)可湿性粉剂或45%三唑酮·福美双可湿粉拌种，密封24小时后播种。

病害发生初期，可喷施下列药剂：

50%多菌灵可湿性粉剂500倍液+80%福美双·福美锌可湿性粉剂500～600倍液；

70%甲基硫菌灵可湿性粉剂800倍液+70%代森锰锌可湿性粉剂600～800倍液；

25%溴菌清可湿性粉剂600～800倍液；

50%咪鲜胺锰盐可湿性粉剂800～1 000倍液等药剂，间隔7～15天1次，连喷2～3次，交替喷施。

9．花生条纹病毒病

【分布为害】又称花生轻斑驳病。山东、河北、河南、江苏和安徽等花生产区田间发病率在50%以上，常年流行，多数地块达到100%。长江流域及其以南花生种植区，该病害仅在少数地块零星发生。

【症　　状】花生染病后，先在顶端嫩叶上出现褪绿斑块，后发展成深浅相间的斑驳状，沿叶脉形成断续的绿色条纹或像叶状花斑或一直呈系统性的斑驳症状(图9-38)。叶片上症状通常一直保留到植株生长后期。发病早的植株矮化，叶片明显变小。该症状与花生斑驳病症状相似，有时两种或三种病毒复合侵染，产生以花叶为主的复合症状。

图9-38　花生条纹病毒病病叶

【病　　原】Peanut strip virus，简称PStV，称花生条纹病毒，属马铃薯Y病毒组。病毒粒体线状，病组织细胞质内具正筒形风轮状内含体。

【发生规律】病毒在带毒花生种子内越冬，成为翌年病害主要初侵染源，芝麻、鸭跖草也是初侵染源。生产上由于种子传毒形成病苗，田间发病早，花生出苗后10天即见发病，到花期出现发病高峰。在田间通过豆蚜、桃蚜等蚜虫以非持久性传毒方式传播蔓延。种子带病率越高，发病越重。早期发病的花生，种传率高；小粒种子带毒率较大粒种子高；品种间传毒率差异也较明显。花生出苗后20天内的降水量是影响传毒蚜虫发生量和该病流行的主要因子。凡花生苗期降雨多的年份，蚜虫少，病害也轻；反之，病害则重。蚜虫发生严重的地块，发病重。

【防治方法】选用抗病毒病品种。由于该病种传率较高，容易通过种子调运而扩散，严禁从病区向外调运种子。无病田留种，选用无毒种子。及时防治蚜虫，尤其是花生苗期的蚜虫。早期拔除种传病苗，以减少田间再侵染。花生与小麦、玉米、高粱等作物间作，可减少病毒的传播。提倡覆盖地膜或播种后行间铺银灰膜。

在花生4片真叶时，喷施下列药剂：

10%吡虫啉可湿性粉剂2 000～2 500倍液；

3%啶虫脒乳油1 000～2 000倍液；

50%抗蚜威可湿性粉剂1 000～1 500倍液；

40%氧化乐果乳油1 000～2 000倍液，间隔7天，连喷3次，可有效地控制花生蚜和病毒病的发生程度。

在病害发生初期，也可喷施下列药剂：

5%菌毒清水剂200～300倍液；

20%盐酸吗啉胍·乙酸铜可湿性粉剂500～600倍液；

0.5%香菇多糖水剂300～500倍液；

1.5%植病灵乳剂500～1 000倍液等，每隔5～7天喷1次，连续喷2～3次。

10．花生普通花叶病

【分布为害】该病又称花生矮化病毒病、花生普通病毒病。分布于河南、河北、辽宁、山东等北方花生产区。该病害属于暴发性流行病害，一般年份零星发生，大流行年份则发生严重，给花生生产带来严重损失。该病害对花生影响大，病株形成小果和畸形果，早期发病株可减产30%～50%。

【症　　状】是系统性侵染病害。病株开始在顶端嫩叶上出现叶脉颜色变浅，有的出现褪绿斑(图9-39)，后发展成绿色与浅绿相间的普通花叶症状，沿侧脉出现辐射状小的绿色条纹及小斑点，叶片狭长，叶缘呈波状扭曲，病株中度矮化或不矮化，种荚变小。后期该病也与花生斑驳病毒病混合发生，混合为害。

图9-39　花生普通花叶病病叶

【病　　原】Peanut stunt virus-Mi，简称(PSV-Mi)，称花生矮化病毒，属黄瓜花叶病毒组。病毒粒体球形，直径30nm，钝化温度55～60℃，体外保毒期3～4天，稀释限点100～1 000倍。

【发生规律】以种子带毒为主，成为田间的初侵染源。受感染的刺槐也是病害的另一个初侵染源。田间靠豆蚜、桃蚜等蚜虫以非持久方式传毒，在花生生育后期进入发病高峰。蚜虫发生与病害流行关系密切。花生生长前期降雨量少，旱情严重可引起蚜虫大发生，病害发生重。

【防治方法】选用耐病品种，以减轻病害的为害。无病地选留种子，或从无病区调种。花生种植区内除去刺槐花叶病树均可有效地减少或杜绝病害初侵染源，达到防病的目的。

药剂防治可参考花生条纹病毒病。

11．花生黄花叶病毒病

【分布为害】又称花生花叶病。属多发性流行病害。流行年份，发病率可达90%以上。显著影响花生的品质和产量，早期发病花生减产30%～40%。主要在河北、辽宁、山东以及北京等沿渤海湾花生产区流行为害。

【症　　状】花生出苗后即见发病。初在顶端嫩叶上现褪绿黄斑，叶片卷曲，后发展为黄绿相间的黄花叶、网状明脉和绿色条纹等症状(图9–40)。病害发生后期症状有减轻趋势。该病害典型黄花叶症状易与其他花生病毒病相区别。但该病害常和花生条纹病毒病混合发生，症状不易区分。

图9–40　花生黄花叶病毒病病叶

【病　　原】Cucumber mosaic virus，简称CMV，为黄瓜花叶病毒。

【发生规律】病毒通过带毒花生种子越冬，成为第二年病害主要初侵染源。此外菜豆等寄主也可成为该病初侵染源。种传病苗出土后即表现症状，田间靠蚜虫传播扩散。在病害流行年份，早在花生花期即可形成发病高峰。种子带毒率直接影响病害的流行程度。带毒率越高，发病越严重。豆蚜、大豆蚜、桃蚜和棉蚜有较高传毒效率。蚜虫发生早、发生量大，病害流行就严重。品种间抗病性差异显著。花生苗期降雨量、温度与这一时期蚜虫发生、病害流行密切相关。花生苗期降雨少、温度高年份，蚜虫发生量大，病害严重流行。雨量多，温度偏低年份，蚜虫发生少，病害轻。

【防治方法】加强检疫，不从病区调用种子。种植抗病性较好的品种。从无病区调种，选种无病种子。选择轻病地留种也可以减少毒源，减轻病害发生。早期拔除种传病苗，以减少田间再侵染。及时防治蚜虫，减少由蚜虫引起的再侵染。

药剂防治可参考花生条纹病毒病。

12．花生斑驳病毒病

【分布为害】花生斑驳病毒病是我国北方花生的重要病害，一般年份，株发病率50%左右，减产20%左右；大发生年份，株发病率80%～100%，减产30%～40%。

【症　　状】发生普遍，是整株系统性侵染病害。病株矮化不明显或不矮化。上部叶片形成深绿与浅绿相嵌的斑驳、斑块或坏死斑，常在叶片中部或下部沿中脉两侧形成不规则形或楔形、箭戟形斑驳，也有的在叶片上部边缘现半月形的斑驳(图9-41和图9-42)，病株的荚果大多变小，结果少，种皮上出现紫斑，部分果仁变成紫褐色。

【病　　原】花生斑驳病毒，Peanut mottle virus，简称PMoV，属马铃薯Y病毒组。病毒粒体线状，长740～750nm，钝化温度54～65℃，稀释限点100 000~1 000 000倍。

图9-41　花生斑驳病毒病病叶

图9-42　花生斑驳病毒病为害后期症状

【发生规律】花生斑驳病毒在花生的种仁内越冬。发病早的花生植株，其种仁带毒率高。带毒种子在田间形成的病苗是花生斑驳病毒病的初次侵染来源。病害的传染靠蚜虫，主要是花生蚜。以有翅蚜传毒为主。吸食病株的蚜虫转害健株时即可将病毒传给健株，引起健株发病，造成病害的蔓延和流行。另外，还可通过植株接触和嫁接传染。早播、发病早的田块是晚播田的传染源。调运带毒种子可进行远距离传播。发病高峰期与第一蚜高峰期，即有翅蚜高峰期有密切关系，发病高峰期在有翅蚜高峰期后20天左右出现。地膜春花生在5月中下旬至6月上旬发病，露地春花生在5月下旬至6月上中旬发病，夏花生在6月下旬至7月上旬发病。花生出苗后的有翅蚜高峰期是斑驳病毒的侵染高峰期；有翅蚜高峰期出现得越早，蚜株率越高，蚜量越大，病株的快速扩散期就越早，发病就越重。

【防治方法】选用带毒率低的花生种或培育无毒花生种。地膜覆盖栽培花生不但可以提高地温，保水保肥，疏松土壤，改善土壤环境，而且可以驱避蚜虫，减少传毒，是防病增产的重要措施。

花生斑驳病毒病的防治适期是播种期和出苗期。花生出苗前对花生蚜的主要繁殖场所及寄主进行全面喷药防治，如对刺槐和麦田等进行全面喷药。花生田治蚜要在花生30%出苗时和齐苗期防治2次。选用下列药剂：

10%吡虫啉可湿性粉剂1 000～1 500倍液；

25%辛硫磷·氰戊菊酯乳油1 500倍液；

50%抗蚜威可湿性粉剂1 000倍液；

30%抗蚜威·乙酰甲胺磷可湿性粉剂1 500～2 000倍液；

2.5%高效氯氟氰菊酯乳油3 000倍液喷雾防治。

13．花生冠腐病

【分布为害】又称花生黑霉病、花生曲霉病。多在花生苗期发生，成株期较少，造成缺苗10%以下，严重的可达50%以上。分布于各花生产区。

【症　　状】花生出苗前发病，病原侵染果仁，引起果仁腐烂，病部长出黑色霉状物，造成烂种。出苗后发病，病原通常侵染子叶和胚轴结合部位。受害子叶变黑腐烂，受侵染根颈部凹陷，呈黄褐至黑褐色，随着病情的加重，表皮纵裂，呈干腐状，最后只剩下破碎的纤维组织(图9-43)。维管束变紫褐色，病

图9-43　花生冠腐病为害植株症状

部长满黑色的霉状物，即病原分生孢子梗和分生孢子。病株因失水，很快枯萎死亡。

【病　　原】*Aspergillus niger* 称黑曲霉，属无性型真菌。分生孢子梗无色或淡色，顶端膨大成球形，球体表面再长出许多分枝，分枝顶端再长出小分枝，黑褐色，顶端再生一串分生孢子。分生孢子球形，褐色。

【发生规律】病原以菌丝或分生孢子在土壤、病残体或种子上越冬。种子带菌率有的可达90%以上，带菌率高的通常病害发生严重，土壤带菌是病害另一重要初侵染源。播种后越冬病原产生分生孢子侵入子叶和胚芽，严重者苗死亡不能出土，轻者出土后根颈部病斑上产生分生孢子，借风雨、气流传播进行再侵染。花生团棵期发病最重。种子质量的好坏是影响发病重要因素，种子带菌率高，发病重。高温多湿，间歇性干旱与大雨交替会促进病害发生。低温等不良气候条件延迟花生出苗，也能加重病害。排水不良、管理粗放、土壤有机质少的地块发病重。连作花生田易发病。

【防治方法】注意种子质量，播前精选种子，选饱满无病，没有霉变的种子。合理轮作，轻病地与玉米、高粱等非寄主作物轮作1年，重病地轮作2～3年均可减轻病害。加强田间管理。播种不宜过深，不施未腐熟有机肥，雨后及时排除积水。

播种前种子处理是防治花生冠腐病的有效措施，花生齐苗后和开花前是防治该病的关键时期。

种子处理，可用种子重量0.2%～0.5%的50%多菌灵可湿性粉剂拌种或药液浸种；

也可用种子重量0.5%～0.8%的25%菲醌粉剂；

0.2%的50%福美双可湿性粉剂拌种。

花生齐苗后和开花前，喷洒下列药剂：

50%多菌灵可湿性粉剂600～800倍液；

70%甲基硫菌灵可湿性粉剂600～1 000倍液；

50%苯菌灵可湿性粉剂1 000～1 500倍液，发病严重时，间隔7～10天再喷1次。

对发病集中的植株，可用50%多菌灵可湿性粉剂或70%甲基硫菌灵可湿性粉剂以800倍液灌根，从花生主茎顶部灌200～250ml/穴，顺茎蔓流到根部，防治效果很好。

14．花生青枯病

【分布为害】该病主要分布于广东、广西、福建、江西、湖南、湖北、江苏和安徽等地，尤以南方各省(区)发病严重。随着病区的扩大，山东、辽宁、河北、河南等地也有发生，且部分地区逐渐严重。一般发病率10%～20%，严重的达50%以上，甚至绝收。花生感病后常全株死亡，造成损失严重(图9–44)。

【症　　状】是典型的维管束病害，从苗期到收获期均可发生，以花期最易发病。主要侵染根部，致主根根尖变褐软腐，根瘤墨绿色。病原从根部维管束向上扩展至植株顶端。纵切根茎部，初期导管变浅褐色，后期变黑褐色。横切病部，呈环状排列的维管束变成深褐色，在湿润条件下或用手捏压时溢出浑浊的白色细菌脓液。病株上的果柄、荚果呈黑褐色湿腐状。病株最初表现萎蔫，早上延迟开叶，午后提前合叶。通常是主茎顶梢第1、2片叶首先表现症状，1～2天后，全株叶片从上至下急剧凋萎，叶色暗淡，呈绿色，故称“青枯”(图9–45和图9–46)。

【病　　原】*Ralstonia solanacearum* 称青枯劳尔氏菌，属细菌。菌体短杆状，两端钝圆，具极生鞭毛1～4根，无芽孢和荚膜，革兰氏染色阴性。在牛肉汁琼脂培养基上菌落圆形，直径2～5mm，光滑，稍有突起，乳白色，具荧光反应，6～7天后渐变褐色后失去致病力。

【发生规律】病菌主要在土壤中、病残体及未充分腐熟的堆肥中越冬，带菌杂草以及用病株做饲料

图9-44　花生青枯病为害田间症状

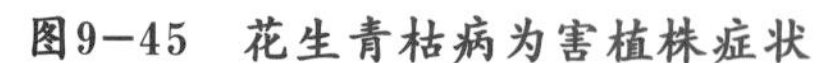

图9-45　花生青枯病为害植株症状

图9-46　花生青枯病为害根部症状

的牲畜粪便也是传染源之一，成为翌年主要初侵染源。病原从寄主植物的根部、茎部伤口或自然孔口侵入，然后通过皮层进入维管束。病原在维管束内蔓延，并能侵入皮层和髓部薄壁组织的细胞间隙。由于病原分泌的果胶酶分解细胞间的中胶层，致使细胞腐烂。病根、病茎腐烂以后，细菌散布土壤内，借流水、人畜、农具、昆虫等传播。在花生的整个生育期都能发生，花期达到发病高峰。普通丛生型品种发病重；高温有利于病害发生。时晴时雨，雨后骤晴最有利于病害的流行。连作地、黏土发病重；土层浅、有机质含量低、排水不良、保水保肥差的地块发病重。

【防治方法】选用抗病品种，大力推广水旱轮作或花生与冬小麦轮作。增施无病有机肥料，对酸性土壤可施用石灰，降低土壤酸度，减轻病害发生。通过深耕、深翻、严整土地等措施，提高土壤保水、保肥能力。适期播种，合理密植，以利通风透光。施足基肥，增施磷、钾肥，适施氮肥，定期喷施叶面肥，增强抗逆性。及时开挖和疏通排水沟，实行高畦地膜栽培，避免雨后积水。田间发现病株，应及时拔除，带出田间集中深埋，并用石灰消毒。铲除田地周围的杂草，花生收获后及时清除病残体，减少田间病源。

由于此病是一种维管束病害，发病后进行药剂防治，通常难以达到治疗效果，目前尚无很好的药剂，应该在病害发生前和发病初期喷药预防。可用下列药剂：

85%三氯异氰尿酸可溶性粉剂500~600倍液；

50%氯溴异氰尿酸可溶性液剂1 000~1 200倍液；

72%农用硫酸链霉素可溶性粉剂3 500~4 000倍液；

25%络氨铜水剂300~500倍液；

77%氢氧化铜可湿性粉剂500倍液喷淋根部，间隔7~10天喷1次，连喷3~4次防治。

15．花生根结线虫病

【分布为害】花生根结线虫病又称花生根瘤线虫病，俗称地黄病、地落病、黄秧病等，是世界性的重要线虫病害之一。我国最早发现于山东省，目前在山东、安徽、河北、湖北、广东等十几个省(市、区)均有发生，其中，以山东、河南发病最为普遍且较严重。一般减产20%~30%，严重的减产达70%~80%，有的甚至绝收，严重影响花生产量和质量。

【症　　状】根结线虫由2龄幼虫从幼嫩组织侵入，形成不规则形根结。花生被侵染后，植株上的叶片黄化瘦小，叶片焦灼，萎黄不长。根结线虫从花生的根端侵入后，使主根尖端逐渐形成纺锤状或不规则的虫瘿，虫瘿上再生根毛，根毛上又生虫瘿，致使整个根系形成乱发似的须根团(图9-47至图9-49)。线虫也可侵染荚果，成熟荚果上的虫瘿呈褐色疮痂状突起，幼果上的虫瘿乳白色略带透明状。识别这一病虫害时，要注意虫瘿与根瘤的区别。虫瘿长在根端，呈不规则状，表面粗糙并有许多小根毛；根瘤则着生在根的一侧，圆形或椭圆形，表面光滑，压碎后流出红色或绿色汁液。

【病　　原】花生根结线虫主要有两个种：*Meloidogyne hapla* 称北方根结线虫和 *M. arenaria* 称花生根结线虫，均属植物寄生线虫。前者雌虫梨形或袋形，排泄孔位于口针基球后，会阴花纹圆至卵圆形，背弓低平，侧线不明显，近尾尖处常有刻点，近侧线处无不规则横纹；雄虫蠕虫形，头区隆起，与体躯界限明显，侧区具4条侧线，头感器长裂缝状，幼虫头端平或略呈圆形，头感器明显；排泄孔位于肠前端，直肠不膨大，尾部向后渐变细。雌虫乳白色，梨形，口针基部球向后略斜，会阴花纹圆或卵圆形，近尾尖处无刻点，近侧线处有不规则横纹。雄虫细长灰白，头略尖，尾钝圆。幼虫半月体紧靠排泄孔前，直肠膨大，尾部向后渐细，末端较尖。

【发生规律】一年发生3代，以卵和幼虫在土壤中的病根、病果壳虫瘤内外越冬，也可混入粪肥越冬。翌年气温回升，卵孵化变成1龄幼虫，蜕皮后为2龄幼虫，然后出壳活动，从花生根尖处侵入，在细胞间隙和组织内移动。变为豆荚形时头插入中柱鞘吸取营养，刺激细胞过度增长导致巨细胞形成。二次

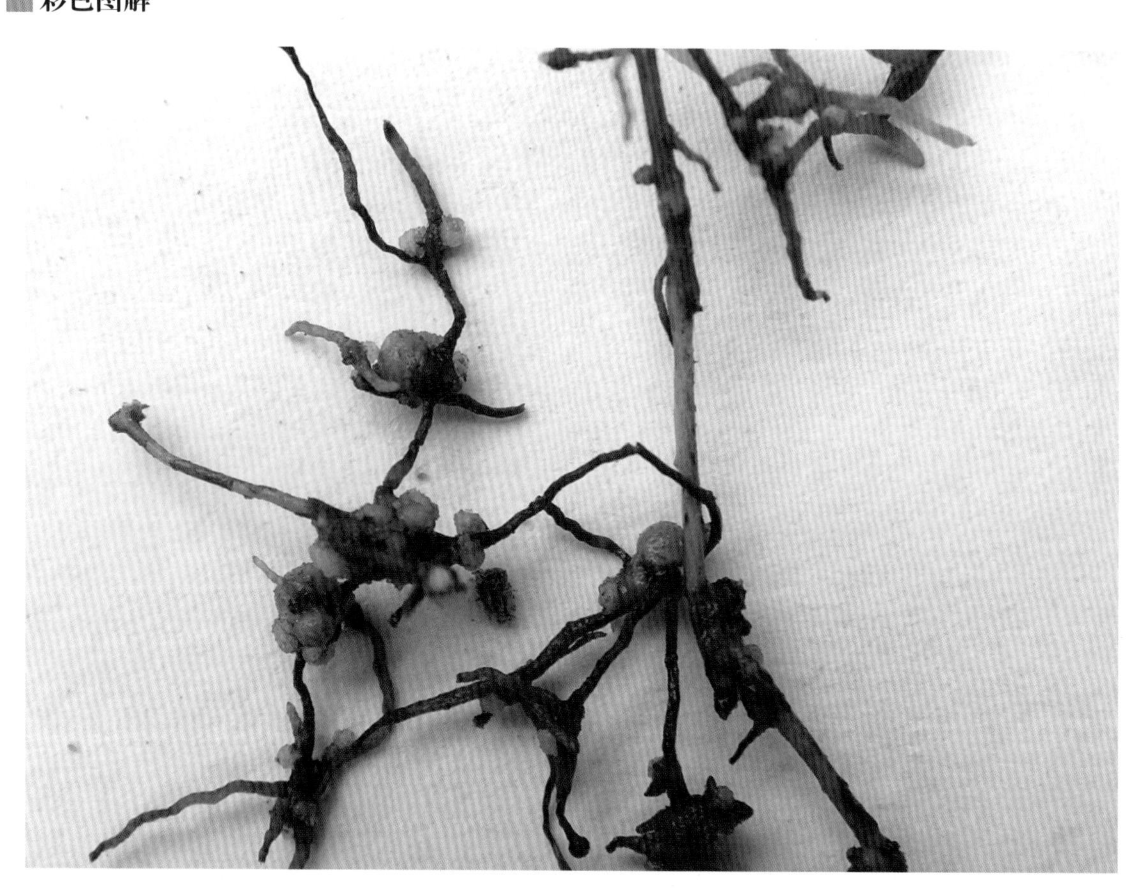

图9-47　花生根结线虫病根部根结症状

图9-48　花生根结线虫病为害根部症状

蜕皮变为3龄幼虫，再经二次蜕皮变为成虫。雌雄交尾后，雄虫死去，雌虫产卵于胶质卵囊内，卵囊存在于虫瘤内或露于其外，雌虫产卵后死亡，卵在土壤中分期分批孵化进行再侵染。线虫侵染盛期为5月中旬至6月下旬。线虫主要分布在40cm土层内，在沙土中平均每天移动1cm，主要靠病田土壤传播，也可通过农事操作、水流、粪肥、风等传播，野生寄主也能传播。线虫随土壤中水分多少上下移动。干旱年份易发病，雨季早、雨水大、植株生长快发病轻。沙壤土或沙土、瘠薄土壤发病重。连作田、管理粗放、杂草多的花生田易发病。

图9-49　花生根结线虫病病健株比较

【防治方法】严格执行检疫制度，防止蔓延，不从病区调种，以防传入无病区。如需从病区引种时，要测定花生荚果含水量，如在8%以下时(虫瘿内线虫即死亡)，可以调运。与禾谷类作物或甘薯等非寄主作物轮作2～3年，有条件的地区实行水旱轮作。清除花生田内外寄主杂草，以消灭其他寄主上的病源。深翻晒土，增施有机肥料。修建排水沟，忌串灌。病田就地收刨，单收单打。收获时深刨病根，进行晒棵或集中烧毁；收获后清除田间病残体。

花生播种前，撒施下列药剂：

0.5%阿维菌素颗粒剂3～4kg/亩；

10%噻唑磷颗粒剂2kg/亩；

5%灭线磷颗粒剂6～7kg/亩；

5%丁硫克百威·毒死蜱颗粒剂3～5kg/亩；

5%丁硫克百威颗粒剂3kg/亩；

3%氯唑磷颗粒剂4kg/亩；

10%克线磷颗粒剂2～3kg/亩。

拌细沙或泥粉20～30kg撒施，施药后覆土。施药后1～2周播种。

也可以用1.8%阿维菌素乳油1ml/m^2，稀释2 000～3 000倍液后，用喷雾器喷雾，然后用钉耙混土，该法对根结线虫有良好的效果。阿维菌素对作物很安全，使用后可很快移栽，并且使用不受季节的限制。

16．花生白绢病

【分布为害】花生白绢病广泛分布于世界各花生产区，在江苏、福建、湖南、广东、广西、河南、江西、安徽、湖北等地均有发生，尤以长江流域和南方各花生产区发生较重。近年来在全国花生区逐年加重，已上升为主要病害，严重的发病率也可高达30%以上(图9-50)。

图9-50　花生白绢病为害情况

【症　　状】多在花生成株期发生，主要为害茎部、果柄及荚果。发病初期茎基部组织呈软腐状，表皮脱落，严重的整株枯死。土壤湿度大时可见白色绢丝状菌丝覆盖病部和四周地面(图9-51)，在合适条件下菌丝蔓延至植株中下部茎秆，并在分枝间、植株间蔓延。后产生油菜籽状白色小菌核(图9-52)，最后变黄土色至黑褐色。根茎部组织染病，呈纤维状，终致植株干枯而死(图9-53和图9-54)。病株叶片变黄，边缘焦枯，最后枯萎而死，受侵害果柄和荚果长出很多白色菌丝，呈湿腐状腐烂。

【病　　原】*Sclerotium rolfsii* 称齐整小核菌，属无性型真菌。菌丝白色，有明显缔状联接菌丝，每节具两个细胞核；在产生菌核之前可产生较纤细的白色菌丝，细胞壁薄，有隔膜，无缔状联结，常3～12条平行排列成束。菌丝细胞壁呈纤维状。

【发生规律】以菌核或菌丝在土壤中或病残体上越冬，种子和种壳也可带菌传病。为初侵染病源。翌年菌核萌发，产生菌丝，从植株根茎基部的表皮或伤口侵入，也可侵入子房柄或荚果。在田间靠流水或昆虫传播蔓延。高温、高湿、土壤黏重、排水不良、低洼地及多雨年份易发病。雨后马上转晴，病株迅速枯萎死亡。连作地、播种早发病重，管理不善，杂草丛生或自生苗很多的田里白绢病也常很严重。土壤黏重，排水不良、田间湿度大的田块发病重。有机质丰富，落叶多，植株长势过旺倒伏，病害特别严重。

【防治方法】选种抗病品种或无病种子。合理轮作，水旱轮作或与水稻、小麦、玉米等禾本科作物

图9-51 花生白绢病根部白色菌丝

图9-52 花生白绢病根颈部菌核

图9-53 花生白绢病为害植株初期症状

图9-54　花生白绢病为害植株后期症状

进行3年以上轮作。不在低洼地和土壤黏结、排水不良的地块种花生。春花生适当晚播，苗期清棵蹲苗，提高抗病力。提倡施用充分沤制的堆肥或腐熟有机肥，改善土壤通透条件。加强田间管理，清沟排渍，合理密植，中耕除草。加强防治地下害虫，尽量避免花生根部受伤。花生收获后清除田间病残体，集中烧毁或掩埋，然后深翻土地，把菌核深埋于土壤中，减少翌年的初始菌源。

药剂拌种：可选用40%五氯硝基苯粉剂或45%三唑酮·福美双可湿性粉剂或40%三唑酮·多菌灵可湿性粉剂按种子重量0.2%～0.3%拌种；

或用种子重量0.5%的50%多菌灵可湿性粉剂拌种。

在白绢病发生初期或花生封垄前，可用下列药剂：

28%多菌灵·井冈霉素悬浮剂1 000～1 500倍液；

24%噻呋酰胺悬浮剂2 000～2 500倍液；

50%异菌脲可湿性粉剂1 000～2 000倍液；

50%腐霉利可湿性粉剂1 000～1 500倍液；

25%丙环唑乳油1 000～2 000倍液；

70%甲基硫菌灵可湿性粉剂800～1 000倍液；

50%苯菌灵可湿性粉剂1 000～1 500倍液；

20%甲基立枯磷乳油500～1 000倍液喷淋植株根茎部，每株喷淋100～200ml药液，前密后疏，喷匀淋透，间隔7～15天1次，交替施用2～3次。

17．花生菌核病

【分布为害】是花生小菌核病和花生大菌核病的总称，花生大菌核病又称花生菌核茎腐病。该病害在我国南北花生产区均有发生，但为害不大。通常以小菌核病为主，个别年份或个别地块为害较重。

【症　　状】花生菌核病常发生在花生生长后期，主要为害根部及根颈部，也能为害茎、叶、果针及果实。叶片染病，病斑暗褐色，近圆形，具不明显轮纹。潮湿时，病斑呈水渍状软化腐烂。茎部发病，病斑初为褐色，后变为深褐色，最后呈黑褐色(图9–55)。造成茎秆软腐，植株萎蔫枯死。在潮湿条件下，病斑上布满灰褐色绒毛状霉状物和灰白色粉状物，即病菌菌丝、分生孢子梗和分生孢子。花生将近收获时，茎的皮层及木质部之间产生大量小菌核，有时菌核能突破表皮外露。果针受害后，收获时易断裂。荚果受害后变为褐色，在表面或荚果里生白色菌丝体及黑色菌核，引起籽仁腐败或干缩(图9–56)。

图9–55　花生菌核病为害根茎基部症状

【病　　原】*Sclerotinia arachidis* 称核盘菌，属无性型真菌。

【发生规律】病菌以菌核在病残株、荚果和土壤中越冬，菌丝体也能在病残株中越冬。第2年小菌核萌发产生菌丝和分生孢子，有时产生子囊盘，释放出子囊孢子，多从伤口侵入。分生孢子和子囊孢子借风雨传播，菌丝也能直接侵入寄主。大菌核病菌菌核萌发产生子囊盘，释放子囊孢子并进行侵染。通常连作地病害重。高温、高湿促进病害扩展蔓延，进一步加重病情。

图9–56　花生菌核病为害荚果症状

【防治方法】重病田应与小麦、谷子、玉米、甘薯等作物轮作，可以减轻病害发生。花生生长期进行深中耕，将菌核埋入土中防止生成子囊盘，减少传病机会。田间发现病株立即拔除，集中烧毁。花生收获后清除病株，进行深耕，将遗留在田间的病残株和菌核翻入土中，可减少菌源，减轻病害。

发病初期喷洒下列药剂：

40%菌核净可湿性粉剂800～1 200倍液；

50%异菌脲可湿性粉剂1 000～1 500倍液；

25%咪鲜胺锰盐乳油1 000倍液；

50%乙烯菌核利可湿性粉剂1 000倍液，间隔7～10天再补喷1次。

18.花生疮痂病

【分布为害】该病在局部地区流行。整个生育期均可发病，造成植株矮缩、病叶变形，严重影响花生的产量与质量。发病重的田块，所造成的减产可高达50%以上。

【症　　状】可为害植株叶片、叶柄、托叶、茎部和果针。病株新抽出的叶片扭曲畸形。初为褪绿色小斑点，后病叶正、背面出现近圆形小斑点，淡黄褐色，边缘红褐色，病斑中部稍下陷(图9–57)。叶背主脉或侧脉上发病，病斑常连生成短条状，锈褐色，表面呈木栓化粗糙。严重时叶片上病斑密布，全叶皱缩、歪扭。叶柄上的病斑卵圆形至短梭形，通常比叶片上的病斑稍大，褐色至红褐色，中部下陷，边缘稍隆起。有的呈典型“火山口”状，斑面龟裂，木栓化粗糙更为明显。茎部发病，病斑与叶柄上病斑相同，但病斑常连合并绕茎扩展。果针症状与叶柄上的相同，但有的肿大变形，荚果发育明显受阻(图9–58)。

图9–57　花生疮痂病为害叶片症状

图9–58　花生疮痂病为害荚果症状

【病　　原】落花生痂圆孢菌 *Sphaceloma arachidis*，属无性型真菌。分生孢子盘褐色至黑褐色，浅盘状，盘上无刚毛，初埋生后突破表皮外露。分生孢子梗圆形或圆锥形，透明，密生于分生孢子盘上，成栅栏状。分生孢子单胞，无色。

【发生规律】病菌在病残体上越冬。以分生孢子作为初侵染与再侵染的接种体，借风雨传播侵染致病。春天借风、雨传播进行初侵染和再侵染。也可靠带菌土壤传播。低温阴雨有利于该病的发生。连作地有利于该病的发生。

【防治方法】发病地避免连作，可与禾本科作物进行3年以上轮作。采用地膜覆盖可减轻病害的发生。烧毁有病的茎叶，并且不能用有病茎叶作为堆肥而施入花生地里。

发病初期喷施下列药剂：

50%苯菌灵可湿性粉剂1 500倍液；

70%甲基硫菌灵可湿性粉剂1 000倍液；

75%百菌清可湿性粉剂600～800倍液；

80%代森锰锌可湿性粉剂300～400倍液；

12.5%烯唑醇可湿性粉剂1 500倍液；

10%苯醚甲环唑水分散粒剂2 000倍液；

30%苯醚甲环唑·丙环唑乳油2 000～2 500倍液，间隔7～10天喷1次，连续2～3次。

19.花生灰霉病

【分布为害】主要发生于我国南方花生产区。南方地区，春季如遇长期低温阴雨天气，引起此病广泛流行，可给花生生产带来很大损失。

【症　　状】花生灰霉病主要发生在花生生长前期，为害叶片、托叶和茎，顶部叶片和茎最易染病。被害部初生圆形或不规则形水浸状病斑，似开水烫一样(图9–59)。天气潮湿时，病部迅速扩大，变褐色，呈软腐状，表面密生灰色霉层，后导致地上部局部或全株腐烂死亡。天气转晴，湿度变小，病株仍可恢复生长或抽出新枝。天气干燥时，叶片上病斑近圆形，淡褐色。茎基部和地下部荚果也可受害，变褐腐烂，病部产生黑色菌核。

图9–59　花生灰霉病为害叶片症状

【病　　原】*Botrytis cinerea* 称灰葡萄孢菌，属无性型真菌。分生孢子梗无分枝，有分隔。分生孢子椭圆形或卵圆形，成葡萄状聚集在分生孢子梗顶端。菌核长1～5mm，黑色，坚硬，形状不规则。

【发生规律】病菌主要以菌核的形式随病残体在土壤中越冬。条件适宜时菌核萌发长出菌丝和分生孢子，成为病害的主要初侵染源。病组织上产生的分生孢子通过风雨，在田间可引起反复的再侵染。品种抗病性有差异。病害发生适宜气温在20℃以下，长期低温阴雨有利于病害流行。当气温回升时，病害停止发展。水田花生由于湿度大，病害发生早，发生重。

【防治方法】选用抗病品种。适时播种，不宜过早。遇低温阴雨天气，应注意开沟排水，降低田间湿度。天晴后及时追肥，促进病株恢复生长。

发病初期如遇持续低温多雨天气，可及时喷施下列药剂：

50%多菌灵可湿性粉剂 1 000～1 500倍液；

50%甲基硫菌灵可湿性粉剂800～1 000倍液；

75%百菌清可湿性粉剂 1 000倍液；

50%腐霉利可湿性粉剂1 500～2 000倍液；

50%异菌脲可湿性粉剂1 000～1 500倍液；

40%三唑酮·多菌灵可湿性粉剂1 000～1 500倍液。

二、花生生理性病害

花生缺素症

【症　　状】

缺氮：叶片浅黄，叶片小，影响果针形成及荚果发育。从老叶开始或上下同时发生，严重时叶片变成白色，茎部发红，根瘤少，植株生长不良，分枝少(图9-60)。

图9-60　花生缺氮症状

缺磷：老叶先呈暗绿色到蓝绿色，渐变黄，植株矮小(图9-61)，茎秆细瘦呈红褐色，根系、根瘤发育不良，根毛变粗，籽仁成熟晚且不饱满。

图9-61 花生缺磷症状

缺钾：初叶色稍变暗，接着叶尖出现黄斑，后叶缘出现浅棕色黑斑。致叶缘组织焦枯，叶脉仍保持绿色，叶片易失水卷曲(图9-62)，生长受抑制，荚果少或畸形。

图9-62 花生缺钾症状

缺铁：缺铁时叶肉失绿，严重的叶脉也褪绿(图9-63)。

图9-63　花生缺铁症状

缺锰：早期叶脉间呈灰黄色，到生长后期时，缺绿部分即呈青铜色，叶脉仍然保持绿色，没有大豆那样明显。

缺钙：荚果发育差，影响籽仁发育，形成空果。缺钙时常形成“黑胚芽”。苗期缺钙严重时，造成叶面失绿，叶柄断落或生长点萎蔫死亡，根不分化等。

缺镁：老叶边缘褪绿，渐变橘黄色，后焦枯(图9-64)，顶部叶片叶脉间失绿，茎秆矮化，严重缺镁会造成植株死亡。

图9-64　花生缺镁症状

缺硫：症状与缺氮类似，但缺硫时一般顶部叶片先黄化(或失绿)，而缺氮时多先从老叶开始黄化或上下同时黄化。

缺硼：幼苗期叶脉黄化，或出现灼烧状，叶片边缘很薄(图9–65)，开花期延迟，荚果发育受抑制，造成籽仁“空心”，影响品质。

图9–65 花生缺硼症状

缺钼：叶片向内卷曲，叶面形成斑点，叶脉间褪色，只有叶脉保持绿色(图9–66)。

图9–66 花生缺钼症状

【病　因】

缺氮：花生对氮肥不大敏感，但前作施入有机肥少或土壤含氮量低或降雨多氮被雨水淋失及沙土、砂壤土阴离子交换少的土壤易缺氮，试验表明每千克纯氮，可增收花生荚果3～8kg。

缺磷：花生对磷肥反应较敏感，当田间施用有机肥不足或地温低影响磷的吸收时也会出现缺磷症状。

缺钾：如果土壤含钾量很低，它对钾的反应也很敏感，花生对石灰及石膏中的钙较敏感，因此，它对钾的反应，会因缺钙而受到限制。当土壤中速效氧化钾低于90mg/kg时，就会出现缺钾。

缺铁：一般土壤中不缺铁，但土壤中影响有效铁因素很多，如石灰性土壤中，含碳酸钠或重碳酸氢钠较多，pH值高时，使铁呈难溶的氢氧化铁而沉淀或形成溶解度很小的碳酸盐，大大降低了铁的有效性。此外，雨季加大了铁离子的淋失，这时正值花生旺长期，对铁需要量大，易造成缺铁。

缺锰：石灰性土壤中，代换性锰的临界值为2～3mg/kg，还原性锰的临界值为100mg/kg，低于这些数值，花生就会出现缺锰。

缺钙：酸性土壤或施用氮肥、钾肥过量会阻碍钙的吸收和利用。

缺镁：土壤中镁含量低或土壤中不缺镁，但由于施钾过量影响了花生对镁的吸收。

缺硫：花生对硫也较敏感，试验表明花生田经常施用的磷肥为过磷酸钙，其中含有一定的硫。如果施用不含硫的过磷酸钙或硝酸磷肥，土壤中可能缺硫。

【防治方法】

防止缺氮：一是施足有机肥；二是接种根瘤菌，增施磷肥促其自身固氮；三是始花前10天每亩施用硫酸铵5～10kg，最好与有机肥沤制15～20天后施用。

防止缺磷：每亩用过磷酸钙15～25kg与有机肥混合沤制15～20天作基肥或种肥集中沟施。

防止缺钾：一是施用草木灰150kg；二是每亩用氯化钾或硫酸钾5～10kg。必要时叶面喷施0.3%磷酸二氢钾。

防止缺铁：一是基施易溶性的硫酸亚铁(又称黑矾)，其含铁量19%～20%，每亩施入0.2～0.4kg，最好与有机肥或过磷酸钙混施；二是用0.1%硫酸亚铁水溶液浸种12小时；三是在花针期或结荚期喷施0.2%硫酸亚铁水溶液，间隔5～6天喷1次，连续喷施2～3次。

防止缺锰：用23%～24%易溶的硫酸锰每亩1～2kg作基肥，必要时可用0.05%～0.1%硫酸锰溶液浸种或叶面喷施，间隔7～10天再喷1次。

防止缺钙：酸性土施入适量石灰、石灰性土壤施入适量石膏(硫酸钙)，硫酸钙是一种生理酸性肥料，除供给花生钙和硫外，也可用于改良盐碱土，施用量每亩50～100kg，也可在花期追施，每亩25kg左右，必要时用0.5%硝酸钙叶面喷施。

防止缺镁：必要时喷施0.5%硫酸镁溶液。

防止缺硫：适当施入硫酸铵或含硫的过磷酸钙。

三、花生虫害

据报道，我国已发现的花生虫害有50多种，为害较严重的有花生蚜、叶螨及蛴螬等。其中花生蚜在山东、河南、河北等地区发生较重；叶螨分布在各花生产区；地下害虫蛴螬以我国北方发生较普遍。

1．花生蚜

【分　　布】花生蚜(*Aphis medicaginis*)属同翅目蚜科。分布在全国各地，山东、河南、河北受害重，局部地方密度大，可以成灾。是花生上的一种常发性害虫，从播种出苗到收获期均可为害花生，受害花生一般减产20%～30%，严重者减产50%～60%。

【为害特点】在花生尚未出土时，蚜虫就能钻入土内在幼茎嫩芽上为害，花生出土后，多聚集在顶端心叶及嫩叶背面吸取汁液，受害后的叶片严重卷缩(图9–67)。开花后主要聚集于花萼管及果针上为害，果针受害虽能入土，但荚果不充实，秕果多。受害严重的花生，植株矮小，生长停滞。猖獗发生时，蚜虫排出大量蜜露，引起霉菌发生，使花生茎叶变黑，甚至整株枯萎死亡。

图9－67　花生蚜为害症状

【形态特征】成虫可分为有翅胎生雌蚜和无翅胎生雌蚜2种。有翅胎生雌蚜体长1.5～1.8mm，黑色或黑绿色，有光泽；触角6节，第1～2节黑褐色，3～6节黄白色，节间淡褐色，第3节较长，上有4～7个感觉圈，排列成行；翅基、翅痣和翅脉均为橙黄色，后翅具中脉和肘脉；腹部第1～6节背面各有硬化条斑，第1节、7节各具腹侧突1对；腹管细长，黑色，有覆瓦状花纹；尾片乳突状，黑色，明显上翘，两侧各生刚毛3根。无翅胎生雌蚜体长1.8～2.0mm，体较肥胖，黑色或紫黑色有光泽，体被甚薄的蜡粉；触角6节，约为体长的2/3，第1～2、6节及第5节末端黑色，其余黄白色，腹部第1～6节背面隆起，有一块灰色斑，分节界限不清；各节侧缘有明显的凹陷；足黄白色、胫节、腿节端部和跗节黑色；腹管细长，黑色，约为尾片2倍。卵长椭圆形，初产下为淡黄色，后变草绿色至黑色。幼虫与成蚜相似。若蚜体小，灰紫色，体节明显，体上具薄蜡粉(图9–68)。

【发生规律】花生蚜一年发生20～30代。主要以无翅胎生雌蚜和若蚜在背风向的山坡、地堰、沟边、路旁的荠菜等十字花科及地丁等宿根性豆科杂草或豌豆上越冬，少量以卵越冬。在华南各省能在豆科植物上继续繁殖，无越冬现象。翌年早春在越冬寄主上大量繁殖，后产生有翅蚜，向麦田内的荠菜、槐树及春豌豆等豆科寄主上迁飞，形成第一次迁飞高峰，而后，花生幼苗期迁入花生田，于花生开花前期和开花期，条件适宜，蚜量急增，形成为害高峰。5月底至6月下旬花生开花结荚期是该蚜虫为害盛期。花生收获前产生有翅蚜，迁飞到夏季豆科植物上越夏，秋播花生出苗后又迁入花生田为害，一直到晚秋产生有翅蚜交尾产卵越冬。花生蚜的繁殖和为害与温、湿度有密切关系，平均温度10～24℃最适其发生。在适温范围内，相对湿度在50%～80%，有利其繁殖。湿度低于40%或高于85%，持续7～8天，蚜量则急剧下降。遇暴雨，对蚜虫有冲杀作用。另外，天敌如瓢虫、草蛉、食蚜蝇、蚜茧蜂等，对其发生有抑制作用。

图9-68 无翅胎生蚜及若蚜

【防治方法】清除田间地头的杂草、残株、落叶，并烧毁，以减少虫口密度。

春季在其第1次迁飞之后，结合沤肥，清除杂草；并在“三槐”上喷洒杀虫剂，以消灭虫源。播种时进行土壤处理，可减少蚜虫的为害。

一般年份在5月下旬至6月上旬展开田间蚜量调查，在防治时应注意蚜虫有隐蔽为害、发生世代多、繁殖快的特点，应根据虫情测报的情况而定。如天气干旱、蚜墩率达30%或百墩的蚜量达1 000头以上时，即应防治。

播种前，可用30%噻虫嗪种子处理悬浮剂200～400ml/100kg种子拌种。

在有翅蚜向花生田迁移高峰后2～3天，用下列药剂：

10%吡虫啉可湿性粉剂1 500～2 000倍液；

50%马拉硫磷乳油50ml/亩；

50%抗蚜威可湿性粉剂50～60g/亩；

25g/L溴氰菊酯乳油20～25ml/亩；

25%亚胺硫磷乳油1 000～1 500倍液；

50%喹硫磷乳油1 500～2 000倍液；

2.5%高效氯氟氰菊酯乳油2 000～3 000倍液；

50%辛硫磷乳油1 500～2 000倍液；

40%毒死蜱乳油1 000～1 500倍液喷雾防治，每亩用药液75～100kg。

2．叶螨

【分布为害】我国为害花生的叶螨有朱砂叶螨(*Tetranychus cinnabarinus*)、二斑叶螨(*T. urticae*)、截形叶螨(*T. truncatus*)等均属真螨目叶螨科。分布于中国北京、山东、河北、内蒙古、甘肃、陕西、河南、江苏、台湾、广东、广西等地。

【为害特点】成、若螨聚集在叶背面刺吸叶片汁液，叶片正面出现黄白色斑，后来叶面出现小红点，为害严重的，红色区域扩大，致叶片焦枯脱落，状似火烧。朱砂叶螨是优势种，常与其他叶螨混合发生，混合为害(图9-69至图9-72)。

图9-69 叶螨为害花生叶片症状

图9-70 叶螨为害花生叶片背面症状

图9-71　叶螨为害花生叶片后期症状

图9-72　叶螨为害花生田间症状

【形态特征】可参考棉花虫害——朱砂叶螨、二斑叶螨、截形叶螨。

【发生规律】可参考棉花虫害——朱砂叶螨、二斑叶螨、截形叶螨。

【防治方法】在加强田间害螨监测的基础上，在点片发生阶段即时进行挑治，以免暴发为害。在叶螨发生的早期，可使用杀卵效果好且残效期长的药剂，如使用5%噻螨酮乳油1 500～2 000倍液，20%螨死净可湿性粉剂3 000倍液或10%喹螨醚乳油3 000倍液，但通常这类药剂对成螨无效，对幼若螨有一定效果，因而在田间大发生时不要使用。

当田间种群密度较大，并已经造成一定为害时，可使用速效杀螨剂。可使用的药剂有：

15%哒螨灵·噻嗪酮乳油3 000～4 000倍液；

5%唑螨酯悬浮剂3 000倍液；

1.8%阿维菌素乳油2 000～4 000倍液；

10%虫螨腈乳油2 000～3 000倍液；

20%双甲脒乳油1 000～2 000倍液；

73%炔螨特乳油2 000～3 000倍液；

20%甲氰菊酯乳油1 500～2 000倍液；

2.5%联苯菊酯乳油1 500～2 500倍液，间隔7～10天再喷1次。

这些药剂对活动螨体效果好，但对卵效果差。以上药剂应轮换使用，以免害螨产生抗药性。为了提高药效，可在上述药液中混加300倍液的洗衣粉或300倍液的碳酸氢铵，喷药时应采取淋洗式的方法，务求喷透喷匀。

3．蛴螬

【分　　布】蛴螬是鞘翅目金龟甲总科幼虫的总称。其成虫通称金龟子。蛴螬在我国分布很广，各地均有发生，但以我国北方发生较普遍。据资料记载，我国蛴螬的种类有1 000多种，为害花生的有40多种。其中，华北大黑鳃金龟(*Holotrichia diomphalia*)、暗黑鳃金龟(*Holotrichia parallela*)、铜绿丽金龟(*Anomala carpulenta*)为优势种。

【为害特点】蛴螬的食性很杂，是多食性害虫，为害作物幼苗、种子及幼根、嫩茎。蛴螬主要在地下为害，咬断幼苗根茎，切口整齐，造成幼苗枯死，或蛀食块根、块茎，造成孔洞，使作物生长衰弱，影响产量和品质。同时，被蛴螬造成的伤口有利于病菌的侵入，诱发其他病害(图9-73和图9-74)。成虫金龟子主要取食植物地上部分的叶片，有的还为害花和果实。

【形态特征】可参考小麦虫害——蛴螬。

【发生规律】可参考小麦虫害——蛴螬。

【防治方法】可参考小麦虫害——蛴螬。

图9-73　蛴螬为害花生荚果症状

图9-74 蛴螬为害花生果实严重时症状

4. 花生新黑地蛛蚧

【分布为害】花生新黑地蛛蚧(*Neomargarodes gossypi*)属同翅目，珠蚧科。是近年来在花生上新发现的一种突发性害虫，主要寄主是花生、大豆、棉花及部分杂草等。以幼虫在根部为害，刺吸花生根部吸取营养，致侧根减少，根系衰弱，生长不良，植株矮化，叶片自下而上变黄脱落。前期症状不明显，开花后逐渐严重，轻者植株矮小、变黄、生长不良；重者花生整株枯萎死亡，受害植株很似病害，地下部根系腐烂，结果少而秕，收获时荚果易脱落(图9-75)。严重影响花生的产量和品质，一般田块减产10%～30%，严重地块达50%以上。

【形态特征】雌成虫(图9-76)：体长4.0～8.5mm，宽3～6mm。体粗壮，阔卵形，背面向上隆起，腹面较平；体柔韧，乳白色，多皱褶，密被黄褐色柔毛，特别是前足间毛长且密；触角短粗，塔状，6节；前足为开掘足，特别发达，爪极粗壮而坚硬，黑褐色。雄成虫(图9-77)：体长2.5～3.0mm，棕褐色；复眼朱红色，很大；触角黄褐色栉齿状。胸部宽大，前胸背板宽大，黑褐色，前缘白色，两侧生有许多褐色长毛；中胸背板褐色，前盾片隆起呈圆球形，盾片中部套折形成1横沟，翅基肩片1对；腹部各节背面各具1对褐色横片，第6, 7腹节的褐色横片狭小；前翅发达，前缘黄褐色，中段呈

图9-75 花生新黑地蛛蚧发生为害情况

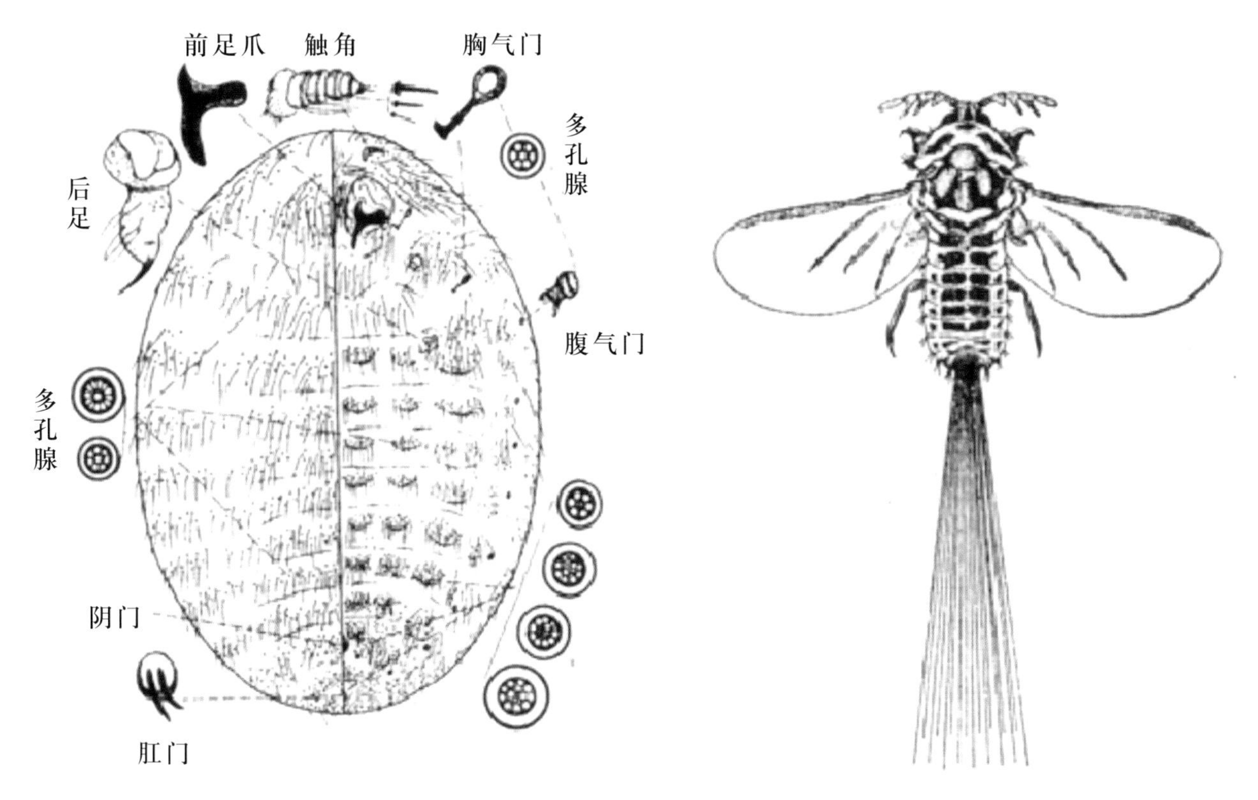

图9－76 花生新黑地蛛蚧雌成虫

图9－77 花生新黑地蛛蚧雄成虫

齿状，后缘臀角处有1指状突出物，翅脉为2条不明显的纵脉；后翅退化成平衡棒。卵：椭圆形或卵圆形，长0.5～55mm，宽0.3～0.35mm，乳白色。3龄雄若虫：小型蛛体脱壳后变成3龄雄若虫，其外形似雌成虫，但个体较小，体长约2.5mm，触角较宽，显微特征表现为无阴门，体腹面后部缺无中心孔的多格孔。蛹体长而扁，长约3mm，初为乳白色，以后渐变为黄褐色。触角、足、翅芽外露。

【发生规律】一年发生1代，以2龄幼虫(球体)在10～20cm深的土中越冬。翌年4月份雌成虫出壳，之后钻入土中，5月开始羽化为成虫，并且交配产卵，交配后雄成虫死去，等产卵后雌成虫也相继死亡。卵期20～30天，6月上旬开始孵化，6月下旬至7月上旬是1龄幼虫孵化盛期。幼虫期是防治的最佳时期。1龄幼虫在土表寻找到寄主后，钻入土中，将口针刺入花生根部，并定下来吸食为害。经过1次蜕皮后变为2龄幼虫，呈圆珠状，并且失去活动能力。在大量吸食花生根部营养的同时，球体逐渐膨大，颜色逐渐由浅变深。7月上中旬是2龄幼虫为害盛期，8月上旬逐渐形成球体，9月份花生收获时大量球体脱离寄主，随着腐烂的花生根系脱落留在土壤中越冬。少量球体随花生带入场内，混入种子或粪肥中越冬以向外传播。该球体生存能力极强，若当年条件不适宜，可休眠到第2年、第3年，待条件适宜时继续发生为害。

【防治方法】花生新黑地蛛蚧主要为害花生、大豆、棉花等作物，因此与小麦、玉米、芝麻、瓜类等非寄主作物轮作，可减少土壤中越冬虫源基数，减轻为害。6月份在幼虫孵化期结合深中耕除草，可破坏其卵室，消灭部分地面爬行的幼虫。6月中旬是1龄幼虫孵化期，此时结合天气情况，及时浇水，抑制地面爬行幼虫活动，可杀死部分幼虫。若浇水时结合施药，效果更好。施药防治时要抓好防治适期。

播种期防治，花生播种时，用50%辛硫磷颗粒剂2.5kg拌细土30～50kg配成毒土盖种；

也可以用40%甲基异柳磷乳油或48%毒死蜱乳油0.2～0.25kg加水适量，拌细土30～40kg配成毒土撒施；

还可以用种子重量0.2%的50%辛硫磷乳油拌种，防治效果均较好，同时还能兼治地下害虫等害虫。

生长期防治最佳施药时间在6月下旬至7月上旬，若施药过晚，其形体外壳已经加厚，极难用药防治。可以用下列药剂：

40%辛硫磷乳油200～300ml/亩；

3%甲基异柳磷颗粒剂2.5～3.0kg加细土30～50kg制成毒土，顺垄撒于花生根部，然后覆土浇水。

也可以用下列药剂：

40%辛硫磷乳油1 000～1 200倍液；

26%辛硫磷·吡虫啉乳油500～1 000倍液；

40%甲基异柳磷乳油1 500倍液直接喷洒到花生根部，效果很好。

5．棉铃虫

【分　　布】棉铃虫(*Helicoverpa armigera*)属鳞翅目夜蛾科。广泛分布在世界各地，我国棉区和蔬菜种植区均有发生。棉区以黄河流域、长江流域受害重。受害重时被害率45%，减产30%。

【为害特点】以幼虫食害嫩叶和花蕾，成缺刻或孔洞；尤其喜食花蕾，影响授粉和果针入土，造成大量减产(图9-78)。

【形态特征】可参考棉花虫害——棉铃虫。

【发生规律】可参考棉花虫害——棉铃虫。

【防治方法】可参考棉花虫害——棉铃虫。

图9-78　棉铃虫为害症状

6．短额负蝗

【分　　布】短额负蝗(*Atractomorpha sinensis*)属直翅目蝗科，又称中华负蝗、尖头蚱蜢、括搭板。除新疆、西藏外，国内各地均有分布。

【为害症状】成虫及若虫取食叶片，形成缺刻和孔洞，影响作物生长发育。

【形态特征】成虫体绿色或褐色(冬型)。头尖削，绿色型自复眼起向斜下有一条粉红纹，与前、中胸背板两侧下缘的粉红纹衔接；体表有浅黄色瘤状突起；后翅基部红色，端部淡绿色；前翅长度超过后足腿节端部约1/3。卵长椭圆形，中间稍凹陷，一端较粗钝，黄褐至深黄色，卵壳表面呈鱼鳞状花纹。卵粒在卵块内倾斜排列成3～5行，并有胶丝裹成卵囊。幼虫共5龄。1龄若虫，草绿稍带黄色，前、中足褐色，有棕色环若干，全身布满颗粒状突起；2龄若虫体色逐渐变绿，前、后翅芽可辨；3龄若虫前胸背板稍凹以至平直，翅芽肉眼可见，前、后翅芽未合拢，盖住后胸一半至全部；4龄若虫前胸背板后缘中央稍向后突出，后翅翅芽在外侧盖住前翅芽，开始合拢于背上；5龄若虫前胸背面向后方突出较大，形似成虫，翅芽大到盖住腹部第3节或稍超过(图9-79)。

图9-79 短额负蝗若虫

【发生规律】东北地区每年发生1代，华北地区每年发生1～2代，长江流域每年发生2代。以卵在沟边土中越冬。华中4月份开始为害。华北地区5月中下旬至6月中旬幼虫大量出现，7—8月羽化为成虫。东北8月上中旬可见大量成虫。羽化后的成虫，5～7天后开始交尾，有多次交尾的习性。交尾多集中在晴朗天气和气温较高的中午。产卵场所选择在地势较高、土质较硬的偏碱性黏土地，植被覆盖度在20%～50%，5cm土壤含水量在20%左右的田埂、渠堰向阳坡处。产卵时雌虫先用产卵器挖土、打洞，腹部插入土中，节间膜不断延伸，使腹部伸长为原来的3倍之多，然后在土中5cm深处陆续产出卵粒。成虫和若虫善于跳跃，11：00以前和15：00—17：00取食最强烈。7—8月因天气炎热，大量取食时间在10：00以前和傍晚，其他时间多在作物或杂草中躲藏。

【防治方法】短额负蝗发生严重的地区，在秋、春季结合农田基本建设，铲除田埂、渠堰两侧5cm以上的土及杂草，把卵块暴露在地面晒干或冻死，也可重新加厚地埂，增加盖土厚度，使孵化后的蝗蝻不能出土。

抓住初孵蝗蛹在地埂、渠堰集中为害双子叶杂草、扩散能力极弱的特点，在3龄前及时进行药剂防治。喷施下列药剂：

40%敌百虫・马拉硫磷乳油2 000～3 000倍液；

20%氰戊菊酯乳油2 000～2 500倍液；

2.5%溴氰菊酯乳油1 500～2 000倍液；

2.5%高效氯氟氰菊酯乳油2 000～3 000倍液；

40%辛硫磷乳油1 500～2 000倍液；

50%马拉硫磷乳油1 000～1 500倍液；

480g/L毒死蜱乳油1 000～1 500倍液喷雾，间隔5～7天防治1次，连续2～3次。

田间喷药时，药剂不但要均匀喷洒到作物上，而且要对周围的其他作物及杂草进行喷药。

7．苜蓿夜蛾

【分　　布】苜蓿夜蛾(*Heliothis viriplaca*)属鳞翅目夜蛾科。分布于南至江苏、湖北、云南；北、东、西3个方位，均靠近国境线。黑龙江、四川、西藏部分地区密度较高，新疆、内蒙古发生较普遍。为害率高时可达15.5%。

【为害特点】低龄幼虫卷叶为害或在叶面啃食叶肉，长大后不再卷叶，而沿叶的边缘向内蚕食叶片，形成不规则的缺刻(图9–80)。

【形态特征】成虫体长14～16mm，翅展25～38mm(图9–81)；头胸部淡灰褐色，前翅灰褐色略带青绿色，内横线隐约不清；环纹由中央1个棕色点与外围3个棕色小点组成，肾形斑大，棕黑色；中央有1个新月形纹及1个圆点，外围有几个黑点；中横线为一上窄下宽的暗褐色带，外横线与亚缘线间为一褐色带，

图9–80　苜蓿夜蛾为害叶片症状

外侧锯齿形，翅脉间为黑点，缘线在翅脉间也呈一列黑点；后翅淡褐色，横脉纹宽大成黑斑块，翅外缘呈宽黑带，在缘角处夹有2个连接的淡褐斑。卵扁圆形，底部较平；初产时白色，后变黄绿色，卵壳表面有多条纵脊，长短不一。老熟幼虫体长约35mm，头部淡黄褐色，生有许多黑褐色小斑点，数斑一组，体色多变，体绿色至棕绿色，具黑色纵纹，身体各节布满绿色和黑色小刺，腹面黄色，胸足和腹足黄绿色。蛹黄褐色。头部前端呈黑色乳头状突起，其旁有两根刚毛，腹部末端着生有长而头略弯的刺1对。

图9–81　苜蓿夜蛾成虫

【发生规律】每年发生2代。以蛹在土中越冬。成虫羽化后需吸食花蜜作补充营养，并有趋光性。成虫白天在植株间飞翔，取食花蜜，产卵于叶背面。卵期约7天。第1代幼虫7月份入土做土茧化蛹，成虫于8月羽化产卵，第2代幼虫除食叶外，并大量蛀食豆荚、棉铃等果实，为害严重，9月份幼虫老熟入土做土茧化蛹越冬。

【防治方法】利用黑光灯或糖醋盆诱杀成虫。

幼虫发生期，掌握在3龄前喷洒药剂防治。可用下列药剂：

90%晶体敌百虫、50%辛硫磷乳油800倍液；

50%马拉硫磷乳油1 000倍液；

2.5%溴氰菊酯乳油、2.5%高效氯氟氰菊酯乳油2 000倍液；

20%氰戊菊酯乳油2 000 ~ 3 000倍液；

25%甲萘威可湿性粉剂500 ~ 800倍液；

20%虫酰肼悬浮剂2 000倍液；

2.5%联苯菊酯乳油1 500倍液；

80%敌敌畏乳油1 000倍液；

10%氰戊菊酯・马拉硫磷乳油1 500倍液；

10%虫酰肼悬浮剂1 500倍液；

40%毒死蜱乳油1 500倍液均匀喷雾。

8．双斑长跗萤叶甲

【分　　布】双斑长跗萤叶甲(*Monolepta hieroglyphica*)属鞘翅目叶甲科，又称双圈萤叶甲、双斑萤叶甲。北起黑龙江、内蒙古，南至台湾及广东、广西、云南南缘，西达宁夏、甘肃，折入四川、云南。

【为害特点】成虫取食叶肉，残留下网状叶脉或将叶片食成孔洞。

【形态特征】成虫长卵形，棕黄色；头和前胸背板色较深，有时橙红色，上唇、触角第3至末节、足胫节、跗节均为黑褐色；中、后胸腹板黑色(图9-82)；触角11节，约为体长的2/3；前胸背板宽大于长，表面拱起，刻点细密；小盾片倒三角形，黑色；鞘翅刻点细弱，每个鞘翅基半部有1个近圆形的淡色斑，周围黑色，后缘黑色部分向后突成角状，淡色斑的后外侧角无黑色部分；腹端外露，雄虫末节腹板后缘分为3叶，雌虫完整。卵椭圆形，初产时棕黄色，表面有近正六角形网纹。幼虫体白色，少数黄色，表面具排列规则的毛瘤和刚毛；头、前胸盾板和臀板骨化色深，胸足3对，腹部各节有较深的横褶。幼虫老熟化蛹前，体粗而稍弯曲。蛹纺锤形，白色，体表有刚毛；触角向外侧伸出，绕前、中足与翅芽之间隙，向腹面弯转。

图9-82　双斑长跗萤叶甲成虫

【发生规律】河北、山西每年发生1代，以卵在表土下越冬，翌年5月上中旬孵化，幼虫一直生活在土中食害禾本科作物或杂草的根，经30 ~ 40天在土中作土室化蛹。初羽化的成虫在地边杂草上生活，然后迁入谷田，7月上旬开始增多，8月下旬至9月上旬进入成虫发生高峰期。成虫于8月中下旬羽化后经取食补充营养才交尾，9月上旬进入交尾产卵盛期，9月下旬，迁入菜田。成虫飞翔力弱，趋光性弱。在强阳光下，多隐于叶背、钻入花丝、谷穗或高粱穗中。当气温低于8℃或阴雨、风大的天气，成虫则隐于植株根部、土缝或枝叶下。成虫有群聚性和趋嫩为害性，常集中于1株植株上自上而下取食。成虫交配前期约20天。卵产在大田及附近田埂、沟旁草丛的表土下，有时产在玉米花丝和苞叶等处。卵散产或几粒黏成一块。卵耐干旱，在干燥条件下，卵壳表面虽干瘪，但一经吸湿后，仍可恢复原形，条件适宜时即可发育至孵化。春季湿润、秋季干旱年份发生重。在干旱年份发生较重，旱田重于水浇田和盐碱田。

【防治方法】及时铲除田边、地埂、渠边杂草，秋季深翻灭卵，均可减轻为害。

掌握在成虫盛发期，产卵之前及时喷洒20%氰戊菊酯乳油2 000倍液、50%辛硫磷乳油1 500倍液。

9．花生蚀叶野螟

【分　　布】花生蚀叶野螟(*Lamprosema diemenalis*) 属鳞翅目螟蛾科。别名花生黄卷叶螟。分布至长江以北，南至台湾、海南、广东、云南，东临滨海，西达四川、云南。

【为害特点】幼虫吐丝卷缀叶片，在卷叶内啃食叶肉，只剩叶脉，影响结荚(图9-83)。

【形态特征】成虫体长9mm左右，翅展20～22mm，全身近橙黄色，头部中央有1条黑线，复眼黑色；前翅外缘具暗棕色宽带，翅中部有2个暗褐色相连的大斑，其上方有3个黑色短横条；后翅前缘银白色，内横线褐色弯曲，外缘线很宽，占翅面1/3，边缘弯曲；胸部腹面浅黄；腹部背面暗褐色，有黄色鳞片，各节末端边缘有一白色环带(图9-84)，腹面浅黄色无白色环带。幼虫体长约16mm，绿色，头部及前胸盾板黄褐色；单眼及口器黑褐色；前胸侧面有一“!”型横黑纹；全体疏生细长刚毛(图9-85)。蛹褐色，体外被白色薄丝茧(图9-86)。

图9-83　花生蚀叶野螟为害症状

图9-84　花生蚀叶野螟成虫

图9-85　花生蚀叶野螟幼虫

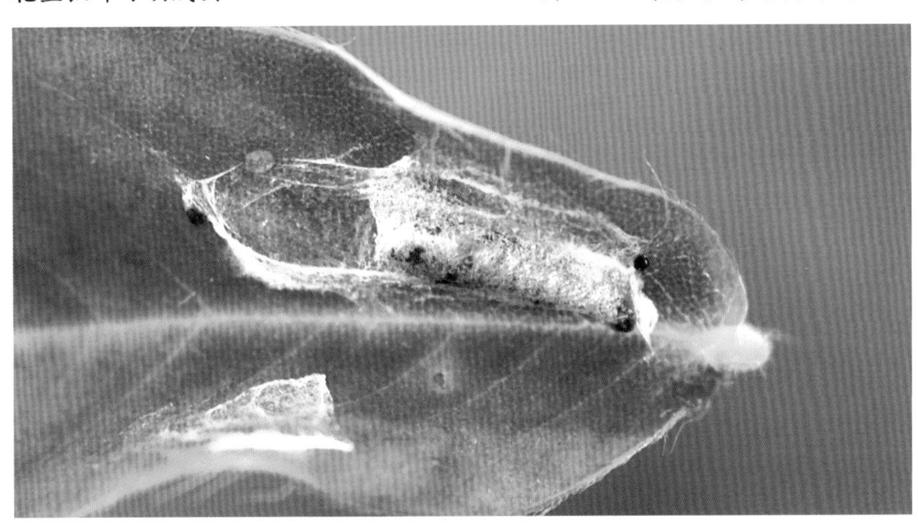

图9-86　花生蚀叶野螟蛹

【发生规律】广州6—7月及8—9月出现幼虫大量为害，福建9月中旬幼虫发生较多，9月末至10月化蛹、羽化为成虫。幼虫常将叶片卷起，并在卷叶内为害，被害叶严重者，只留叶脉。幼虫习性与豆卷叶野螟极相似。白天不活动，夜晚取食。

【防治方法】幼虫卷叶后，可摘除卷叶，集中消灭幼虫。

做好虫情测报，掌握在幼虫孵化盛期至幼虫卷叶前施药，可用触杀剂进行防治。及时选择喷洒下列药剂：

25%喹硫磷乳油1 500倍液；

50%辛硫磷乳油1 200倍液；

40%乐果乳油1 000倍液，间隔7～10天1次，防治2～3次。

四、花生各生育期病虫害防治技术

1. 花生病虫害综合防治历的制订

花生栽培管理过程中，很多病虫害发生严重，生产上应总结本地花生病虫的发生特点和防治经验，制订病虫防治计划，适时进行田间调查，及时采取防治措施，有效控制病虫害，保证丰产、丰收。

花生田病虫害的综合防治工作历见表9-1，各地应根据自己的情况采取具体的防治措施。

表9-1　花生主要病虫害综合防治工作历

生育期	时期	防治对象	防治方法
播种期	3月中旬至6月上旬	地下害虫、根结线虫病、根腐病、冠腐病、茎腐病，杂草	药剂拌种、土壤处理、喷除草剂
幼苗期	5月中旬至7月下旬	蚜虫、红蜘蛛、病毒病、杂草	喷杀虫剂、杀菌剂、除草剂
开花结果期	7月上旬至10月	网斑病、病毒病、蚜虫、棉铃虫、甜菜夜蛾、斜纹夜蛾、叶斑病、锈病、青枯病、地下害虫	喷杀虫剂、杀菌剂

2. 花生播种期病虫害防治技术

花生春播时间大约在4月下旬至6月上旬(图9-87)，麦套花生一般在小麦收获前10～20天点播，夏花生于麦收后及时点播，播种期病虫害防治是以保苗为目的，主要防治对象是地下害虫、根结线虫病、花生茎腐病、花生冠腐病等。

图9-87　花生播种

预防茎腐病等土传、种传病害和苗期病害，可以进行种子处理和土壤处理。可以用25%多菌灵可湿性粉剂100倍液，倒入50kg种子浸种或以种子量的0.2%～0.3%掺土拌种，或2.5%咯菌腈悬浮种衣剂按1：300包衣处理也可用种子重量0.2%～0.5%的50%多菌灵可湿性粉剂拌种或药液浸种6～12小时，中间翻动2～3次，使种子把药液吸收；也可用50%拌种双可湿性粉剂0.3%～0.5%种子量浸种，0.2%的50%福美双粉剂拌种；或用45%三唑酮·福美双可湿性粉剂、40%三唑酮·多菌灵可湿性粉剂按种子量0.2%～0.3%拌种，可有效地预防花生茎腐病、冠腐病等多种病害的发生。

对于经常发生花生根结线虫病的地区或田块，花生播种时，用5%阿维菌素颗粒剂2～3kg/亩同时播入播种沟内。对于蛴螬、金针虫、蝼蛄等地下害虫发生严重的地块，可以用50%辛硫磷乳油按1：1 000的比例拌种，方法是用20ml药剂，加水1kg，配成药液，均匀拌干种子20kg；可以用40%甲基异柳磷乳油按1：(1 200～1 500)的比例拌种，拌后晾干播种。

另外，为促使种子发芽，促进根系生长，提高根系活力，改善叶片生理功能，可以用ABT生根粉4号浸种，浸种适宜的药液浓度为1×10^{-5}～1.5×10^{-5}。

3．花生幼苗期病虫害防治技术

花生幼苗期在5月至6月下旬(图9–88)，这一时期主要防治对象为冠腐病、叶斑病、病毒病、蚜虫、叶螨、棉棉铃虫、蓟马等病虫害，应注意调查，适时进行化学防治。

图9–88 花生苗期病虫害为害情况

防治花生冠腐病、叶斑病等，可以喷洒下列药剂：50%多菌灵可湿性粉剂600～800倍液、70%甲基硫菌灵可湿性粉剂600～1 000倍液、50%苯菌灵可湿性粉剂1 500倍液。发病严重时，间隔7～10天再喷1次。

在花生苗期控制蚜虫的发生为害，同时还能有效地控制病毒病等病害的传播为害。在田间有少量蚜虫时，可以喷施下列药剂：10%吡虫啉可湿性粉剂1 000～2 500倍液、3%啶虫脒乳油1 000～2 000倍液、

50%抗蚜威可湿性粉剂1 800倍液、40%乙酰甲胺磷乳油1 500倍液等内吸性较好、持效期较长的杀虫剂，以保证较长的防治效果。

在田间蚜虫较多时，可以用下列药剂：40%氧乐果乳油1 000倍液、50%辛硫磷乳油1 500倍液、50%马拉硫磷乳油或50%杀螟硫磷乳油1 000倍液、20%氰戊菊酯乳油1 000～1 500倍液、2.5%溴氰菊酯乳油1 000～3 000倍液，间隔7天，连喷3次，可有效地控制花生蚜和病毒病的发生程度。

防治花生田的叶螨，喷洒下列药剂：73%炔螨特乳油3 000倍液、20%哒螨灵乳油3 000倍液、10%虫螨腈乳油2 000倍液、1.8%阿维菌素乳油3 000倍液、20%双甲脒乳油1 000～1 500倍液，间隔7～10天再喷1次。

苗期可以喷洒一些植物激素，是促进生长、提高产量的重要措施。在花生苗长到30～40cm高时，可以施用15%多效唑可湿性粉剂30～50g/亩，可以使幼苗生长健壮，增加荚果的生长。另外，也可以施用快丰收、活力素、叶面宝等一些叶面肥或植物激素。

4．花生开花结果期病虫害防治技术

花生于7月上旬开始进入花期(图9–89)，于9月份成熟收获。开花结果期，以叶斑病、锈病、青枯病为主要防治对象，蛴螬、蚜虫、红蜘蛛也时有为害，应注意调查，及时采取防治措施。

图9–89　花生开花结果期病虫为害情况

花生叶斑病田间病叶率10%～15%时，开始喷施下列药剂：6%戊唑醇微乳剂100～200ml/亩、50%多菌灵可湿性粉剂50～100g/亩、70%甲基硫菌灵可湿性粉剂50～80g/亩，对水40～50kg。

也可喷施下列药剂：25%联苯三唑醇可湿性粉剂600～800倍液+80%代森锰锌可湿性粉剂600～800倍液、50%苯菌灵可湿性粉剂1 500倍液+70%百菌清可湿性粉剂600～800倍液、12.5%烯唑醇可湿性粉剂1 000～2 000倍液。间隔15天施药1次，连续防治2～3次。可兼治网斑病。

防治花生锈病，可喷施下列药剂：15%三唑酮可湿性粉剂600倍液；12%松脂酸悬浮剂600倍液、

24%噻呋酰胺悬浮剂2 000～2 500倍液、75%百菌清可湿性粉剂500倍液、50%福美锌可湿性粉剂400倍液、45%苯并烯氟菌唑·嘧菌酯粉散粒剂2 000～2 500倍液、15%三唑醇可湿性粉剂1 000倍液。间隔10天左右喷1次，连喷3～4次。

防治花生青枯病，可用下列药剂：85%三氯异氰尿酸可溶性液剂500倍液、72%农用链霉素可溶性粉剂2 000～4 000倍液、25%络氨铜水剂500倍液、77%氢氧化铜可湿性粉剂500倍液喷淋根部，间隔 7～10天喷 1次，连喷 3～4次防治。

蛴螬主要为害花生荚果，可于花生播种前，用8%噻虫胺1 500～2 500ml/100kg种子、600g/L吡虫啉悬浮种衣剂 300～400ml/100kg种子、70%噻虫嗪种子处理可分散粒剂200～285g/100kg种子或含有上述成分的混配剂进行拌种处理。

对于肥水比较充足、地上部营养生长较旺、有徒长趋势的地块，可于结荚中期喷施浓度为0.1%～1.5%的比久溶液，可以显著增加产量。也可以在结荚前期施用快丰收、活力素及一些叶面肥，以促进生长，提高产量。

第十章 油菜病虫害防治新技术

油菜是我国重要的油料作物，分布于我国的西北、华北、内蒙古及长江流域各省(区)，其中种植面积较大的省(区)依次为湖南、四川、湖北、安徽、江苏、江西、河南、内蒙古、青海、甘肃等，2018—2019年度中国油菜播种面积预计为为710万hm^2，油菜籽产量1 410万t。油菜品种复杂，根据我国油菜的植物形态特征、遗传亲缘关系、农艺性状、栽培利用特点等，将油菜分为3种类型，即白菜型油菜、芥菜型油菜和甘蓝型油菜。

我国发现的油菜病虫害有100多种，其中为害严重的病害有菌核病、霜霉病、白锈病、病毒病、黑斑病等，严重为害年份可造成产量损失30%以上；为害较重的害虫有小菜蛾、蚜虫、潜叶蝇等。

一、油菜病害

1. 油菜菌核病

【分布为害】油菜菌核病又称菌核软腐病，俗称白秆、空秆、麻秆、烂秆、霉蔸等(图10–1)。油菜菌核病是世界性病害，我国所有油菜产区均有发生，以长江流域、东南沿海冬油菜最为严重，发病率为10%～80%，产量损失5%～30%。据发生程度可分为长江中下游及东南沿海严重病区、长江中游重病区、长江上游轻病区、云贵高原轻病区、华南沿海轻病区、华北极轻病区、北方春油菜极轻病区等7个病区。结荚期受害最重，严重影响油菜籽产量和品质。

图10–1 油菜菌核病为害情况

【症　　状】油菜菌核病在油菜整个生育期均可发病，结实期发病最重。茎、叶、花、荚各部都可受害，以茎部受害最重。病害多从植株下部的老叶开始发生。苗期发病，茎与叶柄初生红褐色斑点，后扩大变为白色，逐渐腐烂，上面长出白色菌丝。病斑绕茎后幼苗死亡。后期病部形成黑色菌核。茎部病斑初为水渍状(图10–2)，淡黄褐色，扩展后为长椭圆形、长条形或成为绕茎的大斑，病健交界分明，湿度大时，病部软腐，表面生有白色絮状霉层(图10–3)，病斑迅速扩大，茎秆成段变白，皮层腐烂内部空心，秆腐(图10–4)，造成病部乃至全叶腐烂，病部长出白色絮状霉层，形成菌核(图10–5)。叶上病斑先为圆形、水渍状、暗青色，后扩大成圆形或不规则形，中心部分黄褐或灰褐色，外部暗青色，周围变黄(图10–6和图10–7)。干燥时病斑部变薄如纸，易破裂穿孔。花瓣染病，初呈水浸状，渐变为苍白色，后腐烂。角果染病，初现水渍状褐色病斑，后变灰白色，种子瘪瘦，无光泽，或成为不规则形秕粒(图10–8)。

图10–2　油菜菌核病茎部受害初期症状

图10–3　油菜菌核病为害茎部中期症状

图10-4　油菜菌核病为害茎部后期植株症状

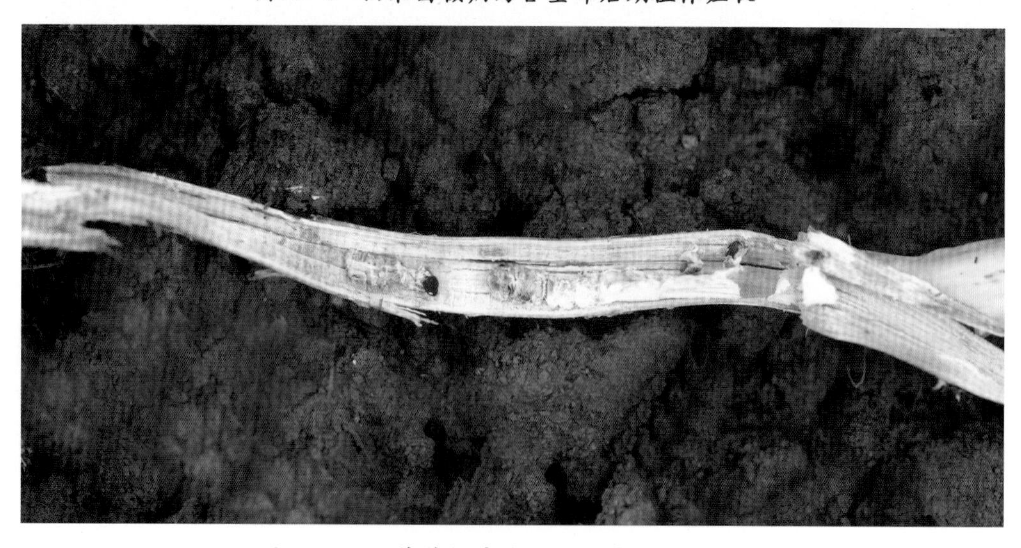

图10-5　油菜菌核病为害后期产生黑色菌核

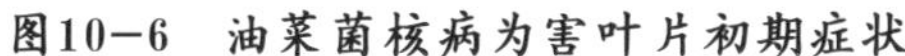

图10-6 油菜菌核病为害叶片初期症状

图10-7 油菜菌核病为害叶片后期症状

图10-8 油菜菌核病为害后期田间症状

【病　　原】*Sclerotinia sclerotiorum* 称核盘菌，属子囊菌门真菌(图10-9)。菌核多呈不规则形鼠粪状，表面黑色，内部白色或略呈粉红色。菌核萌发产生子囊盘柄，大小和形状因形成菌核的部位而异，柄的顶端膨大逐渐展开形成子囊盘。子囊棍棒状，无色，内生8个子囊孢子。子囊孢子单胞、无色，椭圆形。

【发生规律】病菌主要以菌核混在土壤中或附着在采种株上或混杂在种子间越冬或越夏。我国南方冬播油菜区10—12月有少数菌核萌发，使幼苗发病，绝大多数菌核在翌年3—4月萌发，产生子囊盘。我国北方

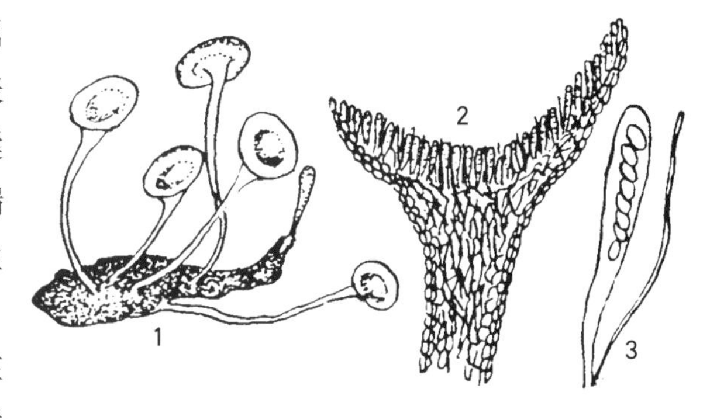

图10-9 油菜菌核病病菌
1.菌核萌发产生子囊盘　2.子囊盘切面
3.子囊、子囊孢子和侧丝

油菜区则在3—5月萌发。子囊孢子成熟后从子囊里弹出，借气流传播，侵染衰老的叶片和花瓣，长出菌丝体，致寄主组织腐烂变色。病菌从叶片扩展到叶柄，再侵入茎秆，也可通过接触或沾附进行重复侵染。生长后期又形成菌核越冬或越夏(图10-10)。菌丝生长发育和菌核形成适温10～30℃，最适相对湿度85%以上。在潮湿土壤中菌核能存活1年，干燥土中可存活3年。生产上病害发生流行取决于油菜开花期的降雨量，旬降雨量超过50mm，发病重，小于30mm则发病轻。连作田菌核残留量多；中耕培土等工作不及时做好，就有利于病菌生长繁殖。排水不良，种植过密，施氮肥不当，油菜生长过旺、倒伏等情况下，田间通风透光差、湿度大，也有利于病菌繁殖。油菜早春遭受冻害，抗病力减弱，容易发病。3—4月气温较高，雨水较多的年份，发病往往较重。尤其是在油菜谢花盛期，如遇高温多雨天气，再加以上两个条件的配合，病害就有可能流行。连作地或施用未充分腐熟有机肥、播种过密、偏施过施氮肥易发病。地势低洼、排水不良或湿气滞留、植株倒伏发病重。

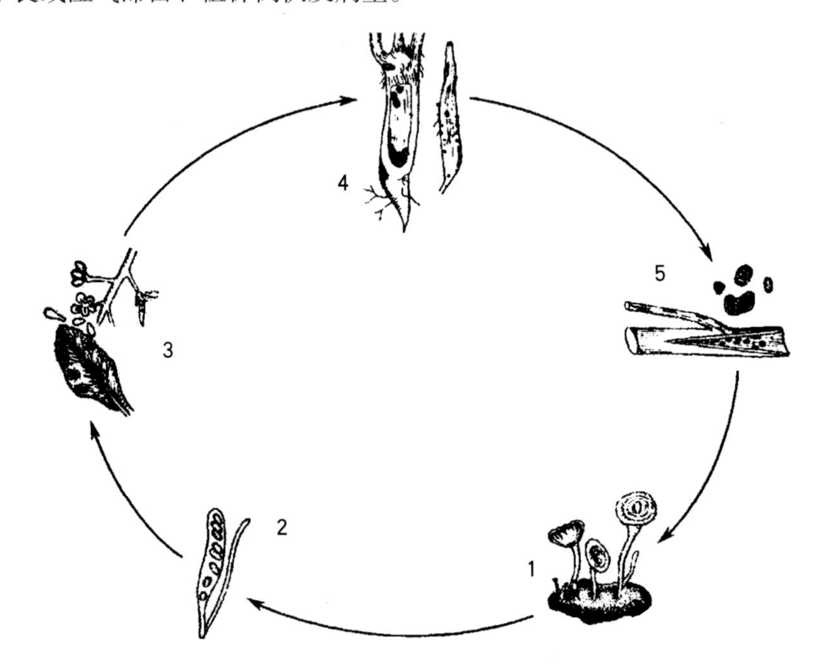

图10-10 油菜菌核病病害循环

1.菌核萌发产生子囊盘 2.子囊及子囊孢子 3.病叶、病花 4.病株
5.病菌在土壤、种子中越夏

【防治方法】选用早熟、高产、抗病品种，使谢花盛期与病菌孢子主要传播期尽量错开而达到防病目的，是防治油菜菌核病的一条根本措施。

实行稻油轮作或旱地油菜与禾本科作物进行两年以上轮作可减少菌源。深耕深翻、深埋菌核；及时中耕松土(特别是3月下旬至4月上旬)，破坏子囊盘，减少菌源，并促进油菜生长健壮，提高抗病力。多雨地区推行窄厢深沟栽培法，利于春季沥水防渍，雨后及时排水，以降低地下水位和田间湿度，防止湿气滞留。

提倡施用充分沤制的堆肥或腐熟有机肥，避免偏施氮肥，配施磷、钾肥及硼锰等微量元素，防止开花结荚期徒长、倒伏或脱肥早衰，及时中耕或清沟培土，盛花期及时摘除黄叶、老叶，防止病菌蔓延，改善株间通风透光条件，减轻发病。每年9月选好苗床，培育矮壮苗，适时换茬移栽，做到合理密植，杂交油菜亩栽植10 000～12 000株。

播种前先筛去混杂在种子中的菌核，然后用0.5～0.75kg食盐或0.5～1kg硫酸铵，对水5kg选种，除去上浮的秕粒和菌核，下沉的种子用清水冲洗干净晾干后再播种。

在油菜移栽时，用生物农药“菜丰宁”100g对水1 500kg，把油菜苗根部在药水中浸蘸一下，对菌核病等病害有较好的预防作用。

防治菌核病重点抓两个防治适期：一是在3月上旬子囊盘萌发盛期；二是在4月上、中旬油菜盛花期。

在油菜初花期(图10-11)，子囊盘萌发盛期，可用下列药剂：

图10-11 油菜开花期菌核病发生初期症状

25%异菌脲悬浮剂118～196ml/亩；

25%戊唑醇水乳剂35～70ml/亩；

40%戊唑醇·多菌灵可湿性粉剂50～60g/亩；

25%咪鲜胺乳油40～50ml/亩；

40%菌核净可湿性粉剂100～150g/亩；

40%菌核净·多菌灵可湿性粉剂83～125g/亩；

50%腐霉利可湿性粉剂40～80g/亩；

50%腐霉利·福美双可湿性粉剂130～180g/亩；

50%腐霉利·多菌灵可湿性粉剂80～100g/亩；

25%多菌灵可湿性粉剂300～400g/亩；

40%多菌灵·三唑酮可湿性粉剂100～140g/亩；

40%多菌灵·福美双可湿性粉剂80～100g/亩；

36%丙环唑·多菌灵悬浮剂80～100ml/亩，对水40～50kg，均匀喷施。

在油菜盛花期，喷施下列药剂：

25%咪鲜胺乳油1 000～2 000倍液；

50%腐霉利可湿性粉剂1 000～1 500倍液；

50%异菌脲可湿性粉剂1 000～1 500倍液；

50%乙烯菌核利可湿性粉剂1 000倍液，间隔7～10天，喷药2～3次。

2．油菜霜霉病

【分布为害】油菜霜霉病别名龙头病、黄油菜等。该病分布于全国各油菜产区，其中长江流域和东南沿海的冬油菜区发生普遍。冬油菜区发病较重，春油菜区较轻；发病率一般10%～30%，重者50%以上，可引起全田植株枯死，严重影响油菜产量和质量(图10–12)。

图10–12 油菜霜霉病为害情况

【症　　状】整个生育期都可发生，地上部分均可发病，引致叶片枯死，花序肥肿畸形，不能结实或结实不良，菜籽产量和质量下降。此病可为害叶片、茎、花和荚果。叶片正面初生淡黄色不明显的病斑，扩大后呈多角形，叶背病部上长出白色的霜状霉(图10–13至图10–17)。在茎枝上，病斑初为水渍状，后为不规则的黑色病斑，也长出白色的霜状霉，常引致茎、枝弯曲肿胀(图10–18)。抽薹后期和盛花期，花轴受害后，往往严重肿胀弯曲成“龙头状”(图10–19)。荚果受害，病部淡黄色，上生霜状霉，严重时荚果细小弯曲(图10–20)。

【病　　原】*Peronospora parasitica*称寄生霜霉，属鞭毛菌门真菌(图10–21)。菌丝无色，不具隔膜，蔓延于细胞间，靠吸器伸入细胞里吸收水分和营养，吸器圆形至梨形或棍棒状。孢囊梗自气孔伸出，无色，无分隔，主干基部稍膨大，顶端的小梗上生孢子囊。孢子囊无色，单胞，长圆形至卵圆形，萌发时多从侧面产生芽管，不形成游动孢子。卵孢子球形，单胞，黄褐色，表面光滑。

【发生规律】冬油菜区，病菌以卵孢子随病残体在土壤中、粪肥里和种子内越夏，秋季萌发后侵染

图10-13 油菜霜霉病为害叶片初期症状

图10-14 油菜霜霉病为害叶片中期症状

图10-15 油菜霜霉病为害叶片中期叶背症状

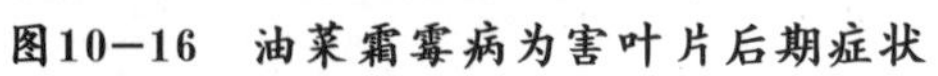

图10-16　油菜霜霉病为害叶片后期症状

图10-17　油菜霜霉病为害叶片后期叶背症状

图10-18　油菜霜霉病为害茎部症状

图10-19 油菜霜霉病为害花轴成“龙头状”

图10-20 油菜霜霉病为害角果症状

幼苗，病斑上产生孢子囊进行再侵染。冬季病害扩展不快，并以菌丝在病叶中越冬，翌春气温升高，又产生孢子囊借风雨传播再次侵染叶、茎及角果，油菜进入成熟期，病部又产生孢子囊，可多次再侵染。远距离传播主要靠混在种子中的卵孢子。卵孢子在10～15℃，相对湿度70%～75%条件下易形成。孢子囊形成适温8～21℃，侵染适温8～14℃，相对湿度为90%～95%，12小时附着孢形成。光照时间少于16小时，幼苗子叶阶段即可侵染，侵染程度与孢子囊数量呈正相关，孢子囊落到感病寄主上，温度适宜先产生芽管形成附着胞后长出侵入丝，直接穿过角质层而侵入，有时也可通过气孔侵入，并在表皮细胞壁之间中胶层区生长，后在细胞间向各方向分枝，在寄主细胞里又长出吸器。该病发生与气候、品种和栽培条件关系密切，气温8～16℃、相对湿度高于90%、弱光利于该菌侵染。生产上低温多雨、高湿、日照少有利于病害发生。长江流域油菜区冬季气温低，雨水少发病轻，春季气温上升，雨水多，田间湿度大易发病或引致薹花期该病流行；连作地、播种早、偏施过施氮肥或缺钾地块及密度大、田间湿气滞留地块易发病；低洼地、排水不良、种植白菜型或芥菜型油菜发病重。

图10-21 油菜霜霉病病菌
1.孢囊梗 2.孢子囊

【防治方法】选育和栽培抗病品种，3种类型油菜中，甘蓝型抗性较强，芥菜型次之，白菜型最易感病。油菜抽薹和开花时，及早彻底清除早期发病的茎、枝和叶。适期播种，雨后及时排水。收获后要彻底清除遗落田间的病残体，以减少越冬菌源。加强田间管理，做到适期播种，不宜过早。根据土壤肥沃程度和品种特性，确定合理密度。采用配方施肥技术，合理施用氮磷钾肥提高抗病力。雨后及时排水，防止湿气滞留和淹苗。降低田间湿度。搞好田园清洁。彻底清除病残体，避免与十字花科作物连作。提倡与大小麦等禾本科作物进行2年轮作，可大大减少土壤中卵孢子数量，降低菌源。

3月上旬抽薹期是防治霜霉病的关键时期。当病叶率达20%以上时(图10–22)，可喷施下列药剂：

图10–22 油菜霜霉病为害初期症状

75%百菌清可湿性粉剂500倍液+72.2%霜霉威水剂600～800倍液；

64%恶霜·锰锌可湿性粉剂500倍液；

10%多氧霉素可湿性粉剂1 000倍液；

70%代森锰锌可湿性粉剂500倍液+25%甲霜灵可湿性粉剂500～700倍液；

65%代森锌可湿性粉剂500倍液+50%烯酰吗啉可湿性粉剂1 000～1 500倍液；

70%乙·锰(三乙膦酸铝·代森锰锌)可湿性粉剂500～800倍液；

58%甲霜灵·代森锰锌可溶性粉剂500倍液；

75%百菌清可湿性粉剂1 000倍液+72.2%霜霉威盐酸盐水剂500～800倍液，间隔7～10天喷1次，连续防治2～3次。多雨时应抢晴喷药，并适当增加喷药次数。

3．油菜白锈病

【分布为害】是油菜产区发生普遍、为害比较严重的病害。该病在西南、江苏、浙江、上海等油菜产区发生严重，叶片、茎、角果均可受害，一般发病率为5%～10%，重病田达72%～100%，严重影响产量和品质。

【症　　状】油菜整个生育期的地上部分各器官均可感病。主要为害叶片、茎。叶片染病初在叶片正面产生浅绿色小点，周围有黄色晕圈，后渐变黄呈圆形病斑，叶背面病斑处长出白色漆状疱状物，疱斑破裂后散出白粉，严重时病叶枯黄脱落。花梗染病顶部肿大弯曲，呈“龙头”状，花器受害，花瓣畸形、膨大，变绿呈叶状，久不凋萎，亦不结实。茎部病斑为长椭圆形白色疱斑，病部肿大弯曲(图10–23和图10–24)。系统侵染时产生龙头拐症状，不同于油菜霜霉病。

【病　　原】*Albugo candida* 称白锈菌，属鞭毛菌门真菌(图10–25)。菌丝无分隔，蔓延于寄主细胞间

图10－23 油菜白锈病叶片正面受害症状

图10－24 油菜白锈病为害叶片背面症状

隙。孢子囊梗呈短棍棒状，其顶端着生链状排列的孢子囊。孢子囊卵圆形至球形，无色，萌发时产生5～18个具双鞭毛的游动孢子。卵孢子褐色，近球形，卵孢子外壁有瘤状突起。

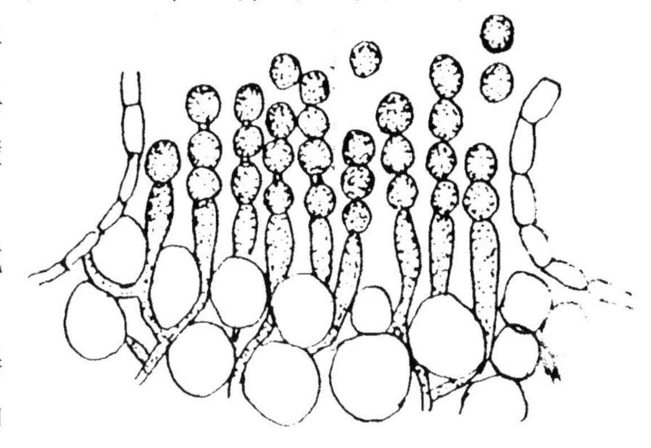

图10－25 油菜白锈病病菌孢囊堆中的孢囊梗和孢子囊

【发生规律】油菜白锈病菌以卵孢子在病残体中或混在种子中间越夏，据试验每克油菜种子中有卵孢子6～41个，多者高达1 500个，把卵孢子混入油菜种子中播种，发病率大幅度提高，且多引起系统侵染。越夏的卵孢子萌发产出孢子囊，释放出游动孢子侵染油菜引致初侵染。在被侵染的幼苗上形成孢子囊堆进行再侵染。冬季则以菌丝和孢子囊堆在病叶上越冬，翌年春季气温升高，孢子囊借气流传播，遇有水湿条件产生游动孢子或直接萌发侵染油菜叶、花梗、花及角果进行再侵染，油菜成熟时又产生卵孢子在病部或混入种子中越夏。白锈菌产生孢子囊适温8～10℃，萌发适温7～13℃，低于0℃或高于25℃一般不萌发，湿度要求95%～100%。潜育期约12天。生产上连续降雨2～3天孢子囊破裂达到高峰。在4～6片真叶的10月中旬至11月下旬及抽薹至盛花期出现2个高峰期。此病适于低温高湿的环境条件，地势低洼，排水不良，土质黏重，浇水过多，昼夜温差大，结露水重，偏施氮肥过多的地块发病均较高。

【防治方法】种植抗病品种。芥菜型油菜抗性最强，甘蓝型次之，白菜型易感病。有不少高抗的品种，可因地制宜选用。与禾本科作物轮作1～2年或水旱轮作。严格剔除病苗，当出现“龙头”时，及时剪除，集中烧毁。合理施肥、清沟排渍。

油菜抽薹期，可用下列药剂：

75%百菌清可湿性粉剂600倍液；

65%代森锌可湿性粉剂100～150g/亩；

40%三乙膦酸铝可湿性粉剂200g/亩；

25%甲霜灵可湿性粉剂50～75g/亩，对水40～50kg均匀喷施，间隔7～10天喷1次，喷2～3次，可有效预防病害的发生。

在开花初期，可喷施下列药剂：

75%百菌清可湿性粉剂1 000～1 200倍液+25%甲霜灵可湿性粉剂500～600倍液；

64%恶霜·锰锌可湿性粉剂500倍液；

58%甲霜灵·锰锌可湿性粉剂500倍液；

70%乙膦·锰锌可湿性粉剂500倍液，每亩喷配好的药液60～70kg，连续防治2～3次，每次间隔7～10天，对白锈病有较好的防治效果。

4．油菜病毒病

【分布为害】油菜病毒病又称花叶病、缩叶病，是油菜常见的病害，以冬油菜区发病较普遍，白菜型、芥菜型栽培区、郊区、苗期干旱时为害最重，严重发生时对产量影响很大，同时使菜籽含油量降低。该病在全国各油菜产区均有发生和为害，一般冬油菜区较春油菜区发病重，病害流行年份一般减产20%～30%，严重时达70%以上，种子含油量降低1.3%～1.7%。

【症　　状】从苗期到抽薹期都可感病。不同类型油菜上的症状差异很大。

甘蓝型油菜苗期症状。①黄斑和枯斑型：两者常伴有叶脉坏死和叶片皱缩，老叶先显症。前者病斑较大，淡黄色或橙黄色，病健分界明显。后者较小，淡褐色，略凹陷，中心有一黑点，叶背面病斑周围有一圈油渍状灰黑色小斑点(图10-26)。②花叶型：与白菜型油菜花叶相似，支脉和小脉半透明，叶片成为黄绿相间的花叶(图10-27)，有时出现疱斑，叶片皱缩(图10-28)。

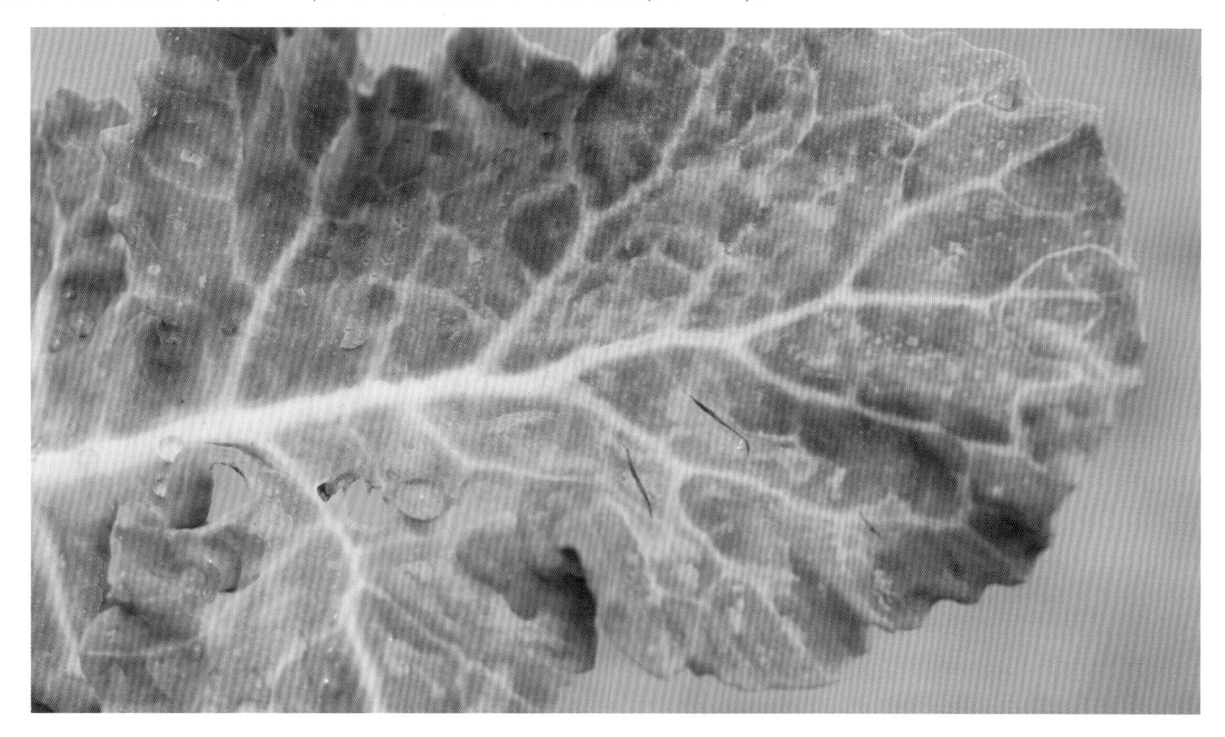

图10-26　油菜病毒病褐色枯斑型症状

图10-27 油菜病毒病花叶型症状

图10-28 油菜病毒病皱缩型症状

成株期茎秆上症状。①条斑型：病斑初为褐色至黑褐色梭形斑，后成长条形枯斑，连片后常致植株半边或全株枯死。病斑后期纵裂，裂口处有白色分泌物(图10-29)。②轮纹斑型：在棱形或椭圆形病斑中心开始为针尖大的枯点，其周围有一圈褐色油渍状环带，整个病斑稍凸出，病斑扩大，中心呈淡褐色枯斑，上有分泌物，外围有2～5层褐色油渍状环带，形成同心圈(图10-30)。③点状枯斑型：茎秆上散生黑色针尖大的小斑点，斑周围稍呈油渍状，病斑连片后斑点不扩大(图10-31)。

图10-29 油菜病毒病条斑型症状

图10-30 油菜病毒病轮纹斑型症状

图10-31 油菜病毒病点状斑枯型症状

【病　　原】油菜病毒病系由 Turnip mosaic virus (TuMV)称芜菁花叶病毒、Cucumber mosaic virus (CMV)称黄瓜花叶病毒、Tobacco mosaic virus (TMV)称烟草花叶病毒等多种病毒单独或复合侵染引起的，其中主要是芜菁花叶病毒。

【发生规律】在我国冬油菜区病毒在寄主体内越冬，翌年春天由桃蚜、菜缢管蚜、棉蚜、甘蓝蚜等传毒，其中桃蚜和菜缢管蚜在油菜田十分普遍，冬油菜区由于终年长有油菜、春季甘蓝、青菜、小白菜、芥菜等十字花科蔬菜和杂草，成为秋季油菜重要毒源。此外，车前草、辣根等杂草及茄科、豆科作物也是病毒越夏寄主。春油菜区病毒还可在温室、塑料棚、阳畦栽培的油菜等十字花科蔬菜留种株上越冬。有翅蚜在越夏寄主上吸毒后迁往油菜田传毒，引起初次侵染。油菜田发病后再由蚜虫迁飞扩传，造成再侵染。冬季不种十字花科蔬菜地区，病毒在窖藏的白菜、甘蓝、萝卜上越冬，翌春发病后由上述蚜虫传到油菜上，秋季又把毒源传到秋菜上，如此循环周而复始。此外病毒汁液接触也能传毒。油菜栽培区秋季和春季干燥少雨、气温高，利于蚜虫大发生和有翅蚜迁飞，该病易发生和流行。秋季早播或移栽的油菜、春季迟播的油菜易发病。白菜型油菜、芥菜型油菜较甘蓝型油菜发病重。

【防治方法】选用抗病品种，预防苗期感病，防止蚜虫传毒是防治关键；早施苗肥，避免偏施氮肥；及时浇水灌溉；移栽前拔除病苗。油菜田尽可能远离十字花科菜地。清除田边杂草。深沟排除渍水。水旱地轮作，苗床周围可种植高秆作物，以减少迁飞有翅蚜。根据当年9—10月雨量预报，确定播种期，降水少天旱应适当迟播，降水多年份可适当早播。

田间防蚜，油菜3～6叶期治蚜很重要，可有效地控制病害的蔓延。应及时喷洒下列药剂：

40%氧乐果乳油1 000～2 000倍液；

10%吡虫啉可湿性粉剂2 000～4 000倍液；

48%毒死蜱乳油1 000～1 500倍液；

50%马拉硫磷乳油1 000～1 500倍液；

25%亚胺硫磷乳油3 000倍液；

50%抗蚜威可湿性粉剂2 000～3 000倍液，间隔7天左右喷1次，连喷2～3次。如遇秋旱，油菜长出两片子叶后即需喷药防治，并注意防治周围作物蚜虫。

在病害发生早期，喷洒下列药剂：

2%宁南霉素水剂200～300倍液；

5%菌毒清可湿性粉剂400～500倍液；

0.5%香菇多糖水剂300倍液；

1.5%植病灵乳剂1 000倍液，间隔10天喷1次，连续防治2～3次。

5. 油菜黑斑病

【分布为害】黑斑病是油菜的常见病害之一，在全国各地均有发生，东北、华北等地发病较重。在油菜苗期发病较多，为害叶片，常造成早期落叶，影响油菜籽产量和品质(图10-32)。

图10-32 油菜黑斑病为害情况

【症　　状】主要为害叶、茎和角果。幼苗发病先是下胚轴，继而子叶上出现黑褐色小斑点。叶片初生黑褐色隆起小斑，后扩大为黑褐色圆形病斑，常有同心轮纹，外周有黄白色晕圈(图10-33至图10-34)。空气潮湿时，病斑上长出黑褐色霉状物，可致叶片枯死。叶柄、茎、果轴和角果上病斑为椭圆形或长条形，黑褐色。发病早时，整株枯死(图10-35至图10-39)。

图10-33　油菜黑斑病为害叶片症状

图10-34　油菜黑斑病为害叶片背面症状

图10-35　油菜黑斑病为害茎部初期症状

图10-36 油菜黑斑病为害茎部后期症状

图10-37 油菜黑斑病角果受害初期症状

图10-38 油菜黑斑病角果受害后期症状

图10-39 油菜黑斑病为害角果田间症状

【病　　原】*Alternaria brassicae* 称芸苔链格孢菌、*A. brassicicola* 称芸苔生链格孢、*A. raphani* 称萝卜链格孢等，均属无性型真菌(图10-40)。3个种中芸苔链格孢占95.26%、芸苔生链格孢占2.93%、萝卜链格孢占0.14%。芸苔链格孢菌丝褐色至灰褐色，分生孢子浅黑褐色，单生或2～3个串生，具喙，生横隔10～11个，纵隔0～6个，在培养基上生长缓慢，很少形成厚垣孢子。

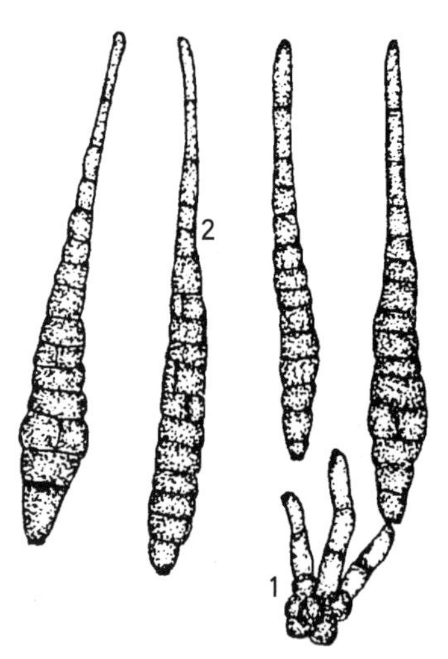

图10-40 油菜黑斑病病菌
1.分生孢子梗 2.分生孢子

【发生规律】病菌以菌丝和分生孢子在种子内外越冬或越夏，种子带菌率60%，带菌种子造成种子腐烂和死苗。除种子外，病菌可在病残体上越夏，病残体上产孢时间可延续150多天，该病在南方无明显越冬期。在北方主要靠病残体上的菌丝和孢子进行初侵染，产生大量孢子，产孢持续80多天，孢子由下部叶向上扩展至上位叶、花序及角果。病害流行与品种、气候和栽培条件关系密切。白菜型油菜最感病，甘蓝型较抗病，芥菜型油菜中植株矮、分枝低、生长茂密、叶面蜡层薄的品种不抗病，反之，则抗病。相对湿度高于90%，叶面保持48～72小时游离水适合该病发生和扩展。油菜开花期遇有高温多雨天气，潜育期短，易发病；地势低洼连作地，偏施过施氮肥发病重。

【防治方法】选用抗病品种。与瓜类、豆类、葱蒜类等蔬菜轮作2～3年。清理田园，将病残体集中烧毁或深埋。合理密植，施足底肥和磷钾肥，适量灌水。采用配方施肥技术，避免偏施过施氮肥，注意增施钾肥。

播种前种子处理可有效地预防病害的蔓延，油菜开花期是防治黑斑病的关键时期。

种子处理。用种子重量0.4%的50%福美双可湿性粉剂或0.2%～0.3%的50%异菌脲可湿性粉剂拌种；

也可用50%多菌灵可湿性粉剂或75%百菌清可湿性粉剂按种子重量的0.3%进行拌种。

油菜开花期，病害发生初期，及时喷洒下列药剂：

75%百菌清可湿性粉剂800倍液+50%异菌脲可湿性粉剂1 500倍液；

80%代森锰锌可湿性粉剂500倍液+50%多菌灵可湿性粉剂500倍液；

12%松脂酸铜悬浮剂600倍液；

70%甲基硫菌灵可湿性粉剂600倍液；

50%多菌灵可湿性粉剂500倍液，间隔7～10天喷1次，连喷2～3次。

6．油菜根腐病

【分布为害】油菜根腐病，是油菜苗期主要病害之一，分布于河南、山东、四川、浙江、湖北等地。长江以南各省发病普遍且严重。根腐病近年来发生日趋严重，一般株发病率为3%～5%，重病田达10%～20%，给油菜苗安全越冬造成严重威胁。

【症　　状】根茎受害，在茎基部或靠近地面处出现褐色病斑，略凹陷，以后渐干缩，湿度大时，病斑上长出淡褐色蛛丝状菌丝，病叶萎垂发黄，易脱落。根茎部缢缩，病苗折倒。成株期受害后，根茎部膨大，根上均有灰黑色凹陷斑，稍软，主根易拔断，断截上部常生有少量次生须根(图10–41和图10–42)。严重时菜苗全株枯萎，越冬期不耐严寒，易受冻害死苗。

图10－41　油菜根腐病根部受害症状

图10－42　油菜根腐病茎基部受害横切面

【病　　原】该病为多种真菌侵染引起。主要病原有*Rhizoctonia solani*称立枯丝核菌，*Alternaria tenuis* 称细链格孢，*Fusarium oxysporum* 称尖镰孢菌，*Pythium debaryanum* 称德氏腐霉，*Sclerotium rolfsii* 称齐整小核菌。*R. solani*特征见棉立枯病。*A. tenuis* 分生孢子梗分枝或不分枝，淡榄褐色至绿褐色，弯曲，顶端孢痕多个；分生孢子10个呈长链生，具喙或无喙，椭圆形、卵形、肾形、倒棍棒形至圆筒形，平滑或具瘤，具横隔1～9个，纵隔0～6个，淡榄褐色至深榄褐色。*F. oxysporum* 子座灰褐色；大型分生孢子在子座或黏分生孢子团里生成，镰刀形，弯曲，基部有足细胞，多3隔膜；小型分生孢子1～2个细胞，卵形或肾脏形，多散生在菌丝间，一般不与大型分生孢子混生；厚垣孢子球形，平滑或具褶，大多单细胞，顶生或间生。*P. debaryanum* 菌丝直径约5μm，孢子囊球形至卵形；卵孢子球形，平滑，壁薄，厚度约1μm。

【发生规律】病菌主要以菌丝体和分生孢子在病残体上或随病残体遗落土中越冬，翌年产生分生孢子进行初侵染和再侵染。该菌寄生性虽不强，但寄主种类多，分布广泛，在其他寄主上形成的分生孢子，也是该病的初侵染和再侵染源，雨季利于该病扩展。尖镰孢菌主要以菌丝体、分生孢子及厚垣孢子等随植株病残体在土壤中或种子上越夏或越冬，未腐熟的粪肥也可带菌。病菌可随雨水及灌溉水传播，从根部伤口或根尖直接侵入，侵入后经薄壁细胞到达维管束，在维管束中，病菌产生镰刀菌素等有毒物质，堵塞导管，致植株萎蔫枯死，德氏腐霉病菌以卵孢子在土壤中存活或越冬，翌年条件适宜产生孢子囊，以游动孢子或直接长出芽管侵入寄主。齐整小核菌以菌核随病残体遗落土中越冬。翌年条件适宜时，菌核产生菌丝进行初侵染，病株产生的绢丝状菌丝延伸接触邻近植株或菌核借水流传播进行再侵染，使病害传播蔓延，连作或土质黏重及地势低洼或高温多湿的年份或季节发病重。

【防治方法】加强栽培管理。实行轮作，避免重作。油菜直播地尽量做到不连续两年重播，避开与十字花科作物重茬。精耕细整，清沟沥水。油菜直播地选定后，要及时翻耕晒垡，整畦挖沟，施用腐熟的农家肥。对于低洼易积水的田块，应采用高畦深沟，及时降低土壤湿度，促进菜苗根系发育，增强植株抗病能力。合理密植，适时间苗。苗床期是预防油菜根腐病发生侵染的关键时期。应根据不同油菜品种特性，确定合理的播种量，苗龄3叶期后应及时间苗，去除病弱苗，增强苗床透光通风性，降低植株间湿度，压低幼苗发病率，培育健壮移栽苗。提倡施用日本酵素菌沤制的堆肥或充分腐熟有机肥。

苗床期土壤处理是预防油菜根腐病发生侵染的关键。

苗床选定翻耕时施用石灰粉50kg/亩；

或在苗床整畦时，用70%敌磺钠可溶性粉剂2～3kg/亩+50%多菌灵可湿性粉剂2～3kg/亩，对干细土30kg，拌匀成药土，播种前撒施畦内，进行土壤处理。

发现病情及时施药防治，幼苗期发现病株及时喷药防治，可用下列药剂：

47%王铜可湿性粉剂500～600倍液；

23%络氨铜水剂200～300倍液；

80%乙蒜素乳油1 000倍液+45%代森铵水剂400～600倍液；

20%甲基立枯磷乳油1 000倍液；

70%甲基硫菌灵可湿性粉剂800～1 000倍液+50%克菌丹可湿性粉剂的300～500倍液；

50%多菌灵可湿性粉剂800～1 000倍液+50%福美双可湿性粉剂400～600倍液；

23%噻氟菌胺悬浮剂1 500～3 000倍液；

50%异菌脲可湿性粉剂1 000～1 500倍液；

50%乙烯菌核利可湿性粉剂600～800倍液；

50%苯菌灵可湿性粉剂1 000～1 500倍液。

喷施或喷淋茎基部，间隔10～15天喷1次，连续2～3次，有较好的预防和治疗作用。

7．油菜白斑病

【分布为害】该病在北方油菜区和长江中下游及湖泊附近油菜区均有发生和为害，多雨季节发病重，植株长势弱发病重，常造成减产和品质变劣(图10–43)。

图10–43　油菜白斑病为害田间症状

【症　　状】主要为害叶片，初在叶上出现灰褐色或黄白色圆形小病斑，后逐渐扩大为圆形或近圆形大斑，边缘带绿色，中央灰白色至黄白色，易于破裂，湿度大时病斑背面产生浅灰色霉状物，严重时病斑融合形成大斑，致叶片枯死(图10–44至图10–47)。

图10–44　油菜白斑病为害叶片初期症状

图10-45　油菜白斑病为害叶片中期症状

图10-46　油菜白斑病为害叶片中期背面症状

图10-47　油菜白斑病为害叶片后期症状

【病　　原】*Pseudocercosporella capsella* 称芥假小尾孢，属半知菌亚门真菌(图10–48)。分生孢子梗弯曲无色，多由气孔伸出，基部略粗，向上渐细，孢痕不明显，梗多单生，具0～3个隔膜，不明显。分生孢子无色，棒状、针状或略弯，具隔膜3～7个但不大明显。

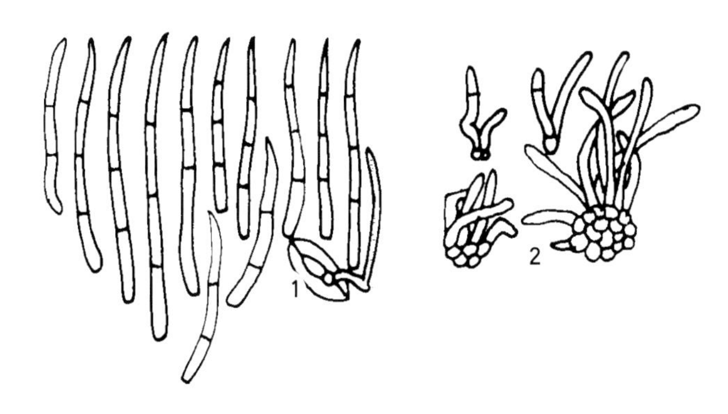

图10–48　油菜白斑病病菌
1.分生孢子　2.梗座、分生孢子梗

【发生规律】主要以菌丝或菌丝块附着在病叶上或以分生孢子粘附在种子上越冬。翌年产生分子孢子借雨水飞溅传播到油菜叶片上，孢子发芽后从气孔侵入，引致初侵染。病斑形成后又可产生分生孢子，借风雨传播进行多次再侵染。此病对温度要求不太严格，5～28℃均可发病，适温11～23℃，相对湿度高于62%，降雨16mm以上，雨后12～16天开始发病，此为越冬病菌的初侵染，病情不重。生育后期，气温低，旬均温11～20℃，遇大雨或暴雨，旬均相对湿度60%以上，经过再侵染，病害扩展开来，连续降雨可促进病害流行。白斑病流行的气温偏低，属低温型病害。在北方油菜区，本病盛发于8—10月，长江中下游及湖泊附近油菜区，春、秋两季均可发生，尤以多雨的秋季发病重。此外，还与品种、播期、连作年限、地势等有关，一般播种早、连作年限长、缺少氮肥或基肥不足，植株长势弱的发病重。

【防治方法】实行3年以上轮作，注意平整土地，减少田间积水。适期播种，增施基肥，中熟品种以适期早播为宜，油菜收获后深翻土地，将病残株埋入土中。

选用无病株留种或进行种子处理。用50℃热水温汤浸种20分钟；或用50%福美双可湿性粉剂拌种，药量为种子重量的0.4%。

发病初期及时防治，可以喷洒下列药剂：

50%苯菌灵可湿性粉剂800～1 500倍液+50%福美双可湿性粉剂500倍液；

50%多菌灵可湿性粉剂600～800倍液+70%代森锰锌可湿性粉剂800倍液；

50%甲基硫菌灵可湿性粉剂800～1 000倍液；

50%多・霉威(多菌灵・乙霉威)可湿性粉剂1 000倍液；

50%乙烯菌核利可湿性粉剂600～800倍液；

50%异菌脲可湿性粉剂800倍液，间隔15天左右喷1次，喷洒2～3次。

8．油菜细菌性黑斑病

【分布为害】该病在全国各油菜产区均有发生和为害，其中陕西汉中地区发生较重，常造成很大损失，影响油菜产量和品质。

【症　　状】主要为害叶片、茎、花梗和角果，叶片受害，初呈油渍状小斑，以后呈椭圆形或多角形，淡褐色或褐色，渐变为黑褐色斑(图10–49和图10–50)。茎及花梗上病斑椭圆形至线形，水渍状，褐色或黑褐色，有光泽，斑点部分凹陷。角果上产生圆形或不规则形黑褐色凹陷病斑。

【病　　原】*Pseudomonas syringae* pv. *maculicola* 称丁香假单胞菌斑点致病变种，属细菌(图10–51)。菌体杆状或链状，无芽孢，具1～5根极生鞭毛，革兰氏染色阴性。该菌发育适温25～27℃，最高29～30℃，最低0℃，致死温度48～49℃经10分钟，适宜pH值6.1～8.8，最适pH值7。

图10-49　油菜细菌性黑斑病为害叶片正面症状

图10-50　油菜细菌性黑斑病为害叶片背面症状

【发生规律】病菌主要在种子上或土壤及病残体内越冬，在土壤中可存活1年以上，随时均可侵染，病菌借风雨、灌溉水传播蔓延。雨后易发病。油菜开花期，高温多雨，发病较重。另外，地势低洼，连作地，高氮肥，特别是春季增施氮肥，会加重角果发病。

【防治方法】选用抗病品种。加强田间栽培管理，清沟排渍，增施肥料，增强植株抗病性。避免与十字花科蔬菜连作，收获后及时清除病残物，集中深埋或烧毁。

种子处理，用种子重量0.4%的50%琥胶肥酸铜可湿性粉剂拌种。

病害发生初期，可用下列药剂：

72%农用硫酸链霉素可溶性粉剂3 000倍液；

90%新植霉素可溶性粉剂4 000倍液；

30%碱式硫酸铜悬浮剂500倍液；

47%春雷霉素・王铜可湿性粉剂900倍液；

77%氢氧化铜可湿性粉剂600倍液；

14%络氨铜水剂350倍液；

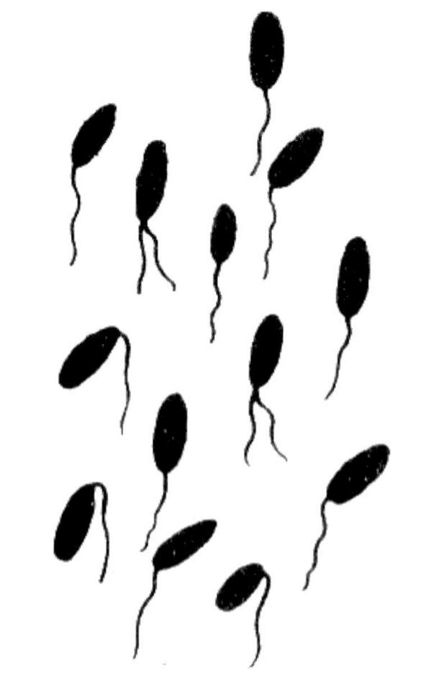

图10-51　油菜细菌性黑斑病病原细菌

12%松脂酸铜悬浮剂600倍液，发生严重时，间隔7～10天再喷1次。油菜对铜剂敏感，要严格掌握用药量，以避免产生药害。

9. 油菜猝倒病

【分布为害】该病在全国各油菜产区均有发生和为害，以南方多雨地区较重。一般年份减产30%左右，严重时达50%以上，种子含油量低，影响油菜籽产量，降低品质。

【症　状】病菌侵染幼苗，初期幼茎近地表处出现水渍状斑，后变黄、腐烂并渐干缩，折断而死亡(图10-52)。根部发病后出现褐色斑点，严重时地上部分萎蔫，从地表处折断，潮湿时，病部密生白霉。发病轻的幼苗，可长出新的支根和须根，但植株生长发育不良。子叶上亦可产生与幼茎上同样的病斑。

图10-52 油菜猝倒病为害幼苗症状

【病　原】*Pythium aphanidermatum* 称瓜果腐霉，属鞭毛菌门真菌。菌丝体生长繁茂，呈白色棉絮状。菌丝无色，无隔膜。菌丝与孢囊梗区别不明显。孢子囊丝状或分枝裂瓣状，或呈不规则膨大。孢子囊球形，内含6～26个游动孢子。藏卵器球形。雄器袋状至宽棍状，同丝或异丝生，多为1个。卵孢子球形，平滑。

【发生规律】油菜猝倒病菌以卵孢子在12～18cm表土层越冬，并在土中长期存活。翌春，遇有适宜条件萌发产生孢子囊，以游动孢子或直接长出芽管侵入寄主。此外，在土中营腐生生活的菌丝也可产生孢子囊，以游动孢子侵染幼苗引起猝倒。田间的再侵染主要靠病苗上产生孢子囊及游动孢子，随灌溉水或雨水溅附到贴近地面的根茎上引致更严重的损失。病菌侵入后，在皮层薄壁细胞中扩展，菌丝蔓延于细胞间或细胞内，后病组织内形成卵孢子越冬。病菌生长适宜温度15～16℃，适宜发病地温10℃，温度高于30℃受到抑制，低温对寄主生长不利，但病菌尚能活动，尤其是育苗期出现低温、高湿条件，利于发病。当幼苗子叶养分基本用完，新根尚未扎实之前是感病期，这时真叶未抽出，碳水化合物不能迅速增加，抗病力弱，遇雨、雪等连阴天或寒流侵袭，地温低，光合作用弱，幼苗呼吸作用增强，消耗加大，致幼茎细胞伸长，细胞壁变薄病菌乘机侵入，因此，该病主要在幼苗长出1～2片叶之前发生。

【防治方法】选用耐低温、抗寒性强的品种。加强田间管理。注意田间排水，适时间苗，合理密植，降低土壤和株间湿度，防止湿气滞留。

苗床处理：用50%福美双可湿性粉剂200g拌土100kg，或用50%多菌灵可湿性粉剂或70%甲基硫菌灵可湿性粉剂8～10g/m^2，或50%敌磺钠8g/m^{2}对土20倍混匀撒施。

可用种子重量0.2%的40%拌种双粉剂拌种或土壤处理。施用石灰50kg/亩处理土壤。

必要时可喷洒下列药剂：

25%甲霜灵可湿性粉剂800倍液；

3.2%恶霉灵・甲霜灵水剂300倍液；

95%恶霉灵精品4 000倍液；

72.2%霜霉威水剂400倍液；

75%百菌清可湿性粉剂1 000倍液+50%烯酰吗啉可湿性粉剂800～1 000倍液，每亩喷对好的药液50～60kg。

10．油菜黑腐病

【分布为害】油菜黑腐病分布于北京、陕西、河南、湖北、贵州、浙江、江苏等地。个别年份和个别地区发生较重，严重影响油菜籽的产量和品质。

【症　　状】各生育期均可受害，但以后期为主，病菌侵染根、茎、叶、角果。叶上病斑黄色，自叶缘向内发展，呈倒三角形，病区叶脉变为灰褐色，逐渐成黑色网状，病斑扩展常致叶片干枯(图10-53和图10-54)。主茎、枝和花序受害，初生暗绿色油浸状长条斑，后变为黑褐色病斑，病部产生大量乳黄色菌脓，多时呈黄色透明黏液状，病部无臭味。患病的主茎、根维管束变黑，横切面有黑环，主茎停止生长，萎缩卷曲，直至死亡。荚果上亦形成褐色或黑褐色斑块，常略凹陷。患病新鲜种子上也有油浸状褐色斑。

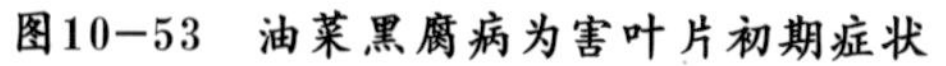

图10－53　油菜黑腐病为害叶片初期症状

图10－54　油菜黑腐病为害叶片后期症状

【病　　原】*Xanthomonas campestris* pv. *campestris* 称油菜黄单胞菌油菜致病变种(十字花科蔬菜黑腐致病变种)，属细菌。菌体杆状，极生单鞭毛，无芽孢，具荚膜，菌体单生或链生，革兰氏染色阴性。病菌生长发育最适温度25～30℃，最高39℃，最低5℃，致死温度51℃经10分钟，耐酸碱度范围pH值6.1～6.8，pH值6.4最适。

【发生规律】油菜黑腐病菌在种子上或遗留在土壤中的病残体内及采种株上越冬。如播带病种子，幼苗出土时依附在子叶上的病菌从子叶边缘的水孔或伤口侵入，引起发病。成株叶片染病，病原细菌在薄壁细胞内繁殖，再迅速进入维管束，引起叶片发病，再从叶片维管束蔓延至茎部维管束，引致系统侵染。采种株染病，细菌由果柄处维管束侵入，进入种子皮层或经荚皮的维管束进入种脐，导致种内带菌。此外也可随病残体碎片混入或附着在种子上，致种外带菌，病菌在种子上可存活28个月，成为远距离传播的主要途径。在生长期主要通过病株、肥料、风雨或农具等传播蔓延。一般与十字花科连作，或高温多雨天气及高湿条件，叶面结露、叶缘吐水，利于病菌侵入而发病。平均气温15℃时开始发病，15～18℃发病重，气温低于8℃停止发病，降雨20～30mm以上发病呈上升趋势，光照少发病重。此外，肥水管理不当，植株徒长或早衰，寄主处于感病阶段，害虫猖獗或暴风雨频繁发病重。

【防治方法】选育和种植抗病品种。加强栽培管理。适时播种，不宜过早，合理浇水，适期蹲苗，注意减少伤口，收获后及时清洁田园。与非十字花科蔬菜进行2～3年轮作。从无病田或无病株上采种，不用喷灌，沟灌时不向植株泼水，施用腐熟肥料，适期迟播，高畦栽培，及时防治害虫，防止重复侵染。

种子消毒。可用45%代森铵水剂300倍液浸种15～20分钟，冲洗后晾干播种；

或用50%琥胶肥酸铜可湿性粉剂按种子重量的0.4%拌种，可预防苗期黑腐病的发生；

或用3%中生菌素水剂100倍液15ml浸拌200g种子，吸附后阴干；

或用0.1%升汞水浸种20分钟，或0.5%醋酸铜溶液处理种子 20分钟，水洗后播种。

或用72%农用链霉素可溶性粉剂1 000倍液浸种2小时，晾干后播种，均能有效地防治种子上携带的黑腐病菌。

药剂防治。发病初期，可喷洒下列药剂：

72%农用硫酸链霉素可溶性粉剂3 500倍液；

90%新植霉素可溶性粉剂3 000～4 000倍液；

50%氯溴异氰尿酸可湿性粉剂500～800倍液；

14%络氨铜水剂350倍液；

12%松脂酸铜悬浮剂600倍液，间隔7～10天喷1次，连防2～3次。但油菜对铜剂敏感须慎用。

11. 油菜炭疽病

【分布为害】油菜炭疽病在全国各油菜产区均有发生和为害，气温高、降水多病害易流行，造成严重损失，降低油菜籽产量和品质。

【症　　状】为害油菜地上部分。叶上病斑小而圆，初为苍白色，水渍状，以后中心呈白色或草黄色，稍凹陷，边缘紫褐色(图10-55)，直径1～2mm。叶柄和茎上斑点呈长椭圆形或纺锤形，淡褐色至灰褐色(图10-56)。角果上的病斑与叶上相似。潮湿情况下，病斑上产生淡红色黏状物。发病重的叶片病斑相互联合后，形成不规则形的大斑块，导致叶片变黄而枯死。

【病　　原】*Colletotrichum higginsianum* 称希金斯炭疽菌，属无性型真菌。菌丝无色透明，具隔膜。分生孢子盘小，散生，大部分埋于寄主表皮下，黑褐色，有刚毛。分生孢子梗顶端窄，基部较宽，呈倒钻状，无色，单胞。分生孢子长椭圆形，两端钝圆，无色，单胞。病菌在13～38℃均可发育，最适为26～30℃。碱性条件有利于产孢，酸性条件有利于孢子萌发。光照可刺激菌丝生长。

【发生规律】病菌以菌丝随病残体遗落土中或附在种子上越冬。翌年分生孢子长出芽管侵染，潜育期3～5天，病部产生分生孢子借风或雨水飞溅传播，进行再侵染。每年发生期主要受温度影响，而发病程度则受适温期降雨量及降雨次数多少影响，属高温高湿型病害。

【防治方法】种植抗病品种。加强田间管理，选择地势较高，排水良好的地块栽种，及时排除田间

图10－55　油菜炭疽病为害叶片症状

图10－56　油菜炭疽病为害茎部症状

积水，合理施肥，增施磷钾肥，收获后清洁田园，深翻土地，加速病残体的腐烂。发病较重的地区，应适期晚播，避开高温多雨季节，控制水肥。与非十字花科蔬菜隔年轮作，收获后深翻土地，适期播种。

选用无病种子，或在播前种子用50℃温水浸种5分钟，或用种子重量0.4%的50%多菌灵可湿性粉剂拌种。

田间发现病情及时进行防治，发病初期可采用以下药剂进行防治：

25%嘧菌酯悬浮剂1 000～2 000倍液；

68.75%恶唑菌酮·锰锌水分散粒剂800倍液；

50%福美双·异菌脲可湿性粉剂800倍液；

70%甲基硫菌灵可湿性粉剂500倍液+68.75%恶唑菌酮·锰锌水分散粒剂800倍液；

50%腐霉利可湿性粉剂1 000倍液+65%代森锌可湿性粉剂500倍液；

50%异菌脲悬浮剂800～1 500倍液+65%代森锌可湿性粉剂500倍液；

25%溴菌腈可湿性粉剂500倍液+70%代森联水分散粒剂600倍液；

12.5%烯唑醇可湿性粉剂3 000倍液+70%代森联水分散粒剂600倍液；

50%咪鲜胺锰盐可湿性粉剂1 000倍液+68.75%恶唑菌酮·锰锌水分散粒剂800倍液。

均匀喷雾防治，视病情间隔5～7天1次，连续防治2～3次。

12．油菜根肿病

【分布为害】油菜根肿病在全国各油菜产区均有发生和为害，北至黑龙江，南至广东，以湖南、湖北、四川、江西发生较多，严重时幼苗侵染率可达20%以上，常引起油菜减产，品质变劣。

【症　　状】主要为害根部。引起根部肿大，肿瘤主要发生在主根上，侧根上较少(图10–57)。一般呈纺锤形或不规则畸形。肿瘤初期表面光滑、白色，后颜色变褐、粗糙、龟裂，易腐烂。主根上部或茎基部因下部根腐朽而长出许多新根。植株矮化，初期叶中午萎蔫，早晚可恢复，叶片无光泽，继而叶色灰绿或黄色直至死亡(图10–58)。

图10–57　油菜根肿病为害植株症状

【病　　原】*Plasmodiophora brassicae* 称芸薹根肿菌，属黏菌。休眠孢子囊在寄主细胞里形成，球形或卵形，壁薄，无色，单胞，萌发产生游动孢子。游动孢子洋梨形或球形，直径2.5～3.5μm，前端具两根长短不等的鞭毛，在水中能游动，静止后呈变形体状，从油菜的根毛侵入寄主细胞内，经过一系列演变和扩展，从根部皮层进入形成层，刺激寄主薄壁细胞分裂、膨大，致根系形成肿瘤，最后病菌又在寄主细胞内形成大量休眠孢子囊，肿瘤烂掉后，休眠孢子囊进入土中越冬。

【发生规律】油菜根肿病菌以休眠孢子囊在土壤中或黏附在种子上越冬，并可在土中存活10～15年。孢子囊借雨水、灌溉水、害虫及农事

图10–58　油菜根肿病为害后期田间症状

操作等传播，萌发产生游动孢子侵入寄主，经10天左右根部长出肿瘤。病菌在9～30℃均可发育，适温23℃。适宜相对湿度50%～98%。土壤含水量低于45%病菌死亡。适宜pH值6.2，pH值7.2以上发病少。一般低洼及水改旱田后或氧化钙(CaO)不足发病重。

【防治方法】选用抗病品种。实行3年以上轮作，避免在低洼积水地或稻麦田改油菜田或酸性土壤上种油菜。加强栽培管理，及时排除田间积水，拔除病株并携出田外烧毁，在病穴四周撒消石灰，以防病菌蔓延。改良土壤，结合整地在酸性土中每亩施消石灰100～150kg，并增施有机肥。

育苗移栽的油菜采用无病土育苗或播前用福尔马林或五氯硝基苯消毒苗床，用50%福美双可湿性粉剂200g拌土100kg，或用50%多菌灵可湿性粉剂或 70%甲基硫菌灵可湿性粉剂8～10g/m^2，或50%敌磺钠8g/m^{2}对土20倍混匀撒施。

种子处理，可用种子重量0.2%的40%拌种双粉剂拌种或土壤处理。施用生石灰50kg/亩处理土壤。

必要时，用40%五氯硝基苯粉剂500倍悬浮液灌根，每株0.4～0.5L；

或每亩用40%五氯硝基苯2～3kg拌40～50kg细土，开沟施于定植穴后再定植油菜，重病田中每亩撒施石灰75kg或拔除病株后，于病穴中撒石灰消毒。

13．油菜软腐病

【分布为害】油菜软腐病在全国各油菜产区均可发生和为害，在芥菜型和白菜型油菜上发生较重。

【症　　状】主要发生于根、茎、叶等部位。在茎部或靠近地面的根茎部产生不规则水渍状病斑，后逐渐扩大，略凹陷，表皮稍皱缩，继而皮层龟裂易剥开，病害向内扩展，茎内部软腐呈空洞。靠近地面的叶片叶柄纵裂、软化、腐烂(图10-59)。病部溢出灰白色或污白色黏液，有恶臭味。发病初期叶萎蔫，早晚尚恢复，晚期则失去恢复能力。苗期重病株因根颈部腐烂而死亡。成株期，轻病株部分分枝能继续生长发育，重病株抽薹后倒伏死亡。

图10-59　油菜软腐病为害根茎部症状

【病　　原】*Erwinia carotovora* subsp. *carotovora* 称胡萝卜软腐欧文氏菌胡萝卜致病变种，属细菌。菌体短杆状，周生2～8根鞭毛，无荚膜，不产生芽孢，革兰氏染色阴性，在肉汁胨培养基上菌落乳白色，半透明，具光泽，全缘。生长发育温度4～48℃，最适27～30℃，适宜pH5.3～9.2，中性最适。

【发生规律】油菜软腐病菌主要初侵染来源是土壤中的病残体以及未腐熟带菌的有机肥。一般认为病菌可在土中存活4个月以上。病菌生存可能有两种方式：其一转变为非致病菌状态生存；其二在作物如大白菜、韭菜或杂草如苦苣菜、藜、鸭跖草、马齿苋和一年蓬等根围生存。影响病菌在土中存活的因素：土壤的温湿度，病菌在土温15℃以上很快死亡，10℃以下死亡速度减慢，5℃以下几乎不死亡。病菌主要靠雨水和害虫传播，进行再侵染。秋冬温度高，而春季又偏低的年份往往发病重。油菜播种越早，发病越重，播种早，气候有利于病菌繁殖与侵染，加上害虫为害造成的伤口多，易于发病。高畦栽培、排水好且土壤湿度低的地块，发病轻。施用高氮肥的有利于发病。

【防治方法】选用抗病品种。白菜型和芥菜型油菜易感病，可推广抗病性较强的甘蓝型油菜。加强栽培管理。深耕晒土，高畦栽培。降低田间湿度；适期播种，秋季高温年份要适当推迟播种；采用高畦栽培，防止冻害，减少伤口。水旱轮作或旱地与禾本科作物轮作2～3年；施用腐熟的有机肥料。彻底治虫，减少昆虫传播，见害虫部分。

药剂防治。发病初期喷下列药剂：

50%氯溴异氰尿酸可溶性粉剂1 200～1 500倍液；

90%新植霉素可溶性粉剂4 000倍液；

72%农用硫酸链霉素可溶性粉剂3 000～4 000倍液；

47%春雷霉素・王铜可湿性粉剂900倍液；

30%碱式硫酸铜悬浮剂500倍液；

14%络氨铜水剂350倍液，间隔7～10天喷1次，连续2～3次。油菜对铜制剂敏感，要严格控制用药量，以防药害。

14．油菜立枯病

【分布为害】油菜立枯病在山东、河南芥菜型油菜区发生严重，且发生较普遍，一般减产10%左右，重者达50%以上，降低油菜籽产量与品质。

【症　　状】叶柄染病，近地面处有凹陷斑，湿度大时病斑上生浅褐色蛛丝状菌丝(图10–60)。茎基部染病，初生黄色小斑，渐成浅褐色水渍状，后变为灰黑色凹陷斑，并形成大量菌核。

图10–60　油菜立枯病为害幼苗症状

【病　　原】*Rhizoctonia solani* 称立枯丝核菌，属无性型真菌。该菌不产生孢子，主要以菌丝体传播和繁殖。初生菌丝无色，后为黄褐色，具隔，分枝基部缢缩，老菌丝常呈一连串桶形细胞。菌核近球形或无定形，无色或浅褐至黑褐色。担孢子近圆形。有性态为 *Thanatephorus cucumeris* 称瓜亡革菌，属担子菌亚门真菌。

【发生规律】油菜立枯病菌以菌核或

厚垣孢子在土壤中休眠越冬。翌年地温高于10℃开始萌发，进入腐生阶段。油菜播种后遇有适宜发病条件，病菌从根部的气孔、伤口或表皮直接侵入，引起发病。后病部长出菌丝继续向四周扩展。也有的形成子实体，产生担孢子在夜间飞散，落到植株叶片上以后，产生病斑。此外该病还可通过雨水、灌溉水、肥料或种子传播蔓延。土温11～30℃、土壤湿度20%～60%均可侵染。高温、连阴雨天多、光照不足、幼苗抗性差易染病。

【防治方法】根据当地气候，因地制宜确定适宜播种期，不宜过早播种。有条件的可实行3年以上轮作。播种后遇连续几天高温天气，应及时浇水降低地温，控制该病发生。在南方油菜地不要用带有纹枯病的稻草作覆盖物，也不宜在纹枯病重的稻田种油菜。施用充分腐熟的堆肥，也可采用猪粪堆肥，进行土壤或种子处理，可有效地抑制丝核菌，达到防治立枯病的目的。

种子处理，用2.5%咯菌腈悬浮种衣剂12.5g，对水50ml，充分混匀后倒在5kg种子上，快速搅拌，直到药液均匀分布在每粒种子上，晾干播种。也可用2.5%咯菌腈干拌种剂按200g/100kg拌种；也可用3.5%咯菌・精甲霜悬浮种衣剂每50kg种子用药200～400g，对水1～2L，快速搅拌，使药液拌到种子上；也可用450g/L克菌丹悬浮种衣剂68～78g/100kg种子或30g/L苯醚甲环唑悬浮种衣剂6～9g/100kg种子进行种子包衣或拌种。还可将种子湿润后用种子重量0.3%的75%福・萎可湿性粉剂或50%甲基立枯磷或70%恶霉灵可湿性粉剂拌种。拌种时加入0.01%芸苔素内酯乳油8 000～10 000倍液，有利于抗病壮苗。

田间发病时应及时施药，发病初期可用以下药剂进行防治：

50%腐霉利可湿性粉剂1 500倍液+70%丙森锌可湿性粉剂600～700倍液；

10%多抗霉素可湿性粉剂600倍液+75%百菌清可湿性粉剂500～ 1 000倍液；

30%苯醚甲环唑・丙环唑乳油3 000倍液+70%代森锰锌可湿性粉剂600～800倍液；

20%灭锈胺悬浮剂800倍液+70%百菌清可湿性粉剂500～1 000倍液；

20%氟酰胺可湿性粉剂600倍液+65%福美锌可湿性粉剂600～800倍液；

70%甲基硫菌灵可湿性粉剂500～800倍液；

20%甲基立枯磷乳油800～1 500倍液+0.5%氨基寡糖水剂500倍液；

均匀喷雾防治，视病情间隔7～10天喷1次，防治2～3次。

灌根或喷淋，视病情间隔5～7天1次，连续2～3次。

15．油菜白粉病

【分布为害】油菜白粉病在全国各油菜产区均有发生和为害，南方油菜种植区全年均可发生，北方高温、高湿季节发病。发病严重时，叶片黄化早枯，种子瘦瘪，影响产量和品质(图10–61)。

【症　　状】该病主要为害叶片、茎、花器和种荚，产生近圆形放射状白色粉斑，菌丝体生于叶的两面，后白粉常铺满叶、花梗和荚的整个表面，即白粉菌的分生孢子梗和分生孢子，发病轻者病变不明显，植株生长、开花受阻，仅荚果稍变形；发病重白粉状霉覆盖整个叶面，到后期叶片变黄，枯死，植株畸形，花器异常，直至植株死亡(图10–62至图10–66)。

【病　　原】*Erysiphe cruciferarum* 称十字花科白粉菌，属子囊菌门真菌。闭囊壳聚生至散生，扁球形，暗褐色，具7～39根附属丝，附属丝一般不分枝，个别不规则地分枝1次，常呈曲折状，长度为闭囊壳的1～2倍，壳内含5～7个子囊。子囊卵形至扁卵形，多具柄，少数近无柄或无柄，内含子囊孢子4～6个。子囊孢子卵形至圆卵形，黄色，有的具油滴。

【发生规律】油菜白粉病在南方全年种植十字花科蔬菜的地区，主要以菌丝体或分生孢子在十字花

图10-61 油菜白粉病为害情况

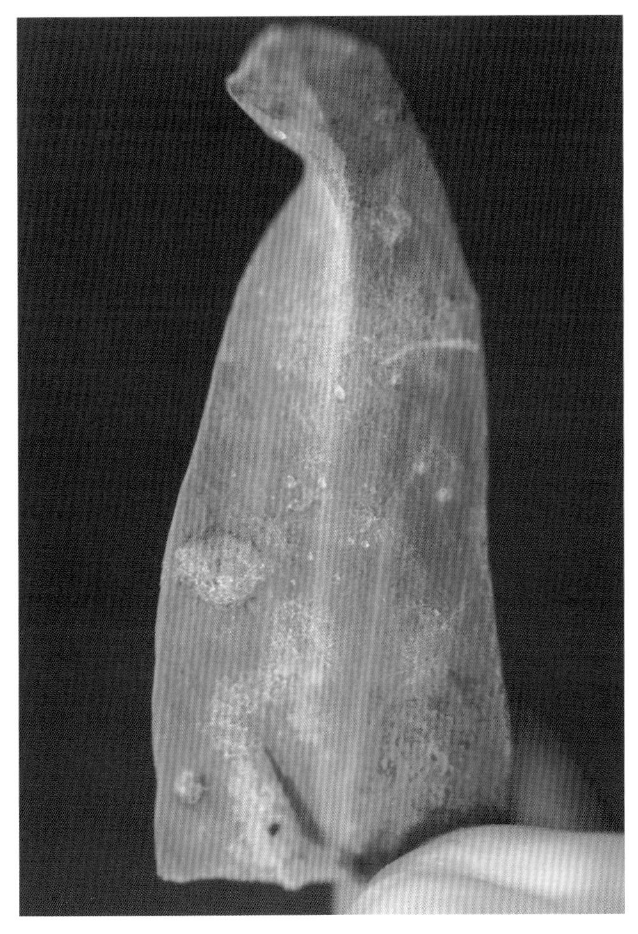

图10-62 油菜白粉病为害叶片初期症状

图10-63 油菜白粉病为害叶片后期症状

图10-64 油菜白粉病为害茎部初期症状

图10-65 油菜白粉病为害茎部后期症状

图10-66 油菜白粉病为害角果症状

科蔬菜上辗转传播为害。北方主要以闭囊壳在病残体上越冬，成为翌年该病初侵染源。条件适宜时子囊孢子释放出来，借风雨传播，发病后，病部又产生分生孢子进行多次再侵染，致病害流行。雨量少的干旱年份易发病，时晴时雨，高温、高湿交替有利该病侵染和病情扩展，发病重。

【防治方法】选用抗病品种。采用配方施肥技术，适当增施磷钾肥，增强寄主抗病力。

发病初期喷洒下列药剂：

2%武夷菌素水剂200倍液；

40%多菌灵·硫悬浮剂600倍液；

40%氟硅唑乳油8 000～10 000倍液；

12%松脂酸铜悬浮剂500倍液；

25%三唑酮可湿性粉剂1 000～1 500倍液；

80%多菌灵可湿性粉剂粉剂800～1 000倍液；

50%硫磺悬浮剂300倍液；

2%嘧啶核苷类抗生素水剂150～200倍液，视病情间隔10～15天1次，共防2～3次。有些油菜品种对铜制剂敏感，应严格控制药量，以免发生药害。

16．油菜黑胫病

【分布为害】该病分布于浙江、安徽、江西、湖北、湖南、四川、内蒙古等地，可引起死苗及成株后期茎秆干腐，严重为害时产量损失20%～60%。

【症　　状】油菜各生育期均可感病。主要特征是病部为灰白色枯斑，斑内散生许多黑色小粒点。幼苗子叶、幼茎被害后，初现不规则形淡褐色斑，后呈灰白色，稍凹陷。幼茎病斑向下蔓延至茎基及根系，引起须根腐朽，根颈折断而死。叶部病斑圆形或不规则形，稍凹陷，中部灰白色，上生黑色小点。根、茎染病，病斑初呈灰白色，逐渐枯朽，上生黑色小点，易折断造成全株死亡(图10-67)。果荚上病斑多从角尖开始，与茎上病斑相似(图10-68)。种子感病后变白皱缩，失去光泽。

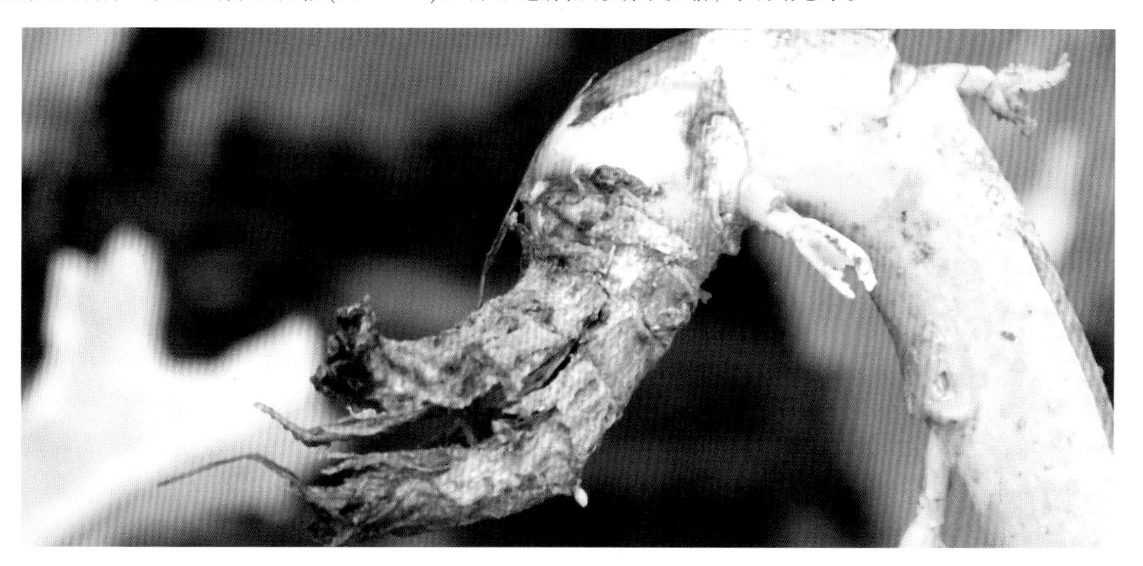

图10-67　油菜黑胫病为害根茎部症状

图10-68　油菜黑胫病为害角果症状

【病　　原】*Phoma lingam*称茎点霉菌，属无性型真菌。

【发生规律】病原以子囊壳和菌丝在病残株中越夏和越冬。子囊壳在残株中可存活5年以上，在10～20℃和高湿条件下，可逐渐放出子囊孢子，通过气流广泛传播侵染。植株感病后，病斑上产生的分生孢子器放出分生孢子，借风雨作短距离传播，从叶片上气孔、水孔和茎、根伤口侵入，进行再侵染。潜伏在种子皮内的菌丝可随种子萌发直接蔓延、侵染子叶和幼茎。不同油菜类型和品种间抗性有明显差异，芥菜型油菜较白菜型和甘蓝型油菜抗病。高温、高湿能促进病害迅速发展。施用未腐熟的病残株堆肥、连作和使用病种，病害重。

【防治方法】与非十字花科作物轮作两年。油菜收获后，将病残株集中烧毁或深翻土地进行深埋，以减少初侵染源。

苗床消毒　播种前每平方米苗床用50%多菌灵可湿性粉剂或70%甲基硫菌灵或50%敌磺钠可溶性粉剂8g，加20倍细土混匀撒施，进行苗床消毒。

发病初期及时防治，可以喷洒下列药剂：

50%苯菌灵可湿性粉剂800～1 500倍液+50%福美双可湿性粉剂500倍液；

50%多菌灵可湿性粉剂600～800倍液+70%代森锰锌可湿性粉剂800倍液；

50%甲基硫菌灵可湿性粉剂800～1 000倍液；

50%乙烯菌核利可湿性粉剂600～800倍液；

50%异菌脲可湿性粉剂800倍液，间隔15天左右1次，喷洒2～3次。

二、油菜生理性病害

1. 油菜缺素症

【症　　状】缺氮：植株长势不旺，矮小，瘦弱。分枝短小，全株上大下小。白菜型下部叶片黄绿色(图10-69)，甘蓝型下部叶片红紫色。叶片早衰脱落。根细长，分枝根量少，白色。

图10－69　油菜缺氮症状

缺磷：出叶慢，叶片小，呈暗绿色。下部老叶茎及叶柄呈紫红色(图10–70)。根系发育减缓。抗逆性差，不正常早熟。子粒不饱满，产量下降，出油率低。

图10–70　油菜缺磷症状

缺钾：植株矮小。最初叶片呈暗绿色，叶缘向下卷曲，在干热天气更甚。缺钾严重时，叶部外缘出现带白色的黄斑，老叶在成熟前干枯。荚果瘦小，产量降低(图10–71)。

缺钙：新叶凋萎，老叶枯黄，植株矮小。下部叶片边缘焦枯，顶花脱落，生长点黏化，严重时溃烂(图10–72)。

图10–72　油菜缺钙症状

图10–71　油菜缺钾症状

缺镁：中下部叶片上有紫红色斑块，叶色呈黄紫色与绿紫色的花斑叶。

缺硫：植株矮小，叶色浅绿，叶背面变红。叶片直立或卷曲，生育期延迟，花小而少。角果尖端干瘪，约有一半种子发育不良。

缺锰：幼叶呈现黄白色，叶脉仍绿色，开始时产生褪绿斑点，后全部叶片变黄，植株一般生长势弱，黄绿色，开花少，角果也相应减少，芥菜型油菜则发生不结实现象。

缺锌：叶脉间褪绿，叶片小略增厚，严重的叶片全部变白。植株一般生长矮小，生长势弱。芥菜型油菜开花受到抑制，完全不结实。

【病　　因】在夏季雨水大，土壤养分流失严重，油菜移栽期又是干旱天气，土壤墒情不足，再加部分地区又没有很好地重视肥料的投入，因而油菜缺素症很容易发生。土壤中含镁量低，有时土壤中不缺镁，但由于施钾过多或在酸性及含钙较多的碱性土壤中影响了油菜对镁的吸收。土壤黏重、通气不良的碱性土易缺锰。生产上长期连续施用没有硫酸根的肥料易缺硫。土壤中含有效磷高或施用大量磷肥常使缺锌加重。

【防治方法】对于油菜缺素症病，要以预防为主，一旦出现症状后，就要立即采取补救措施。

缺氮地块，提倡施用沤制的堆肥或充分腐熟的有机肥。提倡施用尿素、长效碳铵，控制缓释肥料。每亩追施7.5kg尿素或15～20kg碳铵对水500～750kg泼施。

缺磷时每亩追施过磷酸钙25～30kg或连续叶面喷施磷酸二氢钾2～3次。

缺钾时每亩追施7.5～10kg氯化钾对水500～750kg泼施，或掺入100～150kg草木灰中撒施。

缺镁时叶面喷0.1%～0.2%的硫酸镁溶液每亩50kg，连续进行2～3次。

缺硼时每亩用150～200g硼砂对水150～200kg浇施或硼砂50～100g对水50kg选晴天下午叶面喷施。

缺锰时追施含锰化合物。一般每亩追硫酸锰3～5kg或叶面喷施0.1%的硫酸锰溶液，每亩50kg。连续进行2～3次。

缺硫时采用配方施肥技术或严重缺硫时每亩追施硫酸钾10～20kg。

缺锌时追施硫酸锌，每亩3～4kg或叶面喷施0.3%～0.4%的硫酸锌溶液50kg。

2．油菜肥害

【症　　状】肥害在育苗、大田栽植中时有发生，南方发生尤多。其为害程度不亚于病虫为害。常见的有外伤型和内伤型两种。外伤型肥害：是指由肥料外部侵害所致，造成油菜的根、茎、叶的外表伤害。如氨气过量可致油菜出现水渍状斑、输导组织坏死、茎基出现褐黑色伤斑(图10-73)，严重的不长或

图10-73　油菜肥害症状

枯死。内伤型肥害：是指施肥不当，造成植株体内离子平衡受到破坏引起的生理伤害。如氨气过量吸收，造成叶肉组织崩溃，叶绿素解体，光合作用不能正常进行，最后植株死亡，影响产量和质量。

【病　　因】气体毒害：当氨气在苗床或大田中浓度高于5mg/kg以上时，油菜茎叶现水渍状斑，致细胞失水，当氨气浓度高于40mg/kg造成急性伤害，出现输导组织坏死，叶绿素解体，茎、叶间出现明显的褐黑色点或块状伤斑。生产上施用碳铵、氨水、尿素都可发生。尿素是酰胺态氮肥，于土壤中在尿毒酶的作用下，水解成碳铵，然后再分解产生气态氨，遇有高温条件，土壤含水量低于20%，这时气态氨易沉积在苗床或土壤表面，造成气体毒害。浓度、沉积时间与为害成正相关。浓度伤害：施用化肥或有机肥过量都会造成浓度伤害。当土壤中盐分浓度高于3 000mg/kg时，植株吸收养分和水分的功能受抑，细胞渗透阻力大，从而出现浓度伤害症状。生产上化肥干施，有机肥过量或未充分发酵腐熟，这些肥料在空气、水分、温度作用下，分解出大量有机酸和热量，致油菜的根系经不住高酸、高热的作用而发生肥害。尤其是过量施用，致土壤有效氮含量超负荷，浓度过高，造成烂种和烧苗。有的发生亚硝酸的积累而引起毒害。拮抗作用：过量施用钾肥会引起土壤中钾素含量多，将妨碍对钙和镁、硼等微量元素的吸收而出现缺素症。

【防治方法】本着实际、实用、实效的原则改革施肥方法。提倡施用充分沤制的堆肥和腐熟有机肥，采用分层施或全层深施法。将下茬生产所需肥料按总量的60%～80%在整地时分层施入土壤中，也可按当年计划茬口及施肥总量，在深翻时一次性施入，采用配方施肥技术，掌握好氮、磷、钾三要素及微量元素的配方，施后要根据土壤干湿程度确定是否浇水，一般要保持土壤湿润，使肥料充分腐熟。切忌干施后立即播种或定植。

科学施用化肥。油菜田每次亩年用量标准为碳铵25kg、硫酸铵15kg、尿素10kg。施用时必须考虑天气、土壤、苗情、化肥理化性质，因地制宜加以掌握，使其既能充分发挥肥效，又能节约成本，有效防止肥害的发生。提倡施用尿素、长效碳铵、控制缓释肥料、包裹肥料、硅酸盐细菌生物钾肥等。

提倡生物肥料与化肥混合施用。生产上长期施用化肥的油菜田，土壤微生物减少，也会造成有机质分解受阻，不仅营养物质易流失，同时降低了有机肥等资源利用率。因此，把生物肥料和化肥混合可改良久施化肥土壤，不仅弥补生物肥料中含氮量不足的缺点，还可使化肥不流失。

必要时施用惠满丰、促丰宝、保丰收等多元素叶面肥。施用惠满丰时亩用量250～500ml，稀释400～600倍液或施用促丰宝活性液肥I号400～500倍液。

3．油菜萎缩不实病

【分布为害】油菜萎缩不实病又名花而不实病。该病系缺硼引起的一种生理病害，是油菜生产上重要病害之一。我国油菜主产区的长江流域、华南和黄淮、关中地区都是缺硼地区。特别是在山区、半山区和丘陵地区发病面积较大。一般田间如有较多植株呈现明显症状时，减产20%～30%，重病地几乎颗粒无收，病田菜籽的含油量也严重下降。

【症　　状】该病症状因土壤缺硼程度不同而有很大差异。土壤严重缺硼时，在苗期、薹期即可发病，病株萎缩死亡；中、轻度缺硼时，花期出现症状，病株不实。病株根系发育不良，须根不长，表皮褐色，有的根颈部膨大，皮层龟裂(图10–74)。叶色初为暗绿色，后为紫红色或紫色，并向内部发展，变成蓝紫色；叶脉及附近组织变黄，形成许多蓝紫斑。最后部分叶缘枯焦，叶片变黄脱落。病株叶形变小、叶质增厚、易脆，叶端向下方倒卷或呈皱缩状。一般下、中部茎叶最先变色，并向上、下发展。生长点及花序顶端花蕾褪绿成黄白色，病株不能抽薹而萎缩坏死。花期发病植株开花缓慢，小分枝丛生，开花不结实或豆荚发育受阻，不能发育成正常种子，豆荚长度不能延伸或豆荚中仅能形成少数正常种子，但间隔结实，荚角较短(图10–75)，外形弯曲。果皮和茎秆表皮为紫红色或蓝紫色，中下部皮层带纵向裂口，上部出现裂斑。

图10–74 油菜萎缩不实病为害症状

图10–75 油菜萎缩不实病为害角果症状

【病　　因】油菜萎缩不实病由土壤缺硼引起。土壤中水溶性硼小于0.5mg/kg均属缺硼土壤。油菜缺硼的原因很复杂、主要与成土母质、土壤质地以及农业技术措施等有关。土壤碱性、长期持续干旱或淹水均易诱发病害。播栽期较迟的油菜也易发病。

【防治方法】发病地区施用硼砂是防治萎缩不实病的关键措施，但还需改进土壤和农业技术条件。增施腐熟有机肥、草木灰，合理施用化学氮肥。培育壮苗，适时移栽，促进油菜根系发育。适时抗旱、排水，促进土壤有机硼化合物分解转化。

在油菜播种或移栽前，每亩施用硼砂0.5～1kg，与有机肥和氮磷钾肥混合施用，勿与种子直接接触，以避免硼对种子发芽和幼根生长的抑制作用。在苗床和本田苗期、薹期各喷施硼肥1次，缺硼严重的田块还应在花期再喷施1次，效果很好。苗床期喷硼一般在移栽前1～2天，每亩用硼砂100g对水叶面喷雾；苗期最好在移栽后第2天喷施；开花期后，如发现有萎缩不实现象，每亩可用硼砂100g，对水100kg，进行均匀喷雾。

4. 油菜红叶病

【症　　状】油菜苗期生长过程中，如果遇到恶劣的环境条件，油菜叶片会由绿变红，影响光合作用，达不到秋发冬壮的目的，从而严重影响油菜产量及品质(图10–76)。

图10-76 油菜红叶病症状

【病　　因】油菜生长期受恶劣环境条件等影响叶片会变红，影响光合作用，冬至前遇0℃以下低温，油菜叶片会因受冻而发红。

【防治方法】应立即间苗，去密留稀，并追施一次速效肥，每亩用尿素5～10kg加入750～1 000kg粪水中淋施。遇冬旱少雨，油菜根系吸水、吸肥困难，生长缓慢、植株矮小、叶色变红，应浇水解救。冬前雨水过多，渍水伤根甚至烂根，油菜叶片变成暗红色，应深开围沟、主沟和畦沟，做到雨止田干。冬至前遇0℃以下低温，油菜叶片会因受冻而发红，应结合中耕培土，每亩撒施草木灰75～150kg或火土灰1 000～1 500kg，减轻冻害。

三、油菜虫害

害虫的为害是制约油菜产量的重要因素之一。其中为害较重的害虫有小菜蛾、蚜虫、潜叶蛾等，分布于全国各油菜产区。

1. 小菜蛾

【分　　布】小菜蛾(*Plutella xylostella*)属鳞翅目菜蛾科。分布于全国各油菜产区，北起黑龙江，南至广东。以幼虫取食叶片，严重时将全叶食光，造成严重产量损失，致使油菜品质下降。

【为害特点】初龄幼虫取食叶肉，留下表皮，在菜叶上形成一个个透明的斑即“开天窗”；3～4龄幼虫可将菜叶食成孔洞和缺刻，严重时全叶被吃成网状(图10-77和图10-78)。在留种株上，为害嫩茎、幼荚和籽粒，影响结实和种子质量(图10-79和图10-80)。

图10-77　小菜蛾为害叶片初期状

图10-78　小菜蛾为害叶片后期症状

图10-79 小菜蛾为害角果初期症状

图10-80 小菜蛾为害角果后期症状

【形态特征】成虫体长6~7mm，翅展12~16mm，前后翅细长(图10-81)，缘毛很长，前后翅缘呈黄白色三度曲折的波浪纹，两翅合拢时呈3个接连的菱形斑，前翅缘毛长并翘起如鸡尾，触角丝状，褐色有白纹，静止时向前伸。雌虫较雄虫肥大，腹部末端圆筒状，雄虫腹末圆锥形，抱握器微张开。卵椭圆形，稍扁平，初产时淡黄色(图10–82)，有光泽，卵壳表面光滑。幼虫有4龄。初孵幼虫深褐色，后变为绿色。末龄幼虫体长10～12mm，纺锤形，体上生稀疏长而黑的刚毛，头部黄褐色，前胸背板上有淡褐色无毛的小点组成两个“U”字形纹，臀足向后伸超过腹部末端，腹足趾钩单序缺环(图10–83和图10–84)。蛹长5～8mm，初化蛹时绿色，渐变淡黄绿色，最后为灰褐色，近羽化时，复眼变深背面出现褐色纵纹(图10–85和图10–86)。茧呈纺锤形，灰白色丝质薄如网，可透见蛹体。

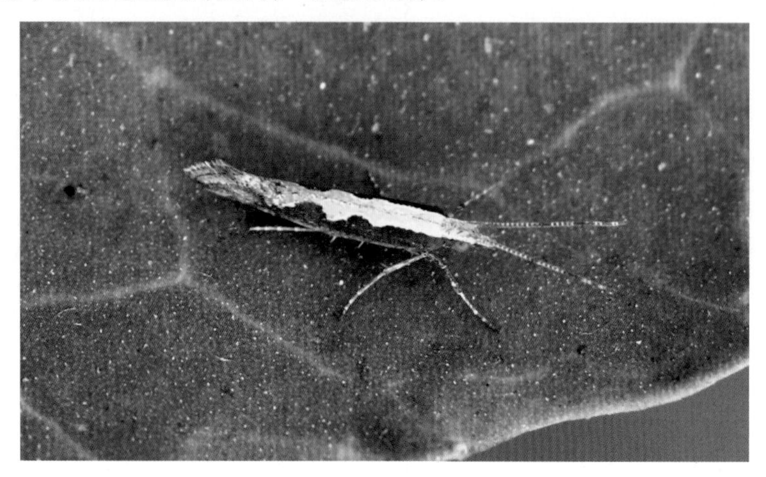

图10–81 小菜蛾成虫

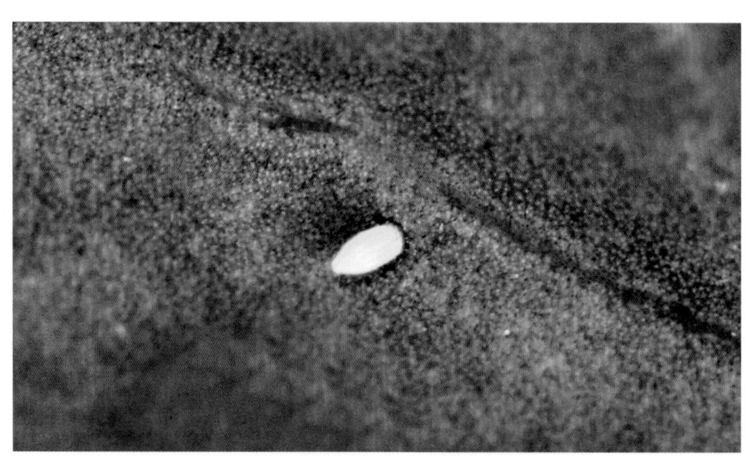

图10–82 小菜蛾卵

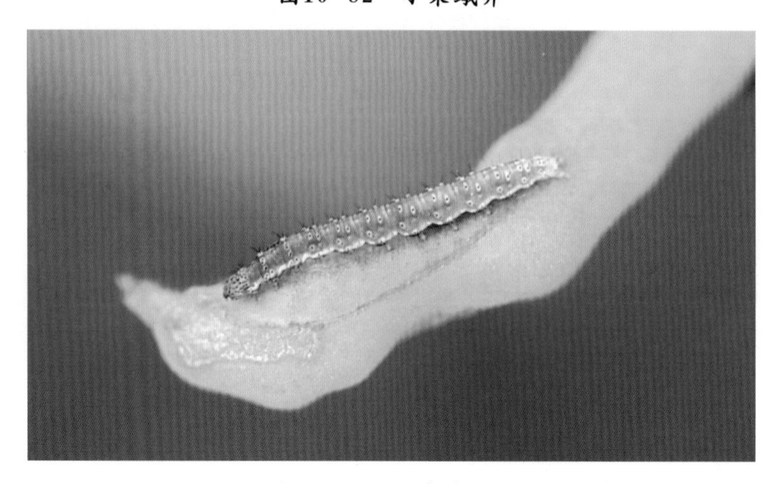

图10–83 小菜蛾初孵幼虫

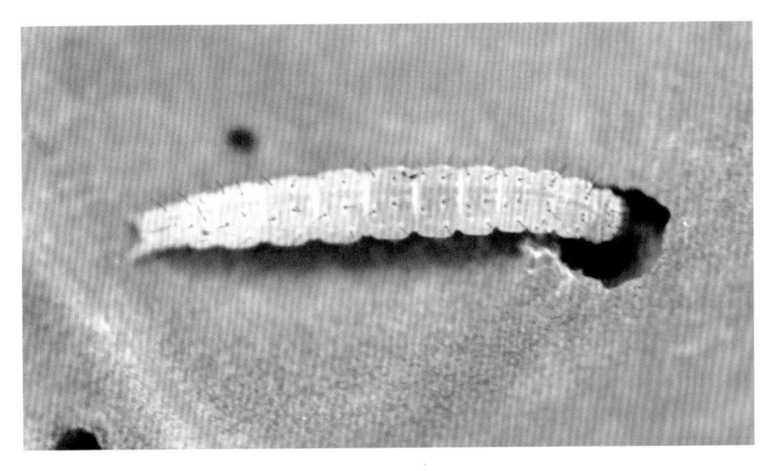

图10-84 小菜蛾高龄幼虫

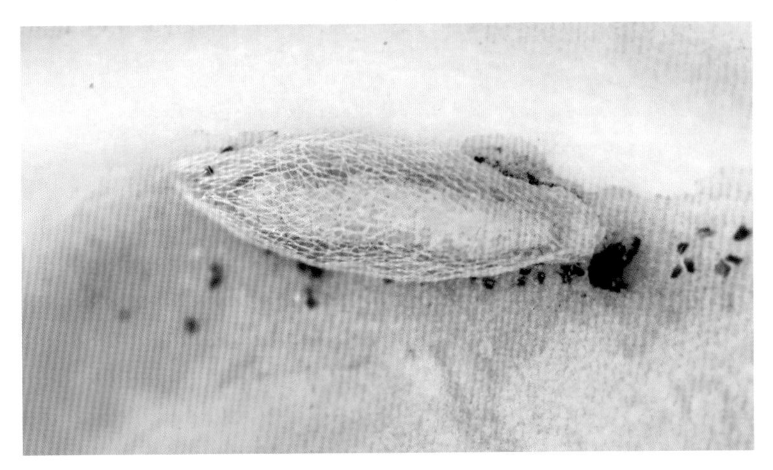

图10-85 小菜蛾蛹(绿色)

图10-86 小菜蛾蛹(灰褐色)

【发生规律】小菜蛾每年发生的代数因地而异。黑龙江2～3代，新疆4代，华北5～6代，长江流域9～14代，华南17代，台湾18～19代。长江流域及以南地区可终年发生，无越冬现象。多代地区世代重叠，幼虫、蛹、成虫各虫态均有，无滞育现象。全年内为害盛期因地区不同而不同，东北、华北地区以5—6月和8—9月为害严重，且春季重于秋季。新疆则7—8月为害最重。长江流域于4月至6月上旬和8月下旬至11月出现春秋两次为害高峰，一般秋季重于春季。成虫昼伏夜出，白天隐藏于植株荫蔽处，日落后开始取食、交尾、产卵，蛹羽化多在晚上，羽出的成虫当天即可交尾，交尾1～2天产卵。成虫产卵对甘蓝、花椰菜、大白菜等有较强的趋性，卵多产于寄主叶背靠近叶脉凹陷处，一般散产，偶尔有几粒或几十粒聚集在一起。成虫有趋光性，对黑光灯趋性强，成虫飞翔力不强，但可借风力作远距离飞行。幼虫活跃，遇惊时扭动后退或吐丝下垂，幼虫共4龄，发育适温为20～26℃，幼虫期12～27天，老熟幼虫在被害叶背或老叶上吐丝结网状茧化蛹，也可在叶柄叶腋及杂草上作茧化蛹，蛹期约9天。小菜蛾抗逆性强，对农药易产生抗性，造成防治上的困难。此虫喜干旱条件，潮湿多雨对其发育不利。此外若十字花科蔬菜栽培面积大、连续种植，或管理粗放都有利于此虫发生。凡十字花科蔬菜连作的菜区，小菜蛾常猖獗成灾。

【防治方法】选择抗(耐)虫品种，及时清理杂草，破坏小菜蛾成虫食物来源。合理布局，尽量避免十字花科蔬菜周年连作，是抑制小菜蛾大发生的一项预防性措施。间种茄科作物有驱虫产卵作用。收菜后及时清除残株剩叶可以减少虫源基数。

物理防治：在成虫发生盛期，每10亩菜地设置一盏黑光灯可诱杀大量小菜蛾成虫。

生物防治：保护和释放小菜蛾绒茧蜂对压低小菜蛾自然种群数量的效果显著。施用苏云金杆菌制剂或青虫菌6号的500～700倍液或颗粒体病毒；应用雌性性外激素“顺-11-十六碳烯乙酸酯”或“顺-11-十六碳烯醛”诱杀雄蛾；施用20%灭幼脲悬浮剂500～1 000倍液，或5%氟啶脲、伏虫隆乳油2 000倍液对抗性菜蛾都有较好的防效，而且持效期较长。

应用化学药剂防治应掌握在卵孵化盛期至幼虫2龄期。可选用下列药剂：

1%甲氨基阿维菌素苯甲酸盐乳油10～20ml/亩；

45%马拉硫磷乳油80～100ml/亩；

30%敌百虫乳油100～150ml/亩；

50%嘧啶磷乳油600～1 000倍液；

50%吡唑硫磷乳油1 500～2 000倍液；

90%灭多威可溶性粉剂10～15g/亩；

25%苯氧威可湿性粉剂40～60g/亩；

98%仲丁威可溶性粉剂30～40g/亩；

25%甲萘威可湿性粉剂100～260g/亩；

2.5%高效氯氟氰菊酯乳油12～20ml/亩；

2.5%溴氰菊酯乳油10～15ml/亩；

20%氰戊菊酯乳油20～40ml/亩；

20%甲氰菊酯乳油25～30ml/亩；

20%虫酰肼悬浮剂80～100ml/亩；

5%氟啶脲乳油40～80ml/亩；

5%氟铃脲乳油40～75ml/亩；

25%丁醚脲乳油60～100ml/亩；

20%抑食肼可湿性粉剂75～100g/亩；

24%甲氧虫酰肼悬浮剂10～20ml/亩；

1.8%阿维菌素乳油30～40ml/亩；

15%阿维菌素·毒死蜱乳油40～60ml/亩；

40%阿维菌素·敌敌畏乳油50～60ml/亩；

2%阿维菌素·苏云金杆菌可湿性粉剂30～50g/亩；

10%烟碱乳油50～75ml/亩；

15%茚虫威悬浮剂5～10ml/亩，对水40～50kg喷雾。由于小菜蛾易产生抗药性，因此应注意轮换交替用药。

2．油菜蚜

【分　　布】我国油菜蚜有3种，即萝卜蚜(*Lipaphis erysimi pseudobrassicae*)、桃蚜(*Myzus persicae*)和甘蓝蚜(*Brevicoryne brassicae*)，均属同翅目蚜科。俗称蜜虫、腻虫、油虫等，是为害油菜最严重的害虫。萝卜蚜和桃蚜在全国都有发生，其中又以萝卜蚜数量最多；甘蓝蚜主要发生在北纬40°以北和海拔1 000m以上的高原、高山地区。

【为害特点】成蚜、若蚜都在油菜顶端或嫩叶背面刺吸汁液，使受害叶变黄卷缩，植株生长不良，影响抽薹、开花、结实。为害严重时，植株矮缩，生长停滞，甚至枯蔫而死。油菜抽薹、开花、结果阶段，蚜虫密集为害，造成落花、落蕾和角果发育不良，籽粒秕小，严重的甚至颗粒无收。蚜虫还能传播油菜病毒病，其造成的损失，往往要比蚜虫本身的为害还要严重(图10-87至图10-90)。

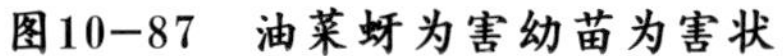

图10-87　油菜蚜为害幼苗为害状

图10-88　油菜蚜为害花器症状

图10-89 油菜蚜为害角果症状

图10-90 油菜蚜为害后期症状

【形态特征】萝卜蚜：有翅胎生雌蚜头、胸黑色，腹部绿色。第1～6腹节各有独立缘斑，腹管前后斑愈合，第1节有背中窄横带，第5节有小型中斑，第6～8节各有横带，第6节横带不规则。无翅胎生雌蚜体长2.3mm，宽1.3mm，绿色或黑绿色，被薄粉(图10-91)，表皮粗糙，有菱形网纹，腹管长筒形，顶端收缩，长度为尾片的1.7倍，尾片有长毛4～6根。

图10-91 萝卜蚜无翅胎生雌蚜

桃蚜：无翅孤雌蚜体长2.6mm，宽1.1mm。体淡红色(图10–92)，头部深色，体表粗糙，但背中域光滑，第7、8腹节有网纹；额瘤显著，中额瘤微隆；触角长2.1mm，第3节长0.5mm，有毛16～22根；腹管长筒形，端部黑色，为尾片的2.3倍；尾片黑褐色，圆锥形，近端部1/3收缩，有曲毛6～7根。有翅孤雌蚜头、胸黑色，腹部淡色(图10–93)；触角第3节有小圆形次生感觉圈9～11个；腹部第4～6节背中融合为一块大斑，第2～6节各有大型缘斑，第8节背中有一对小突起。

图10–92　桃蚜无翅孤雌蚜

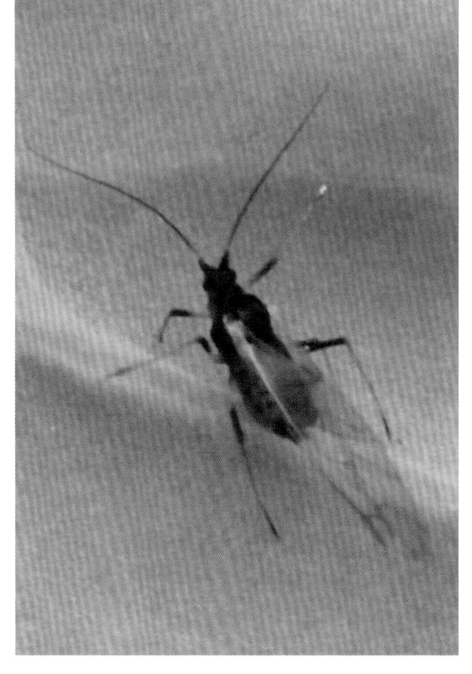

图10–93　桃蚜有翅孤雌蚜

甘蓝蚜：有翅胎生雌蚜体长约2.2mm，头、胸部黑色(图10–94)，复眼赤褐色。腹部黄绿色，有数条不很明显的暗绿色横带，两侧各有5个黑点，全身覆有明显的白色蜡粉；无额瘤；触角第3节有37～49个不规则排列的感觉孔；腹管很短，远比触角第5节短，中部稍膨大。无翅胎生雌蚜体长2.5mm左右，全身暗绿色，被有较厚的白蜡粉(图10–95)，复眼黑色，触角无感觉孔；无额瘤；腹管短于尾片；尾片近似等边三角形，两侧各有2～3根长毛。

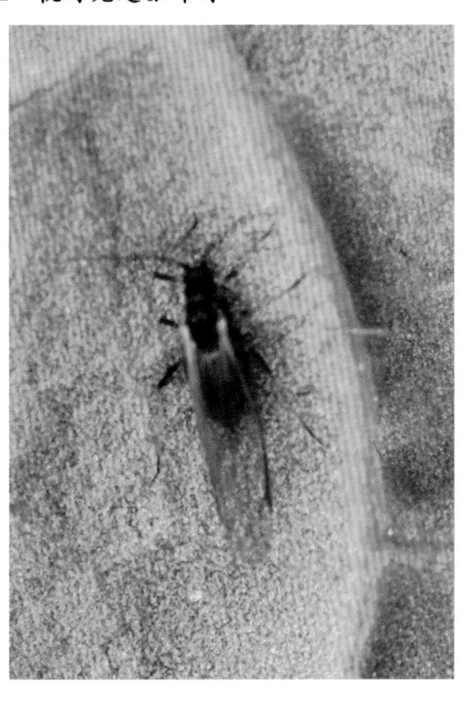

图10–94　甘蓝蚜有翅胎生雌蚜

图10–95　甘蓝蚜无翅胎生雌蚜

【发生规律】萝卜蚜：在我国北方地区一年发生10余代，南方达数10代；在温暖地区或温室，终年以无翅胎生雌蚜繁殖，无显著越冬现象；长江以北地区，在蔬菜上产卵越冬。翌春3—4月孵化为干母，在越冬寄主上繁殖几代后，产生有翅蚜，向其他蔬菜转移，扩大为害，无转换寄主的习性。到晚秋，部分产生性蚜，交配产卵越冬。寄主以十字花科为主，但尤喜白菜、萝卜等叶上有毛的蔬菜，因此，全年以秋季在白菜、萝卜上的发生最为严重。

桃蚜：华北地区一年发生10余代，在南方则可多达30~40代，世代重叠极为严重。以无翅胎生雌蚜在风障菠菜、窖藏白菜或温室内越冬，或在菜心里产卵越冬。加温温室内，桃蚜终年在蔬菜上胎生繁殖，无越冬现象。翌春4月下旬产生有翅蚜，迁飞至已定植的甘蓝、花椰菜上继续胎生繁殖，至10月下旬进入越冬。靠近桃树的亦可产生有翅蚜飞回桃树交配产卵越冬。在我国北方地区春、秋呈两个发生高峰。桃蚜对黄色、橙色有强烈的趋性，而对银灰色有负趋性。

甘蓝蚜：在北京、河北、山东、山西、内蒙古等地一年发生10余代，以卵在蔬菜上越冬。翌春4月孵化，先在越冬寄主嫩芽上胎生繁殖，而后产生有翅蚜迁飞至已经定植的甘蓝、花椰菜苗上，继续胎生繁殖为害，以春末夏初及秋季最重。10月初产生性蚜，交尾产卵于留种或贮藏的菜株上越冬。少数成蚜和若蚜也可在菜窖中越冬。繁殖的适温为16~17℃，低于14℃或大于18℃，产仔数均趋于减少；此外，对寄主的选择上，偏嗜叶面光滑无毛的甘蓝、花椰菜类，所以在北方这些作物春、秋两茬大面积栽培时，甘蓝蚜也在春、秋形成两次发生高峰。

【防治方法】农业防治：加强调查，监测蚜虫的迁飞动向，以防蚜虫传毒导致病毒病的为害。夏季采取少种十字花科蔬菜以及结合间苗、清洁田园，借以减少蚜源，保持苗期土壤湿润，选育抗虫品种。

物理防治：黄板诱蚜，在秋播油菜地设置黄板，上涂一层油，色板高于地面45cm，可大量诱杀有翅蚜；或用银灰、白色或黑色薄膜覆盖油菜行间40~50天，有驱蚜防病作用，苗床四周铺宽约15cm的银灰色薄膜，苗床上方挂银灰薄膜条，可避蚜防病毒病。在大棚内作物生长行间设置银灰色反光膜驱避蚜虫。还可在田间悬挂黄色薄膜诱集蚜虫加以消灭。

生物防治：保护天敌或人工饲养释放蚜茧蜂、草蛉、食蚜蝇、多种瓢虫及蚜霉菌等可减少蚜害，田间释放蚜茧蜂，每亩3 500头，控制蚜虫效果较好。

种子处理：用70%吡虫啉湿拌种剂300~600g/亩拌细土移栽穴或播种沟撒施，可较好防治油菜蚜虫。

化学防治：苗期有蚜株率达10%、虫口密度为1~2头/株；抽薹开花期有10%茎枝有蚜虫，每枝有蚜3~5头时开始喷药。可用下列药剂：

10%吡虫啉可湿性粉剂10~20g/亩；

3%啶虫脒乳油40~50ml/亩；

1.8%阿维菌素乳油20~40ml/亩；

2.5%氯氟氰菊酯乳油30~40ml/亩；

4.5%高效氯氰菊酯乳油20~40ml/亩；

2.5%溴氰菊酯乳油30~45ml/亩；

25%噻虫嗪水分散剂粒剂6~8g/亩

20%氰戊菊酯乳油20~30ml/亩；

5.7%氟氯氰菊酯乳油30~50ml/亩；

40%氧乐果乳油50~75ml/亩；

48%毒死蜱乳油50~60ml/亩；

50%抗蚜威可湿性粉剂10～20g/亩；

25%唑蚜威可湿性粉剂20～30g/亩；

50%混灭威乳油38～50ml/亩；

50%丁醚脲悬浮剂60～80ml/亩；

10%氯噻啉可湿性粉剂10～20g/亩；

25%噻虫嗪水分散粒剂8～10g/亩；

25%吡蚜酮可湿性粉剂16～20g/亩；

10%烯啶虫胺水剂20～40ml/亩；

48%噻虫啉悬浮剂7～14ml/亩，对水40～50kg均匀喷施，间隔7～10天1次，连续防治2～3次。

3．美洲斑潜蝇

【分　　布】美洲斑潜蝇(*Liriomyza bryoniae*)属双翅目潜蝇科。原分布在巴西、加拿大、美国、墨西哥、古巴、巴拿马、智利等30多个国家和地区，属世界性检疫害虫，我国1994年在海南首次发现后，现已扩散到广东、广西、云南、四川、山东、北京、天津等12个省(区、市)，发生面积2 000多万亩，成为目前为害油菜的主要害虫。

【为害特点】成虫、幼虫均可为害。雌成虫把植物叶片刺伤，进行取食和产卵，幼虫潜入叶片和叶柄为害，产生不规则蛇形白色虫道，叶绿素被破坏(图10-96至图10-98)，影响光合作用，受害重的叶片脱落，造成花芽、果实被灼伤。

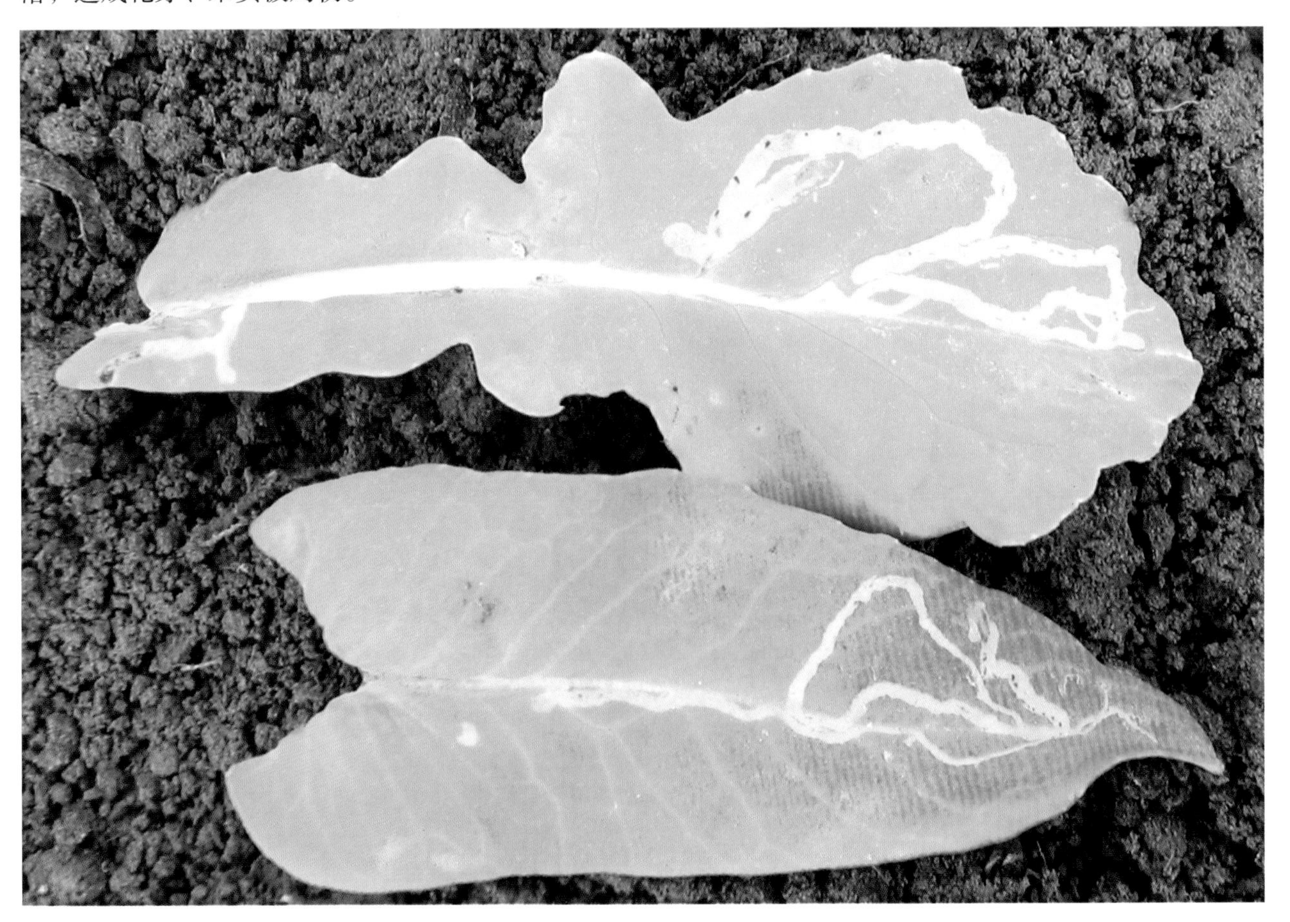

图10-96　美洲斑潜蝇为害叶片初期症状

图10-97　美洲斑潜蝇为害后期田间症状

图10-98　美洲斑潜蝇为害角果症状

【形态特征】成虫小型，头部黄色，复眼酱红色，触角和颜面为亮黄色(图10–99)；复眼后缘黑色，外顶鬃常着生于黑色区，越近上侧额区暗色渐减变淡，外顶鬃着生在暗色区域，内顶鬃常着生在黄暗交界处；胸、腹背面大体黑色，中胸背板黑色发亮，后缘小盾片鲜黄色，体腹面黄色；前翅脉末端为前1段的3~4倍，后翅退化为平衡棒。雌虫体较雄虫大，雌成虫体长1.50~2.13mm，翅长1.18~1.68mm，雄成虫体长1.38~1.88mm，翅长1.0~1.35mm。卵椭圆形，米色，半透明。幼虫蛆形，共3龄。初孵幼虫米色半透明(图10–100)，老熟幼虫橙黄色，腹部末端有1对圆锥形后气门，在气门突末端分叉，其中2个分叉较长，各具1个气孔开口。蛹椭圆形，腹面稍扁平，多为橙黄色(图10–101)，有时呈暗金黄色，后气门3孔。

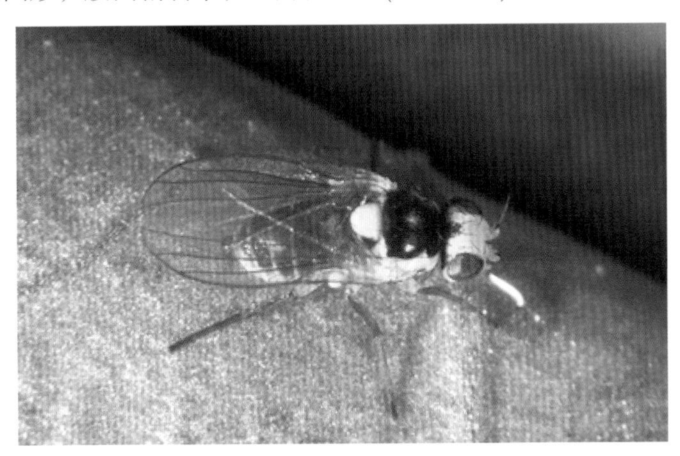

图10–99　美洲斑潜蝇成虫

图10–100　美洲斑潜蝇幼虫

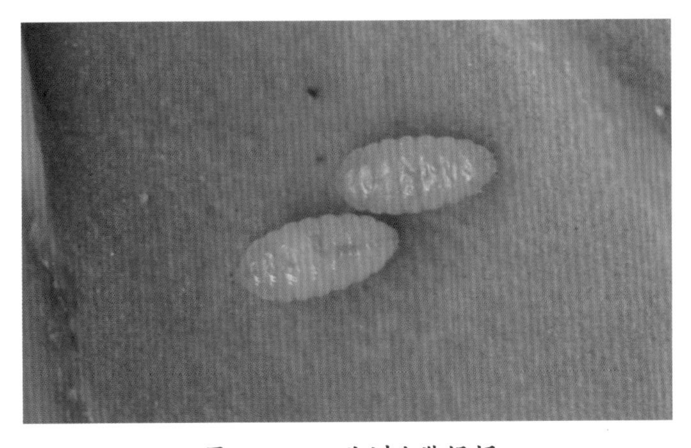

图10–101　美洲斑潜蝇蛹

【发生规律】美洲斑潜蝇世代历期短，各虫态发育不整齐，世代严重重叠。在海南一年发生21～24代，广东发生14～17代，在海南、广东可全年发生，无越冬现象。北京地区发生10～11代，其中露地可完成6～7代，保护地4代左右，其繁殖速率随温度和作物不同而异。幼虫最适宜活动温度为25～30℃，当气温超过35℃时，成虫和幼虫的活动受到抑制。另外，降雨和高湿均对蛹的发育不利，使虫口的密度降低，故夏季发生较轻，春秋为害严重。成虫有飞翔能力，但较弱，对黄色趋性强。雌成虫以伪产卵器刺破叶片上表皮取食和产卵，喜在中、上部叶片而不在顶端嫩叶上产卵，下部叶片上落卵也少。幼虫孵出后潜入叶内为害，潜道随虫龄增加而加宽。老熟幼虫由潜道顶端或近顶端1mm处，咬破上表皮，爬出潜道外，在叶片正面或滚落地表或土缝中化蛹。在北方自然条件下不能越冬，可以各种虫态在温室内繁殖过冬。因此，北方温室成为翌年露地唯一的虫源。传播途径是通过温室育苗移栽露地，将虫源传到露地蔓延为害；秋季露地育苗移栽保护地，再把露地虫源带入保护地，或成虫直接由露地转入邻近的保护地为害。

【防治方法】农业防治：严格检疫，防止美洲斑潜蝇扩散蔓延。清洁田园，收获后彻底清除残株落叶、深埋或烧毁，消灭虫源；深翻土壤，使土壤表层蛹不能羽化，以降低虫口基数；将斑潜蝇嗜食的瓜类、茄果类、豆类与非寄主蔬菜如葱、蒜类套种或轮作；合理种植密度，增强田间通透性，及时疏间病虫弱苗、过密植株或叶片，促进植株生长，增强抗虫性。

物理防治：利用成虫的趋黄习性，使用黄色粘板或黄粘纸诱集成虫。灭蝇纸诱杀成虫：在成虫始盛期至盛末期，每亩设置15个诱杀点，每个点放置1张诱蝇纸诱杀成虫，3～4天更换1次。

生物防治：尽量使用对天敌无毒或低毒的药剂，保护利用天敌，控制为害。美洲斑潜蝇的主要天敌有潜蝇姬小蜂、潜蝇茧蜂和反颚茧蜂等寄生蜂寄生幼虫。幼虫期还有捕食性天敌，如小花蝽、蓟马和小红蚂蚁，在条件适宜和不用药或停用杀虫剂的情况下，幼虫天敌寄生率可达80%～100%。

化学防治：在成虫发生高峰期，施用昆虫生长调节剂类药剂，可影响成虫生殖、卵的孵化和幼虫蜕皮、化蛹等。可用下列药剂：

5%啶虫隆乳油2 000倍液；

5%氟虫脲乳油2 000倍液；

5%于藤酮可溶液剂150～270ml/亩；

10%虫螨腈悬浮剂1 000倍液，均匀喷雾。

在幼虫化蛹高峰期后8～10天，幼虫以1～2龄期施药最佳。可用下列药剂：

40%毒死蜱乳油50～70ml/亩；

50%杀螟腈乳油100～133ml/亩；

2.5%氯氟氰菊酯水乳剂16～20ml/亩；

2.5%高效氯氟氰菊酯水乳剂16～20ml/亩；

4.5%高效氯氰菊酯乳油40～50ml/亩；

20%甲氰菊酯乳油20～30ml/亩；

10%灭蝇胺悬浮剂100～150ml/亩；

40%毒死蜱乳油20～30ml/亩；

2.5%溴氰菊酯乳油10～20ml/亩；

1.8%阿维菌素可湿性粉剂30～40g/亩，对水40～50kg均匀喷施，防治时间掌握在成虫羽化高峰的8～12时效果好，间隔4～6天喷1次，连续防治4～5次。

4．南美斑潜蝇

【分　　布】南美斑潜蝇(*Liriomyza huidobrenisis*)属双翅目潜蝇科。分布于云南、贵州、四川、青海、山东、河北、北京等地。

【为害特点】成虫用产卵器把卵产在叶中，孵化后的幼虫在叶片上、下表皮之间潜食叶肉，嗜食中肋、叶脉，被食叶成透明空斑，造成幼苗枯死，破坏性极大。幼虫常沿叶脉形成潜道，幼虫还取食叶片下层的海绵组织，从叶面看潜道常不完整，初期呈蛇形隧道，但后期形成虫斑，区别于美洲斑潜蝇。成虫产卵取食时造成为害，使叶片细胞的叶绿素和叶片组织受到破坏，受害严重时，叶片失绿变成白色(图10–102)。

图10–102　南美斑潜蝇为害叶片状

【形态特征】成虫体长1.7～2.25mm。额明显突出于眼(图10–103)，橙黄色，上眶稍暗，内外顶鬃着生处呈暗色，足基节黄色具黑纹，腿节基本黄色，但具黑色条纹直到几乎全黑色，胫节、跗节棕黑色。低龄幼虫体白色(图10–104)，高龄幼虫头部及胸部前端黄色，体大部分为白色。蛹初期呈黄色，逐渐加深直至呈深褐色(图10–105)，比美洲斑潜蝇颜色深且体型大，后气门突起与幼虫相似。

图10–103 南美斑潜蝇成虫

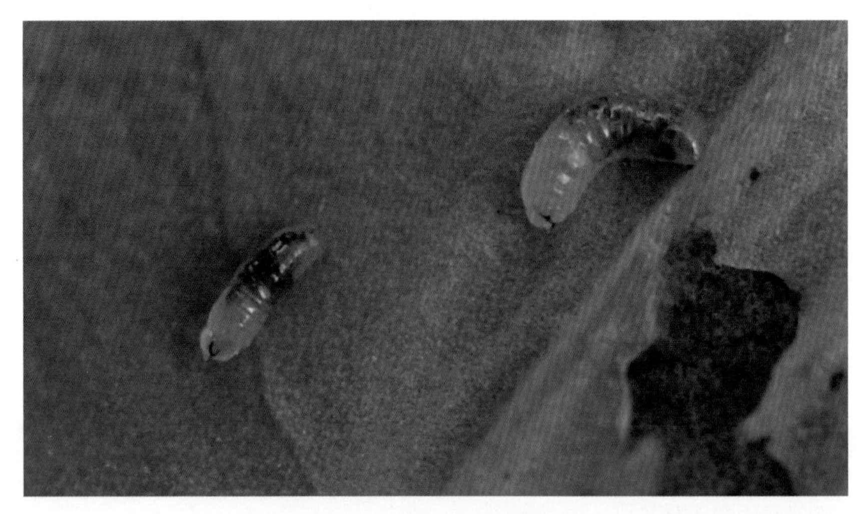

图10-104 南美斑潜蝇幼虫

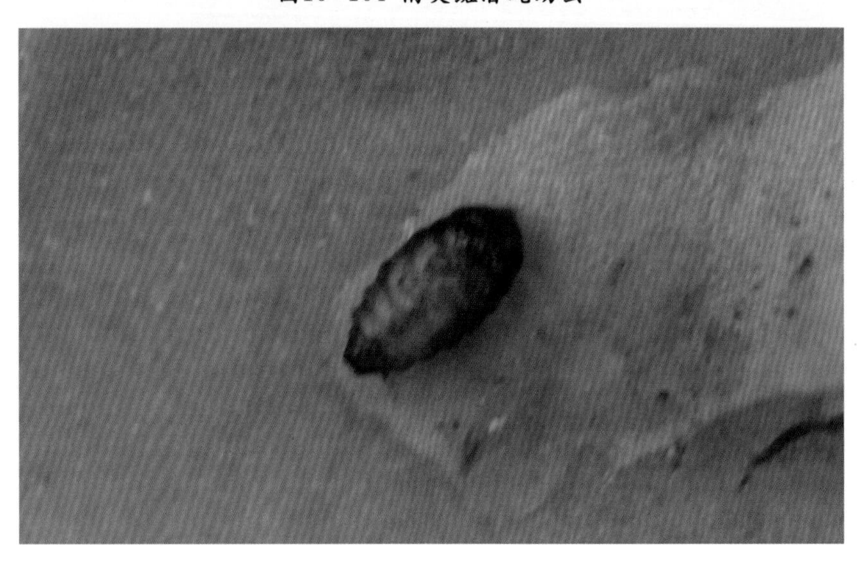

图10-105 南美斑潜蝇蛹

【发生规律】南美斑潜蝇在国内发生代数不详。在保护地内于2月下旬虫口密度迅速上升，3月份后便可造成严重为害，并可持续到5月中旬前后。在露地蔬菜上，于4月上中旬可见到由棚室中迁出的成虫为害菜苗，5月中下旬后数量激增，至6月下旬后，由于气温高等诸多原因，数量迅速下降。至9月份以后，种群数量又开始上升，10月份后陆续迁移到秋延迟的大棚中为害，亦可造成较大的损失。在温室中，12月份常可大发生，进入1月份后，由于温度较低，数量又趋下降。南美斑潜蝇的成虫主要在白天活动，通过黄板诱集，从早8时至晚20时的诱虫量是全天总虫量的75%。成虫以10：00和16：00—18：00最为活跃，因而喷药防治最好选择在活跃时进行。

【防治方法】农业防治：在温室或棚室中，应与南美斑潜蝇不喜食的寄主植物，如（辣椒、番茄、茄子）等间作，一定不要与芹菜、茼蒿间作。

诱杀成虫：在温室或大棚中，可采用灭蝇纸诱杀。在成虫发生始盛期至末期，每亩设置15个诱杀点，每点放置l张诱蝇纸，每3～4天更换1次。也可使用斑潜蝇诱杀卡，使用时，将诱杀卡揭开，挂在成虫数量多的地方，每15天更换1次。也可采用黄板诱杀法消灭成虫，在室内设置黄色诱虫板，涂成橙黄色，并抹机油，挂在行间1.5m高处，有明显的诱虫效果。

药剂防治：可参考美洲斑潜蝇。

5．菜蝽

【分　布】菜蝽(*Eurydema dominulus*)、横纹菜蝽(*Eurydema gebleri*)均属半翅目蝽科。分布在我国南北方油菜和十字花科蔬菜栽培区，吉林、河北居多。

【为害特点】成虫和若虫刺吸蔬菜汁液，尤喜刺吸嫩芽、嫩茎、嫩叶、花蕾和幼荚。被刺处留下黄白色至微黑色斑点。幼苗子叶期受害萎蔫甚至枯死；花期受害则不能结荚或籽粒不饱满。此外，还可传播软腐病。

【形态特征】菜蝽：成虫体长6～9mm，宽3.2～5mm，椭圆形，橙黄或橙红色，全体密布刻点；头黑色，侧缘上卷，橙黄或橙红色(图10-106)；前胸背板有6块黑斑，2个在前，4个在后；小盾板具橙黄或橙红“Y”形纹，交会处缢缩；翅革片具橙黄或橙红色曲纹，在翅外缘形成2黑斑；膜片黑色，具白边；足黄、黑相间；腹部腹面黄白色，具4纵列黑斑。卵桶状，近孵化时粉红色。末龄若虫头、触角、胸部黑色，头部具三角形黄斑，胸背具3个橘红色斑(图10-107)。

图10-106　菜蝽成虫

图10-107　菜蝽若虫

横纹菜蝽：成虫体长6～9mm，椭圆形。头蓝黑色，边缘红黄色。前胸背板橘黄色，有6个蓝黑色斑，小盾片具“丫”型橘黄色斑。前翅革区末端有1个横置黄白斑。卵圆柱形、高约1mm，乳白色，带黑褐色(图10–108)。若虫初橘红色，后变深，共5龄，五龄体长5mm左右，头、触角、胸部黑色，头部具三角形黄斑，胸背具橘红色斑3个。

图10–108 横纹菜蝽成虫

【发生规律】北方每年发生2～3代，南方5～6代，各地均以成虫在石块下、土缝、落叶、枯草中越冬。翌春3月下旬开始活动，4月下旬开始交配产卵，5月上旬可见各龄若虫及成虫。越冬成虫历期很长，可延续到8月中旬，产卵末期延至8月上旬者，仅能发育完成一代。早期产的卵至6月中下旬发育为第1代成虫，7月下旬前后出现第2代成虫，大部分为越冬个体；少数可发育至第3代，但难于越冬。5—9月为成虫、若虫的主要为害时期。卵多于夜间产在叶背，个别产在茎上，一般每雌虫产卵100多粒，单层成块。若虫共5龄，初孵若虫群集在卵壳四周，1～3龄有假死性。若虫、成虫喜在叶背面，早、晚或阴天，成虫有时爬到叶面。若虫期30～45天，成虫寿命可达300余天。秋季油菜苗期及春、夏季开花结果期为主要为害期。

【防治方法】成虫出蛰前彻底清除田间杂草、落叶；人工摘除卵块，减少越冬虫源。

掌握在若虫3龄前喷洒下列药剂：

50%辛硫磷乳油1 000倍液；

50%杀螟硫磷乳油1 000倍液；

2.5%溴氰菊酯乳油2 000倍液；

50%辛・氰乳油1 000倍液；

50%敌敌畏乳油1 000倍液；

90%晶体敌百虫800倍液；

20%甲氰菊酯乳油3 000倍液；

50%杀螟腈乳油1 000倍液等药剂喷雾2～3次，间隔7～10天。

6. 菜粉蝶

【分　　布】菜粉蝶(*Preris rapae*)属鳞翅目粉蝶科。幼虫称菜青虫，分布在全国各地。寄主有油菜、甘蓝、花椰菜、白菜、萝卜等十字花科蔬菜。

【为害特点】初孵幼虫仅食叶肉，被害叶片出现透明小孔，2龄以后分散为害，将叶子吃成网状或缺刻，仅留叶脉，严重时全叶吃光，只剩下叶柄，造成缺苗。排泄大量绿色腥臭虫粪，污染心叶，影响蔬菜的品质和油菜等植株生长(图10–109)。咬伤处易被病菌侵入，导致软腐病的发生。

图10–109　菜粉蝶幼虫为害症状

【形态特征】成虫体长12 ~ 20mm，翅展45 ~ 55mm，体灰黑色，翅白色，顶角灰黑色，雌蝶前翅下方有2个黑色圆斑(图10–110)，后翅前缘离翅基2/3处有一黑斑，雄蝶仅有1个显著的黑斑。卵似瓶形，高约1mm，表面有许多规则的纵横凸纹，橙黄色。幼虫老熟时体长28 ~ 35mm，青绿色，背面密生细茸毛和细小黑色毛瘤，体侧沿气门线有黄色斑点一列(图10–111)。蛹长18 ~ 21mm，纺锤形，两端尖细，头部前端中央有一管状突起，体背有3条纵脊，体色有绿、灰黄、灰褐等色，随环境而异，尾部和腰间用丝连在寄主上(图10–112至图10–113)。

图10–110　菜粉蝶成虫

图10–111　菜粉蝶幼虫

图10-112　菜粉蝶蛹绿色型

图10-113　菜粉蝶蛹灰褐色型

【发生规律】各地发生代数、历期不同，内蒙古、辽宁、河北一年发生4～5代，上海5～6代，南京7代，武汉、杭州8代，长沙8～9代。各地均以蛹多在菜地附近的墙壁屋檐下或篱笆、树干、杂草残株等处越冬，一般选在背阳的一面。翌春4月初开始陆续羽化，边吸食花蜜边产卵，以晴暖的中午活动最盛。卵散产，多产于叶背，平均每雌产卵120粒左右。菜青虫发育的最适温度20～25℃，相对湿度76%左右，与甘蓝类作物发育所需温、湿度接近，因此，在北方春(4—6月)、秋(8—10月)两茬甘蓝大面积栽培期间，菜青虫的发生亦形成春、秋两个高峰。夏季由于高温干燥及甘蓝类栽培面积的大量减少，菜青虫的发生也呈现一个低潮。

【防治方法】农业防治：合理布局，尽量避免十字花科蔬菜连作，夏季停种过渡寄主作物，栽培防治。清除油菜田及蔬菜地的残株、残叶、杂草，有辅助防效，也可减少虫源，结合积肥，将田间枯叶、残株和杂草集中沤肥或烧毁，消灭其中隐藏的幼虫和蛹。也可在田间人工捕杀幼虫和蛹，产卵前网捕成虫。

生物防治：可采用细菌杀虫剂，如苏云金杆菌复方Bt乳剂或青虫菌6号液剂稀释500～800倍液。也可把川楝素与Bt乳剂混用，有明显的增效作用，或人工释放粉蝶金小蜂、绒茧蜂以及应用菜青虫颗粒病毒。

化学防治：药剂防治最佳时期是在幼虫3龄以前。常用化学农药有：

50%丙溴磷乳油100～120ml/亩；

25%喹硫磷乳油120ml/亩；

20%哒嗪硫磷乳油200～250ml/亩；

50%二嗪磷乳油80～120ml/亩；

98%仲丁威可溶性粉剂30～40g/亩；

25%甲萘威可湿性粉剂100～260g/亩；

18%杀虫双水剂200～225ml/亩；

2.5%高效氯氟氰菊酯乳油12～20ml/亩；

4.5%高效氯氰菊酯乳油20～30ml/亩；

250g/L溴氰菊酯乳油10～15ml/亩；

20%氰戊菊酯乳油20～40ml/亩；
5.7%氟氯氰菊酯乳油20～30ml/亩；
10%醚菊酯悬浮剂80～100ml/亩；
20%除虫脲悬浮剂25～50ml/亩；
25%灭幼脲悬浮剂20～40ml/亩；
20%虫酰肼悬浮剂80～100ml/亩；
5%氟啶脲乳油40～80ml/亩；
5%氟铃脲乳油40～75ml/亩；
25%丁醚脲乳油60～100ml/亩；
20%抑食肼可湿性粉剂75～100g/亩；
24%甲氧虫酰肼悬浮剂10～20ml/亩；
10%呋喃虫酰肼悬浮剂60～100ml/亩；
1.8%阿维菌素乳油20～40ml/亩；
0.5%甲维盐微乳剂20～30ml/亩；
0.1%氧化苦参碱水剂60～80ml/亩；
1%苦皮藤素乳油50～70ml/亩；
0.5%藜芦碱可溶性液剂75～100ml/亩；
10%虫螨腈悬浮剂50～70ml/亩；
15%茚虫威悬浮剂5～10ml/亩，对水40～50kg均匀喷雾，药剂交替使用，效果更佳。

7．黑缝油菜叶甲

【分　　布】黑缝油菜叶甲(*Entomoscelis suturalis*)属鞘翅目叶甲科。在河北、山西、陕西、江苏、甘肃等省均有分布。

【为害特点】黑缝油菜叶甲以其成虫、幼虫为害油菜、白菜等十字花科蔬菜，食叶成缺刻或孔洞，严重的叶片被吃光，咬掉生长点，造成缺苗断垄乃至毁种，严重影响油菜产量和品质。

【形态特征】雄成虫体长约6mm，雌虫8mm；头黑色(图10–114)，顶部具1月牙形黄色斑；复眼和触角黑色，棒状11节；前胸黄色，发达，中部具“凸”字形黑斑，两侧各具1小黑点，鞘翅黄褐色，小盾片和鞘翅中缝黑色；头、胸、腹、腹面及3对足均黑色；头部深嵌入前胸，具粗刻点，触角向后伸达鞘翅肩部之后。前胸背板宽，后缘中部拱弧，表面刻点粗密；小盾片半圆形；鞘翅刻点稀。雌虫腹部大，末端露在鞘翅外。卵长椭圆形，黄色至橙色。末龄幼虫体背黑褐色，纺锤形，腹面浅黄色；头黑褐色，前胸、腹末节深褐色，余各节背面具3排大小不一的深褐色肉瘤，瘤上生刚毛。裸蛹浅黄色至橙黄色。

图10–114　黑缝油菜叶甲成虫

【发生规律】黑缝油菜叶甲在甘肃、陕西、山西等省一年发生1代，以卵在油菜根部表土内、土缝中、土块或枯叶下越冬。翌春油菜返青时开始孵化，幼虫期4龄，3月下旬至5月上旬为害油菜、荠菜、白菜等，幼虫喜在8:00—17：00为害，夜间、早晚及阴雨天潜伏在土块下，幼虫喜光，有假死性，5月上旬后，老熟幼虫钻入土中2～6cm处筑土室化蛹，经10～15天羽化为成虫。5月下旬进入羽化盛期，成虫出土后继续为害，待油菜黄熟后，成虫潜入土中10～22cm处越夏，9月下旬至10月中旬，成虫又复出为害幼苗，10月上旬至11月上旬交尾产卵，雌虫把卵产在油菜根部土缝中，20～40粒聚成小堆，每雌产卵200粒左右，11月上旬雄虫多死于地面。

【防治方法】对该虫采取“预防为主，综合防治”的方针，加强虫情测报，农业防治、化学防治相结合。

冬、春油菜品种搭配种植，生产上春油菜发生虫害轻，因此扩大春油菜种植面积，可有效控制该虫为害。加强管理，增肥灌水。冬油菜生长期虫情消长与降水量和灌水关系密切，搞好管理，做到壮苗抑虫，减轻为害。

掌握时机喷药治虫，土内施药，每亩用2.5%辛硫磷粉剂2kg拌细土30kg，于播种时撒入土表，然后耙入或翻入土中，可防治越夏成虫及越冬卵块。

油菜出土后至越冬前，发现成虫迁入田内为害时，喷洒2.5%辛硫磷粉剂1～1.5kg/亩，歼灭成虫，防止产卵及越冬。

油菜返青前，定期、定点检查卵块密度和孵化率，每平方米内有一堆卵块，孵化率高于80%，在油菜返青后抽薹前，幼虫初发阶段喷撒2%杀螟丹粉剂1.5～2kg/亩。

油菜结荚期发现羽化成虫为害时，喷洒下列药剂：

40%辛硫磷乳油1 500倍液；

50%马拉硫磷乳油1 000倍液；

2.5%高效氯氟氰菊酯菊酯乳油1 500倍液；

20%氯氰菊酯·马拉硫磷乳油1 500～2 000倍液；

0.6%烟碱·苦参碱乳油60～120ml/亩。

8．油菜露尾甲

【分　　布】油菜露尾甲(*Meligethes aeneus*)属鞘翅目露尾甲科。分布于新疆、甘肃、内蒙古、黑龙江等省、自治区。

【为害特点】油菜露尾甲以其成、幼虫取食油菜花粉、雄蕊、花柄及萼片，致蕾、花干枯死亡，难于正常结实。成虫为害重于幼虫，常常造成减产，油菜品质变劣。

【形态特征】成虫体长3mm左右，黑色，具蓝绿色光泽，扁平椭圆形，触角褐色9节，锤节3节，能收入头下的侧沟里(图10–115)；足棕褐色至红褐色，前足胫节具小齿；鞘翅短；体两侧近平行，末端收平，尾节略露在翅外，鞘翅上具浅刻点不整齐。卵椭圆形白毛，表面光滑。末龄幼虫体长4～5mm，头黑色，胸部、腹部白色，前胸背板上具黑斑2块，余各节生褐色小疣，疣上长1根毛。蛹白色，尾端具叉，翅芽达第5腹节，近羽化时变为黄色至暗黑色。

【发生规律】在新疆每年发生1代，以成虫在土壤中或残株落叶下越冬，翌春白菜等十字花科蔬菜开花后的5月中下旬，即油菜进入蕾期时，成虫开始迁入油菜田，成虫多把卵产在未开花的花蕾上，贴附在雄蕊处，每蕾上产卵1至数粒，6月进入为害盛期，花中有很多卵和幼虫，幼虫为害期20天左右，老熟后入土筑室化蛹，当年部分羽化，10月开始越冬。

【防治方法】选用开花早的品种，适期早播，躲开成虫为害盛期。收获后及时清洁田园并深翻，减

图10-115 油菜露尾甲成虫

少虫源。成虫越冬前，在田间、地埂、畦埂处堆放菜叶杂草，引诱成虫，集中杀灭。

在卵孵化盛期，喷洒下列药剂：

5%氟虫脲乳油2 000倍液；

25%喹硫磷乳油1 500倍液；

40%辛硫磷乳油1 500倍液。虫口数量大时，在卵孵化30%和90%时各防1次。

幼虫为害期，喷洒25%伏杀硫磷乳油1 200倍液。

9．种蝇

【分　　布】种蝇(*Delia platura*)属双翅目花蝇科。全国各油菜产区均有发生和为害，北起黑龙江、内蒙古、新疆，南至广东。

【为害特点】种蝇以其幼虫蛀食已萌动的种子或幼苗的地下组织，受害植株在强日照下，老叶呈萎垂状，受害轻者植株发育不良，呈畸形，叶片脱落，产量降低，品质变劣。受害重者，根部全部被蛀而枯死。此外，幼虫为害造成大量伤口，导致软腐病的侵染和流行，引起地下根腐烂，最终导致死亡，颗粒无收。将死苗拔除，剥开被害部皮层，可见白色小幼虫或被幼虫蛀空的痕迹。

【形态特征】雌成虫体长4～6mm，体灰黄色至褐色；两复眼间距离约为头宽的1/3，触角黑色，额暗褐色，有的下半部橙黄色；中足胫节外上方有1根刚毛，腹部背面中央纵纹不明显(图10-116)。雄虫略小，暗褐色；两复眼几乎相连接；后足胫节内下方生有1列稠密的短毛；胸部背面有3条黑色纵纹，腹部背面中央有1条黑色纵纹。卵乳白色，长椭圆形，稍弯，表面具有网纹。幼虫老熟时体长7～8mm，前端细，后端较粗呈蛆形，乳白色略带淡黄色；头退化，仅有1条黑白色口沟。蛹长椭圆形，红褐色，尾端有7对突起(图10-117)。

【发生规律】一年发生2～5代，北方以蛹在土中越冬，南方长江流域冬季可见各虫态。种蝇在25℃以上，19天完成1代，春季均温17℃时需42天，秋季均温12～13℃则需51.6天，产卵前期初夏30～40天，晚秋40～60天，35℃以上70%卵不能孵化，幼虫、蛹死亡，故夏季种蝇少见。种蝇喜白天活动，幼虫多在表土下或幼茎内活动。成虫对未腐熟的粪类、发酵的饼肥及葱蒜味有明显的趋性，也喜飞到开花的植物上吸食。成虫在雨天或阴天不大活动，早晚隐蔽在土块缝隙中。在晴朗干燥的天气活动频繁，多集中在

图10-116　种蝇成虫

图10-117　种蝇蛹

苗床大量产卵。卵产在幼苗根部附近潮湿的土壤里，或寄生在蔬菜的根部。每头雌虫产卵数十粒至百余粒。幼虫孵化后几小时即可钻入寄主。幼虫具腐食性、喜湿性和背光性，适于在土中生活。食害种子的胚乳，蛀食根茎，也可潜入嫩茎内为害，还能在土中转株为害。种蝇在各地均以第一代种群数量最多、为害严重。夏季种群数量最少，秋季有时也较多。

【防治方法】农业防治：苗床施用腐熟的粪肥和饼肥，做到均匀、深施，可明显减少种蝇产卵，有效地减轻蛆害。

药剂拌种：每千克种子用40%二嗪磷粉剂3～5g拌种，或用40%辛硫磷乳油，其用量一般为1：（30～40）：（400～500）(药剂：水：种子)；也可用25%辛硫磷胶囊剂或其他杀虫种衣剂拌种，亦能兼治金针虫和蝼蛄等地下害虫。

药剂处理土壤：用50%辛硫磷乳油200～250ml/亩，加水10倍，喷于25～30kg细土上拌匀成毒土，顺垄条施，随后浅锄或以同样用量的毒土撒于种沟或地面，随即耕翻，或混入厩肥中施用，或结合灌水施入。还可用5%辛硫磷颗粒剂2.5～3kg/亩处理土壤，都能收到良好效果，并兼治金针虫和蝼蛄，或在播种前，每亩用2%二嗪磷颗粒剂1.25kg，撒施在粪肥上。

诱杀成虫：成虫产卵高峰及幼虫孵化盛期及时防治。预测成虫通常采用诱杀成虫法。诱剂配方：糖1份、醋1份、水2.5份，加少量辛硫磷拌匀。诱蝇器用大碗，先放少量锯末，然后倒入诱剂加盖，每天在成蝇活动时开盖，及时检查诱杀数量，并注意添补诱杀剂，当诱器内数量突增或雌雄比近1∶1时，即为成虫盛期，应立即防治。

喷粉或喷雾：防治成虫及初孵幼虫，可用2.5%敌百虫粉剂1.5～2kg/亩喷粉。

也可用下列药剂：

50%马拉硫磷乳油1 000倍液；

80%敌敌畏乳油1 500倍液；

80%敌百虫可湿性粉剂500～1 000倍液；

40%辛硫磷·高效氯氰菊酯乳油2 000倍液；

2.5%溴氰菊酯乳油3 000倍液喷雾，每隔7～10天喷洒1次，连续2～3次。

灌药消灭幼虫：如发现幼虫为害幼苗，可用下列药剂：

80%敌百虫可湿性粉剂1 000倍液；

50%马拉硫磷乳油2 000倍液；

25%喹硫磷乳油1 200倍液。

10．黄曲条跳甲

【分　　布】黄曲条跳甲(*Phyllotreta striolata*)属鞘翅目叶甲科。除新疆、西藏、青海外，广布全国各地。

【为害特点】成虫食叶，以幼苗期危害最严重。刚出土的幼苗，子叶被吃后，整株死亡，造成缺苗断垄。在留种地主要为害花蕾和嫩荚。幼虫只为害根部，蛀食根皮，咬断须根，使叶片萎蔫枯死。

【形态特征】成虫体长1.5～2.4mm，长椭圆形，黑色有光泽，前胸背板及鞘翅上有许多刻点，排成纵行(图10–118)；鞘翅中央有一黄色纵条，两端大，中部狭而弯曲，后足腿节膨大、善跳。老熟幼虫体长4mm，长圆筒形，尾部稍细，头部、前胸背板淡褐色，胸腹部黄白色，各节有不显著的肉瘤。卵椭圆形，淡黄色，半透明。蛹长约2mm，椭圆形，乳白色，头部隐于前胸下面，翅芽和足达第5腹节，胸部背面有稀疏的褐色刚毛；腹末有一对叉状突起，叉端褐色。

【发生规律】在黑龙江一年发生2代，我国华北地区4～5代，上海、杭州4～6代，南昌5～7代，广州

图10–118　黄曲条跳甲成虫

7～8代。在华南无越冬现象，长江流域及以北地区以成虫在寄主底叶下、落叶、杂草丛中越冬。翌春气温达10℃以上开始取食，达20℃时食量大增。成虫善跳跃，高温时还能飞翔，以中午前后活动最盛。有趋光性，对黑光灯敏感。成虫寿命长，产卵期可延续1个月以上，因此世代重叠，发生不整齐。卵散产于植株周围湿润的土隙中或细根上，平均每雌产卵200粒左右。20℃下卵发育历期4～9天。幼虫需在高湿情况下才能孵化，因而近沟边的地里多。幼虫孵化后在3～5cm的表土层啃食根皮，幼虫发育历期11～16天，共3龄。老熟幼虫在3～7cm深的土中筑土室化蛹，蛹期约20天。成虫和幼虫为害温度均在10～33℃，34℃以上停止活动。卵孵化需高湿度，成虫、幼虫为害喜干燥。全年以春、秋两季发生严重，并且秋季重于春季。

【防治方法】农业防治：清洁田园，铲除杂草，处理净残株落叶，减少虫源。播前深耕晒土，造成不利于幼虫的环境并消灭部分幼虫。移栽时选用无虫苗，实行与非十字花科蔬菜轮作，增施肥料等农业措施可减轻为害。

化学防治：发生严重地区用2.5%辛硫磷粉剂3～4kg/亩，处理土壤，可减轻苗期受害。油菜子叶初期成虫出现时，喷撒2%杀螟硫磷粉剂。前茬作物是非十字花科作物，可在田四周喷撒10m宽的杀螟硫磷药带，防止田外成虫向油菜田侵入。

苗期防治成虫是关键。可选用下列药剂：

可采用30%噻虫嗪种子处理悬浮剂800～1 600ml/100kg种子，对水1～5L拌种处理。

5%鱼藤酮可溶液剂150~ 200ml/亩；

40%辛硫磷乳油1 500倍液；

25g/L溴氰菊酯乳油2 000倍液；

30%多噻烷乳油1 000倍液；

90%晶体敌百虫1 000倍液；

25%噻虫嗪水分散粒剂10～15g/亩；

21%增效氰戊菊酯·马拉硫磷乳油4 000倍液大面积喷洒，可防治成虫。

前两种药剂还可用于灌根防治幼虫，也可用下列药剂：

50%敌敌畏乳油1 000～2 000倍液；

50%马拉硫磷乳油800倍液；

25%亚胺硫磷乳油300～400倍液。

11．菜叶蜂

【分　　布】菜叶蜂属膜翅目叶蜂科，我国为害油菜等十字花科蔬菜的菜叶蜂已知有5种：*Athalia rosae japonensis* 黄翅菜叶蜂、*A. lugens proxima* 黑翅菜叶蜂、*A. rosae rosae* 新疆菜叶蜂、*A. nigromaculata* 黑斑菜叶蜂、*A. japonica* 日本菜叶蜂。黄翅菜叶蜂分布在全国各地；黑翅菜叶蜂分布在江苏、安徽、浙江、江西、福建、台湾、四川、云南等地；新疆菜叶蜂主要分布在新疆；黑斑菜叶蜂主要分布在西藏；日本菜叶蜂主要分布在台湾、广西、四川、云南、陕西。

【为害特点】幼虫为害叶片成孔洞或缺刻，为害留种株花和嫩荚，少数咬食根部，虫口密度大时，仅几天即可造成严重损失。

【形态特征】黄翅菜叶蜂：成虫体长6～8mm，头部和中、后胸背面两侧为黑色，其余橙蓝色，但胫节端部及各跗节端部为黑色；翅基半部黄褐色，向外渐淡至翅尖透明，前缘有一黑带与翅痣相连；触角黑色，雄性基部2节淡黄色；腹部橙黄色，雌虫腹末有短小的黑色产卵器(图10–119)。卵近圆形，卵壳光滑，初产时乳白色，后变淡黄色。幼虫体长约15mm，头部黑色，胴部蓝黑色(图10–120)，各体节具很多皱纹及许多小突起，胸部较粗，腹部较细，具3对胸足和8对腹足。蛹头部黑色，蛹体初为黄白色，后转橙色。

黑翅菜叶蜂：成虫体长6.4～7.8mm，体黑有光泽，头、触角黑色，唇基、上唇黄色，胸部除前胸背板中央有1黑斑隐在头后，中胸后背板、小盾附器、后小盾片黑色外，余橙黄色，翅烟黑色，半透明，足黄色(图10–121)。

新疆菜叶蜂：成虫体长6.5～9mm，体橙黄色有光泽，头黑色宽阔，触角黑褐色，口器浅黄色，上颚褐色，胸部除中胸盾片、后胸黑色外，余为橙黄色(图10–122)，中胸背板侧叶黑色，翅透明，微呈浅黄色，腹部和足橙黄色。卵长椭圆形，半透明，乳白色微带黄色。末龄幼虫体圆筒形，褐绿色至墨绿色(图10–123)，各体节上具小型瘤呈皱褶状，气门灰白色。蛹黄色，腹部卵黄色；茧圆筒形，茧外粘有泥土起保护作用。

黑斑菜叶蜂：前翅烟黑色，尤其是前翅基半部及前缘明显，除第一腹节背板为黑色外，第2～7腹节两侧各具一黑斑，前翅基部微呈淡黄色，均是黑斑菜叶蜂的重要特征。

日本菜叶蜂：成虫体长约7mm，腹部大部分橙黄色，两侧无黑斑，前翅基部黑色，第一腹节背板黑色，3对足的腿节都多少带有黑色。

【发生规律】黄翅菜叶蜂：在北方一年发生5代，以预蛹在土中茧内越冬。各代发生时间：第一代

图10–119　黄翅菜叶蜂成虫

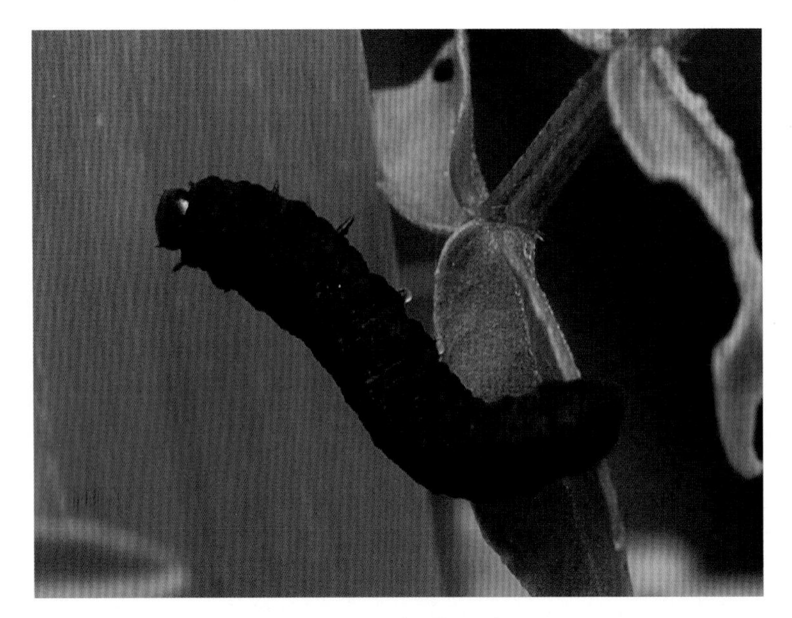

图10-120　黄翅菜叶蜂幼虫

图10-121　黑翅菜叶蜂成虫

图10-122　新疆菜叶蜂成虫

图10-123 新疆菜叶蜂幼虫

5月上旬至6月中旬，第二代6月上旬至7月中旬，第三代7月上旬至8月下旬，第四代8月中旬至10月中旬。成虫在晴朗高温的白天极为活跃，交配产卵，卵产入叶缘组织内呈小隆起，每处1~4粒，常在叶缘产成一排。卵发育历期在春、秋为11~14天，夏季为6~9天。幼虫共5龄，发育历期10~12天。幼虫早晚活动取食，有假死习性。老熟幼虫入土筑土茧化蛹，前蛹期10~20天(越冬代4~5个月)，蛹期7~10天。每年春、秋呈两个发生高峰，以秋季8—9月最为严重。

黑翅菜叶蜂：一年发生代数不详。

黑斑菜叶蜂：在西藏以末龄幼虫在杂草根部、石块下、菜地旁缝隙中吐丝结茧越冬。

新疆菜叶蜂：在新疆一年发生2~4代，以老熟幼虫在地下7~15cm处土茧内越冬，10月上旬至翌年6月上旬皆可见越冬幼虫，6月中下旬为害油菜盛期，第二代幼虫于8月上、中旬为害冬白菜、冬萝卜、甘蓝、油菜等，10月中旬入土，吐丝做茧越冬。

【防治方法】加强栽培管理，油菜等十字花科蔬菜收获后要及时中耕、除草，使虫茧暴露或破坏，能减少虫源。易受害的油菜、白菜、萝卜等应尽力早播，躲过幼虫大发生期或植株已长大，可减轻受害。秋季深耕，杀死越冬幼虫。

于清晨有露水时喷撒2%杀螟丹粉剂2kg/亩，人工震落捕杀幼虫。

在幼虫发生期，喷洒下列药剂：

40%辛硫磷乳油1 500倍液；

35%伏杀硫磷乳油或50%马拉硫磷乳油1 000倍液；

20%氰戊菊酯乳油、2.5%溴氰菊酯乳油、5.7%氟氯氰菊酯乳油3 000~4 000倍液；

90%晶体敌百虫800~1 000倍液；

80%敌敌畏乳油1 000~2 000倍液喷施，药效可维持20多天。

12. 菜螟

【分　　布】菜螟(*Hellula undalis*)属鳞翅目螟蛾科。分布北起黑龙江、内蒙古，南至国境线。南方发生重。近年河北、山东、河南发生也较重。

【为害特点】主要以幼虫钻蛀为害为主。幼虫孵化后，爬向菜心，吐丝缀叶，取食菜心，造成缺苗和毁种，成株心叶被啃食后，形成"蓬头菜"，多头生长，减产严重。高龄幼虫向上蛀入叶柄，向下蛀食茎髓或根部，蛀孔明显，并有虫粪排出，受害株逐渐枯死或叶柄腐烂。幼虫可转株为害，还能传播软腐病(图10–124)。

图10–124　菜螟幼虫为害状

【形态特征】成虫体长7mm，翅展15mm，灰褐色；前翅具3条白色横波纹，中部有一深褐色肾形斑，镶有白边；后翅灰白色(图10–125)。卵椭圆形，扁平，表面有不规则网纹，初产淡黄色，以后渐现红色斑点，孵化前橙黄色。老熟幼虫体长12～14mm，头部黑色(图10–126)，胴部淡黄色，前胸背板黄褐色，体背有不明显的灰褐色纵纹，各节生有毛瘤，中、后胸各6对，腹部各节前排8个，后排2个。蛹体黄褐色，翅芽长达第四腹节后缘，腹部背面5条纵线隐约可见，腹部末端生长刺2对，中央1对略短，末端略弯曲。

图10–125　菜螟成虫

图10–126　菜螟幼虫

【发生规律】在北京、山东一年3～4代，上海、成都6～7代，广西柳州9代，以老熟幼虫在地面吐丝缀合土粒、枯叶做成丝囊越冬(少数以蛹越冬)。翌春越冬幼虫入土6～10cm深作茧化蛹。成虫趋光性不强，飞翔力弱，卵多散产于菜苗嫩叶上，平均每雌可产200粒左右。卵发育历期2～5天。初孵幼虫潜叶为害，隧道宽短；2龄后穿出叶面；3龄吐丝缀合心叶，在内取食，使心叶枯死并且不能再抽出心叶；4～5龄可由心叶或叶柄蛀入茎髓或根部，蛀孔显著，孔外缀有细丝，并有排出的潮湿虫粪。受害苗枯死或叶柄腐烂。幼虫可转株为害4～5株。幼虫5龄老熟，在菜根附近土中化蛹。5—9月，幼虫发育历期9～16天，蛹4～19天。此虫喜高温低湿环境，气温24℃左右，相对湿度约67%，有利于幼虫活动，受害最重。

【防治方法】一是耕翻土地，可消灭一部分在表土或枯叶残株内的越冬幼虫，减少虫源。二是调整播种期，使菜苗3～5片真叶期与菜螟盛发期错开。三是适当灌水，增大田间湿度，既可抑制害虫，又能促进菜苗生长。结合间苗、定苗等农事活动、拔除虫苗、杀死害虫；在干旱年份，早晚勤灌水，增加田间湿度，改变适宜菜螟发生的田间小气候。

此虫是钻蛀性害虫，所以喷药防治必须抓住成虫盛发期和幼虫孵化期进行，应在幼虫初孵期和蛀心前喷药，将药喷到菜心内，可用下列药剂：

40%氰戊菊酯乳油2 000～3 000倍液；

2.5%高效氯氟氰菊酯乳油2 000倍液；

20%甲氰菊酯乳油或2.5%联苯菊酯乳油3 000倍液；

20%氰戊菊酯·杀螟硫磷乳油2 000～3 000倍液；

10%氰戊菊酯·马拉硫磷乳油1 500～2 000倍液；

90%晶体敌百虫1 000倍液；

50%辛硫磷乳油1 500～2 000倍液；

10%氯氰菊酯乳油2 000～3 000倍液；

5%伏虫隆乳油2 000～2 500倍液；

10%顺式氯氰菊酯乳油2 000倍液；

2.5%多杀霉素悬浮剂3 000倍液；

10%虫螨腈悬浮剂1 500～2 000倍液；

80%敌敌畏乳油1 000倍液；

50%二嗪磷乳油1 000倍液；

2.5%溴氰菊酯乳油3 000倍液等，效果都较好，从幼苗的十字期开始喷药，间隔5～7天喷1次，连续喷2～3次，药液重点喷到心叶内。

13．大猿叶虫

【分　　布】油菜大猿叶虫(*Phaedon brassicae*)属鞘翅目叶甲科。分布内蒙古、东北、甘肃、青海、河北、山西、山东、陕西、江苏及华南、西南各地。

【为害特点】成、幼虫喜食菜叶，在叶背或心叶内食叶成缺刻或孔洞，严重的成网状，只剩叶脉。成虫常群聚为害(图10–127)。

【形态特征】成虫体长4.7～5.2mm，宽约2.5mm，长椭圆形，末端略尖，蓝黑色，略具金属光泽；体腹面沥青色，跗节稍带棕色；头部刻点粗且密，尤以两唇及其前缘更甚，呈皱状，着生稀疏短毛。触角第3节长，端节明显加粗；前胸背板拱凸，后缘无边框，中部向后拱弧明显，与鞘翅基部等宽，表面刻点

图10-127 大猿叶虫为害油菜叶片症状

粗深，两侧密，中部稍稀疏，点间光平；小盾片光亮无刻点，半圆形；鞘翅上具极粗深的皱状刻点，点间隆起，翅端尤其明显；鞘翅外缘紧靠缘瘤处呈横皱状(图10-128)。卵长椭圆形，表面光滑。末龄幼虫体长7.5mm，头黑色，具光泽，体灰黑色略带黄色，各节上的肉瘤大小不等，气门下线、基线上肉瘤明显。蛹半球状，黄褐色，腹部各节侧面各具黑色短小刚毛1丛，腹部末端有叉状突起1对。

图10-128 大猿叶虫成虫

【发生规律】长江以北一年发生2代，长江流域2～3代，广西5～6代，以成虫在菜田土缝、表土层15cm深处枯枝落叶下越冬。越冬代成虫于翌年4月活动，迁往春油菜地为害、交配和产卵。5月第1代幼虫发生，为害期1个月，5月中旬即见第1代成虫。气温26℃时成虫入土蛰伏夏眠近3个月，8—9月间开始种植秋菜时，成虫又外出交配产卵，发生2代幼虫，为害油菜、白菜、萝卜、甘蓝等，10月后开始越冬。成虫多把卵产在根际附近土缝内、土块上或心叶里；卵发育历期3～6天；幼虫期20天左右，共4龄；每年4—5月、9—10月有两次为害高峰，幼虫孵化后爬到寄主叶片上取食，日夜活动，有假死性，受惊扰时分泌出黄色液体或卷曲落地，老熟后落地入土筑土室化蛹。

【防治方法】收获后及时清洁田园，消灭越冬越夏成虫。成虫越冬前，在田间、地埂、畦埂处堆放菜叶杂草，引诱成虫，集中杀灭。利用成、幼虫假死性，进行震落扑杀。

在卵孵90%左右时，喷淋下列药剂：

5%氟虫脲乳油2 000～2 500倍液；

1.8%阿昆菌素乳油1 000～2 000倍液；

25%喹硫磷乳油1 000～1 500倍液；

50%辛硫磷乳油1 000～1 500倍液。虫口数量大时，间隔10天左右再喷1次。

四、油菜各生育期病虫害防治技术

1. 油菜病虫害综合防治历的制订

油菜栽培管理过程中，应总结本地油菜虫害的发生特点和防治经验，制订病虫害防治计划表10-1，适时进行田间调查，及时采取防治措施，有效控制病虫害的为害，保证丰产、丰收。

表10-1 油菜田病虫害的综合防治工作历

生育期	时期	防治对象	防治方法
播种期	10月上中旬	地下害虫、蚜虫、病毒病、霜霉病	种子处理、土壤处理
冬前幼苗期	10月下旬至11月下旬	病毒病、根腐病、白斑病、蚜虫、菜螟	喷施杀菌剂、杀虫剂
抽薹开花期	2月中下旬至3月下旬	菌核病、霜霉病、白锈病、潜叶蝇、小菜蛾、菜蝽	喷施杀菌剂、杀虫剂
绿熟至成熟期	4月上旬至5月中旬	菌核病、黑斑病、细菌性黑斑病、菜粉蝶	喷施杀菌剂、杀虫剂

2. 油菜播种期病虫害防治技术

育苗播种期是防治病虫害的关键时期(图10-129)。油菜黑斑病主要是靠种子或土壤带菌进行传播的，而且从幼苗期就开始侵染，所以对于这些病害，进行种子处理是最有效的防治措施。这一时期防治的主要有蛴螬、蝼蛄、金针虫等地下害虫，以及油菜蚜虫等，药剂拌种可以减少地下害虫及其他苗期害虫的为害。

图10-129 油菜苗期生长情况

种子处理预防病害，用种子重量0.4%的50%福美双可湿性粉剂或0.2%～0.3%的50%异菌脲可湿性粉剂拌种，也可用50%多菌灵可湿性粉剂或75%百菌清可湿性粉剂按种子量0.3%的量进行拌种。对苗期其他病害也有一定的控制作用。

种子处理防治地下害虫，用30%噻虫嗪种子处理悬浮剂800~1 600ml/100kg种子拌种，可以防治苗期的蚜虫。

3．油菜冬前秋苗至返青期病虫害防治技术

这个时期的病虫害相对较轻，但在有些年份因气温相对偏高，病毒病、根腐病、蚜虫、菜螟也有发生，可根据具体情况进行防治(图10-130和图10-131)。

防治苗期蚜虫，控制病毒病，可选择喷施：50%敌敌畏乳油1 000倍液、20%二嗪磷乳油1 000倍液、2.5%溴氰菊酯乳剂3 000倍液、1.8%阿维菌素乳油3 000倍液、10%吡虫啉可湿性粉剂2 500倍液；同时兼治菜螟，间隔7～10天1次，连续防治2～3次。

对油菜白斑病的预防可选择喷施：50%苯菌灵可湿性粉剂1 500倍液、25%多菌灵可湿性粉剂400～500倍液、50%甲基硫菌灵可湿性粉剂500倍液、50%异菌脲可湿性粉剂1 000～2 000倍液。

4．油菜抽薹开花期病虫害防治技术

早春，气温开始回升，病菌、害虫开始活动，是预防病虫害发生的一个关键时期(图10-132和图10-133)。这一时期的主要防治对象是菌核病、霜霉病、白锈病、病毒病、黑斑病、潜叶蝇、小菜蛾、菜蟒等病虫害。

图10-130 油菜冬前苗期

图10-131 油菜返青期

图10-132　油菜抽薹期生长情况

图10-133　油菜开花期生长情况

在菌核病普遍发生的地区，可用50%福美双·菌核净可湿性粉剂100g/亩、40%菌核净可湿性粉剂120g/亩、36%多菌灵·咪鲜胺可湿性粉剂35～40g/亩、25%戊唑醇可湿性粉剂60～70g/亩、25%丙环唑乳油25ml/亩对水40～50kg均匀喷施。

当霜霉病病株率达20%以上时，可喷施70%乙・锰(乙膦铝・代森锰锌)可湿性粉剂500 ~ 800倍液、25%甲霜灵可湿性粉剂500 ~ 700倍液、40%乙膦铝可湿性粉剂200 ~ 300倍液、58%甲霜灵・代森锰锌可溶性粉剂800倍液，隔7 ~ 10天1次，连续防治2 ~ 3次。多雨时应抢晴喷药，并适当增加喷药次数。可兼治白锈病。

防治黑斑病可喷洒：75%百菌清可湿性粉剂600倍液、64%恶霜灵・代森锰锌可湿性粉剂500倍液、50%异菌脲可湿性粉剂1 500倍液、12%松脂酸铜乳油600倍液。

防治潜叶蝇、小菜蛾等，喷施10%氯氰菊酯乳油3 000倍液、5%氟虫脲乳油1 000 ~ 2 000倍液、5%氟啶脲乳油1 500 ~ 2 000倍液、2.5%氟氯氰菊酯乳油2 000 ~ 3 000倍液。

5. 油菜绿熟至成熟期病虫害防治技术

4月油菜进入绿熟期，是油菜丰产丰收关键时期。该期应加强预测预报，及时防治病虫害，在防治策略上以治疗为主，具有针对性，确保丰收。具体的防治药剂可参考上述药剂。

第十一章 芝麻病虫害防治新技术

芝麻是我国四大食用油料作物中的佼佼者，是我国主要油料作物之一。芝麻产品具较高的应用价值，它的种子含油量高达61%。我国自古就有许多用芝麻和芝麻油制作的名特食品和美味佳肴著称于世。

我国芝麻生产历史悠久，种植地域广泛。河南、湖北、安徽、江西是我国最主要的芝麻种植区，河南、安徽、湖北和江西种植面积超过全国的70%，其次为河北、山西、辽宁等地，其他各省零星种植，目前我国芝麻种植面积及产量居世界首位。2000年我国芝麻面积达80万hm^2，受机械化程度低、病虫草害发生重、产量波动大、经济效益少、种植结构调整等因素影响，21世纪以来我国芝麻种植面积呈震荡下行态势，截至2018年种植面积约30万hm^2。

芝麻主要病害有茎点枯病、枯萎病、青枯病、病毒病等，主要害虫有棉铃虫、芝麻天蛾、小地老虎、蚜虫、盲蝽等。这些病虫害发生后，会引起芝麻生长不良或死亡，对产量和品质的影响很大。必须加强防治，特别是要及时选用对症药剂，将病虫害控制在始发期。

一、芝麻病害

1. 芝麻茎点枯病

【分布为害】芝麻茎点枯病在河南、山东、河北、湖北、江西、浙江、安徽、江苏、福建、台湾等芝麻产区都有发生，尤以在河南、湖北、江西和安徽等主产区为害严重，常年发病率10%～25%，严重时可达60%～80%，发病重时，蒴果数减少8.7%～36.5%，千粒重降低4.27%～10.86%，含油量降低4.2%～12.6%(图11-1)。

图11-1 芝麻茎点枯病为害情况

【症　　状】在芝麻整个生育期内均可发生，主要为害茎秆和根部，多在苗期和开花结果期发病。苗期染病，根部变褐，地上部萎蔫枯死，幼茎上密生黑色小点(图11-2和图11-3)。开花结蒴期

图11-2 芝麻茎点枯病为害幼苗症状

染病，从根部开始发病，后向茎扩展，有时从叶柄基部侵入后蔓延至茎部。茎部初呈黄褐色水浸状，后很快扩展，绕茎一周，中心有银灰色光泽，其上密生黑色小粒点，表皮下及髓部产生大量小菌核，茎秆中空易折断(图11-4)。根部发病后，主根和支根逐渐变褐枯萎，皮层内布满黑色小菌核。病株叶片自下而上呈卷缩萎蔫状，黑褐色，不脱落，植株顶端弯曲下垂。蒴果发病后呈黑褐色枯死状，病蒴上生出许多小黑点。

图11-3 芝麻茎点枯病为害幼苗根部症状

【病　　原】*Macrophomina phaseolina* 称菜豆壳球孢，属无性型真菌(图11-5)。分生孢子器椭圆形至近球形，深褐色，位于寄主表皮角质层下。分生孢子单胞无色，椭圆形，内含油球。菌核球形至不规则形，深褐色。菌丝生长适温30～35℃。分生孢子萌发适温25～30℃。菌核形成的适温为30～35℃，致死温度60℃时0.5～2分钟或55℃时8～12分钟。

【发生规律】以菌核及分生孢子器在病残株或土壤中越冬。越冬菌核是翌年的初侵染源，幼苗出土后，可侵染幼苗。成株期发病，主要通过分生孢子从伤口或茎基部、叶痕或梗部

图11-4 芝麻茎点枯病为害茎部症状

侵入(图11-6)。在整个生育期有两个发病高峰，即苗期和开花期后，后者发病十分严重。芝麻生长后期，温度均在25℃以上，极有利于分生孢子萌发和侵染。均温25℃以上和高湿条件时，潜育期5～10天。此期如遇较多的降雨，分生孢子可通过风雨传播，使病害迅速蔓延。因此，后期再侵染，分生孢子起着主要作用。随着植株的逐渐成熟，病株茎秆、蒴果和种子上的菌核和分生孢子器进入休眠期。雨日长、雨量多有利于发病，雨后骤晴发病重。气温高于25℃，利于病菌侵入和扩展。种植过密、偏施氮肥、土壤潮湿以及连作地发病重。

【防治方法】种植抗病品种。轮作倒茬，避免连作。以3年以上轮作为宜，可与禾谷类、棉花、甘薯等作物轮作。注意防渍，因花期后田间渍水时，病菌极易侵染，故应重点防范。施足基肥，增施磷钾肥，及时中耕除草和间苗，防治虫害。芝麻收获后彻底清除病株残

图11-5 芝麻茎点枯病病菌
1.分生孢子器 2.分生孢子 3.菌核

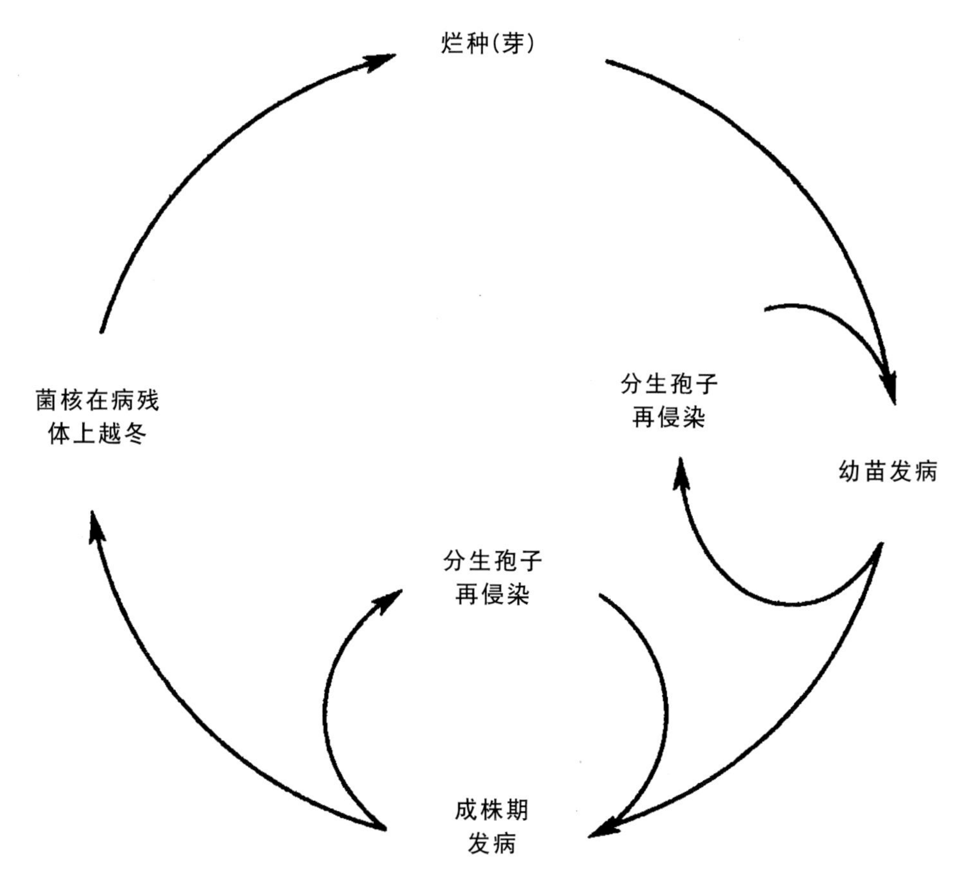

图11-6 芝麻茎点枯病病害循环

体，并深翻土壤。

种子处理可以有效的预防茎点枯病的蔓延，芝麻开花期和终花期是防治的关键时期。

种子处理，用用50%多菌灵可湿性粉剂或50%苯菌灵可湿性粉剂按种子重量1%拌种。

在芝麻苗期、初花期和终花期各喷药1次，可用下列药剂：

50%多菌灵可湿性粉剂100～150g/亩+80%代森锰锌可湿性粉剂100～150g/亩；

70%甲基硫菌灵可湿性粉剂100g/亩；

32.5%苯甲·嘧菌酯悬浮剂 40ml/亩；

43%戊唑醇悬浮剂20 ml/亩；

2%嘧啶核苷类抗菌素水剂150ml/亩，对水40～50kg均匀喷施，防效较好。

2. 芝麻枯萎病

【分布为害】芝麻枯萎病主要发生在我国河南、湖北、安徽、江西、河北、山西、内蒙古、陕西、新疆、辽宁、吉林等地，在东北、华北等产区发病较重。发病率5%～10%，病株全株或半边植株枯萎，引起种子不能成熟、瘦瘪、蒴果炸裂，严重者可减产30%左右，使芝麻品质显著下降(图11-7）。

【症　　状】此病是一种维管束病害，整株表现症状。幼苗受害时，根部腐烂，枯死；成株受害时，叶片自上而下逐渐变黄枯萎，叶缘内卷，最后变褐枯死。有的整株枯死(图11-8)。也有仅茎秆半边叶片或半片叶片变黄枯死，俗称“半边黄”(图11-9)。茎上病斑呈褐色，长条形，潮湿时病斑上出现粉红色霉层(图11-10)。剖开病茎，可见维管束变褐(图11-11)。发病株蒴果较小，歪嘴，提早开裂，种子瘦瘪。

图11-7　芝麻枯萎病为害情况

图11-8　芝麻枯萎病整株枯死症状

图11-9 芝麻枯萎病半边枝枯症状

图11-10 芝麻枯萎病潮湿时茎部的粉红色霉层

图11－11　芝麻枯萎病病茎维管束变褐症状

【病　　原】*Fusarium oxysporum* f.sp. *sesami* 称尖孢镰刀菌芝麻专化型，属无性型真菌(图11–12)。分生孢子有大型和小型两种：大型分生孢子镰刀形，稍弯，无色，具隔膜3～5个；小型分生孢子卵圆形，单胞、无色。厚垣孢子球形或近球形，顶生或间生，多数单胞。该病是典型的维管束病害。病菌在导管中繁殖，妨碍水分、养分的正常运输，并产生毒素破坏维管束周围细胞及叶绿素，因而引起叶片变黄，植株枯萎。

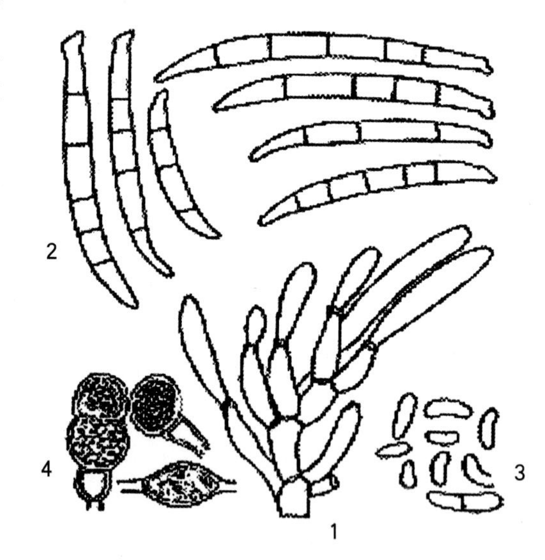

图11－12　芝麻枯萎病病菌
1.分生孢子梗　2.大型分生孢子
3.小型分生孢子　4.厚垣孢子

【发生规律】病菌在土壤、病株残体内或种子内外越冬。播种带菌种子，可引起幼苗发病，芝麻收获后病菌又在土壤、病残株和种子内外越冬，成为第2年的初侵染源。一般于7月上旬(2～4对真叶)开始发病，8月底为发病盛期。芝麻生长季节，病菌通过根毛、根尖和伤口侵入。连作地、土温高、湿度大的瘠薄沙壤土易发病。田间操作以及虫害造成伤口时，病菌易于侵入。

【防治方法】种植抗病品种；病田轮作，严重发病地块与禾谷类作物轮作4～5年；加强田间管理，少施氮肥，多施、增施磷钾肥及腐熟的有机肥，及时间苗、中耕除草，增强植株抗病力；清除田间病残体，减少发病来源；及时防治地下害虫，减少虫伤，可减轻病害发生。

播种前种子处理和土壤处理是防治枯萎病的有效措施，7月上旬即芝麻2～4对真叶期是防治的关键时期。

种子处理，可用750%多菌灵可湿性粉剂按种子重量的0.5%~1%拌种；或用80%乙蒜素乳油1 000倍液浸泡半小时，浸泡时药液温度维持在55~60℃。

病害发生初期，可用下列药剂：

50%多菌灵可湿性粉剂500倍液；

70%甲基硫菌灵可湿性粉剂 800倍液；

50%咪鲜胺锰盐可湿性粉剂 1500倍液；

2.5%咯菌腈悬浮剂1 000倍液；

50%乙烯菌核利可湿性粉剂1 000倍液；

25%吡唑嘧菌酯可湿性粉剂 1500倍液；

50%异菌脲可湿性粉剂1 000倍液，间隔7~10天灌1次，连续2~3次。

3．芝麻叶斑病

【分布为害】芝麻叶斑病在我国河北、内蒙古、辽宁、吉林、甘肃、江苏、山东、安徽、福建、台湾、河南、湖北、陕西、湖南、广东、广西、四川、云南、黑龙江、贵州等省区均有发生。芝麻生长后期大量落叶，引起产量损失。

【症　　状】主要为害叶片、茎及蒴果。叶部病斑常见有两种：一种多为圆形小斑，中间灰白色，四周紫褐色，病斑背面生灰色霉状物，后期多个病斑融合成大斑块，干枯后破裂，严重时引致落叶(图11-13和图11-14)；另一种为蛇眼状病斑，中间生一灰白色小点，四周浅灰色，外围黄褐色，圆形至不规则形(图11-15)。茎部染病，产生褐色不规则形斑，湿度大时病部生黑点(图11-16)。蒴果染病，生圆形浅褐色至黑褐色病斑，易开裂(图11-17)。

图11-13　芝麻叶斑病为害叶片初期症状

图11-14　芝麻叶斑病为害叶片后期症状

图11-15　芝麻叶斑病为害叶片蛇眼状病斑

图11-16 芝麻叶斑病为害茎秆症状

图11-17 芝麻叶斑病为害蒴果症状

【病　原】*Cercospora sesami* 称芝麻尾孢，属无性型真菌。分生孢子梗单生或丛生，呈膝状弯曲，有色，具隔膜，顶生分生孢子。分生孢子稍弯曲，无色，透明，具隔膜3～10个。

【发生规律】以菌丝在种子和病残体上越冬，翌春产生新的分生孢子，借风雨传播，花期易染病。多雨潮湿条件有利于发病。

【防治方法】选用无病种子，收获后及时清洁田园，清除病残体，适时深翻土地。

在开花前发病初期，喷洒下列药剂：

70%甲基硫菌灵可湿性粉剂800倍液+75%百菌清可湿性粉剂1 000倍液；

50%苯菌灵可湿性粉剂1 500倍液；

30%碱式硫酸铜悬浮剂500倍液；

12%松脂酸铜乳油600倍液，间隔7～10天1次，连续防治2～3次。

4．芝麻疫病

【分布为害】芝麻疫病是一种毁灭性病害，主要分布在湖北、江西、河南、山东等地。常在田间造成植株连片枯死，严重时发病率达30%以上。病株种子瘦瘪，产量和种子含油量均显著下降。

【症　状】主要为害叶片、茎和蒴果。叶片染病，初现褐色水渍状不规则斑，湿度大时病斑迅速扩展呈黑褐色湿腐状(图11-18)，病斑边缘可见白色霉状物，病健组织分界不明显。干燥时病斑为黄褐色，病斑收缩或成畸形，变薄、干缩易裂(图11-19)。茎部染病，初为墨绿色水渍状，后逐渐变为深褐色不规则形斑，环绕全茎后病部缢缩，边缘不明显，湿度大时迅速向上下扩展，严重的致全株枯死(图11-20和图11-21)。在潮湿条件下，病部有绵状菌丝长出(图11-22)。纵剖病茎检查发现，韧皮部和形成层为主要受害部位。生长点发病，嫩茎收缩变褐枯死，湿度大时易腐烂(图11-23)。蒴果染病，产生水渍状墨绿色病斑，后变褐凹陷，在潮湿条件下，长出绵状菌丝(图11-24)。

图11-18　芝麻疫病为害叶片初期症状

图11-19　芝麻疫病为害叶片后期症状

图11-20　芝麻疫病为害茎秆初期症状

图11-21　芝麻疫病为害茎秆后期症状

图11-22　芝麻疫病潮湿时茎部绵状菌丝

图11-23 芝麻疫病为害嫩茎症状

图11-24 芝麻疫病为害蒴果症状

【病　　原】*Phytophthora nicotianae* 称烟草疫霉，属鞭毛菌亚门真菌(图11-25)。孢囊梗假单轴分枝，顶端圆形或卵圆形；孢子囊梨形至椭圆形，顶端具乳突，单胞，无色。卵孢子圆形，平滑，双层壁，黄色。菌丝生长适温23～32℃，产生孢子囊适温24～28℃。

【发生规律】以菌丝在病残体上或以卵孢子在土壤中越冬。苗期进行初侵染，病菌从茎基部侵入，在潮湿的条件下，经2～3天病部孢子囊大量出现，从裂开的表皮或气孔成束地伸出，并释放出游动孢子，经风雨、流水传播蔓延，进行再侵染，7月份芝麻现蕾时，出现病株，8月上旬开始流行。病菌产生的游动孢子借风雨传播进行再侵染。高温高湿病情扩展迅速，大暴雨后降温利于发病。土壤温度在28℃左右，病菌易于侵染和引起发病；土温为37℃左右时，病害的出现延迟。

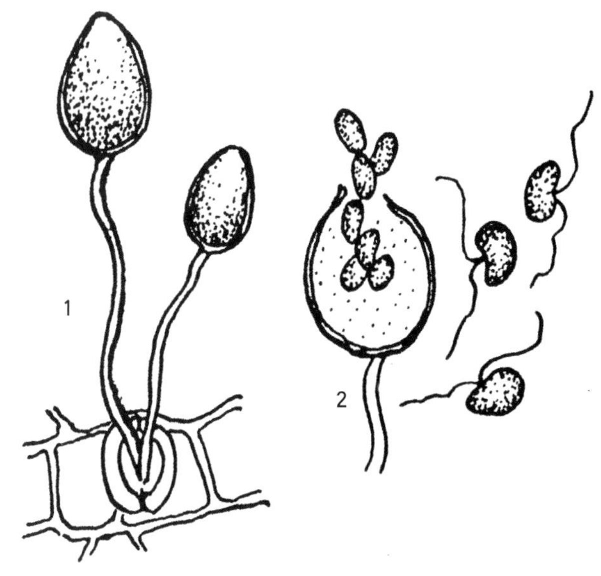

图11-25　芝麻疫病病菌
1.游动孢子囊　2.游动孢子

【防治方法】选用抗病品种。雨后及时开沟排水，降低田间湿度，宽行条播，合理密植，通风透光。实行轮作，病地进行2年以上轮作。芝麻收获后及时清除田间病残株。

发病初期，及时喷洒下列药剂：

75%百菌清可湿性粉剂600倍液；

58%甲霜灵·代森锰锌可湿性粉剂600倍液；

36%三唑酮·多悬浮剂600～800倍液；

50%甲霜灵·氧氯化铜可湿性粉剂500倍液；

64%恶霜·锰锌可湿性粉剂500倍液；

72%霜脲·锰锌可湿性粉剂800～900倍液；

69%烯酰吗啉·代森锰锌可湿性粉剂1 000倍液，间隔7～10天，连喷2～3次。

5．芝麻白粉病

【分布为害】分布广泛，在吉林、山东、河南、山西、陕西、湖北、湖南、江苏、江西、云南、广东等地均有发生。在南方多发生在迟播芝麻或秋芝麻上。

【症　　状】主要为害叶片、叶柄、茎及蒴果。叶表面生白粉状霉层，严重时白粉状物覆盖全叶，致叶变黄(图11-26和图11-27)。影响植株光合作用，使植株生长不良，严重时致叶片枯死脱落，病株先为灰白色，后呈苍黄色。茎、蒴果染病亦产生类似症状。种子瘦瘪，产量降低。

【病　　原】*Erysiphe cichoracearum* 称菊科白粉菌，属子囊菌门真菌。菌丝上生出短梗，梗端串生分生孢子，椭圆形。闭囊壳内生子囊6～21个，子囊椭圆形上生有附属丝，内生子囊孢子2个。

【发生规律】南方终年均可发生，无明显越冬期，早春2—3月温暖多湿或露水重时易发病。北方寒冷地区以闭囊壳随病残体在土表越冬。翌年条件适宜时产生子囊孢子进行初侵染，病斑上产出分生孢子借气流传播，进行再侵染。温暖多湿、雾大或露水重易发病。生产上土壤肥力不足或偏施氮肥，易发病。

图11-26　芝麻白粉病为害叶片初期症状

图11-27　芝麻白粉病为害叶片后期症状

【防治方法】加强栽培管理，注意清沟排渍，降低田间湿度。增施磷钾肥、避免偏施氮肥或缺肥。发病初期，及时喷洒下列药剂：

25%三唑酮可湿性粉剂1 000～1 500倍液；

40%氟硅唑乳油8 000倍液；

60%多菌灵盐酸盐水溶性粉剂2 000～3 000倍液；

50%硫磺悬浮剂300倍液；

2%嘧啶核苷类抗生素水剂150～200倍液，视病情间隔10～15天喷药防治1次，共防2～3次。

6. 芝麻细菌性角斑病

【分布为害】芝麻产区普遍发生。芝麻生育后期多雨条件下发病重，使叶片提早脱落。

【症　　状】主要为害叶片。苗期、成株均可发病。幼苗刚出土即可染病，近地面处的叶柄基部变黑枯死。成株叶片染病，病斑呈多角形，大小2～4mm，黑褐色，前期有黄色晕圈，后期不明显。湿度大时，叶背溢有菌脓，干燥时病斑脱落或穿孔(图11-28和图11-29)，造成早期落叶。茎秆和叶柄上的病斑条状，黑褐色。蒴果上的病斑圆形，褐色。

图11-28　芝麻细菌性角斑病为害叶片初期症状

图11-29　芝麻细菌性角斑病为害叶片后期症状

【病　　原】*Pseudomonas syringae* pv. *sesami* 称丁香假单胞菌芝麻致病变种，属细菌。菌体杆状，单生或双生，无荚膜无芽孢，极生2～5根鞭毛。革兰氏染色阴性。好气性。生长适温30℃，最高35℃，最低0℃，41℃不能生长，致死温度约49℃。

【发生规律】病菌在种子和叶片上越冬。带菌种子是该病的主要初侵染源，病菌也可在病残体中越冬，病菌在土壤中能存活1个月，4～40℃条件下病菌可在病残体上存活165天，在种子上能存活11个月，降雨多的年份发病重。病害多在7月雨后突然发生，8月中下旬盛发，先从植株下部叶片发病，遇雨后逐渐向上和周围发展。多雨、湿度大时发病重，干旱条件下发病轻。降雨多的年份发病重。

【防治方法】种子处理。种子用0.5%的96%硫酸铜或置入48～53℃温水中浸种30分钟。或用0.025%硫酸链霉素浸种。

发病初期及早喷洒下列药剂：

30%碱式硫酸铜悬浮剂300倍液；

47%春雷霉素·氧氯化铜可湿性粉剂700～800倍液；

12%松脂酸铜乳油600倍液。

7. 芝麻青枯病

【分布为害】芝麻青枯病发生在湖北、湖南、安徽、江西、广西、四川等南方芝麻产区；北方产区的河南、吉林、新疆等地也有发生。病株率5%～40%，发病后全株迅速萎蔫枯死，蒴果不能成熟，对产量损失甚大。

【症　　状】发病初期茎部出现暗绿色斑块，以后颜色加深，呈黑褐色条斑，顶梢往往有2～3个梭形溃疡状裂缝。起初植株顶端萎蔫，后下部叶片凋萎，呈失水状，发病轻时夜间尚可恢复，数日后枯死(图11–30)。也有半边植株先萎蔫而另半边暂时维持原状的。病株较矮小，根茎维管束呈褐色，最后蔓延至髓部，造成空洞。湿度大时，茎部内外均有菌脓溢出。横切茎剖面，在切口的维管束组织中有白色的菌脓溢出。这是诊断青枯病的主要特征。菌脓渐变为漆黑色晶亮的颗粒，病根变成褐色，细根腐烂。病叶叶脉呈墨绿色条斑，有时纵横交错，结成网状，对光观察，其中心呈透明油渍状。叶背的脉纹呈黄色波浪形扭曲突起，越近叶缘，扭曲越严重，后病叶褶皱或变褐枯死。蒴果发病，初现水浸状病斑，后逐渐变为深褐色粗细不匀的条斑，引起蒴果瘦小，内部种子瘦

图11–30　芝麻青枯病为害植株症状

瘪呈污褐色，不能发芽。

【病　原】*Ralstonia solanacearum* 称茄科劳尔氏菌，属薄壁菌目伯克氏菌科劳尔氏菌属细菌。

【发生规律】病菌主要随病残株在土壤中越冬。病菌对土壤的适应能力很强，能单独在土中存活并繁殖，可存活3～5年。条件适宜时，病菌从根部或茎基部伤口或自然孔口侵入。在田间，病菌主要通过灌溉水、雨水、地下害虫、农具或农事操作传播。病菌喜高温，田间地温12.8℃病菌开始侵染，在15～30℃范围内，温度越高，发病越重，因而发病高峰多在炎热的7—8月份。土壤潮湿利于病害发生，尤以暴风雨后骤晴，植株叶面蒸腾加大，病株导管内细菌迅速繁殖上升，阻塞导管使植株大量发病，且雨水对病菌的传播极为有利。连作地病菌不断积累，发病日益加重。

【防治方法】病地实行2～3年轮作，可与禾本科作物、棉花、甘薯等作物轮作。加强田间管理，开沟排渍，雨后及时排水，防止湿气滞留，避免大水漫灌。合理施肥，施足底肥，特别是厩肥和草木灰。生长中后期停止中耕，以免伤根。及时拔除和烧毁病株。

药剂防治：拔除病株后，用石灰水泼浇病穴。在发病初期用40%噻唑锌可湿性粉剂或20%噻菌铜可湿性粉剂500倍液，根据芝麻植株大小配备适量药液喷雾防治，间隔7～10天，喷2～3次。

8．芝麻黄花叶病

【分布为害】芝麻常见病害，零星发生，流行年份发病率能达到50%以上，给生产带来损失。

【症　状】病株叶片出现黄色与绿色相间的典型黄花叶症状。在田间，病株全株叶片由于均匀褪绿而明显偏黄(图11–31)，有的病株叶尖和叶缘向下卷曲，不脱落(图11–32)。病株生长瘦弱，表现不同程度矮化。发病早的植株严重矮化。无蒴果或蒴果小而畸形。有些芝麻品种后期表现病叶黄化、窄小、卷曲或扭曲，茎秆变细，上部病叶易脱落，严重的呈光秆，蒴果小或畸形，基部的腋芽萌发后变为细小的枝或芽。

【病　原】花生条纹病毒 Peanut strip virus，简称PStV，属马铃薯Y病毒属。花生是芝麻黄花叶病

图11–31　芝麻黄花叶病花叶症状

图11–32　芝麻黄花叶病为害叶片后期症状

的重要初侵染源，临近花生田的芝麻地发病较重。尤其在北方芝麻与花生混种地区，芝麻黄花叶病重。蚜虫的发生是影响病害流行的重要因素。桃蚜传毒率最高，其次为豆蚜。

【防治方法】选用抗病毒病品种，避免花生与芝麻间作或邻作。清除芝麻田周围的寄主杂草，减少病毒的来源。适时晚播，避开蚜虫的迁飞高峰。及时防治蚜虫，降低蚜虫传毒的概率。

注意防治芝麻蚜虫。芝麻生长期选用下列药剂：

10%吡虫啉可湿性粉剂1 000倍液；

21%噻虫嗪悬浮剂4 000倍液。

病害发生初期，可用下列药剂预防：

20%盐酸吗啉胍·乙酸铜可湿性粉剂500倍液；

20%盐酸吗啉呱可湿性粉剂400～600倍液；

10%混合脂肪酸乳油100倍液；

0.5%菇类蛋白多糖水剂250～300倍液；

5%菌毒清水剂300倍液；

4%嘧肽霉素水剂200～250倍液，喷洒叶面，间隔7～10天1次，连续喷施2～3次。

9. 芝麻普通花叶病

【症　　状】病株叶片表现为浅绿与深绿相间花叶症状，叶片稍皱缩(图11–33)。病叶上常出现凹陷

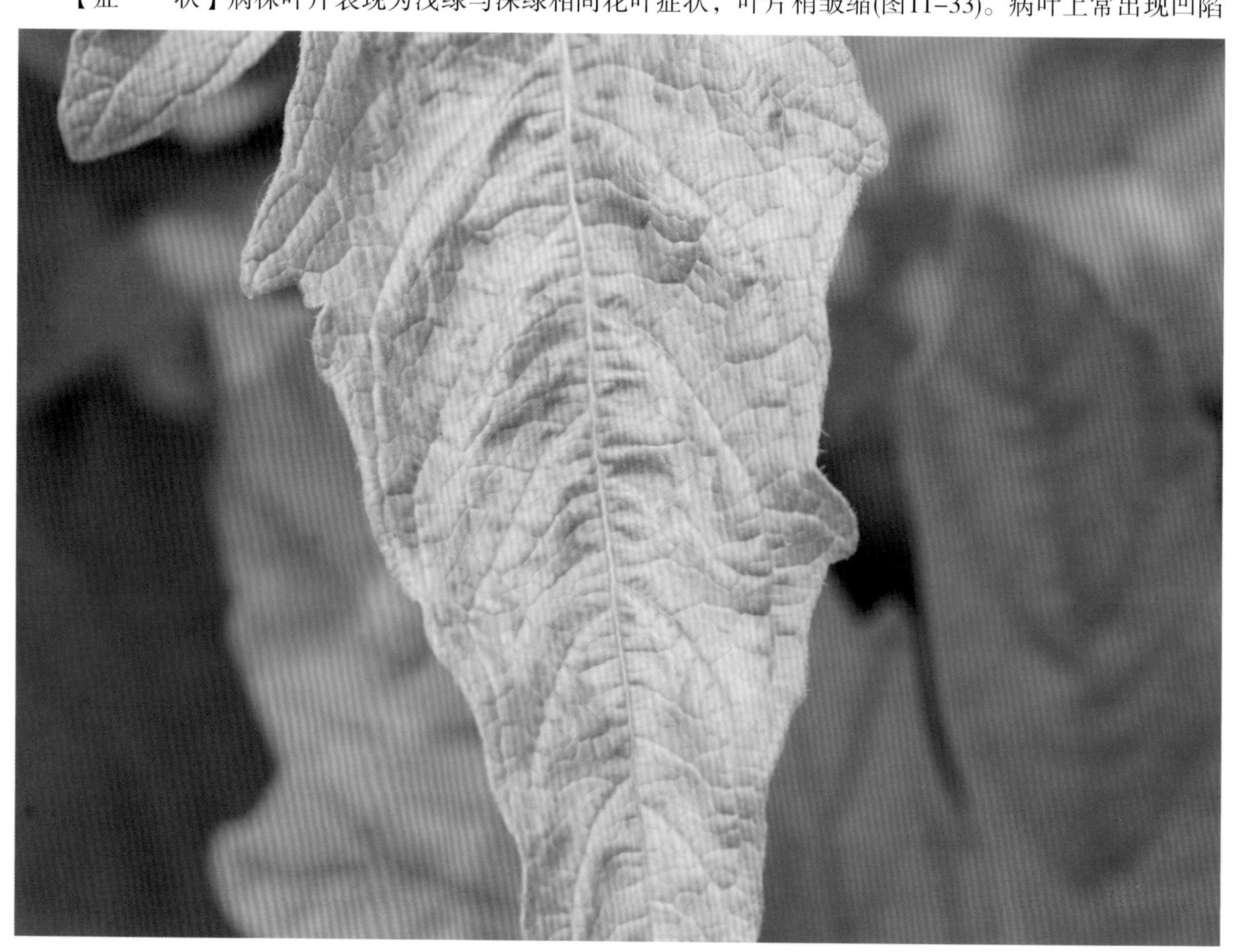

图11–33　芝麻普通花叶病为害叶片症状

的黄斑，单个或数个相连，叶脉变黄或褐色坏死。受感染叶片变小、扭曲、畸形，病株茎秆扭曲，明显矮化。在严重情况下，病株叶片变小，茎或顶芽出现褐色坏死斑或条斑，最后导致全株死亡(图11–34)。

【病　　原】芜菁花叶病毒Turnip mosaic virus(TuMV)，属马铃薯Y病毒科马铃薯Y病毒属。

【发生规律】病毒由桃蚜、花生蚜和大豆蚜等进行非持久性传播，也可经汁液传染。

【防治方法】清除芝麻田周围的寄主杂草，减少病毒的来源。及时防治蚜虫，减少病毒传播的机会。药剂防治可参考芝麻黄花叶病。

图11–34　芝麻普通花叶病为害全株症状

10.芝麻球黑孢叶枯病

【分布为害】芝麻球黑孢叶枯病发生在安徽、湖北、河南等芝麻主产区。发病率30%～40%，发病后叶片出现褐色病斑，遇暴雨或空气湿度大，叶片迅速枯死，产量损失较大。

【症　　状】感病叶片初期出现棕色的不规则形状的病斑，后期病斑进一步扩大，融合成灰褐色至黑褐色的焦枯症状，叶片枯萎。当空气湿度大时，叶片下表面会出现白色霉层。在发病中后期，发病严重的叶片病斑中心会出现穿孔(图11–35和图11–36)。

【病　　原】*Nigrospora sphaerica* 称球黑孢，属无性型真菌的壳霉目杯霉科真菌。分生孢子梗聚生，不分枝，淡褐色，短而粗，1～2个隔膜，直形或微弯，分生孢子球形。

图11-35 芝麻球黑孢叶枯病为害叶片症状

图11-36 芝麻球黑孢叶枯病为害叶背面症状

【防治方法】及时彻底清除病残体。清沟防渍，雨后及时排水，降低田间湿度。加强田间管理，减少农田周边杂草。

发病初期喷施下列药剂：

25%戊唑醇可湿性粉剂50g/亩；

32.5%苯甲·嘧菌酯悬浮剂50g/亩；

10%苯醚甲环唑水分散粒剂40 g/亩。视病情防治2～3次。

二、芝麻虫害

1．芝麻荚野螟

【分　　布】芝麻荚野螟(*Antigastra catalaunalis*)属鳞翅目螟蛾科。在我国各地均有分布，北起江苏、河南，南至台湾、广东、广西、云南，东面滨海，西达四川、云南。长江以南芝麻产区发生严重。

【为害特点】幼虫吐丝，缠绕花、叶，取食叶肉；或钻入花心、嫩茎、蒴果里取食，常把种子吃光，蒴果变黑脱落，植株黄枯(图11-37和图11-38)。

图11-37　芝麻荚野螟为害叶片症状

图11-38　芝麻荚野螟为害茎秆症状

【形态特征】成虫体灰褐色，前翅浅黄色，翅脉橙红色，内、外横线黄褐色(图11-39)；后翅黄灰色，翅上具不大明显的黑斑2个。卵长圆形，乳白色至粉红色。末龄幼虫头黑褐色，体绿色、黄绿色或浅灰至红褐色(图11-40)。前胸背面具2个黑褐色长斑，中胸、后胸背面各具4个黑色毛疣，腹节背面着生6个黑斑。蛹褐色(图11-41)。

图11-39　芝麻荚野螟成虫

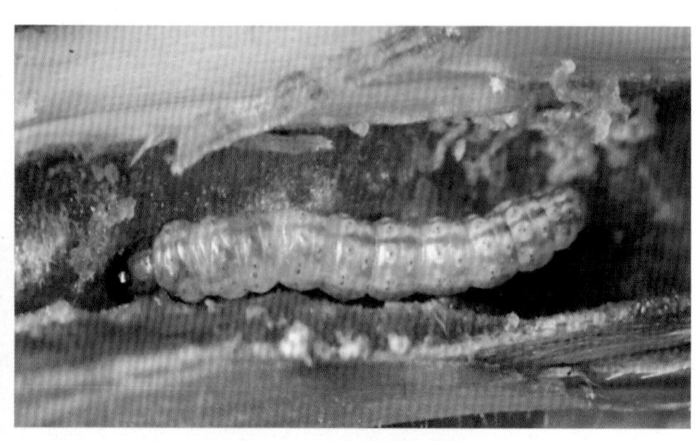

图11-40　芝麻荚野螟幼虫

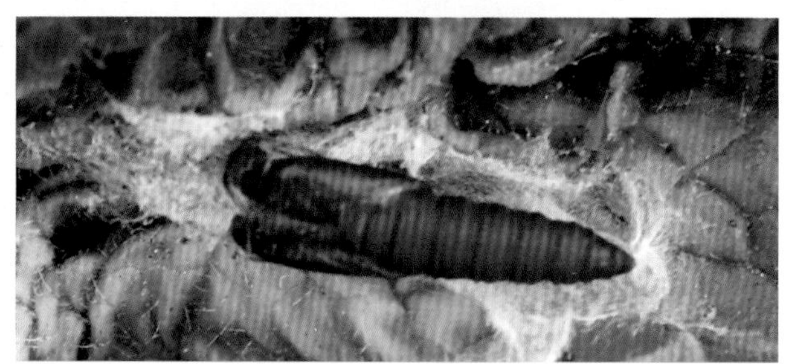

图11-41　芝麻荚野螟蛹

【发生规律】一年发生4代，以蛹越冬。7月下旬出现成虫，有趋光性，但飞翔力不强，白天隐蔽在芝麻丛中，夜间交配产卵，卵多产在芝麻叶、茎、花、蒴果及嫩梢处，世代重叠。初孵幼虫取食叶肉或钻入花心及蒴果里为害15天左右，老熟幼虫在蒴果中或卷叶内、茎缝间结茧化蛹，蛹期7天。

【防治方法】收获后及时清洁田园，消灭越冬蛹。加强田间管理，清除田间及地边杂草。幼虫发生盛期是防治芝麻荚野螟的关键时期。

在幼虫发生初期，可喷洒下列药剂：

50%杀螟丹可湿性粉剂1 000倍液；

2.5%氯氟氰菊酯乳油3 000倍液；

20%甲氰菊酯乳油1 500～2 500倍液等。

2．芝麻鬼脸天蛾

【分　　布】芝麻鬼脸天蛾(*Acherontia styx*)属鳞翅目天蛾科。主要分布在北京、河北、河南、山东、山西、陕西、浙江、江西、湖北、广东、广西、云南等地。

【为害特点】以幼虫啃食叶部，食量很大，严重时可将整株叶片吃光，有时也为害嫩茎和嫩荚，使芝麻不能结实或籽粒瘪小(图11-42)。

【形态特征】成虫头胸部黑褐色(图11-43)，胸部有黑色条纹、斑点及黄色斑组成的骷髅状斑纹，腹部黄色，背线蓝色。前翅狭长，棕黑色，翅面混杂有微细白点及黄褐色鳞片，具数条黑色波状横纹，呈现天鹅绒光泽，后翅杏黄色，有2条粗黑横带。卵球形，淡黄色。幼龄幼虫体色较淡(图11-44)，头、胸部

图11-42 芝麻鬼脸天蛾为害叶片症状

图11-43 芝麻鬼脸天蛾成虫

图11-44 芝麻鬼脸天蛾幼虫

有明显的淡黄色颗粒；老熟幼虫头部深绿色，两侧具黄、黑纵条，前胸较小，体色青绿。蛹红褐色，后胸背面有1对粗糙雕刻状纹，腹部5～7节气门各具1横沟纹。

【发生规律】一年发生1～3代；以末代蛹在土下6～10cm深的土室中越冬。成虫于6月上旬出现，6月中下旬产卵，7月中下旬幼虫为害盛期，8月上旬至9月上旬老熟幼虫入土化蛹越冬。二代区，第一代幼虫出现在7月中下旬，第二代幼虫出现在9月。三代区，7月上旬发生数量多。幼龄幼虫晚间取食，白天栖息在叶背；老龄幼虫昼夜取食，常将叶片吃光。成虫昼伏夜出，有趋光性，受惊后，腹部环节间摩擦可吱吱发声。幼虫随龄数的增加有转株为害的习性。卵散产于寄主植物的叶面或叶背。老熟幼虫入土化蛹越冬。

【防治方法】结合田间管理，人工捡杀幼虫。

幼虫盛发时是防治芝麻鬼脸天蛾的关键时期，可用下列药剂：

25%灭幼脲悬浮剂500～600倍液；

50%杀螟丹可湿性粉剂1 000倍液；

2.5%氯氟氰菊酯乳油3 000倍液；

20%甲氰菊酯乳油20～30ml/亩；

2.5%溴氰菊酯乳油24～40ml/亩，对水50～75kg均匀喷雾。

3．鬼脸天蛾

【为害特点】鬼脸天蛾(*Acherontia lachesis*)属鳞翅目天蛾科。以幼虫食害叶片和嫩茎，食量很大，严重时可将整株叶片吃光，使芝麻不能结实或籽粒瘪小。

【形态特征】成虫胸部背面有骷髅状斑纹(图11–45)，眼斑以上具灰白色大斑，腹部黄色，前翅狭长，棕黑色，翅面混杂有微细白点及黄褐色鳞片，呈现天鹅绒光泽。后翅杏黄色，有2条粗黑横带。幼虫色泽变异颇大，绿色、黄绿色或黑褐色，末龄幼虫头黄绿色，外侧具黑色纵纹，身体黄绿色(图11–46和图11–47)。

图11–45　鬼脸天蛾成虫

【发生规律】一年发生1代；以蛹在土室中越冬。成虫于7月上旬出现，7月中旬产卵，7月下旬幼虫为害盛期，8月上旬至9月上旬老熟幼虫入土化蛹越冬。

【防治方法】幼虫盛发时是防治的关键时期，可用下列药剂：

25%灭幼脲悬浮剂500～600倍液；

2.5%氯氟氰菊酯乳油2 000倍液；

20%甲氰菊酯乳油或2.5%溴氰菊酯乳油15 00～2 000倍液，均匀喷雾。

图11-46 鬼脸天蛾黑褐色幼虫

图11-47 鬼脸天蛾绿色幼虫

4．短额负蝗

【分布为害】短额负蝗(*Atractomorpha sinensis*)属直翅目蝗科。分布在全国各地。成虫及若虫食叶，影响作物生长发育(图11-48)。

【形态特征】可参考花生虫害——短额负蝗。

【发生规律】可参考花生虫害——短额负蝗。

【防治方法】在秋、春季铲除田埂、地边杂草，把卵块暴露在地面晒干或冻死。

在测报基础上，抓住初孵蝗蝻在田埂、渠堰集中为害双子叶杂草且扩散能力极弱的特点，在3龄前，可用下列药剂：

20%氰戊菊酯乳油2 000倍液；

图11-48 短额负蝗为害芝麻叶片症状

2.5%溴氰菊酯乳油1 500～2 000倍液；

2.5%氯氟氰菊酯乳油2 000倍液；

50%辛硫磷乳油1 500倍液，每隔5～6天防治1次，连续2～3次。田间喷药时，药剂不但要均匀喷到芝麻上，而且要对周围的其他作物及杂草进行喷药。

5．桃蚜

【分　　布】桃蚜(*Myxus persicae*)属同翅目蚜科。各地均有分布，局部地区密度颇高。

【为害特点】主要为害叶片、嫩茎、嫩蕾、花果吸食汁液，使植株生长缓慢，叶片变薄。为害严重时，叶片卷缩、变形，内含物减少。蚜虫分泌的“蜜露”，常诱发煤污病(图11-49)。

图11-49 桃蚜为害芝麻叶片症状

【形态特征】有翅胎生雌蚜：体长约2mm，头、胸部黑色，腹部淡暗绿色；背面中央有一淡黑色大斑块，两侧有小斑；额瘤内倾；触角第3节有9～17个(多数为12～15个)排成一列的感觉圈；腹管长，中后部略膨大，末端有明显缢缩。无翅胎生雌蚜：体长约2mm，体色淡，绿色至樱红色；触角第3节无感觉圈。其余同有翅胎生雌蚜。

【发生规律】在北方一年发生10余代，在南方30～40代。北方以卵在越冬寄主桃、李、杏等的芽旁、裂缝、小枝杈等处越冬，也能以无翅胎生雌蚜在保护地中越冬。翌春条件适宜时，越冬卵开始孵化为干母，群集芽上为害，展叶后迁移到叶背和嫩梢上为害、繁殖，陆续产生有翅胎生雌蚜向苹果、梨、杂草及十字花科等寄主上迁飞扩散。5月上旬繁殖最快，为害最盛，发育最适温度为24℃，高于28℃则不利，因此，在我国北方地区春、秋有2个发生高峰。桃蚜对黄色有强烈的趋性，而对银灰色有负趋性。

【防治方法】适当调整播期，避开蚜虫发生高峰。施足底肥，轻施苗肥，增施花肥，可减轻蚜害。应及时摘除下部病叶、老叶，可大大减少虫源基数。清除田间及附近杂草，结合间苗定苗或移栽，除去有蚜的植株。

药剂防治：当有蚜株率达到20%，立即喷药防治。

常用药剂：

10%吡虫啉可湿性粉剂2 500～3 000倍液；

25%吡虫啉·机油乳油1 000～1 500倍液；

0.3%印楝素乳油1 000倍液；

3%啶虫脒乳油1 500～2 000倍液；

25%唑蚜威乳油1 500～2 000倍液；

2.5%溴氰菊酯乳油3 000倍液；

4.5%高效顺反氯氰菊酯乳油3 000倍液。

6．棉铃虫

【分布为害】棉铃虫(*Helicoverpa armigera*)属鳞翅目夜蛾科。广泛分布在我国各地，黄河流域发生量大，长江流域棉区间隙成灾。以幼虫蛀食蕾、花、荚，偶也蛀茎，并且食害嫩茎、叶和芽。蕾受害后苞叶张开，变成黄绿色，2～3天后脱落。幼荚常被吃成孔洞(图11-50至图11-52)。

图11-50　棉铃虫为害芝麻叶片症状

图11-51　棉铃虫为害芝麻茎秆症状

图11-52 棉铃虫为害芝麻花蕾症状

【形态特征】可参考棉花虫害——棉铃虫。

【发生规律】可参考棉花虫害——棉铃虫。

【防治方法】冬耕冬灌，消灭越冬蛹。田间用杨树枝把诱蛾，杨树枝把以新萎蔫的、有清香气味的效果最好。

用黑光灯或频振式杀虫灯，诱杀成虫。

药剂防治：掌握在卵孵盛期至2龄幼虫时期喷药防治，以卵孵盛期喷药效果最佳。可用下列药剂：

10%氯氰菊酯乳油30～40ml/亩；

1%甲氨基阿维菌素苯甲酸盐乳油10～20ml/亩；

5%氟铃脲乳油120～160ml/亩；

20%甲氰菊酯乳油30～40ml/亩；

2.5%联苯菊酯乳油20～30ml/亩；

8 000IU/mg苏云金杆菌可湿性粉剂200～300g/亩；

2.5%高效氯氟氰菊酯乳油30～40ml/亩对水30～40kg喷雾，间隔 7～10天，再喷1次。

7．甜菜夜蛾

【分布为害】甜菜夜蛾(*Spodoptera exigua*)属鳞翅目夜蛾科。在我国各地均有分布。幼虫食叶造成缺刻或孔洞，严重时把叶片吃光，仅剩下叶柄、叶脉，对产量影响很大(图11-53)。

【形态特征】可参考大豆虫害——甜菜夜蛾。

【发生规律】可参考大豆虫害——甜菜夜蛾。

【防治方法】清理田园、去除杂草落叶均可降低虫口密度。秋季深翻、冬季灌水可杀灭大量越冬

图11-53 甜菜夜蛾为害芝麻叶片症状

蛹。早春铲除田间地边杂草，消灭杂草上的初龄幼虫。

药剂防治：甜菜夜蛾低龄幼虫在网内为害，很难接触药液，3龄以后抗药性增强，因此药剂防治难度大，应掌握其卵孵盛期至2龄幼虫盛期开始喷药。药剂选用：

10%虫螨腈悬浮剂1 000 ~ 1 500倍液；

20%虫酰肼悬浮剂1 000 ~ 1 500倍液；

5%氟啶脲乳油3 000 ~ 4 000倍液；

25%灭幼脲悬浮剂1 000 ~ 1 500倍液；

52.25%氯氰菊酯·毒死蜱乳油750 ~ 1 000倍液；

20%甲氰菊酯乳油2 000 ~ 3 000倍液；

2.5%高效氯氟氰菊酯乳油2 000 ~ 2 500倍液；

10%氯氰菊酯乳油1 500 ~ 2 000倍液；

25%辛硫磷·氰戊菊酯乳油1 500 ~ 2 500倍液，间隔5 ~ 7天施用1次，连续施用2 ~ 3次，宜在清晨或傍晚幼虫外出取食活动时施药。

8. 朱砂叶螨

【分　布】朱砂叶螨(*Tetranychus cinnabarinus*)属真螨目叶螨科。在国内各地区均有分布。

【为害特点】成螨、若螨聚集在叶背面刺吸汁液，叶正面出现黄白色斑，后来叶面出现小红点，为害严重的，致叶片焦枯脱落，状似火烧。常与其他叶螨混合发生，混合为害(图11-54至图11-56)。

【形态特征】可参考棉花虫害——朱砂叶螨。

【发生规律】可参考棉花虫害——朱砂叶螨。

【防治方法】可参考棉花虫害——朱砂叶螨。

图11-54　朱砂叶螨为害芝麻幼苗叶片症状

图11-55　朱砂叶螨为害芝麻叶片症状

图11-56　朱砂叶螨为害芝麻叶片背面症状

三、芝麻各生育期病虫害防治技术

芝麻是我国主要的油料作物，栽培历史悠久。芝麻栽培季节短、用工少、成本低、收益大、增产潜力大。芝麻种子含油量高，居食用油料作物首位，油中含有的芝麻素使之具有特殊的浓郁香味。芝麻油具有较高的营养和保健价值，在食品和医药工业上用途也很广。为了提高芝麻的产量和品质，应掌握芝麻各生育期栽培管理技术。

1. 芝麻苗期病虫害防治技术

芝麻苗期是指从出苗至现蕾，大约需一个月。这是芝麻的营养生长时期，由于芝麻幼苗生长缓慢，苗期易受苗荒、草荒及病虫为害，因此加强苗期管理，保证全苗、壮苗为后期花蕾期生长打下基础，是增产、稳产的关键(图11-57)。具体来说有以下几个方面。

图11—57 芝麻苗期生长情况

查苗补苗破壳：芝麻播后5～6天，如不能及时出苗或出苗不全，应立即查找原因，采取措施。对缺苗严重的，要及早重播；局部缺苗的，应用同一品种及时催芽补种；少量缺苗的，可移苗补栽。播后遇雨，雨后猛晴，地面的碎土易形成硬壳，应在播后3～4天内，用钉耙横耙1～2遍，以破除板结，助苗出土。

间苗、定苗：芝麻齐苗后要及时间苗，“要吃芝麻油，先破十字头”，即在第1对真叶时进行第1次间苗，将成团的苗散开，拔除过密苗。2～3对真叶时第2次间苗并预行定苗，一般在芝麻长出第4对真叶时定苗。定苗时间不宜过早，尤其在病虫害严重的年份，应适当多次间苗，并在行上预留一些健壮苗以做补苗用。移苗前须灌透水，带土移栽，移栽多在傍晚或阴天进行，移后浇水覆土以利成活。间苗定苗要遵循“密留稀，稀留密，不稀不密留壮的”的原则，按计划的株距留足苗数。

中耕和培土：中耕的时间和深度应根据天气、土壤墒情和苗情来确定。一般的在幼苗长出第1对真叶时进行第一次中耕，中耕宜浅不宜深，以除草保墒为主，防止过深伤根；第二次中耕在芝麻长出2～3对真叶时进行，深度5～6cm为宜；第三次中耕宜在5对真叶时进行，深度可达8～10cm。结合最后一次中耕，进行培土封根，以利排水和灌水，以利防除渍害和干旱，以利减少病害，防止倒伏。

防治病虫：芝麻苗期主要病虫害有枯萎病、病毒病、立枯病、小地老虎、蚜虫等，它们可引起缺苗断垄，影响芝麻生长。可以用2.5%咯菌腈进行药剂拌种，还可以人工捕杀幼虫、抹去卵块，及时发现并拔除病株带出田外销毁，还可以用50%多菌灵800倍液加40%辛硫磷乳油1 000倍液进行防治。

2. 芝麻蕾花期病虫害防治技术

芝麻蕾花期是芝麻产量形成关键时期(图11-58)，生产上应加强肥水管理，防治病虫害，提高芝麻产量和含油率。

图11-58 芝麻初花期生长情况

抗旱排涝：根据芝麻长势和天气情况，在整个蕾花期做好抗旱排涝工作，确保旱能灌、涝能排，以免水分过多或过少影响芝麻生长。开好田间排水沟系，保证排水通畅。8—9月多雨水，尤其要做好排涝工作，防止田间积水引起渍害。田间芝麻出现暂时性萎蔫时及时灌水，以沟灌为主。芝麻封顶后需水量减少，可不灌水。

施蕾花肥：现蕾至始花期根据土壤墒情，每亩穴施尿素5～10kg，肥料不能离芝麻植株太近，以免烧根。始花至盛花阶段，在晴天下午，每亩用磷酸二氢钾150～200g、硼砂100g，加水50kg喷雾，隔3～5天再喷一次，以增加蒴果和粒重，提高含油率。

防治病虫：芝麻现蕾期病虫害主要有茎点枯病、枯萎病、疫病、青枯病和桃蚜、芝麻天蛾、棉铃虫等。雨水多、低洼积水、土壤湿度大、板结、通气不良、施氮过多、杂草丛生有利于茎点枯病的发生，预防应及时清除田间病株残体，降低湿度，拔除杂草，以促进植株生长健壮；发病初期，每亩用40%多菌灵胶悬剂700倍液喷雾1～2次。

如防治桃蚜，可用10%吡虫啉可湿性粉剂1 500倍液喷雾。如防治天蛾，可用10%氯氰菊酯乳油3 000～4 000倍液或5%灭幼脲乳油2 000倍液喷雾，重点喷在蕾、花、蒴果上，害虫较多时，间隔5～7天再用药1次。

喷施调节剂：喷叶面肥和植物生长调节剂，每隔5～7天喷一次，连喷2～3次，防止早衰。徒长田块在初期喷一次0.01%缩节胺溶液，控制植株徒长。

3．芝麻结荚至成熟期病虫害防治技术

芝麻结荚至成熟期是芝麻增产增收的关键时期，需做好该时期的田间管理工作(图11–59)。

图11–59 芝麻结荚期生长情况

打顶保叶：芝麻打顶保叶是一项关键增产措施，在芝麻盛花后期适时打顶，不要掐芝麻叶，可调节植物养分分配，减少秕粒、降低蕾、花、蒴脱落率，增加蒴粒数，有利于提早成熟，提高产量和品质。

具体打顶方法：在开花末期，当顶芽停止生长，花序不再增生，将植株顶部未开花的顶尖摘去，一般增产15%左右。打顶要选择在晴天进行。气温高、日照足、植株长势好时，可适当推迟3～5天打顶，并且要轻打，只摘顶心(包括分枝顶心)。在气温下降较快的年份，或芝麻长势差时，要早打顶，并且要重打，除摘顶心外，还要摘除顶端幼蕾和分枝，一般摘除3～5cm顶茎。

化学调控、促进增产：于盛花期后，每亩用40～50g多效唑，对水25～30kg均匀叶面喷雾。长势差的少喷，长势好的适量多喷。

适时收获：芝麻为无限开花习性，同一植株，蒴果成熟很不一致，收获应在茎、叶蒴果大部分变黄，植株基部有1～2个蒴果裂蒴，中下部果蒴内种子饱满，全株的叶子将脱落完。收获应选择阴天或早晨进行，以防落粒。收获后不要堆大垛，捆成小捆堆成小棚架，以利通风干燥，防霉变，方便脱粒，不仅保证了种子质量，也提高了商品率。

第十二章 向日葵病虫害防治新技术

我国向日葵栽培面积约为120万hm^2，总产量约为350万t。在我国向日葵种植面积较大的有20个省、市(自治区)，主要分为5个产区：①东北、内蒙古种植区；②华北种植区，主要包括河北省的东部和北部，京津地区，山西省中、北部和山东省北部；③新疆种植区；④黄河河套种植区，包括甘肃省、宁夏回族自治区北部和陕西省；⑤云贵高原种植区，包括云南、贵州和四川。

病虫害是影响向日葵产量与质量的重要因素，其中病害有20多种，为害严重的主要有白粉病、褐斑病、黑斑病、菌核病等；虫害有30多种，为害严重的有向日葵斑螟、棉铃虫等。

一、向日葵病害

1. 向日葵白粉病

【分布为害】全国各地均有发生。

【症　　状】主要为害叶片，严重时茎秆也可受害。叶片受害后初期叶面零星散布白色粉状霉层，扩展后整叶盖满灰白色霉层(图12-1和图12-2)，即病菌的菌丝和分生孢子，最后病叶变褐焦枯，引起早期凋落(图12-3)。茎秆发病，病斑灰褐色至黑褐色，不规则形，病斑边缘不整齐，后期病部出现黑色小粒点，即病菌子囊壳。

图12-1 向日葵白粉病为害叶片初期症状

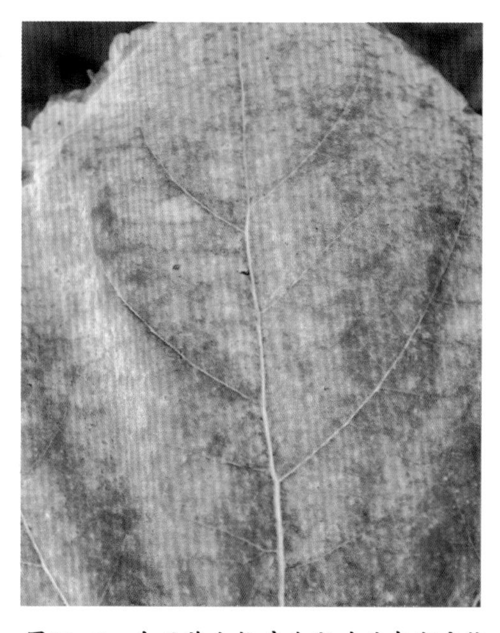

图12-2 向日葵白粉病为害叶片中期症状

图12-3　向日葵白粉病为害叶片后期症状

【病　原】*Sphaerotheca fuliginea* 称单丝壳；*Erysiphe cichoracearum* 称二孢白粉菌，均属子囊菌亚门真菌。单丝壳的闭囊壳褐色至暗褐色，球形或近球形，含1个子囊。附属丝着生在闭囊壳下面，具隔膜0~6个。子囊椭圆形或卵形，少数具短柄，内含6~8个子囊孢子。子囊孢子椭圆形或近球形。二孢白粉菌的分生孢子椭圆形，单胞，无色。闭囊壳黑褐色，内生子囊6~21个，壳上生有附属丝。子囊卵圆形，内生子囊孢子2个。子囊孢子椭圆形或近球形。

【发生规律】病原以闭囊壳在病残体上越冬。条件适宜时释放出子囊孢子，借气流传播，进行初侵染和再侵染。干旱年份发生重。栽植过密，通风不良或氮肥偏多，发病重。

【防治方法】农业防治：合理进行轮作。收获后彻底清除病株残叶，深翻土地。

发病时，及时施药防治，可喷施下列药剂：

70%甲基硫菌灵可湿性粉剂70~90g/亩；

25%嘧菌酯悬浮剂60~90ml/亩；

30%醚菌酯悬浮剂30~50ml/亩；

20%三唑酮乳油40~45ml/亩；12.5%烯唑醇可湿性粉剂16~32g/亩；

40%氟硅唑乳油7.5~9.4ml/亩；

50%粉唑醇可湿性粉剂8~12g/亩；

5%己唑醇悬浮剂20~30ml/亩；

12.5%腈菌唑乳油16~32ml/亩；

25%戊唑醇可湿性粉剂60～70g/亩；

10%三唑醇可湿性粉剂75～90g/亩

25%咪鲜胺乳油60～100ml/亩；

30%氟菌唑可湿性粉剂13～20g/亩；

75%十三吗啉乳油33ml/亩；

50%烟酰胺水分散粒剂33～46g/亩；

6%氯苯嘧啶醇可湿性粉剂30～50g/亩，对水40～50kg均匀喷雾，发生严重时，间隔7～10天再喷1次。

2．向日葵褐斑病

【分布为害】世界性重要病害，广泛分布。我国黑龙江、吉林、辽宁、河北、甘肃、江西、广西、云南等地均有发生。大发生年份对产量和品质影响很大。

【症　状】为害子叶、叶片、叶柄和茎，以叶片受害为主。子叶受害，病斑初呈褐色小圆形，凹陷，后期散生有小黑点。真叶受害，初呈黄色小圆点，扩大后呈圆形、多角形或不规则形的褐斑，病斑周围有黄色晕环，密生小黑点(图12–4和图12–5)，最后病斑汇合成片，叶片干枯。生育阶段不同，叶片

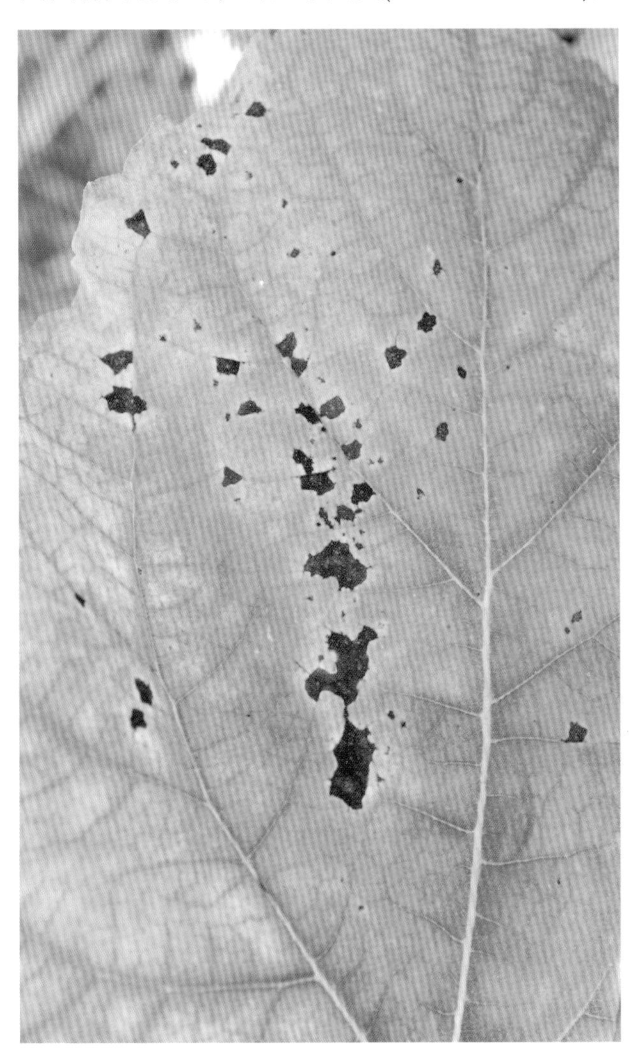

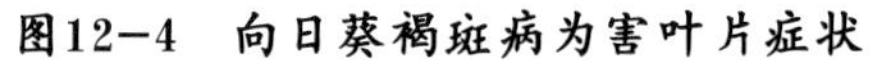

图12–4　向日葵褐斑病为害叶片症状

图12–5　向日葵褐斑病为害叶片背面症状

上的形状也不同，幼苗期的病斑多为圆形，较小；孕蕾期及花盘形成期的病斑较大，多为圆形和不规则形。茎和叶柄上的病斑黄褐色，狭条形，很少生分生孢子器。

【病　　原】*Septori ahelianthi* 称向日葵壳针孢，属无性型真菌。分生孢子器球形，暗褐色，单生或聚生，突出表皮。分生孢子无色，丝状，略弯，有隔膜3~5个。

【发生规律】病原以分生孢子器或菌丝在病残体上越冬。春天温湿度条件适宜时分生孢子从分生孢子器中逸出，借风雨传播蔓延，进行初侵染和再侵染，扩大为害。品种间抗病性有差异。多雨年份，湿度大时发病重；通风透光差、排水不良、低洼地发病重。

【防治方法】与禾本等作物实行大面积轮作。消灭菌源。注意通风透光，及时清沟排渍。收获后及时清洁田园，清除病残叶，集中烧毁或沤肥。加强栽培管理。施足基肥，及时追肥，干旱时进行灌溉，促使植株生长健壮，提高抗病能力。

发病初期，向日葵开花期，可用下列药剂防治：

50%腐霉利可湿性粉剂40~80g/亩；

25%异菌脲悬浮剂60~80ml/亩；

40%多菌灵悬浮剂80~100ml/亩；

50%噻菌灵悬浮剂26~54ml/亩；

10%氟嘧菌酯乳油10~15ml/亩；

25%啶氧菌酯悬浮剂65~70ml/亩；

20%唑菌胺酯水分散粒剂80~85g/亩；

75%丁苯吗啉乳油50ml/亩；

6%氯苯嘧啶醇可湿性粉剂30~50g/亩；

2%嘧啶核苷类抗生素水剂500ml/亩；

2%春雷霉素水剂100~110ml/亩，对水40kg均匀喷施。

3. 向日葵黑斑病

【分布为害】世界各向日葵产地均有分布。黑龙江、吉林、辽宁、内蒙古等地普遍发生。一般年份可减产10%~20%，严重者可达50%以上，个别地块甚至绝收。

【症　　状】各生育阶段均可受害，主要为害叶片，发生严重时，叶柄、茎秆、花均可受害。叶片受害，首先在植株的下部叶片发病，逐渐向上扩展。初呈黄色小点，逐渐变成深褐色圆形或近圆形病斑，病斑中央有一灰白色小点，具不明显的同心轮纹，病斑边缘有黄褐色晕圈(图12-6和图12-7)。老病斑多破裂穿孔。叶柄发病，病斑黑褐色，圆形、椭圆形或梭形，严重的叶柄干枯。茎秆上的病斑黑褐色，椭圆形

图12-6　向日葵黑斑病为害叶片初期症状

至棱形，常互相连接成长形病斑，使茎秆全部变褐(图12–8)。在潮湿多雨时，病部均可长出一层灰褐色的霉状物。

图12–7 向日葵黑斑病为害叶片后期症状

图12–8 向日葵黑斑病为害茎秆症状

【病　原】*Alternaria helianthi* 称向日葵链格孢，属半知菌亚门真菌。分生孢子梗浅橄褐色，单生或2 ~ 4根束生，直或弯曲膝状。分生孢子初期浅橄褐色，成熟时呈深橄褐色，圆柱形或长圆形，直立，有的稍弯曲，具4 ~ 12个横隔，0 ~ 2纵隔。病菌生长的温度范围为5 ~ 35℃，以25 ~ 30℃最适。分生孢子形成的最适温度为20℃，最适的相对湿度在95%以上。

【发生规律】病原以菌丝体和分生孢子在病残株及种子上越冬，成为次年的主要初侵染源。春天条件适宜时，在病残体上产生分生孢子，借助风雨、气流传播到向日葵植株上，造成初侵染。病斑上产生的分生孢子可进行多次再侵染。高温多雨年份发病重，易流行成灾。连作地或离向日葵秆垛近的地块发病重。早播向日葵发病也重。

【防治方法】因地制宜地选用抗病品种，适当晚播，施足底肥，增施磷钾肥，提高抗病力。秋季深翻地，消灭病残体。

发病初期可喷施下列药剂：

40%多菌灵悬浮剂80 ~ 100ml/亩；

70%甲基硫菌灵可湿性粉剂70 ~ 90g/亩；

50%噻菌灵悬浮剂26 ~ 54ml/亩；

25%啶氧菌酯悬浮剂65ml/亩；

20%唑菌胺酯水分散粒剂80g/亩；

25%联苯三唑醇可湿性粉剂50 ~ 80g/亩；

25%咪鲜胺乳油60～100ml/亩，对水40～50kg，间隔7～10天喷1次，连续喷2～3次。

4．向日葵灰霉病

【症　　状】主要为害花盘，发病初期病部湿腐，水渍状，湿度大时长出稀疏的灰色霉层，严重时花盘腐烂，不能结实(图12-9)。

【病　　原】*Botrytis cinerea* 称灰葡萄孢，属半知菌亚门真菌。有性世代为富克尔核盘菌 *Botryotinia fuckeliana*，属子囊菌亚门真菌。分生孢子梗直立，顶部具分枝1～2个，分枝顶端着生大量的分生孢子，似葡萄穗状。分生孢子圆形或近圆形，单胞。病菌发育适温10～23℃，最高30～32℃，最低4℃，湿度为持续90%以上的高湿条件。

图12-9　向日葵灰霉病为害花盘症状

【发生规律】病原以菌丝或分生孢子及菌核附着在病残体上，或遗留在土壤中越冬。分生孢子随气流、雨水及农事操作进行传播蔓延。

【防治方法】农业防治：适期播种，使花盘期尽量避开雨季。合理密植，雨后及时排水，防止湿气滞留。

药剂防治：发病初期可用下列药剂防治：

50%腐霉利可湿性粉剂40～80g/亩；

25%异菌脲悬浮剂50～60ml/亩；

50%乙烯菌核利可湿性粉剂40～60g/亩；

50%苯菌灵可湿性粉剂60～80g/亩；

50%甲基硫菌灵可湿性粉剂50～60g/亩；

50%噻菌灵悬浮剂26～54ml/亩；

40%氟硅唑乳油7.5～9.4ml/亩；

25%咪鲜胺乳油80～100ml/亩；

50%咪鲜胺锰盐可湿性粉剂60～80g/亩；

50%烟酰胺水分散粒剂33～46ml/亩；

20%嘧霉胺悬浮剂150～180ml/亩；

50%嘧菌环胺水分散粒剂60～96g/亩；

3%多抗霉素水剂200～300ml/亩；

1%武夷霉素水剂300～400ml/亩；

21%过氧乙酸水剂140～200ml/亩；

20%邻烯丙基苯酚可湿性粉剂40～65g/亩，对水40～50kg，间隔7～10天喷1次，连续2～3次。

5．向日葵叶枯病

【分布为害】东北地区及河南、山东、湖北等省有发生。

【症　　状】主要为害叶片，也可为害叶柄、茎秆和花器。病斑圆形或近圆形，中央灰白色，边缘褐色(图12–10)。微具同心轮纹，褐色，上生灰褐色霉状物，即病菌分生孢子。茎、叶柄、花瓣上病斑梭形、褐色，中央灰白色(图12–11)。花托上病斑圆形，有时凹陷。

【病　　原】*Helminthosporium helianthi* 称向日葵长蠕孢，属半知菌亚门真菌。

【发生规律】病菌随病残体在土壤中越冬，生育期借分生孢子传播，湿度大有利于发病。

【防治方法】实行轮作。加强田间管理，培育壮苗，增强植株抗病力。注意田间卫生，清除病残

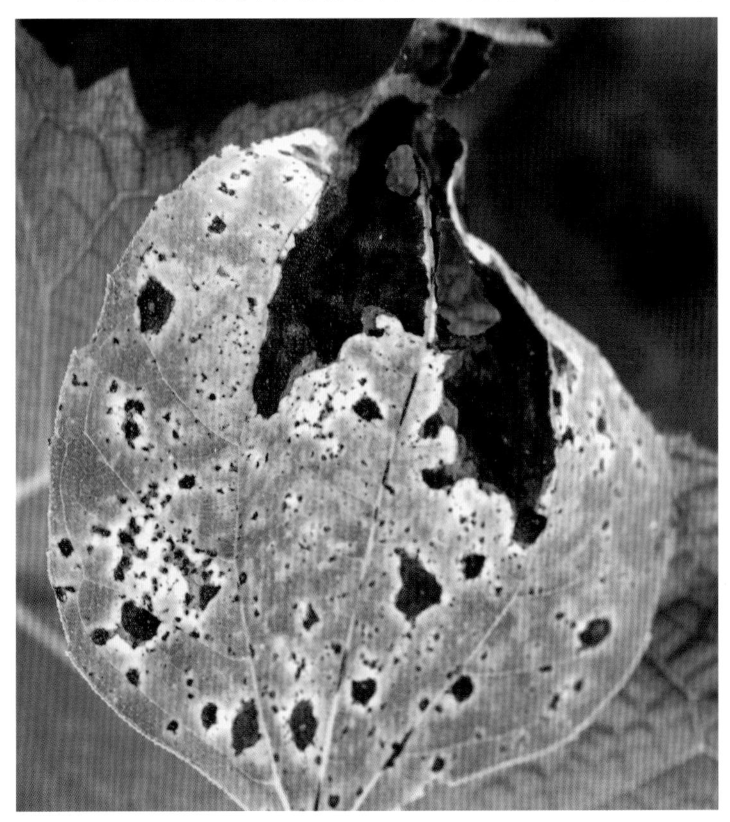

图12–10　向日葵叶枯病为害叶片症状

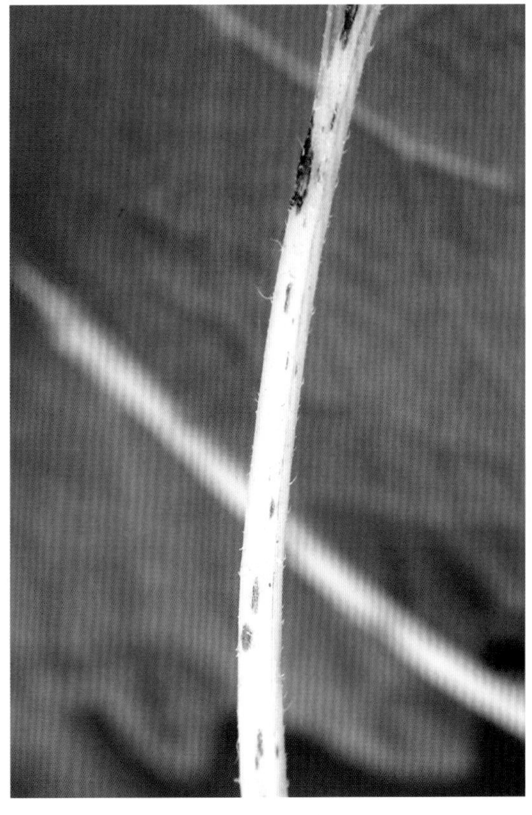

图12–11　向日葵叶枯病为害叶柄症状

株，深翻土地。

发病初期喷施下列药剂：

25%啶氧菌酯悬浮剂66ml/亩；

20%唑菌胺酯水分散粒剂83g/亩；

10%苯醚甲环唑水分散粒剂35～50g/亩；

25%丙环唑乳油30～40ml/亩；

25%咪鲜胺乳油80～100ml/亩；

50%咪鲜胺锰盐可湿性粉剂60～80g/亩，对水40～50kg，均匀喷施。

6．向日葵菌核病

【分布为害】分布广泛，以东北、华北地区发生严重。感病后产量降低，皮壳增加、籽仁减轻，同时籽仁的蛋白质减少，含油量降低，油质有苦味，对产量、质量影响很大。

【症　　状】整个生育期均可发病，造成茎秆、茎基、花盘及种仁腐烂。常见的有根腐型、茎腐型、叶腐型、花腐型4种类型。

根腐型：从苗期至收获期均可发生，在开花后发病多。苗期发病时幼芽和胚根生水浸状褐色斑，扩展后腐烂，幼苗不能出土或虽能出土，但随病斑扩展萎蔫而死。成株期发病，根或根茎部出现褐色病斑，逐渐蔓延到茎基部和茎上。病斑稍凹陷，有同心轮纹。湿度大时在病斑近边缘部密生白色菌丝，后形成鼠粪状黑色菌核。后期病斑中央呈黄白色，表皮破裂露出纤维。重病株萎蔫枯死，剖开茎在内腔有白色菌丝，并有黑色粒状菌核。

茎腐型：病斑在茎秆的各部位都可发生，以中上部居多。病斑椭圆形，褐色，逐渐扩大，略具同心轮纹，病部以上的叶片萎蔫(图12-12)，病斑绕茎一周后，植株萎蔫死亡，病斑表面很少形成菌核。

叶腐型：发病叶片初生水渍状病斑，后变为褐色圆形或椭圆形病斑，有同心轮纹，湿度大时迅速蔓延至全叶，天气干燥时病斑从中间裂开或脱落。

花腐型：开花后常在花托部位出现褐色水渍状圆形斑，扩展后可达全花盘，组织变软腐烂，湿度大时长出白色菌丝，最后形成黑色菌核。病部可蔓延到花盘正面，菌丝密生于籽实间，形成“井”字形黑色菌核网覆盖花盘。籽粒症状不明显，为害严重时果皮白色，易裂碎，籽仁褐色。有的在果皮内或外面

图12-12　向日葵菌核病为害茎部症状

有黑色菌核。

【病　原】*Sclerotinia sclerotiorum* 称核盘菌，属子囊菌亚门真菌。菌核长圆形至不规则形，初为白色后变黑色。子囊盘褐色，初呈杯状，展开后呈盘状。子囊棍棒状或圆柱形，顶部钝圆，无囊盖，无色，内含8个子囊孢子。子囊孢子单胞，无色，椭圆形，具2核。菌丝白色，丝状，有分枝和隔膜。

【发生规律】病原以菌核在土壤内、病残体中及种子间越冬。第2年气温回升至5℃以上，土壤潮湿，菌核萌发产生子囊盘，子囊孢子成熟由子囊内弹射出去，借风雨、气流传播，遇向日葵萌发侵入寄主。种子上的越冬病菌可直接为害幼苗。菌核也可直接萌发出菌丝，直接或从伤口侵入根或根茎。5—9月的降雨量多，容易引起病害流行。播种早，地势低洼，通风不良，种植密度大，发病重。连作地易发病；重茬年限越长，发病越重。

【防治方法】农业防治：种植耐病品种，与禾本科等非寄主植物轮作3～5年。从无病花盘收集种子，并适期晚播，避开发病高峰期。增施磷钾肥，提高植株抗病性。及时中耕，清沟排渍，注意通风，可以减少发病。将病株和落地的病花盘、籽粒等病残体清除出田间深埋或烧掉，收获后深翻土地，以减少菌源。

物理防治：播前用10%盐水进行选种，剔除种子中混杂的菌核。种子用58～60℃热水浸种10～20分钟，杀死混杂其中的菌核。

播种前用种子重量0.3%的40%拌种双可湿性粉剂、40%菌核净可湿性粉剂，或0.2%的50%苯菌灵可湿性粉剂拌种。

花盘期，病害发生初期，可用下列药剂防治：

50%腐霉利可湿性粉剂40～80g/亩；

25%异菌脲悬浮剂50～60ml/亩；

50%乙烯菌核利可湿性粉剂40～60g/亩；

40%菌核净可湿性粉剂50～60g/亩；

50%苯菌灵可湿性粉剂66～100g/亩；

40%多菌灵悬浮剂80～100ml/亩；

70%甲基硫菌灵可湿性粉剂70～90g/亩；

50%噻菌灵悬浮剂26～54ml/亩；

25%咪鲜胺乳油60～100ml/亩；

40%多菌灵悬浮剂100～140ml/亩，对水40～50kg，隔7天喷1次，连续喷2～3次。

7. 向日葵细菌性叶斑病

【分布为害】广西、湖北、江苏、山东、河南、河北、内蒙古、辽宁、吉林、黑龙江等地均有发生。

【症　状】主要为害叶片。发病初期叶上出现水浸状小斑，渐扩展成暗褐色不规则形角斑，四周现较宽的褪绿晕圈(图12-13和图12-14)。发生严重时，病斑汇合成大斑，叶焦枯，病斑中心破裂，严重时叶片干枯脱落。

【病　原】丁香假单胞菌向日葵致病变种 *Pseudomonas syringae* pv. *helianthi*，属细菌。菌体短杆状，单生或链生，单极生鞭毛，革兰氏染色阴性，好气性。生长适温27～28℃，最高35℃，最低12℃，致死温度52℃。

【发生规律】病菌在种子及病残体上越冬，借风雨、灌溉水传播蔓延。雨后易发生和蔓延。

图12-13 向日葵细菌性叶斑病为害叶片症状

图12-14 向日葵细菌性叶斑病为害叶片背面症状

【防治方法】实行轮作。注意田间卫生，清除病残体数量。

发病初期喷药防治，可用下列药剂：

90%新植霉素可溶性粉剂3 000～4 000倍液；

77%氢氧化铜可湿性粉剂500～800倍液；

14%络氨铜水剂300～500倍液；

50%甲霜灵·王铜可湿性粉剂600～700倍液；

50%琥胶肥酸铜可湿性粉剂500～600倍液；

60%琥胶肥酸铜·乙膦铝可湿性粉剂500～600倍液；

47%春雷霉素·王铜可湿性粉剂700～800倍液；

50%氯溴异氰尿酸可溶性粉剂1 200～1 500倍液；

27%碱式硫酸铜悬浮剂400～600倍液；

3%中生菌素可湿性粉剂600～800倍液；

36%三氯异氰尿酸可湿性粉剂60～80g/亩；

20%噻唑锌悬浮剂100～125ml/亩；

20%噻森铜悬浮剂120～200ml/亩；

对水40～50kg，间隔5～7天喷1次，连喷3～4次。

8. 向日葵锈病

【分布为害】发生普遍，全国各地均有发生。我国以黑龙江、吉林、辽宁、内蒙古等地发生较重。大流行年份减产40%～80%，严重地块甚至颗粒无收。感染锈病的向日葵种子大小、重量和含油量都显著降低，而皮壳率增加。

【症　　状】主要为害叶片，叶片发病初期在叶片背面出现褐色小疱是病菌夏孢子堆，表面破裂后散出褐色粉末，即病菌的夏孢子。严重时夏孢子堆布满全叶，使叶片提早枯死(图12-15和图12-16)。叶柄、茎秆、葵盘及苞叶上也可形成很多夏孢子堆。近收获时，病部出现黑色裸露的小疱，内生大量黑褐色粉末，即为病菌的冬孢子堆及冬孢子。

图12-15　向日葵锈病为害叶片症状

图12-16　向日葵锈病为害叶片背面症状

【病　　原】*Puccinia helianthi* 称向日葵柄锈菌，属担子菌亚门真菌。性子器黄色，圆形，散生或聚生在叶正面。锈子器黄色，杯状，聚生于叶背。锈孢子橙黄色，球形或多角形。夏孢子堆圆形至椭圆形。夏孢子黄褐色，球形或卵形，表面有细刺。冬孢子堆褐色至黑褐色，近圆形。冬孢子茶褐色，椭圆形，双胞，表面光滑，分隔处稍缢缩。夏孢子萌发的最适温度是18℃，适于发病的相对湿度是100%。

【发生规律】病原以冬孢子在病残体上越冬，成为第二年的初侵染源。条件适宜时，冬孢子萌发产生担孢子侵染幼叶，形成性子器。不久在病斑背面产生锈子器，器内充满锈孢子。锈孢子飞散传播，也萌发侵染叶片，形成夏孢子堆。夏孢子借气流传播，进行扩大再侵染。向日葵接近成熟时，在产生夏孢子的地方形成冬孢子堆，又以冬孢子越冬。5—6月多雨发病重。7月中旬至8月中旬雨水多，病害发生比较严重。

【防治方法】因地制宜采用抗病品种，实行轮作，合理增施磷肥，勤中耕，可减少发病。注意田间卫生，清除病残株，收获后深翻土地。

种子处理：播种前用25%三唑醇种子处理干粉剂30～45g/100kg种子拌种。

发病初期可用下列药剂防治：

12%萎锈灵可湿性粉剂150～200ml/亩；

25%邻酰胺悬浮剂200～320ml/亩；

30%醚菌酯悬浮剂30～50ml/亩；

25%肟菌酯悬浮剂25～50ml/亩；

20%三唑酮乳油40～45ml/亩；

12.5%烯唑醇可湿性粉剂16～32g/亩；

12.5%氟环唑悬浮剂48～60ml/亩；

40%氟硅唑乳油7.5～9.4ml/亩；

50%粉唑醇可湿性粉剂30～50g/亩；

5%己唑醇悬浮剂20～30ml/亩；

25%丙环唑乳油30～40ml/亩；

25%戊唑醇可湿性粉剂60～70g/亩，对水40～50kg，间隔7～10天喷1次，连续2次。

9．向日葵花叶病毒病

【分布为害】向日葵花叶病毒病我国普遍发生。对向日葵生长发育和产量影响很大，严重地块发病率高达20%，发病早的可引起绝收。

【症　　状】花叶或褪绿环斑(图12-17)，有的叶柄及茎上出现褐色坏死条纹。重病株顶部枯死，花

图12-17　向日葵花叶病病毒为害叶片症状

盘变形，顶部小叶扭曲，种子瘪缩。病株矮化明显。

【病　　原】Cucumber mosaic virus（CMV），为黄瓜花叶病毒。

【发生规律】该病毒寄主广泛，菌源数量多，条件适宜时即可引起发病。田间可经汁液摩擦和蚜虫传播。

【防治方法】选用抗病品种。注意防治蚜虫。

发病前期至初期可用下列药剂预防：

20%盐酸吗啉胍·乙酸铜可湿性粉剂500倍液；

20%盐酸吗啉胍可湿性粉剂400～600倍液；

1.5%植病灵乳剂1 000倍液；

10%混合脂肪酸乳油100倍液；

0.5%香菇多糖水剂250～300倍液；

5%菌毒清水剂300倍液；

2%宁南霉素水剂200～300ml/亩；

0.5%氨基寡糖素水剂150～200ml/亩，喷洒叶面，间隔7～10天1次，连续喷施2～3次。

二、向日葵虫害

1．向日葵斑螟

【分布为害】向日葵斑螟(*Homoeosoma nebulella*)属鳞翅目螟蛾科。主要在我国的北部发生，近年来为害的范围有扩大趋势。

【形态特征】成虫体灰白色，触角丝状；前翅灰色微黄，近中央处有4个黑色斑点，内侧3个相连，外侧1个系由2个小斑点相连而成；静止时前后翅紧抱体躯两侧，像一粒灰色的向日葵种子(图12–18)。卵乳白色，长椭圆形，有光泽，具不规则浅网状纹。老熟幼虫体淡黄色(图12–19)；头及前胸背板淡黄褐色，前胸背板后缘有一弧形黑色带，中间断开；体背有3条紫褐色或棕褐色纵线；胸足及气门黑色。

图12–18　向日葵斑螟成虫

【发生规律】吉林、黑龙江一年发生1～2代，以老熟幼虫做茧在土中越冬。硬壳层形成快的品种受害轻或不受害，小粒油用种较大粒食用种受害轻。成虫白天潜伏，傍晚开始活动，在花盘上取食花蜜交配产卵。卵多散产在葵花花盘上的开花区内，在花药圈内壁、花柱和花冠内壁着卵量最多，筒状花和舌状花上着卵很少。1～2龄幼虫啃食筒状花，3龄后沿葵花籽

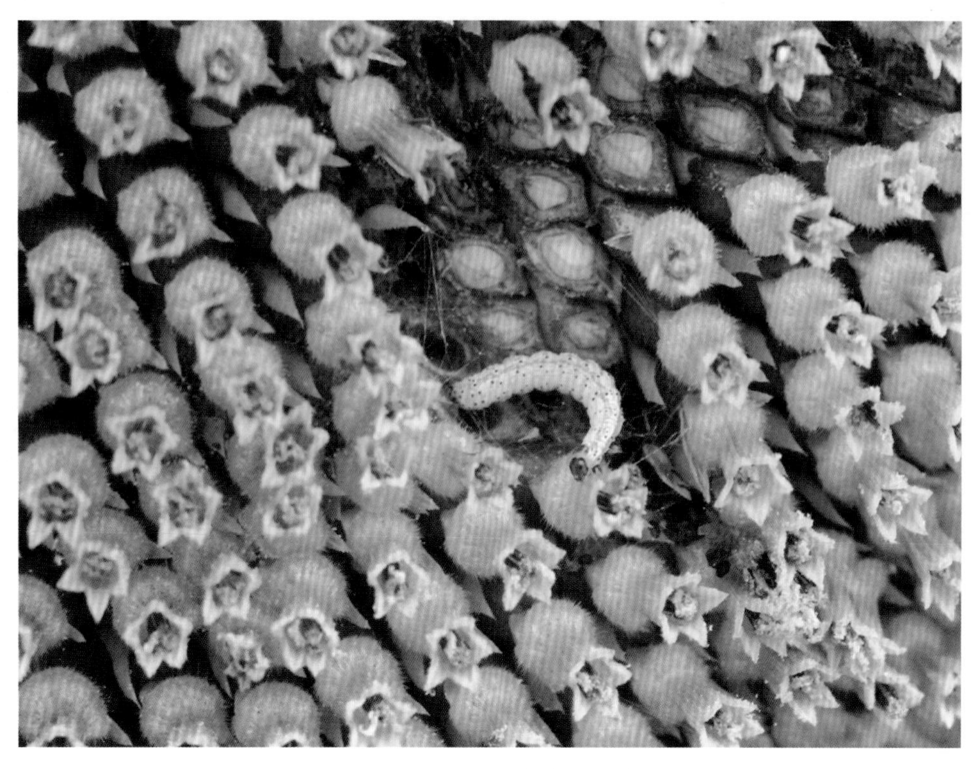

图12-19　向日葵斑螟幼虫

实排列缝隙蛀食种子，把种仁部分或全部吃掉，形成空壳，或蛀花盘，把花盘蛀成很多隧道，并在花盘子实上吐丝结网黏附虫粪及碎屑，状似丝毡。被害花盘多腐烂发霉，降低产量和质量。

【防治方法】适当提早播种，可减轻或避免第1代幼虫为害。秋翻、冬灌可将大批越冬茧翻压入土，减少越冬虫源基数。

成虫发生盛期，可喷洒下列药剂防治：

2.5%氯氟氰菊酯乳油25～50ml/亩；

2.5%溴氰菊酯乳油20～30ml/亩；

5.7%氟氯氰菊酯乳油30～40ml/亩；

80%敌百虫可溶性液剂80～100ml/亩，对水40～50kg。

成虫产卵盛期可喷洒下列药剂：

25%仲丁威乳油200～250ml/亩；

50%杀螟丹可溶性粉剂70～100g/亩；

25%甲萘威可湿性粉剂200～300g/亩，对水40～50kg。

低龄幼虫发生盛期，可喷洒下列药剂：

20%虫酰肼悬浮剂25～30ml/亩；

1%甲氨基阿维菌素苯甲酸盐乳油5～10ml/亩；

8 000IU/ml苏云金杆菌可湿性粉剂100～200g/亩。

2．棉铃虫

【分布为害】棉铃虫(*Helicoverpa armigera*)属鳞翅目夜蛾科。广泛分布在我国各地，近年来为害十分猖獗，20世纪90年代以来多次大暴发(图12-20)。

图12—20 棉铃虫幼虫及为害症状

【形态特征】可参考棉花虫害——棉铃虫

【发生规律】可参考棉花虫害——棉铃虫。

【防治方法】种植抗虫品种。深翻冬灌，减少虫源。

掌握在卵孵盛期至2龄幼虫时期喷药防治，以卵孵化盛期喷药效果最佳。

在越冬代成虫产卵盛期，可用下列药剂防治：

20%虫酰肼悬浮剂66～100ml/亩；

5%氟啶脲乳油100～150ml/亩；

20%杀铃脲悬浮剂40～60ml/亩；

5%氟铃脲乳油100～150ml/亩；

25%丁醚脲乳油80～150ml/亩；

20%灭多威乳油80～100ml/亩；

25%甲萘威可湿性粉剂100～150g/亩；

75%硫双威可湿性粉剂60～70g/亩，对水40～50kg均匀喷雾。

在低龄幼虫期，可用下列药剂防治：

30%乙酰甲胺磷乳油100～150ml/亩；

48%毒死蜱乳油90～120ml/亩；

40%水胺硫磷乳油75～150ml/亩；

2.5%氯氟氰菊酯乳油50～60ml/亩；

10%氯氰菊酯乳油40～60ml/亩；

522.5g/L毒死蜱·氯氰菊酯乳油60～70ml/亩；

2.5%溴氰菊酯乳油20～30ml/亩；

1%甲氨基阿维菌素苯甲酸盐乳油20～30ml/亩；

1.8%阿维菌素乳油10～20ml/亩，对水50～60kg均匀喷雾。

3．三点盲蝽

【分布为害】三点盲蝽(*Adelphocoris fasciaticollis*)属半翅目盲蝽科。主要分布在辽河流域、黄河流域。

【形态特征】成虫体狭长，褐色，被黄细毛；头小三角形，向前突；触角黄褐色，约与体等长；前胸背板后缘有1黑色横纹，前缘有2黑斑；小盾片与2个楔片呈3个明显的黄绿色斑(图12-21)；足赭红色，胫节褐色有刺，腿节有黑斑。卵略弯，淡黄色，卵盖椭圆形、暗绿色，中央凹陷，一端有指状突起。若虫体色鲜橙黄色，体被黑细毛，头褐色；足淡青色，有赭红色斑点。

图12－21　三点盲蝽成虫

【发生规律】华北、西北地区一年发生3代，干旱年份只发生1代。世代重叠。以卵在洋槐、柳、榆、杏等有疤痕的树皮内越冬。越冬卵孵化出若虫后，并不为害越冬寄主，常随风迁移至附近开花植物上，如豌豆、苜蓿、胡萝卜、大豆、小麦等或附近农田为害，但成活率不高。成虫飞翔力不强，每次飞翔仅3～6m远，高温下活动稍强，有强趋化性和趋光性。5月下旬至6月上旬第一代成虫羽化，交配产卵后，不久雄、雌成虫先后死亡。7月底至8月上旬，若虫大量为害棉花花蕾及嫩叶。8月下旬第3代成虫羽化，开始迁出棉田至越冬寄主产卵。发育的适宜温度为20～35℃，最适温度为25℃左右，相对湿度为60%以上。因此，降水的年份发生为害较重。

【防治方法】早春越冬卵孵化前，清除田间附近杂草。调整作物结构，尽量不在四周种植油料、果树等越冬寄主。科学施肥，合理灌水。

当百株有成、若虫10头或新被害株达3%时，进行药剂防治。可喷洒下列药剂：

45%马拉硫磷乳油100～120ml/亩；

5%伏杀硫磷乳油200～270ml/亩；

5%顺式氯氰菊酯乳油40～50ml/亩；

2.5%溴氰菊酯乳油20～40ml/亩；

10%甲氰菊酯乳油20～35ml/亩，对水40～50kg，均匀喷雾。

第十三章 绿豆病虫害防治新技术

绿豆为豆科一年生草本植物，具有粮食、蔬菜、绿肥和医药等用途，原产于印度，后来主要种植于东亚、南亚与东南亚一带。我国各地均有种植绿豆，以河南、河北、山东、安徽等地栽培较多，一般秋季成熟上市。

我国绿豆病虫害较多，其中绿豆叶斑病、白粉病、轮纹斑病、病毒病、豆蚜、豆野螟、卷叶螟等对绿豆为害较重。

一、绿豆病害

1. 绿豆白粉病

【为害症状】为害叶片、茎秆和荚。叶片受害，表面散生白色粉状霉斑，开始点片发生，后扩展到全叶，后期密生很多黑色小点，发生严重时，叶片变黄，提早脱落(图13-1至图13-4)。嫩荚受害，呈畸形，表面生白色粉状物，后期在白色粉状物中产生黑色的小粒点。

图13-1 绿豆白粉病为害叶片初期症状

图13-2　绿豆白粉病为害叶片中期症状

图13-3　绿豆白粉病为害叶片后期症状

图13-4 绿豆白粉病为害严重时田间症状

【病 原】*Sphaerotheca astragali* 称紫云英单丝壳菌，属子囊菌门真菌。菌丝体生于叶两面，少数生在叶背。分生孢子柱形，闭囊壳聚生或散生，褐色，球形，附属丝3~8根，丝状，弯曲。子囊卵形或近球形。子囊孢子椭圆形，淡黄色。

【发生规律】以闭囊壳在土表病残体上越冬，翌年条件适宜时散出子囊孢子，借风雨传播，进行初侵染。发病后，病部产生分生孢子，借风雨传播进行再侵染。在潮湿、多雨或田间积水时易发病；干旱少雨条件下植株往往生长不良，抗病力弱，但病菌分生孢子仍可萌发侵入，干、湿交替利于该病扩展，发病重。

【防治方法】收获后及时清除病残体，集中深埋或烧毁。施用充分沤制的堆肥或腐熟的有机肥。

发病初期，可喷施下列药剂：

2%武夷菌素水剂200~300倍液；

80%多菌灵可湿性粉剂1 000~1 500倍液；

15%三唑酮可湿性粉剂800~1 000倍液；

12.5%烯唑醇可湿性粉剂1 000~1 500倍液；

6%氯苯嘧啶醇可湿性粉剂1 000~1 500倍液；

25%丙环唑乳油2 000~2 500倍液；

40%氟硅唑乳油6 000~8 000倍液；

12.5%烯唑醇可湿性粉剂20g/亩+0.5%氨基寡糖素水剂30ml/亩，对水40~50kg，防效均好。

2. 绿豆褐斑病

【分布为害】该病是我国及亚洲绿豆生产上的毁灭性病害。我国安徽、河南、河北、陕西等地发病重，以开花结荚期受害重。轻者减产20%~50%，严重的高达90%。

【症　　状】主要为害叶片，发病初期叶片上出现水渍状褐色小点，扩展后形成边缘红褐色至红棕色、中间浅灰色至浅褐色近圆形病斑(图13-5至图13-7)。湿度大时，病斑上密生灰色霉层，病情严重时，病斑融合成片，很快干枯(图13-8)。荚果受害，病斑褐色，后期病斑扩大，荚果干枯(图13-9)。

图13-5　绿豆褐斑病为害叶片初期症状

图13-6　绿豆褐斑病为害叶片中期症状

图13-7 绿豆褐斑病为害叶片中期背面症状

图13-8 绿豆褐斑病为害叶片后期症状

图13-9　绿豆褐斑病为害荚果症状

【病　　原】*Cercospora cruenta* 称变灰尾孢，属无性型真菌。子座球形，褐色。分生孢子梗束生，直立，褐色，具3～8个隔膜，孢痕明显；分生孢子鞭形，无色，基部截形，顶端略尖，直或稍弯。

【发生规律】以菌丝体和分生孢子在种子或病残体中越冬，成为翌年初侵染源。生长季节为害叶片，开花前后扩展较快，借风雨传播蔓延，经分生孢子多次再侵染。以开花结荚期受害重，高温高湿有利于该病发生和流行，尤以秋季多雨、连作地或反季节栽培发病重。

【防治方法】选无病株留种，收获后进行深耕，有条件的实行轮作。播前用45℃温水浸种10分钟消毒。

发病初期，喷洒下列药剂：

50%多·霉威(多菌灵·乙霉威)可湿性粉剂1 000～1 500倍液+75%百菌清可湿性粉剂800倍液；

80%代森锰锌可湿性粉剂800倍液+70%甲基硫菌灵可湿性粉剂600倍液；

12%松脂酸铜悬浮剂600倍液；

80%代森锰锌可湿性粉剂600倍液；

30%碱式硫酸铜悬浮剂400倍液；

47%春雷霉素·氧氯化铜可湿性粉剂800倍液，间隔7～10天防治1次，连续防治2～3次。

3．绿豆炭疽病

【症　　状】主要为害叶、茎及荚果。叶片染病初呈红褐色条斑，后变黑褐色或黑色，并扩展为多角形网状斑(图13-10和图13-11)。叶柄和茎染病，病斑凹陷龟裂，呈褐锈色细条形斑，病斑连合形成长条状。豆荚染病初现褐色小点，扩大后呈褐色至黑褐色圆形或椭圆形斑，周缘稍隆起，四周常具红褐或紫色晕环，中间凹陷，湿度大时，溢出粉红色黏稠物(图13-12和图13-13)。种子染病出现黄褐色大小不等的凹陷斑(图13-14)。

【病　　原】*Colletotrichum lindemuthianum* 称菜豆炭疽菌，属无性型真菌。分生孢子盘黑色，圆形或近圆形。分生孢子梗短小，单胞，无色，密集在分生孢子盘上。分生孢子圆形或卵圆形，单胞，无色。病菌生长发育适温21～23℃，最高30℃，最低6℃，分生孢子45℃时经10分钟致死。

【发生规律】以潜伏在种子内和附在种子上的菌丝体越冬，也可以菌丝体在病残体内越冬。播种带菌种子，幼苗染病，在子叶或幼茎上产生分生孢子，借雨水、昆虫传播。分生孢子萌发后产生芽管，从伤口或直接侵入，经4～7天潜育出现症状，并进行再侵染。温度17℃，相对湿度100%利于发病；温度高

图13-10 绿豆炭疽病为害叶片初期症状

图13-11 绿豆炭疽病为害叶片后期症状

图13-12　绿豆炭疽病为害荚果初期症状

图13-13　绿豆炭疽病为害荚果后期症状

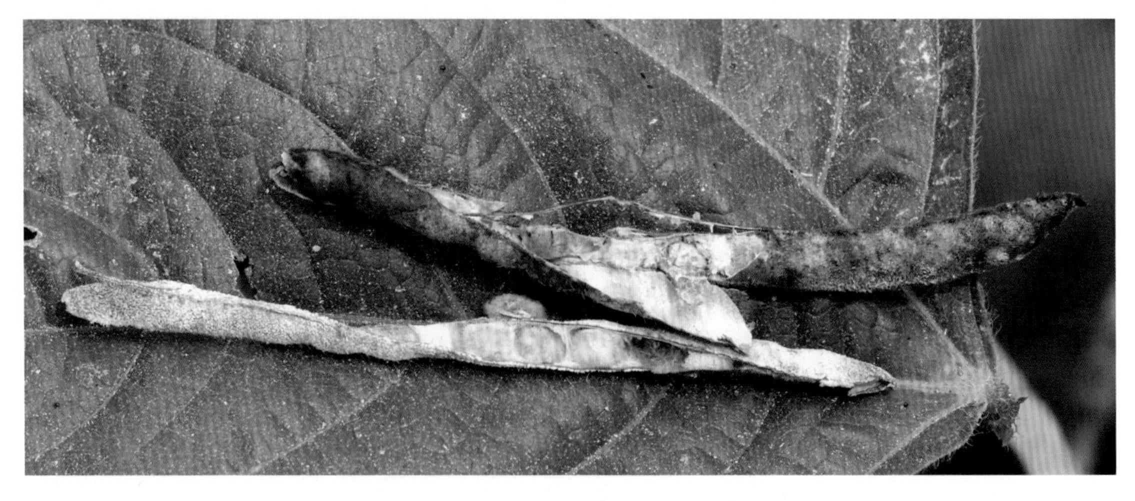

图13-14　绿豆炭疽病为害籽粒症状

于27℃，相对湿度低于92%，则少发生；低于13℃病情停止发展。在多雨、多露、多雾冷凉多湿地区，种植过密、土壤黏重地发病重。

【防治方法】选用抗病品种，实行2年以上轮作。

种子处理，用种子重量0.4%的50%多菌灵或福美双可湿性粉剂拌种；或用40%多硫悬浮剂或60%多菌灵盐酸盐超微粉剂600倍液浸种30分钟，洗净晾干后播种。

开花后、发病初期，喷洒下列药剂：

25%溴菌腈可湿性粉剂500倍液；

80%代森锰锌可湿性粉剂600倍液+50%多菌灵可湿性粉剂600倍液；

75%百菌清可湿性粉剂600倍液+70%甲基硫菌灵可湿性粉剂600～800倍液；

80%福美双·福美锌可湿性粉剂800倍液+50%异菌脲可湿性粉剂800～1 000倍液，间隔7～10天防治1次，连续防治2～3次。

4．绿豆轮斑病

【症　　状】主要为害叶片。出苗后即可染病，但后期发病多。叶片染病，初生褐色圆形病斑，边缘红褐色，病斑上出现明显的同心轮纹(图13–15和图13–16)，后期病斑上生出许多褐色小点。病斑干燥时易破碎，发病严重的叶片早期脱落，影响结实。

图13–15　绿豆轮斑病为害叶片初期症状

图13–16　绿豆轮斑病为害叶片后期症状

【病　　原】*Ascochyta phaseolorum* 称小豆壳二孢，属无性型真菌。分生孢子器球形至扁球形，黑褐色，分生孢子长椭圆形，双孢，分隔处稍缢缩，无色。

【发生规律】以菌丝体和分生孢子器在病部或随病残体遗落土中越冬或越夏，翌年条件适宜时产生分生孢子，借雨水溅射传播，株间湿度大，均利于该病发生。

【防治方法】重病地于生长季节结束时要彻底收集病残体烧毁，并深耕晒土，有条件时实行轮作。

发病初期，及早喷洒下列药剂：

77%氢氧化铜可湿性粉剂500倍液；

47%春雷霉素·氧氯化铜可湿性粉剂800～900倍液；

70%甲基硫菌灵可湿性粉剂1 000倍液+75%百菌清可湿性粉剂1 000倍液；

40%多菌灵·硫悬浮剂500倍液，间隔7～10天防治1次，共防治2～3次。

5．绿豆锈病

【症　　状】为害叶片、茎秆和豆荚，叶片染病散生或聚生许多近圆形小斑点，病叶背面现锈色小隆起，后表皮破裂外翻，散出红褐色粉末。秋季可见黑色隆起小长点混生，表皮裂开后散出黑褐色粉末(图13-17)。发病重的，致叶片早期脱落。

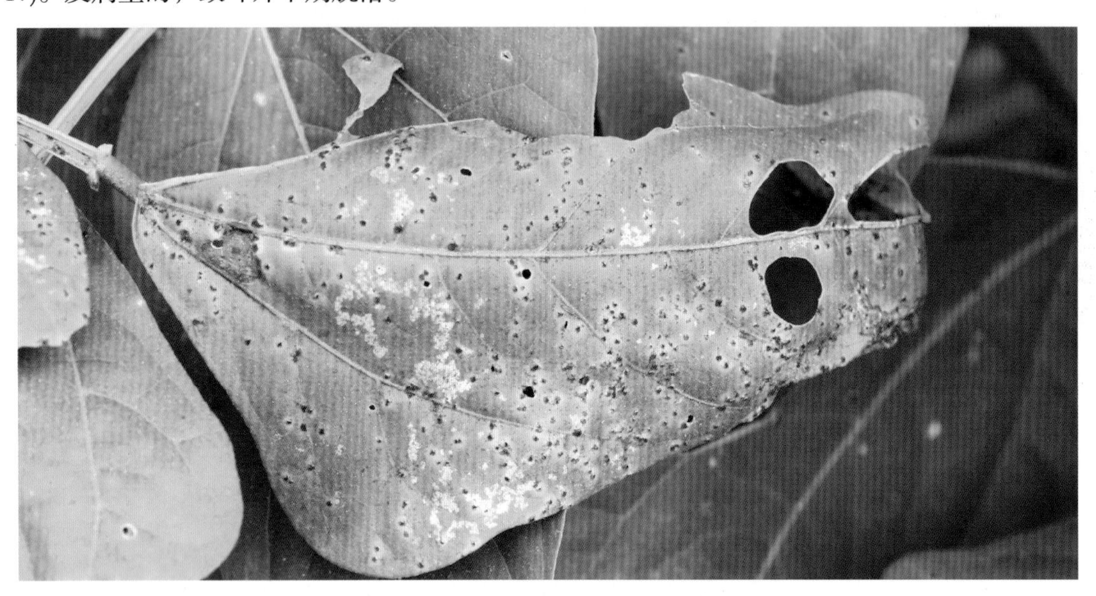

图13-17　绿豆锈病为害叶片症状

【病　　原】*Uromyces appendiculatus* 称疣顶单胞锈，属担子菌门真菌。性孢子器丛生，浅黄色。锈孢子器丛生于叶背，杯状；锈孢子无色，也具小瘤。夏孢子淡黄褐色，卵形或椭圆形，有稀刺，芽孔2个不明显。冬孢子堆黑褐色，冬孢子褐色，亚球形或广椭圆形，光滑。

【发生规律】南方该菌主要以夏孢子越夏，成为初侵染源，一年四季辗转传播蔓延；北方主要以冬孢子在病残体上越冬，翌年条件适宜时产生担子和担孢子。北方该病主要发生在夏秋两季，绿豆进入开花结荚期，气温20℃以上，高湿、昼夜温差大及结露持续时间长时易流行，秋播绿豆及连作地发病重。

【防治方法】种植抗病品种。施用充分腐熟有机肥。春播宜早，清洁田园，加强管理，适当密植。

发病初期，喷洒下列药剂：

15%三唑酮可湿性粉剂1 000～1 500倍液；

12%萎锈灵可湿性粉剂800倍液；

25%丙环唑乳油2 000倍液；

70%代森锰锌可湿性粉剂800倍液+50%腐霉利可湿性粉剂1 000～2 000倍喷液；

6%氯苯嘧啶醇可湿性粉剂1 000～1 500倍液；

40%氟硅唑乳油8 000倍液，间隔15天左右1次，防治2～3次。

6．绿豆病毒病

【症　　状】绿豆出苗后到成株期均可发病。叶上出现斑驳花叶或绿色部分凹凸不平，叶皱缩。有些品种出现叶片扭曲畸形或明脉，病株矮缩，开花晚(图13-18至图13-21)。豆荚上症状不明显。

图13-18 绿豆病毒病为害叶片花叶症状

图13-19 绿豆病毒病为害叶片条斑症状

图13-20　绿豆病毒病为害叶片绿斑驳症状

图13-21　绿豆病毒病为害严重时田间症状

【病　　原】Cucumber mosaic virus(CMV)称黄瓜花叶病毒；Alfalfa mosaic virus(AMV)称苜蓿花叶病毒；Tomato aspermy virus (TAV)称番茄不孕病毒。

【发生规律】CMV种子不带毒，主要在多年生宿根植物上越冬。由桃蚜、棉蚜等传毒，每当春季发芽后，蚜虫开始活动或迁飞，成为传播此病的主要媒介。AMV的发生与蚜虫发生情况关系密切，尤其是高温干旱天气不仅有利蚜虫活动，还会降低寄主抗病性。TAV主要靠汁液和桃蚜进行非持久性传毒。

【防治方法】选用抗病毒病品种。

蚜虫迁入豆田要及时喷洒常用杀蚜剂进行防治，可用下列药剂：

10%吡虫啉可湿性粉剂2 000 ~ 2 500倍液；

50%抗蚜威可湿性粉剂1 000 ~ 1 500倍液；

3%啶虫脒乳油1 000 ~ 2 000倍液喷施，以减少传毒。

也可在发病初期，喷洒下列药剂：

0.5%香菇多糖水剂250 ~ 300倍液；

2%宁南霉素水剂150 ~ 200倍液；

15%三氮唑核苷可湿性粉剂500 ~ 700倍液，可有效的控制病害的发生。

7. 绿豆根结线虫病

【症　　状】主要发生在根部，侧根或须根上，须根或侧根染病后产生大小不等的瘤状根结。解剖根结，病部组织里有很多细小的乳白色线虫埋于其内。根结之上一般可长出细弱的新根，致寄主再度染病，形成根结(图13–22)。地上部表现症状因发病的轻重程度不同而异，轻病株症状不明显，重病株生育不良，叶片中部萎蔫或逐渐黄枯(图13–23)，植株矮小，影响结实，发病严重时，全株枯死。

图13–22　绿豆根结线虫病为害根部症状

【病　　原】*Meloidogyne incognita* 称南方根结线虫。病原线虫雌雄异形，幼虫呈细长蠕虫状。雄成虫线状，尾端稍圆，无色透明。雌成虫梨形，每头雌线虫可产卵300 ~ 800粒，雌虫多埋藏于寄主组织内。

【发生规律】该虫多在土壤5 ~ 30cm处生存，常以卵或2龄幼虫随病残体遗留在土壤中越冬。病土、病苗及灌溉水是主要传播途径。一般可存活1 ~ 3年，翌春条件适宜时，由埋藏在寄主根内的雌虫，产出单细胞的卵，卵产下经几小时形成1龄幼虫，蜕皮后孵出2龄幼虫，离开卵块的2龄幼虫在土壤中移动寻找根尖，由根冠上方侵入定居在生长锥内，其分泌物刺激导管细胞膨胀，使根形成巨型细胞或虫瘿，或称根结。在生长季节根结线虫的几个世代以对数增殖，发育到4龄时交尾产卵，卵在根结里孵化发育，2龄

图13-23　绿豆根结线虫病为害地上部症状

后离开卵块，进入土中进行再侵染或越冬。

【防治方法】加强检疫；选用抗病品种；与禾本科作物轮作等。增施底肥和种肥，促进植株健壮生长，增强植株抗病力，也可相对减轻损失。

选用种衣剂进行种子包衣；或用5%阿维菌素颗粒剂1～2kg/亩，同种肥一起施入播种沟里，不仅可以防治线虫，还可防治地下害虫等。

8．绿豆细菌性疫病

【症　　状】主要为害叶片，严重时也可为害豆荚。叶片上病斑为圆形或不规则的褐色疱状斑，初为水渍状(图13-24和图13-25)，后呈坏炭疽状，严重时变为木栓化。叶柄、豆荚受害症状同叶片。

【病　　原】*Xanthomonas campestris* 称野油菜黄单胞菌，属细菌。菌体短杆状，极生鞭毛1根。

【发生规律】病菌在病残体和种子上越冬，借风雨、水流、昆虫传播，多从气孔、水孔或伤口处侵入叶片。多雨季节发病轻；管理不当、肥力不足，偏施氮肥发病较重。

【防治方法】实行轮作，选用无病种子，降低田间湿度。

种子处理，可用种子重量的0.3%的95%敌磺钠原粉、50%福美双可湿性粉剂拌种。

病害发生初期，可用下列药剂：

50%琥胶肥酸铜可湿性粉剂500倍液；

77%氢氧化铜可湿性粉剂500～800倍液；

14%络氨铜水剂300倍液；

50%甲霜灵·氧氯化铜可湿性粉剂600倍液；

60%琥胶肥酸铜·乙膦铝可湿性粉剂500倍液；

47%春雷霉素·氧氯化铜可湿性粉剂700倍液；

图13-24 绿豆细菌性疫病为害叶片初期症状

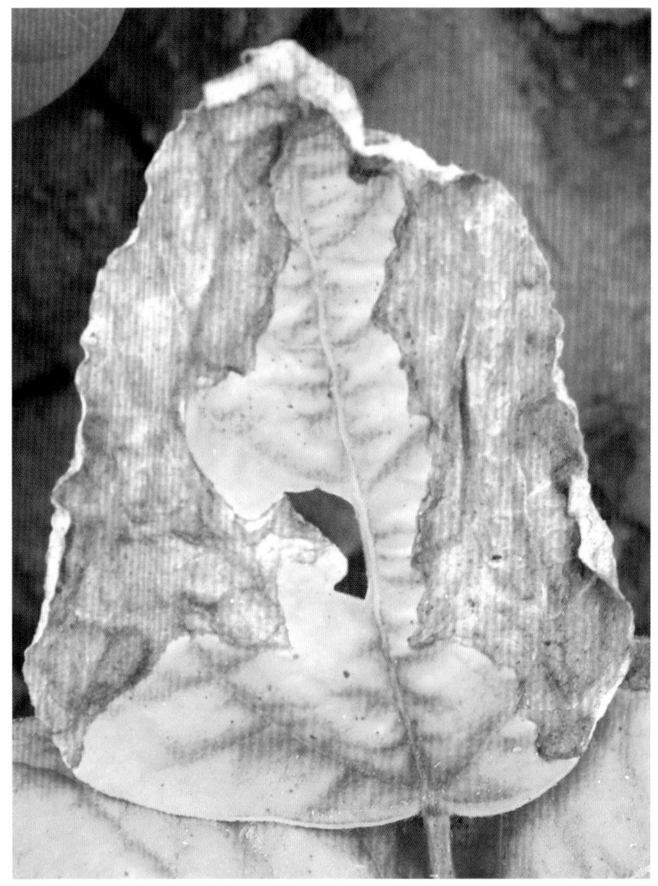

图13-25 绿豆细菌性疫病为害片面后期症状

50%氯溴异氰尿酸可溶性粉剂1 200倍液；

27%碱式硫酸铜悬浮剂400倍液；

3%中生菌素可湿性粉剂600～800倍液，均匀喷施。

9．绿豆细菌性斑疹病

【分布为害】分布于东北、黄淮流域及广东等大豆产区。南方地区发病较重。

【症　　状】主要为害叶片，严重时也可为害豆荚。叶片受害(图13-26和图13-27)，初生浅绿色小点，后变为大小不等的多角形红褐色病斑，病斑逐渐隆起扩大，形成小疱状斑，干枯，表皮破裂后似火山口状，形似斑疹，周围无明显黄晕。严重时大量病斑汇合，组织变褐，枯死，似火烧状。豆荚受害，初生红褐色圆形小点，后变成黑褐色枯斑，稍隆起。

【病　　原】*Xanthomonas campestris* pv. *glycines* 称油菜黄单胞菌大豆致病变种，属细菌。

【发生规律】病原细菌主要在病种子及病残体上越冬。带病种子播种后，先引起幼苗子叶发病，繁殖扩展后在田间借风雨传播进行再侵染，从植株气孔、水孔或伤口侵入。多在开花期至收获前发生，鼓粒期为发病高峰期。高温多雨，特别是暴风雨后，叶面伤口较多，更有利于病害的扩展蔓延。连作田间菌源大，病害发生严重。

【防治方法】选用抗病品种。从无病田留种，精选无病种子播种。与禾本科作物实行3～4年以上轮作。收获后，清除田间病残体，集中烧毁，然后深翻土壤。

发病初期可选用下列药剂：

图13–26　绿豆细菌性斑疹病为害叶片症状

图13–27　绿豆细菌性斑疹病为害叶片叶背症状

1:1:200倍波尔多液；

37.5%氢氧化铜悬浮剂800倍液；

12%松脂酸铜悬浮剂600倍液；

30%碱式硫酸铜悬浮剂400倍液；

47%春雷霉素·氧氯化铜可湿性粉剂700～800倍液，喷雾防治，视病情防治1～2次。

10.绿豆菌核病

【症　　状】主要为害绿豆地上部，多从主茎分枝下部或分枝处侵染发病。初始病斑水渍状，呈不规则浅褐色或近白色，逐渐环绕茎部并向上下扩展，造成病部皮层软腐、脱落并引起植株枯死，湿度适宜时，病部生出絮状白色菌丝(图13–28)，后期菌丝纠结在病部或髓部形成豆瓣状的菌核。干燥时病部茎部皮层常纵向撕裂，露出木质部。花染病后引起花腐并逐渐扩展至茎部。叶片受害，呈暗青色，水渍状软腐(图13–29)，条件适宜则出现絮状白色菌丝。

【病　　原】*Sclerotinia sclerotiorum* 称核盘菌，属子囊菌门真菌。菌核球形，直径0.5～1mm，黄褐色，似油菜籽。

【发生规律】以菌核随病残体遗落土壤中或混杂种子中及秸秆中越冬。翌年在适宜条件下萌发产生子囊孢子作为初侵染源，子囊孢子自茎基部或叶柄基部侵入，病部产生菌丝后，重复侵染。病害流行后期，环境条件不良时，形成菌核，随病残体或混杂种子中越冬。土壤湿润，平均气温5～30℃，相对湿

图13-28 绿豆菌核病为害茎基部症状

图13-29 绿豆菌核病为害叶片症状

度85%以上的均可发病，以温度20℃左右，湿度90%以上发病重。播种密度过大，播种过晚，偏施氮肥，长势过旺，田间荫蔽的地块发病重。该病以初花至盛花期为害最重。

【防治方法】避免与寄主作物连作或邻作，与禾本科作物轮作；及时清除或焚烧残株以减少菌源。适期播种，合理密植，防止田间荫蔽；控制浇水过量和次数过多；绿豆封垄前及时中耕培土，防止菌核萌发出土；并注意排淤、防涝、平整土地，防止积水和水流传播。

汰除混杂在种子中菌核，可用10%盐水漂洗2～3次，也可用55℃温水浸种15分钟，捞出投入冷水中，杀死种子中混杂的菌核。

绿豆幼苗期，菌核萌发出土后，在土表喷洒下列药剂：

50%腐霉利可湿性粉剂500～800倍液；

30%菌核利可湿性粉剂400～600倍液；

50%异菌脲可湿性粉剂1 000～1 500倍液；

50%多菌灵可湿性粉剂400倍液；

70%甲基硫菌灵可湿性粉剂600倍液喷雾，可有效控制病害流行。

二、绿豆虫害

1. 豆荚螟

【分　　布】豆荚螟(*Etiella zinckenella*)属鳞翅目螟蛾科。是豆类重要害虫之一。分布中国北起吉林、内蒙古，南至台湾、广东、广西、云南。在河南、山东为害最重。在严重受害绿豆产区，蛀荚率可达70%以上。

【为害特点】以幼虫在豆荚内蛀食，被害籽粒轻则蛀成缺刻；重则蛀空。被害籽粒内充满虫粪，变褐以致霉烂(图13-30)。受害籽粒味苦，不能食用。

图13-30　豆荚螟为害豆荚症状

【形态特征】可参考大豆虫害——豆荚螟。

【发生规律】可参考大豆虫害——豆荚螟。

【防治方法】可参考大豆虫害——豆荚螟。

2. 绿盲蝽

【分　　布】绿盲蝽(*Lygocoris lucorum*)属半翅目盲蝽科。遍及全国各棉区。以黄河流域棉区、长江流域棉区、辽河流域棉区为害较多。

【为害特点】成虫、若虫刺吸顶芽、嫩叶、汁液(图13-31)。受害率20%～40%，产量损失50%左右。

图13-31 绿盲蝽为害荚果症状

【形态特征】可参考棉花虫害——绿盲蝽。

【发生规律】可参考棉花虫害——绿盲蝽。

【防治方法】可参考棉花虫害——绿盲蝽。

3．朱砂叶螨

【分　　布】朱砂叶螨(*Tetranychus cinnabarinus*)属真螨目叶螨科。在国内各地区均有分布。

【为害特点】成螨、若螨聚集在叶背面刺吸汁液，叶片正面现黄白色斑，后来叶面出现小红点，为害严重的，红色区域扩大，致叶片焦枯脱落，状似火烧(图13-32)。常与其他叶螨混合发生，混合为害。

图13-32 朱砂叶螨为害叶片症状

【形态特征】可参考棉花虫害——朱砂叶螨。

【发生规律】可参考棉花虫害——朱砂叶螨。

【防治方法】可参考棉花虫害——朱砂叶螨。

第十四章　蚕豆病虫害防治新技术

蚕豆为豆科一年生或越年生草本植物。一般认为起源于西南亚和北非。中国相传为西汉张骞自西域引入。中国以四川最多，次为云南、湖南、湖北、江苏、浙江、青海等地。

蚕豆病虫害种类较多。主要病害有锈病、赤斑病、立枯病。主要害虫有豆蚜、蚕豆象。

一、蚕豆病害

1．蚕豆赤斑病

【分布为害】除云南外，发生极为普遍，在长江流域发生十分严重。一般为害不太严重。若条件适合也可能引起早期落叶，对蚕豆产量影响较大。一般发病率20%～30%，严重时病株可达80%以上，减产可达30%，重者绝收。

【症　　状】主要为害叶片，严重时也可为害茎、荚。先在植株基部近地面叶片上产生赤色小斑点，后渐变成褐色或铁赤色，边缘深色，病健部界限明显。病斑呈圆形、卵圆形或椭圆形(图14–1)。在长期的

图14–1　蚕豆赤斑病为害叶片初期症状

阴湿气候下，病斑扩大常两个或数个病斑融合成不规则的病斑(图14–2和图14–3)，其中央部分陷落，病叶逐渐变黑死亡和脱落，病部表面覆盖一层生长繁茂的灰色霉，即分生孢子梗和分生孢子。发病重时，病叶落尽，茎秆直立如枪。叶柄、茎秆上感病后形成长圆形或梭状病斑，其周缘深褐色，中央凹陷，呈淡赤褐色或灰色(图14–4)。花冠和豆荚上生有赤褐色小斑点，不扩大和腐烂(图14–5)。

图14–2 蚕豆赤斑病为害叶片后期症状

图14–3 蚕豆赤斑病为害叶片后期叶背症状

【病　　原】*Botrytis fabae* 称蚕豆葡萄孢菌，属无性型真菌。分生孢子梗细长，淡褐色，具隔膜。分生孢子椭圆形，淡绿色或深绿色，单胞。菌核黑色，椭圆形，扁平，表面粗糙。

【发生规律】病菌以遗落在病茎内外或落在土表的菌核越冬和越夏，成为初次侵染源。菌核在适宜条件下萌发产生分生孢子梗和分生孢子引起初侵染。越夏后的菌核在初冬即可萌发，故冬前蚕豆上即可发生赤斑病。但萌芽盛期在翌春2—3月，可陆续产生大量分生孢子引起初次侵染，形成水平扩展。病叶

图14-4　蚕豆赤斑病为害茎部症状

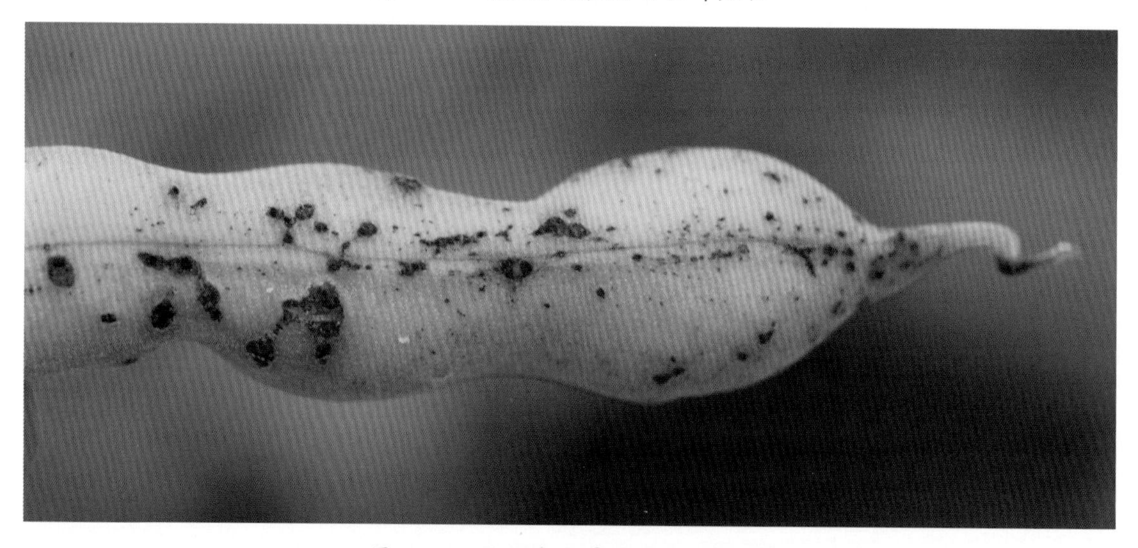

图14-5　蚕豆赤斑病为害豆荚症状

上的分生孢子借助于风雨进行再侵染，加速病害的传播蔓延。田间一般自3月逐渐增加，3月底至4月初进入发病始盛期，4月中下旬出现病情激增期，4月底5月初达到高峰期。此后为病情平缓稳定期。雨量大，雨日多，光照时间短，有利于病害的发生流行。连作地、低洼地和排水不畅的田块，发病较重。

【防治方法】选育抗病品种。避免连作，实行2年以上轮作。合理配施磷、钾肥。收获后及时清除病残体，深埋或烧毁。增施磷、钾肥可促使植株健壮，增强抗病能力。提倡高畦深沟栽培，雨后及时排水，降低田间湿度，适当密植，注意通风透光。

药剂防治：用种子重量0.3%的50%多菌灵可湿性粉剂、50%敌菌灵可湿性粉剂拌种。用50%多菌灵可湿性粉剂1kg加细土20kg拌成药土，撒入蚕豆种植穴中。用50%敌磺钠可溶性粉剂500倍液泼浇土壤。发病初期可喷施下列药剂：

40%多菌灵·硫悬浮剂500~600倍液；

60%甲基硫菌灵·乙霉威可湿性粉剂600~800倍液；

50%乙烯菌核利可湿性粉剂1 000~1 500倍液；

40%嘧霉胺悬浮剂800~1 000倍液；

50%异菌脲可湿性粉剂1 500~2 000倍液；

50%敌菌灵可湿性粉剂1 500~2 000倍液，间隔10天喷1次，连续喷2~3次。

2. 蚕豆褐斑病

【分布为害】在全国各地均有发生。一般病株率20%~30%，发病重时病株率达80%以上，植株出现大量死亡，对产量和质量为害严重。

【症 状】主要为害叶片、茎秆及豆荚。叶片上病斑圆形或椭圆形，深褐色，后中央变为灰白色，上有排列成轮心状的小黑点，病斑周围组织坏死、变黑(图14-6和图14-7)。茎部病斑大，圆形，周围为褐色，中部灰白色(图14-8)；荚上病斑周缘黑色，中部暗褐色；受害种子表面有褐色或黑色污斑。

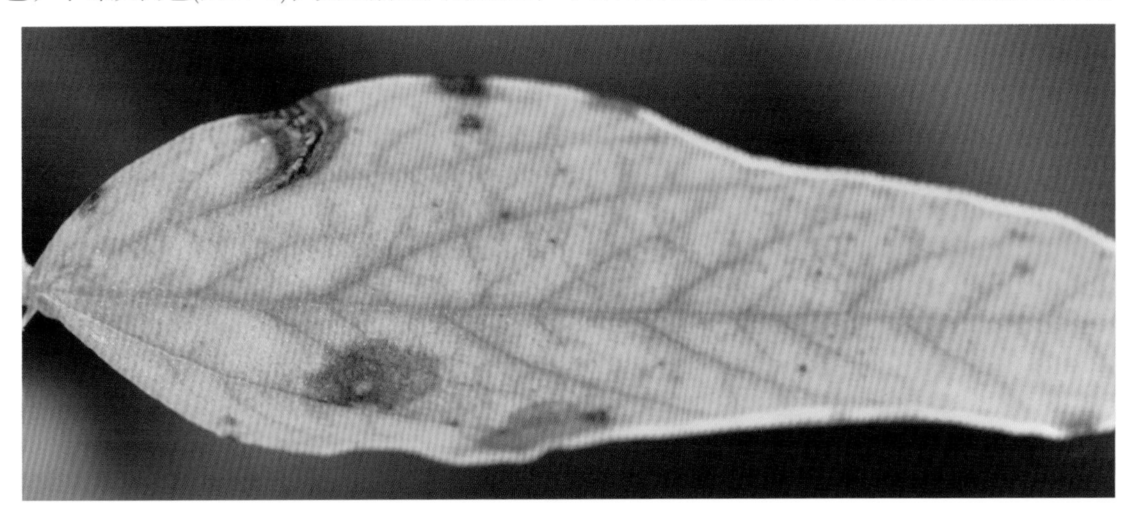

图14-6 蚕豆褐斑病为害叶片正面症状

图14-7 蚕豆褐斑病为害叶片背面症状

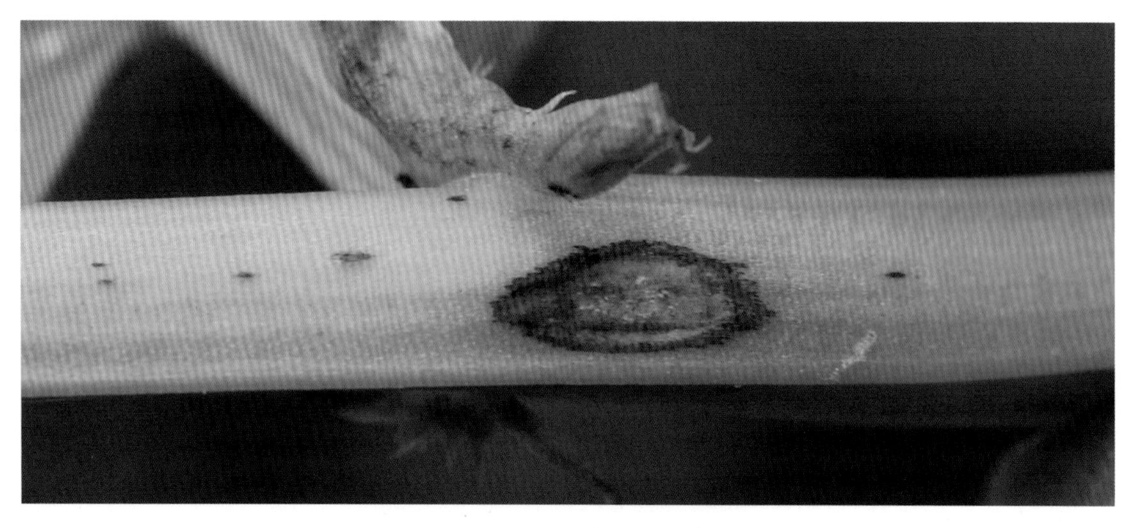

图14-8 蚕豆褐斑病为害茎部症状

【病　　原】*Cochyta fabae* 称蚕豆叶壳二孢菌，属无性型真菌。分生孢子器球形。分生孢子长椭圆形或卵形，多具不明显的分隔。生长适温20～26℃，最高35℃，最低8℃。

【发生规律】病原以菌丝在种子或病残体上越冬，或以分生孢子器在种子上越冬，成为第2年的初侵染源，借风雨传播蔓延，温暖湿润有利于病害发生。生产上种子未经消毒，偏施氮肥，播种过早及在阴湿地种植，发病重。

【防治方法】选用无病豆荚，单独脱粒留种。适时播种，不宜过早，提倡高畦栽培，合理施肥，适当密植，增施钾肥。高畦栽培，避免田间积水。收获后及时清理病残体。

发病初期，可喷施下列药剂：

70%甲基硫菌灵可湿性粉剂600～800倍液；

50%琥胶肥酸铜可湿性粉剂500～600倍液；

50%异菌脲可湿性粉剂1 000～1 200倍液；

47%春雷霉素·氧氯化铜可湿性粉剂600～1 000倍液；

80%代森锰锌可湿性粉剂500～600倍液，间隔7～10天喷1次，连续1～2次。

3．蚕豆锈病

【分布为害】分布广泛，长江流域发生普遍。一般减产10%～30%，对蚕豆生产有明显影响。北方零星发生，对产量有轻度影响。

【症　　状】主要为害叶片和茎秆。起初病叶上产生黄绿色或灰白色小斑点，随后凸起，变成黄褐色小疱(图14-9和图14-10)，后病斑扩大，表皮破裂，散出红色粉末(夏孢子)(图14-11)。发病后期或寄主接近衰老时，夏孢子堆转变为黑色的冬孢子堆，或在叶片上长出冬孢子堆(图14-12)。叶脉上如果产生夏孢子堆或冬孢子堆时，叶片变形早落。有时在叶片正面及荚上产生黄色小斑点，随后在小点四周产生橙红色斑点，以后再继续形成夏孢子堆和冬孢子堆。茎部症状同叶片(图14-13)。

【病　　原】*Uromyces fabae* 称蚕豆单胞锈菌，属担子菌亚门真菌。性孢子器生于叶面，为橘红色小点。锈孢子器生于叶背，白色或黄色，稍隆起。夏孢子椭圆形或卵形，淡褐色，表面有微刺。冬孢子为单细胞，近圆形，有短柄，深褐色。夏孢子萌发的温度为2～31℃，最适温度是16～20℃，相对湿度低于80%时很少萌发，湿度高萌发率也高。

图14-9 蚕豆锈病为害叶片初期正面症状

图14-10 蚕豆锈病为害叶片初期叶背症状

图14-11　蚕豆锈病为害叶片中期症状

图14-12　蚕豆锈病为害叶片后期症状

图14-13 蚕豆锈病为害茎部症状

【发生规律】病菌以冬孢子或夏孢子附着在病残株上越冬，萌发后借气流传播到植株叶片上，直接侵入蚕豆。随后病原借气流传播，形成再侵染，秋季形成冬孢子堆及冬孢子越冬。人、畜、工具的接触也可传播。南方以夏孢子进行初侵染和再侵染，并完成侵染循环。锈病的发生与温度、湿度、品种及播种期等有密切关系。锈菌喜温暖、潮湿，气温14～24℃，适于孢子发芽和侵染，夏孢子迅速增多，气温20～25℃易流行。3—4月气温回升后发病，尤其春雨多的年份易流行。冬春气温高，早播蚕豆年前即开始发病，形成发病中心，到翌年2—3月后，雨日多，易大发生。低洼积水、土质黏重、生长茂密、通透性差发病重。植株下部的茎叶发病早且重。

【防治方法】实行倒茬轮作。合理密植，通风透光，降低湿度。适时播种，防止冬前发病，减少病原基数，生育后期避过锈病盛发期。合理密植，开沟排水，及时整枝，降低田间湿度。收获后清除田间病残体，集中深埋或烧毁。

发病初期应根据病情防治1～2次，或视病情在花荚期防治1～2次。药剂可选用：

15%三唑酮可湿性粉剂1 000～1 500倍液；

65%代森锌可湿性粉剂500～600倍液；

6%氯苯嘧啶醇可湿性粉剂2 500～3 000倍液；

40%氟硅唑乳油6 000～8 000倍液。

4．蚕豆枯萎病

【分布为害】主要发生在东北、西北、云南、四川等地区。在轮作较困难的地区，发生较严重，轻者减产10%～30%，重者达50%以上至全田毁灭。

【症　　状】在开花期或接近开花期开始发病，植株各部位均可受害。病叶初呈淡绿色，逐渐变为浅黄色，叶缘尤其是叶尖部分常变黑焦枯。叶片自下向上逐渐变黄枯萎，病叶常扭折、弯曲，干枯脱落。病株茎基部有黑褐色病斑，稍凹陷，潮湿时常产生粉红色霉层，即病菌的分生孢子座。茎基部病斑逐渐向上发展，致使茎上部分嫩尖倾斜或下垂，最后整个植株枯死(图14-14和图14-15)。根系受害，侧根和主根上均产生褐色至黑褐色条纹，逐渐发展，可导致主根变黑，皮层腐烂，须根全部坏死并消失。病株根系弱小，极易拔出。剖开病茎，可见维管束变黑。

【病　　原】*Fusarium oxysporum* f.sp. *fabae* 称蚕豆尖镰孢霉，属无性型真菌。菌丝无色或淡色。大型分生孢子无色，弯曲，镰刀形，两端狭窄，中部稍宽，顶端细胞长而尖锐，有脚胞，3～7隔，多数为5隔。小型分生孢子，卵圆形或长圆形，0～1隔，极少产生。

【发生规律】病菌主要以菌丝体在田间病残体上越冬，病菌在土壤中至少可存活3年，是次年初次侵染的主要来源。种子表面也可带菌，种子内部不带菌，播种带菌的种子，长出的幼苗便是病苗。病原在植株生长期间主要以分生孢子通过流水、农具等传播，从伤口侵入植株须根，再扩展到主根，在维管束组织的导管中生长发育，并向上蔓延。田间以结荚期发病较多，现蕾至结荚期为发病盛期。土壤含水量低于65%时发病重。缺肥及酸性土壤发病重。

【防治方法】实行3年以上的轮作。科学灌水，要求速灌速排。增施钾肥，增强豆苗的抗病能力。

药剂防治：用种子重量0.25%的20%三唑酮乳油、0.2%的75%百菌清可湿性粉剂拌种。

图14－14　蚕豆枯萎病为害田间植株症状

图14－15　蚕豆枯萎病叶片枯萎症状

用3%～4%的石灰水，或者40kg/亩草木灰加磷酸二氢钾2kg/亩，喷洒在豆根附近的土壤上，可以控制这种病害的蔓延。

在发病初期，可用下列药剂：

50%多菌灵可湿性粉剂500～600倍液；

50%恶霉灵水剂600～800倍液；

25%丙环唑乳油2 000～3 000倍液；

45%噻菌灵悬浮剂1 000倍液+95%敌磺钠可溶性粉剂800倍液浇灌豆田。发病严重时，7～10天后再灌1次。

5．蚕豆轮纹病

【分布为害】各地均有分布。一般病株率为10%～20%，严重时30%～60%，明显降低蚕豆的产量和质量。

【症　　状】主要为害叶片，有时也为害茎、叶柄和豆荚。发病叶片先出现1mm大的紫红褐色小点，后扩展成边缘清晰的圆形或近圆形黑褐色轮纹病斑，病斑边缘明显稍隆起，一片叶片上常生多个病斑，病斑融合成不规则大型斑，引起病叶变成黄色，最后变为黑褐色，病部穿孔或干枯脱落(图14-16至图14-19)。湿度大或雨后及阴雨连绵的天气，病斑正、背两面均可长出灰白色薄霉层。叶柄、茎和豆荚发病，

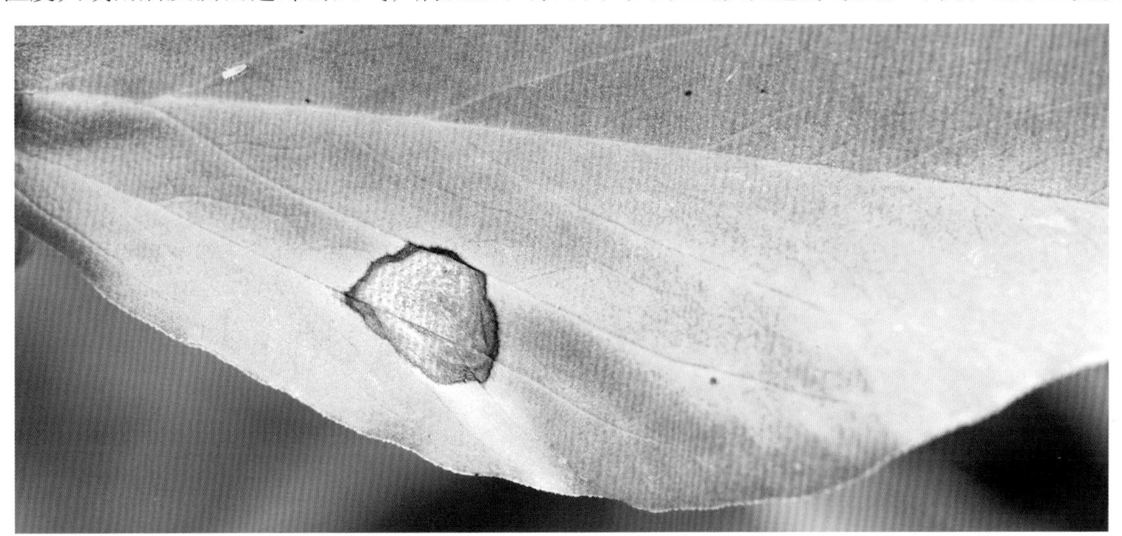

图14-16　蚕豆轮纹病为害叶片前期症状

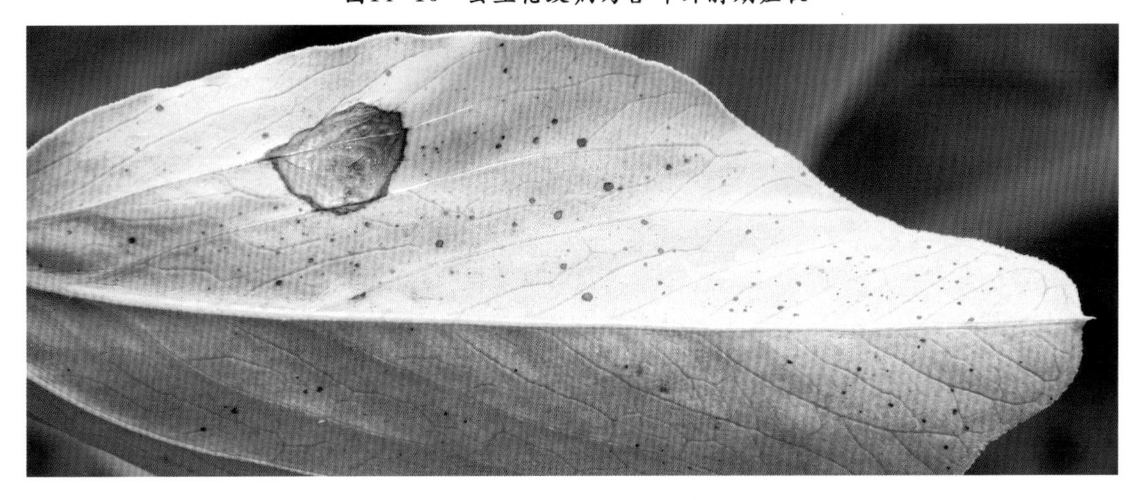

图14-17　蚕豆轮纹病为害叶片前期叶背症状

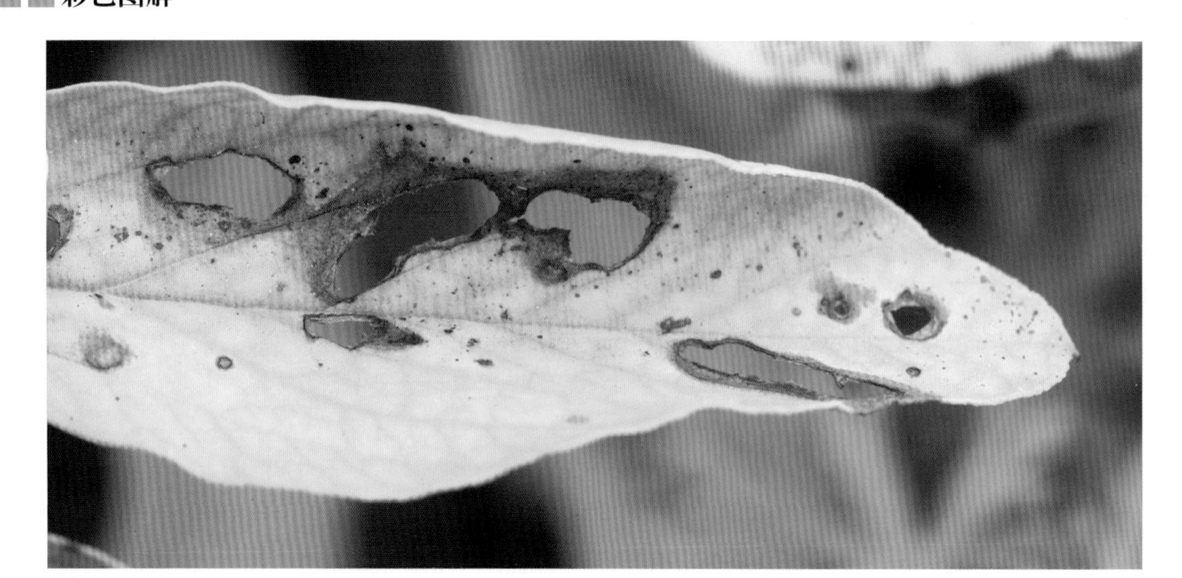

图14-18　蚕豆轮纹病为害叶片后期症状

图14-19　蚕豆轮纹病为害叶片后期叶背症状

产生梭形至长圆形、中间灰色凹陷斑，有深赤色边缘，豆荚上生小黑色凹陷斑。

【病　　原】*Cercospora fabae* 称蚕豆尾孢菌，属无性型真菌。菌落初为白色，渐呈浅灰至深灰色或深橄榄色至黑色。中间稍凸起，边缘具1、2条轮纹，不产孢。分生孢子梗褐色束状，由叶面抽出，具隔膜0～5个，不分枝。分生孢子无色透明，顶生，细长，直或弯，鞭形至倒棒状，具隔膜1～15个。生长发育适温25℃，最高31℃，最低6℃。

【发生规律】病原以分生孢子梗基部的菌丝块随病叶遗落在土表或附着在种子上越冬，翌年产生分生孢子形成初侵染，再产生大量分生孢子，通过风雨传播进行再侵染。苗期多雨潮湿易发病。土壤黏重，排水不良或缺钾发病重。

【防治方法】从无病田采种，选用无病豆荚。适时播种，不宜过早，提倡采用高畦栽培，适当密植，增施有机肥。多雨季节及时排除田间积水，生长中后期打掉中下部老叶。

发病初期，喷施下列药剂：

70%甲基硫菌灵可湿性粉剂600～800倍液；

50%敌菌灵可湿性粉剂500～600倍液；

50%多菌灵·乙霉威可湿性粉剂1 000～1 500倍液；

6%氯苯嘧啶醇可湿性粉剂1 500～2 000倍液；

45%噻菌灵悬浮剂1 000～1 500倍液。间隔10天喷1次，连续1～2次。

6. 蚕豆萎蔫病毒病

【分布为害】蚕豆在各产区均有分布，一般病株率10%～20%，严重时可达30%以上，严重影响蚕豆的产量和品质。

【症　　状】发病初期，叶面呈深浅绿相嵌花叶，不久萎蔫坏死或顶端坏死。有些病株不显花叶，植株矮小，叶片变黄、易落。轻病株可结少量荚，但荚上呈现褐色坏死斑(图14-20至图14-22)。

【病　　原】Broad bean vascula wilt virus (BBVW)，称为蚕豆萎蔫病毒。病毒粒体球形。稀释限点10 000～100 000倍，钝化温度60～70℃，体外存活期4～6天。

【发生规律】田间主要靠蚜虫传播，农事操作时可通过接触摩擦传毒。管理条件差，干旱，蚜虫发生量大发病重。

【防治方法】加强田间管理，提高植株抗病力。早期发现病株及时的拔除，减少传播。

药剂防治：及早防治蚜虫，防止病害蔓延。蚜虫发生期，可喷施下列药剂：

10%吡虫啉可湿性粉剂2 000～3 000倍液；

50%抗蚜威可湿性粉剂1 000～2 000倍液；

图14-20　蚕豆萎蔫病毒病花叶症状

图14-21　蚕豆萎蔫病毒病褐色坏死症状

图14-22　蚕豆萎蔫病毒病为害植株症状

20%甲氰菊酯乳油2 000～3 000倍液；

1.8%阿维菌素乳油3 000～4 000倍液；

10%烯啶虫胺可溶性液剂4 000～5 000倍液等。

发病初期，喷施下列药剂：

1.5%植病灵乳剂1 000～2 000倍液；

20%盐酸吗啉胍・乙酸铜可湿性粉剂500～800倍液；

10%混合脂肪酸水剂100～300倍液。每隔10天左右防治1次，防治1～2次。

7．蚕豆细菌性疫病

【分布为害】主要在我国南方发生，长江流域雨后常见。发病率为10%～20%，个别田块达到30%，引起全株死亡，发病率几乎等于损失率。

【症　　状】主要为害叶片、茎尖和茎秆，严重时也可为害豆荚。叶片感病开始边缘变成褐色，逐渐发展成不规则黑色至暗褐色坏死斑，后整叶变成黑色枯死(图14-23)。茎顶端生黑色短条斑或小斑块，稍凹陷；逐渐向下蔓延，变黑萎蔫。叶柄、茎部染病(图14-24)，向下或向上扩展延伸，出现长条形黑褐色病斑，温度较高的晴天病部变黑且发亮，花受害变黑枯死。高温高湿条件下，叶片及茎部病斑迅速扩大变黑腐烂。豆荚受害初期其内部组织呈水渍状坏死，逐渐变黑腐烂，后期豆荚外表皮也坏死变黑。豆粒受害表面形成黄褐至红褐色斑点，中间色较深(图14-25和图14-26)。

图14-23　蚕豆细菌性疫病为害叶片症状

【病　　原】*Pseudomonas syringae* pv. *syringae* 称假单胞菌，属丁香假单胞菌丁香致病变种细菌。菌体杆状，单生或双生，极生1～4根鞭毛，革兰氏染色阴性。生长适温35℃，最高38℃，最低4℃，52～53℃

图14-24 蚕豆细菌性疫病为害茎部症状

图14-25 蚕豆细菌性疫病为害荚果前期症状

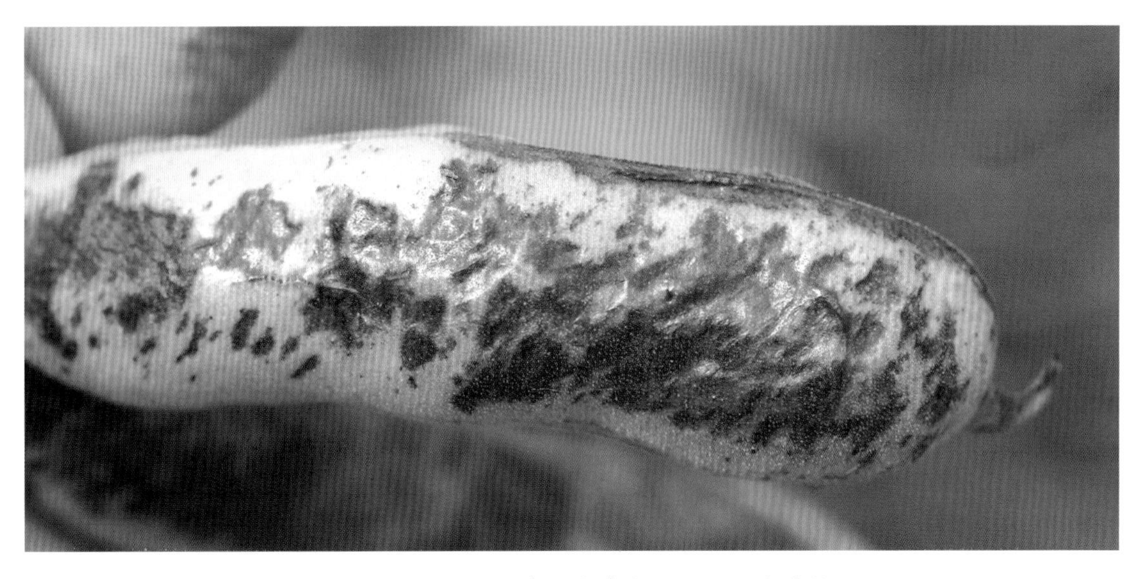

图14-26 蚕豆细菌性疫病为害豆荚后期症状

经10分钟致死。

【发生规律】病原细菌主要通过种子传播，从气孔或伤口侵入，经几天潜育即可发病。病害的发生和流行与蚕豆生育期以及生长季节中的雨日和雨量、土壤湿度、土壤肥力有密切关系。品种间抗病性差异大。雨日长，利于发病。低温多湿，植株受冻，加重发病。地势低洼排水不良，管理粗放的田块，发病重。土壤肥力差的田块，易发病。

【防治方法】选用抗病品种，各蚕豆种植区可根据当地的情况选用。建立无病留种田，防止种子带菌传播。建好排灌系统，高垄栽培，雨季注意排水，降低田间湿度。加强栽培管理，合理施肥。及时拔除中心病株，减少再侵染。

药剂防治：对发病重的田块施硫酸钾10～15kg/亩；初花期、初荚期各喷施1次，尤其是在大暴雨过后及时喷药保护。可用药剂有：

72%农用硫酸链霉素可溶性粉剂3 000～4 000倍液；

47%春雷霉素·氧氯化铜可湿性粉剂800～1 000倍液；

50%琥胶肥酸铜可湿性粉剂500～600倍液；

14%络氨铜水剂300～500倍液；

77%氢氧化铜可湿性粉剂500～800倍液等药剂。

8．蚕豆炭疽病

【分布为害】分布较广。多零星发生，严重时病株率可达20%左右，在一定程度上影响产量。

【症　　状】主要为害叶片、茎秆及豆荚。叶片受害初期，表面上散生深红褐色小斑，以后扩展为1～3mm、中间为浅褐色边缘为红褐色的病斑。病斑融合后成大斑块，大小10mm，病斑圆形至不规则形，多受叶脉限制，病叶很少干枯(图14-27和图14-28)。茎秆和叶柄受害，先出现红褐色小斑，逐渐扩展到1cm大小的梭形至长形病斑，病斑中间为暗灰色，四周为褐色，稍凹陷。豆荚受害，病初产生红褐色至黑褐色小斑，逐渐扩大，最后形成多角形或圆形病斑，病斑中央灰色，四周红褐色(图14-29)。

【病　　原】*Colletotrichum lindemuthianum* 称豆刺盘孢菌，属无性型真菌。分生孢子盘黑色，圆形或近圆形。刚毛暗褐色，基部色深，有分隔。分生孢子梗短小，单胞，无色。分生孢子椭圆形或短圆柱

图14-27 蚕豆炭疽病为害叶片正面症状

图14-28 蚕豆炭疽病为害叶片背面症状

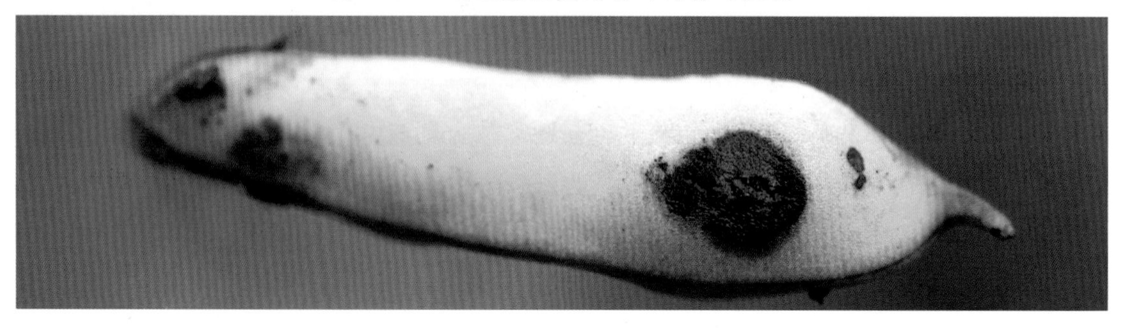

图14-29 蚕豆炭疽病为害荚果症状

形，单胞，无色，两端稍圆。

【发生规律】病原主要以菌丝潜伏在种皮下或以菌丝体随病残体在地面上越冬。带病种子使幼苗子叶或嫩茎发病。在病部产生的分生孢子，通过昆虫及风雨传播蔓延，再侵染。豆荚发病时病原透过豆荚壳进入种皮，使种子带菌，成为第2年初侵染源。气温为17～20℃，相对湿度100%时利于发病。温凉多湿，多雨多露或多雾易发病。地势低洼，密度过大，土壤黏重，发病均较重。

【防治方法】收获后，及时清除病残体。重病田实行2～3年轮作。适时早播，深度适宜，间苗时注意剔除病苗，加强肥水管理。使用充分腐熟的有机肥。

种子消毒：用40%福尔马林200倍液浸种30分钟，然后冲净晾干播种。或可用种子重量0.3%的50%福美双粉剂，或0.2%的50%四氯苯醌、50%多菌灵可湿性粉剂拌种。

发病前或发病初期喷施下列药剂：

80%福美双·福美锌可湿性粉剂800～1 000倍液；

50%苯菌灵可湿性粉剂1 000～1 500倍液；

50%多菌灵可湿性粉剂600～800倍液；

80%代森锰锌可湿性粉剂500～600倍液；

10%苯醚甲环唑水分散粒剂2 000～3 000倍液；

25%溴菌腈可湿性粉剂600～1 000倍液；

25%丙环唑乳油2 000～3 000倍液。间隔7～10天喷1次，连续2～3次。采收前3天停止用药。

9．蚕豆根腐病

【分布为害】在全国各地均有分布。常与枯萎病混合发生，一般病株率为5%～15%，发病严重时可达50%以上。

【症　　状】主要为害根和茎基部，引起全株枯萎(图14-30)。主根和茎基部发病，开始表现为水渍状，后发展为黑色腐烂，侧根枯朽，皮层易脱离，烂根表面有致密的白色霉层，是病菌的菌丝体，以后变成黑色颗粒。病茎水分蒸发后，变灰白色，表皮破裂如麻丝，内部有时有鼠粪状黑色颗粒(图14-31)。

【病　　原】*Fusarium solani* f. sp. *fabae* 称蚕豆腐皮镰孢霉，属无性型真菌。分生孢子梗瓶状。大型分生孢子稍弯，纺锤形，具0～6个隔膜，无色。分生孢子卵圆形至圆筒形，单胞。厚垣孢子基部1～2个细胞，无

图14-30　蚕豆根腐病为害植株萎蔫症状

图14-31 蚕豆根腐病为害茎基部症状

色，圆筒形，单生。

【发生规律】病菌随病残体在土壤中越冬，翌年在田间进行初侵染和再侵染。条件适宜时，从根毛或茎基部的伤口侵入，田间借浇水及昆虫传播蔓延，引起再侵染。一般在蚕豆花期发病严重。田间积水或苗期浇水过早，病害发生重。多年连作发病较重。

【防治方法】加强田间管理，干旱时及时灌水，多雨时疏沟排水；合理轮作，不偏施氮肥；合理密植，确保通风透光良好，增强植株抗病能力，减轻病害。

在播种时，用种子重量0.25%的20%三唑酮乳油拌种，或用种子重量0.2%的75%百菌清可湿性粉剂拌种。

苗期用50%多菌灵可湿性粉剂1 000倍液灌根，或用70%甲基硫菌灵可湿性粉剂800～1 500倍液、福美双可湿性粉剂600倍液喷雾。

10．蚕豆灰霉病

【症　　状】主要为害叶片，先侵染下部叶片，后向上发展，在叶片上形成半圆形或“V”字形大斑，边缘暗褐色，逐渐扩展至全叶，湿度大时，后期叶片表面产生灰色霉层(图14-32和图14-33)。

图14-32 蚕豆灰霉病为害叶片症状

图14-33 蚕豆灰霉病为害严重时症状

【病　　原】*Botrytis cinerea* 称灰葡萄孢霉，属无性型真菌。

【发生规律】病菌以分生孢子在病残体上越冬，田间通过气流传播，未腐熟的有机肥也可传播。在蚕豆生长期，空气湿度大，雨水多时发病重。

【防治方法】施用腐熟的有机肥，合理配施磷、钾肥，收获后及时清除病残体，深埋或烧毁。提倡高畦深沟栽培，雨后及时排水，降低田间湿度，注意通风透光。

发病初期可喷施下列药剂：

60%甲基硫菌灵·乙霉威可湿性粉剂600～800倍液；

50%乙烯菌核利可湿性粉剂1 000～1 500倍液；

40%嘧霉胺悬浮剂800～1 000倍液；

50%异菌脲可湿性粉剂1 500～2 000倍液，每隔10天喷1次，连续2～3次。

二、蚕豆虫害

1．豆蚜

【分　　布】豆蚜(*Aphis craccivora*)属同翅目蚜科。在北方发生比较普遍。新疆、宁夏和东北沈阳以北地区发生较多。

【为害特点】常在叶面上刺吸植物汁液，造成叶片卷缩变形，植株生长不良，影响生长，并因大量排泄蜜露污染叶面。能传播病毒病，造成的损失远远大于蚜虫的直接为害(图14-34和图14-35)。

图14-34　豆蚜为害蚕豆心叶情况

图14-35　豆蚜为害蚕豆茎部症状

【形态特征】若蚜，共分4龄，呈灰紫色至黑褐色。有翅胎生雌蚜：体长0.5～1.8mm，体黑绿色或黑褐色，具光泽；触角6节，第一、第二节黑褐色，第三至第六节黄白色，节间褐色，第三节有感觉圈4～7个，排列成行。无翅胎生雌蚜(图14-36)：体长0.8～2.4mm，体肥胖，黑色、浓紫色、少数墨绿色，具光泽，体被均匀蜡粉；中额瘤和额瘤稍隆；触角6节，比体短，第一、第二节和第五节末端及第六节黑色，余黄白色；腹部第一至第六节背面有一大型灰色隆板，腹管黑色，长圆形，有瓦纹；尾片黑色，圆锥形，具微刺组成的瓦纹，两侧各具长毛3根。

【发生规律】辽河流域一年发生10～20代，黄河流域、长江及华南区20～30代。冬季以成、若蚜在蚕豆、冬豌豆或紫云英等豆科植物心叶或叶背处越冬。适宜豆蚜生长、发育、繁殖温度范围为8～35℃；最适环境温度为22～26℃，相对湿度60%～70%。5—6月进入为害高峰期，6月下旬后蚜量减少，但干旱年份为害期多延长。10月至11月间，随着气温下降和寄主植物的衰老，产生有翅蚜迁向紫云英、蚕豆等冬寄主上繁殖并在其上越冬。豆蚜对黄色有较强的趋性，对银灰色有忌避习性，具较强的迁飞和扩散能力。

图14-36 无翅胎生雌蚜

【防治方法】农业防治：蔬菜收获后，及时处理残枝败叶，清除田间、地边杂草。

发生初期可采用以下药剂进行防治：

20%氰戊菊酯乳油1 000倍液；

2.5%溴氰菊酯乳油2 000倍液；

50%抗蚜威可湿性粉剂2 000倍液；

10%吡虫啉可湿性粉剂1 500倍液；

3%啶虫脒乳油2 000倍液；

10%氯噻啉可湿性粉剂2 000倍液；

10%吡丙醚·吡虫啉悬浮剂1 500倍液；

2.5%联苯菊酯乳油3 000倍液；

25%噻虫嗪可湿性粉剂2 000倍液；

10%氯氰菊酯乳油3 000倍液；喷雾防治，每周1次，连续防治3～4次。

2．黄足黄守瓜

【分　布】黄足黄守瓜(*Aulacophora femoralis chinensis*)属鞘翅目叶甲科。主要分布于华北、东北、西北、黄河流域及南方各地。长江流域为害较重，河北、山东也常形成灾害。

【为害特点】成虫取食叶片，使叶片残留若干干枯环、半环形食痕或圆形孔洞(图14-37)。

【形态特征】成虫体椭圆形，黄色(图14-38)，仅中、后胸及腹部腹面为黑色；前胸背板中央有一波浪形横凹沟。卵长椭圆形，长约1mm，黄色，表面有多角形细纹。幼虫体长圆筒形，长约12mm，头部黄褐色，胸腹部黄白色，臀板腹面有肉质突起，上生微毛。蛹为裸蛹，长约9mm，在土室中呈白色或淡灰色。

【发生规律】一年发生1～4代，南京、武汉1代为主；广西2～4代；台湾3～4代。常十几头或数十头群居。成虫在向阳的枯枝落叶、草丛、田埂土坡缝隙中、土块下等处群集越冬。翌年3—4月(春季温度达6℃时)开始活动，瓜苗长出3～4片叶时，转移到瓜苗上为害。幼虫为害期为6—8月，以6月至7月中旬为害最重。8月羽化为成虫，10—11月进入越冬期。成虫喜在温暖的晴天活动，一般以10：00—15：00活动最烈，阴雨天很少活动或不活动，取食叶片时，常以身体为半径旋转咬食，使叶片留下半环形的食痕或圆洞，成虫受惊后即飞离逃逸或假死，耐饥力很强，可绝食10天而不死亡。有趋黄习性。雌虫交尾后1～2天开始产卵，每雌产卵150～2 00粒，常堆产或散产在靠近寄主根部或瓜下的土壤缝隙中。产卵时对土壤

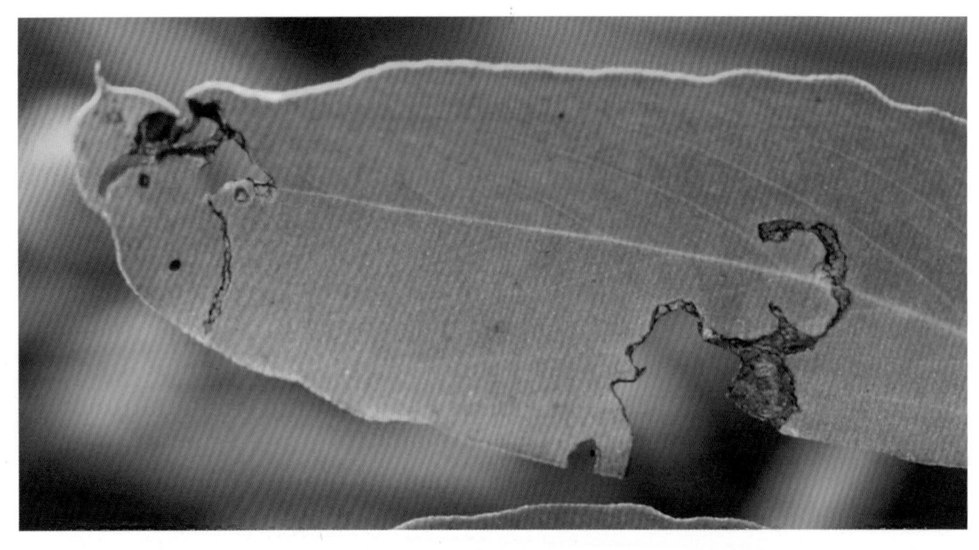

图14-37　黄足黄守瓜为害蚕豆叶片症状

图14-38　黄足黄守瓜成虫

有一定的选择性，最喜产在湿润的壤土中，黏土次之，干燥沙土中不产卵。产卵多少与温湿度有关，20℃以上开始产卵，24℃为产卵盛期，此时，湿度越高，产卵越多，因此，雨后常出现产卵量激增。

【防治方法】成虫发生初期可采用以下药剂进行防治：

20%氰戊菊酯乳油2 000～3 000倍液；

21%溴氰菊酯·马拉硫磷乳油2 000～3 000倍液；

20%溴氰菊酯乳油2 000倍液，喷雾防治。

第十五章 豌豆病虫害防治新技术

豌豆属豆科植物，因其适应性很强，在全世界的地理分布很广。豌豆在我国已有两千多年的栽培历史，现在各地均有栽培，主要产区有四川、河南、湖北、江苏、青海等十多个省区。

豌豆常见病虫害有豌豆根腐病、豌豆花叶病、豌豆灰霉病、豌豆褐斑病、豌豆枯萎病、豌豆炭疽病、豌豆菌核病、豌豆彩潜蝇等。

一、豌豆病害

1. 豌豆根腐病

【分布为害】豌豆根腐病是重要的土传病害，各地均有分布，普遍发生。能造成大片死苗，为害严重。病株率5%～15%，严重时可达60%以上。

【症　　状】主要为害根部和茎基部，发病的根和茎基部变黑腐烂，主根及侧根大部分干缩，纵剖根部，可见维管束变褐。下部叶片上产生黑色枯斑，逐渐向上蔓延，严重时整片叶变黑枯死(图15-1至图15-3)。

【病　　原】根串珠霉*Thielaviopsis basicola*和豌豆腐皮镰孢*Fusarium solani* f.sp. *pisi*，均属半知菌亚门真菌。根串珠霉分生孢子梗瓶状；内生分生孢子无色，圆筒形；厚垣孢子串生在菌丝顶端或侧面，基部1～2个细胞无色，壁厚，圆筒形，顶部细胞馒头形。

【发生规律】病原在土壤中营腐生生活，或以菌丝体在病残组织及种子越冬，第二年条件适宜时产生游动孢子传播蔓延，经种皮或支根侵入后延至主根。幼苗至成株均可发病，以开花期发病多。发病的适宜温度为24～33℃，土壤温度的影响较土壤湿度大。干旱年份发病重。

【防治方法】选用抗病品种。收获后清除病残体，生长期及时防治地下害虫。

种子处理：用种子重量0.3%～0.5%的50%福美双可湿性粉剂、50%多菌灵可湿性粉剂、70%甲基硫菌灵可湿性粉剂、50%敌磺钠可溶粉剂拌种、20%三唑酮乳油拌种。

发病初期可用如下药剂喷淋或浇灌：

50%多菌灵可湿性粉剂500倍液+50%福美双可湿性粉剂500倍液；

70%甲基硫菌灵可湿性粉剂600～800倍液+80%代森锰锌可溶性粉剂800倍液；

70%甲基硫菌灵可湿性粉剂600～800倍液+50%敌磺钠可溶性粉剂500倍液；

50%腐霉利可湿性粉剂800～1 000倍液+98%恶霉灵可湿性粉剂3 000倍液。

浇灌间隔期为10～15天，喷淋的间隔期在10天以内，连续使用2～3次。注意药剂的轮换使用，以延缓抗药性的产生。

图15-1　豌豆根腐病为害地上部症状

图15-2　豌豆根腐病为害茎基部症状

图15-3 豌豆根腐病为害根茎部症状

2. 豌豆花叶病

【分布为害】全国各地均有发生。严重时发病率达10%以上，对产量和质量有一定的影响。

【症 状】全株发病。病株矮缩，叶片变小、皱缩，叶色浓淡不均，呈斑驳花叶状，结荚少或不结荚(图15-4和图15-5)。

图15-4 豌豆花叶病为害叶片症状

图15-5　豌豆花叶病为害植株症状

【病　　原】由多种病毒单独或复合侵染引起，包括豌豆花叶病毒(Pea mosaic virus，PeMV)、花生矮化病毒(Peanut stunt virus，PSV)和花生斑驳病毒(Peanut mottle virus，PMV)等。

【发生规律】病毒在寄主活体上存活越冬，由汁液传染，还可由蚜虫传染，此外种子也可传毒，但其带毒率高低不一。土壤不能传染。在毒源存在条件下，利于蚜虫繁殖活动的天气或生态环境亦利于发病。

【防治方法】选用抗病品种。实行3年以上的轮作。收获后及时清洁田园，早期发现并拔除病株。

药剂防治：及时全面喷药防治蚜虫。药剂可选用：

20%高效氯氰·马拉硫磷乳油2 000倍液；

50%抗蚜威可湿性粉剂2 000倍液；

2.5%高效氯氟氰菊酯乳油3 000～4 000倍液；

5% S-氰戊菊酯乳油3 000倍液。

每隔7～10天1次，连喷2～3次，尽可能大面积连防，杀蚜防病效果才明显。

发病初期，也可以用下列药剂：

20%盐酸吗啉胍·乙酸铜可湿性粉剂500倍液；

5%菌毒清水剂200～300倍液；

1.5%植病灵乳剂1 000倍液等药剂。可有效控制病害的蔓延。

3．豌豆褐斑病

【分布为害】南方春季多雨潮湿地区发病。引起豌豆茎叶枯死，发病稍轻者豆荚上褐斑累累，一般发病为20%～40%，严重时可达80%左右，影响豌豆的产量。

【症　　状】主要为害叶、茎、荚。叶片上的病斑圆形，淡褐色至黑褐色，边缘明显，有时有轮纹，后期病斑上产生小黑点(图15-6)。茎上病斑椭圆形或纺锤形，后期下陷。荚果上病斑圆形，红色至褐色，后期下陷(图15-7和图15-8)。茎、荚上病斑均为深褐色至黑褐色，有小黑点。

图15-6 豌豆褐斑病为害叶片症状

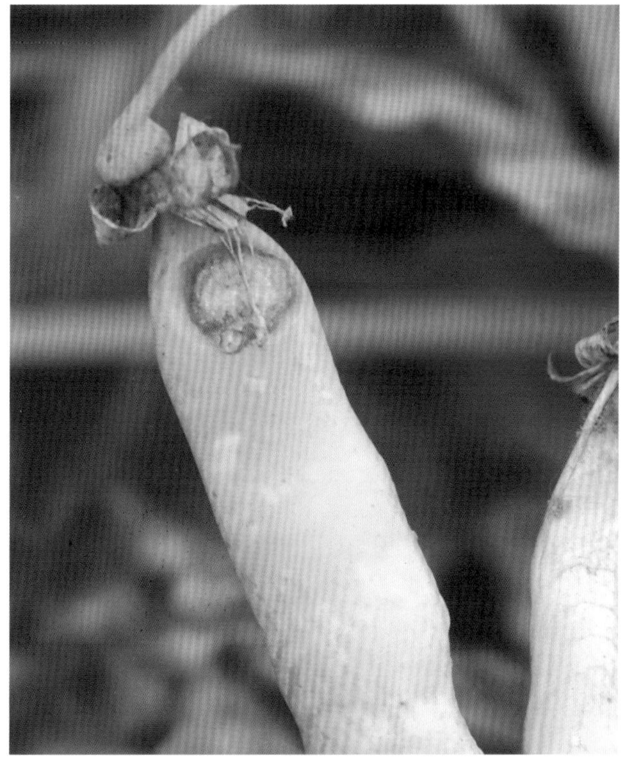

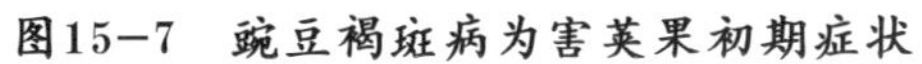

图15-7 豌豆褐斑病为害荚果初期症状

图15-8 豌豆褐斑病为害荚果后期症状

【病　　原】*Ascochyta pisi* 称豌豆壳二孢菌，属半知菌亚门真菌。分生孢子器圆形至扁圆形，黑褐色，有孔口，埋生于寄主组织内，部分露出，即肉眼所见病斑上的小黑点。分生孢子卵圆形至椭圆形、无色，未成熟时单细胞，成熟时双细胞。病菌发育适温15～26℃，最高33℃，最低8℃。

【发生规律】病原以菌丝体和分生孢子器在种子或病残体上越冬，种子带菌是主要初侵染源。第二年条件适宜时，菌丝和越冬孢子萌发、生长，在田间借雨水、浇水传播，成为初侵染源。多雨、潮湿易发病。

【防治方法】农业防治：选用抗病品种，选留无病种子。实行3年以上的轮作。收获后及时清洁田园，进行深翻，减少越冬菌源。选择高燥地块种植，合理密植，配方施肥。

物理防治：先将种子在冷水中预浸4～5小时，再放入50℃温水中浸5分钟，然后再放在冷水中，冷却后晾干播种。

发病初期及时防治，可以喷洒下列药剂：

50%苯菌灵可湿性粉剂800～1 500倍液+50%福美双可湿性粉剂500倍液；

50%多菌灵可湿性粉剂600～800倍液+70%代森锰锌可湿性粉剂800倍液；

50%甲基硫菌灵可湿性粉剂800～1 000倍液；

50%乙烯菌核利可湿性粉剂600～800倍液；

50%异菌脲可湿性粉剂800倍液，间隔15天左右喷洒1次，喷洒2～3次。

4．豌豆黑斑病

【分布为害】各地均有分布。一般零星发生，发病率5%～10%，对生产无明显影响；严重时，发病率可达40%以上，对产量和品质有明显影响。

【症　　状】主要为害叶片、近地面的茎和荚。叶片受害，初生圆形至不规则形斑，中间黑褐色至黑色，具轮纹，其上生很多小黑粒点(图15-9)。病茎上产生黑褐色条斑，病部以上茎叶变黄枯死。豆荚上初生不规则形紫斑点，病部具分泌物，褐色至黑褐色，干后呈疮痂状。

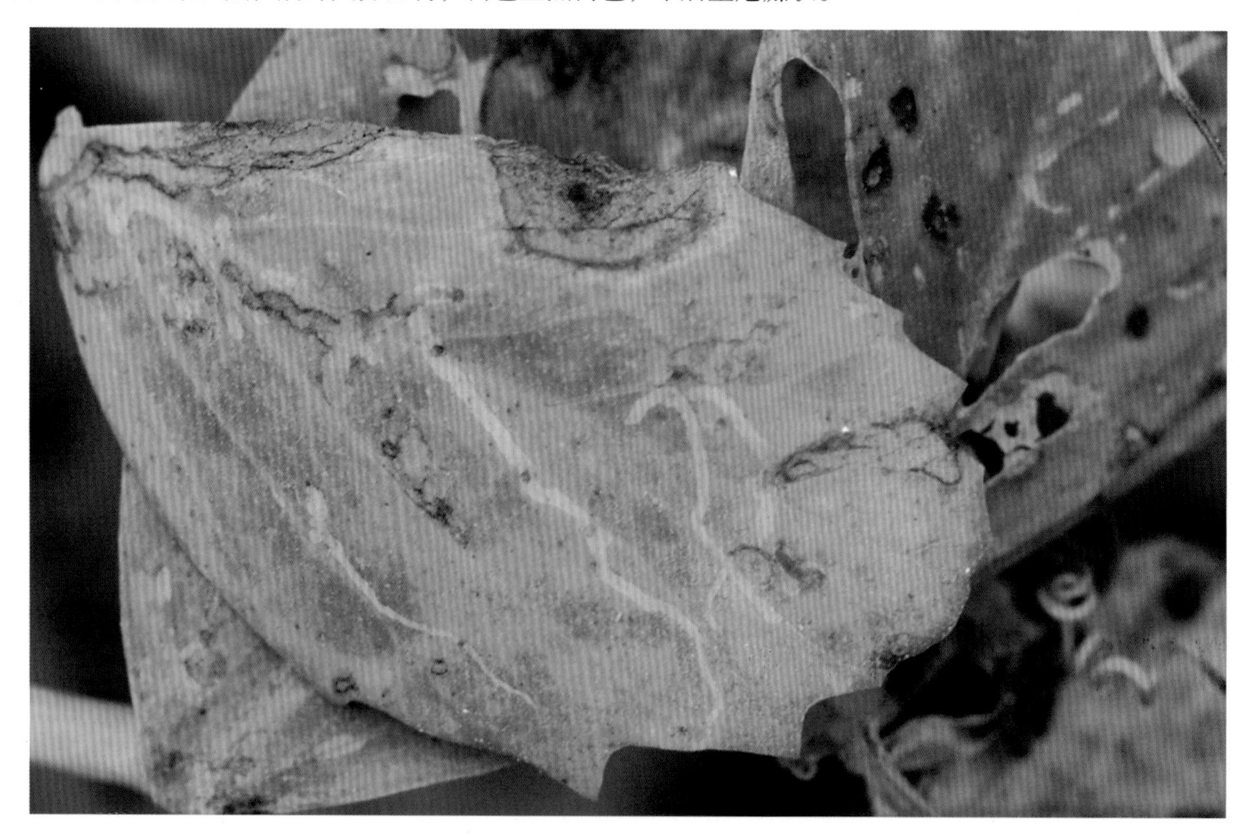

图15-9　豌豆黑斑病为害叶片为害症状

【病　　原】*Ascochyta pinodes* 称豆类壳二孢，属半知菌亚门真菌。

【发生规律】病原以菌丝或分生孢子在种子内或随病残体在地表越冬。翌年越冬菌源通过风雨或灌溉水传播。用带病种子育苗，苗期可见子叶染病，后蔓延到真叶上，田间发病后，病斑上产生分生孢子，借风、雨或农事操作进行传播引起再侵染。从气孔、水孔或伤口侵入，引致发病。

【防治方法】选用无病豆荚，单独脱粒留种。提倡高畦栽培，合理施肥，适当密植，增施钾肥，提高抗病力。

发病初期及时防治，可以喷洒下列药剂：

25%嘧菌酯悬浮剂1 000～2 000倍液；

68.75%恶唑菌酮·锰锌水分散粒剂800倍液；

50%福美双·异菌脲可湿性粉剂800倍液；

70%甲基硫菌灵可湿性粉剂600～800倍液；

50%腐霉利可湿性粉剂1 000倍液+65%代森锌可湿性粉剂500倍液；

50%异菌脲可湿性粉剂800～1 500倍液+65%代森锌可湿性粉剂500倍液；

25%溴菌腈可湿性粉剂500倍液+70%代森联干悬浮剂600倍液；

12.5%烯唑醇可湿性粉剂3 000倍液+70%代森联水分散粒剂600倍液；

50%咪鲜胺锰盐可湿性粉剂1 000倍液+68.75%恶唑菌酮·锰锌水分散粒剂800倍液。

均匀喷雾防治，视病情隔5～7天喷1次，连续防治2～3次。

5．豌豆灰霉病

【分布为害】在北方主要发生在棚室内，南方露地也可发病，一般发病较轻，发病较重时对豌豆的产量和品质也有一定的影响。

【症　　状】主要为害叶片，严重时也为害茎蔓、豆荚。叶片受害，多从叶缘发病，形成“V”字形黄褐色坏死斑(图15–10)，有时也可在叶面形成圆形轮纹斑，病部水渍状，有灰色霉层，后期腐烂。茎蔓、豆荚染病产生不规则形灰褐色病斑，潮湿时豆荚腐烂(图15–11至图15–15)。

图15–10　豌豆灰霉病为害叶片症状

图15-11　豌豆灰霉病为害茎部症状

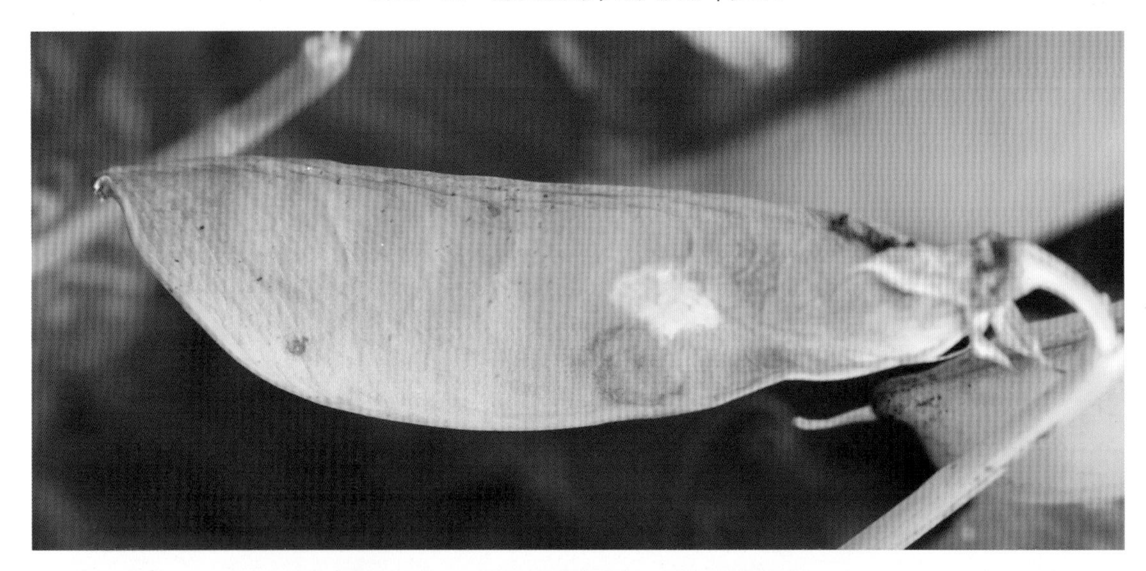

图15-12　豌豆灰霉病为害荚果初期症状

图15-13　豌豆灰霉病为害荚果后期症状

图15-14 豌豆灰霉病为害荚果初期症状

图15-15 豌豆灰霉病为害荚果后期症状

【病 原】*Botrytis cinerea* 称灰葡萄孢，属半知菌亚门真菌。有性态 *Botryotinia fuckeliana* 称富克尔核盘菌，属子囊菌亚门真菌。分生孢子梗浅褐色，具隔，透明。分生孢子圆形。

【发生规律】病原以菌丝、菌核或分生孢子越夏或越冬，可营腐生生活，翌年春季遇适宜条件，长出菌丝直接侵入或产生孢子，借雨水溅射或随病残体、水流、气流、农具传播。在有病原存活的条件下，只要具备高湿和20℃左右的温度条件，病害易流行。腐烂的病荚、病叶、病卷须、败落的病花落在健部即可发病。

【防治方法】棚室栽培时要降低湿度，提高棚室夜间温度，增加白天通风时间。及时拔除病株，集中深埋或烧毁。

发病初期，可用如下药剂：

50%腐霉利可湿性粉剂1 500 ~ 2 000倍液；

50%乙烯菌核利可湿性粉剂1 000 ~ 1 500倍液；

50%异菌脲可湿性粉剂1 000倍液；

40%嘧霉胺悬浮剂800～1 200倍液；

45%噻菌灵悬浮剂4 000倍液；

65%甲基硫菌灵·乙霉威可湿性粉剂1 500倍液；

50%多菌灵·乙霉威可湿性粉剂1 000倍液。

每间隔7～10天喷1次，连续2～3次。注意轮换、交替用药。采收前7天停止用药。

6. 豌豆菌核病

【症　　状】主要为害茎蔓及荚果。染病部位早期多呈水渍状腐烂，后表面长满白色棉絮状菌丝，后期生鼠粪状黑色菌核。严重时引起茎蔓萎蔫，荚果腐烂不能食用(图15-16和图15-17)。

图15-16　豌豆菌核病为害茎蔓前期症状

【病　　原】*Sclerotinia sclerotiorum* 称核盘菌，属子囊菌门真菌。菌核球形至豆瓣形或粪状。子囊盘杯形，展开后盘形，盘浅棕色，内部较深。子囊圆筒形或棍棒状，内含8个子囊孢子。子囊孢子椭圆形或梭形，单胞，无色。温度18～22℃，有光照及足够水分条件，菌核即萌发，产生菌丝体或子囊盘。

【发生规律】病原以菌核在土壤中、病残体上或混在堆肥及种子中越冬。菌核在潮湿土壤中存活1年，土壤长期积水时菌核只能存活1个月，而在干燥土壤中能存活3年以上。越冬菌核在适宜条件下萌发，随风传播。病株上的菌丝具较强的侵染力，成为再侵染源扩大传播。较冷凉潮湿条件下发生，适宜温度5～20℃，最适温度为15℃。豌豆开花后为主要侵染期。菌核萌发要求高湿及冷凉的条件，萌发后形成的子囊需要有连续10天的水分供应，才能正常生长。

【防治方法】农业防治：选用无病种子，从无病株上采种。有条件的地方可与水稻、禾本科作物轮

图15-17 豌豆菌核病为害茎蔓后期症状

作，最好是水旱轮作。选择排水良好地块，不宜密植，少施氮肥，增施磷钾肥。高垄地膜覆盖栽培，发病后适当控制浇水。勤松土、除草，摘除老叶及病残体。发现病株及早处理。收获完后及时拉秧，清理并烧毁病残物。

种子处理：当种子中混有菌核及病残体时，在播种前用10%盐水浸种，洗去菌核和病残体后，再用清水冲洗播种。

土壤处理：育苗床如用老病土，在播种前3周用40%福尔马林25～30ml/m^2，加水2～4L处理土壤，用塑料膜覆盖4～5天，晾2周后再播种。

成株期在花后，可用如下药剂防治：

50%乙烯菌核利可湿性粉剂1 000倍液；

50%异菌脲可湿性粉剂1 000～1 500倍液；

50%腐霉利可湿性粉剂1 500～2 000倍液；

40%菌核净可湿性粉剂800～1 000倍液；

50%多菌灵可湿性粉剂500～800倍液。

间隔10～15天喷1次，连续喷施3～4次。

7. 豌豆炭疽病

【分 布】全国各地均有分布，部分地区发病重。发病时，叶片干枯坏死，病荚失去食用价值，影响豌豆产量和质量。

【症 状】主要为害茎、叶和荚。茎部受害，病斑近梭形或椭圆形，中央浅褐色，边缘暗褐色略凹陷。叶片受害，病斑圆形或椭圆形，边缘深褐色中间暗绿色或浅褐色，其上密生小黑点，病情严重的病斑融合致叶片枯死。豆荚上病斑圆形或近圆形，中间浅绿色，边缘暗绿色，密生黑色小粒点，湿度大时，病部长出粉红色黏质物(图15-18和图15-19)。

图15-18 豌豆炭疽病为害荚果症状

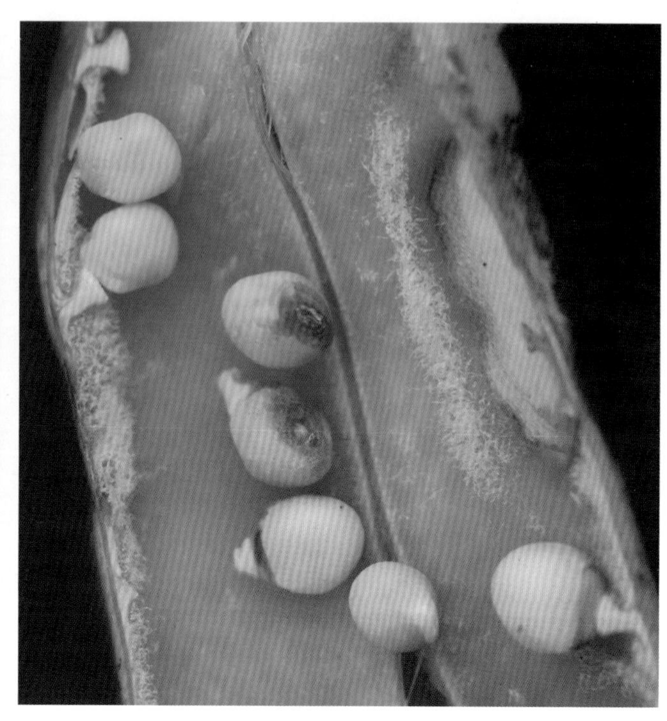

图15-19 豌豆炭疽病为害豆粒症状

【病　原】*Colletotrichum pisi* 称豌豆刺盘孢，属无性型真菌。分生孢子梗倒锥形，无色。分生孢子新月形，单胞，无色，两端略尖。

【发生规律】病原以菌丝体在病残体内或潜伏在种子里越冬。春天条件适宜时，以分生孢子通过雨水飞溅传播蔓延，进行初侵染和再侵染。高温高湿利于发病，温度在20～30℃时适宜发病。在春、夏两季高温多雨条件下，随连阴雨日增多而扩展。低洼地、排水不良、植株生长衰弱发病重。

【防治方法】选用抗病品种。重病地与非豆科作物轮作。合理施肥，特别是钾肥。雨季注意排水，降低田间湿度。收获后及时清除病残体，及时深翻减少菌源。

发病初期，可用如下药剂喷雾：

50%苯菌灵可湿性粉剂1 500倍液；

50%甲基硫菌灵可湿性粉剂500倍液；

50%多菌灵可湿性粉剂500～600倍液；

80%代森锰锌可湿性粉剂500～600倍液。

间隔7～10天喷1次，连续2～3次。采收前7天停止用药。

8．豌豆白粉病

【分布为害】全国各地均有发生。棚室豌豆的重要病害，轻者发病率10%～30%，重者达40%以上，严重影响结荚，降低品质(图15-20)。

【症　状】主要为害叶片，严重时也能为害茎蔓和荚。发病初期，叶片上会产生近圆形的白粉斑，后逐渐扩大成连片，边缘不明显的霉层，后期叶片逐渐萎蔫、干枯(图15-21和图15-22)。为害严重时，茎蔓和豆荚上可产生白色粉斑，致茎蔓枯黄，豆荚秕小，最后引起落花、落荚，直至整株死亡。

图15-20 豌豆白粉病田间为害情况

图15-21 豌豆白粉病为害叶片初期症状

图15-22 豌豆白粉病为害叶片后期症状

【病　　原】*Erysiphe pisi* 称豌豆白粉菌，属子囊菌门真菌。分生孢子柱形，单胞，无色。子囊壳暗褐色，扁球形。附属丝丝状，多根。子囊卵圆形。子囊孢子卵圆形，浅黄色。

【发生规律】病原以闭囊壳随病株残体在土壤中越冬，翌年温湿度适宜时，产生子囊孢子通过雨水、灌溉、风和气流进行传播侵染，蔓延为害。分生孢子萌发、传播适温10～30℃，最适温16～24℃。相对湿度降低至25%时仍能萌发，空气湿度在45%～70%时发病快，超过95%则显著抑制。在温暖干燥或潮湿环境都易发病，而降雨则不利于病害发生。施氮肥过多，土壤缺少钙钾肥，造成植株生长不良，病害发生相对严重。植株生长过密，田间排水不畅，通风透光不良则病害传播蔓延快。

【防治方法】农业防治：选育抗(耐)病品种。合理密植、清沟排渍、增施磷钾肥，避免偏施氮肥，科学浇水，不宜大水漫灌。加强通风，降低湿度。清洁田园，把病叶、病残体、病秧等清除出田外，集中深埋或烧毁。

种子处理：用种子重量0.3%的70%甲基硫菌灵拌种并密闭48～72小时后播种。

引蔓期，可用如下药剂防治：

12.5%腈菌唑乳油1 500～2 000倍液；

豌豆始花期，喷施下列药剂：

15%三唑酮可湿性粉剂2 000倍液；

12.5%烯唑醇可湿性粉剂3 000～4 000倍液；

25%丙环唑乳油2 000～2 500倍液；

40%多·硫悬浮剂600倍液，每隔7天防治1次，连续喷施2～3次。

9．豌豆细菌性叶斑病

【症　　状】主要为害茎、荚和叶片。苗期受害：种子带菌的幼苗即染病。较老植株叶片染病病部水渍状，圆形至多角形紫色斑、半透明，湿度大时，叶背现白至奶油色菌脓，干燥条件下产生发亮薄膜，叶斑干枯，变成纸质状。茎部病斑为褐色条斑。豆荚上的病斑近圆形稍凹陷，初为暗绿色，后变成黄褐色，有菌脓(图15–23和图15–24)。

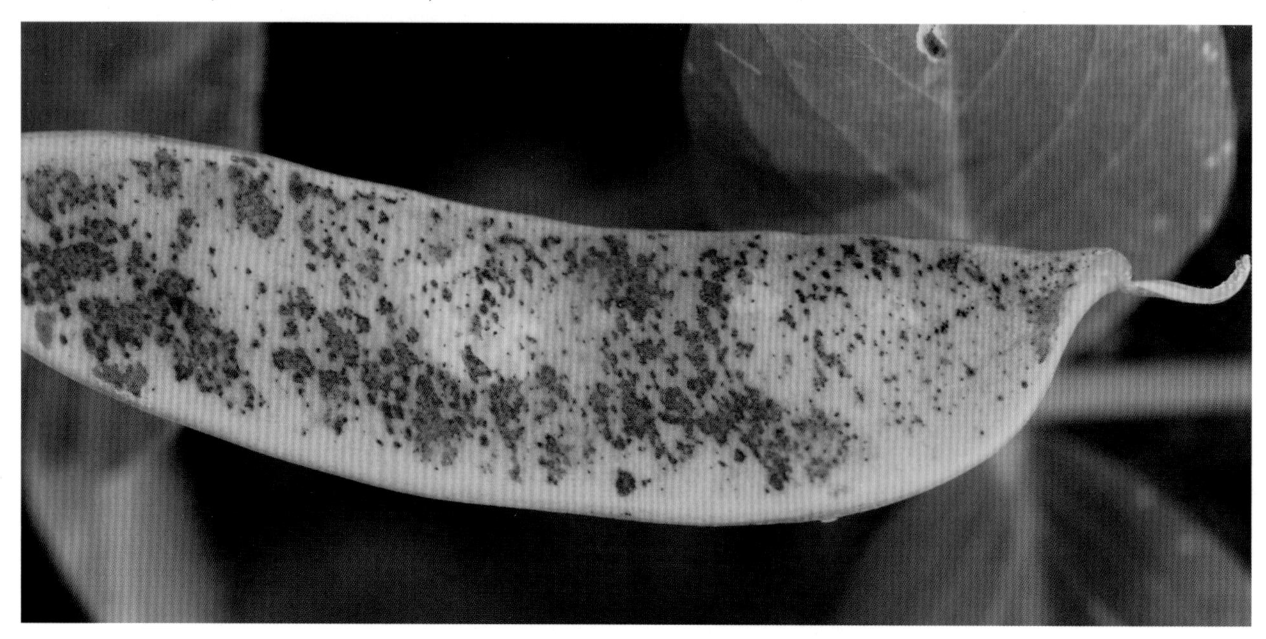

图15–23　豌豆细菌性叶斑病为害荚果初期症状

图15-24 豌豆细菌性叶斑病为害荚果后期症状

【病　　原】*Pseudomonas syringae* pv. *pisi* 称假单胞杆菌丁香假单胞菌豌豆致病变种，属细菌。

【发生规律】病原细菌在豌豆、蚕豆种子里越冬，成为翌年主要初侵染源。细菌生长适温28～30℃。生产上如遇低温，尤其是受冻害后易突然发病，迅速扩展，植株徒长。雨后排水不及时、施肥过多易发病。反季节栽培时易发病。

【防治方法】农业防治：采用高畦或起垄栽培，注意通风透光，雨后及时排水，防止湿气滞留。

发病初期，可用如下药剂防治：

3%中生菌素剂400倍液；

30%碱式硫酸铜悬浮剂400～500倍液；

47%春雷霉素·氧氯化铜可湿性粉剂800倍液。

间隔7天防治1次，连续喷施2～3次。采收前5天停止用药。

二、豌豆害虫

豌豆彩潜蝇

【分布为害】豌豆彩潜蝇(*Chromatomyia horticola*)属双翅目潜蝇科。分布在全国各地。幼虫潜叶为害，蛀食叶肉留下上下表皮，形成曲折隧道，影响豌豆生长、豆荚饱满及种子品质和产量(图15-25)。

【形态特征】成虫体长2mm左右，头部黄色，复眼红褐色；胸部、腹部及足灰黑色，但中胸侧板、翅基、腿节末端、各腹节后缘黄色；翅透明，但有虹彩反光(图15-26)。卵长椭圆形，乳白色。老熟幼虫体表光滑透明，前气门成叉状，向前伸出；后气门在腹部末端背面，为一对明显的小突起，末端褐色。蛹长椭圆形，黄褐至黑褐色(图15-27)。

图15-25 豌豆彩潜蝇为害症状

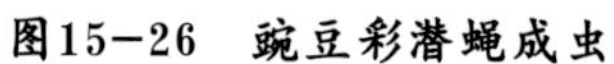
图15-26 豌豆彩潜蝇成虫

图15-27 豌豆彩潜蝇蛹

【发生规律】在华北地区每年发生4～5代，以蛹在被害的叶片内越冬。翌春4月中下旬成虫羽化。第一代幼虫为害阳畦菜苗、留种十字花科蔬菜、油菜及豌豆，5—6月为害最重。夏季气温高时很少见到为害，到秋天又有活动，但数量不大。成虫白天活动，吸食花蜜，交尾产卵。产卵多选择幼嫩绿叶，产于叶背边缘的叶肉里，尤以近叶尖处为多，卵散产，每次1粒，每雌可产50～100粒。幼虫孵化后即蛀食叶肉，隧道随虫龄增大而加宽。幼虫3龄老熟，即在隧道末端化蛹。

【防治方法】收获后及时清除败叶和铲除地边、道边等处的杂草，将其集中处理，可减少虫源。

初见为害状时为成虫大量活动期(5月中下旬)，幼虫处于初龄阶段，大部分幼虫尚未钻蛀隧道，药剂易发挥作用。可用如下药剂：

50%马拉硫磷乳油1 000～2 000倍液；

20%氰戊菊酯乳油1 500～2 000倍液；

2.5%溴氰菊酯乳油或20%甲氰菊酯乳油2 000～3 000倍液，间隔7～10天喷1次，连续防治2～3次。

第十六章　烟草病虫害防治新技术

烟草是我国重要的经济作物之一。2018年，我国烟草种植面积约105.786万hm^2，总产量约为224.1万t。主要集中在云南、河南、贵州、四川、重庆、湖南、山东和陕西等地。

据报道，我国已发现的烟草病害有70余种，其中为害较重的有病毒病、黑胫病、赤星病、根结线虫病等。为害烟草的害虫有60多种，其中为害较为严重的有斜纹夜蛾、烟青虫、棉铃虫、烟蚜、烟粉虱、烟潜叶蛾、烟蛀茎蛾等。

一、烟草病害

1．烟草赤星病

【分布为害】烟草赤星病是烟叶成熟采收期的主要病害之一，在我国各烟区均有发生，从20世纪80年代中后期开始，各烟区日趋严重。我国1989—1991年16个省(区)中严重为害的省份有山东、河南、安徽、黑龙江、吉林，其次是四川、云南、贵州、辽宁、陕西，此外，广东的香料烟产区、浙江的晒红烟区为害较重，赤星病发生面积曾达1 000多万亩。近年来，西南、东北地区的局部烟田，该病已成为毁灭性的病害之一。它不仅使烟叶残缺不全、等级下降，而且由于内在品质不协调，使吃味变差，降低了工业使用价值(图16-1)。

【症　　状】主要在成熟烟叶上发生，在烟株打顶后，叶片进入成熟阶段，随着叶片的成熟，从烟株下部叶片开始自下而上逐步发展。主要为害叶片，茎秆、花梗、蒴果也受害。病斑最初在叶片上出现黄褐色圆形小斑点，以后变成褐色。病斑的大小与湿度有关，湿度大病斑则大，干旱则小，一般来说最初斑点不足0.1cm，以后逐渐扩大，病斑直径可达1～2cm。病斑圆形或不规则圆形，褐色，病斑产生明显的同心轮纹，病斑边缘明显，外围有淡黄色晕圈。在感病品种上黄晕明显，致使叶片提前“成熟”和枯死。病斑中心有深褐色或黑色霉状物，为病菌分生孢子和分生孢子梗。病斑质脆、易破，天气干旱时有可能在病斑中部产生破裂，病害严重时，许多病斑相互连接合并，致使病斑枯焦脱落，进而造成整个叶片破碎而无使用价值。茎秆、蒴果上产生深褐色或黑色圆形或长圆形凹陷病斑(图16-2至图16-4)。

【病　　原】*Alternaria alternata* 称链格孢菌，属无性型真菌(图16-5)。菌丝具分隔，无色透明。分生孢子梗顶曲，不分枝，褐色。分生孢子单生或成串生长于分生孢子梗上，分生孢子梗聚集成堆，顶端弯曲，不规则，孢子呈倒棒槌形，有纵、横分隔，纵隔1～3个，横隔3～7个，嘴孢长短不等；在孢子链末端的分生孢子较小，椭圆形，只有一个分隔。赤星病菌生长的温度范围为4～38℃，适宜温度为25～30℃，菌丝致死温度50℃10分钟，孢子致死温度为 50℃10分钟。有试验证明，孢子与菌丝在冰冻或-10℃

图16-1 烟草赤星病为害情况

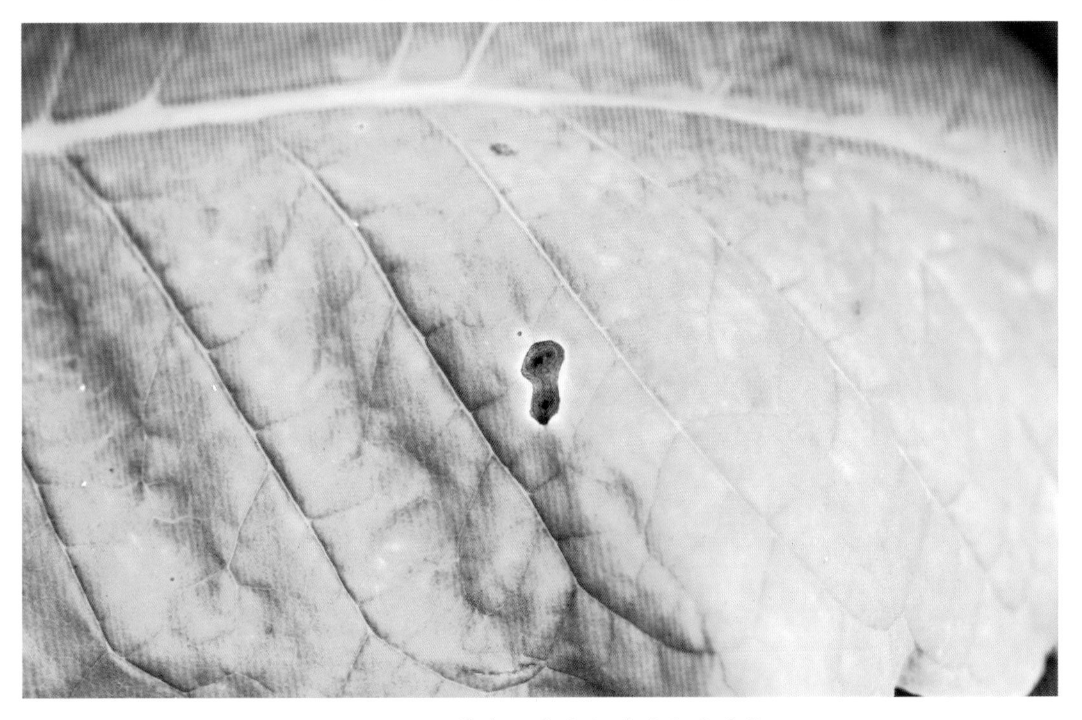

图16-2 烟草赤星病为害叶片初期症状

图16-3　烟草赤星病为害叶片中期症状

图16-4　烟草赤星病为害叶片后期症状

条件下可存活几个月，在46℃条件下可存活2天。在干燥条件下病叶上分生孢子经5℃、15℃和25℃可保持生活力370天。因此，遗留在田间病残体上的病菌能存活较长时间。

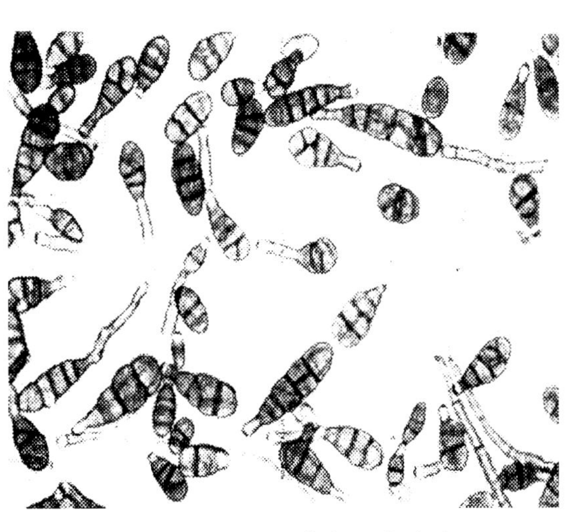

图16-5 烟草赤星病病菌分生孢子梗和分生孢子

【发生规律】病菌主要以菌丝在遗落在田间的烟叶病株残体或杂草上越冬。越冬后的病菌，在第二年春天，气温回升，温度达到7～8℃，相对湿度大于50%的条件下，开始产生分生孢子，由气流、风、雨传播到田间烟株上侵染下部叶片(初侵染)，形成分散的多个发病中心。这些发病的烟株病斑上再产生分生孢子，又由风雨传播，形成再次侵染。经过多次再侵染，使病害逐渐扩展流行(病菌可以侵染花梗、蒴果、侧枝和茎等任何部位)。后期病原菌潜伏于病残组织内随病残体落入土壤越冬，又成为来年的初侵染源(图16-6)。赤星病的发生与严重程度与种植的品种有密切关系。烟草赤星病是烟叶成熟期病害，幼苗期抗病，随着烟叶成熟，抗病性减弱，并自下而上发病，初期呈水平扩散，以后垂直扩散。不同地区因温度不同赤星病发生的时间也有不同，黄淮烟区一般6月下旬即可满足赤星病发病的基本温度(适宜温度23.7～28.5℃，温度大于20℃)，而同期东北烟区日均温度较低，发病则较晚。赤星病的发生与烟叶成熟期的空气湿度呈正相关。不同地区、不同年份降雨量不同，病害的发生程度也不同。在感病阶段，如昼夜温差大，雨量虽少，但夜间露水大，田间湿度高，叶面上水膜保持时间长，有利于孢子产生、萌发和侵染，发病严重。烟叶进入成熟阶段后，田间湿度大(如降雨量大、雨日多，或植株密度大、小气候潮湿，夜间叶面易结露水或水膜)，发病重。赤星病发生的早晚、严重程度受田间小气候的直接影响。种植密度过大，致使田间通风、透光较差，有利于赤星病菌的繁殖，赤星病常严重发生。氮肥使用过多、过晚，而磷、钾不足，致使烟叶成熟过晚，烟株生长过于高大，病害则重。

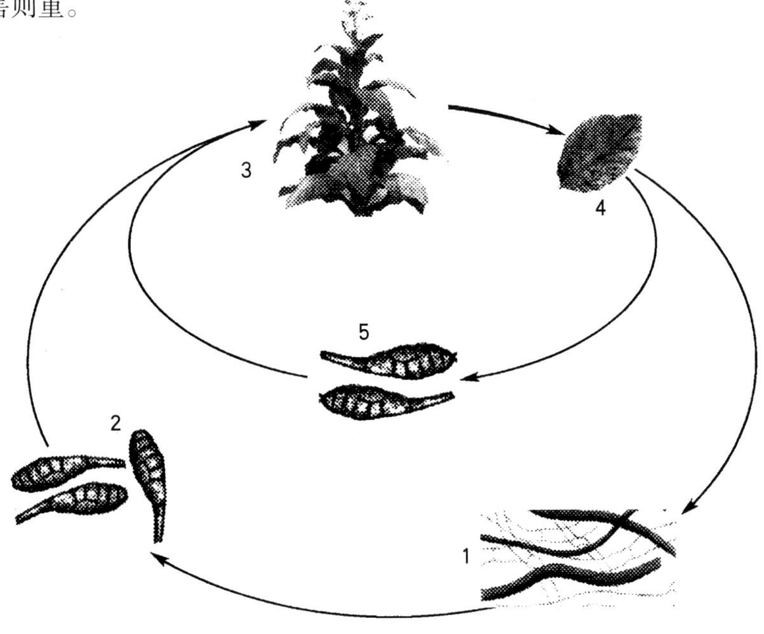

图16-6 烟草赤星病病害循环

1.以菌丝体越冬 2.分生孢子 3.侵染田间植株 4.叶片上的病斑 5.分生孢子再侵染

【防治方法】采用以种植抗病品种为主，辅助药剂防治等综合防治措施。

种植抗病或耐病品种，中烟100、中烟101为高抗品种，K346、云烟202、中烟201等为中抗品种，云烟85、云烟87、云烟97、云烟99、豫烟7号、秦烟96为低抗品种，豫烟6号、NC89、K326等为感病品种。

改进栽培措施，赤星病发生主要在烟草生长后期，春烟可以适时早栽，提早成熟采收，使叶片成熟期避开赤星病盛发期，是控制赤星病发生的有效措施。采用塑料薄膜和大棚等方式育苗，可实现早移栽，早成熟，早烘烤，使烟草感病阶段避开温暖雨季，躲过病害流行期。根据品种特性、土壤肥力条件，做到合理密植，密度以成株期叶片不封垄为宜，一般在1 000株/亩左右。合理施肥，烟田使用氮肥不可过多、过晚，以免造成贪青晚熟，要适当增施磷、钾肥。于团棵期、旺长期、圆顶期各喷施一次1%磷酸二氢钾溶液效果也较好。合理留叶，2次打顶，保持烟株“桶形”，避免烟叶上大下小形成“伞形”长相。搞好田间卫生，以减少侵染源，赤星病菌在病秆、病叶以及其它病株的残体上越冬，因此搞好田间卫生，也是控制赤星病为害的重要措施。及时打顶时打掉底脚叶，烟叶、烟秆、烟杈，不要随地乱扔，要带出田外，深埋或晒干销毁。赤星病菌在土壤中可存活1年以上，连作会增加土壤内含菌量，轮作减少了土壤中含菌量，可减轻赤星病为害。

施药时期应该根据本地具体情况，当下部叶有赤星病零星发生时喷第一次药，一般要间隔7～10天喷一次。施药方法，应着重中、下部叶，自下而上喷施。可选用下列药剂：

80%代森锰锌可湿性粉剂115～140g/亩；

25%咪鲜胺乳油50～100ml/亩；

30%菌核净·福美双可湿性粉剂100～120g/亩；

40%菌核净可湿性粉剂500～600倍液；

40%菌核净·氧氯化铜可湿性粉剂500～800倍液；

1.5%多抗霉素可湿性粉剂150～200倍液；

80%代森锰锌可湿性粉剂800倍液+50%异菌脲可湿性粉剂1 000倍液；

10%多抗霉素可湿性粉剂500～1 000倍液；

50%咪鲜胺锰盐可湿性粉剂1 500～2 000倍液；

50%腐霉利可湿性粉剂1 000～1 500倍液；

12%腈菌唑乳油1 500～3 000倍液喷施，间隔10天1次，连续2～3次，防治效果较好。药液要喷布均匀，最好交替使用，以防产生抗药性。喷药后遇雨，雨后需补喷。

2. 烟草黑胫病

【分布为害】烟草黑胫病是烟草生产上最具毁灭性的病害之一，广东、广西、福建、湖南、云南、贵州、四川、湖北、浙江、安徽、河南、陕西、山东、辽宁和吉林等省区都有分布。广东与四川的白肋烟区，福建、湖南、湖北、云南、广西、河南、山东及安徽等植烟区黑胫病发生普遍且为害较重，主产烟区一般发病率为5%～25%，严重田块高达60%以上，甚至成片死亡，严重威胁烟草生产(图16-7)。

【症　　状】以侵染茎基部和根为主。幼苗发病，先在烟株基部形成黑斑，黑斑向上扩展，导致幼苗变黑褐色而死亡，潮湿时其上布满白毛，并迅速传染附近烟苗，往往使烟苗成片死亡。气候干燥时，病株则干缩变黑枯死。大田病株，叶片发病后经主脉到叶基，再蔓延到茎部，造成茎中部腐烂(图16-8至图16-11)。茎基部初呈水渍状黑斑，稍凹陷，后向上下及髓部扩展，在多雨条件下，烟株下部叶片常形成近圆形大病斑，绕茎一周时，全株叶片突然萎蔫死亡(图16-12)。剖开病茎可见髓部变褐并干缩成碟片

图16-7 烟草黑胫病为害情况

图16-8 烟草黑胫病为害茎基部中期症状

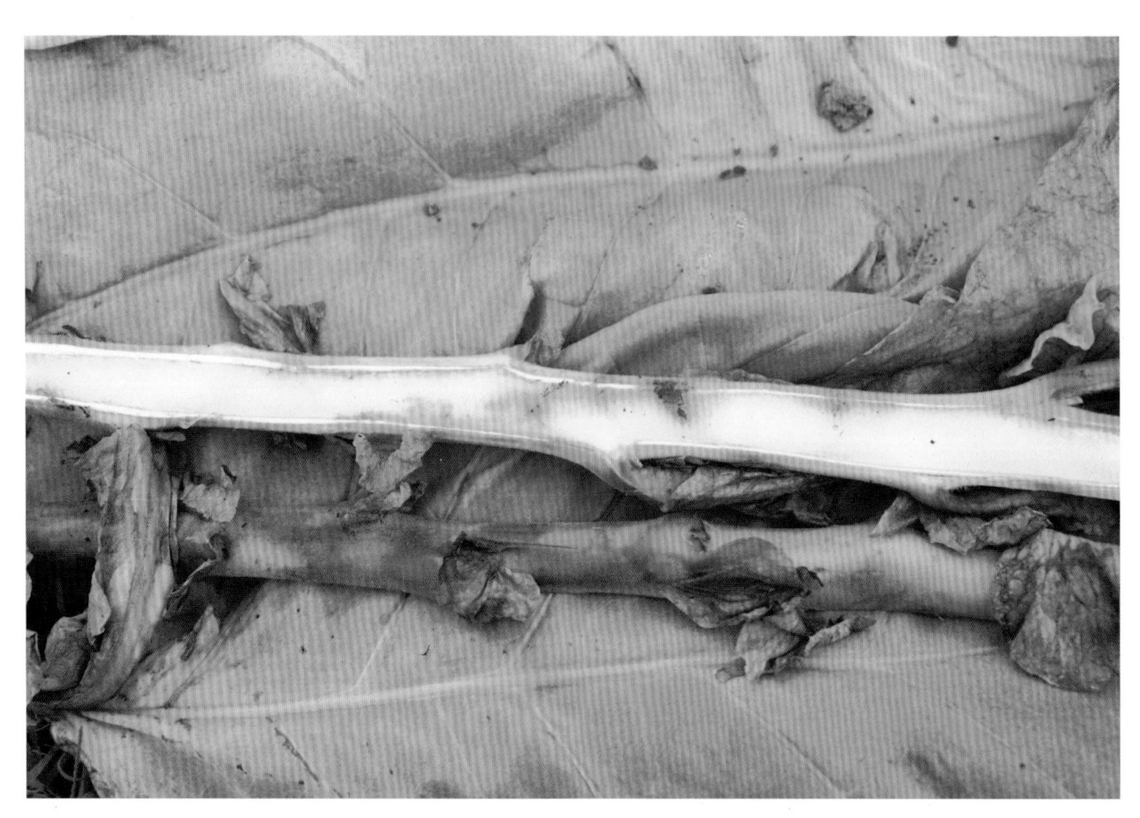

图16-9　烟草黑胫病为害茎基部中期纵切面症状

图16-10　烟草黑胫病病茎后期症状

图16-11 烟草黑胫病病茎后期纵切面症状

状，其中生有棉絮状的菌丝。病斑扩展快，可在数日内通过主脉、叶柄蔓延到茎部，造成“腰烂”而致全株死亡。

【病 原】*Phytophthora nicotianae* var. *nicotianae* 称烟草疫霉烟草致病型，属鞭毛菌门真菌(图16-13)。菌丝无色、无隔，粗细很不一致，内含泡沫状颗粒，有分枝，孢囊梗从病组织气孔中伸出，无色透明，无隔膜，单生或2~3根在一起。孢子囊顶生或侧生，梨形至椭圆形，有乳突。孢子囊成熟脱落后得到足够的湿度即萌发，生出游动孢子。游动孢子近圆形或肾形，无色，侧生二根鞭毛。病菌在病组织中尚能形成卵孢子和厚垣孢子，卵孢子球形，黄色，膜很厚，萌发时在芽管先端产生孢子囊。厚垣孢子圆形或卵形，幼嫩时色淡膜薄，老熟时深黄或褐色，膜加厚。黑胫病为喜高温高湿的兼性腐生菌，菌丝生长最适温度为28~32℃，最高36℃，

图16-12 烟草黑胫病叶片萎蔫症状

最低10℃，但不同菌系略有差异。孢子囊产生最适温度为24～28℃。游动孢子活动与发芽的最适温度为20℃，最高34℃，最低7℃，病菌致死温度为52℃10分钟。黑胫病菌在pH值3～11都能生长，以pH值4～6.5较适宜，pH值5.5生长最好。

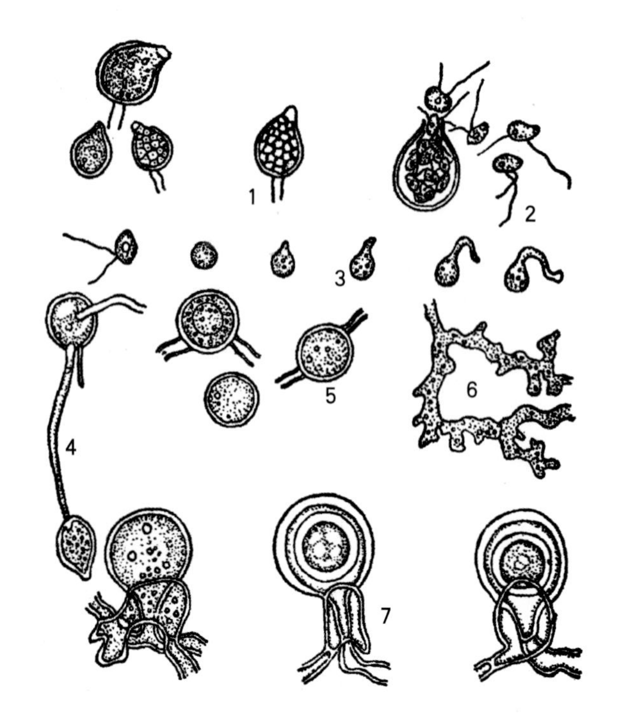

图16-13　烟草黑胫病病菌
1.孢子囊　2.孢子囊和游动孢子　3.游动孢子萌发　4.厚垣孢子萌发　5.厚垣孢子　6.菌丝体　7.雄器、藏卵器和卵孢子

【发生规律】病菌以厚垣孢子和菌丝体在土壤和粪肥中的病残体上越冬，翌年条件适宜侵染烟株，病部产生大量孢子囊及游动孢子，通过雨水、风、农事操作等传播进行再侵染(图16-14)。烟草黑胫病菌主要集中在距土表5cm的范围内活动，通过伤口或直接侵入，侵染部位主要是茎基部。华南地区6月下旬至7月中旬，黄淮地区8月出现症状。降雨及田间土壤湿度是黑胫病流行的关键性因素，在适温条件下，雨后相对湿度80%以上保持3～5天，病害即可流行。黑胫病是土壤传播病害。据调查，年年连作的烟田黑胫病发病率都在18%以上，而隔年水旱轮作的烟田黑胫病发病率在3%以内，3年轮作的烟田，基本不发病。地势低的烟田黑胫病发病率高，病害重；同等品种在同等的管理条件下，用房前屋后菜园地育苗比新地育苗发病早，而且严重，田间管理粗放的黑胫病发生也较重。不同品种的烟草对黑胫病的抗性有明显差异，同一品种的不同生育阶段对黑胫病的抗性也有较大差异，苗期和现蕾期以前较感病，现蕾以后较抗病。砂质壤土不易积水，发病均较轻；黏质土壤容易积水，发病较重。

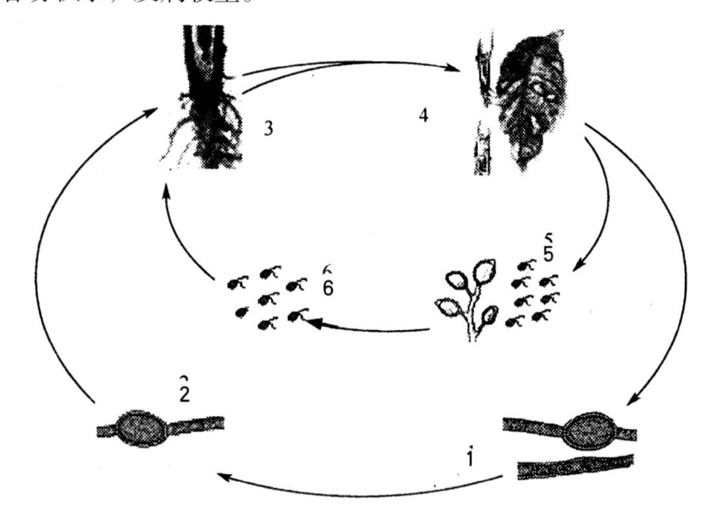

图16-14　烟草黑胫病病害循环
1.病菌在病残体中越冬　2.厚垣孢子萌发　3.病菌侵染茎基部
4.病茎、病叶　5.孢子囊和游动孢子　6.游动孢子再侵染

【防治方法】选栽抗病品种。加强栽培管理。实行3年以上轮作；起垄培土，开沟排水，保证烟田不积水，不流“过水”，起垄后地面流水不与茎基部接触，以减少传染机会；施用净水，保持流水不被病菌污染，拔除的病株和摘下的病叶应集中处理。

移栽无病壮苗，育苗基质和苗期病虫害防治应严格执行标准（GB/T 25241.1—2010）。

病害发生初期是防治的关键时期，田间烟株发病前或发病初期(图16-15)，可用下列药剂：

图16-15 烟草黑胫病为害初期

72.2%霜霉威盐酸盐水剂70～140ml/亩；

50%烯酰吗啉可湿性粉剂800～1 000倍液；

48%霜霉威·络氨铜水剂1 000～1 500倍液；

10亿个/g枯草芽孢杆菌可湿性粉剂400～500倍液；

25%甲霜灵·霜霉威可湿性粉剂600～800倍液；

60%烯酰·锰锌可湿性粉剂600～800倍液；

68%精甲霜·锰锌水分散粒剂100～120g/亩；

50%氟吗啉·三乙膦酸铝可湿性粉剂80～100g/亩，对水40～50kg喷雾，隔15天再喷1次。

3. 烟草病毒病

【分布为害】烟草病毒病是世界烟草产区广为分布的重要病害之一，主要有普通花叶病毒病、黄瓜花叶病毒病、马铃薯Y病毒病、蚀纹病毒病等。我国各烟区都普遍发生，以河南、山东、陕西、云南、贵州、四川、黑龙江等省受害较重。据调查，受害烟田达植烟面积的30%～70%，使烟叶内在品质下降，失去烘烤价值(图16-16)。

【症　　状】普通花叶病毒病：自苗床期至大田成株期均可发生。移栽后20天到现蕾期，为发病高峰期，打顶后田间病株仍呈上升趋势，但主要在烟杈上显症，为害不大。幼苗被侵染后，新叶的叶脉组织变浅绿色，呈半透明的“明脉症”，迎光透视可见病叶大小叶脉十分清晰，几天后叶片形成黄绿相间的

图16-16　烟草病毒病为害情况

“花叶症”(图16-17至图16-19)。大田期，烟株受侵染后，首先在心叶上发现“明脉”现象，以后呈现花叶、泡斑、畸形、坏死等典型症状。轻型花叶只在叶片上形成黄绿相间的斑驳，叶形不变。重型花叶症状为叶色黄绿相间成相嵌状，深绿色部分出现“泡斑”(图16-20)，叶子边缘逐渐形成缺刻并向下卷曲，叶片皱缩扭曲，有些叶片甚至变细呈带状。早期感病植株矮化，生长停滞，叶片不开片，正常开花但果实种子发育不良。除典型花叶症状外，在旺长期病株中上部叶片还会出现红褐色大坏死斑，称为“花叶灼斑”。烟草普通花叶病的个别株系还可以在烟叶上形成系统花叶的同时，在中下部叶片上产生环斑或坏死斑。早期发病的植株严重矮化，生长缓慢，不能正常开花结实。能发育的蒴果小而皱缩，种子量少且小，多不能发芽。

黄瓜花叶病毒病：本病的症状随侵染的黄瓜花叶病毒株系不同而有所差异。初期发病，首先在心叶上表现明脉症，叶色浓淡不均，出现黄绿相间的“花叶症”状。严重时，叶片变窄、扭曲，伸直呈拉紧状，表皮茸毛脱落，失去光泽等。早期患病，植株严重矮化，基本无利用价值。大田期的典型症状有：①叶片颜色深浅不均，形成典型的“花叶症”。②上部叶狭窄、叶柄拉长，叶缘上卷叶尖细长，呈“畸形状”。③有时病叶上出现深绿色的“泡斑”。④中部叶或下部叶可形成“闪电状坏死”，褐色至深褐色(图16-21和图16-22)。⑤小叶脉或中脉形成深褐色或褐色坏死。CMV与TMV的症状区别：TMV的病叶边缘时常向下翻卷不伸长，叶面绒毛不脱落，泡斑多而明显，有缺刻；而CMV的叶片，病斑边缘时常向上翻卷，叶基拉长，两侧叶肉几乎消失，叶尖成鼠尾状，叶面绒毛脱落，泡斑相对较少，有的病叶粗糙，如革质状。

马铃薯Y病毒病：由于病毒株系不同而表现出不同症状。发病初期，新叶上表现明脉现象，此后由于病毒株系不同，引起的症状也有差异，分为脉带花叶型、脉斑型和褪绿斑点型。脉带型：在烟株上部叶片呈黄绿花叶斑驳，脉间色浅，叶脉两侧深绿，形成明显的脉带，严重时出现卷叶或灼斑，叶片成熟不

图16-17 烟草普通花叶病毒病为害叶片初期症状

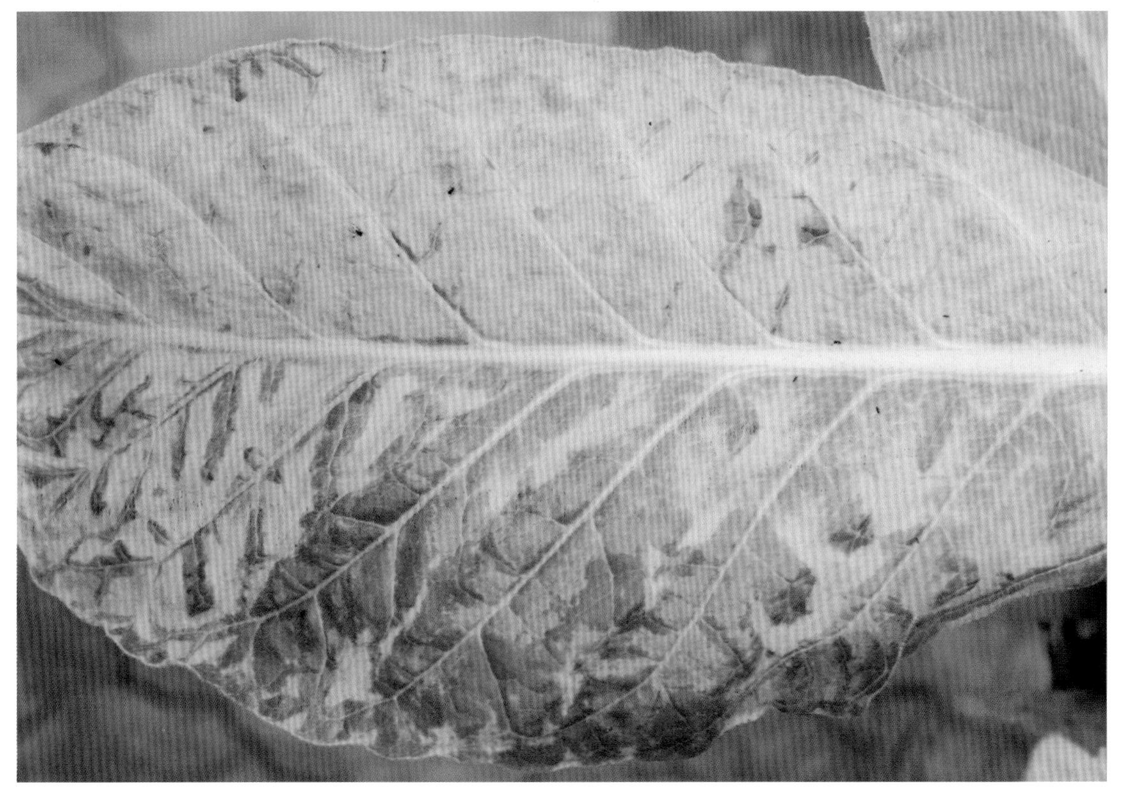

图16-18 烟草普通花叶病毒病为害叶片后期症状

图16-19　烟草普通花叶病毒病为害植株症状

图16-20　烟草普通花叶病毒病疱状斑

图16-21 烟草黄瓜花叶病毒为害叶片症状

图16-22 烟草黄瓜花叶病毒为害叶片闪电状坏死斑症状

正常，色泽不均，品质下降，烟株矮化(图16-23和图16-24)。脉斑型：下部叶片发病，叶片黄褐，主侧脉从叶基开始呈灰黑或红褐色坏死(图16-25和图16-26)，叶柄脆，摘下可见维管束变褐，茎秆上出现红褐或黑色坏死条纹。褪绿斑点型：初期与脉带型相似，但上部叶片出现褪绿斑点，后中下部叶产生褐色或白色小坏死斑，病斑不规则，严重时整叶斑点密集，形成穿孔或脱落。

蚀纹病毒病：苗床和大田期均可发生，一般前期不表现症状。旺长期症状才显现出来，打顶后病情发展趋缓。发病初期叶片上产生褪绿小斑点，后形成白色条纹或多角形病斑，常沿叶脉扩展，脉间出现多角形不规则的小坏死斑，后期病斑布满整个叶片，致叶枯焦脱落或残留叶脉而形成枯焦条纹状，支脉

图16-23 烟草马铃薯Y病毒病为害叶片正面症状

图16-24 烟草马铃薯Y病毒病为害叶片背面症状

图16-25 烟草马铃薯Y病毒病为害叶脉症状

图16-26 烟草马铃薯Y病毒病为害植株症状

变黑而卷曲，整个叶片毁坏(图16-27)。茎部受害呈现干枯条纹，髓部组织枯死。烟株染上此病毒后，经1周即可传到生长点，并在其上产生条状的枯死斑。

【病　原】普通花叶病毒病：Tobacco mosaic virus(TMV) 称烟草普通花叶病毒，属病毒(图16-28)。病毒粒体杆状，大小300nm × 18nm。钝化温度90 ~ 93℃经10分钟，稀释限点1 000 000倍，体外保毒期72 ~ 96小时。

图16-27　蚀纹病毒病为害烟草叶片症状

黄瓜花叶病毒病：Cucumber mosaic virus(CMV) 称黄瓜花叶病毒，属病毒(图16-29)。病毒粒体为球状正二十面体，直径约30nm，病毒的致死温度为60 ~ 70℃，稀释终点为10^{-4}，体外存活期3 ~ 4天。

马铃薯Y病毒病：Potato virus Y(PVY) 称马铃薯Y病毒，属于马铃薯Y病毒组(图16-30)。病毒粒体呈线状。由于株系不同，适应性也不同，一般钝化温度为55 ~ 65℃10分钟，稀释限点10 000 ~ 1 000 000倍，体外保毒期2 ~ 6天(室温)，个别株系可达17天，干燥烟叶在4℃下可保毒期达16个月。

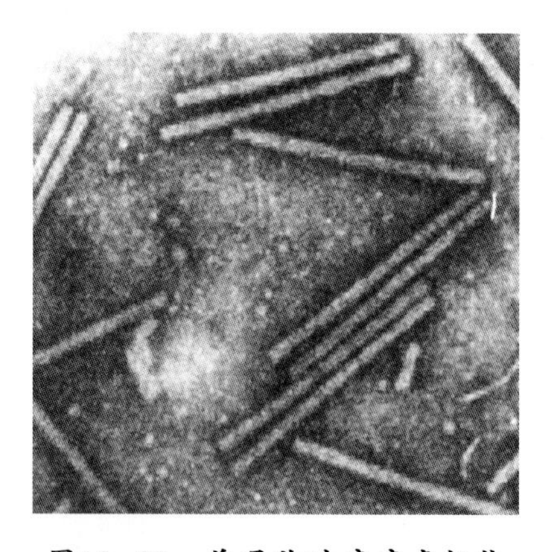

图16-28　普通花叶病病毒粒体

蚀纹病毒病：Tobacco etch virus (TEV)称烟草蚀纹病毒，属马铃薯Y病毒组。病毒粒体呈稍曲的线状，含单链RNA。

【发生规律】普通花叶病毒病：自苗床期至大田成株期均可发生，移栽后20天到现蕾期为发病高峰期，打顶后田间病株仍呈上升趋势，但主要在烟杈上显症。苗期的初侵染源主要是土杂肥带毒、种子中混杂病杂体、风及人为操作、带病的其他寄主。幼苗发病后，通过摩擦使叶片产生微小伤口引起再侵染(图16-31)。主要发生在苗床期至大田现蕾期。大田发病主要来源于病苗、病土及其他带毒植物等，通过农事活动造成病毒侵入发病。普通花叶病侵入后在薄壁细胞内繁

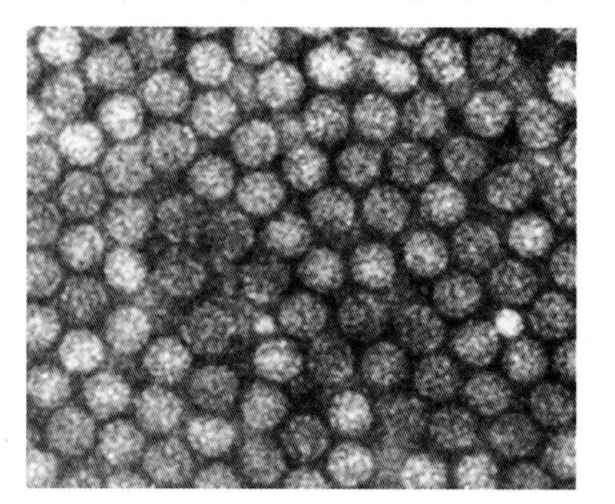

图16-29　黄瓜花叶病病毒粒体

殖，后进入维管束组织传染整株。烟草普通花叶病毒主要靠病汁液接触传染，在已烤烟叶、病残体、马铃薯等其他寄主植物上都能存活。该病发生流行的条件：品种的抗病性丧失，感病品种面积增大。移栽后气温变化大，烟株根系发育不良。施肥不足，地力瘠薄，管理不当。连作或与茄科植物套种使毒源增多，发病加重。

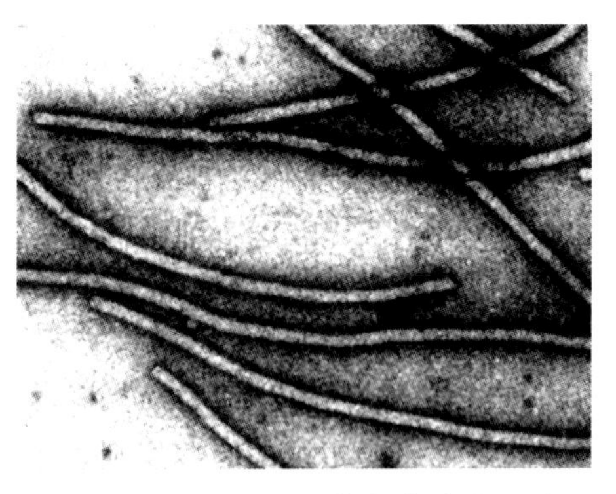

图16-30 马铃薯Y病毒病病毒粒体

黄瓜花叶病毒病：主要在越冬蔬菜、多年生树木及农田杂草上越冬。可通过蚜虫和摩擦传播，有60多种蚜虫可传播该病毒。翌春通过有翅蚜迁飞传到烟株上。烟株在现蕾前旺长阶段较感病，现蕾后抗病力增强。大田发病率与烟蚜发生量成正相关，通常在有翅蚜量出现高峰后10天左右出现为害高峰。高温干燥气候有利于有翅蚜虫发生，发病就较重。在杂草较多、距菜园较近、蚜虫发生较多的烟田，发病时间早，且受害较重。

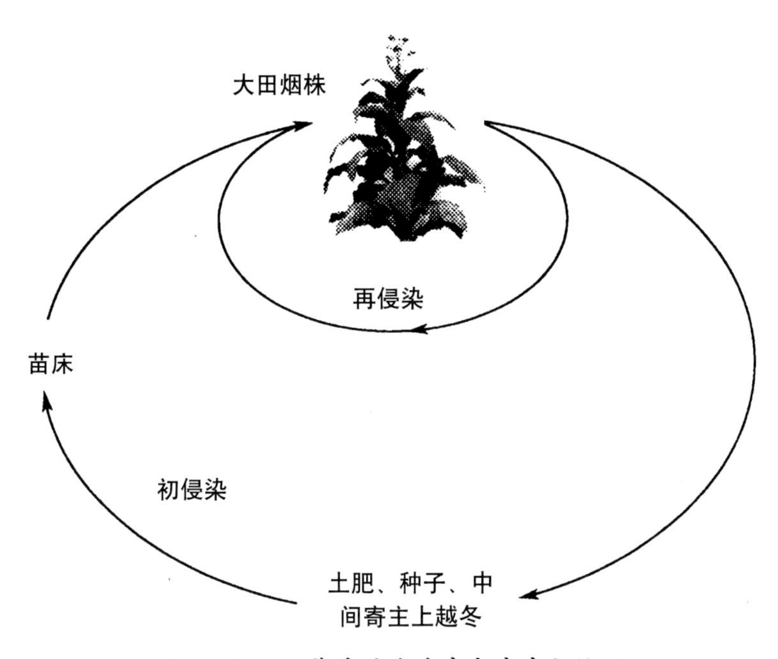

图16-31 烟草普通花叶病毒病病害循环

马铃薯Y病毒病：可通过蚜虫、汁液摩擦、嫁接等方式传播。自然条件下仍以蚜虫传毒为主。介体蚜虫主要有棉蚜、烟蚜、马铃薯长管蚜等，以非持久性方式传毒。PVY主要在农田杂草、马铃薯种薯和其他茄科植物上越冬(图16-32)。亚热带地区可在多年生植物上连续侵染，通过蚜虫迁飞向烟田转移，大田汁液摩擦传毒也很重要。幼嫩烟株较老株发病重。蚜虫为害重的烟田发病重。天气干旱易发病。主要受传毒蚜虫、气候因素和烟草生育状况等多方面影响。苗期一般不发病，团棵期开始轻微发病，旺长至封顶前后则大量发生。马铃薯Y病毒发生与蚜虫的消长关系密切。6—8月3个月的天气条件如适宜蚜虫生长繁殖，蚜量大，马铃薯Y病毒发生则重。在氮肥充足时，烟草生长迅速，组织幼嫩，较易感病，且出现症状较快。烟田离马铃薯地块越近，发病率越高，为害越重。据云南曲靖地区调查，前作是马铃薯的烟田发病重，病株率达17.6%，而远离马铃薯轮作的烟田，则发病较轻，病株率为2.4%。

蚀纹病毒病：田间杂草和越冬蔬菜为主要初侵染源。经汁液摩擦及烟蚜、桃蚜传毒。蚜虫以非持久性方式传毒，菟丝子亦能传此病。烟草在苗床揭膜阶段即可被迁飞有翅蚜传毒而感染，而烟草移栽到大

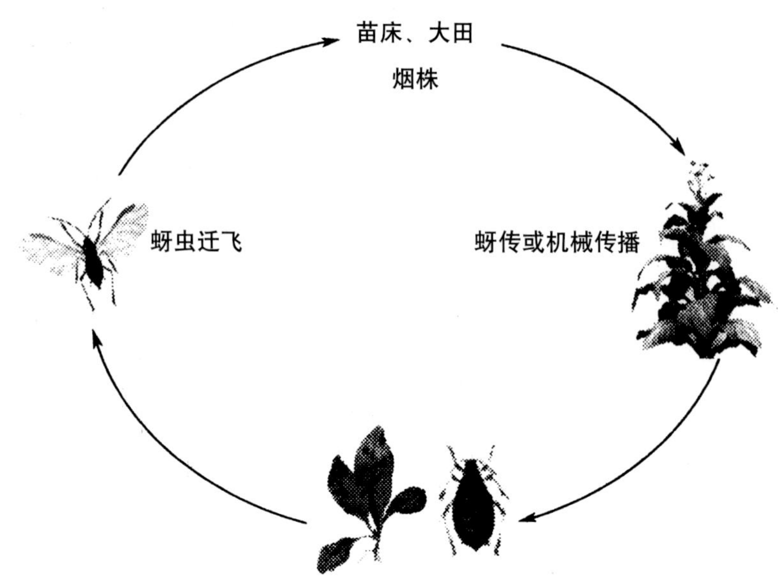

图16-32　烟草马铃薯Y病毒病病害循环

田的最初阶段，是烟草蚀纹病毒初侵染的重要时期，田内病毒的再侵染主要靠有翅蚜和无翅蚜传播。在陕西烟区，流行年份田间病株最早出现在5月底，盛发期为6月中旬，6月中下旬进入了发病高峰期。在烟株采收烘烤后期8月上、中旬，形成第二高峰期。蚜虫发生数量大发病重。气温25℃，利于病毒增长，TEV浓度升高发病重。露地栽培的烟田病害发生重。

【防治方法】种植抗病品种：吉烟5号、中烟90、云烟202、秦烟95、秦烟98、中烟98等，耐病品种：中烟101、云烟97、秦烟97、豫烟6号，豫烟7号、豫烟9号。加强大棚育苗的苗期管理，育苗基质选择高温消毒，在苗床操作前做到用肥皂洗手及消毒操作工具及苗盘，苗床全程用40目防虫网覆盖栽培。禁止在育苗大棚和大田管理时吸烟。实行轮作，不与茄科植物间、套作，宜与禾本科作物轮作2～3年。加强田间管理，严禁将已发病的烟苗移入大田。应先健株后病株顺序管理，操作过程中，不宜在烟田反复走动、触摸。充分施足氮、磷、钾肥，及时喷施多种微量元素肥料，提高植株抗病能力。移栽后适当炼苗，团棵末期浇临界水，促进植株生长。出现花叶病，要及时追施速效肥、培土浇水、促进开秸开片，减轻病害。

选用从无病田无病株上采收的种子，或用0.1%硝酸银或0.1%～0.2%硫酸锌、0.1%磷酸三钠液浸种10分钟，去除种子表面病毒，浸种后要反复冲洗。

在发病前或发病初期喷药防治，可用下列药剂：

24%混脂酸·铜(混合脂肪酸·碱式硫酸铜)水乳剂600倍液；

20%盐酸吗啉胍·乙铜可湿性粉剂150～200g/亩；

20%盐酸吗啉胍可湿性粉剂160～250g/亩；

0.5%香菇多糖水剂150～200ml/亩；

10.001%羟烯腺嘌呤·盐酸吗啉胍水剂180～250ml/亩；

10%混合脂肪酸水剂400～800ml/亩；

24%混合脂肪酸·硫酸铜水乳剂83～125ml/亩；

1%氨基寡糖素水剂300～500ml/亩；

18%丙多·吗啉胍(丙硫多菌灵·盐酸吗啉胍)可湿性粉剂100～150g/亩；

2%宁南霉素水剂300～400ml/亩；

22%烯·羟·硫酸铜(烯腺嘌呤·羟烯腺嘌呤·硫酸铜)可湿性粉剂160～180g/亩；

3%邻甲氧基酚·愈创木酚可溶性液剂75～100ml/亩；

4%嘧肽霉素水剂200～300ml/亩；

0.5%香菇多糖水剂150～200ml/亩；

31%三氮唑核苷·吗啉胍可溶性粉剂25～50g/亩，对水40～50kg均匀喷施，间隔7～10天1次，共喷施3～4次。采收前14天停止用药。

4. 烟草根结线虫病

【分布为害】烟草根结线虫病又称根瘤线虫病，俗称“根瘤”“鸡爪根”“马鹿根”。广西、广东、福建、湖南、湖北、云南、贵州、四川、浙江、安徽、河南、陕西、山东等省区均有发生。发病较重的有河南、广西、湖南、四川等省区。目前，病区还在不断扩大，为害程度也逐年加重。一般烟田病株率10%左右，严重烟田高达100%，局部烟区损失较重(图16-33)。

图16-33 烟草根结线虫病为害情况

【症 状】根结线虫在烟草苗期就可侵入为害，一般症状不明显，主要为害期在大田期。根结线虫直接为害烟株根部，间接影响地上部。苗期受害表现叶片萎黄，生长缓慢。苗床后期，若虫口密度较高，则出现须根减少，也可出现细小的根瘤。大田期症状明显，地上部表现叶尖、叶缘退绿变黄，继而转为红褐色，呈倒“V”字形向下向内扩展，最后干枯反卷(图16-34和图16-35)。此症状与缺肥、缺水引起的干枯较为相似，故往往要结合地下部症状的诊断方能区别。在出现枯尖枯边的发病中后期，可看见病株根部长有许多大小不一的根瘤，须根很少。须根上的初生根瘤为乳白色，以后逐渐增大，一条根上

图16-34　烟草根结线虫为害叶片初期症状

图16-35　烟草根结线虫病为害叶片后期症状

可长几个到十几个，大的如花生仁，圆形或纺锤形(图16-36)。严重时，整个根系变粗，如鸡爪状，吸收营养和水分的机能基本丧失。发病后期，病根腐烂中空，仅存根皮和木质部。根瘤里面隐藏着大量不同发育阶段的病原线虫。

【病　　原】目前能引起烟草根结线虫病的病原线虫在我国已鉴定出有5种，即南方根结线虫(*M. Incognita*)(图16-37)、花生根结线虫(*M. arenaria*)、爪哇根结线虫(*M. javanica*)、北方根结线虫(*M. hapla*)和高弓根结线虫(*M. acrita*)。其中南方根结线虫为优势种，雌雄异形。卵为肾形或椭圆形，黄褐色，初产卵

图16-36 烟草根结线虫为害根部症状

有一侧微向内凹。卵被包于黄褐色的胶质卵囊内。卵囊一端与雌虫相连，一端在虫体外表。烟株根瘤中的乳白色颗粒即为雌虫。雌虫有4个龄期：1龄呈“8”字形蜷缩在卵壳内，蜕皮后破卵而出的即2龄幼虫，其体细长如蛔虫。2龄幼虫即可侵入根部并开始取食、生长和发育；经3次蜕皮后，雌虫变成腊肠状，4龄幼虫则慢慢变成梨形或柠檬形，雌成虫体前端突出如瓶颈状，顶端有不太显著的头状小帽，口腔开口于中央，体后部呈球状。成熟雌虫后部从生殖孔中分泌出胶质形成卵囊，生殖孔位于虫体末端，由两个角质化性唇围成。肛门位于生殖孔后边，在肛门的后部生有不太明显的尾点。雌虫会阴部角质膜上有会阴花纹，会阴花纹是根结线虫种鉴定的重要特征。

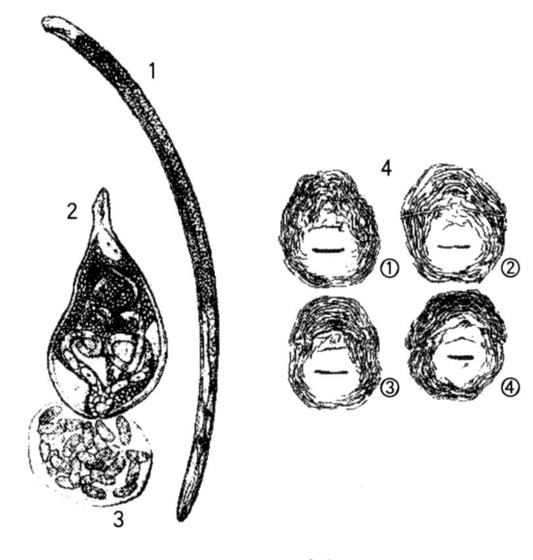

图16-37 烟草根结线虫
1.雄成虫 2.雌成虫 3.卵囊
4.不同线虫会阴花纹

【发生规律】烟草根结线虫可以各种虫态在土壤中的烟草残根或其他寄主的残根中越冬。在外界条件适宜后，越冬卵即开始陆续孵化为第一代幼虫。及后，1龄幼虫蜕皮成2龄幼虫。种植病苗或施用带菌粪肥都可引起大田发病，也是线虫作远距离传播的主要方式。线虫的再侵染是靠农事操作、流水及自身的游动而实现的。幼虫可在土壤、水中作短距离游动(最远只有几厘米)，然后从烟株根尖的伸长区侵入。幼虫侵入根表皮细胞后，头部紧贴细胞壁，利用其吻针对细胞外壁进行频繁穿刺，最后吻针插入内皮层或中柱外围取食，随即固定下来生长繁殖。由于线虫的刺吸，致使烟根的构造和生理机能都发生明显变化，中柱细胞大量分裂，形成一个多核巨型细胞，其周围的细胞也以此为中心随之增大，形成肿瘤。线虫严重感染时，整个根系都可形成肿瘤，致使生长缓慢，甚至停止。由于雌虫的膨大，薄壁细胞受到挤压而破坏，根组织内形成大量空胞，既直接消耗根部的养分，也严重影响地上部养分和水分的供应。河南省记载，根结线虫在许昌烟区一年约发生4代：第一代3月上旬至5月中旬，历时60～70天；第二代5月下旬至7月上旬，历时40～55天；第三代7月中旬至8月中旬，历时30～40天；第四代8月下旬至10月下旬，历时50～80天。因受温度制约，所以一年中北方烟区发生的代数较少，而南方烟区则较多。湿润的土壤对线虫的活动及传播非常有利。碱性土、沙地、坡地、丘陵岗地、瘠薄旱地的病害往往较重。病区的旱地连年栽烟，发病率相当高。栽培管理粗放，肥水不足，病害的损失程度也较重。

【防治方法】选用抗病耐病品种。目前推广种植的NC89、G28、G80、K346、中烟14、云烟87、豫烟3号等在山东、河南、四川等省均表现抗病。与其他根茎类病害的防治措施相结合，实行与禾本科作物3年以上的轮作。隔年的水旱轮作可完全杀灭线虫，效果极佳。在感病烟株死亡之前，多数线虫仍残留在虫瘿内；烟叶收烤后，及时将病株连根挖出集中烧毁，并进行翻耕，这样可大大减少越冬线虫的数量。感染线虫的烟株病残体不宜用作沤肥。如使用，必须经过高温发酵充分腐熟后方可使用。选择水稻田或无病地作苗床，培育健壮苗。实行早播早栽，栽大苗，可促使烟苗早旺长，早成熟，减轻受害程度。移栽前施足基肥，移栽后及时中耕追肥。为减少伤根，应掌握“锄浅锄远锄深”的原则，促使烟根深扎，多生须根，加速生长进程，达到早收烤的目的。

为了防止烟苗在苗期感染线虫病，苗床播种前可用威百亩熏蒸苗床土壤。

大田移栽前可在准备栽烟的烟畦上开挖15～20cm深的沟，然后用下列药剂：

0.5%阿维菌素颗粒剂2～3kg/亩；

3%克百威颗粒剂3kg/亩；

5%丁硫克百威颗粒剂3kg/亩；

3%氯唑磷颗粒剂4kg/亩；

10%克线磷颗粒剂2～3kg/亩拌细沙或泥粉20～30kg撒施，施药后覆土。

施药后1～2周栽烟。应选择地温在15～27℃，土壤湿度为5%～25%时施药。温度过低或土壤太干都会影响用药效果。

5．烟草炭疽病

【分布为害】炭疽病是烟草苗床期及大田期烟株中下部叶片的病害。各产烟省区均有发生。烟苗十字期，有时在3～4天内侵染整块苗床，造成烟苗生长缓慢，甚至大量萎蔫死亡，广西、湖南、福建、湖北等省区的烟区受害较重。大田期烟株主要在团棵至旺长期发病，为害中下部叶片，造成烟叶减产降质。湖北和福建省，炭疽病不仅是烟草苗期主要病害，而且大田期发生也相当普遍。

【症　　状】多发生于苗期，主要为害叶片，苗期叶片上病斑初为暗绿色水渍状小点，1～2天后扩展成直径2～5mm的网斑，稍凹陷，边缘明显稍隆起呈赤褐色。天气潮湿时病斑多呈褐色或黄褐色(图16-38)，有时有轮纹或产生小黑点。天气干燥，寄主组织老硬时，病斑多无轮纹或小黑点(图16-39)。病斑密集时则相互合并，致使叶片扭缩枯焦。在中脉、侧脉、叶柄和茎部上的病斑呈梭形，凹陷开裂。病斑大或多时常使幼苗倒折。成株期染病从脚叶开始，逐渐向上蔓延，病斑症状与苗期基本相同；茎上病斑较大，黑褐色，龟裂凹陷呈纵裂网状条斑，天气潮湿时病部出现小黑点。花及蒴果如被害，产生褐色近圆形小斑。

图16-38 烟草炭疽病为害子叶症状

图16-39 烟草炭疽病为害真叶症状

【病　　原】*Colletotrichum nicotianae* 称烟草炭疽菌，属无性型真菌(图16–40)。病斑上的小黑点即病菌的分生孢子盘，盘上排生分生孢子梗和刚毛。分生孢子梗短棍棒形，无色。分生孢子长圆筒形，无色，单胞，梗上顶生分生孢子。孢子堆内混生刚毛，刚毛暗褐色，有隔膜，基部粗，尖端细，混生于分生孢子梗间。

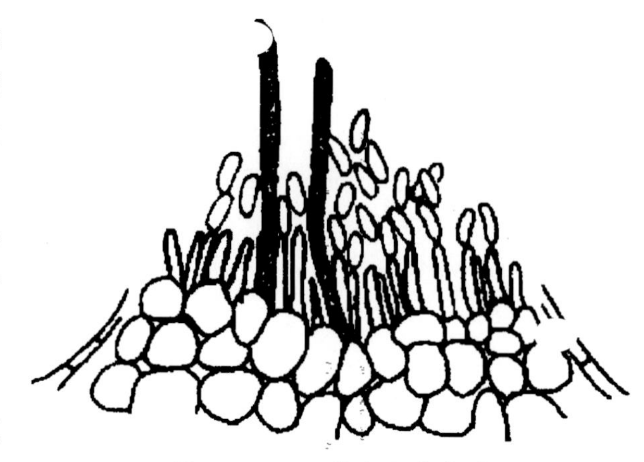

图16–40　烟草炭疽病病菌

【发生规律】以菌丝体和分生孢子随病残体遗留在土壤、粪肥上越冬，或以菌丝体在种子内及分生孢子黏附于种子表面越冬，成为翌年苗床病害初侵染源。病菌靠风雨传播，分生孢子只有在潮湿情况下才产生，并且有水膜存在时，才能萌发侵染。苗期多雨，病害常比较重。苗床低湿或大水漫灌都会引起病害的发生。大田发病，菌源除主要来自病苗外，其次为土壤、肥料中的病株残体。大田发病一般局限于底叶，多雨时能蔓延到顶叶及花序上。炭疽病菌最适温度为25～30℃，低于4℃和超过35℃发病很少。水分对此菌的繁殖和传播起决定性作用，在潮湿多雨情况下，易形成和传播分生孢子进行再侵染。多雨湿度大，苗床烟苗过密，排水不良，薄膜覆盖后通风不良，管理不善，病害便加重。烟草幼苗在两片真叶前后最易受感染，往往几天内可使整畦烟苗发病，甚至成片枯死。

【防治方法】防治此病应着重于苗期。中心环节是合理定苗，减少荫蔽，控制苗床温度、湿度，以减少病菌侵染机会，同时采取施用净肥与喷药保护措施，以达到培育壮苗的目的。选择远离菜地、烟地、烤房，地势高，排水方便，前作是稻田或未种过茄科或葫芦科作物的地块作苗床。不施用带菌肥料，推广薄膜育苗，可减轻病害发生。加强苗期管理。苗床避免积水和床面过湿，注意控制播种密度，做到早间苗、早定苗，培育壮苗。若使用薄膜覆盖育苗，遇温度较高时，畦端薄膜早开晚闭，以利通风透气。

种子处理是预防炭疽病的有效措施。用1%硫酸铜、0.1%硝酸银或2%福尔马林溶液浸种10分钟，然后用清水洗净、晾干催芽后播种。

种前采用烧土法或用32.7%威百亩水剂进行苗床熏蒸消毒，也可用40%五氯硝基苯和80%代森锌混合剂(1：1)处理苗床，每平方米用药10g。

从烟苗十字期开始，用1：1：150倍式波尔多液每隔7～10天喷1次，连喷3次。

烟苗移栽前，可喷施下列药剂：

70%代森锰锌可湿性粉剂500倍液；

75%百菌清可湿性粉剂500倍液；

80%代森锌可湿性粉剂80～100g/亩；

50%多菌灵可湿性粉剂500倍液，对水60～70kg喷雾预防。

移栽后病害发生初期，可用下列药剂：

25%咪鲜胺锰盐可湿性粉剂1 000倍液；

60%苯醚甲环唑·福美双可湿性粉剂100～150g/亩；

20%丙硫·多菌灵悬浮剂100～125ml/亩；

50%菌核净可湿性粉剂1 000倍液；

50%甲基硫菌灵可湿性粉剂1 000倍液；

50%克菌丹可湿性粉剂600 ~ 800倍液；

80%福美双 · 福美锌可湿性粉剂600倍液；

24%腈苯唑悬浮剂900 ~ 1 200倍液；

40%氟硅唑乳油4 000 ~ 6 000倍液；

5%亚胺唑可湿性粉剂600 ~ 700倍液，间隔7 ~ 10天1次，连续2 ~ 3次。

6. 烟草青枯病

【分布为害】烟草青枯病俗称“烟瘟”“半边疯”，是我国南方烟区普遍发生的重要细菌性病害。目前已有14个省区发生，其中发生面积较大，为害较重的有广西、广东、福建、湖南和贵州等省区的烟区及安徽省皖南烟区、四川省宜宾和泸州烟区等。近年来，青枯病有向北扩展的趋势，如河南、山东、辽宁等省局部烟区已有此病发生，有些地块还比较严重。

【症　　状】本病为典型的维管束病害，苗期和大田期均可受害，但由于受温度制约，南方烟区多见于大田期。此病可为害烟株的根、茎、叶，最典型的症状是枯萎。染病初期，烟株的叶片软化萎垂，但仍为青色，故称“青枯病”(图16–41)。病菌多从烟株一侧根部侵入，在植株体内迅速繁殖并向上扩

图16–41　烟草青枯病为害植株症状

展。发病初期是一两片叶片的一半先萎蔫，直至发病的中前期，烟株仍表现一侧的叶片萎蔫，另一侧似乎生长正常。以这种半边萎蔫的症状即可与其他根茎类病害相区别。若将病株拔起，可见病侧的许多支根变黑，但叶片生长正常一侧的根系仍正常生长。剖开病侧的病茎，可见皮层与木质部间有许多纵长黑褐色条斑，外表呈暗黄色；随着病情发展，病害从茎部维管束向附近的薄壁组织扩展，细菌大量增殖，暗黄色条斑逐渐变成黑色条斑，黑色条斑可一直伸展到病株的顶部，甚至到达叶柄或叶脉上。病菌也可从叶片侵入，使叶片迅速软化，开始为青绿色，随着细菌充塞叶脉，1～2天后即表现叶脉为黑色、叶肉为黄色的网状病斑。病茎上的黑色条斑和叶片上的网状斑块是青枯病的重要特征。到发病后期，根部变黑腐烂，木质部亦变黑，髓部呈蜂窝状或全部腐烂，最后整株枯死。横切病茎，用力挤压伤口，可见黄白色的乳状黏液自导管处渗出，即细菌溢脓。

【病　　原】*Ralstonia solanacearum* 称青枯劳尔氏菌，属细菌。菌体杆状，两端钝圆，具1～3根单极生鞭毛，偶有两极生。无内生孢子，无荚膜，好气性。革兰氏染色阴性，在肉汁胨培养基上菌落为小圆形，表面润滑有光泽，初为乳白色，后变为褐色。病菌生长的温度范围为18～37℃，最适温度30～35℃，致死温度为52℃10分钟；pH值4～8，最适pH值为6.6。

【发生规律】主要在土壤中或遗留在土壤中的病残体上越冬，亦能在生长着的各种寄主体内越冬，其主要初侵染源是病土、病残组织及带菌肥料。在田间病菌借助排灌水、粪肥、病苗等传播。中耕培土、打顶抹芽、收摘烟叶及昆虫为害等均能使病菌传播和侵入一并完成。病菌多从烟株根部的伤口侵入，自下而上发展。病菌一旦侵入寄主组织，即行分裂繁殖，并进入维管束，进而向其他组织扩展蔓延。青枯病在旬平均气温达到22℃以上时开始发病，但流行则需有30℃以上的高温和相对湿度90%以上的条件相匹配。在温度适宜情况下，无论降雨或灌溉，只要土壤相对湿度达90%以上时，病菌就可侵入为害，7～10天地上部就可出现典型症状。广西各地烟草青枯病的始病期：桂南为3月下旬至4月中旬，桂中为5月上中旬，桂西及桂北为6月上中旬。偏施或迟施氮肥，可致烟叶贪青晚熟，不利于避过发病高峰期，还会降低植株的抗病能力。在烟株生长过程中缺硼或使用铵态氮都会诱发该病。中耕培土过迟或次数过多或伤根过重均有利于病菌侵入。烟株过早打顶，在雨中、在露水未干前打顶抹芽及各种容易造成伤口的农事操作，都有利于病菌的侵入和传播。此外，地下害虫、线虫及其他根茎类病害为害较重的地块，青枯病发生往往较多。凡是地势低洼，排水不良，土壤湿度过高都有利于病菌的增殖而诱发该病。土质黏重的纯黄泥土或含沙量太高的地块均易诱发青枯病。

【防治方法】选用抗病品种。目前推广的K326、云烟85、K346、G80、Coker176、RG13和MS6456等品种均具较好的抗病和耐病性。一个抗病品种在一个地区种植不宜太久，以3～5年为宜。合理轮作。水田实行烟稻隔年轮作，旱地实行3～5年与禾本科及其他非青枯病菌的寄主作物大面积连片的轮作，均可收到良好效果。培育无病苗。为防止带菌苗转入大田，首先要选择地势高、土质疏松、排水方便、背风向阳、前作为水稻的地块作苗床，切勿用菜地作苗床。播种前每亩用石灰15～20kg撒施，耙沤2～3天。勿用带菌的肥料作基肥。选择沙壤土、排灌顺畅的田块栽烟。在地势低洼、湿度大的地区应起高畦，四周开好排水沟，防止雨后积水，保持土壤不过于潮湿，以增强烟株抗病能力。适时早播，避开病害发生高峰期。施足基肥，科学用肥，避免偏施氮肥，适当增施磷、钾肥，氮、磷、钾肥比例以1：1：（2～3）为好。努力完善排灌设施，防止串灌漫灌，减少病菌传播机会。中耕培土、打顶抹芽、收摘烟叶应选在晴天或露水干后进行；培土次数不宜过多，1～2次即可，并尽量减少伤根。及时做好地下害虫、线虫及其他根茎类病害的防治工作。烟苗移栽后，要经常进行田间检查，一旦发现病株即行拔除，带出田外烧毁，并撒施少许石灰作病穴消毒。

发病初期，可用下列药剂：

72%农用硫酸链霉素可溶性粉剂3 000～5 000倍液；

20%敌磺钠可湿性粉剂600倍液；

77%氢氧化铜可湿性粉剂400倍液；

30%琥胶肥酸铜可湿性粉剂500倍液；

50%代森铵水剂800倍液；

15%络氨铜水剂300倍液；

47%春雷霉素·氧氯化铜可湿性粉剂700～800倍液或用3 000亿个/克荧光假单胞菌粉剂对水稀释后灌根，每株灌50～100ml，间隔10～15天1次，连灌2～3次。

7．烟草蛙眼病

【分布为害】烟草蛙眼病是烟叶成熟采收期普遍发生的叶部斑点病害。该病在我国分布普遍，但在大部分烟区为害较轻，只在局部地区为害较重。在广西、湖南等省区蛙眼病有逐年加重的趋势。其为害程度是南方重于北方。

【症　　状】蛙眼病主要发生在烟草大田期的烟株叶片上，苗期也有发病。病斑比赤星病稍小，圆形，褐色、茶色或污灰色，中央褐色或灰白色，有狭窄而带深褐色的边缘，形似青蛙眼，故名“蛙眼病”(图16–42)。病斑偶尔呈棱角形，无白色中心。病斑中央着生灰色霉状物。病斑多发生在烟株的下部叶片上，幼嫩叶片比成熟叶片抗病。但是，如天气潮湿，环境条件适宜，病菌就由下而上蔓延和发展，幼嫩叶片也被侵染。一张叶片上病斑可达数百个，甚至密不可数。遇到暴风雨时，病斑常破裂脱落，形成穿孔，严重时许多病斑连片，致使整个叶片枯死。

图16–42　烟草蛙眼病为害叶片症状

【病　　原】*Cercospora nicotianae* 称烟草尾孢，属无性型真菌。菌丝无色，具隔，分生孢子梗褐色，弯曲，有1～3个分隔，束生。分生孢子顶生，细长，无色鞭状，直或略弯，基部较粗，具5～10个横隔，无纵隔。病菌要求温度7～34℃，适宜温度27～30℃，致死温度为55℃10分钟。病菌生长的pH值范围为2～13，在pH值5～6生长最好。

【发生规律】病菌主要随病残体在土壤中越冬，为每年初次侵染的主要来源。春暖后即开始侵染幼苗。带病幼苗也是大田初侵染的菌源之一。病斑上产生的分生孢子，借风雨传播而再侵染。病害发生的温度范围10～34℃，阴雨连绵发病就重。土质黏重、排水不良、地势低洼、种植密度大、通风透光差以及管理粗放的烟田发病率高。在烟叶进入成熟期时，如果底叶变黄，病斑多，加上天气潮湿，蛙眼病就会流行。烟株缺肥而致“假成熟”或过熟的烟叶都易受病菌侵害。

【防治方法】选用抗(耐)病品种，实行2～3年轮作。加强田间管理。及时摘除病叶，减少病害发展、传播。合理种植密度，使株间通风透光。科学施肥，做到氮、磷、钾合理配合，提高植株抗病能力。烟草收获后，清除田间烟株及残余，并深耕将病菌翻入土壤深层，可减轻来年为害。

在幼苗定植期，可喷施下列药剂：

75%百菌清可湿性粉剂600～800倍液；

50%多菌灵可湿性粉剂800～1 000倍液；

70%代森锰锌可湿性粉剂500～600倍液；

80%代森锌可湿性粉剂500倍液预防。

在病害发生初期，可用下列药剂：

50%异菌脲可湿性粉剂1 000倍液；

50%多菌灵可湿性粉剂600倍液；

50%甲基硫菌灵可湿性粉剂600倍液；

40%菌核净可湿性粉剂1 000倍液喷雾，间隔7～10天1次，连续2～3次，防治效果较好。

8．烟草枯萎病

【分布为害】烟草枯萎病又名镰刀菌枯萎病或镰刀菌萎蔫病、镰孢菌根腐病。在我国广西、福建、台湾、贵州、云南、湖南、湖北、安徽、河南、山东、陕西、辽宁和黑龙江等地亦均有发生，贵州省有的苗床全部幼苗被毁，大田生长后期常有3%～5%的病株率(图16–43)。

【症　　状】苗期、成株期均可发病，一般在旺长期至现蕾期症状较明显。多从烟草的根系侵入，并沿维管束系统扩展。最初叶片变黄、变短、主脉扭曲，烟株顶部向一侧弯曲；最后全株叶片萎蔫、枯萎。病株根部小根大根逐渐腐朽死亡，茎基部近地表处常有新生根。如横切病根病茎甚至叶柄或剥开根茎外皮，根茎木质部呈赤褐色、深褐色甚至黑色。后期病株逐渐变黄萎蔫枯死(图16–44)。

【病　　原】*Fusarium oxysporum* f.sp. *nicoticmae* 称尖孢镰刀菌烟草专化型，属无性型真菌。菌丝有分隔，呈白、粉红、玫瑰、淡紫、紫色或蓝色。分生孢子梗短，树枝状，上生分生孢子。分生孢子有大、小分生孢子两型：小型分生孢子长圆形，单胞，无色，少数双胞。大型分生孢子镰刀形，多为3个隔膜，无色。厚垣孢子多为菌丝顶端或中间细胞所形成，单胞或双胞，表面光滑，球形，深褐色。该病菌生长适宜温度18～31℃，最适宜温度28～30℃，最低7℃，最高35℃。对酸碱度适应广，以pH值7最适宜生长。

【发生规律】病菌以厚垣孢子在病残体内或土壤中越冬，病土和病残株中的病菌为本病的初侵染

图16-43 烟草枯萎病为害情况

图16-44 烟草枯萎病为害成株症状

源。翌年条件适宜时，萌发产生侵入丝，通过伤口或直接穿透根部细胞伸长区或分生区，向木质部扩展，并可侵染木质部薄壁组织。温暖潮湿天气、通气的沙土或沙壤土均适宜于病菌的生长发育。生长后期暴雨之后的高温晴日及沙土地有利其发病。该病属积年流行病害，初侵染决定病情严重度，田间发病只有一个高峰。烟草连作土壤中病菌残留量较大，根结线虫造成的伤口有利于病菌侵入，病害常较重。气候冷凉干燥，黏土、土壤水分大、通气差、根结线虫少，烟稻轮作，病害则较轻。因品种不同，病害严重度也不同。

【防治方法】选用抗病品种，如NC82、NC89、G140、红花大金元、中烟14等，提倡与禾本科作物或棉花轮作。施用充分腐熟有机肥。注意防治线虫，可减轻发病。

土壤处理，可以在整地时，撒施70%敌磺钠可溶性粉剂3～5kg/亩+50%多菌灵可湿性粉剂2～3kg/亩、70%五氯硝基苯可湿性粉剂5～7kg/亩+70%甲基硫菌灵可湿性粉剂2～3kg/亩、50%福美双可湿性粉剂4～5kg/亩+50%多菌灵可湿性粉剂2～3kg/亩；也可以将病株周围土壤翻松，用99.5%氯化苦液剂125ml/m^2均匀施入土壤内，加水15～25kg助渗，然后用干细土严密封闭病点。

田间发现病株时，及时全田施药防治，可用下列药剂：

50%多菌灵可湿性粉剂600～800倍液；

15%络氨铜水剂600倍液；

56%甲硫·恶霉灵可湿性粉剂600～800倍液；

70%甲基硫菌灵可湿性粉剂600倍液；

50%苯菌灵可湿性粉剂1 000倍液；

32%乙蒜素·三唑酮乳油13～17ml/亩，对水50～60kg；

12.5%多菌灵·水杨酸悬浮剂250倍液；

25%丙环唑乳油1 000倍液+45%代森铵水剂500倍液；

50%异菌脲可湿性粉剂1 000～1 200倍液灌根，每株灌对好的药液400～500ml，连灌2～3次，间隔7～15天1次。

9．烟草灰霉病

【分布为害】烟草灰霉病在我国的广东、湖南、云南、贵州、四川、浙江、吉林、山东及黑龙江等省烟区均有少量发生，一般零星发生，仅局部地区稍重。

【症　　状】烟苗幼苗期下部叶片即有发生，但多发生于大田中后期中下部叶片上。除叶片受害外，还可通过叶柄传染到茎部。叶片病斑初水渍状，暗褐色(图16–45和图16–46)。其后，病斑扩展，内侧有不清晰轮纹，且互相合并，呈不规则形，并沿主、侧脉发展，扩及叶尖和叶柄，又通过叶柄传至茎部。最后，病斑中央坏死，呈黑褐色薄膜状。天气晴朗时病斑干枯、破碎，仅剩叶脉，天气潮湿时病斑表面产生灰色霉状物。在不适宜的条件下，还可产生片状菌核。病叶采收后，病叶健叶重叠堆放，健叶又可被污染，甚至腐烂。

【病　　原】*Botrytis cinerea* 称灰葡萄孢菌，属无性型真菌。分生孢子梗数根丛生，分枝或不分枝，有时近顶部呈二叉状，直立，有隔膜，隔膜处稍缢缩，无色或略灰色，顶端膨大成球状。分生孢子单胞，卵圆形，无色或灰白色，成团时灰色，表面光滑。菌核片状，椭圆形或不规则形，初白色，后变黑色，大小不一。病菌生长发育适宜温度13～21℃，最低4℃，最高32℃，分生孢子萌发的适宜温度13～29℃，最低15℃，最高30℃。

图16-45 烟草灰霉病为害叶片初期症状

图16-46 烟草灰霉病为害叶片后期症状

【发生规律】病菌主要以菌核随病株残体越冬或越夏。分生孢子抗旱力强，在温暖环境下分生孢子也可越冬。当条件适宜时，菌核萌发产生菌丝，再产生分生孢子梗和分生孢子。分生孢子借助风雨传播，并萌发芽管直接侵入形成初侵染。随后又在发病部位产生分生孢子而再侵染。植株生长衰弱最易感病。生长茂密，排水不良，相对湿度达90%以上甚至存在水滴情况下，病害容易发生和流行。

【防治方法】加强田间管理，增强烟株抗性。施足基肥，及时追肥，注意配施磷、钾肥。开好排水沟，防止渍水，降低田间湿度。一般烟田及时打顶抹芽。烟草留种应经常清除附着于烟株叶片上穗部脱落枯残腐生的花器。

病害发生初期，可用下列药剂：

50%多菌灵可湿性粉剂800倍液+75%百菌清可湿性粉剂600 ~ 800倍液；

50%甲基硫菌灵可湿性粉剂500 ~ 600倍液；

40%菌核净可湿性粉剂1 000 ~ 1 200倍液；

50%腐霉利可湿性粉剂1 500倍液；

40%嘧霉胺悬浮剂800 ~ 1 200倍液，均匀喷雾，每隔7 ~ 10天喷1次，连喷2 ~ 3次。

10．烟草碎叶病

【分布为害】烟草碎叶病在辽宁、湖北、广东等省有分布，为害较轻，严重时病株率也可达到19.3%。

【症　　状】碎叶病为害烟叶的叶尖或叶缘部位。病斑不规则形，褐色，杂有不规则的白色斑，造成叶尖和叶缘处破碎。后期在病斑上散生小黑点，即病菌的子囊座，在叶片中部沿叶脉边缘也常出现灰白色闪电状的断续枯死斑，后期枯死斑常脱落，叶片上出现一个或数个多角形、不规则形的破碎的穿孔斑(图16-47至图16-49)。

图16-47　烟草碎叶病为害叶片初期症状

图16-48　烟草碎叶病为害叶片中期症状

图16-49　烟草碎叶病为害叶片后期症状

【病　　原】*Mycosphaerella nicotianae* 称烟球腔菌，属子囊菌门真菌。子囊座球形或扁球形，黑褐色，埋生，孔口微露；子囊圆柱形，无色，微弯，束生于子囊座内，双层壁，顶端厚，内含双列8个子囊孢子，无拟侧丝。子囊孢子梭形，无色，微弯，有一个隔膜，上部细胞顶端尖，下部细胞基部钝圆，两个细胞大小不一，上部细胞比下部的长。

【发生规律】病菌以子囊座和子囊孢子在病株残体上越冬，成为第二年的初侵染菌源。病害多发生于多雨的7—8月。病害一般在田间零星发生，对产量影响不大。

【防治方法】收获后及时清除田间枯枝落叶并烧毁，及时秋翻土地将散落于田间的病株残体深埋土里，合理密植，增施磷钾肥，促使烟株生长健壮，增强抗病力。田间发现病情及时全田施药防治，结合其他病害的防治可用下列药剂：

50%多菌灵可湿性粉剂600～800倍液；

70%甲基硫菌灵可湿性粉剂800～1 000倍液；

50%苯菌灵可湿性粉剂1 000倍液；

25%丙环唑乳油2 000倍液+50%福美双可湿性粉剂500倍液，每亩用药液50～60kg均匀喷雾。

11．烟草灰斑病

【分布为害】烟草灰斑病是1990年河南省在侵染性病害调查中发现的一种新病害。目前病害发生虽然甚轻，但值得注意。

【症　　状】主要为害叶片。病斑初呈淡黄色点状，后扩大呈近圆形，中央白色至灰色，稍凹陷，边缘淡褐色。病斑上常着生黑色稀疏霉状物，但不类似于炭疽病的小黑点(图16–50)。

图16–50　烟草灰斑病为害叶片症状

【病　　原】*Alternaria sp.* 称交链孢菌，属半知菌亚门真菌。分生孢子梗散生，黄褐色，直或稍曲，1～3个隔膜，顶端串生多个分生孢子。分生孢子黄褐色，多长圆锥形或倒棍棒形，少数椭圆形，孢子壁光滑，横隔1～6个，纵隔0～3个。

【发生规律】气温较高，湿度较大，移栽前苗床密度较大，移栽后营养不足返苗慢的烟苗，该病害较易发生。

【防治方法】加强苗床管理，早间苗，早定苗，采用营养袋育苗，以提高抗病力。

药剂防治可参考烟草赤星病。

12．烟草野火病

【分布为害】烟草野火病俗称“火烧病”或“红火斑”，是烟田普遍发生的细菌叶斑病害。20世纪80年代中期以前，本病在许多烟区还是一种次要病害，但近几年在一些烟区已上升为主要病害，发病较重的有云南、贵州、四川、山东、辽宁、吉林、黑龙江等地。广西已有14个县(市)有分布，其中平南、北流及罗城等县(市)受害最重。常发病区的病叶率一般为10%～30%，严重的达70%～100%，对烟叶的产量和质量影响都很大。

【症　　状】烟草整个生育期均可感染野火病，普遍受害的多见于大田后期。除根部外，烟株的各个部位均可受害，叶片往往受害最重。病叶上的病斑初为黑褐色水渍状的小圆斑，后逐渐扩大，直径可达1～2cm以上。病斑边缘有很宽而十分明显的黄色晕圈。发病较重时，这些小病斑可相互连成不规则的大斑块，甚至布满整个叶片，上有轮纹(图16–51)，呈火烧状，与由干旱引起的“火烘斑”较为相似，但后者在多雨潮湿时病斑表面无溢脓现象。发病后期如遇高温干旱，病斑很易破裂脱落。在山区或多雨潮湿的地区，幼苗很易受害，造成大片死苗。茎上病斑往往不很明显，初为水渍状，后变成褐色，稍下陷。野火病不仅在田间为害烟叶，而且在烟叶采收后至烘干前仍可继续为害，一是病部变成枯焦状，失

图16–51　烟草野火病为害叶片症状

去使用价值；二是病斑继续扩大。

【病　　原】*Pseudomonas syringae* pv. *tabaci* 称丁香假单胞烟草致病变种，属细菌。菌体短杆状，两端钝圆，无荚膜或芽孢，单极生鞭毛1～6根，不产生芽孢，革兰氏染色阴性，属好气性细菌，能运动。此菌的生长温度为4～28℃，致死温度52℃下6分钟。

【发生规律】本病菌主要在病残组织上越冬。种子也可带菌，但不是主要的初侵染源。病菌还可在多种作物和杂草的根系附近生存，成为次年的初侵染源，但并不能使这些植物产生病变。种植病苗或带菌苗，也是大田初次侵染的菌源之一。病菌可从伤口和气孔侵入，但后者必须在叶片湿润、气孔中有大量水分时才能完成整个侵染过程。病害的再侵染主要是借助风雨或昆虫传播。野火病与青枯病一样，需高温与高湿相匹配的条件，特别是湿度影响最大。病菌入侵需要足够的水分，病斑表面的溢菌也需要雨水冲溅才能传播。所以，凡是造成空气或土壤湿度大、叶面充水的条件都有助于大田病害的迅速蔓延，尤其是暴风雨过后，病害往往可以在短期内暴发成灾。暴风雨既可使叶片造成大量伤口，也是病菌远距离传播的重要途径。氮多钾少，烟株生长过旺，都会降低其抗病能力，加重病害的发生程度。连作也是烟株严重受害的重要原因。过早或过迟打顶，害虫猖獗为害也会促进病害流行。品种的抗病性与病害发生亦有较大关系，G28、云烟2号比较感病。

【防治方法】选用抗病品种。实行2～3年轮作，尤以水旱轮作效果最好。旱地要避免与大豆或其他寄主植物轮作，以减少初次侵染的菌源。适时早栽，力争在雨季前能收烤一半以上的烟叶，以减轻受害程度。加强田间管理。合理施肥，特别在烟草生长中后期要控制氮肥的用量，适当增施磷、钾肥。开好排水沟，及时中耕除草，摘除脚叶，尽量降低烟田内湿度。适时打顶，做好害虫及其他病害的综合防治工作。

选用无病种子或对种子进行消毒，育苗前用0.2%硫酸铜液或0.1%硝酸银液消毒10分钟，清水冲洗干净后催芽播种。

田间在点片发病初期，及时摘除病叶，并喷施一次药物保护，防止病害蔓延。初发病时，可用下列药剂：

77%氢氧化铜可湿性粉剂500倍液；

5亿CFU/g多粘类芽孢杆菌 KN–03悬浮剂300～600ml/亩

20%噻菌铜悬浮剂1 500～2 000倍液；

50%氯溴异氰尿酸可溶性粉剂1 000～1 500倍液；

77%硫酸铜钙可湿性粉剂400～600倍液；

30%琥胶肥酸铜可湿性粉剂500倍液；

3%中生菌素可湿性粉剂500～1 000倍液；

90%新植霉素可溶性粉剂3 500～4 000倍液均匀喷施，间隔7～10天喷施1次，连续2～3次，防治效果较好。

13. 烟草角斑病

【分布为害】烟草角斑病是各烟区普遍发生的细菌性叶斑病害之一，且常与野火病混合发生。除四川、山东省的个别烟区外，一般为害较轻。

【症　　状】多发生在生长后期，主要为害叶片、蒴果、萼片、茎部等。叶片染病，在叶片上产生多角形至不规则形黑褐色病斑，边缘明显，周围没有明显黄色晕圈(图16–52)。病斑颜色也有较大差异，黑

图16-52 烟草细菌角斑病为害叶片症状

褐色或边缘褐色而中央呈黄褐色或乳白色，病斑常出现多重轮纹。烟株下部的叶片病斑往往较多。在潮湿条件下，病斑上出现溢脓，形成胶膜，干燥时病斑破裂脱落，病斑较多的叶片，整张枯黄，失去收烤价值。

【病　　原】*Pseudomonas syringae* pv. *angulata* 称丁香假单胞杆菌角斑专化型。菌体杆状，单极或双极生鞭毛3～6根，革兰氏染色阴性，不产生芽孢，无荚膜，好气性。生长适温为24～28℃，最低4℃，最高38℃，致死温度52℃6分钟，45～51℃10分钟。

【发生规律】角斑病菌可依附在种子上越冬，也可在残留于土壤中病残体上越冬，成为翌年的初侵染源。种植病苗是引起大田发病的主要原因之一。病菌可从伤口和自然孔口侵入。大田发病后，病菌主要借助风雨传播，引起再侵染，昆虫、人、畜的活动也可起到传播病菌的作用。在条件适宜的状况下，病菌的潜育期仅4天。南方烟区在5～6月，北方烟区在7～8月病害开始发生，大流行往往出现在暴风雨之后。病菌侵入需高湿，传播需要雨水冲溅，凡是形成叶片大面积充水造成水渍状，都利于病害迅速扩展，而在暴风雨后就出现这种情况，这种现象称为“风雨性充水”。白天气孔张开，叶片容易充水，高氮低钾的营养状况也能增加叶片的充水程度，并导致烟株抗病力下降，从而对病害发展产生重要影响。烟草种植密度过大，通风透光差，田间过于潮湿，若遇暴风雨天气，叶片间很易互相摩擦，造成大量伤口，有利于病菌的侵入和传播。过早或过迟打顶都不利于植株体内营养的正常利用，会加重病害程度。

【防治方法】苗床湿度不宜过大，要适当通风。提倡与水稻、棉花、玉米等禾本科作物进行3年以上轮作。选用优良烟种。合理密植，避免偏施、过施氮肥，适时打顶，以免植株贪青晚熟，降低抗病能力，病害发生初期及早摘除病叶。

种子处理，可用1%硫酸铜溶液或40%福尔马林溶液消毒10分钟，用清水冲洗干净后催芽播种。

田间发现病株后，可用下列药剂：

5亿CFU/g多粘类芽孢杆菌 KN-03悬浮剂300～600ml/亩；

30%琥胶肥酸铜可湿性粉剂400～500倍液；

77%氢氧化铜可湿性粉剂400～500倍液；

12%松脂酸铜悬浮剂600倍液；

47%春雷霉素·王铜可湿性粉剂800倍液喷施，间隔7～10天，连喷2～3次。

14．烟草破烂叶斑病

【分布为害】烟草破烂叶斑病是烟草常见病害之一。各地均有发生，仅个别地块较普遍，为害也较轻。

【症　　状】烟草苗期和成株期的叶茎部均可发生，但多在成株期中下部较老叶片上。叶片病斑圆形或不规则形，边缘稍隆起，深褐色，中央薄，灰白色至淡褐色，常散生一些小黑点(图16–53)。病斑间常相互愈合，组织枯薄破烂脱落。病斑如发生在中脉上，中脉断裂，叶上部悬垂枯死。此外，茎和叶柄也受害，且病斑略长，色也略深。

图16–53　烟草破烂叶斑病为害叶片症状

【病　　原】*Ascochyta nicotianae* 称烟壳二孢菌，属无性型真菌。病斑中央小黑点即本菌分生孢子器。分生孢子器近球形或梨形，黑色，埋生于病组织内，顶端有孔口，内生分生孢子。分生孢子卵形或长椭圆形，无色，双胞。

【发生规律】病株残体的菌丝和分生孢子器是次年病害的主要侵染来源。翌年，条件适宜时，越冬病株残体产生分生孢子，形成初侵染。烟株发病后，病部又不断产生分生孢子器和分生孢子，借助风雨传播形成再侵染。成株期成熟叶片较多，如遇冷凉多雨潮湿天气，病害易于发生。烟草种类和品种不同，病害发生程度也有一定差异。

【防治方法】种植抗病品种。合理轮作，避免连作。深耕深埋病株残体，减少初次侵染来源。注意苗床及大田卫生，及时收除病叶，集中烧毁，减少再侵染。合理种植，改善通风透光条件，减轻病害发生程度。田间发现病情及时施药防治，发病初期可用下列药剂：

50%多菌灵可湿性粉剂800倍液+80%代森锌可湿性粉剂500～600倍液；

70%甲基硫菌灵可湿性粉剂800～1 500倍液+75%百菌清可湿性粉剂600～800倍液；

70%代森锰锌可湿性粉剂500～600倍液；

40%氟硅唑乳油7.5～9.5ml/亩；

12.5%腈菌唑乳油16～32ml/亩；

50%咪鲜胺锰盐可湿性粉剂800～1 500倍液；

每亩用对好的药液50～60kg均匀喷雾。视病情隔7～10天喷洒1次，连喷2～3次。

15．烟草立枯病

【分布为害】烟草立枯病属常见零星发生的苗床期病害，在各产烟省区均有分布，一般不造成为害。

【症　　状】发病部位在茎基部。病苗茎基部最初出现褐色病斑，后逐渐扩展至茎的一侧或四周，被害茎基渐次变细，病苗干枯、萎黄而死，甚至倒伏(图16-54)。死苗上密布蜘蛛网状的白色至褐色菌丝。纵剖病茎，髓部不变黑，但纵剖面呈不规则的褐色斑块，并可延伸到病部上面的叶片上。病叶初呈褐色，其后干枯脱落。在高湿情况下也能引起烟苗大面积死亡腐烂，但在病畦表面看不到蛛网状的菌丝体。

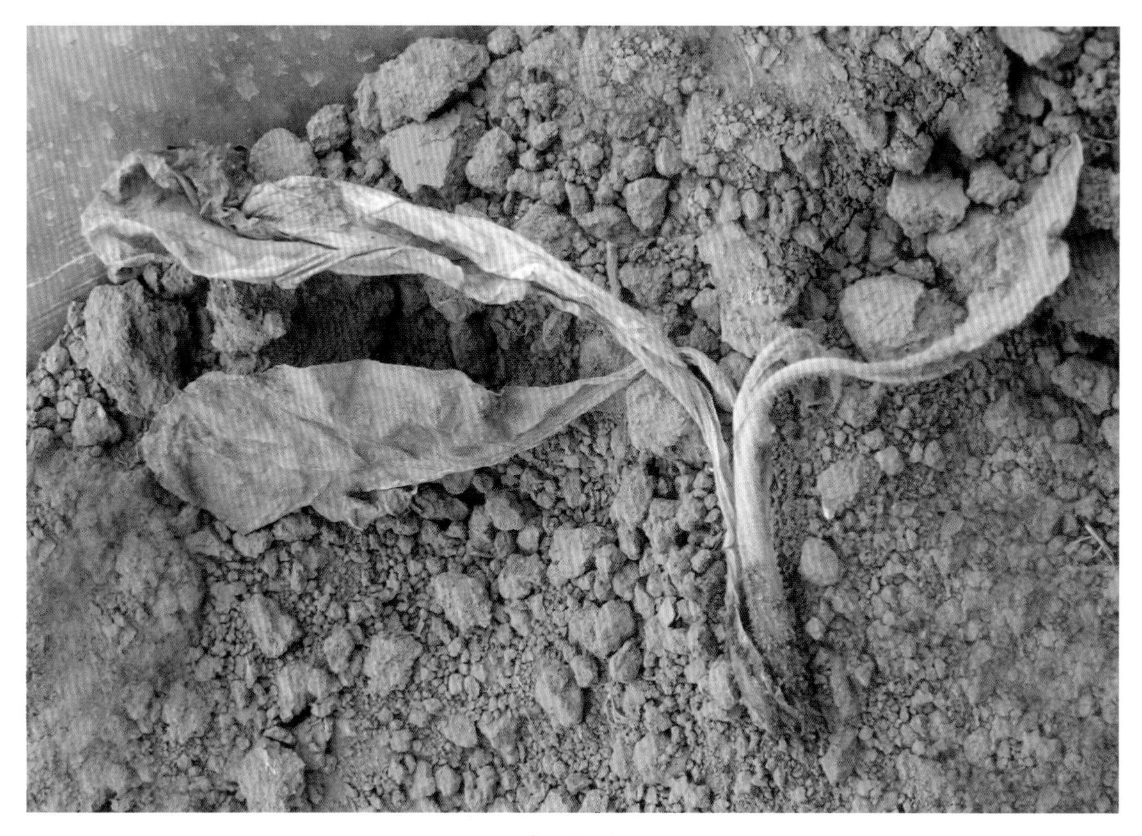

图16-54　烟草立枯病为害幼苗症状

【病　　原】*Rhizoctonia solani* 称立枯丝核菌，属无性型真菌。菌丝表面粗糙，有分隔。菌丝幼嫩时无色，菌丝交叉角约为45°，侧分枝与主菌丝交接处缢缩变细，老熟时棕黄色，菌丝交角变成90°，小枝与主枝相连处也不缢缩，菌丝细胞常呈串状。病菌生长温度13～42℃，最适温度24～28℃。菌核萌发的最适温度为24℃。

【发生规律】烟草立枯菌不仅可以在寄主残体中长期存活，也可以菌核在土壤中长期存活，并常在未开垦的土壤中发现。此菌不形成任何形态的孢子，而是以菌核或菌丝传染。病苗也可将病菌带入大田。立枯病菌的侵入方式：一是直接侵入，在根上形成菌丝层，使根变色，细胞死亡之后从死细胞侵入；二是从自然孔口或伤口侵入。在冷湿气候条件下，病害迅速传播。立枯病的病株死后，病组织被分解，病菌可长期在土壤中或在病残体中营腐生生活。菌核和菌丝可由流水、病土或其他病株残体进行传播。当苗床温度低于20℃时发病常较重。中等甚至较小的土壤湿度都有利于立枯病的发生。因此立枯病与烟草猝倒病恰好相反，常在苗床后期，特别是揭膜后，遇到干旱风，往往出现发病高峰。

【防治方法】选用无病土育苗：苗床土最好选用新土或火烧土，避免用菜园土和烟草重茬土。也可选用以下药剂进行苗床消毒处理：用50%多菌灵、50%甲基硫菌灵、70%五氯硝基苯与65%代森锌(1：1)混合用量都为8～10g/m^2，拌干细土10～15kg，撒于苗床。

加强苗床管理：苗床留苗密度要合适，留苗不宜过密，幼苗三叶期前少浇水，尤其在阴雨、低温情况下更要控制苗床湿度，注意排水，湿度过大可撒干细土吸湿。加强苗床的通风排湿。覆膜时间应根据当地气候条件，以培育壮苗为原则，不宜覆膜过久。

种子处理：用1%硫酸铜或2%甲醛溶液或0.1%硝酸银溶液，浸种10分钟，用清水洗净种子上的药液后再催芽播种；

在发病中心出现后，立即把病苗连同周围的土壤一并挖出深埋，然后用1%的硫酸溶液灌注病穴，以湿透为度。

发现苗床点片发病时，可选用以下药剂防治：

25%甲霜灵可湿性粉剂500～600倍液；

64%恶霜灵·代森锰锌可湿性粉剂500倍液；

75%百菌清可湿性粉剂1000倍液；

40%乙膦铝可湿性粉剂250～300倍液；

25%络氨铜水剂300～500倍液；

3%多抗霉素可湿性粉剂100～200倍液喷施。

不移植带病带菌的烟苗于大田。在病区、烟苗移栽使用50%福美双可湿性粉剂100g/亩拌干细土30kg，施入穴中进行预防。发现田间开始发病，可用25%甲霜灵可湿性粉剂500倍液灌根，每株30ml。

16．烟草煤污病

【分布为害】烟草煤污病又名煤烟病，是烟草常见病害之一。各地普遍发生，尤以热带亚热带烟田最为常见。

【症　　状】病菌是一种非寄生菌。它常在蚜虫和介壳虫等的分泌物上大量繁殖，形成黑霉层，附着于叶、枝、茎的表面，遮蔽阳光，阻碍光合作用，影响碳水化合物的充分形成，使叶片变黄变薄，降低烟叶产量和品质(图16–55)。但这种霉层易剥离并易脱落。

【病　　原】国内外文献原报道病菌为散播烟霉(*Fumago vagans*)，近年据广东、辽宁等省报道：主

图16-55 烟草煤污病为害叶片症状

要由出芽短梗霉(*Aureobasidium pullulans*)、多主枝孢(*Cladosporium herbaum*)、芽枝状枝孢(*C. Cladosporioides*)和链格孢(*Alternarria alternata*)所引起。病株叶、枝、茎表面的黑霉层即这些菌物的混合体。均属弱寄生或腐生菌，在烟草上依靠蚜虫分泌物为生。出芽短梗霉：菌丝初无色，以后色渐暗，最后黑色，有光泽。分生孢子串生于菌丝刺状突起处，单胞，半透明至黑色，卵圆形，基部孢子较大，上部孢子则渐小。多主枝孢菌丝褐色至暗青灰色，呈细线毛状，有分隔，侧生或顶生分生孢子梗。分生孢子梗直立，一般不分枝，光滑，分隔不规则，色泽比菌丝更深，顶端膝状弯曲，具稍短延伸物，分生孢子链的着生处稍膨大，并有脐点。分生孢子链自顶端或旁侧分枝2～3次，下生分生孢子。分生孢子膜具微疣，淡褐色至褐色，1～4个细胞，卵圆、矩圆或圆柱形，但双胞、多胞的比单胞略大，隔膜处有或无缢缩。3～4个细胞的分生孢子位于分生孢子链末端处。在1～4个细胞的分生孢子中，以单胞的分生孢子最多。芽枝状枝孢与多主枝孢相似，但分生孢子梗没有膨大或延伸处，分生孢子较小，分生孢子膜多光滑，分生孢子隔膜处无缢缩，分生孢子链分枝多，分生孢子头较大。链格孢与引起赤星病的病原相同。

【发生规律】病菌在温暖地区无明显休眠越冬现象，寒冷地区尚未明确。病菌随风雨传播，昆虫、特别是蚜虫以及飞鸟与人类农事操作亦有利于病株的病菌传带至健株上，引起再侵染。病菌靠蚜虫或介壳虫分泌物繁殖，故蚜虫严重病害也伴随严重。烟株密度过大、通风不良、持续阴雨季节，蚜虫滋生较多，病害亦较重。

【防治方法】合理密植，合理施肥，注意排水，及时摘除脚叶，减少蚜虫滋生。

药剂防治蚜虫。具体药剂种类和使用方法参见烟蚜防治方法。

17．烟草叶点霉斑病

【分布为害】烟草叶点霉斑病发生普遍，但为害较轻，尚属次要病害。除烟草外，还为害其他多种作物。

【症　　状】烟草全生育期均可发生，尤以中后期较多。受害部位以中下部叶片为主。症状有白斑与褐斑两种类型。前者病斑不规则形，中央白色，边缘狭窄、褐色或不明显，大小2～4mm，常互相合并形成大斑块，上生黑色小点，后期病斑中心坏死、开裂、脱落，仅留下叶脉和附着少量叶肉组织，呈穿孔状(图16-56和图16-57)。后者病斑近圆形或不规则形，中央灰褐色至灰白色，边缘褐色，大小2～15mm，并无明显边缘，常互相合并，病斑表面散生小黑点，后期也可形成穿孔。

图16-56　烟草叶点霉斑病为害叶片初期症状

图16-57　烟草叶点霉斑病为害叶片后期症状

【病　　原】主要由无性型真菌叶点霉属烟草白星叶点霉 *Phyllosticta tabaci*和烟草叶点霉 *Phyllosticta nicotianae*所引起。前者引起白斑型，后者引起褐斑型。病斑中央小黑点即病菌分生孢子器。分生孢子器嵌于病斑中央坏死组织中，黑色，有孔，球形。分生孢子单胞，无色，卵圆形或长椭圆形，着生于分生孢子器内短的分生孢子梗上。在两种叶点霉中，烟草白星叶点霉的分生孢子器和分生孢子较大，而烟草叶点霉则较小。

【发生规律】病菌以菌丝和分生孢子器在病株残体上越冬。翌年条件适宜时形成初侵染，烟苗感病可随苗带至大田，病菌孢子借风雨传播，烟株病部不断长出孢子形成再侵染。该病菌是一种弱寄生菌，烟株氮肥不足，生长衰弱，病害才易发生。年年连作，苗床土壤带菌又不消毒，病害常较多。

【防治方法】选用无病土壤或经过消毒的土壤育苗，培育无病壮苗。土壤消毒方法见烟草猝倒病有关内容。合理密植，增施肥料，提高烟株抗病力。及时摘除脚叶病叶，减少病菌传播。

病害发生时，采用1：1：（160～200）倍式波尔多液、50%多菌灵可湿性粉剂或50%甲基硫菌灵可湿性粉剂800～1 000倍液喷雾，每隔7～10天喷洒1次，连喷2～3次。

二、烟草生理性病害

1. 烟草气候斑病

【分布为害】烟草气候斑病是由大气中的臭氧等引起的一种非侵染性病害，国内外普遍发生，有时为害严重，影响烟草产量和品质，损失很大。我国的云南、河南、福建、湖北、湖南、安徽、广东、广西等地区为害严重，其他地区发生相当普遍。

【症　　状】苗期、成株期均可发病。幼叶及正在伸展的叶片受害重，该病呈规律性分布，叶尖、叶基、叶中部组织上较集中，多沿叶脉两侧组织扩展(图16–58)。病斑初为针尖大小的水渍状灰白色或褐色小点，后可扩展为直径1～3mm近圆形大斑，中间坏死，四周失绿，严重时多个病斑融合成大块枯斑，叶脉两侧的病斑呈不规则形焦枯，叶肉枯死，叶片脱落。在近成熟的中下部或底叶上病斑呈穿孔状，叶面上出现许多散生的细碎的圆斑，后期也穿孔，但病斑边缘无深褐色的界限，区别于穿孔病。

图16–58　烟草气候斑病为害叶片症状

【病　　因】烟草是对大气污染较敏感的作物。随着工业生产的发展，空气中有毒物质不断出现。造成烟草气候斑病主要是臭氧(O_3)的存在，当臭氧浓度达到0.03～0.05mg/kg，就会对烟草等富含叶绿素的植物组织产生不良影响，使叶尖上产生点痕、斑点或斑块，叶绿体遭到破坏，尤其是栅栏组织最为敏感。臭氧是一种强氧化剂，当显症后，它能刺激寄主呼吸，同时抑制光合作用，当气孔开启后，臭氧通过气孔进入气腔，就会产生毒害。其次是工业废气如硝酸过氧化乙酰、臭氧化乙烯等的污染。生产中遇有低温持续时间长、阴雨天气多、日照少易发病。其原因：一是温度逆转期间，高空的臭氧由于空气反气旋流动易沉降下来，导致地面臭氧浓度升高；二是叶片气孔开放时间长，根系发育不良，造成营养不足；三是在湿润田中种植烟草，土壤缺氮或氮肥过量，磷的供应不能满足其正常生理需求，就易产生气候斑病。

【防治方法】培育选用耐病品种。不要在城郊、有工业污染的地方或地块种植烟草。加强烟田管理，培育壮苗，适时移栽，移栽后低温多雨要及时中耕，十字期用15%多效唑可湿性粉剂200mg/kg液喷苗1次。提温散湿，促根系发育，同时也要注意防止前期干旱；采用配方施肥技术，做到氮、磷、钾平衡供应，及时追肥，适当控制氮肥，按氮磷钾1：1：（2～3）配比施肥。防止栽植过密，避免叶片过于遮阴；必要时叶面喷施抗氧剂。

2．烟草缺素症

烟草的缺素症状主要有氮、钾、磷、镁、锰、硼、锌等。这些元素决定烟草产量和品质的重要因素。在烟草栽培中，充分供应这些元素营养是重要栽培技术措施之一，以保证烟草的丰产与丰收。

【症　　状】

缺氮：初期下部叶片绿色减退，黄化，生长缓慢、停滞，其余叶片竖直，与茎夹角较狭。及后全株叶片短小而薄，呈柠檬色或橙黄色甚至棕黄色(图16–59)，并逐渐干枯脱落。烟株矮小，节间短，根系细弱，早花、早衰，烟叶产量下降，品质变劣。

图16–59　烟草缺氮症状

缺钾：症状先表现于下部叶片上，其后中上叶片相继出现。病叶初暗绿色，其后叶尖失绿发黄，逐渐从叶尖沿两侧向叶基部、从叶缘向叶中呈“V”字形扩展，直至全叶(图16-60)。但在黄化过程中，初期叶脉仍保持绿色，使叶脉间呈黄色斑点、斑纹、斑块状，后期叶脉才变黄色。病叶黄化程度亦逐渐加深，先淡黄色，再转棕黄色。其后，病叶叶缘皱缩，并略向下卷曲。最后叶缘焦枯、坏死、破碎、脱落，参差不齐。成片发病的，远望如火烧状。

图16-60 烟草缺钾症状

缺磷：生长迟缓，植株矮小瘦弱，成熟延迟(图16-61)。叶片狭窄、直立，暗绿色，无光泽。特别严重时整个烟株叶片呈簇生状，烈日下中上部烟叶还易发生凋萎。缺磷叶片除推迟成熟外，烘烤后色泽黯淡，呈暗棕、暗绿或黑色，品质低劣。

缺镁：先出现于下部叶片叶缘和叶尖，再逐渐向上部叶片扩展。烟叶缺镁，叶绿素被破坏，初期叶尖、叶缘和脉间出现黄白色或灰白色，叶脉仍保持绿色，呈网状。其后，除叶脉外，全叶变黄变白，叶尖叶缘向叶背翻卷。特别严重时，出现褐色坏死甚至干枯(图16-62)。烟株瘦弱，矮化，产量低。烟叶烘烤后，色暗、无光泽，质地似薄纸状，无弹性，品质很差。

缺锰：主要表现于叶片上。初叶脉间和叶缘失绿黄化，但叶脉仍绿色，叶呈格子泡点状。后叶软下披，出现一些黄褐色小斑点，逐渐扩展于整个叶面上。最后，叶尖叶缘枯焦卷曲，斑点坏死变白色或褐色，坏死组织甚至破碎脱落。

缺硼：顶部茎尖停止延伸甚至坏死发黑，生长迟缓，植株矮小，呈簇状。叶色失绿，甚至灰白，叶

图16-61 烟草缺磷症状

图16-62 烟草缺镁症状

片增厚、粗糙、硬脆、偏斜、卷曲、易折断，但叶脉仍保持绿色，主脉、侧脉间深棕色，呈网状，叶片折断内部维管束组织深暗色，叶片表面似覆盖有油状物。根尖分生组织细胞不能正常发育，根系短、少，根量大减，呈黄棕色，最后根系枯萎。

缺锌：初期叶片的叶尖叶缘褪色失绿，逐渐扩及全叶，但叶脉仍保持绿色。其后，烟株生长缓慢，矮小，叶片皱缩扭曲，变厚变脆，扩展受阻，叶面积较小，叶脉间出现大而不规则的枯棕褐色斑，组织坏死腐烂。植株矮小，节间缩短，顶部叶片常簇生、扭曲、畸形。

【病　　因】

缺氮：氮是组成细胞原生质和烟碱的重要成分，细胞原生质又是组成蛋白质的重要成分。氮又是叶绿素的重要组成，叶绿素含量直接影响光合作用产物。氮也是植物体内核酸、多种酶以及一些维生素的组分，并参与各种代谢过程。烟株氮素不足的原因很多，除施氮肥较少外，还涉及前茬作物、以往施肥状况及土壤供氮能力等。

缺钾：因钾在烟株体内具有调节渗透浓度和控制气孔开闭的作用，故在天气干旱或地块高燥情况下，缺钾症也较重。不同的土壤钾素供应能力和钾肥利用率差异极大。在我国北方烟区的黏土矿物层间内部有较大的空间，层组间又有膨胀和收缩的特性，土壤中水分缺乏，土壤表面又带大量负电荷，钙、镁含量极高，施入于土壤中的钾易被固定，不利于移动，因而降低了钾对烟株有效性，故烟株缺钾的为害常较严重。

缺磷：磷是烟草必需的重要营养元素之一。磷对于有机体的新陈代谢和能量代谢有重要作用，并以多种方式参与有机体的生命过程。磷是核酸和核蛋白的主要成分，它存在于原生质中，有利于细胞分裂，促进烟株生长发育。磷能促进碳水化合物的代谢，又能促使烟草根系生长良好，烟株生长快速，叶片组织致密。土壤有效磷又受着铁铝氧化物和石灰量所制约。烟株缺磷，有机体的新陈代谢和能量代谢及细胞分裂便受到影响，产生缺磷症。

缺镁：镁是组成叶绿素的成分，能直接参与光合作用。镁在碳水化合物代谢中可促进酶的活性，特别是对磷酸化酶活性有良好影响。镁不仅以离子形态还原，与蛋白质、胶质、果胶酸物质结合存在细胞液内。烟草对镁的吸收量相当高，仅次于磷酸，若土壤供镁不足，叶绿素合成、碳水化合物代谢等受到影响，烟株便产生缺镁症状。砂质土壤烟田，在多雨季节较易发生。土壤中氮、钾、钙供应较多时更易出现。

缺锰：锰是一些酶的活化剂，参与植物的呼吸和氮代谢以及植物生长素吲哚乙酸的重组反应，又与光合作用有关。一般土壤中都含有锰，但有的含石灰质较多，有的施石灰较多，致使pH值偏高，可供烟株吸收的活性锰较低。

缺硼：烟草需硼量很小，但对烟株生长发育影响很大。硼对细胞壁形成、细胞分裂及碳氮代谢都具有十分重要的作用。硼素不足，蛋白质合成受阻，叶绿体退化，碳水化合物合成少，使烟株出现缺硼症。

缺锌：锌可以增强光合作用，既是一些酶的重要组成部分，也是这些酶的活化剂，在氧化还原过程中还起催化剂作用。缺锌时，氮素代谢紊乱，蛋白质合成也受到抑制。

【防治方法】

缺氮：重施基肥，及时追肥，防止缺氮症发生。按每公顷施氮素80kg计，基肥占2/3，追肥占l/3，追肥应在移栽后15天内完成。

烟株缺氮初期，立即根部沟施、穴施或根外喷施速效氮肥。所用速效氮肥以尿素和硝酸铵为宜。根部沟施、穴施每亩可用尿素6～10kg或硝酸铵8～12kg。根外喷施可用0.5%～1%尿素或0.7%～1.5%硝酸钙液，每隔5～7天喷施1次，连喷3～5次。

缺钾：科学施肥，及时追施钾肥。土壤速效钾较多的烟区，所施肥料氮钾比1：1即可；土壤速效钾较少的烟区，氮钾比以1：（2～3）为宜。除基肥中所施钾肥外，追施钾肥应在烟株移栽后25天内完成。

在各种钾肥中，以硝酸钾最好。烟株显示缺钾初期，及时根外喷施2%磷酸二氧钾液或1%～3%硝酸钾液或2.5%硫酸钾液，每隔7～10天喷施1次，连喷3～5次。

缺磷：重施、早施磷肥，及时满足烟株需要。烟草对磷的吸收量虽较氮、钾少，仅为需氮量的1/2～2/3，但因磷的吸收利用率低，故磷实际施用量应与氮相当或稍多一些。施用时间以基肥最好，若用作追肥则应在移栽后15天内完成。烟株显示缺磷初期，及时根外喷施0.2%～0.5%磷酸二氢钾或1%～2%过磷酸钙，每隔7～10天喷施1次，连喷3～5次。

缺镁：在基肥追肥中，配施硫酸镁或白云灰岩粉镁肥。烟株显现缺镁时，立即根外喷施0.2%～0.5%硫酸镁液，每隔7～10天喷施1次，连喷2～3次。

缺锰：科学施肥，增施有机肥，在基追肥中配施锰肥。每公顷每次施硫酸锰15kg即可。烟株显示缺锰时，立即喷施0.5%或4 000mg/L硫酸锰水溶液，每隔7～10天喷施1次，连喷2～3次。

缺硼：科学施肥，在基肥中配施少量硼肥。每亩施入硼砂0.7～1kg，即可维持1～5年。但切勿施用过量，否则烟株会产生硼过剩中毒症。播种时，采用0.01%～0.1%硼砂溶液拌种。在烟株显示缺硼初期，应选择阴天或晴天露水干后和下午15：00后根外喷施0.1%～0.25%硼砂液1次。

缺锌：科学施肥，在基肥中每亩配施22%农用硫酸锌1～2kg。播种时，每千克种子加入0.2%硫酸锌水溶液1 000ml拌种。烟株缺锌初期，根外喷施0.5%硫酸锌或乙二胺四醋酸锌液，每周喷施1次，连喷2～3次。喷施时，最好先用0.2%熟石灰水调节pH值，以免发生药害。

3．涝害

烟草是耐积水性较差的作物，烟株在积水土壤中超过24小时，根系即开始腐烂，造成大面积连片死亡，还会招致黑胫病、青枯病等根茎类病害暴发成灾，损失颇大。

【症　　状】烟株受害后，叶片呈拱形下垂，叶片组织因根系吸水受阻，导致细胞膨压下降，表现全部萎蔫，似晾挂衣服状。被害株先是下部叶片萎蔫下垂，并很快变褐干死，继而危及上部叶片。若受涝后遇高温和强光照射，这种死亡更为快速，几天内就可全部死完。若积水时间较短，仅少数下位叶受害，只产生暂时萎蔫。温度较低时，水淹造成的为害较轻。

【病　　因】地势低洼易积水、排水不良的烟田，暴雨过后往往会产生涝害。涝害多出现在夏季降雨频繁的季节。

【防治方法】选择地势高燥的地块植烟，地势低洼的烟田采用高畦种植，并完善排灌系统，注意雨后及时排水。

4．旱害

干旱是烟叶生产过程中重要的气象灾害之一，各烟区时有发生，是烟叶优质适产的严重障碍。影响广西烟叶生产的主要是冬旱、春旱和夏旱。冬旱影响春烤烟适时播种及幼苗生长，春旱影响烟苗适时移栽和幼株正常生长，夏旱影响大田烟株正常生长。

【症　　状】苗床前期缺水，不仅种子发芽受抑，刚出土的幼苗也易干死。苗床后期缺水则导致须根少主根小，烟苗大而不壮，严重时还会引起烟苗枯黄甚至枯死。大田烟株缺水，因烟株为了满足上部幼嫩叶片的水分需要，会使下部叶片水分输出大于吸入而出现暂时萎蔫，导致生长缓慢。严重缺水时就会使烟株生长停止，叶片呈永久性萎蔫，早衰枯黄，以至整株枯死(图16–63)。在烟株生长后期，还未成熟的叶片因长期高温干旱，有时叶脉间还会产生许多大而红褐色病斑。这种单个病斑通常有一黄色带环

图16-63 烟草旱害症状

绕，黄带外缘渐次转为正常绿色，众多病斑常可合并成大而不规则斑块，叶缘向下弯曲。

【病　　因】旱害是因长时间干旱又未及时灌溉所引起。据记载，冬季(12月至翌年2月)连续3个月降水量≤25mm，春季(3—5月)持续3月降水量<30mm，夏季(6—8月)任意连续25天降水量<35mm，就会分别发生冬旱、春旱或夏旱，持续时间越长，旱情越严重。

【防治方法】一般而言，各烟区以冬旱和春旱的发生频率最高，夏旱也偶有发生，所以在烟草整个生产季都应做好防旱抗旱工作。苗床期通常采取人工浇灌较为方便。从播种至出苗前，宜在播种前浇一次透水后再行播种，播种后再适量浇水，以浇湿表土为度；出苗后至2叶期可视旱情而定，床土表层发白时即需浇水；2～4叶期，床土宜保持不干不湿状态；4叶期至移栽前，应减少浇水次数，增加浇水数量，保持床土上干下湿。大田期灌水较为简单，可采用人工穴灌，也可采用流水沟灌，有条件的还可采用滴灌或喷灌法。

5．雨斑

雨斑主要发生在多暴风雨的夏季，不仅直接伤害烟草叶片，还会给烟草野火病菌和角斑病菌提供侵入机会，对烟叶的产量和质量都有较大影响。

【症　　状】烟草进入旺长期后，若遇强风暴雨很易产生雨斑。雨斑多发生在易受雨水打击的部位，往往是呈水平位置的上部叶片正面或被风翻过来的叶背面更易受害。叶片受雨点打击后，受害处先出现水渍状的暗绿色斑块，一般只产生在叶片受打击的一面，并不透过。经日晒2～3天后斑块变成赤褐色(图16-64)，但斑块不扩大蔓延。雨斑边缘不明显，中心不凹陷，也无同心轮纹和病征，可与其他侵染性叶斑点病相区别。

【病　　因】雨斑系风雨性充水现象，因烟草叶片受强力暴风雨击打所致。

【防治方法】对于雨斑这一自然灾害，目前尚无理想的防治方法。对受害较重的烟叶，宜喷洒某些保护性药剂，以防止或减轻各种病菌的侵染为害。

图16-64 烟草雨斑症状

三、烟草虫害

为害烟草的害虫有60多种，其中为害较为严重的有烟青虫、棉铃虫、烟蚜、烟粉虱、烟潜叶蛾、烟蛀茎蛾等。

1. 烟青虫

【分　　布】烟青虫(*Helicoverpa assulta*)属鳞翅目夜蛾科。我国各烟区普遍发生，尤以东北、华北、东南和西南各地，其中以黄淮烟区、西南烟区的四川、贵州等地发生为害较重，各地烟田均与棉铃虫混杂发生，其数量总体来说烟青虫较少。

【为害特点】幼虫主要为害烟株顶端嫩叶，食成缺刻或孔洞，有时把叶片吃光，残留叶脉。为害生长点，使烟苗成为无头烟(图16-65)，严重影响烟叶的产量和质量。

【形态特征】成虫体长15～18mm，翅展27～35mm，体黄褐至灰褐色；前翅的斑纹清晰(图16-66)，内、中、外横线均为波状的细纹；眼状环纹位于内横线与中横线间，黑褐色；中横线的上半分叉，褐色的肾状纹即位于分叉间；外横线外方有1条褐色宽带，沿外缘有1列黑点，缘毛黄色。雄蛾前翅黄绿色，而雌蛾为黄褐至灰褐色；后翅灰黄白色，近外缘有1条褐色宽带。卵半球形，底部平，表面有20多条长短相间的纵棱，不分叉；初产时乳白色，后为灰黄色，近孵化时为紫褐色。老熟幼虫体长31～41mm，头部黄褐色；体色多变，有黄绿、青绿、红褐或暗褐色等(图16-67和图16-68)；体背常散生有白色小点，胸部各节均有黑色毛片12个，腹部除末节外，每节有黑色毛片6个。被蛹纺锤形，黄绿色至黄褐色，尾端具臀刺2根，基部相连；腹部第四节有较稀的刻点，第5～7节前缘有7～8排密而小的刻点。

图16-65 烟青虫为害状

图16-66 烟青虫成虫

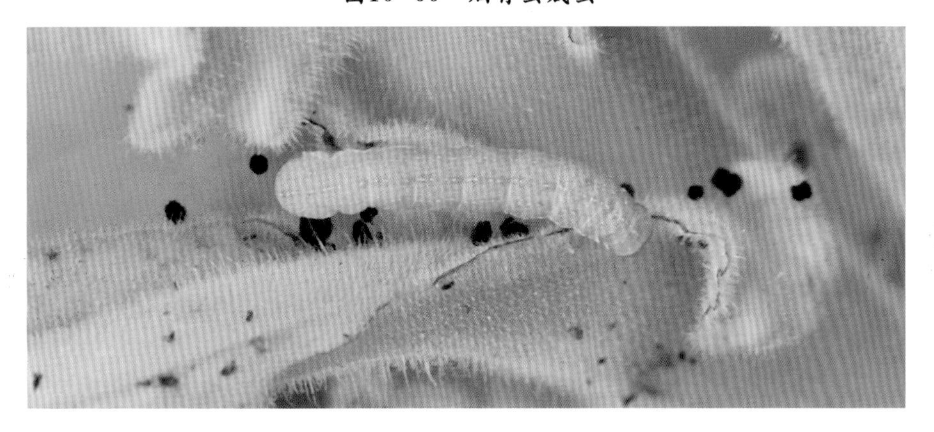

图16-67 烟青虫黄绿型幼虫

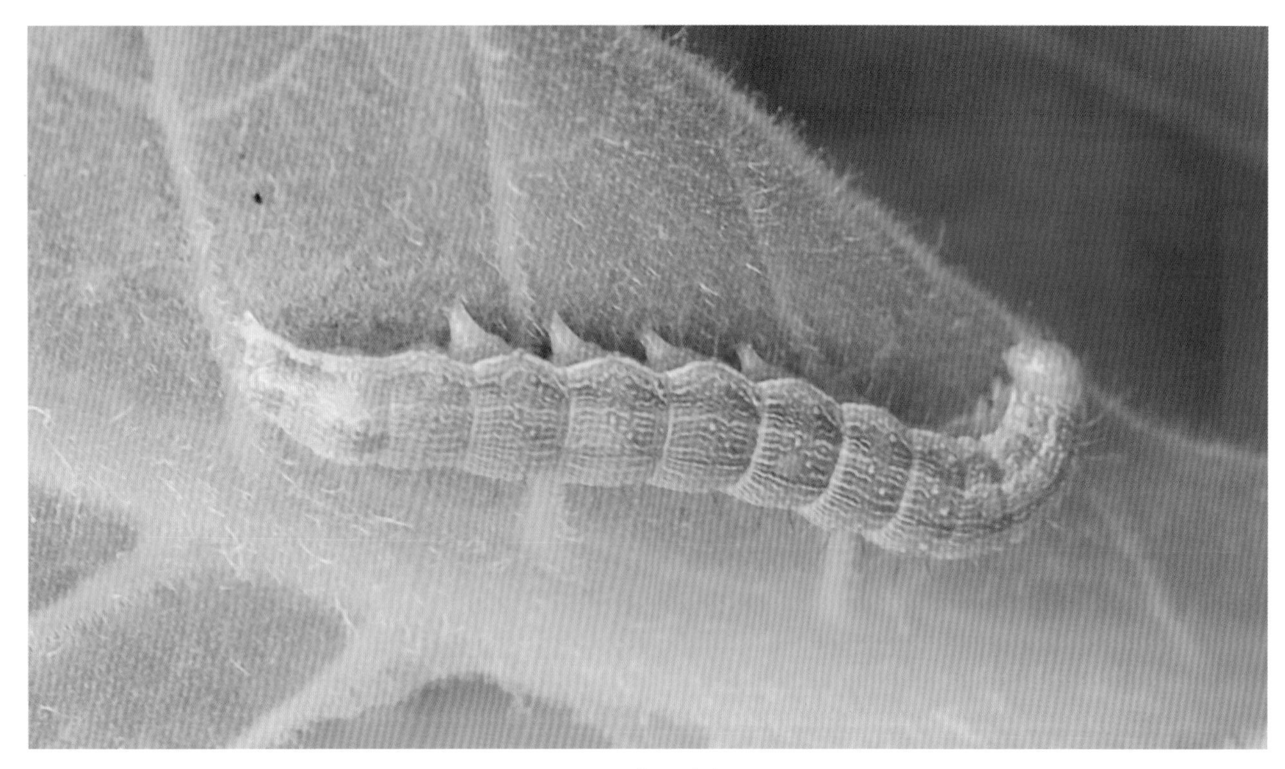

图16-68 烟青虫青绿型幼虫

【发生规律】烟青虫在我国每年发生的世代数各地区不同，从北往南2～6代等，东北一年发生2代，河北2～3代，山东、河南、陕西一年发生3～4代，安徽、江苏、浙江4～6代，各地均以蛹在土中越冬。黄淮烟区于5月中下旬至6月上中旬羽化，山东、河南一年有2个明显的为害高峰期，第一次在6月下旬至7月中旬，为害春烟；第二次在8月下旬至9月中旬，为害留种地夏烟。成虫白天潜伏在叶背或草丛中，夜间或阴天活动，有趋光性。卵多产在嫩烟叶正面，每雌产卵近千粒。幼虫共6～7龄，幼虫3龄前昼夜为害，3龄后食量剧增，主要在夜间活动，有转株为害和互相残杀习性，白天潜伏在烟叶下，有假死性。幼虫老熟后进入前蛹期，不食不动，身体皱缩，背面微显红色或尾部臀板呈黄褐色，经1～2天后即入土3～5cm深处化蛹。该虫在烟田发生轻重与越冬虫口基数、烟株长势、气候和天敌诸因素相关。生产上烟株生长茂密、温湿度适宜，易大发生。7—8月均温高于30℃，相对湿度低于80%发生轻。烟青虫的天敌有数十种之多，寄生其卵的主要有赤眼蜂，自然寄生率高达80%以上。

【防治方法】冬耕灭蛹，冬耕可通过机械杀伤、暴露失水、恶化越冬环境、增加天敌取食机会等，收到灭蛹效果。及早选好栽烟田块，在移栽前翻耕暴晒，以晒死越冬虫体。捕杀幼虫，烟苗移栽后，于5：00—9：00，到烟地巡查，当发现在烟株顶部嫩叶上有新虫孔或叶腋内有鲜虫粪时，找出幼虫杀死。及时打顶抹杈，控制腋芽，减少成虫产卵。

诱捕成虫，利用成虫的趋光性和趋化性，在成虫盛发期可采用杨树枝把、黑光灯、高压汞灯或性诱剂进行大面积统一诱杀。

杨树枝把的设置方法：取10～15枝两年生半枯萎杨树枝(长约60～70cm)捆成一束，竖立在田间地头，高出烟株15～30cm，设7～10把/亩，每天日出前用网袋套住枝把捕捉成虫。杨树枝把每周需换1次，以保持较强的诱虫效果。

性诱剂诱捕器的设置方法：取直径30～40cm的水盆，盆中装满水并加少许洗衣粉，盆中央用铁丝串挂性诱芯，诱芯距水面1～2cm，诱芯凹面朝下，将制成的诱捕器置于用木棍做成的简易三脚架上，然后放在烟株行间，略高于烟株。诱捕器两两相距50m。诱芯每20天更换1次。

另外，利用诱捕器可对烟青虫进行预测预报，根据诱蛾数量曲线确定诱蛾高峰期，诱蛾高峰期后2～3天后为卵孵化盛期，也是田间用药的适宜时间。

田间发现虫害及时进行药剂防治，在卵孵化盛期至3龄幼虫期，可用下列药剂：

4.5%高效氯氰菊酯乳油30～40ml/亩；

2.5%溴氰菊酯乳油20～30ml/亩；

2.5%氟氯氰菊酯乳油20～30ml/亩；

8 000IU/ml苏云金杆菌可湿性粉剂250～500g/亩；

40%辛硫磷乳油75～100ml/亩；

25%甲萘威可湿性粉剂100～200g/亩；

5%氯氰菊酯乳油7.5～10ml/亩；

50% S–氰戊菊酯乳油10～15ml/亩；

2.5%高效氯氟氰菊酯乳油20～25ml/亩；

20%氰戊菊酯乳油10～20ml/亩；

5%氟啶脲乳油40ml/亩；

5%伏虫隆乳油20～40ml/亩；

5%氟虫脲乳油30ml/亩；

15%茚虫威悬浮剂13ml/亩；

10%烟碱乳油50～75ml/亩；

0.5%苦参碱水剂60～80ml/亩；

0.7%印楝素乳油50～60ml/亩；

对水40～50kg均匀喷雾。

田间害虫为害较重，虫龄较大时，要适当加大剂量，可以用下列杀虫剂：

0.5%甲氨基阿维菌素苯甲酸盐水分散粒剂10～20g/亩；

1.8%阿维菌素乳油15～20ml/亩；

22%噻虫·高氯氟微囊悬浮悬浮剂5~10ml/亩；

26%辛硫磷·高效氯氟氰菊酯乳油50～90ml/亩；

28%氰戊菊酯·辛硫磷乳油67.2～80ml/亩；

生物防治：用杀螟杆菌(每克含活孢子100亿左右)或青虫菌(每克含孢子48亿以上)粉剂，加清水稀释300～500倍液喷洒。或用核型多角体病毒(NPV)可湿性粉剂600倍液加10%氯氰菊酯乳油1 000倍液喷洒。

2．烟粉虱

【分　　布】烟粉虱(*Bemisia tabaci*)属同翅目粉虱科。我国的烟粉虱记载于1949年，分布于广东、广西、海南、福建、云南、上海、浙江、江西、湖北、四川、陕西、北京、台湾等地，近年来在我国烟叶主产区均有发生，山东、河南、重庆、四川等烟区为害严重。

【为害特点】以成虫、若虫刺吸植物汁液，受害叶褪绿萎蔫或枯死。还分泌蜜露，诱发煤污病，严重影响光合作用和商品价值(图16–69)。

【形态特征】我国主产烟区烟粉虱的生物型多以Q型为主，成虫体淡黄白色，体长0.85～0.91mm，翅

图16-69　烟粉虱为害叶片症状

白色(图16-70)，披蜡粉无斑点，前翅脉一条不分叉，静止时左右翅合拢呈屋脊状。卵长梨形，有小柄，与叶面垂直，大多散产于叶片背面。初产时淡黄绿色，孵化前颜色加深，呈深褐色(图16-71)。若虫共3龄，淡绿至黄色。第1龄若虫有触角和足(图16-72)，能爬行迁移。第一次蜕皮后，触角及足退化，固定在植株上取食。第3龄脱皮后形成蛹，脱下的皮硬化成蛹壳，是识别粉虱种类的重要特征。蛹壳椭圆形，有时边缘凹入，呈不对称状(图16-73)。管状孔三角形，长大于宽。舌状器匙状，伸长盖瓣之外。蛹壳背面是否具刚毛，与寄主的形态结构有关，在有毛的叶片上，蛹体背面具刚毛，在光滑无毛的叶片上，蛹体背面不具长刚毛。

图16-70　烟粉虱成虫

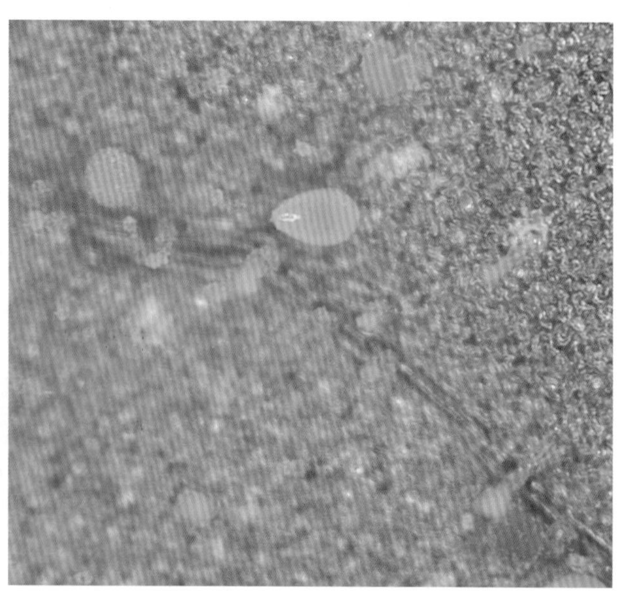

图16-71　烟粉虱卵

图16−72 烟粉虱若虫

图16−73 烟粉虱伪蛹

【发生规律】一年发生11～15代，世代重叠。在温室或保护地，烟粉虱各虫态均可安全越冬；在自然条件下，一般以卵或成虫在杂草上越冬。在广东3—12月均可发生，以5—10月最盛，在河北6月中旬始见成虫，8—9月为害严重，10月下旬后显著减少，在温室蔬菜上越冬，不造成损失。成虫白天活动，多在上午羽化，具有趋黄色、黄绿色的习性，喜欢栖息在幼嫩的植物或植株顶端嫩叶上，常群集在叶片背面，比较活跃。卵多产在植物上、中部叶上，排列成环状或散产。若虫先在叶片取食，然后扩散活动。进入2龄后，若虫的触角和足退化，以刺吸方式取食。以后继续发育，再蜕2次皮为伪蛹。烟粉虱较耐高温，对高温环境条件的适应能力强，26℃是烟粉虱生长发育和繁殖的适宜温度，在气温低于12℃时停止发育，高于40℃时成虫死亡。相对湿度低于60%成虫停止产卵或死去，高温高湿条件下适宜发育和繁殖，暴风雨会抑制其发生，非灌溉区或浇水次数少的作物受害重。

【防治方法】针对烟田烟粉虱的发生特点，进行源头控制，可使用天敌东亚小花蝽或丽蚜小蜂防治保护地蔬菜上的烟粉虱，减少烟田烟粉虱的来源；在烟田烟粉虱发生初期，释放东亚小花蝽或丽蚜小蜂为主，协调应用杀虫剂为辅；在烟粉虱重发区，使用高效低毒化学药剂，压低虫口基数。育苗时要把苗床和生产温室分开，育苗前先彻底消毒，幼苗上有虫时在定植前清理干净，做到定植的烟苗无虫。注意安排茬口，合理布局，以防粉虱传播蔓延。及时清除杂草，并运出田外集中处理销毁，减少残留虫量。

生物防治：用丽蚜小蜂防治烟粉虱。当每株烟草有粉虱0.5～1头时，每株放蜂3～5头，间隔10天放1次，连续放蜂3～4次，可基本控制其为害。

在烟粉虱发生初期，可用下列药剂：

3%啶虫脒乳油25ml/亩；

25%噻虫嗪水分散粒剂2g/亩；

1.8%阿维菌素乳油13ml/亩；

10%吡虫啉可湿性粉剂13g/亩；

2.5%联苯菊酯乳油65ml/亩；

0.36%苦参碱水剂40ml/亩；

100g/L吡丙醚乳油40ml/亩；

100g/L虫螨腈悬浮剂25ml/亩对水40～50kg，均匀喷雾，间隔10天左右1次，连续防治2～3次。

幼虫3龄以前用下列药剂：

2.5%高效氟氯氰菊酯乳油1 000～2 000倍液；

2.5%溴氰菊酯乳油1 000～2 500倍液，每亩50～75kg进行喷雾防治。

3．烟蚜

【分　　布】烟蚜(*Myzus persicae*)属同翅目蚜科。分布于世界各地，我国南北各产烟区普通发生，是烟草上的主要害虫之一。

【为害特点】烟蚜在田间的为害分直接为害和间接为害两种形式，直接为害是以刺吸式口器插入叶肉、嫩茎、嫩蕾、花果吸食汁液，使烟株生长缓慢，叶片变薄。为害严重时，叶片卷缩、变形，内含物减少。烤后叶片呈褐色，品质低劣，而且难于回潮，极易破碎。蚜虫分泌的“蜜露”，常诱发煤烟病(图16–74)，使烟叶表面变黑，造成烟叶品质下降；间接为害是传播烟草黄瓜花叶病毒病等多种病毒病害。有翅蚜是传播的主要媒介。

图16－74　烟蚜为害症状

【形态特征】有翅胎生雌蚜体长1.6～2.0mm，体黄绿色或红褐色，头部黑色，额瘤显著，触角6节，黑色，第3节有1列感觉圈，约9～17个，第5节端部和第6节基部各有感觉圈1个(图16–75)；胸部黑色，腹部黄绿色或赤褐色；在腹部背面中央有一黑褐色近正方形斑纹，其两侧各有小黑斑一列；腹管较长，黑色，圆柱形，但中后部稍膨大，末端明显缢缩；尾片黑色，较腹管短，圆锥形，中部缢缩。无翅胎生雌蚜体长1.4～1.9mm，较肥大，近似卵圆形，体色有绿色、黄绿色、橘红色或褐色(图16–76)；额瘤、腹管与有翅型相似；触角黑色，6节，第3节无感觉圈，第5节末端与第6节基部各有1个感觉圈。卵长椭圆形，长约0.4mm，初产时淡黄色，后变黑色，有光泽。若虫似成虫，体小，大多为淡红色。

图16–75 烟蚜有翅胎生雌蚜

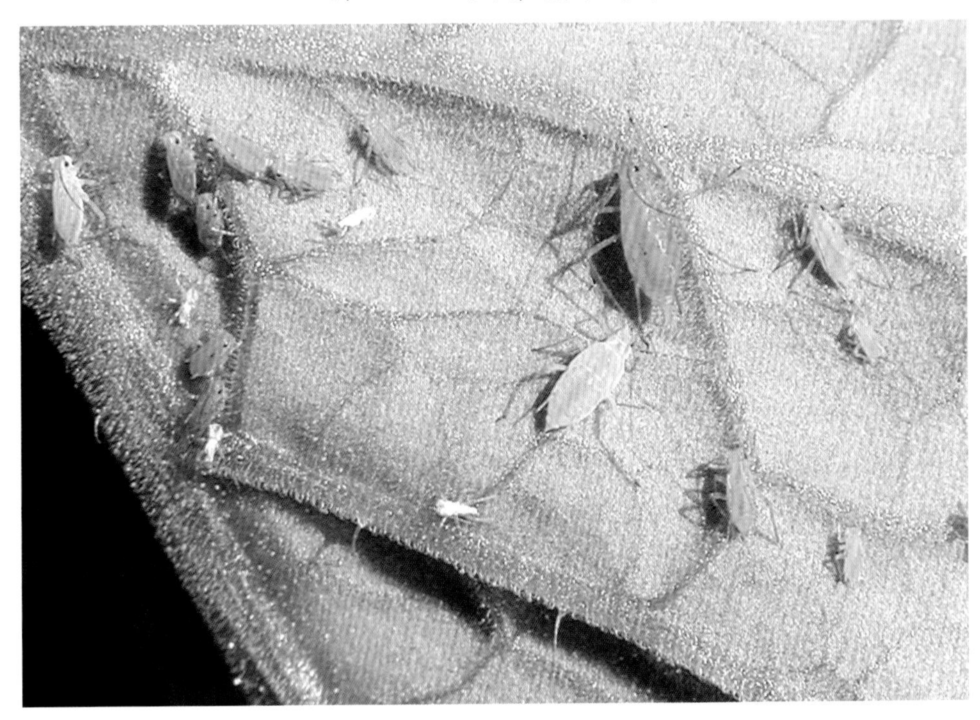

图16–76 烟蚜无翅胎生雌蚜

【发生规律】烟蚜每年发生的世代数因生态条件的差异而不同，黄淮烟区每年发生24～30代，西南、华南烟区发生30～40代，东北烟区发生10～20代。在山东、河南烟区，烟蚜一般以卵在桃树上(也有成蚜在温室或越冬蔬菜上)越冬。以卵越冬的烟蚜，2月底至3月初孵化为干母，一般在桃树上繁殖3代。4月底至5月初出现有翅蚜，开始迁往烟草、早春作物和蔬菜上，在烟草上可繁殖15～17代。8—9月又迁往十字花科蔬菜上为害，可繁殖8～9代。10—11月气温渐低，在秋菜田内产生有翅雄性蚜及有翅性母蚜迁回桃树，有翅性母蚜产生雌蚜后与雄蚜交配产卵越冬。在西南、华南烟区及北方温室内，烟蚜终年以孤雌生殖方式繁殖。烟蚜对气候条件的适应性强，繁殖量大。1头孤雌胎生雌蚜最多可产小蚜虫150头，平均51头。夏季温湿度适宜时，若蚜只需2～4天即可成熟繁殖。绝大多数成蚜当日或次日可产若蚜，1～2天后便进入繁殖高峰期，并可维持12天左右。烟蚜寿命最短11天，最长可达99天。烟蚜具有明显的趋嫩性和避光性，有翅蚜对黄色呈正趋性，对银灰色和白色呈负趋性。烟蚜活动的适宜温度为12.5～26℃。最适温度为25℃，相对湿度为80%～88%。当5日平均温度高于30℃或低于6℃，相对湿度小于40%时，烟蚜种群数量会迅速下降。当温度高于26℃，相对湿度高于80%时，蚜量亦下降。如温度不超过26℃，相对湿度达90%时，蚜量仍可继续上升。

【防治方法】烟蚜在新发的顶叶和烟杈上群集为害较多。烟田管理过程中人工及时打顶抹杈，将打下的顶叶和烟杈连同其上的蚜虫一同带到田外烧毁或深埋，可大大减轻为害。

苗床应远离菜地及村庄，有条件的地方，宜采用集约化育苗，这样既便于苗床管理，又便于实施避蚜防病措施。育苗棚的门窗和周围通风口用40目尼龙网覆盖。普通苗床可采用40目拱架防虫网进行覆盖。这样不仅防止了苗期蚜虫为害，而且可大大降低烟苗感染病毒的概率。

烟蚜的天敌种类繁多，如草蛉、瓢虫、蚜茧蜂、食蚜蝇、蜘蛛等。这些天敌通过捕食和寄生的方式，对控制烟蚜发生效果相当显著。生产过程中除对烟田这些天敌加以保护外，还可向烟田引进并释放这些天敌。蚜茧蜂控制烟蚜的蜂蚜比为1：(30～50)，烟蚜点片发生期，亩释放蚜茧蜂500头左右，效果达90%以上。

烟蚜对银色光有忌避的习性。在移栽期用银色反光塑料薄膜或白色地膜覆盖栽培，能驱赶蚜虫，减轻为害。烟蚜对黄色物体有趋性，利用这一习性在育苗大棚中装置黄色纸板，并在纸板上涂上胶，可将烟蚜诱集黏附到纸板上，然后集中消灭。

化学防治方法具有高效、快速灭虫的特点。烤烟成株期一般都有烟蚜为害，在管理过程中，一旦烟蚜达到防治指标，就要及时喷洒农药。一次喷药过后，间隔10天左右换一种农药再喷。可选用以下防治效果较好的药剂：

20%氰戊菊酯乳油3 000～4 000倍液；

25g/L高效氯氟氰菊酯乳油30～40ml/亩；

40%氯噻啉水分散粒剂4～5g/亩；

5%除虫菊素乳油25～35ml/亩；

5% S-氰戊菊酯乳油10～15ml/亩；

0.9%阿维菌素乳油2 000倍液；

10%吡虫啉可湿性粉剂10～20g/亩；

3%啶虫脒乳油30～40ml/亩；

1.7%阿维·吡虫啉微乳剂40～50ml/亩；

15%啶虫·辛硫磷乳油55～70ml/亩；

25%噻虫嗪水分散粒剂4～8g/亩；

2.5%溴氰菊酯乳油3 000～4 000倍液；

10%氯氰菊酯乳油2 500～3 000倍液，间隔7～10天再喷施1次。

4．烟草潜叶蛾

【分　　布】烟草潜叶蛾(*Phthorimaea operculella*)属鳞翅目麦蛾科。原产地为中美和南美的北部地区，现已传播到北美、非洲、澳洲、欧洲和亚洲。抗日战争时期从美国传入我国西南地区，现分布于四川、贵州、云南、广东、广西、湖北、湖南、江西、河南、陕西、甘肃、安徽、台湾等省。其中云南、贵州、四川发生较重。

【为害特点】幼虫潜入叶片内为害，叶片上出现线形隧道或受害处出现亮泡状。苗期为害顶芽，致全株枯死。也有的蛀入叶柄和烟株的茎内(图16–77)。也侵害烟苗及晚烟的生长点，受害叶片烤制后，潜痕呈黑褐或灰褐色，造成烟叶杂色、破裂，从而降低商品等级。

【形态特征】成虫体长5～6.2mm，翅展12～15mm；雄蛾比雌蛾略小，全体灰褐色(图16–78)，略带银灰色光泽；头小，触角丝状，黄褐色，背面颜色较腹面深；下唇须3节，镰刀形，向上弯曲超过复眼，第一节短小，第二节粗长，第三节尖细；前翅狭长，尖叶形，黄褐色或灰褐色，其上散布黑褐色斑点，翅尖略向下弯，臀角钝圆，翅前缘及翅尖色较深，翅中部有3～4个黑褐色斑点；雌虫前翅臀区具黑褐色大条斑，静止两翅合拢时，形成明显的黑色大长斑；雄虫臀区无黑条斑，仅有4个不明显的黑褐色斑点；后翅尖刀形，灰黑褐色，缘毛很长；雄蛾后翅前缘的基部还有1束长毛；雄蛾翅缰1根，雌蛾则有3根；腹部与翅同色，雄虫可见8节，第7节前缘两侧背方各生1丛弯曲的黄白色长毛，雌蛾腹末有马蹄形短毛丛。卵椭圆形，半透明，表面刻纹不太明显；初产时乳白色，稍光泽，中期淡黄色，孵化前转为黑褐色，有紫色光泽。老熟幼虫初孵化未取食时为乳黄色，取食后渐转呈绿色，至老熟时带粉红色(图16–79)；头部棕褐色，单眼6个，第一个最大；前胸背板和胸足暗褐色，臀板淡黄色；气门近圆形，以前胸和第八腹节的最大；老熟的雄虫腹部背面可透见1对睾丸；蛹圆锥形，初淡绿色，后渐变为淡黄色、棕黄色，最后变成棕色；背面中央有一角刺，臀棘短小而尖，周围有刚毛。蛹茧灰白色，表现常粘有土粒或黄色排泄物。

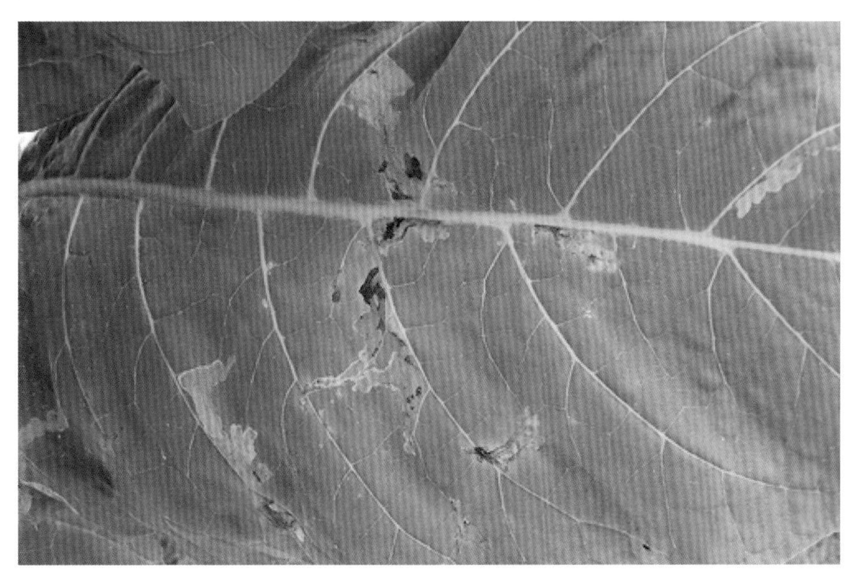

图16–77　烟草潜叶蛾为害叶片症状

图16-78　烟草潜叶蛾成虫

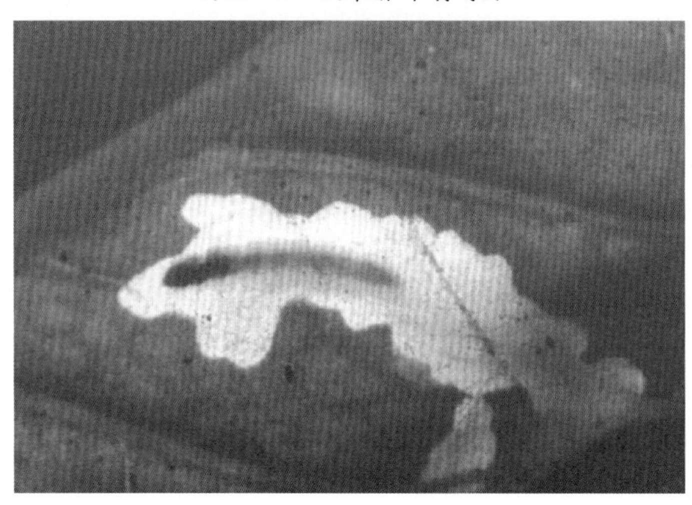

图16-79　烟草潜叶蛾幼虫

【发生规律】烟草潜叶蛾每年发生的世代数因地区的不同而有很大差异。四川省一年发生6～9代，湖南省6～7代，贵州省福泉市5代，云南省陆良县6代，陕西省关中地区及河南、山西省4～5代。烟草潜叶蛾无明显的滞育现象，特别是在南方省区，在适宜的温、湿度和食料充裕的条件下，冬季仍能正常生长发育，各个虫态均能越冬，主要以幼虫在田间的残枝败叶中越冬；室内主要在墙缝中越冬。春季越冬代成虫在3月中旬至4月中旬出现，首先在春播马铃薯或烟苗上繁殖。当春薯收获后，一部分虫体随薯块带进仓库内繁殖，为害夏贮薯块，此时气温高，发育快，繁殖力强，薯块受害极重；另一部分迁移到烟草大田繁殖为害。若防治不及时，后期发生则重。以后各代成虫的出现依次为4月上旬至6月上旬、5月下旬至7月中旬、7月上旬至8月上旬、7月下旬至9月上旬、8月中旬至9月中旬、9月中旬至11月上旬、10月中旬至12月上旬。在贵州烟区，每年7—8月最严重。成虫白天潜伏，夜间活动，有趋光性。卵多散产在脚叶主支脉间或茎基部。苗期多在顶端嫩茎内潜食。大田多集中在脚叶和下部叶上蛀食叶肉，仅留上、下表皮。老熟幼虫在土缝内、脚叶背面或露土薯块的芽眼处作茧化蛹；在室内则化蛹于薯堆间、薯块凹陷处、墙缝处等。烟潜叶蛾需要温暖干燥的气候，高湿环境对其不利。海拔高度对其发生有很大影响。据观测，海拔750～950m以上的烟田受害较轻，在570m以下受害严重，但在30～50m的低海拔烟区则很少为害。前茬为马铃薯或烟草的烟田受害重，烟草与马铃薯混栽地区比单栽烟的地区受害也较重。烟田距马铃薯仓库越近受害越重。

【防治方法】清洁田园，秋末初冬，彻底清除烟草残枝落叶及烟地附近的茄科植物残体，集中烧毁，以减少越冬虫源，降低翌年虫害发生率。选用无虫烟苗，取苗移栽时认真检查剔除虫苗。加强田间管理结合中耕除草，摘除底层脚叶，集中处理(烧毁或深埋、沤肥等)，以减少幼虫、蛹、卵等虫态。

加强检疫，禁止从有此虫的地区调运烟苗和马铃薯等。调运马铃薯时，如发现虫情，要用药剂熏蒸处理。杜绝从疫区调运烟苗。调整种植布局，特别是避免马铃薯与烟草相邻种植。

生物防治，烟草潜叶蛾的天敌种类较多，已知寄生性茧蜂有12种，小蜂有10种，姬蜂有8种；捕食性天敌有4种；寄生病原物有6种。在自然界，这些天敌对烟草潜叶蛾的发生有一定的抑制作用。

在成虫盛发期，喷洒下列药剂：

50%辛硫磷乳油800倍液；

25%喹硫磷乳油1 000～1 500倍液；

2.5%溴氰菊酯乳油2 000～3 000倍液；

90%晶体敌百虫1 000倍液均匀喷雾，间隔7～10天，连喷2～3次。

幼苗移栽前后，越冬蛾产卵至卵孵化前，可用下列药剂：

80%敌敌畏乳油1 000倍液；

20%氰戊菊酯乳油3 000倍液喷施，间隔5～7天，连喷2次。

5．烟蓟马

【分　　布】烟蓟马(*Thrips tabaci*)属缨翅目蓟马科，别名棉蓟马、葱蓟马等。分布在全国各地。寄主已知有355种，我国以烟草、棉花、大豆、葱蒜类受害最重。

【为害特点】以成虫、若虫直接为害叶片、生长点。叶片受害，出现银灰色斑点或下凹的小斑，重者叶片变形。生长点受害，造成无头烟或多头烟，叶片出现肥大、皱缩变形、变色、变脆。

【形态特征】成虫体淡黄至深褐色，背面色略深(图16–80)；头部宽大于长，口器呈鞘状锥形，生于头下，内有口刺数条，适于穿刺和吸食；复眼紫红色，稍突出；触角7节，淡黄褐色，每节基部色浅，特别是第3节基部细长若柄；前胸背板宽大于长，中、后胸背面连合成长方形；翅透明、细长，端部较尖，周缘密生细长的缘毛；腹部10节扁长，尾端细小而尖，具有数根长毛，体侧疏生短毛；雌虫产卵管锯齿状，由第八、九腹节间腹面突出；雄虫无翅。卵初期肾形，后变卵圆形，乳白色，后期黄白色。若虫淡黄色，与成虫相似，无翅，共4龄(图16–81)；复眼暗红色，胸腹部有微细的褐点，点上生粗毛。4龄若虫体长1.2～1.6mm，有明显的翅芽。前蛹和蛹与若虫相似，但翅芽明显。

【发生规律】烟蓟马在我国各地一年发生3～20余代，东北和华北地区一年发生3～4代，黄淮流域一年发生6～10代，华南地区1年发生20代以上。主要以成虫和若虫在土缝、葱类蔬菜叶鞘处以及地表枯枝落叶间越冬，也有少数以拟蛹在土层内越冬。烟蓟马在华南地区无越冬现象，冬季仍然活动为害。烟蓟马早春开始活动后，先在较早萌发的杂草上繁殖，以5—6月较重，干旱年份5月中下旬至7月上旬为害严重。1～2龄若虫活动性不强，2龄以后钻入土内或叶鞘内，变为前蛹和拟蛹，这两个虫期不取食。成虫活泼，善飞能跳，还可随气流传播，但怕光，白天多在叶背或叶鞘内隐藏。烟蓟马主要行孤雌生殖，雄虫少见，雌虫产卵于植物幼嫩组织内。烟蓟马较抗低温，不耐高湿，相对湿度70%以下适于其生长活动。其各虫态经雨水冲刷、浸泡后会大量死亡。烟蓟马可在土壤中化蛹，黏重土壤对其有不利影响，壤土和轻沙性土较适宜。温度25℃，湿度60%以下，有利于烟蓟马发生，暴风雨可降低虫口密度。

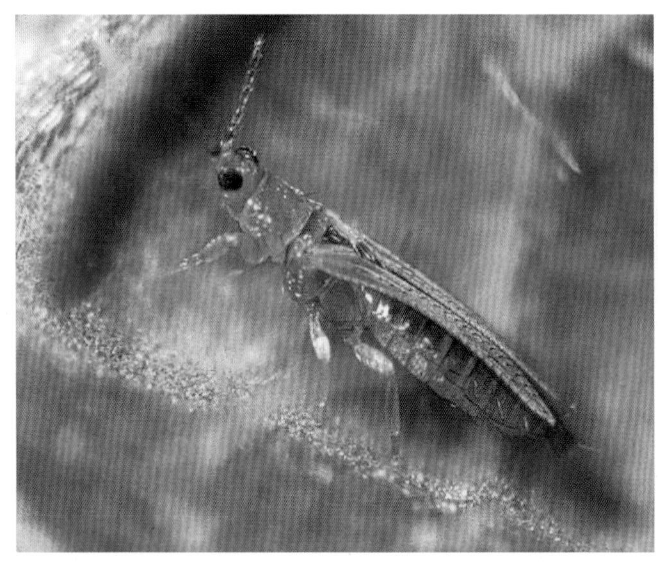

图16-80　烟蓟马成虫

图16-81　烟蓟马若虫

【防治方法】冬耕灭蛹。冬季清除田间残株、落叶和寄主杂草，减少越冬虫源。清晨在烟田捕杀幼虫。及时打顶抹杈。

针对越冬虫迁移到早春作物及其他杂草上，注意防治韭菜、葱、蒜等作物上的蓟马，以减少栽烟后转入烟田的虫源。

烟田作畦时，用3%克百威颗粒剂4～5kg/亩；作成毒土撒于土表，轻轻翻动使药剂拌入土中，然后播种或移栽。

烟蓟马发生初期，可喷洒下列药剂：

40%辛硫磷乳油1 000倍液；

10%虫螨腈乳油2 000倍液；

10%吡虫啉可湿性粉剂2 000倍液；

2.5%高效氟氯氰菊酯乳油2 000倍液；

1.8%阿维菌素乳油3 000倍液；

25%喹硫磷乳油800～1 000倍液；

25%甲萘威乳油200～500倍液；

97%敌百虫可溶性粉剂500倍液；

2.5%高效氯氟氰菊酯乳油1 000～2 000倍液；

2.5%溴氰菊酯乳油1 000～2 500倍液；

40%乙酰甲胺磷乳油500～1 000倍液，每亩用50～75kg药液进行喷雾防治，视虫情间隔7～10天1次，连治2～3次。

6．斜纹夜蛾

【分　　布】斜纹夜蛾(*Prodenia litura*)属鳞翅目夜蛾科。为世界性害虫，主要分布于亚洲热带和亚热带地区、欧洲地中海地区及非洲。我国各烟区均有分布。在我国淮河以南温暖地区发生较多，长江中下游及华南地区虫口数量较大，北方则偶有发生。

【为害特点】该虫是一种杂食、暴食性食叶害虫，常间歇大暴发。以幼虫取食叶片为主，亦取食花、果及嫩枝(图16–82)。

图16–82 斜纹夜蛾为害状

【形态特征】成虫体长16～20mm，翅展36～41mm；头胸灰褐色或白色，下唇须灰褐色，各节端部有暗褐色斑，胸部背面灰褐色，被鳞片及少数毛；前翅褐色，雄的色较深，基线不显，亚基线灰黄色，波浪形，在臀脉之后向内弯曲，中横线不显，外横线灰色，波浪形，在第2肘脉后方向外弯，亚外缘线与外缘线褐色，近于平行，末端略向内弯；环纹不显，自环纹处向后至后缘为褐灰色斑；肾纹黑褐色，内侧灰黄色，外侧上角前方有一橘黄色斑，环纹与肾纹间有斜纹，由3条黄白色线组成；后翅银白色，半透明，微闪紫光，翅脉及外缘淡褐色，横脉纹不显，缘毛白色。卵粒半球形，初产黄白色，后转淡绿，孵化前紫黑色，卵数十至数百粒叠成2～3层的卵块，其上覆盖灰白色绒毛。幼虫共6龄，老熟幼虫头部黑褐色，胸腹部颜色因寄主和虫口密度不同而异：土黄色、青黄色、灰褐色或暗绿色，背线、亚背线及气门下线均为灰黄色及橙黄色(图16–83)；从中胸至第9腹节在亚背线内侧有三角形黑斑1对，其中以第1、7、8腹节的最大；胸足近黑色，腹足暗褐色。蛹赤褐色至暗褐色，腹部第1～3节背面光滑，第4～7节背面近前缘处密布圆形刻点。

【发生规律】斜纹夜蛾每年发生代数自北向南逐渐递增，在我国华北地区每年发生4～5代，长江流域5～6代，福建6～9代。在华南地区无滞育现象，终年繁殖；在黄河流域，8—9月是严重为害时期，甘薯、蔬菜等作物被害较重，棉花被害较轻。该虫在广西烟田烟草生长期可发生4代。第一代幼虫于3月下旬出现，此时在苗床内为害，4月上旬为害刚移栽的烟株。第二、三、四代幼虫最早出现期分别为5月、6月和7月上旬，发育进度基本上为每月完成1代。由于世代重叠严重，田间各世代幼虫混合发生，使烟草整个生长期均可遭到为害。第二、三代幼虫主要在5月、6月份发生，系主要为害世代。尤其是第三代，由于经过一、二代的虫源积累，此代幼虫在6月份数量最多，又正值烟草迅速生长和产量形成的关键时

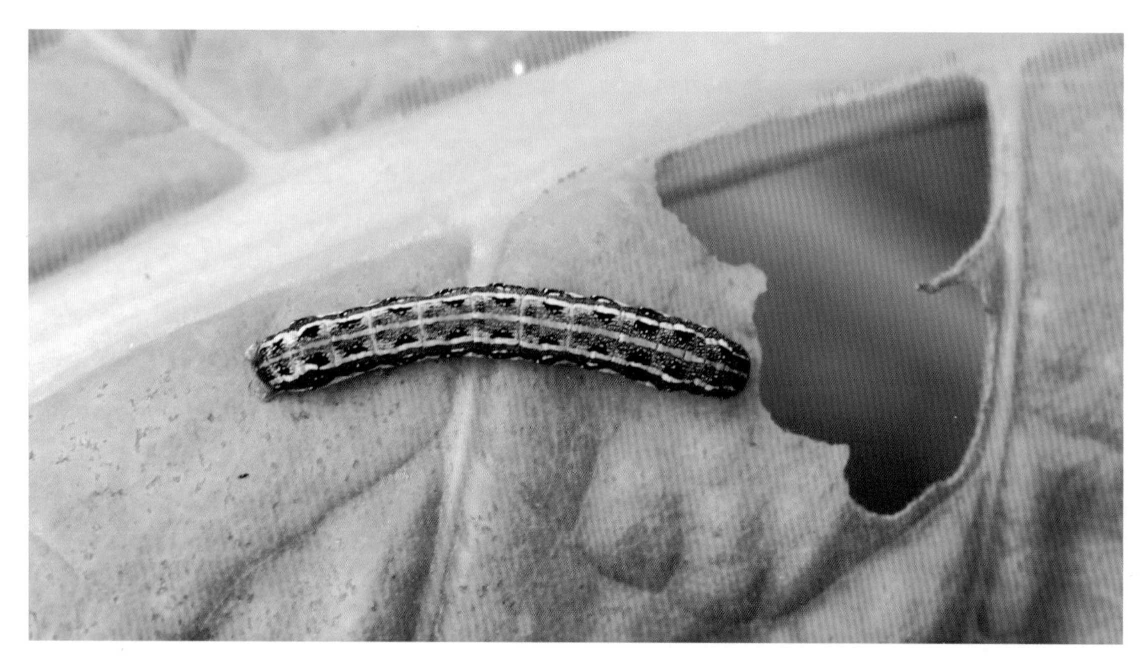

图16-83　斜纹夜蛾幼虫

期，如果虫口密度大，将对烟株造成严重损害。第四代幼虫只为害迟收烟叶。成虫终日均能羽化，以18：00—21：00为最多。羽化后白天潜伏于作物下部、枯叶或土壤间隙内，夜晚外出活动，取食花蜜作为补充营养，然后才能交尾产卵，未取食者只能产数粒。产卵前期1～3天，但也有少数成虫羽化后数小时即可交尾产卵。卵多产于高大、茂密、浓绿的边际作物上，以植株中部叶片背面叶脉分叉处最多。成虫飞翔力强，受惊后可做短距离飞行。成虫对黑光灯趋性很强，对有清香气味的树枝把和糖醋等物也有一定的趋性。初孵幼虫群集为害，啃食叶肉留下表皮，呈窗纱透明状，也有吐丝下垂随风飘散的习性；3龄以上幼虫有明显的假死性；4龄幼虫食量剧增，占全幼虫期总食量的90%以上，当食料不足时有成群迁移的习性。老熟幼虫入土作土室化蛹，入土深度一般为1cm，土壤板结时可在枯叶下化蛹。斜纹夜蛾是一种喜温性害虫，其生长发育最适宜温、湿度条件为温度28～30℃，相对湿度75%～85%。田间水肥好，作物生长茂盛的田块，虫口密度往往较大。斜纹夜蛾寄主广泛而复杂，如果烟田附近种有花生、红薯、十字花科蔬菜、芋头、莲藕等作物，则会使虫源大增，有可能暴发成灾。

【防治方法】农业防治：及时翻犁空闲田，铲除田边杂草。在幼虫入土化蛹高峰期，结合农事操作进行中耕灭蛹，降低田间虫口基数。在斜纹夜蛾化蛹期，结合抗旱进行灌溉，可以淹死大部分虫蛹，降低基数。在斜纹夜蛾产卵高峰期至初孵期，采取人工摘除卵块和初孵幼虫为害叶片，带出田外集中销毁。合理安排种植茬口，避免斜纹夜蛾寄主作物连作。

人工捕杀：根据成虫趋向烟株中部叶片背面产卵及低龄幼虫群集取食为害的特点，在产卵盛期和幼虫扩散为害之前，及时摘除卵块，捕杀成虫。

物理防治：利用成虫的趋光性和趋化性，成虫盛发期，采用黑光灯、糖醋酒液诱杀成虫。

药剂防治：掌握在卵块孵化到3龄幼虫前喷洒药剂防治，此期幼虫正群集叶背面为害，尚未分散且抗药性低，药剂防效高。可用下列药剂：

1.8%阿维菌素乳油2 000～3 000倍液；

5%氟啶脲乳油2 000～2 500倍液；

10%吡虫啉可湿性粉剂1 500～2 000倍液；

20%虫酰肼悬浮剂2 000倍液；

10%虫螨腈悬浮剂1 500～2 000倍液；

20%氰戊菊酯乳油1 500～2 500倍液；

4.5%高效氯氰菊酯乳油2 000～2 500倍液；

2.5%溴氰菊酯乳油2 000～3 000倍液；

5%氟氯氰菊酯乳油2 000～2 500倍液；

20%甲氰菊酯乳油2 500～3 000倍液；

20%菊·马(氰戊菊酯·马拉硫磷)乳油2 000～3 000倍液,采取挑治与全田喷药相结合的办法，重点防治田间虫源中心。由于幼虫白天不出来活动，喷药宜在午后及傍晚进行。每隔7～10天喷施1次，连用2～3次。

7．野蛞蝓

【分　　布】野蛞蝓(*Agriolimax agrestis*)属软体动物门腹足纲柄眼目蛞蝓科。别名蜒蚰螺、鼻涕虫、旱螺等。野蛞蝓是喜阴湿环境的软体动物，热带、亚热带、温带均有分布。在国外分布于欧洲，在国内主要分布于四川、云南、贵州、湖南、湖北、广东、广西、福建、浙江、安徽、河南、河北、山东、江西、黑龙江及新疆等省区。

【为害特点】野蛞蝓以齿舌刺刮为害，在烟草幼苗期，取食烟草叶片。被害叶多呈缺刻、孔洞或仅残留表皮，影响烟苗生长，致烟苗枯死。在烟苗6叶期时可吃掉心叶和生长点，形成多头苗。大发生时可将叶片吃光，仅剩叶脉。成长烟株受害多为下部叶片。

【形态特征】成体体长20～25mm，爬行时体可伸长达30～36mm；体光滑柔软，无外壳。体色为黑褐色或灰褐色(图16-84)；头部与身体无明显分节，触角2对，暗黑色；口器位于头部腹面两唇须的凹陷

图16-84　野蛞蝓成虫

处，内生有1条角质齿舌，用以嚼食植物叶片；体背中央隆起，前方有半圆形硬壳外套膜，约为体长的1/3；其边缘卷起，内有1个退化的贝壳，头部收缩时即藏于膜下；呼吸孔在外套膜的后半部右侧2/3处，生殖孔位于右眼须的后侧方；肌肉组织的腺体能分泌黏液，覆盖体表，凡爬行过的地方均留有白色痕迹；雌雄同体。卵椭圆形，白色透明可见卵核，且韧而富有弹性，近孵化时色变深。卵粒黏集成堆。幼体形似成体，全身淡褐色，外套膜下后方的贝壳隐约可见。

【发生规律】云、贵烟区一年发生2～6代，各代历期较长且世代重叠。可以成体、幼体或卵匿存于潮湿土块缝隙间或草丛、石块下，或在潮湿土壤15～20cm深处越冬。在越冬期间如天气暖和仍可爬出活动为害。在福建、广西等南方烟区无明显越冬现象。异体受精或同体受精繁殖，产卵量400多粒，卵堆产在潮湿的土内。野蛞蝓四季均能繁殖为害。以春季和秋季繁殖最盛，为害最重。长江流域5—7月为害最重。野蛞蝓夜间活动，白天潜伏，耐饥力130多天。气温11.5～18.5℃，土壤含水量20%～30%对其有利。气温高于25℃，即迁移至土缝或土块下停止活动。在适宜的温度条件下，其发生轻重、虫口密度高低与雨量关系密切，而虫口密度又取决于雨量的分布。如3—6月间雨水多，分布均匀，密度就高，雨量少或降雨集中，虫口密度则相对偏低。在野蛞蝓发生的地区，凡邻近低洼积水、杂草多的黏土、黏壤土或腐殖质较多的壤土烟田，发生量就大；前作为蔬菜、油菜或蚕豆作物的烟田，发生密度高，为害重。

【防治方法】选择地势较高，排水良好，远离油菜、蚕豆等作物的地块育苗或栽植。及时铲除田间、地边杂草，清除野蛞蝓的滋生场所。在苗床或烟田四周于傍晚撒石灰粉5～7.5kg/亩，形成封锁带，阻止野蛞蝓侵入为害。在野蛞蝓为害期，将莴苣、白菜、甘蓝等蛞蝓喜食的菜叶傍晚时分散堆放在苗床内，并压上土块诱集成体和幼体，次日清晨收集捕杀。

用四聚乙醛(对蛞蝓有强烈引诱作用)300g，红砂糖或白砂糖100g，砷酸钙300g，混合后拌入4kg豆饼粉或玉米粉，加入适量水制成颗粒状毒饵，傍晚时将适量毒饵撒施于烟株附近地面，蛞蝓取食后即会中毒死亡。

用6%四聚乙醛颗粒剂傍晚均匀撒于烟株附近地面，每亩用330g，或移栽时每株根部土表施6～10粒药粒。施药后24小时内如遇大雨，药粒易冲散，需酌情补施；或向苗床或烟田的土埂上洒茶枯液进行触杀(茶枯粉1kg对水10kg煮沸半小时，揉搓过筛后取澄清液，再对水60kg拌匀)。也可用70～100倍的氨水，于晚上撒于烟株附近。

8．斑须蝽

【分　　布】斑须蝽(*Dolycoris baccarum*)属半翅目蝽科。分布在全国各地。近年各烟区发生日趋严重，尤以黄淮烟区为害最重。有调查，6月烟草受害后，大田烟株受害萎蔫率高达20%～50%。

【为害特点】为害烟草时，成虫、若虫在烟草顶心嫩叶、嫩茎、花、嫩果上刺吸汁液，严重时致上部叶片或整个心叶萎蔫下垂，后变褐枯死，影响烟株正常生长发育和烤烟产量及品质。

【形态特征】成虫体长8～13.5mm，宽约6mm，椭圆形，黄褐或紫色，密被白绒毛和黑色小刻点；触角黑白相间；前胸背部前面呈浅黄色，后部暗黄色；小盾片三角形，末端钝而光滑；前翅革质部分淡红褐色，膜质部分黄褐色，透明；喙细长，紧贴于头部腹面(图16–85)。卵桶形，近孵化时呈赭灰黄色，卵块排列整齐。高龄若虫头、胸部浅黑色，腹部灰褐色至黄褐色，小盾片显露，翅芽伸至第1～4可见节的中部(图16–86)。

【发生规律】吉林一年发生1代，辽宁、内蒙古、宁夏2代，黄淮以南地区3～4代。以成虫在树皮下、墙缝、杂草中越冬，翌春日均温14～15℃时开始活动。河南许昌烟区、安徽烟区一年发生3代，各代成虫

图16-85 斑须蝽成虫

图16-86 斑须蝽若虫

在烟田发生期分别为5月下旬至7月中旬，7月上旬至9月上旬、8月中旬到11月。3、4代区，越冬代成虫4月初始见，5月上旬进入第一代产卵盛期，卵多产在小麦、果树及杂草上。4—5月主要为害小麦，5月中旬一代成虫开始迁入烟田产卵，6月上旬收完小麦后，麦田的大量成虫又迁入烟田，是烟草受害最严重时期，6月中、下旬进入产卵盛期，初孵若虫就在烟草上为害。进入7月二代成虫始见，7月中下旬进入盛发期，烟草未打顶前继续为害，烟草打顶后，成虫即迁往玉米田为害。第三代卵于7月下旬大量出现，秋作物收获后，成虫开始迁入菜田或果树上继续取食为害，至11月成虫逐渐越冬。成虫行动敏捷，能飞善爬，多把卵产在叶面或叶背及嫩茎上，卵块产，每块卵10～20粒，最多40余粒，每雌卵量26～112粒，卵历期17～20℃时5～6天；21～26℃时3～4天。初孵若虫先聚集在卵壳上或卵块四周不动不食，需经2～3天蜕一次皮后才分散取食，若虫共5龄，完成一代历时40多天。成虫寿命12～14天，最长29天。气温24～26℃、相对湿度80%～85%有利其发生。天敌有斑须蝽卵寄生蜂、稻蝽小黑卵蜂、大眼长蝽等。

【防治方法】加强烟田管理，第一代成虫为害盛期及时打顶，减少其为害场所，虫口数量迅速下降。6月中旬成虫盛发时进行人工捕杀和摘除卵块，集中杀灭初孵化尚未分散的若虫。注意保护或释放斑须蝽卵寄生蜂和稻蝽小黑卵蜂进行生物防治。

第一代成虫进入烟田，每百株有虫26～30头及烟株现蕾前的低龄若虫盛发期，喷洒下列药剂：

10%氯氰菊酯乳油2 500～3 000倍液；

2.5%溴氰菊酯乳油2 000～3 000倍液；

20%甲氰菊酯乳油2 000倍液；

80%敌敌畏乳油1 000倍液，每亩喷对好的药液100kg。

9. 地老虎

【分　　布】小地老虎(*Agrotis ypsilom*)属鳞翅目夜蛾科，是烟草重要的地下害虫之一。在各产烟省区均有分布。苗期造成缺苗，大田期造成缺株断垄，为害率一般1%～5%，严重时可达10%～30%，甚至重新播种。

黄地老虎(*Agrotis segetum*)在国外主要分布在欧洲、亚洲、非洲各地。在我国各地都有分布。主要为害区域是在年降雨量少的黄淮烟区和西南烟区，并常与小地老虎、大地老虎混合发生。

大地老虎(*Agrotis tokionis*)俗称土蚕、地蚕、切根虫、夜盗虫、大黑蛆。在我国普遍有分布，主要发生在长江下游沿岸地区、黄淮至西南烟区，常与小地老虎混合发生。

【为害特点】小地老虎在各地均以第一代幼虫为害，主要是为害苗床和移栽至团棵期的烟苗。1～2龄幼虫昼夜活动，不入土，常栖息在表土或植株的叶背和心叶上取食；3龄以后，白昼潜入土下2cm处，夜出活动为害烟株；4龄以后可咬断整株，并连茎带叶拖入穴中；4～6龄食量最大，占幼虫期总食量的90%以上。1头幼虫每夜可咬断幼苗3～5株，多的达10株以上。

【形态特征】可参考玉米虫害——地老虎。

【发生规律】可参考玉米虫害——地老虎。

【防治方法】农业防治：杂草是小地老虎的产卵寄主，也是幼虫向烟田迁移为害的桥梁，因此，苗床及烟地都应及时翻耕和清除杂草，以降低植被密度，减少小地老虎的发生。根据幼虫的为害习性，在幼虫发生为害期，在傍晚撒菜叶或泡桐叶、莴苣叶诱集幼虫，并于翌日早晨捕杀。并根据被害状，检查被害烟株周围表土以捕杀幼虫。

在苗床和移栽至团棵期是小地老虎幼虫猖獗为害期，在防治上应掌握幼虫3龄以前用药，可酌情选用下列农药进行喷雾或结合移栽保苗浇灌烟株：

50%辛硫磷乳油1 000倍液；

90%晶体敌百虫或40%甲基异柳磷或80%敌敌畏乳油1 000～1 500倍液；

2.5%溴氰菊酯或10%氯氰菊酯或20%氰戊菊酯乳油2 000～3 000倍液。

苗期或小地老虎1龄、2龄集中在烟株上为害时进行喷雾，每亩用药液60kg；移栽至团棵期用药液浇灌烟株，每株用药液250ml。

四、烟草各生育期病虫害防治技术

烟草栽培管理过程中，很多病虫害发生严重，生产上应总结本地烟草病虫的发生特点和防治经验，制订病虫害的防治计划，适时进行田间调查，及时采取防治措施，有效控制病虫害，保证丰产、丰收。

1．烟草育苗期病虫害防治技术

烟草育苗期(图16-87)最常见的苗期病害有病毒病、猝倒病、立枯病、炭疽病等。害虫主要有地下害虫如蝼蛄、地老虎、金针虫、蛴螬等。

图16-87　烟草育苗期

目前，各烟区育苗主要采用是漂浮育苗技术，主要发生和为害严重的是烟草病毒病、立枯病及镰刀菌根腐病等病害。管理和消毒良好的漂浮育苗，可培育出无病壮苗，降低烟苗的带毒率和带菌率，对大田期病毒病及根茎病具有较好的预防效果。然而，由于漂浮苗漂浮于水中，密度大，带来了根茎类病害流行的风险，剪叶操作频繁，剪叶操作传播病毒病的速度快，加大了移栽后病毒病高发的风险。病毒病、立枯病及镰刀菌根腐病苗移栽带入大田后，发病严重，也无有效的防治方法。因此，苗床期病虫害防治技术的目标是培育无毒无病壮苗，核心技术措施是严格消毒和无菌操作，辅助技术措施是用防虫网覆盖和化学药剂防护相结合。

统一安排育苗基地，集中育苗。苗床地应选择地势平坦、背风向阳、排灌方便、水源洁净，距烤房、居住地、蔬菜大棚有100m以上距离，交通方便且又便于管理的地方制作。大棚门入口设立洗手池，配备水和肥皂。设立鞋底消毒池，加入消毒液（40%育宝150倍液；98%无水磷酸三钠50倍液加硫酸铜至终浓度200倍等）。营养池水必须使用清洁水源，严禁使用浸过病烟株或其他茄科作物的积水和被人畜粪污染的水。苗床全部使用40目防虫网覆盖避蚜。禁止闲杂人员进入苗区，禁止在苗区吸烟。残叶、病株必须带出育苗区深埋。

播种前应对育苗场地消毒，用30%有效氯漂白粉20倍液或40%育宝150倍液或3%二氧化氯100倍液对苗池地面和场地周围进行喷雾消毒一次；用40%育宝150倍液对拱架进行喷雾消毒一次（育宝不会锈蚀金属和棚膜）。或者采用烟熏剂百菌清和蚜虱净对大棚杀菌和杀虫。

育苗盘、水、膜的消毒。选用的消毒液有：98%无水磷酸三钠40～50倍稀释液，40%育宝150倍稀释液浸湿后塑料膜覆盖2～3天，每个苗盘喷液量约100ml；2%二氧化氯液剂80～100倍稀释液或10%二氧化氯液剂80–100倍浸泡1～2分钟；32.7%斯美地60倍稀释液，效果较好。喷洒后，塑料膜覆盖保湿7天。

人手和工具消毒，人手用肥皂清洗，剪叶工具用3%二氧化氯100倍液或育宝150倍液、24%混脂酸·碱铜水乳剂800倍液浸泡1～2分钟消毒或均匀喷雾消毒。剪完叶后剪刀或剪叶工具应进行消毒后再收藏，同时修剪下来的烟叶应及时清理出棚外，并把落在苗盘上的叶片拾干净，以避免叶片腐烂，而导致病害的发生。

种子消毒处理，可用2%福尔马林100倍液浸种10分钟，或50%多菌灵可湿性粉剂500倍液浸种20分钟。或硝酸银1 000倍液浸种10分钟，以上药剂浸种后用清水冲洗干净再催芽或晾干播种。或用种子重量的0.2%的75%百菌清拌种。催芽包衣25度下用10g/L的硫酸铜溶液浸泡裸种20～35分钟，裸种与硫酸铜溶液质量比为3：2，取沉于溶液底部的裸种，用清水洗净，晾干（参照《烟草种子催芽包衣丸化种子生产技术规程》YC/T 368—2010）。

母床、子床的营养土、漂浮苗的基质消毒：将配制好的营养土平铺5cm厚，用370g/L威百亩水剂60倍混合24%混脂酸·碱铜水乳剂800倍均匀浇洒，湿透5cm后覆盖一层营养土，再浇洒药液，重复处理成堆后，用塑料薄膜覆盖密封7~10天。揭膜后将营养土充分翻松晾晒，2天后再翻松一次，一周左右，待残留药气彻底散尽后装盘播种。

间苗、定苗和剪叶前，烟苗上喷1：1：150倍波尔多液、20%病毒特500倍或24%毒消800倍等药液进行保护。

发病初期可选用以下药剂灌根：30%琥胶肥酸铜可湿性粉剂200倍液、15%铬氨铜水剂300倍液、70%代森锰锌可湿性粉剂500倍液。以上任用一种，交替使用，间隔10～15天1次，连灌2次。

移栽前进行检测检验，肉眼观察和试制纸检测相结合，肉眼观察有发病症状的烟苗不能移栽，肉眼观察有带毒嫌疑的烟苗进行烟草花叶病毒的PCR或试纸条检测，检测TMV为阳性的苗床必须进行封闭，禁止带毒的烟苗发放给烟农。检验合格的苗床移栽前一天喷0.5%氨基寡糖素500倍和3%啶虫脒2 000倍液，带药下田移栽。

2. 烟草还苗期病虫害防治技术

烟草还苗期指烟苗移栽到成活这一时期(图16–88)，7～10天，还苗期是决定大田整齐度和株数的关键时期，越短越好。栽培管理的要点是：及时查苗补苗，保证全苗。由于移栽技术不当，或烈日、多风、干旱的影响，或病虫为害等，往往造成死苗。必须抓紧在移栽后3～5天内及时补苗，保证苗全苗匀。及

图16-88 烟草还苗期生长情况

时浅中耕，提高地温。

该时期的病虫害主要有黑胫病、花叶病、根结线虫病、烟蚜、烟粉虱及地下害虫。要及时防治。

防治根腐病，50%多菌灵可湿性粉剂800倍液、50%甲基硫菌灵可湿性粉剂500～600倍液灌根，每株50～60ml。

防治黑胫病，用下列药剂：10亿/g枯草芽孢杆菌粉剂250-500g/亩进行穴施，15%络氨铜水剂200倍液、58%甲霜灵·锰锌可湿性粉剂500～600倍液浇灌1次，15天后再浇灌1次，防效较好。

防治花叶病，可用下列药剂：0.5%氨基寡糖素500倍、24%混脂酸·铜(混合脂肪酸·碱式硫酸铜)水乳剂600倍液、20%吗啉胍·乙酸铜可湿性粉剂500～600倍液、3.95%三氮唑核苷水剂500倍液、2%宁南霉素水剂200～300倍液、0.5%香菇多糖水剂300倍液均匀喷施，间隔7～10天1次，共喷施2～3次。

防治根结线虫，烟苗移栽时，使用10%灭线磷颗粒剂2～3kg/亩穴施，防效较好。

防治烟蚜时，优先采用释放蚜茧蜂200～300头/亩，释放天敌烟田禁止使用化学农药。

3．烟草伸根期病虫害防治技术

伸根期指烟苗成活到团棵这一时期(图16-89)，约30天左右。此期与烟叶产量关系密切。管理的要点是：及时培土围垄。要求在移栽后20～25天进行深中耕，并培土15～20cm。及时追肥，保证营养充分。追肥可以少量浇水。及时消灭杂草。注意防涝，防积水。

防治灰霉病，可用下列药剂：75%百菌清可湿性粉剂600～800倍液、50%多菌灵可湿性粉剂800倍液、50%甲基硫菌灵可湿性粉剂500～600倍液、40%嘧霉胺悬浮剂800～1 200倍液等药剂均匀喷雾，每隔7～10天喷洒1次，连喷2～3次。

防治烟青虫、棉铃虫，优先采用释放蠋蝽或东亚小花蝽防治，禁止使用化学农药。大发生时可用下

图16-89 烟草伸根期生长情况

列药剂：4.5%高效氯氰菊酯乳油20～30ml/亩、2.5%溴氰菊酯乳油20～30ml/亩、2.5%氯氟氰菊酯乳油20～30ml/亩、5%顺式氰戊菊酯乳油10～15ml/亩、10%烟碱乳油50～75ml/亩、0.5%苦参碱水剂60～80ml/亩、0.7%印楝素乳油50～60ml/亩、15%茚虫威悬浮剂13ml/亩、5%氟啶脲乳油40ml/亩，对水40～50kg，进行均匀喷雾。

4．烟草旺长期病虫害防治技术

旺长期指团棵到烟株现蕾这一时期(图16-90)，25～30天。此期是决定叶数、叶片大小、叶重的关键

图16-90 烟草旺长期生长情况

时期，是产量、品质形成的重要阶段。烟株应旺长而不徒长或疯长。栽培管理的要点是：及时浇好旺长水。注意防涝，防积水。

及时防治病虫害。此期是病虫害多发期。如青枯病、枯萎病、角斑病、烟青虫、棉铃虫、斜纹夜蛾、潜叶蛾、炭疽病等。

防治青枯病，可用下列药剂：72%农用硫酸链霉素可溶性粉剂3 000～5 000倍液、20%敌磺钠可湿性粉剂600倍液、77%氢氧化铜可湿性粉剂400倍液、30%琥胶肥酸铜可湿性粉剂200倍液、50%代森铵水剂800倍液、15%络氨铜水剂300倍液、47%春雷霉素·王铜可湿性粉剂700～800倍液灌根，每株灌400～500ml，间隔10天1次，连灌2～3次。

防治枯萎病，可用下列药剂：50%多菌灵水溶性粉剂1 000倍液、15%络氨铜水剂600倍液、70%甲基硫菌灵可湿性粉剂600倍液、50%苯菌灵可湿性粉剂1 000倍液、50%异菌脲可湿性粉剂1 000～1 200倍液灌根，每株灌对好的药液400～500ml，连灌2～3次，间隔7～15天1次。

防治角斑病，可用下列药剂：72%农用硫酸链霉素可溶性粉剂3 000～5 000倍液、30%琥胶肥酸铜可湿性粉剂400～500倍液、77%氢氧化铜可湿性粉剂400～500倍液、12%松脂酸铜悬浮剂600倍液、47%春雷霉素·王铜可湿性粉剂800倍液喷施，间隔7～10天，连喷2～3次。

防治蛙眼病，可喷施下列药剂：75%百菌清可湿性粉剂600～800倍液、50%多菌灵可湿性粉剂800～1 000倍液、70%代森锰锌可湿性粉剂500～600倍液等药剂预防。

防治炭疽病，可用下列药剂：25%咪鲜胺锰盐乳油1 000倍液、50%甲基硫菌灵可湿性粉剂1 000倍液、70%乙膦铝·锰锌可湿性粉剂500倍液、50%克菌丹可湿性粉剂600～800倍液、80%炭福美双·福美锌可湿性粉剂600倍液、24%腈苯唑悬浮剂900～1 200倍液、40%氟硅唑乳油4 000～ 6 000倍液、5%亚胺唑可湿性粉剂600～700倍液，间隔7～10天1次，连续2～3次。

烟青虫、棉铃虫、斜纹夜蛾可参考上述药剂防治。

防治潜叶蛾，可喷洒下列药剂：40%辛硫磷乳油800倍液、25%喹硫磷乳油1 000～1 500倍液、2.5%溴氰菊酯乳油2 000～3 000倍液、50%马拉硫磷乳油1 000～1 500倍液、90%晶体敌百虫1 000倍液均匀喷雾，间隔7～10天，连喷2～3次。

防治烟粉虱，可用下列药剂：15%吡虫啉·丁硫克百威乳油16ml/亩、36%吡虫啉·乙酰甲胺磷可溶性液剂25ml/亩、10%吡虫啉可湿性粉剂13g/亩、3%啶虫脒乳油25ml/亩、100g/l吡丙醚乳油40ml/亩、25%噻虫嗪水分散粒剂2g/亩、1.8%阿维菌素乳油13ml/亩对水40～50kg均匀喷雾，间隔10天左右1次，连续防治2～3次。

5．烟草成熟期病虫害防治技术

成熟期指烟株现蕾到烟叶采收完毕(图16-91)，约50～60天，保证各部位烟叶充分成熟是栽培管理的目标。具体应做好及时打顶打杈；及时防旱、防涝、防积水；及时除草等工作。

及时防治赤星病、野火病、白粉病、菌核病、蚜虫等病虫为害。

防治赤星病，可用下列药剂：40%多菌灵·菌核净可湿性粉剂500倍液、1.5%多抗霉素可湿性粉剂150倍液、50%异菌脲可湿性粉剂1 000倍液、10%多氧霉素可湿性粉剂1 000倍液、50%咪鲜胺锰盐可湿性粉剂1 500～2 000倍液、12%腈菌唑乳油1 500倍液喷施，每隔10天喷1次，连续2～3次，防治效果较好。

防治野火病，可用下列药剂：77%氢氧化铜可湿性粉剂500倍液、72%农用硫酸链霉素可溶性粉剂3 000～4 000倍液、30%琥胶肥酸铜可湿性粉剂500倍液、3%中生菌素可湿性粉剂500～1 000倍液、

图16-91 烟草成熟期生长情况

90%新植霉素可溶性粉剂3 000～4 000倍液均匀喷施，间隔7～10天喷施1次，连续防治2～3次，防治效果较好。

防治白粉病，可用下列药剂：50%甲霜灵·硫磺可湿性粉剂500倍液、15%三唑酮可湿性粉剂1 000倍液、12.5%烯唑醇可湿性粉剂1 000～2 000倍液、10%苯醚甲环唑水分散粒剂1 000～1 500倍液、50%苯菌灵可湿性粉剂1 000倍液、25%咪鲜胺乳油500～1 000倍液、5%亚胺唑可湿性粉剂600～700倍液、40%氟硅唑乳油8 000～10 000倍液进行喷雾，间隔7～10天1次，共施2～3次，防治效果较好。

防治菌核病，可用下列药剂：40%菌核净可湿性粉剂1 000～1 500倍液、70%甲基硫菌灵可湿性粉剂500～800倍液、50%多菌灵可湿性粉剂500～800倍液、50%腐霉利可湿性粉剂1 500～2 000倍液，喷洒烟株根茎部及周围土表，隔10天左右1次，连防3～4次。

防治烟蚜，大发生时，及时喷洒下列药剂：0.9%阿维菌素乳油4 000倍液、10%吡虫啉可湿性粉剂3 000～5 000倍液、3%啶虫脒乳油2 000倍液、20%氰戊菊酯乳油3 000～4 000 倍液，间隔7～10天再喷施1次。

第十七章 甘蔗病虫害防治新技术

中国是世界上古老的植蔗国之一，甘蔗栽培具有悠久的历史，早在公元前4世纪，我国就有种植甘蔗的历史记载，至唐朝大历年间已有制冰糖的记载。近年来，许多研究表明，甘蔗有几个起源中心，而中国则是其中之一。

我国甘蔗分布南起海南岛，北至北纬33° 的陕西汉中地区，地跨纬度15°，东至台湾东部，西到西藏东南部的雅鲁藏布江，跨越经度达30° ，其分布范围广，为其他国家所少见。我国的主产蔗区，主要分布在北纬24° 以南的热带、亚热带地区，包括广东、台湾、广西、福建、四川、云南、江西、贵州、湖南、浙江、湖北等南方11个省区。20世纪80年代中期以来，我国的蔗糖产区迅速向广西、云南等西部地区转移，至1999年广西、云南的蔗糖产量已占全国的70.6%(统计数据不包括台湾)。

为害甘蔗的病虫害有50多种，严重影响着甘蔗的生产与丰收。其中发生较普遍的病害主要有甘蔗赤腐病、甘蔗黄点病、甘蔗梢腐病等；为害较重的害虫主要有甘蔗螟虫、绵蚜、金龟子、蓟马等。

一、甘蔗病害

1．甘蔗赤腐病

【分布为害】甘蔗产区普遍发生，为甘蔗主要病害，使甘蔗产量降低，轻则减产15%左右，重则达30%以上。受赤腐病为害的甘蔗，糖分减少27.6%，病部的红色素还影响蔗汁澄清。

【症　　状】多发生在甘蔗生育后期，主要为害茎、叶，也侵害叶鞘、根部和种苗。茎秆发病初期外表症状不明显，但内部组织变红，在红色组织中夹杂有白色圆形或长圆形的斑块，赤斑可以蔓延至许多节，病茎外部失去光泽，蔗皮皱缩，无光泽(图17–1和图17–2)，有明显的赤色病痕，表皮上生黑色小点，茎内组织腐败干枯，病茎上部叶片失水凋萎，甚至整株枯死。茎部被害后常有发酸气味，食之味酸。叶片中脉被害后，初生红色小斑，以后向上、下扩展成纺锤形或长条病斑(图17–3)，后期病斑中央组织变枯白色，边缘赤色，散生黑色小点，叶片常至病斑处折断(图17–4)。

【病　　原】*Colletotrichum falcatum* 称镰形刺盘孢，属半知菌亚门真菌。分生孢子盘黑色。分生孢子梗椭圆形，单胞，无色。分生孢子近镰刀形，单胞，色浅，密集时呈粉红色至橙红色。厚垣孢子圆形，墨绿色，内含油球。

【发生规律】病原以菌丝体和分生孢子在枯叶、宿根、蔗渣内或以厚垣孢子在土壤中越冬，蔗种也能带菌传播。分生孢子借风雨或昆虫传播，萌发后从伤口侵入，也可从表皮直接侵入。病菌发育适温为30～33℃，当温度低于10℃或高于37℃时，即停止发育。高温多湿有利于病害发生，尤其温度影响最大。由于甘蔗性喜高温(32℃)，在春季低温(15～20℃)时，生长受到抑制，抗病力弱，所以春季甘蔗发病

图17-1　甘蔗赤腐病为害茎部早期症状

图17-2　甘蔗赤腐病为害茎部后期症状

图17-3 甘蔗赤腐病为害叶片初期症状

图17-4 甘蔗赤腐病为害叶片后期症状

较重。伤口是病菌侵染的主要途径。蔗田经常积水，土壤太湿，酸度大，都能影响甘蔗生长，发病重。

【防治方法】选用抗病性较强的品种。在甘蔗收获后，要清除烧毁蔗田的残茎枯叶。实行轮作换茬，3年2倒茬，特别注意在甘蔗处不宜栽高粱、玉米等作物。加强管理，贮藏时的蔗种在霜前进窖。留种要选健壮、无病虫害的种蔗，尤其收获之前应重点防治蔗螟及其他病虫害。

播种前，用50%多菌灵可湿性粉剂500倍液或50%苯菌灵可湿性粉剂1 500倍液浸泡蔗种5分钟，捞起滴干后即可播种。也可以将种蔗用1%硫酸铜溶液浸种2小时，再用石灰浆涂封蔗种两端切口处，也可用硫酸铜1份、生石灰3份、动物油0.4份、水15份，调拌成浆涂封效果也好。

2．甘蔗黄斑病

【分布为害】我国各甘蔗种植区均有发生，为甘蔗的常见病害。发病植株叶片干枯，生长缓慢。发病严重的品种，枯叶面积达25%～35%，造成产量和糖分损失。

【症　　状】最初出现在比较幼嫩的蔗叶。发病初期，嫩叶产生黄色点状病斑，不规则形，在适宜的温度和湿度条件下，小斑点连成不规则大病斑，黄色病斑形成后在病斑正反面出现赤红色小点，逐渐扩大，使叶片大部分变为赤红色。严重时，全叶变赤黄色。病叶先从叶缘开始干枯，最后整个叶片自上而下枯死(图17–5至图17–7)。天气潮湿时，病斑中红色小点出现的同时，病斑背面长出灰白色霉状物。

【病　　原】*Mycovellosiella koepkei* 称散梗菌绒孢，属半知菌亚门真菌。菌丝无色或浅棕色，有隔

图17–5　甘蔗黄斑病为害前期症状

图17–6　甘蔗黄斑病为害中期症状

图17–7 甘蔗黄斑病为害叶片后期症状

膜，分枝少。分生孢子梗从气孔伸出，褐色，单生或丛生，有隔膜1～12个。分生孢子着生在分生孢子梗顶端，无色，梭形，单生。生长温限13～34℃，28℃最适。

【发生规律】病原以菌丝体和分生孢子在病叶组织里越冬，埋在土壤里的病叶上的分生孢子能存活3周以上。条件适宜时，分生孢子借气流和风雨传播，在叶面有水条件下，孢子萌发，从气孔或直接穿透表皮侵入。病部可以产生大量的分生孢子，不断进行再侵染。以7—9月高温多湿期间最易流行。暴风雨频繁，发病重。高温、高湿有利于病害流行。重施偏施氮肥，生长茂密，通风透光不良，地下水位高，发病重。

【防治方法】合理搭配不同成熟期的品种，及时剥除病叶、枯叶，以改善蔗田小气候，通风透光，降低蔗田湿度；病叶、枯叶要及时收集处理，以免病菌孢子飞扬传播。开通排水沟，及时排除渍水。注意氮、磷、钾合理配合施用，严防偏施、过施氮肥，病区在雨季到来之前，适当增施钾肥，提高抗病力。

药剂防治：田间发病后，及时对发病中心喷药，可用如下药剂：

75%百菌清+70%甲基硫菌灵可湿性粉剂(1∶1)1 500倍液；

40%三唑酮·多菌灵可湿性粉剂1 500倍液；

30%氧氯化铜+70%代森锰锌(1∶1)1 000倍液；

50%多菌灵可湿性粉剂1 000倍液；

50%苯菌灵可湿性粉剂1 000倍液；

12%松脂酸铜乳油600～800倍液，间隔7～10天喷1次，连续3～4次。

3．甘蔗眼斑病

【分布为害】江西、湖南、福建、台湾、广东、广西、云南、四川等地均有发生。对甘蔗生产威胁性最大的病害，眼斑病除了影响甘蔗产量外，还会影响蔗糖含量。

【症　　状】主要为害叶片与蔗茎顶部。叶片受害，最初在嫩叶上出现水渍状小点，后扩展为长圆形病斑，其长轴与叶脉平行，病斑中央红褐色，周围具一草黄色狭窄晕圈，很像眼睛，随后病斑顶端出现一条与叶脉平行的坏死条纹，向叶尖方向伸延，使叶尖渐次枯死(图17–8至图17–9)。茎受害，在适宜的条件下，感病品种的嫩叶与嫩茎很快枯死，从而发生梢腐。由于发病中心内的大部分植株已死亡，故很易看到发病中心在蔗田中的分布。

【病　　原】*Bipolaris sacchari* 称甘蔗平脐蠕孢，属半知菌亚门真菌。分生孢子梗单生，顶端弯曲膝

图17-8　甘蔗眼斑病为害叶片症状

图17-9　甘蔗眼斑病为害茎部症状

状，黄褐色，具4～6个隔膜。分生孢子圆筒形，橄榄绿色至棕色，具隔膜3～11个。病菌生长温度20～32℃，27.4～32℃最适。孢子形成适温20～25℃，32℃时不产生孢子。

【发生规律】在春植和秋植蔗的地区，终年有甘蔗生长，病菌互相传播，不存在越冬现象。在单一春植蔗地区，病菌可在上季遗留于田间的病叶中越冬，引起初次侵染。分生孢子主要由气流传播，还可借人、畜和农具传播。从气孔或直接穿过泡状细胞入侵，侵染叶片较幼嫩部分。在适宜病菌生长的条件下，病菌繁殖很快，侵染周期很短，5～7天菌体在病斑内发育成熟，并产生大量分生孢子，借风雨传播进行再侵染。从4月开始发生，7—8月为发病高峰期。高湿持续时间长或连阴天多，晨雾重，易暴发流行，偏施、重施氮肥的蔗田发病重，秋冬植甘蔗比春植甘蔗发病重，靠近水沟边的蔗株发病也重。

【防治方法】选用抗病品种，推广种植春植蔗，易发病的品种不宜作为秋植。避免重施氮肥，适当增施钾肥，增强植株抗病力。防止田间积水，减少湿气滞留。除去干枯的病、老叶和无效分蘖，减少侵染源，使蔗田通风透光，减少病害的发生。

发病初期喷以下药剂：

50%多菌灵可湿性粉剂800～1 000倍液；

50%苯菌灵可湿性粉剂1 000倍液；

1∶1∶100倍式波尔多液；

80%代森锌可湿性粉剂500倍液；

70%甲基硫菌灵可湿性粉剂1 000倍液。

4. 甘蔗白条病

【分布为害】广东、福建、台湾均有发生。

【症 状】甘蔗白条病有慢性型和急性型之分。①慢性型：叶片上的病斑乳黄色，可向下延伸至叶鞘。整片叶褪绿，节间变短，叶片短直。发病重的蔗株茎内会出现坏死的红色空腔。该病发展到梢头，叶片全部黄化，纵剖茎可见节间有微小鲜明的红色条纹(图17-10)。②急性型：植株不表现任何外表病状便突然枯萎死亡，枯萎可以发生于1条蔗茎，也可以整蔸甘蔗枯萎，严重时全田甘蔗枯死。纵剖蔗茎，维管束不变色。

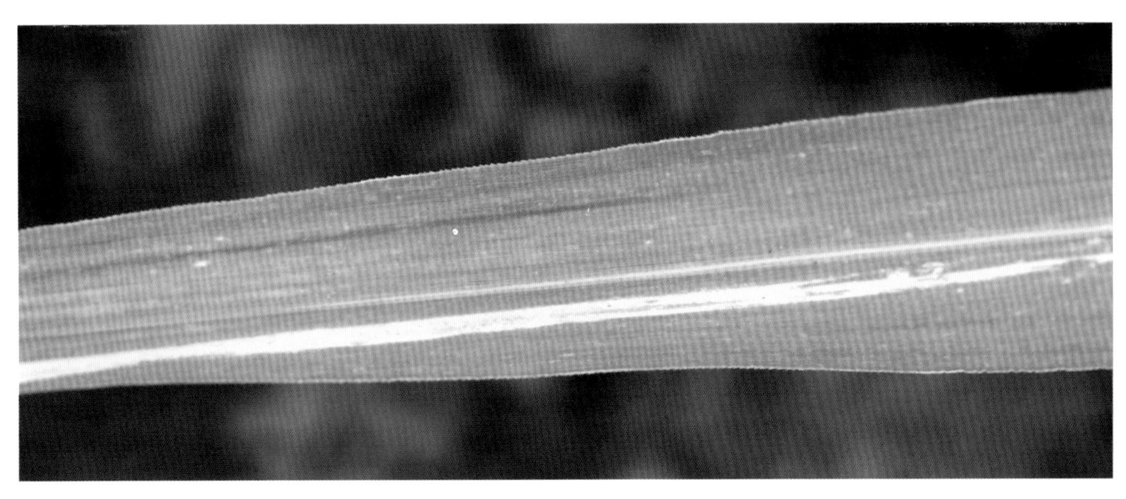

图17-10 甘蔗白条病为害叶片症状

【病 原】*Xanthomonas albilineans* 称白条黄单胞菌，属细菌。杆状，极生鞭毛，有荚膜。能游动，好气性，革兰氏染色阴性。生长适温25～28℃，最高37℃。

【发生规律】病原细菌在土壤中不能存活，只能在感病寄主中才能生存。蔗种带菌引起下季蔗苗发病，田间主要通过种苗或耕作机具如蔗刀等传播蔓延。甘蔗发病后可长期潜伏。当天气干旱或缺肥或接近开花时便大量出现病状。一些耐病品种在正常的栽培条件下，发病后往往不表现明显的病状。远距离传播主要靠带菌蔗种的调运。土壤湿度大或雨水过多有利于病菌侵入和发病。宿根蔗发病率较高。

【防治方法】以多次定期田间检查为基础，选择无病植株留种。施足基肥，及时追肥，中耕松土，科学排灌，可减轻该病发生。田间发现病株，及时拔除。

物理防治：用50℃热水浸泡种苗2～3小时后再播种，连续2～3代进行热处理，可使其发病率趋于零。

5. 甘蔗凤梨病

【分布为害】凤梨病在我国各植蔗省区均有发生，是甘蔗种苗的重要病害。除使下种的蔗种受害后不能萌芽外，还能使窖藏蔗种受害腐烂。

【症 状】主要为害蔗种，也可为害田间的蔗株。蔗种染病后，切口的两端开始变成红色，并散发出凤梨般的香味，故称凤梨病。不久切口逐渐变黑，并产生许多黑色的煤粉状物(图17–11)。病情发展到后期则茎内全部变黑。当所有薄壁细胞都被破坏后，种苗便形成空腔，只剩下维管束像一束头发残留其中。

图17—11　甘蔗凤梨病为害茎部症状

【病　　原】*Ceratocystis paradoxa* 称奇异长喙壳，属子囊菌亚门真菌。无性态为奇异根串珠霉 *Thielaviopsis paradoxa*，属半知菌亚门真菌。分生孢子有大小两种。小型分生孢子无色，圆筒状，薄壁，形成于细长的分生孢子梗上，排列成链状，由分生孢子梗的尖端成串地向外逸出；大型分生孢子棕色，椭圆形或卵形，厚壁，四周具刺状突起，形成于较短的分生孢子梗上，排列成链状。子囊壳球形，深褐色，喙长而细，黑色。子囊卵形至近棍棒状，内生8个单细胞椭圆形的子囊孢子。子囊孢子无色，单胞，椭圆形。

【发生规律】病原以菌丝体或厚垣孢子潜伏在带病的组织里或落在土壤中越冬，是主要的初侵染菌源。大分生孢子在土壤里可存活4年之久。在适宜的条件下从蔗种两端的切口侵入，引起初次侵染。菌丝生长在甘蔗髓部薄壁组织内，随后在两端切口产生大量的大、小分生孢子。小分生孢子容易萌发，靠气流、土壤、灌溉水、切种刀和昆虫等传播，进行重复侵染。而大分生孢子则要休眠一段时间才能萌发。种苗在窖藏期间，通过接触传染，也能引起病菌蔓延。长期的低温和高湿是凤梨病严重发生的两个主导诱因。土壤黏重的蔗田，灌溉后立即整地种植，造成土壤板结或低洼积水，影响蔗种的萌发，会引起凤梨病的大量发生。蔗种在贮藏、运输期间，环境密闭、高温潮湿，易诱发病害。萌芽快的抗病力强，萌芽慢的抗病力弱。

【防治方法】选用抗病品种。蔗田应精细整地、开沟排水，种蔗后要薄覆土。提倡选用无病的梢头苗，萌发迅速，发病轻。冬春栽植甘蔗时，采用地膜覆盖，提高地温，使甘蔗早生快发，减少发病。

或用2%石灰水或清水浸种1天后播种，有利于萌芽，减少发病。

播种前用50%多菌灵可湿性粉剂 1 000倍液；

70%甲基硫菌灵可湿性粉剂 1 000倍液；

50%苯菌灵可湿性粉剂 1 000倍液浸泡蔗种5分钟。

6.甘蔗褐条病

【分布为害】甘蔗褐条病是甘蔗常见的叶部病害。在我国台湾、广东、广西、海南等地均有发生，罹病植株叶片早枯，植株矮小，对甘蔗生产造成一定损失。

【症　　状】主要为害叶片，多先侵染嫩叶。病斑初呈水渍状透明小点，后扩展成与叶脉平行、近梭形的黄色条斑，稍后黄色条斑转呈红褐色，斑周围有黄晕。梭形斑一般长5～25mm，有时可长达50～75mm。严重时病斑密布，全叶变红，病叶早枯(图17-12至图17-14)，植株生长受抑制，病株矮小，有的品种病株还可发生顶腐。

【病　　原】*Bipolaris stenospita* 称离蠕孢，属半知菌亚门真菌。有性态为*Cochtiobotus stenospitus* 称

图17-12　甘蔗褐条病为害叶片初期症状

图17-13　甘蔗褐条病为害叶片中期症状

图17-14　甘蔗褐条病为害叶片后期症状

旋孢滑果菌，属子囊菌亚门真菌。分生孢子香蕉状，两端钝圆，多胞，厚壁，具3～11个横隔，淡褐色。

【发生规律】病菌以菌丝体在病株或遗落田间的病残体上越冬，田间病株、病残体和带菌种蔗成为翌年的初次侵染来源。病菌以分生孢子作为初侵染与再侵染接种体，借气流传播，从寄主气孔或表皮直接侵入致病。病害的发生流行同天气条件、土壤条件、植期和品种抗病性有密切关系。由于病菌分生孢子的萌发、侵入需要高湿度，故凡遇长时间的阴雨，水湿充足，病害就可能严重发生。一般秋植蔗比春植蔗发病重；土壤瘦瘠、缺磷的红壤田发病重。品种间抗病性有差异。

【防治方法】因地制宜选育和换种高产抗病品种。平时结合剥叶收集病残叶集中烧毁；收获后彻底清除病残物集中烧毁。对宿根蔗田冬季清园后随即喷药一次；对非宿根蔗田及时进行翻耕晒土，有助减少病菌来源。注意增施有机质肥和磷钾肥，以改良土壤，增强植株抗逆力。整治蔗田排灌系统，提高蔗田抗旱防涝能力；遇连绵阴雨天注意及时清沟排渍降湿，保持和提高植株根系活力。

适时喷药预防控病。常发病区和重病田应在植株封行期、至发病初期，可用下列药剂：

40%三唑酮·多菌灵可湿性粉剂1 000倍液；

30%王铜悬浮剂+70%代森锰锌(1：1)800倍液；

50%多菌灵可湿性粉剂500倍液；

50%异菌脲可湿性粉剂1 500～2 000倍液；

10%苯醚甲环唑水分散粒剂2 000倍液，间隔10～15天喷次，连喷2～3次。以上药剂交替喷施，喷匀喷足。

7．甘蔗虎斑病

【分布为害】世界各甘蔗产区，我国华南蔗区发生较重。蔗株叶鞘部的重要病害，常因叶鞘枯死而影响蔗株生长，致蔗茎产量降低。

【症　　状】主要侵害叶鞘，发病严重时可向叶片扩展。通常在近地面的叶鞘先发病，由下而上，由外而内扩展。病斑红褐色，不规则形，边缘颜色紫褐色，病健部明显。病斑可互相联合为大斑块，外观呈虎皮斑状，故名虎斑病(图17-15)。被害叶鞘内侧亦呈红褐色(图17-16)。潮湿时斑面可见蛛丝状菌丝体或油菜籽状的菌核。

【病　　原】*Rhizoctonia solani* 称立枯丝核菌，属半知菌亚门真菌。有性态为 *Thanatephorus cucum-*

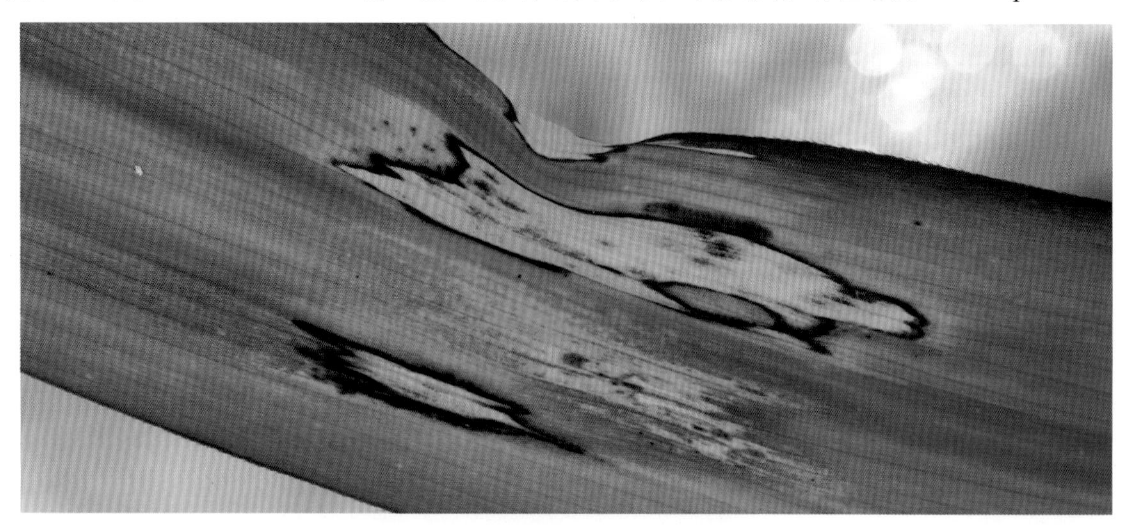

图17-15　甘蔗虎斑病为害叶片症状

图17-16 甘蔗虎斑病为害叶鞘症状

eris 称瓜亡革菌，属担子菌亚门真菌。菌丝体蛛丝状，幼嫩时无色，老熟时淡褐色，分枝发达，分枝与主枝成锐角，近分枝处明显缢缩。菌核由菌丝缠结而成，稍扁平，馒头状，表面粗糙，有许多海绵状孔，菌核大小不等，小的如油菜籽粒，大的如萝卜籽粒。

【发生规律】病菌以菌核和菌丝体在土中越冬，遗落土中的菌核成为病害主要初侵染源。菌核借水流传播，接触寄主后萌发菌丝入侵致病。发病后病部上的菌丝体通过攀援蔓延不断进行再次侵染而使病害得以蔓延扩大。高温多湿的天气和通透不良的蔗田环境易诱发本病。偏施、过施氮肥，植株体内氮素水平过高会加重发病。

【防治方法】加强肥水管理。配方施肥，增施磷钾肥，避免偏施氮肥；整治排灌系统，雨后清沟排渍降湿；适时剥叶，改善蔗田通透性，剥下的鞘叶及时带出田外烧毁。

及时喷药预防控病。常发病田结合剥叶后随即喷施下列药剂：

5%井冈霉素水剂1 500倍液；

25%咪鲜胺乳油800～1 000倍液；

20%甲基立枯磷乳油800～1 000倍液，着重喷施近地面的叶鞘部。药剂应交替施用，喷匀喷足。间隔7～10天喷1次，共喷2～3次。

8. 甘蔗花叶病

【分布为害】广东、广西、浙江、福建、云南、江西、四川、台湾均有分布。

【症　　状】主要为害叶片，尤以新叶基部症状最为明显。病叶上有许多不规则的黄绿色或浅黄色的纵短条纹，此条纹与叶脉平行，但其宽度不受叶脉的限制。条纹的形状有长圆形、卵圆形或条形，有时呈短小针状，或沿叶脉放射状。褪绿条纹与正常绿色相间成花叶症状(图17-17)。不同病株的病叶上的褪绿部分差异很大。有些甘蔗品种在夏季高温时症状消失。

【病　　原】Sugarcane mosaic virus，简称ScMV，为甘蔗嵌纹病毒，属马铃薯Y病毒组。线状，钝化

图17-17　甘蔗花叶病为害叶片症状

温度53～57℃，稀释限点1 000～100 000倍。体外27℃存活期17～24小时，-6℃时可存活27天。

【发生规律】带毒的蔗种及田间病株是该病主要初侵染源。田间主要靠蚜虫传播，蔗刀及机械摩擦也可传毒。我国蔗区可传播此病的蚜虫有黍蚜、玉米蚜、麦二叉蚜、高粱蚜、桃蚜、棉蚜等，其中最重要的是黍蚜、玉米蚜和麦二叉蚜，除在蔗田传病外，还将病毒从其他发病寄主上传入蔗田。田间禾本科杂草多或附近有玉米田、高粱田的地块，易发病。田间蚜虫数量大有利于花叶病的发生。

【防治方法】选用抗病品种，无病区或无病蔗田中留种。挖除病株，减少毒源，重病田停种宿根蔗。适时除草，避免与玉米、高粱等作物间作、邻作。物理防治对有带病嫌疑的蔗种进行热水处理。方法是隔1天浸泡1次，每次20分钟，共处理3次，第1次水温为52℃，第2和第3次水温为57℃，可消除甘蔗病毒。

防治蚜虫。在蚜虫发生期，可喷施下列药剂：

30%乙酰甲胺磷乳油150～200ml/亩；

48%毒死蜱乳油40～50ml/亩；

40%氧化乐果乳油50～75ml/亩；

50%抗蚜威可湿性粉剂10～20g/亩；

2.5%氯氟氰菊酯乳油12～20ml/亩；

5%溴氰菊酯乳油10～15ml/亩；

10%吡虫啉可湿性粉剂10～20g/亩；

3%啶虫脒乳油40～50ml/亩；

25%噻虫嗪水分散粒剂8～10g/亩；

25%吡蚜酮可湿性粉剂16～20g/亩，对水40～50kg，均匀喷施。

在病害发生初期，可喷施下列药剂预防：

20%盐酸吗啉胍·乙酸铜可湿性粉剂500倍液；

1.5%植病灵乳剂1 000倍液；

10%混合脂肪酸乳油100倍液；

0.5%香菇多糖水剂250～300倍液；

3%三氮唑核苷水剂300～500倍液；

5%菌毒清水剂300倍液；

2%宁南霉素水剂200～400倍液；

4%嘧肽霉素水剂200～250倍液，间隔7～10天1次，连续喷施2～3次。

9．甘蔗梢腐病

【分布为害】广东、广西、福建、台湾、云南、四川、江西等地均有发生，以华南蔗区发生最重。过去为零星发生病害，现发生呈越来越严重趋势，已成为甘蔗生长前中期的主要病害，对甘蔗产量造成一定影响。

【症　　状】初期在幼嫩叶片基部出现褪绿黄化的斑块，斑块上出现红褐色的小点或条纹，后来条纹裂开，呈纺锤形裂口，裂口边缘变成锯齿状(图17-18)。叶片的基部比正常的狭小，略成扭曲状并有皱褶。受害株外部节间常出现黑褐色横向如刀割的楔形裂口，形成梯级状。梢腐病发展到最严重时梢头部腐烂使整株甘蔗枯死(图17-19至图17-20)。

【病　　原】*Gibberella fujikuroi* 称藤仓赤霉，属子囊菌亚门真菌。无性态为串珠镰孢 *Fusarium moniliforme*，属半知菌亚门真菌。菌丝纤细无色，分枝不规则，有时数条菌丝组合成孢梗束。产生两种分生孢子：大型分生孢子镰刀形，具隔膜3～7个，生于气生菌丝上或分生孢子座中。小型分生孢子生于分生孢子梗顶端，量多，卵形，无隔膜，偶有双孢串生在分生孢子梗顶部。分生孢子的最适宜萌芽温度为25～30℃，最适宜相对湿度为92%。在相对湿度为35%～65%时可存活5个月。

【发生规律】患病植株和土表上病残体里的病菌是主要的初侵染菌源。病菌的分生孢子随气流传

图17-18　甘蔗梢腐病为害嫩叶症状

图17–19　甘蔗梢腐病为害梢头初期症状

图17–20　甘蔗梢腐病为害梢头后期症状

播，落到梢头心叶上的分生孢子，遇有适宜的条件即萌发侵入甘蔗幼嫩叶片，潜育期大约1个月，病部产生分生孢子进行再侵染。高温高湿条件下发病重，特别是久旱遇雨或灌水过多的情况下，往往引起梢腐病的流行。植株生长瘦弱或偏施、过施氮肥，发病重。

【防治方法】选用抗病品种。氮、磷、钾合理配合施用，避免偏施氮肥。及时排除蔗田积水，降低田间湿度。收获后及时清除留在蔗地的病叶、病株残余，集中烧毁，以减少侵染源。

发病初期喷下列药剂：

50%多菌灵可湿性粉剂 1 000倍液；

50%苯菌灵可湿性粉剂1 000倍液；

30%碱式硫酸铜悬浮剂500倍液，间隔7～10天喷1次，连续3～4次。喷药时要仔细喷在甘蔗梢头部，以提高防效。

10.甘蔗锈病

【症　　状】主要为害叶片。病叶上初生淡黄色小斑点，散生，后渐变褐色长形病斑，病斑周围有黄色晕环。叶背病斑很快形成略凸起疱点，表皮破裂后散出锈色粉状物，即病菌的夏孢子。后期病痕变黑色，为病菌冬孢子堆。病斑数量多时，可合并成斑块，使叶片呈锈褐色干枯(图17–21至图17–22)。后期在夏孢子堆周围产生黑色的冬孢子堆。

【病　　原】黑顶柄锈菌 *Puccinia melanocephala* 和屈恩柄锈菌 *Puccinia kuehnii*，均属担子菌亚门真菌。黑顶柄锈菌：夏孢子橙色或橙褐色，卵圆形至梨形，具3～4个芽孔，孢子壁四周均匀加厚。冬孢子，双细胞，壁光滑，顶壁常加厚，棍棒状，苍白色至砖红色。屈恩柄锈菌：夏孢子卵圆形，表面有刺，浅黄色有4个芽孔。冬孢子长椭圆形，顶端圆或平，深褐色，具一隔膜，柄短，黄褐色。

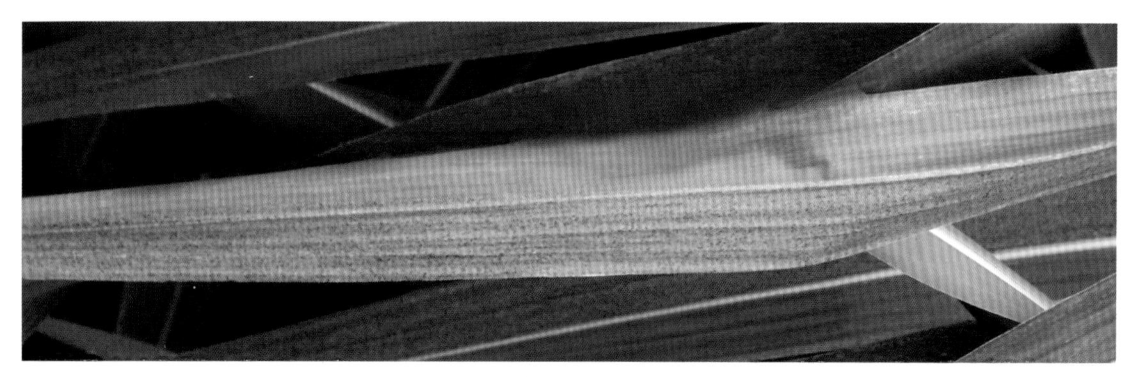

图17-21 甘蔗锈病为害叶片初期症状

图17-22 甘蔗锈病为害叶片后期症状

【发生规律】病菌以菌丝体或孢子在活体寄主及中间寄主上存活越夏或越冬，并成病害初侵染来源。该病主要由夏孢子传播，借风力附着在蔗叶表面，经气孔侵入。初次侵染源主要来自甘蔗本身和其他中间寄主。在台湾以1—4月发生为害最重。在广东多发生于11月至翌年5月，2—4月为发病高峰期，6月以后新长的叶片少受侵染。不同甘蔗品种对锈病的抗病力差异很大。秋植蔗最重，冬植蔗次之，春植蔗最轻。土壤贫瘠、甘蔗生长较差的田块发病较重。该病发生与温度关系密切，气温16～22℃发生最多。

【防治方法】选用抗病品种，加强水肥管理，防止积水、降低田间湿度。合理施肥，增施有机肥，多施磷、钾肥，增强蔗株抗病能力。剥除老叶，拔除无效病弱株，及时防除杂草，使蔗田通风透气，降低蔗田湿度。及时割除发病严重的病叶，减少传播。甘蔗收获后及时清除烧毁病株残叶，压低田间菌源。

发病初期喷施下列药剂：

75%百菌清可湿性粉剂500倍液；

80%代森锌可湿性粉剂 500倍液；

80%代森锰锌可湿性粉剂 600倍液；

25%三唑酮可湿性粉剂2 000～2 500倍液；

40%三唑酮·多菌灵可湿性粉剂1 000～1 500倍液；

12.5%烯唑醇可湿性粉剂1 500～2 000倍液，间隔7～10天喷1次，连续2～3次。

11.甘蔗轮斑病

【症　　状】主要为害叶片。发病初期出现稍呈长形的斑点，边缘有一狭窄的黄晕；病斑扩大后呈不规则形，几个病斑可合并成大的红褐色斑块。老病斑的中央常为浅黄色，有明显的淡红色边缘，散生细小的黑点，病斑多时常愈合成片，导致叶片早枯(图17-23至图17-24)。此病多在老叶上发生，当条件适宜发病时，常使所有叶片感病，甘蔗生长受抑制。病斑也可发生在叶鞘和茎上。

图17-23　甘蔗轮斑病为害初期症状

图17-24　甘蔗轮斑病为害后期症状

【病　　原】甘蔗小球腔菌 *Leptosphaeria sacchari*，属子囊菌亚门真菌。无性态为蔗生叶点霉 *Phyllosticta saccharicola*，属半知菌亚门真菌。子囊座埋生于表皮下，榄褐色，球形。子囊圆筒形。子囊孢子纺锤形，无色。分生孢子初无色，老熟时呈浅褐色。

【发生规律】病原在土壤中的病残体上越冬，是主要初侵染。病原的子囊孢子随风雨传播，落到叶片上，在适宜的条件下即萌发侵入。高温高湿易发病；大规模种植感病品种是此病流行的隐患。

【防治方法】选用抗病品种。加强田间管理，促进甘蔗健壮生长，增强抗病力。及早剥除老叶病叶。

发病初期可选择喷施下列药剂：

50%多菌灵可湿性粉剂500～600倍液；

80%代森锰锌可湿性粉剂600～800倍液；

50%异菌脲可湿性粉剂1 000～1 500倍液；

25%溴菌清可湿性粉剂500倍液；

40%氟硅唑乳油6 000～8 000倍液，间隔10～15天喷1次，连喷2～3次。

二、甘蔗生理性病害

1.甘蔗缺氮症

【症　　状】甘蔗缺氮表现为叶片狭窄、硬直，心叶基部的颜色明显变淡，未伸展开的心叶黄白色，已伸展开的心叶淡黄色(图17-25)，蔗株生长弱小，分蘖减少，节间缩短，似乎所有的蔗叶都在同一生长点生长出来的一样，植株生长停滞。

图17-25　甘蔗缺氮症状

【病　　因】缺氮是因土壤中有机质含量少，低温或淹水，凡是生长中期干旱或大雨易出现缺氮症。

【防治方法】及时中耕，追施氮肥。增施磷肥促其自身固氮。生长期每亩施用硫酸铵5～10kg，最好与有机肥沤15～20天后施用。

2.甘蔗霜害

【症　　状】甘蔗霜害初期叶尖及心叶基部受害，生长点、萌动芽及叶片逐步死亡；后扩展至中下部蔗芽、嫩茎和叶片下部受害，最后叶鞘和全茎冻坏死亡。叶尖干枯，心叶茎部叶肉的叶绿素被破坏，伸长有“白斑”的叶片(图17-26)，后叶片的半部或大部干枯或有灰白条纹。生长点及梢部蔗芽变黑死亡，数天后心叶干枯。

【病　　因】甘蔗生长期温度过低，当气温下降至0℃时，甘蔗就可能出现冻害。

【防治方法】秋植蔗苗：选择抗寒品种，适时下种；培土过冬，一般在12月上旬培土高5～10cm，埋过生长点，保证蔗苗安全越冬。加强田间管理，合理施肥，增施磷钾肥，防涝防旱；合理密植。

图17-26　甘蔗霜害症状

三、甘蔗虫害

1. 甘蔗二点螟

【分布为害】甘蔗二点螟(*Chilo infuscatellus*)属鳞翅目螟蛾科。国内除新疆、青海、西藏未见外，其余各省、区均有。南北发生密度均较高。苗期幼虫为害甘蔗生长点，致心叶枯死形成枯心苗(图17-27)；萌发期、分蘖初期造成缺株，有效茎数减少；生长中后期幼虫蛀害蔗茎(图17-28)，破坏茎内组织，影响生长且含糖量下降，遇大风蔗株易倒。此外，伤口处还易诱发甘蔗赤腐病。

图17-27　甘蔗二点螟为害状

图17-28　甘蔗二点螟为害蔗茎症状

【形态特征】雄成虫体长8.5mm，雌蛾体长10mm；头部及胸部淡黄褐色或灰黄色，触角丝状；前翅近长方形，外缘略成弧度，淡黄而近白色，杂有黑褐色细鳞片，中室顶端及中脉下方各有1小暗灰色斑点，沿翅外缘有成列的小黑点7个(偶有6个)，缘毛色较淡，翅脉间凹陷深；后翅灰白色，外缘略淡黄色；足淡褐色，中足胫节上有距1对，后足胫节上有距2对。卵扁平，椭圆形，壳面有网纹；初产时乳白色，临孵化时灰黑色。末龄幼虫头部赤褐或黑褐色，前胸盾板近三角形，淡黄或黄褐色(图17-29)；体背部有茶褐色纵线5条，其中背线暗灰色，亚背线及气门上线淡紫色，最下一条在气门上面，不通过气门。蛹略带纺锤形，初为淡黄色，后变黄褐色。

图17-29 甘蔗二点螟幼虫

【发生规律】长城以北每年发生1～2代，黄淮地区3代，珠江流域4～5代，台湾5～6代，海南省6代。通常以第1、2代幼虫为害宿根和春植蔗苗，造成枯心，其中以第二代为害较重；第3代以后为害成长蔗，以6—9月的田间密度较高。幼虫或蛹在蔗茎地上部或地下部越冬，以地上部和地下部10cm以内为主。成虫羽化后，当日即交尾产卵，产卵前期1～2天，卵多产于蔗苗下部1～4叶片背面距叶鞘不远处，叶面及叶鞘也有。初孵幼虫分散爬行或吐丝下垂，爬行至近地面的叶鞘内聚集，2龄后蛀入茎内，为害生长点，造成枯心。对于成长蔗株，多由节间蛀入，钻成长条状隧道，造成螟害节，常导致红腐病原的侵入，隧道周围多成红色。纵剖可见茎内蛀道较直，常直通数节，横道少，有别于黄螟为害造成的弯曲蛀道。幼虫老熟后在枯心苗或茎部蛀道内化蛹。干旱环境是二点螟发生为害的显著特征之一。卵盛孵期遇高温干旱，蚁螟侵入率高，为害重；连续阴雨，蚁螟死亡率高，侵入率低，为害轻。

【防治方法】选用抗虫力较强的高产品种。轮作换茬，尤其是稻蔗水旱轮作，防治效果好。冬、春植甘蔗不要安排在秋植蔗田附近，减少该虫传播蔓延。砍除枯心苗或多余分蘖。留宿根蔗田，低斩蔗茎，及时处理蔗头及枯枝残茎，消灭地下部越冬幼虫。

在下种且施足基肥后，

撒施5%杀虫双颗粒剂5kg/亩；

5%毒死蜱·辛硫磷颗粒剂3～4kg/亩。

掌握在卵孵化盛期往甘蔗茎节处喷洒下列药剂：

90%晶体敌百虫500～800倍液；

25%杀虫双水剂400倍液；

98%杀螟丹可溶性粉剂800～1 000倍液；

50%杀螟硫磷乳油500倍液；

1.8%阿维菌素乳油2 000倍液。

2．甘蔗绵蚜

【分布为害】甘蔗绵蚜(*Ceratovacuna lanigera*)属同翅目蚜科。我国南方各蔗区都有发生，是甘蔗的重要害虫。以成、若蚜群集在蔗叶背面中脉两侧吸食汁液，致叶片变黄、生长停滞、蔗株矮小，且含糖量下降，制糖时难以结晶。此外，绵蚜分泌蜜露易引致煤烟病。

【形态特征】成虫分有翅、无翅两型。有翅型头深绿色；胸背黑色；腹部由暗绿色转黑褐色，体表无蜡粉；触角5节，第3～5节有环状感觉器，共30多个；翅透明，前翅中脉分一叉，腹管退化。无翅型体色黄绿、灰黄或黄褐，体表覆被有白色蜡粉；触角5节，无环状感觉器；腹管退化成1对小圆孔。若虫分两型。无翅若虫体色淡黄或灰绿(图17–30)；触角4节，第3节中央稍缢缩；腹背有蜡粉，像成虫。有翅若虫体色灰绿或黄绿，体背被蜡粉，长有翅芽，到冬季，蜡粉延长呈丝条状。

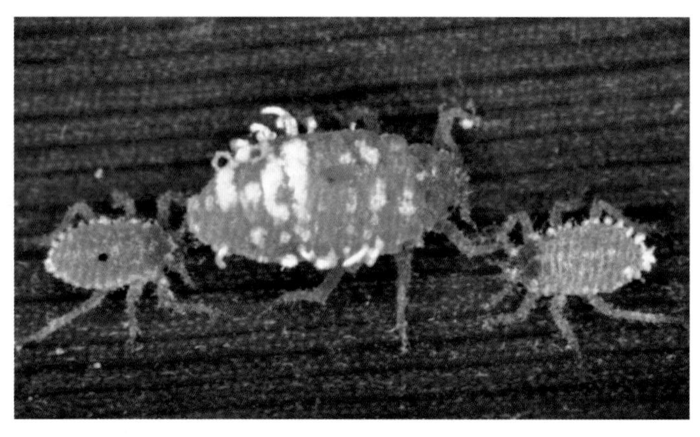

图17–30　甘蔗绵蚜无翅蚜

【发生规律】孤雌胎生繁殖。一年可发生20代。在夏秋气温较高季节，从出生到产生下一代若虫，需12～15天。若虫有4龄，经4次蜕皮变为成虫。有翅蚜会迁飞，无翅蚜靠爬行扩散为害。成虫、若虫都群集蔗背面，吸食蔗液，使蔗叶由点到面枯黄萎缩，使蔗糖的损失达40%，甚至因纯度降低制不成糖。虫体蜡孔分泌蜜液滴聚叶片，诱致煤烟病发生，也大大影响光合作用。从11月开始，已到低温干旱季节，甘蔗已经成熟，此时有翅蚜显著增多，成群飞到秋冬植蔗和蔗区附近的大芒草上过冬。第2年春暖，便陆续迁飞到宿根蔗和春植蔗上，繁殖无翅幼蚜，开始为害。其为害程度一般在8—9月最重。

【防治方法】在秋冬植蔗和大芒草上过冬的绵蚜，是次年大发生的主要虫源，必须在迁飞前将它扑灭，才能控制为害。

甘蔗生长中期，绵蚜繁殖快速，故在夏收大忙前，要全面防治1次；夏种以后补治1次，尽量做到彻底扑灭。可选药剂有：

25%噻虫嗪水分散粒剂10 000～12 000倍液；

40%毒死蜱乳油1 500～2 000倍液；

80%敌敌畏乳油800～1 000倍液，每亩用药液50～60kg，均匀喷雾；

50%抗蚜威可湿性粉剂10～20g/亩；

10%吡虫啉可湿性粉剂10～20g/亩；

25%噻虫嗪水分散粒剂8～10g/亩；

25%吡蚜酮可湿性粉剂16～20g/亩，对水50～60kg喷雾。

3．甘蔗蓟马

【分布为害】甘蔗蓟马(*Fulmekiola serratus*)属缨翅目蓟马科。在世界各地均有分布，以成虫、若虫隐蔽在心叶中锉吸叶片汁液，受害叶片呈黄白色褪绿斑痕，严重时叶片变成黄褐色、叶尖卷缩干枯，甚者顶端几个叶片卷在一起不能展开。严重发生时受害株率可达100%，植株矮黄，影响甘蔗产量。

【形态特征】成虫体小，体长约1.2mm，有翅(图17–31)。卵白色，肾状。若虫与成虫形态相似，但比成虫小，黄白色，无翅(图17–32)。

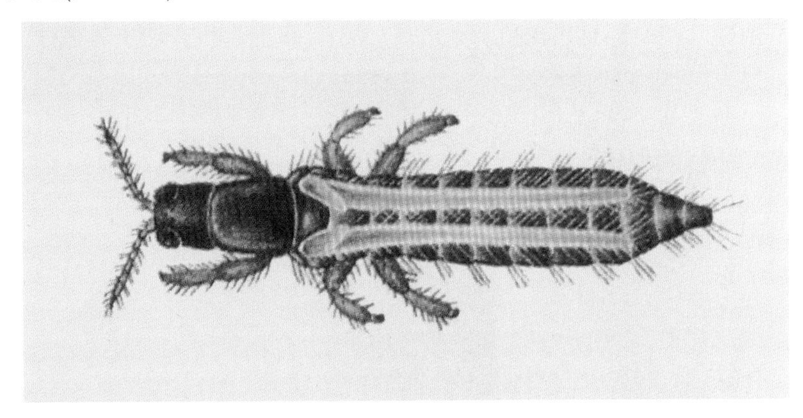

图17–31　甘蔗蓟马成虫

图17–32　甘蔗蓟马若虫

【发生规律】一年发生10多代。成、若虫喜干旱及背光环境，多潜藏在未展开心叶里为害，卵产在心叶组织里。成虫可随气流传播。每年5—6月进入盛发期，秋后虫口锐减。该虫10多天即可完成1代，世代重叠。夏季干旱，甘蔗生长缓慢或蔗田低洼积水、缺肥严重，发生重。

【防治方法】选用前期生长快的品种。深耕施足基肥，适期灌溉，注意排除积水及降低水位，在蓟马发生盛期增施速效肥，加强田间管理，促进甘蔗生长，心叶展开快，可减轻为害。

在蓟马为害初期，可用下列药剂喷施：

45%马拉硫磷乳油100～120ml/亩；

25%喹硫磷乳油100～133ml/亩；

20%哒嗪硫磷乳油75～100ml/亩；

50%杀螟腈乳油100～133ml/亩；

50%混灭威乳油50～60ml/亩；

25%噻虫嗪水分散粒剂8～15g/亩，对水50～60kg，重点喷施心叶，若发生严重，可间隔7～10天再喷1次，连续3～4次。

4．甘蔗扁角飞虱

【分布为害】甘蔗扁角飞虱(*Perkinsiella saccharicida*)属同翅目飞虱科。在我国长江以南比较常见。以成虫、若虫群集蔗株中下部或叶背刺吸甘蔗的汁液，引起甘蔗流糖，易引发烟煤病和赤腐病。成虫产卵时刺伤中脉，引起叶片生长不良。为害严重时造成甘蔗萎缩，影响产量和品质，减产13%～26%。

【形态特征】成虫有长翅和短翅2型。长翅型体长5～5.8mm，短翅型雌虫体长3.4mm，体灰褐色，翅透明，翅脉上有黑点，前翅末端中部有黑褐色斑块(图17–33)。卵香蕉状。幼虫体色浅。

图17–33　甘蔗扁角飞虱成虫

【发生规律】福建南部一年发生7～8代，世代重叠。长翅型成虫有趋光性，其产卵量为数十粒，短翅型产卵量较大。卵产在叶片中肋或嫩茎和叶鞘组织里，外面可见凸起的产卵痕，上覆白色蜡质分泌物。温度、湿度适宜，食物充足，短翅型出现数量多，繁殖快，为害严重。

【防治方法】禁止从扁角飞虱发生区调运种苗，防止该虫扩展蔓延。选用抗(耐)虫品种。

药剂防治：成虫、若虫为害初期，可用下列药剂防治：

45%马拉硫磷乳油100～120ml/亩；

20%哒嗪硫磷乳油75～100ml/亩；

50%二嗪磷乳油80～120ml/亩；

50%稻丰散乳油100～200ml/亩；

20%异丙威乳油150～200ml/亩；

25%仲丁威乳油100～150ml/亩；

25%噻嗪酮可湿性粉剂50～60g/亩；

10%吡虫啉可湿性粉剂10～20g/亩；

25%噻虫嗪水分散粒剂2～4g/亩，对水40～50kg均匀喷雾，发生严重时，间隔7～10天再喷1次，连续2～3次。

5．甘蔗长蝽

【分布为害】甘蔗长蝽(*Cavelerius saccharivorus*)属半翅目长蝽科。分布在我国南部地区，台湾中北部及大陆局部地方密度颇大，为害较重。成虫、若虫刺吸叶鞘、叶片的汁液，发生严重时，可致受害蔗苗生长发育停滞，叶片黄枯而死。

【形态特征】成虫全体黑色，密生灰白色刚毛，体狭长而匀称；头部黑色，呈三角形宽而短，密布粗大刻点(图17–34)；复眼红褐色，呈半球形突出，单眼漆黑色位于复眼稍后；前胸背呈长方形，突起呈盔

图17–34 甘蔗长蝽成虫

甲状。卵似长口袋形，初产时黄褐色，后期中央部分为红色，两端呈黄褐色。初孵若虫头部深褐色，胸部为黄褐色，腹部有刚毛。翅芽基部为白色，其余部分为黑色。末龄若虫腹部第3、4节背面中央有1白色大斑，腹部第6节背面有2个对称的三角形大斑外，头及胸、腹部均为黑色形似成虫。

【发生规律】福建、浙江、台湾一年发生3代。以成虫隐蔽在靠近蔗茎基部的枯鞘或蔗茎中部半裂开的青叶鞘、心叶中越冬。少数以末龄幼虫越冬。甘蔗长蝽为不完全变态昆虫，行两性生殖。若虫变成成虫后2～4天交尾，交尾时间24小时左右。雌虫交尾后4～6天产卵，卵产于甘蔗叶鞘的内侧，每次产卵30粒左右。秋季温暖干燥易发生。

【防治方法】结合田间管理，经常剥除枯鞘和败叶。

5—6月蔗苗高1m左右时，喷洒下列药剂防治：

30%敌百虫乳油500～800倍液；

2.5%氯氟氰菊酯水乳剂3 000～4 000倍液；

2.5%高效氯氟氰菊酯水乳剂3 000～4 000倍液；

10%氯氰菊酯乳油2 000～3 000倍液；

5%顺式氯氰菊酯乳油2 000～2 500倍液；

2.5%溴氰菊酯乳油3 000～5 000倍液；

20%甲氰菊酯乳油3 000～4 000倍液。

6．甘蔗天蛾

【分布为害】甘蔗天蛾(*Leucophlebia lineata*)属鳞翅目天蛾科。幼虫为害叶片，可将叶片吃成缺刻状，严重时，可将叶片吃光，只留主脉(图17-35)。

【形态特征】成虫头、颈片、肩及胸背两侧污白色，胸背中部枯黄褐色；腹部背面枯黄色，两侧及腹面粉红色；前翅前缘、外缘和后缘粉红色，翅中央部位有1条较宽的淡黄色三角形纵带，下方顺M_2脉至后角亦有1条淡黄色纹；后翅橙黄褐色；前后翅缘毛淡黄色(图17-36)。老龄幼虫全体黄绿色；各体节背面密排横纹，皱纹上密布小颗粒；第8腹节背端有一尾角，呈淡紫绿色；臀足粗大(图17-37)。

图17-35 甘蔗天蛾为害

图17-36 甘蔗天蛾成虫

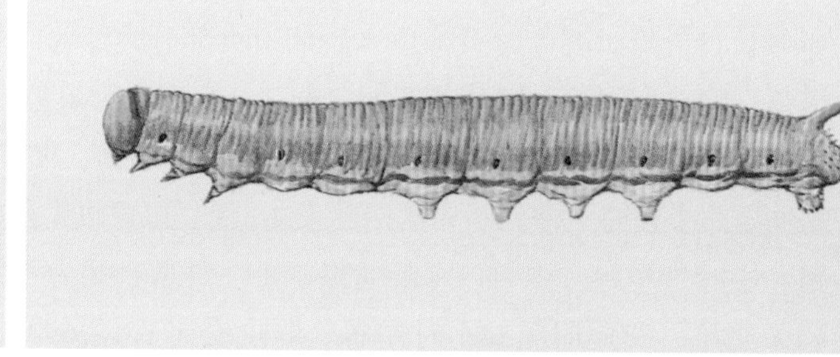

图17-37 甘蔗天蛾幼虫

【发生规律】一年发生1代，以蛹在土下蛹室越冬。成虫具趋光性，飞翔能力强。幼虫取食蔗叶，7—9月是为害盛期，老熟后入土化蛹。

【防治方法】人工捕捉成虫和幼虫，由于成虫和老龄幼虫体大，低龄幼虫群集，均易发现，白天沿蔗行逐行检查捕捉。

低龄幼虫期，可喷洒下列药剂：

90%晶体敌百虫800～1 000倍液；

80%敌敌畏乳油800～1 000倍液；

92%杀虫单可湿性粉剂1 000倍液；

2.5%溴氰菊酯乳油2 000～3 000倍液。

第十八章 红麻病虫害防治新技术

红麻为锦葵科木槿属一年生草本韧皮纤维作物，以中国、泰国、印度、苏联种植较多。广东、广西、浙江、河南、山东、安徽、江苏、湖南、湖北、江西、四川等地均有种植。

红麻是短日照喜温作物。要求生育适温25℃，无霜期150天以上，生育期降水500mm左右。适于土层深厚的沙壤土。幼苗期怕涝，成株后抗涝力强，是涝洼地区的稳产作物。红麻主要有炭疽病、斑点病、根结线虫病和小地老虎、蚜虫、小造桥虫等病虫害。

一、红麻病害

1. 红麻炭疽病

【分布为害】红麻炭疽病是红麻生产上为害最重的病害之一。红麻普遍受害，减产幅度一般在40%～50%，严重田块减产70%以上(图18-1)。

图18-1 红麻炭疽病为害情况

【症　　状】当幼苗出土，子叶展开时，幼茎基部呈淡褐色病斑，组织缢缩，折倒干枯而死。未死幼苗的子叶或叶片感病，出现不规则形，中央褐色，边缘紫红色的水渍病斑湿度时变褐色腐烂，而且可蔓延到生长点呈黑色枯死或烂头；真叶感病，初为水渍状小斑，扩大后呈边缘紫红色，中央灰白色病斑，严重时叶片枯黄脱落(图18-2至图18-4)。茎部感病呈梭形或长条状凹陷病斑，造成茎折倒(图18-5)；花蕾感病引起发黄早落；塑果为畸形果。气候潮湿时，病斑表面都会产生大量分出孢子，形成橘红色的黏状物质。

图18-2　红麻炭疽病为害叶片初期症状

图18-3　红麻炭疽病为害叶片中期症状

图18-4 红麻炭疽病为害叶片后期症状

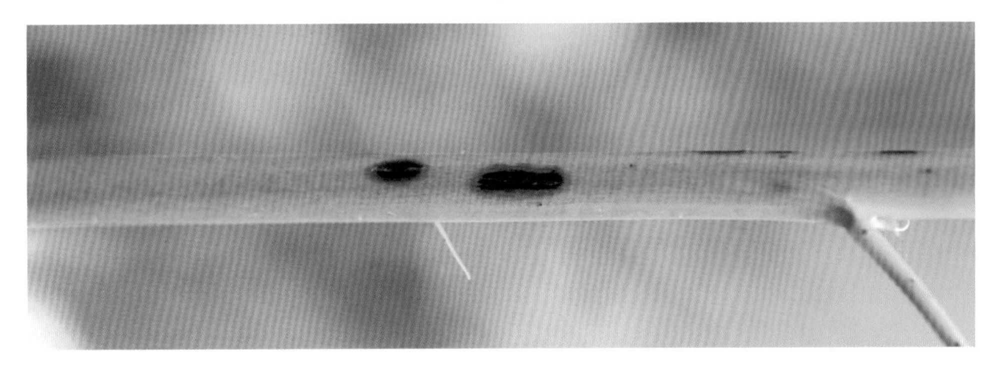

图18-5 红麻炭疽病为害茎部症状

【病 原】*Colletotriehum hibisci* 称红麻炭疽菌，属无性型真菌。分生孢子大量集结在一起呈橘红色，分生孢子无色，长椭圆形或卵形，直或略弯，内有发亮的油球。

【发生规律】初侵染主要由种子带菌引起，残留在土壤中的病残组织，也能存活，成为第2年初次侵染的菌源。菌丝萌发，分生孢子产生以25℃左右、饱和湿度最适。红麻生长季节阴雨时间长，雨量大，降雨日数多时，发病严重。红麻开花前最易感病，开花后抗病性显著提高。红麻炭疽病有3次发病高峰：第1次在6月底7月初，红麻出苗至三叶期，主要为害红麻幼茎和叶片；第2次在7月下旬，主要为害叶片；第3次在8月中下旬，病斑迅速向新出心叶和茎秆扩展，病情逐步加重，造成大量落叶和死株，严重田块麻株全部成为光秆。多年连作、早播、密度大、低洼积水、偏施氮肥的麻地发病重。

【防治方法】红麻炭疽病以种子带菌为主，应加强检疫。加强栽培管理进行合理轮作；深沟高畦，降低田间湿度，减轻发病；合理施肥，增施有机肥，氮、磷、钾相配合。

做好种子处理，并于发病初期及时喷药防治。在播种前用80%炭疽福美(福美双・福美锌)配成0.8%的有效浓度，每50kg药浸种18kg，水温保持20℃左右，每隔3~4小时搅拌一次浸20~24小时，捞出后晾干播种。或用40%拌种灵・福美双可湿性粉剂160倍液浸种。

于发病初期，用下列药剂：

50%多菌灵可湿性粉剂500～600倍液；

70%甲基硫菌灵可湿性粉剂1 000～1 500倍液；

65%代森锌可湿性粉剂600倍液；

80%福美双·福美锌可湿性粉剂600～800倍液；

50%克菌丹可湿性粉剂800倍液；

25%溴菌清乳油500～600倍液均匀喷施，间隔7～10天喷1次，防治2次，均有较好防效。

2．红麻斑点病

【症　　状】主要为害叶片，多从下部叶片开始，向上蔓延，初为暗红色斑点，后逐渐扩展为近圆形的病斑，病斑中央黄褐色，边缘暗褐色且有水渍圈(图18-6)。严重时叶片枯黄，易脱落。叶柄、茎秆上的病斑与叶片相似。潮湿时病斑上可出现灰色霉层。

图18－6　红麻斑点病为害叶片症状

【病　　原】红麻斑点病*Cercospora malayensis*，属无性型真菌。分生孢子梗束生，不分枝，淡褐色，略弯曲，有1～2个隔膜。分生孢子鞭状，无色。

【发生规律】病菌以菌丝体在种子内及病残体内越冬，成为第二年的初侵染源。翌年条件适宜时，产生分生孢子借风雨传播再侵染。红麻生长后期易感病，8—10月多雨天气，有利于此病发生。密植，地势低洼积水，植株生长不良发病较重。

【防治方法】合理密植，深沟高畦，降低田间湿度，减轻发病；合理施肥，增施有机肥，氮、磷、钾相配合。

田间发病初期，可用下列药剂：

70%甲基硫菌灵可湿性粉剂800～1 000倍液；

50%多菌灵可湿性粉剂600～800倍液；

40%氟硅唑乳油6 000～8 000倍液；

50%异菌脲可湿性粉剂1 000～1 500倍液，均匀喷施，发病较重时，间隔7～10天再喷1次。

3．红麻灰霉病

【分布为害】近几年，红麻灰霉病有加剧为害趋势，尤其留种田，1993年严重发生流行，福州金山红麻试验田株发病率高达69.8%，病情指数达35.6，麻皮质量低劣，种子多为病粒。

【症　　状】该病主要为害茎部以及叶片、花和蒴果。病菌多数从病株茎中部至顶部的叶痕伤口侵入，茎部病斑呈不规则形，灰褐色，最终扩展及茎的整圈表皮，致使病茎顶部组织枯死，并在病斑表面产生灰色的霉层，病叶枯凋早落。茎顶部病斑可延及花和蒴果，花受害变褐脱落，蒴果受害致使种子瘪粒。

【病　　原】无性世代为*Botrytis cinerea*，有性世代为*Sclerotinia* sp.。分生孢子梗较长，有少数横隔膜，无色或淡褐色，上部分枝2～3次，分生孢子散落后，分生孢子梗顶端可见凹凸状痕迹。分生孢子聚集成葡萄穗状，单胞，无色，近圆形或卵圆形，菌核黑色，不规则形。病菌生长适温为20～30℃，相对湿度80%～85%，在15～17℃时可产生大量菌核。

【发生规律】带病种子和遗落在田间的菌核和有病残体是翌年病害发生的初侵染源。红麻生长期间，病部产生的分生孢子可借助气流和风雨反复再侵染。不留种的红麻(10月上中旬前收获)比留种麻发病轻；中、上部叶片入秋时大量脱落，遇暴雨或持续阴雨，气温在20℃以上时，易引起该病发生流行；稀植、深沟高畦，排灌良好的比密植、畦低易积水的田块发病轻；轮作地比连作地发病轻；偏施氮肥引起倒伏，根结线虫发生重及机械损伤多的红麻发生重。

【防治方法】选用抗病品种是防治此病最经济有效措施。收获时要将病残组织集中深埋或烧毁。

选用无病的饱满种子，播种时用50%多菌灵可湿性粉剂200倍液浸种20～24小时，中间搅动5～6次，然后捞起晾干播种可防此病。

在发病初期可用下列药剂：

50%多菌灵可湿性粉剂800～1 000倍液；

70%甲基硫菌灵可湿性粉剂800～1 000倍液；

50%异菌脲可湿性粉剂1 000～1 500倍液；

50%腐霉利可湿性粉剂1 000～1 500倍液；

10%苯醚甲环唑水分散粒剂2 000～3 000倍液，喷雾防治。

二、红麻虫害

小造桥虫

【分布为害】小造桥虫(*Anomis flava*)属鳞翅目夜蛾科。初孵幼虫取食叶肉，留下表皮似筛孔状，以后可把棉叶咬成许多缺刻或空洞，甚至只留下残缺不全的叶脉，严重时常将叶片吃光，仅剩叶脉。

【形态特征】可参考棉花虫害——小造桥虫。

【发生规律】可参考棉花虫害——小造桥虫。

【防治方法】可参考棉花虫害——小造桥虫。

第十九章　茶树病虫害防治新技术

茶树属山茶科山茶属，多年生常绿木本植物。一般为灌木，在热带地区也有乔木型茶树，高达15～30m，基部树围1.5m以上，树龄可达数百年至上千年。栽培茶树往往通过修剪来抑制纵向生长，所以树高多在0.8～1.2m。茶树经济学树龄一般在50～60年。茶树的叶子呈椭圆形，边缘有锯齿，叶间开五瓣白花，果实扁圆，呈三角形，果实开裂后露出种子。春、秋季时可采茶树的嫩叶制茶，种子可以榨油，茶树材质细密，其木可用于雕刻。

我国是世界上最早种茶、制茶、饮茶的国家，茶树的栽培已有几千年的历史。茶树主要分布在排水良好的沙质土壤，在一定高度的山区，雨量充沛，云雾多，空气湿度大，散射光强，这对茶树生育有利。

茶树病虫害种类很多，较常见的有50多种，病害有炭疽病、茶饼病、白星病、藻斑病等，虫害有茶毛虫、茶斑蛾、茶毒蛾、茶尺蠖等。

一、茶树病害

1.茶炭疽病

【分布为害】茶炭疽病在各产茶省均有发生。以西南茶区发生较重。近年来，浙江茶区推广龙井43品种后，病害扩大蔓延。一般多发生在成叶上，老叶和嫩叶偶尔发病。秋季发病严重的茶园，翌年春茶产量明显下降(图19-1)。

【症　　状】茶炭疽病一般发生在当年生成叶上，以春、秋两季为主。病斑多自叶缘或叶尖开始发生。初期为湿润状褐色小点，后逐渐扩大成圆形灰白色病斑。颜色由褐变黄，最后呈灰白色，边缘具褐色略隆起纹线，病健部分界明显，后期病斑上散生小黑点。严重时茶树大量落叶，导致树势衰弱，产量降低(图19-2至图19-6)。

【病　　原】*Gloeosporium theae sinensis* 称茶长圆盘孢菌，属半知菌亚门真菌。分生孢子盘圆形，黑褐色，盘上无刚毛。分生孢子梗丛生在分生孢子盘上，短丝状，单胞，无色，顶生分生孢子。分生孢子近纺锤形，两端尖钝，单胞，无色，两端各含1个油球。

【发生规律】以菌丝体和分生孢子盘在茶树上或随病残体遗落土壤中存活越冬。翌春，当气温回升至20℃以上、相对湿度在80%以上时，分生孢子盘产生大量分生孢子，借雨水溅射而传播，或借采茶等人为农事活动而传播，从寄主叶表面茸毛处侵入致病。在有水滴存在时，经10个小时就可完成侵入，再经8～14天潜育期后显症。发病后病部产生的分生孢子作为再次侵染接种体不断重复侵染，病害得以扩大蔓

图19-1 茶炭疽病为害情况

图19-2 茶炭疽病为害叶片初期症状

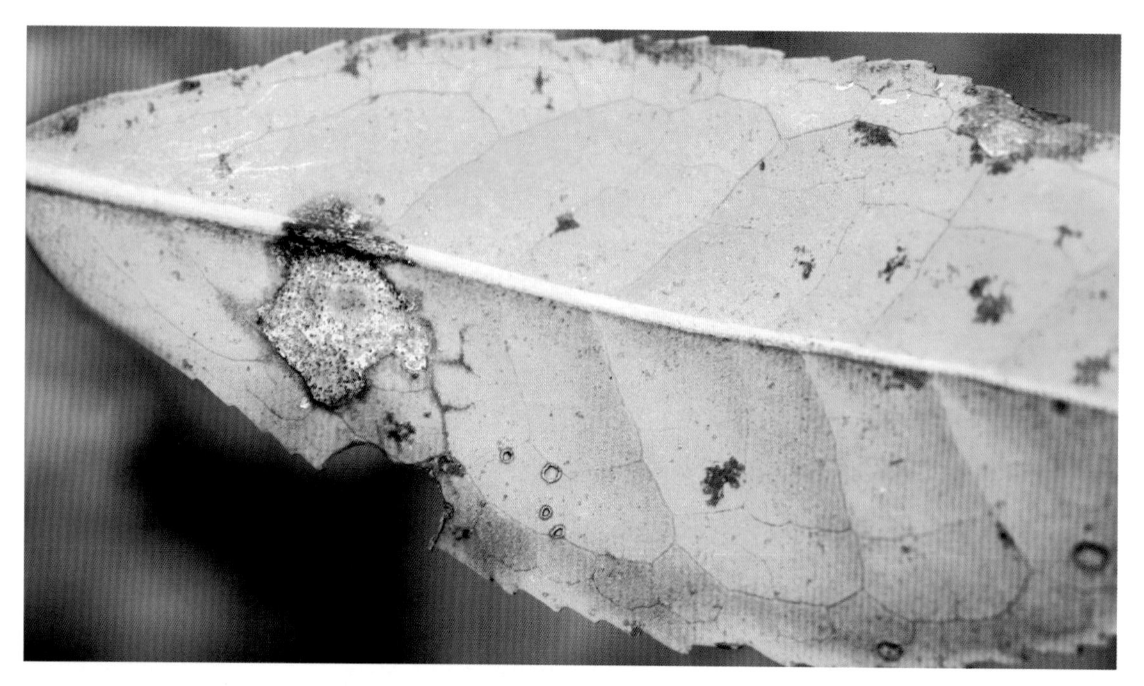

图19-3　茶炭疽病为害叶片初期叶背症状

图19-4　茶炭疽病为害叶片叶缘受害症状

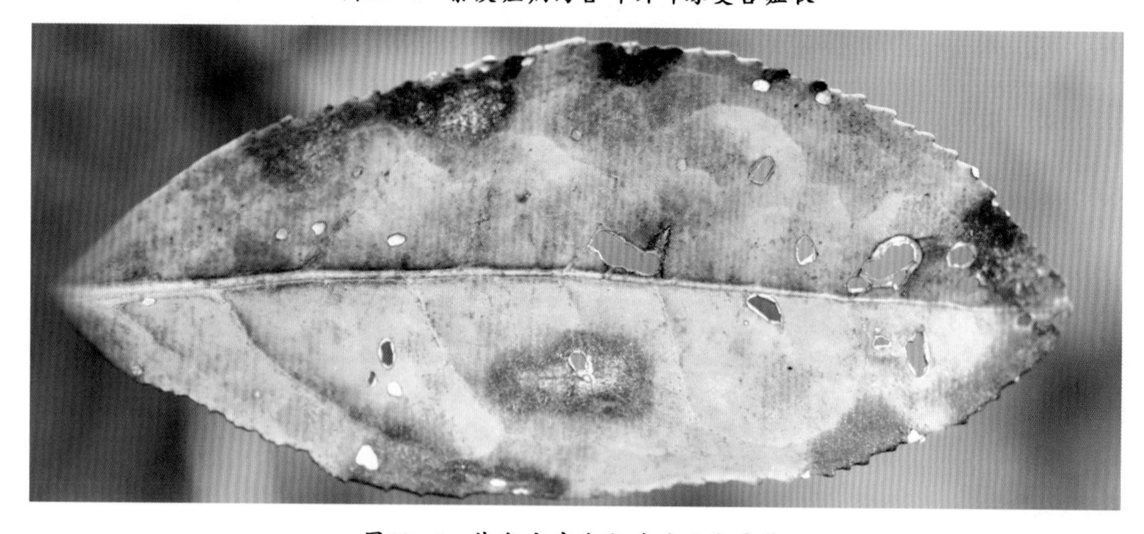

图19-5　茶炭疽病为害叶片后期症状

图19-6 茶炭疽病为害叶片后期叶背症状

延。温暖多雨的天气，尤其阴雨连绵的梅雨和秋雨季节，常易诱发本病流行。终年雨雾较多的高湿茶区，本病发生尤烈。一般台刈后抽生的新枝以及幼龄茶树，因叶片柔嫩、含水量高，利于病菌侵染而发病较重。冬季遭冻害，排水不良，树势衰老，偏施氮肥、钾肥不足的茶园发病也较重。

【防治方法】加强茶园管理，增施磷、钾肥，提高茶树抗病力。搞好茶园清洁工作，及时清理病叶，防止病菌传播。雨季抓好防涝排渍，高温期注意防旱。重视叶面营养剂施用，促树势壮旺。

秋茶结束后或春茶萌芽前，喷洒0.6%～0.7%石灰半量式波尔多液进行预防。

发病初期，可选择喷施下列药剂：

70%甲基硫菌灵可湿性粉剂1 000～1 500倍液；

75%百菌清可湿性粉剂500～800倍液；

50%多菌灵可湿性粉剂800～1 000倍液；

65%代森锌可湿性粉剂400～600倍液；

10%苯醚甲环唑水分散粒剂1 500～2 000倍液；

25%吡唑醚菌酯乳油1 000～2 000倍液；

50%咪鲜胺锰盐可湿性粉剂1 000～1 500倍液；

25%溴菌腈可湿性粉剂600～800倍液；

80%福美双·福美锌可湿性粉剂800～1 000倍液等。

2. 茶白星病

【分布为害】茶白星病在我国各产茶省均有发生，主要在高山地区发生重。为害嫩梢芽叶，造成成品茶味极苦，影响产量和品质。

【症　　状】茶白星病主要为害嫩叶和新梢，尤以芽叶及新叶为多，叶片受害后，初期呈淡褐色湿润状小点，后逐渐扩大成圆形灰白色小斑(图19-7至图19-8)。病斑中部略凹陷。其上生小黑点，边缘具褐色略隆起纹线病，与健部分界明显。病斑常融合成不规则大斑，对产量和品质的影响特别严重。

图19-7　茶白星病为害叶片初期症状

图19-8　茶白星病为害叶片后期症状

【病　　原】*Phyllosticta theaefolia* 称叶点霉菌，属半知菌亚门真菌。分生孢子器球形至扁球形，暗褐色，顶端具乳头状孔口，初埋生，后突破表皮外露。分生孢子椭圆形至卵形，单胞，无色。

【发生规律】该病属低温高湿型病害。以菌丝体或分生孢子器在病枝叶上越冬，翌年春季，当气温升至10℃以上时，在高湿条件下，病斑上形成分生孢子，借风雨传播，侵害幼嫩芽梢。茶白星病发生的环境条件与茶饼病相似，但前者发生稍早，以春茶期发病最重，发病高峰期一般在4月底至5月初，夏茶期发病少，秋茶末期又可发生。低温多雨春茶季节，最适于孢子形成，引起病害流行。高山及幼龄茶园容易发病。土壤瘠薄，偏施氮肥，管理不当都易发病。

【防治方法】加强管理，增施磷、钾肥，合理采摘，增强树势，提高抗病力。

在春茶萌芽期喷药保护，可选用下列药剂：

75%百菌清可湿性粉剂750倍液；

50%苯菌灵可湿性粉剂1 500倍液；

80%代森锌可湿性粉剂600～800倍液；

70%甲基硫菌灵可湿性粉剂1 000～1 200倍液；

50%多菌灵可湿性粉剂800～1 000倍液等均匀喷施，间隔7 天左右再喷1次。

3．茶圆赤星病

【分布为害】茶圆赤星病分布于世界主要产茶国和中国各茶区。

【症　　状】发病时，叶片上产生小型圆形病斑，后扩展成灰白色中间凹陷的圆形病斑，直径0.5～3.5mm，边缘具暗褐色或紫褐色隆起线，中央红褐色(图19–9)，后期病斑中间散生黑色小点，湿度大时，上生灰色霉层。病斑可扩大至嫩茎和叶柄，并引起落叶。

图19–9　茶圆赤星病为害叶片症状

【病　　原】*Cercospora theae* 称茶尾孢霉，属半知菌亚门真菌。分生孢子梗丛生在表皮下的菌丝块上，每丛有十多根，单胞无色，直或顶端略弯曲，顶端着生分生孢子。分生孢子鞭状，由基部向上渐细且弯曲，无色或灰色，具分隔4～6个。

【发生规律】以菌丝块在病叶或落叶中越冬。翌年春季产生分生孢子，借风雨传播进行再侵染。春秋采茶期，当温度在20℃左右，相对湿度80%以上时，易于发病。采摘过度、肥料不足、树势衰弱及高山茶园病情发生重。品种间有抗病性差异。

【防治方法】增施磷、钾肥，合理采摘，促使树势健壮，以提高抗病力。

在茶树萌芽期喷药保护，可选用下列药剂：

75%百菌清可湿性粉剂800倍液；

70%甲基硫菌灵可湿性粉剂1 000倍液；

50%苯菌灵可湿性粉剂1 500倍液；

25%灭菌丹可湿性粉剂400倍液进行防治。

由于白星病菌潜育期短，再侵染次数多，喷药后间隔7天左右应再喷药1次，连续2～3次。

4．茶云纹叶枯病

【分布为害】茶云纹叶枯病是茶树上最常见的病害。全国各产茶省、自治区均有分布。主要为害叶片，也为害新梢、枝条和果实。茶树患病后，叶片常提早脱落，新梢出现枯死现象，致使树势衰弱。茶云纹叶枯病在树势衰弱和台刈后的茶园发生较重，扦插苗圃发生也较多。发生严重时茶园呈现一片枯褐色，幼龄茶树可出现全株枯死。

【症　　状】老叶上出现圆形或不规则形病斑，初黄褐色，水渍状、病斑上有波状轮纹，最后由中央向外变灰色(图19–10和图19–11)。嫩叶上病斑褐色、圆形，后转呈黑褐色枯死。枝条上产生灰褐色斑块，稍下陷，上生灰黑色小粒点，可使枝梢干枯。果实上病斑圆形，黄褐色至灰色，上生灰黑色小粒点，有时病部开裂。

图19–10　茶云纹叶枯病为害叶片症状

图19–11　茶云纹叶枯病为害叶片背面症状

【病　　原】*Colletotrichum camelliae* 称山茶刺盘孢，属半知菌亚门真菌。分生孢子梗短线状，单根无色，顶生1个分生孢子。分生孢子圆筒形或长椭圆形，两端圆或一端略粗，直或稍弯，单胞，无色，内具一空胞或多个颗粒。子囊壳球形或扁球形，黑褐色，顶端具有乳头状或稍平的圆形孔口。子囊棍棒形、圆筒形或长卵形，顶端圆，基部狭细，内藏8个子囊孢子，排成二列。子囊孢子纺锤形、椭圆形或卵形，无色，单胞，常具1～3个油球。

【发生规律】以菌丝体或分生孢子在树上病组织或土表落叶中越冬。翌年春天遇水萌芽，从茶树表皮或伤口侵入，分生孢子随风雨传播，高温高湿季节，7月下旬至9月上旬为发病盛期。夏季，凡土层浅薄，茶树根系发育不良或供水失调，采摘过度遭受冻害，虫害致使树势衰弱发病较重，每年中等偏重发生。凡茶园地下水位高、排水不良、防冻防寒差、氮肥施用不足或偏施氮肥，以及中耕除草不及时等，都易诱发此病。

【防治方法】秋茶结束后，结合冬耕将土表病叶埋入土中；同时摘除树上病叶，清除地面落叶，并及时带出园外深埋，以减少翌年初侵染源。做好抗旱、防冻及治虫工作。勤除杂草，增施肥料，以增强抗病力。

在6月份初夏期，气温骤然上升，叶片出现枯斑时，应喷药保护。8月间，当旬平均气温高于28℃，平均相对湿度大于80%时，立即喷药。可选用下列药剂：

75%百菌清可湿性粉剂800倍液；

50%多菌灵可湿性粉剂1 000倍液；

50%苯菌灵可湿性粉剂1 500倍液；

70%甲基硫菌灵可湿性粉剂1 000倍液；

80%代森锌可湿性粉剂600～800倍液进行防治。喷洒多菌灵、苯菌灵、甲基硫菌灵后需间隔10天才能采茶，百菌清的安全间隔期为14天。非采摘茶园还可喷施0.7%石灰半量式波尔多液。

5. 茶赤叶斑病

【症　　状】主要为害叶片。多从叶尖或叶缘开始发病。初期为暗绿色，水渍状，以后渐成深红褐色转赤褐色，边缘有浓褐色隆起线，与健部分界明显(图19-12和图19-13)。病斑表面一般没有轮纹或略有轮纹，但颜色较均一，有时稍呈灰色。表面散生有微突起的黑色粒点，背面呈均一的淡黄褐色，边缘有淡黄褐色隆起线。病斑表面初期平滑，以后渐皱缩，干枯脱落。

图19-12　茶赤叶斑病为害叶片症状

【病　　原】茶生叶点霉 *Phyllosticta theicola*，属半知菌亚门真菌。分生孢子器半球形或球形，黑色，具孔口。分生孢子器初埋生于寄主表皮下，分生孢子成熟时突破表皮外露。分生孢子单胞无色，椭圆形至宽椭圆形。

图19-13　茶赤叶斑病为害叶片背面症状

【发生规律】病原以菌丝或分生孢子器在病叶中越冬。次年6月份以后当气温上升至20℃，相对湿度达80%时，病菌形成分生孢子，通过风雨传播，侵染叶片引起发病，在高湿条件下，不断形成分生孢子，进行再侵染。该病属高温性病害，一般在5—9月份发生，7—8月份发生最多。高温干旱时，植株水分供应不足，抗病力降低，易发病。台刈及修剪后的嫩枝梢叶片、幼龄园、扦插母本园，以及采摘后留叶多的茶树，发病重。土层浅薄，根部供水不足，易发病。

【防治方法】易遭日灼的茶园，可种植遮阳树，减少阳光直射。夏季也可进行茶园铺草，增强土壤保水性。有条件的可建立喷灌系统，保证茶树在干旱季节对水分的要求。

夏季干旱到来之前喷药剂，以抑制发病。可用下列药剂：

50%苯菌灵可湿性粉剂1 500倍液；

70%多菌灵可湿性粉剂 900倍液；

70%甲基硫菌灵可湿性粉剂1 000倍液等。

6．茶藻斑病

【症　　状】多为害老叶，嫩叶上极少发生。发病初期叶片上产生黄褐色小点，以此为中心，渐渐向外扩展，形成较隆起的灰绿色毛毡状物。病斑多呈圆形或近圆形，稍隆起，具纤维状纹理，边缘不整齐(图19-14)。病斑于叶片正反面均可发生，以正面为多，直径1～5mm不等，多时可连成不规则形大斑。

【病　　原】茶藻斑病菌 *Cephaleuros viorescens* ，属藻类。病斑上的毛毡状物，就是藻类的营养体和繁殖体。营养体在叶面产生密集的两叉状分枝，上面垂直，长出孢囊梗。孢囊梗具分隔多个，顶端膨大，具小梗8～12个，小梗上各生1卵形孢子囊。孢子囊黄褐色，内生双鞭毛无色的游动孢子，椭圆形。

【发生规律】病原藻以营养体在病叶上越冬。春季在潮湿的条件下，产生游动孢子囊和游动孢子，游动孢子在水中发芽，侵入叶片角质层，并在表皮细胞和角质层之间蔓延，以后继续产生游动孢子，通过风雨传播，不断进行再侵染。病原喜高湿，寄生性弱，因此多发生在荫蔽潮湿、通风透光不良及生长势差的茶树上。

图19-14 茶藻斑病为害叶片症状

【防治方法】建立新茶园，要注意选择高燥地块。加强茶园管理，注意开沟排水，清除细弱、枯枝，促使通风透光良好。增施磷、钾肥，以增强茶树抗病力。

发病重的茶园，在晚秋或早春停采期喷施下列药剂：

0.6%～0.7%石灰半量式波尔多液；

0.2%～0.5%硫酸铜溶液；

30%碱式硫酸铜悬浮剂400倍液；

12%松脂酸铜悬浮剂600倍液。

二、茶树害虫

1．茶毛虫

【分布为害】茶毛虫(*Euproctis pseudoconspersa*)属鳞翅目毒蛾科。幼虫咬食叶片，数量大时可把整片茶园吃光，仅剩秃枝，损伤树势(图19-15)。

【形态特征】成虫体黄或黄褐色，前翅中央有两条淡色带纹，翅端有2个小黑点(图19-16)。卵成块产，卵块椭圆形，上覆黄色茸毛。幼虫黄褐色，腹背有8对较大的黑色绒球状毛瘤，上簇生黄色毒毛(图19-17)。蛹黄褐色，外有土黄色丝质薄茧。

【发生规律】平地茶园一年发生4代，以卵块在老叶背面越冬。为害盛期在4月、6月、8月和10月，高山茶园一年发生3代，为害盛期在5月、7月和9月，以卵块在老叶背面越冬。幼虫群集为害，一般有6龄。老熟幼虫迁至根际落叶下结茧化蛹，成虫有趋光性。幼虫老熟后在茶丛根际落叶土表下结茧化蛹。雌蛾产卵于老叶背面。幼虫6～7龄，具群集性，3龄前群集性强，常数十头至数百头聚集在叶背取食下表皮和叶肉，留上表皮呈半透明黄绿色薄膜状。3龄后开始分群迁散为害，咬食叶片呈缺刻。幼虫老熟后爬至茶丛根际枯枝落叶下或浅土中结茧化蛹。成虫有趋光性。

图19-15 茶毛虫为害叶片症状

图19-16 茶毛虫成虫

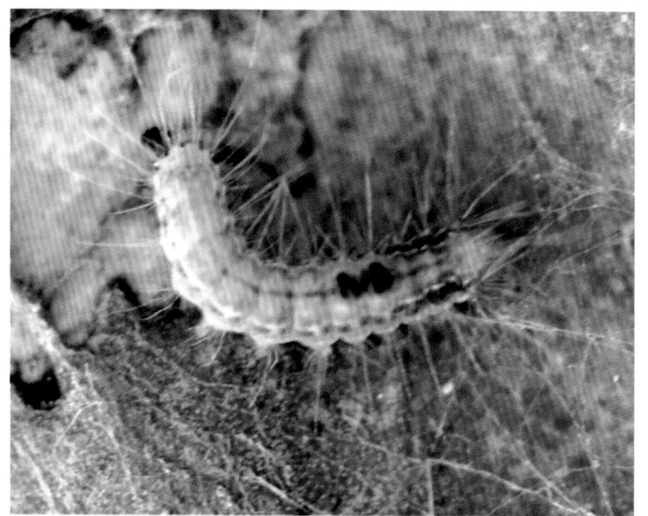

图19-17 茶毛虫幼虫

【防治方法】人工摘除茶毛虫卵块(特别是越冬卵)，并保护利用卵寄生蜂。化蛹盛期结合中耕培土，耕杀虫蛹。

生物防治，用茶毛虫病毒虫尸100～200头/亩，加水50kg喷雾或与50%敌敌畏乳油2 000～3 000倍液混用。

化学防治，于幼虫3龄期前喷施下列药剂：

80%敌敌畏乳油1 000倍液；

25%亚胺硫磷乳剂1 000～1 500倍液；

50%杀螟硫磷乳油1 000～2 000倍液；

10%虫螨腈悬浮剂1 500倍液；

8 000IU/mg苏云金杆菌可湿性粉剂400～800倍液；

10%氯氰菊酯乳油2 000～3 500倍液；

10%氯菊酯乳油1 500～3 000倍液；

25g/L联苯菊酯乳油1 250～2 500倍液；

5.3%联苯菊酯·甲维盐微乳剂2 000～4 000倍液；

0.5%苦参碱水剂700～1 000倍液；

20%高效氯氰菊酯·马拉硫磷乳油1 500～2 500倍液；

2.5%溴氰菊酯乳油2 000～3 000倍液喷施。

2.茶尺蠖

【分布为害】茶尺蠖(*Ectropis oblique hypulina*)属鳞翅目尺蛾科。茶尺蠖是茶园尺蠖类中发生最普遍、为害最严重的种类之一，分布于长江流域以南各产茶区，尤以江苏、浙江、安徽、河南等省发生严重。以幼虫咬食叶片，严重时可使植株光秃，形如火烧。

【形态特征】成虫体长24～25mm，体翅灰白色，密布黑色小点；前翅近三角形，外缘波状，翅面散生茶褐至黑褐色鳞粉，前翅内横线、中横线、外横线及亚外缘线处共有4条黑褐色波状纹，外缘有7个小黑点；后翅线纹与前翅隐约相连；外缘有5个小黑点。卵椭圆形，蓝绿色，常数百至千粒重叠成堆，上覆黄色茸毛。老熟幼虫体长可达60～70mm，有深褐、灰绿、青绿色，头顶中央凹陷，前胸背面有2个小突起，腹足2对(图19-18)。蛹长约12mm，红褐色，第5腹节两侧有一眼形斑。

图19-18 茶尺蠖幼虫

【发生规律】一年发生6代，以蛹在茶树根际土中越冬，翌年3月成虫羽化。第1代至第6代幼虫发生期分别在4月下旬至5月上旬， 6月中旬、7月中下旬、8月下旬、9月下旬至10月上旬、11月上旬，全年以第1代、第3代、第5代发生为害最重。若秋季前期温暖，可促使发生第7代。成虫产卵成堆于茶树枝丫、茎干裂缝和枯枝落叶间。成虫趋光性强，1～2龄幼虫多分布在茶树表层叶缘与叶面，取食表皮和叶肉，3龄后开始爬散，4龄后开始暴食，食量大。老熟时入土化蛹。

【防治方法】蛹期结合耕作培土杀蛹，数量多时可人工在为害树下土中挖蛹。在成虫期利用黑光灯诱杀。刮除枝丫间或附近树木内的卵块。利用成虫受惊假死性，清晨在茶园附近树木上扑打成虫。

在1～2龄幼虫期，喷施油桐尺蠖核型多角体病毒或Bt制剂。

于幼虫3龄前期喷施下列药剂：

3.2%苦参碱·高效氯氟氰菊酯乳油1 000～1 500倍液；

0.7%印楝素乳油1 000～1 250倍液；

2.5%溴氰菊酯乳油2 500～3 000倍液；

26%辛硫磷·高效氯氰菊酯乳油1 000～1 500倍液；

22%噻虫嗪·高效氯氰菊酯微囊悬浮－悬浮剂7 000～10 000倍液；

10%氯氰菊酯乳油1 500～2 000倍液；

24%氯氰菊酯·辛硫磷乳油1 000～2 000倍液；

10%氯氰菊酯·敌敌畏乳油800～1 000倍液；

2.5%联苯菊酯水乳剂1 250～1 600倍液；

5.3%联苯菊酯·甲维盐微乳剂2 000～3 000倍液；

0.6%苦参碱水剂600～800倍液；

20%甲氰菊酯乳油2 000～3 000倍液；

25%甲氰菊酯·辛硫磷乳油1 500～2 000倍液；

4.5%高效氯氰菊酯乳油1 500～2 000倍液，均匀喷施。

3．茶斑蛾

【分布为害】茶斑蛾（*Eterusia aedea*）属鳞翅目斑蛾科。分布在浙江、江苏、安徽、江西、福建、台湾、湖南、广东、海南、四川、贵州、云南。局部地方密度较高。低龄幼虫仅咬食下表皮及叶肉，残留上表皮，形成半透明枯黄薄膜。长大后则蚕食成缺刻，严重时全叶食尽，仅留主脉和叶柄。

【形态特征】成虫体长17～20mm，翅展56～66mm，头至第2腹节青黑色，有光泽；腹部第3节起背面黄色，腹面黑色(图19–19)；翅蓝黑色，前翅有黄白色斑3列，后翅有黄白色斑2列，成黄白色宽带；触角双栉形，雄蛾的栉齿发达，雌蛾触角末端膨大，端部栉齿明显。卵椭圆形，鲜黄色，近孵化时转灰褐色。幼虫体长20～30mm，圆形似菠萝状(图19–20)；体黄褐色，肥厚，多瘤状突起，中、后胸背面各具瘤突5对，腹部1～8节各有瘤突3对，第9节生瘤突2对，瘤突上均簇生短毛；体背常有不定形褐色斑纹。蛹黄褐色。茧褐色，长椭圆形，丝质。

【发生规律】一年发生2代，以老熟幼虫于11月后在茶丛基部分杈处，或枯叶下、土隙内越冬。翌年3月中下旬气温上升后上树取食。4月中、下旬开始结茧化蛹，5月中旬至6月中旬成虫羽化产卵。第1代幼虫发生期在6月上旬至8月上旬，8月上旬至9月下旬化蛹，9月中旬至10月中旬第1代幼虫羽化产卵，10月

图19–19　茶斑蛾成虫

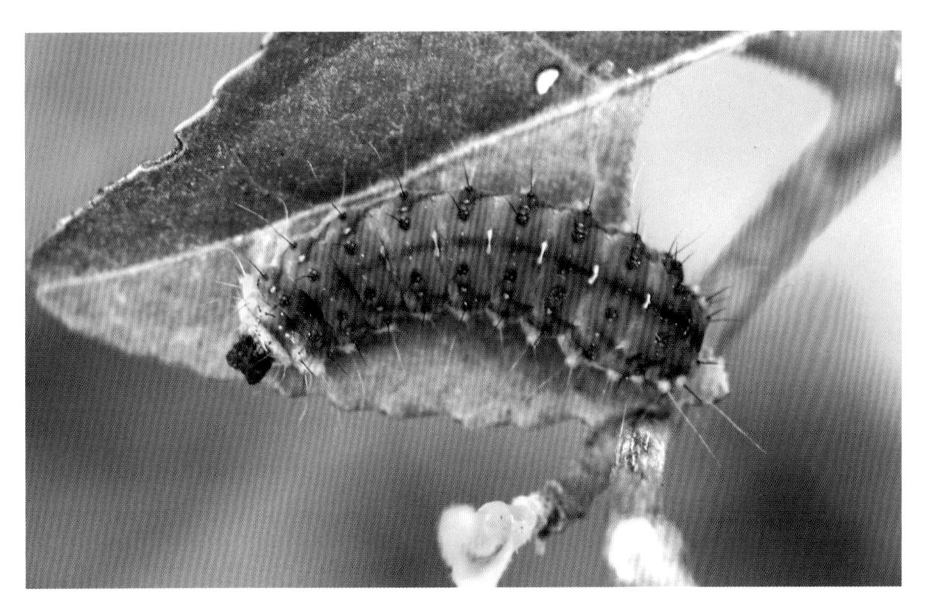

图19-20 茶斑蛾幼虫

上旬第2代幼虫开始发生。成虫活泼，善飞翔，有趋光性。成虫具异臭味，受惊后，触角摆动，口吐泡沫。昼夜均活动，多在傍晚于茶园周围行道树上交尾。雌雄交尾后1～2天产卵，3～5天产完，卵成堆产在茶树或附近其他树木枝干上，每堆数十至百余粒，雌蛾数量较雄蛾多。初孵幼虫多群集于茶树中下部或叶背面取食，2龄后逐渐分散，在茶丛中下部取食叶片，沿叶缘咬食致叶片成缺刻。幼虫行动迟缓，受惊后体背瘤状突起处能分泌出透明黏液，但无毒。老熟后在老叶正面吐丝，结茧化蛹。

【防治方法】冬季结合茶园管理，清除茶丛根际落叶，深埋入土。根际培土，扼杀越冬幼虫。结合采茶与茶园管理，随时捕杀幼虫，摘除蛹茧。

在发生较严重的茶园，在幼虫3龄前喷施下列药剂：

2.5%鱼藤酮乳油300～500倍液；

2.5%溴氰菊酯乳油4 000～5 000倍液；

25%喹硫磷乳油1 000～1 500倍液；

2.5%联苯菊酯水乳剂2 000～3 000倍液。

4．茶白毒蛾

【分布为害】茶白毒蛾(*Arctornis alba*)属鳞翅目毒蛾科。国内分布北起黑龙江、内蒙古，南至台湾、广东、广西、云南，东近国境线，西向自陕西折入四川、云南。幼虫取食叶片成缺刻。

【形态特征】成虫体长12～15mm，翅展34～44mm。体、翅均白色，前翅稍带绿色，具丝缎般光泽，翅中央有1小黑点(图19-21)；触角羽毛状；腹部末端有白色毛丛。卵扁鼓形，淡绿色，直径1mm左右，高0.5mm左右。幼虫头红褐色，体黄褐色，每节有8个瘤状突起，上生黑褐色长毛及黑色和白色短毛(图19-22)；虫体腹面紫色或紫褐色；老熟幼虫体长30mm左右。蛹浅鲜绿色，圆锥形，较粗短，背中部微隆起，体背有2条白色纵线，尾端有1对黑色钩刺。

【发生规律】福建、湖南一年发生4代，贵州3代，江苏宜兴6代。各地均以幼虫在茶丛中，或下部叶背面越冬。翌年3月上旬开始活动为害，3月下旬开始化蛹，4月中旬成虫羽化产卵。各代幼虫发生期分别为5月上旬至6月上旬、6月中旬至7月上旬、7月中旬至8月上旬、8月中旬至9月下旬、9月下旬至10月下

图19-21　茶白毒蛾成虫

图19-22　茶白毒蛾幼虫

旬、11月下旬至翌年4月上旬。全年以5—6月为害较重。成虫白天静伏在茶丛内，晚上进行活动，羽化后1~2天开始交尾，成虫飞翔力不强。卵10多粒聚产，或散产在叶背。初孵幼虫群聚在叶背嚼食叶肉，残留上表皮，出现半透明斑。2龄后分散，食叶成缺刻，老熟后倒悬在叶片上化蛹。杂草多、管理粗放的茶园发生多；平地茶园较山地茶园受害重。

【防治方法】加强茶园管理，冬季清除园内枯枝落叶和杂草，深埋，或烧毁。生长季节注意摘除卵块。在低龄幼虫未分散为害前，将群集的幼虫连叶剪下，集中消灭。盛蛹期进行中耕培土，在根际培土6cm以上，稍加压紧，防止成虫羽化出土。修剪茶树地下枝、内膛枝、病虫枝，改善茶树通风透光条件，减少茶园着卵量。

卵孵盛期至幼虫3龄前喷药防治。常用药剂有：

茶毛虫核型多角体病毒，浓度以1亿个多角体/ml为宜；

苏云金杆菌(100亿孢子/g)50倍液；

白僵菌菌粉(50亿孢子/g)50倍液；

0.2%苦参碱乳油1 000 ~ 1 500倍液；

20%除虫脲悬浮液2 000 ~ 3 000倍液；

10%氯氰菊酯乳油6 000倍液；

10%二氯苯醚菊酯乳油4 000倍液；

2.5%溴氰菊酯乳油6 000倍液；

10%联苯菊酯乳油6 000倍液。

参 考 文 献

成卓敏，2008. 新编植物医生手册[M]. 北京：化学工业出版社.

董金皋，2001. 农业植物病理学[M]. 北京：中国农业出版社.

方中达，1998. 植病研究方法[M]. 北京：中国农业出版社.

韩召军，杜相革，徐志宏，2001. 园艺昆虫学[M]. 北京：中国农业大学出版社.

洪剑鸣，童贤明，2006. 中国水稻病害及其防治[M]. 上海：上海科学技术出版社.

侯明生，黄俊斌，2006. 农业植物病理学[M]. 北京：科学技术出版社.

华南农学院，1981. 农业昆虫学(上册)[M]. 北京：农业出版社.

华南农学院，1981. 农业昆虫学(下册)[M]. 北京：农业出版社.

李照会，2002. 农业昆虫鉴定[M]. 北京：中国农业出版社.

刘维志，2000. 植物病原线虫学[M]. 北京：中国农业出版社.

陆家云，2004. 植物病害诊断[M]. 北京：中国农业出版社.

吕佩珂，1999. 中国粮食作物经济作物药用植物病虫原色图鉴(上册)[M]. 呼和浩特：远方出版社.

吕佩珂，1999. 中国粮食作物经济作物药用植物病虫原色图鉴(下册)[M]. 呼和浩特：远方出版社.

马继盛，罗梅浩，郭线茹，等，2007. 中国烟草昆虫[M]. 北京：科学出版社.

牛西午，陶承光，2005. 中国杂粮研究[M]. 北京：中国农业科学技术出版社.

全国农业技术推广服务中心，2008. 小麦病虫草害发生与控制[M]. 北京：中国农业出版社.

王金生，2000. 植物病原细菌学[M]. 北京：中国农业出版社.

王琦，姜道宏，2007. 植物病理学研究进展[M]. 北京：中国农业科学技术出版社.

谢联辉，2008.植物病原病毒学[M].北京：中国农业出版社.

张汉鹄，谭济才，2004. 中国茶树害虫及其无公害治理[M]. 合肥：安徽科学技术出版社.

张玉聚，李洪连，张振臣，等，2009. 中国农业病虫草害新技术原色图解[M]. 北京：中国农业科学技术出版社.

张玉聚，鲁传涛，封洪强，等，2011. 中国植保技术原色图解[M]. 北京：中国农业科学技术出版社.

中国农业科学院植物保护研究所，2015. 中国农作物病虫害(上册)[M]. 北京：中国农业出版社.

中国农业科学院植物保护研究所，2015. 中国农作物病虫害(中册)[M]. 北京：中国农业出版社.

中国农业科学院植物保护研究所，2015. 中国农作物病虫害(下册)[M]. 北京：中国农业出版社.

中国科学院动物研究所，1986. 中国农业昆虫(上册)[M]. 北京：农业出版社.

中国科学院动物研究所，1986. 中国农业昆虫(下册)[M]. 北京：农业出版社.